1682 J.B.METZLER

Herausgegeben von
Stephan Günzel

Unter Mitarbeit von
Franziska Kümmerling

Raum

Ein interdisziplinäres Handbuch

Verlag J. B. Metzler
Stuttgart · Weimar

Der Herausgeber
Stephan Günzel (geb. 1971), Dr., ist wiss. Mitarbeiter am Institut für Künste und Medien der Universität Potsdam.

Bibliografische Information der Deutschen Nationalbibliothek
Die Deutsche Nationalbibliothek verzeichnet diese Publikation in der Deutschen Nationalbibliografie; detaillierte bibliografische Daten sind im Internet über <http://dnb.d-nb.de> abrufbar.

ISBN 978-3-476-02302-5
ISBN 978-3-476-05326-8 (eBook)
DOI 10.1007/978-3-476-05326-8

Ursprünglich erschienen bei J. B. Metzler'sche Verlagsbuchhandlung und Carl Ernst Poeschel Verlag GmbH in Stuttgart 2010
www.metzlerverlag.de
info@metzlerverlag.de

Inhaltsübersicht

Vorwort VII

I. Grundlagen

1. Naturwissenschaften 1
1.1 Mathematik 1
1.2 Physik 13
1.3 Optik 21

2. Geowissenschaften 24
2.1 Kartographie und Geodäsie 24
2.2 Geologie und Evolutionstheorie 34
2.3 Kulturklimatologie und Geopolitik 44

3. Bildende und darstellende Künste 60
3.1 Architektur und Theater 61
3.2 Malerei, Skulptur und Film 66
3.3 Literatur 69
3.4 Musik und Tanz 71

II. Raumkehren

1. Kopernikanische Wende 77
1.1 Raum als Apriori 77
1.2 Rücknahme der kopernikanischen Wende 83

2. Spatial Turn 90
2.1 Ausgangspunkte 90
2.2 Rezeption 95

3. Topographical Turn 100
3.1 Ausgangspunkte 100
3.2 Rezeption 105

4. Kritik der Raumkehren 110
4.1 Implikationen 110
4.2 Wege aus der Raumfalle 116

III. Themen und Perspektiven

1. Historischer Raum: Archiv und Erinnerungsort 121
2. Politischer Raum: Öffentlichkeit und Ausnahmezustand 134
3. Ökonomischer Raum: Megacities und Globalisierung 145
4. Körperlicher Raum: Geschlecht und Performativität 162
5. Postkolonialer Raum: Grenzdenken und Thirdspace 177
6. Sozialer Raum: Verräumlichung 192
7. Technischer Raum: Enträumlichung 204
8. Medialer Raum: Bilder - Zeichen - Cyberspace 219
9. Kognitiver Raum: Orientierung – Mental Maps – Datenverwaltung 234
10. Landschaftlicher Raum: Natur und Heterotopie 250
11. Urbaner Raum: Platz – Stadt – Agglomeration 266
12. Touristischer Raum: Mobilität und Imagination 280
13. Poetischer Raum: Chronotopos und Geopoetik 294
14. Epistemischer Raum: Labor und Wissensgeographie 309

IV. Anhang

1. Auswahlbibliographie 323
2. Die Autorinnen und Autoren 360
3. Personenregister 361
4. Sachregister 368

Inhaltsverzeichnis

Vorwort VII

I. Grundlagen

1. Naturwissenschaften 1

1.1 Mathematik 1
Antike 1 – Neuzeit 3 – Moderne 7

1.2 Physik 13
Antike 13 – Neuzeit 14 – Moderne 16

1.3 Optik 21
Antike 21 – Neuzeit 21 – Moderne 21

2. Geowissenschaften 24

2.1 Kartographie und Geodäsie 24
Von der Antike bis ins 16. Jahrhundert 24 – Antike 25 – Mittelalter 26 – Renaissance 27 – Mercator 27 – Neuzeit 28 – Erdvermessung im 17. und 18. Jahrhundert 29 – Erdvermessung im 19. Jahrhundert 30 – Gauß-Krüger 32

2.2 Geologie und Evolutionstheorie 34
2.2.1 Geologie – Von Lyell zu Wegener 34 – Neuzeit 34 – Vulkanismus vs. Neptunismus (Hutton und Werner) 35 – Katastrophismus vs. Aktualismus (Cuvier und Lyell) 36 – Kontinentalverschiebung (Wegener) 38 – 2.2.2 Evolutionstheorie – vor und nach Darwin 39 – System und Geschichte der Natur (Linné und Buffon) 39 – Paläontologie (Lamarck und Saint-Hilaire) 40 – Darwin 41 – Vererbungslehre 42

2.3 Kulturklimatologie und Geopolitik 44
2.3.1 Kulturklimatologie – von Hippokrates zu Ritter 44 – Die Klimazonenlehre der Antike 44 – Wiederaufleben in der Neuzeit 45 – Herders Auffassung der Klimatheorie 47 – Klimatheorie und Länderkunde 48 – 2.3.2 Geopolitik – Ratzel und die Folgen 52 – Ratzels »Schule des Raumes« 53 – Ratzel in der Kritik (Vidal de la Blache und Haushofer) 54 – Geopolitik und auslaufende Länderkunde 56

3. Bildende und darstellende Künste 60
Raumzeit 60 – Raum vs. Zeit 60

3.1 Architektur und Theater 61
Antike (Vitruv) 61 – Mittelalter 62 – Renaissance 63 – 17. bis 19. Jahrhundert 63 – 20. Jahrhundert 64

3.2 Malerei, Skulptur und Film 66
Malerei 66 – Skulptur 67 – Film 68

3.3 Literatur 69
Antike bis Neuzeit 69 – Aufklärung und Moderne 70

3.4 Musik und Tanz 71
Musik 71 – Tanz 72

II. Raumkehren

1. Kopernikanische Wende 77

1.1 Raum als Apriori 77
Raum und Subjekt (Kant) 77 – Geschichte vs. Geographie (Hegel) 78 – Neukantianismus und Physiologie 79 – Phänomenologie (Husserl und Cassirer) 80 – Kulturrelativismus (Herder) 81 – Strukturalismus (Lévi-Strauss) 82

1.2 Rücknahme der kopernikanischen Wende 83
Raum als ›In-Sein‹ (Heidegger) 84 – Raum als Feld (Lewin) 86 – ›Die Erde bewegt sich nicht‹ (von Husserl zu Merleau-Ponty) 86

2. Spatial Turn 90

2.1 Ausgangspunkte 90
Begriffsentwicklung (Edward Soja) 90 – Vorbegriff (Henri Lefebvre) 91 – Die Wende zum Raum in den Kulturwissenschaften 93

2.2 Rezeption 95
Raum-Zeit-Verdichtung (David Harvey) 95 – Geographische Imagination (Derek Gregory) 95 – Alltägliche Regionalisierung (Benno Werlen) 97

3. Topographical Turn 100

3.1 Ausgangspunkte 100
Abgrenzung vom *spatial turn* 100 – Räumlichkeit und Materialität 102 – Kartographie und *topographical turn* (Sigrid Weigel) 103 – Kulturwissenschaften vs. Cultural Studies 104

3.2 Rezeption 105
Topologie (Leibniz) 105 – Topik (Michel de Certeau) 105 – Ordnung (Michel Foucault) 106 – Kulturelle Topographien (Hartmut Böhme) 107

4. Kritik der Raumkehren 110
4.1 Implikationen 110
›Wiederkehr‹ des Raums 110 – Raum als Container und Gegenstand 111 – Gesellschaft und Raum 112 – ›Milieu‹ und ›Setting‹ 113 – Die Raumfalle 115
4.2 Wege aus der Raumfalle 116
Postkoloniale Raumtheorie 116 – Handlungsorientierte Sozialraumkonzepte 117

III. Themen und Perspektiven

1. Historischer Raum: Archiv und Erinnerungsort 121
1.1 Entstehung des Themenfeldes 121
Soziologie 121 – Historiographie 121 – Kulturwissenschaft 122 – Die Topographie der Kindheit 123 – Die ›raumgewordene Vergangenheit‹ 124
1.2 Spektrum der Diskussion 126
Kulturelles Gedächtnis und Archiv 127
1.3 Offene Fragen und Kontroversen 129
Andere Topographien 129 – Medientheorie 130 – Archäologie 131

2. Politischer Raum: Öffentlichkeit und Ausnahmezustand 134
2.1 Entstehung des Themenfeldes 134
2.2 Spektrum der Diskussion 138
Methodologie und Begrifflichkeit 138 – Verräumlichung als Veranschaulichung 140 – Das Lager 140
2.3 Offene Fragen und Kontroversen 141

3. Ökonomischer Raum: Megacities und Globalisierung 145
3.1 Entstehung des Themenfeldes 145
Die historische Verortung der Globalisierung 147 – Vom Mythos der Neoliberalisierung der Welt 149 – Vom Mythos eines Dämons der ›Globalisierung‹ 150 – Vom Mythos der globalen Homogenisierung und Amerikanisierung 151 – Vom Mythos eines ›Jenseits nationaler Zusammenhänge‹ 151 – Vom Mythos der De-Territorialisierung 152
3.2 Spektrum der Diskussion 154
3.3 Offene Fragen und Kontroversen 157

4. Körperlicher Raum: Geschlecht und Performativität 162
4.1 Entstehung des Themenfeldes 162
4.2 Spektrum der Diskussion 163
Geschlechtsspezifische Raumerfahrung (Phänomenologie) 163 – Raummetaphern für den weiblichen Körper und die Geschlechterdifferenz (Psychoanalyse) 166 – Geschlecht als Performativität (Poststrukturalismus) 172
4.3 Offene Fragen und Kontroversen 174

5. Postkolonialer Raum: Grenzdenken und Thirdspace 177
5.1 Entstehung des Themenfeldes 177
Territoriale Kontrolle und Disziplinierungspraktiken 177 – Vom Kolonialismus zum Postkolonialismus 178 – ›Welt-Machen‹ und ›Einrahmung‹ 180
5.2 Spektrum der Diskussion 181
Hybridität, Grenzwissen und Orientalismus 181 – Subalternität und Kosmopolitanismus 183 – Vergeschlechtlichung und Rassifizierung 184 – Kontaktzonen und Subjektproduktion 187
5.3 Offene Fragen und Kontroversen 188
Black Atlantic 188 – Grenzorte 189 – ›Provinzialisierung‹ Europas 189

6. Sozialer Raum: Verräumlichung 192
6.1 Entstehung des Themenfeldes 192
Strukturfunktionalismus, Kritische Theorie und Postmoderne 192 – Absoluter vs. relationaler Raum 193
6.2 Spektrum der Diskussion 193
Klassiker der Raumsoziologie (Simmel und Durkheim) 193 – Raum in der Systemtheorie (Luhmann) 194 – Marxistische Raumtheorie (Lefebvre) 195 – Poststrukturalistische Raumtheorie (Foucault und Deleuze/Guattari) 196 – ›Sozialer Raum‹ (Sorokin und Bourdieu) 198 – ›Spacing‹ und ›Synthese‹ (Giddens und Elias) 200
6.3 Offene Fragen und Kontroversen 202

7. Technischer Raum: Enträumlichung 204
7.1 Entstehung des Themenfeldes 204
Entgrenzung und Entankerung 204 – Industrialisierung: ›Tötung‹ des Raums 204 – Raumverdrängung vs. Raumüberwindung 205 – Raumproduktion und Raumabstraktion 206
7.2 Spektrum der Diskussion 208
Raumverwandlung durch Verkehr 208 – Raumverwandlung durch Architektur 208 – ›Globales Dorf‹ und Beschleunigung 210 – Historische Gleichzeitigkeit und Raumvergessenheit 211 – Entmaterialisierung und Wissensproduktion

212 – ›Entbettung‹ und Modernisierung 213
7.3 Offene Fragen und Kontroversen 214
Philosophiegeschichte und Geographie 215

8. Medialer Raum: Bilder – Zeichen – Cyberspace 219
8.1 Entstehung des Themenfeldes 219
Medienrevolutionen 219 – Aggregat vs. Systemraum 220 – Medium und Form 221 – Übertragung und Versammlung 222
8.2 Spektrum der Diskussion 224
Cybersegmentation 224 – Dimensionenreduktion als Mediengeschichte 225 – Raum und Abbild 226 – Indexikalität und Diegese (Fotografie und Film) 228
8.3 Offene Fragen und Kontroversen 229
Raumbild Computerspiel 229 – Interaktion und Navigation 230

9. Kognitiver Raum: Orientierung – Mental Maps – Datenverwaltung 234
9.1 Entstehung des Themenfeldes 234
Zur Orientierungsforschung im 19. Jahrhundert 234 – Sinnesmodalitäten räumlichen Vorstellens und Orientierens 236
9.2 Spektrum der Diskussion 239
Von der physiopsychologischen Orientierungsforschung zum inter-disziplinären Konzept mentaler Karten 240 – Von einem kognitiven Begriff mentaler Karten zu einem kritischen soziokulturellen Konzept 244 – Mentale Karten und Gedächtnisorganisation im Bereich moderner Datenverwaltung 245
9.3 Offene Fragen und Kontroversen 246

10. Landschaftlicher Raum: Natur und Heterotopie 250
10.1 Entstehung des Themenfeldes 250
Ort, Landschaft, Raum 250 – Landschaft und Land 250 – Landschaftsästhetik 251 – Vernakularität 251
10.2 Gegenwärtige Diskussion 252
Raum und Qualität 252 – Raum und Gestalt 252 – Raum, Landschaft, Stimmung 254 – Landschaft und Malerei 255 – Andere Räume 255 – Kisten und virtuelle Räume 258 – Ort, Raum, Erzählung 260 – Orte und ›Nicht-Orte‹ 261 – Landschaftsphysiognomik 261 – Phänomenologische Lockerung 262
10.3 Offene Fragen 264

11. Urbaner Raum: Platz – Stadt – Agglomeration 266
11.1 Entstehung des Themenfeldes 266
Frühsozialismus 267 – Reaktion auf das Wachstum der Städte 268 – Die moderne Stadt 269 – Die kohärente Stadt 270
11.2 Spektrum der Diskussion 271
Die europäische Stadt 272 – Zwischenstadt und Stadtregion 274 – Die schrumpfende Stadt 275 – Die kreative Stadt 276
11.3 Offene Fragen und Kontroversen 277

12. Touristischer Raum: Mobilität und Imagination 280
12.1 Entstehung des Themenfeldes 280
12.2 Spektrum der Diskussion 282
Vorläufer touristischer Raumvorstellungen – Arkadien, Paradies, Utopie 282 – Tourismus und Landschaft – Mediale Konstruktionen 284 – Architekturen des Tourismus – Hotels, Feriendörfer, Erlebnisparks 286 – Touristische Räume und Identität – Kultur, Nation, Gender 288
12.3 Offene Fragen und Kontroversen 290

13. Poetischer Raum: Chronotopos und Geopoetik 294
13.1 Entstehung des Themenfeldes 294
Laokoon-Paradigma (Lessing) 294 – Literatur als Einschreibung 295 – Räumlichkeit der Literatur 296 – Wahrnehmung von Raum und Beschreibung von Orten 297
13.2 Spektrum der Diskussion 298
Raumzeit-Paradigma (Cassirer und Bachtin) 298 – Literaturtopologie (Lotman, Foucault, Bachelard) 301
13.3 Offene Fragen und Kontroversen 304
Poetische Geographie 305

14. Epistemischer Raum: Labor und Wissensgeographie 309
14.1 Entstehung des Themenfeldes 309
Wissenschaftsforschung 309 – Wissenschaft als Paradigmenwechsel und Denkstil (Kuhn und Fleck) 310 – ›Geschlecht‹ als Wissen und Wissen als ›Macht‹ 310 – Fabrikation von Erkenntnis (Knorr-Cetina, Latour, Rheinberger) 311
14.2 Spektrum der Diskussion 312
Erforschung materieller Kultur 315 – ›Verstrickte Geschichte‹ und Kartierungen 316
14.3 Offene Fragen und Kontroversen 316

Surveillance Studies 317 – ›Labor Erde‹ 318 – Techniktopologie und Bildtechnologie 318

IV. Anhang

1. **Auswahlbibliographie** 323
Einführungen, Handbücher, Überblicksdarstellungen 323 – Moderne Schlüsseltexte 326 – Anthologien 336 – Sammelbände und Tagungsdokumentationen 337 – Monographien 345

2. **Die Autorinnen und Autoren** 360

3. **Personenregister** 361

4. **Sachregister** 368

Vorwort

Das *Handbuch Raum* bietet einen orientierenden Überblick über die gegenwärtige Raumdebatte mit kulturwissenschaftlichem Schwerpunkt. Es berücksichtigt sowohl die Vorgeschichte des Raumthemas in Naturwissenschaften und Künsten als auch die jüngere Auseinandersetzung um die Methode der Raumanalyse. Das Handbuch verfolgt dabei einen doppelten Zweck: Zum einen trägt es dem Umstand eines Paradigmenwechsels Rechnung, der sich seit den 1990er Jahren vor allem in den Kulturwissenschaften vollzog und der zumeist als ›Wende zum Raum‹, als *spatial turn* bezeichnet wird. Umfassend dokumentiert werden die verschiedenen Stationen dieses Umbruchs, seine Voraussetzungen und Konsequenzen. Zum anderen werden fächerübergreifende Forschungsperspektiven aufgezeigt, die sich aus diesem Paradigmenwechsel ergeben. Dem liegt die Annahme zugrunde, dass ›Raum‹ in diesem Sinne nicht ohne die Berücksichtigung der konstitutiven Leistung von Medien und Kulturtechniken sowie ökonomischen, politischen und gesellschaftlichen Prozessen beschreibbar ist.

Das Handbuch ist in drei Teile gegliedert, wobei der erste Teil die Voraussetzungen, der zweite die Durchführung und der dritte die Anwendungsfelder der Raumforschung beschreibt. Somit werden die Raumwissenschaften zunächst historisch beleuchtet und ihre Wurzeln insbesondere in Mathematik und Physik, Geowissenschaften sowie den Raumkünsten aufgezeigt. Diese Bereiche bilden die Voraussetzungen für die verschiedenen Raumkehren, die im zweiten Teil beschrieben werden: der Kopernikanischen Wende, dem eigentlichen *spatial turn*, dem kulturwissenschaftlichen Sonderweg des *topographical turn* und der seitens der Sozialgeographie vorgebrachten Kritik an der Hinwendung zum Raum. Der dritte Teil geht dann detailliert auf die einzelnen Konsequenzen und Umsetzungen der Fokussierung von Räumlichkeit ein und berücksichtig die maßgeblichen Autor/innen und Termini. Beschlossen wird das Handbuch durch eine umfangreiche Bibliographie mit Anthologien, Einführungen, Schlüsseltexten, Tagungsbänden und Einzeluntersuchungen.

Das *Handbuch Raum* füllt eine Lücke im Bereich der Überblicksdarstellungen zum Thema ›Raum‹. Gegenüber autoren- und textbezogenen oder disziplinär aufgebauten Bänden zeigt das Handbuch über diese hinaus die Verbindungen zwischen den Fachbereichen auf, indem es die Forschungsfelder über die Frage nach Räumlichkeit definiert. Es bietet somit auch für Fächer eine Orientierung, die sich bislang noch nicht mit der Raumfrage auseinandergesetzt haben.

Danken möchte der Herausgeber allen Beitragenden, die sich während der gesamten Zeit der Entstehung des Handbuchs mit großem Interesse für die Sache eingebracht haben. Ein besonderer Dank gilt Franziska Kümmerling, in deren Händen die Redaktion sämtlicher Texte lag und die für die Vereinheitlichung der Beiträge im Interesse der Leser/innen Sorge trug. Nicht zuletzt möchte der Herausgeber auch der Lektorin Ute Hechtfischer vom Metzler Verlag danken, die allererst die Idee zu diesem Handbuch hatte und maßgeblich am Design des inhaltlichen Aufbaus beteiligt war.

Berlin, Januar 2010

I. Grundlagen

1. Naturwissenschaften

Raum ist ein Grundkonzept menschlicher Anschauung und Orientierung. Ursprünglich entstand räumliche Orientierung in der Evolution durch sensorisch-körperliche Wechselwirkung von Organismen mit ihrer Umgebung. Aus haptischen und visuellen Erfahrungen bildete sich der spezifische Anschauungsraum des Menschen, der schließlich in Mathematik und Technik idealisiert wurde. Mit mathematischer Abstraktion wurde es möglich, den Anschauungsraum zu transzendieren und andere Räume für technisch-naturwissenschaftliche Anwendungen zu erschließen.

1.1 Mathematik

In der Mathematik wird der Raum im Rahmen der Geometrie behandelt. Raum wurde ursprünglich als der Ort geometrischer Körper verstanden. Körper sind durch Höhe, Tiefe und Breite bestimmt. Die Geometrie (griech. *gēometría*, aus *gē*: Erde, und *metrein*: messen) entstand als mathematische Disziplin aus den praktischen Aufgaben des Messens. Sie wurde unter griechischem Einfluss zu einer beweisenden axiomatischen Theorie ausgebaut, die in der Neuzeit mit ihrer Kurven-, Flächen- und Raumtheorie die Mathematisierung der Naturwissenschaften ermöglichte. Seit dem 19. Jahrhundert wurde die Geometrie zu einer abstrakten Strukturtheorie verallgemeinert, die sowohl die Grundlagendiskussion der Mathematik als auch die Entwicklung neuer Disziplinen, z. B. der Topologie, beeinflusste.

Antike

In der babylonischen und ägyptischen Mathematik ist das geometrische Wissen in praktischen Messaufgaben der Baukunst, des Handwerks, der landwirtschaftlichen Feldvermessung und der Bestimmung astronomischer Ereignisse dokumentiert. In den Quellen zur ägyptischen Geometrie werden z. B. quadratische Netze für Einteilungszwecke, Messvorschriften für die Kegelstumpfpyramide und eine Annäherung der Zahl Pi angegeben. In den Keilschrifttexten der Babylonier finden sich bereits Anwendungsbeispiele des nach Pythagoras benannten Satzes, erste Ansätze für trigonometrische Tabellen und ein Äquivalent des Cosinussatzes der ebenen Trigonometrie.

Thales von Milet (ca. 624–ca. 546 v. Chr.), dem ein erster Beweis für den Satz über rechte Winkel im Halbkreis zugeschrieben wird, steht am Anfang der griechischen Geometrie. Seit Pythagoras war die Überzeugung von der Ganzzahligkeit aller Proportionsverhältnisse verbreitet, die in den Disziplinen des Quadriviums von Arithmetik, Geometrie, Astronomie und Harmonielehre von den Pythagoreern gelehrt wurde. Messtechnisch haben solche Proportionsverhältnisse ein gemeinsames Maß, d. h. sie sind kommensurabel. Auf Hippasos von Metapont (ca. 6.–5. Jh. v. Chr.) geht die Entdeckung sogenannter inkommensurabler Streckenverhältnisse – d. h. die kein gemeinsames Maß besitzen – zurück, wie sie z. B. zwischen Diagonale und Seite eines regelmäßigen Fünfecks, dem Ordenssymbol der Pythagoreer, auftreten. Ein Beweis für die Inkommensurabilität dieses Streckenverhältnisses wurde logisch durch Widerspruch geführt, d. h. man nahm das logische Gegenteil der Inkommensurabilität, nämlich die Kommensurabilität – d. h. ein gemeinsames Maß – an und leitete aus dieser Annahme einen Widerspruch ab, und zeigte so, dass die Annahme falsch war. Dann gilt logisch (nach dem Prinzip des Ausgeschlossenen Dritten, wonach eine Aussage entweder wahr oder falsch ist) das Gegenteil der Annahme, nämlich die Inkommensurabilität. Da ein entsprechender Beweis durch Widerspruch von unbegrenzten Streckenverkleinerungen Gebrauch macht, zeigt sich in der Geometrie, dass ihre Gegenstände nicht die sinnlich wahrnehmbaren Figuren sein können. Diese Gegenstände müssen vielmehr eine ideale Existenz besitzen. Philosophisch ist die Idealität der Geometrie eine zentrale Annahme der platonischen Ideenlehre.

Eudoxos von Knidos (410/408–355/347 v. Chr.) löst das Problem der Inkommensurabilität, indem er die pythagoreische Lehre zu einer ›geometrischen Proportionenlehre‹ und einer Theorie des Kontinuums erweitert. Da jedes (ganzzahlige) Zahlenverhältnis einem geometrischen Streckenverhältnis entspricht, aber nicht die Umkehrung gilt, wird nun der Geometrie der Vorrang vor der Arithmetik gegeben und die Lösung von Gleichungen auf geometrische Konstruktionen zurückgeführt. Die Konstruktionsmethode mit Zirkel und Lineal, die nach Platon (427–347 v. Chr.) in der Geometrie allein zulässig ist, um die geometrische Idealität von den Bewegungsproblemen der Physik zu unterscheiden, führte zu den drei klassischen Problemen der Würfelverdopplung (Delisches Problem), der Winkeldreiteilung und der Quadratur des Kreises. Zur Lösung dieser Probleme wurden kinematische Näherungsverfahren – d. h. Erweiterungen von Konstruktionsverfahren mit Zirkel und Lineal – benutzt, die zur Entdeckung neuer Kurven, z. B. der Quadratur bzw. Trisektrix, Spirale, Conchoide, Zissoide und der Kegelschnitte führten.

In der griechischen ›Geometrie‹ wird unter ›Raum‹ zunächst der geometrische Ort verstanden, den ein Punkt, eine Figur oder ein Körper einnimmt. Seine ›Dreidimensionalität‹ bestimmt um 300 v. Chr. der griechische Mathematiker Euklid (ca. 360–ca. 280 v. Chr.) in Alexandria durch die Körperdefinition im elften Buch seiner *Elemente*, wonach ein Körper ist, was Länge, Breite und Tiefe hat. Daraus entwickelt sich die Auffassung vom ›euklidischen Raum‹ als 3-dimensionale Punktmenge, die den Axiomen der euklidischen Geometrie genügt. In den dreizehn Büchern der euklidischen *Elemente* wird das geometrische Wissen zur Zeit Euklids ›axiomatisiert‹. Im ersten Buch der *Elemente* stellt Euklid drei Gruppen von Sätzen an den Anfang: In den ›Definitionen‹ werden (allerdings nicht eindeutige) Erklärungen für die Grundbegriffe Punkt, Linie, Gerade, Fläche etc. gegeben. In den ›Postulaten‹ werden Konstruktions- oder Existenzforderungen für Figuren formuliert, darunter das Parallelenpostulat: Wenn zwei Geraden mit einer dritten auf derselben Seite innere Winkel bilden, deren Summe kleiner als ein flacher Winkel ist, so schneiden sie sich bei hinreichender Verlängerung auf dieser Seite. Eine Ausnahme bildet das vierte Postulat (»Alle rechten Winkel sind einander gleich«), an dem sich für Euklid-Kommentatoren die Frage entzündete, ob Euklid einen Bewegungsbegriff voraussetzt oder nicht. Mit Bewegung ist dabei gemeint, dass eine Figur (z. B. ein Lineal) in der Ebene bewegt und zur Deckung gebracht werden kann.

In den *Grundsätzen* (*communes conceptiones*) fasst Euklid allgemeine Gleichungsaussagen zusammen, die nicht spezifisch geometrischer Natur sind (z. B. »Was demselben Dritten gleich ist, ist untereinander gleich«). Eine Ausnahme bildet der vierte Grundsatz (»Einander Deckendes ist gleich«). Nach Proklos (412–485) werden die Grundsätze ›Axiome‹ genannt, zu denen später auch die Postulate gezählt wurden. Aus diesen Voraussetzungen sind nach Euklid geometrische Konstruktionen durch logische Deduktionen entsprechender Lehrsätze zu rechtfertigen. Herkunft und Begründung der euklidischen Axiome bilden seit der Antike zentrale Themen der Philosophie. Während Platon die geometrischen Figuren als eigenständige, den Ideen verwandte Gebilde begreift, werden sie nach Aristoteles (384–322 v. Chr.) durch Abstraktion aus Form und Gestalt physischer Körper gewonnen. Ideen haben nämlich, wie Aristoteles z. B. in seiner Physik ausführt, keine eigene Existenz.

Archimedes (ca. 287–212 v. Chr.) beweist Formeln (z. B. für das Kugelvolumen und die Kugeloberfläche) durch die Methode der Exhaustion, nachdem er sie vorher durch heuristische Überlegungen aus der Statik erraten hatte. Exhaustion bedeutet anschaulich, dass die Fläche innerhalb einer krummlinigen Figur, wie z. B. einem Kreis, durch reguläre Vielecke ›ausgeschöpft‹ wird, die sich durch beliebige Verkleinerung ihrer Seiten und Vergrößerung ihrer Eckenzahl der Kreisfläche annähern. Auf Archimedes geht auch eine Parabelquadratur zurück. Jedoch wird erst in den *Conica* des Apollonios von Perge (240–170 v. Chr.) eine einheitliche Theorie der Kegelschnitte vorgestellt, die unabhängig von den drei klassischen Konstruktionsproblemen der griechischen Geometrie entwickelt wird. Die ›Trigonometrie‹ wird als angewandte Wissenschaft verstanden und v. a. in der Astronomie benutzt. Bereits Aristarch von Samos (ca. 310–ca. 230 v. Chr.) berechnete bei astronomischen Entfernungsschätzungen den doppelten Sinus als Sehnenlänge. Aber erst Hipparchos von Nicäa (ca. 190–ca. 120 v. Chr.) hat Sehnentafeln zur Verfügung, die ein Additionstheorem, z. B. für den Sinus, voraussetzen. Einen Beweis führt Claudius Ptolemaios (ca. 100–ca. 175) mit seinem Satz über Vierecke im Kreis. Ptolemaios ist auch an der Entwicklung der ›sphärischen‹ Geometrie als Geometrie auf der Kugel beteiligt. Ansätze zur ›projektiven‹ Geometrie (z. B. ein Spezialfall des Pascalschen Satzes) finden sich um 300 bei dem letzten bedeutenden Mathematiker der Antike, Pappos von Alexandria (um 300).

Neuzeit

Im Mittelalter und in der Renaissance kommen Geometer, Architekten, Baumeister und Künstler über die antiken Kenntnisse nicht hinaus. In Johannes Keplers (1571–1630) Verfahren zur Volumenbestimmung von Fässern und in der *Geometria indivisibilibus continuorum* von 1635 des Galilei-Schülers Bonaventura Cavalieri (1598–1647) finden sich Ansätze zur Integralgeometrie. Erst die Rezeption der apollonischen Kegelschnittlehre, in der bereits ebenen Kurven, z. B. Parabel und Hyperbel, Gleichungen zugeordnet sind, und der indisch-arabischen Algebra, die besonders durch François Viète (1540–1603) weiterentwickelt wurde, bereiten den Boden für die ›analytische‹ Geometrie des 17. und 18. Jahrhunderts.

In der analytischen Geometrie werden synthetische, d. h. genuin geometrische Grundbegriffe (z. B. Punkt, Gerade, Kurve) durch ›analytische‹ Begriffe (z. B. Zahlenkoordinaten, Funktionsgleichungen) ersetzt. Ursprünglich auf Kurven-, Flächen- und 3-dimensionale Raumtheorie beschränkt, wurde die analytische Geometrie seit dem 19. Jahrhundert mit den Methoden der Algebra und Topologie zur algebraischen Geometrie verallgemeinert. Bereits in den Kegelschnittlehren des Archimedes und Apollonios deutet sich der Gebrauch von (schiefwinkligen) Koordinaten, z. B. in der Konstruktion von Durchmesser und Tangente, an. Allerdings werden in der antiken Geometrie solche Bezugslinien erst nachträglich in die stereometrisch als Schnitte an Kegeln erzeugten Kurven eingetragen und nicht wie in der neuzeitlichen analytischen Geometrie zur Definition einer Figur vorausgesetzt. Im Rahmen der peripatetisch-mittelalterlichen Physik zeichnet Nikolaus von Oresme (ca. 1330–1382) Beschleunigung-Zeit-Graphen, in denen jedem Zeitabschnitt (*longitudo*) der Zeitachse eine senkrechte Strecke (*latitudo*) mit der entsprechenden Größe gleichförmiger Beschleunigung zugeordnet wird. Diese Darstellung bleibt jedoch qualitativ, ohne Angabe der Funktion.

Nachdem im 16. Jahrhundert die indisch-arabische Algebra weiterentwickelt worden war, gab 1637 René Descartes (1596–1650) in seiner *Géometrie* eine geometrische Interpretation von Addition, Subtraktion, Multiplikation, Division und Quadratwurzel, indem er eine Einheitsstrecke auszeichnete und jeder Rechenoperation eine Streckenoperation zuordnete. Zahlentheoretisch deutet sich damit eine Erweiterung auf den Bereich der algebraischen Zahlen an. In seiner ›Kurventheorie‹ geht Descartes von kinematisch erzeugten Kurven aus, die durch ihre Konstruktionsverfahren und den Grad ihrer algebraischen Gleichung klassifiziert werden. Von diesen algebraischen Kurven der ›Präzisionsmathematik‹ unterscheidet Descartes die ›mechanischen‹ Kurven der ›Approximationsmathematik‹, z. B. die seit der Antike bekannte Spirale und Zissoide, die später als Beispiele transzendenter Funktionen erkannt werden.

Während Descartes jedoch von kinematisch erzeugten Kurven ausgeht und dann algebraische

Eigenschaften bestimmt, betrachtet der französische Mathematiker Pierre de Fermat (ca. 1607–1665) umgekehrt zunächst algebraische Gleichungen, um daraus geometrische Kurveneigenschaften abzuleiten. Um 1655 definiert der englische Mathematiker John Wallis (1616–1703) die Kegelschnitte als diejenigen Kurven, welche bestimmten quadratischen Gleichungen genügen. Wallis unterscheidet bereits positive und negative Ordinaten bzw. Abszissen. Von Isaac Newton (1643–1727) werden 1676 zum ersten Mal 72 der 78 möglichen ›Kurven 3. Grades‹ graphisch in zwei Koordinatenachsen gezeichnet. Newton ist auch mit der ›Transformation‹ von rechtwinkligen Koordinaten auf Polarkoordinaten vertraut. Seine Kurventheorie wird vor allem durch die schottischen Mathematiker James Stirling (1692–1770) und Colin Maclaurin (1698–1746) erweitert und präzisiert. Der Deutsche Philosoph Gottfried Wilhelm Leibniz (1646–1716) und der Schweizer Mathematiker Johann Bernoulli (1667–1748) sprechen von ›Koordinaten‹ und ›cartesischer Geometrie‹ im heutigen Sinn.

Um 1700 stellt Antoine Parent (1666–1716) die erste analytische Studie der Kugeloberfläche in rechtwinkligen Raumkoordinaten vor. Nach Vorarbeiten durch den Schweizer Jakob Hermann (1678–1733) erweist sich im 18. Jahrhundert der ebenfalls aus der Schweiz stammende und in St. Petersburg lehrende und in Berlin forschende Leonard Euler (1707–1783) als der treibende Motor zur ›analytischen Untersuchung von Flächen‹. Die Quadriken (Flächen 2. Ordnung), z. B. Ellipsoid und Hyperboloid, erzeugt Euler systematisch durch Transformationen aus der allgemeinen Gleichung der Quadriken und gibt analog zur ebenen Kurvengeometrie die erste Formulierung der Translation und Rotation von Achsen in drei Dimensionen an. Euler dehnt die Newtonsche Klassifikation der Kurven auf diejenigen 4. Grades aus, für die er 146 Normalformen aufstellt, und führt die Parameterdarstellung von Kurven ein.

Ende des 18. Jahrhunderts fordert der Italiener Joseph-Louis de Lagrange (1736–1813) – analog zu seiner *Mécanique analytique* – eine ›analytisch-algebraische Theorie der Geometrie‹, die auf synthetisch-physikalische Anschauung verzichtet. An die Stelle von Deduktion und Konstruktion tritt die analytische Rechnung und die Lösung von Gleichungen. Seit der Gründung der École Polytechnique und École Normale im Jahr 1794 wird die analytische Geometrie in Frankreich von Gaspard Monge (1746–1818) und Sylvestre F. Lacroix (1765–1843) systematisch in Lehrbüchern dargestellt und wegen ihrer großen Bedeutung für Technik und Naturwissenschaft zu einem Kernfach polytechnischer Ausbildung.

Anfang des 19. Jahrhunderts führten Monges Lehrbücher der darstellenden Geometrie zur Ausbildung der projektiven Geometrie durch Jean-Victor Poncelet (1788–1867), der damit die Perspektivenprobleme von Pappos, Gérard Desargues (1591–1661) und Blaise Pascal (1623–1662) aufgriff und zur mathematischen Definition des projektiven Raumes weiterentwickelte. So wie schneidende Geraden im euklidischen Raum genau einem (eigentlichen) Punkt (dem Schnittpunkt) zugeordnet werden, ordnet Poncelet parallele Geraden genau einem (uneigentlichen) Punkt (ihrem ›unendlich fern liegenden‹ Schnittpunkt) zu. Intuitiv entspricht diese Begriffsbildung den Vorgängen im Sehraum, in dem sich z. B. parallel laufende Eisenbahnschienen vom Blickpunkt aus in ›unendlicher Ferne‹ zu schneiden scheinen. Mathematisch wird daher der projektive Raum als Erweiterung des euklidischen Raumes der eigentlichen Punkte um die uneigentlichen Punkte definiert. Durch den Schweizer Jakob Steiner (1796–1863) und den Deutschen Karl Georg Christian von Staudt (1798–1867) wurde die projektive Geometrie zu einer nicht-analytischen, synthetischen Geometrie ausgebaut. Ihre schwerfällige Beweisführung verbesserte der deutsche Mathematiker und Physiker Julius Plücker (1801–1868) durch die analytische Methode (z. B. durch Einführung homogener Koordinaten), die sowohl zu erheblichen Vereinfachungen als auch zur Erklärung bestimmter projektiver Prinzipien, z. B. des Dualitätsprinzips, führten.

Die philosophischen Überlegungen des deutschen Pädagogen Johann Friedrich Herbart (1776–1841) über beliebig dimensionale Räume regten Hermann-Günther Graßmann (1809–1877) zu Untersuchungen über n-dimensionale affine Ausdehnungen an, die zusammen mit Arthur Cayleys (1821–1895) Untersuchungen seit 1844 die Entwicklung der ›affinen‹ Geometrie einleiteten und in die lineare Algebra mündeten, in deren Verlauf unter anderem der für die Physik zentrale Begriff des ›Vektorraums‹ ausgebildet wurde.

Die Axiome und Postulate der 3-dimensionalen euklidischen Geometrie wurden in der Tradition als wahr angesehen, da sie unmittelbar anschaulich einleuchten. Eine Ausnahme war das Parallelenpostulat, das man daher aus den übrigen Axiomen abzuleiten versuchte. Das war der Anstoß zur Entwicklung einer nicht-euklidischen Geometrie, in der die Winkelsumme im Dreieck kleiner als 180° ist bzw. in der unendlich viele Parallelen zu einer vorgegebenen Geraden durch einen nicht auf dieser Geraden liegenden Punkt existieren. Nach Beweisversuchen des euklidischen Parallelenaxioms durch den Mathematiker Proklos (410/411–485) sowie durch Wallis und den Italiener Giovanni Saccheri (1667–1733) legte der Schweizer Johann Heinrich Lambert (1728–1777) in seiner *Theorie der Parallellinien* von 1766 (posthum 1786 publiziert) die Grundlagen der späteren hyperbolischen Geometrie.

Abbildung 1

Im Lambert-Rechteck (vgl. Abb. 1) mit vorausgesetzten rechten Winkeln bei *A, B, C* führen unterschiedliche Hypothesen über die Winkelgröße bei *D* zu unterschiedlichen geometrischen Satzsystemen. Unter der Hypothese vom spitzen Winkel bei *D* erweist sich die Winkelsumme im Dreieck als kleiner als 180° und existieren keine ähnlichen Dreiecke unterschiedlicher Größe. Analog zur sphärischen Trigonometrie der Kugel mit Radius 1, auf der sphärische Dreiecke eine Winkelsumme größer als 180° besitzen, entwickelte Lambert die ›hyperbolische Trigonometrie‹ der imaginären Kugel mit Radius *i*. Dabei entstehen die hyperbolischen Funktionen sinh, cosh etc. aus den üblichen trigonometrischen Funktionen sin, cos etc., indem die Dreiecksseiten a, b, c durch $i\,a$, $i\,b$, $i\,c$ ersetzt werden, d.h. $\sinh a = \sin i\,a$, $\cosh a = \cos i\,a$ etc. Für gleichseitige hyperbolische Dreiecke wachsen die Dreiecksseiten gegen Unendlich und schneiden sich im Grenzfall im Winkel Null.

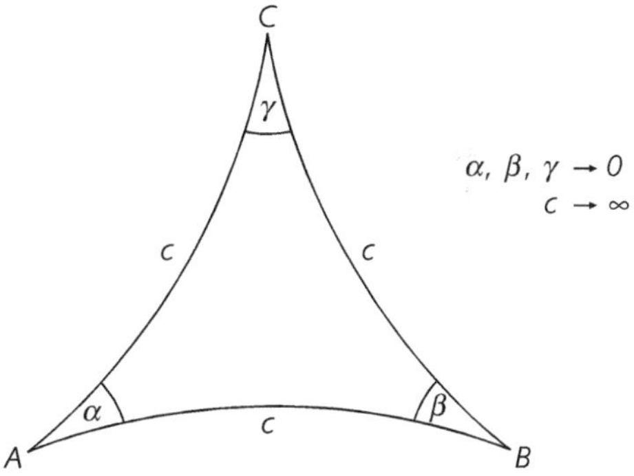

Abbildung 2

Während Saccheri diese Eigenschaft unter den Voraussetzungen der synthetischen Geometrie als Widerspruch interpretierte und damit die Hypothese vom spitzen Winkel im Sinne eines Beweises des Parallelenaxioms widerlegt zu haben glaubte, erkannten darin der Deutsche Carl Friedrich Gauß (1777–1855), der Ungar János Bolyai (1802–1860) und der Russe Nikolai Iwanowitsch Lobatschewski (1792–1856) die Eigenschaft einer eigenständigen nicht-euklidischen Geometrie, für deren gleichseitige Dreiecke Gauß die Abbildung 2 als graphische Interpretation vorschlug. Analog zur Kugel als Flächenmodell mit konstanter positiver Krümmung für die elliptische Geometrie bestimmte um 1868 der Italiener Eugenio Beltrami (1835–1900) ›Flächenmodelle mit konstanter negativer Krümmung‹ für die hyperbolische Geometrie, die allerdings – wie David Hilbert (1892–1943) später zeigte – notwendig mit Singularitäten (z.B. festen Rändern, über die hinaus die Fläche nicht stetig fortsetzbar ist) behaftet sind (Abb. 3).

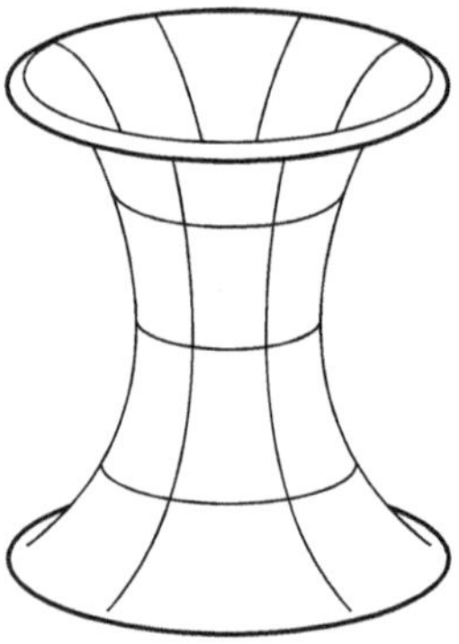

Abbildung 3

Um 1871 schlug der deutsche Mathematiker Felix Klein (1849–1925) ein ›euklidisches Modell‹ der hyperbolischen Geometrie vor (Kleinsches Modell). Dazu werden hyperbolische Punkte durch Punkte im Inneren eines euklidischen Kreises, hyperbolische Geraden durch die Sehnen dieses Kreises interpretiert. Die Punkte der Kreisperipherie zählen nicht zum Modell. Die hyperbolische Ebene ist das Innere des Kreises. Da es unendlich viele hyperbolische Geraden durch einen Punkt P gibt, welche die hyperbolische Gerade UV (Abb. 4) nicht schneiden, ist das Parallelenaxiom nicht erfüllt. Dagegen gelten alle euklidischen Axiome der Inzidenz, Anordnung und sogar der Kongruenz, wenn man die Streckengröße $d(A,B)$ (Abb. 4) durch den Logarithmus des Doppelverhältnisses $(UVBA)$ misst. Wandert A gegen U, so wächst $d(A, B)$ über alle Grenzen, d. h. $\lim d(A, B) = \infty$.

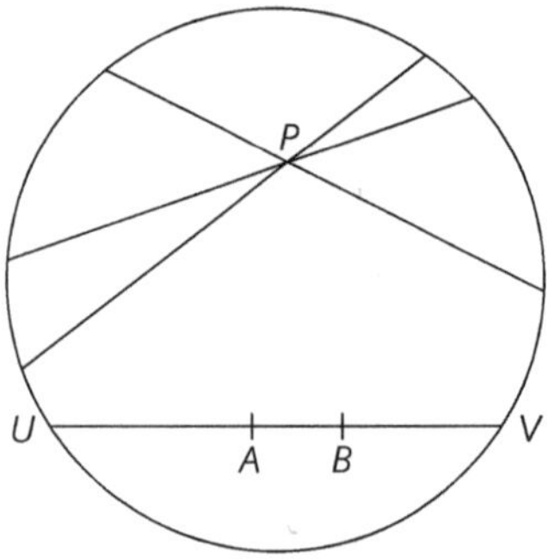

Abbildung 4

Im Unterschied zu Klein konnte der französische Mathematiker Henri Poincaré (1854–1912) ein euklidisches Modell der hyperbolischen Geometrie mit euklidischer Winkelmessung angeben, die sog. hyperbolische (oder auch Poincarésche) Halbebene. Darin wird die hyperbolische Ebene als euklidische Halbebene im rechtwinkligen Koordinatensystem mit $y > 0$ interpretiert. Hyperbolische Punkte sind die Punkte in der Halbebene ohne $y = 0$. Hyperbolische Geraden werden als Halbkreis und Strahlen der Halbebene interpretiert, die auf der x-Achse senkrecht stehen. Wie im Kleinschen Modell ist das Parallelenaxiom im Unterschied zu allen anderen euklidischen Axiomen nicht erfüllt. Denn zu jedem nicht auf einer vorgegebenen hyperbolischen Geraden g liegenden Punkt P existieren unendlich viele hyperbolische Geraden durch P, welche die hyperbolische Gerade g nicht schneiden (Abb. 5):

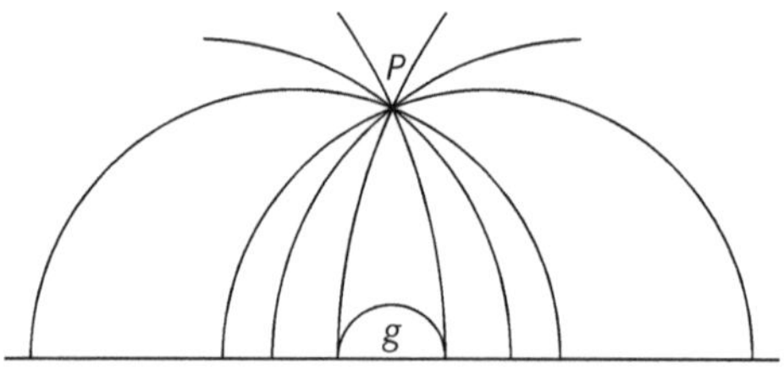

Abbildung 5

Alternativ zur hyperbolischen Geometrie nimmt die elliptische Geometrie an, dass die Winkelsumme im Dreieck größer als 180° ist bzw. in der keine Parallelen durch einen Punkt zu einer vorgegebenen Geraden existieren. Im Lambert-Rechteck (Abb. 1) mit vorausgesetzten rechten Winkeln bei A, B, C führen unterschiedliche Hypothesen über die Winkelgröße bei D zu unterschiedlichen geometrischen Satzsystemen. Unter der Hypothese vom stumpfen Winkel bei D erweist sich die Winkelsumme im Dreieck größer als 180°. Diese Eigenschaft bewies bereits Menelaos von Alexandria (ca. 70–ca. 140) für sphärische Dreiecke mit Kugelgroßkreisen als Seiten. Mit den Funktionen der ›sphärischen Trigonometrie‹ lässt sich zeigen, dass sphärische gleichseitige Dreiecke nicht beliebig vergrößerbar sind wie im euklidischen Fall, sondern die Seitengröße

$2\pi/3$ als absolute Grenze besitzen (Abb. 6). Diese Kugelgeometrie liefert ein ›Modell‹ der elliptischen Geometrie. Interpretiert man nämlich die elliptische Ebene als Oberfläche der Einheitskugel, die Großkreise als elliptische Geraden und die Paare diametraler Punkte auf der Kugeloberfläche als elliptische Punkte, so gilt das Parallelenaxiom nicht, da sich alle Großkreise schneiden. In diesem Modell gelten alle übrigen Axiome der euklidischen Geometrie bis auf die Axiome der Zwischenrelation, die für die oben interpretierten elliptischen Punkttripel nicht erklärt ist und deren Anordnungsaxiome daher verändert werden müssen (denn aus den unveränderten Axiomen der euklidischen Geometrie würde schon unabhängig vom Parallelenaxiom die Existenz ›mindestens einer‹ Parallele durch einen Punkt zu einer vorgegebenen Geraden folgen).

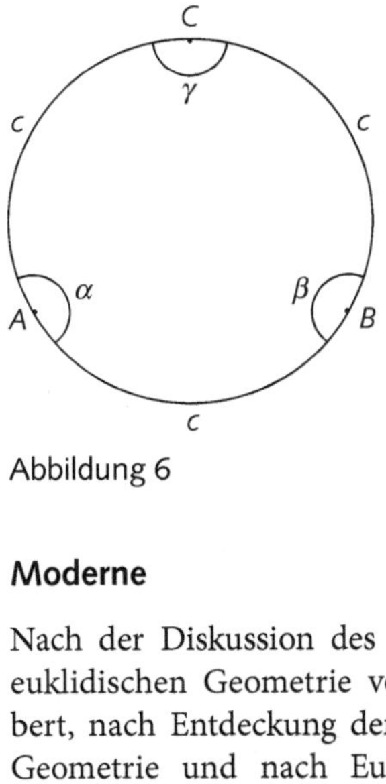

Abbildung 6

Moderne

Nach der Diskussion des Parallelenaxioms der euklidischen Geometrie von Proklos bis Lambert, nach Entdeckung der ›nicht-euklidischen‹ Geometrie und nach Eulers Untersuchungen über das Krümmungsverhalten ebener Kurven setzt mit Gaußens *Disquisitiones generales circa superficies curvas* von 1828 die Entwicklung der ›Differentialgeometrie‹ ein, die sich bei Gauß zunächst mit der Metrik und Krümmung 2-dimensionaler Flächen beschäftigt und bei Bernhard Riemann (1826–1866) für n-dimensionale differenzierbare Mannigfaltigkeiten verallgemeinert wird. Die Differentialgeometrie fand nach Gauß bereits Anwendung in Geodäsie und Kartographie und erhielt nach Albert Einstein (1879–1955) zentrale Bedeutung für die Gravitationstheorie. Gauß untersucht 2-dimensionale ›ebene Kurven‹ und 3-dimensionale ›Raumkurven‹. Für ebene Kurven zeigt sich nach Gauß der Wechsel seiner Richtungen beim Durchlaufen der Kurve, wenn man jeder Kurventangente denjenigen Halbstrahl zuordnet, der vom Kreismittelpunkt eines Einheitskreises in der Kurvenebene parallel der betrachteten Tangente in Durchlaufrichtung der Kurve liegt:

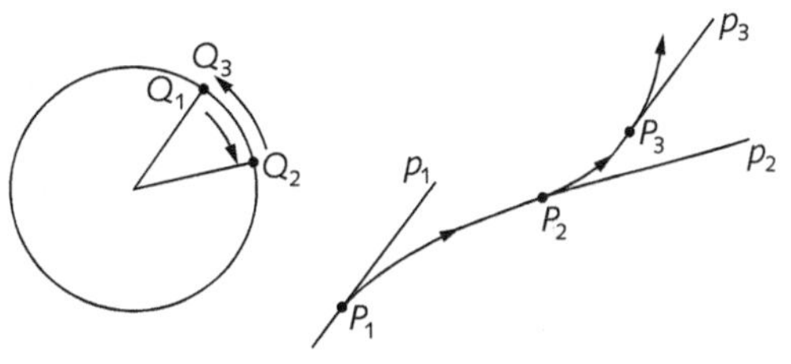

Abbildung 7

Die Schnittpunkte Q_j der Parallelen mit dem Einheitskreis (Abb. 7) heißen die Tangentenbilder von P_j. Die auf den Tangenten p_j in P_j senkrecht stehenden Geraden n_j heißen Kurvennormalen. Lässt man nun einen zu P_1 benachbarten Kurvenpunkt P_2 auf P_1 zulaufen, so besitzt die Folge der Quotienten aus Schnittwinkel $\sphericalangle(p_1, p_2)$ der Tangenten p_1, p_2 bzw. $\sphericalangle(n_1, n_2)$ der Normalen n_1, n_2 und der Entfernung $\overline{P_1P_2}$ der Kurvenpunkte (Abb. 8) im Allgemeinen einen Grenzwert - die ›Krümmung‹ $k = \lim_{\overline{P_1P_2}\to 0} \frac{\sphericalangle(p_1,p_2)}{\overline{P_1P_2}} = \lim_{\overline{P_1P_2}\to 0} \frac{\sphericalangle(n_1,n_2)}{\overline{P_1P_2}}$ der Kurve in P_1, die sich wegen $\sphericalangle(n_1, n_2) = \sphericalangle(p_1, p_2) = \sphericalangle(Q_1, Q_2)$ (Abb. 8) auch als Grenzwert der Quotienten der Längen eines kleinen Kurvenbogens und seines Tangentenbildes auf dem Gaußschen Einheitskreis auffassen lässt.

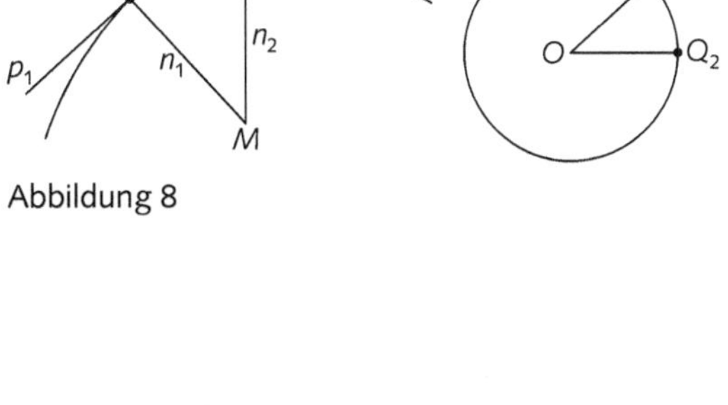

Abbildung 8

Die Grenzlage des Normalenschnittpunktes M bestimmt den Krümmungsradius r des sog. Krümmungskreises in P_1 mit $k = \frac{1}{r}$. Bei Raumkurven bestimmen die unendlich vielen Normalen einer Kurventangente p von P die sog. Normalebene N von P. Die Schmiegungsebene S der Kurve in P ist die Grenzlage von Ebenen durch die Tangente p von P und benachbarte Kurvenpunkte, die gegen P laufen. Die Normalebene N, die Schmiegungsebene S und die auf beiden Ebenen senkrecht stehende rektifizierende Ebene R bestimmen die in P senkrecht stehende Tangente p, Hauptnormale h und Biegenormale b (Abb. 9) – das sog. begleitende Dreibein der Kurve. Analog zu ebenen Kurven lassen sich nach Gauß nun die Bilder von Tangente, Hauptnormale und Binormale auf einer Einheitskugel studieren. Zur Bestimmung des ›Krümmungsradius‹ r von P gibt man zunächst die Grenzlage einer Folge von Schnittgeraden benachbarter Normalebenen an. Diese sog. Krümmungsachse KA in der Normalebene N von P steht senkrecht auf der Hauptnormalen h und bestimmt den Krümmungsradius r des Krümmungskreises in der Schmiegungsebene S von P (Abb. 9). Die Grenzlage einer Kugel durch vier Kurvenpunkte führt zum Begriff der ›Schmiegungskugel‹ mit Schmiegungskugelmittelpunkt SM.

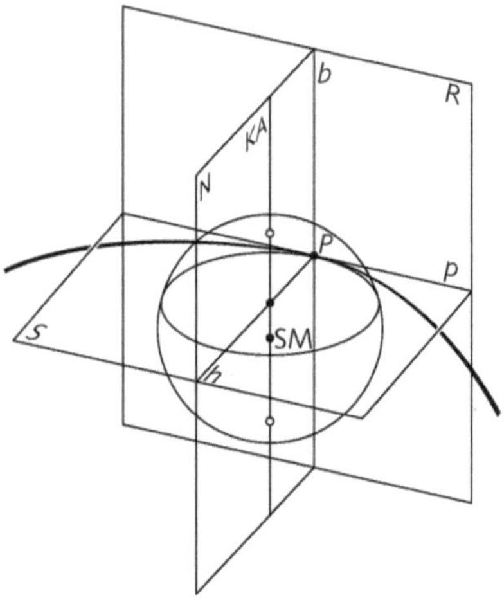

Abbildung 9

Das Koordinatennetz auf einer Fläche (im engeren Sinne) $x_i(u_1, u_2)$, das durch die Kurven $u_1 = const$ und $u_2 = const$ erzeugt wird, heißt ein Gaußsches Koordinatensystem wie z. B. die geographischen Koordinaten $x_1 = r\cos(\beta)\cos(\lambda)$, $x_2 = r\cos(\beta)\sin(\lambda)$, $x_3 = r\sin(\beta)$ auf der Kugel des Radius r mit $-\pi \leq \lambda \leq +\pi$ die Länge und $-\frac{\pi}{2} \leq \beta \leq +\frac{\pi}{2}$ für die Breite. Kurven auf den Flächen (z. B. Wege auf der krummen Erdoberfläche) $a < t < b$ lassen sich nun durch Flächenkoordinaten $u_1 = u_1(t)$, $u_2 = u_2(t)$ und durch Raumkoordinaten $x_i = x_i(u_1(t), u_2(t))$ beschreiben. Die ›Flächenmetrik‹ $ds^2 = g_{\mu\nu}\, du_\mu\, du_\nu$ ist eine positiv-definite quadratische Differentialform, auch ›erste Fundamentalform‹ genannt, wobei die metrischen Koeffizienten $g_{\mu\nu} = g_{\mu\nu}(u_1, u_2)$ nur von den Flächenpunkten abhängen und die Flächenkrümmung bestimmen. Sie ist gegen (eindeutige und in jede Richtung stetig differenzierbare) Koordinatentransformationen $\overline{u}_1 = \overline{u}_1(u_1, u_2)$, $\overline{u}_2 = \overline{u}_2(u_1, u_2)$ invariant. Für die Anwendung sind die ›längentreuen‹ (mit Invarianz der Kurvenlänge), ›konformen‹ (mit Invarianz der Winkelgröße) und ›flächentreuen‹ (mit Invarianz der Flächengröße) eineindeutigen Transformationen hervorzuheben.

In der ›Kartographie‹ entsteht z. B. die ebene Mercator-Karte mit den cartesischen Koordinaten y_1, y_2 und der pythagoreischen Metrik $ds_E^2 = dy_1^2 + dy_2^2$ durch eine zwar konforme, aber flächenverzerrende Abbildung der geographischen Kugelkoordinaten (s. Kap. I.2.1), während z. B. die Lambert-Karte durch eine (bis auf einen Verkleinerungsfaktor) flächentreue Transformation entsteht. Längentreue Abbildungen sind zwar stets konform, aber nicht umgekehrt, wie z. B. die konformen, aber nicht längentreuen Ähnlichkeitstransformationen der euklidischen Geometrie zeigen.

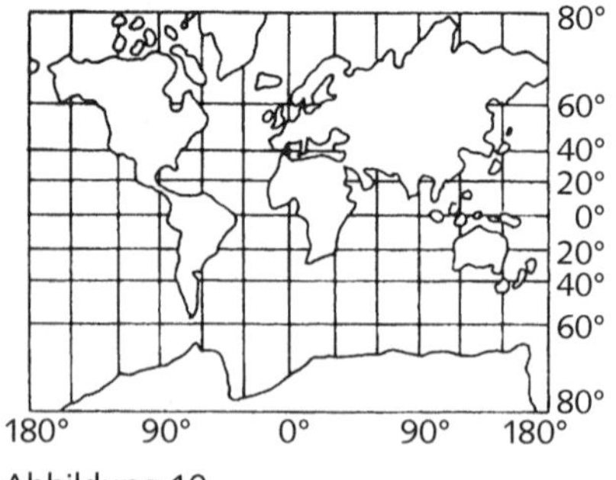

Abbildung 10

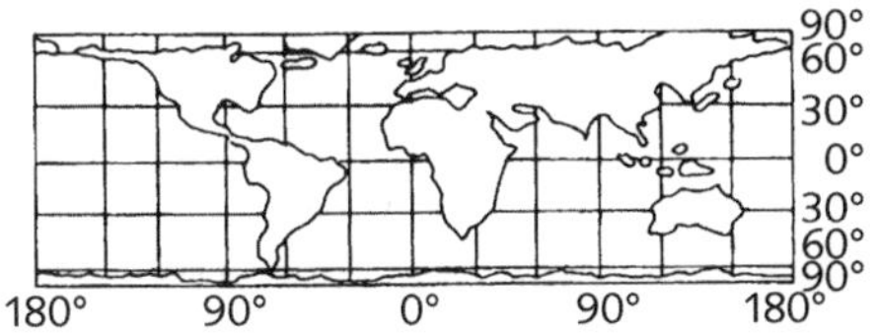

Abbildung 11

Das Krümmungsverhalten von Flächenstücken studiert man nach Gauß auf einer Einheitskugel, indem man zunächst zu den auf den Tangentialebenen der Flächenpunkte senkrecht stehenden Normalen die Parallelen durch den Mittelpunkt der Einheitskugel zieht. Die ›Gaußsche Krümmung‹ K eines Flächenpunktes P ist dann der Grenzwert einer Quotientenfolge aus sich um P zusammenziehenden Flächenstücken F und ihren sphärischen Bildern G auf der Einheitskugel, d.h. $K = \lim_{F \to 0} \frac{G}{F}$ (vgl. Abb. 12, 13). Da für elliptische Flächenpunkte der Umlaufsinn der Flächenstücke bei der sphärischen Abbildung erhalten bleibt (Abb. 12), liegt positive Krümmung vor, während hyperbolische Flächenpunkte wegen der Umkehrung des Umlaufsinns (Abb. 13) eine negative Krümmung besitzen.

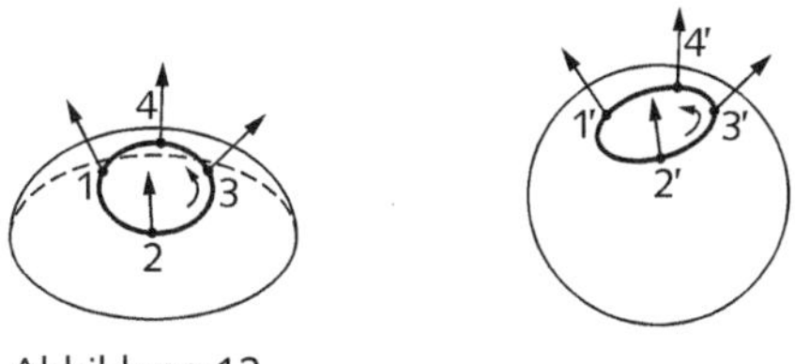

Abbildung 12

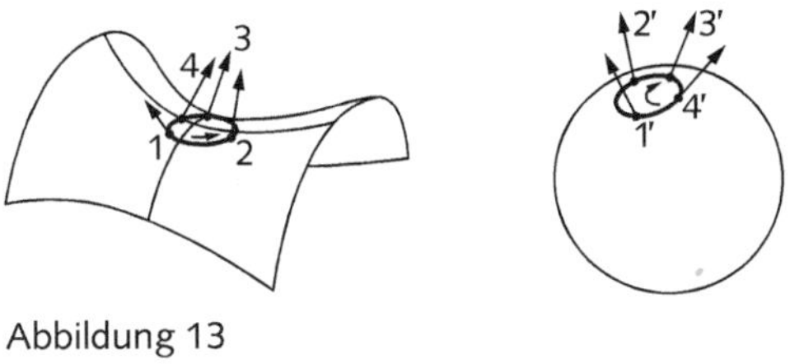

Abbildung 13

K ist gleich dem Produkt der beiden ›Hauptkrümmungen‹ k_1, k_2 in P, wobei k_1, k_2 die größte und die kleinste Krümmung einer Folge von Kurvenkrümmungen in P sind, deren zugehörige Flächenkurven durch eine sich um die Normale in P drehende Ebene aus der Fläche ausgeschnitten werden. Wegen $k_1 = \frac{1}{r_1}$ und $k_2 = \frac{1}{r_2}$ mit den zugehörigen Hauptkrümmungsradien r_1, r_2 ist daher $K = \frac{1}{r_1 r_2}$, $K = \frac{1}{r_2}$ für eine Kugel mit Radius r.

Nach dem ›Theorema egregium‹ von Gauß lässt sich die Krümmung K allein durch die metrischen Koeffizienten $g_{\mu\nu}$ und ihre Ableitungen bestimmen, d.h. K ist nur von der inneren Geometrie der Fläche und nicht von dem umgebenden Raum abhängig. Daher bleibt bei längentreuen Abbildungen (Verbiegungen der Fläche) die Gaußsche Krümmung der Flächenpunkte erhalten. Die Gesamtkrümmung eines Flächenstücks hängt nach dem Satz von Gauß und Pierre Ossian Bonnet (1819–1892) in einfacher Weise mit der gesamten Seitenkrümmung ihres Randes zusammen. ›Geodätische Linien‹ als kürzeste bzw. geradeste Verbindungen von Flächenpunkten fanden sowohl in der Geodäsie als auch Mechanik Anwendung. So formulierten Gauß und der deutsche Physiker Heinrich Hertz (1857–1894) ein ›mechanisches Prinzip‹, nach dem Körper unter dem Einfluss äußerer Kräfte immer einen Weg mit geringsten möglichen Abweichungen von der geraden Bewegung nach dem Trägheitsprinzip, also den geradesten Weg wählen.

Die Resultate der Gaußschen Flächentheorie lassen sich zwanglos auf n-dimensionale Flächen verallgemeinern. Riemann nahm eine weitere Verallgemeinerung vor, indem er die innere Geometrie der 2-dimensionalen Flächen auf solche *n-dimensionale* differenzierbare Mannigfaltigkeiten erweiterte, deren Metriken nicht mehr durch die Einbettung in einen umgebenden cartesischen Raum und dessen euklidisches Skalarprodukt induziert sind. Hier ist vielmehr ein Maßtensor $g_{\mu\nu}$, für $\mu, \nu = 1, \ldots, n$ vorgegeben, der im 2-dimensionalen Fall die Gaußsche Flächenkrümmung bestimmt. Die ›homogenen Riemannschen Mannigfaltigkeiten mit konstanter Krümmung‹ K ergeben für $K = 0$ die euklidische Geometrie, für $K < 0$ die hyperbolische und für $K > 0$ die elliptische Geometrie in n-dimensionaler Verallgemeinerung.

Einstein interpretierte in seiner relativistischen ›Gravitationstheorie‹ den mathematischen Formalismus einer 4-dimensionalen Riemannschen Mannigfaltigkeit, allerdings ausgestattet mit der nicht mehr positiv-definiten sog. Lorentz-Metrik, durch physikalische Größen, wie z. B. den metrischen Tensor $g_{\mu\nu}$ durch ein Gravitationspotential oder das Christoffelsche Dreiindizessymbol $\Gamma^{\lambda}_{\mu\nu}$ durch eine Gravitationskraft, die den Bewegungsverlauf eines Körpers beeinflusst. Variable Krümmungstensoren deuten auf inhomogene Gravitationsfelder. Grundlegend für das Verhältnis von Gauß-Riemannscher Differentialgeometrie und Einsteinscher Gravitationstheorie ist folgende Analogie: So wie es für ein Gaußsches Koordinatensystem mit der Metrik $g_{\mu\nu}$ lokal (d. h. im unendlich Kleinen) ein cartesisches Koordinatensystem mit pythagoreischer Metrik gibt, so lässt sich für alle Koordinatenpunkte eines Gravitationsfeldes lokal ein Inertialsystem angeben, in dem die Gesetze der speziellen Relativitätstheorie gelten. In der physikalischen Kosmologie spielen die Riemannschen Mannigfaltigkeiten mit konstanter Krümmung eine große Rolle, da in einigen Modellen ein isotropes und homogenes Universum vorausgesetzt wird.

Während Riemann von Mannigfaltigkeiten ausgeht, deren Metrik und Krümmungsverhalten als durch Beobachtung und Messung entscheidbare Hypothesen aufgefasst werden, erzwingt der deutsche Physiologe und Physiker Hermann von Helmholtz (1821–1894) mit seiner Voraussetzung der freien Beweglichkeit starrer Messkörper von vornherein die absolute Geometrie als den gemeinsamen Unterbau der hyperbolischen, elliptischen und euklidischen Geometrie der Räume mit konstanter Krümmung. Dabei ist die absolute Geometrie die gemeinsame Teiltheorie der euklidischen und nicht-euklidischen Geometrie ohne Entscheidung über die Parallelenfrage. Unter der Voraussetzung der freien Beweglichkeit starrer Messkörper gab von Helmholtz 1868 die absolute Geometrie der homogenen Räume mit konstanter Krümmung an, die bei positiv konstanter Krümmung die elliptische Geometrie, bei negativ konstanter Krümmung die hyperbolische Geometrie und bei konstanter Nullkrümmung die parabolische (euklidische) Geometrie ergibt. Mathematiker wie der Norweger Marius Sophus Lie (1842–1899) und der Deutsche Hermann Weyl (1885–1955) präzisierten Helmholtzens physikalische Annahme der freien Beweglichkeit eines starren Messkörpers mathematisch durch eine Gruppe stetiger und differenzierbarer kongruenter Abbildungen, die bestimmten Homogenitätsforderungen genügen. Hilbert gibt in seinen *Grundlagen der Geometrie* von 1899 ein Axiomensystem aus der euklidischen Geometrie ohne Parallelenaxiom an. Friedrich Bachmann entwickelt die (ebene) absolute Geometrie mit den Grundbegriffen ›Punkt‹, ›Gerade‹, ›Inzidenz‹ und ›Orthogonalität‹ aus der Gruppe der Spiegelungen an den Geraden. Im Unterschied zu Hilbert wird dabei auf den Anordnungsbegriff verzichtet, im Unterschied zu Helmholtz auf die Forderung der freien Beweglichkeit. Die elliptische Geometrie ist in Bachmanns Ansatz zugelassen.

Seit Gauß und Riemann spaltet sich die ›Differentialgeometrie‹, die aus der analytischen Geometrie durch Anwendung infinitesimaler Methoden im 17. und 18. Jahrhundert entstand, als eigenständige geometrische Disziplin ab. Nachdem die Physiker bereits im 17. und 18. Jahrhundert die Richtung mechanischer Größen berücksichtigt hatten – z. B. der Niederländer Christiaan Huygens (1629–1695) bei der Ableitung seiner Stoßgesetze –, entwickelte sich eine mathematische ›Vektoranalysis‹ erst im 19. Jahrhundert im Anschluss an Untersuchungen von Graßmann und dem Iren William Rowan Hamilton (1805–1865). Eine n-dimensionale Verallgemeinerung des Vektorbegriffs setzt der Österreicher Ludwig Boltzmann (1844–1906) in der kinetischen Gastheorie voraus. Die Dimension des Vektorraumes setzt sich dabei aus der Anzahl der Moleküle in einem Massengramm des Gases und Orts- und Impulsangaben zusammen.

Solche ›n-dimensionalen Verallgemeinerungen‹ sind charakteristisch für die analytische Geometrie des 20. Jahrhunderts. So wird die Nullstellenmenge der Gleichung $f(x_1, \ldots, x_n)$ mit einem Polynom f und Koeffizienten aus den reellen Zahlen (allgemein Elementen eines kommutativen Körpers) als affine Hyperfläche bezeichnet, wenn sie Teilmenge des n-dimensionalen affinen Punktraumes ist. Die Vorteile der aus der analytischen Geometrie entstandenen abstrakten

›algebraischen Geometrie‹, deren Grundbegriffe der besonders von Hilbert, Emmy Noether (1882–1935) und Bartle Leendert van der Waerden (1903–1996) entwickelten Algebra entstammen, liegt in der Reichweite ihrer Sätze, die unabhängig von einzelnen geometrischen Modellen gelten. Im Unterschied zur algebraischen Geometrie, deren Methoden in enger Beziehung zur Algebra und Topologie stehen, wird die analytische Geometrie heute auf die Theorie der durch lineare und quadratische Gleichungen definierten Gebilde (Gerade, Ebene, Kegelschnitte) eingeschränkt.

Zu Beginn der neuzeitlichen Philosophie gründete Descartes die euklidische Geometrie auf die angeborene Idee der Ausdehnung von Körpern (*res extensa*), deren geometrische Verhältnisse durch Zahlenkoordinaten bestimmt werden. Damit wurden die Algebraisierung der Geometrie und die Behandlung physikalischer Probleme durch Bewegungsgleichungen eingeleitet. Nach Pascal sind die Sätze der euklidischen Geometrie durch Intuition und Evidenz verbürgt, während Immanuel Kant (1724–1804) die euklidischen Figuren als apriorische Formen der Raumanschauung auszeichnet. Demgegenüber bezeichnet Newton die Geometrie als Teil der allgemeinen ›Mechanik‹, in der Sätze der Messkunst bewiesen werden. Nach der Entwicklung nichteuklidischer Theorien, in denen die Negation des euklidischen Parallelenpostulats gilt, stellte sich die Frage nach der physikalisch gültigen Geometrie, die nach Gauß und Helmholtz durch empirische Messung zu entscheiden ist.

Dagegen sind die Axiome der mathematischen Geometrie nach Hilbert weder erkenntnistheoretisch durch Anschauung noch psychologisch durch Evidenz oder physikalisch durch Messung, sondern durch den Nachweis ihrer ›Widerspruchsfreiheit‹ gesichert. An die Stelle von Aussagen über inhaltliche Vorstellungen von Figuren bzw. physikalischen Körpern treten formale Aussageformen, deren Prädikatorenvariablen *P*, *G*, *E* etc. nur noch die traditionellen Bezeichnungen ›Punkt‹, ›Gerade‹, ›Ebene‹ etc. tragen. So wird z. B. aus dem ersten euklidischen Postulat, wonach für zwei Punkte eine schneidende Gerade existiert, die Formel $\forall_x \forall_y (x \in P \wedge y \in P \rightarrow \exists_z (z \in G \wedge x, z \in L \wedge y, z \in L))$, wobei *L* eine zweistellige Relationenvariable ist, die der traditionellen Inzidenzrelation entspricht (»*x* liegt auf *y*«). Die Variablen dieser Formeln lassen sich dann nach Hilbert in ›mathematischen Modellen‹ interpretieren, so z. B. in der Arithmetik und Analysis, für die seit Richard Dedekind eine geometriefreie Einführung (in Form der Dedekindschen Schnitte) vorlag. Danach werden Punkte der Ebene durch reelle Zahlenpaare interpretiert; die Inzidenzaussage, wonach ein Punkt auf einer Geraden liegt, wird in die arithmetische Aussage übersetzt, wonach ein Zahlenpaar (x, y) eine lineare Gleichung $ux + vy + w = 0$ erfüllt usw. Setzt man die Widerspruchsfreiheit von Arithmetik und Analysis voraus, so garantiert diese Interpretation die (relative) Widerspruchsfreiheit der formalen Hilbertschen Geometrie.

Logische ›Unabhängigkeitsbeweise‹ der euklidischen Axiome führten zu Untersuchungen nicht-euklidischer bzw. in anderer Weise modifizierter Theorien. Ein weiteres Beispiel ist die nicht-archimedische Geometrie. In dieser geometrischen Theorie gilt das Archimedische Axiom der euklidischen Geometrie nicht. Nach dem Archimedischen Messbarkeitsaxiom gibt es für zwei Strecken $a = AB$ und $b = CD$ eine Anzahl n derart, dass das n-malige Hintereinanderabtragen der Strecke b von A aus auf dem durch B gehenden Halbstrahl über den Punkt B hinausführt. Dieses Axiom ist nach Hilbert unabhängig von den übrigen Axiomen der euklidischen Geometrie, da es ein Modell gibt, in dem alle Axiome bis auf die Stetigkeitsaxiome gelten. Geometrische Beispiele, in denen das Archimedische Messbarkeitsaxiom nicht gilt, wurden bereits in der antiken und mittelalterlichen Geometrie der hornförmigen Winkel untersucht. Diese Überlegungen waren auch von philosophischem Interesse, da sie offenbar Aristotelischen Stetigkeitsforderungen widersprachen und von der Existenz aktual unendlich kleiner Größen ausgingen: In einer nicht-archimedischen Geometrie gibt es nämlich eine im Vergleich zu a so kleine Größe b, dass für jedes n immer $n\,b < a$ folgt.

Identifiziert man die euklidische Geometrie

mit ihrem analytischen Modell, so wird sie zu einem Spezialfall der Differentialgeometrie oder Vektoralgebra. Diese Auffassung vertrat besonders der sog. Bourbaki-Kreis von Mathematikern. Sie forderten, die Mathematik aus allgemeinen algebraischen, topologischen und Ordnungsstrukturen aufzubauen. Demgegenüber wird eine Einführung in die Geometrie über die euklidische Geometrie nicht nur aus didaktischen Gründen vorgeschlagen. Bereits der deutsche Logiker Gottlob Frege (1848–1925) hatte gegenüber Hilbert die Rolle der ›Raumanschauung‹ für die Geometrie betont und Hilberts Auffassung der geometrischen Axiome als eine impliziten Definition der geometrischen Grundbegriffe kritisiert.

Der deutsche Wissenschaftstheoretiker Hugo Dingler (1881–1954) versuchte eine ›technische Begründung‹ der euklidischen Geometrie, indem er eindeutige Realisationsverfahren für euklidische Grundbegriffe, z. B. das Dreiplattenverfahren für die Ebene, starre Körper für die Kongruenz, forderte. In dem von Paul Lorenzen weiterentwickelten Dinglerschen Ansatz werden Grundbegriffe wie ›Ebene‹, ›Parallelität‹ und ›Orthogonalität‹ durch Homogenitätsprinzipien bestimmt, die zusammen mit Axiomen für die Inzidenzrelation, Zwischenrelation (von Gauß bereits gefordert und von Moritz Pasch in die Geometrie eingeführt) und Stetigkeit auf die euklidische Geometrie führen. Kongruenz wird nun im Unterschied zu Hilbert als aus Parallel- und Spiegelungskongruenz abgeleiteter Begriff eingeführt, womit eine Definition geometrisch starrer Körper als Voraussetzung für physikalische Messungen ermöglicht werden soll. In neueren Ansätzen wird eine Begründung der euklidischen Geometrie durch ›formentheoretische‹ Axiome vorgeschlagen, die technisch z. B. durch Gussverfahren für Abdrücke und Kopien von Ton- und Metallkörpern gerechtfertigt werden. Historisch wird dabei ein Gedanke von Wallis berücksichtigt, wonach aus der Annahme von ähnlichen Figuren, die ohne Änderung ihrer Form stetig vergrößert oder verkleinert werden können, das euklidische Parallelitätspostulat folgt.

Die Entwicklung der ›Topologie‹ beginnt im 19. Jahrhundert mit Untersuchungen von Riemann, dem Deutschen August Ferdinand Möbius (1790–1868) und dem Franzosen Camille Jordan (1838–1922), nachdem bereits Ansätze z. B. in der Diskussion der Polyederformel bei Descartes und Euler vorlagen. Im Rahmen der Topologie gelingt mit den Beiträgen von Poincaré und dem Niederländer Luitzen E. J. Brouwer (1881–1966) auch eine Klärung des Dimensionsbegriffs, der in der koordinatenlosen Topologie nicht mehr wie in der analytischen Geometrie durch die Anzahl der Punktkoordinaten definiert werden konnte. Im Bündnis mit Georg Cantors (1845–1918) Mengenlehre wird schließlich im 20. Jahrhundert von Maurice René Fréchet (1878–1973) und Felix Hausdorff (1868–1942) der Begriff des ›topologischen Raumes‹ geprägt und damit der Blick von einzelnen topologischen Gebilden (Torus, Möbiusband, Kleinsche Flasche etc.) auf die allgemeine Analyse topologischer Strukturen gelenkt. Die alte Bedeutung von Geometrie im Sinne von ›Erdmessung‹ konnte diese Forschungsspezialisierungen nicht mehr abdecken. Erst Kleins *Erlanger Programm* von 1872 liefert mit dem Begriff der ›geometrischen Invarianten‹, die bei metrischen, affinen, projektiven, topologischen etc. Transformationsgruppen unverändert bleiben, eine Möglichkeit, die verschiedenen Forschungsrichtungen in einer Hierarchie von Theorien zu ordnen.

In der Mathematik wird Anfang des 20. Jahrhunderts der abstrakte Raumbegriff eingeführt, der allen mathematischen Raum-Konzepten zugrundeliegt. Neben Fréchet ist Hausdorff vor allem deshalb zu erwähnen, da er mit seinem Umgebungsbegriff eine Definition des ›topologischen Raumes‹ anbietet, die am intuitiven Konzept der ›Geometrie der Lage‹ (*analysis situs*) orientiert ist. Die ›Lage‹ von Punkten, z. B. in der Ebene, lässt sich anschaulich durch gewisse Umgebungen der Punkte lokalisieren. Beispiele solcher Punktumgebungen sind die Flächen, die durch Jordansche Kurven eingeschlossen werden, oder die offenen Intervalle auf der reellen Zahlenachse. Anschaulich lassen sich 2- und 3-dimensionale topologische Räume als Gummihäute oder Gummikörper vorstellen, die beliebig deformierbar sind, ohne dass sie ›zerreißen‹. Die Deformationen werden mathematisch durch Transformationen beschrieben. Sie zeigen, dass topologische Räume beliebig deformiert und verzerrt werden können, solange nicht ihre Stetigkeitseigenschaften verletzt werden. So können alle topologischen Eigenschaften der Kugel in gleicher Weise auch auf einem Ellipsoiden, Würfel oder Tetraeder studiert werden, während man eine Kugel ohne Zerreißen und Verkitten z. B. nicht in einen Torus verwandeln kann. Im Sinne der modernen ›Strukturmathematik‹ lassen sich ausgehend vom abstrakten Fundamentalbegriff des ›topologischen Raumes‹ durch schrittweises Hinzufügen und Verändern axiomatischer Eigenschaften alle mathematischen Räume einführen.

Ende des 19. Jahrhunderts bemühen sich Hilbert und der deutsche Mathematiker Moritz Pasch (1843–1930) um eine ›formale Axiomatisierung‹ der euklidischen Geometrie, die von inhaltlichen Bedeutungen der Grundbegriffe absieht und nur dem Kriterium der Widerspruchsfreiheit unterworfen wird. Die ›algebraische‹ Geometrie entstand seit dem 19. Jahrhundert durch eine schrittweise Verallgemeinerung ihrer geometrischen Objekte von der Untersuchung algebraischer und rationaler Kurven, affiner und projektiver Mannigfaltigkeiten über quasiprojektive Mannigfaltigkeiten, abstrakte algebraische Mannigfaltigkeiten bis hin zu affinen bzw. projektiven Schemata und algebraischen Räumen, die auf die Begriffsbildungen der modernen Algebra und Topologie zurückgreifen.

Methoden und Resultate der Geometrie sind seit den Griechen für die Philosophie stets von Interesse gewesen. ›Methodologisch‹ gilt die Geometrie seit Thales als diejenige Disziplin, die die Notwendigkeit von Beweisen für generelle Sätze erkannte und mit ihren Beweisverfahren für mehr als zwei Jahrtausende das Paradigma wissenschaftlicher Rationalität überhaupt abgab. Überall, wo streng bewiesen und begründet werden sollte, lautete das Motto: *more geometrico*. ›Epistemologisch‹ ist die Frage nach dem Status von Sätzen über räumliche Sachverhalte (Welche Geometrie gilt im Raum?) seit Kant in den Vordergrund gerückt, während die damit systematisch verbundene ›ontologische‹ Frage, was der Raum eigentlich sei, die Philosophie (und Theologie) seit der Antike bis hin zu modernsten kosmologischen Fragestellungen beschäftigt.

1.2 Physik

Antike

Erste (nicht-empirische) Raumtheorien treten in der vorsokratischen Philosophie im Zusammenhang mit kosmologischen Fragestellungen (Endlichkeit oder Unendlichkeit des Raumes, Existenz oder Nicht-Existenz des leeren Raumes, Materialität oder Nicht-Materialität des Raumes) und mathematischen Konzeptionen (begrenzte oder unbegrenzte Teilbarkeit von Größen) auf. Im griechischen Atomismus mit Leukipp (5. Jh. v. Chr.) und Demokrit (460–371 v. Chr.) wird der Begriff eines unbegrenzten und leeren Raumes gebildet, während der Begriff des ›leeren Raumes‹ bei Parmenides für den Begriff des ›Nicht-Seienden‹ steht. Diese frühen Raumtheorien bilden den Hintergrund der weiter ausgearbeiteten ›philosophischen Raumbegriffe‹ bei Platon und Aristoteles. In der Begrifflichkeit der Ideenlehre tritt der Begriff des ›Raumes‹ bei Platon in einem wiederum kosmologischen Zusammenhang auf: Wie er im Dialog *Timaios* (48e) schreibt, sei der Raum als *chora* eine »dritte Gattung« und die »Amme des Werdens«, welche zwischen den Ideen und der Sinnenwelt vermittelt. In der Elemententheorie Platons findet dieser Raumbegriff selbst eine mathematische Ausarbeitung in den regulären (›Platonischen‹) Körpern.

Während in der Geschichte des griechischen Atomismus bis hin zu dem französischen Theologen Pierre Gassendi (1592–1655) der Begriff des ›leeren unendlichen Raumes‹ den wesentlichen Grundbegriff physikalischer und kosmologischer Konzeptionen bildet, übersetzt Aristoteles die Platonische Konzeption in eine Örter-Theorie, in deren Rahmen auf der Auszeichnung natürlicher Örter (der Dinge) eine Theorie des einfachen Körpers (des Körpers, der eine Ursache der Bewegung in sich selbst hat) und eine Theorie der einfachen Bewegung (der Bewegung einfacher Körper) basieren. Die Aristotelische Raumkonzeption steht damit wie bei Platon im Zusammenhang mit einer Elemententheorie, die eine schalenförmige Schichtung der vier Elemente im Zustand einer vollkommenen Ordnung um das Weltzentrum vorsieht. Mit der Annahme eines fünften Elements, das später *quinta essentia* und Äther genannt wurde, verbindet sich die These von der räumlichen Endlichkeit der Welt, wobei Aristoteles selbst keine Theorie des Raumes im engeren Sinne, sondern eine Theorie der Örter (als Lagebeziehungen von Körpern) ausgearbeitet hat.

Damit führt Aristoteles zugleich die Frage nach der räumlichen Endlichkeit oder Unendlichkeit der Welt, die bis in die Neuzeit hinein in nicht-empirischen, philosophischen Kosmologien eine wesentliche Rolle spielt, auf physikalische Überlegungen zurück. Im Rahmen der Aristotelischen Physik ist sie zugunsten einer räumlichen Endlichkeit entschieden, im Rahmen der atomistischen Physik zugunsten einer räumlichen Unendlichkeit, die spekulativ später auch in nicht-physikalischen Systemen vertreten wird (Nikolaus von Kues, Giordano Bruno). In dieser (spekulativen) Form unterliegen Aussagen über kosmologische Eigenschaften des Raumes der Antinomienkritik Kants, nach der sich sowohl für die Aussage, dass die Welt dem Raume nach endlich ist, als auch für die Aussage, dass sie dem Raume nach unendlich ist, Begründungen geben lassen; allerdings nur, wenn von der unzutreffenden Voraussetzung ausgegangen wird, dass die Welt insgesamt als ein empirischer Erfahrungsgegenstand gegeben ist.

Im Gegensatz zu derartigen (spekulativen) Raumtheorien und der dabei Anwendung findenden Begriffe des ›Endlichen‹ und des ›Unendlichen‹ tritt bereits bei Aristoteles ein reflektierter Begriff des ›Unendlichen‹ auf, der das Unendliche nicht als aktual Unendliches, sondern in Form einer Konstruktionsregel, angewendet auf endliche Größen, fasst. Während Aristoteles das unendlich Große dabei nur am Zahlbegriff exemplifiziert, führt eine Erörterung des unendlich Kleinen als Ergebnis wiederholter Teilungen von Strecken schließlich zu einer räumlichen Kontinuumstheorie, auf die sich auch die Aristotelische Örtertheorie des Raumes bezieht.

Neuzeit

Dieselbe Intention, nämlich die Angabe einer exakten Ortsdefinition, liegt auch der Raumkonzeption bei Leibniz zugrunde, die den Begriff des ›absoluten Raumes‹, wie er vor allem in der Newtonschen Mechanik ausgearbeitet wird, durch den Begriff des ›relationalen Raumes‹ ersetzt. So formuliert Leibniz in einem Brief vom 16. Juni 1712 an den Jesuiten Bartoloämus des Bosses (1668–1738): »Der Raum ist die Ordnung gleichzeitig existierender Dinge, wie die Zeit die Ordnung des Aufeinanderfolgenden«. Der physikalische Raum ist im Sinne dieser Definition nur relational, durch die in ihm bestimmten Lagebeziehungen physikalischer Körper gegeben, weshalb Leibniz in einem Schreiben an den Newton-Schüler Samuel Clarke (1675–1729) auch von einem »abstrakten Raum« als der »Ordnung aller als möglich angenommenen Stellen« spricht.

Zentral für Leibnizens Konzeption ist dabei der Umstand, dass der Raum als ein System von Relationen die gleiche Idealität besitzt, die in seiner physikalischen Konzeption, ausgeführt in einer Kontinuumstheorie, bereits für den Begriff des ›physikalischen Körpers‹ gilt. Die Aristotelische Kontinuumstheorie und Leibnizens Raumtheorie, mathematisch in Form der ›Analysis situs‹ ausgearbeitet, sind insofern erste Teile einer philosophischen Theorie des Raums, die Anspruch auf naturwissenschaftliche Relevanz erheben können.

Unter den neuzeitlichen philosophischen Raumtheorien stellen Kants Analysen zum Begriff der ›transzendentalen Idealität‹ des Raumes den Versuch dar, an die Stelle spekulativ kosmologischer oder empirisch-physikalischer Aussagen über den Realraum (empirischen Raum) eine erkenntnistheoretische Reflexion über die Rolle des ›Anschauungsraumes‹ in der Erfahrung zu setzen. In Kants Konzeption bildet der Begriff des ›Raumes‹ eine Bedingung der Erfahrung, wobei der hier Verwendung findende Begriff der ›Erfahrung‹ sowohl lebensweltliche Orientierungsvermögen als auch die Erfahrungssätze einer experimentellen Physik betrifft. Erkenntnistheoretisch geht es um den Nachweis, dass sowohl ein räumliches Orientierungsvermögen als auch die Rede von ausgedehnten Körpern und räumlichen Formen kein empirisches Wissen betrifft, das in einer ähnlichen Weise gewonnen wäre wie ein auf Gegenstände der Wahrnehmung bezogenes oder auf Wahrnehmungen rekurrierendes Wissen.

Kant macht 1781/87 in der *Kritik der reinen Vernunft* deutlich, dass der Raum nicht nur nicht wahrgenommen werden kann und in diesem Sinne kein empirischer Gegenstand oder »Begriff« ist, »der von äußeren Erfahrungen abgezogen worden« ist (A 23/B 38) –, sondern dass seine Vorstellung alle Wahrnehmungen und darüber hinaus alle Erfahrung immer schon begleitet, insofern die Wahrnehmung eines äußeren Gegenstandes immer schon räumlich ist. Als reine Form der Anschauung geht der Raum nach Kant, ebenso wie die Zeit, »allen Erscheinungen und allen Datis der Erfahrung vorher, und macht diese vielmehr allererst möglich« (A 267/B 323). Dass der Raum nach Kant reine Anschauung, und zwar Anschauung a priori, der Begriff des ›Raumes‹ damit auch kein Begriff im üblichen Sinne ist, liegt daran, dass Begriffe Intensionen von Prädikatoren über beliebig viele Einzelfälle sind, von Raum aber nur hinsichtlich ein und desselben Anschauungsraumes, ohne Rekurs auf empirische Anschauungen gesprochen werden kann. Dass der Raum als reine Anschauung zu den Grundlagen selbst der Mathematik gehört, bedeutet, dass mathematische Konstruktionen innerhalb eines Anschauungsraumes erfolgen, nämlich als Herstellung räumlicher Formen und anschaulicher Figurenreihen. Damit leistet eine Theorie des Anschauungsraumes, wie sie Kant zum ersten Mal methodisch unabhängig von empirisch-physikalischen und formalistisch-mathematischen Theorien formuliert, sowohl eine nähere Bestimmung des Begriffes der ›Konstruktion‹ (als Konstruktion im Anschauungsraum) als auch eine Darstellung der Abhängigkeit wissenschaftlicher und vorwissenschaftlicher Erfahrung von den Bedingungen ihrer räumlichen Erzeugung bzw. ihres räumlichen Auftretens.

Die Rede von den Gegenständen der Erfahrung setzt einen anschaulich-räumlichen Konstituierungszusammenhang voraus, weshalb Kant auch von der empirischen Realität des Raumes spricht. Sie definiert aber auch die Gegenständlichkeit des Raumes selbst – weshalb Kant von der »transzendentalen Idealität« des Raumes spricht: Der Raum ist »nichts [...], so bald wir die Bedingung der Möglichkeit aller Erfahrung weglassen, und ihn als etwas, was den Dingen an sich selbst zum Grunde liegt, annehmen« (A 28/B 44). Die Formulierung »Bedingung der Möglichkeit aller Erfahrung« bezieht sich bei Kant nicht nur auf eine Bedingung erfahrungswissenschaftlicher Sätze, z. B. der synthetischen Sätze der Physik, sondern auch auf eine Bedingung elementarer Wahrnehmungsakte; Raum tritt allgemein als Form der Sinnlichkeit auf.

Der Raumbegriff der Newtonschen (klassischen) Physik ist durch die euklidische Geometrie bestimmt. In der analytischen Geometrie wird der euklidische Raum auf das cartesische Produkt $\mathbb{R}^3$ des reellen Zahlenkontinuums $\mathbb{R}$ abgebildet, so dass jeder Punkt des euklidischen Raumes umkehrbar-eindeutig einem Zahlentripel aus $\mathbb{R}^3$ für die Längen-, Breiten- und Tiefenkoordinate in einem cartesischen Koordinatensystem zugeordnet wird. Man spricht dann auch vom ›cartesischen Raum‹. ›Physikalische‹ Anwendung finden cartesische Räume als 3-dimensionale cartesische Koordinatensysteme, in denen der Ort eines Körpers zu einem festen Zeitpunkt angegeben wird. Inertialsysteme sind 4-dimensionale Koordinatensysteme, die als raum-zeitliche Bezugssysteme mit der Zeit als 4. Dimension dienen und das 1. Newtonsche Axiom (Trägheitsgesetz) erfüllen. Newton selber geht noch von einem absolut ruhenden Bezugssystem aus, das als absoluter Raum gegenüber relativen Räumen ausgezeichnet wird. Nach der Kritik des österreichischen Philosophen und Physikers Ernst Mach (1838–1916) wird dieses Konzept des absoluten Raumes als metaphysisch verworfen und im Sinne des klassischen Relativitätsprinzips durch eine Klasse äquivalenter Inertialsysteme ersetzt. Die Gesetze der klassischen Mechanik bleiben bei Galilei-Transformationen mit Bezug auf diese Inertialsysteme invariant (sog. Galilei-Invarianz).

So bilden Newtons absoluter Raum und absolute Zeit ein 4-dimensionales Raum-Zeit-Kontinuum aus der Menge der Ereignisse, die mathematisch durch drei Raumkoordinaten für Höhe, Tiefe und Breite und eine Zeitkoordinate bestimmt sind. Im 3-dimensionalen euklidischen Raum kann die Metrik durch einen starren Körper realisiert werden. Die Zeit T wird als 1-dimensionaler euklidischer Raum aufgefasst, dessen Zeitkoordinate t durch eine lineare Transformation $t' = t + b$ (für Zeitverschiebungen) definiert ist und durch Standarduhren gemessen werden kann. Die Menge aller zu einem konstanten Zeitpunkt $t = t(e)$ mit einem Ereignis e gleichzeitiger Ereignisse bildet eine 3-dimensionale Raumschicht. In Abb. 14 ist ein Modell dieses Raum-Zeit-Kontinuums mit den Schichten gleichzeitiger Ereignisse angegeben, die durch 2-dimensionale parallele Ebenen dargestellt werden. Sie repräsentieren die jeweilige Gegenwart, die die Vergangenheit von der Zukunft mit $t > t(e)$ trennt. Die parallele Schichtung des Newtonschen Raum-Zeit-Kontinuums durch (maximale) Untermengen gleichzeitiger Ereignisse bringt die Annahme der klassischen Physik zum Ausdruck, dass es für zwei Ereignisse immer objektiv entscheidbar sei, ob sie gleichzeitig sind und ob sie am selben Ort stattfinden.

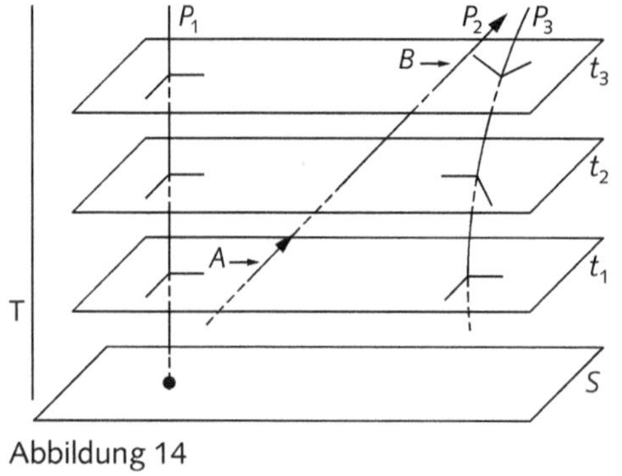

Abbildung 14

Newtons Annahme der absoluten Zeit kommt in der universellen Zeitachse T des Raum-Zeit-Kontinuums unabhängig vom Beobachter zum Ausdruck, während seine Annahme eines absoluten Raumes in absoluter Ruhe durch die Vertikale P_1 in einem Raum-Zeit-Punkt dargestellt ist, dessen Raumkoordinaten gleich bleiben und der entsprechend nur in der Zeit fortschreitet. Die schräge Gerade P_2 stellt eine gleichförmige Bewegung und die Kurve P_3 eine beschleunigte Bewegung im Newtonschen Raum-Zeit-Kontinuum dar, wobei die Bewegungen in A und B parallel sind.

Im 19. Jahrhundert wurde Newtons Annahme eines absoluten Raumes nach Ludwig Langes Definition von Inertialsystemen durch das klassische Relativitätsprinzip ersetzt, das von einer Klasse äquivalenter Inertialsysteme ausgeht. Daher fällt im Raum-Zeit-Kontinuum der klassischen Mechanik die Vertikale P_1 fort; sie wird durch gleichförmige Translationen, d.h. Geraden mit linearen Zeitfunktionen $x_i = x_i(t)$ als Raumkoordinaten für Inertialsysteme mit rechtwinkligen Koordinaten, ersetzt, die freie Trägheitsbewegungen ausführen. Die euklidische Metrik ist nur für die 4-dimensionalen Vektoren des Raum-Zeit-Kontinuums definiert, die in einer Gleichzeitigkeitsschicht liegen. Liegen zwei 4-dimensionale Weltpunkte A und B nicht in einer Schicht der Gleichzeitigkeit, so kommt ihnen ein bestimmter Zeitunterschied zu, nämlich die Zeitkomponente des 4-dimensionalen Vektors AB.

Moderne

Physikalische Anwendungen n-dimensionaler Vektorräume liefert seit Ende des 19. Jahrhunderts die statistische Mechanik mit dem Begriff des ›Phasenraums‹. Betrachtet man ein System von n Gasmolekülen mit drei rotatorischen und drei translatorischen Freiheitsgraden der Bewegung für jedes Molekül, dann besitzt das ganze System $6n$ Freiheitsgrade. Der Zustand des ganzen Systems zu einem Zeitpunkt t ist eindeutig durch den Ort und den Impuls jedes Moleküls zu diesem Zeitpunkt bestimmt. Die Impulskoordinaten p_i und Ortskoordinaten q_i ($i = 1, 2, \ldots, 6n$) zum Zeitpunkt t bestimmen daher nach Josiah Willard Gibbs die Phase des Systems zu diesem

Zeitpunkt. Die Phasenentwicklung des Systems wird durch jeweils zwei Hamiltonsche Bewegungsgleichungen für die Impuls- und Ortskoordinaten p_i und q_i (also insgesamt $12n$ Gleichungen) eindeutig determiniert. Anstatt von der Bewegung von n Molekülen im 3-dimensionalen Raum zu sprechen, kann man auch sagen, dass die $6n$ Größen p_i und die $6n$ Größen q_i einen $12n$-dimensionalen Phasenraum bilden, in dem jeder Zustand des Systems zu einem Zeitpunkt t durch einen $12n$-dimensionalen Phasenpunkt und jede Zustandsentwicklung durch eine Phasenbahn (Trajektorie) repräsentiert ist.

Seit Poincaré werden Phasenräume benutzt, um die Dynamik komplexer physikalischer Systeme zu analysieren. Insbesondere können die Zielzustände dynamischer Systeme geometrisch durch Attraktoren von ›Trajektorien im Phasenraum‹ charakterisiert werden, die Gleichgewichtszuständen oder Chaos im System entsprechen. Konservative (Hamiltonsche) Systeme wie das Planetensystem oder das Pendel ohne Reibung sind nach einem Theorem von Joseph Liouville (1809–1882) dadurch ausgezeichnet, dass das Volumen einer Region im Phasenraum unter den Hamiltonschen Bewegungsgleichungen erhalten bleibt. Dennoch ist die lokale Stabilität der Trajektorien im Phasenraum durch ›Liouvilles Theorem‹ keineswegs gesichert. Wie Poincarés ›Dreikörperproblem‹ der Himmelsmechanik zeigt, können geringste Veränderungen der Anfangsbedingungen eines Systems zu chaotischen Veränderungen der Trajektorien im Phasenraum führen, die langfristig nicht vorausberechenbar sind, obwohl sie mathematisch eindeutig determiniert sind. In diesem Falle bleibt zwar auch das Volumen einer Anfangsregion im Phasenraum erhalten, aber die Form der Region wird durch die extrem auseinanderlaufenden Trajektorien verzerrt.

Nach der Diskussion des Parallelenaxioms und der damit verbundenen Entdeckung der nichteuklidischen Geometrie werden auch 3- und mehrdimensionale ›nicht-euklidische Räume‹ in der Mathematik eingeführt. Gauß' Untersuchungen über die Metrik und Krümmung 2-dimensionaler Flächen werden von Riemann für n-dimensionale Mannigfaltigkeiten verallgemeinert (Differentialgeometrie). Von Helmholtz gelangt mit seiner Annahme der freien Beweglichkeit starrer Messkörper zur Theorie der ›Räume mit konstanter Krümmung‹, wobei der sphärische Raum mit positiver Krümmung, der elliptische Raum mit negativer Krümmung und der euklidische Raum mit Nullkrümmung zu unterscheiden sind. Der Helmholtzsche Ansatz wird von Lie in einer Theorie stetiger Bewegungsgruppen präzisiert, die für die ›differentialgeometrischen Räume‹ grundlegend ist.

Physikalische Anwendungen finden differentialgeometrische Räume als 4-dimensionale Raum-Zeit-Mannigfaltigkeiten. So ist der nach dem Lehrer Einsteins, Hermann Minkowski (1864–1909), sog. Minkowski-Raum der Speziellen Relativitätstheorie eine 4-dimensionale Raum-Zeit-Mannigfaltigkeit mit indefiniter oder pseudo-euklidischer Metrik, die sich von der euklidischen Metrik des euklidischen Raumes formal durch Minuszeichen vor den drei Raum-Koordinaten x, y, z unterscheidet. Physikalisch kommt in dieser Metrik zum Ausdruck, dass sich Körper mit Lichtgeschwindigkeit c (z.B. Photonen) auf den Geraden mit 45° zur Zeitachse t bewegen und nach dem Pythagoreischen Lehrsatz einen Lichtkegel $c^2 t^2 = x^2 + y^2 + z^2$ bilden (Abb. 15). Die Distanz $D(0,Q)$ (›Metrik‹) vom Ursprung 0 des Lichtkegels zu einem Punkt Q mit Koordinaten t, x, y, z beträgt dann $D(0,Q) = \sqrt{c^2t^2 - x^2 - y^2 - z^2}$. Falls Q auf dem Kegelmantel liegt, ist $D(0,Q) = 0$; falls Q innerhalb des Kegelmantels liegt, ist $D(0,Q) > 0$. Wegen der Konstanz der Lichtgeschwindigkeit können zukünftige bzw. vergangene Ereignisse nur auf oder innerhalb des Lichtkegels liegen, d.h., Ereignisse mit Überlichtgeschwindigkeit und $D(0,Q) < 0$ sind ausgeschlossen.

In Einsteins Spezieller Relativitätstheorie wird das klassische Relativitätsprinzip für solche Inertialsysteme revidiert, die das Prinzip konstanter Lichtgeschwindigkeit erfüllen. Das entsprechende Raum-Zeit-Kontinuum ist die 4-dimensionale Minkowski-Welt M^4 mit cartesischen Raumkoordinaten x, y, z und der Zeitkoordinate t. Wählt man die Lichtgeschwindigkeit als Einheit

$c = 1$, so bewegen sich Körper mit Lichtgeschwindigkeit im Raum-Zeit-Kontinuum auf den Geraden mit 45° zur t-Achse und bilden nach dem Satz des Pythagoras einen Lichtkegel $t^2 = x^2 + y^2 + z^2$ (Abb. 15). Wegen der Konstanz der Lichtgeschwindigkeit können zukünftige bzw. vergangene Ereignisse nur innerhalb des Lichtkegels liegen (zeitartige Ereignisse). Masseteilchen bewegen sich auf Geraden (gleichförmig) oder Kurven (ungleichförmig) innerhalb eines Kegels, masselose Lichtteilchen (Photonen) auf dem Kegelmantel. Der Abstand (›Metrik‹) vom Ursprung 0 zu einem Punkt Q mit Koordinaten t, x, y, z im Raum-Zeit-Kontinuum der Minkowski-Welt M^4 beträgt $0Q^2 = t^2 - x^2 - y^2 - z^2$, der sich vom pythagoreisch-euklidischen Term um die Minuszeichen unterscheidet; die Metrik wird dadurch indefinit. Falls Q auf dem Kegelmantel liegt, so ist $0Q = 0$, falls Q innerhalb des Kegelmantels liegt, so ist $0Q > 0$.

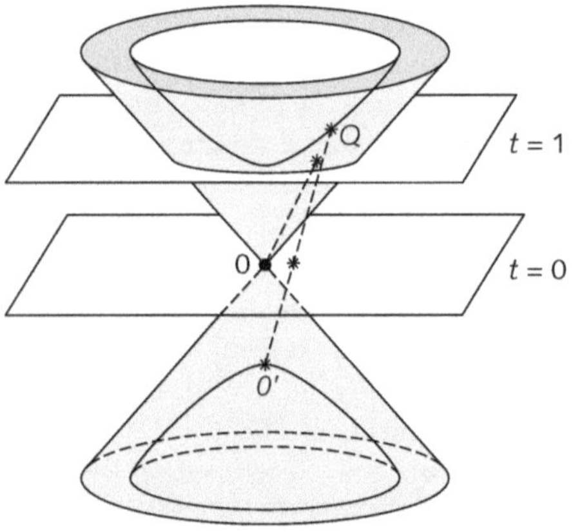

Abbildung 15

Kausale Wechselwirkungen zwischen zwei Punkten P_1 und P_2 im Raum-Zeit-Kontinuum der Minkowski-Welt M^4 werden durch den Schnitt des Zukunftskegels von P_1 und des Vergangenheitskegels von P_2 eingeschränkt. Mathematisch erzeugen die Mengen $\{x|P_1 < x < P_2\}$ für alle P_1, P_2 aus M^4 die Topologie von M^4. Sie präzisiert, ob und wie zwei Ereignisse in der Minkowski-Welt raum-zeitlich benachbart sind. Eine grundlegende Konsequenz der Minkowski-Metrik ist die Verwerfung der absoluten Zeit Newtons. An die Stelle der Galileischen Zeittransformation tritt nämlich bei den Lorentz-Transformationen der Inertialsysteme im Raum-Zeit-Kontinuum der Minkowski-Welt M^4 eine Zeittransformation $t' = t'(x, y, z, t)$, die nicht nur eine Funktion der alten Zeitkoordinate t, sondern auch der Raumkoordinaten x, y, z ist, d. h. Zeitmessung wird wegabhängig bzw. jedes Inertialsystem hat seine eigene Zeit.

Die Menge aller Punkte Q, die vom Ursprung 0 den Einheitsabstand $0Q = 1$ haben, bilden eine Einheitskugel im Raum-Zeit-Kontinuum M^4. Es handelt sich um einen Lobatschewski-Raum L^3, für den in Abbildung 15 zwei 2-dimensionale Kopien im Zukunfts- und Vergangenheitskegel des 3-dimensionalen Modells eingetragen sind. Physikalische Bedeutung erhält die Einheitskugel L^3 dadurch, dass sie alle Einheitsvektoren im M^4 repräsentiert, d.h., der Geschwindigkeitsraum der Speziellen Relativitätstheorie ist ein nichteuklidischer Lobatschewski-Raum L^3. Dadurch kommt im Raum-Zeit-Kontinuum M^4 geometrisch zum Ausdruck, dass das Galileische Additionstheorem für Geschwindigkeiten nicht gilt.

In Einsteins Allgemeiner Relativitätstheorie wird das Spezielle Relativitätsprinzip durch das Allgemeine Relativitätsprinzip für beliebige Bezugssysteme auch unter der Einwirkung von Gravitation ersetzt, das mathematisch durch das Prinzip der allgemeinen Kovarianz präzisiert wird. Raum-Zeit-Kontinua der Allgemeinen Relativitätstheorie sind danach Gravitationsfelder mit physikalischen Gleichungen, die zum einen ohne Einwirkung von Gravitation gelten (d.h., sie entsprechen der Speziellen Relativitätstheorie, wenn der metrische Tensor dem Minkowski-Tensor gleich ist und das Christoffelsche Symbol des affinen Zusammenhangs verschwindet) und zum anderen allgemein kovariant sind (d.h., sie behalten ihre Form im Sinne der Form-Invarianz bei allgemeinen Koordinatentransformationen).

Das Raum-Zeit-Kontinuum eines Gravitationsfeldes entspricht daher mathematisch einer Pseudo-Riemannschen Mannigfaltigkeit M mit lokaler Minkowski-Metrik, die an die Stelle der lokalen euklidischen Metrik in einer Riemannschen Mannigfaltigkeit tritt und im jeweiligen

Tangentialraum T_p eines Punktes P aus M dargestellt werden kann (Abb. 16).

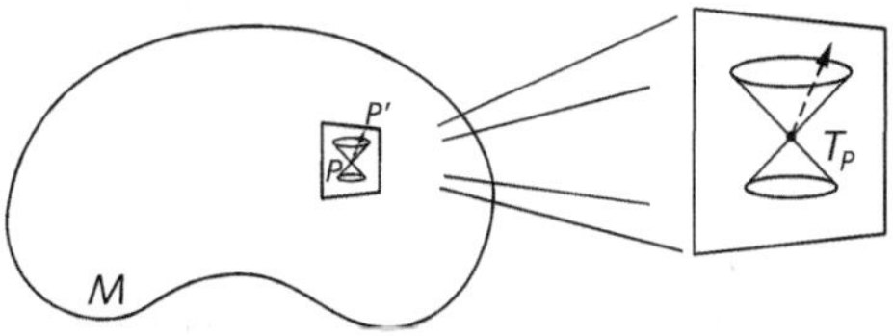

Abbildung 16

Physikalisch kommt in dieser Metrik zum Ausdruck, dass die Gravitationsgleichungen bei allgemeinen Koordinatentransformationen kovariant bleiben und dass im Spezialfall verschwindender Gravitationskräfte die Gesetze der Speziellen Relativitätstheorie gelten.

Während die globale Lorentz-Invarianz der Speziellen Relativitätstheorie einer globalen Symmetrie des Raum-Zeit-Kontinuums der Minkowski-Welt entspricht, kommt in der lokalen Lorentz-Invarianz der Allgemeinen Relativitätstheorie eine lokale Symmetrie des Raum-Zeit-Kontinuums eines Gravitationsfeldes zum Ausdruck. Die lokale Lorentz-lnvarianz bestimmt auch die Kausalitätsverhältnisse im Raum-Zeit-Kontinuum eines Gravitationsfeldes. Falls ein Punkt P mit einem Punkt P' durch eine zeitartige Kurve verbunden werden kann, kann ein Signal von P nach P' gesendet werden, aber nicht umgekehrt. Kovariante Theorien implizieren jedoch nicht a priori lokale Lorentz-Invarianz und damit lokale Symmetrie ihres Raum-Zeit-Kontinuums. So lassen sich mathematisch Raum-Zeit-Kontinua wie die Gödel-Welt angeben, in denen zeitartige Kurven geschlossene Bögen beschreiben. In einem solchen Raum-Zeit-Kontinuum würde die kosmologische Paradoxie auftreten, dass ein Astronaut in seine eigene Vergangenheit fährt.

Unter Voraussetzung des kosmologischen Prinzips ergeben sich aus Einsteins Gravitationsgleichung Alexander Friedmans Standardmodelle kosmischer Evolution für die drei möglichen Fälle homogener Räume mit positiver, flacher und negativer Krümmung (Helmholtz-Lieschen Räume mit konstanter Krümmung). Mathematisch wird dann das Universum als ein 4-dimensionales Raum-Zeit-Kontinuum verstanden, dessen 3-dimensionale ›räumliche‹ Unterräume isotrop und homogen sind. Differentialgeometrisch entspricht das kosmologische Prinzip einer Isometriegruppe von Transformationen, die die Robertson-Walker-Metrik des kosmischen Raum-Zeit-Kontinuums invariant lassen. Eine Verallgemeinerung der Helmholtz-Lieschen Räume mit konstanter Krümmung sind Élic Cartans (1869–1951) ›symmetrische Räume‹, die bei der Formulierung der Standardmodelle der relativistischen Kosmologie und Kosmogonie Anwendung finden. Die Theorie differentialgeometrischer Räume liefert die mathematischen Methoden für das Studium physikalischer Raum-Zeit-Mannigfaltigkeiten in der modernen Physik.

Nach den Singularitätssätzen von Roger Penrose (1965) und Stephen W. Hawking (1970) folgt aus der Allgemeinen Relativitätstheorie, dass das Raum-Zeit-Kontinuum der Standardmodelle eine anfängliche Raum-Zeit-Singularität mit unendlicher Krümmung haben muss. Kosmologisch wird sie als ›Urknall‹ (Big Bang) des Universums gedeutet. Die Singularitätssätze sagen auch die Möglichkeit von sehr kleinen Gebieten des relativistischen Raum-Zeit-Kontinuums voraus, in denen sich das Raum-Zeit-Kontinuum extrem krümmen und daher die Gravitation unendlich groß werden kann. Astrophysikalisch werden diese Singularitäten des Raum-Zeit-Kontinuums als ›Schwarze Löcher‹ gedeutet, denen der Gravitationskollaps eines massereichen Sterns vorausging.

Nachdem Einsteins Präzisierung des Raum-Zeit-Kontinuums durch die relativistische Gravitationstheorie vorlag, versuchten 1912/13 Gustav Mie (1868–1957), 1915/16 Hilbert und im Jahr 1918 Weyl (1988) die Elektrodynamik mit dem Raum-Zeit-Kontinuum der Allgemeinen Relativitätstheorie zu vereinigen. Diese Ansätze scheiterten jedoch wegen der noch fehlenden quantenmechanischen Erklärung physikalischer Kräfte. Während Weyl eine Vereinigung durch Verallgemeinerung des Raum-Zeit-Kontinuums der Riemannschen Geometrie vorschlug, erweiterte Theodor Kaluza 1919/21 die Dimensionszahl des Raum-Zeit-Kontinuums zu einer 5-dimensionalen Feldtheorie. Neben dem 4-dimensionalen Raum-Zeit-Kontinuums der Erfahrung sollten 1926 nach Oskar Klein (1894–1977) die Quanteneffekte des auf den Physiker Max Planck (1858–1947) zurückgehenden Planckschen Wirkungsquantums in der 5. Dimension der Kaluzaschen Theorie berücksichtigt werden. Einstein vermied in seinen Entwürfen zur einheitlichen Theorie von Gravitation und Elektrodynamik seit 1929 eine unbeobachtbare 5. Dimension und führte Vektoren und Tensoren mit 5 Komponenten in einem 4-dimensionalen Raum-Zeit-Kontinuum ein. Mit solchen Feldgrößen sollten Eigenschaften von Elementarteilchen erfasst werden, die allerdings vom Stand der Elementarteilchenphysik in den 1930er Jahren abhingen. Einsteins letzter Vorschlag einer nicht-linearen Vereinigungstheorie von Gravitation und Elektromagnetismus aus den 1940er Jahren geht von einem 4-dimensionalen Raum-Zeit-Kontinuum nichtsymmetrischer Felder aus.

Auch in den Vereinigungstheorien physikalischer Kräfte, die bisher im Rahmen von Quantenfeldtheorien entwickelt wurden, steht eine gesicherte Theorie von relativistischem Raum-Zeit-Kontinuums und Quantentheorie noch aus. 1983 schlugen Jim Hartle und Hawking eine Vereinigung von Allgemeiner Relativitätstheorie und Quantentheorie vor, in der die reelle Zeitkoordinate des 4-dimensionalen Raum-Zeit-Kontinuums durch eine imaginäre Zeitkoordinate ersetzt wird. Da nämlich nach der Allgemeinen Relativitätstheorie Materie und Energie zu einer extremen Krümmung des Raum-Zeit-Kontinuums führen können, führt eine reelle Zeitrichtung (nach den Singularitätssätzen von Penrose und Hawking) unvermeidlich zu Stellen mit unendlich großen Gravitationspotentialen. Diese Singularitäten haben wissenschaftstheoretisch den Nachteil, dass an Stellen des Raum-Zeit-Kontinuums mit unendlicher Krümmung die physikalischen Gesetze nicht definiert und daher keine Prognosen über das physikalische Geschehen möglich sind.

Demgegenüber bilden die drei Raumrichtungen zusammen mit einer imaginären Zeit ein Raum-Zeit-Kontinuum, das ohne Grenzen und Ränder in sich geschlossen wäre. Kosmologisch hätte das singularitätsfreie Raum-Zeit-Kontinuum nach Hawking den Vorteil, dass es keine physikalisch unerklärbaren Anfangs- und Endpunkte gibt. Das Raum-Zeit-Kontinuum hätte nicht nur (›in imaginärer Zeit‹) immer bestanden und würde immer bestehen, sondern jedes physikalische Geschehen in seiner immerwährenden Evolution wäre gesetzmäßig erklärbar. Zu den noch zu prüfenden Konsequenzen dieses singularitätsfreien Raum-Zeit-Kontinuums gehört die Voraussage von Schwarzen Löchern, in denen nicht alle Weltlinien von Photonen (d. h. also Lichtstrahlen) endgültig verschwinden, sondern (wenn auch winzig kleine) messbare Strahlungsmengen abgegeben werden.

In dieser Weise hat die moderne Strukturmathematik ein differenziertes Begriffssystem von mehr oder weniger abstrakten Raumstrukturen entwickelt. Diese haben zwar keine Anschaulichkeit mehr wie der 3-dimensionale euklidische Raum; doch liefern sie aussagekräftige Rahmenbedingungen für die mathematische Modellierung von physikalischen Systemen und für die Raum-Zeit-Theorien der modernen Physik. Für die moderne Quantenphysik werden die ›Hilbert-Räume‹ grundlegend, in denen die Zustände und die Dynamik von Quantensystemen dargestellt werden können. Quantensysteme sind z. B. Elementarteilchen als Bausteine der Materie, wie sie in Teilchenbeschleunigern wie im Genfer Forschungszentrum CERN untersucht werden. In der ›Quantentheorie‹ werden die Zustände eines Quantensystems seit 1932 nach John von Neumann (1903–1957) durch die Funktionen eines komplexen Hilbert-Raumes beschrieben. Dieser Hilbert-Raum wird durch die Gesamtheit aller Eigenvektoren des Hamiltonoperators gebildet, der das betreffende Quantensystem repräsentiert. Physikalische Größen wie Ortsvektor, Impuls, Drehimpuls und Energie werden durch Observable dargestellt, d. h. durch lineare selbstadjungierte Operatoren auf dem Hilbert-Raum der Zustandsvektoren des Quantensystems. Selbstadjungierte Operatoren haben reelle Eigenwerte und kommen deshalb als mögliche Beobachtungs- und Messgrößen in Frage.

1.3 Optik

Antike

Die Optik (griech. *optiké* [*theōría*], Theorie des Sehens, bzw. *optiká*, die optischen Gegenstände) bezeichnet ursprünglich die Lehre vom Sehen, heute die Lehre vom Licht bzw. eines bestimmten Abschnitts der elektromagnetischen Strahlung, von der ein Teil mit dem Auge wahrgenommen werden kann. Nach antiker Auffassung sendet das Auge einen Kegel von Sehstrahlen aus, der über Abstand, Lage, Größe, Gestalt und Farbe der Gegenstände unterrichtet. Für Euklid ist Optik angewandte Geometrie, in der unter Verzicht auf physische und psychologische Aspekte nur die perspektivischen Bilder des Sehens nach dem Vorbild der euklidischen Geometrie deduktiv aus gewissen Postulaten gerechtfertigt werden. Euklids Optik ist das erste überlieferte griechische Werk zur Perspektive.

In der Katoptrik des Archimedes werden bereits Brechungswinkel und Gesetze über Brennspiegel untersucht. Heron von Alexandria (1. Jh. v. Chr.) beweist den Satz von der Gleichheit des Einfalls- und Reflexionswinkels mit dem Prinzip des kürzesten Weges und macht Vorschläge zur Konstruktion von Vexierspiegeln und Spiegelkombinationen. Eine Zusammenfassung des antiken Wissens ist die Optik des Ptolemaios, in der das direkte Sehen, die Reflexion und die Brechung der Sehstrahlen beim Übergang in verschiedenen Medien unterschieden werden.

Neuzeit

In der Neuzeit wird die ›geometrische‹ Optik als Theorie der geradlinigen, auf voneinander unabhängigen Strahlen erfolgende Lichtausbreitung begründet. Mit der Erfindung des Fernrohrs und Mikroskops setzt seit Anfang des 17. Jahrhunderts die Entwicklung der instrumentellen Optik ein. Die Arbeiten von Rudolph Snellius (1546–1613), Descartes und de Fermat über das Brechungsgesetz und die Reflexion werden von Gauß zur Theorie der optischen Abbildung ausgebaut, die Grundlage für die Berechnung und Konstruktion optischer Geräte ist. Als physikalische Erklärungsmodelle der Lichtphänomene stehen sich im 17. und 18. Jahrhundert die Korpuskulartheorie Newtons und die Wellentheorie von Robert Hooke (1635–1703) und Huygens gegenüber, in der alle optischen Erscheinungen auf die Ausbreitung und Überlagerung von transversalen Elementarwellen zurückgeführt werden. Insbesondere gelingt der Wellentheorie eine Erklärung der Beugung, Interferenz und Polarisation. Nach James Clerk Maxwell (1831–1879) sind Lichtwellen als sich mit Lichtgeschwindigkeit ausbreitende Schwingungen eines elektromagnetischen Feldes aufzufassen. Damit ist die Optik als Wellentheorie ein Teilgebiet der Elektrodynamik und die Lösung eines optischen Problems durch die Lösung der Maxwellschen Gleichungen unter bestimmten Randbedingungen bestimmt.

Moderne

Die Teilchenauffassung des Lichts wird in der Lichtquantenhypothese der Quantentheorie wieder aufgegriffen, wonach Emission, Ausbreitung und Absorption von Licht durch Photonen erfolgt. Unter dieser Voraussetzung konnten von Niels Bohr (1885–1962) und Einstein Spektralserien und der Photoeffekt erklärt werden. In der Quantenoptik wird je nach zu untersuchendem Vorgang ein wellenoptisches oder quantenoptisches Erklärungsmodell gewählt. Sie ermöglicht in der instrumentellen Optik, z. B. mit der Lasertechnik, neue Verfahren der Holographie und Datenverarbeitung.

Die Aussagen der Quantentheorie sind Wahrscheinlichkeitsaussagen. Man bekommt von der Theorie eine Voraussage, mit welcher Wahrscheinlichkeit ein bestimmtes Ereignis eintritt. Verfolgt man viele Photonen, dann weiß man, welcher Bruchteil einem bestimmten Phänomen unterworfen wird oder welcher Bruchteil dem Ablauf eines Versuchs folgt. Die Aussage beschreibt das gemittelte Verhalten eines Ensembles von Photonen. Sie gibt das Ensemble wieder. Beobachtet man im Gegensatz dazu ein Einzelphoton und verfolgt man das Verhalten dieses

Teilchens, so kann man aus den Aussagen der Quantentheorie nicht ableiten, ob im nächsten Moment das erwartete Ereignis eintritt. Man kennt nur die Wahrscheinlichkeit, mit der es eintreten kann. Um zu einem Vergleich mit der Aussage der Quantenmechanik zu kommen, muss man das gleiche Photon sehr oft beobachten und dann das mittlere Verhalten in der Zeit, das Zeit-Mittel, bestimmen. Damit hat man einerseits das Ensemble-Mittel bei der gleichzeitigen Beobachtung vieler Teilchen und andererseits das Zeit-Mittel bei der Beobachtung eines einzelnen Teilchens. Beide Größen können unter bestimmten Voraussetzungen als gleich angesehen werden. Das ist allerdings nicht mehr richtig, wenn eine zusätzliche Wechselwirkung der Teilchen untereinander möglich ist. Die Anwesenheit vieler Teilchen ändert durch eine gegenseitige Beeinflussung das Ergebnis. In diesem Fall gibt die Beobachtung einzelner Teilchen ein anderes Resultat. Moderne Laser-Experimentiermethoden erlauben es, Experimente mit einzelnen Photonen durchzuführen. Die Quantenoptik zeigt aber, dass beliebige Verkleinerungen von Raumgrößen, wie sie in der klassischen Physik und Optik angenommen wurden, nicht möglich sind. Unsere gegenwärtigen Raum- und Zeitkonzepte verlieren ihren Sinn bei einer Größenordnung von 10^{35} Metern. Das ist die sog. Planck-Länge, die mit dem Planckschen Wirkungsquantum als kleinstem Energiepaket nach der Quantenphysik zusammenhängt.

Im Unterschied zur physikalischen Optik beschäftigt sich die durch von Helmholtz begründete ›physiologische‹ Optik mit den Gesetzmäßigkeiten des Sehens, wie der Dioptrik des Auges (d.i. die Lehre vom Bau und der Wirkungsweise des bilderzeugenden Apparates des Auges), den Gesichtsempfindungen (Licht- und Farbempfindungen) und Gesichtswahrnehmungen (Sehschärfe, Richtungs- und Tiefenwahrnehmung, Raumsehen). Erkenntnistheoretisch beeinflussten diese Untersuchungen die Empfindungs- und Wahrnehmungstheorie Machs und des ihm folgenden neueren Empirismus. Unser subjektiv eingeschränktes ›Weltbild‹, das wir uns alltäglich von der Außenwelt machen, hängt von diesen in der Evolution entwickelten Wahrnehmungsbedingungen ab. Erst die Mathematik erlaubt es, alle möglichen Räume zu entwickeln. Mit der Physik können dann in Abhängigkeit von den jeweiligen Messmethoden diejenigen mathematischen Räume bestimmt werden, die der Wirklichkeit möglichst nahekommen.

Literatur

Audretsch, Jürgen/Mainzer, Klaus (Hg.): *Philosophie und Physik der Raum-Zeit* [1988]. Mannheim/Wien/Zürich ^{2}1994.

Bachmann, Friedrich: *Aufbau der Geometrie aus dem Spiegelungsbegriff* [1959]. Berlin/Heidelberg/New York ^{2}1973.

Baldus, Richard: *Nichteuklidische Geometrie. Hyperbolische Geometrie der Ebene* [1927]. Berlin ^{4}1964.

Blaschke, Wilhelm: Über die Differentialgeometrie von Gauß. In: *Jahresbericht der Deutschen Mathematiker-Vereinigung* 52 (1942), 61–71.

–: *Analytische Geometrie* [1948]. Basel/Stuttgart ^{2}1954.

Boyer, Carl B.: *History of Analytic Geometry.* New York 1956.

Carnap, Rudolf: *Der Raum. Ein Beitrag zur Wissenschaftslehre.* Berlin 1922.

Cartan, Élie: *Les systèmes différentiels extérieurs et leurs applications géométriques* [1945]. Paris 1971.

Coxeter, Harold S.M.: *Unvergängliche Geometrie.* Basel/Stuttgart 1981 (amerik. 1961).

Dingler, Hugo: *Die Grundlagen der Geometrie. Ihre Bedeutung für Philosophie, Mathematik, Physik und Technik.* Stuttgart 1933.

Ehlers, Jürgen: The Nature and Structure of Spacetime. In: J. Mehra (Hg.): *The Physicist's Conception of Nature.* Dordrecht/Boston 1973, 71–91.

Engel, Friedrich/Stäckel, Paul (Hg.): *Die Theorie der Parallellinien von Euklid bis auf Gauß. Eine Urkundensammlung zur Vorgeschichte der nichteuklidischen Geometrie* [1895]. New York/London 1968.

Flügge, Siegfried: *Theoretische Optik. Die Entwicklung einer physikalischen Theorie.* Wolfenbüttel 1948.

Freudenthal, Hans: Neuere Fassungen des Riemann-Helmholtz-Lieschen Raumproblems. In: *Mathematische Zeitschrift* 63 (1956), 374–405.

Goetz, Abraham: *Introduction to Differential Geometry.* Reading/Menlo Park/London/Don Mills 1970.

Gosztonyi, Alexander: *Der Raum. Geschichte seiner Probleme in Philosophie und Wissenschaften.* 2 Bde. Freiburg/München 1976.

Gromoll, Detlef/Klingenberg, Wilhelm/Meyer, Wolfgang: *Riemannsche Geometrie im Großen* [1968]. Berlin/Heidelberg/New York ^{2}1983.

Grünbaum, Adolf: *Philosophical Problems of Space and Time* [1963]. New York ^{2}1973.
Hawking, Stephen W.: »Particle Creation by Black Holes«. In: *Communications in Mathematical Physics* 43 (1975), 199–220.
–: *Eine kurze Geschichte der Zeit. Die Suche nach der Urkraft des Universums.* Reinbek bei Hamburg 1988 (engl. 1988).
– /Ellis, George F.: *The Large Scale Structure of Space-Time.* Cambridge 1973.
– /Roger, Penrose: The Singularities of Gravitational Collapse and Cosmology. In: *Proceedings of the Royal Society. A: Mathematical, Physical and Engineering Sciences* 314 (1969/1970), 529–548.
Heath, Thomas L.: *A History of Greek Mathematics* [1921]. 2 Bde. Bristol 1993.
Helgason, Sigurdur: *Differential Geometry and Symmetric Spaces* [1962]. Providence 2001.
Helmholtz, Hermann von: *Handbuch der physiologischen Optik* [1867]. In: *Gesammelte Schriften.* Bd. 3, 3 Teile. Hildesheim 2003.
Hessenberg, Gerhard: *Grundlagen der Geometrie* [1930]. Berlin ^{2}1967.
Hilbert, David: *Grundlagen der Geometrie* [1899]. Stuttgart ^{14}1999.
– /Cohn-Vossen, Stefan: *Anschauliche Geometrie* [1932]. Berlin ^{2}1996.
Jammer, Max: *Das Problem des Raumes. Die Entwicklung der Raumtheorien.* Darmstadt ^{2}1980 (engl. 1954).
Kaulbach, Friedrich: *Die Metaphysik des Raumes bei Leibniz und Kant.* Köln 1960.
Klein, Felix: *Vorlesungen über nicht-euklidische Geometrie* [1928]. Berlin/Heidelberg/New York 1968.
Klingenberg, Wilhelm: *Eine Vorlesung über Differentialgeometrie.* Berlin/Heidelberg/New York 1973.
Kowalsky, Hans-Joachim: *Topologische Räume.* Basel/Stuttgart 1961.
Levi-Civita, Tullio: *Der absolute Differentialkalkül und seine Anwendungen in Geometrie und Physik.* Berlin 1928.
Lobatschewski, Nikolai Iwanowitsch: *Zwei geometrische Abhandlungen* [1898/1899]. New York 1972.
Mach, Ernst: *Die Prinzipien der physikalischen Optik. Historisch und erkenntnispsychologisch entwickelt* [1921]. Frankfurt a. M. 1981.
Mainzer, Klaus: *Geschichte der Geometrie.* Mannheim/Wien/Zürich 1980.
–: *Symmetrien der Natur.* Berlin/New York 1988.
–: *Hawking.* Freiburg i.Br. 2000.
Mittelstraß, Jürgen (Hg.): *Enzyklopädie Philosophie und Wissenschaftstheorie.* 4 Bde. Stuttgart/Weimar 2004.
Penrose, Roger: Gravitational Collapse and Space-Time-Singularities. In: *Physical Review Letters* 14 (1965), 57–59.
– /Rindler, Wolfgang: *Spinors and Space-Time.* 2 Bde. Cambridge 1986.
Reich, Karin: Die Geschichte der Differentialgeometrie von Gauß bis Riemann (1828–1868). In: *Archive for the History of the Exact Science* 11 (1973), 273–382.
Reichenbach, Hans: *Philosophie der Raum-Zeit-Lehre* [1928]. In: *Gesammelte Werke.* Bd. 2. Braunschweig/Wiesbaden 1977.
Reidemeister, Kurt: *Raum und Zahl.* Berlin/Göttingen/Heidelberg 1957.
Schmitz, Emil-Heinz: *Handbuch zur Geschichte der Optik.* 2 Bde. Bonn 1981/82.
Szabó, Árpád: *Anfänge der griechischen Mathematik.* München/Wien 1969.
Torretti, Roberto: *Philosophy of Geometry from Riemann to Poincaré.* Dordrecht/Boston/London 1978.
Trendelenburg, Wilhelm: *Der Gesichtssinn. Grundzüge der physiologischen Optik* [1943]. Berlin ^{2}1961.
Weyl, Hermann: *Raum, Zeit, Materie. Vorlesungen über allgemeine Relativitätstheorie* [1918]. Berlin/Heidelberg/New York ^{7}1988.

Klaus Mainzer

2. Geowissenschaften

2.1 Kartographie und Geodäsie

Kartographie und Geodäsie sind verwandte Disziplinen, die im Zuge einer Ausdifferenzierung der Geographie einerseits und Prozessen der Verwissenschaftlichung und Professionalisierung seit dem 19. Jahrhundert andererseits entstanden sind. Wissenschaftsgeschichtlich lassen sich in der Kartographie noch künstlerische und geisteswissenschaftliche Traditionen und Anteile ausmachen, während sich die Geodäsie aus einer mathematisch-ingenieurwissenschaftlichen Tradition entwickelt hat. Dies wird an der Bezeichnung der Disziplin ersichtlich, denn bis ins 20. Jahrhundert sprechen Einführungen und Überblicksdarstellungen sowie fachwissenschaftliche Nachschlagewerke nicht selten von ›Erdvermessung‹ oder ›Vermessungswesen‹. Im Zuge der Internationalisierung seit dem Zweiten Weltkrieg und mit der Ausbildung einer dreidimensionalen Geodäsie durch die Luftfahrt und insbesondere die Satelliten in der zweiten Hälfte des 20. Jahrhunderts setzte sich der Begriff ›Geodäsie‹ als Wissenschaftsbezeichnung durch. Erkennbar ist dies etwa an den Umbenennungen des Studiengangs ›Vermessungswesen‹ in ›Geodäsie‹. Der Ausdifferenzierungsprozess ist damit aber keineswegs abgeschlossen, wie an der Entstehung von Abteilungen und Studiengängen mit der Bezeichnung ›Geoinformatik‹ ersichtlich ist.

Die Nähe von Kartographie und Geodäsie zeigt sich an der Charakterisierung ihrer Aufgaben: Kartographie befasst sich mit dem »Sammeln, Verarbeiten, Speichern und Auswerten raumbezogener Informationen sowie deren Veranschaulichung« (Hake et al. 2002, 3). Die Geodäsie ist nach der bis heute gültigen Definition des Potsdamer Geodäten Friedrich Robert Helmert (1843–1917) die »Wissenschaft von der Ausmessung und Abbildung der Erdoberfläche« (Helmert 1880, 3).

Während sich die Aufgaben der Disziplinen kaum verändert haben, sind die technischen Hilfsmittel grundlegend andere geworden. Denn Geodäsie wie Kartographie sind in ihrer Anwendung und dem Selbstverständnis ihrer Professionen nach eng mit den Entwicklungen des Vermessungswesens, der Drucktechnik und der Informatik verknüpft. Das heißt letztlich, dass in der Wahrnehmung und Selbstdarstellung der Geodäsie die eigene Geschichte, sieht man einmal von einigen antiken Autoren ab, erst mit der sogenannten ›wissenschaftlichen Revolution‹ des 17. Jahrhunderts und den Erkenntnissen Newtons beginnt. Hinsichtlich der Vermessungstechniken sprechen manche Autoren von einer ›Revolution‹ überhaupt erst im 20. Jahrhundert durch die Einführung des satellitenbasierten ›Global Positioning System‹ (GPS). In der Kartographie finden zwar Arbeiten älterer Epochen durchaus Berücksichtigung und in der historischen Kartographie ihren Ort; zu einer wissenschaftlichen Disziplin entwickelte sie sich jedoch dem Selbstverständnis nach erst mit »Beginn einer exakteren Geländedarstellung« (Hake et al. 2002, 6). ›Exaktheit‹ und ›Genauigkeit‹ sind zwei zentrale Topoi beider Disziplinen, und der stete Gewinn oder Fortschritt an ›Genauigkeit‹ ist Bestandteil ihrer vorherrschenden und wiederkehrenden Erzählmuster, den sogenannten disziplinären Narrativen.

Ein weiteres Charakteristikum der fachlichen Entwicklung ist die große Nähe zu Staat und Militär, die etwa in der Einrichtung nationaler Vermessungsanstalten seit dem 19. Jahrhundert ihren Ausdruck fand. Ihre zentralen Aufgaben sind bis heute die Landesaufnahmen und die Bereitstellung entsprechenden Kartenmaterials, denn erst die Kenntnis des nationalen oder imperialen Raumes erlaubt umfassende staatliche Planungen und Interventionen, sowohl innerhalb des eigenen Territoriums als auch in globalem Maßstab. Zu den Folgen dieser Vermessungen gehörten Standardisierungen etwa im Hinblick auf Maßeinheiten, Benennungen und Projektionsformen, die weitgehende und langfristige kulturelle Folgen zeitigten.

Von der Antike bis ins 16. Jahrhundert

Die Beschäftigung mit der Erde und ihrer Gestalt reicht bis in die Antike zurück. Je nach Fragestellung und Perspektive endete diese ›vorwissenschaftliche‹ Epoche in der Frühen Neuzeit oder gar erst im 19. Jahrhundert. Neben möglichen epochalen Zäsuren ließen sich aber solche entlang einer Typologie von Vermessungs- oder Projektionsformen wählen. Die Zäsur im 16. Jahrhundert mit Mercator, verweist jedoch auf weit mehr als nur eine spezifische Projektionsform (s. Kap. I.1.1), welche die Seefahrt erheblich erleichterte. Mit dem Namen wird auch der Atlas als eine neue Form der Kartenzusammenstellung verbunden, da Mercator im Unterschied zum zeitgenössischen »Theatrum orbis terrarum« seines Kollegen Abraham Ortelius (1527–1598) alle Karten bearbeitete und in ein einheitliches Format brachte. Und schließlich befasste sich Mercator mit dem antiken Kartographen Claudius Ptolemaios (ca. 90–168 n.Chr.) und setzte dessen *Geographia* in Karten um. Mit der Aufnahme und Verarbeitung antiken Wissens machte Mercator schließlich die Erweiterung der geographischen Kenntnisse seiner eigenen Epoche anschaulich und leistete damit einen maßgeblichen Beitrag zur intellektuellen Auseinandersetzung der Humanisten mit antiken Autoren und ihrem Wissen. Zentraler Bestandteil antiken Wissens war die Vorstellung von der Kugelgestalt der Erde, die sich aufgrund von Naturbeobachtungen seit dem 5. Jahrhundert v.Chr. durchgesetzt hatte. Für die griechischen Wissenschaftler stellten sich damit Fragen nach ihrem Umfang, der Beschaffenheit der Erdoberfläche und dem Verhältnis von Land und Meer.

Antike

Neben praktischen Formen der Streckenerfassung durch Fahrtenbücher (*periploi*) und Routenbeschreibungen (*itineraria*) sowie mathematischen Beweisen des Erdumfangs war es der Leiter der königlichen Bibliothek in Alexandria, Eratosthenes (276–195 v.Chr.), der auf der Basis von Vermessungen den Erdumfang berechnete. Ausgangspunkt seiner Überlegungen war der unterschiedliche Winkel des Sonnenstandes, den er am Mittag der Sommersonnenwende in Alexandria und Syene (Assuan) beobachtete. Zusammen mit der Entfernung zwischen den beiden Städten, die er sich aus Katastervermessungen erschloss, kam er auf einen Erdradius von 250.000 Stadien. Nach der heute üblichen Umrechnung kam Eratosthenes damit auf einen Wert von knapp 40.000 km, der von heutigen Vermessungen nur geringfügig abweicht. Nicht allein wegen dieser ›Genauigkeit‹ wird Eratosthenes gerne als ›Begründer der Geodäsie‹ in Anspruch genommen, sondern vielmehr auch, weil seine Methode der Grad- und der astronomischen Messung die Grundlagen für Erdvermessungen bis ins 20. Jahrhundert legte.

Ptolemaios baute auf dieses Wissen auf, übernahm für seine geographischen Werke jedoch nicht nur die Ergebnisse von Eratosthenes. Inwieweit er den ›korrigierten‹ Werten des Poseidonius (135–51 v.Chr.) folgte, ist bis heute umstritten, aber für eine Kulturgeschichte des Raumes insofern von Bedeutung, als damit ein zentrales Narrativ der ›Entdeckungsgeschichte‹ verbunden wird. Denn der Genueser Seefahrer Christoph Columbus (1451–1506) habe seine Reise – so berichten insbesondere die Quellen des 19. Jahrhunderts – nur auf der Basis dieser Unterschätzung der Erdkugel angetreten. Die Karten, die seit dem 15. Jahrhundert auf der Grundlage der ptolemäischen Werke erarbeitet wurden, stützten eine solche Erzählung. Karten von Ptolemaios, wenn er überhaupt Karten fertigte, was in der Forschung bis heute umstritten ist, sind nicht überliefert, nur eine ausführliche Anleitung zur Kartenproduktion. Zu diesem Zweck hat er zudem in seinen beiden geographischen Werken die Lage von über 8000 Orten und geographischen Fixpunkten, wie Bergen und Flussmündungen, auf der Basis astronomischer Beobachtungen und mathematischer Berechnungen festgehalten. Eine Voraussetzung für dieses Werk war die Auseinandersetzung mit der Frage, wie die Kugelgestalt der Erde auf eine Fläche projiziert werden könne. Ptolemaios legte ein Gradnetz über eine Kegelprojektion und teilte die bewohnte Erde von Ferro (die Kanareninsel El Hierro) im Westen bis nach China in 180 Längengrade und in der Nord-Süd Ausdehnung von Thule bis ins Innere von Afrika in 80 Breitengrade ein.

Mittelalter

Dass es mehr als 1200 Jahre dauerte, bis Karten auf der Basis von Ptolemaios' Überlegungen in Europa auftauchten, hängt mit der Überlieferung seines Werkes und den mittelalterlichen kartographischen Traditionen zusammen. Seine Geographie kam erst im 15. Jahrhundert über die arabische Welt in den lateinischen Westen. Bis zu dieser Zeit, der für Europa als ›Mittelalter‹ bezeichneten Periode, bearbeiteten arabische Gelehrte das antike Wissen auf der Basis von Vermessungen. So wurde im 9. Jahrhundert unter dem Kalifat von Al-Mámûn (786–833) im Norden von Bagdad eine Gradmessung mit Seilen durchgeführt, eine bis ins 16. Jahrhundert übliche Methode. Erst in der Frühen Neuzeit wurden die Seile durch Messketten ersetzt, die bis ins 20. Jahrhundert in Gebrauch blieben. Der Raum musste vom Geodäten somit förmlich durchmessen werden. Dabei nutzte er ein weiteres Instrument, das Astrolabium. Eigentlich eine Erfindung der Griechen, fand es unter islamischen Gelehrten breite Verwendung weit über die Geodäsie hinaus. Vermessungen und Beobachtungen führten dazu, dass bis ins 11. Jahrhundert die Angaben von Ptolemaios zur Ausdehnung des Mittelmeeres mehrfach nach unten korrigiert wurden, zuletzt von Al-Zärqāli (1028–1087) in Toledo auf 42 Grad. Die Übersetzung der von ihm mitbearbeiteten astronomischen Tafeln ins Lateinische beeinflusste die Arbeiten von Kopernikus im 15. Jahrhundert und die Revision der ptolemäischen Weltsicht. Inwieweit Ptolemaios die arabische Kartographie beeinflusste, insbesondere den in Spanien und Italien tätigen Kartographen Al-Idrisi (1100–1160), ist umstritten. Überliefert sind nicht allein von ihm eine Vielzahl von Welt- und Regionalkarten, die sowohl die Kugelgestalt der Erde wiedergeben als auch andere Projektionsformen wählten.

Über die arabische Welt und aus China war zudem der Kompass nach Europa gelangt, welcher der Vermessung diente und besondere Bedeutung für die Erstellung sogenannter Portolankarten seit dem ausgehenden 13. Jahrhundert erlangte. Sie dienten der Orientierung auf See und zeigten den Küstenverlauf in größtmöglicher Detailtreue. Chinesische Gelehrte hatten sich ebenfalls mit der Erdfigur und Fragen der Vermessung auseinandergesetzt und schon im 8. Jahrhundert eine Strecke von über 3500 km zur Bestimmung des Meridianbogens vermessen. Derartige Vermessungen begannen in Europa nicht vor dem 16. Jahrhundert.

Während des Mittelalters stand die Kugelgestalt der Erde nicht außer Frage, sie wird in der Kartographie als Kreis visualisiert. Der Raum wird auf den Weltkarten nach heilsgeschichtlichen Kriterien organisiert; Vermessungen spielen zumindest für die Weltkarten eine nachgeordnete Rolle. Das heißt nicht, dass Relationen im Raum völlig vernachlässigt wurden, aber die Ordnung erfolgte entlang anderer Prinzipien und Hierarchien. Maßstäbe auf der Basis von Vermessungen gab es nicht, wohl aber auf der Grundlage von Bedeutungen innerhalb der Heilsgeschichte. Gemäß diesem Prinzip findet sich Jerusalem vielfach im Zentrum und bekannte Orte werden graphisch hervorgehoben. Die wenigen Regionalkarten, die aus dem Mittelalter überliefert sind und dem praktischen Gebrauch dienten, verzeichnen durchaus Entfernungsangaben wie etwa die Gough-Karte von Britannien aus dem 14. Jahrhundert. Auch dabei handelt es sich nicht um eine maßstabsgerechte Wiedergabe, obwohl ein jüngst erfolgter Abgleich mit einem modernen Informationssystem einen Eindruck der präzisen Kartographie vermitteln konnte. Dieser Kartentypus war je nach Region bis ins 19. Jahrhundert verbreitet, führte aber mit dem Wandel der Reiseformen und Erwartungen an Karten gelegentlich zu unliebsamen Überraschungen vor Ort, weil Städte oder lebenswichtige Oasen ›falsch‹ verzeichnet waren und Streckenlängen nicht den Angaben entsprachen. Derartige Erfahrungen und wissenschaftliche Ansprüche mündeten in Forderungen nach ›genauen‹, nämlich nach vermessenen und in einheitlichem Maßstab erstellten Karten.

Renaissance

Eine maßstabsgerechte Karte findet sich in Europa erstmalig bei Pietro Vesconte zu Beginn des 14. Jahrhunderts, der seiner Palästinakarte ein gleichmäßiges Gitternetz unterlegte, das potentiellen Kreuzfahrern die Orientierung und damit die Rückeroberung des Heiligen Landes erleichtern sollte. Zu dieser Zeit wurden auf der Iberischen Halbinsel bereits antike Texte in ihrer arabischen Überlieferung ins Lateinische übersetzt und rezipiert. Dazu gehörte auch die *Geographia* von Ptolemaios, die seit der Mitte des 15. Jahrhunderts um Karten ergänzt wurde. Allerdings sahen sich jetzt auch die Europäer mit dem Problem konfrontiert, dass die Raumvorstellungen der Antike mit ihren Erfahrungen und ›Entdeckungen‹ nicht in Einklang zu bringen waren. Die Welt wurde geradezu sichtbar größer und in gewisser Weise entfaltete der Raum eine Dynamik, die das Interesse der Zeitgenossen in verschiedener Hinsicht weckte. Die Kartographen stellte dies vor die Herausforderung, diese ›neue Welt‹ anschaulich auf die Fläche zu bannen, wenn sie sich nicht wie der Nürnberger Martin Behaim (1459–1507) für die perfekte Visualisierung, den Globus, entschieden. Die erste Hälfte des 16. Jahrhunderts kann als Laboratorium der Projektionsformen betrachtet werden, denn nahezu alle Kartographen experimentierten mit unterschiedlichen Modellen. Die Herzform, die Waldseemüller präferierte, trat neben konische, nicht kegelige und azimuthale Projektionen. Hinter allen Formen verbarg sich die Absicht, möglichst die bekannten Teile der Erde vollständig abzubilden. Nach der Weltumsegelung durch Magellan im Jahre 1522, welche die angenommene Kugelgestalt der Erde gleichsam durch experimentelle Erfahrung bestätigte, bevorzugten einige Kartographen wie Juan Vespucci 1524 die Form der Doppelhemisphäre. Auf diese Weise konnte der terrestrische Raum in aller Vollständigkeit und zugleich in seiner Begrenzung visualisiert werden. Das war deshalb wichtig, weil mit diesen Projektionsformen nicht nur praktische und wissenschaftliche, sondern immer auch politische Interessen verbunden waren. So eignete sich die Doppelhemisphäre in besonderem Maße, jene Expansions- und Einflussgebiete Spaniens und Portugals voneinander abzugrenzen, die im Anschluss an den Vertrag von Tordesillas im Jahr 1494 nach der erfolgreichen Weltumsegelung erneut zur Debatte standen.

Mercator

In Duisburg, einst eines der Handelszentren am Rhein, das allerdings mit der natürlichen Verlagerung des Rheins im 13. Jahrhundert an Bedeutung verloren hatte, experimentierte seit der Mitte des 16. Jahrhunderts der Wissenschaftler Gerhard Kremer (1512–1594), gen. Mercator. Er hatte in Löwen studiert und befasste sich in einer Zeit vor der Ausdifferenzierung wissenschaftlicher Disziplinen mit aktuellen Problemen und Fragen aus den Bereichen Theologie, Philosophie und Mathematik. In diesem Zusammenhang konstruierte er Globen, fertigte wissenschaftliche Instrumente und produzierte Karten, auf denen er nach intensiver Auseinandersetzung mit Ptolemaios die Ausdehnung des Mittelmeeres beträchtlich reduzierte. Muslimisches Wissen und Korrekturen sind offensichtlich nicht tradiert worden und in Mercators Arbeit eingeflossen. Seit 1559 befasste sich Mercator im Rahmen seiner Lehrtätigkeit an einem Duisburger Gymnasium intensiv mit Fragen der Geodäsie, der Geometrie und der Mathematik. Aus diesem Zusammenhang von Lehre und Forschung publizierte Mercator mehrere Schriften und Karten, unter anderem auch im Jahr 1569 eine großformatige Wandkarte. Sie bestand aus 18 einzelnen Blättern und war über zwei Meter breit und mehr als einen Meter hoch und ist nur in wenigen Exemplaren überliefert. Diese Weltkarte hatte Mercator für einen gezielten Verwendungszweck produziert: zum Gebrauch als Seekarte, wie der Titel »Nova et aucta orbis terrae descriptio ad usum navigantium« erklärt. Er suchte damit eines der zentralen Probleme der frühneuzeitlichen Seefahrt zu lösen, nämlich die Frage der Orientierung und eines konstanten Kurses. Die Orientierung erfolgte mittels des Kompasses, Positionsbestimmungen anhand der Längengrade setzen eine genaue Zeitmessung voraus, die erst im 18. Jahrhundert möglich wurde. Die kürzeste Verbindung zwischen zwei Orten auf der Erdkugel ist eine gerade Linie, als Orthodrom bezeichnet. Folgt die Navigation dieser Linie, so muss der Kurs beständig neu berechnet werden. Anders bei den Loxodromen, gelegentlich als Rhumblinien bezeichnet, welche die Meridiane unter einem konstanten Winkel schneiden. Obgleich diese Strecke etwas länger ist als die direkte Verbindung, bot sie den Seeleuten die Chance, bei konstantem Kurs und gutem Wetter ihr Ziel zu erreichen. Mercator projizierte diese Loxodrome auf die Fläche und wählte zudem ein Gitternetz, bei dem der Raum zwischen den Breitengraden an den Polen zunahm. Inwieweit Mercator zu dieser Projektionsform von anderen Kartographen wie Erhard Etzlaub (ca. 1460–1532) angeregt und von deren Arbeiten beeinflusst wurde, ist bis heute umstritten. Die nach ihm benannte Projektionsform setzte sich in der Seefahrt zu Beginn des 17. Jahrhunderts durch, nachdem der britische Mathematiker Edward Wright (1561–1615) aufgrund mathematischer Berechnungen einige Irrtümer korrigiert und die überarbeitete Version Eingang in das verbreitete und einflussreiche Werk *Principal Navigations, Voyages, and Discoveries of the English Nation* des Gelehrten Richard Hakluyt (1552–1616) gefunden hatte.

Neben der Akzeptanz in der Seefahrt wurde die Mercator-Projektion eine der Formen, die für Weltkarten breite Verwendung fand. Das Experimentieren mit Projektionsformen und die Überlegungen zur Gestalt der Erde und ihrer Visualisierbarkeit waren damit aber keineswegs zu einem Ende gekommen. Denn jede dieser Projektionen brachte spezifische Probleme in der Raumdarstellung mit sich. Die Mercator-Projektion verzerrte wegen ihrer Winkeltreue Längen und Flächen, so dass nicht zuletzt im Kontext weiterer wissenschaftlicher Forschungen, etwa von Heinrich Lambert (1728–1777) im 18. Jahrhundert verschiedene Projektionsformen entwickelt und vorgestellt wurden.

Vehemente Kritik an der Mercator-Projektion kam im 20. Jahrhundert im Kontext der Debatten über die ›Dritte Welt‹ und die Entwicklungshilfe auf. Der Geograph Arno Peters (1916–2002) brachte, sieht man einmal von den politischen und professionellen Implikationen der Debatte ab, die Prägung räumlicher Vorstellungen durch Karten und ihre politischen wie kulturellen Folgen ins öffentliche Bewusstsein. Er schlug in seinem Atlas flächentreue Projektionen vor, wie sie der Schotte James Gall (1808–1895) bereits im 19. Jahrhundert entwickelt hatte. Nicht allein für die Europäer war die zunehmende Verbreitung dieser oder ähnlicher Projektionen in der Öffentlichkeit mit überraschenden Wahrnehmungen und Erkenntnissen der Raumorganisation verbunden, denn die Größenverhältnisse zwischen Europa und Afrika verschoben sich beträchtlich zu Gunsten Afrikas. Die Projektionen des 19. und 20. Jahrhunderts basierten jedoch auf Kenntnissen über die Gestalt der Erde, die Mercator noch nicht haben konnte, deren Grundlagen aber bereits zu seinen Lebzeiten gelegt wurden.

Neuzeit

Die Dynamisierung des Raumes im Zuge der ›Entdeckungen‹ motivierte zahlreiche Gelehrte, über die Gestalt der Erde nachzudenken, ihre Bewegungen zu beobachten und zu berechnen. Mit den Überlegungen und Experimenten von Kopernikus (1473–1543), Kepler (1571–1630) und seinem Zeitgenossen Galilei (1564–1642) wurde die Erde im Raum des Planetensystems neu verortet und damit auch die astronomischen Vorstellungen eines Ptolemaios verabschiedet. Schließlich beschrieben die Wissenschaftler in den Pendel- und Fallgesetzen die Bewegungen und das Raumgefüge der Planeten wie die Grundprinzipien der Mechanik (s. Kap. I.1.2). Der Vergleich von Pendelmessungen an verschiedenen Punkten der Erde, der eine Zunahme der Schwerkraft an den Polen anzeigte, ließ bei verschiedenen Wissenschaftlern Zweifel an der perfekten Kugelgestalt der Erde aufkommen. Isaac Newton (1643–1727) entwickelte in seinem 1687 publizierten Werk *Philosophiae Naturalis Principia Mathematica* auf der Basis theoretischer Überlegungen ein Erdmodell mit abgeplatteten Polen, das Ellipsoid oder genauer Rotationsellipsoid.

Sichtbar wurde diese Erdgestalt für die Menschen erst durch die Satellitenaufnahmen im 20. Jahrhundert. Aber schon die Kollegen Newtons, die mit ihm und untereinander in regem Austausch standen und ein enges Netzwerk der wissenschaftlichen Kommunikation und Diskussionen bildeten – das als frühneuzeitliche Gelehrtenrepublik bezeichnet wird –, versuchte seine Theorie auf der Basis von Vermessungsergebnissen zu bestätigen oder zu falsifizieren. Die Daten hatten seit dem 16. und insbesondere seit dem frühen 17. Jahrhundert Vermessungen geliefert, für die der Niederländer Willebrord Snell van Royen (1580–1626) das bereits von Gemma Frisius (1508–1555) theoretisch entwickelte Verfahren der Triangulation in die Praxis umgesetzt hatte. In älteren Darstellungen wird er deshalb gelegentlich als ›Vater der Geodäsie‹ bezeichnet, während sich neuere Überblicke vorzugsweise auf Newton beziehen. Da zur Zeit Snells Distanzen über größere Strecken nicht vermessen werden konnten, wurde eine Grundlinie sehr sorgfältig vermessen, um dann mit Hilfe von Dreiecken und auf der Basis von Winkelmessungen Entfernungen und Flächen zu ermitteln. Die Niederlande und Dänemark boten sich wegen der geringen Höhenunterschiede als Laboratorium an, da die Messungen keiner Höhenkorrektur bedurften. Die Grundlinien auf der Strecke zwischen den Gemeinden Bergen op Zoom und Alkmaar vermaß Snell mit Hilfe von Holzlatten, und für die Winkelmessungen nutzte er einen Quadranten. Snells Anspruch war ambitioniert: Ihm ging es nicht darum, das Territorium der Niederlande zu ermitteln, sondern um eine Bestimmung des Erdumfangs. Dies brachte er mit dem Titel seines Werkes *Eratosthenes Batavus. De terrae ambitus vera quantitate* von 1617 zum Ausdruck, mit dem er sich einerseits in die antike Tradition einband und durch den Hinweis auf die »vera quantitate« zugleich von dieser absetzte.

Erdvermessung im 17. und 18. Jahrhundert

Die Auswertung seines Werkes mündete am Ende des 17. Jahrhunderts in eine heftige wissenschaftliche Kontroverse über die Gestalt der Erde insbesondere an den Polen. Während die Anhänger Newtons die Abflachung vertraten, argumentierte eine Gruppe um den französischen Astronomen und Mathematiker Jean-Dominique Cassini (1625–1712), sich auf Snell berufend, dass die Erdfigur an den Polen zugespitzt sei. Rechnerisch konnte diese Frage nicht geklärt werden, und es bedurfte verschiedener Gradmessungen vor Ort, um diese Frage zu klären. Deshalb regte das Forum dieses gelehrten Austauschs, die Académie Française, Expeditionen zur Überprüfung der strittigen Frage an. Zwei Gruppen renommierter Wissenschaftler reisten zum einen nach Lappland und zum anderen in das spanische Neugranada im Süden, um in Polnähe Gradmessungen vorzunehmen. Beide Expeditionen gestalteten sich unter den Bedingungen des frühen 18. Jahrhunderts als schwierig und die Reise nach Südamerika zudem als langwierig. Neben den Widrigkeiten des Alltags, die von der Kommunikation über die Ernährung bis zur Unterkunft reichten, war es insbesondere das Terrain mit seinen Höhenunterschieden und seinen Unwirtlichkeiten, das die Wissenschaftler und ihre Instrumente insbesondere Barometer, Sextant und Thermometer vor besondere Herausforderungen stellte. Beide Gruppen bestätigten schließlich die These Newtons von der Abplattung der Erde an den Polen. Mitgebracht hatten sie umfangreiche Vermessungsergebnisse und eine Vielzahl selbst erstellter Karten, die den Raum und die Vermessung veranschaulichten. Zugleich verweisen diese Visualisierungen auf unterschiedliche Schwerpunkte und Vermittlungstechniken und spiegeln die Besonderheiten der jeweils bereisten Regionen. Während der Bericht von Charles-Marie de La Condamine (1701–1774) über Südamerika auch ethnographische Studien und deutliche Parallelen zu den Reiseberichten des 18. Jahrhunderts aufweist, zeichnet sich die Abhandlung von Pierre Louis Moreau de Maupertuis (1698–1759) durch umfangreiche mathematische Berechnungen, Skizzen der Erdgestalt wie ihrer Krümmung und Darstellungen der Triangulation aus, die er zum einen in eine Karte der Region einzeichnete aber auch vom geographischen Raum abstrahiert wiedergab.

Erdvermessung im 19. Jahrhundert

Während diese Vermessungen der Erweiterung des Wissens über die Erdgestalt dienten, hatten Monarchen und Verwaltungen die Vorteile detaillierter Raumkenntnisse zu administrativen Zwecken ebenfalls erkannt. In zahlreichen Ländern Europas und am Ausgang des 18. Jahrhunderts schließlich auch in Indien, als Teil des Britischen Empires, zogen Wissenschaftler durch die Lande und nahmen Messdaten auf. Von der Bevölkerung wurden sie häufig misstrauisch beäugt, da sie insbesondere die nötigen astronomischen Beobachtungen kaum deuten konnte. So betrachteten die zahlreichen Spanier, die Alexander von Humboldt (1769–1859) einmal bei seinen Beobachtungen umringten, seine Tätigkeit als Anbetung des Mondes.

Im Unterschied zu seinen Kollegen, die ein halbes Jahrhundert vor Humboldt nach Südamerika gereist waren, verfügte er bereits über neue Möglichkeiten der Ortsbestimmung. Während die Bestimmung der Breitengrade seit der Antike möglich war, hatte sich diejenige von Längengraden (Meridiane) als ungleich schwieriger gestaltet. Bei gutem Wetter waren zwar astronomische Bestimmungen möglich, sie waren aber meist nicht sehr zuverlässig und hatten in der Seefahrt zahlreiche Verluste an Schiffen und Menschen zur Folge. Voraussetzung für Längengradbestimmungen sind gleichmäßig funktionierende Chronometer, also Uhren, die bis ins 18. Jahrhundert auf See nicht die nötige Zuverlässigkeit erreichten. Angespornt durch ein Preisgeld in Höhe von 20.000 Pfund, das das Parlament in London 1714 erneut zur Lösung des Problems aussetzte, nachdem ähnliche Auslobungen durch die spanischen Könige und andere seefahrende Staaten seit dem 16. Jahrhundert keine Erfolge gezeitigt hatten, experimentierte auch der Londoner Uhrmacher John Harrison (1693–1776) mit der Mechanik zur Verbesserung des Instruments. Nach mehreren Versuchen gelang ihm der Bau eines Seechronometers, das seine Tauglichkeit bei mehreren Testfahrten bewies. Die hohen Herstellungskosten wie auch Misstrauen von Seiten der Wissenschaftler gegenüber dem Uhrmacher und seinem Chronometer verhinderten eine Anerkennung der Leistung durch das englische Parlament. Erst wiederholte Einsprüche Harrisons und eine durch einen Wissenschaftler überwachte Tauglichkeitsprüfung, die auf der zweiten Seereise von James Cook (1728–1779) zwischen 1772 und 1775 mithilfe eines Nachbaus des Seechronometers durchgeführt wurde, brachten schließlich eine Anerkennung der Leistung und das Preisgeld für Harrison.

Nachdem die Längengrade bestimmt werden konnten, griffen die europäischen Mächte wie auch die USA auf diese praktikable Methode der Vermessung und Positionsbestimmung zur Durchsetzung militärischer und wirtschaftlicher Interessen zurück. Den Ausgangspunkt stellte jeweils der Nullmeridian dar, der nicht selten durch das eigene Territorium verlief. So nutzten die Europäer bis zum Ausgang des 19. Jahrhunderts die Nullmeridiane von Ferro, Paris und Greenwich neben anderen. Diese nationale Präfiguration des Raumes erfuhr erst am Ausgang des 19. Jahrhunderts eine Internationalisierung, nachdem Europa flächendeckend mit einem Vermessungsnetz überzogen war und sich die Frage nach einem einheitlichen Bezugssystem stellte. Nach mehrjährigen Debatten, in denen es nicht zuletzt um nationale Bedeutung und Vorrang ging, setzte sich im Jahr 1884 auf einer internationalen Konferenz in Washington ein Vorschlag durch, demzufolge der Meridian von Greenwich künftig als Nullmeridian zu gelten hatte. Dieser ›Verzeitlichung des Raumes‹ (Galison 2006), die die Einführung einer globalen Einheitszeit ermöglichte und damit die weltweite Kommunikation und Mobilität erleichterte, folgten weitere Standardisierungen. Schon fünf Jahre später wurde in Frankreich das Meter-Abkommen unterzeichnet. Bereits im Zuge der Französischen Revolution hatte die Pariser Akademie der Wissenschaften 1791 neue Maßeinheiten auf der Grundlage von Meridianvermessungen eingeführt. Dazu gehörte auch der ›Meter‹, der als ein Zehnmillionstel vom vierten Teil des Erdumfangs definiert worden war. 1875 war diese Maßeinheit in einem ersten Abkommen internationalisiert worden, das dann 1889 in größerem Rahmen ratifiziert wurde. Die

Internationalisierung des Dezimalsystems führte zu weiteren Standardisierungen etwa im Hinblick auf Maßstäbe in der Geodäsie wie der Kartographie, die sich insbesondere über verschiedene Großprojekte seit dem Ausgang des 19. Jahrhunderts durchsetzten. Standardisierungen waren bei derartigen Kooperationen, den Anschlüssen an andere trigonometrische Netze und den Visualisierungen durch Karten von großem Vorteil. Außerdem vereinfachten sie den Vergleich, was Größe und Erfassung des nationalen oder imperialen Raumes anbelangte.

Am Ende des 19. Jahrhunderts waren Europa und Teile der überseeischen Welt mit einem dichten Netz von Vermessungen und Dreieckskonstruktionen überzogen und miteinander verbunden. Seit den ersten Vermessungen im 17. und 18. Jahrhundert hatten die Staaten mit systematischen Vermessungen den Raum des Territoriums erfasst und förmlich durchmessen. Physisch betrachtet, drang der Staat in Gestalt seiner Geodäten in jeden Winkel des Landes und auf jeden Berg vor. Die Ergebnisse der damit einhergehenden Vermessungen konnten aber vielfach nicht ohne die Hilfe der Bevölkerung festgehalten werden, denn zur Lokalisierung waren Angaben zu Orts- und Flurnamen wie Besitzverhältnisse unerlässlich. Der Produktionsprozess der ersten Karte der Schweiz, benannt nach ihrem Urheber Guillaume-Henri Dufour (1787–1875), ist eines von zahlreichen Beispielen für die behördliche Erfassung und Homogenisierung des nationalen Raumes. Denn die unterschiedlichen Benennungen, die nicht allein aus dialektalen Besonderheiten, sondern vielmehr ihre Ursache in der Schweizer Mehrsprachigkeit hatten, mussten für die Visualisierung vereinheitlicht und in ein konsistentes System überführt werden, um die Lesbarkeit und damit den Gebrauch der Karte zu gewährleisten. In der Schweiz führte dies zu erheblichen Konflikten, weil die angestrebte Vereinheitlichung der Erfahrung sprachlicher, politischer und sozialer Differenzen und den damit verbundenen Wahrnehmungen des Raumes durch Teile der Bevölkerung nicht entsprachen. Diese generelle Spannung zwischen den Bemühungen um eine Homogenisierung des Raumes zum Zwecke seiner Visualisierung und der Repräsentanz von Differenz und Pluralität – denkt man etwa an Ethnien in imperialen oder die First Nations im US-amerikanischen Kontext – durchzieht die Kartographie seit dem 19. Jahrhundert. Im Zeitalter der Nationalstaaten mit ihrer behördlichen Erfassung des Raumes wurden diese Probleme noch durch weitgehende zentrale Homogenisierung und nationale Ordnungsprinzipien gelöst. Vielfach setzten die Staaten sogar auf eine normative Kraft der Karten, die mit dem einheitlichen Bild des Raumes auch entsprechende einheitliche Benennungen vermittelten.

Konflikte und Aushandlungsprozesse hatten aber einerseits eine weitere wissenschaftliche Durchdringung des Raumes zur Folge, indem sich – wie etwa auch im Fall der Schweiz – Sprachforscher in das ›Feld‹ begaben, um Dialekte und Ortsnamen zu erfassen. Darüber hinaus haben sich seit der Zwischenkriegszeit, vor allem aber nach dem Zweiten Weltkrieg unter dem Dach der Vereinten Nationen, Ausschüsse gebildet, in denen Sachverständige die Standardisierungen und Schreibweisen von Namen diskutieren und zum Vorschlag bringen. In Deutschland ist das der Ständige Ausschuss für geographische Namen (StAGN), der zu den Mitgliedern und Teilnehmern an den internationalen Konferenzen der UNGEGN (United Nations Group of Experts on Geographical Names) zählt.

Mitglieder dieser Ausschüsse sind Vertreter von Vermessungsbehörden und Organisationen, die sich mit dem Vermessungswesen und der Bürokratisierung und Professionalisierung der Staaten ebenfalls seit dem 19. Jahrhundert ausbildeten. Neben diesen staatlichen Behörden sind immer aber auch wissenschaftliche und militärische Einrichtungen mit Geodäsie und Kartographie befasst. Der Aufbau schließlich grenzüberschreitender geodätischer Netze ging mit der internationalen Zusammenarbeit wissenschaftlicher Organisationen einher und mündete 1919 in die Gründung der International Union of Geodesy and Geophysics (IUGG), der mehr als 75 Länder angehören und die geodätische Projekte fördert und unterstützt. Die Gründung der Union war schließlich ein weiterer Schritt im Professionalisierungs- und Ausdifferenzierungsprozess der Geodäsie aus der Geographie. Demgegenüber erfolgte der internationale Zusammenschluss der Kartographie als eigenständige Organisation in der International Cartographic Association (ICA) erst nach dem Zweiten Weltkrieg.

Die Visualisierung von Vermessungen hatte Kartographen und Mathematiker auch nach den Polexpeditionen weiterhin beschäftigt. Da bei den Vermessungen militärische, politische und wirtschaftliche Interessen im Vordergrund standen, hing der Nutzen und die Brauchbarkeit einer Karte ganz maßgeblich von der Visualisierung gewonnener Daten ab. Eine besondere Herausforderung sowohl in geodätischer als auch kartographischer Hinsicht stellten Höhenmessungen dar. Der Raum der dritten Dimension, die Berggipfel, galt als unwirtlich und wurde bei Vermessungen bis ins 19. Jahrhundert gemieden. So waren in der Schweiz – und nicht allein dort – zahlreiche Alpengipfel noch ohne Namen, weil unbestiegen und auch die Vermessungsingenieure unter Dufour mieden das Hochgebirge. Die Berggipfel wurden nach Betrachtung und Ansicht der Landschaft aufgenommen und in Skizzen festgehalten. Diese Technik stellte die Kartographie vor Darstellungsprobleme, weil sie es zunehmend als ihre Aufgabe betrachtete, Höhenverhältnisse und die Struktur der Erdoberfläche in den Karten zu veranschaulichen. Militärtopographen hatten sich seit dem ausgehenden 18. Jahrhundert mit dieser Frage befasst, und zur graphischen Geländedarstellung hatte der sächsische Militärtopograph Johann Georg Lehmann am Ausgang des 18. Jahrhunderts die Wiedergabe durch Schraffuren vorgeschlagen. Diese ›Böschungsschraffen‹ in Kombination mit Höhenlinien konnten kartographisch die dritte Dimension erfassen, waren aber ästhetisch nicht für alle eine befriedigende Lösung. Vor allem die Höhenlinien galten als technisches Hilfsmittel, das zur Visualisierung des Raumes in allen Dimensionen nötig war, aber nicht der Anschauung in der Natur entsprach. Der Darstellung des Reliefcharakters widmete Dufour besondere Aufmerksamkeit, denn er suchte nach einer ›originalgetreuen‹ Visualisierung. Für die Karte der Schweiz entwickelte er einen kartographischen Blick, der den Raum aus der Vogelperspektive erfasste und durch Schraffen und Farbintensität, die durch die Lithographie möglich wurden, die reliefartige Geländestruktur präsentierte.

Die Karte der Schweiz wurde zu einem Dispositiv für Geländedarstellungen und prägte die Sehgewohnheiten der Menschen derart, dass die ersten Ballonflüge über die Alpen mit Enttäuschungen endeten. Das Relief des Raumes präsentierte sich keineswegs mit diesen scharfen Konturen, wie sie die Karte erwarten ließ. Es gehört ebenso zu den nichtintendierten Effekten der Dufourkarte, dass sie den Raum für den Alpinismus bereitete und Wanderer und Skifahrer herausforderte, Berggipfel zu erklimmen und zu benennen. In dieser Hinsicht stellte sie keinen Einzelfall dar, Ähnliches gilt für zahlreiche Karten fremder Regionen und Kontinente.

Gauß-Krüger

Zur Orientierung im Raum war die Dufourkarte mit ihrem Maßstab 1:100.000 nicht mehr geeignet, wohl aber Wanderkarten auf der Basis der Vermessungen, die im Maßstab 1:25.000 bzw. 1:50.000 im Gebirge erfolgt waren. Bei Karten dieser Maßstäbe ergibt sich aber wiederum das Problem, dass die elipsoide Gestalt der Erde bei der Darstellung in der Fläche berücksichtigt werden muss. Schon in der ersten Hälfte des 19. Jahrhunderts hatte der deutsche Mathematiker Carl Friedrich Gauß (1777–1855) auf der Basis der von ihm durchgeführten Landesvermessung in Hannover ein konformes Abbildungssystem vorgeschlagen. Seine Aufzeichnungen wurden im 20. Jahrhundert von Johannes Heinrich Louis Krüger (1857–1923) zu dem als ›Gauß-Krüger Koordinaten‹ bezeichneten System entwickelt. Dabei handelt es sich um ein geodätisches Gitter, das auf dem Dezimalsystem basiert und der Erdgestalt angepasst ist. Weil Streckenkorrekturen und Längenverzerrungen berücksichtigt werden, erleichtert dieses System Ortsbestimmungen mit dem Kompass. Krüger erarbeitete dieses System, das auf der Grundlage von Meridianstreifen ein Gitternetz über das Deutsche Reich legte, als nationales System, das insbesondere auf deutschen Karten Verwendung fand. Dass es knapp 100 Jahre dauerte, bis die Überlegungen von Gauß eine Umsetzung fanden, lag an der deutschen Zurückhaltung gegenüber der Verwendung von Gittersystemen in Karten, vor allem in militärischen Karten. Erst nachdem die Deutschen im Ersten Weltkrieg eine französische Karte von Verdun erbeutet und die Vorteile des Gitternetzes für die Artillerie erkannt hatten, konnte sich die konforme Projektionsform durchsetzen.

Das Dezimalsystem übernahmen schließlich amerikanische Militärkartographen bei der Entwicklung des UTM-Gitters (Universal Tranversal Mercator Projection) während des Zweiten Weltkrieges, das die Verzerrungen gegenüber Gauß-Krüger weiter minimiert, was für den Luftkrieg von strategischer Bedeutung und überlebenswichtig war. Dieses Gitter hat sich durch die Technisierung und Internationalisierung und durch Empfehlungen seitens der geodätischen Gesellschaften seit dem Zweiten Weltkrieg in Europa zunehmend durchgesetzt und das deutsche System abgelöst. Auf der Grundlage des UTM-Gitters ist zudem ein Meldegitter entwickelt worden, das für militärische Ortsbestimmungen aber auch von Rettungsdiensten benutzt wird.

Schon durch Flugzeuge, aber insbesondere mit der Satellitentechnik (GPS) hat sich in der zweiten Hälfte des 20. Jahrhunderts die Raumerfassung in der dritten Dimension grundlegend verändert. Dies betrifft sowohl die Erforschung der Erdgestalt als auch die Höhenvermessungen, die mittels Satelliten von außerhalb der Erde vorgenommen werden können. Satellitenbilder bieten andere Raumeindrücke und Aufnahmen; die Herstellung von Kartenähnlichkeit ist unverändert Aufgabe des Kartographen.

Literatur

Bugayevskiy, Lev M./Snyder, John P.: *Map Projections. A Reference Manual.* London 1995.

Edson, Evelyn/Savage-Smith, Emilie/Brincken, Anna-Dorothee von den: *Der mittelalterliche Kosmos. Karten der christlichen und islamischen Welt.* Darmstadt 2005 (engl. 2004).

Galison, Peter: *Einsteins Uhren, Poincarés Karten. Die Arbeit an der Ordnung der Zeit.* Frankfurt a. M. 2006 (amerik. 2003).

Gugerli, David/Speich, Daniel: *Topografien der Nation. Politik, kartografische Ordnung und Landschaft im 19. Jahrhundert.* Zürich 2002.

Haggett, Peter: *Geographie. Eine globale Synthese.* Stuttgart [3]2004 (amerik. 1972).

Hake, Günter/Grünreich, Dietmar /Liqiu Meng (Hg.): *Kartographie. Visualisierung raum-zeitlicher Informationen.* Berlin [8]2002.

Helmert, Friedrich Robert: *Die mathematischen und physikalischen Theorien der höheren Geodäsie.* Teil 1: *Die mathematischen Theorien* [1880]. Frankfurt a. M. 1962.

Hüttermann, Armin: *Gradnetz und Gitter auf Karten.* Stuttgart [2]2003.

Kramers, Johannes H.: Djughrāfiyā. In: Martijn T. Houtsma/Arent J. Wensinck/Hamilton A. R. Gibb/ Willi Heffening/Évariste Lévi-Provençal (Hg.): *E. J. Brill's First Encyclopaedia of Islam 1913–1936.* Vol. IX. Leiden 1987, 61–73.

La Condamine, Charles Marie de: *Journal du voyage fait par ordre du Roi, a l' équateur, servant d'introduction historique a la mesure des trois premiers degrés du méridien.* Paris 1751.

Lehmann, Johann Georg: *Darstellung einer neuen Theorie der Bezeichnung der schiefen Flächen im Grundriss oder der Situationszeichnung der Berge.* Leipzig 1799.

Maupertuis, Pierre Louis Moreau de: *La figure de la terre. Determinée par les observations de Messieurs de Maupertuis, Clairaut, Camus, Le Monnier.* Amsterdam 1738.

Monmonier, Mark Stephen: *Rhumb Lines and Map Wars. A Social History of the Mercator Projection.* Chicago 2004.

Needham, Joseph: *Wissenschaft und Zivilisation in China.* Frankfurt a. M. 1984 (amerik. 1954).

Schramm, Manuel: *Digitale Landschaften.* Stuttgart 2009.

Snyder, John P.: *Flattening the Earth. Two Thousand Years of Map Projections.* Chicago/London 1993.

Thrower, Norman Joseph William: *Maps and Civilization. Cartography in Culture and Society.* Chicago 1999.

Torge, Wolfgang: *Geodäsie* [1975]. Berlin [2]2003.

–: *Geschichte der Geodäsie in Deutschland* [2007]. Berlin [2]2009.

Weigl, Engelhard: *Instrumente der Neuzeit. Die Entdeckung der modernen Wirklichkeit.* Stuttgart 1990.

Winichakul, Tongchai: *Siam Mapped. A History of the Geo-Body of a Nation.* Honolulu 1994.

Wood, Denis: *The Power of Maps.* London 1993.

Ute Schneider

2.2 Geologie und Evolutionstheorie

2.2.1 Geologie – Von Lyell zu Wegener

Die Geologie gilt als klassische Raumwissenschaft, ist sie doch die Wissenschaft vom uns umgebenden Raum. Sie widmet sich Fragestellungen, die den Planeten Erde betreffen, insbesondere der Erforschung der Erdkruste, ihrer Geschichte und den endogenen und exogenen Kräften, die sie formten. Dabei gliedern sich die Erdwissenschaften in Disziplinen wie Petrographie (Gesteinskunde), Geophysik, Geochemie, Paläontologie und Lagerstättenkunde. In der Geologie bzw. den Erdwissenschaften umschreibt ›Raum‹ in erster Linie den physikalischen, dreidimensionalen, euklidischen Raum, der Objekte enthält und der sich in Länge, Breite und Höhe ausdehnt.

Neuzeit

Schon früh beschäftigten sich einzelne Gelehrte mit geologischen Fragestellungen, im europäischen Kulturraum beispielsweise Albertus Magnus (um 1200–1280), Leonardo da Vinci (1452–1519), der Spekulationen über die Natur der Fossilien anstellte, sowie Georgius Agricola (1494–1555), der mit seinen Werken *De ortu et causis subterraneorum* von 1544 und *De re metallica* von 1556 als einer der Begründer der Geowissenschaften gilt. Der dänische Arzt, Anatom und Geologe Nicolaus Steno (1638–1686) formulierte das stratigraphische Grundgesetz, nach dem sich bei der Sedimentation eine Gesteinsschicht über die andere legt, so dass die jeweils jüngere die ältere überdeckt. Dieses auch als Superpositionsprinzip bezeichnete Gesetz ermöglicht eine relative zeitliche Gliederung sedimentärer Schichtfolgen. Stenos bedeutendstes geowissenschaftliches Werk aus dem Jahr 1669 trägt den Titel *De solido intra solidum naturaliter contento dissertationis prodromus*. Seine geologischen Erkenntnisse gewann Steno hauptsächlich im Gelände, beispielsweise durch die Untersuchung von Landschaftsformationen in der Toskana. Bahnbrechend waren seine Erkenntnisse, dass Gebirge eine Entwicklungsgeschichte aufweisen und dass Fossilien die Überreste lebender Organismen darstellen. Des Weiteren legte er mit seiner Beobachtung, dass die Oberflächen von Kristallen immer im selben Winkel zueinander stehen, das Fundament für die Kristallographie.

Auch wenn die Anfänge der Geologie – im Sinne einer Deutung von Fossilfunden und Beschäftigung mit Gesteinsformationen – bis in die Antike zurückreichen, beginnt die Geschichte der modernen Geologie als systematische Wissenschaft erst im 18. Jahrhundert. Sie war einerseits auf Fortschritte der Kartographie sowie auf eine geodätische Erfassung der Erdkugel auf Expeditionen und Vermessungsreisen angewiesen. Andererseits bedurfte die moderne Geologie jener Vorleistungen anderer Disziplinen wie der Astronomie, Physik und Chemie, die Standards sowie ein Instrumentarium zur exakten Naturbeobachtung herausarbeiteten (Oldroyd 1998).

In der Systematisierung und Institutionalisierung der Geologie zeigt sich dabei der Wandel von den spekulativen zu den empirisch begründeten Wissenschaften und gleichzeitig die zunehmende Ausdifferenzierung und Spezialisierung der Naturwissenschaften seit der Wende vom 18. zum 19. Jahrhundert. So führten die rasche Entwicklung der Geologie und ein Anwachsen des Stoffes zu ihrer Aufspaltung in immer selbstständiger werdende Sonderfächer. Die Entwicklung der Geowissenschaften im ausgehenden 18. und beginnenden 19. Jahrhundert wurde dabei von mehreren Diskursen geprägt (Hallam 1989). Man dachte nach über die Bedeutung der Fossilien, die Ursachen der Gebirgsbildung und die kausalen Zusammenhänge zwischen Fossilgehalt und geologischen Kräften. Dazu gehören auch die Debatten um Neptunismus und Vulkanismus oder Plutonismus, die Auseinandersetzung um das Prinzip des Aktualismus bzw. Uniformitarismus versus die Katastrophen- bzw. Kataklysmentheorie sowie die Frage nach dem Erdalter. Im Zuge der Etablierung der jungen Wissenschaft im 19. Jahrhundert entstand eine Vorstellung von der Erdkruste als ›Archiv der Erdgeschichte‹, die geologische Zeitskala wurde eingeführt und der Aktualismusgedanke (»the present is the key to the past«) wurde zur Basis der Analyse von Landschaften und Gesteinsformationen. Auf diese Weise konnten Geologen aus den Spuren, welche die Erdgeschichte in der natürlichen Umwelt hinterlassen hat, Rückschlüsse auf die Vergangenheit ziehen.

Vulkanismus vs. Neptunismus (Hutton und Werner)

Die Vorstellung über die Ursachen geologischer Prozesse leitete sich in unterschiedlichen, zum Teil kontroversen Forschungsmeinungen jeweils von Umweltbeobachtungen und den Besonderheiten untersuchter Landschaften ab (Wagenbreth 1999). Entgegen der Lehre der Vulkanisten von der eruptiven Entstehung der Gebirge behaupteten die Neptunisten den Ursprung der Gesteine aus einem Urmeer. Die Neptunismus-Vulkanismus-Kontroverse wurde seit 1788/89 ausgetragen zwischen den Anhängern von James Hutton (1726–1797), der die Hitze im Erdinnern als zentrale Kraft bei der Gestaltung der Erdoberfläche beschrieb, und Abraham Gottlob Werner (1749–1817), der dagegen die Rolle des Wassers betonte und bis auf wenige Ausnahmen alle Gesteine als Kristallisationen aus einem Urozean erklärte. Werner hatte durch seine Vorlesungen über Mineralogie, Geognosie und Bergbaukunde an der Bergakademie Freiberg und durch sein grundlegendes Werk zur Klassifizierung der Mineralien (Oryktognosie) *Von den äußerlichen Kennzeichen der Fossilien* von 1774 internationale Berühmtheit erlangt. Gemäß Werners Theorie bedeckte vor etwa einer Million Jahren ein Urmeer die gesamte Erde, bei dessen stufenweisem Rückzug allmählich die Gesteine auskristallisierten. Mit der daraus folgenden Klassifikation fast aller Gesteine als Sedimentgesteine geriet er jedoch in Opposition zu den Geologen, die sich hauptsächlich mit Eruptivgestein beschäftigten und daher den Vulkanismus als zentrale Kraft bei der Gestaltung der Erdoberfläche ansahen. Insbesondere über die Entstehung des Basalts entspann sich eine heftige Debatte. Wesentliche Argumente für den Vulkanismus im Sinne einer Deutung des Basalts als Ergussgestein lieferten dabei Werners Schüler, vor allem Johann Carl Wilhelm Voigt (1752–1821), Leopold von Buch (1774–1853), der 1798 den Vesuv und 1802 die Auvergne in Südfrankreich besucht hatte, sowie später Alexander von Humboldt.

Alexander von Humboldt (1769–1859), der aufgrund der streng empirischen Ausrichtung seiner Naturforschung und der Fülle seiner Messungen und experimentellen Studien als ein Pionier der neuzeitlichen Wissenschaft gilt, ist die Erforschung und vor allem Veranschaulichung der vertikalen Dimension der Erdkruste zu verdanken. Während seiner Reise nach Südamerika von 1799 bis 1804 gewann er eine Vielzahl von Messdaten, Skizzen und Untersuchungsmaterial. Diese Daten verarbeitete er in seiner Aufsatzsammlung *Ansichten der Natur* von 1808 und in seinem Projekt einer ›Physique du monde‹ (s. Kap. I.2.1 und I.2.3). In seinem zwischen 1845 und 1862 erschienenen fünfbändigen *Kosmos*-Werk versuchte Humboldt, ein umfassendes Bild der gesamten materiellen Umwelt sowie aus wissenschaftshistorischer Perspektive eine Geschichte des Wissens über das Universum zu schaffen, was in Anbetracht der Datenfülle und des Umfangs des Untersuchungsgegenstandes notwendigerweise Fragment bleiben musste. Als Meteorologe verwendete er als erster Forscher Isothermen, das heißt Verbindungslinien zwischen Orten gleicher Temperatur, er studierte die Klimazonen der Erde und den Erdmagnetismus. Zudem gilt Humboldt als Begründer der Pflanzengeographie, für die er eine innovative Darstellungsform wählte, die Text und Bild kombiniert und eine topographische Übersicht der Vegetation auf einer Profiltafel bietet. Auf dieser Profiltafel ist die Verteilung der Pflanzen nach Höhenregionen aber auch hinsichtlich ihrer Gruppierung abzulesen. Humboldt stellte eine Reihe von Grundtypen der Vegetation auf und erkannte, dass das Pflanzenkleid eines geographischen Raumes durch Klima und Bodenbeschaffenheit bedingt wird. Dabei bezog er auch die Einwirkung menschlicher Kultur auf die Verbreitung von Pflanzen mit ein. Raum wird bei Humboldt stets in seinen drei Dimensionen gedacht, die Erdoberfläche wird nicht nur als Fläche, sondern zusätzlich in ihrer Ausdehnung in die Höhe (Gebirge) und Tiefe (Schichtungen der Erdkruste) dargestellt.

Eine wesentliche, für die weitere Entwicklung der Geologie bedeutsame Errungenschaft stellte die Entdeckung des Leitfossilprinzips dar, das eine relative chronologische Einordnung von Gesteinsschichten anhand der in ihnen eingelagerten Fossilien erlaubt. Der britische Ingenieur William Smith (1769–1839) bemerkte die typische, irreversible Abfolge von Fossilien in Gesteinsschichten, die es möglich macht, weit entfernte Schichtungen zu korrelieren. Darauf basierend formulierte Leopold von Buch (1774–1853) das Leitfossilprinzip, das besagt, dass bestimmte Fossilien in gleich alten Schichten vorkommen. Anhand dieser Leitfossilien kann eine relative Altersbestimmung von Schichten (Biostratigraphie) getroffen werden.

Eine zentrale Fragestellung für die Geowissenschaften betrifft das Alter der Erde, für das zunächst Jahrtausende, dann Jahrmillionen und schließlich Milliarden Jahre angenommen wurden. Das Erdalter wurde schließlich im 20. Jahrhundert durch radiometrische Messmethoden (U^{234}-, U^{238}-, Th^{230}- und C^{14}-Methode) auf circa 4,5 Milliarden Jahre bestimmt. Die Geochronologie entwickelte sich zunächst aus der Kosmogonie und den damit verbundenen Vorstellungen über das Entstehen der Erde aus einem heißen, glutflüssigen Körper, der langsam abgekühlt war. Der französische Naturforscher, Mathematiker und Schriftsteller Georges-Louis Leclerc de Buffon (1707–1788) folgerte, dass man aus diesem Abkühlungsprozess das Alter der Erde ermitteln kann, und errechnete ein Erdalter von mindestens 75.000 Jahren.

Als einer der ersten Gelehrten thematisierte der schottische Naturforscher und Geologe James Hutton (1726–1797) die Kluft zwischen menschlicher und geologischer Zeitskala. Er ging von einer für das menschliche Bewusstsein nicht fassbaren, unendlichen Zeitdauer für die Erdgeschichte aus und formulierte die These, dass dieselben geologischen Prozesse, die heute zu beobachten sind, auch in der Vergangenheit wirkten. Zu seinen wichtigsten geologischen Schriften zählen *System of the Earth* von 1785, *Theory of the Earth* von 1788 und *Observations on Granite* von 1794. Hutton stützte sich als Vertreter des Vulkanismus auf die Arbeiten des Franzosen Jean Étienne Guettard (1715–1786) und dessen Studien über die Vulkane der Auvergne. Er nahm aufgrund von Beobachtungen an der schottischen Küste an, dass in zyklischen geomorphen Prozessen durch den Druck des heißen Erdinneren Gebirge erst aufgeworfen und anschließend infolge von Erosion durch Wind und Wasser langsam wieder abgetragen werden. Das erodierte Gesteinsmaterial wird ins Meer transportiert, wo es sich ablagert und schließlich durch vulkanische Tätigkeit als neue Landfläche über den Meeresspiegel gehoben wird. Diese geomorphen Prozesse spielen sich laut Hutton in unendlich langen Zeiträumen ab.

Der schottische Mathematiker und Geologe John Playfair (1748–1819), der als Professor für Mathematik an der Universität Edinburgh lehrte, unterstützte die Theorien von James Hutton und gab 1802 die *Illustrations of the Huttonian Theory of the Earth* heraus. Bei der Untersuchung erratischer Blöcke in den Alpen und in Schottland gelangte er zu der für die Glaziologie (Gletscherkunde) wichtigen Auffassung, dass diese Findlinge durch Gletscher in ihre aktuelle Lage verdriftet worden sein müssen. Einen wesentlichen Einfluss hatten Huttons Theorien auf Charles Lyells *Principles of Geology*, ein Werk, das wiederum Charles Darwin auf seiner Reise auf der HMS Beagle begleitete und inspirierte.

Katastrophismus vs. Aktualismus (Cuvier und Lyell)

Die Paläontologie prägte das Raumdenken insofern entscheidend, als sie aus räumlichen Strukturen Schlüsse über die Entwicklungsgeschichte des Lebens zog. Als Wegbereiter der vergleichenden Anatomie sowie der Paläontologie und als einer der einflussreichsten Wissenschaftler seiner Zeit gilt der französische Naturforscher Georges Cuvier (1769–1832), der Professor für Naturgeschichte am Jardin des Plantes in Paris war. Durch das vergleichende Studium der Skelette noch lebender und bereits ausgestorbener Lebewesen entwickelte er ein zoologisches Klassifikationsschema, das nicht nur die Ergänzung des gesamten Skeletts anhand einzelner Knochen, sondern auch die Rekonstruktion der Gesamterscheinung eines Lebewesens mit dessen Organen, Muskeln usw. anhand des Knochengerüstes erlaubte. Auf diese Erkenntnis der strukturellen und funktionalen Verknüpfung aller Körperteile und die dadurch ermöglichte Rekonstruktion des Körperbaus mittels einzelner Teile desselben gründet sich die Paläontologie. Zu Cuviers wichtigsten Veröffentlichungen auf diesem Gebiet gehören die zwischen 1798 und 1805 erschienenen, fünfbändigen *Leçons d'anatomie comparée*, *Recherches sur les ossements fossiles des quadrupèdes* von 1812 und *Discours sur les Révolutions de la surface du globe, et sur les changemens qu'elles ont produits dans le règne animal* von 1825. Besonders im Zuge seiner Forschungen in den Tertiärschichten des Pariser Beckens im Jahre 1812 hatte Cuvier zwischen den einzelnen Gesteinsschichten abrupte Wechsel im Fossilgehalt festgestellt. Daraus leitete er seine Katastrophentheorie bzw. Kataklysmentheorie ab, derzufolge durch gewaltige, periodische, zum Teil lokal begrenzte Katastrophen, ausgelöst zum Beispiel durch Vulkanausbrüche, Erdbeben oder Überflutungen, die jeweilige Fauna und Flora ausgelöscht worden sei. So prägen im Denken Cuviers Raumereignisse direkt das Vorkommen sowie die Gestalt der diesen Raum bevölkernden Lebewesen (Laurent 1987).

Demgegenüber vertraten die Anhänger des Aktualismus oder Uniformitarismus die Auffassung, dass sich die heutige Gestalt der Erdoberfläche weniger durch Katastrophen sondern vielmehr durch langsame, schrittweise Veränderungen erklären lasse. Nicht nur für die Geologie des 19. Jahrhunderts, sondern auch für die Biologie – insbesondere Charles Darwins Evolutionstheorie – lieferte dabei das Werk des weitgereisten britischen Geologen Charles Lyell (1797–1875) entscheidende Impulse. Neben seinem zwischen 1830 und 1833 erschienenen Hauptwerk *Principles of Geology* veröffentlichte er 1838 *Elements of Geology* und 1863 *The Geological Evidences of the Antiquity of Man* sowie zwei Bücher über seine Nordamerikareisen. Lyell verfocht das Gesetz der Uniformität bzw. des Aktualismus, das James Hutton angedacht und Karl Ernst Adolf von Hoff (1771–1837) in seinem kaum beachteten dreibändigen Werk *Über die Geschichte der durch Überlieferung nachgewiesenen natürlichen Veränderungen der Erdoberfläche* (1822–1834) bereits formuliert hatte. Lyell wendete das Aktualismusprinzip in seiner eigenen Argumentation konsequent an und verhalf diesem endgültig zum Durchbruch. Nach Lyell vollzieht sich das Auffalten von Gebirgen, die Entstehung von Sediment- und Eruptivgestein, das Heben und Senken von Küstenlinien in der Gegenwart nach den gleichen Naturgesetzen und Kräften wie in vergangenen Erdzeitaltern. Die Katastrophentheorie lehnte er ab und ersetzte sie durch eine Theorie des kontinuierlichen Wandels. Die Gestalt der Erdkruste ließ sich durch sehr langsam über sehr lange Zeiträume wirkende Kräfte erklären, Katastrophen wie Erdbeben, Vulkanausbrüche oder Überflutungen hatten lediglich eine eingeschränkte, regional begrenzte Bedeutung. Zudem vereinte Lyell vulkanistische und neptunistische Positionen, indem er der Sedimentation aus Wasser und der Gesteinsbildung aus vulkanischer Aktivität den gleichen Stellenwert bei der Petrogenese einräumte. Somit hatte er die Neptunismus-Vulkanismus-Kontroverse beigelegt und die geologische Zeitskala überzeugend eingeführt. Lyell vertrat eine Theorie der allmählichen Entwicklung der Erdkruste und setzte dabei auch die Entwicklung der Lithosphäre in Bezug zur Entwicklung der Biosphäre. So interessierte er sich für Lamarcks Theorien der allmählichen Transformation der Lebewesen von Meeresbewohnern zu Landtieren und von einfachen zu komplexen Lebensformen.

In vielerlei Hinsicht stellt die Geologie im 19. Jahrhundert eine Schlüsseldisziplin dar, die die Diskurse zahlreicher Nachbardisziplinen lenkte (Adams 1954; Cloud 1970). So bahnte sie allmählich dem Entwicklungsgedanken im Sinne einer kontinuierlichen geomorphen und klimatischen Veränderung der Erde den Weg, der für die Biowissenschaften, insbesondere für die Abstammungslehre von entscheidender Bedeutung werden sollte. Dazu gehörte vor allem die Einführung der geologischen Zeitskala, welche die graduelle Entwicklung der Erdkruste und später auch der Lebensformen überhaupt denkbar machte. Zudem prägte die Geologie den Diskurs über die Einordnung der Menschheitsgeschichte in die Erdgeschichte. Der US-amerikanische Paläontologe, Geologe und Evolutionsforscher Stephen Jay Gould (1941–2002) beschrieb die Erkenntnis, dass in der Geschichte des Planeten gewaltige Zeiträume ohne den Menschen verstrichen waren und die Menschheitsgeschichte im Vergleich zur Erdgeschichte verschwindend kurz ausfiel, als ›zweite kopernikanische Wende‹ oder ›vierte Kränkung‹. Nach der räumlichen Marginalisierung des Menschen durch das heliozentrische Weltbild musste sich der Mensch nun auch als Randerscheinung in der Erdgeschichte wahrnehmen, das anthropozentrische Weltbild war erschüttert. Die Entdeckung der ›Tiefenzeit‹, mit der die Unermesslichkeit der geologischen Zeitskala aus humangeschichtlicher Perspektive beschrieben wird, stellt bei Gould (1990) nicht nur eine Raummetapher dar, sondern beruht selbst auf einem räumlichen Erkenntnisschema, Zeit lässt sich an räumlichen Mustern ablesen.

Kontinentalverschiebung (Wegener)

Hatten sich im 19. Jahrhundert die Vorstellungen von Landschaften als nicht mehr statischen, sondern Veränderungen unterworfenen Gebilden entscheidend verändert, so war das 20. Jahrhundert von einem neuen Paradigmenwechsel geprägt, der das Verhältnis von Lithosphäre und Asthenosphäre neu bestimmte (Le Grand 1988). Noch Lyell hatte angenommen, dass die Erdkruste fest in ihrem Untergrund verankert sei. Mit den Theorien der Kontinentaldrift und schließlich der Plattentektonik wurde neben der vertikalen nun auch die horizontale Dynamik der Erdkruste einbezogen.

Das wissenschaftliche Paradigma der Geologie des 20. Jahrhunderts wurde initiiert durch die Theorie der Kontinentverschiebung des Geowissenschaftlers und Polarforschers Alfred Wegener (1880–1930), der sich mit der Kontinentverschiebung, den Polwanderungen und der Dynamik der Tiefseeböden beschäftigte und dessen zweiteiliges Hauptwerk *Die Entstehung der Kontinente und Ozeane* von 1915 und 1929 globale dynamische Prozesse auf der Erde beschreibt. Die Festlandmassen der Erde sollen Wegener zufolge in der Urzeit zu einem einzigen Kontinent vereinigt gewesen sein, der allmählich zerfiel und dessen Teile anschließend in ihre jetzigen Positionen drifteten. Damit postulierte Wegener für die strukturbildenden geologischen Prozesse nicht nur eine vertikale, sondern auch eine horizontale Dynamik und Bewegung. Mit seiner Vorstellung von wandernden Kontinenten und Polen löste er eine direkte Kontroverse mit den klassischen geologischen Schulen aus, die die Position und Verteilung der Landmassen und Ozeane als weitgehend unveränderlich (Permanenztheorie) oder aber als Folge einer Kontraktion der Erdkruste durch Abkühlung (Kontraktionshypothese) erklärten. Wegeners Theorie der Kontinentverschiebung war der direkte Vorläufer für das Modell der Plattentektonik, das sich um die Jahrhundertmitte etablierte (Frisch/Meschede 2007).

Der südafrikanische Geologe Alexander du Toit (1878–1948) war einer der ersten, der Wegeners Theorie unterstützte und in seinem Buch *Our Wandering Continents* von 1937 weiter ausbaute. Alexander du Toit nahm an, dass der Urkontinent Pangaea erst gegen Ende des Paläozoikums entstanden sein konnte. Vor der Bildung von Pangaea existierte laut du Toit Gondwanaland als selbstständiger Großkontinent und die nördlichen Kontinente waren in einem zweiten, Laurasia genannten Kontinent vereinigt. Der britische Geologe Arthur Holmes (1890–1965) schlug in seinen *Principles of Physical Geology* von 1944 als Erklärungsmodell für Wegeners Kontinentaldrift vor, dass die Wärmeströme des Erdinneren (Konvektionsströme) genügend Kraft erzeugten, um die Erdplatten zu bewegen. Mit der Entdeckung der Spreizung des Meeresbodens entlang vulkanischer Ozeanrücken durch den US-amerikanischen Geologen Harry Hammond Hess (1906–1969) in seinem vielbeachteten Werk *History of Ocean Basins* von 1962 setzte sich Wegeners Theorie der Kontinentaldrift innerhalb der Scientific Community endgültig durch und der Paradigmenwechsel vom Fixismus hin zum Mobilismus war vollzogen.

2.2.2 Evolutionstheorie – vor und nach Darwin

Die Entwicklung einer biologischen Evolutionstheorie basiert auf den Erkenntnissen in den Geowissenschaften und deren Raumkonzepten. Dabei verwenden die Wissenschaftler der einzelnen Disziplinen der Biowissenschaften unterschiedliche Begriffe und Konzepte von ›Raum‹. Dennoch wurde eine Raumdebatte in den Biowissenschaften bisher nicht oder nur in wenigen Teilaspekten geführt und der zugrunde liegende euklidisch-dreidimensionale physikalische Raumbegriff erfuhr keine weitere Problematisierung. In der Biogeographie und auch der Ökologie ist Raum von Bedeutung, insofern er als Areal oder Verbreitungsgebiet im Sinne eines ›Containers‹ von materiellen Dingen und Lebewesen verstanden wird. Anders als die Ökologie beschäftigen sich Molekularbiologie, Genetik, Biochemie und Biophysik mit biologischen Strukturen wie beispielsweise Molekülen, Zellen und Geweben. Hier wird ›Raum‹ als eine funktionale Einheit aufgefasst und impliziert damit jeweils die Grenze zwischen biologischen Objekten und deren Milieu bzw. den sie umgebenden Umweltfaktoren (Weingarten 2007).

Von fundamentaler Bedeutung für das Entstehen der Evolutionstheorie, die seit dem frühen 20. Jahrhundert das zentrale Paradigma biowissenschaftlicher Forschung darstellt, waren zunächst die Geochronologie und die historische Geologie, die sich mit einer zeitlichen Gliederung der Entwicklungsgeschichte der Erde, mit tektonisch-orogenetischen und magmatischen Abläufen, paläographischen Veränderungen von Land und Meer und der damit eng verbundenen Entwicklung des Klimas und der Lebensräume beschäftigt. Schon mit der Stratigraphie und in der Formulierung des Leitfossilprinzips wurde eine irreversible Höherentwicklung von Organismen festgestellt, die zunächst nur zur Korrelierung von Gesteinsschichten Anwendung fand. Nach und nach wurde diese irreversible Abfolge von immer komplexer werdenden Lebensformen in geologischen Schichtungen als Visualisierung eines zeitlichen Geschehens interpretiert und der Raum und die in ihm enthaltenen Formen als etwas Gewordenes betrachtet.

Wie mit Lyell in der Geologie, so vollzog sich mit Charles Darwin in der Biologie ein wissenschaftlicher Paradigmenwechsel. Lyell und seine Vorgänger bereiteten die Vorstellung einer über sehr lange Zeiträume sich vollziehenden und damit allmählichen Entwicklung sowie gesetzmäßigen Veränderung geologischer Strukturen vor. So prägte sich der naturwissenschaftliche Evolutionsgedanke in der Geologie aus und erreichte schließlich die Biologie. Beide Wissenschaften beruhen in der Entwicklung ihrer Theorien auf räumlichen Erkenntnismustern, wobei in der Geologie die Tiefendimension in Form von Schichtungen und in der Biologie die Verteilung und Trennung von Arten im Raum im Vordergrund steht. Darwin dachte den von seinen Vorläufern bereits beschriebenen Entwicklungsgedanken konsequent zu Ende und stellte diesen zudem auf ein solides empirisches Fundament. Seine Forschungsarbeit knüpfte dabei an die Beobachtungen und Thesen verschiedener Vorgänger an, die sich durch die Vorstellung einer Entwicklung und genealogischen Verwandtschaft von Lebensformen von der Lehre der Konstanz der Arten abhoben (Bowler 2003).

System und Geschichte der Natur (Linné und Buffon)

Der einflussreichste Vertreter einer Lehre der Konstanz der Arten war der schwedische Naturwissenschaftler Carl von Linné (1707–1778). In seinem Werk *Systema Naturae* von 1735 klassifizierte er Lebewesen nach bestimmten äußerlichen Merkmalen. Diese Ordnungsprinzipien waren rein willkürlich gewählt und drückten keine stammesgeschichtliche Weiterentwicklung aus, denn Linné hielt die Arten für unveränderlich. Mit der Einführung der binären Nomenklatur in den *Species Plantarum* von 1753 und ab der zehnten Auflage von *Systema Naturae* aus dem Jahr

1758 begründete Linné die moderne Taxonomie der Botanik und Zoologie, die auf der klassifikatorischen Gruppierung von Lebewesen anhand von gemeinsamen Merkmalen beruht und in der die Verteilung von Arten im Raum noch keine Rolle spielt.

Dieses Paradigma der Konstanz der Arten wurde abgelöst durch den Gedanken einer Transformation, so in der 44-bändigen von 1750 bis 1804 erschienenen Naturgeschichte *Histoire naturelle* Buffons. Dieser nahm an, die Erde sei als von einem Kometen abgespaltenes Fragment der Sonne entstanden. Der anfangs noch heiße glutflüssige Körper sei dann langsam abgekühlt, wobei die Erde umgebende Dunstmassen kondensierten und als Meere den Globus bedeckten. Buffon wich mit seiner Annahme, dass die Erde bereits seit mindestens 75.000 Jahren existierte, nicht nur vom biblischen Erdalter von circa 6000 Jahren ab, sondern schuf auch die gedankliche Voraussetzung einer Transformationslehre, indem er postulierte, dass alle Arten sich auf eine kleine Zahl von Vorfahren zurückführen lassen. Deren Nachkommen hätten sich laut Buffon im Laufe von sieben Erdepochen geändert, indem sie beispielsweise nutzlose Körperteile zurückbildeten oder in der Größe variierten.

Ebenso verfocht der britische Universalgelehrte Erasmus Darwin (1731–1802) in seiner zwischen 1794 und 1796 erschienenen *Zoonomia or The Laws of Organic Life* die Vorstellung, dass alle Arten auf einen gemeinsamen Vorfahren zurückgehen. Mit seiner Abstammungslehre oder Deszendenztheorie legte Erasmus Darwin den Grundstein für die Evolutionstheorie. Sein Enkel Charles Darwin griff diese Gedanken später in seinen eigenen Arbeiten auf. Auch Cuvier ging aufgrund seiner Studien zur Paläontologie der Wirbeltiere davon aus, dass sich frühere Arten von den heutigen deutlich unterscheiden. Allerdings nahm er an, dass gewaltige Katastrophen immer wieder ganze Populationen vernichtet hatten und im Anschluss daran neue Arten in die von Katastrophen betroffenen Gebiete einwanderten oder Neuschöpfungen stattfanden. Eine Entwicklung der Arten schloss er dabei zunächst aus; Veränderungen am Bauplan der Tiere führte er auf immer wieder erfolgende göttliche Schöpfungsakte zurück. Wieder ist das Bezugssystem der biologischen Abläufe der Raum, indem lokale Ereignisse die Auslöschung oder Hervorbringung von Populationen determinieren.

Paläontologie (Lamarck und Saint-Hilaire)

Während sich Cuvier mit der Paläontologie der Wirbeltiere beschäftigte, widmete sich sein Kollege, der französische Botaniker und Zoologe Jean-Baptiste de Lamarck (1744–1829) der Paläontologie der Nichtwirbeltiere. Er schuf 1801 in seinem Werk *Système des animaux sans vertèbres* eine Systematik der wirbellosen Tiere und stellte eine Veränderung der Lebewesen von einfachen hin zu immer komplexeren Formen fest. Aus seinen Studien an fossilen Mollusken folgerte Lamarck, dass zwischen den Lebensformen ein allmählicher und gradueller Übergang stattgefunden habe. So formulierte er im Jahre 1809 in seiner *Philosophie zoologique*, dass sich Lebewesen in Abhängigkeit von ihrer Umwelt ständig wandeln, indem sich erwünschte Merkmale stärker ausprägen, während unnötige Merkmale degenerieren. Die erworbenen Eigenschaften werden von den Eltern auf ihre Nachkommen übertragen. Lamarck ging dabei von einer gerichteten Entwicklung aus, die aus dem Vervollkommnungstrieb der Organismen resultiert. Darwin schrieb später diese Veränderungen bzw. Variationen dem Zufall zu. Ein weiterer prominenter Anhänger der Entwicklungslehre war Johann Wolfgang von Goethe (1749–1832). Er entdeckte 1784 den Zwischenkieferknochen des menschlichen Schädels, was eine Verwandtschaft zwischen Tier und Mensch nahe legte. Als Anhänger einer Naturgeschichte und ›Stufenleiter der Natur‹ bezog er allerdings in seine Ideen einer organischen Entfaltung der Natur und einer prinzipiellen Verwandtschaft alles Lebendigen noch nicht die zeitliche Dimension und die Genese dieser Verwandtschaftsbeziehungen mit ein, wie aus seinen morphologischen, botanischen und osteologischen Schriften in dem Band *Zur Morphologie* von 1817 hervorgeht.

Ein Disput über den Bauplan der Tiere zwischen dem französischen Zoologen Étienne Geoffroy Saint-Hilaire (1772–1844) und Georges Cuvier wurde im Pariser Akademiestreit von 1830 vor der Pariser Académie des Sciences ausgefochten. Saint-Hilaire ging in seiner zwischen 1818 und 1822 erschienenen *Philosophie anatomique* davon aus, dass dem Körperbau aller Lebewesen ein einziger Grundbauplan zugrunde liegt, während Cuvier die Meinung vertrat, dass alle tierischen Lebensformen auf vier verschiedene Grundtypen – die Vertebrata, Articulata, Mollusca und Radiata – zurückzuführen sind. Beide Naturforscher teilten jedoch die Überzeugung, dass die Umwelt einen entscheidenden Einfluss auf die Lebewesen ausübt und Arten nicht konstant, sondern einer Veränderung bzw. Entwicklung in Größe und Bauplan unterworfen sind. In der Argumentation beider Wissenschaftler zeigt sich, welch wichtiger Baustein für die Herausbildung der Entwicklungstheorie die Befunde der Paläontologie waren, in der anhand von Fossilfunden die Ablaufformen evolutiver Prozesse sozusagen im Querschnitt durch Gesteinsformationen sichtbar werden. Zeitliche Abläufe sind hier konserviert in räumlichen Strukturen. Sowohl Saint-Hilaire als auch Cuvier zeigten anhand der Gemeinsamkeiten im Bauplan bzw. der Erscheinungsform eine Verwandtschaft fossiler und rezenter Arten. Beide Forscher bemühten sich um die Rekonstruktion der Lebewesen der Vergangenheit und entwarfen unter Beachtung der geologischen Zeitskala, des Aktualismusprinzips und der Abhängigkeit der Biosphäre von der Lithosphäre die Idee einer langsamen Entwicklung der Fauna und Flora.

Darwin

Geographische Entdeckungsreisen, wie sie etwa von der 1830 gegründeten Londoner Royal Geographical Society gefördert wurden, zielten neben der Vermessung und Kartierung neuer Landstriche immer auch auf die Erkundung der regionalen Pflanzen- und Tierwelt ab. Durch die dabei gewonnenen Daten verfestigte sich nicht nur die Gewissheit eines Zusammenhanges zwischen den Bauplänen der Lebewesen und der sie umgebenden Umwelt, sondern es entstanden auch umfangreiche Sammlungen von zum Teil exotischen Organismen, die nun als Untersuchungsmaterial bzw. Vergleichsmaterial für zoologische und botanische Studien zur Verfügung standen.

Nicht zum geringen Teil sind innovative Gedanken zur Evolution der Tierwelt auf die Weltumseglung von Charles Darwin (1809–1882) auf der HMS Beagle zurückzuführen. Auf dieser 1831 begonnenen und fünf Jahre dauernden Forschungsreise, die Darwin nach Südamerika, Australien und auf zahlreiche Inseln im Pazifik – unter anderem auf die Galapagosinseln – führte, sammelte Darwin Pflanzen, Tiere und Fossilien aller besuchten Orte. Aus diesem Datenmaterial leitete er später seine Theorie zur Evolution der Lebewesen ab. Ähnliche Schlussfolgerungen wie Darwin zog sein jüngerer Kollege Alfred Russel Wallace (1823–1913), der Forschungsreisen in Südamerika und am Malaiischen Archipel unternommen hatte. Wallace veröffentlichte 1858 einen kurzen Abriss seiner mit der Lehre Darwins verwandten Deszendenztheorie und schickte die Abhandlung auch an ihn. Im Jahre 1859 veröffentlichte Darwin schließlich sein Werk *On the Origin of Species by Means of Natural Selection, or the Preservation of Favoured Races in the Struggle for Life*. In der Schrift geht es Darwin nicht nur um die Entwicklung der Arten im Laufe der Erdgeschichte sondern auch um die Mechanismen dieser Entwicklung. Die Grundthese Darwins besagt, dass Arten durch natürliche Auslese entstehen, indem die am besten an einen Lebensraum angepassten Tiere überleben und sich fortpflanzen. Dieser Mechanismus lässt sich auch bei domestizierten Tieren und Kulturpflanzen beobachten, wobei hier nicht die natürlichen Umweltbedingungen die Auslese determinieren, sondern der Mensch durch Züchtung bestimmte Formen und Eigenschaften verstärkt oder ausschaltet. In der freien Natur werden jene Variationen begünstigt, die im Kampf ums Dasein nützlich sind, denn Individuen mit vorteilhaften Merkmalen haben die besten Chancen auf Überleben und Fortpflanzung (»survival of the fittest«). Evolution resultiert also aus Variation und Selektion.

Bedeutsam im Hinblick auf den Zusammenhang von Evolutionstheorie und Geologie ist die Tatsache, dass sich Darwin intensiv mit der Frage auseinandersetzte, ob genug Zeit verstrichen sei, um die bestehende Diversität des Lebens hervorzubringen, da evolutive Prozesse langsam ablaufen. Seine geologische Vorbildung und seine Kenntnis von Lyells Geochronologie hatten somit enormen Einfluss auf seine biologische Theorie (Herbert 2005). *On the Origin of Species* behandelt die Frage der erforderlichen Dauer evolutiver Prozesse im zehnten Kapitel *On the Imperfection of the Geological Record*. Auch der Mensch wurde von Darwin in die Evolutionsgeschichte der Tiere eingereiht. In dem 1871 erschienenen Buch *The Descent of Man, and Selection in Relation to Sex* postuliert er, dass der Mensch von affenähnlichen Vorfahren abstammt. Vor allem Körperbau und Embryonalentwicklung deuten auf diese enge Verwandtschaft von Mensch und Tier hin.

Darwins Theorien stießen auf ein breites öffentliches Interesse und zogen nicht nur zahlreiche Besprechungen und Karikaturen nach sich, sondern wuchsen sich zur sogenannten ›Darwinismusdebatte‹ aus, deren Ausläufer zum Teil bis ins 20. Jahrhundert reichten. Höhepunkt der zeitgenössischen Kontroverse war im Jahre 1860 die Diskussion zwischen dem Evolutionsbefürworter Thomas Henry Huxley (1825–1895) und dem Evolutionsgegner Bischof Samuel Wilberforce (1805–1873) am Oxford University Museum (Huxley-Wilberforce-Debatte).

Hervorzuheben ist die Bedeutung der Bilder und Visualisierungen in den wissenschaftlichen Publikationen Darwins zur Evolutionstheorie, da sie folgende Forschergenerationen hinsichtlich der Darstellung der Genealogie von Arten stark beeinflusst hat. Nicht nur betrieb Darwin großen Aufwand mit den Abbildungen in seinem Werk, auch in seinem Archiv in Cambridge findet sich eine Vielzahl von Photographien, Zeichnungen, Drucken und Stichen. In seinen seit 1837 geführten *Transmutation Notebooks* notierte er sich Gedanken, Hinweise und Daten zur Transmutation der Arten und zeichnete bereits 1837 ein Schema der Evolution in Form eines Diagramms, in dem die Organismen in sich verzweigenden Linien aufgefächert werden. Mit dem 1859 veröffentlichten Diagramm der Evolution schuf Darwin den Prototyp für die sogenannten ›Stammbäume‹, die eher Büschen mit vielen abgestorbenen Zweigen ähneln und die in der Biologie bis in die Gegenwart angefertigt werden (Voss 2007). Aus dem 19. Jahrhundert sind vor allem die Stammbäume des Biologen und Naturhistorikers Ernst Haeckel (1834–1919) bekannt. Er hatte den ersten Lehrstuhl für Zoologie in Jena inne und bildete die Taxonomie und Stammesgeschichte des Pflanzen- und Tierreichs in Form von ›Bäumen‹ ab, zuerst in seinem Buch *Generelle Morphologie der Organismen* von 1866. In den Dendrogrammen werden genealogische und genetische Beziehungen und zeitliche Abfolgen dargestellt, während räumliche Verteilungsmuster von Populationen nicht oder nur sehr indirekt – wenn an den Verzweigungspunkten eine räumliche Trennung von Populationen stattfand – ausgedrückt werden können.

Vererbungslehre

Mit Charles Darwin setzte sich die Vorstellung einer Veränderung von Organismen in geologischen Zeitperioden durch sowie die Auffassung, dass durch Variation und Naturzüchtung – also Selektion – neue, an ihre Umwelt adaptierte Arten entstehen. Ein bedeutender Fürsprecher und Verteidiger der Evolutionstheorie in England war Thomas Henry Huxley, während sie im deutschsprachigen Raum vor allem von Ernst Haeckel verbreitet und popularisiert wurde. Neben Darwin interessierten sich besonders Wallace und Haeckel für die kausale Basis der Selektionstheorie und suchten nach der Ursache-Wirkungs-Beziehung zwischen Veränderungen der Umweltbedingungen und dem Wandel der Organismen.

Lange Zeit blieb unklar, wie Variationen von Merkmalen hervorgebracht und nach welchen Regeln sie von Generation zu Generation weitergegeben werden. Wesentliche Fortschritte brachte hier die Genetik. Durch Pflanzenzuchtversuche mit rot- und weißblühenden Erbsen entdeckte Johann Gregor Mendel (1822–1884) die Gesetzmäßigkeiten der Vererbung. Erst um die Jahrhundertwende wurde man auf seine vergessenen

Abhandlungen aufmerksam, da drei Biologen gleichzeitig und unabhängig voneinander Mendel bestätigten, so der Holländer Hugo de Vries (1884–1935), der Österreicher Erich Tschermak (1871–1962) und der deutsche Gelehrte Carl Correns (1864–1933). Später wurde mit der durch Friedrich Miescher (1844–1895) entdeckten Nukleinsäure die molekulare Grundlage der Vererbung entdeckt. Der Begriff Chromosom wurde geprägt von Heinrich Wilhelm Waldeyer (1836–1921). Mit der Aufklärung der Struktur der Desoxyribonukleinsäure (DNA) als Doppelhelix durch James Watson sowie Francis Crick (1916–2004) und mit der Erkenntnis, dass die DNA der Träger der Erbinformation ist, wurde schließlich die Grundlage für die Entschlüsselung des genetischen Codes einzelner Lebewesen geschaffen.

Die aktuelle Ausprägung der Darwinschen Evolutionstheorie wird als ›Synthetische Theorie der Evolution‹ bezeichnet. Sie stellt eine Erweiterung von Darwins Theorie durch Erkenntnisse der Zellforschung, Genetik und Populationsbiologie dar. Diese Theorie der Evolution entstand zwischen 1930 und 1950 und wurde in den folgenden Jahrzehnten unter Einbeziehung der Molekularbiologie und der DNA-Sequenzanalytik erweitert und modifiziert. Als einer ihrer Hauptvertreter gilt Ernst Mayr (1904–2005). Die Synthetische Theorie postuliert, dass sich die gesamte Evolution aus den in Einzelpopulationen vor sich gehenden Prozessen (Klein-)Mutation, Rekombination, Selektion, Isolation und Drift zusammensetzt. Der Gradualismus der Synthetischen Theorie betont, dass Evolution nie sprunghaft verläuft, sondern sich aus mikroevolutionären Prozessen zusammensetzt. Mikro- und Makroevolution basieren dabei auf demselben Mechanismus. Erbliche Mutationen und Rekombination führen zur genetischen Variation, die Selektion gilt als Triebkraft der Evolution (Mayr 2001; Kutschera 2006).

Wie in den Anfängen der Evolutionstheorie ist auch in der modernen Synthetischen Theorie die Grundüberzeugung vorhanden, dass geologische Ereignisse im Verlauf der Erdgeschichte als determinierende Faktoren der biologischen Evolution anzusehen sind. Phänomene der Konvergenz und Divergenz sind durch den engen Zusammenhang von evolutivem Wandel und geographischen Gegebenheiten sowie räumlichen Verteilungsmustern der Lebewesen zu erklären. Biodiversität und Verbreitung der Arten werden im engen Zusammenhang mit räumlichen Faktoren und Lebensräumen gedacht.

Literatur

Adams, Frank Dawson: *The Birth and Development of the Geological Sciences*. New York 1954.

Beringer, Carl Christoph: *Geschichte der Geologie und des geologischen Weltbildes*. Stuttgart 1954.

Bowler, Peter: *Evolution. The History of an Idea* [1984]. Berkeley [3]2003.

Brömer, Rainer/Hoßfeld, Uwe/Rupke, Nicolaas (Hg.): *Evolutionsbiologie von Darwin bis heute*. Berlin 2000.

Cloud, Preston (Hg.): *Adventures in Earth History*. San Francisco 1970.

Frisch, Wolfgang/Meschede, Martin: *Plattentektonik. Kontinentverschiebung und Gebirgsbildung*. Darmstadt [2]2007.

Gould, Stephen J.: *Darwin nach Darwin. Naturgeschichtliche Reflexionen*. Frankfurt a.M. 1984 (amerik. 1973).

–: *Die Entdeckung der Tiefenzeit. Zeitpfeil und Zeitzyklus in der Geschichte unserer Erde*. München 1990 (amerik. 1987).

Guntau, Martin: *Die Genesis der Geologie als Wissenschaft. Studie zu den kognitiven Prozessen und gesellschaftlichen Bedingungen bei der Herausbildung der Geologie als naturwissenschaftliche Disziplin an der Wende vom 18. zum 19. Jahrhundert*. Berlin 1984.

Haberkorn, Michaela: *Naturhistoriker und Zeitenseher – Geologie und Poesie um 1800. Der Kreis um Abraham Gottlob Werner*. Frankfurt a. M. u. a. 2004.

Hallam, Anthony: *Great Geological Controversies. Neptunists, Vulcanists, and Plutonists, Catastrophists and Uniformitarians*. Oxford 1986.

Herbert, Sandra: *Charles Darwin, Geologist*. Ithaca 2005.

Hölder, Helmut: *Kurze Geschichte der Geologie und Paläontologie*. Berlin 1989.

Kutschera, Ulrich: *Evolutionsbiologie*. Stuttgart 2006.

Laurent, Goulven: *Paléontologie et évolution en France de 1800 à 1860. Une histoire des idées de Cuvier et Lamarck à Darwin*. Paris 1987.

Le Grand, Homer Eugene: *Drifting Continents and Shifting Theories*. Cambridge 1988.

Mayr, Ernst: *What Evolution is*. New York 2001.

–: *Konzepte der Biologie*. Stuttgart 2005.

Okrusch, Martin/Matthes, Siegfried: *Mineralogie. Eine Einführung in die spezielle Mineralogie, Petrologie und Lagerstättenkunde* [1983]. Berlin [8]2009.
Oldroyd, David: *Thinking about the Earth. A History of Ideas in Geology*. London 1996.
–: *Sciences of the Earth. Studies in the History of Mineralogy and Geology*. Aldershot 1998.
Provine, William B.: *Sewall Wright and Evolutionary Biology*. Chicago 1986.
Schmidt, Klaus/Walter, Roland: *Erdgeschichte* [1972]. Berlin [4]1990.
Stanley, Steven M.: *Historische Geologie*. Heidelberg 2001 (amerik. 1999).
Stokes, William Lee: *Essentials of Earth History. An Introduction to Historical Geology* [1960]. New Jersey [4]1982.
Voss, Julia: *Darwins Bilder. Ansichten der Evolutionstheorie 1837 bis 1874*. Frankfurt a. M. 2007.
Wagenbreth, Otfried: *Geschichte der Geologie in Deutschland*. Stuttgart 1999.
Weingarten, Michael: Von Darwins Evolutionstheorie zum Darwinismus. In: Kurt Bayertz/Myriam Gerhard/Walter Jaeschke (Hg.): *Weltanschauung, Philosophie und Naturwissenschaft im 19. Jahrhundert*. Bd. 2: *Der Darwinismus-Streit*. Hamburg 2007, 83–105.
Wilhelm, Friedrich: *Der Gang der Evolution. Die Geschichte des Kosmos, der Erde und des Menschen*. München 1987.

Michaela Haberkorn

2.3 Kulturklimatologie und Geopolitik

2.3.1 Kulturklimatologie – von Hippokrates zu Ritter

Wird heute in der wissenschaftlichen Klimatologie unter ›Klima‹ ein Zustand der Atmosphäre verstanden, der auf statistischen Parametern beruht und über einen längeren Zeitraum eine charakteristische Ausprägung zeigt, so ist unter ›Kulturklimatologie‹ jener Komplex an alteuropäischen Theorien gemeint, der schon in der Antike, dann verstärkt wieder seit der Frühen Neuzeit und in letzten Ausläufern noch bis heute dazu dient, die komplexen Verhältnisse der Völkerdifferenzen durch Rückbezug auf eindeutige Naturbilder zu ebenso eindeutigen Völkerbildern zu verdichten, die im Modus der Fiktion Wahrnehmung und Denken steuern (Stanzel 1997, 11). Die Raumgegensätze der Erde werden zum Medium der Individuation ihrer Bewohner, Boden- und Klimagrenzen zu Körper-, Geistes- und Charaktergrenzen der Völker und zu Grenzen ihrer Lebensweisen.

Diese Verräumlichung des ›Völkerdaseins‹ bietet die Möglichkeit, das eigene Volk in ethnozentrischer Perspektive kulturell und moralisch zu überhöhen und andere Völker abzuwerten (s. Kap. III.5). Darin eingeschlossen ist die politische Instrumentalisierung solcher Theorien zur Rechtfertigung von Kolonisation und Herrschaft über andere, insbesondere der Ausbeutung der nicht-europäischen Welt, verbrämt als Beitrag Europas für den Fortschritt der Menschheit. Die Kulturklimatologie enthält demnach nicht nur wissenschaftliche Aspekte, sondern ist immer auch als Mensch-Raum-Ideologie zu verstehen, welche die Privilegierung und Diskriminierung von Menschen und Menschenkollektiven rechtfertigt. Sie gehört in die Vorgeschichte der Geographie des 19. und 20. Jahrhunderts, die den Anspruch erhob, unter den Wissenschaften die zentrale Raumwissenschaft zu sein, Raum als Erdraum verstanden.

Die Klimazonenlehre der Antike

Die erste systematische Grundlegung einer kulturbezogenen Klimazonentheorie, kurz Klimatheorie, wird dem Mediziner Hippokrates von Kos (ca. 460–370 v. Chr.) zugeschrieben. Die vermutlich um 430 v. Chr. entstandene Schrift *Über Winde, Wasser und Ortslagen* wurde zu einer Referenzquelle für die gesamte Tradition der Klima-Theoretiker. Üblicherweise unterschieden die antiken Vertreter eine heiße, eine kalte und, dazwischenliegend, eine gemäßigte Klimazone, also für die Nord- und Südhalbkugel der Erde zusammen fünf Zonen mit drei Klimaten, die charakteristische Wirkungen auf ihre Bewohner zeigten (Müller 1997). Die Wirkungsrichtung des Klimas auf den Charakter der Völker wird in der traditionellen Klimatheorie wie folgt modelliert: Einförmige Klimate bringen einförmige Völkernaturen hervor, wechselhaftere Klimate fördern vielfältigere und ausgeglichenere Typen. Unverkennbar ist eine Tendenz zur Polarisierung. Unter den kalten, feuchten Klimaten des Nordens seien die Körper kräftig gebildet, der Geist aber zurückgeblieben und träge, in den heißen Klimaten des Südens stoße man umgekehrt auf einen scharfen, beweglichen Geist, der jedoch in einem kleineren Körper stecke, weil die Sonne die Feuchtigkeit herausziehe. Erschlaffe die Hitze den Menschen und mache ihn feige und furchtsam, so lasse die Kälte ihn tapfer und draufgängerisch werden.

Selbst für das politische Leben rechneten antike Autoren mit Klimawirkungen. Kälte verbinde sich mit Freiheit und Unfähigkeit zur Herrschaft, Hitze mit Untertanengeist und Despotie. Nur bei den *Mittel*völkern, die unter den gemäßigten und somit glücklichen Klimaten lebten, schlössen sich körperliche, geistige und moralische Fähigkeiten nicht aus, sondern gingen ein optimales Mischungsverhältnis ein. Mühelos ließ sich das Mittemotiv mit der Vorstellung verbinden, die Umgebung dominieren zu können. Beispielsweise nutzt der einflussreiche Platonschüler Aristoteles (ca. 384–322 v. Chr.) im siebten Buch seiner *Politik* die Klimatheorie, um den in der gemäßigten Mitte platzierten Griechen, wären sie in einer einzigen *politeia* vereinigt, die Erringung der Herrschaft über alle anderen Völker zu prognostizieren. Auch für weitere Orte und Länder wurde im Laufe der Geschichte mit geographisch-klimatischen Argumenten der Anspruch erhoben, Nabel der Welt zu sein, darunter in der Antike prominent für Rom und Italien, doch konnte der Reflex auf die Klimatheorie auch fehlen. Für Jerusalem beispielweise war es die Vorstellung, von hier sei die Erschaffung der Welt ausgegangen.

Neben der *zonalen* Gliederung der Klimawirkung interessierte man sich in der Antike auch schon für die *lokalen* und *regionalen* Effekte der Landesnatur, wie bereits Hippokrates. Er war sich sicher, dass die Menschen, je nachdem, ob sie in fruchtbaren oder unfruchtbaren, öden oder wasserreichen Ebenen oder Gebirgen lebten, eine andere Gestalt und ein anderes Temperament aufwiesen. Dicke, fleischige Körper, geringe Widerstandskraft und fehlender Mut korrelierten ihm zufolge mit feuchtheißen, fruchtbaren Niederungen, während wasserarme, raue Gebirgswelten hochwüchsige, abgehärtete und wilde Menschen hervorbrachten.

Wiederaufleben in der Neuzeit

Die *schematischen* Erklärungen der Völkerunterschiede aus der Antike, die bei arabischen Medizinern sowie einigen Autoren des europäischen Mittelalters ihre Spuren hinterließen, fanden im 16. und 17. Jahrhundert im Gefolge der Entdeckungen und Eroberungen fremder Welten, aber auch einer immer genaueren Kenntnis der ethnischen Differenzen in Europa selbst eine gesamteuropäische Neuauflage. Sie gingen in vielgelesene Sachbücher ein, fanden aber auch in der schöngeistigen Literatur Aufnahme, wie die zahlreichen Anspielungen auf die Klimatheorie belegen. Beispielhaft seien für die Medizin das Werk des spanischen Arztes Juan Huarte *Examen de ingenios para las ciencias* von 1575 und für die Literatur Shakespeare genannt (Zacharasiewicz 1977).

Häufig wurde zur Bekräftigung der Klimawirkung auf die Völker darauf verwiesen, dass ein jeder Boden seine eigenen Gewächse und Tiere habe. Das Gleiche gelte folglich auch für die Menschen, auch sie müssten sich nach dem Verlassen ihres angestammten Landes der Natur des neuen Landes fügen und sich in allem wandeln, ›entarten‹ oder ›ausarten‹, wie man es seit etwa der zweiten Hälfte des 18. Jahrhunderts immer wieder formulierte. Kam also ein ›edler‹ Mensch aus einer gemäßigten Natur in eine verwilderte, maßlose Natur, musste auch er tendenziell verwildern und maßlos werden. Denn nach der Klimatheorie spiegelte sich in einem Volk stets der Typus seines Landes wider. Dass die vielfältige Wirklichkeit durch solche Etikettierungen eher verzerrt als erfasst wurde, blieb aufgrund der hohen Orientierungsfähigkeit dieses triadischen Wahrnehmungsschemas, das die Welt auf jeder beliebigen Maßstabsebene so wunderbar zu ordnen schien, leicht verborgen. Man sah, was man sehen wollte, auch wenn die Realität nicht mit der Vorstellung im Kopf kongruierte. Ein eingefahrenes Bild vom Anderen überlagerte die empirischen Gegebenheiten. Die Einsicht, dass der ethnographische Blick selbstreflexiv werden muss, um den Einfluss der eigenen Erwartungen bemerken und gegebenenfalls korrigieren zu können, setzte sich nur langsam durch und wurde zu einem Dauerproblem der Kulturforschung.

Kritik an diesem formelhaften, rigiden Denken des Mensch-Natur-Verhältnisses, das bis ins 18. Jahrhundert hinein noch ohne disziplinäre Ausdifferenzierung im engeren Sinne war, blieb schon damals nicht aus. So bemerkte man, dass unter einem einheitlichen geographischen Klima ganz verschiedene Pflanzen, Tiere und Völker existierten und unter verschiedenen Klimaten die gleichen. Doch ließen sich die Anhänger klimatischer Verhaltenstheorien davon nicht beeindrucken. Sie verwiesen darauf, dass Veränderungen vor allem Zeit brauchten, also erst nach längerem Aufenthalt eines Volkes in einem neuen Land zu erwarten seien, dass es nicht allein auf die Polhöhe ankomme, sondern auf noch allerlei andere Faktoren, ferner, dass das Klima eines Landes nicht zu allen Zeiten gleich bleibe und dass es nur wirke, wenn andere Faktoren es nicht hemmten oder hinderten. Der dem Klima seines Landes widersprechende Charakter eines Volkes war somit leicht zu erklären, ohne dass die Klimatheorie aufgegeben werden musste. Die Physik der Erde blieb Grundlage der Völkercharaktere. Schließlich ist die eigentümliche Diskrepanz zu beobachten, dass selbst radikale Kritiker der Klimatheorie, die sich seit Mitte des 18. Jahrhunderts vermehrt zu Wort meldeten, einerseits die Erklärungskraft der klimatischen Faktoren für die Völkerunterschiede bestritten, gleichzeitig aber den populären Völkerklischees verfallen blieben. So etwa der schottische Philosoph, Skeptizist und Empirist David Hume (1711–1776) in seiner Studie »Über nationale Charaktere«, die erstmals 1748 in den *Three Essays, Moral and Political* publiziert wurde.

Bekannte Exponenten der antiken Klimatheorie in der Renaissance waren die Franzosen Bodin, Du Bos und Montesquieu. Der Rechtstheoretiker und Historiker Jean Bodin (1530–1596) kombinierte in seinem Hauptwerk *Les six livres de la république*, erschienen 1756, die antike Klimatheorie mit der antiken Theorie der Temperamente und sah die Völker der einzelnen Zonen von Gott mit bestimmten Aufgaben versehen; er registrierte auch, dass der klimatisch bestimmte Charakter eines Volkes sich bei der Umsiedlung in ein anderes Land verändern musste, wenngleich langsamer als bei den Pflanzen, und die Erziehung mächtiger sein konnte als die Natur. Der Theologe und Jurist Jean-Baptiste Abbé Du Bos (1670–1742) diskutierte die Klimafrage in seinen *Reflexions critiques sur la poésie, la peinture et la musique* von 1719. Er blieb dem dreigliedrigen Zonenschema treu und erklärte die Konzentration genialer Menschen auf bestimmte Regionen sowie Europas zivilisatorischen und künstlerischen Vorsprung gegenüber der übrigen Welt primär als Folge der differenziert wirkenden physischen Bedingungen. Historische Veränderungen führte er auf Veränderungen von Klima und Boden zurück.

Besonders nachhaltig verbreitete Charles-Louis de Montesquieu (1689–1759), der Theoretiker der Gewaltenteilung und vielfältige Anreger sozialwissenschaftlicher Forschung, die Motive der antiken Klimatheorie. Doch obwohl ihm die einschlägigen Ausführungen in seiner Hauptschrift *De l'esprit des lois*, die nach ausgedehnten Reisen durch verschiedene Staaten Europas entstand und 1748 anonym in Genf erschien, das Image eines eher strengen Klimadeterministen eintrugen, war sein theoretisches Konzept keineswegs so rigide wie sein Ruf. Zum einen waren für ihn die Zustände der Völker nicht nur durch die Wirkungen ihres Wohnortes gegeben, sondern konnten auch durch Übertragungen verändert werden. So wertete er die Völkerwanderung als Befreiung der Völker des europäischen Südens von römischer Tyrannei und Sklaverei durch den germanischen Norden. Die traditionelle Zentrierung auf die Mitte als privilegierte Zone war damit zurückgenommen, der europäische Norden erschien in einem weit günstigeren Licht als bisher. Zum anderen waren für ihn die physischen Faktoren, die als Klima und Boden firmierten, keineswegs die einzigen Kausalfaktoren, die den Charakter und das Leben der Völker bestimmten; ›moralische‹ Ursachen, wie Religion, Verfassung,

Gesetze, Tradition, Sitten und Gebräuche kamen hinzu. Erst alle zusammen waren die *Regentes* von Geschichte und Gesellschaft, die physischen Faktoren konnten durch überlegtes Handeln der Menschen sogar verändert, zumindest aber durch den Gesetzgeber in ihren Effekten gemildert bzw. kompensiert werden. Wo sie ein Übergewicht besaßen, sollte der Gesetzgeber ihnen entgegenwirken und beispielsweise Völker, die aus klimatischen Gründen die Arbeit mieden, durch geeignete Maßnahmen zu solcher antreiben. Ein Leben, das dem Klima gemäß war, sollte demnach nicht einfach hingenommen werden. Damit war für Montesquieu selbst die Versklavung von Völkern gerechtfertigt, obwohl er die Sklaverei andererseits als unvereinbar mit der menschlichen Natur betrachtete: Der Konflikt zwischen der Natur als Natur und der Natur als Norm im naturrechtlichen Sinne blieb bei ihm ungelöst. Die Regierungsform eines Staates wiederum band er fest an seine räumliche Größe – große Räume erforderten die Despotie, mittlere die Monarchie, kleine die Demokratie –, hier gestand er keine Lockerung der kausalen Korrelation zu.

Herders Auffassung der Klimatheorie

In Deutschland bemühte sich wie kein anderer Johann Gottfried Herder (1744–1803), der in Königsberg bei Immanuel Kant (1724–1804) dessen Vorlesung zur physischen Geographie gehört hatte, sein Leben lang darum, die Bedeutung des Klimas für die Ausbildung menschlicher Verhältnisse zu bestimmen, ohne je zu einer klaren Vorstellung zu gelangen. Standen bei anderen Autoren vor allem die Temperaturzonen im Vordergrund, so deckt Herders Klimabegriff, je nach Kontext, ein sehr breites Bedeutungsspektrum ab. Im Extremfall bezieht sich sein Klima auf die gesamte sichtbare Außenwelt nebst den dahinterstehenden *Kräften* und verwandelt sich in ein produktives »Chaos« mit- und gegeneinander wirkender Ursachen und Folgen, das jede determinierende Strenge verliert. Es »zwinget nicht, sondern es neiget« (Bd. 13, 273), lautete Herders Urteil über das Klima in seinen berühmten *Ideen zur Philosophie der Geschichte der Menschheit*, die in vier Bänden von 1784 bis 1791 erschienen und größten Einfluss auf die deutsche Nationalbewegung und die Herausbildung der modernen Geographie bekamen.

Dieses umfassend gedachte Klima und die Gegenkraft dazu, die vernunftbegabten, durch Abstammung, Vererbung, Erziehung und Tradition zur Kultur befähigten Menschen, bezog Herder nun so aufeinander, dass beide auf naturgesetzliche Weise ein harmonisches *Gleichgewicht* oder »Maximum« anstrebten, das auf Störungen mit ausgleichenden Oszillationen reagieren würde (Bd. 14, 225 ff.). Nationen im Herderschen Sinne sind demzufolge nichts anderes als in der *Zeit* geglückte Synthesen von äußerem *Ort* und innerem *Charakter* der Völker, die als einmalige, auf sich selbst zentrierte *Individualitäten* dem einzelnen alles bieten, was er zum Leben braucht. »Jedes Land« hatte somit »seine Menschen« (Bd. 4, 377), die zu diesem und keinem anderen Ort gehörten.

Die politischen Konsequenzen dieses Nationsverständnisses sind erheblich. Weder der europäische Kolonialismus noch die Sklaverei waren aus Herders Sicht durch die Klimatheorie gedeckt. Aber auch der im Absolutismus übliche Territorialschacher verlor seine Legitimation. »Die Natur«, so Herder, erziehe »Familien«, »der natürlichste Staat« sei »also auch Ein Volk mit Einem Nationalcharakter«, wohingegen die »unnatürliche Vergrößerung der Staaten« und »die wilde Vermischung der Menschen-Gattungen und Nationen unter Einen Scepter« dem Zweck des Regierens ganz entgegenstehe (Bd. 13, 384). Herders Ideal war somit ein friedliches Nebeneinander der Völker, bei dem keines ein anderes Volk unterdrückte. *Polyphonie*, nicht Monotonie der ›Vaterländer‹ schwebte ihm vor; die Erde habe »für uns alle Raum« (Bd. 17, 319).

Begünstigt sah er diese Entwicklung durch den Bau der Erde, deren äußere Gestalt den Völkern die Richtung für ihre Wanderungen und eine natürliche Ordnung für ihr sesshaftes Leben vorzugeben schien. Er stützte sich dabei u. a. auf den 1778 publizierten *Abriß der Erdbeschreibung* des Göttinger Universalhistorikers und Geographen Johann Christoph Gatterer (1727–1799), der die ansatzweise bis auf die Antike zurückgehende, zuletzt in dem »Essai de géographie physique« von 1756 des französischen Hofgeographen Philippe Buache (1700–1773) präzisierte Vorstellung übernahm, wonach ein durchgehendes Gebirgssystem die Erde wie ein Knochengerüst zusammenhalte und in Meeresbecken und Flussgebiete gliedere. Die Klimatheorie ließ sich mühelos mit diesem Gedanken eines ›Erdgezimmers‹ (›charpente du globe‹) verbinden und so die zonale Ordnung durch ein regional differenziertes Bild verfeinern. Zwar propagierte Herder als Endziel der Geschichte die Abschleifung aller naturbedingten Gegensätze der Nationen und die Herrschaft einer universalen Humanität, doch der Weg dorthin führte für ihn über die Nationen, bei deren Herausmodellierung und -kontrastierung die Erdoberfläche Beistand leistete. »Meere, Bergketten und Ströme« seien »die natürlichsten Abscheidungen so der Länder, so auch der Völker, Lebensarten, Sprachen und Reiche« (Bd. 13, 38). In der Geographie sah Herder »die Basis der Geschichte«, in der Geschichte »eine in Bewegung gesetzte Geographie der Zeiten und Völker«, keine lasse sich »ohne die andre« verstehen (Bd. 30, 102).

Die Möglichkeit der politischen Instrumentalisierung der Idee einer von der Natur selbst angezeigten Begrenzung der Nationen liegt auf der Hand und wurde in Frankreich gelegentlich schon vom *Ancien Régime* genutzt, um Grenzverschiebungen zu rechtfertigen. Naturrechtlich-ideologisch überhöht, diente sie den Französischen Revolutionären dazu, den Expansionszielen der Republik den Schein der Notwendigkeit zu verleihen. Der »bonne nature«, so postulierte der den Girondisten nahestehende Schriftsteller Louis-Sébastien Mercier (1740–1814), komme absolute Priorität vor aller Diplomatie zu, da ihre ewigen Gesetze der Erde unbestreitbare natürliche Schranken eingeprägt hätten. Seien diese verletzt, so werde es »pendant des siècles« zu Gegenreaktionen kommen, bis die benachbarten Staaten wieder die Gestalt angenommen hätten, die ihnen die Natur vorschreibe. Bereits ein aufmerksamer Blick auf die geographische Karte zeige, dass Frankreich nur noch den Rhein und Savoyen besitzen müsse, um seine ideale Gestalt zu erreichen (Mercier 1793, 555 f.).

Auch von deutscher Seite wurde geographisch argumentiert. So versicherte 1810 der frankophobische Initiator der national-pädagogischen Turnerbewegung, Friedrich Ludwig Jahn (1778–1852): »Natürliche Gränzen oder Scheiden giebt es« (Jahn 1817, 33). Nur waren es für ihn die Wasserscheiden, die er und andere bekannte Vertreter der deutschen Nationalbewegung gegen die französische Rheinforderung als das von der Natur selbst gewollte Trennungsprinzip der Völker vorbrachten. Als Eckpunkte seines geographischen Deutschlands, über welches das deutsche Volk nicht hinausgehen dürfe und gegebenenfalls wieder umkehren müsse, bestimmte Jahn Dünkirchen und Sandomir, Kopenhagen und Triest, Memel und Genf.

Klimatheorie und Länderkunde

Diese Theorie der natürlichen Grenzen und die geographoide, aber noch nicht im disziplinären Sinne geographische Mensch-Natur-Tradition der Klimatheorie lieferten die Basistheoreme für die Neukonstituierung der Geographie zu Beginn des 19. Jahrhunderts. Bis Ende des 18. Jahrhunderts wurde diese allgemein als *Staatenkunde* betrieben, welche die politischen Grenzen nahm, wie sie kamen, um eine Fakteninventur vorzunehmen, bei der jedoch auch schon Kausalzusammenhänge berücksichtigt wurden. Die Wahl der Staaten (Provinzen usw.) als Grundeinheiten der geographischen Beschreibung erwies sich jedoch infolge der permanenten Grenzveränderungen in den politisch unruhigen Zeiten ab der zweiten Hälfte des 18. Jahrhunderts und forciert um und nach 1800 als ungünstig, so dass das Konzept einer ›ewigen Geographie‹, die sich an die Natur der Erdoberfläche hielt, den Lehrbuchautoren immer attraktiver erschien. Es entstand die *Länderkunde*, die jedoch mit der Beruhigung der politischen Lage nach dem Wiener Kongress von der Staatengeographie wieder zurückgedrängt wurde. Als Protagonisten der Länderkunde gelten August Zeune (1778–1853), außerordentlicher Professor an der Berliner Universität seit ihrer Gründung 1810, und vor allem Carl Ritter (1779–1859), der die Grundidee seines geographischen Denkens nach eigenem Bekunden von Herder übernahm. Von 1820 bis zu seinem Tod lehrte er in Berlin und hatte dort seit 1825 die Professur ›der Länder- und Völkerkunde und der Geschichte‹ inne. Mit der Einleitung zu seinem als Torso hinterlassenen Mammutprojekt *Die Erdkunde im Verhältniß zur Natur und zur Geschichte des Menschen* schrieb er der Länderkunde 1817 ein Programm, das ihn zum Referenzautor einer ganzen Generation von Lehrbuchautoren machte.

Was aber verstand der Geograph gemeinhin unter einem Land respektive einer Landschaft? In der Regel einen Erdraum, der aufgrund seiner spezifischen materiellen Erfüllung und der Wechselwirkung seiner Objekte eine eigentümliche Raumgestalt angenommen hatte, die nur einmal auf der Erde zu finden sei. Länder waren ihm somit *Unikate*, darin eingeschlossen ihre Völker. Jedes Volk bildete mit seinem Land eine Natur-Kultur-Einheit, eine Ganzheit, eine Symbiose; beide konnten nicht mehr unabhängig voneinander gedacht werden, der Engländer nicht ohne England und England nicht ohne den Engländer. Allerdings hatte man schnell erkannt, dass diese Räume nicht durch scharfe Linien (z. B. Wasserscheiden) voneinander getrennt waren, sondern meist durch breit gesäumte Übergänge. Nur in der Mitte, ihrem Kern, trat ihre Eigenart plastisch vor Augen, zu den Rändern hin verblasste sie und ging allmählich in die Eigenart der benachbarten Räume über.

Ganz nach dem Muster der klassischen Klimatheorie – »Wie das Land, so das Volk!« – unterstellte auch die Länderkunde, hier der an Ritter und Hegel geschulte einstige Mindener Oberlehrer und spätere Technikphilosoph Ernst Kapp (1808–1896), der zeitweise als Baumwollfarmer in Texas wirkte, dass »bestimmte Localitäten den Nationen ein eben so bestimmtes Gepräge der Leidenschaftlichkeit, des Pflegma's, der Richtung ihrer Thätigkeiten« gäben, so dass sie »alle [...] eins« seien »mit ihrer Localität« (Kapp 1845/I, 91). Kein Geringerer als der Naturforscher und Geograph Alexander von Humboldt (1769–1859), der als strenger Empirist und philosophischer Holist zugleich gilt, hatte bereits 1806 vor der Preußischen Akademie der Wissenschaften vorgetragen, dass die Geschichte der Menschheit »auf's innigste« mit »dem Naturcharakter verschiedener Weltgegenden [...] verknüpft« sei, da die Richtung der Kulturentwicklung, der Volkscharakter und die Stimmung der Menschheit »großentheils von klimatischen Verhältnissen« (Humboldt 1849, 18 f.) abhänge. Fünfzig Jahre später erhob ein anderer Weltreisender, Moritz Wagner (1813–1887), der in München Geographie und Ethnographie lehrte und zum *Spiritus rector* des später maßgeblichen ›politischen Geographen‹ Friedrich Ratzel wurde, die physische Geographie gar zum »natürlichen Schlüssel« für die Erklärung sonst rätselhaft bleibender Erscheinungen der Völkergeschichte und erklärte sie damit zugleich zum Schlüssel für alle zukünftige Entwicklung der Völker. So seien die Völker Russlands und alle von ihm eroberten Völkerschaften, die unter den gleichen Naturbedingungen lebten, auf ewig dazu »verdammt«, in ihrer Sprache, Sitte, Religion und Denkart, aber auch den staatlichen Einrichtungen das »trostlose Unisono« ihres Landes zu wiederholen – eine »schauerliche Gleichförmigkeit« auf beiden Seiten (Wagner 1856, 1146).

Ging man von ortsgebürtigen Völkern, Rassen oder Stämmen aus, so stellte diese Art der Anpassung kein Problem dar, ging man dagegen von Einwanderungen aus, musste lamarckistisch durch Organanpassung an die Umweltbedingungen oder – nach dem Erscheinen von Darwins *On the Origin of Species* im Jahr 1859 (s. Kap. I.2.2) – auch darwinistisch durch die Selektionswirkung dieser Bedingungen nachjustiert werden. Es wurden aber auch Lernprozesse angenommen, die durch Tradition ›vererbt‹ wurden, oder es wurde eine vorgegebene Prägung auf den Charakter und das Potenzial eines bestimmten Landes unterstellt, das via Wanderung nur noch instinktmäßig aufgefunden werden musste. Die eingewanderte Gruppe konnte aber in einer schon vorhandenen Bevölkerung auch aufgehen bzw. analog zu Flora und Fauna in einem nicht zu ihr passenden Land verkümmern. Häufig begnügten sich die Autoren freilich mit einer diffusen Parallelisierung von Landesnatur und Völkercharakter oder vermischten die Theorien zu unentwirrbaren Hybridformen.

Gleichzeitig mit der Richtung der Folgerung von der Landesnatur auf das Volk kannte die Länderkunde aber auch die umgekehrte Wirkungsrichtung, wonach das Volk sich entsprechend seiner eigenen inneren Mitgift das Land aktiv aneignete, so dass nun umgekehrt galt: »Wie das Volk, so das Land!« Führte man beide Formeln zusammen, so war die Land-Volk-Einheit aus einem Wechselverhältnis hervorgegangen, wobei zunächst angenommen wurde, dass das Land den Menschen prägte, während später der Mensch immer mehr dem Lande die Züge seines eigenen Wesens einschrieb. So war das einwohnende Volk nicht nur Spiegel des Landes, sondern das Land auch Spiegel des Volkes. Im Bild der Landschaft dokumentierten sich der Leistungswille und die Leistungsfähigkeit der Völker. Völker, die sich aus eigener Kraft nicht aus den Zwängen der Natur befreien konnten, mussten die vorgebliche Hilfe der Kolonisierung erdulden und gegebenenfalls im Namen des Fortschritts untergehen.

Obwohl die Länderkunde als Gegenprogramm zur Staatenkunde konzipiert worden war, gab der Geograph, der sie betrieb, die Staaten nicht auf. Vielmehr unterstellte er, dass die Naturgebiete als potentielle Staatsgebiete wirkten, in welche die realen Staaten im Verlauf der Geschichte sich allmählich einfügen würden. Andererseits gab es, solange diese Idee existierte, ebenso Kritiker, welche die Eigengesetzlichkeit des Politischen betonten, darunter auch Geographen, doch hielt sich die Idee von der determinierenden Normierung der Politik durch die Physik der Erdoberfläche hartnäckig bis zum Ende des länderkundlichen Denkstils in den 1960/70er Jahren. Beispielsweise bei Emil Egli (1905–1993), Professor an der Höheren Töchterschule Zürich, der unter Berufung auf Hippokrates die Mitwirkung des räumlichen ›Gefäßes‹ bei der Gestaltung der Völkercharaktere beschwor und in der »außergewöhnlichen Kompartimentierung« Europas »eine wesentliche Ursache seiner Völkerindividualitäten« (Egli 1977, 8) und seines »Staatenchores« erblickte (Egli 1975, 151). Die große Mehrheit der Geographen trug jedoch solche Erdraumphilosophie schon längst nicht mehr mit (s. Kap. II.4).

So hatte es die Länderkunde mit drei Einheiten zu tun, mit Ländern, Völkern und Staaten. Die Länder stellten gleichsam die Hohlformen dar, in die sich die Völker allmählich einfügten bzw. einfügen sollten, um einen Staat zu bilden; sie fungierten als ›Leib‹ oder ›Körper‹ der Nation. Idealerweise lautete der Endzustand: *Ein* Land, *ein* Volk, *ein* Staat. Das war der geographische Beitrag zur Nationalstaatsbildung, wobei anfangs die Vorstellung eines teleologisch gesteuerten Prozesses vorherrschte, die später durch die Annahme eines eher zufälligen historischen Lernprozesses verdrängt wurde, der seine teleologischen Wurzeln jedoch nicht verbergen konnte. Die staatlichen Grenzen mussten natürlich linear gezogen werden. Der Geograph beanspruchte daher, für die Politik zu überprüfen, ob die Grenzen auch wirklich innerhalb der natürlichen Grenzsäume oder Grenzgürtel lagen und ob sie sich möglichst an markante Naturobjekte hielten.

Mühelos ließ sich die Idee der klimatischen Bestimmtheit der Menschen durch ihr Land auch auf größere Räume als die Länder übertragen und sogar die Europäisierung der Erde letztlich als Wirkung des Klimas und der Konfiguration der Erdoberfläche darstellen. Während die Hitze der Tropen die Faulheit fördere und die Kälte der Polargegenden alle Energien zum Überleben aufbrauche, erfordere Europas gemäßigtes Klima zwar einerseits kontinuierliche Arbeit, die freilich reich belohnt werde, lasse jedoch andererseits noch genügend Zeit und Energie für geistige Aktivitäten übrig. Die naturräumliche Kleinkammerung Europas habe zudem Konkurrenz und Krieg gefördert und permanent seine Bewohner zu Erfindungen angestachelt. So hätten die europäischen Völker zuerst mit der Umgestaltung ihres eigenen Kontinents begonnen und sich dann den Rest der Welt vorgenommen, um deren Natur und Völker unter ihre Herrschaft bzw. in ihre Abhängigkeit zu bringen.

Nicht nur Geographen, auch Vertreter anderer Disziplinen beriefen sich in ihren Theorien auf den Nexus von Land und Leuten. Besondere Anziehungskraft übte dieser Denkstil auf Geschichtsphilosophen aus. Bedenkenlos korrelierte Georg Wilhelm Friedrich Hegel (1770–1831) in seinen *Vorlesungen über die Philosophie der Geschichte*, die 1837 in Erstfassung erschienen, den »Naturtypus der Lokalität [...] mit dem Typus und Charakter des Volkes, das der Sohn solchen Bodens« und durch diesen seine Rolle in der Weltgeschichte zugewiesen erhalte (Hegel 1986, 106). Auch Nationalökonomen versicherten sich gern der Wirkungen der Landesnatur: Lorenz von Stein (1815–1890) und Adolf Wagner (1835–1917) bestätigten für Europa die Idee der natürlichen Länder als steuernde Grundlage seiner Staatenbildung, während Werner Sombart (1863–1941) über einen Zusammenhang zwischen den Eigenschaften der Wüste, dem Wesen der Juden und der kapitalistischen Geldwirtschaft spekulierte. Die Trockenheit der Wüste, ihr grelles Licht, die tiefen Schlagschatten und die hellen Sternennächte würden sich »bildlich in das eine Wort des ›Abstrakten‹ zusammenfassen« lassen, »dem das konkrete Wesen alles Nordens« gegenübertrete, »wo das Wasser reichlich« fließe (Sombart 1911, 421). Geld sei »aller Konkretheit bar, wie das Land, aus dem die Juden kommen« (ebd., 426). Wasser, Wald und Nebelstimmung förderten dagegen den »Sinn für das Lebendige, Organische, Gewachsene«, wie ihn der von Sombart im Gegenzug charakterisierte ›Nordmensch‹ zeige (ebd., 422).

Breite Zustimmung unter Nicht-Geographen erfuhr besonders Carl Ritter, dem der Nationalökonom Wilhelm Roscher (1817–1894) bescheinigte, sich im Gegensatz zu Bodin und Montesquieu vor einer Überschätzung des Einflusses der Natur auf den Menschen gehütet zu haben (Ritter 1854, 56). Der klassische Philologe Ernst von Lasaulx (1805–1861) baute gar seine Geschichtsphilosophie auf Ritters Konzept von der Erde als Organismus auf und sah alle menschlichen Gebilde und Lebensformen in Verbindung mit ihren natürlichen Grundlagen von biologischen Gesetzen beherrscht. Die »Vegetationsgesetze« würden sich, abgewandelt, »auch im menschlichen Leben der Individuen wie der Völker nachweisen« lassen (Lasaulx 1952, 75). Dagegen monierte der Staatsrechtler Karl Vollgraff (1794–1863) an Ritter eben dieses, nämlich »den Menschen zu sehr als Bodengewächs« zu behandeln und somit »das Geographische, Ethnographische und politisch Historische nicht gehörig« auseinanderzuhalten (Vollgraff 1851, 185).

Tatsächlich gibt es eine Reihe von Textstellen bei Ritter, die diese Kritik berechtigt erscheinen lassen, doch führt sein Ansatz gerade heraus aus solcher Abhängigkeit von der Natur, wie sein berühmter Vortrag von 1833 über »Das historische Element in der Geographie« belegt. Ritter und der unter seinem und Hegels Einfluss stehende Ernst Kapp haben den im 19. Jahrhundert rasch vorankommenden Globalisierungsprozess bereits voll erfasst und nach Art der *Translatio Imperii* als sukzessiven Siegeszug des Menschen über die konkrete Erdnatur beschrieben. Es war zwar erst Ratzel, der die von Moritz Wagner propagierte Wanderungstheorie zur »fundamentalen Theorie der Weltgeschichte« erklärte (Ratzel 1882, 466), aber die Bedeutung von Wanderungen für die Geschichte der Menschheit war schon lange vor Wagner und Ratzel erfasst worden. Raum für Raum wurde so zum ›Schauplatz der Weltgeschichte‹ (Hegel) und in den Kampf des Menschen gegen die Zwänge der Natur einbezogen. Pflanzen, Tiere und Menschen waren somit für Ritter, Kapp und andere Geographen keineswegs für immer monadisch an ihre Lokalität gefesselt, weder kausal noch normativ, sondern raumüberwindend und grenzüberschreitend in Bewegung, um durch die totale Erschließung der Erde das Ende der Geschichte herbeizuführen, das zumindest Kapp sich als technisch-industrielles Paradies vorstellte. Endlich würde der Mensch die Muße finden, sich um die Schönheit seines Leibes und seiner Seele zu kümmern (Kapp 1845/II, 442 ff.).

Nach der endgültigen Akademisierung der Geographie im letzten Drittel des 19. Jahrhunderts geriet ihre traditionelle Bindung an die Geschichte, für die der Raum des Geographen Grundlage, Schauplatz, aber auch Mitwirkender war, zunächst jedoch ins Abseits. Statt weiter nur ›Magd der Geschichte‹ zu sein, wie häufig geklagt wurde, sollte sich die Geographie nach den Vorstellungen des vom Geologen zum Geographen gewordenen weltberühmten Chinareisenden Ferdinand von Richthofen (1833–1905) zu einer naturwissenschaftlich ausgerichteten ›Allgemeinen Erdwissenschaft‹ mit Fakultätsstatus entwickeln. Nur waren weder die selbstständig gewordenen Geowissenschaften bereit, in einer solchen Konstruktion aufzugehen, noch war die völlige Abkehr des Faches von der Geschichte bildungspolitisch erwünscht. Dazu passte, dass Friedrich Ratzel mit seiner *Anthropogeographie* schon 1882 einen Gegentrend einleitete, der die Tradition Herders und Ritters fortsetzen sollte, und der Methodologe unter den Geographen, Alfred Hettner (1859–1941), seit den 1890er Jahren energisch für eine ›Rückkehr zu Ritter‹ eintrat, jedoch ohne dessen Teleologie. Entsprechend verteilte Hettner auch auf klassische Weise die Zuständigkeiten für Raum und Zeit: Der Geograph gliedere den Raum und betrachte die räumliche »Anordnung der Dinge«, der Historiker periodisiere die Zeit und verfolge ihren zeitlichen »Ablauf«, d.h. ihre »Entwicklung« (Hettner 1927, 116 f.). Die Raumgliederung vergangener Zeiten verwies Hettner an die historischen Geographien, die zwar nach ihrer Betrachtungsweise Geographien – d.h. Landeskunden – seien, jedoch mit historischen Methoden arbeiten und mehr dem Verständnis der Geschichte als der Geographie dienen würden.

2.3.2 Geopolitik – Ratzel und die Folgen

Friedrich Ratzel (1844–1904) begann seine berufliche Karriere als gelernter Apotheker und Reisejournalist und beendete sie als einer der wirkmächtigsten Hochschullehrer der Geographie. Über die Klimatheorie und ihre Varianten war Ratzel bestens informiert. Er war überzeugt davon, dass die äußere Welt zwingend ihre Spuren in der inneren Welt des Menschen hinterlässt. Die körperlichen, seelischen und geistigen Eigenschaften der Völker waren für ihn nicht unabhängig von der äußeren Natur, doch verwarf er die Auffassung anderer Geographen, »dass die Völker gleichsam wie eine plastische Masse in ihre Umgebungen sich einpassen und mit der Zeit sogar geradezu ein Spiegelbild derselben darstellen sollen«, und verlangte »grösste Zurückhaltung« bei der Ableitung des Nationalcharakters – oder der ›Volksseele‹ – aus den Wirkungen der Naturumgebung (Ratzel 1882, 79 und 399). Andererseits wollte er aber auch selbst wissen, was »kraft« der Lage, der Gebirgs- und Stromgliederung, aber auch der kleinen Elemente der Landschaft in die Volksseele – hier der Nordamerikaner – eingegangen war, wobei er anmerkte, dass man es bei diesen Wirkungen »beileibe« nicht mit »einfachen Spiegelungen« zu tun habe, vielmehr würden diese »eingegraben« werden wie bei der Fotografie die Bilder in das Glas, so dass »nichts mehr sie verwischen« könne (Ratzel 1902a, 523). Es bleibt offen, was mit den unverwischbaren Spuren der alten Umgebung passiert, wenn ein Volk in eine neue kommt.

Im Übrigen ging Ratzel davon aus, dass sich die »Wirkungen der Natur auf das höhere geistige Leben« meist »durch das Medium der wirtschaftlichen und gesellschaftlichen Verhältnisse« vollzögen (Ratzel 1882, 84). Die älteren Autoren, die direkt von der Natur auf das geistige Leben der Völker schlossen, überzeugten ihn nicht, doch ebenso wenig jene, die alles Geistige auf Gewohnheit und Erziehung zurückführen wollten. Vielmehr müsse man »immer von der Naturgrundlage zu deren ersten Wirkungen und von diesen zu den weiteren« übergehen, da »viele von jenen sich in diese fortsetzen« würden und man nur so der Gefahr entgehen könne, »die äußersten, aber wichtigsten Wurzeln ihres Tiefgehens zu übersehen« (Ratzel 1882, 85 f.). Ratzel interessierte sich also nicht für die wirtschaftlichen und gesellschaftlichen Verhältnisse *sui generis*, sondern nur für ihre Verbindung mit der physischen Grundlage, so wie er auch bezüglich der politischen Zustände und Ereignisse nur wissen wollte, was »der Erde« angehörte (Ratzel 2001, 4). Die Völker sollten »in den Schranken« ihrer »Naturbedingtheit« untersucht werden; diese »Vorrangstellung des geographischen Elementes«, versicherte Ratzel, bedeute jedoch keine »materialistische Auffassung der Menschheit und ihrer Geschichte« (Ratzel 1902, 631), sie nehme den Völkern nichts von ihrer Freiheit weg.

Ratzels »Schule des Raumes«

Leitbegriffe Ratzels waren ›Raum‹ und ›Boden‹, die austauschbar waren und als diffuse Sammelbegriffe ein weites Bedeutungsspektrum abdeckten. Für ›Raum‹ setzte er auch ›Naturgebiet‹, ›Völkergebiet‹ oder ›Staatsgebiet‹ ein, ferner ›Lebensraum‹ oder ›Lebensgebiet‹, womit er auf die differenzierende Wirkung der geographischen Bedingungen auf alles Leben hinweisen wollte. Mit Boden meinte Ratzel u. a. das Relief als Grundlage der geschichtlichen Bewegung, die Siedlungsfläche eines Volkes, seine Nahrungs- und Rohstoffquelle und seine territoriale Machtgrundlage, doch nahm der Begriff über seine stoffliche Bedeutung hinaus bei Ratzel auch mystische Qualitäten an. So sprach er in der völlig überarbeiteten zweiten Auflage des ersten Bandes seiner *Anthropogeographie* von der »tief heraufwirkenden Macht des Bodens, die sich durch die ganze Schichtenfolge der Geschichte und in allem Reichtum des gegenwärtigen Lebens rücksichtslos zur Geltung« bringe. Darin liege »etwas Geheimnisvolles, das beängstigend wirken« könne, »wenn es die scheinbare Freiheit des Menschen einfach« vernichte. Der Boden erscheine »uns wie der tiefe Sitz der Unfreiheit, wie er starr, immer derselbe und an derselben Stelle, die wechselnden Stimmungen der Menschen« unterlagere, »um jedesmal, wenn sie dieser Grundlage vergessen, beherrschend über sie emporzutauchen wie eine ernste Mahnung an das Wurzeln alles Lebens im Erdboden. Mit grausamer Wahllosigkeit« verteile er »die geschichtlichen Geschicke« (Ratzel 1899, 76 f.).

Das ›gesündeste Wachstum‹ lag für Ratzel vor, wenn ein Volk in ein geschlossenes Naturgebiet hineinwachsen konnte. Durch die Eigenschaften des Bodens, die immer wieder neu in das Volk übergehen würden, entstehe auch das Volk immer wieder neu mit diesen Merkmalen. An die geographische Selbständigkeit eines Naturgebietes schließe sich auch die politische an, d. h., die Naturgebiete gaben bei Ratzel dem Staat seine Wachstumsrichtung vor. Entsprechend unterstellte er, darin der Länderkunde folgend, dass es Räume gab, die von der Natur dazu bestimmt waren, zur Heimat eines einzigen Volkes zu werden, etwa Russland.

Mechanische Gebietsaufteilungen verurteilte Ratzel; denn was die Natur zur Einheit bestimmt habe, dürfe nicht wie ein geschlachtetes Tier behandelt werden. Da aber alles Leben für ihn Bewegung war und alle geschichtliche Bewegung Raumbewältigung, durfte ein Staat nicht nach dem Ausfüllen eines Naturgebietes zur Ruhe kommen, sondern musste sich das nächstgrößere Naturgebiet zum Ziel nehmen und über seine natürlichen Grenzen hinauswachsen. Bodenerwerb auf Vorrat für das wachsende Volk gehörte für Ratzel zu einer zukunftsfähigen Realpolitik, die sich am »Gesetz der wachsenden Räume« orientiere. Das schloss eine Politik der völkischen Einigelung und Saturiertheit aus. Es gab für Ratzel keinen Endzustand, bei dem die politischen Räume, eingebettet in ihre Naturgebiete, auf Dauer friedlich nebeneinander lagen. »Die Maßstäbe für die politischen Räume ändern sich ununterbrochen und müssen immer von Zeit zu Zeit größeren Verhältnissen angepaßt werden« (Ratzel 1897, 337). Für die Völker bedeutete dies, durch die langwierige »Schule des Raumes« zu gehen, um den »Geist der Expansion« zu verinnerlichen. Nur so könne aus einem »Träger politischer Kräfte« selbst eine »politische Kraft« werden. Dieser Tendenz würden sich die »modernen Völker« auch »immer mehr bewusst« (ebd., 335 ff.). Die Idee eines großen Raumes, der zersplittert sei, könne durchaus wieder aufleben und selbst nach Jahrhunderten wieder Realität werden, wie die neuere Geschichte Italiens und Deutschlands bezeuge.

Wenn politische Räume wuchsen, ging dies, sobald es keine siedlungs- und herrschaftsfreien Räume mehr gab, nur auf Kosten anderer Völker und Staaten. Darwins ›Kampf ums Dasein‹ war für Ratzel, geographisch gesehen, nichts anderes als ein ›Kampf um den Raum‹, ein permanenter Verdrängungswettbewerb, der nur die Alternative kannte, ›Amboss oder Hammer‹ zu sein. Im Gegensatz zu Herder erinnerte Ratzel daran, dass der Raum der Erde beschränkt sei, es mithin »kein unendliches, unbegrenztes Fortschreiten« geben könne und die Menschheit »immer wieder in sich selbst zurückkehren und sich selbst begegnen« müsse (Ratzel 1896, 623). Einen Weltstaat werde es nicht geben, denn schon lange vorher würden »Zerfall und Neubildung« einsetzen (Ratzel 1897, 175). Die Formen der Erdoberfläche begründeten ein »Recht der Sonderentwickelung«; »die vielgegliederte Erde« wolle »auch vielgegliederte politische Gebilde, und ihre Glieder« durchbrechen »mit stiller Gewalt immer wieder die Einförmigkeit, die sich darüberbreiten will« (ebd., 177 und 159). So wurden die natürlichen Länder von Ratzels geschichtlicher Bewegung zwar überrollt, aber nicht überwunden; sie blieben weiterhin im politischen Spiel, während die Menschheit im anthropologischen und ethnologischen Sinne auf dem Weg der Vereinheitlichung war.

Neben dem horizontalen Wachstum von Völkern und Staaten auf der Erdoberfläche kannte Ratzel auch ein vertikales, ein »Wachstum nach der Tiefe«, wobei Volk und Staat infolge der »Arbeit der Einzelnen [...] immer inniger mit dem Boden« (ebd., 897, 41) verwüchsen. Beide würden so sehr »eins« werden, dass sie »nicht mehr auseinandergelöst gedacht werden« könnten, »ohne daß das Leben« entfliehe (ebd., 5). Der auf Völker und Staaten angewandte Begriff des Organismus war für Ratzel zwar einerseits mehr als ein Bild, andererseits wusste er sehr wohl, dass jene sich von Pflanzen und Tieren unterschieden. Als »Aggregatorganismen« würden sie »erst durch die Wirkungen geistiger und sittlicher Mächte den höchsten Organismen [...] ähnlich«, allerdings ihnen zugleich auch »weit überlegen [...] an zusammengefaßtem Leben und Leisten« (Ratzel 1899, 2). In seiner *Politischen Geographie* bezeichnete Ratzel den Staat sogar als einen »äußerst unvollkommenen Organismus«, der überhaupt erst durch die fortschreitende »politische Organisierung des Bodens« vom Volk hergestellt und »geistig« zusammengehalten werden müsse (Ratzel 1897, 5 und 9 f.). Viele Nachahmer Ratzels, allen voran Otto Maull (1887–1957), der 1925 ebenfalls eine *Politische Geographie* publizierte, hielten weniger kritischen Abstand zum Organismusbegriff, so dass der Weg frei war, die Räume selbst als ›Raumorganismen‹ oder räumliche ›Lebensgemeinschaften‹ den Auslesekampf ums Dasein antreten zu lassen.

Wie alle Geographen beschäftigte sich auch Ratzel mit dem Problem der Willensfreiheit des Menschen, die bis zur Willkür gehen könne. Sie sei eine Gabe der Natur, ihr mühsam abgerungen, doch werde der Mensch durch sie keineswegs freier von den Naturzwängen, weil er durch deren immer intensivere Ausbeutung immer neue Abhängigkeiten eingehe. Bei allen Aktivitäten des Menschen drehe es sich allein darum, die einengenden Wirkungen der Daseinsbedingungen abzumildern und hinauszuzögern und sich unabhängiger von den Zufällen des Lebens zu machen. Es waren diese Einschränkungen, die Ratzel als Geograph interessierten, die »Eigenschaften des Bodens, die sich mit der Macht des Naturgesetzes zur Geltung« brächten, die zwar ruhen könnten, aber auch wieder »erwachen und dann folglich ihre ganze Kraft entfalten« würden (Ratzel 1902, 631). Mit anderen Worten, das Gleichbleibende im Fluss der Dinge. »Wie an einem Felsen von bestimmter Form die Welle sich immer in denselben Formen« breche, so würden »bestimmte Naturbedingungen der Bewegung des Lebens immer gleiche Wege« weisen, seien »ihnen dauernd und in demselben Sinne Schranke und Bedingung« zugleich und würden es ihnen »immer von neuem«. Gleich dem Meer wurzele »die Menschheit an der Erde«, beide strebten »nach den wildesten Stürmen [...] aufs innigste nach dieser Verbindung zurück, die tief in ihrer Natur« liege (Ratzel 1899, 13 f.). Auf lange Sicht hoffte Ratzel darauf, bei wiederholtem Eintreten eines solchen Ereignisses sein zukünftiges vorab berechnen zu können.

Ratzel in der Kritik (Vidal de la Blache und Haushofer)

Ratzels Arbeiten waren in Fachkreisen umstritten. Im Kern drehte sich alles um die alte Frage nach der richtigen Gewichtung des Einflusses der geographischen Bedingungen auf die gesellschaftlichen und politischen Verhältnisse. Während die einen unter Berufung auf ihn diesen Einfluss stark betonten, wie in den USA seine Schülerin Ellen Semple (1883–1932), für die der Mensch ein Produkt der Erde war – »earth has mothered him« (Semple 1911, 1) –, distanzierten sich in Frankreich die ›Possibilisten‹ mit dem Historiker und Geographen Paul Vidal de la Blache (1845–1918), der als Begründer der französischen Humangeographie gilt, explizit von Ratzels (angeblich) striktem Determinismus und hoben den Entscheidungsspielraum des Menschen gegenüber den Möglichkeiten der konkreten Natur hervor. In Deutschland monierten darüber hinaus Fachkollegen, dass Ratzels Arbeiten mehr der Geschichte und der Staatswissenschaft als der Geographie dienten und von Widersprüchen und Gemeinplätzen durchsetzt seien, die mit Wissenschaft nichts zu tun hätten. Dennoch etablierte sich das Bild von Ratzel als dem Erneuerer oder Begründer der Anthropogeographie, der Politischen Geographie, der Geopolitik und nicht zuletzt der historischen Völkerkunde. Ebenso gilt er in der Geschichte als Anreger eines *spatial turn* (s. Kap. II.2), für den sich sein unter Historikern umstrittener Freund Karl Lamprecht (1856–1915) stark machte.

Die politisch interessierte Öffentlichkeit nahm ihn vor allem als Kolonialbefürworter und Rechtfertiger einer raumbezogenen Machtpolitik wahr. Indem er den ›Kampf um Raum‹ als den Kernantrieb allen Lebens und damit als naturgesetzlich unausweichlich propagierte, konnte sich kein Volk, kein Staat einem solchen Kampf entziehen. Seine heutige Bekanntheit außerhalb enger Fachkreise fußt vor allem auf dem Vorwurf, der *Spiritus rector* der Lebensraumideologie des ›Dritten Reichs‹ gewesen zu sein. In diesem Sinne wurde Ratzel 1940 von Karl Haushofer (1869–1946), dem General des Ersten Weltkrieges und späteren Münchener Geographieprofessor, als »Zeitgenosse des Dritten Reiches« *avant la lettre* vereinnahmt. Es liege »Bestimmung darin«, mutmaßte er, »daß 1924 ein zerlesener Band seiner ›Politischen Geographie‹ eines der wirkungsvollsten, vielverarbeiteten Stücke der mit heiliger Glut gelesenen kleinen Bücherei des Festungsgefängnisses Landsberg bildete«, und eine »höhere Fügung darin, daß ein Gedankengut, das noch 1904 wegen seiner mystischen Beimengungen, seines Anklangs der Rassengedanken in Kultur- und Volkspolitik von einer materialistischen Schule verspottet« worden sei, »zwei Jahrzehnte später durch Adolf Hitler und die Seinen Einlaß ins Grundgemäuer eines neuen Staatsglaubens« gefunden habe (Haushofer 1940, XXV f.).

Gesichert ist: Haushofer besuchte seinen Schüler und Freund Rudolf Heß, den späteren Stellvertreter Adolf Hitlers und Teilnehmer am November-Putsch von 1923, mehrfach im Gefängnis und versorgte ihn u. a. mit Ratzels *Politischer Geographie*, zu dessen Verständnis er Hilfestellung gab. Nach dem Krieg bestätigte er diesen Vorgang, beteuerte aber, Hitler habe nichts begriffen, was nur heißen konnte, dass es nach Haushofer nicht zum Zweiten Weltkrieg gekommen wäre, wenn Hitler Ratzel und die geopolitische Weiterentwicklung seiner Lehre verstanden hätte.

Nach wie vor wird darum gestritten, wie viel von Ratzel und Haushofer in Hitlers Lebensraumpolitik eingegangen ist, mit unterschiedlichem Ergebnis, aber doch selten so, als gäbe es keine Bezüge. Für einen eher vorsichtigen Interpreten, wie den Politologen und Historiker Hans-Adolf Jacobsen, hat der Vergleich ihrer Lebensraumkonzepte ergeben, dass »eine gewisse Stufenfolge vom Wissen zur Tat, vom generellen zum speziellen und vom übersteigerten Nationalismus zum Radikalismus« erkennbar ist (Jacobsen 1979, 255). Für Geaórid Ó Tuathail, einen führenden Vertreter der konstruktivistischen *Critical Geopolitics*, lieferte Ratzel das wissenschaftlich eingekleidete politische Vokabular, »that articulated and justified an extreme nationalist desire for space that was to precipitate two worldwide wars in the twentieth century« (Ó Tuathail 1996, 38). Anders Karl Schlögel, der im Rahmen der Wiederkehr des Raumes in den historischen Diskursen Ratzel gern rehabilitiert sähe (s. Kap. II.4). Schlögel anerkennt zwar Übergänge zwischen einer »innovativen Anthropogeographie hin zu einer leicht instrumentalisierbaren Geopolitik, hinter der sich schon bald der Rassismus der nationalsozialistischen Biopolitik verbarg«, doch liege »eine Diskontinuität vor, die schärfer nicht gedacht werden« könne. Von Ratzel führe »kein Weg« zu Hitler: »Europa war für Hitler eben kein geographischer, sondern ein rassischer Begriff« (Schlögel 2003, 55).

Tatsächlich sah Ratzel zu Beginn des 20. Jahrhunderts von Russland die größte Gefahr für Deutschland und Europa ausgehen, doch im Gegensatz zu radikalen ›Alldeutschen‹ plädierte er nicht für einen Kampf gegen Russland, um im Osten sein ›Gesetz der wachsenden Räume‹ zu realisieren, sondern hoffte darauf, dass die Völker und Staaten Europas westlich der Weichsel ihre uralten Gegensätze und Grenzen zugunsten eines wirtschaftlichen Zusammenschlusses weniger stark betonen würden, um den Weltmächten im Osten und Westen standhalten zu können. Auch vertrat er keine rassisch motivierte Säuberungs- und Vernichtungspolitik, sah aber auf kontinentaler Maßstabsebene für die Zukunft die »Notwendigkeit schwerer Rassenkämpfe« voraus (Ratzel 1904, 72), weil die Erde nicht genügend Raum biete. Hinzu kommt, dass die beliebte Zuordnung von ›Rasse‹ zur NS-Ideologie und ›Raum‹ zur Geopolitik den Raumanteil an der NS-Ideologie unterschätzt. Ratzels Raum- und Grenztheorie ist, ohne diese sogleich als Nazi-Ideologe zu werten, durchaus anschlussfähig an die ›Lebensraumpolitik‹ des ›Dritten Reichs‹.

Geopolitik und auslaufende Länderkunde

Die Brücke bildete Karl Haushofers Geopolitik, die als Denkstil international war. An ihrer Wiege standen außer Ratzel der deutschfreundliche, schwedische Staatswissenschaftler Rudolf Kjellén (1864–1922), auf den der 1899 geprägte Begriff ›Geopolitik‹ zurückgeht und von dem zahlreiche Bücher ins Deutsche übersetzt wurden. Ferner der US-amerikanische Admiral und Marinehistoriker Alfred Thayer Mahan (1840–1914), der die zivilisatorische Wirkung des Meeres hervorhob, und der britische Naturwissenschaftler und Geograph Halford J. Mackinder (1861–1947), der 1904 vor Russland als dem Besitzer der ›pivot area‹ westlich und östlich des Urals warnte, von der eine einseitige Welthegemonie ausgehen könne.

Am Ausbau der deutschen Geopolitik beteiligten sich neben Haushofers Sohn Albrecht (1903–1945), der kurz vor Kriegsende in Moabit von den Nazis ermordet wurde, von Seiten der Geographen anfangs vor allem noch Otto Maull, sodann der gelernte Studienrat und spätere Hochschullehrer der Geographie Hermann Lautensach (1886–1971) und der Wirtschafts- und Kolonialgeograph Erich Obst (1886–1981). Alle drei waren Mitherausgeber der seit 1924 erscheinenden *Zeitschrift für Geopolitik*. Sie schieden 1932 im Dissens mit Karl Haushofer aus dem Herausgeberkollegium aus, doch gingen die immer wieder aufflackernden Abgrenzungskämpfe der Politischen Geographie mit der Geopolitik nur zum Teil auf inhaltliche Differenzen oder Vorbehalte bezüglich der Wissenschaftlichkeit der Geopolitik zurück; im Vordergrund stand vielmehr die disziplinäre Konkurrenzsituation, die dadurch verschärft wurde, dass beide Disziplinen sich darum bemühten, Geschichte und Politik vom Raum her zu verstehen, um das Wissen von der Erde prognose- und politiktauglich zu machen. Die politischen Entscheidungen sollten den objektiven (gesetzmäßigen) Forderungen des Raumes (des Bodens, der Erde) genügen und nicht einseitigen parteipolitischen Wertungen und Interessen folgen. Streng deterministisch gemeint war diese Anbindung der Politik an die ›Gesetze des Raumes‹ jedoch nicht; denn dann wäre jedes politische Handeln überhaupt kein Handeln mehr gewesen, sondern nur noch eine vom Raum gesteuerte Reaktion, Politikberatung überflüssig.

Im Zentrum der außenpolitischen Vorstellungen der Geopolitik stand das am Lebensraumbegriff orientierte Großraumkonzept, doch verstand es Haushofer, den expansionistischen Grundzug seines Denkens geschickt zu verhüllen. Dennoch scheint das Ziel, die Erweiterung der territorialen Machtbasis Deutschlands, klar genug durch, wenn er das Reich in den Grenzen Versailles mit dem alten Rom vergleicht, das oft am Rande des Abgrunds gestanden habe, »ehe ihm die größte Raumerweiterung des Altertums« gelungen sei. Nur müssten die »wesentlichen Träger des Raumwillens feder- und spannkräftig bleiben«, sie dürften »nicht erlahmen« und müssten willens sein, »die Flügel zu gebrauchen und den Augenblick zum Abschwung wahrzunehmen« (Haushofer 1934, 88).

Das Raffinierte an solchen Aussagen war, dass der ›Raumwille‹ ohne konkrete Raumadresse blieb, aber jederzeit entsprechend gefüllt werden konnte, z. B. mit Polen, dessen Vernichtung 1939 dem Geographen Beweis dafür war, dass »Leistungsvölker« im Gegensatz zu trägen Völkern sich ihre »Lebensräume« selbst abstecken würden – allerdings »nach den Gegebenheiten der Natur« (Graul 1942, 338). Damit blieb der länderkundliche Denkstil auch im ›Dritten Reich‹ präsent. Doch statt von ›Lebensraum‹ zu sprechen, wollten manche Geographen lieber wieder zu ›Landschaft‹ und ›Land‹ zurückkehren, weil ersterer durch inflationären Gebrauch inzwischen völlig verwässert sei (Schrepfer 1942, 417).

Vor allem aber steckte hinter dem Insistieren auf ›Landschaft‹ und ›Land‹ als den Kernbegriffen der Geographie die Befürchtung, die auf dem Vormarsch befindlichen abstrakten Raumtheorien, die mit Walter Christallers *Theorie der Zentralen Orte* von 1933 auch in der Geographie Fuß gefasst hatten, könnten diese weiter durchdringen. Der von allen physischen Besonderheiten abstrahierte, entleerte Raum der Standortlehren war dem länderkundlich geschulten Geographen ein Gräuel, auf jeden Fall kein Gegenstand der Geographie mehr; der Raum des Geographen musste Berge, Flüsse und Ebenen besitzen, Flora und Fauna beherbergen und natürlich den Menschen mit all seinen landschaftlich sichtbaren Artefakten; er war, in der Sprache Carl Ritters, der ›irdisch erfüllte‹ Raum, der als konkreter, nicht beliebiger Ausschnitt aus der Erdoberfläche sich den Sinnen des Menschen offenbarte. Und er blieb dies auch nach 1945 bis in die 1960er Jahre hinein, wenngleich in der Geographie schon seit den 1920er Jahren parallel dazu auch von funktionalen Räumen die Rede war, die sich heute fest etabliert haben.

Dennoch ist das alt-geographische Denken in Naturräumen, die auch das menschliche Leben und seine ethnischen und politischen Raumgliederungen beeinflussen, nicht aus der Welt. Erst jüngst bediente sich der in Los Angeles lehrende Jared Diamond u. a. der klassischen klimatischen und geographischen Argumente, um Europas materielle und kulturelle Erfolgsgeschichte zu erklären, darunter seine unregelmäßig verlaufende Küstenlinie mit den vielen vorgelagerten Inseln und seine »geographische Balkanisierung« (Diamond 2006, 515). Selbst die Idee der Prägung des Menschen durch die Landschaft lebt weiter. Einer ihrer Protagonisten, der Naturphilosoph Reinhard Falter (2006, 24), setzt auf eine geophilosophische ›Gegenökologie‹ zur naturwissenschaftlichen Auffassung des Mensch-Natur-Verhältnisses, um mit der ›Natur als Norm‹ und dem Genius Loci der Unifomierung der räumlichen Vielfalt des Lebens durch die alles nivellierende Globalisierung entgegenzuwirken.

Literatur

Broc, Numa: *La géographie des philosophes. Géographes et voyageurs français au XVIIIe siècle.* Paris 1975.

Christaller, Walter: *Die zentralen Orte in Süddeutschland.* Jena 1933.

Diamond, Jared: *Arm und Reich. Das Schicksal menschlicher Gesellschaften.* Frankfurt a. M. 2006 (amerik. 1997).

Egli, Emil: *Mensch und Landschaft.* Zürich/München 1975.

–: *Geborgenheit im Raum.* Schaffhausen 1977.

Eisel, Ulrich: *Die Entwicklung der Anthropogeographie von einer ›Raumwissenschaft‹ zur Gesellschaftswissenschaft.* Kassel 1980.

Falter, Reinhard: *Natur prägt Kultur – Der Einfluß von Landschaft und Klima auf den Menschen. Zur Geschichte der Geophilosophie.* München 2006.

Fink, Gonthier-Louis: Von Winckelmann bis Herder. Die deutsche Klimatheorie in europäischer Perspektive. In: Gerhard Sauder (Hg.): *Johann Gottfried Herder 1744–1803.* Hamburg 1987, 156–176.

–: Diskriminierung und Rehabilitierung des Nordens im Spiegel der Klimatheorie. In: Astrid Arndt/Andreas Blödorn/David Fraesdorff/Annette Winkelmann (Hg.): *Imagologie des Nordens.* Frankfurt a. M. 2004, 45–107.

Glacken, Clarence J.: *Traces on the Rhodian Shore. Nature and Culture in Western Thought from Ancient Times to the End of the Eighteenth Century.* Berkeley/Los Angeles 1967.

Graul, Hans: Die naturlandschaftliche Gliederung des Generalgouvernements und ihre Bedeutung. In: *Zeitschrift für Erdkunde* 10 (1942), 337–350.

Günzel, Stephan: Geographie der Aufklärung. Klimapolitik von Montesquieu zu Kant. In: *Aufklärung und Kritik* 11/12 (2004/05), 66–91 und 122–144.

Hard, Gerhard: *Selbstmord und Wetter – Selbstmord und*

Gesellschaft. Studien zur Problehmwahrnehmung in der Wissenschaft und zur Geschichte der Geographie. Stuttgart 1988.

Haushofer, Karl: Staat, Raum, Selbstbestimmung. In: Ders. (Hg.): *Raumüberwindende Mächte.* Leipzig/ Berlin 1934, 63–90.

–: Friedrich Ratzel als raum- und volkspolitischer Gestalter. In: Ders. (Hg.): *Friedrich Ratzel, Erdenmacht und Völkerschicksal. Eine Auswahl aus seinen Werken.* Stuttgart 1940, IX–XXVII.

Hegel, Friedrich Wilhelm: *Vorlesungen über die Philosophie der Geschichte. Werke.* Bd. 12. Frankfurt a. M. 1986.

Herder, Johann Gottfried von: *Sämtliche Werke* [1877–87]. Hildesheim 1967/68.

Hettner, Alfred: *Die Geographie, ihre Geschichte, ihr Wesen und ihre Methoden.* Breslau 1927.

Humboldt, Alexander von: Ideen zu einer Physiognomik der Gewächse [1806]. In: Ders.: *Ansichten der Natur.* Bd. 2. Stuttgart [3]1849, 1–41.

Irmscher, Hans Dietrich: Nationalität und Humanität im Denken Herders. In: *Orbis litterarum* 49 (1994), 189–215.

Jacobsen, Hans-Adolf: *Karl Haushofer. Leben und Werk.* Bd. 1. Boppard 1979.

Jahn, Friedrich Ludwig: *Deutsches Volksthum* [1810]. Leipzig [2]1817.

Kapp, Ernst: *Philosophische oder vergleichende allgemeine Erdkunde,* 2 Bde. Braunschweig 1845.

Kirchhoff, Thomas: Kultur als individuelles Mensch-Natur-Verhältnis. Herders Theorie kultureller Eigenart und Vielfalt. In: Michael Weingarten (Hg.): *Strukturierung von Raum und Landschaft. Konzepte in Ökologie und Theorie gesellschaftlicher Naturverhältnisse.* Münster 2005, 63–106.

Kjellén, Rudolf: *Der Staat als Lebensform.* Berlin-Grunewald [4]1924 (schwed. 1916).

Korinman, Michel: *Quand l'Allemagne pensait le monde. Grandeur et décadence d'une géopolitique.* Paris 1990.

Kost, Klaus: *Die Einflüsse der Geopolitik auf Forschung und Theorie der Politischen Geographie von ihren Anfängen bis 1945.* Bonn 1988.

Lasaulx, Ernst von: *Neuer Versuch einer alten, auf die Wahrheit der Tatsachen gegründeten Philosophie der Geschichte* [1856]. München 1952.

Mackinder, Halford J.: The Geographical Pivot of History. In: *Geographical Journal* 23 (1904), 421–437.

Mahan, Alfred T.: *Der Einfluß der Seemacht auf die Geschichte.* Herford 1967 (engl. 1890–92).

Maull, Otto: *Politische Geographie.* Berlin 1925.

Mercier, Louis-Sébastien: De la géographie considérée sous le rapport politique. In: *Journal Encyclopédique ou universel* 6 (1793), 543–556.

Müller, Gerhard H.: *Friedrich Ratzel (1844–1904). Naturwissenschaftler, Geograph, Gelehrter.* Stuttgart 1996.

Müller, Klaus E.: *Geschichte der antiken Ethnologie* [1972]. Reinbek bei Hamburg 1997.

Ó Tuathail, Geaórid: *Critical Geopolitics. The Politics of Wrigting Global Space.* London 1996.

O'Loughlin, John (Hg.): *Dictionary of Geopolitics.* Westport/London 1994.

Ratzel, Friedrich: Der Staat als Organismus. In: *Die Grenzboten* 55/4 (1896), 614–623.

–: *Politische Geographie.* München/Leipzig 1897.

–: *Anthropogeographie.* 1. Teil: *Grundzüge der Anwendung der Erdkunde auf die Geschichte* [1882]. Stuttgart [2]1899.

–: *Die Erde und das Leben.* Bd. 2. Leipzig/Wien 1902.

–: Land und Landschaft in der nordamerikanischen Volksseele. In: *Deutsche Monatsschrift für das gesamte Leben der Gegenwart* 2 (1902a), 523–538.

–: Nationalitäten und Rassen. In: *Türmer-Jahrbuch* (1904), 43–77.

–: Allgemeine politische Geographie (Vorlesung 1890–94). In: Ingrid Hönsch (Hg.): *Vergangene Gegenwarten. Facetten aus dem Archiv für Geographie.* Leipzig 2001, 4.

Ritter, Carl: *Die Erdkunde im Verhältniß zur Natur und zur Geschichte des Menschen* [2 Bde. 1817/18]. 19 Bde. Berlin [2]1822–1859.

–: *Über das historische Element in der geographischen Wissenschaft.* Berlin 1834.

Roscher, Wilhelm: *System der Volkswirthschaft.* Bd. 1. Stuttgart/Göttingen 1854.

Rössler, Mechthild: *›Wissenschaft und Lebensraum‹. Geographische Ostforschung im Nationalsozialismus.* Berlin/Hamburg 1990.

Schlögel, Karl: *Im Raume lesen wir die Zeit. Über Zivilisationsgeschichte und Geopolitik.* München/Wien 2003.

Schrepfer, Hans: Was heißt Lebensraum? In: *Geographische Zeitschrift* 48 (1942), 417–424.

Schultz, Hans-Dietrich: Land – Volk – Staat. Der geographische Anteil an der Erfindung der Nation. In: *Geschichte in Wissenschaft und Unterricht* 51 (2000), 4–16.

–: *Friedrich Ratzel: (k)ein Rassist?* Flensburg 2006.

–: »Hätte doch die Erde mehr Raum!« Friedrich Ratzel und sein politisch-geographisches Weltbild. In: *Mitteilungen der Geographischen Gesellschaft in München* 89 (2007), 3–45.

Semple, Ellen Churchill: *Influences of Geographic Environment on the Basis of Ratzel's System of Anthropo-Geography.* New York 1911.

Smith, Woodruff D.: *The Ideological Origins of Nazi Imperialism.* New York 1986.

Sombart, Werner: *Die Juden und das Wirtschaftsleben.* Leipzig 1911.

Sprengel, Rainer: *Kritik der Geopolitik. Ein deutscher Diskurs 1914–1944.* Berlin 1996.

Stanzel, Franz K.: *Europäer. Ein imagologischer Essay.* Heidelberg 1997.

Stein, Lorenz von: *Österreich und der Frieden.* Wien 1856.

Vidal de la Blache, Paul: La géographie politique, à propos des écrits de M. Frédéric Ratzel. In: *Annales de Géographie* 7 (1898), 97–11.

Vollgraff, Karl: *Erster Versuch einer Begründung sowohl der allgemeinen Ethnologie durch die Anthropologie wie auch der Staats- und Rechts-Philosophie durch die Ethnologie, oder Nationalität der Völker.* Bd. 1. Marburg 1851.

Wagner, Adolph: *Die Veränderungen der Karte von Europa.* Berlin 1871.

Wagner, Moritz: Die Aufgabe der physischen Erdkunde und die Arbeiten zur Erforschung der Naturverhältnisse in Bayern. In: *Allgemeine Zeitung* 72 (Beilage), 12. März 1856, 1145–1147.

Zacharasiewicz, Waldemar: *Die Klimatheorie in der englischen Literatur und Literaturkritik von der Mitte des 16. Jahrhunderts bis zum frühen 18. Jahrhundert.* Wien/Stuttgart 1977.

Hans-Dietrich Schultz

3. Bildende und darstellende Künste

Das Selbstverständnis der Gegenwart als raumreflexive Epoche, welche die Erfahrung zunehmender globaler Vernetzung und räumlich-imaginärer ›Schrumpfung‹ der Welt in kulturwissenschaftliche Raumorientierung übersetzt, hat die Raumsensibilität der Künste noch einmal verstärkt. Zwar weisen die Künste seit Beginn des 20. Jahrhunderts eine explosionsartige Vervielfältigung experimenteller Raum(zeit)bezugnahmen auf; diese werden jedoch in ihrer avantgardistischen Fortschrittsgläubigkeit mit den Erfahrungen des Zweiten Weltkriegs obsolet. Von daher halten in der Nachkriegszeit verstärkt raumbezogene bzw. topologische Verfahren und Reflexionen in Kunst und Kunsttheorie Einzug, die mit sich bringen, dass sich beide zunehmend enger verschränken, aber auch die verschiedenen Künste zueinander und zum gesellschaftlichen Raum ausdrücklich in Beziehung treten.

Raumzeit

Bei der kulturgeschichtlichen Rekonstruktion des Verhältnisses der bildenden und darstellenden Künste zum Raum ergibt sich das erkenntnistheoretische und darstellerische Problem, dass sich seit Beginn der Kulturgeschichte raumgreifende Kunstmanifestationen beobachten lassen, ohne dass jedoch ein Raumbegriff ausgebildet wäre und ein expliziter Raumbezug vorläge. Bis ins europäische 15. Jahrhundert wird räumlich nur in Begriffen der Proportion und ansatzweise der Perspektive gedacht und konstruiert. Bewusste tiefenräumliche Wahrnehmung geht mit der Konstruktion der Linearperspektive ab Mitte des 15. Jahrhunderts einher. Doch auch dann dauert es noch fast dreihundert Jahre, bis Newtons Physik gegen 1720 den Begriff des dreidimensionalen, homogenen und messbaren Raums ausbildet (s. Kap. I.1.2), der zur Grundlage der Schulgeometrie wird und die räumliche Containervorstellung zur allgemeinen Wahrnehmungsvoraussetzung auch für die kunst- und architekturgeschichtliche Theoriebildung werden lässt. Mit Beginn des 20. Jahrhunderts verliert diese Raumvorstellung dann ihre unumschränkte Gültigkeit, dank mathematisch-physikalischer Raum-Zeit-Relationierungen, aber auch lebensweltlicher Dynamisierungen und medialer Veränderungen. Nicht zufällig wird der Raumbegriff 1911 von dem Sprachkritiker Fritz Mauthner (1849–1923) als ›verdinglichte‹ Vorstellung unserer »substantivischen« Sicht auf Welt kritisiert (Mauthner 1980, 286). Zusammen mit den ›Raumzeitverschwisterungen‹ der Physik leitet diese Kritik ein bis in die Gegenwart beobachtbares Streben der bildenden Künste nach verzeitlichenden und dekonstruktiven Manifestationsweisen ein.

Der historischen Latenz des Raumbegriffs und seiner diskontinuierlichen Entwicklung als Wahrnehmungs- und Gestaltungsgröße in den Künsten steht die wechselvolle Geschichte der Ausbildung und Differenzierung der Kunstformen zwischen Flächigkeit, Tiefenraum, Abstraktion und neuen Raumzeitkonfigurationen gegenüber. Der Kunsthistoriker Kurt Badt (1890–1973) unterscheidet daher zwischen einem theoretischen Raumbegriff und der architektonischen »Gestaltung« des Raums, dem plastischen »Verhalten« zum Raum und der malerischen »Entfaltung« (Badt 1963, 11) des Raums. In diesem Sinne wird mit einschlägigen Raumreflexionen und Raumkonzeptionen aus dem weiteren Bereich der Ästhetik das komplizierte Praxis-Theorie-Verhältnis der Künste schwerpunktmäßig an den historischen Umschlagpunkten der beginnenden Neuzeit (Mitte des 15. Jh.s) und der Wende vom 19. zum 20. Jahrhundert rekonstruiert.

Raum vs. Zeit

In der deutschsprachigen Kultur erscheint ›Raum‹ als Kategorie zur Unterscheidung verschiedener Künste erstmalig in der aufklärerischen Literatur: Gotthold Ephraim Lessing (1729–1781) grenzt in seinem Laokoon-Aufsatz von 1766 die Malerei in ihrem Raumbezug von der Dichtung in ihrem Zeitbezug ab (s. Kap. III.13). »Körper«, weil »nebeneinander« vorkommend, seien der eigentliche Gegenstand der Malerei und ihres synchronen Schnitts durch das Kontinuum der Zeit, »aufeinanderfolgende« Handlungen und diachrone Verläufe dagegen jene der Literatur (Lessing 1974, 102 f.). Obwohl die Arbitrarität der sprachlichen Zeichen eine im Vergleich zur Malerei größere Beweglichkeit gewähre und damit räumliche Beschreibungen erlaube, widersetze sich das »Konsekutive der Rede« doch einem räumlichen Wahrnehmungseindruck (ebd., 109).

In Fortsetzung dieser ersten Unterscheidung bestimmter Kunstgattungen differenziert Friedrich Wilhelm Schelling (1775–1854) die bildenden Künste und ihren Raumbezug 1807 weiter: Während die wenig ausgedehnte Plastik das Räumliche »in sich trage« und nur »einen Raumpunkt besetze«, dichte die Malerei »in epischer Ausbreitung«, wobei allerdings auch hier ein enger Raum, »der alles Schöne concentrisch versammelt« (Schelling 1985, 598 f.), vorzuziehen sei. Umfassend entfaltet Georg Wilhelm Friedrich Hegel (1770–1831) in seinen *Vorlesungen über die Ästhetik* zwischen 1818 und 1826 die Vorstellung eines sich mittels temporärer Raumrealisierungen sukzessive vervollkommnenden geistigen Totalraums. Die bildenden Künste und ihre »räumliche Außengestalt« ordnet er als »der Subjektivität des Geistes nicht wahrhaft gemäßes Ausdrucksmittel« den Zeitkünsten unter: Der Architektur als der »an sich ungeistigen« Kunst weist er die unterste Stufe zu, die nächst höhere Skulptur habe bereits »die geistige Individualität« zum Prinzip (Hegel 1970, 246 ff.). Über dieser käme die Malerei zu stehen, da sie bereits das Material verinnerliche und die Dreiheit der Raumdimensionen »in die Fläche als die nächste Innerlichkeit des Äußeren« (ebd., 260) zusammenziehe. Zuoberst befänden sich die romantischen »Innerlichkeitskünste« der Musik und Poesie als »wahrhafte Kunst des Geistes« ob ihres Verzichts auf »Figuration des Räumlichen«. Diese Hegelsche Bevorzugung der materiearmen Zeitkünste ist prägend für die nachfolgenden Ästhetiken wie jene von Friedrich Theodor Vischer (1807–1887) und klingt noch in Theodor W. Adornos (1903–1969) Ästhetik und ihrer Musikzugewandtheit an.

Während solchermaßen die Kategorien von Raum und Zeit in ihrer Kunstbezogenheit gegeneinander ausgespielt und hierarchisierend bewertet werden, wird gegen Ende des 19. Jahrhunderts diese philosophische Bewertung zunehmend obsolet. Unter dem Einfluss mathematischer Formulierungen mannigfaltiger Räume und neuer lebensweltlicher ›Raumgefühle‹ lässt sich eine Aufwertung der Raumkategorie beobachten, die zur Konstitution der modernen Kunstgeschichte und Architekturtheorie beiträgt und zu Neubestimmungen der Kunst- und Architekturgeschichte entlang des Raumparadigmas führt.

Damit konkurriert freilich zu Beginn des 20. Jahrhunderts bereits die Tendenz zur Auflösung der getrennten Behandlung von Raum und Zeit, dank des Einflusses der Relativitätstheorie, aber auch der Erfahrung beschleunigter Lebensvollzüge und ihrer Wiedergabe im neuen Medium Film. Die Kunstartikulationen treten selbst zueinander in eine Raum-Zeit-Konkurrenz, überbieten sich als ›Avantgarden‹ in dynamischen Raum(zeit)experimenten, was in der neukantianisch orientierten Philosophie der 1920er Jahre zu einem Verständnis von Kunst als eigener ›symbolischer Ordnung‹ (Cassirer 2004) neben anderen symbolischen Ordnungen führt. Die Rekonstruktion ihrer spezifischen Raumkonstitution bei Erwin Panofsky und Nachfolgern leitet die Erforschung der Charakteristika der europäischen Kunstgeschichte und ihrer Interferenz mit angrenzenden Kulturen bis heute an.

3.1 Architektur und Theater

Antike (Vitruv)

Da die architektonischen Gestaltungen und Reflexionen bis ins 19. Jahrhundert hinein auf die *Zehn Bücher über die Architektur* von Vitruv im 1. Jahrhundert v. Chr. fußen, in denen *spatium* innerhalb der systematisierten Säulenordnung nur als Öffnung und Zwischenraum behandelt wird (Vitruv 1964, 178), beziehen sich die architektonischen Erörterungen vorwiegend auf Fragen der Proportion. Noch Gottfried Semper (1803–1879) reflektiert dank seiner Auseinandersetzung mit Vitruv in Kategorien von Symmetrie und Proportionalität. Von daher bedeutet Sebastiano Serlios (1475–1554) Erweiterung der Architekturreflexion ins Perspektivische einen epochemachenden Schritt hin zu tiefenräumlichem Gestalten: Indem er in seinem Architekturtraktat von 1545 Vitruvs Begriff der *scaenographia* mit ›Perspektive‹ gleichsetzt, hilft er dem Manko ab, dass die Baukunst nicht wie die zeitgleiche Malerei über eine Theorie planperspektivischen Gestaltens verfügt. Erst Erwin Panofsky (1892–1968) artikuliert 1927 im Rahmen seiner Grundsatzkritik an der linearperspektivischen Darstellung als vermeintlich anthropomorpher Wahrnehmungsweise deren Unterschied zu Vitruvs *scaenographia*, die als »perspektivische Wiedergabe der Fassade und der zurücktretenden Seiten« nicht auf einen linearperspektivischen Fluchtpunkt, sondern um einen »Kreismittelpunkt« organisiert gewesen sei (Vitruv 1964, 39). Mit der zeichnerischen Konstruktion der Fluchtpunktperspektive vollzieht sich für Panofsky die definitive Ablösung des antiken ›Aggregatsraums‹ durch den modernen ›Systemraum‹; damit tritt, wie später Hans Belting (2008) ergänzt, das Konstruierte an die Stelle des Gesehenen.

Mittelalter

Vorgängig zu diesem historischen Paradigmenwechsel konkurrieren im Mittelalter in Weiterführung antiker Philosopheme platonisch-lichtmystische Ansätze mit naturalistischen Überlegungen in aristotelischer Tradition, denen allenfalls ein Orts-, aber kein Raumbegriff geläufig ist. Gleichwohl glaubt Panofsky (1989, 9) von einer Parallelentwicklung zwischen Philosophie und Architektur im 12. Jahrhundert sprechen zu können, da die Geburtsstunde der Frühscholastik identisch sei mit dem frühgotischen, von Abt Suger (1081–1151) initiierten Bau der Kirche von Saint-Denis. Und auch die von Paris ausgehende Hochscholastik um die Wende zum 13. Jahrhundert feiere zusammen mit der Hochgotik von Chartres und Soissons ihre ersten Triumphe. Der für die spätere Raumkonzeptualisierung entscheidende Übergang von einem Denken in aristotelischen Kategorien des Orts – *topos* – zu jenen eines natürlichen Volumens bahnt sich in jedem Fall nur langsam an. Die größte Schwierigkeit besteht für die theologisch-philosophische Theoriebildung darin, den Gedanken einer unabhängigen Existenz des Raums mit der göttlichen Schöpfung in Einklang zu bringen. Augustinus (354–430) und Thomas von Aquin (1225–1274) lassen »Örtlichkeit« – *locus* – wie Aristoteles nur als an konkrete Körper gebundene Erscheinungsform zu (Metz 1998). Bei Anselm von Canterbury (1033–1109) hebt dann eine Spekulation an, die Raum als »einheitlich umfassende« Größe und als homogenes Abstraktum gelten lässt (Kapriev 1998, 230).

Den mit der Romanik und Frühgotik einhergehenden Verlust der antiken »Raumillusion« und das Zurücktauchen der antiken freiräumlichen Skulptur in die Wand versteht Panofsky gleichwohl als Chance für ihr späteres gemeinsames Wachsen und die Ausbildung des neuzeitlichen Raumkontinuums. Er skizziert organische Bewegungen der Verflachung und gemeinsamer Schwellung, an deren Ende eine neue »Raumsphäre« und die »unauflösliche Einheit« von Skulptur und Hintergrundfläche stehe (Panofsky 1998, 711 f.). Zum ersten Mal entstehe in Europa eine »Bauplastik« und eine Dreidimensionalität von nicht mehr antiken Körpern, sondern »einer homogenen Substanz« – als »Durchbruch zur Moderne« (ebd.). Zwar könne man bei gotischen Lichträumen und ihrer »schwebenden Aufgipfelung der inneren Räumlichkeit« noch nicht von dreidimensionalen *spatia* sprechen (Kugler 1859, 7); gleichwohl sei die sukzessive Ausdehnung und die Emanzipation der einzelnen Künste wie etwa der Skulptur vorgezeichnet. Ernst Bloch verweist noch einmal auf das Heilsgeschichtliche der gotischen Raumgestaltung und ihre Proportionsbildung entsprechend dem »am Kreuz ausgestreckten Leib« (Bloch 1977, 842 und 849).

Dank einer dem Kirchenraum analogen Schwerelosigkeit der mittelalterlichen Skulptur, ihrer körperlichen Bewegtheit und »Schwebung«, die sie laut dem Kunsthistoriker Hans Jantzen (1881–1967) von der »Schwere des Körpers« der antiken Plastik unterscheidet (Jantzen 2001, 18), gelingt ihr nach und nach die Ablösung von Wand und Säule und von ihrer stützenden oder ornamentierenden Funktion. Mit dem 16. Jahrhundert ist die freiräumliche Plastik wie bei Giovanni da Bologna (1529–1608) vollendet und je nach Standort mehr oder weniger allansichtig ausgeformt. Für Adolf von Hildebrand (1847–1921) finden in dieser »Einigung« zu einer Gesamtbewegung sowohl die Architektur wie die Plastik zu ihrer Essenz, weshalb er eine frühere malerische, auf den bildlichen Eindruck ausgerichtete Architektur von einer späteren, steinern-plastischen Architektur unterscheidet, deren »Flächengang stets fortschreitend die Figur nach allen Seiten umschließt« und auch umrundend erschlossen werden muss (Hildebrand 1969, 241). Barocke Statuen wie jene von Gian Lorenzo Bernini (1598–1680) erscheinen dann nach allen Seiten kontinuierlich bewegt, so dass der »Gesamtraum« fühlbar und »aussprechbar« wird. Badt bestimmt in Abgrenzung davon die Skulptur in Nähe zu Martin Heidegger (1889–1976) als »Mitte des sie umgebenden Raums«, als Ort der Einsamkeit und Existenz, der den Raum sinnlicher Erfahrung transzendiert (Badt 1963, 115 f.).

Renaissance

Dank des neuen perspektivischen Denkens tritt erstmalig auch die Stadtplanung in den Fokus der Architektur: So schlägt Pietro Cataneo (1510–1574) im Jahr 1554 erstmalig quadratische Schachbrettanlagen für Stadträume vor. Aber schon davor suchen Filaretes (1400–1469) Planstadt Sforzinda von 1464, Thomas Morus' (1487–1535) Utopia von 1516 und Albrecht Dürers (1471–1528) quadratischer Stadtentwurf von 1527 der engen, seuchengefährdeten mittelalterlichen Stadt mit Plänen eines weiträumigen, belüfteten und verkehrstauglichen Stadtraums zu begegnen. Palladios (1508–1580) Architekturkommentar von 1544 mit seinem Lob der römischen Architektur begründet den Rückbezug zur Antike und hat noch für die deutsche Klassik eine bedeutsame Rolle gespielt. Gerade sein Schaffen als einer der bedeutendsten Architekten der Renaissance zeigt die Verschiebung des Hauptaugenmerks architektonischer Raumgestaltung von Sakral- zu Profanbauten; neben seinen berühmten Palästen und Villen in Oberitalien schuf er 1584 den ersten festen Theaterbau in Vicenza, dem Theaterbauten an allen Fürstenhöfen Europas folgen sollten. Das bis dato zumeist simultane Bühnengeschehen vor transportablen Bühnenbildern an sakralen Orten oder im Stadtraum wird nun in Häusern mit getrenntem Spiel- und Zuschauerraum und mit perspektivisch angelegten Bühnenbildern zu sukzessiven Szenenfolgen verfestigt. Bereits Serlio legte die drei Formen des Bühnenbilds für Komödie, Tragödie und Satire fest; zusätzlich wird der bis dato horizontal organisierte Bedeutungsraum von Erde, Himmel und Hölle nun vertikal symbolisiert. Die der Aufführung frontal gegenübersitzenden Zuschauer vollziehen die Ortswechsel im Gegensatz zu früher nur mehr imaginär mit; das Renaissancetheater ist nicht mehr wie die mittelalterliche Bühne ein akustischer, sondern ein visueller Raum. Wie zum Ausgleich entsteht 1594 die Oper als neuer Klangraum im Bestreben der Wiedererweckung der antiken Tragödie.

17. bis 19. Jahrhundert

Auch die weitere architektonische Raumgewinnung und ihre gleichzeitige Zentralisierung auf absolutistische Fürsten- und Königshöfe im 17. Jahrhundert – wie etwa in Versailles – lässt sich an der Entwicklung des Theaterbaus spiegeln. Nach dem Modell der gegenreformatorischen Jesuitenbühne wird das Barocktheater samt Guckkastenbühne, Hinter- und Seitenbühnen und seiner sozialen Staffelung perfektioniert und in das Innerste der Schlossanlagen gesetzt. Aber auch protestantische Schultheater, die erstmalig deutsche Dramen etwa von Andreas Gryphius aufführen, inszenieren diese in italienischen Kulissen mit der ganzen Apparatur des Barock. Nur das elisabethanische Theater des 16. Jahrhunderts scheint eine freiere Beweglichkeit zu genießen, volkstümliche Räume außerhalb der Stadtgrenzen zu nutzen und damit den restriktiven städtischen Verordnungen zu entgehen. Der freiere Wechsel der Schauplätze in englischen und spanischen Dramen wird auf ihren Ursprung in mittelalterlichen Mysterien zurückgeführt, wo das Schauspiel laut Robert von Zimmermann (1824–1898) immer Metapher für die Welt gewesen sei (Zimmermann 1856, 181). Das Theater als Zentrum fürstlicher oder nationalstaatlicher Repräsentation verleiht ihm im 17. Jahrhundert die Würde eines »theatrum mundi«, wie an Pedro Calderóns (1600–1681) Schauspiel *Das große Welttheater* von 1655 ablesbar.

Noch im 18. Jahrhundert werden großräumige zentralperspektivische Anlagen nach der Vorlage von Versailles in Karlsruhe oder Turin und noch 1790 in Washington gebaut (Benevolo/Albrecht 1995, 106–110). Die europäischen Kolonialherren orientieren sich an den schachbrettartigen Gittern der Renaissancestädte und -gärten, um noch 1785 die Landaufteilung in den USA, die Grundrisse der nord- und südamerikanischen, aber auch gewisser indischer Städte und die Grenzverläufe von Farmen und Ländern entsprechend zu entwerfen. Das europäische Theater emanzipiert sich freilich sukzessive vom Fürstenhof mit der Herausbildung einer bürgerlichen Bühne in Privattheatern von Prinzipalen oder in städtischen Einrichtungen, denen repräsentative Plätze in der städtebaulichen Anlage zugewiesen werden; die in England 1730 aufgekommenen Trauerspiele und Lustspiele setzen erstmalig den familiären Raum in Szene. Eine gebaute Kritik am absolutistischen Theater entwirft 1779 Claude-Nicolas Ledoux (1736–1806) mit seinem Theater in Besançon, das der Selbstrepräsentation des Volkes dienen soll. Der Suche nach deutschnationaler Identität entspricht die Gründung von Nationaltheatern in Wien, Mannheim, Berlin und München Ende des 18. Jahrhunderts, aber auch noch die korrespondierende Architekturtheorie Gottfried Sempers (1803–1879), der im Rückgang auf die »Urhütte« zugleich »das Gefühl eines freien, von Nationalgefühl getragenen Volkes evozieren« will (Kruft 1991, 358). In diesem Sinne kommt Volkstheatern eine wachsende Bedeutung zu; aber auch das von Richard Wagner (1813–1883) in Fortführung des Weimarer Kunstideals intendierte Gesamtkunstwerk, in dem alle Künste zur Einheit verschmelzen sollen, und das dafür in Bayreuth errichtete Festspielhaus stoßen Überlegungen zum nationalen Symbolcharakter des Theaters an.

20. Jahrhundert

Bezeichnenderweise entfaltet sich die moderne Architekturtheorie mit der erstmaligen Formulierung eines ›Raumgefühls‹ in der modernen Großstadt gegen Ende des 19. Jahrhunderts. Die Architektur wird nun ins Verhältnis zu psychischer und physischer Erfahrung gesetzt, ihre räumliche Symbolisierung aus der Deutung der »Bewegung und Wirkung von Kräften« der räumlichen Gebilde abgeleitet (Neumeyer 2002, 276). Dank dieses neuen dynamischen Ansatzes kann der räumlichen Bewegtheit des Barock als Ausdruck von ›Spätstilen‹ eine der Renaissance gleichrangige Geltung zuerkannt werden. Da »Raumgefühl und Raumphantasie« zur Gestaltung drängen würden, wird Architektur überhaupt als »Raumgestalterin« bezeichnet (Schmarsow 2006, 470). In der Raumemphase der 1920er Jahre treffen sich dann auch die sachlichen Raumplaner mit den leibzentrierten ›Raumfühlern‹ und den utopistischen Raumentwerfern: Zwischen Hugo Härings (1882–1958) organischen Vorstellungen »einer ordnung im raum zum zwecke einer lebenserfüllung« (zit. n. Kruft 1991, 440), Friedrich Kieslers (1890–1965) Wunsch nach einem »Vitalbau« und Erich Mendelsohns (1887–1953) Phantasien zum »Weltbauen« (zit. n. Conrads 1975, 92 und 100) bewegen sich die unterschiedlichen Selbstverständnisse der Baukunst als, wie Mies van der Rohe (1886–1969) dies nannte, »raumgefasster Zeitwille« (zit. n. Kruft 1991, 407). Das Bauhausmanifest von 1919 will laut Walter Gropius (1883–1969) alle Künste und Künstler klassenübergreifend, unter dem Zeichen einer gotischen Kathedrale von Lyonel Feininger (1871–1956) im »neuen Bau der Zukunft« als »kristallenes Sinnbild eines neuen kommenden Glaubens« zusammenführen (zit. n. ebd., 443). In László Moholy-Nagys (1895–1946) *Bauhaus-Buch* von 1929 erscheint Architektur schließlich nicht mehr nur als »erlebbare Raumbeziehung«, sondern als »Gliederung des universellen Raums« (zit. n. ebd., 445). Erstmals eigenständige Kunstobjekte geben Kurt Schwitters' (1887–1948) zwischen 1920 und 1947 mehrfach begonnener ›Merzbau‹ und El Lissitzkys (1890–1941) ›Prounenraum‹ von 1923 ab. In den 1950er Jahren lassen sich dann sogar bei vormals rein sachlichen Architekten wie Le Corbusier (1887–1965) plastische Tendenzen und der Versuch der Modellierung von Außen- und Gesamtanlagen beobachten. Die sinuskurvige Hülle des Philips-Pavillons für die Brüsseler Weltausstellung von 1958 versteht sich als gebautes Pendant zu den Auftragskompositionen von Iannis Xenakis (1922–2001) und Edgar Varèse (1883–1965). In den 1960er Jahren wird die architektonische Raumfrage verstärkt in die Städtebaudiskussion integriert, wobei bis heute rationalistische Raumplanungen einer anthropomorph oder biomorph orientierten Beachtung von Ortsvalenzen gegenüberstehen.

Analog zu den bildenden Künsten und insbesondere der abstrakten Malerei stellt auch die Dramatik und Theaterpraxis seit Beginn des 20. Jahrhunderts die Guckkastenbühne und die zentralisierte Szenenfolge in Frage. Um 1905 entwirft Georg Fuchs (1856–1939) die »Schaubühne der Zukunft« mit »Reliefbühnen« und »Raumbühnen« (Roselt 2007, 263); der Surrealist Kiesler plant 1926 ein »endloses Theater« mit frei schwebenden Plattformen und Liften als ganzseitig bespielbaren Raum, das er in den USA 1961 in ein ›Universal(-Theater)‹ weiter entwickelt. Max Reinhardt sucht nach neuen Spielstätten wie Zirkusarenen und Ausstellungshallen für Massenveranstaltungen, bis ihm 1919 Hans Poelzig (1869–1936) das Große Schauspielhaus in Berlin mit variabler Bühnenkonstruktion baut. Die Theaterreform legt nun – von den Konstruktivisten über das Bauhaus bis zu den italienischen Futuristen – Gewicht auf die Zusammenführung von Rhythmus, Tanz, Musik, visuellen Arrangements und technischen Möglichkeiten zu einem inszenierten Totalgeschehen, das auch die gesellschaftlichen Massen einzubeziehen sucht. In den Szenographien des Schweizer Musikers Adolphe Appia (1862–1928) und des englischen Bühnenbildners und Regisseurs Edward Gordon Craig (1872–1966) wird »Bühnenraum erstmals als autonomer Raum gedacht« (Brejzek et al. 2009, 373). Bereits in den 1910er Jahren schwebt ihnen ein »théâtre pur« mit raumplastischen Inszenierungen unter Einbeziehung architektonischer Elemente, von Licht und Bewegung vor. Als Antwort auf die Frage nach einem ›Raumtheater‹ entwirft Andor Weininger (1899–1986) ein ›Kugeltheater‹. Das revolutionäre Theater des Russen Wsewolod Meyerhold (1874–1940), das sich nach Montage-Gesetzen von Wsewolod Pudowkin (1893–1953) und Sergei Eisenstein (1898–1948) ›filmisieren‹ möchte, und das ›vierdimensionale Theater‹ des deutschen Regisseurs Erwin Piscator (1893–1966) suchen ihre gesellschaftspolitischen Statements mit körper- und rhythmusbetontem, multimedial gestütztem Simultanspiel zu unterstreichen. Die neue Theatermaschinerie lässt nun jede Verbindung mit den anderen Künsten in den Bereich des Machbaren rücken: Gropius entwirft für Piscator ein »Totaltheater« mit umeinander kreisenden Spiel- und Zuschauerflächen als »Raum- und Lichtklavier«, in dem »alle raumbildenden Faktoren« zusammenfließen (Konnefke 1999, 113). Multifunktionalität und Abstimmung auf die jeweilige Inszenierung sind Kennzeichen dieser neuen beweglichen Räume.

In den 1930er Jahren wird in der Sowjetunion ein Massentheatertyp entwickelt, während in Nazi-Deutschland über das Land verteilte Thingplätze konzipiert werden, die Arenen mit Gängen für Aufmärsche bieten sollen. Vereinheitlichung des staatlichen Raums war dabei ebenso intendiert wie weitgehender Einbezug der gesamten Bevölkerung. In der deutschen Nachkriegszeit wird dagegen ein bescheidenes ›Einraumtheater‹ gefordert, aber auch ein ›Vollsicht-Theater‹ wie das 1950 gebaute Berliner Schillertheater. Das in den USA etablierte Arenatheater findet in Europa ebenso Anklang wie das englische Mehrzweck-Konzept mit Drehbühne. Ideen eines mobilen Zelttheaters konkurrieren seit den 1960er Jahren mit Happenings der Fluxusbewegung oder der Wiener Aktionisten, mit Peter Brooks schmucklosem ›leerem Raum‹, Robert Wilsons minimalistischen Kompositionen aus Licht und Bewegung, mit Theaterfabrik-Konzepten und den Aufführungen von ›Events‹ im öffentlichen Raum. Zu zeitgenössischen experimentellen Inszenierungen gehören Text und Tanz, Licht und Bild, Film und Video, Musik und Skulpturen selbstverständlich dazu, wobei der Raum selbst zum Mitspieler werden kann.

Nach dem Zweiten Weltkrieg findet die Architektur zu betont singulären, moderne- und funktionalismuskritischen Ausdrucksformen: Während Hans Scharoun (1893–1972) in den 1950er Jahren organizistische Solitäre baut, ergeht später von postmodernen Architekten der Ruf nach heterogener Raumentfaltung (Jencks/Kropf 1997). Temporalisierung des gebauten Raums fordert die dekonstruktive Architekturtheorie in Begriffen von ›dislocation‹ (Mark Wigley), ›Diagramm‹ oder ›Ereignis‹. Auswege aus Raumverfestigungen werden in einer ›liquid art‹, in der Immaterialisierung der Architektur und nicht zuletzt der Hervorbringung mentaler Räume gesucht. Jürgen Pahl (1999) führt für jede der modernen Stilrichtungen einen besonderen Raumbezug an; analog zu den aufgestellten ›fünf Säulen‹ der modernen Architektur (Konstruktivismus, Funktionalismus, Biomorphe Architektur, Rationalismus, Skulpturale Architektur) spricht er von raum-durchdringenden, raum-fügenden, raumbegrenzenden und anderen Entwurfsparametern und fügt für das 21. Jahrhundert die raum-lösenden der Postmoderne und die raum-sprengenden der Dekonstruktion hinzu.

3.2 Malerei, Skulptur und Film

Auch für die Malerei lässt sich Raumschöpfung im engeren Sinne erst mit Beginn der Neuzeit beobachten, obwohl auch für sie Panofskys Ausführungen gelten, dass die Verflachung der bildlichen Darstellung zwischen dem 2. und 6. Jahrhundert gegenüber der ›frei-vertieften‹ Landschaft der Antike und der Rückgang vom Hintereinander zum Über- und Nebeneinander im Hinblick auf die Ausbildung eines neuen ›homogenisierenden‹ Raumkontinuums unabdingbar war. Dabei sieht Panofsky die stärker antikeverpflichtete, malerisch-»raumandeutende« byzantinische Tradition sich von der nordwesteuropäisch-linienhaften Kunst trennen, die das antike Erbe tilgt und weitgehend flächig operiert. In Giottos (1266–1337) Malerei des 13. Jahrhunderts sollte dann erstmalig wieder eine Synthese gelingen zwischen den gotischen ›Raumkästen‹ und den byzantinischen ›Landschaftsformen‹. Auch vorbereitet durch die arabische *perspectiva* von Alhazen (965–1039), eine geometrisierende Sehtheorie, entsteht im 13. Jahrhundert der »räumliche Stil« aus individualisierenden Blickvertiefungen, der zwei Jahrhunderte später zum »Raum als System« linearperspektivisch durchgestaltet wird (Belting 2008, 151). In dieser christlichen Vermessung des leeren Raums erblickt Belting den entscheidenden Unterschied zur arabisch-darstellenden Sehtheorie (s. Kap. I.1.3).

Malerei

Die 1420 in Italien eingeführte *construzione leggitima* oder Planperspektive, Filippo Brunelleschi (1377–1446) zugeschrieben, kodifiziert und 1470 systematisiert in Piero della Francescas (1420–1492) *De prospectiva pingendi*, ausgeführt schon vorher in Masaccios (1401–1428) ›Dreifaltigkeitsfresko‹ von 1428, bedeutet vor allem die Einschiebung eines gerasterten ›Bildschirms‹ zwischen Betrachter und Objekt. Leon Battista Alberti (1404–1472) theoretisiert denn auch das Gemälde als »Schnittfläche einer (Seh-)Pyramide« (Alberti 2000, 216 f.), wie sie insbesondere auf Dürers späterem Stich ›Der Zeichner des liegenden Weibes‹ von 1525 ausgeführt ist. Leonardo da Vinci (1452–1519) erklärt aus dieser vertieften Naturwiedergabe heraus die Führungsrolle der Malerei vor den anderen Künsten. In Rezeption da Vincis soll Dürer seine Überlegungen zur *perspectiva artificialis* (Panofsky 1915, 22) angestellt haben. In der Konstruktion der durchsichtigen Ebene dieser Schnittfläche, durch die sich ein Blick in den dahinter liegenden Raum zu eröffnen scheint, erkennt Panofsky ›die‹ symbolische Form der neuzeitlichen Malerei, welche die Tatsache sphärischen bipolaren Sehens negiert und »die Richtungs- und Entfernungs-Indifferenz des modernen Denkraums« besiegelt (Panofsky 1998, 749). Die Entwicklung des malerischen Bildraums vom frühen 16. zum 17. Jahrhundert wird dann als eine von der Fläche zur Tiefe, von der bildparallelen Schichtung in der Renaissance hin zur tiefenmäßigen Anordnung der Dinge in der Barockmalerei rekonstruiert. Im Norden wird die tiefenmäßige Durchgestaltung erstmalig in den Gemälden Jan van Eycks erreicht.

Methodische Geltung innerhalb der Kunstgeschichte erhält der Raumbegriff mit Jacob Burckhardts (1818–1897) *Cicerone* von 1855, der die Begriffe »Raumgefühl« und »Raumdarstellung« zur Bestimmung des Renaissancestils prägt (Burckhardt 2001, 110 f.). Wie Jantzen zeigt, entstammen alle bildräumlichen Reflexionen, die vor dieser historisch-kritischen, auf Stilanalyse ausgehenden Kunstbetrachtung angestellt wurden, von Künstlern und ihren auf Technik ausgerichteten Überlegungen. Dort wird das Räumliche zumeist mit Ort, Szene, Vertiefung und Bildtiefe gleichgesetzt. Jantzen (1962, 10) schlussfolgert aus diesen Beobachtungen, dass eine »Durchbildung des Raumbegriffs« erst mit Preisgabe des Nachahmungsprinzips möglich geworden ist. Der Bildraum als vom Künstler geschaffene, nach Bewegungsvorstellungen angeordnete »reine Form«, als »Raumwert« (ebd., 178) und Raumwirkung wird 1893 durch Adolf von Hildebrand (1847–1921) der Untersuchung zugänglich gemacht. Der Wert eines Gemäldes wird dann aus der Stärke seines »Raumgehalts« und der »Raumfülle« (Hildebrand 1969, 220) des im Bilde Dargestellten deduziert.

In den 1960er Jahren kritisiert Kurt Badt jene Zuwendung zum Raum als »allgemeinstes Thema der modernen Kunstgeschichte« und als den von dieser Ende des 19. Jahrhunderts am häufigsten gebrauchten Begriff (Badt 1963, 11 und 19). Denn in seiner Abstraktheit stehe der Raumbegriff nur im Dienste einer Fortschrittserzählung von der flächenhaft unräumlichen Bildgestaltung zur Darstellung unendlicher Tiefe; so werde das Alter von Gemälden nach der Verwendung raumschaffender Mittel bestimmt. Alois Riegl (1858–1905) habe den Raum als »um seiner selbst willen berechtigten Kunstfaktor« (ebd., 28) nur anerkannt, um seine Erklärungen zum allgemeinen »Kunstwollen« zu untermauern. Riegl (1964) leitet in diesem Sinne die Raumgestaltung aus der Entwicklung der Wahrnehmung vom ›Taktisch-Nahsichtigen‹ (für die altägyptische Kunst) über das ›Taktisch-Optische‹ (für die klassische Kunst Griechenlands) zur dritten Stufe des ›Optisch-Fernsichtigen‹ der spätrömischen Kunst ab. Während es der antiken Kunst aber nie gelinge, »den Freiraum darzustellen«, habe »die werdende christliche Kunst in der römischen Kaiserzeit den Freiraum emanzipiert, aber auch nur in einer sehr geringen, der Ebene noch sehr nahebleibenden Tiefe zwischen je zwei Figuren, nicht aber als unendlichen Freiraum« (Riegl 1931, 22 f.). Mit der Emanzipation des Freiraums im 15. Jahrhundert trenne sich dann die Entwicklung der italienischen von der nordischen Kunst. Erstere strebe nach Wiedergabe der kubisch räumlichen Erscheinung der Einzeldinge (Figuren), die nordische Kunst dagegen nach Wiedergabe des zwischen den Figuren Befindlichen.

Skulptur

Derartige mentalitätsgeschichtliche Zuschreibungen werden nach den Erfahrungen des Zweiten Weltkriegs nicht nur von Badt kritisiert. Mit der beginnenden Moderne um die Wende zum 20. Jahrhundert vollzieht sich dann jener zweite Paradigmenwechsel, der die bildende Kunst ihrer Raumvertiefung entbindet, räumliche Verflachungen und alle Arten von Raumzeitgestaltungen – auch unter dem Einfluss des Films – möglich werden lässt. Wilhelm Worringer (1881–1956) erklärt die »Unterdrückung der Raumdarstellung« aus dem »Gebot des Abstraktionsdrangs« (Worringer 1987, 57) des modernen Individuums, das den Raum als emanzipationshinderlich begreift. Wie Max Raphaels (1889–1952) *Raumgestaltungen* von 1949 rückblickend dokumentieren, ist die abstrakte Flächengestaltung nur eine der möglichen Varianten im Spektrum der sich multiplizierenden modernen Raum(zeit)bildungen, die nun auch eine neue

Sicht auf kunsthistorische Raumentfaltungen mit sich bringen: »Hals, Velasquez und andere – *der Raum der Traumwelt*; Vermeer – *der Raum des Unbewußten*; Hugo van der Goes und Tintoretto – *der Raum des Übergangs vom Diesseits zum Jenseits*; [...] Bosch – *der Raum der Auflösung des Daseins*« (Raphael 1986, 63). Rückblickend setzt er allerdings mit dem Kubismus den »Beginn eines neuen Raum-›*ideal*‹«, einer neuen Raum(zeit)konstruktion an, in der die Darstellung selbst problematisiert wird. Raphael unterscheidet daher zwischen einer überzeitlichen »*Kategorie* des Raums« und den geschichtlich bedingten »Realisierungen dieser Kategorie« (ebd., 75). Kubistische Kunst ist für ihn wie für den Architekturhistoriker Sigfried Giedion (1888–1968) Raumgestaltung im engeren Sinne, insofern diese definitiv mit der perspektivischen Auffassung der Renaissance bricht, die Objekte aus verschiedenen Standpunkten anvisiert und ihnen die vierte Dimension der Zeit hinzufügt (Giedion 1989, 281). Diese von daher weniger als Raum- denn als Raum-Zeit-Gestaltung zu verstehende Kunst ist auch eine Erwiderung auf die sich entfaltende Filmkunst.

In der Nachkriegszeit entstehen aufgrund der neuen Skepsis gegenüber zeitlicher Progression atmosphärisch-immersive, materialorientierte und selbstreflexive Raumkonfigurationen: Die deutschen Zero-Künstler Oskar Piene und Günther Uecker kreieren in den 1950er Jahren erste Lichträume und ›Sky Art‹-Objekte aus aufblasbaren Materialien; ihre Installationen ›Klang-Szene 1 und 2‹ von 1970 bedeuten bereits Zusammenführungen von Tanz, Musik und bildender Kunst (Wilts 2004, 250 ff.). In der berühmten Amsterdamer Dylaby-Ausstellung von 1962 werden erstmalig Gegenstände beliebig im Raum verteilt. Die US-amerikanischen *minimal artists* setzen in phänomenologischer Inspiration auf räumliche Wahrnehmung ihrer zumeist industriell gefertigten Plastiken, deren Weiterentwicklung zu stadträumlichen Skulpturen mit dem partiellen Auszug aus Museumsräumen einhergeht. Joseph Beuys (1921–1986) erfindet die ›Soziale Plastik‹ und die stadträumliche Intervention. Land-Art-Künstler wie Robert Smithson (1938–1973) gestalten großflächig Naturräume um; die US-Kunstwissenschaftlerin Rosalind Krauss erblickt in ihnen die ultimativen Verräumlichungsstrategien der modernen Skulptur seit Auguste Rodin (1840–1917). Performances im Stadtraum wie jene von Pipilotti Rist und Sophie Calle thematisieren die Zusammengehörigkeit von künstlerischem, gesellschaftlichem und geschlechtlich kodifiziertem Raum.

Film

Der Film als wesentlich zeitbezogenes Medium wird gleichwohl hinsichtlich seiner raumabbildenden und raumkonstruierenden Möglichkeiten schon früh diskutiert. Rudolf Arnheims (1904–2007) Einsicht, dass Film »weder als reines Raumbild noch als reines Flächenbild, sondern als ein Ineinander von beidem« zu denken sei (Arnheim 2002, 27), wird allerdings erst in zeitgenössischen Forschungen in seiner Kontinuität mit dem malerischen Bildraum an konkreten Beispielen überprüft (Koch 2005; Ott 2007; Ott/Prange 2008). Bereits 1930 preist der ungarische Filmtheoretiker Béla Balázs (1884–1949) die insbesondere von der Großaufnahme des Stummfilms herbeigeführten filmischen Raummodifikationen. Diese würde erlauben, »den Menschen näher zu kommen« und »aus dem Raum überhaupt heraus und in eine ganz andere Dimension« hinein zu gelangen (Balázs 2001, 16). Vor allem aber lasse die Kamerabewegung Raum als physische Realität erleben, da er nicht länger auf Bild und Perspektive festgelegt sei. Im Sinne der Abgrenzung des filmischen Mediums von den traditionellen Künsten bilden sich in der Folge zwei auch in Raumfragen konkurrierende Lager heraus: Während die ›Konstruktivisten‹ das Abbild des physischen Raums unterdrückt und in künstlerische Raummontagen überführt sehen möchten (Eisenstein 2005), erblicken ›Realisten‹ wie Siegfried Kracauer (1889–1966) in der »Errettung der äußeren Wirklichkeit« und der Wiedergabe unbewusster gesellschaftlicher Raumverhältnisse gerade das Wesen des Mediums. Aus den Raumbildern der Filme der Weimarer Zeit sucht Kracauer (1985) retrospektiv die psychischen Dispositionen der damaligen Gesellschaft zu erschließen. Der französische Filmtheoretiker André Bazin (1918–1958), einflussreicher Vordenker der ›Nouvelle Vague‹ in den 1950er Jahren, fordert in Nähe zur Phänomenologie von den Filmbildern, die raumzeitliche Einheit von Ereignissen wiederzugeben, da nur in raumzeitlichen Kontinua die vielfältigen und gegenläufigen Bewegungen des Lebens in ihrer Ambiguität aufscheinen könnten (Bazin 2004).

Zu dieser Kontroverse gesellt sich längerfristig eine Divergenz in der Einschätzung der filmischen Wirkungen auf den Zuschauer im Kinoraum: Walter Benjamins (1892–1940) emphatischer Affirmation des Films in den 1930er Jahren, der in der unbewussten Rezeption der montagebedingten Filmraumkonstruktionen eine heilsame Gewöhnung des Zuschauers an die Anforderungen der Großstadtlebens und eine Form der Aufklärung sieht (Benjamin 1963), steht in den 1960er Jahren und später die Kritik des zentralperspektivisch organisierten Dispositivs gegenüber, das den Zuschauer unbewusst auf ein zumeist männlich kodiertes, monokulares Sehen festgelegt sieht (Baudry 1986; Winkler 1992). Eine vergleichsweise formale Filmraumerörterung eröffnen die Ansätze von Noël Burch (1973) und Gilles Deleuze (1925–1995), die abhängig von der Einbindung des Off-Raums (*espace-hors-champ*) in den Bildraum (*espace-du-champ*) unterschiedliche Filmbildtypen mit unterschiedlichen Raumkonfigurationen ausmachen: Rauminnovativ sei insbesondere das ›Affekt-Bild‹, da es in nahsichtigen Einstellungen singuläre filmische Räume hervorbringe, die Deleuze unter dem Begriff »beliebiger Raum« subsumiert (Deleuze 1997, 153). Obwohl die Nahaufnahme keine Raumtiefe bietet, brächte sie »einen ihr eigenen Zeit-Raum ein« und generiere fragmentierte Räume mit »taktiler Wertigkeit« (ebd, 152 f.), worin Deleuze Vorläufer des »Zeit-Bilds« der Nachkriegszeit und seiner raumheterogenisierenden Intervallbildungen sieht.

Raumkunst im digitalen Bereich bemüht häufig Deleuzes und Guattaris Rhizom- und Plateau-Begriff, um nicht-lineare Techniken in der Kunst, ›Hypertexte‹, aber auch Material-Collagen als ›amorphe Systeme‹ vorzustellen (Demuth 2007). Video, Film und elektronische Medienkunst implantieren heutzutage dem klassischen *white cube* des Ausstellungsraums die *black box* der Videoprojektion und die Online-Galerie für immaterielle Netzkunst, so dass der Museumsraum selbst zu einer »new geography of (re)collection« mutiert (Bruno 2007, 5). Die skulptur projekte münster, documenta und Biennale Venedig beziehen den öffentlichen Raum seit 1968, als Christo mit ›5.600 Cubic Meter Package‹ sogar in den Luftraum vorstieß, in ihre Ausstellungskonzepte mit ein. Freiräumliche künstlerische Raumparzellen erzwingen ihrerseits einen neuen, von der europäischen Sammlungsanthologie abweichenden Museumstyp und machen Containerhalden und riesige Stauräume erforderlich.

3.3 Literatur

Antike bis Neuzeit

In der Literatur lassen sich neben graphisch-räumlichen Textgestaltungen immer auch fiktionale Raumbeschreibungen und imaginäre Raumausgriffe beobachten, die in der Literaturbetrachtung der Nachkriegszeit, aber vor allem in der zeitgenössischen Forschung unter Gender- und postkolonialen Aspekten Aufmerksamkeit erfahren. Erich Auerbachs (1892–1957) literaturgeschichtliche Darstellung *Mimesis* von 1946 unterscheidet bereits die griechisch-antike von der jüdisch-christlichen Literatur hinsichtlich ihrer implizierten Raum- und Zeitverhältnisse: Während im griechischen Epos Homers ausreichend Raum und Zeit zur ausführlichen Beschreibung realistischer Details zur Verfügung stünden und sich »gleichmäßig belichtete, orts- und zeitbestimmte, lückenlos im Vordergrund miteinander verbundene Erscheinungen« aneinander reihten (Auerbach 1946, 13), lebte die biblische Erzählung von zeitlich und räumlich unbestimmten, nach Vorder- und Hintergrundgeschehen unterschiedenen, reliefartigen Darstellungen. Altgermanische Epen kontrastiert er in ihrer »Weite und Freiheit« mit »engen« altfranzösischen Heldenepen (ebd., 108); den epischen Stil des Hochmittelalters charakterisiert er insgesamt als »zeitlich, örtlich, ständisch beschränkt« (ebd., 117). Analog den malerischen Raumvertiefungen Giottos soll Dantes (1265–1321) *Göttliche Komödie*, obwohl »einer geistigen Kathedrale vergleichbar, die den mittelalterlichen Ordo-Gedanken in fast vollendeter Form noch einmal zur Sprache bringt«, bereits über das Mittelalter hinausweisen und die Suche nach einer neuen Erde (*nuova terra*) antizipieren (Imbach 1984, 5f.). In der Realistik der französisch-burgundischen Kultur im 15. Jahrhundert erblickt Auerbach zugleich das Fortleben mittelalterlicher Enge und eine neue »Vertiefung des Sinnlichen«, die sie in die Renaissance »hinübergerettet« hat (Auerbach 1946, 249). Die Literatur des Humanismus perspektiviere die Antike in tieferer Weise als bis dahin geschehen; vor allem aber brächten William Shakespeares vielschichtige Dramen einen neuen Weltzusammenhang auf die Bühne, an dem »die Umwelt, sogar die Landschaft teilnehmen« (ebd., 307). Die spanische Welt von Miguel de Cervantes (1547–1616) dokumentiere dagegen eine neue Unüberschaubarkeit der raumzeitlichen Erscheinungen, lasse allerdings trotz ihrer Narretei noch immer Raum für »Menschlichkeit« (ebd., 342) fortbestehen.

Aufklärung und Moderne

Die französischen Poetiken des 17. Jahrhunderts reflektieren Räumliches dann explizit im Rahmen der höfischen Dramatik und erörtern neben den Fragen der Einheit von Zeit und Handlung auch jene des Ortes, die Aristoteles' *Poetik* selbst nicht kennt. Pierre Corneille (1606–1684) fordert die Einheit von Zeit und Ort aus Rücksicht auf ›Wahrheit‹ und ›Notwendigkeit‹ der Handlung und schlägt für gewisse Subjekte die Einführung eines namenlosen ›lieu général‹ als Behälter für unterschiedliche Raumkonkretisierungen vor. Obwohl das aufklärerische Drama Mitte des 18. Jahrhunderts an den drei Einheiten des Theaters noch festhält, fordert Denis Diderot (1713–1784) in seinen dramentheoretischen Überlegungen zum Schauspiel *Der natürliche Sohn* von 1757 eine der Illusion angepasste Bühne mit veränderlichen Kulissen. Im Hinblick auf Glaubwürdigkeit sollen ›natürliche und wahre‹ Bilder geboten werden, die für umso authentischer gehalten werden, je stärker sie der Malerei gleichen. Zum Zweck der Illusionsverstärkung soll eine ›Vierte Wand‹, einer unsichtbaren Mauer gleich, das Bühnengeschehen vom Zuschauerraum abschließen, der wiederum mittels Verdunkelung noch deutlicher vom Bühnengeschehen abgesetzt wird. 1829 verabschiedet der Romantiker Victor Hugo (1802–1885) endgültig die Gebote traditioneller Poetik und fordert – nicht zufällig in Raumbildern – Freiheit für die ›Launen‹ des Dichters, der keine »Straßenkarten der Kunst« kenne (Hugo 1964, 578). In der französischen Literatur seit Rousseau diagnostiziert Auerbach dann allgemein eine Tendenz zur Flucht aus der eigenen Zeit und zur Evasion in imaginierte Räume; das gelte auch noch für den realistischen Roman Stendhals.

Führt Lessing in Anlehnung an Diderot das Theater aus der klassischen Konvention heraus, so erklärt 1771 auch der junge Johann Wolfgang Goethe (1749–1832) in seiner Rede »Zum Schäkespears-Tag« die Regeln der drei Einheiten für überholt und die Einheit des Ortes für »so kerckermäsig ängstlich« (Goethe 1987, 131). Friedrich Schiller (1759–1805) setzt seinerseits der aristotelisierenden Tradition die offenere Raumgestaltung der Shakespeare-Bühne entgegen. Am entschiedensten brechen die deutschen Frühromantiker mit den Raumkonventionen des Dramas und der epischen Form und rufen nach einer Pluralisierung und Entgrenzung des dramatischen und romanhaften Raums. August Wilhelm Schlegel (1767–1845) fordert in seinen *Vorlesungen über philosophische Kunstlehre* von 1798/99 zusammen mit seinem Bruder Friedrich die Aufhebung der Gattungsgrenzen innerhalb der bildenden Kunst und die Erweiterung des poetischen Raums ins Unendliche. Im Begriff der »progressiven Universalpoesie« möchte letzterer nicht nur Philosophie, Rhetorik und Kritik mit Poesie im literarischen Gesamtkunstwerk vereinen, sondern das Leben in den unendlichen Raum »romantischer Dichtart« verwandeln

(Schlegel 1967, 182 f.). Heinrich von Kleists (1777–1811) Trauerspiel *Penthesilea* von 1808 bietet eine die klassische Raumnorm sprengende Abfolge von ›Auftritten‹ an wechselnden Orten und eine filmnahe Dramaturgie verzeitlichten Raums. In Honoré de Balzacs (1799–1850) Romanen des 19. Jahrhunderts herrscht schließlich eine Art organische Einheit verschiedener Milieus vor, wobei jeder Lebensraum zu einer »sittlich-sinnlichen Atmosphäre« ausgestaltet wird (Auerbach 1946, 440). Zur Darstellung der alltäglichen Wirklichkeit des 19. Jahrhundert gehört dann aber vor allem die Einbettung der Akteure in die zeitgenössische Geschichte und den »geschichtlich bewegten Hintergrund« (ebd., 458).

Mit Bernhard Riemanns (1826–1866) mathematischen Raummultiplikationen Mitte des 19. Jahrhunderts lässt sich auch ein bedeutsamer Umbruch in avancierten fiktionalen Raumgestaltungen beobachten: Marshall McLuhan (1911–1980) liest die *Alice*-Erzählungen aus dem Jahr 1865 von Lewis Carroll (1832–1898) und deren Imagination diskontinuierlicher Raumbewegung als Antizipation der Relativitätstheorie (McLuhan 1995, 250). Und während McLuhan in James Joyce' (1882–1941) *Ulysses* von 1922 eine Überlagerung städtebaulicher Formen mit menschlichen Körperorganen entdeckt (ebd., 198), preist Auerbach in Marcel Prousts (1871–1922) und Virginia Woolfs (1882–1941) Romanen die Entfaltung von Bewusstseinsräumen. Deleuze (1989) sucht dagegen den Raum der literarischen Kunstwerke als amorphe Zeichensedimentierung zu entziffern und mit der Alice-Figur eine Philosophie nicht-perspektivischer Werdensprozesse zu entfalten. Franz Kafkas Romane liest er zusammen mit Félix Guattari (1976) als horizontale, unbewusste und alogische Traumarchitekturen, die angloamerikanische Literatur als dekonstruktive Verfahren zur Hervorbringung eines ›glatten Raums‹ (Deleuze/Guattari 1992, 668), wobei ihre eigene Schrift *Tausend Plateaus*, wie der Titel verrät, bereits als vielschichtiges Raumgebilde transversalen Denkens angelegt ist.

3.4 Musik und Tanz

Bereits die pythagoreische Vorstellung eines durch Zahlenverhältnisse determinierten Zusammenhangs von Kosmos, Mensch und klingender Musik verweist darauf, dass Musik und kosmischer Raum seit Beginn der Kulturgeschichte als anthropozentrisches und bedeutungshaltiges Implikationsverhältnis gedacht worden sind. In späteren Zeiten wurde diese imaginierte Klangsphäre durch komponierte Engelsmusik und Lobgesänge der himmlischen Sphären gleichsam zum Klingen gebracht und weiter ausgeformt. Noch die moderne Medienwissenschaft geht von einem anfänglich gegebenen und von den primitiven Kulturen noch erlebten Klangraum aus, der erst durch die neuzeitliche Vektorisierung des Räumlichen, auch die Einführung von Buchdruck und linearem Alphabet, vergessen und verdrängt worden sei. Marshall McLuhan und Bruce Powers (1995, 64 f.) nehmen in diesem Sinne an, dass für den Höhlenbewohner, den Bergbauern Griechenlands, den indianischen Jäger, aber auch den neuzeitlichen Mandschu-Chinesen die Welt eine Vielzahl widerhallender Mittelpunkte hat, weshalb die Lebenswelt im Wesentlichen als Resonanzraum erfahren werde. Diese Ordnung »der alten oder prähistorischen Zeiten« beschreiben sie ob ihres grenzenlosen Lebensgefühls wie im Innern einer Kugel als »kreisförmig«. Noch Peter Sloterdijk (1998, 60 f.) erinnert die Zeitgenossen in seiner »allgemeinen Theorie der autogenen Gefäße« an die Notwendigkeit gelingender »Innenraumbildung«: Wie Kulturen nur unter einer eigenen »semiosphärischen Glocke« überlebten, so Subjekte nur unter »Sphärenkonstanz«.

Musik

Im engeren Sinne gilt auch für die Musik, was für die anderen Künste gilt: Dass sie erst mit der Wende zum 20. Jahrhundert raumsensibel wird und mit raumbezogenen Experimenten auf die neuen physikalischen Raumzeit-Annahmen reagiert. Analog zu den Entwicklungen in den bildenden Künsten lässt sich eine erste explizite Gestaltung des musikalischen Klangraums in der zweiten Hälfte des 19. Jahrhunderts beobachten. Als möglicher Beginn der neuen Beachtung von Klangwirkungen wird die Aufführung von Ludwig van Beethovens (1770–1827) Neunter Symphonie im Jahr 1846 genannt, für die Richard Wagner den Raum der Alten Oper am Dresdner Zwinger in ein griechisches Theater umbauen ließ: Das Orchester nahm in der Orchestra, der Chor auf den Zuschauerreihen Platz. Wagners musikalische Komposition soll dabei den Klangmustern »eines in sich gefangenen Naturraums« entnommen sein und sich als »zweite Natur« entfalten (Storch 2002, 110 f.). Paul Valéry (1871–1945) betont im Hinblick auf das zweite Bild der ›Gotterdämmerung‹ und die Arie »Zum Raum wird hier die Zeit«, dass Wagner damit den »Raum-Monolog« als solchen geschaffen habe« (ebd., 69). Die hier erklingenden »Übergänge des Raumes (des Bühnenraumes) durch die Stadien der Natur« versteht Wolfgang Rihm seinerseits als »Raum in stetiger Transformation« (zit. n. Storch 2002, 101).

Ab der zweiten Hälfte des 20. Jahrhunderts suchen musikalische Kompositionen und Aufführungen durch veränderte räumliche Anordnungen, durch dreidimensionale Klangexperimente und direkte Transformation von akustischen in visuelle Strukturen neue Hör- und Sehräume zu eröffnen; Töne, Klänge und Geräusche werden als Körper aufgefasst und als räumlich ausgedehnt vergegenwärtigt. Das vermehrte Interesse am Zusammenspiel von Raum und Klang seit den 1960er Jahren geht mit der Konzeption von Musikskulpturen, Klanginstallationen und Environments (Klangarchitektur) einher und hat schließlich das musikwissenschaftliche Interesse an kompositorischen Raumbezügen auch bei Klassikern geweckt. Bereits in früheren Zeiten sollen spezielle Kompositionen für spezifische Räume angefertigt worden sein (Motte-Haber 1986, 283): für San Marco in Venedig durch Giovanni Gabrieli (1557–1612) und Adrian Willaert (1490–1562) oder für den Pariser Invalidendom durch Hector Berlioz (1803–1869). Gesucht wird lange schon die Hervorbringung besonderer Klangwirkungen durch räumlich verteilte Klangkörper bei Wagner, Gustav Mahler (1860–1911), Charles Ives (1874–1954) und Varèse (Schmidt 1977, 76 ff.), die Ausnutzung klangfarblicher Mittel für räumliche Effekte oder die kompositorische Auseinandersetzung mit bildender Kunst und dem Goldenen Schnitt – etwa bei Béla Bartók (1881–1945).

Die zahlreichen Ansätze, musikalische Werke räumlich zu entgrenzen und damit als finite Werke aufzuheben, wie etwa in John Cages (1912–1992) Kompositionen ›Musicircus‹ von 1967 oder ›A House Full of Music‹ von 1982, erfolgen nicht zuletzt aus dem Anliegen der Rückführung der Kunst in die Lebenspraxis. Die bereits Anfang des 20. Jahrhunderts von Erik Satie (1866–1925) vertretene Idee einer *musique d'ameublement,* die nur nebenbei gehört werde, nimmt die moderne Kaufhausbeschallung vorweg. Die Komponisten der zweiten Hälfte des 20. Jahrhunderts widmen sich mehr oder weniger alle der Frage der Durchdringung von Raum und Musik: Karlheinz Stockhausen (1928–2007) schafft mit seinen zwischen 1955 und 1957 komponierten ›Gruppen‹ für Orchester eine der ersten expliziten Raumkompositionen; Bernd Alois Zimmermann sucht unter anderem in der 1965 uraufgeführten Oper ›Die Soldaten‹ seine Idee der ›Kugelgestalt der Zeit‹ kompositorisch zu verwirklichen; Mauricio Kagel nimmt in dem zwischen 1988 und 1994 komponierten Zyklus ›Stücke der Windrose‹ musikalisch auf die Himmelsrichtungen Bezug. Musikalische Notationen wie etwa für György Ligetis (1923–2006) ›Volumina für Orgel‹ von 1962 dokumentieren bereits in ihrer räumlichen Graphik die musikalische Bezugnahme auf Raum. In der Gegenwart führen die Klangkünstler Walter Fähndrich, Christina Kubisch, Bernhard Leitner (1978) und Robin Minard (1993) diese Raum-Klang-Experimente fort.

Tanz

Auch der Tanz besinnt sich mit der Wende zum 20. Jahrhundert auf seine Raumbezogenheit. Dabei ist auffällig, dass die Reform des Tanzes mit Lebensreformbewegungen wie der von Émile Jacques-Dalcroze (1865–1950) gegründeten Gartenstadtkolonie im Dresdner Stadtteil Hellerau oder Rudolf von Labans (1879–1958) Schule des »tänzerischen Wahrnehmungssinns« und der »Kinesphäre« auf dem Monte Veritá verbunden ist (Brandstetter 1995a, 143). Demnach bedeutet die neue Raumorientierung des Tanzes auch einen Paradigmenwechsel vom kodifizierten Ballett und vom Gesellschaftstanz zum freien Tanz. Neue tänzerische Ausdrucksformeln werden von Isadora Duncan (1877–1927), Ruth St. Denis (1879–1986) oder Loïe Fuller (1862–1928) zunächst in Rückgriff auf Körperbilder des ›Griechischen‹ oder ›Exotischen‹ entwickelt. Zum Teil in Museumsräumen aufgeführt, stellen diese Tänzerinnen antike Skulpturen nach und modellieren unter Einbeziehung von Licht, Projektionstechniken und Film plastische Räume mit kombinierten Spiral-, Kreis- und Wellenbewegungen. Für Fuller wird während der Weltausstellung 1900 in Paris ein eigener Pavillon errichtet, der als Museum wie als Theater fungiert, in dem ihre Tanzbewegungen mit der Ornamentik des Gebäudes zu einem »Serpentinentanz« verschmelzen (Brandstetter 1995a, 88). Mary Wigmans (1886–1973) »räumliche Strahlung« soll ihrerseits den Raum des Tanzes als Bewegungsgestalt hervorbringen (Balme 2005, 331). 1917 schwärmt der italienische Futurist Filippo Tommaso Marinetti (1876–1944) vom technisch-mechanischen Tanzflug einer Körpermaschine, vom »Tanz des Maschinengewehrs« und weiteren dynamischen Mensch-Maschine-Bewegungen (Brandstetter 1995, 392). Neue plastische und imaginäre Räume werden aber auch hervorgerufen durch abstrakte Zeichenspiele wie Oskar Schlemmers (1888–1943) ›Triadisches Ballett‹ von 1922, in dem geometrische und stereometrische Formen raumplastischer Kostüme zusammen mit den Bewegungen automatisierter oder menschlicher Akteure 1926 einen ›Raumtanz‹ generieren. Die Zusammenführungen verschiedener Künste zu einem ›Totaltheater‹-Event im Bauhaus hatte Vorläufer etwa in dem zwischen 1909 und 1929 bestehenden Ensemble ›Ballets Russes‹ von Sergei Diaghilew (1872–1929), der ebenfalls die angrenzenden bildenden Künste miteinbeziehen und für die Produktion tanztheatraler Gesamtkunstwerke nutzen wollte.

Noch einmal grundlegend erneuert wird der Tanz ab den 1960er Jahren in den USA, mit Anna Halprins Einbeziehung von Außenräumen und Merce Cunninghams (1919–2009) zufallsbasierten Tanzchoreographien im Zusammenspiel mit der Zufallsmusik von Cage. Die Tänzerin Martha Graham (1894–1991) entwickelt ihre Choreographien zusammen mit der Bildhauerei von Isamu Noguchi (1904–1988); Yvonne Rainers Tanzaktivitäten kennen in Nähe zu den *minimal artists* einen expliziten Raumbezug. Charakteristisch ist auch hier das Verlassen der Kunsträume und eine Erweiterung des Tanzes zur »environmental art« (ebd., 84). Diese Experimente finden prozessuale Fortsetzungen im ›Postmodern Dance‹ an der Grenze zur Performance Art, in der an die Stelle des Räumlichen eher filmnahe Begriffe wie ›Passage‹, ›Ereignis‹ und ›Raumzeit‹ treten. In der Gegenwart werden künstlerische Grenzgänge zwischen Malerei und Neuer Tanz etwa von der Gruppe VA Wölfl und ihren »bildenden Tänzern« oder in den ›Tanzskulpturen‹ von Susanne Kirchner gesucht (Lipp 2006, 42 und 39). Sasha Waltz erinnert in ihren Choreographien an Steinskulpturen oder Bildhauerateliers. Das Jahrbuch *Ballettanz* 2005/06 gibt Slogans aus wie »Der Tanz schafft Platz. Räumt auf mit der Bühne. Findet virtuelle Orte. Geht über die Grenzen«. Von ortloser Kunst, von Kunst ohne Raum wird ebenso gesprochen wie von Raum als Korsett und von der Notwendigkeit, mobile Theater zu bauen. Insgesamt lässt sich beobachten, dass die skulpturalen und lichttransparenten Bühnenplastiken des zeitgenössischen Tanzes den »einheitlichen Ordnungsraum«, wie er noch für das Ballett des 19. Jahrhunderts mit seinem »in die Vertikale strebenden Elevationsprinzip« Gültigkeit hatte (Brandstetter 1995, 331), durch einen heterogenen Relationsraum abgelöst werden: Es existiert kein kodierter, vorgegebener Tanz-Raum mehr; angesichts der Vielgestalt von Räumen des Tanzes lässt sich vielmehr davon sprechen, dass jeder Tanz einen eigenen Raum erzeugt.

Damit wird deutlich, dass der Raumbezug zu einer kaleidoskopischen Zersplitterung der Kunstartikulationen, aber auch zu Annäherungen und Übergängen zwischen den verschiedenen Kunstgattungen, zu neuen Raumbildungen und Raumsensibilisierungen beigetragen hat. In der Gegenwart lassen sich vor allem eine fortgesetzte Neudefinition des Performativen und die Inszenierung großräumlicher Events im Stadtraum beobachten. Angesteckt von der allgemeinen Raumorientierung - nimmt man Berlin als symptomatischen Indikator - suchen Kunstinstitutionen wie die Akademie der Künste in akademischen Tagungen und Ausstellungen zum Thema »Raum. Orte der Kunst« ihrerseits die Veränderungen künstlerischer Raumnahmen in dia- und synchronen Vergleichen der Künste und in ihrem Wechselspiel mit der Theorie zu rekonstruieren (Lammert 2007). Damit verraten sie wie frühere Kunstpräsentationen unter dem Titel ›Räume I, II, III‹ 2002 in der Neuen Nationalgalerie in Berlin, dass der Raum in seiner Unbestimmtheit zur letzten umfassenden Bezeichnung für die zeitgenössische Vielfalt künstlerischer Ausdrucksformen und ihr Bestreben nach fortgesetzter Umdefinition ihres Selbstverständnisses geworden ist.

Literatur

Alberti, Leon Battista: Die Malkunst (1435/36). In: Ders.: *Das Standbild. Die Malkunst. Grundlagen der Malerei.* Darmstadt 2000, 193–233 (lat. 1540).

Arnheim, Rudolf: *Film als Kunst* [1932]. Frankfurt a. M. 2002.

Auerbach, Erich: *Mimesis. Dargestellte Wirklichkeit in der abendländischen Literatur.* Bern 1946.

Badt, Kurt: *Raumphantasien und Raumillusionen. Wesen der Plastik.* Köln 1963.

Balázs, Béla: *Der Geist des Films* [1930]. Frankfurt a. M. 2001.

Balme, Christopher: Tanz. In: Erika Fischer-Lichte/Doris Kolesch/Matthias Warstat (Hg.): *Metzler Lexikon Theatertheorie.* Stuttgart/Weimar 2005, 327–332.

Baudry, Jean-Louis: The Apparatus. Metapsychological Approaches to the Impression of Reality in Cinema. In: Philip Rosen (Hg.): *Narrative – Apparatus – Ideology. A Film Theory Reader.* New York 1986, 299–318 (frz. 1975).

Bazin, André: *Was ist Film?* Berlin 2004 (frz. 1945 ff.).

Belting, Hans: *Von Florenz nach Bagdad. Eine westöstliche Geschichte des Blicks.* München 2008.

Benevolo, Leonardo/Albrecht, Benno: *Grenzen. Topographie, Geschichte, Architektur.* Frankfurt a. M./New York 1995 (ital. 1984).

Benjamin, Walter: Das Kunstwerk im Zeitalter seiner technischen Reproduzierbarkeit. In: Ders.: *Drei Studien zur Kunstsoziologie.* Frankfurt a. M. 1963, 7–44 (frz. 1936).

Bloch, Ernst: *Prinzip Hoffnung.* Bd. 2. Frankfurt a. M. 1977.

Brandstetter, Gabriele: *Tanz-Lektüren. Körperbilder und Raumfiguren der Avantgarde.* Frankfurt a. M. 1995.

–: Tanz-Avantgarde und Bäder-Kultur. Grenzüberschreitungen zwischen Freizeitwelt und Bewegungsbühne. In: Erika Fischer-Lichte (Hg.): *TheaterAvantgarde. Wahrnehmung, Körper, Sprache.* Tübingen/Basel 1995a, 123–155.

Brauneck, Manfred: *Theater im 20. Jahrhundert. Programmschriften, Stilperioden, Reformmodelle* [1982]. Reinbek bei Hamburg 2009.

Brejzek, Thea/Mueller von der Haegen, Gesa/Wallen, Lawrence: Szenographie. In: Stephan Günzel (Hg.): *Raumwissenschaften.* Frankfurt a. M. 2009, 370–385.

Bruno, Giuliana: *Public Intimacy. Architecture and the Visual Arts.* Cambridge 2007.

Burch, Noël: *Theory of Film Praxis.* London 1973 (frz. 1969).

Burckhardt, Jacob: *Der Cicerone. Eine Anleitung zum Genuss der Kunstwerke Italiens* [1855]. *Werke.* Bd. 2. München/Basel 2001.

Cassirer, Ernst: Mythischer, ästhetischer und theoretischer Raum [1931]. In: Ders.: *Gesammelte Werke.* Bd. 17. Hamburg 2004, 411–432.

Conrads, Ulrich: *Programme und Manifeste zur Architektur des 20. Jahrhunderts.* Braunschweig 1975.

Corneille, Pierre: *Trois discours sur le poème dramatique* [1660]. Paris 1999.

Deleuze, Gilles: *Logik des Sinns.* Frankfurt a. M. 1989 (frz. 1969).

–: *Das Bewegungs-Bild. Kino 1.* Frankfurt a. M. 1997 (frz. 1983).

– /Guattari, Félix: *Kafka. Für eine kleine Literatur.* Frankfurt a. M. 1976 (frz. 1975).

– /Guattari, Félix: *Tausend Plateaus. Kapitalismus und Schizophrenie 2.* Berlin 1992 (frz. 1980).

Demuth, Volker: Extreme Expeditionen. Digitale, hybride und künstlerische Räume. In: Manfred Flügge/Robert Kudielka/Angela Lammert (Hg.): *RAUM. Orte der Kunst.* Nürnberg 2007, 89–104.

Eisenstein, Sergej M.: *Jenseits der Einstellung. Schriften zur Filmtheorie.* Frankfurt a. M. 2005 (russ. 1923–1948).

Fischer-Lichte, Erika: *Kurze Geschichte des deutschen Theaters.* Tübingen/Basel 1993.

Flügge, Matthias/Kudielka, Robert/Lammert, Angela (Hg.): Vorwort. In: Dies.: *RAUM. Orte der Kunst.* Nürnberg 2007, 6–9.

Franzen, Brigitte/König, Kasper/Plath, Carina (Hg.): *skulptur projekte münster.* Köln 2007.

Goethe, Johann Wolfgang von: Zum Schäkespears Tag (1771) [1854]. In: Ders.: *Werke.* Abt. 1./Bd. 37. München 1987, 129–135.

Hegel, Georg W.F.: *Vorlesungen über die Ästhetik II* [1835]. *Werke.* Bd. 14. Frankfurt a. M. 1970.

Hildebrand, Adolf von: Das Problem der Form [1893]. In: Ders.: *Gesammelte Schriften zur Kunst.* Köln/Opladen 1969, 41–350.

Hugo, Victor: *Les Orientales* [1829]. Paris 1964.

Jantzen, Hans: *Über den kunstgeschichtlichen Raumbegriff* [1938]. Darmstadt 1962.

–: *Deutsche Bildhauer des 13. Jahrhunderts* [1925]. Berlin 2001.

Jencks, Charles/Kropf, Karl (Hg.): *Theories and Manifestoes of contemporary Architecture.* West Sussex ²2006.

Kapriev, Georgi: Räumlichkeit (Ort und Zeit) gemäß Anselm von Canterbury. In: Jan A. Aertsen/Andreas Speer (Hg.): *Raum und Raumvorstellungen im Mittelalter.* Berlin/New York 1998, 229–248.

Koch, Gertrud (Hg.): *Umwidmungen. Architektonische und kinematographische Räume.* Berlin 2005.

Konnefke, Silke: *Theater-Raum. Visionen und Projekte von Theaterleuten und Architekten 1900–1980.* Berlin 1999.

Kracauer, Siegfried: *Die Errettung der äußeren Wirklichkeit.* Frankfurt a. M. 1985 (amerik. 1960).

Krauss, Rosalind E.: *Passages in Modern Sculpture,* Cambridge/London 1981.

Kruft, Hanno-Walter: *Geschichte der Architekturtheorie.* München 1991.

Kugler, Franz: *Geschichte der gothischen Baukunst.* Stuttgart 1859.

Kühn, Hellmut: Musik im Raum. In: Carl Dahlhaus (Hg.): *Funk-Kolleg Musik.* Bd. 1. Frankfurt a. M. 1981, 33–54.

Kunze, Stefan: Raumvorstellungen in der Musik. Zur Geschichte des Kompositionsbegriffs. In: *Archiv für Musikwissenschaft* 31/1 (1974), 1–21.

Lammert, Angela: Raum und Zeit in der Kunst um 1930. Ernst Cassirer, Aby Warburg, Carl Einstein. In: Dies. (Hg.): *Topos RAUM. Die Aktualität des Raumes in den Künsten der Gegenwart.* Nürnberg 2007, 58–71.

Leitner, Bernhard: *Ton: Raum.* Köln 1978.

Lessing, Gotthold Ephraim: Laokoon oder über die Grenzen der Malerei und Poesie [1766]. In: Ders.: *Werke.* Bd. 6. München 1974, 7–187.

Lipp, Nele: Tanz x Skulptur x Raum. Ein Lexikon. In: Uwe Rüth (Hg.): *Körper – Leib – Raum. Der Raum im zeitgenössischen Tanz und in der zeitgenössischen Plastik.* Marl 2006, 47–245.

Mauthner, Fritz: Raum. In: *Wörterbuch der Philosophie. Neue Beiträge zu einer Kritik der Sprache.* Bd. 2 [1911]. Zürich 1980, 284–294.

McLuhan, Marshall: *Die magischen Kanäle. Understanding Media.* Dresden/Basel ²1995 (amerik. 1964).

– /Powers, Bruce P.: *The Global Village. Der Weg der Mediengesellschaft in das 21. Jahrhundert.* Paderborn 1995 (amerik. 1989).

Metz, Wilhelm: Raum und Zeit bei Thomas von Aquin. In: Jan A. Aertsen/Andreas Speer (Hg.): *Raum und Raumvorstellungen im Mittelalter.* Berlin/New York 1998, 304–313.

Minard, Robin: *Klangwelten. Musik für den öffentlichen Raum.* Berlin 1993.

Motte-Haber, Helga de la: Zum Raum wird hier die Zeit. In: *Österreichische Musikzeitung* 41/6. Wien 1986, 282–288.

Neumeyer, Fritz (Hg.): *Quellentexte zur Architekturtheorie. Nachdenken über Architektur.* München/London/New York 2002.

Obermaier, Klaus: Hyperraum. In: Katja Werner/Arndt Wesemann (Hg.): *Freiräume – Abräumen.* Berlin 2006, 44 f.

Ott, Michaela: Der unbestimmte Raum in Philosophie und Film. In: Gerhard Gamm/Eva Schürmann (Hg.): *Das unendliche Kunstwerk. Von der Bestimmt heit der Unbestimmtheit in der ästhetischen Erfahrung.* Hamburg 2007, 249–264.

– /Uhl, Elke (Hg.): *Denken des Raums in Zeiten der Globalisierung.* Münster 2006.

Pahl, Jürgen: *Architekturtheorie des 20. Jahrhunderts. Zeit-Räume.* München/London/New York 1999.

Pesch, Martin: Raumbilder-Bildräume. Zu den Arbeiten von Julia Ziegler. In: *Kunstforum International* 153 (2001), 261–267.

Panofsky, Erwin: *Dürers Kunsttheorie. Vornehmlich in ihrem Verhältnis zur Kunsttheorie der Italiener.* Berlin 1915.

–: Die Perspektive als ›symbolische Form‹ [1927]. In: Ders.: *Deutschsprachige Aufsätze.* Bd. 2. Berlin 1998, 664–757.

–: *Gotische Architektur und Scholastik. Zur Analogie von Kunst, Philosophie und Theologie im Mittelalter* [1951]. Köln 1989.

Raphael, Max: *Raumgestaltungen. Der Beginn der modernen Kunst im Kubismus und im Werk von Georges Braque* [1949]. Frankfurt a. M./New York 1986.

Riegl, Alois: *Das holländische Gruppenporträt* [1902]. Wien 1931.

–: *Die spätrömische Kunstindustrie* [1901]. Darmstadt 1964.

Roselt, Jens: Raum. In: Erika Fischer-Lichte/Doris Kolesch/Matthias Warstat (Hg.): *Metzler Lexikon Theatertheorie.* Stuttgart/Weimar 2005, 260–267.

Schelling, Friedrich W.J.: Über das Verhältnis der bildenden Künste zu der Natur [1807]. In: Ders.: *Ausgewählte Schriften*. Bd. 2. Frankfurt a.M. 1985, 579–620.

Schmarsow, August: Das Wesen der architektonischen Schöpfung [1894]. In: Jörg Dünne/Stephan Günzel (Hg.): *Raumtheorie. Grundlagentexte aus Philosophie und Kulturwissenschaften*. Frankfurt a.M. [4]2009, 470–483.

Schmidt, Christian Martin: *Brennpunkte der Neuen Musik. Historisch-Systematisches zu wesentlichen Aspekten*. Köln 1977.

Schlegel, Friedrich: Athenäumsfragment 116 [1798]. In: *Kritische Ausgabe seiner Werke*. Abt. 1/Bd. 2. München/Paderborn/Wien 1967, 182–183.

Sloterdijk, Peter: *Sphären*. Bd. 1: *Blasen*. Frankfurt a.M. 1998.

Stockhausen, Karlheinz: Musik im Raum. In: Herbert Eimert (Hg.): *Berichte, Analysen*. Wien 1959, 59–73.

Storch, Wolfgang (Hg.): *Der Raum Bayreuth. Ein Auftrag aus der Zukunft*. Frankfurt a.M. 2002.

Trümpy, Balz: *Die Raumvorstellung in Schuberts Harmonik*. Winterthur 1995.

Vitruv: *Zehn Bücher über Architektur*. Darmstadt 1964.

Wilts, Bettina: *Zeit, Raum und Licht. Vom Bauhaustheater zur Gegenwart*. Weimar 2004.

Winkler, Hartmut: *Der filmische Raum und der Zuschauer. ›Apparatus‹ – Semantik – ›Ideology‹*. Heidelberg 1992.

Worringer, Wilhelm: Abstraktion und Einfühlung [1908]. In: Ders.: *Schriften*. Bd. 1. München 2004, 39–151.

Zimmermann, Robert von: *Über das Tragische und die Tragödie*. Wien 1856.

Michaela Ott

II. Raumkehren

1. Kopernikanische Wende

1.1 Raum als Apriori

In der Vorgeschichte der heute als *spatial turn* bekannten ›Kehre‹ sind mindestens zwei, letztlich drei *turns* zu berücksichtigen, die diesen entweder antizipieren oder konterkarieren: kopernikanische und sprachliche sowie phänomenologische Wende. Die bekannteste Kehre ist hierbei die Hinwendung zur Sprache: Der *linguistic turn* zählt heute als Matrix für alle nachfolgenden Neuorientierungen der Kulturwissenschaften im späten 20. Jahrhundert, insofern hier ein fächerübergreifender – bis in Gesellschaft oder Kultur selbst hineinwirkender – Paradigmenwechsel diagnostiziert, mitunter auch proklamiert wurde.

Raum und Subjekt (Kant)

Die Sprachkehre ist gleichwohl nur eine Konsequenz des bereits anderthalb Jahrhunderte zuvor vollzogenen *turns*: der nachträglich als ›kopernikanische Wende‹ bekannt gewordenen »Revolution der Denkart« (Bd. 3, 22), mit welcher der Philosoph Immanuel Kant (1724–1804) seinen eigenen Ansatz 1787 laut Vorrede zur zweiten Auflage der *Kritik der reinen Vernunft* charakterisiert: »Es ist hiermit ebenso als mit dem ersten Gedanken des Kopernikus bewandt, der, nachdem es mit der Erklärung der Himmelsbewegungen nicht gut fort wollte, wenn er annehme, das ganze Sternenheer drehe sich um den Zuschauer, versuchte, ob es nicht besser gelingen möchte, wenn er den Zuschauer sich drehen, und dagegen die Sterne in Ruhe ließ« (ebd., 25). In der Tat liegt die Vermutung nahe, dass diese Revolution bereits ein ›*spatial turn*‹ ist, eingedenk Kants Anspielung auf den Wechsel vom geozentrischen zum heliozentrischen Weltbild, der durch die Kosmologie des Nikolaus Kopernikus (1473–1543), aber auch bereits durch Galileo Galilei (1564–1642) befördert wurde. Jedoch bezieht sich Kant an der vorausliegenden Textstelle, wo er von ›Revolution‹ spricht, zunächst auf die antike Mathematik als Grundlage der exakten Wissenschaften. Vor allem aber weicht seine Beschreibung erheblich von dem Vorbild aller wissenschaftlichen Paradigmenwechsel ab, welches die Umstellung auf das Kopernikanische Weltbild laut Thomas S. Kuhns (1922–1996) Schrift über *Die Kopernikanische Revolution* von 1957 bedeutet, insofern Kant geradezu das Gegenteil dessen beschreibt, was die kosmologische Allegorie verspricht.

Wie der Metaphorologe Hans Blumenberg (1920–1996) in seiner Studie über *Die kopernikanische Wende* von 1965 zeigt, erfolgt anstelle der zu erwartenden Dezentrierung vielmehr eine Fixierung, da das Subjekt von Kant zum unverrückbaren Zentrum der Erkenntnis gemacht wird und nun die Dinge um ihn kreisen. Mehr als Kopernikus ist also die geometrische Beweisführung, wie sie in der griechischen Antike praktiziert und in den Schriften des Euklid (ca. 360–ca. 280 v. Chr.) niedergelegt wurden (s. Kap. I.1.1), Vorbild für die kantische Kehre: In diesem Sinne verlangt Kant einen Wechsel in der Philosophie von Mutmaßungen über die Beschaffenheit der menschlichen Vernunft hin zu ›a priori‹ geführten Beweisen; das heißt Ableitungen, die unter Absehung von einzelnen Erfahrungen oder überkommenem Wissen die Gültigkeit eines Grundsatzes aufzeigen, wie dies etwa in der geometrischen Demonstration geschieht, welche die konstante Winkelsumme von Dreiecken – zwar durch ›Anschauung‹, aber dennoch für alle möglichen Dreiecke in ›reiner Anschauung‹ – belegt. Doch Kant wollte weiter gehen als die Mathematiker vor ihm und nicht einzelne Sätze der Raummesskunst oder die Stimmigkeit des euklidischen Systems beweisen, sondern zeigen, dass der geometrische

Raumbegriff der Zurichtung des Subjekts entspringt und das Apriori jeder Erfahrung in der Körperwelt und damit der physikalischen Beschreibung ausmacht.

Im Zuge der Aufklärung – mit der die Selbstannunziation neuer Paradigmen in Mode kam – war Kants Erhebung des Subjekts zum Zentralgestirn konsequent, für das Raumdenken aber auf lange Sicht folgenreich: Die kosmologische Analogie beim Wort genommen, wurde der Mensch zur Sonne erhoben, also an die Stelle einer externen Versicherung von gerechtfertigtem Wissen gesetzt, die zuvor durch Gott eingenommen wurde. Das stand letztlich auch nicht im Widerspruch zur kopernikanischen Sichtweise, da diese, wie wiederum der Religionsphilosoph Rémi Brague in seinem Text über den »Geozentrismus als Demütigung des Menschen« von 1990 zeigt, die Erde (aus Sicht der vorneuzeitlichen Kosmologie) in Richtung des Göttlichen am Rand des Universums mobilisierte: weg aus der Mitte als dem schlechtesten Ort, vor demjenigen der Hölle. Wie bereits bei René Descartes (1596–1650) zu beobachten ist, der als Vordenker des neuzeitlichen Subjektivismus das *cogito* als Zustand des Ich-Denkens an die Stelle Gottes setzt, erlaubt es die epistemische Konfiguration der Neuzeit nicht, die Stelle des Garanten von Wissen selbst zu tilgen und die unbedingte Relativität desselben zu akzeptieren. Die Erkenntnis bleibt in der Neuzeit an eine Instanz gebunden. Kant sah sich denn auch als Newton der Philosophie, der dessen Naturlehre nochmals durch eine Kritik der epistemischen Werkzeuge bestätigt. Ebenso wie dieser alle relativen Raumbewegungen nur im Hinblick auf ein absolutes Bezugssystem – den zugleich unteilbaren wie unbegrenzten Raum – hat denken können, so wurde gegenläufig dazu das Subjekt als Bedingung der Möglichkeit von Wissen oder als dessen transzendentaler Ort gesetzt (Farinelli 1996).

Die Sprachkehre des 20. Jahrhunderts, für die heute Namen wie Ludwig Wittgenstein (1889–1951) oder Ferdinand de Saussure (1857–1913) stehen, wird von den Bewusstseinsphilosophien der Neuzeit insofern vorweggenommen, als mit den Bedingung der Möglichkeit von Erkenntnis letztlich Beschreibungsfunktionen der Sprache (z. B. ›Ursache‹ und ›Wirkung‹) oder grammatikalische Formen (z. B. ›Subjekt‹ und ›Objekt‹) identifiziert sind. Der heute kaum mehr bekannte böhmische Schriftsteller Fritz Mauthner (1849–1923) nimmt in seinem 1910/11 veröffentlichten *Wörterbuch der Philosophie* nicht nur den erst später von dem amerikanischen Philosophen Richard Rorty (1931–2007) in Anlehnung an Gustav Bergmann (1906–1987) so bezeichneten *linguistic turn* vorweg, sondern auch die Grundintention Wittgensteins, wonach alle Fragen der Philosophie durch eine Kritik der Sprache als Scheinprobleme erledigt werden könnten. So verweist Mauthner darauf, dass ›Raum‹ und ›Zeit‹ nur eine grammatikalische Realität besitzen, insofern der Raum die »Bedingung der substantivischen Welt oder der Welt des Seins« und die Zeit die »Bedingung der verbalen Welt oder der Welt des Werdens« ist (Mauthner 1980, 286). Mauthner zieht die Konsequenz aus dem kantischen Gedanken, der besagt, dass das Zentralgestirn der Erkenntnis elementare ›Formen der Anschauung‹ aufweist, nach deren Ordnung die Welt für ein Subjekt nur gegeben sein kann. Kant hatte zwar später selbst versucht, diese Interpretation im Blick auf mögliche andere Raumbegriffe als denjenigen der euklidischen Geometrie zu relativieren – so, wenn er in einer Replik auf einen Kritiker schreibt, dass nur die »Möglichkeit einer Raumanschauung angeboren« sei, nicht aber ein bestimmte »Raumvorstellung« (Bd. 5, 339) –, doch durchgesetzt hat sich die Interpretation vom euklidischen Raum als Apriori der Anschauung; und dass Letzteres der Erfahrung ›vorausgeht‹ wird von Kant an keiner Stelle bezweifelt.

Geschichte vs. Geographie (Hegel)

Die vielleicht noch schwerwiegendere Folge als die Abkopplung des Raums von der Erfahrung durch Kant war die damit einhergehende Aufwertung von Zeit: Raum wurde solcherart zu einem starren Gebilde, insofern unter dessen ›Anschauung‹ die Bestimmbarkeit einer dreidimensionalen Ausdehnung der physischen Dinge

(Volumen) und ihr äußeres Nebeneinander verstanden wurde. Zeit war dagegen das Nacheinander ihrer räumlichen Zustände, das mit dem von Kant sog. ›inneren‹ Sinn erfahren wurde. In der Zeiterfahrung wurde fortan das eigentliche Moment von Subjektivität vermutet und dem Raum damit ein Platz außerhalb von Vernunft zugewiesen (Böhme/Böhme 1983). Diese Ansicht verstärkte sich im 19. Jahrhundert durch das Aufkommen des historischen Denkens und einer damit einhergehenden Verzeitlichung des Wissens: Zeit war das Maß aller Dinge, nicht mehr nur der physikalischen oder biologischen, sondern auch der kulturellen. Es dominierten teleologische Vorstellungen, die in der These Georg W. F. Hegels (1770–1831) von einer aktiven Ausbreitung der historischen Vernunft im geographischen Raum ihren Höhepunkt fanden: So bahnte sich für Hegel (1996) die Weltgeschichte einen Korridor entlang der (dann entstehenden) kulturellen Zentren aufgrund des günstigen Klimas in den mittleren Breiten und dem Sonnenlauf folgend von Ost nach West, wobei die Gebiete nördlich und südlich davon (wie Sibirien bzw. Afrika) als ungeschichtlich – und das heißt, insofern sie ›außerhalb‹ der Zeit liegen, auch: als unvernünftig – gelten (s. Kap. I.2.3).

Der Staatsrechtler Carl Schmitt (1888–1985) konnte direkt an die Idee Hegels anschließen und behaupten, dass Kultur durch die ›Nahme‹ von Raum oder Natur (gr. *physis*) entsteht, der Mensch der Erde also sein Gesetz (gr. *nomos*) aufprägt (Schmitt 1951; s. Kap. III.2). Bereits aber von Kant wird der Gedanke der geopolitisch legitimierten Raumnahme formuliert, wenn er 1797 in seiner Rechtsphilosophie die Kolonisation dadurch begründet sieht, dass dem Recht auf Land die Eroberung desselben logisch vorausgehen müsse, damit der Begriff des ›freien Bodens‹ überhaupt Sinn macht (Bd. 8, 358 ff.). Neben dem epistemologischen Apriori des Raums, gibt es demnach noch ein politisches: die Landnahme. Solcherart galt Raum bis Anfang des 20. Jahrhunderts gemeinhin als eine starre Form oder eine unbelebte Substanz, derer sich Geschichte oder Kultur zu bemächtigen habe: Insbesondere mit den existentialistischen Philosophien Friedrich Nietzsches (1844–1900) und Henri Bergsons (1859–1941) werden flankierende Begriffe für die Exklusivität der Zeitform als ›Wiederkehr‹ der immer gleichen Konstellationen bzw. als ›Dauer‹ geprägt. Bergson unterscheidet dabei gar zwei Zeiten, eine äußere messbare Zeit, die der Bewegung anhängt und eine innere Zeit des Gedächtnisses oder der Erinnerung, die frei von physikalischen Zwängen und der Ort des wahren Erlebens des Lebendigen (*élan vital*) sei.

Neukantianismus und Physiologie

Die Dominanz des Zeitlichen sollte sich überraschenderweise in Folge einer Rückbesinnung auf Kant ändern: Um die Wende zum 20. Jahrhundert vertraten die sog. Neukantianer zwar auch eine Lehre der Anschauungsformen, taten dies aber vor dem Hintergrund eines Wandels der wissenschaftlichen Praxis, in der das Experiment an die Stelle der Reflexion getreten war und die Philosophen aus der Gelehrtenstube entweder ins Labor oder auf das Feld wechselten. Es ging um die empirische Überprüfung dessen, was ein Jahrhundert zuvor als transzendental ausgegeben wurde. Entsprechend hieß die Maxime ›zurück zu Kant‹, was nicht seine Rehabilitierung meint, sondern die Überprüfung seiner Annahmen, wie insbesondere derjenigen der Apriorizität von räumlicher Anschauung. ›Anschauung‹ erhielt darüber einen veränderten Sinn, insofern im Zuge der experimentellen Erforschung von Erkenntnis erst das Verständnis von ›Subjektivität‹ hervorgebracht wurde, das heute gemeinhin mit diesem Wort verbunden ist: Nämlich die Subjektivität eines einzelnen Betrachters als lebendes Wesen mit leiblichen Empfindungen (Sommer 1996). Raum war demnach nicht mehr die tote Form einer objektiven Bewegungsbeschreibung, die aus der transzendentalen Zurichtung des Erkenntnisapparats hervorgeht, sondern eine erlebte, sinnliche Qualität.

Gleichwohl wurde von Physiologen im Nachgang zum transzendentalen Ansatz die Vermutung überprüft, ob es ein eigenes Raumorgan gäbe, mit dem Raum als euklidisch oder gegebenenfalls als nicht-euklidisch erfahren werden kann und dessen Ursprung dann ebenfalls im Körperinneren läge. Die experimentelle Überprüfung des als Sitz vermuteten Innenohrbogenkanalsystems erfolgte mittels Vivisektion, das heißt als operativer Eingriff am lebenden Organismus, insbesondere an Tauben, denen die jeweils drei Bogenkanäle pro Seite erstmals von dem französischen Physiologen Jean Pierre Flourens (1794–1867) zunächst zufällig, dann gezielt und jeweils einzeln durchtrennt wurden. Die Vermutungen sollten sich jedoch als nicht zutreffend erweisen, insofern kein einzelnes Organ auffindbar war, aus dem eine apriorische Form des Raums hervorgeht. Der Beleg dafür, dass mit den Bogenkanälen nur eine Beschleunigungsbewegung registriert, aber keine absoluten Richtungen empfunden werden können, wurde jedoch nicht von einem praktizierenden Vivisektor erbracht, sondern von dem österreichischen Experimentalphysiker Ernst Mach (1838–1916). Gleichwohl steht die Frage danach exemplarisch für die vollzogene Umkehr, die als Vorwegnahme eines *spatial turn* gewertet werden kann: Raum wird nicht mehr als statisch oder homogen betrachte, sondern als abhängig vom jeweiligen Organismus. Diesbezüglich unterscheidet Mach (2006, 331–346) zwischen einem physiologischen Raum der sinnlichen Empfindung und einem davon gesonderten Raum der Geometrie: Abstände im physiologischen Raum etwa werden je nach Körperpartie differenzierter erfahren. So ist etwa die Metrik der Zunge – d. h. deren Fähigkeit räumliche Abstände zu messen – eine feinere ist als diejenige der Fingerhaut.

Phänomenologie (Husserl und Cassirer)

Ein wichtiger Begriff, der sich in der Folge herausbilden sollte, ist derjenige der ›Umwelt‹: Jedem Organismus wird eine entsprechend eigene Welt oder ein ›anderer Raum‹ zuerkannt. Die Grenzen dieser Räume sind dabei nicht mehr die einer Geometrie oder Physik als angebbare Raumteile, vielmehr handelt es sich um ›Räume in Räumen‹, als sich durchdringende Formen. Es ist dies der Grundsatz der nicht mehr relativen Relativität, sondern einer rückhaltlosen Relativität, ohne Außen oder Rahmung im Sinne des absoluten Raums. In der Physik drückte sich der Wandel als das Konzept der Raumzeitlichkeit aus (s. Kap. I.1.2), womit im Anschluss an Hermann Minkowski (1864–1909) die Untrennbarkeit von Raum und Zeit im physikalischen ›Ereignis‹ (*spacetime-event*) behauptet wurde. Doch auch für die Kulturwissenschaften war das neue Formdenken von nicht minderer Bedeutung: Namentlich der von 1906 bis 1919 als Privatdozent an der Berliner Universität lehrende Ernst Cassirer (1874–1945) wies auf kulturelle Differenzen in der Raumanschauung hin. Die resultierenden Vorstellungen seien von gleicher Konsistenz und ›Rationalität‹ wie die naturwissenschaftliche Erkenntnis und deren Raumkonzept. Als Direktor der Universität Hamburg, an der Cassirer seit 1919 bis zu seiner Emigration im Jahr 1933 als Professor für Philosophie tätig war, sprach er ebenda in seinem maßgeblichen Vortrag von 1930 auf dem Vierten Kongress für Ästhetik und Allgemeine Kunstwissenschaft davon, dass es drei Arten gäbe, hinsichtlich derer Räumlichkeit gegeben sein kann: mythisch, ästhetisch und theoretisch (Bd. 17, 411–432). Hinsichtlich jedes Aspekts kann (Um-)Welt etabliert sein, wobei es aus kulturwissenschaftlicher Sicht keine Hierarchie zwischen den ›Raumarten‹ gibt. Das heißt, die Raumanschauung der neuzeitlichen Physik kann ebenso wie eine archaische Götterwelt als gleichberechtigter ›Raum‹ angesehen werden. Diese Räume sind jedoch keine *rooms*: Cassirer geht es vielmehr um etwas, das wenig später ›Struktur‹ genannt werden sollte und das zu dieser Zeit eben noch ›Form‹ oder auch ›Gestalt‹ hieß. Seine Methode weist Cassirer dabei dezidiert aus, wenn er etwa den Abschlussband seiner dreiteiligen *Philosophie der symbolischen Formen* von 1929 mit *Phänomenologie der Erkenntnis* betitelt.

Der moderne Ansatz der Phänomenologie geht auf Franz Brentano (1838–1917) zurück. Phänomenologie war aber bereits im 18. Jahrhundert als Beschreibung von Naturerscheinungen als ein Teilgebiet der Naturwissenschaften existent, in denen es heute noch im Sinne einer Beschreibung von Materialverhalten angewandt wird. Als einer der ersten bedient sich auch Hegel dieses Ausdrucks, wenn er im Hinblick auf das ›Verhalten‹ der Vernunft von einer »Phänomenologie des Geistes« spricht, wie auch der Titel von Hegels Schrift von 1807 lautet.

Als transzendentale Phänomenologie im engeren Sinne, wie sie schließlich von dem Brentanoschüler Edmund Husserl (1859–1938) formuliert wird, geht es in phänomenologischen Beschreibungen um die Logik der Phänomene als Möglichkeitsbedingung von Erscheinung. Das heißt, an die Stelle der Erkenntnis seitens des Subjekts tritt die Erscheinungsweise von Objekten. Der wesentliche Unterschied zwischen den beiden Ansätzen besteht folglich darin, dass der Ort von Erkenntnis nicht mehr innen, sondern nun selbst außen liegt; das heißt, Erkenntnis und Empfindung sind nicht mehr getrennt, sondern fallen in der Wahrnehmung zusammen. Berechtigterweise ließe sich von ›Phänomenologie‹ daher als einem Ansatz sprechen, mit dem erstmals eine Hinwendung zum Raum erfolgt: Es geht der Phänomenologie nicht mehr um die Zurichtungen einer unwandelbaren Erkenntnisapparatur, sondern um die Seinsweise von Dingen. Dies bedeutet zugleich einen Paradigmenwechsel vom Konstruktions- zum Konstitutionsdenken: Nur ersteres ist *transitiv* und bezeichnet die Erzeugung einer Welt aus etwas anderem. Konstitution dagegen ist *intransitiv* und beschreibt die Beschaffenheit von Welt, wie sie ›für wahr genommen‹ wird. Im Unterschied zu Erkenntnissen, die wahr oder falsch sein können, findet Wahrnehmung daher statt oder findet nicht statt. Wahrnehmungen können sich daher zwar widersprechen, nie aber falsch sein. So ist etwa das Fürwahrnehmen eines Himmelskörpers als Gottheit aus Sicht der Naturwissenschaft zwar falsch, aber phänomenologisch gleichwohl eine Wahrnehmung. Ganz im Gegenteil muss auch die naturwissenschaftliche Behauptung einer universellen Anziehungskraft als nur eine mögliche Naturwahrnehmung neben anderen eingeschätzt werden.

In diesem Sinne hat Cassirer die Konstitution von Raum als kulturelle Form untersucht und verabschiedet sich damit vom Dogma einer apriorischen Raumstruktur. Wie der Kulturwissenschaftler Hartmut Böhme treffend schreibt, gibt es für Cassirer kein räumliches Apriori von Kultur, sondern ein kulturelles Apriori von Raum (Böhme 2009, 195). Mit diesem Konzept beruft sich Cassirer explizit auf einen Kritiker des newtonschen Raumverständnisses, den Mathematiker Gottfried Wilhelm Leibniz (1646–1716), für den Räumlichkeit als eine Relationalität von Orten oder Punkten hinreichend beschrieben ist. Raum lässt sich dem relationalen Verständnis nach unabhängig von der Distanz zwischen den Punkten bestimmen. Ist für Kant die Metrik des Raums absolut und sind die Orte variabel, so sind diese für Leibniz absolut, variabel hingegen ist die Metrik.

Kulturrelativismus (Herder)

Der Kantschüler und -kritiker Johann Gottfried Herder (1744–1803) hatte als erster Kulturwissenschaftler in seiner *Metakritik zur Kritik der reinen Vernunft* von 1799 im Blick auf Leibniz betont, dass Räumlichkeit stets aus einem lebensweltlichen oder kulturellen Gebrauchszusammenhang hervorgeht und ›Raum‹ daher sehr wohl ein Begriff sei, der aus der Erfahrung gewonnen werde: »Wenn also die Begriffe von *Raum*, *räumen*, *aufräumen*, von *vor*, *über*, *unter*, *in*, *außer*, *neben*, *miteinander* den Begriff der *Ordnung* mit sich führen, wohin konnte Leibniz in seiner Verstandeswelt den Raum stellen, als unter den Begriff der *Ordnung*?« (Herder 1955, 59 f.). Ordnung betont damit also den von Kant ebenfalls abgestrittenen diskursiven Charakter des Raumbegriffs als dem wörtlichen Durch- oder Auseinanderlaufen (lat. *discurrere*) von Orten in deren Relation zueinander. Auch spricht Herder in diesem Zusammenhang bereits von »*andren* Räumen«, in die man durch eine Zustandsveränderung des Körpers, wie etwa »Fieber« oder »Traum«, »versetzt« würde (ebd., 60).

Wie Herder geht nun auch Cassirer von der kulturell bedingten ›Messung‹ des Raums aus: Raum kann etwa theoretisch oder mythisch strukturiert sein und entsprechend gemessen, gewertet oder mit Sinn versehen werden. Wenn Cassirer dabei von verschiedenen »Räumen« (Bd. 17, 420) spricht, meint er dezidiert den Plural von

›Raumordnung‹ und nicht denjenigen von ›Raumabschnitt‹. Der Unterschied zwischen Raumordnungen lässt sich dabei strikt funktional fassen, da eine theoretische Raumordnung Gesetzmäßigkeiten nur für die Natur behauptet, bei einer mythischen Raumordnung dagegen Strukturen gegeben sind, die für Natur und Kultur gleichermaßen gelten. Im Hinblick auf die Gleichstellung von theoretischer und mythische Raumordnung bezieht sich Cassirer (Bd. 16, 227–311) dabei in einem Aufsatz von 1925 exemplarisch auf die Untersuchung über *Götternamen* von 1869, in welcher der Religions- und Sprachwissenschaftler Hermann Usener (1834–1905) anhand der griechischen und römischen Götterwelt zeigt, wie deren Namen letztlich Naturvorgänge ausdrücken, die personifiziert und als Erkenntnis in den kulturellen Symbolbestand aufgenommen wurden.

Auf den ersten Blick scheint Cassirers Ansatz mit anderen ›formalen‹ Ansätzen in der Raumtheorie des frühen 20. Jahrhunderts, wie etwa von Georg Simmel (1858–1918) und Oswald Spengler (1880–1936), übereinzustimmen. Gleichwohl bestehen wichtige Unterschiede: So spricht Simmel in seinem Aufsatz von 1903 »Über räumliche Projektionen sozialer Formen«, und meint damit aber nicht, dass das Soziale oder die Kultur raumformend seien, sondern dass sie sich ›im‹ Raum ausprägt, womit der Raum nach wie vor als apriorische Naturgegebenheit betrachtet wird. Spengler wiederum rekurriert mit seiner kulturellen Formenlehre, die er in den beiden Bänden von *Der Untergang des Abendlandes* 1918 und 1923 vorlegt, auf Hegels Diktum einer zielgerichteten Entwicklung der Weltgeschichte. Deren ›Morphologie‹ sucht Spengler wiederum als ein Entstehen und Vergehen von politischen Systemen nicht nur in der Rückschau zu fassen, sondern auch zu prognostizieren. Im Speziellen lasse sich dieser Verlauf an der Entwicklung der Raumformen ablesen, so etwa an der Abfolge architektonischer und künstlerischer Stile. Die Idee einer Formenlogik ist jedoch nur dann irrig, wenn Logik als notwendiger zeitlicher Verlauf von Kultur und nicht als die Möglichkeit deren Ausdrucks in Architektur, Kunst etc. verstanden wird.

Strukturalismus (Lévi-Strauss)

Eine große Nähe weist Cassirers Ansatz zur französischen Soziologie (s. Kap. III.6) auf, die sich unter dem Einfluss von Émile Durkheim (1858–1917) empirisch ausrichtete, und mit ihren Feldstudien auch Grundlagen des Strukturalismus schuf. Hierfür stehen insbesondere die ethnologischen Arbeiten von Marcel Mauss (1858–1917), noch mehr aber die von Claude Lévi-Strauss (1908–2009). Im Exil in New York trifft dieser wie auch Cassirer in den 1940er Jahren mit dem Linguisten Roman Jakobson (1896–1982) zusammen, der als Vertreter des Russischen Formalismus für den entstehenden Strukturalismus weitaus wichtiger ist als Ferdinand de Saussure. (Als Indogermanist und im Einklang mit den Philologien des 19. Jahrhunderts hing Saussure noch der Vorstellung von Sprachsystemen an; der Form- oder Strukturgedanke wurde ihm erst nachträglich zugeschrieben.) Durch Jakobson angeregt, sollte das Ordnungsdenken der Kulturphänomenologie Cassirers, der sich 1945 in einem seiner letzten Vorträge mit der neueren Linguistik auseinandersetzt (Bd. 24, 199–320), letztlich in den Strukturgedanken von Lévi-Strauss eingehen, der 1949 mit *Die elementaren Strukturen der Verwandtschaft* eine auf Tauschbeziehungen und Standortwechsel beruhende Theorie der Planmäßigkeit und Regelhaftigkeit der Heirat aufstellt. Die Arbeiten von Levi-Strauss sind so Beiträge zur Beschreibung mythischer Raumordnungen. Am deutlichsten zeigt dies seine kleine Studie über »Die Sage von Asdiwal« aus dem Jahr 1958, in der Lévi-Strauss auf Grundlage der Arbeiten des Kulturanthropologen Franz Boas (1858–1942) Strukturen beschreibt, die das Leben der halbnomadischen Tsimshian-Indianer bedingen. Insbesondere zeigt Lévi-Strauss hierin, wie Mythos und Anpassung an das Naturgeschehen parallelisiert sind.

Am Spannungsbogen zwischen Spengler und Lévi-Strauss lässt sich zeigen, dass die formalistisch-strukturalistische Weise, den Raum zu thematisieren, nicht nur inkompatibel ist mit dem bis Ende des Zweiten Weltkriegs in Deutschland vorherrschenden Raumsubstantialismus, sondern geradezu die Alternative: Raum ist für den Strukturalismus eine kritische Größe, die als Relationsgefüge verstanden wird und den Kulturwissenschaften jenen doppelten Vorteil verschaffen kann: Raum so topo-logisch verstanden, vermeidet nicht nur einen Determinismus, in dem die Natur als Ursache von Kultur angesehen wird, sondern relativiert zugleich die Ordnungen oder Kulturen zueinander. Lévi-Strauss hat 1962 in *Das wilde Denken*, entsprechend die Zeitobsession europäischer Philosophen beklagt, wie sie für ihn mit dem Rückgriff auf Hegel durch Jean-Paul Sartre (1905–1980) in *Kritik der dialektischen Vernunft* von 1960 und der Behauptung einer Differenz zwischen geschichtlichen und geschichtslosen Kulturen vorlag. Der Eurozentrismus ist Lévi-Strauss zufolge dem Geschichtsdenken als Dominanz von Zeit über Raum inhärent. Vor allem aber zeige sich darüber die Inadäquatheit biologistischer Kulturkonzepte, wie er bereits im Zuge seiner Abreiten für die »Declaration on Race« der UNESCO in den 1950er Jahren herausstellte (Lévi-Strauss 1972).

Vor dem strukturalistischen Hintergrund wird damit ersichtlich, warum Michel Foucault (1926–1984) in seinem 1967 verfassten Aufsatz »Von anderen Räumen« nicht nur von einzelnen Heterotopien, sondern auch von einer Hetero*topologie* als Lehre der Mischorte sprach (s. Kap. III.10): Es geht in diesem Raumdenken um die Gleichzeitigkeit verschiedener Ordnungen über die Grenzen von (physischem) Raum und (geschichtlicher) Zeit hinweg (Foucault 2005). Es ist dabei das Verdienst von Gilles Deleuze (1925–1995) gewesen, auf die enge Verbindung von Strukturalismus und Phänomenologie hinzuweisen und den Begriff der Topologie von dem Klischee zu befreien, das ihm teilweise durch die französische Psychoanalyse mit Jacques Lacan (1901–1981) zukam. Durch den Rückgriff auf populistische Visualisierungen, wie dem Möbiusband oder den drei ineinandergreifenden borromäischen Ringen, befand sich Lacan vielmehr im Fahrwasser der über Sigmund Freud (1856–1939) in die Psychoanalyse eingedrungenen Gehirnareallehre nach Franz Joseph Gall (1758–1828), wenn aus der inneren Verquickung von Es, Ich und Über-Ich eine äußere, gesellschaftliche Grundform von real, imaginär und symbolisch abgeleitet wird (Lacan 1991, 127–148). Topologie hat es dagegen mit einem »reinen *Spatium*« zu tun, wie es sich mit Deleuze (1992, 19) auf einen paradoxen Begriff bringen lässt: Dieser pure Raum besteht aber nicht in der Leere, sondern aus den Relationen.

1.2 Rücknahme der kopernikanischen Wende

Im Blick auf den Strukturalismus zeigt sich, dass die Hinwendung zum Raum als relationale Ordnung nicht nur nicht in der Gefahr des tumben ›Räumelns‹ steht (s. Kap. II.4), wie es der deutsche Geograph Peter Weichhardt (1993) treffend bezeichnet, sondern damit zugleich auch die kantische Kehre zum Subjekt revidiert wird, indem die Einsicht in die Strukturbedingtkeit der Realität, die im *linguistic turn* exemplarisch anhand von Sprache aufgezeigt wird, allgemeiner gefasst wird. Raum ist demnach nicht eine Form der Sprache, sondern die Sprache ist als Relationsgefüge von Lauten selbst räumlich konfiguriert – als Ordnung. Mit der phänomenologisch-strukturalistischen Raumkehre kann fortan jede Ordnung beschreiben werden, sei sie sprachlicher, bildlicher oder allgemein ›ästhetischer‹ Art.

Der ästhetische Typus ist auch der dritte, den Cassirer neben der theoretischen und der mythischen Ordnung identifizierte. Das Alleinstellungsmerkmal des ästhetischen Raums liegt damit auf einer anderen Ebene als das Kriterium zur Unterscheidung der anderen beiden, da mit der Ordnung von Wahrnehmung (gr. *aisthesis*) das Prinzip angesprochen wird, in Folge dessen diese überhaupt erst vergleichbar sind. Es handelt sich beim Typus des ästhetischen Raums nach Cassirer also zum einen um eine Metakategorie, zum anderen kann sie Raumordnungen bezeichnen, bei denen es sich um Transformationen der Wahrnehmung oder veränderte Wahrnehmungsangebote handelt, das heißt: um den Bereich des Medialen. Zu diesem Bereich hat weniger Cassirer selbst gearbeitet, der sich mehr für den Vergleich von theoretischen und mythischen Ordnungen interessierte, denn vielmehr der Kunstwissenschaftler Erwin Panofsky (1892–1968): In seinem 1927 publizierten Text »Die Perspektive als ›symbolische Form‹« geht Panofsky der Frage nach, wie die Ordnung zu bewerten sei, die mit der Etablierung eines bestimmten Darstellungsalgorithmus in der realistischen Malerei die Wahrnehmung konstituiert. Nach Leon Battista Alberti (1404–1472) hatte unter anderem Viator, alias Jean Pélerin (1445–1542), in *De artificiali perspectiva* von 1505 mit dem Distanzpunktverfahren ein Vorgehen beschrieben, durch das ein kohärenter und den Bildobjekten vorhergehender Bildraum hergestellt werden kann (s. Kap. I.3.2). Nach Panofsky liegt damit die Wahrnehmung der Möglichkeit eines anderweitig nicht anschaulichen Raums vor, der dann wieder zum Modell des neuzeitlich-naturwissenschaftlichen Raums als leerer, absoluter Raum werden kann. Die Zentralperspektive ist als Form laut Panofsky damit nicht neutral, sondern als Ausdruck der neuen Weltordnung, als ein ›Weltbild‹, das seinerseits nicht nur in theoretischer Hinsicht als Raumordnung der kopernikanisch-newtonschen Naturbeschreibung besteht, sondern auch als mythische Ordnung der Subjektivität als Religion der säkularen Kultur. Mit Blick auf das Bildmedium fasst Panofsky das, was Cassirer die Betrachtung einer kulturellen Ordnung nennt, schließlich als Ikonologie, die über die Referenz des Bildinhalts als ikonographische Darstellung hinaus auch die spezifische historische Darstellungsform untersucht, um von dieser auf das Raumverständnis der entsprechenden Epoche schließen zu können.

Raum als ›In-Sein‹ (Heidegger)

Dass der phänomenologische Ansatz von Cassirer gerade bezüglich der Raumthematik nur selten betont wird, liegt neben dem biographischen Umstand seiner Emigration aus Deutschland und der Hinwendung zu politischen Themen nicht zuletzt darin begründet, dass er sich im Widerstreit mit einem anderen Phänomenologen befand, der für sich beanspruchte, die Phänomenologie reformiert und zu einer ›Fundamentalontologie‹ umgebildet zu haben: Martin Heidegger, dessen Begegnung mit Cassirer bei den Schweizer Hochschulgesprächen 1929 als »Davoser Disputation« (Bd. 3, 274–296) in die Philosophiegeschichte einging, vollzog seinen *spatial turn* vergleichsweise spät. In seinem Hauptwerk *Sein und Zeit* von 1927 hatte Heidegger im Gefolge des raumverachtenden Existentialismus ebenfalls die Zeitlichkeit zum Inbegriff von Subjektivität erhoben und diese doch zugleich als ›Da‹-Sein selbst räumlich bestimmt (Sloterdijk 2001). Heideggers Ansatz war demnach nicht nur der Trennung von Raum-außen-tot und Zeit-innen-lebendig verpflichtet, sondern gründete dabei selbst noch in der räumlichen Ordnungsvorstellung dessen, was er das ›In-Sein‹ nennt. Dies läuft auf eine Aporie hinaus, die der Wissenschaftshistoriker und Phänomenologe Gaston Bachelard (1884–1962) als eine bestimmte Art der Raumpoetik ausweist, die er mit Jean Hyppolite (1907–1968) den »ursprünglichen Mythos des Draußen und Drinnen« nennt (Bachelard 1987, 211). Die Aporie besteht darin, die Bedingung der Möglichkeit von Raum – das Dasein als Wahrnehmungssubjekt – zugleich als physischen Teil dieses Raums auszugeben. Foucault spricht in Bezug auf diese anthropologische Variante der Phänomenologie auch von einer »empirisch-transzendentalen Dublette« (Foucault 1971, 385).

Die Kontradiktion ergibt sich aus einem Projekt, das große Teile der Phänomenologie korrumpierte und für das wiederum die Auseinandersetzung mit Raum beispielhaft ist: In Absetzung von der vivisektorischen Methode versuchten Phänomenologen wie der Mathematiker und Husserlschüler Oskar Becker (1889–1964) sich an einer ›Deduktion des Raums‹, da sie der Auffassung waren, die grundlegenden Formen der Anschauungen seien von Kant zwar veranschlagt, nicht aber bewiesen worden. Während die Physiologen dies auf experimentelle Weise versuchten, sollte diese Ableitung selbst wieder auf transzendentalem Wege geschehen, also durch das Aufzeigen der Denknotwendigkeit, den Raum als originär dreidimensional anzunehmen (Becker 1923). Transzendentale Deduktionen haben jedoch die Eigenheit, nur bestätigen zu können, was als Annahme vorausgesetzt wird: So etwa, dass die Lüge dem Wahrheitsprinzip schadet und deshalb kategorisch die Wahrheit zu sagen sei, oder, dass ein Raumkonzept, in dem mehr oder weniger als drei Dimensionen angenommen werden, dem Begriff von Raum widerspricht.

In Überbietung dessen wurde nun von Heidegger die von Mach inaugurierte Differenz von physiologischem und geometrischem Raum zum Gegenüber von gelebter ›Welt‹ und Raum als physikalische Entität stilisiert; was als ein solches ›Gegenüber‹ aber letztlich von der durch Heidegger ausgewiesenen Verfallsform des ›uneigentlichen Seins‹ abhängig bleibt. Mit anderen Worten: Die Vorstellung des In-der-Welt-Seins braucht die Raumvorstellung als ›Beinhaltung‹ oder, wie Einstein dies nennt: den Raum als »Schachtel« (Einstein 2002, 93 f.). So formuliert Heidegger in *Sein und Zeit*, dass nicht die »Welt im Raum« ist, sondern der Raum ›in‹ der Welt (Bd. 2, 111), womit sich die Abhängigkeit des anthropologischen Gegenbegriffs zum euklidischen Raum von diesem nur umso deutlicher zeigt – insbesondere auch wenn Heidegger später Rilkes Wort des »Weltinnenraums« aufnimmt und an die Stelle des damit metaphorisierten Herzens die Sprache als »Haus des Seins« setzt (Bd. 5, 307 und 310).

Seinen nach der Auseinandersetzung mit Cassirer vollzogenen Paradigmenwechsel nennt Heidegger in Anlehnung an die Gegenläufigkeit der Gebirgspassstraßen eine ›Kehre‹. Diese Umkehr läuft letztlich jedoch auf ein ›Räumeln‹ und einen intellektualistischen Geodeterminismus hinaus: So bleibt Heidegger mit der Abwendung vom Deduktionsproblem nur die tautologische Affirmation in der Art eines »der Raum räumt« (Bd. 12, 201), oder der Gleichsetzung von Raum als Rodung (von althdt. *rûm* für geräumtes Land) mit der ›Un-Verborgenheit‹ (gr. *a-letheia*) als »Lichtung« für Wahrheit (Bd. 5, 40). Wenngleich hier der phänomenologische Gedanke vom Raum als dem Wahrgenommenen oder einer Unhintergehbarkeit der konstituierten Umwelt enthalten ist, so wird dies doch stets durch die Verhaftung in einem Nationalraumdenken überlagert; nur dass Heidegger diesen Raum nicht an natürlichen Grenzen festmacht, sondern – wie auch einige Geopolitologen seiner Zeit – als historisch-linguistische Grenzen der deutschen Sprache ausgibt, mit der es laut Heidegger seit dem Verlust des Altgriechischen erstmals wieder möglich geworden sei, ontologisch zu denken. Gilles Deleuze und Félix Guattari (1996, 108 f. und 127) haben Heideggers *spatial turn* von daher als Reterritorialisierungsversuch des Deutschen am Griechischen charakterisiert, wobei das heideggersche Zielgebiet ein je schon geschichtsphilosophisch idealisierter Raum sei.

Heidegger verbindet also auf ganz eigene Weise die Sprach- mit der Raumkehre und zieht auch biographisch die Konsequenz, wenn er 1933 den Ruf an die Berliner Universität angesichts des ihn erwartenden großstädtischen Kosmopolitismus ablehnt (Bd. 13, 9–14). Dabei enthält *Sein und Zeit* bereits eine Analyse, die ansatzweise dem Konzept der Raumordnungen nach Cassirer entsprochen hätte: Es ist die Analyse der von Heidegger sog. Sorgestruktur, die Heidegger als Relationen des »Mitseins« oder »Mitdaseins« beschreibt, und in welcher der Gedanke eines Beziehungsgeflechts zum Ausdruck kommt, das in der »Sorge« (für Mitdaseiende) gründe (Bd. 2, 118 ff.). Der Strukturgedanke ist hier greifbar und erscheint geradezu als Vorwegnahme der topologischen Soziologie eines Pierre Bourdieu (1930–2002), der den sozialen Raum als das Feld derjenigen Differenzierungen, mit der die Sorge nurmehr die lebensstilistische Unterscheidung betrifft (Bourdieu 1982). Zwar spricht Heidegger 1949 nach seiner von ihm selbst diagnostizierten »Kehre« (Bd. 79, 68–79) zwei Jahre zuvor auch von der »Topologie des Seyns« (Bd. 13, 84), doch fasst er damit wieder nur eine einzelne Beziehungsform, nämlich die des Daseins zur Welt als ursprüngliche Erschlossenheit von Raum. Heidegger hat hierbei die Toposlehre der aristotelischen Physik im Sinn und nicht die *analysis situs* von Leibniz, womit er die Form eines Ortes selbst als dessen Raum begreift; oder wie er schreibt als »Ortschaft des Ortes« (Bd. 12, 33).

Raum als Feld (Lewin)

Ein moderner Ansatz von Topologie im Sinne von Leibniz wurde dagegen durch einen anderen Phänomenologen entwickelt, der jedoch wie Cassirer ins US-amerikanische Exil ging und ebenfalls kaum mehr im Zusammenhang mit der Phänomenologie gesehen wird. Dennoch weist sich die erste Veröffentlichung des späteren Umweltpsychologen Kurt Lewin als »Phänomenologie der Landschaft« von 1917 aus. Während einer Verletzungspause im Ersten Weltkrieg beschreibt Lewin darin nicht etwa seine Fronterlebnisse, sondern die Erscheinungsweise von Landschaft im Krieg im Unterschied zur ›friedlichen Landschaft‹. Lewin, der in seiner Berliner Studienzeit bei Cassirer hörte, fasst Landschaft hier als eine grundlegend ästhetische Form, das heißt als ein Wahrnehmungs- oder Gestaltphänomen auf, das jedoch selbst variieren kann. Dabei entwickelt Lewin bereits eine Kritik nachfolgender Ansätze zur Stimmungsräumlichkeit, wie sie in Deutschland vor allem mit Hermann Schmitz (2005) in der zweiten Hälfte des 20. Jahrhunderts populär werden sollten, insofern diese entweder nur eine Raumform kennt oder eine – zumeist die ›runde‹ – als ursprünglich ausweist. Auch schon Panofsky tendiert zu einer solchen Ansicht, wenn er der Linearperspektive die hyperbolische Perspektive als adäquate Darstellung der natürlichen Raumwahrnehmungsform – *perspectiva naturalis* – gegenüberstellt. Lewin hingegen spricht nur der Landschaft im Frieden zu, die Eigenschaft ›rund‹ aufzuweisen, insofern eine Indifferenz der Richtungsvektoren zum Horizont gegeben sei. Im Krieg hingegen habe der Raum Valenz oder die Gegenden eine Wertigkeit: Vorn ist der Feind, hinten der Freund. Raum ist im Krieg also gerichtet, nicht rund.

Lewin (1969) baut die Reflexion zur Kriegslandschaft später zur psychologischen Feldtheorie aus, die maßgeblich wird für die nachfolgende Umweltpsychologie, insbesondere mit dem Lewinschüler Roger Barker (1903–1990). In Anlehnung an den Elektromagnetismus wird Raum von Lewin ebenfalls nicht als leer angesehen, sondern als ein strukturiertes Feld konzipiert: Dieses Feld wird jedoch wie der Zustand ›Kriegslandschaft‹ nicht durch materielle Unterschiede gebildet, sondern durch Funktionsbeziehungen, in denen materielle Gegebenheiten erst relevant werden. (Zum Beispiel besteht ein Graben nicht nur im Gefecht, sondern auch im Frieden, wo er keine oder eine ganz andere Funktion hat als diejenige, zu schützen.) Kurz gesagt, ein Feld besteht erst in der kollektiven Nutzung. Hierdurch konstituiert sich ein von Lewin sog. hodologischer Raum, also eine Raum der Wege oder vielmehr ein Raum durch Wege. Der von Kant zum Apriori erhobene euklidische Raum ist vor diesem Hintergrund nur ein Sonderfall des hodologischen Raums, in dem die zurückgelegten Wege von ›a‹ nach ›b‹ zugleich die kürzesten möglichen Verbindungen sind. In der Phänomenologie erfolgt damit eine entscheidende Umprägung des Begriffs ›Lebensraum‹, der von Friedrich Ratzel (1844–1904) noch ganz im Zeichen des Geodeterminismus als die naturräumliche Bedingtheit der Kulturen eingeführt worden war: Neben Lewin verwendet ihn einschlägig etwa die Umweltpsychologin Martha Muchow (1892–1933) in ihrer 1935 postum erschienen Studie *Der Lebensraum des Großstadtkindes*, in der sie den Lebensraum als ›gespielten‹ oder ›durchstreiften‹ Raum begreift, der in der Verwendung hervorgebracht wird.

›Die Erde bewegt sich nicht‹ (von Husserl zu Merleau-Ponty)

Edmund Husserl wurde das selbstverschuldete Schicksal zuteil, erst über seine Schüler bekannt zu werden, die seinen Ansatz dann meist als unzureichend und reformbedürftig ausgaben. Selbstverschuldet war der Rezeptionsverlauf durch den Umstand, dass Husserl geradezu manisch über die Reinheit seiner Methode wachte, anstatt eigene Untersuchungsergebnisse vorzulegen. Insbesondere relevante Texte zur Phänomenologie der Räumlichkeit sind posthum erschienen. Doch selbst eine frühere Veröffentlichung hätte die Rezeption nicht unbedingt erleichtert, da Husserl in vielleicht noch größerem Maße als Heidegger die Anwendung der Methode mit einer Legitimation derselben verquickt. So wird also eine Methode vorgebracht, die das Subjekt ›durchstreicht‹, wie es Husserl wörtlich schreibt, um die Erscheinungsweise asubjektiv beschreiben zu können, zugleich hält er aber an der Fundierung der Methode in einer transzendentalen Subjektivität fest. Während sich das Bild eines unrettbaren Subjektivismus der Phänomenologie bis heute hat halten können, zeigen die Nachlasstexte einen anderen Husserl, dessen Gedanken buchstäblich von der ersten bis zur letzten Notiz um die Raumthematik kreisen. So ist Husserls (1983) erstes Vorhaben im Rahmen seines geplanten ›Raumbuchs‹ eine Phänomenologie der Geometrie, die anders als dies bei Becker geschieht, die Dreidimensionalität nicht transzendental deduziert, sondern umgekehrt zeigt, dass die Fläche, Linie und Punkt, aus denen Euklid zufolge Raum aufgebaut sei, selbst auf Abstraktionen zurückgehen. In späteren Vorlesungen widmet sich Husserl 1907 dann der Kinästhesie, also der Bewegung, als einem eigenständigen Raumphänomen, das erst mit der physikalischen Analyse zu einer Bewegung ›durch‹ etwas hindurch wird. Diese, wie andere Texte erscheinen im Zuge der Gesamtausgabe; zwei seiner späteren Texte werden jedoch kurz nach seinem Tod bereits veröffentlich: Der eine in Frankreich, der andere in den USA, beide aber auf Deutsch und beide anlässlich von Husserls Tod, jeweils redigiert von seinem letzten Mitarbeiter Eugen Fink, der zuvor schon Zug um Zug die Veröffentlichung der Texte übernommen und gleichfalls in sie eingegriffen hat.

Der erste Text, der 1962 von Jacques Derrida (1930–2004) übersetzt wird, aber schon 1939 in der *Revue internationale de Philosophie* erscheint, kreist um das ›historische Apriori‹ der Geometrie, also um die Frage, ob die Geometrie die Erfindung eines Raumbegriffs oder eine Entdeckung des einen Raumbegriffs ist. Derrida (1987) hat in seinem Kommentar zeigen können, dass Husserl hierauf keine eindeutige Antwort gibt, sondern Geschichtlichkeit vielmehr als ein Problem markiert, das sich nicht auf eine Innerlichkeitsform oder ein teleologisches Schema reduzieren lässt. Der andere Text wird 1940 von dem Philosophen Marvin Farber (1901–1980) unter dem Titel »Grundlegende Untersuchungen zum phänomenologischen Ursprung der Räumlichkeit der Natur« in den *Philosophical Essays in Memory of Edmund Husserl* herausgegeben; das zu Grunde liegende Manuskript hingegen trägt den noch treffenderen Titel »Kopernikanische Umwendung der Kopernikanischen Umwendung«. Ohne den Namen im Text zu erwähnen, geht Husserl damit gezielt auf die von Kant in Anschlag gebrachte Wende ein und nimmt dessen Hinweis auf Kopernikus beim Wort. Husserl ist hierbei nicht der Meinung, dass die kopernikanische Weltsicht falsch sei und an deren Stelle die ptolemäische Kosmologie zu rehabilitieren sei, sondern dass aus phänomenologischer Sicht nicht der Mensch das Zentrum der Erkenntnis ist, sondern die Erde als ›Ur-Arche‹. Unter dem Funktionsaspekt wird ›Erde‹ dabei nicht als Substanz der ›Heimaterde‹ gedacht, sondern als die »Boden-form« (Husserl 2006, 153).

Im Gegensatz zu Heidegger reterritorialisiert Husserl nicht die transzendentale Subjektivität an einem designierten heimat(sprach)lichen Territorium, sondern versetzt diese in eine Deterritorialisierungsbewegung zum Raum, die nur jeweils relativ an Orten reterritorialisiert wird, welche die Bodenfunktion erfüllen können. Eben deshalb charakterisiert Husserl seine Raumkehre als kopernikanisch. Erst die phänomenologische Hinwendung zu den Dingen ist daher eine kopernikanische Wende, nicht so die kantische Wende zum Subjekt. Gleichwohl liegt auch dem Formkonzept von Husserl ein Raumkonservatismus zu Grunde: So meint er im Vorausblick auf die Weltraumfahrt, dass eine restlose Aufkündigung der ›Boden-form‹ nie möglich sein und der Mensch deshalb immer erdverbunden bleiben werde. Gegen die absolute wie auch gegen die relative Bodenverhaftung bei Heidegger bzw. Husserl haben sich v. a. die Phänomenologen Günther Anders (1902–1992), Emanuel Levinas (1905–1995) und Vilém Flusser (1920–1991) ausgesprochen. Durch Gagarins Raumflug mit der Wostok 1 im Jahr 1961 sieht Levinas den Beweis für eine Existenzmöglichkeit im absoluten, homogenen Raum gegeben, womit der heideggersche »Aberglaube des *Orts*« decouvriert sei (Levinas 1996, 175).

Und Flusser meint, dass die erreichte Deterritorialisierung vom All wieder zurück auf die Erde wirken müsse und der Mensch sich endgültig vom Flächenwesen in die Vertikale hinein emanzipieren solle, um die »niedrige Kiste« zu verlassen, »die auf dem Boden sitzt und durch welche die Zeit in Richtung Zukunft durchbläst« (Flusser 1991, 82). Alle drei Autoren vertreten auch eine Philosophie des Exils, welche die Raumfahrt nicht als solche begrüßt, sondern selbst als Analogie einer absoluten Deterritorialisierung und als Plädoyer für einen intellektuellen Nomadismus begreift.

Als einer der wenigen Phänomenologen hat sich schließlich Maurice Merleau-Ponty (1908–1961) nicht nur mit den Nachlassmanuskripten von Husserl befasst, sondern auch dessen andauernde Auseinandersetzung mit dem Raum ernstgenommen. Wie bereits bei diesem, so dringt das Thema auch bei Merleau-Ponty erst in den nachgelassenen Texten – so etwa seiner Vorlesung über den Naturbegriff (Merleau-Ponty 2000) – durch, weshalb er heute meist nur mit einer Philosophie des ›Leibes‹ in Verbindung gebracht wird. Vergessen wird dabei Merleau-Pontys Nähe zum Strukturalismus und die entscheidende Modifikation, die er dem Leibkonzept zukommen lässt. Er unterscheidet nämlich nicht nur den Leib als ›Körperhabe‹ (frz. *corps propre*) von physikalischen Körpern, sondern jenen Leib nochmals vom Fleisch (frz. *chair*) als dem Gesamt der Wahrnehmung oder der historischen Erfahrung. Sein fleischlicher Raumbegriff schließt damit Sinnstrukturen ein, die zugleich asubjektiv wie auch überindividuell sind. Raum wird in diesem Zuge zum universellen Medium von Konfigurationen, weshalb auch Merleau-Ponty von einem topologischen Raum im Unterscheid zum (geo-)metrischen Raum spricht (Merleau-Ponty 1994, 269). Während Heidegger beim Versuch, diese Differenz zu denken, Letzterem verhaftet bleibt, beschreibt sie Merleau-Ponty ihrerseits topologisch als eine ›Faltung‹. Freilich ist diese Aussage allgemein, jedoch ist sie das Ergebnis der Bemühung, Raum nicht auf eine starre Naturbedingung zu reduzieren, sondern die Dynamik von Räumlichkeit zu betonen. Nicht nur Merleau-Ponty, sondern die phänomenologischen und strukturalistischen Ansätze des frühen 20. Jahrhunderts sind aus diesem Grund für die heutige Debatte um den *spatial turn* nicht nur als eine Vorgeschichte von Interesse, sondern geradezu als das Durchdenken seiner letztlich vermeidbaren Aporie.

Literatur

Bachelard, Gaston: *Poetik des Raumes*. Frankfurt a. M. 1987 (frz. 1957).

Becker, Oskar: Beiträge zur phänomenologischen Begründung der Geometrie und ihrer physikalischen Anwendungen. In: *Jahrbuch für Philosophie und phänomenologische Forschung* 6 (1923), 385–560.

Blumenberg, Hans: *Die kopernikanische Wende*. Frankfurt a. M. 1965.

Böhme, Gernot/Böhme, Hartmut: *Das Andere der Vernunft. Zur Entwicklung von Rationalitätsstrukturen am Beispiel Kants*. Frankfurt a. M. 1983.

Böhme, Hartmut: Kulturwissenschaft. In: Stephan Günzel (Hg.): *Raumwissenschaften*, Frankfurt a. M. 2009, 191–207.

Bourdieu, Pierre: *Die feinen Unterschiede. Kritik der gesellschaftlichen Urteilskraft*. Frankfurt a. M. 1982 (frz. 1979).

Brague, Rémi: Geozentrismus als Demütigung des Menschen. In: *Internationale Zeitschrift für Philosophie* 1 (1994), 1–25 (frz. 1990).

Cassirer, Ernst: *Gesammelte Werke*. 26 Bde. Hamburg 1998–2009.

Deleuze, Gilles: *Woran erkennt man den Strukturalismus?* Berlin 1992 (frz. 1973).

– /Félix Guattari: *Was ist Philosophie?* Frankfurt a. M. 1996 (frz. 1991).

Derrida, Jacques: *Husserls Weg in die Geschichte am Leitfaden der Geometrie*. München 1987 (frz. 1962).

Einstein, Albert: Relativität und Raumproblem. In: Ders.: *Über die spezielle und die allgemeine Relativitätstheorie* [1917]. Berlin u. a. 2002, 91–109 (amerik. 1954).

Farinelli, Franco: Von der Natur der Moderne. Eine Kritik der kartographischen Vernunft. In: Dagmar Reichert (Hg.): *Räumliches Denken*. Zürich 1996, 267–300.

Flusser, Vilém: Räume. In: Heidemarie Seblatnig (Hg.): *außen räume innen räume. Der Wandel des Raumbegriffs im Zeitalter der elektronischen Medien*. Wien 1991, 75–83.

Foucault, Michel: *Die Ordnung der Dinge. Eine Archäologie der Humanwissenschaften*. Frankfurt a. M. 1971 (frz. 1966).

–: Von anderen Räumen. In: Ders.: *Schriften*. Bd. 4. Frankfurt a. M. 2005, 931–942 (frz. 1984).
Hegel, Georg Wilhelm Friedrich: *Vorlesungen über die Philosophie der Weltgeschichte (1822/1823)*. Hamburg 1996.
Heidegger, Martin: *Gesamtausgabe*. 102 Bde. Frankfurt a. M. 1975 ff.
Herder, Johann Gottfried: *Metakritik zur Kritik der reinen Vernunft* [1799]. Berlin 1955.
Husserl, Edmund: *Ding und Raum (Vorlesungen 1907)*. Hamburg 1991.
–: Philosophische Versuche über den Raum (1886–1901). In: Ders.: *Studien zur Arithmetik und Geometrie*. Den Haag u. a. 1983, 261–310.
–: Kopernikanische Umwendung der Kopernikanischen Umwendung [1934]. In: Jörg Dünne/Stephan Günzel (Hg.): *Raumtheorie. Grundlagentexte aus Philosophie und Kulturwissenschaften*. Frankfurt a. M. 2006, 153–165.
Kant, Immanuel: *Werkausgabe*. 12 Bde. Frankfurt a. M. 1968.
Kuhn, Thomas S.: *Die Kopernikanische Revolution*. Braunschweig/Wiesbaden 1981 (amerik. 1957).
Lacan, Jacques: *Das Seminar. Buch XX (1972–73)*. Berlin ^{2}1991 (frz. 1975).
Levinas, Emmanuel: Heidegger, Gagarin und wir. In: Ders.: *Schwierige Freiheit. Versuch über das Judentum*. Frankfurt a. M. ^{2}1999, 173–176 (frz. 1961).
Lévi-Strauss, Claude: Die Sage von Asdiwal. In: Carl August Schmitz (Hg.) *Religionsethnologie*. Frankfurt a. M. 1964, 154–195 (frz. 1958).
–: *Rasse und Geschichte*. Frankfurt a. M. 1972 (frz. 1952).
Lewin, Kurt: *Grundzüge der topologischen Psychologie*. Bern/Stuttgart 1969 (amerik. 1936).
–: Kriegslandschaft [1917]. In: Ders.: *Feldtheorie*. Bern/Stuttgart 1982, 315–325.
Mach, Ernst: *Erkenntnis und Irrtum. Skizzen zur Psychologie der Forschung* [1905]. Saarbrücken 2006.
Mauthner, Fritz: *Wörterbuch der Philosophie*. Bd. 2 [1911]. Zürich 1980.
Merleau-Ponty, Maurice: *Das Sichtbare und das Unsichtbare*. München 1994 (frz. 1964).
–: *Die Natur. Aufzeichnungen von Vorlesungen am Collège de France 1956–1960*. München 2000 (frz. 1995).
Muchow, Martha/Muchow, Hans Heinrich: *Der Lebensraum des Großstadtkindes* [1935]. Weinheim/München 1998.
Panofsky, Erwin: Die Perspektive als ›symbolische Form‹ [1927]. In: Ders.: *Deutschsprachige Aufsätze*. Bd. 2. Berlin 1998, 664–757.
Schmitt, Carl: Recht und Raum. In: *Tymbos für Wilhelm Ahlmann*. Berlin 1951, 241–251.
Schmitz, Herman: *Der Raum* [1967–78]. 5 Teile. Bonn 2005.
Simmel, Georg: Über räumliche Projektionen sozialer Formen [1903]. In: *Aufsätze und Abhandlungen*. Frankfurt a. M. 1995, 201–220.
Sloterdijk, Peter: Marginalie zu Heideggers Lehre vom existentialen Ort [1998]. In: Ders.: *Nicht gerettet. Versuche nach Heidegger*. Frankfurt a. M. 2001, 396–403.
Sommer, Manfred: *Evidenz im Augenblick. Eine Phänomenologie der reinen Empfindung* [1987]. Frankfurt a. M. 1996.
Weichhardt, Peter: Vom Räumeln in der Geographie und anderen Disziplinen. In: Jörg Mayer (Hg.): *Die aufgeräumte Welt. Raumbilder und Raumkonzepte im Zeitalter globaler Marktwirtschaft*. Rehburg-Loccum 1993, 225–241.

Stephan Günzel

2. Spatial Turn

2.1 Ausgangspunkte

Mit dem Begriff ›*spatial turn*‹ werden im Wesentlichen zwei Entwicklungen bezeichnet: die theoretische bzw. forschungspraktische Revalorisierung von Raum bzw. Räumlichkeit im Kategoriengefüge von Kultur- und Sozialwissenschaften seit Ende der 1980er Jahre sowie die (Wieder-) Entdeckung der Humangeographie als Impulsgeberin für transdisziplinäre Debatten. Mindestens seit den Hochzeiten von Anthropogeographie und Geopolitik zwischen 1900 und 1945 sind internationale Forschungsbeiträge zur ›Geographie des Menschen‹ nicht mehr in so breitem Umfang in Kultur- und Sozialwissenschaften rezipiert worden wie seit dem *spatial turn*.

Begriffsentwicklung (Edward Soja)

Wort- und Ideengeschichte des Begriffs sind dabei deutlich auseinanderzuhalten. Die Wortgeschichte des *spatial turn* beginnt 1989 mit *Postmodern Geographies*, dem Hauptwerk des US-amerikanischen Humangeographen Edward W. Soja. Darin wird der Begriff freilich keineswegs im strengen Sinne eingeführt, vielmehr relativ beiläufig zur Kennzeichnung einer räumlichen Wende im Werk von Michel Foucault (1926–1984) benutzt. Obwohl Foucault keines seiner Hauptwerke Fragen des Raumes widmet, sieht Soja Anzeichen einer räumlichen Wende im Denken Foucaults in Texten wie dem 1967 verfassten »Von anderen Räumen«, in dem Foucault seinen Heterotopie-Begriff entwickelt, oder in den resonanzstarken Interviews »Fragen an Michel Foucault zur Geographie« von 1976 und »Raum, Wissen und Macht« von 1982.

In *Postmodern Geographies* bleibt es im Wesentlichen bei dieser unterbestimmten Verwendung von ›*spatial turn*‹. Die Formulierung dient Soja vorerst nur als explorativer Verständigungsbegriff, der neben dem Einfluss Foucaults die zentrale Bedeutung von Henri Lefebvres *La production de l'espace* von 1974 auf das Raumverständnis in den Theoriedebatten des westlichen Marxismus seit Perry Anderson und Louis Althusser anzeigen soll. Für den Ursprungskontext der Formulierung eines ›*spatial turn*‹ ist demnach zweierlei kennzeichnend: Der Begriff geht zum einen auf einen Humangeographen zurück, der jedoch eine räumliche Wende nicht für sein eigenes Fach konstatiert. Schließlich gilt die Geographie seit jeher als eine der klassischen Raumwissenschaften – ungeachtet ihrer Problemgeschichte (Hard 1999). Als Geograph beobachtet Soja vielmehr einen vermeintlichen *spatial turn* in der kritischen Sozialtheorie und bringt damit sein eigenes Fach als Kompetenzpartner für die Rauminteressen anderer Disziplinen ins Gespräch. Zum anderen erhebt der Begriff in seinem Ursprungskontext vorerst keinerlei paradigmatische Ansprüche.

Das ändert sich mit Sojas Monographie *Thirdspace* von 1996. Darin wird der *spatial turn* bereits als »eine der wichtigsten intellektuellen wie politischen Entwicklungen des späten 20. Jahrhunderts« (Soja 1996, 340) gefeiert, ohne dass der Begriff ›*spatial turn*‹ in der Zwischenzeit nennenswerte Resonanz gefunden hätte (eine der wenigen Ausnahmen ist Fredric Jamesons *Postmodernism* von 1991). Auch in *Thirdspace* wird er nicht systematisch verwendet. Gemessen an der seither ungebremsten Verbreitungsgeschichte bis heute quer durch fast alle kultur- und sozialwissenschaftlichen Disziplinen (bis hin zu Finanzwissenschaft und Theologie) kommt man nicht umhin, den Erfolg des Labels *spatial turn* nicht zum zuletzt auf ein geschicktes Begriffsmarketing zurückzuführen.

Ideengeschichtlich geht es Soja in allen seinen Büchern – *Postmetropolis* von 2000 eingeschlossen – um einen ähnlichen Grundgedanken: Soja hält die räumlichen Aspekte unseres Weltbezugs für ebenso konstitutiv wie die zeitlichen. Im Gefolge von Historismus und westlicher Moderne sei seit Mitte des 19. Jahrhunderts die Kategorie des Raums jedoch systematisch vernachlässigt worden, zugunsten eines theoretisch-modernistischen Primats von Geschichte gegenüber Geographie. Der (postmoderne) *spatial turn* ziele nun auf eine Neu- oder Wiederbehauptung (engl. *reassertion*) der Kategorie des Raums für die Sozialtheorie ganz allgemein, die auch den Bereich der historischen Imagination um ein Element »kritischer Spatialisierung« (Soja 1989, 12) bereichern solle. Damit ist zunächst nicht mehr gemeint, als dass nach einer langen Periode forcierter Enträumlichung der Sozialtheorie nun Raum als Deutungsperspektive solange wissensstrategisch zu privilegieren sei, bis die seit Hegel konstatierbare »ontologische Verzerrung« (Soja 2008, 244) aufgehoben und ein (vorgeblich früheres) Gleichgewicht von räumlicher und zeitlicher Perspektive auf das Soziale wiederhergestellt wäre. Diese Re-Spatialisierung der Sozialtheorie sei deshalb erforderlich, weil die räumlichen Aspekte unseres Weltbezugs seit dem Historismus nicht nur vernachlässigt, sondern geradezu mutwillig und aktiv verneint worden wären. Hierbei popularisiert Soja einen Gedanken bei Foucault, der in der Theoriegeschichte des *spatial turn* seither zu einem der meistzitierten Leitsätze geworden ist: Geschichte und Zeit seien mit ›Prozess‹, ›Fortschritt‹, ›Entwicklung‹ oder ›Dynamik‹ – also mit positiv besetzten Bewegungsbegriffen – konnotiert worden, wohingegen ›Raum‹ als etwas Fix-Gegebenes, Starres, Totes gedacht worden sei, als Bühne, als Container, als Hintergrund oder bloße Umgebungsbedingung (Soja 1989, 4; Foucault 2003, 46).

Vorbegriff (Henri Lefebvre)

Die Migration und Karriere dieses Gedankens als Ausgangspunkt des *spatial turn* verdeutlicht die merkwürdige Rolle, die der marxistisch inspirierten angelsächsische Humangeographie dabei zukommt: Soja kann weniger als Schöpfer eines neuen Raumdenkens in den Kultur- und Sozialwissenschaften gelten, sondern vielmehr als ein Resonanzverstärker. Zwar wurde erstmals seit langer Zeit wieder ein humangeographisches Werk breit rezipiert, aber dessen Hauptleistung besteht darin, nicht-geographisches Raumdenken zu pointieren und theoriepolitisch zum Großparadigma aufzuwerten. Das gilt für den Umgang mit Foucault, mehr noch für Sojas Aneignung von *La production de l'espace*, dem raumtheoretischen Hauptwerk des marxistischen Sozialphilosophen Henri Lefebvre (1901–1991). Das Buch bleibt die ersten Jahre nach Erscheinen relativ wenig beachtet und wird erst nach seiner Übersetzung ins Englische 1991 populär, nicht zuletzt aufgrund von Sojas emphatischer Rezeption in *Postmodern Geographies*. Diese Entdeckung Lefebvres durch die postmoderne Humangeographie Ende der 1980er Jahre kann rückblickend als Initialzündung für den *spatial turn* identifiziert werden. Dabei sind bestimmte Inkonsistenzen der Aneignung Lefebvres durch die angelsächsische Rezeption auch darauf zurückzuführen, dass das sperrige Werk Lefebvres zumeist in der 1991 erschienenen englischen Übersetzung studiert wurde. Lefebvre war ein Neo-Marxist an der Universität von Nanterre, die im Pariser Mai 1968 eine wichtige Rolle spielte. Zudem stand er der Situationistischen Internationale von Guy Debord (1931–1994) nahe. Sein Interesse an Raumtheorie ist im Wesentlichen urbanistisch fundiert, wobei die Stadt als historisch-konkrete Konfiguration von Zentralität zugleich als eine (gelebte) Praxis, als eine (subversive) Strategie, wie als ein (lesbarer) Text konzipiert wird (Schmid 2005, 191).

Für alle Räume – von den Mikroräumen des Alltags bis zu Makroräumen wie z. B. Nationalstaaten – gilt Lefebvre zufolge: Der soziale Raum ist ein soziales Produkt (Lefebvre 1974, 36). Dieses Axiom soll der Vorstellung entgegenwirken, der Raum existiere gleichsam an sich, als leerer Container vor den Dingen und Praxen, die ihn füllen und besetzen. Und es markiert zugleich einen deutlichen Widerspruch zu solchen Traditionen marxistischen Raumdenkens, in denen Raum nur als Teil der Produktionsmittel (ausbeutbare natürliche Ressourcen, Infrastruktur) verstanden wurde. Raum als soziales Produkt meint hier in viel umfassenderem Sinne die ›Produktionsweisen‹ einer durchaus mikrosozial gedachten Alltagspraxis (Miggelbrink 2002, 49 f.).

Eine doppelte Begriffstrias soll diese Produktion des Raums beschreiben. Lefebvre unterscheidet zum einen drei verschiedene »Formanten« (Schmid 2005, 207 f.), die als Teilmomente an der Produktion des Raums beteiligt sind: Das ›Wahrgenommene‹ (*le perçu*), das ›Konzipierte‹ (*le conçu*) und das ›Gelebte‹ bzw. ›Erlebte‹ (*le vécu*). Jede dieser drei Formanten sei gleichsam eine Modalität der Produktion des Raums. Keine ist privilegiert, sie seien vielmehr gleichzeitig wirksam und implizieren sich gegenseitig. Dem entspreche zum anderen eine Dreiheit räumlicher Begriffe, die von diesen Produktionsweisen abgeleitet seien: (1) Die ›räumliche Praxis‹ (*la practique spatiale*), die einen wahrnehmbaren Raum produziert (*espace perçu*). Damit sollen all jene materiellen Praktiken gemeint sein, mit denen sich die soziale Praxis in den Naturraum (*espace nature*) einschreibt, gleichsam dem Rohstoff (im weitesten Sinne) zur Produktion des Raumes. (2) Die Wissensproduktion, die ›Repräsentationen des Raums‹ (*les représentations de l'espace*) herstelle und damit einen gedanklich auf den Begriff gebrachten Raum entwirft (*espace conçu*). Damit soll der Raum der Planer, der Kartenzeichner, der Technokraten, der Architekten bezeichnet werden, die als Produzenten herrschender Raumrepräsentationen angesehen werden. Schließlich (3) die alltagspraktisch-idiosynkratische Bedeutungsproduktion der erlebenden Subjekte – für Lefebvre sind das die ›Räume der Repräsentation‹ (*les espaces de représentation*) –, die einen erlebten oder gelebten Raum produzierten (*espace vécu*). Dies soll der Raum der Bewohner, der Benutzer sein, die ihn subjektiv erfahren oder erleiden, die ihn durch Einbildungskraft zu verändern suchen, die ihn beschreiben. Dieser Raum lege sich über den physischen und mache symbolischen Gebrauch von dessen Objekten (Lefebvre 2006, 336). Mit diesem dreistelligen Verständnis des sozialen Raums versucht Lefebvre, den früheren Dualismus von physischem und mentalem Raum zugunsten einer Praxis-Perspektive zu überwinden, die auch den Einsatz des Körpers voraussetzt: »den Gebrauch der Hände, der Gliedmaßen, der Sinnesorgane, die Gesten der Arbeit und der nicht als Arbeit zu verstehenden Tätigkeiten« (ebd., 337).

Es liegt auf der Hand, dass der höchst eigenwillige Begriffsgebrauch – ein Amalgam aus französischer Phänomenologie und dialektischem Materialismus – zu mancherlei Kontroversen Anlass gegeben hat. Gerade die jüngere Forschung zeigt, dass ausgerechnet Soja – dem eigentlichen Promotor des *spatial turn* – wenigstens zwei Missverständnisse von Lefebvres *Production de l'espace* anzulasten sind: (1) Zum einen sieht er Lefebvres gelebten Raum (*espace vécu*) als dialektische Aufhebung des Gegensatzes von physisch-materiellem und konzipiertem Mental-Raum in einer Art Synthese, die eine Gesamtheit des gesellschaftlich produzierten Raums zu bezeichnen imstande sei. Zwar ist unbestreitbar, dass die Vorstellung vom gelebten Raum den eigentlichen Innovationskern von Lefebvres Raumtheorie und auch gewissermaßen ihr libidinöses Zentrum bezeichnet. Zugleich aber besteht der Sinn der dreistelligen Konstruktion des Raumbegriffs gerade in der Gleichrangigkeit seiner Teilaspekte bzw. der Gleichzeitigkeit von deren Wirksamkeit. So erscheint Sojas eigenes dreistelliges Modell (Soja 1996, 68) von ›Firstspace‹ (vgl. Lefebvres *espace perçu),* ›Secondspace‹ (vgl. *espace conçu)* und ›Thirdspace‹ (vgl. *espace vécu*), das dem Lefebvres nachgebildet ist, im Ergebnis doch nicht kompatibel mit dem Raumbegriff in *Production de l'espace*, weil Soja intentional den ›Thirdspace‹ privilegiert (Schmid 2005, 308 ff.). (2) Zum anderen gibt es bei Soja ein – für den *spatial turn* in den Kultur- und Sozialwissenschaften insgesamt kennzeichnendes – auf bestimmte Weise verengtes Verständnis vom wahrgenommenen Raum (*espace perçu*) bei Lefebvre. Sojas als Pendant zu Lefebvres *espace perçu* konzipierter Begriff des ›Firstspace‹ meint in viel stärkerem Maße den physischen, materiellen Raum – ganz im Sinne des altgeographischen ›Erdraums‹, von dem Raumwirkungen ausgehen, an dem man sich stößt und der uns dadurch seine Bedeutsamkeit aufzwingt (Hard 2008, 296). Interessanterweise ist es gerade dieser »materialistische Affekt«, in dem Raum auf seine Objekthaftigkeit reduziert wird (Günzel 2008, 25), der die Rezipienten Sojas in den Kultur- und Sozialwissenschaften dazu anhielt, in diesem Raum zu »lesen« (Schlögel 2003), Bedeutungen aus ihm zu extrahieren. Dadurch ergibt sich die folgende, für die Bedeutung der Humangeographie für den *spatial turn* recht intrikate Gemengelage: Während der Geograph Soja bei den Nicht-Geographen gerade mit einem geographiegeschichtlich gleichsam rückwärtsgewandten, materialistischen Raumverständnis Resonanz findet, kann man seinen vermeintlichen Gewährsmann, den Nicht-Geographen Lefebvre, mit dessen Konzeption eines erst zu produzierenden Raums recht eigentlich für einen geographiegeschichtlich jüngeren, sozialkonstruktivistischen Raumbegriff in Anspruch nehmen. Gerade an dem unterschiedlichen Verständnis von Lefebvres *Production de l'espace* lässt sich zeigen, inwiefern der *spatial turn* in den Kultur- und Sozialwissenschaften und der *cultural turn* in der Humangeographie (Werlen 2003), die sich etwa zeitgleich vollziehen, in Bezug auf das Raumverständnis miteinander in Konflikt geraten müssen (Lossau 2009; s. Kap. II.4).

Die Wende zum Raum in den Kulturwissenschaften

Für den *spatial turn* in den Kultur- und Sozialwissenschaften nach 1989 jedenfalls ist bedeutsam, dass – ganz unabhängig von der Frage nach der richtigen Lefebvre-Exegese – gerade der (gemäßigte) geographische Materialismus, wie ihn Soja seit *Postmodern Geographies* vorexerziert, offenbar den entscheidenden Attraktor darstellt. Das hat nicht zuletzt auch mit den politischen Ereignissen nach 1989 zu tun: dem Ende des Kalten Krieges, der Verschiebung von Grenzen, der Globalisierung als raumbedingtem wie -veränderndem Geschehen. Diese realhistorischen Umwälzungen beleben das Interesse an Raumwirkungen, an Raum als Kondition oder Restriktion für politisches Handeln, an den sozialen und kulturellen Folgen relativer geographischer Lagen, kurzum: das Interesse für einen erneuerten Begriff von Kulturgeographie wie von Geopolitik, die nach den Exzessen der nationalsozialistischen Großraumpolitik nach 1945 tabuisiert war. Wenn es überhaupt einen gemeinsamen Ausgangspunkt für den *spatial turn* in den verschiedenen Kultur- und Sozialwissenschaften gibt, dann ist es diese Re-Vitalisierung eines moderaten geographischen Materialismus.

Das gilt für die *Geschichtswissenschaft* (Schlögel 2003), in der durch eine Hinwendung zum Raum die fachgeschichtlich lange unangefochtene Privilegierung der Zeit im Kategoriengefüge des Historikers aufgehoben werden soll. Hier erscheint der *spatial turn* insofern als komplementäre Entwicklung zu der Transnationalisierung der Geschichtswissenschaft (Conrad et al. 2007), als die Nationalgeschichtsschreibung nicht länger als geeignete Bezugsgröße für Historiographien nach der Globalisierung gelten kann. Mit der Globalisierung schien auch das für die Geschichtswissenschaft lange Zeit maßgebliche Modernisierungsparadigma in eine Krise geraten zu sein, aus der der *spatial turn* einen Ausweg versprach. Es mussten sich nicht länger historische Konstellationen eines räumlichen Nebeneinanders durch das hierarchische Verhältnis von ›fortschrittlich‹ vs. ›rückständig‹ beschreiben lassen. Der *spatial turn* schärft dabei den Blick auch für die Historizität und Kontingenz von Territorialitätsregimen, wie z. B. dem Nationalstaat als politischen Containerraum (Middell 2008).

Das gilt ebenso für die *Medienwissenschaft*: Für sie bedeutet *spatial turn*, jene Imperative des Raums in den Blick zu nehmen, die geeignet sind, Selbstbeschreibungen einer Gesellschaft wie die einer globaler Nonstop- oder einer mediengestützten Realtime-Gesellschaft, die den physischen Raum für längst überwunden halten, kulturell subversiv wie machtpolitisch höchst folgenreich zu unterlaufen. Auch für eine eher soziotechnisch ausgerichtete Medienwissenschaft hat der *spatial turn* Konsequenzen: Er hat den Blick dafür geschärft, dass Medien den Raum nicht zum Verschwinden bringen – dies das Credo einer gleichsam apokalyptischen Tradition von Cyberspace-Rhetorikern in den 1980er Jahren –, sondern vielmehr Raum auf soziotechnische Weise reorganisieren (s. Kap. III.7). Medienwissenschaft nach dem *spatial turn* ist die Aufgabe gestellt, Ort, Raum und Lebenswelt als unhintergehbar medialisiert neu zu konzeptualisieren (Döring/Thielmann 2009).

Gleiches gilt für die *Literaturwissenschaft*, in der nicht nur Karten als Paratexte der Literatur Beachtung finden (Stockhammer 2007), sondern sogar ganze literarische Gattungen oder Handlungsräume literarischer Regionen (im buchstäblichen Sinne) kartiert werden, um über das thematische Kartenbild neues Material für die literaturwissenschaftliche Gegenstandserschließung zu generieren (Moretti 1999; Döring 2008; Piatti 2008): In der Erwartung bzw. begründeten Hoffnung, die Karte könne durch ihre graphische Generalisierung und Abstraktion bestimmter Textparameter (wie z. B. den Toponymen eines literarischen Handlungsraums, s. Kap. III.13) bestimmte Bedeutungen des Textes freilegen, die einem herkömmlichen *close reading* entgingen. Auch in der Literaturwissenschaft hat der *spatial turn* so etwas wie eine geographische Emphase erzeugt, die sich u. a. darin äußert, dass man originär geographischen Analysemethoden und -werkzeugen vertraut.

Ein moderater geographischer Materialismus wird nicht zuletzt auch in der *Soziologie* wiederbelebt, in der nicht nur das lange marginalisierte Teilgebiet Raumsoziologie einen Aufschwung erfährt (Löw 2001; Schroer 2006; s. Kap. III.6), sondern selbst die seit Luhmann streng raumabstinent konzipierte Systemtheorie die »kausalen Wirkungen räumlicher Unterschiede« entdeckt (Stichweh 2000, 192).

Ein Rückblick auf die Vorgeschichte der Raumsoziologie am Beispiel von Georg Simmel verdeutlicht zudem, dass die Ideengeschichte des *spatial turn* keineswegs mit Soja und der Rezeption postmoderner Humangeographie in den Kultur- und Sozialwissenschaften beginnt, sondern der hier kurrente Konflikt zwischen einer materialistischen und einer sozialkonstruktivistischen Raumauffassung die Geschichte der Raumsoziologie von ihrem Beginn an begleitet: Zum einen ist es für die Soziologie seit ihrer Gründung als wissenschaftliche Disziplin geradezu fachkonstitutiv, die Behauptung eines wie auch immer beschaffenen Geodeterminismus strikt zurückzuweisen, d. h. dem Raum (im Sinne des altgeographischen Erdraums) keinesfalls den Status einer erklärenden Variable für soziale Prozesse zukommen zu lassen. Das sollte der Geographie überlassen bleiben, der man damit faktisch den Stellenwert einer bestenfalls vorwissenschaftlichen *folk science* zusprach. Simmel schreibt seinen Aufsatz über die »Soziologie des Raumes« (Bd. 7/1, 132–183) von 1903 u. a. in die Blütezeit einer (geopolitisch folgenreichen) Anthropogeographie Friedrich Ratzels hinein – und auch in ausdrücklicher Konkurrenz zu ihr. Dieser antigeographische Affekt ist im Spiel, wenn Simmel in seiner *Soziologie* davon spricht, die Formel von der »Macht des Raumes« sei eine allzu vereinfachte Redeweise (Bd. 2, 687). Sein Interesse gilt demgegenüber geradezu programmatisch den »Räumlichen Projektionen sozialer Formen« wie ein weitere Aufsatztitel von 1903 lautet (Bd. 7/1, 201–220). Über die Grenze, deren vermeintliche ›Natürlichkeit‹ von Ratzel bis Halford Mackinder (1861–1947) eines der Kernthemen einer anthropogeographisch informierten Geopolitik darstellt, schreibt Simmel: »Die Grenze ist nicht eine räumliche Tatsache mit soziologischen Wirkungen, sondern eine soziologische Tatsache, die sich räumlich formt« (Bd. 7/1, 141). Hierin erweist sich Simmel als Vorläufer einer sozialkonstruktivistischen Raumauffassung, die von Lefebvre fortgeschrieben wird.

Zum anderen gehört gerade Simmel als Raumsoziologe zu den ersten Kulturanalytikern, die sich der ständigen und mitunter machtvollen Rückwirkungen dieser (sozial erzeugten, gleichwohl materialisierten) Raumformen auf menschliches Handeln und gesellschaftliche Entwicklungen bewusst waren und sie – wie später Soja und dessen Adepten im *spatial turn* – den wissenschaftlich-gehaltvollen Korpora zurechnet. Er stellt sie lange Zeit geradezu ins Zentrum seiner soziologischen Analysen. Mindestens der frühe Simmel, der – wie z. B. in seinem Aufsatz »Die Großstädte und das Geistesleben« von 1903 – noch von einer Habitusprägung des Städtebewohners durch die Siedlungsform Großstadt ausgeht – kann in seiner forschungspraktischen Behauptung der sozial- und kulturwissenschaftlichen Bedeutsamkeit von räumlichen Konfigurationen (ganz unabhängig von der Frage ihrer sozialen Genese) als Vorläufer für die Raumagenda des *spatial turn* gelten.

2.2 Rezeption

Raum-Zeit-Verdichtung (David Harvey)

Neben Edward Soja gibt es eine Reihe weiterer Humangeographen, die im Zuge des *spatial turn* größere Resonanz in den Kultur- und Sozialwissenschaften gefunden haben. Im Fall von David Harvey, der die längste Zeit seines Schaffens an der Johns Hopkins University in Baltimore lehrte und derzeit an der City University of New York tätig ist, hat sich eine seiner wesentlichen Begriffsschöpfungen, die von der ›Zeit-Raum-Verdichtung‹, als so anschlussfähig erwiesen und geradezu verselbständigt, dass heute bisweilen vergessen wird, dass der Begriff auf einen neomarxistischen Humangeographen zurückgeht. Es handelt sich dabei mit großer Wahrscheinlichkeit um den resonanzstärksten Begriff, den die Humangeographie in den letzten 50 Jahren in transdisziplinäre Theoriezusammenhänge eingespeist hat. Eingeführt wird der Begriff *time-space-compression* in einem von Harveys Hauptwerken, *The Condition of Postmodernity* von 1989. Gemeint ist damit eine dem Kapitalismus inhärente Logik zur geographischen Expansion, die mit verkehrs- und medientechnisch induzierten Akzelerationserfahrungen einhergeht, die uns nötigen »to learn how to cope with an overwhelming sense of compression of our spatial and temporal worlds« (Harvey 1989, 240). Elektrifizierung, Eisenbahn im 19. Jahrhundert, Auto, Flugzeug, Telekommunikation, schließlich die mikroelektronische Revolution, das Internet als Basis globaler Daten- und Warenströme im 20. Jahrhundert: Diese Innovationsgeschichte verursacht nicht zuletzt auch eine fortschreitende Verringerung von (Transport-)Widerständen für das Kapital, die sich aus räumlichen Distanzen und räumlichen Grenzen ergibt. Sie erzeugt nach Harvey das Gefühl eines schrumpfenden Globus »which annihilate space through time« (ebd., 241).

Die kultur- und sozialwissenschaftliche Diskussion, die den Begriff Harveys aufgreift, erörtert sowohl die räumlichen wie auch die soziokulturellen Konsequenzen dieser Akzelerationslogik: Manuel Castells gründet in dem Raum der (Daten-)Ströme (*space of flows*), der im Prozess der Zeit-Raum-Verdichtung emergiert, seinen Begriff vom *Aufstieg der Netzwerkgesellschaft*, wie der Titel seiner Schrift von 1996 lautet. Und Saskia Sassen untersucht 1991 anhand von New York, London und Tokyo den neu entstehenden Globalraum einer Global City, in der sich verschiedene Knotenpunkte in den Datenströmen des internationalen Finanzkapitals trotz geographischer Ferne zu einem virtuellen Gesamtort (mit ganz materiellen räumlich-konkreten Konsequenzen) verdichten (s. Kap. III.3). Der Zeitsoziologe Hartmut Rosa schließt mit *Beschleunigung. Die Veränderung der Zeitstrukturen in der Moderne* von 2005 an Harveys Begriff seine grundlegende Untersuchung von der sozialen Beschleunigung an. Die Medientheorie der frühen 1990er Jahre berauscht sich vor allem an dem verlustrhetorischen Potential des Begriffs und überbietet Harveys Zeit-Raum-Verdichtung in Zeiten der Telematik zur lustvoll-apokalyptischen Rede vom »Verschwinden des Raums« (Virilio) bzw. vom »Ende der Geographie« (Flusser). Man kann den *spatial turn* in den Kultur- und Sozialwissenschaften nicht zuletzt als Gegenbewegung gegen diesen mit gleichsam futuristischem Furor vorgetragenen Raumexorzismus in der Medientheorie verstehen (Döring/Thielmann 2008, 14f.). Es ist zumindest auffällig, dass der für Harveys geographische Arbeiten bis heute noch sehr viel wichtigere Begriff des *spatial fix*, der kehrseitig gerade die Beharrungskraft von Räumlich-Materiellem wie Infrastruktur und Immobilien gegenüber der Akzelerationslogik der Zeit-Raum-Verdichtung betont, von der *spatial-turn*-Diskussion bislang längst nicht im selben Maße aufgegriffen wurde wie der der *time-space-compression* (Harvey 2001).

Geographische Imagination (Derek Gregory)

Ein anderer zeitgenössischer, für die Diskussionen um den kultur- und sozialwissenschaftlichen *spatial turn* bedeutender Humangeograph ist Derek Gregory, der Geographie an der University of British Columbia in Vancouver lehrt. Er ist keineswegs der Erfinder des Begriffs ›Geographische Imagination‹, obwohl dieser in der Rezeption durch den kultur- und sozialwissenschaftlichen *spatial turn* auffällig einseitig mit Gregorys gleichnamigen Hauptwerk *Geographical Imagination* von 1994 identifiziert wird. Hinsichtlich der Begriffsgeschichte muss man zwischen einem inner- und außergeographischen Entstehungskontext unterscheiden, die später in Gregorys Verwendungsweise zusammengeführt wurden: Innergeographisch gehört der Begriff ursprünglich der landschaftsgeographischen Tradition der 1960er Jahre an und soll die menschliche Gestimmtheit gegenüber Landschaften als ein ebenso sympathetisches wie imaginatives Vermögen bezeichnen (s. Kap. III.10). So wie in der Landschaft Natur und Kultur eine harmonische Synthese eingingen, so vereine sich in der geographischen Imagination des Betrachters eine universale menschliche Landschaftsempfänglichkeit mit der (semi-)literarischen Kunst der geographischen Beschreibung (Prince 1962). In David Harveys *Social Justice and the City* von 1973 wird der Begriff in einer deutlich versachlichten Variante benutzt. Nun sollte er bezeichnen, wie das Individuum sich gegenüber Raum und Ort in Beziehung setzt und welche biographische Bedeutung es diesen Platzierungsgrößen zuerkennt. Harvey war es vor allem um ein geographisches Begriffskomplement zu Charles Wright Mills (1916–1962) *sociological imagination* zu tun. Maßgeblicher für Gregorys, im Zuge des *spatial turn* schließlich popularisierten Begriff der geographischen Imagination sollte sich allerdings die außergeographische Verwendungsgeschichte erweisen, namentlich repräsentiert durch das einflussreiche Werk des postkolonialen Literaturwissenschaftlers Edward W. Said (1935–2002). Dessen Studie zum *Orientalismus* von 1978 rekonstruiert den westlichen Orient-Diskurs als populäre wie historisch folgenreiche Konstruktion eines außereuropäisch Anderen, die sich für die koloniale Expansion des Westens als nützlich erweisen sollte (s. Kap. III.5). Sie half, eine gleichsam naturalisierte westliche Überlegenheit zu behaupten. Said konnte zeigen, wie aus imaginierten Geographien machtvolle Instrumente zur Herrschaftsausübung und zur Umgestaltung auch des physisch-materiellen Raums werden konnten. Gregory nun reimportiert diesen postkolonialen Begriff in die Humangeographie und generalisiert ihn im Hinblick auf die raumprägenden, wie raumbildenden Kräfte von geographischen Weltbildern. Dazu gehören bei ihm ausdrücklich auch die streng-wissenschaftlichen geographischen Imaginationen, wie die Weltbilder des positivistischen *spatial approach*, der vermeintlich exakten Atlanten und Karten, der hegemonialen Weltsicht des »Okularzentrismus« (Gregory 1994, 13–69), der sich in dem Enthusiasmus für die neuen digitalen Raumvisualisierungen mit Hilfe von Geographischen Informationssystemen bis heute fortsetzt. Jedes dieser geographischen Weltbilder steht Gregory zufolge für ein »scopic regime« (Gregory 1995, 385 ff.), das eine gänzlich kulturspezifische Form der visuellen Raumkonstruktion etabliert.

Mit dem Ausdruck ›scopic regime‹ adaptiert Gregory einen Begriff aus der Filmsemiotik von Christian Metz (1931–1993) – ein weiterer Beleg für die bemerkenswerte Konzeptmigration von den Kulturwissenschaften in die Humangeographie hinein und wieder zurück, um anschließend als *spatial turn*-Referenz zu fungieren (wie oben bereits am Beispiel von Lefebvres *La production de l'espace* zu konstatieren war). Gerade die Literaturwissenschaft im Zuge des *spatial turn* hat von dem Begriffsangebot Gregorys reichlich Gebrauch gemacht und z. B. die Raumkonstruktionen der Reise- und Kolonialliteratur als geographische Imaginationen konzeptualisiert.

Obwohl (oder gerade weil) die Karte bis weit ins 20. Jahrhundert hinein als das wichtigste Hilfsmittel der Geographie angesehen wurde, kam die Kartographie innerhalb der Geographiegeschichte selten über den Status einer Hilfswissenschaft hinaus (s. Kap. I.2.1). Dennoch gehören die Ergebnisse der unter dem Label ›Critical Cartography‹ firmierenden Forschungsrichtung seit den 1990er Jahren zu den meistrezipierten humangeographischen Schriften innerhalb des kultur- und sozialwissenschaftlichen *spatial turn*. Stellvertretend für diese sehr ertragreiche Forschungsrichtung sei hier der Einfluss des insbesondere kartographiegeschichtlichen und -theoretischen Werkes von J. Brian Harley (1932–1991) auf den *spatial turn* hervorgehoben. Besonders in seinen mehrfach nachgedruckten Aufsätzen »Maps, Knowledge, and Power« von 1988 und »Deconstructing the Map« von 1989 gelingt Harley der Nachweis, dass jede Karte – egal ob das Messtischblatt des Generalstabs oder das dekorative Kartogramm mit der Kavaliersperspektive auf das Alpenpanorama – Anteil hat an der Ausprägung unserer geographischen Imaginationen. Als machtvolle Praktik der Raumrepräsentation kommuniziert die Karte nach Harley in je spezifischem Sinne persuasiv. Schon die Auswahl, mit der sie Rauminformationen aus der georäumlichen Totalität selegiert, begründet einen Überredungszusammenhang. Die Karte exekutiert Autorität, indem sie benennt, verortet, zählt, anderes wiederum ausblenden muss oder verschweigt. Dabei tendiert sie dazu, durch ihre Rhetorik der Neutralität oder Exaktheit unsere räumlichen Vorstellungen zu normalisieren, und suggeriert ein »spatial panopticum« (Harley 1989, 13) als Übersichts- und Orientierungsversprechen. Insofern erfüllen Karten gerade in ihrem Anspruch der scheinbar neutralen Raumvisualisierung immer auch eine Funktion im Dienste der Machtinteressen derer, die sie in Auftrag geben. Harley bricht mit der kartographischen Orthodoxie, indem er vorführt, wie Karten als dichter kultureller Text (*thick text*) zu lesen seien: Alle Aspekte des Zeichenverbundsystems ›Karte‹ verdienten eine Art rhetorische Lektüre. Und weil Harley dabei das in den Kultur- und Sozialwissenschaften wohl vertraute ›Kultur-als-Text‹-Paradigma in Anspruch nimmt, sich an Foucaults Diskursbegriff und Derridas Lektürepraxis der Dekonstruktion orientiert, stößt er jenseits der Humangeographie schnell auf gute Resonanz. Karl Schlögel z. B. betreibt in seinem 2003 erschienenen *spatial-turn*-Klassiker *Im Raume lesen wir die Zeit* historische Kartenanalyse ganz im Sinne Harleys – und in dessen Gefolge eine lange Reihe weiterer Untersuchungen zum Spannungsfeld der ›Literarizität‹ der Karte vs. der »Kartizität der Literatur« (Stockhammer 2007, 67; Dünne 2008). Harleys Karten-Dekonstruktion erwies sich deshalb als besonders anschlussfähig für die *spatial turn*-Diskussion, weil dabei ein Humangeograph die Kultur- und Sozialwissenschaften über ein ebenso neues wie ergiebiges Gegenstandsgebiet aufklärt, dies aber mit vertrauten Begriffen und Methoden zu unternehmen sich anschickte.

Alltägliche Regionalisierung (Benno Werlen)

Bis hierhin sind ausschließlich anglo-amerikanische Humangeographen zur Sprache gekommen, deren Werk Einfluss auf den *spatial turn* in den Kultur- und Sozialwissenschaften genommen hat. Das lässt sich abschließend mit Bestimmtheit auch von dem Schweizer, heute in Jena lehrenden Sozialgeographen Benno Werlen sagen, obwohl die Resonanz auf seine dreibändige, zwischen 1995 und 2007 erschienene, *Sozialgeographie alltäglicher Regionalisierungen* bislang nicht im Zusammenhang mit dem *spatial turn* diskutiert wurde. Das hat vor allem damit zu tun, dass – im Gegensatz zu den oben genannten humangeographischen Referenzen in den Werken von Schlögel bis Stockhammer – der Einfluss von Werlens sozialgeographischer Theorie auf die Basismonographie des *spatial turn* in der deutschsprachigen Soziologie – Martina Löws *Raumsoziologie* (Löw 2001) – mehr oder weniger implizit geblieben ist. Löws Arbeit verdankt Werlens Theorie eines ›alltäglichen Geographie-Machens‹, die die deutschsprachige Humangeographie erstmals auf eine konsequente Versozialwissenschaftlichung einschwor, durchaus einiges mehr als Löws Zitierpraxis ausweist. Auch diese uneingestandene Nähe hat mit dem für die Soziologie nach wie vor offenbar fachkonstitutiven Abgrenzungsbedürfnis gegenüber der Geographie zu tun.

Trotz aller Differenzen im Detail (die gerade Werlen unterdessen immer stärker betont) gibt es gravierende Übereinstimmungen in den theoretischen Grundannahmen: Löw orientiert sich an Werlens handlungstheoretischer Fundierung, beide Positionen eint ein relational konzipierter Raumbegriff. Beide weisen die Vorstellung eines Containerraums als vorausgesetzter Umwelt für soziales Handeln strikt zurück. Stattdessen fokussieren beide das ausschließlich soziale Gemachtsein von Räumen. Bei Löw werden diese

Raumproduktionen als »Spacing und Syntheseleistung« (Löw 2001, 158ff.) bezeichnet, in Werlens »raumorientierter Handlungswissenschaft« als »lebensstilspezifische Regionalisierungen der Alltagswelt« (Werlen 2009, 154). Bislang werden sowohl Löws Raumsoziologie als auch Werlens Sozialgeographie aufgrund des vermeintlichen »Raumvoluntarismus« (Schroer 2009, 366) ihres relationalen Raumkonzepts eher als Gegenpositionen zum *spatial turn* rezipiert. Und insbesondere Werlen hat den *spatial turn* bisweilen als Rückschritt in die Raumfalle eines altgeographischen Holismus geziehen (Werlen 2009, 153). Will man aber – wie hier vorgeschlagen – den *spatial turn* auch als die (Wieder-)Entdeckung der Humangeographie als Impulsgeberin für transdisziplinäre Debatten in den Kultur- und Sozialwissenschaften verstehen, dann muss man die uneingestandene »Einfluss-Angst« (Harold Bloom) der Raumsoziologie Löws vor Werlens Sozialgeographie unbedingt dazuzählen.

Literatur

Conrad, Sebastian/Eckert, Andreas/Freitag, Ulrike (Hg.): *Globalgeschichte. Theorien, Ansätze, Themen.* Frankfurt a.M./New York 2007.

Döring, Jörg: Distant Reading. Zur Geographie der Toponyme in Berlin-Prosa seit 1989. In: *Zeitschrift für Germanistik* 3 (2008), 596–620.

– /Thielmann, Tristan: Was lesen wir um Raume? Der *Spatial Turn* und das geheime Wissen der Geographen. In: Dies. (Hg.): *Spatial Turn. Das Raumparadigma in den Kultur- und Sozialwissenschaften*. Bielefeld 2008, 7–45.

– /Thielmann, Tristan (Hg.): *Mediengeographie. Theorie, Analyse, Diskussion*. Bielefeld 2009.

Dünne, Jörg: Kartographische Meditation. Mediendispositiv und Selbstpraxis in der Frühen Neuzeit. In: Ders./Christian Moser (Hg.): *Automedialität. Subjektkonstitution in Schrift, Bild und neuen Medien*. München 2008, 331–352.

Foucault, Michel: Fragen an Michel Foucault zur Geographie. In: Ders.: *Schriften*. Bd. 3. Frankfurt a.M. 2003, 38–54 (frz. 1976).

Gregory, Derek: Imaginierte Geographien. In: *Österreichische Zeitschrift für Geschichtswissenschaft* 6 (1995), 366–425.

Günzel, Stephan: Topologie und städtischer Raum. In: *Der Architekt* 3 (2008), 24–26.

Hard, Gerhard: Raumfragen [1999]. In: Ders.: *Landschaft und Raum. Aufsätze zur Theorie der Geographie*. Bd. 1. Osnabrück 2002, 253–302.

–: Der *spatial turn*, von der Geographie her beobachtet. In: Döring, Jörg/Thielmann, Tristan (Hg.): *Spatial Turn. Das Raumparadigma in den Kultur- und Sozialwissenschaften*. Bielefeld 2008, 263–315.

Harley, J. Brian: Deconstructing the Map. In: *Cartographica* 26 (1989), 1–20.

Harvey, David: *The Condition of Postmodernity. An Enquiry into the Origins of Cultural Change*. Oxford/Cambridge 1989.

–: Globalization and the Spatial Fix. In: *Geographische Revue* 2 (2001), 23–30.

Jameson, Fredric: *Postmodernism, or, The Cultural Logic in late Capitalism*. Durham 1991.

Lefebvre, Henri: *La production de l'espace*. Paris 1974.

Lossau, Julia: Räume von Bedeutung. Spatial turn, cultural turn und Kulturgeographie. In: Moritz Csáky/Christoph Leitgeb (Hg.): *Kommunikation, Gedächtnis, Raum. Kulturwissenschaft nach dem Spatial Turn*. Bielefeld 2009, 29–43.

Löw, Martina: *Raumsoziologie*. Frankfurt a.M. 2001.

Middel, Matthias: Der *spatial turn* und das Interesse an der Globalisierung in der Geschichtswissenschaft. In: Döring/Thielmann 2008, 103–123.

Miggelbrink, Judith: *Der gezähmte Blick. Zum Wandel des Diskurses über ›Raum‹ und ›Region‹ in humangeographischen Forschungsansätzen des ausgehenden 20. Jahrhunderts*. Leipzig 2002.

Moretti, Franco: *Atlas des europäischen Romans. Wo die Literatur spielte*. Köln 1999 (ital. 1998).

Piatti, Barbara: *Die Geographie der Literatur. Schauplätze, Handlungsräume, Raumphantasien*. Göttingen 2008.

Prince, Hugh C.: The Geographical Imagination. In: *Landscape* 11 (1962), 22–25.

Said, Edward W.: *Orientalismus*. Frankfurt a.M. 2009 (amerik. 1978).

Schlögel, Karl: *Im Raume lesen wir die Zeit. Über Zivilisationsgeschichte und Geopolitik*. München/Wien 2003.

Schmid, Christian: *Stadt, Raum und Gesellschaft. Henri Lefebvre und die Theorie der Produktion des Raumes*. Stuttgart 2005.

Schroer, Markus: *Räume, Orte, Grenzen. Auf dem Weg zu einer Soziologie des Raums*. Frankfurt a.M. 2006.

–: Soziologie. In: Stephan Günzel (Hg.): *Raumwissenschaften*. Frankfurt a.M. 2009, 354–369.

Simmel, Georg: *Gesamtausgabe*. 23 Bde. Frankfurt a.M. 1989–2008.

Soja, Edward W.: *Postmodern Geographies. The Reassertion of Space in Critical Social Theory*. London/New York 1989.

–: *Thirdspace. Journeys to Los Angeles and other Real-and-Imagined Places.* London/NewYork 1996.

–: Vom Zeitgeist zum Raumgeist. New Twists on the Spatial Turn. In: Döring, Jörg/Thielmann, Tristan (Hg.): *Spatial Turn. Das Raumparadigma in den Kultur- und Sozialwissenschaften.* Bielefeld 2008, 241–262.

Stichweh, Rudolf: Raum, Region und Stadt in der Systemtheorie [1998]. In: Ders.: *Die Weltgesellschaft. Soziologische Analysen.* Frankfurt a. M. 2000, 184–206.

Stockhammer, Robert: *Kartierung der Erde. Macht und Lust in Karten und Literatur.* München 2007.

Werlen, Benno: Cultural Turn in Humanwissenschaften und Geographie. In: *Berichte zur deutschen Landeskunde* 1/3 (2003), 35–52.

–: Geographie/Sozialgeographie. In: Stephan Günzel (Hg.): *Raumwissenschaften.* Frankfurt a. M. 2009, 142–158.

Jörg Döring

3. Topographical Turn

3.1 Ausgangspunkte

Die gegenwärtige Beschäftigung mit dem Raum in den Kultur- und Sozialwissenschaften hat mittlerweile verschiedene Bezeichnungen gefunden: *spatial turn*, *topographical turn*, *topological turn* oder *geographical turn*. Sowohl für die Kulturwissenschaft selbst wie auch für eine kulturwissenschaftlich orientierte Literatur- und Medienwissenschaft wurde der Begriff des *topographical turn* bestimmend. Ihm sind eine Reihe neuer, auf den Raum bezogene Forschungsperspektiven und -gegenstände subsumiert worden. Dazu zählt besonders die Kartographie als eine ›Raumschrift‹, die Räume nicht abbildet, sondern unter den spezifischen Bedingungen ihrer Medialität herstellt. Darüber ist die Kartographie zugleich als eine Kulturtechnik in den Blick genommen, die eine in Bezug auf Kulturen konstituierende Funktion ausübt. Beeinflusst durch die Postcolonial Studies haben sich weiterführende Fragen nach der Abgrenzung, aber auch Hybridisierung von Kulturen ergeben, wie sie vor dem Hintergrund räumlicher Zuschreibungen in Texten, Bildern und Karten verhandelt werden. Und Medien selbst werden zunehmend daraufhin untersucht, auf welche Weise sie über ihre Darstellungs- und Kommunikationsfunktion soziale Räume hervorbringen und verändern.

Einen weiteren Schwerpunkt kulturwissenschaftlicher Raumforschung bildet die Produktion und Rezeption von Wissen im Rahmen spezifischer Wissenskulturen. Dies schließt zum einen Untersuchungen zu einer ›Metaphorologie‹ des Raumes im Zusammenhang mit literarischen, epistemologischen oder kognitiven Wissensordnungen ein. Mit den wissenssoziologischen und ethnographischen Laboratory Studies der 1970er und 1980er Jahre sind zum anderen die räumlich-materiellen Bedingungen der experimentellen Datengenerierung und der auf ihrer Grundlage formulierten Aussagen herausgestellt worden (Ophir/Shapin 1991). Daraus haben sich verschiedene Untersuchungen zu ›Schauplätzen‹ und ›Räumen des Wissens‹ wie dem Laboratorium, der Bühne, der Kunstkammer oder der Bibliothek ergeben (Schramm et al. 2003). Experimentalanordnungen und Architektur dieser Räume wurden dergestalt ihrer Neutralität enthoben und als Akteure der Wissensproduktion kenntlich gemacht.

Dass gebaute Räume aufgrund ihrer Disposition und Materialität generell Einfluss auf kulturelle Praktiken und soziale Körperordnungen haben, zeigte bereits Michel Foucault (1926–1984) in seiner Studie *Überwachen und Strafen* von 1975 zur Justiz- und Strafrechtsreform im 18. Jahrhundert. An dem dort untersuchten Panoptikon von Jeremy Bentham (1748–1832) wurde deutlich, dass Architektur eine Technik der Macht ist, mit der sich Körper im Raum anordnen und darüber beherrschen lassen. Damit wurden zwei zentrale kulturtheoretische Betrachtungen von Architektur ergänzt: erstens Architektur als einen räumlichen Rahmen des kollektiven Gedächtnisses zu begreifen (s. Kap. III.1), wie dies Maurice Halbwachs (1877–1945) und Jan Assmann unternommen haben, und zweitens als eine symbolische Form, in der nach Susanne K. Langer (1895–1985) die Existenz einer sozialen Gruppe ›Gestalt‹ annimmt und unmittelbar zur Anschauung kommt.

Abgrenzung vom Spatial Turn

Mit dem Begriff des *topographical turn*, aber auch dem des *topological* oder *geographical turn*, erfolgte gegenüber dem übergeordneten Begriff des *spatial turn* eine Ausdifferenzierung. Wurde der Begriff des *spatial turn* in der Human- und Kulturgeographie geprägt (s. Kap. II.2), um dann besonders auf die Geschichtswissenschaften (Schlögel 2002) und die Sozialwissenschaften überzugreifen, sind *topographical* und *topological turn* für die Kultur-, die Literatur- und die Medienwissenschaft in Anschlag gebracht worden. Diese Ausdifferenzierung findet ihren Grund nicht allein in den unterschiedlichen Disziplinen und ihrem Versuch, aus den eigenen Traditionen und Gegenständen heraus ›Raum‹ als ein heuristisches Konzept historisch und systematisch neu zu erschließen. Sie ist ebenso wissenschaftspolitischer Natur. Denn längst geht es mit dem *spatial turn* auch um disziplinäre Hoheitsansprüche und Definitionsmächte. Dass hierbei der Geographie, und zwar der Humangeographie, die Autorität für den *spatial turn* bzw. Fragen des Raumes zugebilligt worden sind, erscheint in dreifacher Hinsicht bemerkenswert:

1. Die entsprechende Zuschreibung erfolgte weniger aus der Human- und Kulturgeographie selbst heraus, zur ›Leitdisziplin‹ wurde sie vielmehr durch die Literatur- und Medienwissenschaft erklärt (Falkheimer/Jansson 2006; Döring/Thielmann 2008). Tatsächlich ist es mit Edward W. Soja ein Humangeograph gewesen, der 1989 in *Postmodern Geographies. The Reassertion of Space in Critical Social Theory* erstmals von einem *spatial turn* gesprochen hat; wobei freilich nicht genug betont werden kann, dass Sojas Theorie und Begrifflichkeit, wenn auch vielleicht nicht das Etikett des *spatial turn* selbst, auf einem Import sozialphilosophischen Raumdenkens in die Geographie beruht, namentlich des französischen Philosophen, Soziologen und Urbanisten Henri Lefebvre (1909–1991). Welchen interdisziplinären und theoretischen Einflüssen der Raumbegriff der Geographie seit den 1950er Jahren insgesamt ausgesetzt gewesen ist, angefangen vom Marxismus über den Poststrukturalismus bis hin zur Phänomenologie, verdeutlicht im Überblick das 2004 von Phil Hubbard, Rob Kitchin und Gill Valentine für die Geographie herausgegebene Handbuch *Key Thinkers on Space and Place.*

Aufgrund der fortgesetzten Beschäftigung mit dem Raum wird die Geographie so inzwischen als ›Raumspezialistin‹ betrachtet. Dass sich Literatur- und Medienwissenschaft zunehmend an der Geographie orientieren, weist entsprechend darauf hin, dass dort ein Expertenwissen vermutet wird, das zur Verwissenschaftlichung und Objektivierung der eigenen Rede über den Raum beitragen soll. Worin sich die Human- und Kulturgeographie gegenüber den anderen Disziplinen in der Tat auszeichnet, ist, dass sie sich mit dem *spatial turn* und seinen geodeterministischen Tendenzen kritisch auseinandergesetzt hat.

2. Mit der Humangeographie steht in notwendiger Folge der geographische Raum im Zentrum der Debatte. Dieser ist zunächst einmal nicht anders definiert als ein ›physikalischer Erdausschnitt‹. Dabei hat erst die ›kulturelle Wende‹ in der Geographie der 1980er und 1990er Jahre dazu beigetragen (Berndt/Pütz 2007), in diesem Erdausschnitt keine natürliche Gegebenheit mehr zu sehen, sondern eine Projektionsfläche für die Vorstellungen, Werte und Normen sozialer Gruppen. Mit der Fokussierung auf den geographischen Raum geht dennoch eine Reduktion einher. So wird gleichzeitig eine Reihe anderer Räume außer Acht gelassen. Dazu gehören beispielsweise mediale Räume, deren Spezifik weder über die sich mit ihnen wandelnden Wahrnehmungsmuster von Raum und Zeit noch über ihre lange vernachlässigte geographische Indexikalität hinreichend beschrieben ist. Hinzu kommt der ›anthropologische Raum‹. Hier ist der Körper diejenige Instanz, die sich Raum – auch der geographische Raum – unter den eigenen leiblichen Bedingungen in der Wahrnehmung allererst herstellt. Dies anzuerkennen bedeutet nicht, vom Körper als einer anthropologischen Konstante auszugehen, zumal sich Wahrnehmung in einem kulturellen und medialen Rahmen vollzieht und entsprechend zu historisieren ist.

3. Schließlich ist kennzeichnend, dass die zur Leitdisziplin des *spatial turn* deklarierte Human- und Kulturgeographie selbst deutliche Kritik an der Raumkonjunktur geübt hat. Eingedenk der geopolitischen Diskreditierung des Raumbegriffes in der ersten Hälfte des 20. Jahrhunderts, insbesondere durch die Nationalsozialisten (Ebeling 1994; Osterhammel 1998; Köster 2002), hat sie wiederholt auf die latenten Tendenzen der gegenwärtigen Raumdebatte zu einem neuen Geodeterminismus aufmerksam gemacht (s. Kap. I.2.3). Diesem werde durch eine Rematerialisierung und damit einhergehende Renaturalisierung des Raumes Vorschub geleistet, wie sie in den Sozial- und Kulturwissenschaften zu beobachten sei. Exemplarisch dafür ist das folgende Zitat, indem es von einer »Bedeutung des geographischen Raumes samt seinem Klima für menschliches Leben und Erleben, Denken und Vorstellen, Handeln

und Schaffen« ausgeht, kurz von einer »Kreuzung geographischer und kultureller Räume« (Assmann 2006, 151).

Räumlichkeit und Materialität

Demgegenüber hat sich mit der kulturellen Wende in der Geographie, mit der zugleich der theoretische Anschluss an den Poststrukturalismus gesucht wurde, durchgesetzt, Räume nicht als materielle Gegebenheiten zu betrachten, sondern ausschließlich als symbolische Konstrukte. Dieser innerhalb der Human- und Sozialgeographie selbst nicht ohne Kritik gebliebene Ansatz geht andererseits so weit, in der »Sahara, dem Burgenland oder Niedersachsen *Räume von Bedeutung*« zu sehen, »deren symbolische Gehalte nicht von ihrer physischen Materialität bestimmt sind, sondern Produkte kultureller Zuschreibungen sind. Versucht man, diese symbolischen Gehalte abzuziehen, so stellt man fest, dass nichts übrig bleibt, was von Bedeutung wäre – und damit eben auch kein natürlicher geographischer Raum« (Lossau 2009, 43). Insofern also »die Bedeutung von Orten in keinem notwendigen Zusammenhang mit deren physischer Materialität steht«, soll sie »auch nicht über die Erforschung der Orte selbst erschlossen werden« können (ebd., 41; s. Kap. II.4). Darüber ist bereits die in den Sozial- und Kulturwissenschaften vielfach vertretene Annahme außer Kraft gesetzt, dass grundsätzlich zwei Räume existierten, ein materieller und ein symbolischer, die sich gegenseitig bedingen. Auf dem Gebiet des Raumes wiederholt sich damit letztlich, was in den 1980er und 1990er Jahren schon die Historische Anthropologie und kritische Körpergeschichte äußerst kontrovers diskutiert hat (s. Kap. III.4): Ob es jenseits kulturell konstruierter Körperbilder so etwas wie einen in seiner Geschlechtlichkeit, seiner leiblichen Organisation, seiner Sterblichkeit oder seinem physischen Schmerz natürlichen Körper überhaupt gibt.

An der Auseinandersetzung in Bezug auf den Raum wird systematischer noch zu verstehen sein, inwieweit die Hinwendung zum Räumlichen und Materiellen kultureller Prozesse über die politischen Veränderungen seit 1989 hinaus einen zweifachen Reflex darstellt: zunächst einen auf die neuen Informations- und Kommunikationstechnologien und der durch sie verursachten weiteren Enträumlichung und Entmaterialisierung kultureller Prozesse (Virilio 1984; Decker/Weibel 1990); dann aber auch einen erkenntnistheoretischen Reflex auf eine poststrukturalistische Semiotik und ihr Paradigma der Kultur als zu lesender Text. Setzt dieses Paradigma doch voraus, dass Wirklichkeit restlos in Zeichenprozessen aufgeht und auf einem konstruktiven Zugriff basiert. Die Geographin Judith Miggelbrink resümiert die Auseinandersetzung um die Materialität des Raumes entsprechend wie folgt: »Materialität und Körperlichkeit [werden immer] diesseits oder jenseits des Textes [bleiben], ohne dass man sie als Referenten dingfest machen könnte« (Miggelbrink 2005, 88). Daraus resultiert eine »Doppelung des Raumes als *Teil von* Kommunikation und zugleich als etwas, das der Kommunikation vorausgeht und *in dem* Kommunikation stattfindet« (ebd.).

Die aktuellen kulturwissenschaftlichen Bemühungen um den Raum oder die Dinge, die auch durch zwei Themenhefte der seit 2007 erscheinenden *Zeitschrift für Kulturwissenschaften* dokumentiert sind, können demnach zugleich als ein Versuch verstanden werden, mit ihnen eine opake und widerständige Wirklichkeitsebene anzuerkennen. Dies als »weit verbreitete Sehnsucht nach einem Jenseits des Diskurses und einem Zurück zur Materialität« bzw. als »empirieorientierte[n] Neo-Positivismus« abzutun (Geppert et al. 2005, 18 f.), greift sicherlich zu kurz und verkennt die erkenntnistheoretischen Desiderate der konstruktivistischen Ansätze. Als Herausforderung wird gleichwohl bestehen bleiben, den Raum und die Dinge weder zu essentialisieren, noch zu naturalisieren, noch einem magischen Raum- und Dingverständnis zu unterliegen.

Topological turn und *topographical turn* setzen sich einer solchen Kritik nur bedingt aus, insofern sie bereits von ihren Begriffen her weniger auf einen physischen Raum als solchen rekurrieren. Hingegen bezieht sich der *topological turn* auf eine »Beschreibung räumlicher Verhältnisse hinsichtlich kultureller und medialer Aspekte« (Günzel 2007, 13), während mit dem *topographical turn* vor allem auf die Kulturtechniken der Repräsentation von Räumen abgehoben wird. Der *topographical turn*, wie er im deutschsprachigen Raum von der Literaturwissenschaftlerin Sigrid Weigel eingeführt worden ist, steht hierbei selbst in der Tradition des Textparadigmas.

Kartographie und Topographical Turn (Sigrid Weigel)

Ausgangspunkt für Weigels Auseinandersetzung mit Raumkonzepten in den Kulturwissenschaften war ein im Jahr 2001 öffentlich geführter ›Kartenstreit‹ zwischen Amerika und Deutschland. Gegenstand der Kontroverse bildete eine 1507 von Martin Waldseemüller (1470–1520) und Matthias Ringmann (1482–1511) zusammen mit einem geographischen Traktat und einem Globus (bzw. einer Globuskarte) unter dem Titel *Cosmographiae introductio cum quibusdam geometriae ac astronomiae principiis ad eam rem necessariis* herausgegebene Weltkarte. Auf dieser mehrteiligen und als Holzschnitt ausgeführten Karte taucht als Bezeichnung für den neu entdeckten Kontinent zum ersten Mal ›America‹ auf. Unabhängig von der falschen Zuschreibung Waldseemüllers und Ringmanns, auf der diese Bezeichnung basiert – denn nicht Amerigo Vespucci (1451–1512), sondern Christoph Kolumbus (1451–1506) entdeckte im Jahr 1492 die ›Westindischen Inseln‹ –, sollte sich der Name ›America‹ durchsetzen. Wurde die Karte von amerikanischer Seite so als »Namensurkunde des Kontinents« (Weigel 2002, 152) mit entsprechenden Besitzansprüchen belegt, sprach von deutscher Seite gegen eine Veräußerung des einzig verbliebenen Exemplars dieser Karte an die Library of Congress in Washington ein anderer Grund: Schützenwertes Dokument nationalen Kulturgutes sollte Waldseemüllers Weltkarte bleiben, weil es sich bei ihr um das historische Zeugnis für eine der ersten Erfassungen der Neuen Welt durch einen ›deutschen‹ Kartographen handele.

Aus beiden Argumentationen leitete Weigel zwei grundsätzlich verschiedene Ansätze des Kartographieverständnisses ab: Auf der einen Seite stellt die Karte ein Dokument des eigenen nationalen Ursprungs dar, die Karte wird damit auf das hin gelesen, was sie abbildet und bezeichnet. Auf der anderen Seite belegt die Karte den nationalen Stand in der Wissens- und Kartographiegeschichte, die Karte wird aufgrund ihrer »Autorschaft am kartographischen Verfahren« rezipiert: »[W]ährend die Bilder und Zeichen der Karte dort« also »in ihrer Funktion der Bezeichnung thematisiert werden, geraten sie hier als ›techné‹ in den Blick. Eingeschlossen in den nationalen Streit ist damit eine Kontroverse um Symbolisierungen; sie zielt auf die doppelte Bedeutung einer topographischen Darstellung: als Repräsentation einerseits und als technisches Verfahren in der Geschichte des Wissens andererseits« (ebd., 153).

Der Medien- und Literaturwissenschaftler Bernhard Siegert hat hier weitere Arten der Kartenlektüre unterschieden. Je nach dem zugrunde liegenden erkenntnistheoretischen Ansatz existiere der Möglichkeit nach (1) ein hermeneutischer und kognitionswissenschaftlicher, (2) ein medienhistorischer und diskursanalytischer oder (3) ein phänomenologisch-grammatologischer Zugang zu Karten. Mit ihnen rücken jeweils unterschiedliche Aspekte in den Vordergrund: Karten können so als Repräsentationen nicht nur eines Raumes, sondern auch der in Karten manifest werdenden »Intentionen [von Autorsubjekten] und ihren kulturellen Bedingungen« gelesen werden. Aus medienhistorischer Perspektive interessiert hingegen, »wie mit dem Wandel der kartographischen Verfahren Ordnungen der Repräsentation eingerichtet und transformiert werden, in deren Aufriss sich Körper, Zeichen, instrumentelle Techniken, geometrische und analytische Codes und Subjekte konstellieren« (Siegert 2005, 7 f.). Der phänomenologisch-grammatologische Zugang schließlich ist über Michel de Certeaus (1925–1986) *Kunst des Handelns* von 1980 entwickelt. Karten sind demnach etwas, das aus einem zu historisierenden Bedingungsverhältnis zwischen rhetorischen Bewegungsfiguren und den Medien ihrer Aufzeichnung hervorgeht.

Kulturwissenschaften vs. Cultural Studies

Das unterschiedliche Kartographieverständnis brachte Weigel ihrerseits in Verbindung mit zwei verschiedenen Konzepten des *topographical turn* in den (amerikanischen) Cultural Studies und den (deutschen) Kulturwissenschaften. So sei der *topographical turn* in den Cultural Studies wesentlich durch die Postcolonial Studies bzw. eine ethnologische Perspektive auf die eurozentristische Konstruktion geographischer Räume geprägt. Als Gegendiskurs zu diesen Konstruktionen und dem, was sie an Fremdem und Anderem ausschließen, habe sich zugleich ein zunehmend metaphorischer Raumbegriff wie etwa der zentrale Begriff des ›Third Space‹ (Bhabha 1988) in den Cultural Studies etabliert. Auf dieser Grundlage argumentiert letztlich auch Doris Bachmann-Medick, für die die Raumwende in den Kulturwissenschaften erst dann vollzogen ist, »wenn durch interdisziplinäres Zusammenwirken die neue Aufmerksamkeit auf Raum und Räumlichkeit abgekoppelt wird vom Raum im engeren Sinn – wenn das Denken selbst raumbezogen wird und in ein methodisches Verfahren der Spatialisierung übergeht« (Bachmann-Medick 2006, 303).

Anders der jüngere Raumbegriff in den Kulturwissenschaften. Mit der Akzentuierung des ›Graphischen‹ am Topographischen, d.h. des Schreibens und Lesens von Räumen, setzt er sich für Weigel sowohl von den Cultural Studies ab als auch von den europäischen Kulturtheorien der Moderne, die »soziale Phänomene und historische Ereignisse aus den natürlich erscheinenden Gegebenheiten des Raums« (Weigel 2002, 160) abgeleitet hatten, dabei aber auch von einer zunehmenden, durch technisch-mediale wie symbolische Praktiken ermöglichten Emanzipation vom geographischen Raum ausgegangen waren. Weigel bezieht sich hier unter anderem auf die Kulturtheorien Fernand Braudels (1902–1985), Georg Simmels (1858–1918), Ernst Cassirers (1874–1945) und Oswald Spenglers (1880–1936).

Das graphische Moment, die Verbindung zwischen Ort bzw. Raum und Schrift, des *topographical turn* in den Kulturwissenschaften wird gleichzeitig zum Einsatz für die Literaturtheorie: In direktem Anschluss an Michel de Certeau, der Roland Barthes' (1915–1980) semiologische Lektüre von Stadt (Barthes 1988) handlungstheoretisch erweitert hatte und darüber zu einer Rhetorik räumlicher Bewegungsfiguren gekommen war, »wird Raum selbst als eine Art Text betrachtet, dessen Zeichen oder Spuren semiotisch, grammatologisch oder archäologisch zu entziffern sind« (Weigel 2002, 160). Der *topographical turn* hat in dieser Konzeption zwei wesentliche Voraussetzungen: erstens eine kritische Geographie und Kartographiegeschichte. Sie hat die Kartographie als eine mediale Kulturtechnik bestimmt, die sich nicht nur auf die Konstitution von Territorien und Kulturen auswirkt, sondern generell auf epistemische Strukturen (Harley 1988; Wood 1992; Jacob 1996; Schäffner 1997; Cosgrove 1999; s. Kap. III.14). Zweite Voraussetzung ist eine poststrukturalistische Semiotik, deren Textparadigma auf den Raumbegriff übertragen erscheint.

Weigels Konzept des *topographical turn* in den Kulturwissenschaften fällt hingegen dort hinter den reklamierten »dekonstruktiven und postmodernen« (Weigel 2002, 160) Stand zurück, wo von einer »Genese verschiedener Literaturen [und einer aus der Lektüre konkreter Texte gewonnenen Theorie] aus spezifischen geographischen und kulturellen Topographien« ausgegangen wird (ebd., 158). Topographien, wie jene, in denen die »theoretischen Konzepte« der Cultural Studies oder der Kulturwissenschaften ihre »Herkunft« (ebd., 159) haben, erscheinen damit als Bedingung von Theorie und erklären das »Problem ihrer Un/Übersetzbarkeit« (ebd., 158) in andere, nunmehr räumlich-geographisch gedachte Kontexte. Darüber hat sich der *topographical turn* selbst dem Verdacht einer »Ontologisierung des Raumes« ausgesetzt: »Hier [in Weigels Konzept des *topographical turn*] deutet sich eine Abkehr sowohl von multikulturell und transgressiv inspirierten Raumvorstellungen wie von Virtualisierungs- und Simulationstheorien hin zu einer ›europäischen‹ Renaturalisierung der kulturwissenschaftlichen Verfahrensweise an« (Apel 2002).

3.2 Rezeption

In der Literatur- und Kulturwissenschaft erfuhr Weigels Beitrag zum *topographical turn* eine breite Rezeption. Wie unscharf der Begriff der Topographie geblieben ist, zeigt seine zum Teil synonyme, zum Teil antonyme Verwendung mit dem Begriff der Topologie in den ersten Sammelbänden zur Raumkonjunktur in den Kulturwissenschaften. Unter dem Titel *Kulturelle Topographien* und bereits auf Weigel Bezug nehmend, hat beispielsweise die Romanistin Vittoria Borsò kaum von Topographie, dafür aber von einer »topologischen Wende der Kulturwissenschaft« gesprochen (Borsò 2004, 13). Ausgehend von einer graphischen Spatialisierung der Schrift in der Kunst und Literatur der frühen Moderne zeigte sie hierbei zunächst die historische Dimension dieser Wende auf.

Topologie (Leibniz)

Denn bereits im 19. Jahrhundert konnte sich mit der in der Relativitätstheorie mündenden Entdeckung nicht-euklidischer Geometrien ein relationaler und dynamischer Begriff des Raumes etablieren. Mit seinen Bemühungen um eine universale Wissenschaft der Lage, die *analysis situs*, hatte Gottfried Wilhelm Leibniz (1646–1716) einem relationalen Raumbegriff indes schon vorgearbeitet. Im Gegensatz zu dem für die klassische Physik noch geltenden Substanzbegriff wurde Raum von Leibniz in den Streitschriften mit Samuel Clarke aus den Jahren 1715 und 1716 als »eine Ordnung der Existenzen im Beisammen«, d.h. als Lagebeziehung definiert. Damit leitete Leibniz jenen großen Umbruch ein, den Ernst Cassirer in seinem Vortrag »Mythischer, ästhetischer und theoretischer Raum« von 1930 als Übergang von einem ›Seinsbegriff‹ zu einem ›Ordnungsbegriff‹ des Raumes und der Zeit beschrieben hat (s. Kap. II.1). Die gegenwärtige Raumdiskussion hat einen in dem Sinne eigenen Raumbegriff noch nicht hervorgebracht. Hingegen hat sie sich erneut an dem traditionellen Substanz- und Behälterbegriff des Raumes abgearbeitet, um andererseits an relationale und dynamische Raumkonzepte anzuschließen. Für die jüngeren topologischen Ansätze in der Kultur- und Medienwissenschaft erweisen sie sich als konstitutiv.

Borsò zufolge ist es wesentlich Michel Foucault, der in dem Vortrag »Von anderen Räumen« von 1967 sowie in dem Gespräch mit Paul Rabinow über »Raum, Wissen und Macht« von 1982 »die Grundlagen einer Topologie, der Wissenschaft des 20. Jahrhunderts« (Borsò 2004, 17) gelegt hat. Unter Heranziehung der im Rahmen des *spatial turn* vielfach zitierten Textpassage aus dem frühen Raumvortrag, nach der das 20. Jahrhundert gegenüber dem historistischen 19. Jahrhundert die Epoche des Raumes sei, führt Borsò aus: »Die Entdeckung einer neuen Form des Raums [in der Moderne] führt Foucault also auf das Simultane zurück, das die Topographie neu verhandelt, und zwar als Nebeneinander, als Verhältnis von Nähe und Ferne oder als Zerstreuung« (ebd., 18). Topographie erscheint demnach als das Gegebene, das durch die Topologie einer anderen, eben simultanen, synchronen und relationalen Betrachtung unterzogen werden kann. Wenn diese Art der Betrachtung auch der strukturalen Linguistik von Ferdinand de Saussure (1857–1913) und der Ethnologie von Claude Lévi-Strauss (1908–2009) entlehnt ist, versteht Borsò unter Topologie (bei Foucault) dennoch keine statische Struktur, sondern eine dynamische Konstellation. In dieser Hinsicht beschreibt Topologie einen »beweglichen Raum« und entspricht einer »Netzstruktur« (ebd.).

Topik (Michel de Certeau)

Gleichzeitig wird auf Michel de Certeau verwiesen, der mit dem Primat der Struktur auch und vor allem bei Foucault aufgekündigt hat. In ihrer Performanz unterlaufen bzw. übersteigen die von de Certeau kongruent gesetzten Akte des Sprechens und Gehens die auf Strukturebene liegenden Regelsysteme ebenso der Sprache wie der Geographie, Urbanistik oder Topographie. De Certeau spricht z.B. von einer »*Aneignung* [appropriation] des topographischen Systems durch den Fußgänger (ebenso wie der Sprechende die

Sprache übernimmt oder sich aneignet)« (Certeau 1988, 189). Seine grundsätzliche Unterscheidung zwischen *parcours* und *espace* auf der einen, der Seite der Handlung, *carte* und *lieu* auf Seiten der Struktur, erweiterte bereits de Certeau um die Konzepte des Topologischen und Topischen. So führt er im Zusammenhang mit den Räumen, die von Erzählungen gleichsam geschaffen und durchlaufen werden, aus: »Der Handlungsspielraum, in den sie [die Erzählung] eintritt, besteht aus Bewegungen; er ist *topologisch*, d.h. mit der Verzerrung von Figuren verbunden, und nicht *topisch*, d.h. er definiert keine Orte« (Certeau 1988, 236). Borsò spitzt dies auf den Gegensatz zwischen dem Topographischen und dem Topologischen zu: De Certeau nenne »vorexistierende Raumstrukturen, die nach dem mathematisch-geometrischen Modell gedacht werden«, Topographien, »die Praktiken, die den Raum erzeugen, [...] dagegen Topologien« (Borsò 2004, 20).

Dies ist im Vergleich zu Weigel ein vollkommen anderes Verständnis des Topographischen, das weniger von den Kulturtechniken der Raumrepräsentation her entwickelt wird, als vielmehr in Opposition zum Topologischen. Topographie und Topologie rücken darüber in die dichotomische Struktur des Raumdiskurses selbst ein. *Espace* versus *lieu*, *lieux* versus *non-lieux* (Augé 1992), *place* versus *space* (Tuan 1977), ›Lagerungsqualitäten‹ versus ›Behälter‹ (Einstein 1960) stellen einige dieser Dichotomien vor, ohne dass ihre ebenso erkenntnis- wie kulturkritische Metaphorizität schon hinreichend untersucht worden wäre.

Ordnung (Michel Foucault)

Im Hinblick auf den Raumbegriff Foucaults wäre ebenfalls noch darzulegen, inwieweit Foucault selbst bei dessen Anwendung auf die Architektur (Foucault 1975) einem strukturalen Denken verbunden geblieben ist. Dass die 1967 gegebene Definition des Raumes als »Relationen der Lage« bzw. als eine durch »Nachbarschaftsbeziehungen zwischen Punkten oder Elementen bestimmte Lage « (Foucault 2005, 932 f.), unmittelbar an den Strukturalismus anknüpft, hat er selbst deutlich gemacht: »Der Strukturalismus [...] ist der Versuch, zwischen Elementen, die über die Zeit verteilt sein mögen, eine Reihe von Beziehungen herzustellen, die sie als ein Nebeneinander, als ein Gegenüber, als etwas ineinander Verschachteltes, kurz als Konfiguration erscheinen lassen [...]« (ebd., 931 f.). Eine räumliche Konfiguration beschreiben auch die 1966 von Foucault in *Die Ordnung der Dinge. Eine Archäologie der Humanwissenschaften* untersuchten Wissenstableaus des klassischen Zeitalters, mit denen die Erkenntnisobjekte gleichermaßen geordnet wie klassifiziert wurden. Die Temporalisierung der Wissensordnungen, die für das 19. Jahrhundert kennzeichnend ist und eine verräumlichte Naturgeschichte überwunden hat, scheint mit dem Strukturalismus ihrerseits an ein Ende gelangt zu sein (Lepenies 1976).

Kommt ›Raum‹ in dem frühen Raumaufsatz Foucaults als Ordnungsbegriff zum Tragen, stellt die Architektur in *Überwachen und Strafen* diejenige räumliche Technik der Macht dar, die zwischen ›Menschenelementen‹ Nachbarschaftsbeziehungen, Lagerungen und Sortierungen herstellt. Dies wird durch eine materielle Raumordnung geleistet, die (1) bestimmte Gruppen von Individuen ein- bzw. ausschließt, die (2) die Individuen über eine Art Raster oder Gitternetz räumlich verteilt und darüber kontrolliert, die (3) jeder arbeitsteiligen Tätigkeit und damit auch dem sie ausübenden Individuum einen spezifischen Platz zuweist, und die (4) die Individuen über diesen Platz im Raum in eine relationale wie klassifikatorische (An-)Ordnung eintreten lässt (Foucault 1994, 181–191).

Entsprechend kann Borsò feststellen, dass die Topologie bei Foucault sowohl »Denkoperationen als auch konkrete Materialitäten und Techniken« betrifft (Borsò 2004, 19). Auf beiden Ebenen erscheint ›Raum‹ als Ordnungs- und Machtinstrument operationalisiert. Daraus ergibt sich für die Untersuchung ›kultureller Topographien‹ eine stärkere Einbeziehung des gebauten Raumes, überhaupt der Architektur als einer Kulturtechnik, die für die Konstitution von Kulturen eine nicht geringere Bedeutung hat als die Kartographie. Über den Begriff der Topologie erfolgte damit eine erste Ausdifferenzierung des *topographical turn* in den Kultur- und Literaturwissenschaften.

Kulturelle Topographien (Hartmut Böhme)

Endgültig ins Zentrum der dort geführten Raumdiskussion rückte die Topographie mit dem 2004 von Hartmut Böhme organisierten Symposium *Topographien der Literatur. Deutsche Literatur im transnationalen Kontext.* Im Rahmen von vier Schwerpunkten – (1) Repräsentationen diskursiver Räume, (2) Räume der Literatur, (3) literarische Räume sowie (4) die Grenzen und das Fremde – wurden »Literaturen« hierbei als »vernetzte Räume mit eigenen Kartographien« untersucht (Böhme 2005, IX). Zum Spektrum an »topografischen Fragestellungen« gehörten unter anderem: »Raumkonstruktionen und Raumrevolutionen; symbolische Systeme und Netzwerke [...] Kulturgeographien und Geopolitik; Karto- und Topographien; Ordnungen der Archive und Sammlungen; Medien und Raumordnungen der Kommunikation und des Verkehrs [...] Migrationen und Reisen [...] Grenzen und Entgrenzungen, das eigene und das fremde Terrain« (ebd., IXf.).

Hartmut Böhme hat zudem eine genauere Bestimmung der Topographie in ihrer kulturellen Bedeutung gegeben. Danach beschreiben Topographien eine Kultur gründende Setzung: »Kultur ist [...] zuerst die Entwicklung von Topographien« (ebd.). Topographien sind »Raumschriften, Raumzeichnungen, Raumkerbungen« (ebd., XVIII). Über einen auf die Schrift verengten Begriff der ›Graphie‹ hinaus fallen unter ›Topographien‹ alle Spuren im Raum, auch solche, die durch Bewegungen, Lagerungen, Bewirtschaftungen und Bauten gegeben sind. Das Topographische wird entsprechend auf materielle Praktiken und Kulturtechniken zurückgeführt, die wie die Agrikultur, die Architektur oder die Kartographie Räume einrichten, ordnen, aufzeichnen und repräsentieren. Neben der Kartographie nimmt erneut die Architektur eine besondere Funktion für die Produktion und Reproduktion kultureller Topographien ein. Im gebauten Raum verkörpern sich die symbolischen Ordnungen von Kulturen und werden auf Dauer gestellt. Architektur geht nicht nur aus Handlungen hervor, sie ermöglicht sie auch. Architektur stellt eine Technik der Macht dar, ist eine »Territorialisierungsstrategie« (ebd., XIV).

Zudem wird auf die anthropologische Dimension von ›Raum‹ Bezug genommen, insofern ›Raum‹ nicht als etwas der sinnlichen Erfahrung Vorausliegendes konzeptualisiert wird, sondern von dieser Abhängiges. Auch in diesem Ansatz spielen damit körperliche und materielle Aspekte eine Rolle. Das hat abermals zu der Kritik eines vermeintlich traditionellen Raumdenkens geführt, dem der Anschluss an die Theoriebildung besonders der angloamerikanischen Human- und Kulturgeographie fehle. Überhaupt gehe der *topographical turn* dort nicht weit genug, wo »bei seiner Anwendung auf die Analyse transnationaler literarischer Grenzüberschreitungen [...] die Literatur [...] nur im Hinblick auf Grenzreflexionen, Reisebezüge, Eroberungsgeschichte, Raumbewegungen gefragt« werde (Bachmann-Medick 2006, 311 f.). Aus Sicht des *spatial turn* sei Literatur vielmehr »in ihrer fiktionalen ›Erfindung‹ und Umdeutung raumkonstituierender Beziehungen, sogar in ihrer Teilhabe an politisch-konzeptionellen Mapping-Strategien« (ebd., 311 f.) relevant. Diese Kritik erweist sich angesichts von Beiträgen, die etwa dem Einfluss von Literatur auf die Geopolitik nachgehen (Werber 2005), sicherlich als übereilt. Und sie verkennt vielleicht noch grundlegender, dass der *topographical turn* mit seiner starken Referenz an eine kritische Geographie und Kartographiegeschichte diese politische Dimension schon immer beinhaltet (s. Kap. I.2.1). Der Mehrwert des *topographical turn* in den Kulturwissenschaften könnte gegenüber dem inzwischen auf einer theoretischen Metaebene verhandelten *spatial turn* darin bestehen, dass er sich mit konkreten Räumen auseinandersetzt, die in ein Netz aus materiellen Praktiken und Kulturtechniken, aus Medien und Repräsentationen, aus sozialen und symbolischen Ordnungen eingespannt sind.

Literatur

Apel, Friedmar: Topographische Wende. Sigrid Weigel kartiert die Kulturwissenschaft neu. In: *Frankfurter Allgemeine Zeitung* 20.11.2002.

Assmann, Aleida: *Einführung in die Kulturwissenschaft. Grundbegriffe, Themen, Fragestellungen.* Berlin 2006.

Augé, Marc: *Orte und Nicht-Orte. Vorüberlegungen zu einer Ethnologie der Einsamkeit.* Frankfurt a. M. 1994 (frz. 1992).

Bachmann-Medick, Doris: Spatial turn. In: Dies.: *Cultural turns. Neuorientierungen in den Kulturwissenschaften.* Reinbek 2006, 284–328.

Barthes, Roland: Semiologie und Stadtplanung. In: Ders.: *Das semiologische Abenteuer.* Frankfurt a. M. 1988, 199–209 (frz. 1970/71).

Berndt, Christian/Pütz, Robert (Hg.): *Kulturelle Geographien. Zur Beschäftigung mit Raum und Ort nach dem Cultural Turn.* Bielefeld 2007.

Bhabha, Homi K.: The Commitment to Theory. In: *New Formations* 5 (1988), 5–23.

Böhme, Hartmut: Raum – Bewegung – Topographie. In: Ders. (Hg.): *Topographien der Literatur.* Stuttgart/Weimar 2005, IX–XXIII.

Borsò, Vittoria: Grenzen, Schwellen und andere Orte – ›… La geographie doit bien être au cœur de ce dont je m'occupe«. In: Dies./Reinhold Görling (Hg.): *Kulturelle Topographien.* Stuttgart/Weimar 2004, 13–41.

Certeau, Michel de: *Kunst des Handelns.* Berlin 1988 (frz. 1980).

Cosgrove, Denis (Hg.): *Mappings.* London 1999.

Decker, Edith/Weibel, Peter (Hg.): *Vom Verschwinden der Ferne. Telekommunikation und Kunst.* Köln 1990.

Döring, Jörg/Thielmann, Tristan (Hg.): *Spatial turn. Das Raumparadigma in den Kultur- und Sozialwissenschaften.* Bielefeld 2007.

Ebeling, Frank: *Geopolitik. Karl Haushofer und seine Raumwissenschaft 1919–1945.* Berlin 1994.

Einstein, Albert: Vorwort. In: Max Jammer: *Das Problem des Raumes. Die Entwicklung der Raumtheorien.* Darmstadt 1960, XI–XV (amerik. 1954).

Falkheimer, Jesper/Jansson André (Hg.): *Geographies of Communication. The Spatial Turn in Media Studies.* Göteborg 2006.

Foucault, Michel: *Überwachen und Strafen. Die Geburt des Gefängnisses.* Frankfurt a. M. 1994 (frz. 1975).

–: Von anderen Räumen. In: Ders.: *Schriften.* Bd. 4. Frankfurt a. M. 2005, 931–942 (frz. 1984).

Geppert, Alexander C.T./ Jensen, Uffa/Weinhold, Jörg: Verräumlichung. Kommunikative Praktiken in historischer Perspektive, 1840–1930. In: Dies. (Hg.): *Ortsgespräche. Raum und Kommunikation im 19. und 20. Jahrhundert.* Bielefeld 2005, 15–49.

Günzel, Stephan: Raum – Topographie – Topologie. In: Ders. (Hg.): *Topologie. Zur Raumbeschreibung in den Kultur- und Medienwissenschaften.* Bielefeld 2007, 13–29.

Harley, John Brian: Maps, Knowledge, and Power. In: Denis Cosgrove/Stephen Daniels (Hg.): *The Iconography of Landscapes. Essays on the Symbolic Representation, Design and Use of Past Environments.* Cambridge 1988, 277–312.

Jacob, Christian: Toward a Cultural History of Cartography. In: *Imago Mundi* 48 (1996), 191–198.

Köster, Werner: *Die Rede über den ›Raum‹. Zur semantischen Karriere eines deutschen Konzepts.* Heidelberg 2002.

Lepenies, Wolf: *Das Ende der Naturgeschichte. Wandel kultureller Selbstverständlichkeiten in den Wissenschaften des 18. und 19. Jahrhunderts.* München/Wien 1976.

Lossau, Julia: Räume von Bedeutung. Spatial turn, cultural turn und Kulturgeographie. In: Moritz Csáky/Christoph Leitgeb (Hg.): *Kommunikation, Gedächtnis, Raum. Kulturwissenschaften nach dem ›Spatial Turn‹.* Bielefeld 2009, 29–43.

Miggelbrink, Judith: Die (Un-)Ordnung des Raumes. Bemerkungen zum Wandel geographischer Raumkonzepte im ausgehenden 20. Jahrhundert. In: Geppert et al. (Hg.): *Ortsgespräche. Raum und Kommunikation im 19. und 20. Jahrhundert.* Bielefeld 2005, 79–106.

Ophir, Adi/Shapin, Steven: The Place of Knowledge. A Methodological Survey. In: *Science in context* 4/1 (1991), 3–21.

Osterhammel, Jürgen: Die Wiederkehr des Raumes: Geopolitik, Geohistoire und historische Geographie. In: *Neue Politische Literatur* Jg. 43 (1998), 374–397.

Schäffner, Wolfgang: Operationale Topographie. Repräsentationsräume in den Niederlanden um 1600. In: Hans-Jörg Rheinberger/Michael Hagner/Bettina Wahrig-Schmidt (Hg.): *Räume des Wissens: Repräsentation, Codierung, Spur.* Berlin 1997, 63–90.

Schlögel, Karl: Kartenlesen, Raumdenken. Von einer Erneuerung der Geschichtsschreibung. In: *Merkur* 4 (2002), 308–318.

Schramm, Helmar/Schwarte, Ludger/Lazardzig, Jan (Hg.): *Kunstkammer, Laboratorium, Bühne. Schauplätze des Wissens im 17. Jahrhundert.* Berlin/New York 2003.

Siegert, Bernhard: Repräsentationen diskursiver Räume. In: Hartmut Böhme (Hg.): *Topographien der Literatur.* Stuttgart/Weimar 2005, 3–11.

Tuan, Yi-Fu: *Space and Place. The Perspective of Experience.* Minneapolis/London 1977.

Virilio, Paul: *Der negative Horizont. Bewegung, Ge-*

schwindigkeit, Beschleunigung. München/Wien 1989 (frz. 1984).

Weigel, Sigrid: Zum topographical turn. Kartographie, Topographie und Raumkonzepte in den Kulturwissenschaften. In: *KulturPoetik* Bd. 2/2 (2002), 151–165.

Werber, Niels: Geopolitiken der Literatur. Raumnahmen und Mobilisierung in Gustav Freytags ›Soll und Haben‹. In: Hartmut Böhme (Hg.): *Topographien der Literatur*. Stuttgart/Weimar 2005, 456–478.

Wood, Denis: *The Power of Maps*. New York/London 1992.

Kirsten Wagner

4. Kritik der Raumkehren

4.1 Implikationen

Im Zuge der Globalisierung sind die räumlichen Aspekte der gesellschaftlichen Wirklichkeit zu einem Kernthema der sozial- und kulturwissenschaftlichen Reflexion geworden (s. Kap. III.3). Ausgehend von der Diagnose eines »raumzeitlichen Schrumpfungsprozesses« (Harvey 1989) wird konstatiert, dass die Rahmenbedingungen des täglichen Lebens einem tiefgreifenden Wandel unterworfen seien. Die räumliche und zeitliche »Entbettung« sozialer Beziehungen (Giddens 1995) habe zur Folge, dass das, was räumlich weit entfernt ist, in zeitlicher Hinsicht nahe sein kann, während »räumlich Nahes (z. B. lokale Traditionen) seine Ursprünge in zeitlicher Ferne haben kann« (Werlen/Lippuner 2007, 23). Gleichzeitig verschränke sich das Lokale mit dem Globalen in der Art und Weise, dass es, wie der Soziologe Ulrich Beck bemerkt, »überall zu einer *neuen Betonung des Lokalen*« komme (Beck 1997, 86).

Vor diesem Hintergrund betonen nicht nur Geographen wie Edward Soja (1989), dass die räumliche Dimension nicht länger zugunsten der Zeitdimension vernachlässigt werden dürfe. Ganz im Sinne einer viel zitierten Bemerkung von Michel Foucault, dem zufolge die »Beunruhigung heute ganz fundamental den Raum betrifft« (Foucault 2005, 933), scheinen die Kultur- und Sozialwissenschaften insgesamt durch eine Aufwertung raumbezogener Fragen gekennzeichnet zu sein. Entsprechend wurde nach dem *linguistic*, dem *discursive* und dem *cultural turn* eine weitere Kehre aus der Taufe gehoben: Der zunächst im angloamerikanischen Kontext ausgerufene *spatial turn* verweist auf die Suche nach Begrifflichkeiten für die Beschreibung einer (vermeintlich) neuen Ordnung der Welt, wie sie im Zuge einer Neu-Konfigurierung des Verhältnisses von Raum und Gesellschaft entstanden sei.

›Wiederkehr‹ des Raums

Auch hierzulande ist die Rede von einer Raumkehre mittlerweile angekommen. Mit einigen Jahren Verspätung häufen sich die sozial- und kulturwissenschaftlichen Publikationen über den *spatial turn* und seine Derivate, den *geographical*, den *topographical* bzw. den *topological turn*. Diese Entwicklung ist für deutsche Verhältnisse auch insofern voraussetzungsvoll, als die seit dem Ende des 19. Jahrhunderts in Deutschland gebräuchliche Raumsemantik die nationalsozialistischen Expansionsbestrebungen begleitet hatte und nach dem Zweiten Weltkrieg nachhaltig diskreditiert war. Politische Bezüge auf Raum und Räumliches galten noch zu Beginn der 1980er Jahre als revisionistisch, so dass es, wie der Historiker Karl Schlögel schreibt, »seinen guten Grund [hatte], aufmerksam zu sein« (Schlögel 2003, 53).

Auch die Wiederkehr des Raums ist im Fall der deutschsprachigen Sozial- und Kulturwissenschaften in besondere gesellschaftspolitische Konstellationen eingebettet. Während geopolitisches Vokabular bereits im Historikerstreit eine Renaissance erlebte, haben vor allem der Fall der Mauer, das Ende des Ost-West-Konflikts sowie die damit verbundenen Entgrenzungen und Neubegrenzungen dazu beigetragen, dass der Gedanke an die Verbindung von Raum und Nationalsozialismus zunehmend in den Hintergrund treten konnte. In der Folge ist Raum wieder zu einem zentralen Begriff der sozial- und kulturwissenschaftlichen Theoriebildung geworden; sind Vokabeln wie ›Raumwirksamkeit‹ und ›Raumüberwindung‹, ›Grenzüberschreitung‹ oder ›Topographie‹ auch in solchen Disziplinen wieder aufgegriffen worden, die sich zuvor durch eine gewisse Raumblindheit auszeichneten.

Diese Entwicklung mag man begrüßen oder mit Besorgnis betrachten – wegdiskutieren lässt sich die aktuelle Vorliebe für den Raum nicht. In historischer Hinsicht kann jedoch gefragt werden, was eigentlich das Neue am *spatial turn* ist. Bei der Suche nach einer Antwort auf diese Frage zeigt sich, dass sozial- und kulturwissenschaftliche Theorien schon vor der räumlichen Wende, von ihrem institutionellen Beginn an, mit bestimmten räumlichen Vorstellungen ausgestattet waren. Die wirkungsvollste *›hidden‹ geography* in der sozial- und kulturwissenschaftlichen Disziplingeschichte dürfte die nationalstaatliche Ordnung gewesen sein. Auch heute noch, in Zeiten der Globalisierung, wird die Welt kaum anders beobachtet als durch jene Brille, die den Blick auf die ›Raumblöcke‹ der Nationalstaaten lenkt. Vor diesem Hintergrund wird nicht nur deutlich, dass die Behauptung einer traditionellen Unterprivilegierung des Raums wenig überzeugend ist. Es stellt sich auch die Frage, ob die Rede von der neuen Bedeutung des Raums ihre Legitimation tatsächlich aus den veränderten empirischen Fakten einer neuerdings globalisierten Welt beziehen kann. Wenn die Welt ›vor der Globalisierung‹ nicht weniger räumlich war als jetzt – und auch als solche betrachtet wurde –, dann liegt die Vermutung nahe, dass sich diese Rede gerade nicht empirischen Fakten, sondern einer kognitiven Verschiebung verdankt; dass also die Rede von der neuen räumlichen Problemdimension in erster Linie die Rede von der neuen räumlichen Problemdimension ist.

Diese Rede kann zudem in erkenntnistheoretischer Hinsicht kritisiert werden. Ohne damit für eine ebenso kurzsichtige Tabuisierung des Raumbegriffs einzutreten, wird im Folgenden argumentiert, dass das gegenwärtige Interesse am Raum das sozial- und kulturwissenschaftliche Denken in eine folgenreiche »Raumfalle« führen kann (Lippuner/Lossau 2004). In diesem Sinne wird mit Blick auf die problematischen Implikationen des *spatial turn* aufgezeigt, inwiefern die aktuelle Diskussion von Raumfragen dazu neigt, Gesellschaft mit Physischem (Raum) zu verknüpfen und dabei Produkte sozialer Praktiken in ›geographische Gegebenheiten‹ zu verwandeln. Viele Beiträge der gegenwärtigen ›Raumdiskussion‹ leben davon, dass sie, wie der Geograph Gerhard Hard schreibt, »Nichträumliches (z. B. Soziales) als räumlich-materiell Fixierbares, Verankertes, Bedingtes, Verursachtes, Steuerbares, ja als weitgehend bis ganz und gar Räumliches oder Physisch-Materielles erscheinen [...] lassen« (Hard 1999, 156). Dabei wird ein Argumentationsmuster in Anschlag gebracht, das insofern als naturalisierend bezeichnet werden kann, als es Unverfügbarkeit ins Spiel bringt und die Kontingenz der sozial-kulturellen Welt – und ihrer Beobachtung – suspendiert.

Die Kritik an naturalisierenden Diskursen bildet somit auch den Horizont, unter dem anschließend versucht wird, Wege aus der Raumfalle des *spatial turn* aufzuzeigen. Ansatzpunkte hierzu finden sich in diskurs- und zeichentheoretischen, aber auch praxistheoretischen Ansätzen, die naturalisierende Zugänge zum Raumbegriff ablehnen. Insofern sie ›Raum‹ konsequent als Basiskategorie der Bezeichnung – als Raumsemantik – bzw. als Produkt alltäglicher Praktiken betrachten, sind sie in der Lage, die Konstruktion von Raum als Praxis der Verräumlichung von Nichträumlichem zu fassen. Aufgrund ihrer Reflexivität besitzen sie zudem das Vermögen, Aufmerksamkeit für die raumkonstituierenden Effekte ihrer eigenen Beobachtung abzuzweigen.

Raum als Container und Gegenstand

Sechzig Jahre nach dem Ende des Zweiten Weltkriegs ist wieder Bewegung in den Diskurs um Raum und Gesellschaft gekommen. Bei aller Popularität wird jedoch die Frage, was sich inhaltlich mit dem *spatial turn* verbindet, in der Literatur unterschiedlich beantwortet. Die Ambivalenzen beziehen sich nicht zuletzt auf den zentralen Begriff der Debatte. Während ›Raum‹ in differenztheoretischer Perspektive als Chiffre für die Anerkennung unterschiedlich machtvoller Standpunkte oder Subjektpositionen fungiert, leben im *spatial turn* auch traditionelle, gegenständliche Raumvorstellungen fort. In der aktuellen Diskussion bezeichnet ›Raum‹ vielfach einen Ausschnitt der Erdoberfläche, ein bestimmtes Territorium oder eine Region im Sinne eines erdräumlich verorteten Containers. Das zeigt der Raumdiskurs besonders deutlich dort, wo er mit dem Globalisierungsdiskurs zusammengeht. Trotz aller Bemühungen, den »transkulturellen Bedingungen« (Ulrich Beck) der globalisierten Welt auch konzeptuell Rechnung zu tragen, werden Gesellschaften und Kulturen bis heute in der Regel als regional begrenzte Einheiten gedacht, »so daß Brasilien eine andere Gesellschaft ist als Thailand, die USA eine andere als die Rußlands, aber dann wohl auch Uruguay eine andere als Paraguay« (Luhmann 1997, 25).

Auch im Diskurs des *spatial turn* finden sich also jene geographischen »Raumgestalten«, in denen, wie der Geographie- und Raumtheoretiker Benno Werlen schreibt, »›Natur‹, ›Kultur‹ und ›Gesellschaft‹ zu einer Einheit zusammenwachsen« (Werlen 2007, 49). In diesem Kontext führt das neue Interesse am Raum schließlich dazu, dass die ›harte‹, konkrete Seite der gesellschaftlichen Wirklichkeit bzw. deren physisch-materielle Grundlagen wieder stärker berücksichtigt werden. So befindet beispielsweise Karl Schlögel, der *spatial turn* habe deutlich gemacht, dass »nicht alles Zeichen, Symbol, Simulacrum, Text ist, sondern Stoff, Materie, Baumaterial« (Schlögel 2004, 262). Der 11. September habe uns daran erinnert, dass es Orte gibt, »Städte, die getroffen werden können, Türme, die zum Einsturz gebracht werden können, Treppen, die [...] zu tödlichen Fallen werden [...]« (ebd.). Diese Erfahrung zwinge uns, die Welt wieder durch eine räumliche Brille zu sehen – eine Brille, »die auch eine Konkretisierung und Visualisierung« (ebd., 263) mitbefördere und uns neue Verfahren der Wahrnehmung und Anschauung beschere.

Auch in anderen Bereichen des sozial- und kulturwissenschaftlichen Theoriediskurses hat die Rede von gegenständlichen, empirisch erlebbaren Räumen und Orten Konjunktur. Folgt man der Literaturwissenschaftlerin Doris Bachmann-Medick, so führte der *spatial turn* in der Literaturwissenschaft »weg von der Überbewertung innerer Räume und hin zu einer Aufwertung realer Räume, als Thema, aber auch als Bedingungsumfeld literarischer Texte« (Bachmann-Medick 2006, 310). Über die Disziplingrenzen hinweg scheint also die aktuelle Rede vom Raum mit einer besonderen Betonung des Materiell-Gegenständlichen oder auch des Realen (und nicht Fiktionalen), des Objektiven (und nicht Subjektiven), des Außenweltlichen (und nicht Innenweltlichen), des Konkreten (und nicht Abstrakten) einher zu gehen.

Die damit verbundene Relativierung des Immateriellen, Zeichenhaften wiederum zeigt sich eindrucksvoll in der Popularität von Ansätzen, die sich für die Zusammenhänge zwischen der sozial-kulturellen Welt einerseits und psychischen Systemen bzw. der natürlichen Umwelt andererseits interessieren. Angesprochen sind damit vor allem Forschungsprogramme an der Schnittstelle zur Hirn- und Genforschung oder sozialökologische Perspektiven auf das ›System Erde‹ in der Umwelt- und Risikoforschung. Wie der *spatial turn*, so kann auch dieser breitere *material turn* als Ausdruck der Hoffnung interpretiert werden, mit Hilfe der physisch-materiellen Welt eine Form von theoretischer Relevanz und Unmittelbarkeit wiederzuerlangen, die im Zuge früherer Theoriewenden – namentlich dem *cultural turn* – vermeintlich verlorengegangen ist. Dabei scheint die Auseinandersetzung mit der Materialität der Gegenstände den Forschenden Erkenntnis- und Erfahrungsmöglichkeiten zu eröffnen, die über das hinausgehen, was die oft textbezogenen und damit ›weltfremden‹ und ›blutleeren‹ Ansätze traditioneller Kulturtheorie zu bieten im Stande sind.

Gesellschaft und Raum

Bei der Beschreibung sozialer und kultureller Praktiken kommt es im Anschluss daran allerdings nicht selten zu naturalistischen oder deterministischen Darstellungen, die sich darauf berufen, dass soziale Praktiken durch räumliche Gegebenheiten beeinflusst, geprägt oder vorstrukturiert seien. Sozialwissenschaftliche Argumentationen geraten auf diese Weise in Widerspruch zum Durkheimschen Diktum, demzufolge das Soziale weder auf individuelle psychische Dispositionen noch auf natürliche (geographische) Determinanten reduziert werden kann. Mit dieser Autonomieerklärung versuchte Émile Durkheim (1858–1917) bekanntlich, die soziale Welt als eine Realität *sui generis* darzustellen und die Soziologie als eigenständige Disziplin zu begründen. Auch Max Weber (1864–1920) sah sich verschiedentlich veranlasst, Soziologie gegenüber Psychologie und Naturwissenschaften abzugrenzen und darauf hinzuweisen, dass »sinnfremde Gegenstände« der äußeren Welt, zu denen er auch geographische Gegebenheiten zählt, zwar »Anlaß, Ergebnis, Förderung oder Hemmung menschlichen Handelns« darstellen, das Handeln aber nicht in einem strengen Sinne determinieren können (Weber 1980, 3). Für das verstehende Nachvollziehen sozialen Handelns spielen materielle Gegenstände, so Weber, nur insofern eine Rolle, als das Handeln sich auf solche »unverstehbaren Gegebenheiten« beziehe. Die »verstehende Betrachtung« (der Sozialwissenschaften) nehme sie deshalb »als Daten« hin, mit denen »zu rechnen« sei (ebd.). Sie dienten jedoch nicht als Explanans gesellschaftlicher Tatsachen.

Weber argumentiert entschieden gegen naturalistische Verkürzungen sozialer Sachverhalte, insbesondere gegen Versuche einer biologistischen Erklärung sozialer Unterschiede und Merkmale. Er räumt zwar ein, dass Gesellschaft und Kultur mit ihrer materiellen Umwelt – der Natur, dem Klima oder dem Boden – verbunden und von naturräumlichen Gegebenheiten abhängig seien. Dabei handle es sich aber in aller Regel nur um notwendige Voraussetzungen, die gesellschaftliche Sachverhalte und Entwicklungen nicht erklären könnten. Nachzuweisen, welche »spezifischen Komponenten von Kulturerscheinungen im einzelnen Fall durch klimatische oder ähnliche rein geographische Momente bedingt sind«, sei deshalb auch nicht das Ziel der Sozialwissenschaften, sondern die Aufgabe der Geographie (Weber 1924, 462). Seit dem *spatial turn* jedoch scheinen die Sozialwissenschaften an dieser Aufgabe (wieder) selbst Gefallen gefunden zu haben, so dass die (natur-)räumlichen Bedingungen gesellschaftlicher und kultureller Phänomen (erneut) in den Blickpunkt ihrer Betrachtung gerückt sind. Der Soziologe Markus Schroer etwa behauptet: »Raum prägt unser Verhalten und drückt ihm seinen Stempel auf« (Schroer 2006, 176). Aus sozialwissenschaftlicher Sicht gelte es deshalb nicht nur zu beobachten, wie Raum in Handlungen und Kommunikationszusammenhängen konstruiert wird, sondern auch zu berücksichtigen, »was der Raum selbst vorgibt« (ebd., 176 f.). Diese Annahme betrifft zunächst vor allem Interaktionssituationen, bei denen ein (unmittelbarer) Raumbezug durch die Anwesenheit und/oder die gegenseitige Wahrnehmung der Teilnehmer gegeben scheint. Während die Stadt- und Raumsoziologin Martina Löw den Blick bei der Auseinandersetzung mit den Räumen der Interaktion vor allem auf die Interaktionsteilnehmer richtet, die durch verschiedene Arten des *spacing*, d. h. durch die relative Positionierung von Körpern und Objekten, fortwährend interaktionsspezifische Räume erzeugen (Löw 2001), betont Schroer die Wirkung, die räumliche Arrangements auf das menschliche Verhalten in Interaktionen haben (Schroer 2006; s. Kap. III.6). Solche Vorstrukturierungen der Wahrnehmung und Prägungen des Verhaltens zeigten sich exemplarisch etwa im Falle von Kirchen, wo man »mit Bedacht« gehe, automatisch die Stimme senke und den Hut abnehme (Schroer 2006, 176).

Über den Kontext der Kommunikation Anwesender hinaus gehen jene »kausalen Abhängigkeiten der Gesellschaft von Bedingungen der physischen Geographie«, deren Erforschung gemäß dem systemtheoretisch argumentierenden Soziologen Rudolf Stichweh (2000, 191) das Thema einer noch auszuarbeitenden »Ökologie der Gesellschaft« sein könnte. Stichweh beruft sich dabei auf Befunde aus Geographie und Ökologie, die überzeugend zeigten, dass die Entwicklungsverläufe verschiedener Gesellschaften von physisch-geographischen Gegebenheiten, Gebirgszügen, Küstenlinien, Vegetationszonen etc. bestimmt seien.

›Milieu‹ und ›Setting‹

In der Tat sind solche Argumentationen in der Geographie nicht unbekannt. Sie gehören zum Standardrepertoire einer traditionellen Forschungsrichtung, dem sogenannten ›altgeographischen Paradigma‹. Kernthema dieser traditionellen Geographie waren die »Erdräume oder Kulturlandschaften als Ergebnisse einer Auseinandersetzung regionaler Kulturen mit ihrem konkret-ökologischen Milieu« (Hard 1995, 46; s. Kap. I.2.3). Diese in ihrer Grundausrichtung oft natur- oder geodeterministische und zum Teil physikotheologisch motivierte Perspektive wurde in der Geographie noch bis Mitte des 20. Jahrhunderts bei der Beschreibung von Landschaften verwendet (s. Kap. III.10), in den 1960er Jahren aber aufgrund ihrer beschränkten Aussagekraft und mangelnden Wissenschaftlichkeit aufgegeben. Mit entscheidend dafür war die Erkenntnis, dass die soziale Welt (selbst traditionell geprägter Lebensformen) unter den Bedingungen globaler Kommunikation und Migration durch die Beschreibung regionaler Lebensformen (lokaler Kulturen) nicht mehr überzeugend dargestellt und plausibel erklärt werden kann.

Es verwundert daher auch nicht, dass die Vertreter des neuerdings in den Sozial- und Kulturwissenschaften erstarkten Raumdiskurses sich verschiedentlich gegen (angebliche) Determinismusvorwürfe wehren. So betont beispielsweise Markus Schroer, seine Annahmen hätten »nichts mit Raumdeterminismus zu tun, sondern damit, dass räumliche Arrangements nicht ohne Wirkung auf unser Verhalten bleiben« (Schroer 2006, 178). Es gehe nicht darum, dass der physische Raum selbst »ein bestimmtes Verhalten gleichsam automatisch, unter Umgehung des Bewusstseins der Akteure, hervorruft«, sondern vielmehr darum, dass Räume von Individuen mit »Bedeutungen und Wertigkeiten« versehen werden und dass auf diese Weise erzeugte »räumliche Arrangements« bestimmte Verhaltensweisen »nahe legen« und andere »unterdrücken« (ebd., 176 f.).

Die zunächst recht unmissverständlich als das Verhalten »prägend« und Verhaltensweisen »vorgebend« beschriebene Wirkung des Raums besteht also bei genauer Betrachtung in einem ›Wechselspiel‹ sowie in einer Art ›Passung‹: Soziale Akteure (Individuen) produzieren durch die Attribution von Bedeutungen oder durch ›räumliches Umarrangieren‹ Räume, und diese Räume wirken auf die Akteure zurück, indem sie deren Handeln einschränken oder erleichtern. Die kommunikative Herstellung eines sozialen Raums erzeugt, Schroer zufolge, ein raumphysikalisches Substrat, einen materiellen Raum, von dem »ganz bestimmte soziale Wirkungen« ausgehen. So wirke z. B. eine Predigt am besten in einem dafür vorgesehenen und entsprechend eingerichteten Raum (in einer Kirche), eine Vorlesung hingegen entfalte ihre Wirkung am besten in einem Hörsaal (ebd., 176).

Tatsächlich wird niemand bestreiten wollen, dass bestimmte räumliche Arrangements für gewisse menschliche Tätigkeiten besser geeignet sind und für andere schlechter. Das ist schon deshalb zu erwarten, weil die materielle und symbolische Ausstattung von Schauplätzen sozialer Interaktionen in aller Regel auf bestimmte Praktiken zugeschnitten ist und eben deshalb besser zu der einen und weniger gut zu der anderen Tätigkeit passt. So kommt es zu den strukturellen Entsprechungen zwischen Schauplätzen und regelmäßig gezeigtem menschlichen Verhalten, die in der behavioristischen Umweltpsychologie als ›Synmorphien‹ bezeichnet und als Kennzeichen des sogenannten *behavior setting* betrachtet werden. Mit dem Begriff *behavior setting* versuchten Umweltpsychologen um Roger G. Barker bereits in den 1940er Jahren zu erklären, inwiefern menschliche Verhaltensweisen an der materiellen Ausstattung ihrer Schauplätze und der Positionierung von Akteuren, am sogenannten *setting program*, orientiert sind. Weiterentwicklungen der Setting-Theorie betonen außerdem, dass Menschen gezielt Kontextbedingungen aufsuchen, die für besondere Zwecke geschaffen wurden und somit die Ausübung entsprechender Tätigkeiten unterstützen.

Im außerwissenschaftlichen Alltag werden solche ›Synmorphien‹ und ›Passungen‹ oft auf Wirkungen des Raumes oder des Ortes zurückgeführt. Das Zusammentreffen von materiellen Objekten, Praktiken und Bedeutungen wird vom ›gesunden Menschenverstand‹ spontan synthetisiert und in räumliche Sinneinheiten verwandelt. Orte wie ›die Kirche‹ oder ›der Hörsaal‹ erscheinen im Alltagsdenken und in der Alltagskommunikation als sinnhafte, kognitive oder semantische Einheiten, in denen kulturelle Wertungen, Bedeutungen, soziale Regeln oder Gepflogenheiten und materielle Gegebenheiten miteinander verschmelzen. Weil beim Betreten dieser Orte die Bedeutungen meist routinemäßig erschlossen und die damit verbundenen Verhaltensregeln unhinterfragt angewendet werden, entsteht unter Umständen der Eindruck, der Raum präge das Verhalten. Außerdem werden in der Alltagskommunikation fortwährend Raumsemantiken verwendet, die komplexe Sozial- oder Sachinformationen durch weniger komplexe Informationen ersetzen. Vieles lässt sich, wie Gerhard Hard einmal bemerkt hat, »schon dadurch überzeugend [...] identifizieren [...], indem man es verortet – also ohne dann noch weiter über die Sache selber kommunizieren zu müssen« (Hard 1999, 148).

Die Raumfalle

Was im Alltag ein nützliches Mittel der Komplexitätsreduktion darstellt und als einheits- oder sinnstiftendes Konstrukt für hilfreiche Vereinfachungen (oder sogar unverzichtbare Konkretisierungen) sorgt, kann sich in der sozial- und kulturwissenschaftlichen Forschung aber als *obstacle épistémologique*, als Erkenntnishindernis im Sinne Gaston Bachelards (1884–1962) erweisen. Durch die Bezugnahme auf Raum wird bei der Erklärung gesellschaftlicher Phänomene nämlich oftmals genau das ausgeblendet, was für die Erklärung dieser Phänomene eigentlich relevant wäre. Dies sei kurz an dem bereits genannten Szenario nachvollzogen, dem zufolge man in Kirchen mit Bedacht gehe, automatisch die Stimme senke und den Hut abnehme. Abgesehen von den (doch oft eigentlich interessanten) Abweichungen, die damit nicht erfasst werden, zeigt dieses Beispiel, dass die sozialen und kulturellen Ursachen sozialer Praktiken mit dem Verweis auf den Raum und die räumlichen Bedingungen in einer Blackbox verschwinden und dadurch genau das verdeckt wird, wovon man erwarten dürfte, dass es durch eine sozial- oder kulturwissenschaftliche Beschreibung hervorgekehrt wird: kulturell spezifische Regeln und Rituale des Kirchgangs, Rollenverständnisse, praktizierte und inkorporierte Deutungsmuster von Glauben und Andacht, Sanktionierung abweichenden Verhaltens usw.

Verweise auf Raumwirkungen und räumliche Bedingungen führen in sozial- oder kulturwissenschaftlichen Beobachtung nicht selten zu verkürzten Darstellungen komplexer sozialräumlicher Bedeutungszuweisungen. Durch die Vereinfachung impliziter Zurechnungen können Raumsemantiken eine differenzierte Analyse sozialer Praxis blockieren. In diesem Sinne weist Pierre Bourdieu (1930–2002) darauf hin, dass Projektionen von Sozialem auf physischen Raum für die sozialwissenschaftliche Betrachtung ›Fallen‹ darstellen (Bourdieu 1991). Verräumlichte soziale Gegensätze führen den »unvorsichtigen Beobachter, der sie unhinterfragt als solche nimmt«, in einen »substantialistischen und realistischen Ansatz, der das Wesentliche gerade unterschlägt« (ebd. 29).

Bourdieu erörtert diese substantialistische Verkürzung am Beispiel der Auseinandersetzung mit problematischen *banlieus*. Emotional und politisch stark aufgeladene Orte wie die französischen Vorstädte verleiten in besonderer Weise dazu, von den Anordnungen und Distanzen im physischen Raum auf Positionen und Differenzen im sozialen Raum zu schließen. Sie bilden dadurch den Anlass, unter der Hand die Ursache (soziale Distanz) mit der Wirkung (räumliche Segregation) zu vertauschen. Eine ganz ähnliche Gefahr birgt die Verwendung von Raummetaphern für die Beschreibung der sozialen Welt. Auch der Beobachter, der sich unkritisch-essentialistisch auf vorgefertigte sozialräumliche Einteilungen (Klassen, Schichten, Kulturen, Systeme) bezieht, droht in eine ›Raumfalle‹ zu gehen.

Diese ›sozialräumliche Falle‹ kann exemplarisch anhand von Bourdieus eigener Theorie des sozialen Raums veranschaulicht werden: Bourdieu beschreibt darin die soziale Welt als einen mehrdimensionalen Raum mit verschiedenen Subräumen, sogenannten Feldern (Wirtschaft, Wissenschaft, Kunst, Politik etc.), die als mehr oder weniger abgeschlossene soziale Mikrokosmen gedacht werden. Ähnlich wie in Theorien der funktionalen Differenzierung wird angenommen, dass jedes Feld spezifische Praxisformen, eine besondere Distinktionslogik (d.h. ein feldspezifisches Unterscheidungsprinzip), besondere Deutungs- und Bewertungsschemata sowie eigene Sanktionsregelen besitzt.

Die Orte des sozialen Raums fassen also, wie die Orte des geographischen Raums, komplizierte – und eventuell widersprüchliche – Sinnzusammenhänge, Handlungsoptionen, Ereignisse, Objekte und Praktiken zu Einheiten zusammen. Diese sozialräumliche Verortungslogik korrespondiert mit der Intention, die soziale Welt durch trennscharfe Klassifizierung in homogene Einheiten zu unterteilen. Durch die Beschreibung der Gesellschaft als sozialen Raum gewinne man, so Bourdieu, die Möglichkeit »Klassen von größtmöglicher Homogenität in Bezug auf die [...] Hauptdeterminanten der Praktiken und aller sich aus ihnen ergebenden Merkmale zu konstruieren« (Bourdieu 1998, 23). Soziale Struktureinheiten (Klassen, Schichten, Gruppen, Kulturen, Felder oder Systeme) kommen dann als – mehr oder weniger genau – umgrenzte Räume und als Orte sozialer Praktiken in Erscheinung. Aus dem Blick gerät dabei aber, dass sie im Grunde Produkte der Beobachtung und praktizierte Differenzen sind.

Raumbegriffe und -metaphern sind mit anderen Worten in hohem Maße strukturgenerierend und in essentialistischem Sinne einheitsstiftend. Sie sind (gerade deshalb) aus der Theorie- und Begriffsbildung kaum wegzudenken. Unterscheidungsabhängige Beobachtung und differenzierendes Sprechen rufen Bezeichnungen und Begriffe hervor, die als Markierungen von Differenzen stets bestimmte oder unbestimmte andere Seiten nach sich ziehen und damit räumliche Schemata wie z. B. *innen/außen*, *hier/dort*, *diesseits/jenseits* implementieren. Es sind aber mitunter diese Raumschemata, die Beziehungen in Verhältnisse verwandeln und Einheiten schaffen, wo Differenzen am Werk sind. Dem Kultursoziologen Dirk Baecker zufolge stellt ›Raum‹ deshalb »eine Herausforderung für jedes Denken dar, insbesondere für ein an Differenzen und Relationen, Auflösungen und Rekombinationen interessiertes Denken« (Baecker 1990, 74). Die kritische Auseinandersetzung mit Raum, räumlichen (Argumentations-)Schemata und räumlichem Denken bietet vor diesem Hintergrund auch einen Anlass für die (Selbst-)Reflexion sozial- und kulturwissenschaftlicher Arbeit (Lippuner 2005).

4.2 Wege aus der Raumfalle

Im Versuch, Wege aus der Raumfalle des *spatial turn* aufzuzeigen, sollen im Folgenden Möglichkeiten einer sozial- und kulturwissenschaftlichen Forschung skizziert werden, die sich dafür interessieren, wie Räume als symbolische Verräumlichungen sprachlich-kommunikativ und/oder alltagspraktisch hergestellt werden. Zu diesem Zweck bieten sich diskurs- und zeichentheoretische Perspektiven ebenso an wie praxistheoretische Ansätze, die naturalisierende Zugänge zum Raumbegriff ablehnen.

Den hier relevanten diskurs- und zeichentheoretischen Perspektiven ist gemeinsam, dass sie vor dem Hintergrund der Kontingenz gesellschaftlicher Wirklichkeit operieren. Aus ihrer jeweiligen Perspektive kann gesellschaftliche Wirklichkeit nicht unabhängig von ihrer Beobachtung und Beschreibung vorliegen, weil es schlicht »keine Möglichkeit [gibt], aus dem Reich der Kommunikation und der kulturellen Bezeichnungen, aus dem Zeichenuniversum der Sprache und der Bedeutungen [...] herauszutreten« (Nassehi 1999, 354 f.). Die daraus resultierende Unmöglichkeit eines unmittelbaren Zugriffs auf eine vorgängige Wirklichkeit wird auch auf Räume und Räumliches bezogen. Der Raumbegriff bezieht sich dann nicht mehr auf eine vorab gegebene geographische Wirklichkeit, sondern verweist auf diskursive Strukturen, mit deren Hilfe die gesellschaftliche Wirklichkeit produziert und reproduziert, wahrgenommen und angeeignet wird.

Postkoloniale Raumtheorie

In diesem Sinne kann ›Raum‹ nicht mehr – aber auch nicht weniger – als eine Vorstellung von der Welt und somit eine kulturelle Konvention sein, über die innerhalb einer Sprachgemeinschaft Konsens herrscht. Damit wird die scheinbar objektive Anordnung von Dingen im Raum zur symbolischen Geographie, die ihre Existenz einer machtvollen Praxis der Bezeichnung verdankt. Als paradigmatisch kann in diesem Zusammenhang Edward Saids (1935–2003) Arbeit über *Ori-*

entalismus von 1978 gelten: Als Vorreiter postkolonialer Raumtheorie geht es dem Literaturwissenschaftler nicht um den Orient als geographisch definierten Kulturraum. Er interessiert sich vielmehr für die verschiedenen diskursiven Praktiken, durch die der Orient – im Kontext des relationalen Konzeptes ›Orient vs. Okzident‹ – als das Andere Europas erst produziert wurde (Lossau 2002, 73–82; s. Kap. III.5).

Ein Gegenstandsbereich, der in den vergangenen Jahren erhöhte Aufmerksamkeit erfahren hat, ist denn auch die Produktion von ›Kulturräumen‹ oder ›-erdteilen‹, wie sie vom Klassenzimmer bis zum Kanzleramt auf unterschiedlichen gesellschaftlichen Ebenen zu beobachten ist. Als entscheidendes Moment des entsprechenden Diskurses gilt in der postkolonialen Theorie die Fixierung und Normalisierung des Eigenen und der Anderen. Die grundlegende Unterscheidung zwischen Eigenem und Anderem wiederum steht, wie Said im Anschluss an den französischen Strukturalisten Claude Lévi-Strauss (1908–2009) formuliert, in Zusammenhang mit dem geistigen Verlangen nach Ordnung; dem Bestreben also, allen Objekten und Identitäten einen bestimmten Platz zuzuweisen; sie also ›an Ort und Stelle zu bringen‹. Dieser Prozess der Verortung vermag nicht nur die Überzeugung herzustellen, die verorteten Objekte und Identitäten, das Eigene und das Andere, existierten in einem objektiven Sinn. Er sorgt auch dafür, dass die gesamte (Raum-)Ordnung als eine Ordnung erscheint, die so und nicht anders ist.

Aus postkolonialer Perspektive existieren Kulturräume deshalb in symbolischen Ordnungen, und diese symbolischen Ordnungen stellen spannungsgeladene Konstellationen von Macht und Wissen dar, »die in einem ›Hier‹ zentriert sind und auf ein ›Dort‹ projiziert werden« (Gregory 1995, 29). Sie erhalten ihre Objektivität durch den Prozess der Verortung auf anscheinend natürlicher Grundlage und können gleichwohl »den Makel jenes Privilegs der Bezeichnung vor der vermeintlich empirischen Wahrheit, die selbst wiederum nur bezeichnet werden kann, nicht loswerden« (Nassehi 1997, 191). Vor diesem Hintergrund können weite Teile der postkolonialen Forschung als Versuch gelesen werden, Strategien einer »Politik der Verortung« zu analysieren (Lossau 2002) und dabei jene Praktiken zu untersuchen, in denen die Vielfalt möglicher Wirklichkeiten auf eine bestimmte Ordnung reduziert wird – wodurch andere mögliche Ordnungen ausgeschlossen und andere mögliche Wahrheiten marginalisiert werden.

Damit wird nicht zuletzt Position gegenüber einer Vorstellung bezogen, die als ›geographischer Essentialismus‹ bezeichnet werden kann und die Edward Said wie folgt beschreibt: »The notion that there are geographical spaces with indigenous, radically, ›different‹ inhabitants who can be defined on the basis of some religion, culture, or racial essence proper to that geographical space« (Said 1978, 322). In einer Forschungsperspektive, in der Kulturräume nicht als holistische Ganzheiten, sondern als Resultate von Praktiken der Bedeutungszuweisung betrachtet werden, wird das Bild einer der Beobachtung vorgängigen räumlichen Entität korrigiert und die Konstruktion von Raum als eine ebenso machtvolle wie folgenreiche politische Praxis entlarvt.

Handlungsorientierte Sozialraumkonzepte

Ein solches Forschungsprogramm wäre u. a. auch für handlungs- und praxistheoretische Konzeptionen anschlussfähig. Mit Benno Werlens (1999 und 2007) Sozialgeographie alltäglicher Regionalisierung liegt seit Mitte der 1990er Jahre ein Ansatz vor, der darauf abzielt, jene Geographien zu rekonstruieren, die von handelnden Subjekten in und durch deren Alltagspraxis fortwährend produziert und reproduziert werden. Die Perspektive dieses Ansatzes richtet sich auf Formen der Aneignung physisch-materieller Welt, die in der Alltagspraxis als zweckrational-ökonomisch, normativ-politisch oder signifikativ-symbolisch akzentuierte Relationierungen von Körper, Handeln und Raum erfolgen. Raumproduktionen dieser Art reichen von den körperzentrierten ›Territorien‹, die durch die Positionierungen von Individuen in Interaktionen erzeugt werden, über die symbolische und normative Zonierung von Gebäuden bis hin zur Einteilung der Stadt in öffentlichen und privaten Raum oder verschiedene Funktionsräume (City, Wohngebiet, Park, Verkehrsraum etc.) sowie der symbolischen Aufladung von Regionen unterschiedlichster Größenordnung.

Alltägliche Praktiken stehen auch bei Michel de Certeaus (1925–1968) Untersuchung der Produktion des städtischen Raums im Zentrum (s. Kap. II.3). Er beschreibt den Stadtraum als eine Realisierung topologischer Relationen, die insbesondere durch das Gehen hergestellt werden (Certeau 1988). Dabei ist der städtische Raum laut de Certeau zunächst eine lose Kopplung von Orten, »ein Geflecht von beweglichen Elementen« (ebd., 218), in das durch die Bewegung der Körper feste Formen, dauerhafte Verbindungen (Wege und Plätze) eingeprägt werden. Die Bewegung, insbesondere das Gehen, verhält sich laut de Certeau zu den topographischen Raumstrukturen wie das Sprechen (*parole*) zur Sprache (*langue*). Analog zur Verwendung von Sprache durch den Sprechenden erfolgt im Gehen die praktische »Aneignung des topographischen Systems« (ebd., 198). Darüber hinaus stellt das Gehen »eine räumliche Realisierung des Ortes« dar (vergleichbar mit dem Sprechakt als einer lautlichen Realisierung der Sprache): Der Gehende aktualisiert auf seinem Weg die Möglichkeiten (und die Verbote), die die räumliche Ordnung enthält; er »verhilft ihnen [...] zur Existenz und verschafft ihnen eine Erscheinung« (ebd., 190). Gleichzeitig verändert der Gehende die bestehende räumliche Ordnung und vergrößert deren Möglichkeiten, »da er durch Abkürzungen, Umwege und Improvisationen auf seinem Weg bestimmte räumliche Elemente bevorzugen, verändern oder beiseite lassen kann« (ebd.).

Während der Ansatz von de Certeau, wie die Sozialgeographie alltäglicher Regionalisierungen, die Produktion geographischer Räume thematisiert, schlägt Bourdieu mit seinem *Entwurf einer Theorie der Praxis* von 1972 eine Konzeption vor, die Wege aus der Raumfalle in sozialräumlicher Hinsicht aufzeigt. Seine Darstellung der Gesellschaft als sozialem Raum enthält zwar selbst jene Verräumlichung, mit der zumindest eine Tendenz der Essentialisierung und Verdinglichung sozialer Verhältnisse einher geht. Der Begriff der Praxis erzwingt aber gleichzeitig einen Perspektivenwechsel von der Beschreibung stabiler Strukturmuster zur Beobachtung der Produktion (bzw. Selbstreproduktion) von topologischen Relationen.

Die Theorie der Praxis wendet sich zunächst gegen individualistische Ansätze der klassischen Handlungstheorie (vor allem *rational choice*-Theorie), die menschliches Handeln stets auf klar umrissene Motive, Präferenzen und Intentionen zurückführen. Sie richtet sich aber auch gegen strukturalistische Modelle, die sozialräumliche Gegebenheiten (Strukturen) als Bedingungen der Praxis voraussetzen und Praktiken letztlich als (mechanische) Ausführung der Erfordernisse von Strukturen betrachten. Jenseits der ›falschen Alternative‹ von subjektivistischer Handlungstheorie und objektivistischem Strukturalismus versucht die Theorie der Praxis zu zeigen, wie Strukturen in und durch Praxis reproduziert werden. In Bezug auf sozialräumliche Differenzen besteht die Ambition der Praxistheorie also darin, nachzuweisen, dass soziale Beziehungen und Verhältnisse durch Wiederholung von Operationen Dauerhaftigkeit und Stabilität erlangen. Der soziale Raum tritt dabei als Strukturbildung (Strukturierung) im Sinne einer praktizierten Relationierung von Akteuren, Objekten und Äußerungen in Erscheinung (Bourdieu 1998, 11 ff.). Es handelt sich also keineswegs um eine vorgefertigte räumliche Einheit, in der soziale Akteure, wie in einem Gefäß (dessen Bezeichnung den Inhalt definiert), soziale Praktiken ausführen. Vielmehr ist die soziale Welt unter dem Gesichtspunkt einer Theorie der Praxis ein relationaler Raum, d. h. eine topologische Struktur von Ereignisreihen und Handlungsketten, die sich in ihrer Dynamik selbst stabilisieren muss (s. Kap. II.1).

Literatur

Bachmann-Medick, Doris: Spatial Turn. In: Dies.: *Cultural Turns. Neuorientierung in den Kulturwissenschaften.* Reinbek bei Hamburg 2006, 284–328.

Baecker, Dirk: Die Dekonstruktion der Schachtel. Innen und Außen in der Architektur. In: Niklas Luhmann/Frederick D. Bunsen/Dirk Baecker: *Unbeob-*

achtbare Welt. Über Kunst und Architektur. Bielefeld 1990, 67–104.

Beck, Ulrich: *Was ist Globalisierung?* Frankfurt a. M. 1997.

Bourdieu, Pierre: Physischer, sozialer und angeeigneter physischer Raum. In: Martin Wentz (Hg.): *Stadt-Räume.* Frankfurt a. M. 1991, 25–34.

–: *Praktische Vernunft. Zur Theorie des Handelns.* Frankfurt a. M. 1998 (frz. 1985).

Certeau, Michel de: *Die Kunst des Handelns.* Berlin 1988 (frz. 1980).

Foucault, Michel: Von anderen Räumen. In: Ders.: *Schriften.* Bd. 4. Frankfurt a. M. 2005, 931–942 (frz. 1984).

Giddens, Anthony: *Konsequenzen der Moderne.* Frankfurt a. M. 1995 (engl. 1991).

Gregory, Derek: Between the Book and the Lamp. Imaginative Geographies of Egypt, 1849–50. In: *Transactions of the Institute of British Geographers* 20 (1995), 29–57.

Hard, Gerhard: *Spuren und Spurenleser. Zur Theorie und Ästhetik des Spurenlesens in der Vegetation und anderswo.* Osnabrück 1995.

–: Raumfragen. In: Peter Meusburger (Hg.): *Handlungsorientierte Sozialgeographie. Benno Werlens Entwurf in kritischer Diskussion.* Stuttgart 1999, 133–162.

Harvey, David: *The Condition of Postmodernity. An Enquiry into the Origins of Cultural Change.* Cambridge/ Oxford 1989.

Lippuner, Roland: *Raum – Systeme – Praktiken. Zum Verhältnis von Alltag, Wissenschaft und Geographie.* Stuttgart 2005.

– /Lossau, Julia: In der Raumfalle. Eine Kritik des spatial turn in den Sozialwissenschaften. In: Georg Mein/Markus Rieger-Ladich (Hg.): *Soziale Räume und kulturelle Praktiken. Über den strategischen Gebrauch von Medien.* Bielefeld 2004, 47–63.

Lossau, Julia: *Die Politik der Verortung. Eine postkoloniale Reise zu einer anderen Geographie der Welt.* Bielefeld 2002.

Löw, Martina: *Raumsoziologie.* Frankfurt a. M. 2001.

Luhmann, Niklas: *Die Gesellschaft der Gesellschaft.* Bd. 1. Frankfurt a. M. 1997.

Nassehi, Armin: Das stahlharte Gehäuse der Zugehörigkeit. Unschärfen im Diskurs um die ›multikulturelle Gesellschaft‹. In: Ders. (Hg.): *Nation, Ethnie, Minderheit. Beiträge zur Aktualität ethnischer Konflikte.* Köln/Weimar/Wien 1997, 177–208.

–: Die Paradoxie der Sichtbarkeit. Für eine epistemologische Verunsicherung der (Kultur-)Soziologie. In: *Soziale Welt* 50 (1999), 349–362.

Said, Edward: *Orientalism.* New York 1978.

Schlögel, Karl: *Im Raume lesen wir die Zeit. Über Zivilisationsgeschichte und Geopolitik.* München 2003.

–: Kartenlesen, Augenarbeit. In: Heinz-Dieter Kittsteiner (Hg.): *Was sind Kulturwissenschaften? 13 Antworten.* München 2004, 261–283.

Schroer, Markus: *Räume, Orte, Grenzen. Auf dem Weg zu einer Soziologie des Raums.* Frankfurt a. M. 2006.

Soja, Edward: *Postmodern Geographies. The Reassertion of Space in Critical Social Theory.* London 1989.

Stichweh, Rudolf: *Die Weltgesellschaft. Soziologische Analysen.* Frankfurt a. M. 2000.

Weber, Max: Geschäftsbericht und Diskussionsreden auf den deutschen soziologischen Tagungen. In: Ders.: *Gesammelte Aufsätze zur Soziologie und Sozialpolitik.* Tübingen 1924, 431–491.

–: *Wirtschaft und Gesellschaft. Grundriss der verstehenden Soziologie.* [1922]. Tübingen [5]1980.

Werlen, Benno: *Sozialgeographie alltäglicher Regionalisierungen.* Bd. 1: *Zur Ontologie von Gesellschaft und Raum* [1995]. Stuttgart [2]1999.

–: *Sozialgeographie alltäglicher Regionalisierungen.* Bd. 2: *Globalisierung, Region und Regionalisierung* [1997]. Stuttgart [2]2007.

– /Lippuner, Roland: Regionale Kulturen und globalisierte Lebensstile. In: *Geographische Rundschau* 59/7–8 (2007), 22–35.

Roland Lippuner/Julia Lossau

III. Themen und Perspektiven

1. Historischer Raum: Archiv und Erinnerungsort

1.1 Entstehung des Themenfeldes

In der fortgeschrittenen Moderne treten verschiedene Ansätze auf, Raum und Geschichte kritisch in ein neues Verhältnis zu setzen. Einerseits werden historiographische Ansätze verräumlicht, während der Raum andererseits historisiert wird. Diese komplementären Ansätze einer Verräumlichung der Geschichte und der Historisierung des Raums werden im Folgenden entfaltet. Beide Aspekte sind insofern miteinander verwoben, als der Raum seit Descartes als ebenso geschichtslos gedacht wurde wie die abendländische Geschichte seit der Aufklärung als raumlos konzipiert wurde. Die zeit- und sprachzentrierte Moderne hatte, nach einem der führenden politischen Geographen, Edward Soja, eine umfassende *despatialisation* zur Folge, die sie in einen »Kerker einer ausschließlichen Temporalität« (zit. n. Schlögel 2003, 49) verwandelt habe. Zum Gefängnis werden konnte die Zeitlichkeit, weil sie in ihrer historiographischen Verfassung vom Raum getrennt wurde – eine Trennung, gegen die heute umfangreiche Gegenmaßnahmen eingeleitet werden.

Soziologie

Ansätze zu einer Verschränkung von Raum und Geschichte kommen in unterschiedlichen Themenfeldern und in verschiedenen Disziplinen vor. Das Thema der Durchdringung von Raum und Gedächtnis beispielsweise wurde vom französischen Soziologen Maurice Halbwachs (1877–1945) entwickelt. Sein 1939 niedergeschriebener Ansatz eines »kollektiven Gedächtnisses«, der die Grundlage der derzeitigen Diskussionen um das »kulturelle Gedächtnis« darstellt, geht von einer Korrelation von Raum und Gedächtnis aus. Weil das kollektive Gedächtnis im Raum verteilt ist, ist »der Ort (Raum) an dem eine Gruppe lebt [...] nicht gleich einer schwarzen Tafel, auf der man Zahlen und Gestalten aufzeichnet und dann auswischt [...]. Der Ort hat das Gepräge der Gruppe erhalten und umgekehrt. Alsdann können alle Unternehmungen der Gruppe räumlich ausgedrückt werden, und der Ort, an dem sie lebt, ist nur die Vereinigung all dieser Ausdrücke« (Halbwachs 1985, 130). Halbwachs zur Seite gestellt werden kann der Ansatz des deutschen Soziologen Georg Simmel (1858–1918). Wie Halbwachs geht auch Simmel nicht von einem vorgängig bestehenden Raum aus, sondern davon, dass ein Raum dadurch entsteht, dass sich eine gesellschaftliche Gruppe seiner bemächtigt und ihn definiert (Simmel 1992, 687–790; s. Kap. III.6). Umgekehrt wirkt der Raum aber auch auf die Gruppe zurück und beeinflusst und ermöglicht erst eine kollektive Erinnerung. Während jede Erinnerung spätestens seit der antiken Gedächtniskunst, der Mnemotechnik, räumlich fixiert ist, wirken diese räumlichen Strukturen umgekehrt auch auf individuelle und kollektive Gedächtnisstrukturen zurück.

Historiographie

Systematisiert und auf breiter Ebene praktiziert wurden diese über verschiedene Disziplinen verstreuten Ansätze einer Verschränkung von Raum und Geschichte beispielsweise von der französischen Historikerschule der ›Annales‹ in den Artikeln der gleichnamigen Zeitschrift *Annales d'histoire économique et sociale*, die ab 1929 in Paris herausgegeben wurde. In den ersten Artikeln dieser Zeitschrift unternahm einer ihrer Herausgeber, der französische Historiker Marc Bloch (1886–1944), seine raumgebundenen »Experimente unter dem freien Himmel der Geschichte« (Norbert Bolz). Sie bestanden darin, Geschichte(n) aus konkreten Räumen auszulesen: nämlich aus den Formen und Umrissen regionaler Flurkarten. Diese *plans parcellaires* lieferten dem Agrarhistoriker ein konkretes Wissen über den Boden und seine Veränderungen und gaben dem geschichtslosen Raum erstmals eine Geschichte. Auch der zweite Herausgeber der Zeitschrift *Annales*, der französische Historiker Lucien Febvre (1878–1956), versuchte einer raumlosen Historiographie eine neue Ortsanschauung zu vermitteln. Besonders in den 1930er Jahren zeichnete Febvre das Bild einer Geschichtswissenschaft, die ohne die regionalen und geographischen Informationen zum Austrocknen verdammt sei.

Seinen Höhepunkt erreichte diese Verschränkung aus Raum und Geschichte jedoch erst in der Nachfolge Febvres und Blochs in der Person des Febvre-Schülers Fernand Braudel (1902–1985), der mit seinem Werk *Das Mittelmeer und die mediterrane Welt in der Epoche Philipps II.* von 1949 der Annales-Schule nicht nur eine bleibende Bekanntheit sicherte, sondern auch einen Klassiker der Raumgeschichte schrieb. Seit dieser monumentalen Studie über einen geschichtlich gebildeten Raum – den man im Deutschen analog als ›Mittelmeerraum‹ bezeichnet – wurden Raum und Geschichte eindrucksvoll verschränkt. Hier tritt das den Menschen umgebende Milieu des Mittelmeerraums als die Kraft auf, die ihre Geschichte nicht nur umsäumt, sondern ihr auch eine bildende Form gibt. Braudel trennt die Geschichte also nicht mehr von den Räumen, in denen sie geschieht, sondern führt sie mit ihren Landschaften, Äckern und sogar mit ihren Blumen vor Augen.

Seine Geschichte der Landschaft zeigt, dass Braudels Hauptinteresse mitnichten der herkömmliche Ereignisgeschichte, der *histoire événementielle*, gilt. Geschichte lässt sich nach Braudel nicht verstehen, wenn nur diese Ebene betrachtet wird, vielmehr erscheinen die historischen Ereignisse wie bloße Wellen auf der Oberfläche des Stroms der Geschichte, ohne deren tieferen Grund zu berühren. Daher ist die Ereignisgeschichte bei ihm nur die ›oberflächlichste‹ von drei Zeitschichten, die von zwei elementareren Zeitformen überlagert – oder unterwandert – wird. Die erste der drei von Braudel unterschiedenen Zeitebenen ist die fast unbewegliche Zeit der Naturerscheinungen. In der *histoire quasi immobile*, die Braudel auch *géohistoire* nennt, kehren alle Bewegungen in einem Kreislauf an ihren Ausgangspunkt zurück – wie zum Beispiel die Geschichte der Täler und Gebirge, der Inseln und Küsten, des Klimas, der Land- und Seewege.

Die darüberliegende Schicht ist die *longue durée*, die bekannteste von Braudel geprägte Zeitvorstellung. Indem sie auch von anderen Annales-Historikern aufgegriffen wurde, wurde sie zu einem Inbegriff der Annales-Geschichte, ohne dass mit ihr jedoch ein einheitlicher Inhalt verbunden wurde. Bei Braudel (1976) ist die *longue durée* die Zeit der in langsamen Rhythmen verlaufenden Geschichte, der größeren sozialen, kulturellen, ökonomischen und politischen Strukturen, die einen Zeitraum von ein, zwei Jahrhunderten umfassen können. Hier geht es um fast zeitlose Phänomene der räumlichen Prägung von Geschichte, wie beispielsweise die Beobachtung, dass Bergbewohner in der Regel konservativer sind als die Bewohner der Ebenen oder dass die Adria immer eine Kulturscheide war.

Kulturwissenschaft

In der deutschsprachigen kulturwissenschaftlichen Tradition existieren ebenfalls verstreute Ansätze einer gegenseitigen Durchdringung von Raum und Geschichte. Historisch – und paradoxerweise auch räumlich – parallel zur Historikerschule der *Annales* entwickelte der Berliner Kulturwissenschaftler Walter Benjamin (1892–1940) in seinem Pariser Exil von 1933 bis 1939 eine umfangreiche Konzeption einer »raumgewordenen Vergangenheit« (Bd. 5, 1041). Benjamins Position ist aufgrund ihrer autobiographischen und oft poetischen Einfärbung zwar durchaus singulär, doch nicht weniger erfolgreich: Nahezu alle Positionen, die heute im deutschsprachigen Raum eine Historisierung von Raum oder eine Verräumlichung der Geschichte betreiben, berufen sich auf Benjamin. Der heimatlose Berliner

Exilant wurde zum Inbegriff des *spatial* und *topographical turn*, wie Weigel (2002) in ihrem Beitrag »Zum topographical turn« darlegt. Auch wenn Schlögel (2004) von einer »Fälligkeit des *spatial turn* in den Geschichts- und Kulturwissenschaften« spricht, ist Benjamin einer seiner Kronzeugen. Denn Benjamin war tatsächlich »ortsgebunden, ortstreu, ja ortsverfallen« (Schlögel 2003, 128 f.). Diese Ortsverfallenheit lässt sich nicht zuletzt an seiner Biographie ablesen: Kaum ein anderer Intellektueller des 20. Jahrhunderts erscheint derart eng an die Orte seiner Produktion gebunden: an Berlin und Paris, Moskau und Neapel. Man konnte Benjamin durchaus glauben, dass es ihm »weniger auf die Funde als vielmehr auf die Suchwege an[kam]« (Weigel 1997, 29). Denn Benjamins *topographical turn* spricht von einer radikalen Ortsgebundenheit jeden Wissens. Seine verräumlichten Geschichts-Schreibungen stellen die verlorengegangene Verbindung zwischen dem Ort, an dem eine Vergangenheit aufgefunden und aufgeschrieben wurde und dieser Vergangenheit selbst wieder her: »Der Ort hielt den Zusammenhang aufrecht« (Schlögel 2003, 10). Benjamins verräumlichte Geschichten stellen die verlorengegangene Verbindung zwischen dem Ort, an dem eine Vergangenheit aufgefunden und aufgeschrieben wurde, und dieser Vergangenheit selbst wieder her. Das »Kontinuitätswissen« (Schlögel 2003, 350) des Ortes sorgt bei Benjamin dafür, dass die verlorene Geschichte ihren Ort wiederfand.

Die Topographie der Kindheit

Besonders Benjamins autobiographische Schriften stellen eindrucksvolle Unternehmen der Wiedergewinnung verlorener Ortschaften dar. Sowohl die *Berliner Chronik* von 1932 als auch die bekanntere *Berliner Kindheit um neunzehnhundert* von 1938 sind als Reterritorialisierungen der Orte der persönlichen Geschichte zu verstehen. In diesen Aufzeichnungen geht es – frei nach Marcel Proust (1871–1922), dem Autor des zwischen 1913 und 1927 veröffentlichten Romanzyklus *Auf der Suche nach der verlorenen Zeit* – nicht um eine Suche nach der verlorenen Zeit, sondern um eine Ausgrabung des verschwundenen Raums, der von den historiographischen Jahreszahlen verschüttet wurde. Ebenso wie bei Proust bestimmte Orte, von Kindheitskirchen bis zu Pflastersteinen, intime Erinnerungen wieder heraufbeschworen werden, so sind auch für Benjamin persönliche Erfahrungen stets an konkrete Orte gebunden, vom Berliner Zoo bis zur Schule. Jeder dieser Orte stiftet jeweils ein konkretes, ortsgebundenes Wissen. Innerhalb dieses Wissens kann ein Ort einer Geschichte in eine Konstellation mit der persönlichen Geschichte treten, die von ihm erzählt wurde. Auf diese Weise erhält jede dieser Geschichten sowohl einen historischen als auch einen topographischen Index: einen Ort, von dem aus sie erzählt wurde.

In Benjamins autobiographischen Projekten wird die Frage, »wie weit man in geschichtsphilosophischen Zusammenhängen ›konkret‹ sein kann« (Bd. 5, 1086) durch literarische Skizzen beantwortet: Die etwa vierzig Abschnitte der *Berliner Kindheit um neunzehnhundert* sind eher nach Orten als nach Zeiten sortiert. Dieser experimentelle Text zerschlägt die biographisch-historische Kontinuität des bildungsbürgerlichen Entwicklungsromans von Geburt, Kindheit, Jugend und Erwachsensein, um sie durch die topographische Anordnung einer Vergangenheit im Raum zu ersetzen. Anstatt einer erzählten Zeit an verschiedenen Orten erscheinen verschiedene Orte in unterschiedlichen Zeitschichten: Tiergarten und Kaiserpanorama, Potsdam und Pfaueninsel, Markthalle und Speisekammer, Tennisplatz und Schlittschuhbahn, Karussell, Hof und Nähkasten. Die chronologische Einheit der Geschichte zerfällt in eine Vielzahl von schillernden Orten; und die Orte der Kindheit verwandeln sich wiederum in eine topographische Geschichte. Diesseits von Chronologie und Narration verteilen sich die Erinnerungen im Raum und nicht in der Zeit. Benjamins Verräumlichungsprogramm der eigenen Geschichte bringt neben den erinnerten öffentlichen Räumen wie Tennisplatz und Schlittschuhbahn auch so uneinsehbare Räume zu Tage wie häusliche Loggien oder Schränke. Sein Abschnitt zum Thema »Schränke« (Benjamin 2000, 72 ff.) beispielsweise führt in die häusliche Ordnung der ihn umgebenden Kleiderschränke, Buffets und Kommoden ein und stellt deren diskrete Raumordnungen vor. Diese in diskreten Räumen verstreuten Kindheitserinnerungen machen deutlich, dass diese Zeit der erinnerten Kindheit eine an bestimmten Orten zu lokalisierende Angelegenheit ist.

Der schillernde Reichtum der intimen Ortskenntnis von Benjamins Kindheitserinnerungen demonstriert durchaus auch die (Orts-)Armut der herkömmlichen (Ereignis-)Geschichte. Diese Armut war es, die von der schillernden Buntheit von Benjamins autobiographischen Arbeiten gelindert wurde. Sowohl bei Benjamin als auch bei ihm nachfolgenden Autoren erfährt der Raum also seine ersten und vielleicht nachdrücklichsten Markierungen in der Zeit der Kindheit. Während die *Berliner Kindheit* jedoch noch im Register einer »Topographie der Kindheit« (Lindner 1984, 28) verbleibt, ist es an Benjamins legendärem Hauptwerk, dem *Passagen-Werk*, die Geschichte insgesamt als Kartographie zu konstruieren.

Die »raumgewordene Vergangenheit«

Benjamins in den Jahren 1928 bis 1939 entstandenes *Passagen-Werk* sollte zu ›dem‹ Modell einer verräumlichten Geschichte avancieren. Mit seinen Vernetzungen von Raum und Zeit, Schicht und Geschichte entwirft Benjamin ein neues Bild des Denkens der Vergangenheit: Geschichte wird hier nicht ausgehend von einem abstrakten Zeitstrahl geschrieben, sondern ausgehend von einem historisch und topographisch konkreten Ort: der Architektur der historischen Passagen von Paris. Mit dieser Architektur hat es historisch insofern eine besondere Bewandtnis, als die Passagen von Paris für Benjamin das Beispiel einer ›kapitalistischen‹ – d. h. finanziell durch die Börsenspekulation ermöglichten – Architekturform markierten. In der Passage verschränkt sich die Geschichte der Börsenspekulation mit dem Raum der Stadt Paris. Insofern ermöglicht diese konkrete Architektur Benjamin eine Verteilung von historischem Wissen auf einen konkreten Raum. Mit diesem gewaltigen Unternehmen einer Verräumlichung wollte Benjamin die geschichtsphilosophische Methode reformieren und konkretisieren: Während beispielsweise Hegels Geschichtsphilosophie die Weltgeschichte von einem nicht spezifizierten Ort aus artikuliert, schreibt Benjamin keine Welt-, sondern nur noch eine Lokalgeschichte; diese ortsgebundene Geschichte des 19. Jahrhunderts verräumlicht die Geschichtsphilosophie und deren geschichtsmächtiges Subjekt in bislang ungekanntem Ausmaß. In der »raumgewordenen Vergangenheit« (Bd. 5, 1041) der Architektur der Pariser Passagen unternimmt Benjamin das Experiment, die Geschichte der industriellen Moderne topographisch anzuordnen. Ebenso wie in der *Berliner Kindheit* erscheint die Geschichte des 19. Jahrhunderts im *Passagen-Werk* nicht zeitlich, sondern räumlich gegliedert: Alle Konvolute in diesem (unvollendeten) Hauptwerk kommunizieren nicht zeitlich, sondern räumlich mit den Pariser Passagen – ob es sich nun um »Passagen, magasins de nouveautés, calicots« (ebd., 83 ff.) handelt, um »Haussmannisierung, Barrikadenkämpfe« (ebd., 179 ff.) oder um »Eisenkonstruktion« (ebd., 211 ff.). In diesem Experiment gibt es kein ortsunabhängiges Wissen über den Menschen und seine Vergangenheit mehr. Alles Wissen wird an den Ort zurückgebunden, an dem es entborgen wurde; jedes Wissen war auch eines von »Ort und Stelle« (Bd. 4, 400). Lange vor jeglichem *topographical turn* entwickelt Benjamin diverse Konzeptionen eines verräumlichten und topographischen Wissens. In ihnen ist jedes historische Wissen vom Ort seiner Auffindung abhängig und radikal ortsgebunden. Benjamin überzieht die Gesamtheit des historischen Wissens mit einem topographischen Raster. So verfasst er keine Geschichte über ›Paris, die Hauptstadt des 19. Jahrhunderts‹, sondern das 19. Jahrhundert zerfällt in eine Vielzahl jener konkreten Orte und Schauplätze, die von Benjamin für diese Zeit für maßgeblich gehalten werden.

Die Forderung nach einer Verräumlichung der Zeit ist im Werk Benjamins indes schon früh aufgetaucht. Im Fragment *Trauerspiel und Tragödie* von 1916 heißt es entsprechend: »Das Problem der historischen Zeit muß in Korrelation zu dem des historischen Raumes (Geschichte auf dem *Schauplatz*) gefaßt werden« (Bd. 6, 90). Zehn Jahre später spricht Benjamin von einer »Projektion des zeitlichen Verlaufes in den Raum« (Bd. 1, 273). 1928 hatte Benjamin in seiner Habilitationsschrift *Ursprung des deutschen Trauerspiels* mit einer rätselvollen Formulierung darauf hingewiesen, dass das »dem Werden und Vergehen Entsprungene«, also die Geschichte, immer schon dem Ort seines Entspringens entrückt sei. Aus diesem Grund wird dort der Rückgang auf das »dem Werden und Vergehen Entspringende« gefordert, also auf jenen »Ursprung« (ebd., 226), aus dem sich dieser Ort noch rekonstruieren ließ. Das Problem besteht für Benjamin darin, dass es historische Phänomene gibt, die sich dem historischen Wissen entziehen. Im *Trauerspiel*-Buch ist dieses Phänomen die Dichtung des deutschen Barock, die von Benjamin in einer völlig unhistorischen Konstellation zur Kunst des Expressionismus gesehen wird. Doch kann man eine Geschichte ohne Ereignis und ohne Ursache, ohne historische Kausalität und Chronologie schreiben?

Diese Frage einer Ursprungsgeschichte oder Archäologie wurde wenige Jahre später fortgeführt. Anfang der 1930er Jahre entwickelte Benjamin in Denkbildern und Vignetten eine räumliche Konzeption der Geschichte. Im archäologischen Denkbild *Ausgraben und Erinnern* von 1932 beispielsweise drängt er mehrfach auf die Verzeichnung von »Ort und Stelle« (Bd. 4, 400), an denen die Fundstücke der Vergangenheit aufgefunden wurden – worunter man sich beispielsweise die Pariser Passagen vorstellen kann, die als Architektur die Geschichte der industriellen Moderne und ihrer Verzweigungen inkorporieren. Mit dieser Geschichte hatte Benjamin die unsichtbare Vorgeschichte der modernistischen Architektur der 1920er und 1930er Jahre ›ausgegraben‹, in der man wie bei den Pariser Passagen mit Eisen und Glas baute. Aus diesem Grund würde der »Ausgräber« der Vergangenheit das Wesentliche verfehlen, falls er »nicht im heutigen Boden Ort und Stelle bezeichnen kann, an denen er das Alte aufbewahrt« (ebd.). Der Historiker soll also stets den aktuellen Einsatz seiner Geschichtsschreibung benennen – wie beispielsweise die Bedeutung der historischen Passagen von Paris für den zeitgenössischen Architekturdiskurs.

1932, im Jahr als Benjamins Denkbild entstand und der Modernismus auf der Internationalen Architekturausstellung im Museum of Modern Art in New York triumphierte, forderte Benjamin einen örtlichen Ursprung aktueller Phänomene wie des Modernismus. Er schlug ein historisches Wissen vor, das nicht mehr nur nach seiner Zeit geordnet war, sondern das zu einem räumlichen Wissen geworden war – zu einem räumlichen Wissen, das stets an konkreten Lokalitäten wie den Pariser Passagen festzumachen sei. Denn während das historische Objekt auf die falsche Fährte der zeitlichen Daten locke, müsse das umgebende ›Erdreich‹ als rettendes Medium der Geschichte räumlich in Erscheinung treten. Denn nur die Orte der Geschichte besitzen noch eine Speicherfunktion, die später unweigerlich verloren ginge.

Im Anschluss an Benjamin wie an die Psychoanalyse finden sich verschiedene, vor allem französische Autoren, die Benjamins Projekt einer Verräumlichung der persönlichen Geschichte und intimer Erfahrungen fortführen. Nach dem französischen Anthropologen Marc Augé beispielsweise eröffnet die Kindheit sowohl »die Erfahrung der ersten Reise«, wie sie »über den Umgang mit dem Raum entscheidet« (1994, 99). Und der französische Historiker und Philosoph Michel de Certeau (1925–1986) schreibt, »mit dem Raum umzugehen, bedeutet also die fröhliche und stille Erfahrung der Kindheit zu wiederholen« (Certeau 1988, 208). Am maßgeblichsten wurde die Verräumlichung intimer und dichterischer Erfahrung jedoch vom französischen Wissenschaftshistoriker und Poetologen Gaston Bachelard (1884–1962) betrieben. Seine »Archäologie der Bilder« (Bachelard 1987, 11) in der *Poetik des Raumes* von 1957 legte fern seiner epistemologischen Forschungen eine heute klassische Phänomenologie der Dichtung oder des dichtenden Unbewussten vor. Sie führte an Bildern der Dichtung durch, was Benjamins autobiographische »Bildforschung« (Bd. 3, 290) an Bildern der Geschichte demonstriert hatte. Seine phänomenologisch grundierte Psychoanalyse verfährt jedoch phänomenologisch und nicht psychoanalytisch (s. Kap. III.13). Mit seiner Raumpoetik versucht Bachelard (1987, 37), »dem Sein von drinnen auch ein Schicksal im Draußen [zu] geben« – also die ›subjektive‹ Innen- mit der ›objektiven‹ Außenwahrnehmung von Räumen zu verbinden, wie es beispielsweise in der Dichtung geschieht.

1.2 Spektrum der Diskussion

Während die genannten Verschränkungen von Raum und Geschichte in verschiedenen Disziplinen wie Historiographie, Soziologie oder Kulturwissenschaft eine fruchtbare Tradition gebildet haben, wurde diese vor allem vom französischen Historiker Pierre Nora in die jüngere Diskussion eingebracht. Seine Konzeption der *lieux de mémoire* (Gedächtnis- oder Erinnerungsort) kann nach Braudel als die erfolgreichste Verschränkung von Raum und Geschichte gelten. Der ›Erinnerungsort‹ verräumlicht und spatialisiert die Geschichte in bislang ungekanntem Ausmaß. Geschichte wird hier nicht anhand von Jahreszahlen, sondern anhand von »Orten« geschrieben: »Das Gedächtnis klammert sich an Orte, wie die Geschichte an Ereignisse« (Nora 1990, 30). Nora schreibt also keine Geschichte von Ereignissen, sondern von Orten; und diese neue Örtlichkeit ist nicht nur eine der Geschichte, sondern, mehr noch, die des Gedächtnisses. Das Konzept des *lieu de mémoire* geht davon aus, dass sich das kollektive Gedächtnis von bestimmten Gruppen (z. B. Nationen) an bestimmten Orten kristallisiert und entfaltet; die Nation ist eine symbolische Realität, die auf ihre Realisierung durch bestimmte historische Orte und symbolische Markierungen angewiesen ist. Auch Regionen (wie das Elsass) und Landschaften (wie die französische Vendée) werden eher von der Geschichte als von geographischen Kräften hervorgebracht. Sie werden nicht nur von der Geschichte geprägt, sie prägen sie auch eigenständig.

Bei dieser gegenseitigen Durchdringung von Raum und Gedächtnis geht Nora von einer antagonistischen Beziehung zwischen Geschichte und Gedächtnis aus: Das gelebte und magische Gedächtnis wird von der toten und entzauberten Geschichte abgelöst. Während das affektive Gedächtnis noch ortsgebunden funktionierte, produziert die veräußerlichte Repräsentation der Geschichte den *lieu de mémoire*: Dieser taucht historisch in dem Moment auf, in dem das *milieu de mémoire* verschwindet: »Es gibt *lieux de mémoire*, weil es keine *milieux de mémoire* mehr gibt. [...] Hausten wir noch in unserem Gedächtnis, brauchten wir ihm keine Orte zu widmen. Es gäbe keine Orte, weil es kein von der Geschichte herausgerissenes Gedächtnis gäbe« (ebd., 11 f.). Seit wir nicht mehr in unserem Gedächtnis wohnen, müssen wir dem Gedächtnis Orte widmen. Der *lieu de mémoire* ist also ein geschichtlicher Raum, ein von der Dynamik der Geschichte produzierter Ort. Er zeigt, wie die Geschichte Räume definiert und hervorbringt.

In der deutschsprachigen Diskussion wurde die Verschränkung von Raum und Geschichte vor allem vom Historiker Karl Schlögel vertreten. Mit dem – von dem deutschen Geographen Friedrich Ratzel entliehenen – Programm *Im Raume lesen wir die Zeit* macht Schlögel seine Verräumlichung historischen Wissens auch einem breiteren Publikum bekannt. Sein Ansatz dokumentiert die »Wiederkehr des Raumes« (Schlögel 2003, 11) in der Geschichtswissenschaft – und damit eine grundlegende Neuorientierung des historischen Wissens, das sich nicht mehr nur als sprachlich fixiert erweist, sondern im Raum verteilt. Das *spacing history* soll die alte Verbundenheit von Raum und Geschichte wieder herstellen, die seit Moderne und Aufklärung in der Historiographie verlorengegangen sei. Laut dieser kritischen Forderung waren die Programme der Verräumlichung und Respatialisierung der Geschichte in diesen Disziplinen besonders notwendig geworden, weil die chronologische und lineare Verfasstheit des Historischen alle räumlichen Fixierungen verschwinden ließ. Die historische Kausalität ließ jeden topographischen Index vermissen; das Geschichtliche war seinem ursprünglichen räumlichen Zusammenhang immer schon entrückt. Denn zur Geschichte und zum Dokument wurde ein Geschehen nur, indem es aus einem bestimmten räumlichen Kontext gerissen wurde. Diese Dekontextualisierung betrachtet Schlögel als den »Preis der Zerstörung dessen [...] was der Ort, der Platz, der Knotenpunkt ist« (ebd., 48).

Auf der Basis dieser fundamentalen Entwurzelung oder ›Dekontextualisierung‹ sprechen Historiker wie Reinhart Koselleck (2000) oder auch Schlögel von einer »disziplinären Trennungsgeschichte von Raum und Zeit« (Schlögel 2004, 70). Vor ihrem Hintergrund sei »die Wiedergewinnung ihrer Einheit ein Stück Versöhnungsarbeit. [...] Der Temporalität muss die Spatialität zur Seite gestellt werden« (ebd., 276). Der Einsatz dieser topographischen Erkenntnis bestehe darin, dass hier ein geschichtliches Wissen wieder an den Ort eingerückt wird, aus dem es zunächst herausgebrochen worden war – und das vor allem, so dürfen wir Schlögel und Koselleck verstehen, im Kontext der deutschsprachigen Geschichts- und Kulturwissenschaften nach 1945. Schließlich wurde die beschriebene ›Versöhnungsarbeit‹ vor allem vor dem Hintergrund der Tatsache nötig, dass die deutschsprachige Historiographie nach 1945 implizit die Probleme von Raum und Ort als vergangenheitsbelastet umgangen hatte.

Anders sieht es im bereits erwähnten französischen Kontext aus, wo die Anthropogeographie eines Paul Vidal de la Blache (1845–1918) kontinuierlich bis hin in die Annales-Schule fortwirken konnte. In diesem Sinne geht es auch neueren Ansätzen wie Noras Konzeption der *lieux de mémoire* eher darum, die Geschichte von einem zu direkten und kausalen Ortsbezug zu lösen, bzw. darum, das Konzept des Ortes entsprechend zu erweitern. Zwar ist Noras Kritik an der Ortsvergessenheit der Geschichte durchaus mit der deutschsprachigen Situation vergleichbar; dabei macht es jedoch die Kuriosität von Noras Konzeption aus, dass seine Gedächtnis-›Orte‹ sich nicht nur auf tatsächliche, regionale oder geographische Orte beziehen. Ebenso sehr können nationale ›Orte‹ imaginär sein und sich auf Orte des kulturellen Gedächtnisses beziehen. Noras *lieux* sind nicht nur real, sondern auch imaginär. Seine ›Orte‹ sind demnach eher Markierungen in einem räumlich vorgestellten Gedächtnis als reale Orte oder Denkmäler. Aus diesem Grund erscheinen in Noras groß angelegter Geschichte Frankreichs auch imaginäre Orte wie beispielsweise die ›Marseillaise‹ oder die Tour de France, Jeanne d'Arc oder Prousts Romanzyklus *Auf der Suche nach der verlorenen Zeit*. Auch das Projekt, eine Auswahl von *Deutschen Erinnerungsorten* (François/Schulze 2001) zusammenzustellen, folgt diesem Ansatz insofern, als es auch ›Orte‹ einbezieht, die in einem nationalen Imaginären eine Rolle spielen – wie die Nationalhymne, die D-Mark, das *Nibelungenlied* oder Beethovens *Neunte* –, die jeden Bezug auf konkrete Orte vermissen lassen.

Kulturelles Gedächtnis und Archiv

Nach Halbwachs und parallel zu Nora wurde die Diskussion um das raumabhängige kollektive oder ›kulturelle‹ Gedächtnis vor allem von den Kulturwissenschaftlern Jan und Aleida Assmann aufgenommen. Der Heidelberger Ägyptologe Jan Assmann unterscheidet in der Tradition von Halbwachs zwischen individuellem, kommunikativem und kollektivem, ›kulturellem‹ Gedächtnis (Assmann 2007, 35 ff.). Während das individuelle, kommunikative Gedächtnis bei Jan Assmann vor allem in seinem Alltagsgebrauch aufgeht, wirkt das kollektive, kulturelle Gedächtnis in seiner Alltagsentzogenheit als identitätsstiftend. Doch genau in dieser Entzogenheit kann das entstehen, was Jan Assmann mit dem kulturkritischen Essayisten Friedrich Georg Jünger (1898–1977) als ›Verwahrensvergessen‹ bezeichnet: Eine organisierte Kommunikation über die Vergangenheit, die in zeremoniell gestalteten Räumen und Architekturen stattfindet. Als Gefäße des kulturellen Gedächtnisses sind diese räumlichen ›Behälter‹ des kulturellen Gedächtnisses (wie Archive oder Museen) jedoch keineswegs neutral, sondern wirken im Gegenteil formgebend und sinnstiftend – wobei diese Formgebung nach Jan Assmann immer auch durch die

Instanzen der Macht geschieht. Die Räume des kulturellen Gedächtnisses formen »Zeitinseln, Inseln völlig anderer Zeitlichkeit bzw. Zeitenthobenheit« (Assmann 1988, 12) und sind fundamental auf räumliche Trennung und regionale Abschottung angewiesen. Denn die unserem direkten Zugriff entzogenen »Erinnerungsfiguren« (ebd., 12) des kulturellen Gedächtnisses werden durch eine Zeit aktualisiert und in einem Raum substantiviert: Erinnerungen sind immer in einem bestimmten kulturellen Raum verankert, seien dies Haus oder Landschaft, Dorf oder Stadt.

Die ›Erinnerungsräume‹ der Konstanzer Anglistin Aleida Assmann liegen näher an Pierre Nora als Jan Assmanns ›kulturelles Gedächtnis‹. Doch im Gegensatz zu Nora und seiner Opposition zwischen Geschichte und Gedächtnis glaubt Aleida Assmann, dass die erzählte Geschichte das *milieux*, also das Gedächtnis, ersetzen kann. Sie unterscheidet deshalb – neben traumatischen Orten und Generationen-Orten – zwischen Gedächtnis- und Erinnerungsorten: Das Gedächtnis funktioniere wie ein Speicher und klammere Historizität aus, das Erinnern hingegen mobilisiere die Zeiterfahrung, wählt aus und konstruiert im weitesten Sinne ein interessegeleitetes Bild der Vergangenheit. Daraus folgt, dass der Erinnerungsort wie bei Nora ein rein antiquarisch-historisches Interesse hat, während der Gedenkort die Möglichkeit einer Bewahrung der Vergangenheit durch die wiederhergestellte und weitertradierte Erzählung ermöglicht (Assmann 2009, 158–178).

Die Vergangenheit wird jedoch nicht nur verräumlicht und auf Orte bezogen. Innerhalb dieses ortsbezogenen Ansatzes werden auch solche Orte diskutiert, die das Wissen um die Vergangenheit aktiv prägen. Ein Ort des kulturellen Gedächtnisses, der in jüngster Zeit besonders intensiv diskutiert wird, ist das Archiv, das beispielsweise durch den Berliner Medientheoretiker Wolfgang Ernst (2002) thematisiert wird. Die Aufmerksamkeit für Archive hängt mit einer Doppelbesetzung des Archivbegriffs zusammen, der sowohl theoretische Konzeptionen als auch reale Institutionen bezeichnet (Weigel 2005): Einerseits sind Archive reale Institutionen der Speicherung, Verwahrung und Verwaltung von Vergangenheit an öffentlichen Orten. Neben dieser passiven Funktion sind sie aber auch aktive Orte, welche die Vergangenheit in einer bestimmten – in einer räumlich bestimmten – Weise aufbereiten und beeinflussen. In diesem Sinn schreibt beispielsweise der Philosoph Jacques Derrida in seiner Theorie des Archivs: »Kein Archiv ohne die eingerichtete Verräumlichung eines Ortes« (Derrida 1997, 5). Archive sind also Orte, die durch ihre räumliche Anordnung der Zeugnisse der Vergangenheit deren Niederschrift – oder Historiographie – mit beeinflussen.

Auf diese räumlichen Beeinflussungen des historischen Wissens zielen auch viele Theorien des Archivs, welche die Örtlichkeit der Vergangenheit betonen (Ebeling/Günzel 2009). Als räumlich fixierte Speicher der Vergangenheit treten sie in Konkurrenz zur ortlosen Geschichte; die »Kammer des Realen« (Vismann 2000, 47) befindet sich erkenntnistheoretisch vor der Geschichte. Das Archiv ist ›näher dran‹ an der Vergangenheit, weil ihre Urkunden unbearbeiteter sind als historische Dokumente. Als »Gesetz dessen, was gesagt werden kann«, wie die klassische Definition von Michel Foucaults (1926–1984) *Archäologie des Wissens* lautet (Foucault 1973, 187), zeigt das Archiv die Wirklichkeitsbedingung historischen Wissens.

Diese Konkurrenz zur Geschichte hat dazu geführt, dass unter dem Stichwort des ›Archivs‹ verschiedene Theorien anderer oder alternativer Geschichtsschreibungen entwickelt wurden: Bei Foucault und Derrida beispielsweise verspricht das Archiv eine Geschichtstheorie, die von der Repräsentation der Vergangenheit auf deren Codierung umschaltete: Hier wurde die Vergangenheit nicht in einer ortlosen Geschichte repräsentiert, sondern der Ort des Archivs codierte von Anfang an, was einmal als Geschichte gelten und was von ihr ausgeschlossen wird. Diese Konzeption der Geschichte wird insbesondere von der kulturwissenschaftlichen Rezeption Foucaults stark gemacht, die nicht von der Repräsentation der Vergangenheit in ihren Annalen ausging, sondern von den Codierungen, die den Datierungen zugrunde liegen: Unter dem Emblem des Archivs wurde eine Geschichtsschreibung vorgeschlagen, die nicht mehr aus Namen und Daten besteht, sondern aus den namenlosen Materialitäten, die erst zu den Zeiteinteilungen der Historie führen. Diese alternative Geschichte »tendiert« schon aus dem Grund »zur Archäologie«, wie Foucault schreibt, weil sie die Jahreszahlen nicht mehr als Ursachen, sondern als Effekte betrachtete, nach deren Ursprüngen sie suchte (Foucault 1973, 15).

Bemerkenswerterweise hat es einen Austausch zwischen Theorien des Archivs und dem Archiv als Institution gegeben: Nach einer Phase der intensiven Diskussion um Theorien des Archivs sind zahlreiche Forschungen wieder bei den realen Archiven angekommen. Damit verbunden ist eine enorme Aufwertung, die die Arbeit im Archiv erfahren hat (Weigel/Flach 2008): Dieser Ort gilt nicht mehr als passiver Ort oder verstaubter Schriftfriedhof. Heute ist das Archiv prominenter Topos einer aktiven Wissensproduktion. Wer heute ins Archiv geht, koppelt sich nicht mehr von der Vergangenheit ab – er hofft, die ersten Formen der Geschichtsproduktion aufzuspüren und sie wie ein Archäologe auszugraben, der zur Rekonstruktion der Vergangenheit ebenfalls nur noch Räume und keine Daten mehr vorliegen hat (Ebeling/Altekamp 2004).

1.3 Offene Fragen und Kontroversen

Während Noras *lieux de mémoire* noch auf der Schwelle zwischen einer Verräumlichung der Geschichte und einer Geschichte des Raums liegen, haben Autoren wie Foucault oder Augé Studien zur historischen Veränderlichkeit von verschiedenen Raumtypen und Raumordnungen vorgelegt. Neben Foucaults Konzept der ›Heterotopie‹ versuchte vor allem Augé mit seiner Dialektik zwischen Ort und Nicht-Ort, diese Geschichtlichkeit des Raums zu fassen. Er geht davon aus, dass die räumliche Versöhnung zwischen alten und neuen urbanen und landschaftlichen Räumen – auf den Begriff gebracht durch Baudelaires klassisch-modernes Gleichgewicht zwischen Glockenturm und Schornstein in dem Gedicht »Le paysage« –, in der fortgeschrittenen Moderne ins Wanken gekommen sei (Augé 1994, 90f). In der Folge einer sog. Übermoderne oder Hypermoderne entstehe ein neuer Umgang mit Raum, der ›Nicht-Orte‹ hervorbringe. Der ›Nicht-Ort‹ steht im Gegensatz zum Ort, der bei Augé – wie schon bei Nora das ortsgebundene Gedächtnis – in Kultur, Religion und Nation verwurzelt ist und Identität stiftet. Im Gegensatz zum Ort der Moderne steht der ›Nicht-Ort‹ der Übermoderne, der laut Augé in Folge der Funktionssysteme von Verkehr und Handel den Raum entwurzelt und entzaubert: Flughafen und Autobahn, Supermarkt und Einkaufszentrum, Feriendorf und Flüchtlingslager sind austauschbare ›Nicht-Orte‹ ohne jede Besonderheit. An die Stelle einer intimen Kenntnis von konkreten Orten trete ein abstraktes Verhältnis zum Raum, der allein textlich vermittelt sei; an die Stelle eines Aufgehobenseins im Raum trete ein Konsum, der auf Vertrags- statt auf Identitätsverhältnissen basiere.

Andere Topographien

Ein Stichwort für die Beschäftigung mit Archiven, Feriendörfern und Flüchtlingslagern könnte – mit Benjamin gesprochen – »andere Topographien« heißen (Bd. 5, 138). Wie auch die »mythologische Topographie« soll diese eine »nicht architektonische, sondern anthropozentrische« Topographie entwickeln (ebd., 139). Wie der Flughafen und die Autobahn bei Augé sollten Benjamins Topographien aus »all den Gebäuden des öffentlichen Elends« bestehen: »die Entbindungsanstalt, das Findelhaus, das Hospital, die berühmte Santé: das große Pariser Gefängnis und das Schaffott« (ebd., 138). Kurz: Benjamin verräumlicht nicht nur die menschliche Geschichte, sondern auch das menschliche Leben; und zwar wird es von ihm ausgerechnet auf die Institutionen verteilt, an denen es beginnt oder endet – und die dennoch normalerweise in der Geschichte nur am Rande auftauchen.

Das bekannteste Modell dieser ortsabhängigen Reflexion sind Benjamins Passagen aus dem gleichnamigen *Passagen-Werk*. Die historischen Passagen von Paris ›generieren‹ durch Benjamins Reflexion indirekt einen ortsgebundenen Theorietyp, die ›In-situ-Theorie‹ (Ebeling 2007). In dieser ortsgebundenen Reflexion rückt ein topographischer Ort an die Stelle eines philosophischen Subjekts. Benjamins *Passagen-Werk* ist eine Geschichtsschreibung ausgehend von einem topographischen Ort: keine Geschichte eines Ortes oder eines Themas, auf das dieses Projekt immer wieder festgelegt werden sollte, sondern eine ortsgebundene Geschichte, die einen neuen Reflexionstypus hervorgebracht hat. Von dieser ebenso konkreten wie historischen Reflexion wird der Raum nicht theoretisch gedacht; die Theorie wird ausgehend von konkreten Orten reformuliert.

Der prominenteste Vertreter dieser Verräumlichungen der Geschichte neben Benjamin ist jedoch Foucault: Seine Untersuchungen zum Gefängnis und zur Klinik liefern die bekanntesten Beispiele einer nachbenjaminischen ortsgebundenen Theorie – Beispiele dafür, wie Theorien ausgehend von »konkreten historischen Formen« (Bd. 5, 577) zu entwickeln wären. Foucaults Theorien sind nicht weniger historisch gesättigt als ihre Ausgangsorte. Sowohl in Benjamins *Passagen-Werk* als auch in dem Modell des Panoptikon, das Foucault (1977, 251 ff.), herausarbeitet, werden von konkreten Orten ausgehende Theorien entwickelt, die man ›in-situ-Theorien‹ nennen könnte (Ebeling 2004). Von diesen Orten aus blickt man nicht von einem Zentrum auf eine immer gleich ablaufende Geschichte; die Geschichte verändert sich je nach dem Punkt, an dem man sich befindet. Diese Ortsbezogenheit einer konkreten topographischen Reflexion wird in die Theoriegeschichte eingeführt, noch bevor sie als Ortsspezifik (*site specificity*) in den 1960er und 1970er Jahren von der internationalen bildenden Kunst entdeckt wird. In bildender Kunst und Kulturwissenschaft entsteht ein verräumlichtes und topographisches Wissen, das an konkreten Orten dingfest gemacht wird. Was mit dem »Vetorecht des Ortes« (Schlögel 2003, 10) entsteht, ist ein veritables »Denken des Außen«, wie Michel Foucault (2001) es nannte, das jede Zeitlichkeit verräumlicht und jede Bedeutung materiell hinterlegt.

Nach Benjamin, Foucault und Augé beschäftigen sich Kulturwissenschaftler verstärkt mit konkreten Orten. Vor allem nach Benjamin und Foucault, nach Passagen und Panoptikons, Gefängnissen und Kliniken erzählen ›andere Topographien‹ und Heterotopien andere Geschichten und Kulturgeschichten: Lager und Labore, Ausgrabungen und Archive, Gefängnisse und Kliniken, bis hin zu Autobahnen (Steininger 2004) und Fahrstühlen (Bernhard 2006). Diese Orte der jüngeren Theoriegeschichte verloren in deren Verlauf jedoch ihren imaginären Charakter, wie insbesondere die kulturwissenschaftliche Medientheorie zeigen wird.

Medientheorie

Verweilten Benjamins Passagen noch zwischen dem Traum einer Geschichte und der Geschichte des Traums, so haben die Computerchip-Architekturen, die der Berliner Medienhistoriker Friedrich Kittler als Monumente des digitalen Zeitalters untersucht, jeden imaginären Charakter verloren. Die von ihm erforschten technischen Medien sind ein weiterer historischer Gegenstand, der ebenso konsequent verräumlicht wird wie die Geschichte. Durch die in ihren technischen Apparaturen verankerte Räumlichkeit der Medien kann ihre Geschichte noch einmal neu gedacht werden. Die sog. Archäologie der Medien analysiert heute die Funktion der Medien, Zeit räumlich zu verarbeiten und zu verteilen. Wie die klassische Archäologie rekonstruiert sie historische Zeitlichkeiten aus räumlichen Situationen. An den Medien interessiert ihre Archäologen nicht deren historische Abfolge – die Frage, wann welches Medium historisch erschienen ist. Sondern weil die technischen Medien (wie beispielsweise das Grammophon) ihre Funktion erst durch die räumliche Anordnung von Zeit erhalten (Kittler 1993, 200) –, kann nur ihre räumliche Rekonstruktion auf den technischen Grund der Medien gelangen. Denn als »Zeitachsenmanipulatoren« (Kittler 2002, 184) besteht die Funktion von technischen Medien darin, einen

Datenstrom aus der Zeit im Raum anzuordnen. Medien arbeiten mit einer verräumlichten Zeit und alle Manipulationsprozesse der Zeit beruhen auf räumlichen Veränderungen. Doch diese Räumlichkeit der technischen Medien verschwindet in ihren herkömmlichen wissenschaftlichen Betrachtungsweisen (wie Publizistik oder Medientheorie) mit derselben Regelmäßigkeit, mit der sie ihren technischen Apparaturen zugrunde liegt.

Zunächst entfaltete die Medienarchäologie die Funktion der Schrift und des Alphabets, zeitliche Abläufe wie das Sprechen in zwei Dimensionen zu speichern und damit zu verräumlichen. Nach der Analyse diverser anderer technischer Medien erreichte die Medienarchäologie jedoch bald ihren Fluchtpunkt, den Personal Computer. Beispielsweise konnte die räumliche Funktion der ersten Rechner sichtbar gemacht werden: Die bestand nämlich aus genau 64 Quadratmetern Zeichenpapier, mit der 1979 eine Garage in Santa Clara ausgelegt wurde, »um die Hardware-Architektur des ersten integrierten Mikroprozessors aufzuzeichnen« (Kittler 1993, 226). Damit bilden die ersten Rechner das klassische Beispiel dieser Verräumlichungen. Denn was an technischen Medien wie dem Computer einer räumlichen Analyse zugänglich ist, ist nicht deren Mathematik, sondern deren räumliche Anordnung (ebd., 241).

Die fundamentale Räumlichkeit der Medien betrifft jedoch nicht nur den Computer. Alle technischen Medien beruhen auf einer physischen und damit räumlichen Existenz (Kittler 2002, 44). Diese räumliche Existenz der Medien ermöglicht ihre Archäologie: Das Adressieren, Speichern und Verarbeiten von Daten kann das materielle Objekt von Ausgrabungen bilden, weil hier zeitliche Einheiten im Raum vergegenständlicht werden. Die Medien beschleunigen nicht die Zeit, wie in vielen kulturkritischen Medientheorien, ihre Materialität verschwindet mit ihrem Raum. Diese Räumlichkeit der Medien muss nicht aus dem Grund gesucht werden, weil die Medienzeit der Moderne von ihnen beschleunigt worden wäre, wie dies von kulturkritischen Medientheorien beklagt wird. Sie musste entborgen werden, weil ihre Räumlichkeit technisch vor ihren verzeitlichten Dokumenten liegt. Medienarchäologen suchen den reinen Raum der Medien. Die Archäologie der Medien sucht nach der Zeit im Raum, nach verräumlichter Zeit; sie beruht auf materiellen Verräumlichungen von Zeit. Erst durch ihre materielle Räumlichkeit wurden die Medien einer archäologischen Operation zugänglich. Spätestens hier wird deutlich, wie der diskutierte Raumbegriff der Medienarchäologie auf dem geläufigeren Argument der Materialität der Medien beruht. Die Räumlichkeit der Medien stellt gleichsam eine Materialität in Funktion dar: Wenn Medien auch aufgrund von Materialitäten funktionieren, dann um Zeitlichkeiten zu verräumlichen. Insofern als die Räumlichkeit der Medien hier durchaus fundamental gedacht wird, wird der Medienarchäologie gelegentlich ihr Mediendeterminismus vorgeworfen. Doch weil die Aufgabe der Archäologie u. a. die Rekonstruktion von Zeiten aus Räumen ist, war es durchaus naheliegend, dass eine Analyse der Räumlichkeit der Medien die Archäologie als Patendisziplin annahm.

Archäologie

Wie sich bereits an der Medienarchäologie abzeichnete, ist nicht die Geschichte, sondern die Archäologie die geeignete Disziplin zur Rekonstruktion räumlicher Situationen (Lang 2009). Will man den Raum als Gegenstand ernst nehmen, entfernt man sich unweigerlich von der Geschichte und ihren schriftlichen Dokumenten. Dem nach dem Raum suchenden Historiker stehen seine zweidimensionalen Gegenstände im Weg. Aus diesem Grund ergibt sich ein gewisses Spannungsverhältnis zur Historiographie, wenn er vorschlägt, »ein Geschichtsstudium streckenweise auch als Schulung der Sinne und als Augentraining [zu] absolvieren – mit Städten und Landschaften als Dokumenten« (Schlögel 2003, 13). Denn die Plastizität und Materialität von Stadt und Land sind im historischen Dokument nicht zugänglich.

Um die Forderung nach einem materielleren und räumlicheren Verfahren einlösen zu können, müsste der Historiker eigentlich Archäologie statt Historiographie betreiben. Die im Raum operierenden Verfahren und Oberflächenabtastungen der Archäologie erweisen sich bei der Verschränkung von Raum und Geschichte als geeigneter als historisches Quellenstudium. Selbst der Historiker Schlögel nennt seine archäologische Methode beim Namen: »Der archäologische Schnitt oder die archäologische Grabung sind die bevorzugten Methoden. So kommt man an die Fundstücke, an die Reliquien heran, so misst man die Mächtigkeit der kulturellen Schichten, und so gewinnen wir ein Bild vom Reichtum unserer Kultur. Es handelt sich zunächst um ein archäologisches Verfahren« (Schlögel 2003, 288). Dabei ist Schlögels Wort von den ›kulturellen Schichten‹ durchaus ernstzunehmen: Die Schicht stellt ein konkretes Modell zur Verräumlichung der Zeit dar, sie ist verräumlichte Zeit, eine in den Raum gewendete Diskontinuität. Als Verbindungen von Unverbundenem stellen Schichten eine Zeitform dar, die nicht durch den Mechanismus der Kausalität zusammengehalten wird. Damit gibt das stratigraphische Modell eine Antwort auf die Frage, warum Dinge Ähnlichkeiten aufweisen, ohne dass eine direkte kausale Beziehung zwischen ihnen existiert. Die verräumlichte Zeit der Schicht bietet ein Modell, in dem Zeit nicht auf Chronologien verteilt, sondern räumlich angeordnet wird. Nur aufgrund dieses räumlichen Vorkommens der Zeit ist es beispielsweise in der Stratigraphie möglich, über die räumlichen Schichtzugehörigkeiten von Fundstücken ihr relatives Alter zu bestimmen (s. Kap. I.1.2). In diesem Sinne stellt das Modell der Schicht eine alternative Zeitlichkeit bereit, die Zeit ganz anders modelliert und verräumlicht, als es im chronologischen Modell der Fall war. Vorgängige Zeitlichkeiten werden in den Bereich der Historizität verschoben und materialisiert. Außerhalb von Geologie und Archäologie, die traditionell mit Schichten arbeiten, hat zuletzt Koselleck eine geologische Zeitschichtentheorie entwickelt, die für einzelne Schichten verschiedene Geschwindigkeiten annimmt (Koselleck 2000).

Dabei lässt sich nicht nur eine Vergangenheit ausgraben, sondern auch die Zukunft. Eine buchstäbliche Aussicht auf eine digitale Archäologie des Raums gibt der ›Ausgräber der Zukunft‹, der Urbanist Mike Davis, wenn er an seinem Beispiel, dem Luftraum über Los Angeles, »all diese Überwachung und Aufrasterung aus der Luft« beschreibt, das »endlose Datensammeln der Polizei und die Zentralisierung der Kommunikation, die eine unsichtbare ›Haussmannisierung‹ von Los Angeles [bedeuten]. Man braucht kein freies Schussfeld für Kanonen, wenn man den Himmel kontrolliert« (Davis 1992, 293).

Literatur

Assmann, Aleida: *Erinnerungsräume. Formen und Wandlungen des kulturellen Gedächtnisses* [1999]. München [4]2009.

Assmann, Jan: Kollektives Gedächtnis und kulturelle Identität. In: Ders./Tonio Hölscher (Hg.): *Kultur und Gedächtnis*. Frankfurt a. M. 1988, 9–19.

–: *Das kulturelle Gedächtnis. Schrift, Erinnerung und politische Identität in frühen Hochkulturen* [1999]. München [6]2007.

Augé, Marc: *Orte und Nicht-Orte. Vorüberlegungen zu einer Ethnologie der Einsamkeit*. Frankfurt a. M. 1994 (frz. 1992).

Bachelard, Gaston: *Poetik des Raumes*. Frankfurt a. M. 1987 (frz. 1957).

Benjamin, Walter: *Gesammelte Schriften*. Frankfurt a. M. 1991.

–: *Berliner Kindheit um neunzehnhundert* [1950]. Frankfurt a. M. 2000.

Bernhard, Andreas: *Die Geschichte des Fahrstuhls. Über einen beweglichen Ort der Moderne*. Frankfurt a. M. 2006.

Braudel, Ferdinand: Geschichte und Sozialwissenschaften – Die ›long durée‹. In: Hans-Ulrich Wehler (Hg.): *Geschichte und Soziologie*. Köln 1976, 189–215 (frz. 1958).

Certeau, Michel de: *Die Kunst des Handelns*. Berlin 1988 (frz. 1980).

Davis, Mike: *City of Quartz. Ausgrabungen der Zukunft in Los Angeles*. Berlin/Hamburg 1994 (amerik. 1992).

Derrida, Jacques: *Dem Archiv verschrieben. Eine Freudsche Impression*. Berlin 1997 (frz. 1995).

Ebeling, Knut: Monumente. Raumgewordene Vergangenheiten bei Benjamin und Foucault. In: *Weimarer Beiträge* 4 (2004), 592–609.

–: ›In situ‹: Von der Philosophie des Raums zur ortsspezifischen Theorie. In: Stephan Günzel (Hg.): *Topologie. Zur Raumbeschreibung in den Kultur- und Medienwissenschaften*. Bielefeld 2007, 309–324.

– /Altekamp, Stefan (Hg.): *Die Aktualität des Archäologischen in Wissenschaft, Medien und Künsten*. Frankfurt a. M. 2004.
– /Günzel, Stephan (Hg.): *Archivologie. Theorien des Archivs in Philosophie, Medien und Künsten*. Berlin 2009.
Ernst, Wolfgang: *Das Rumoren der Archive. Ordnung aus Unordnung*. Berlin 2002.
Foucault, Michel: *Die Archäologie des Wissens*. Frankfurt a. M. 1973 (frz. 1969).
–: *Überwachen und Strafen. Die Geburt des Gefängnisses*. Frankfurt a. M. 1977 (frz. 1975).
–: Das Denken des Außen. In: Ders.: *Schriften*. Bd. 1, Frankfurt a. M. 2001, 670–696 (frz. 1966).
François, Etienne/Schulze, Hagen (Hg.): *Deutsche Erinnerungsorte*. 3 Bde. München 2001.
Halbwachs, Maurice: *Das kollektive Gedächtnis*. Frankfurt a. M. 1985 (frz. 1950).
Kittler, Friedrich: *Draculas Vermächtnis. Technische Schriften*. Leipzig 1993.
–: *Short Cuts*. Frankfurt a. M. 2002.
Koselleck, Reinhart: *Zeitschichten. Studien zur Historik*. Frankfurt a. M. 2000.
Lang, Franziska: Archäologie. In: Stephan Günzel (Hg.): *Raumwissenschaften*. Frankfurt a. M. 2009, 30–45.
Lindner, Burkhardt: Das ›Passagen-Werk‹, die ›Berliner Kindheit‹ und die Archäologie des Jüngstvergangenen. In: Norbert Bolz/Bernd Witte (Hg.): *Passagen: Walter Benjamins Urgeschichte des XIX. Jahrhunderts*. München 1984, 27–48.
Nora, Pierre: *Zwischen Geschichte und Gedächtnis*. Berlin 1990 (frz. 1984).
– (Hg.): *Erinnerungsorte Frankreichs*. München 2005 (frz. 1984–92).
Schlögel, Karl: *Im Raume lesen wir die Zeit. Über Zivilisationsgeschichte und Geopolitik*. München/Wien 2003.
–: Kartenlesen, Augenarbeit. Über die Fälligkeit des spatial turn in den Geschichts- und Kulturwissenschaften. In: Heinz Dieter Kittsteiner (Hg.): *Was sind Kulturwissenschaften?* München 2004, 261–283.
Simmel, Georg: Der Raum und die räumlichen Ordnungen der Gesellschaft. In: Ders.: *Soziologie. Untersuchungen über die Formen der Vergesellschaftung* [1908]. Frankfurt a. M. 1992, 687–790.
Steininger, Benjamin: *Raum-Maschine Reichsautobahn*. Berlin 2004.
Vismann, Cornelia: *Akten. Medientechnik und Recht*. Frankfurt a. M. 2000.
Weigel, Sigrid: *Entstellte Ähnlichkeit. Walter Benjamins theoretische Schreibweise*. Frankfurt a. M. 1997.
–: Zum topographical turn. Kartographie, Topographie und Raumkonzepte in den Kulturwissenschaften. In: *KulturPoetik* 2/2 (2002), 151–165.
–: An-Archive. Archivtheoretisches zu Hinterlassenschaften und Nachlässen. In: *Trajekte* 10 (2005), 4–7.
– /Flach, Sabine: Archäologie als Methode und Metapher. In: *Trajekte* 5 (2002), 8.
Yates, Frances A.: *Gedächtnis und Erinnern. Mnemotechnik von Aristoteles bis Shakespeare*. Weinheim ^{2}1991 (engl. 1966).

Knut Ebeling

2. Politischer Raum: Öffentlichkeit und Ausnahmezustand

2.1 Entstehung des Themenfeldes

Das Wort ›Politik‹ weist dem Politischen einen besonderen Ort zu, aber nicht jeder politische Raum ist eine *polis*. Gleichwohl hat sich der räumliche Index des Politischen bis in die Theoriebildung des 20. Jahrhunderts erhalten, wie der internationale Ruhm des 1942 geborenen italienischen Philosophen und Rechtswissenschaftlers Giorgio Agamben zeigt, der das Lager als den politischen Raum der Moderne identifiziert hat. Seine provozierende und entsprechend kontrovers diskutierte These vom Lager als dem politischen Paradigma, als Nomos der Moderne, darf als jüngste Manifestation einer langen Denktradition gelten, in der die Definition des Politischen sich an Räumen orientierte. Dass damit im deutschsprachigen Kontext unweigerlich auch die Geschichte der Geopolitik aufgerufen ist (s. Kap. I.3), die den Nationalsozialisten die ideologischen Vorgaben für ihre machtpolitischen Interessen am Osten als ›Lebensraum‹ lieferte, ist manchem Anlass genug, den »Auszug aus dem Lager« zu verkünden und eine »Überwindung des politischen Raumparadigmas« in der politischen Philosophie zu fordern (Schwarte 2007).

Manche Theoretiker halten die Verabschiedung des Raumparadigmas in der Politik hingegen für bereits vollzogen. Moderne Kommunikationstechniken und die Globalisierung hätten traditionelle Vorstellungen einer an konkrete Räume gebundenen Politikkonzeption längst überflüssig gemacht. Dieser Meinung nach organisiert sich die Politik nicht länger auf Territorien mit Grenzen, sondern existiert fortan in räumlich nicht fixierbaren, virtuellen Parallel-Welten, wie dem Cyberspace und den Netzwerken des World Wide Web. Die euphorisierte Rede vom »Verschwinden des Raumes« (Virilio 1994) lässt sich mit jüngeren Untersuchungen differenzierter betrachten (s. Kap. III.7), die sich unter je anderen Voraussetzungen, aber gleichermaßen nachdrücklich gegen eine vorschnelle Verabschiedung des Raumparadigmas gewandt haben (Werber 2007).

Für Schlögel (2003) markiert das Ende der Ost-West-Spaltung und die nach dem 11. September 2001 erfolgte Neuaufteilung der Welt die unvermeidliche Rückkehr des für die politisch-historische Sphäre in seinen Augen schlechterdings unverzichtbaren und nur vorübergehend vergessenen, verdrängten oder, im Falle der deutschen Geopolitik, politisch diskreditierten Raumparadigmas. Sloterdijk (2005) insistiert am Ende seiner Globalisierungsgeschichte auf eine weniger politisch als anthropologisch unhintergehbare Notwendigkeit lokalen Einwohnens. Beide Autoren erinnern zudem daran, dass Globalisierung keineswegs Demokratisierung bedeutet, denn längst nicht alle Menschen haben Zugang zu den virtuellen Kommunikationsräumen. Wer vom obsoleten Raum spricht, übersieht auch die massiven Reterritorialisierungseffekte vermeintlicher Enträumlichung (s. Kap. III.3); es entstehen nämlich auch neue Räume: Sicherheitszonen, wie die sogenannte grüne Zone des Iraks (Klein 2003), die Transitzonen von Flughäfen, das Footballstadion nach dem Hurrikan Katrina vom August 2005 in Florida, die Intensivstationen der Krankenhäuser, die US-amerikanischen Gefängnisse für sogenannte *enemy combattants* auf Kuba und andernorts sowie Auffanglager für Flüchtlinge. Agambens Theorie des Lagers versucht sich an einer Genealogie solcher Räume, die auf den ersten Blick kaum vergleichbar scheinen, in Agambens Augen jedoch eine gemeinsame Struktur aufweisen, die er paradigmatisch am nationalsozialistischen Konzentrationslager entwickeln möchte. In allen Fällen handelt es sich um die Einrichtung eines Ortes auf befestigten Territorien, deren Regeln und juristische Ordnung an diesem Ort nicht gelten. Agambens umstrittene Rekonstruktion des Lagers scheint der jüngste Beweis einer ›Rückkehr‹ des Raums auch in der politischen Sphäre.

Begreift man diese Rückkehr mit Schlögel als Symptom eines unvordenklichen und gleichsam naturwüchsigen Zusammenhangs von Raum und Politik, wird es schwieriger, manche der gegenwärtigen Überlegungen mit wünschenswerter

Deutlichkeit von der durch Karl Haushofer (1896–1946) und Walter Hamel (1896–1979) entwickelten und im Nationalsozialismus aktiv verfolgten Geopolitik zu unterscheiden (s. Kap. I.2.3). Die auch von dem Juristen Carl Schmitt (1881–1985) im Anschluss an Hamel und andere vertretene Auffassung eines mindestens bis zu den neuen Kriegsformen im 20. Jahrhundert gültigen Zusammenhangs von Ordnung und Ortung, Jurisdiktion und Territorium, hat sich jedoch als historisch nicht haltbar erwiesen. So ist beispielsweise bekannt, dass im Mittelalter häufig verschiedene Rechtsnormen auf ein und demselben Territorium Geltung beanspruchen konnten. Diesen vormodernen politischen Räumen fehlt außerdem, was nach Ansicht jüngerer Forschung wesentlich zur Rede vom politischen Raum gehört, nämlich die auch verwaltungs- und verkehrstechnische Erschließung eines solchen. Sie wird aber erst mit der im 17. Jahrhundert entstehenden Kartographie möglich. Entgegen dem Eindruck einer transhistorischen Angewiesenheit des Raums auf die Politik und vice versa handelt es sich bei politischen Räumen im engeren Sinne offenbar um ein neuzeitliches Phänomen.

Unberührt von dieser historischen Einschränkung, mit der eigentlich nur die Nationalstaaten als politische Räume gelten können, bleibt freilich die metaphorische Rede vom politischen Raum (in Analogie zu gesellschaftlichen oder kulturellen Räumen). Werner Köster (1992) hat in einem begriffsgeschichtlichen Lexikoneintrag auf diese Äquivokation in der Rede vom ›politischen Raum‹ aufmerksam gemacht und sein Referat der diesbezüglichen Theoriebildung sinnvollerweise nach Maßgabe der Unterscheidung zwischen substantialistischen und metaphorisch-funktionalen Raumkonzepten organisiert. Köster weist auch darauf hin, dass das Syntagma ›politischer Raum‹ zum ersten Mal in Friedrich Ratzels (1844–1904) politischer Geographie von 1879 auftaucht, die er an den Anfang der (substantialistischen) geopolitischen Denktradition stellt und von funktionalistischen Modellen – etwa bei Georg Simmel (1992) – abgrenzt. In seinen Augen hat Ratzels in der Tradition von Carl Ritter stehende Staatsgeographie einen problematischen politischen Index (Köster 2002). Genau diese Dimension wird aber von Vertretern des *spatial turn*, wie Schlögel, vorzugsweise ignoriert (s. Kap. II.4). Bei Schlögel soll die mindestens fragwürdige Rehabilitation Ratzels und Ritters offenbar durch ihre Konstellierung in einer Reihe mit dem in dieser Hinsicht denkbar unverdächtigen Walter Benjamin (1892–1940) entschärft werden (Schlögel 2003; s. Kap. III.1). Ob aber Benjamins gigantische Sammlung von Exzerpten zu den Pariser Einkaufspassagen im 19. Jahrhundert (Benjamin 2006) tatsächlich auf derselben Ebene liegt wie die Staatsgeographie, sei dahingestellt. Immerhin zeigt sich auch hier, dass der politische Raumdiskurs den Schatten der deutschen Geopolitik nicht so leicht abschütteln kann. Freilich kann man weder Ritter noch Ratzel die spezifische Weise anlasten, in der die geopolitischen Ambitionen des Nationalsozialismus sich realisieren sollten: Neben den ›Boden‹ tritt das ›Blut‹, neben den ›Raum‹ die ›Rasse‹. Doch scheint diese Koppelung von Geopolitik und Biopolitik (Balibar/Wallerstein 1992; Werber 2007) ihrerseits historische Vorläufer zu haben.

Ohne sich auf den Nationalsozialismus zu beziehen, hat Michel Foucault (1926–1984) in seinen zwischen 1977 und 1979 gehaltenen Vorlesungen zur Geschichte der Gouvernementalität die Herausbildung biopolitischer Machttechniken im 17. und 18. Jahrhundert beschrieben: Schon dort verschränken sich geopolitische Souveränitätsmodelle mit biopolitischen Strategien, denn fortan werden ja nicht nur Territorien vermessen, sondern auch Bevölkerungen, deren Lebensbedürfnisse, Geburts- und Sterberaten mit den neuen Mitteln der Statistik – so bei Thomas Robert Malthus (1766–1834) – Gegenstand von Berechnungen geworden sind. Das von Foucault ›Biopolitik‹ oder ›Biomacht‹ getaufte Modell tritt einerseits neben die ältere Souveränität – im engeren Sinne territorialer Feudalstaatlichkeit – und andererseits neben die sich an der Schwelle vom 17. zum 18. Jahrhundert ausbildende Disziplinarmacht. Während die Disziplinarmacht den individuellen Körper zu disziplinieren sucht, wendet sich die Biomacht der Gattung bzw. der Bevölkerung zu. Ihr Anliegen ist die Regulierung und Optimierung des Bevölkerungsganzen. Diese drei Machtformen sind bei Foucault weder historisch noch theoretisch klar voneinander abzugrenzen (obwohl die Disziplinarmacht wie die Biomacht mit einem Wissen operiert, das sich erst im 17. und 18. Jahrhundert herausbildet, während die souveräne Macht älter ist). Das zeigt sich insbesondere an den spiegelbildlichen Beziehungen zwischen Biomacht und souveräner Macht. Das Attribut der älteren Souveränität besteht nach Foucault in dem Recht, »sterben zu machen oder leben zu lassen« (Foucault 1992, 28). Hat der Souverän das Recht über Leben und Tod inne, so übt er es doch nur in einer bestimmten Richtung aus: Vollzogen wird dieses Recht im Akt der Tötung. Dieses ältere Modell wird von der Biomacht nicht nur ergänzt, sondern gewissermaßen vervollständigt, denn diese behauptet ihre Macht in dem Recht, »leben zu machen und sterben zu lassen« (ebd.). Dabei konzentriert sie sich aber nicht wie die Disziplinarmacht auf die Herstellung »gelehrige[r] Körper« (Foucault 1977, 173–219), sondern auf den Menschen als Lebe- und Gattungswesen, als Teil einer Population, wie dies insbesondere im Zuge des Darwinismus als räumlicher Segregation gedacht wird (s. Kap. I.2.2).

Bio-, Disziplinar- und souveräne Macht bilden nach Foucault je eigene Raumverhältnisse aus. Während die klassische Souveränität ihre Macht an eine geographische Lokalität, ein Territorium bindet, kann man bei der Disziplinarmacht von einer architektonischen Raumphantasie sprechen (s. Kap. III.11), für die exemplarisch das von Foucault ausführlich analysierte Panoptikon steht (Foucault 1977, 251–292). Auch die Biomacht oder Biopolitik erfindet ihren eigenen Raum, den Foucault (2004) in seinen Vorlesungen zur Gouvernementalität als ›Milieu‹ bezeichnet. Der aus der Biologie geläufige Begriff wird freilich erst im 19. Jahrhundert bei Auguste Comte (1798–1857) und der späteren – von ihm mitbegründeten – Soziologie üblich, aber Foucault nutzt ihn, um einen Raum zu charakterisieren, in dem natürliche und gesellschaftlich-kulturelle Gegebenheiten sich verschränken. Die Biopolitik findet diesen Raum nicht einfach vor; seine Konstitution ist ihre (machtpolitische) Leistung, ist die Voraussetzung für ihr Bestreben, der Bevölkerung ein ideales Lebens-, Existenz- und Arbeitsmilieu zu verschaffen. Dazu bedarf es vor allem der Zirkulation von Menschen und von Gütern. Weil Zirkulation eine Frage des Zulassens, Ermöglichens und Förderns sei, besteht die Aufgabe der Regierung nicht länger in der Herrschaft (über ein Territorium oder über Körper), sondern in der Regulierung. Im Zeichen der Biopolitik reguliere der Souverän in einer Weise, die sich die jeweils natürlichen Gegebenheiten zunutze zu machen weiß. Die Biopolitik ist für Foucault folglich mit einem Paradigmenwechsel in der Regierungskunst verbunden. Gerade weil die neue Form des Regierens das Ermöglichen vor das Verbieten, sozusagen das Lassen vor das Tun stellt, produziere sie aber auch einen neuartigen Handlungsbedarf. Handel und Zirkulation müssen nicht nur auf das jeweilige Milieu zugeschnitten sein, sondern darüber hinaus muss ihre unbeeinträchtigte Optimierung sichergestellt werden. Die Sicherheitsdispositive sollen gewährleisten, dass im Milieu ideale Zirkulationsbedingungen herrschen. Biopolitik ist also bei Foucault eng mit der Entstehung von Sicherheitsdispositiven verbunden.

Vor dem Hintergrund des bei Foucault gegebenen Zusammenhangs von Biopolitik und Sicherheitsdispositiven wirkt Agambens These vom Lager als biopolitischem Paradigma der Moderne nicht mehr so befremdlich, denn schließlich entstand die ›Schutzhaft‹, die rechtliche Grundlage der Internierungen in Konzentrationslagern, historisch betrachtet aus preußischen Rechtsinstituten der Mitte des 19. Jahrhunderts, die Sicherheit und Schutz insbesondere der persönlichen Freiheit gewährleisten sollten (Drobisch/Wieland 1993).

Obwohl sich Agamben gelegentlich auf Foucault und insbesondere auf seinen Begriff der Biopolitik beruft (wobei er ihm vorwirft, auf nähere Auseinandersetzung mit den Lagern des 20. Jahrhunderts verzichtet zu haben), gibt es entscheidende Unterschiede zwischen Foucaults Interpretation der Biopolitik als milieuorientiert und sicherheitsbedürftig und dem Lager als paradigmatischer Stätte der Biopolitik bei Agamben.

Darin spiegeln sich auch einschneidende methodische Differenzen: Foucaults Hauptarbeiten stehen nämlich nicht, zumindest nicht direkt oder programmatisch, im Dienste politischer Theoriebildung, sondern sind zunächst deskriptive, historische Analysen, deren politische Implikate und politische Impulse man nicht mit einer eigenständigen Theorie verwechseln sollte, obwohl sie Theorie generieren können. Damit ist Foucault nicht abgewertet, aber eine wichtige Differenz markiert, die auch Fragen der Methodologie und Materialpräferenzen betrifft. So sieht Foucault bekanntlich von den kanonischen Texten ab, auf die sich Agamben vorzugsweise stützt. Agambens Interpretation akzentuiert denn auch – gewissermaßen klassisch oder, wie manche Kritiker meinen, anachronistisch – die juridische Dimension der Politik und der Macht, die Foucault zugunsten der Analyse konkreter Praktiken und Techniken systematisch zurückgestellt hat.

Aufgrund der Akzentuierung der juridischen Dimension des Biopolitischen spielt Carl Schmitt für Agamben eine mindestens ebenso wichtige Rolle wie Foucault. Schmitt gehört zu den Theoretikern, für die der Raum eine unverzichtbare Dimension ihres Geschichts- und Politikverständnisses darstellt. Das geht besonders eindringlich aus seiner kleinen Studie *Land und Meer* aus dem Jahr 1942 hervor, in der er an verschiedenen Beispielen, die von den Eroberungen Alexanders des Großen bis zum Aufstieg Englands zur Seemacht reichen, die Geschichte als Geschichte der »Raumrevolutionen« darstellt (Schmitt 2001, 55). Von einer Revolution glaubt Schmitt sprechen zu können, weil sich mit dem Auftauchen neuer Länder und Meere die Struktur des Raumbegriffs selbst ändert. Die Dimension des Raums ist selbstverständlich auch für das Rechtsverständnis des Staats- und Rechtstheoretikers Schmitt entscheidend. Ausdruck findet es u. a. in seiner eigenwilligen Deutung des griechischen Wortes *nomos*. Mit der Formulierung vom »Lager als *nomos* der Moderne« (Agamben 2002, 175–190) bezieht sich Agamben kontrafaktisch auf Carl Schmitts *Nomos der Erde* von 1950. Nachdem Schmitt in den 1930er Jahren mit seinen Überlegungen zur *Völkerrechtlichen Großraumordnung mit Interventionsverbot für raumfremde Mächte* – so der Titel seines 1941 erschienenen Buches – der nationalsozialistischen Invasionspolitik Legitimität verleiht, distanziert er sich im *Nomos der Erde* von der Geopolitik, um an eine traditionsreiche Gleichursprünglichkeit von Territorium und Rechtsgeltung für das Entstehen politischer Räume festzuhalten (worunter Schmitt zufolge insbesondere die Nationalstaaten zu verstehen sind, deren Niedergang er 1950 bereits absah und deren Vermächtnis das in seinem Buch analysierte europäische Völkerrecht sei). Was Schmitt ›Nomos‹ nennt, sperrt sich gegen eine Trennung von juristischer Ordnung und territorialer Ortung, denn für Schmitt ist das Recht nichts anderes als die »Einheit von Ordnung und Ortung« (Schmitt 1997, 13). So wenig wie der *nomos* auf Gesetze im Sinne von Regeln reduzibel ist, so wenig ist die ihn charakterisierende Landnahme (später die Seenahme) ein vorjuristischer Akt. Bei dem Versuch, den raumhaften Charakter des *nomos* gegen seine Verflachung zur bloßen Regel ins Gedächtnis zu rufen, stützt sich Schmitt vor allem auf die Etymologie. Das griechische Wort bedeute zunächst ›nehmen‹, gemeint sei damit die Land- bzw. Seenahme; weiter bedeute es ›Teilen und Aufteilen des Genommenen‹, also die Bodenverteilung und die darauf beruhende Eigentumsordnung. Schließlich gehört zum Bedeutungshof auch das ›Weiden‹, also Bewirtschaftung im Sinne von Produktion, Konsumption und Zirkulation. Man könnte diese dritte Bedeutung durchaus mit Foucaults Überlegungen zum biopolitischen ›Milieu‹ in Zusammenhang bringen: Unter diesen Umständen wäre Agambens als anachronistisch kritisierte Verknüpfung des Souveränitätsbegriffs nach Schmitt mit der Biopolitik durchaus einleuchtend; aber Agamben, der an einem berühmten Pindar-Fragment seine eigene Nomostheorie entwickelt hat, interessiert weniger Schmitts Nomoskonzept als dessen Theorie des Ausnahmezustands.

Eine weitere Quelle für Agambens Lagerthese sind die Untersuchungen der politischen Philosophin Hannah Arendt (1906–1975). Vor allem mit ihrer freilich nur impliziten Theorie der Biopolitik hat sich Agamben auseinandergesetzt, aber die Beziehungen sind wohl insgesamt vielfältiger und komplexer (Geulen et al. 2007). Während Foucault mit der Biopolitik im 17. und 18. Jahrhundert einen Paradigmenwechsel des Regierens verzeichnet, setzt Arendt den Verfall älterer Politik viel früher an: In ihrem Buch *Vita activa oder Vom tätigen Leben* aus dem Jahr 1958 datiert sie ihn auf den Beginn des christlichen Nationalstaats. Fortan erscheint das in der Antike vom politischen Raum ausgeschlossene Leben und Überleben zunehmend als bevorzugter Gegenstand politischer Interessen. In *Über die Revolution* von 1963 betrachtet sie das Ereignis der Französischen Revolution als besonderen Wendepunkt im nachantiken Schicksal der Politik. Da die damals proklamierten universalen Menschenrechte an territorial begrenzte Staatsbürgerrechte gekoppelt blieben, konnten sie das moderne Phänomen der Flüchtlinge, der Staaten- und damit Rechtlosen hervorbringen, die für Agambens Interpretation des sogenannten ›Homo sacer‹ als archaische Gestalt des ›nackten Lebens‹ eine wichtige Rolle spielen.

Arendts Politikverständnis ist von der Unterscheidung zwischen öffentlichem Raum und privater Sphäre geprägt. In Übereinstimmung mit der antiken Opposition von *oikos* und *polis* ist der Ausschluss des Privaten von der öffentlichen Sphäre wesentlich für das Politische überhaupt. Aber in der Neuzeit verfällt diese Unterscheidung, und das früher der privaten Sphäre zugeordnete bloße oder natürliche Leben drängt sich zusehends in den Vordergrund. Der neuzeitlich verfallende öffentliche Raum ist für Arendt zum einen der Ort, an dem etwas vor einer Allgemeinheit erscheint; zum anderen definiert sie ihn durch das, was sie die uns »gemeinsame Welt« nennt (Arendt 1981, 66). Die Gemeinsamkeit dieser Welt besteht nicht in den Beziehungen der sie bewohnenden Subjekte untereinander; ebenso wenig ruht das Gemeinsame dieser Welt auf einem Substrat. Arendts ›gemeinsame Welt‹ entsteht durch Dinge, die aber nicht als Objekte verstanden werden, auf die sich die Subjekte als Gegenstände beziehen, sondern: »In der Welt zusammenleben heißt wesentlich, daß eine Welt von Dingen zwischen denen liegt, deren gemeinsamer Wohnort sie ist, und zwar in dem gleichen Sinne, in dem etwa ein Tisch zwischen denen steht, die um ihn herum sitzen« (ebd.). Die Welt ist das, was versammelt, wie der Tisch die Menschen versammelt. Sie ist das Zwischen, das sowohl verbindet als auch trennt. Die im öffentlichen Raum befindlichen Dinge stiften nicht Gemeinschaft, weil sich alle auf sie als dieselben, sei es als singuläre, sei es als gemeinsame Dinge beziehen, sondern umgekehrt: Es ist die Vielzahl der gleichzeitig anwesenden Perspektiven auf die Dinge, in denen ein allen Gemeinsames sich vorstellt, für das es jedoch jenseits der Dinge keinen allgemeinen Maßstab oder Nenner gibt. Entscheidend für Arendt ist, dass die Dinge in der Vielfalt der sie betrachtenden Augen doch als dieselben erkannt werden. Unter den Bedingungen eines öffentlichen Raums in einer gemeinsamen Welt besteht das Gemeinsame einzig darin, dass alle trotz und durch die Verschiedenheit ihrer Perspektiven hindurch mit ein und demselben Gegenstand befasst sind. Arendt glaubt, dass es solche Dinge nur dort geben kann, wo eine Welt ist, aber umgekehrt gilt auch, dass sich eine Welt erst um diese Gegenstände versammelt. Wo die Selbigkeit der Gegenstände nicht mehr gegeben ist, oder wo umgekehrt die Vielheit der Perspektiven auf einen gemeinsame Nenner gebracht wird – sei es das Kapital, sei es die Menschheit, sei es der Konsum –, da geht die Welt nach Arendt in Stücke.

2.2 Spektrum der Diskussion

Methodologie und Begrifflichkeit

Die nach der Publikation seines ersten Buches über den ›Homo sacer‹ rasch einsetzende und inzwischen sehr breite internationale Rezeption Giorgio Agambens verdankt sich nicht nur der Aktualität seiner provozierenden Thesen und Themen, sondern auch der Suggestivität seiner Begriffe. So evozieren das ›nackte‹ oder ›bloße Leben‹ die täglichen Medienbilder flüchtender, nackter, gequälter Menschen, die, von einer nicht nur aus technischen Gründen unzureichend durchsetzbaren, sondern auch theoretisch umstrittenen Menschenwürde abgesehen, tatsächlich bar jedes rechtlichen Schutzes sind. Als ihrer aller Urahn hat Agamben die archaische römische Rechtsfigur des ›Homo sacer‹ identifiziert, in der die Heiligkeit eines Menschen zum ersten Mal mit seiner straffreien ›Tötbarkeit‹ verknüpft worden sei, denn der Homo sacer sei von der sakralen und der profanen Rechtsordnung ausgeschlossen, sofern er zwar nicht geopfert, aber doch ohne Rechtsfolgen getötet werden durfte. Der Abstraktionsgrad dieser Figur verhalte sich proportional zu ihrer Wiedererkennbarkeit in verschiedenen Manifestationen oder Inkarnationen. Eine vergleichbare Konkretionssuggestion zeichnen auch Agambens topographisch ausgerichtete Begriffe aus. So scheinen die in all seinen Schriften formelhaft wiederkehrenden Ausdrücke ›Schwelle‹ und ›Zone‹ konkrete Orte zu benennen. Das gilt insbesondere vom zentralen Begriff des ›Lagers‹ als »biopolitischem Paradigma des Abendlandes« (Agamben 2002, 190).

Die von Agamben in der Regel nicht erfundenen, sondern bei anderen Autoren gefundenen und dann sozusagen auf eigene Rechnung entfalteten Termini wie der ›Homo sacer‹, das ›nackte‹ oder ›bloße Leben‹, der ›Rest‹, der ›Zeuge‹, die ›Zone‹ usw. sind Begriffe im strengen Sinne. Wo Agamben seine Verfahrensweise und Darstellungstechnik als ein Operieren mit Paradigmen bezeichnet hat, wird die dilemmatische Verfasstheit seiner Terminologie auch eigens benannt. Sein Verständnis von Paradigmen erhellt der Vergleich mit Thomas S. Kuhn (1922–1996). Für Letzteren ist ein wissenschaftliches Paradigma inkludierend, sofern es alle mögliche Fragen einschließt, die unter seine Bedingung gestellt (wenn auch nicht beantwortet) werden können (Kuhn 1976). Agambens Paradigma-Verständnis ist dagegen exkludierend, denn ›Paradigma‹ heißt bei ihm ein vereinzeltes, im wörtlichen Sinne herausgenommenes und herausgehobenes Beispiel. Als solche sind Paradigmen für Agamben per definitionem von dem ausgeschlossen, was sie exemplarisch aufzeigen bzw. repräsentieren. Aus logischen Gründen, die Agamben im Zusammenhang mit seiner Deutung der Ausnahme nach Schmitt entfaltet – sich dabei, wie vor ihm schon Alain Badiou in *Das Sein und das Ereignis* von 1988, auf die mathematische Mengenlehre beziehend (Agamben 2002, 31 ff.) – und in einem Aufsatz zum Paradigma weiter ausgeführt hat (Agamben 2002a), sind Beispiele von dem ausgenommen, was sie zeigen. Kraft seiner Funktion als Beispiel hat das Paradigma nicht teil an dem, wofür es steht. Sind ›bloßes Leben‹, ›Homo sacer‹ oder ›Lager‹ Paradigmen in diesem Sinne, ist die Kluft zwischen ihrer konzeptionellen Funktionalität und ihrem Anschaulichkeitsversprechen gleichermaßen konstitutiv wie unüberbrückbar.

Die Schizophrenie oder Nicht-Identität von Agambens Terminologie ist nicht zufällig, sondern programmatisch. Seine sich sozusagen selbst blockierenden Quasi-Begriffe spiegeln eine Schizophrenie, deren Analyse Agambens Interesse seit vielen Jahren unter wechselnden Fragestellungen und in unterschiedlichen Kontexten gilt. In seinen letzten Büchern über die theologische Vorgeschichte der uns inzwischen restlos bestimmenden Ökonomie hat er dieses Anliegen noch einmal auf den Punkt gebracht: die fatale Spaltung zwischen Handeln und Sein, Praxis bzw. Politik und Ontologie. Spätestens seit dem Christentum, dessen Trinitätslehre die gnostische Bedrohung der Spaltung des einen Gottes in einen Schöpfergott und in einen Erlösergott entschärfen sollte und mit dieser Ökonomisierung der Transzendenz doch bleibend eine Zäsur installierte, leide die abendländische Kultur an der Unverbundenheit von Sein und Handeln: »Dem Handeln (der Ökonomie, aber auch der Politik) fehlt jede Begründung im Sein: Dies ist die Schizophrenie, die die theologische Lehre der Oikonomia der abendländischen Kultur hinterlassen hat« (Agamben 2005, 21). Vor ihrem Hintergrund kann beispielsweise Agambens Engagement für eine ontologische Uminterpretation der logischen Kategorien von Möglichkeit und Unmöglichkeit bei Aristoteles (Agamben 1999) als ein Versuch angesehen werden, diese Spaltung zu überwinden und der Ontologie den politischen Primat wiederzuverschaffen, den sie in der Antike gehabt haben soll.

Auch wenn die Spaltungen tief in alle westliche

Begriffsbildung und deren Tradition hineinreichen, vermag deren sorgfältige Exegese doch stets die Spur einer verdrängten oder ignorierten Verbindung freizulegen. Das hat Agamben (2006) in seinem Kommentar zum Römerbrief des Paulus am Gesetzesbegriff exemplarisch vorgeführt: Hinter oder jenseits der Spaltung des Gesetzes in das alte Gesetz nach dem Buchstaben und das neue nach dem Geiste macht er in einer komplizierten exegetischen Operation eine ehemalige Verbundenheit dieser scheinbar konträren Dimensionen des Gesetzes aus, die der Möglichkeit einer Verbindung von Ontologie und Praxis korreliert. Als Produkt der jahrtausendelangen Spaltungen und Verselbständigungen kann sich jedoch auch Agambens eigene Terminologie davon nicht befreien: In der aporetischen Verschränkung von philosophischer Abstraktion und gegenständlich-anschaulicher Konkretion – vom Beispiel und dem, was es repräsentiert – schlägt deshalb die Suggestion ihrer Einheit ebenso zu Buche wie die Faktizität ihrer Spaltung. Das gilt auch für den Homo sacer, der einerseits das vom Souverän aus seinem Rechtsbereich verbannte Leben bezeichnet, andererseits aber mit der politischen Souveränität über die Ausschlussbeziehung so verbunden bleibt, dass das (tötbare) Leben sich schließlich als Zentrum der Politik erweisen kann.

Verräumlichung als Veranschaulichung

Bei der auffälligen topographischen Terminologie in allen Schriften Agambens handelt es sich um Verräumlichungsversuche von etwas, das zunächst nicht lokalisierbar ist. Verräumlichung dient Agamben als Hilfsmittel, schwierige Strukturen, abstrakte logische Operationen oder Verhältnisse zu plausibilisieren. So findet sich im ersten Buch über den Homo sacer eine graphische Darstellung der »komplexen topologischen Figur«, die das Verhältnis von Naturzustand und Rechtszustand vor dem Hintergrund des Ausnahmezustands verdeutlichen soll: »so könnte man sich zwei Kreise vorstellen, die anfangs voneinander getrennt erscheinen, dann aber im Ausnahmezustand zeigen, dass in Wirklichkeit der eine sich im Innern des anderen befindet. Wenn die Ausnahme dazu tendiert, zur Regel zu werden, fallen die beiden Kreise absolut ununterscheidbar zusammen« (Agamben 2002, 48). Die entsprechende Skizze zeigt zwei sich nur peripher berührende, schraffierte Kreise, die im letzten Bild übereinander geschoben ein Gittermuster ergeben. Etwas anders, aber noch vergleichbar, verhält es sich mit dem Begriff der ›Schwelle‹ nach Walter Benjamin (Menninghaus 1986), dessen ›Schwellenkunde‹ Agamben früh intensiv rezipiert und z.T. auch ediert hat. Sofern eine ›Schwelle‹ das bezeichnet, was zwei Räume sowohl trennt als auch vereint, ist sie nicht selbst ein Ort, sondern bezeichnet den nicht lokalisierbaren Zwischenraum einer Übergängigkeit oder Ununterscheidbarkeit, die Agamben gelegentlich auch als ›Zone der Ununterscheidbarkeit‹ bezeichnet, wobei der metaphorische Sinn der ›Zone‹ allerdings von den sogleich aufgerufenen Assoziationen – von der Ostzone über die Freihandelszone bis zur grünen Sicherheitszone im Irak – beim Lesen verdrängt zu werden droht. Dennoch geht es bei ›Zone‹ und ›Schwelle‹ wie im Falle der kleinen Graphik nicht um konkrete Räume oder Orte, sondern um strukturalistische Versuche, einem (topo-)logischen Zusammenhang, der gerade nicht räumlich lokalisierbar ist (s. Kap. II.1), mit Hilfe der Verräumlichung zu einer Art Anschaulichkeit zu verhelfen.

Das Lager

Von diesen dem Bedürfnis nach Veranschaulichung geschuldeten Verräumlichungen unterscheidet sich das Lager jedoch grundlegend. Jedes Lager, ob Arbeitslager oder Vernichtungslager, Guantanamo Bay oder das Flüchtlingslager auf der italienischen Insel Lampedusa, stellt eine konkrete Anlage mit festen Grenzen dar, während ›Schwelle‹ und ›Zone‹ metaphorische Umschreibungen des übergängigen Zustands darstellen, der innerhalb von Lagern herrscht: zwischen Ausnahme und Regel, zwischen Rechtszustand und Ausnahmezustand. Dennoch zeichnet sich auch und gerade das Lager bei Agamben durch eine Exterritorialität und Exzeptionalität aus, deren gespanntes Verhältnis zur konkreten Verortbarkeit seine Besonderheit ausmacht. Rechtlich betrachtet, stellt das Lager nämlich einen Ort dar, der nicht zu dem Territorium gehört, auf dem es eingerichtet wird, weil dessen Gesetze dort suspendiert sind. Der von Schmitt hervorgehobene Zusammenhang von Ortung und Ordnung, Landnahme und Rechtsetzung, ist im Lager nicht gegeben. Deshalb ignoriert Agamben die geopolitische Dimension, um stattdessen das 1922 in der *Politischen Theologie* formulierte Kernstück von Schmitts Souveränitätslehre, den Ausnahmezustand, dergestalt zum ultimativen Prüfstein aller politischen Souveränität zu machen, dass Biopolitik und Souveränität als die zwei Seiten derselben Medaille erkennbar werden. Agamben möchte den Ausnahmezustand als das juristische Fundament herausarbeiten, auf dem die Lager als Orte überhaupt erst eingerichtet werden konnten.

Der Ausnahmezustand hat keinen Ort, sondern ist durch eine Zeitspanne definiert, die von einem Vorher und Nachher begrenzt wird (Agamben 2004). Auch die Rechtsfigur des vogelfreien Homo sacer ist nicht an einen spezifischen Ort gebunden, und verwandte Figuren wie der Werwolf sind es ebenfalls nicht. Erst mit der Einrichtung von Lagern wird der Ausnahmezustand qua Ort auf Dauer gestellt und dem Homo sacer bzw. seinen verschiedenen Inkarnationen eine Stätte angewiesen: »Als man in unserer Zeit versucht hat, diesem Unlokalisierbaren eine dauerhafte sichtbare Lokalisierung zu verleihen, kam das Konzentrationslager heraus« (Agamben 2002, 30). Zu den Vorbedingungen der Verräumlichung des Ausnahmezustands in Form von Lagern gehört also dessen zeitliche Ausdehnung: Den Hintergrund der ersten *campos de concentración* der Spanier auf Kuba 1896, der ›Schutzhaft‹ im Nationalsozialismus und der Gefangenenlager in Guantanamo Bay bildete stets die Ausdehnung des Ausnahmezustands. »Das Lager ist der Raum, der sich öffnet, wenn der Ausnahmezustand zur Regel zu werden beginnt« (ebd., 177). Dann sind Norm und Ausnahme nicht mehr unterscheidbar und verschwimmen in einer ›Zone der Ununterscheidbarkeit‹.

Während der Ausnahmezustand lange die Form einer einschließenden Ausschließung hatte, erscheint das Lager als die Hereinnahme des von der Rechtsordnung ausgeschlossenen oder verbannten nackten Lebens in das Territorium des Staates. Darf der Imperialismus als ein Vorbote der heutigen Globalisierung gelten, die den territorialen Nationalstaat allmählich zersetzt, so ist das Lager der Ort, an dem sich der Nationalstaat sozusagen von Innen heraus aufzulösen begann, da auf seinem Territorium ein Ort eingerichtet wurde, an dem die geltende Rechtsordnung dauerhaft suspendiert war. Einerseits stellt also die Einrichtung von Lagern in Agambens Augen einen radikalen Bruch dar, weil das von der Politik ehemals ausgeschlossene nackte Leben nicht mehr über Umwege (etwa Staatsbürgerrechte) in die Politik eingeschrieben wird, sondern Leben unmittelbar (bio-)politisch ist, wie die Vernichtung der Juden unmittelbar das (Über-)Leben der Deutschen bedeuten sollte. Andererseits aber insistiert Agamben darauf, dass sich an diesem Wendepunkt eine allgemeinere Struktur enthüllt habe: »Das Lager [...] ist die verborgene Matrix einer Politik, in der wir auch heute noch leben und die wir durch alle Metamorphosen hindurch zu erkennen lernen müssen« (ebd., 185). Diese These hat er in seinem Buch 2003 über den Ausnahmezustand nach Ende des Zweiten Weltkriegs zu erhärten versucht. In einem weiteren der *Homo sacer*-Tetralogie zugerechneten Buch hat er ethische Konsequenzen aus seiner These zu ziehen versucht, dass sich im nationalsozialistischen Vernichtungslager eine bis heute bestimmende Struktur enthüllt habe.

2.3 Offene Fragen und Kontroversen

Mit Blick auf den seit den 1980er Jahren in den Kulturwissenschaften diskutierten *spatial turn* (s. Kap. II.2) oder *topographical turn* (s. Kap. II.3) könnte man sagen, dass Agamben in seiner Analyse der Lager exakt an der Schnittstelle zwischen älteren geopolitischen Raumkonzepten, wie sie Schmitt noch beschäftigten, und dem jüngeren Interesse an nicht geographisch verortbaren –

z. B. virtuellen – Räumen arbeitet. Denn Lagerorte entstehen nach Agamben durch juridische Dispositive wie den Ausnahmezustand. Zum Stein des Anstoßes wird dabei aus gutem Grund der Status nicht irgendeines, sondern des Vernichtungslagers Auschwitz, sofern Agamben die juridische Struktur mit dem spezifischen Ort identifiziert. Auf die problematischen Implikationen einer Konzeption, die Auschwitz mit der Erhebung des Lagers zum Paradigma einen quasi-apokalyptischen Enthüllungseffekt zuspricht, ist u. a. von Petra Gehring und Ulrike Kadi (2002), Niels Werber (2002), Dominick LaCapra (2003) und in einigen Beiträgen des 2007 von Janine Böckelmann und Frank Meier herausgegebenen Sammelbandes zur politischen Philosophie Agambens sowie jüngst von Maria Muhle in ihrem Buch zur *Genealogie der Biopolitik* von 2008 hingewiesen worden. Als besondere Zumutung wird dabei auch Agambens Doppelthese empfunden, dass der Ausnahmezustand nach 1945 zusehends zu einer regulären Regierungspraxis westlicher Staaten geworden und das Lager weiterhin das (bio-)politische Paradigma unserer Gegenwart geblieben sei, das man in den Intensivstationen lokaler Krankenhäuser wie in Auffanglagern wiederentdecken könne oder solle. Auch dies stellt Auschwitz in eine problematische Kontinuität, die in der stetig anwachsenden (und keineswegs nur akademischen) Literatur zu Agamben kontrovers diskutiert wird. Daher erübrigt es sich nicht, zum einen darauf hinzuweisen, dass Agamben die Unterschiede zwischen Auschwitz und einem Krankenhaus oder Flüchtlings-Auffanglager nicht in Abrede, wohl aber ihre gemeinsame rechtslogische Struktur zur Diskussion stellen möchte. Vergleichbar sind weder die Orte noch was in ihnen geschah, aber vergleichbar werden sie hinsichtlich ihrer strukturellen und d. h. für Agamben vor allem ihrer rechtlichen Voraussetzungen. Zum anderen würde Agamben wahrscheinlich die Koinzidenz des alten (souveränen) Territoriums mit einem ihm rechtlich nicht zugehörigen, aber doch konkreten Ort als Beweis für seine These von der geheimen Identität zwischen Souveränität und Biomacht verbuchen wollen. Damit nähert er sich Foucault, der an einer der wenigen Stellen, an denen er sich zum Nationalsozialismus geäußert hat, dessen Blut-und-Boden-Ideologie als anachronistisch-hybrides Mischgebilde von souveräner Macht und Biomacht identifiziert hat (Foucault 1983, 144).

Weil die Debatten um Agamben sich auf einem hochgradig überdeterminierten Terrain bewegen und entsprechend kontrovers geführt werden, lohnt es sich, Agambens Analyse der Lager in einen etwas anderen Kontext einzurücken, indem man sie mit Foucaults Konzept der Heterotopie vergleicht (s. Kap. III.10): Foucault definiert Heterotopien zum einen über ihren Unterschied zu Utopien, die buchstäblich Nicht-Orte sind, Räume ohne Raum, und zum anderen dadurch, dass sich Heterotopien zu allen übrigen Räumen als »Gegenräume« verhalten (Foucault 2005, 10). Dabei geht er davon aus, dass jede Gesellschaft Heterotopien hervorbringt und die Formen ihrer Negation des Raums, in dem wir sonst leben, sehr verschieden sein können. So erklärt sich Foucaults bunte Liste der Heterotopien, die Lustorte wie das Bordell, den Garten oder die Feriendörfer ebenso einschließt wie das Gefängnis, den Friedhof oder die psychiatrische Anstalt und schließlich noch Kolonien und das Schiff verzeichnet. Laut Foucault können Heterotopien die ›anderen Räume‹ entweder dadurch in Frage stellen, dass »sie eine Illusion schaffen, welche die gesamte übrige Realität als Illusion entlarvt, oder, indem sie einen anderen, realen Raum schaffen, der im Gegensatz zur wirren Unordnung unseres Raumes eine vollkommene Ordnung aufweist« (ebd., 19 f.). Als weiteres Identifikationskriterium von Heterotopien nennt Foucault, dass diese stets durch ein System von Öffnung und Abschließung von ihrer Umgebung oder Außenwelt isoliert werden, wobei sich die Modalitäten dieses Systems ebenfalls sehr voneinander unterscheiden können.

Dass Foucault nicht auch das Lager als Heterotopie anführt, überrascht insofern nicht, als eine Auseinandersetzung mit den Konzentrations- und Vernichtungslagern in seinem Werk insgesamt fehlt. Man kann das Lager aber als Heterotopie nicht ausschließen, weil es immerhin beide

Kriterien erfüllt: Es wird durch ein System von Öffnung und Abschließung von der Umwelt abgeschottet, wozu Foucault ausdrücklich auch den Zwang (etwa im Falle des Gefängnisses) rechnet. Und man wird das Lager den realen Orten zurechnen dürfen, die eine (im Sinne des Nationalsozialismus) ›vollkommene Ordnung‹ als totale Herrschaft etablieren. Das würde freilich nicht in die gängige Lesart von Foucaults Text passen, der zufolge Heterotopien potentielle Orte des Widerstands sind, weil sie von der Norm abweichendem Verhalten einen Ort einräumen, der die anderen Orte negiert. Aber die ausdrückliche Erwähnung von psychiatrischen Anstalten, Kolonisierungsprojekten und Gefängnissen spricht gegen eine vorschnelle Heroisierung der Heterotopien, auch wenn das Lager ausgespart bleibt.

Anders als Foucault hat Hannah Arendt 1951 in *Elemente und Ursprünge totaler Herrschaft* sehr wohl Verbindungslinien zwischen imperialistischen Kolonisierungsprojekten, Gefängnissen, Laboratorien und den nationalsozialistischen Konzentrations- und Vernichtungslagern gezogen, was Agamben seinerseits hervorgehoben und mit Foucaults fehlender Lageranalyse kontrastiert hat. Agamben selbst verwendet Foucaults Heterotopie-Begriff nicht, was ebenso gegen eine Subsumtion des Lagers unter die Heterotopien spricht wie die Tatsache, dass Agambens Verständnis des Lagers als Verräumlichung des zuvor zeitlich begrenzten Ausnahmezustands eine juridische Disposition privilegiert, die Foucault zugunsten der Analyse konkreter Orte und Praktiken generell zurückstellt.

Literatur

Agamben, Giorgio: *Potentialities. Collected Essays in Philosophy*. Stanford 1999.

–: *Homo sacer. Die souveräne Macht und das nackte Leben*. Frankfurt a. M. 2002 (ital. 1995).

–: *What is a Paradigm?*, August 2002a. In: http://www.egs.edu/faculty/agamben/agamben-what-is-a-paradigm-2002.html.

–: *Was von Auschwitz bleibt. Das Archiv und der Zeuge*. Frankfurt a. M. 2003 (ital. 1998).

–: *Ausnahmezustand*. Frankfurt a. M. 2004 (ital. 2003).

–: Ökonomische Theologie. Genealogie eines Paradigmas. In: Bernd Witte/Mauro Ponzi (Hg.): *Theologie und Politik. Walter Benjamin und ein Paradigma der Moderne*. Berlin 2005, 20–31.

–: *Die Zeit, die bleibt. Ein Kommentar zum Römerbrief*. Frankfurt a. M. 2006 (ital. 2000).

–: *Was ist ein Dispositiv?* Zürich 2008 (ital. 2006).

Arendt, Hannah: *Elemente und Ursprünge totaler Herrschaft*. Frankfurt a. M. 1955 (amerik. 1951).

–: *Über die Revolution*. München 1963 (amerik. 1963).

–: *Vita activa oder Vom tätigen Leben*. München 1981 (amerik. 1958).

Badiou, Alain: *Das Sein und das Ereignis*. Berlin 2005 (frz. 1988).

Balibar, Etienne/Wallerstein, Immanuel: *Rasse, Klasse, Nation. Ambivalente Identitäten*. Hamburg [2]1992 (frz. 1988).

Benjamin, Walter: *Das Passagenwerk. Gesammelte Schriften*. Bd. 5. Frankfurt a. M. [5]2006.

Böckelmann, Janine/Meier, Frank (Hg.): *Die gouvernementale Maschine. Zur politischen Philosophie Giorgio Agambens*. Hamburg 2007.

Drobisch, Klaus/Wieland, Günther: *System der NS-Konzentrationslager 1933–1939*. Berlin 1993.

Durantaye, Leland de la: *Giorgio Agamben. A Critical Introduction*. Stanford 2009.

Foucault, Michel: *Überwachen und Strafen. Die Geburt des Gefängnisses*. Frankfurt a. M. 1977 (frz. 1975).

–: *Der Wille zum Wissen. Sexualität und Wahrheit I*. Frankfurt a. M. 1983 (frz. 1976).

–: Leben machen und sterben lassen. Die Geburt des Rassismus. In: Sebastian Reinfeldt/Richard Schwarz (Hg.): *Bio-Macht*. Duisburg 1992, 27–50 (frz. 1991).

–: *Sicherheit, Territorium, Bevölkerung. Geschichte der Gouvernementalität I*. Frankfurt a. M. 2004 (frz. 2004).

–: *Die Heterotopien. Der utopische Körper (1967)*. Frankfurt a. M. 2005 (frz. 2004).

Gehring, Petra/Kadi, Ulrike (Hg.): *Biopolitik. Giorgio Agambens lange, dunkle Linien*. Wien 2002.

Geulen, Eva: *Giorgio Agamben zur Einführung* [2005]. Hamburg [2]2009.

– /Kauffman, Kai/Mein, Georg (Hg.): *Hannah Arendt und Giorgio Agamben. Parallelen und Perspektiven*. München 2008.

Hamel, Walter: *Das Wesen des Staatsgebietes*. Berlin 1933.

Haushofer, Karl: *Bausteine zur Geopolitik*. Berlin 1928.

Klein, Naomi: *Über Zäune und Mauern. Berichte von der Globalisierungsfront*. Frankfurt a. M. 2003 (engl. 2003).

Köster, Werner: Raum, politischer. In: Joachim Ritter/Karlfried Gründer (Hg.): *Historisches Wörterbuch der Philosophie*. Bd. 8. Basel 1992, 122–131.

–: *Die Rede über den ›Raum‹. Zur semantischen Karriere eines deutschen Konzepts*. Heidelberg 2002.

Kuhn, Thomas S.: *Die Struktur wissenschaftlicher Revolutionen.* Frankfurt a. M. [2]1976 (amerik. 1962).

LaCapra, Dominick: Approaching Limit Events. Siting Agamben. In: Michael Bernard-Donals/Richard Glejzer (Hg.): *Witnessing the Disaster. Essays on Representation and the Holocaust.* Wisconsin 2003, 262–304.

Menninghaus, Winfried: *Schwellenkunde. Walter Benjamins Passage des Mythos.* Berlin 1986.

Muhle, Maria: *Eine Genealogie der Biopolitik. Zum Begriff des Lebens bei Foucault und Canguilhem.* Bielefeld 2008.

Neumann, Boaz: *Die Weltanschauung des Nazismus. Raum - Körper - Sprache.* Göttingen 2010 (hebr. 2002).

Norris, Andrew (Hg.): *Politics, Metaphysics and Death. Essays on Giorgio Agamben's Homo sacer.* Duke 2005.

Ratzel, Friedrich: *Politische Geographie* [1879]. Neudruck [3]1923. Osnabrück 1974.

Schlögel, Karl: *Im Raume lesen wir die Zeit. Über Zivilisationsgeschichte und Biopolitik.* München 2003.

Schmitt, Carl: *Politische Theologie. Vier Kapitel zur Lehre von der Souveränität* [1922]. Berlin [5]1990.

–: *Völkerrechtliche Großraumordnung mit Interventionsverbot für raumfremde Mächte. Ein Beitrag zum Reichsbegriff im Völkerrecht* [1941]. Berlin [4]1991.

–: *Der Nomos der Erde im Völkerrecht des Jus Publicum Europaeum* [1950]. Berlin [4]1997.

–: *Land und Meer. Eine weltgeschichtliche Betrachtung* [1942]. Stuttgart [4]2001.

Schwarte, Ludger (Hg.): *Auszug aus dem Lager. Zur Überwindung des Raumparadigmas in der politischen Philosophie.* Bielefeld 2007.

Simmel, Georg: *Soziologie. Untersuchungen über die Formen der Vergesellschaftung* [1908]. *Gesamtausgabe.* Bd. 11. Frankfurt a. M. 1992.

Sloterdijk, Peter: *Im Weltinnenraum des Kapitals. Für eine philosophische Theorie der Globalisierung.* Frankfurt a. M. 2005.

Virilio, Paul: Im Würgegriff der Zeit. In: *Die Zeit* 46 (11. November 1994), 63.

Werber, Niels: Die Normalisierung des Ausnahmefalls. Giorgio Agamben sieht immer und überall Konzentrationslager. In: *Merkur* 7 (2002), 618–622.

–: *Die Geopolitik der Literatur. Eine Vermessung der medialen Weltraumordnung.* München 2007.

Eva Geulen

3. Ökonomischer Raum: Megacities und Globalisierung

3.1 Entstehung des Themenfeldes

Seit 2008 leben zum ersten Mal in der Humangeschichte mehr Menschen in Städten als außerhalb von diesen. Anfang des 20. Jahrhunderts galt dies für nur knapp 7 % der Weltbevölkerung. Die Vereinten Nationen gehen davon aus, dass sich dieser Urbanisierungstrend weiter fortsetzt und bis im Jahr 2020 der Lebensmittelpunkt von nur noch 45 % der Erdbewohner außerhalb und dagegen von 55 % innerhalb städtischer Räume verortet sein wird. Außerdem lebt ein immer größer werdender Teil der Stadtbewohner in Millionenstädten. Anfang des 20. Jahrhunderts existierten weltweit nur elf Städte mit mehr als einer Million Einwohnern. Im Jahr 2000 hatte sich diese Zahl bereits auf knapp 400 Städte erhöht. Während für westliche Nationalstaaten das 19. Jahrhundert das Jahrhundert einer radikalen Urbanisierung darstellt – im Deutschen Bund und anschließend im Deutschen Reich kehrte sich das Verhältnis von Land- und Stadtbewohner im 19. Jahrhundert von 2/3 zu 1/3 um – so ist im globalen Maßstab erst das 20. Jahrhundert das der Urbanisierung (Harvey 2000). Diese immense Urbanisierungsdynamik wird häufig als Ausdruck einer zunehmenden ›Globalisierung‹ beschrieben. Die Welt scheint demnach zur Stadt zu werden und zugleich die Stadt zur Welt. Diese verstädterte Welt zeige sich als Netz aus vereinheitlichten Warenangeboten, Dienstleistungen sowie Geschäftsbeziehungen und den dahinter liegenden weltweiten Kapitalverflechtungen und Infrastrukturen. Folgt man entsprechenden Einschätzungen innerhalb politischer und wissenschaftlicher Diskussionen, so konzentrieren sich diese Globalisierungstendenzen in ihrer Potenzialität wie in ihrer Exklusionsradikalität wie im Brennglas in den sogenannten ›Megacities‹ oder ›Megastädten‹, wo sich »das Beste und das Schlimmste [konzentriert], von den Innovatoren und den etablierten Mächten bis hin zu den strukturell überflüssigen Menschen, die bereit sind, ihre Irrelevanz zu verkaufen oder ›die Anderen‹ dafür zahlen zu lassen« (Castells 2001, 459).

Das Phänomen Globalisierung: Folgt man den Globalisierungsdiagnosen, dann beschreiben diese einen Prozess der Entstehung von immer stärker vernetzten weltweiten Räumen. Noch nie zuvor, so die Grundannahme, seien wirtschaftliche, technische, kulturelle, soziale und politische Zusammenhänge an einem beliebigen Ort mit den entsprechenden Zusammenhängen an anderen Orten der Welt so eng miteinander verbunden gewesen. Die entstehenden globalisierten Räume rückten die Menschen zusammen, sie verwiesen sie in einer bisher ungekannten Weise aufeinander. Der US-amerikanische Sozialgeograph David Harvey (1989) spricht in diesem Zusammenhang von einer zunehmenden ›Raum-Zeit-Kompression‹ (s. Kap. II.2). Er verweist damit auf die politisch-ökonomische Entwicklung seit dem letzten Drittel des 20. Jahrhunderts, das als Übergangsphase vom Fordismus zur ›flexiblen Akkumulation‹ beschrieben werden kann (Harvey 1991). Der Bielefelder Soziologe Franz-Xaver Kaufmann (1998) beschreibt diese Etablierung grenzüberschreitender ökonomischer Prozesse als ›Internationalisierung‹ und unterscheidet davon Prozesse der ›Transnationalisierung‹, mit denen er vor allem die Ausbildung von politischen Entscheidungsstrukturen oberhalb und quer zu den nationalstaatlichen Instanzen fasst, und der ›Globalisierung‹ im engeren Sinne: Darunter versteht Kaufmann die Zunahme weltumspannender Prozesse, vor allem in den Sphären der Kommunikation und der Entstehung eines weltweiten Bewusstseins.

Vergewissert man sich der vorherrschenden Beschreibungen globalisierter Verräumlichungsprozesse, so liegen diese vor allem auf den folgenden Dimensionen: einer immensen Zunahme des internationalen Warenaustausches (›Raum des internationalen Handels‹), einer wachsenden Vernetzung der weltweiten Produktionsprozesse (›globaler Raum der Zulieferer‹), eines globalen Austausches von Dienstleistungen (›Raum der internationalisierten Dienstleistungen‹) und globaler Geld- und Warenströme (›globaler Raum des Finanzkapitalismus‹), eines weltweiten Informations- und Nachrichtentransfers (›Raum globaler Informationsströme‹), einer ständig zunehmenden Personenmobilität (›Raum transnationaler Mobilität‹), einer gesteigerten transnationalen Arbeitsteilung (›Raum internationaler Arbeitsteilung‹), einer verstärkten Bedeutung der Kommunikationstechnologien (›globaler Raum der informationellen Ökonomie‹), aber auch des Bedeutungsgewinns internationaler Organisationen (z. B. UNO, IWF, Weltbank) und multinationaler Unternehmen (›Raum der global player‹). Räumliche Globalisierung beschreibt somit zumeist die Entstehung von Räumen der verdichteten und intensivierten weltweiten Produktions-, Dienstleistungs- und Konsumtionsbeziehungen. In diesem Sinne bestimmt die Organisation für wirtschaftliche Zusammenarbeit und Entwicklung (OECD) die Etablierung eines globalen Raumes als Prozess, durch den Märkte und Produktion in verschiedenen Ländern immer mehr voneinander abhängig werden. Diese fokussierte Interdependenz wird häufig auch als Tendenz einer zunehmenden Beschleunigung beschrieben (Castells 2003), wie sie sich vor allem in der Re-Organisation von Arbeits- und Produktionsprozessen – u. a. auf Basis einer erhöhten Arbeitsproduktivität und der damit verbundenen Verknappung von Lohnarbeit und Einkommen, der Etablierung eines internationalen Finanzmarktes oder der Zunahme von transnationalen Migrationsbewegungen – zeigten.

Zugleich stellt die Ausbildung dieser globalisierten Räume aber auch eine wachsende weltweite Verflechtung sozialer Zusammenhänge dar. Bereits Anfang der 1960er Jahre formulierte der Kanadische Medientheoretiker Marshall McLuhan (1911–1980) die These von der Entstehung eines globalen Dorfes (*global village*), zu dem die Welt aufgrund technischer Entwicklungen zusammenwachse. Mit der rasenden Digitalisierung von Kommunikations- und Informationswegen seit dem Ende des 20. Jahrhunderts scheint diese Tendenz weiter zuzunehmen. Außerdem realisiert sich zufolge des finnischen Soziologen Pertti Alasuutaris der globale Raum als Raum der Homogenisierung von Lebens- und kulturellen Ausdrucksweisen. Die Rationalisierung der Welt, wie sie ein Jahrhundert zuvor von Max Weber in *Wirtschaft und Gesellschaft* von 1920 als ›Bürokratisierung‹ beschrieben wurde, tendiert nach Ansicht soziologischer Zeitdiagnostiker immer stärker zu einer Kommerzialisierung – der US-amerikanische Soziologe George Ritzer (1995) sprach von einer ›McDonaldisierung‹ der Welt, das heißt, der Ausformung sozialer Zusammenhänge im Stile von Franchise-Filialen: Zwar unterscheidet sich der Standort, die Beschäftigten und das Management von Filiale zu Filiale, die Innengestaltung, das Angebot und die Abläufe sind aber in allen Filialen fast dieselben. In seinen jüngsten Arbeiten hat Ritzer diese Einschätzung unter der Formel »Globalisierung des Nichts« (Ritzer 2005) zu einer allgemeinen Globalisierungsdiagnose ausgeweitet.

Auf der Ebene politischer Entwicklungen wurde Ende der 1980er Jahre von konservativen Denkern, wie Samuel Huntington (1927–2008), die Gefahr eines zunehmenden Aufeinanderprallens von sich ausdifferenzierenden lokalen Kulturen (*clash of civilizations*) in der globalisierten Welt ausgemacht. Modernisierungstheoretiker, wie Ulrich Beck, betonen dagegen die zunehmenden Verflechtungen und Interaktionen über die bisherigen, vor allem nationalstaatlichen Grenzen hinweg (›Entgrenzung‹). Transnationale Zusammenhänge bekämen in diesen Prozessen eine verstärkte Relevanz, wie die Ausbildung von Diaspora-Gemeinschaften zwischen Herkunftsregionen und den Lebensorten von Migranten zeigen könne (›Transnationalisierung‹ im Sinne transnationaler Zusammenhänge, wie Transmigration). Notwendig sei daher auch eine Kosmopolitisierung der wissenschaftlichen Beobachtungsperspektiven. Politökonomische Analysten, wie Elmar Altvater und Birgit Mahnkopf, weisen schließlich auf eine wachsende soziale Spaltung innerhalb und zwischen den Nationalstaaten hin, die mit der Entstehung der internationalen Vernetzung von Produktions- und Marktbeziehungen entstünde. Mit der weiteren Dynamisierung der globalen Märkte im weltweiten Marktraum würden zudem die Grenzen der Belastbarkeit der Erde immer schneller erreicht, weshalb diese Entwicklung ungebremst in eine ökologische, wirtschaftliche und soziale Katastrophe führen müsse (›Grenzen der Globalisierung‹). Vor dem Hintergrund der Gleichzeitigkeit von vielfältigen politischen Ausprägungsformen plädieren wieder andere Autoren dafür, »von der Vorstellung vieler Globalisierungen – von den *varieties of globalization* – auszugehen« (Rehbein/Schwengel 2008, 9).

Unabhängig von diesen zeitdiagnostischen Bewertungen und jenseits der Diskussionen, ob die sozialen und kulturellen Prozesse als Teil der Globalisierung bisher bestimmender Räume – auf lokaler, nationaler und internationaler Ebene – bereits ausreichend Beachtung finden, ist sich die Mehrheit der Globalisierungsforscher darüber einig, dass die Entwicklung der zunehmenden weltweiten Vernetzungen von kulturellen, sozialen und ökonomischen Zusammenhängen mit spezifischen ökonomischen und technischen Innovationen zu tun habe. Globalisierung entstehe, so schreiben auch internationale politische Akteure wie die OECD, dank der Dynamik des Handels mit Gütern und Dienstleistungen und durch die Bewegung von Kapital und Technologie. Immer wieder wird dieser Zusammenhang allerdings als ›technologischer Fehlschluss‹ verkannt, das heißt, räumliche Globalisierungsprozesse werden als das direkte Ergebnis technischer Innovationen, wie der Digitalisierung von Kommunikations- und Konsumtionsstrukturen, angesehen. Diese werden dann zur Quelle von Globalisierungsprozessen stilisiert. Demgegenüber sollten aber auch die technischen und ökonomischen Innovationen selbst als ein Ausdruck der weltweiten Vernetzungsprozesse verstanden werden, der wieder auf diese zurückwirkt (Bittlingmayer 2005). Digitale Kommunikationssysteme existieren nicht bereits vor dem Beginn der zunehmenden räumlichen Globalisierung, sondern stellen das Ergebnis technischer Entwicklungsprozesse dar, die politisch-kulturell ermöglicht werden. Sie sind also selbst auch wiederum ein Ausdruck dessen, wie Fragen der Gestaltung und Regulierung sozialer Zusammenhänge zu einem historisch-spezifischen Zeitpunkt beantwortet werden.

Einig ist sich die Mehrzahl der Globalisierungstheoretiker außerdem darin, dass es sich bei der Globalisierung um Prozesse handelt, die an Intensität seit dem Ende des 20. Jahrhunderts zunehmen und derzeit noch keineswegs abgeschlossen sind. Strittig ist allerdings, wann diese Prozesse ihren Anfang genommen haben und ob eine Geburtsstunde datiert werden kann (Osterhammel/Petersson 2003).

Die historische Verortung der Globalisierung

Der Begriff ›Globalisierung‹ ist erstmals Mitte des 20. Jahrhunderts in englischsprachigen Lexika nachweisbar (Waters 1995, 2). Im deutschsprachigen Raum verbreitet er sich seit Anfang der 1990er Jahre. Da die Traditionen der Begriffsverwendung zumeist auch einen entscheidenden Marker für die Relevanz der begrifflich gefassten Phänomene darstellen, kann die noch sehr junge Begriffsgeschichte als Hinweis darauf gelesen werden, dass das Phänomen ›Globalisierung‹ erst seit relativ kurzer Zeit einen Bestandteil des diskursiven Alltags(bewusstseins) darstellt. Allerdings wird der damit in den Blick genommene Zeitraum sehr unterschiedlich vermessen – und von Autoren, wie dem Jenaer Sozialgeographen Benno Werlen (s. Kap. II.4), wird auch der These widersprochen, Globalisierung beschreibe erst ein Phänomen der jüngeren Geschichte. Im Anschluss an Werlens (2007) Überlegungen lassen sich drei zentrale Perioden der Genealogie der Globalisierung bestimmen: die Periode einer Globalisierung ›erst jetzt‹, einer Globalisierung ›seit langem‹ und einer Globalisierung ›immer schon‹. Mit dieser Position kann die Tatsache bezeichnet werden, dass Tendenzen der weltweiten Vernetzung keine Phänomene der jüngsten Geschichte darstellen, sondern seit Beginn der Menschheitsgeschichte zu beobachten sind. Imperialistische und kolonialistische Bestrebungen (s. Kap. III.5), ein missionarischer Religionseifer oder das Interesse an der Erschließung von Versorgungsressourcen begleiten als Globalisierungsentwicklungen die Menschheitsgeschichte seit mindestens drei Jahrtausenden. Im Unterschied zu diesen frühen Globalisierungsprozessen lassen sich die aktuellen allerdings durch einen höheren Grad der Intensität und Geschwindigkeit kennzeichnen.

Sichtet man die aktuellen Globalisierungsdiskussionen, so findet sich diese Position des ›immer schon‹ allerdings eher selten oder nur als Verweis. Die Mehrheit der vorliegenden Beiträge konzentriert sich vielmehr auf die Positionen des ›seit langem‹ und des ›erst jetzt‹: Für Autorinnen wie die US-amerikanische Migrationstheoretikerin Saskia Sassen, die die Position vertritt, der Globalisierungsprozess vollziehe sich bereits ›seit langem‹, ist vor allem die Tatsache von Bedeutung, dass Globalisierung kein Prozess ›aus dem Nichts‹ darstelle. Der Ursprung des Globalisierungsphänomens falle, so die These, mit der Aufklärung und der anschließenden Entwicklung des (früh-)industriellen Kapitalismus zusammen und erfahre aber in den letzten Jahrzehnten eine zunehmende Beschleunigung, worauf beispielsweise auch der indische Sozialanthropologie Arjun Appadurai in seinen Arbeiten immer wieder hinweist. Aus dieser Perspektive wird daher argumentiert, dass die – zunächst potenzielle, dann tatsächliche – weltweite Expansion von Anfang an einen integralen Bestandteil der kapitalistischen Entwicklung darstellte. So lasse sich der Ursprung des modernen ›globalen Denkens‹ an der Wende vom 15. zum 16. Jahrhundert situieren. Symbolisiert werde diese Entwicklung in ersten Darstellungen der Welt auf einem Globus im Jahr 1492 in Nürnberg – eine Darstellung, die eine Beherrschbarkeitsannahme repräsentiert (s. Kap. I.2.1). Dem US-amerikanischen Soziologen Immanuel Wallerstein zufolge ist mit dem einsetzenden europäischen Imperialismus der Beginn des kapitalistischen Weltsystems eingeläutet: »Es ist ein Welt*system*, nicht weil es die ganze Welt umschließt, sondern weil es größer ist als jede juridisch definierte politische Einheit. Und es ist deshalb eine Welt*wirtschaft*, weil die Verbindung zwischen den Teilen des Systems vor allem eine ökonomische ist« (Wallerstein 1984, 27). Seit der Neuzeit wurde Region um Region in die entstehende Weltwirtschaft eingebunden. Aus dieser Perspektive lässt sich Globalisierung somit als unaufhörliche räumliche und soziale Expansion bestimmen, die eine historische Konstante kapitalistischer Entwicklung markiert. Sie ist aber auch eine seiner Voraussetzungen. Insofern bedingen eine so verstandene Globalisierung und die Durchsetzung des Kapitalismus einander, wie Karl Marx (1818–1883) und Friedrich Engels (1820–1895) bereits 1874 im *Kommunistischen Manifest* betont haben: »Das Bedürfnis nach einem stets ausgedehnteren Absatz für ihre Produkte jagt die Bourgeoisie über die ganze Erdkugel. Überall muß sie sich einnisten, überall anbauen, überall Verbindungen herstellen« (Marx/Engels 1964, 465).

Die Vertreter der dritten Position eines ›erst jetzt‹ betrachten ›Globalisierung‹ schließlich erst als ein postindustrielles Phänomen. Der Anfangspunkt wird von ihnen daher entweder mit dem Ende des Zweiten Weltkriegs Mitte des 20. Jahrhunderts oder mit dem Ende der bipolaren Welt (Machtblöcke zwischen Ost und West) Ende des 20. Jahrhunderts gesetzt. Als zentrales Globalisierungscharakteristikum benennen die Vertreter dieser Position die Öffnung bzw. das Fallen bisheriger Grenzen. Ausdruck finden diese Entwicklungen in jüngerer Zeit beispielsweise in den veränderten Zoll- und Handelsabkommen im Rahmen des General Agreement on Tariffs and Trade (GATT) und der World Trade Organization (WTO) (insbesondere in der Uruguay-Runde von 1986 bis 1993), in der GATS-Vereinbarung (General Agreement on Trade in Services 1994) oder der sogenannten Doha-Runde bzw. Doha-Entwicklungsagenda (Paket von Aufträgen, die die Wirtschafts- und Handelsminister der WTO-Mitgliedstaaten seit 2001 bearbeiten, bisher jedoch durch verbleibende Unstimmigkeiten in der Agrarpolitik noch nicht abgeschlossen haben). Aber auch technische Innovationen im Verkehrswesen und der Kommunikations- und Nachrichtentechnik begünstigten den Ausbau internationaler Produktions- und Handelsräume.

Eine zu Werlens Vorschlag alternative Genealogie der Globalisierung schlägt der Philosoph Peter Sloterdijk vor. Er deutet den heutigen Stand der Globalisierungsprozesse – also das ›erst jetzt‹ – als Ende eines ›Dreiphasenprozesses‹. Die drei aufeinanderfolgenden Globalisierungsphasen differenzieren sich seines Erachtens nach den jeweiligen dominanten symbolischen und technischen Medien und den jeweiligen Modi der Welterzeugung. Auf die ›kosmische Globalisierung‹ der Antike und des Mittelalters, die durch die gedankliche Ausmessung des voneinander getrennten Himmels und der Erde, des Oben und Unten, geprägt gewesen sei, folge in der Zeitspanne von 1492 (Welterkundungs- und Eroberungsseefahrten von Magellan und Columbus) bis 1945 (Ende des Zweiten Weltkriegs und Einrichtung des Bretton Woods Systems) die ›terrestrische Globalisierung‹, die eigentliche Phase der ›Inbesitznahme‹ der Welt. Dieses »Zeitalter der europäischen Expansion« ist für Sloterdijk (2005, 43) das Sinnbild dieser eigentlichen Globalisierung. Analog zu dieser Bestimmung der zweiten Phase sprechen andere Autoren wie Cornelius Torp (2005) von diesem Zeitraum als der ersten Globalisierung. Gemeinsam ist beiden Deutungen die Annahme, historisch lasse sich hier die zunehmende Verdichtung der Raumpunkte auf den Karten und Globen vermerken, die zugleich auch zu deren Nivellierung geführt habe. Dies bedeute erstens eine Enthierarchisierung, das heißt eine potenzielle Gleichrangigkeit von Stadt X mit Stadt Y, und zweitens die Etablierung einer Zentrum-Peripherie-Perspektive (im Sinne der ›Entdeckung der Welt‹, die nun eben entdeckt ist). In der digitalen Vernetzung von »beliebig weit auseinander liegende[n] Rechner[n]« sieht Sloterdijk schließlich die daran anschließende dritte Phase einer »elektronischen Globalisierung«, einer Phase der Verdichtung und Synchronisierung des Raumes durch elektronische Systeme (Sloterdijk 2005, 68 ff.). Charakteristika dieser elektronischen Globalisierung, die als ›zweite Globalisierung‹ kategorisiert werden kann, seien die zunehmende Abstraktion räumlicher Zusammenhänge und die damit verbundene Unübersichtlichkeit, wie sie sich beispielsweise im globalen Finanzraum zeige: Für die einzelne Bankkundin ist es fast unmöglich zu durchschauen, was der Kauf bestimmter Finanzprodukte, wie der Kauf von Optionsscheinen auf Aktien eines Unternehmens, in anderen Teilen der Welt bedeutet. Zugleich ist gerade die Abstraktion Teil des Prinzips dieser Form der ökonomischen Globalisierung, wie die wiederholten massiven Einbrüche des weltweiten Finanzmarktes Anfang des 21. Jahrhunderts symbolisieren. Die seit den 1990er Jahren teilweise inflationäre Rede von der Globalisierung räumlicher Zusammenhänge ist daher auch immer wieder eine Chiffre für diese wachsenden Grade der Abstraktion, um damit die an sich höchst differenten Phänomene der Internationalisierung, der Transnationalisierung und der Globalisierung im Sinne Kaufmanns und die damit verbundenen Wandlungsprozesse, die als Entstehung eines zunehmend global vernetzten Raumes vereindeutigt werden, zu umschreiben.

Die Entstehung eines zunehmend global vernetzten Raumes gilt häufig als unhinterfragte Tatsache. Die Etablierung einer wachsenden Zahl von Megacities scheint dann ein Beleg für solche Globalisierungsprozesse zu sein. Allerdings erweisen sich solche Annahmen oft als vorschnell, denn bei genauerer Analyse zeigen sich auch Megacities als stark national geprägte kulturelle Räume. Globalisierung gerät also allzu oft zur unhinterfragten Annahme, zu einer »falschen Augenscheinlichkeit« (Barthes 1964, 7), einem ›Mythos‹ also.

Vom Mythos der Neoliberalisierung der Welt: »Der globale Raum ist ein kommodifizierter Raum«

Globalisierung wird vielfach als ausschließlich ökonomisch motiviertes Projekt identifiziert und dabei auf ein neoliberales Programm zur »Beseitigung von Hemmnissen für den freien Handel und die Integration der nationalen Volkswirtschaften durch vielfältige Institutionen, die Wirtschaftswachstum für alle schaffen sollen« verengt (Stiglitz 2002, 7). Räumlich wird dementsprechend die zunehmende Kommodifizierung, d. h. ein Prozess der Kommerzialisierung bzw. des ›zur Ware Werdens‹ von bisher öffentlichen Räumen, angeprangert, wie am Beispiel bundesdeutscher Großstadtbahnhöfe deutlich gemacht werden kann: Private Sicherheitsdienste übernehmen beispielsweise die Kontrolle des vormals öffentlichen Raumes.

Diese realen Kommerzialisierungs- und Privatisierungstendenzen werden aber dann zum Mythos einer generellen ›Neoliberalisierung‹, wenn mit Verweis auf die Ideologie der unsichtbaren Hand des Marktes die politische Regulierung der Ökonomie in neo-klassischer Form übersehen bzw. als reine ›Deregulierung‹ ins Unsichtbare gerückt wird. In der Konzentration auf ökonomische Aspekte werden die kulturellen und sozialen Dimensionen in diesen Fällen weitgehend außer Acht gelassen oder nur in völliger Determinationsannahme durch die ökonomische Dimension in den Blick genommen.

Demgegenüber gilt es – erstens – auch die Deregulierungsprogramme, vor allem seit den 1980er Jahren, als politische Regulierungsversuche zu analysieren. Ein Beispiel dafür ist die politische Ermöglichung von spekulativen Finanzpapieren in Deutschland durch ein Gesetz zur Reduzierung der Verjährungsfrist aus dem Jahr 1998, in dem diese von bisher 30 Jahren auf nurmehr drei Jahre zusammengestrichen wurde. Der deutsche Bundestag hatte dieses Gesetz erlassen, um die Tendenz zur Vermittlung von eher risikoarmen Papieren durch die Banken zu stoppen, so die Begründung des damaligen Gesetzesentwurfs. Die Pleite von Investmentbanken als Auslöser der weltweiten Finanzkrise im Jahr 2008 ging vor allem auf die Vermittlung von damit präferierten, höchst riskanten Zertifikaten zurück. Zweitens wurde die verstärkte Liberalisierung auch kulturell und sozial in den OECD-Staaten erst ermöglicht, indem beispielsweise wohlfahrtsstaatskritische Akteure – von rechts wie links – die (wohlfahrts-)staatliche Regulierung seit den 1960er Jahren zunehmend delegitimierten und stattdessen Individualisierungs- und Pluralisierungsprogramme propagierten. Schließlich verkennt der Mythos der Neoliberalisierung die Ambivalenzen und Widersprüche der Entstehung zunehmend globaler Zusammenhänge, die keineswegs nur als Kommodifizierung beschrieben werden können, wie beispielsweise die parallel ablaufenden neo-kommunitaristischen und re-familialisierenden Tendenzen verdeutlichen.

Vom Mythos eines Dämons der ›Globalisierung‹: »Die Entstehung des globalen Raums ist das, was uns allen geschieht«

Insbesondere von manchen Globalisierungsgegnern wird der Ausbildung globaler Zusammenhänge eine eigene Wirklichkeitssphäre zugesprochen (›Essenzialisierung des Globalen‹). Die Globalisierung erscheint dann als unabhängige Kraft. Globalisierung wird zur eigenständigen Akteurin mystifiziert, der die Schuld für sämtliche Negativentwicklungen zugewiesen werden kann: Als ›arglose Bestie‹ zerstöre sie die Umwelt und soziale Zusammenhänge. Sie schiebe sich als Personifizierung vom Bösen und Verderben unaufhaltsam über den Globus und führe somit die Menschheit unweigerlich in die Katastrophe. So ist *bei* einem Gründungsmitglied der Partei »Die Grünen«, dem Schriftsteller Christian Anton Mayer, zu lesen: »Ihre Schleim- und Kotspur verätzt den Mutterboden Gaia, aber gründlich und immer gründlicher mampft sie die erreichbaren Ressourcen, bändigt die ungebärdige Natur zwischen ihren Mahrzähnen, meidet jeden Blick auf die von ihr geschaffene Wüste« (Amery 2004, 189). Mit kaum noch fassbarer Geschwindigkeit schreite daher die Vereinigung regionaler und nationaler Wirtschaften zu einem globalen Wettbewerbsraum voran.

Entgegen solcher Versuche, Globalisierung als eigene Wirklichkeitssphäre mit bestimmten, einem Weltgeist ähnlichen Handlungsfähigkeiten zu stilisieren, ist der Prozess der Ausbildung globaler Räume als einer zu verstehen, der den Akteuren keineswegs äußerlich ist: Globalisierung ist nicht nur eine Bedingung sozialer Zusammenhänge; vielmehr ist das Wechselspiel und die Verkopplung zwischen räumlichen Kontexten und sozialen Praktiken analytisch in den Blick zu nehmen, indem untersucht wird, wie globale Räume und lokalisierte Praktiken miteinander verknüpft sind. Und damit sind die heterogenen und widersprüchlichen Auseinandersetzungen um die Gestaltung und Regulierung räumlicher Zusammenhänge in den Fokus zu rücken.

Vom Mythos der globalen Homogenisierung und Amerikanisierung: »Der globale Raum als Raum einer Globalisierung des Nichts«

Durch die Fabrikation kultureller Symbole und die Entfaltung eines Weltmarktes scheint mit der Globalisierung eine zunehmende Konvergenz dieser Symbole und Lebensformen einherzugehen, was letztlich zur Annahme eines einheitlichen, durch westliche Kulturstandards geprägten Weltsystems führt. Diese (Gefahr von der) ›Gleichmachung‹ der Welt durch eine globale Kultur- und Konsumindustrie wurde durch das Sinnbild der McDonaldisierung oder Amerikanisierung verdeutlicht.

Zwar lassen sich deutliche Tendenzen einer Ausdehnung des westlichen Kapitalismusmodells und der damit verbundenen Vorherrschaft bestimmter Kulturstandards nachzeichnen. Zugleich führen diese Prozesse der Globalisierung aber nicht zur Entwicklung eines einheitlichen Weltsystems. Manche Autoren sprechen im Zusammenhang mit der räumliche Globalisierung sogar von einer »neuen Betonung des Lokalen« (Beck 1997, 86). Diese lokal begrenzten Räume und Nachbarschaften sind zwar nicht immun gegen globalisierende Tendenzen. Der »neue Lokalismus« bilde aber an vielen Stellen in Form lokaler Sprachen, Traditionen und Kulturen den Grundstein des »In-der-Weltseins« (Brenner/Theodore 2002, V). Deshalb plädiert Sloterdijk (2005, 411) für eine »Ausdehnung-am-Ort«, indem sich der Einzelne wieder verstärkt auf sich und seine unmittelbare Umgebung besinnt, die er prägt und die auf ihn zurückwirkt.

Auch globalisierungskritische Positionen sehen im ›Rückzug ins Lokale‹ eine Möglichkeit, Gegenräume, die außerhalb des Sogs der Globalisierung und damit außerhalb der ökonomischen Entwicklungsweisen stünden, schaffen zu können. Diese lokalen Gegenräume werden einerseits als Möglichkeit für einen Ausstieg aus der räumlichen Globalisierung angesehen, indem beispielsweise ›lokale Ökonomien‹ realisiert werden könnten, die ein sozial eingebundenes und damit humaneres wirtschaftliches Agieren ermöglichen würden. Andererseits wird unter dem Leitspruch ›Lokal handeln, global denken‹, den die Netzwerkbewegung attac nutzt, dafür argumentiert, ›unzählige lokale Fronten‹ aufzubauen und über diese hinweg ein global vernetztes Widerstandsnetz gegen die neoliberalen Entwicklungen zu bilden. Kritiker wenden demgegenüber ein, dass Globalisierung kein lokal exogenes Phänomen darstelle. Es existiere kein solches ›Jenseits des Globalen‹, da das Lokale immer schon einen Aspekt des Globalen ausmache (Robertson 1998). Die komplexe Verflechtung und das Ineinandergreifen von globalen und lokalen Dynamiken fassen manche Autoren daher als ›Glokalisierung‹ auf (Altvater/Mahnkopf 1996, 30). Soziale, politische und wirtschaftliche Prozesse konzentrierten sich an bestimmten Stellen der Erdoberfläche (Orten). Deshalb zeige das ›Globale‹ Wirkung auf der lokalen Ebene und umgekehrt wirke das ›Lokale‹ zurück auf die globale Ebene.

Globalisierung umfasst vielfältige Re- und Deterritorialisierungsprozesse, die es zu untersuchen gilt (Deleuze/Guattari 1992).

Vom Mythos eines ›Jenseits nationaler Zusammenhänge‹: »Der globale Raum als Nachfolger des Raums von Nationalstaaten«

Eine große Anzahl von Globalisierungsdefinitionen, wie sie beispielsweise Altvater und Mahnkopf vorlegen, betonen den Bezug zur globalen Ökonomie und die Überwindung nationaler Grenzen infolge der Loslösung ökonomischer Prozesse vom (nationalen) Territorium. Als Konsequenz grenzüberwindender ökonomischer Beziehungen, des Welthandels und der Zunahme grenzüberschreitender Direktinvestitionen sowie der Entwicklung globaler Kapitalmärkte und einer zunehmenden Migration, wird demnach die Vorstellung »in geschlossenen und gegeneinander abgrenzbaren Räumen von Nationalstaaten und ihnen entsprechenden Nationalgesellschaften zu leben und zu handeln« hinfällig (Beck 1997, 44). Es entstehe ein neuer, nicht durch nationalstaatliche Grenzen und Regeln festgelegter ökonomischer Raum, in dem Transformationsprozesse eine globale Reichweite bekämen: Hergestellt werde ein »raum- und zeitkompakte[r] Globus« und lokale, regionale und nationale Raum-Zeiten erodieren und verschwinden (Altvater/Mahnkopf 1999, 42). Die durch ihre Studie *Empire* aus dem Jahr 2000 vor allem unter Globalisierungskritikern berühmt gewordenen Michael Hardt und Antonio Negri sprechen davon, dass an die Stelle vom Nationalstaat und dem nationalstaatlichen Territorium Netzwerkmächte treten. Ehemals gegebene Grenzen, im Sinne von Markierungen des Sozialen und Kulturellen, würden fluide. Vom Netzwerkcharakter des ›Empires‹ seien alle gesellschaftlichen Räume, alle sozialen Praxen, Prozesse und Subjektivitäten durchdrungen. Als Konsequenz dieser Ortlosigkeit der Macht müsse daher auch der Widerstand diversifiziert und pluralisiert werden, sowie von überall her kommen: »Wenn es also keinen Ort mehr gibt, der als Außen gelten kann, so müssen wir an jedem Ort dagegen sein« (Hardt/Negri 2002, 223).

Demgegenüber weist Saskia Sassen (2008, 17) darauf hin, dass Globalisierung gleichzeitig auch innerhalb der Nationalstaaten stattfinde. Die Position der Nationalstaaten sei keineswegs verschwunden: Nationalstaaten stellten vielmehr »die wichtigste institutionelle Schnittstelle im Weltsystem« dar (Keil/Brenner 2003, 254). Der Nationalstaat bleibe als wesentlicher Baustein sozialer, ökonomischer und politischer Prozesse also bestehen. Gleichzeitig werde er aber von innen heraus grundlegend verändert und sei daher selbst Stätte des Wandels: Als selbst »tiefgreifend wandelndes Gebilde« ist seit den 1980er Jahren »die einsetzende Entnationalisierung bestimmter Bestandteile des Nationalen, die Renationalisierung anderer Bestandteile (einschließlich ideologischer) und die Entstehung offensichtlich globaler Instanzen« zu beobachten (Sassen 2008, 680 und 643). Die Ebene der Nationalstaaten stellt somit zwar eine widersprüchliche und ambivalente, aber zugleich weiterhin sehr wirkmächtige Ebene aktueller Auseinandersetzungen um die Gestaltung und Regulierung sozialer Zusammenhänge dar, die es analytisch einzubeziehen gälte.

Vom Mythos der De-Territorialisierung: »Der globale Raum löst Ortsbindungen in einen globalen Raum der Ströme auf«

Orte oder Lokalitäten werden nach Einschätzung des englischen Soziologen Anthony Giddens globalisiert, indem sie mit »entfernten Orten in solcher Weise miteinander verbunden werden, dass Ereignisse am einen Ort durch Vorgänge geprägt werden, die sich an einem viele Kilometer entfernten Ort abspielen, und umgekehrt« (Giddens 1995, 85). Dies führe dazu, dass alltägliche lokale Erfahrungen zunehmend mit bislang weit entfernten und unzugänglichen Kontexten verwoben seien. Als Anknüpfungspunkte hierfür wird auf Begriffe, wie ›Borderlands‹, ›Homelessness‹ oder ›Displacement‹ verwiesen.

Diese deuteten darauf hin, dass man sich von der alten Denkweise, »dass jeder und jedes seinen Ort habe« verabschieden müsse (Berking 1998, 381). Diese Entkoppelung von Ort, Raum und Zeit bedeutet allerdings nicht das Verschwinden des Raumes, sondern die Voraussetzung neuer Verräumlichungsprozesse. »Entgegen der modernen Denkfigur fortschreitender Enträumlichung und Emanzipation von Raum, verweisen die im Zuge der Globalisierung stattfindenden Formen der Vergemeinschaftung auf Wiederverräumlichungsprozesse« (Ahrens 2001, 8). Von einem entterritorialisierten und ortlosen Kapitalismus, der praktisch alle Grenzen überwindet und sozusagen ›raumlos‹ agiert, kann demnach nicht die Rede sein. Orte bleiben als Ausgangspunkt oder Standort unverzichtbar, indem sich beispielsweise Kapitalströme materialisieren. Auch finde die »entscheidende Konfrontation zwischen dem grenzenlosen Kapitalismus und den lokalen kooperativen Gemeinden« stets vor Ort statt, indem globale wie lokale Akteure »ihre Konflikte um den ökonomischen Raum und den lokalen Lebensraum im Kampf um Arbeitsplätze, Lebensunterhalt, Stadtteile oder kulturelle Hegemonie in der Stadt« austragen (Noller 1996, 487). In den Mittelpunkt rücke daher die Frage, ob und wie die unterschiedlichen sozialen Gruppen und Wirtschaftstypen mit in die lokalen wie globalen Prozesse einbezogen werden und welche Bedeutung dem konkreten Standort mit seiner Vielfalt von Kulturen für die jeweilige Machtkonstellation zukommt. Eine Welt ohne Ort ist nicht vorstellbar. Will man die verschiedenartigen und vielfältigen theoretischen Raumbezüge wie die dazugehörigen Erklärungsmuster untersuchen, wären somit die veränderten Verhältnisse von Nähe und Distanz und von Globalität und Lokalität zu fokussieren, um die transformierte Position des Ortes (*senses of place*) zu erfassen – und das immer nur im je spezifischen Kontext.

Diese falschen Augenscheinlichkeiten der Globalisierung (›Mythen‹) machen die Komplexität der räumlichen Globalisierung und globalisierten Verräumlichung deutlich. Zugleich erweisen sich viele der vorliegenden analytischen Instrumentarien zur Erfassung der Globalisierungsphänomene als unzureichend, da sie diese Mythen eher (re)produzieren als sie zu entmythologisieren. Wie stark die Globalisierungsprozesse der vergangenen Dekaden Ausdruck bestimmter und spezifischer politischer Programmatiken sind, und eben weder einen naturwüchsigen noch einen eingleisigen Prozess darstellen, das heißt, Globalisierung weder aus sich selbst heraus existiert noch eine festgelegte Gestalt hat, lässt sich exemplarisch mit Blick auf die fundamentalen Neujustierungen in der Finanz- und Wirtschaftspolitik zeigen, die seit Ende 2008 als Reaktion auf den Zusammenbruch größerer Teile des bisherigen Finanzsystems und der sich anschließenden Rezension vorgenommen werden. Analytisch erforderlich sind also Reflexionsinstrumente, mit denen Globalisierung als politischer Prozess erfasst werden kann, in dem sich bestimmte politische Präferenzen (›kulturelle Hegemonie‹) einschreiben. Nicht zuletzt politisch-ökonomische Zugänge haben darauf in jüngster Zeit deutlich verwiesen, beispielsweise die sich seit Anfang der 1980er Jahre innerhalb der ›Radical Geography‹ etablierende Scale-Debatte (Taylor 1982; Smith 1984).

Mit dem Begriff ›Scale‹ wird auf die grundlegende Dimension des Räumlichen in der politischen Ökonomie, verschiedene ›Maßstäbe‹ also, verwiesen und zugleich deren weitgehende Ausblendung in den bisherigen Diskussionen kritisiert: »Der Begriff *Scale* bezeichnet in diesem Kontext *eine* Form der Verräumlichung politischer Ökonomien, welche ihre eigenen Widersprüche und Dynamiken besitzt, die aber auch mit anderen, damit in Zusammenhang stehenden Räumlichkeiten, wie Topologien, Orte, Territorien und Ebenen (von *government*), artikuliert ist« (Mahon/Keil 2008, 34). Taylor unterschied anfangs ein dreistufiges Scale-Modell, von städtischer Maßstabsebene, der nationalstaatlichen Ebene und der globalen Maßstabsebene (Wissen 2008, 13). Zwar wird diese relativ schlichte Differenzierung seit der Dynamisierung der Scale-Diskussion in den 1990er Jahren deutlich kritisiert – nicht zuletzt hinsichtlich der Zuschreibung, die Taylor in Bezug auf die Maßstabsebenen vornimmt: Auf der städtischen Ebene verortet er die Alltagserfahrungen, auf der globalen die eigentliche ökonomische Realität und die nationalstaatliche Ebene bildet seiner Einschätzung nach den Ort der ideologischen Vermittlung zwischen beiden Ebenen aus. Dennoch stellt Taylors dreifache Unterscheidung auch noch in den inzwischen relativ ausdifferenzierten Scale-Debatten so etwas wie einen heuristischen Anker dar. Als einer der führenden Denker erweitert der Soziologe Neil Brenner (2008, 72) die Skalierungsmatrix, die er für die Erfassung der »qualitativ neuen skalaren Differenzierungen« für notwendig ansieht: Neben lokaler, nationaler und globaler weist er nun auf die ›Quartiersebene‹ und die ›supranationale Scale‹ hin. Erstere sei »durch die städtischen Teilräume der Zusammenkunft und [der] Verwaltungsbezirke« verkörpert, letztere durch »jene institutionell abgegrenzten Räume der Kapitalzirkulation und politischen Regulierung, die zwar mehrere Nationalstaaten umfassen, jedoch nicht den ganzen Globus umspannen« (ebd.). Globalisierung beschreibt aus Sicht der Scale-Analysen in diesem Sinne »ein[en] Prozess der raum-zeitlichen Reorganisation kapitalistischer Gesellschaften« (Wissen 2008, 8).

Motivation für die These der räumlichen Redimensionierung kapitalistischer Gesellschaftsformationen ist etwa die Diagnose des britischen Soziologen Bob Jessop, die er in seinen regulationstheoretischen Überlegungen erstellt und der zufolge sich eine grundlegende Veränderung der bisherigen nationalstaatlichen Figuration des »keynesianisch nationalen Wohlfahrtsstaats« vollzieht (Jessop 2007). Damit verbunden sei eben auch eine Relativierung von Skalierung (Scale): »die nationale räumliche Dimension hat ihre bislang als selbstverständlich angesehene Vorrangstellung verloren, welche sie bei der ökonomischen und politischen Ausgestaltung des Atlantischen Fordismus einnahm; aber dies heißt nicht, dass andere scales [...] eine ähnliche Vorrangstellung erlangt haben« (Jessop 2002, 112). Im Anschluss an Jessops Annahme gehen andere Autoren von einer sich ausbildenden »multiskalaren Metagovernance« aus, das heißt sie fordern die Aufgabe der nunmehr unangemessenen »uniskalaren theoretischen Perspektive«, die die nationalstaatliche Maßstabsebene als prioritär angenommen hatte (Mahon/Keil 2008, 43). Brenner markiert eine weitere analytische Perspektive zur angemessenen Wahrnehmung der transformatierten Regulierung sozialer Zusammenhänge: die systematische Analyse der Ungleichheit räumlicher Entwicklung, das heißt der »vielschichtige[n] Kombination zahlreicher unterschiedlicher Dimensionen der Räumlichkeit sozialer Prozesse« (Brenner 2008, 58). Die damit zu betrachtenden »Formationen der ungleichen räumlichen Entwicklungen« bestünden, so Brenner im weiteren Text, aus »komplexen Artikulationen von Mustern, Linien, Brüchen, Ecken, Ansammlungen und Kanten« (ebd., 61). Scale-analytisch stehe daher die Vermittlung von diesen neuen Formen der ungleichen räumlichen Entwicklungen und der Relativierung der bisherigen – wohlfahrtsstaatlichen – Skalierungen an.

3.2 Spektrum der Diskussion

Inwieweit die ungleichen räumlichen Entwicklungen bereits in raumtheoretischen Überlegungen zu Globalisierungsprozessen und deren örtlichen Ausprägungen Einzug gehalten haben, lässt sich anhand zweier exemplarischer Ansätze im Rahmen der Analyse von Megacities zeigen: an der ›Global City‹-Theorie von Saskia Sassen und der ›Informational City‹-Theorie, die von dem spanischen Soziologen Manuel Castells vertreten wird. In der ›Global City‹-Theorie markiert Saskia Sassen (1991) bereits terminologisch die Verschränkung von Globalisierung und Stadtentwicklung. Deren Entstehung sieht sie als Ausdruck der globalisierten wirtschaftlichen Entwicklung an. Die gegenwärtige weltwirtschaftliche Phase sei durch zwei Merkmale geprägt, so Sassen weiter: den Aufstieg der Informationstechnologien und einer damit verbundenen Zunahme der Mobilität und Liquidität des Kapitals. Nach Sassen gibt es allerdings nicht die eine ›Global City‹, sondern diese bestehe immer nur als ein Verbund, als ein Netzwerk von Städten.

Die Figur des Netzwerks steht auch im Zentrum der Überlegungen von Manuel Castells zur veränderten weltwirtschaftlichen Gestalt. Die neue Ökonomie sei nach Castells in Netzwerken organisiert. Die neue Form der ökonomischen Organisation seien die sogenannten ›Netzwerk-Unternehmen‹, die sich entweder aus verschiedenen segmentierten Unternehmensteilen oder verschiedenen Unternehmen zusammensetzen. Das Neue an diesen Netzwerken stelle ihre informationstechnologische Gestalt dar. Während Netzwerke, die sich als entscheidungs- und steuerungsfähiger erwiesen, historisch immer wieder durch Institutionalisierungsprozesse verdrängt oder überformt wurden, ermögliche die informations- und kommunikationstechnologische Entwicklung Netzwerken inzwischen eine ebensolche Koordinationsfähigkeit bei gleichzeitiger Möglichkeit der Bewahrung ihrer Flexibilität. Ihre räumliche Form finde die damit entstehende Netzwerk- und Informationsgesellschaft dementsprechend in einem ›Raum der Ströme‹: »Der Raum der Ströme ist die materielle Organisation von Formen gesellschaftlicher Praxis, die eine gemeinsame Zeit haben, soweit sie durch Ströme funktionieren« (Castells 2001, 467). Drei Haupteigenschaften markierten den Raum der Ströme: Erstens eine neue technologische Infrastruktur, die ähnlich dem Eisenbahnnetz in der industrialisierten Welt nun aus dem Kreislauf elektronischer Vermittlungen bestehe. Das Netzwerk der Informations- und Kommunikationstechnologie stelle inzwischen also die materielle Basis der Interaktionsprozesse dar. In dieses neue Netzwerk werden nach Castells auch die institutionellen Strukturen eingefügt. Zweitens werde der Raum der Ströme durch dessen Knoten und Zentren markiert, das heißt, durch unterschiedliche Orte, denen unterschiedliche Funktionen zukommen, die sich wiederum durch die Funktion des gesamten Netzwerks bestimmten. Drittens charakterisiere den Raum der Ströme die räumliche Organisation der herrschenden Führungseliten. Diese füllten die direktiven Funktionen aus, weshalb sie im Unterschied zu der lokalen Verortung ›einfacher Leute‹ räumlich auch kosmopolitisch verankert seien. Dadurch komme es zur Ausbildung eines relativ abgeschlossenen eigenen Herrschaftsraumes, der verschiedene Orte der Welt, wie internationale Hotels und VIP-Lounges an Flughäfen, miteinander verbinde. In diesem Zusammenhang verortet Castells auch die ›Global City‹. Im Sinne der Netzwerklogik stelle diese keinen Ort dar, sondern einen Prozess: »Sie ist ein Prozess, durch den Zentren von Produktion und Konsumtion hochmoderner Dienstleistungen und die ihnen zuarbeitenden lokalen Gesellschaften zu einem globalen Netzwerk verbunden werden, wobei auf der Grundlage von Informationsströmen zugleich die Bedeutung der Verknüpfungen mit ihrem Hinterland zurücktritt« (ebd., 441). Die ›Global City‹ ist demnach für Castells die Produktionsstätte der informationellen globalen Wirtschaft.

Sassen beginnt ihre Charakterisierung der ›Global City‹ mit einer expliziten Distanzierung vom Modell der Weltstädte des britischen Stadtplaners Peter Hall (1966), die historisch in Asien und Europa bereits lange nachweisbar sind. Während diese Weltstädte auf wirtschaftlichem, kulturellem oder politischem Gebiet eine globale Bedeutung im Sinne eines ›politisch-kulturellen, kosmopolitischen Zentrums‹ besitzen, wie dies beispielsweise bei Hauptstädten großer Volkswirtschaften der Fall ist, und das gesamte Städtesystem des Globus als Vergleichs- bzw. Bezugsrahmen nehmen, geht die Definition von ›Global City‹ eher von Stadt als ›globalem wirtschaftlichen Zentrum‹ aus. Ihr Modell der ›Global City‹ bestimmt Sassen entlang der folgenden sieben Charakteristika: (1) Je größer die geographische Streuung eines Unternehmens ist, desto komplexer und strategischer sind seine zentralen Funktionen (Management-, Koodinations-, Finanzierungsaufgabe). (2) Der hohe Komplexitätsgrad führt zu einer zunehmenden Auslagerung dieser Funktionen bzw. deren Einkauf bei Dienstleistungsanbietern. (3) Diese Dienstleister unterliegen einer Ökonomie der Agglomeration, die sich in den Global Cities besonders abzeichne. Denn der Mix aus Firmen, Talenten und Experten lässt sich nach Sassen nicht digital herstellen, weshalb deren Ansiedlung in den Global Cities als Produktionsstätten für die führenden Informationsindustrien geschehe. (4) Die Hauptquartiere der Unternehmen unterliegen dieser Agglomerationsdynamik dagegen nicht, weshalb sie in der Standortwahl ihres Hauptsitzes relativ flexibel sind. (5) Die Anforderung an spezialisierte Dienstleistungsanbieter ist, einen globalen Service anzubieten und deshalb ein Netzwerk von Zweigunternehmen zu gründen. (6) Die wachsende Zahl von notwendigen hoch qualifizierten Spezialisten fördert die Ungleichheit in den Global Cities, da die Fähigkeiten derjenigen, die über die in diesem Bereich erforderlichen Kompetenzen nicht verfügen, tendenziell abgewertet werden. (7) Nachgefragte Dienstleistungsangebote, die aber deutlich geringere Profitraten erzielen, und damit nicht mit den hochprofitablen Anbietern konkurrieren können, werden zunehmend in den Bereich des Informellen verlagert.

Sassen will mit den ersten vier Thesen vor allem darauf hinweisen, dass ökonomische Globalisierungsprozesse hergestellt werden müssen, und weder nur auf die Existenz von ›global players‹, also international und transnational agierende Großunternehmen, zurückzuführen sind, noch auf die Existenz von technologischen Innovationen, das heißt, vor allem auf neue Kommunikationstechnologien. Sassens Modell der ›Global City‹ verweist also auf die Dimension der notwendigen Ressourcen für die Globalisierungsprozesse und damit auf deren räumliche Rückbindung. Für die wissenschaftliche Auseinandersetzung mit dem Phänomen der Globalisierung ergibt sich daraus ein deutlich erweiterter Blick: »Sich die Geographie der von Globalisierung erfassten Räume bewusst zu machen, ermöglicht auch, sich die Menschen, die Arbeiter, die Gemeinden und – spezifischer – die vielen unterschiedlichen Arbeitskulturen neben der mit der Globalisierung verbundenen Unternehmenskultur ins Bewusstsein zu rufen« (Sassen 2001, 19). Damit eröffne sich ein gewaltiges Forschungsprogramm. Mit Sassen könnte man von der Notwendigkeit einer ›Empirie der globalisierten Praktiken‹ sprechen, die deutlich über die bisherige Beschäftigung mit grenzüberschreitenden Daten-, Kapital- und Informationsströmen hinausreichen müsste. Allerdings markiert Sassen in ihren eigenen Studien nur die Ansatzpunkte für eine solche Globalisierungsethnographie, beispielsweise durch die Forderung nach der Implementierung einer ›neuen Geographie der Zentralität‹. Als solche beschreibt Sassen das Phänomen, dass globalisierte Ökonomien zwar eine radikale Flexibilisierung zulassen, aber führende Wirtschaftssektoren zugleich ›strategische Orte‹ ausprägen, an denen ein Produktions- oder Dienstleistungsnetzwerk koordiniert und organisiert wird. Analog zu den Neoliberalismus-Ethnographien der Sozialanthropologin Aihwa Ong (2006) hätte sich eine Globalisierungsethnographie mit den konkreten Formen dieser neuen Geographien der Zentralität zu beschäftigen.

Auch Castells widerspricht in seiner Analyse schlichten Thesen städtischer Transformation, wie den Annahmen, zukünftige städtische Agglomerationen würden sich im globalisierten Kontext von den bisherigen Formaten vollständig unterscheiden. Städte seien im Kontext der Netzwerkgesellschaft zwar einer zunehmenden Transformation unterworfen, diese geschehe aber auf Basis der bestehenden institutionellen Strukturen. Diese Einschätzung illustriert Castells am Beispiel von Bildungseinrichtungen: Gerade Universitäten als Brückenköpfe der Netzwerkgesellschaft symbolisierten, dass es zur Ausbildung von Netzwerken von institutionellen Settings und informationellen Lernräumen und -strömen komme, aber damit keineswegs eine vollständige Auflösung der institutionalisiert-baulichen Settings verbunden ist. Für die städtischen Räume diagnostiziert Castells eine je nach historischen, territorialen und institutionellen Zusammenhängen variable Entwicklung. Dennoch geht er von einer einheitlichen Tendenz, der Entstehung einer »neuen Art von Raum« (Castells 2001, 454) aus, die eine neue urbane Form mit sich bringen werde: die ›Informational City‹. Damit weist auch Castells auf entscheidende Charakteristika im Prozess der Etablierung globalisierter Räume hin. Allerdings neigt er in seiner Argumentation zu einer etwas simplifizierten Homogenisierung, womit auch er die widersprüchlichen und differenten Ausprägungsformen globalisierter Räume – beispielsweise gerade auch in mittelgroßen und kleinen Städten oder dem ländlichen Raum, aber auch innerhalb der unterschiedlichen Megacities – zu verschatten droht. Lässt sich aus Sassens Überlegungen die Forderung nach einer Globalisierungsethnographie ableiten, die sie selbst aber nicht realisiert, so können Castells' Überlegungen dennoch zum Forschungsprogramm einer Analyse der globalisierten Stadtformationen beitragen, das aber die Heterogenität und Widersprüchlichkeit in den Mittelpunkt stellen sollte, die er in seinen Überlegungen zumeist unterbelichtet lässt.

Sassens wie Castells' Analysen machen darauf aufmerksam, dass die primär quantitativen Konzepte der ›Megacity‹ – oder ›Megastädte‹ – unzureichend sind. Das heißt, eine Bestimmung alleine über das demographische Merkmal ›Einwohnerzahl‹ kann nicht überzeugen. Als Megacities/Megastädte werden in diesem Sinne diejenigen städtischen Agglomerationen beschrieben, die eine bestimmte Einwohnerzahl überschreiten. Sechs zentrale Einwände lassen sich gegenüber diesen quantitativen Engführungen, aber auch gegenüber der ausschließlichen Konzentration auf die spezifische Entwicklung der Megacities, als Ausdruck der räumlichen Globalisierungsprozesse formulieren (Manderscheid 2006).

Erstens führt die ausschließliche Fokussierung auf die Megacities dazu, dass die rasante Veränderung in den kleinen und mittelgroßen Städten aus dem Blick gerate. Doch gerade diese wachsen weltweit nicht nur in einer deutlich höheren Geschwindigkeit als die Megastädte, sondern zugleich stagniert das Wachstum mancher Megastädte bzw. realisiert sich fast ausschließlich innerhalb der bereits bestehenden Stadtbewohnerschaft und nicht durch weitere Zuzüge. Die ausschließliche Bestimmung von Megastädten über die Bewohnerdichte erweist sich – zweitens – als relativ undifferenziert, da die Bewohnerstrukturen höchst unterschiedlich ausgeprägt sind: So weist ein Teil der Megastädte die Struktur einer monozentrischen, ein anderer Teil die einer polyzentrischen Agglomeration auf. Drittens macht vor allem die Migrationsforschung immer wieder darauf aufmerksam, dass Megastädte häufig hoch dynamische Gebilde der permanenten Zu- und Abwanderung darstellten. Während also die unterstellte Konzentrationsdynamik eine Entwicklung in nur eine Richtung suggeriere, findet tatsächlich ein hoher Austausch zwischen ländlichen und diesen städtischen Gebieten statt. Viertens unterscheiden sich die Sozialstrukturen der Megastädte in teilweise immenser Art und Weise, da sich in ihnen die je spezifische historische Formation festschreibe. Fünftens wird mit dem Konzept der Megastädte zumeist eine negative Konnotation verbunden, die nicht überzeugen könne. Die Städte würden häufig als *risk-areas* beschrieben und damit als ein Gegenbild der idealisierten europäischen Stadt, wie der US-amerikanische Soziologe Richard Sennett zeigt. Während das Bild der »ordentlichen und gesunden« Stadtgestalt analog zum menschlichen Herz-Kreislauf-System entworfen werde (Sennett 1997, 319 ff.), würden städtische Agglomerationen in sog. Schwellen- und Entwicklungsländern in Differenz dazu als nicht oder noch nicht hinreichend entwickelt markiert. Sechstens weist nicht zuletzt die bereits mehrfache Anpassung der quantitativen Kategorisierung von Städten als Megastädte auf die schwache analytische Kraft dieser Einordnung hin. Diese einfache lineare Ausdehnung der Kategorien wäre für steuerungspolitische Fragestellungen wenig hilfreich.

Im Anschluss an diese sechs Einwände lassen sich daher sechs Prozessdimensionen festhalten, mit denen sechs zentrale Forschungsfragen verbunden werden können, denen sich eine kritisch-reflexive Raumforschung mit Blick auf Globalisierungsentwicklungen widmen sollte. (1) *Dimension der ›Maßstäbe‹*: Was bedeutet das immens ungleiche Wachstum der Bevölkerungseinheiten in den Städten und die damit verbundenen unterschiedlichen Veränderungsdynamiken im komplexen Zusammenspiel kleiner, mittelgroßer und sehr großer städtischer Kontexte? (2) *Dimension der ›Gestaltung‹*: Wie gestalten sich soziale Zusammenhänge in eher konzentrierten Stadtgebilden, wie Los Angeles oder Mumbai, im Vergleich zu polyzentrischen mega-urbanen Regionen, wie dem Rhein-Ruhrgebiet oder der Region von Rio de Janeiro und São Paolo? (3) *Dimension der ›Geschwindigkeiten‹*: Wie gelingt es, die Gleichzeitigkeit der Ungleichzeitigkeit in den räumlichen Entwicklungen, die durch Migrationsbewegungen zwischen Stadt und Land aber auch innerhalb und quer zu den vermeintlich homogen gefassten Einheiten zu beobachten sind, analytisch angemessen zu fassen? (4) *Dimension der ›Dynamiken‹*: Wie lassen sich die unterschiedlichen Dynamiken, die ihre Ausprägung an bestimmten Orten der Stadt haben, adäquat systematisch fassen, ohne diese durch ein homogenisierendes Konzept von Megastadt zu überdecken? (5) *Dimension der ›Richtungen‹*: Wie ist es möglich, Entwicklungsperspektiven jenseits der modernisierungstheoretischen Vorstellung eines relativ linearen Weges der Verstädterung zu systematisieren und damit Differenz und Heterogenität als Forschungsgrundlage zu wählen? (6) *Dimension der ›Steuerungen‹*: Wie gelingt es mit den bisherigen politischen Mechanismen, die sich auch eher auf linear verlaufende Prozesse beziehen, auf die zunehmend exponenziell verlaufenden Prozesse weiterhin steuernd einzuwirken und wie müssten diese Steuerungsmechanismen gegebenenfalls angepasst werden? Wie können Kategorien so angepasst werden, dass sie eine Grundlage für Steuerungsprozesse liefern?

3.3 Offene Fragen und Kontroversen

Das 20. Jahrhundert war in der bisherigen Menschheitsgeschichte im weltweiten Maßstab das Jahrhundert der Urbanisierung. Zugleich lässt sich für das letzte Drittel des 20. Jahrhunderts eine Phase der fokussierten Globalisierung politisch-ökonomischer, kultureller und sozialer Entwicklungen feststellen. Die Parallelität dieser beiden Entwicklungsstränge sollte jedoch nicht dazu verführen, Globalisierung ausschließlich als urbanes Phänomen zu betrachten oder die Symbole der konzentrierten Urbanisierung, die Großstädte – und vor allem die Megacities – als Synonym für die stattfindenden Globalisierungsprozesse zu begreifen. Dennoch wird Raum- wie Globalisierungsforschung in den vergangenen Jahren primär als Stadt(entwicklungs)forschung realisiert: Ist von globalisierten Räumen die Rede, ist zumeist nur von Groß- und Megastädten die Rede. Globalisierungsprozesse ereignen sich aber in vielfältigen räumlichen Formaten, in ländlichen Regionen, Kleinstädten, Ballungsregionen oder eben in Megacities. Studien zur räumlichen Globalisierung und der globalisierten Verräumlichung haben daher gerade diese Ungleichheit räumlicher Entwicklungen systematisch in den Blick zu nehmen – Ungleichheiten, wie sie sich beispielsweise in der Vervielfältigung und Neujustierung der bisherigen wohlfahrtsstaatlichen Skalierungen zeigen, oder innerhalb der vielfältigen intranationalen wie transnationalen Verflechtungen, die sich im Prozess der Globalisierung ausbilden, getrennt werden oder sich in veränderter Weise zusammenschließen.

Die bisherigen Ausführungen haben verdeutlicht, dass nicht ›die‹ eine Globalisierung vormaliger Räume existiert, sondern eine vielfältige Neuordnung bisheriger Formate des Räumlichen. ›Globalisierung‹ meint in diesem Sinne die Ausbildung unterschiedlicher und widersprüchlicher Raumformationen. Die Rede von ›der‹ Globalisierung oder die Rede von ›dem‹ Globalisierungssynonym ›Megacity‹ homogenisiert diese Neuordnungen in einem analytisch unzulässigen Maße. Aber auch die Annahme, technische und ökonomische Innovationen, wie die Digitalisierung seien ›die‹ Quelle dieser Globalisierungsprozesse ist analytisch unzureichend. Solche Homogenisierungsannahmen und technologischen Fehlschlüsse verschatten nämlich die Tatsache, dass auch solche technischen und ökonomischen Neuentwicklungen und Neuordnungen selbst wiederum einen Ausdruck weltweiter Vernetzungsprozesse darstellen. Selbstverständlich wirken diese Innovationen auch auf die gegenwärtigen Globalisierungsprozesse zurück, sie ermöglichen deren Dynamisierung oder behindern alternative Entwicklungen. Aber sie existieren nicht bereits vor Beginn der räumlichen Globalisierung, sondern sind Ausdruck politischer Auseinandersetzungen, innerhalb derer Globalisierungsprogramme in den vergangenen Jahrzehnten zunehmend präferiert und häufig als unausweichlich markiert wurden. Für eine angemessene Raumforschung bedarf es in diesem Zusammenhang also auch der Reflexionsinstrumente, die Globalisierung als politischen Prozess erfassbar und diese kulturelle Hegemonie der Globalisierung problematisierbar machen. Insofern stellt sich einer angemessenen Raumforschung in diesem Zusammenhang die Aufgabe, eine entsprechende kritische Reflexion, das heißt, eine analytische Perspektive auf die Grenzen des Bestehenden und damit zugleich auf mögliche alternative Deutungs- und Gestaltungsmöglichkeiten, zu ermöglichen. Damit verbunden wäre die Aufgabe, die veränderten Raumordnungen und Raumdeutungen im Anschluss an Systematisierungsentwürfe, wie diejenigen von Saskia Sassen und Manuel Castells im Kontext einer ›Empirie globalisierter Praktiken‹ und einer ›Empirie städtischer Formationen‹ analytisch in den Blick zu nehmen, um die falschen Augenscheinlichkeiten der Globalisierung (›Mythen‹) zu überwinden. Dazu sind die Prozesse der räumlichen Globalisierung und der globalisierten Verräumlichung in ihren Ambivalenzen und Widersprüchlichkeiten zu systematisieren. Für ein solches raumforscherisches und zugleich politisch-theoretisches Vorgehen können die aufgezeigten sechs Prozessdimensionen – der Maßstäbe, der Gestaltung, der Geschwindigkeiten, der Dynamiken, der Richtungen und der Steuerungen – hilfreiche systematische Ankerpunkte anbieten.

Im Zentrum einer solchen kritisch-reflexiven Raumforschung stünden dann die dominierenden wie die marginalisierten Formate des Räumlichen, das heißt, die aktuellen Gestaltungsweisen räumlicher Praktiken. Räumliche Formate sind sowohl das Ergebnis als auch die Voraussetzung sozialer, politischer und kultureller Gestaltung, denn diese Gestaltungsprozesse können immer nur verortet stattfinden, also in Bezug auf gegebene räumliche Zusammenhänge und zugleich finden sie ihre Bestätigung oder werden verändert. Solche Produkte und Ausgangspunkte menschlicher Räumlichkeitspraktiken lassen sich daher als (räumliche) Formate bezeichnen, um zu verdeutlichen, dass diese einen gewissen Objektivitätscharakter für das menschliche Tun einnehmen. (Vor-)Herrschende Raumordnungen, wie globalisierte Stadträume, prägen soziale Zusammenhänge ganz entscheidend. Zugleich sind sie das Ergebnis von politischen Entscheidungen und damit verbundenen Strukturierungsvorgängen, also von Formatierungsprozessen und können nicht als quasi überhistorisch gegebene Verortungen angesehen werden. Auch das symbolisiert der Begriff der räumlichen Formate, der nur im Plural Sinn macht, da ›der‹ Raum höchstens als analytische Abstraktion vorstellbar ist. Die Raumforschung steht also aktuell vor der Aufgabe, diese differenten und widersprüchlichen Formate des Räumlichen erfassbar und problematisierbar zu machen.

Um ein solches Raumforschungsverständnis auch terminologisch zu markieren, erscheint es sinnvoll, nicht nur von Raumforschung, sondern von *Sozial*raumforschung zu sprechen. Räume sind als Ausdruck der konstitutiven Gleichzeitigkeit von sozialer Konstruktion und Wirkmächtigkeit vorherrschender Raumordnungen und Reden vom Raum nämlich immer Sozialräume. Das Präfix ›sozial‹ verweist also darauf, dass ein (Sozial-)Raumbegriff notwendig ist, der das Wechselspiel von symbolischer Wirkung materialisierter Raumordnungen und Reden vom Raum und deren permanenter (Re-)Konstruktion als Kampf um die Vorherrschaft bestimmter Redeweisen und Raumordnungen im Blick behält. Sozialräume stellen in diesem Sinne keine gegebenen oder gar absoluten Einheiten dar, sind aber eben auch nicht nur voluntaristisches Moment menschlichen Handelns »sondern [das] ständig (re)produzierte Gewebe sozialer Praktiken« (Kessl/Reutlinger 2007, 17). Sozialräume sind sinnvoll als Gewebe zu beschreiben, also ein heterogen-zellulärer Verbund, da in ihnen heterogene historische Entwicklungen, kulturelle Prägungen und politische Entscheidungen eingeschrieben werden und dabei zugleich einen relativ stabilen und damit soziale Handlungsmuster prägenden Verbund bilden. Die Formate, die diesen Verbund prägen, beispielsweise in Form von Megacities, gilt es in einem Programm der Sozialraumforschung umfassend in den Blick zu nehmen.

Literatur

Ahrens, Daniela: *Grenzen der Enträumlichung. Weltstädte, Cyberspace und transnationale Räume in der globalisierten Moderne.* Opladen 2001.

Altvater, Elmar/Mahnkopf, Birgit: *Grenzen der Globalisierung. Ökonomie, Ökologie und Politik in der Weltgesellschaft.* Münster 1996.

Amery, Carl: Die arglose Bestie. Vermutungen über das Seelenleben von Globalisierern. In: Jerry Mander/Edward Goldsmith (Hg.): *Schwarzbuch Globalisierung. Eine fatale Entwicklung mit vielen Verlierern und wenigen Gewinnern.* München 2004, 181–189.

Beck, Ulrich: *Was ist Globalisierung? Irrtümer des Globalismus – Antworten auf Globalisierung.* Frankfurt a. M. 1997.

Berking, Helmuth: ›Global Flows and Local Cultures‹. Über die Rekonfiguration sozialer Räume im Globalisierungsprozess. In: *Berliner Journal für Soziologie* 3 (1998), 381–392.

Bittlingmayer, Uwe H.: *›Wissensgesellschaft‹ als Wille und Vorstellung.* Konstanz 2005.

Brenner, Neil: Tausend Blätter: Bemerkungen zu den Geographien ungleicher räumlicher Entwicklungen. In: Markus Wissen/Bernd Röttger/Susanne Heeg (Hg.): *Politics of Scale. Räume der Globalisierung und Perspektiven emanzipatorischer Politik.* Münster 2008, 57–84.

– /Theodore, Nik: *Spaces of Neoliberalism. Urban Restructuring in North America and Western Europe.* Oxford 2002.

Castells, Manuel: *Das Informationszeitalter.* Teil 1: *Der Aufstieg der Netzwerkgesellschaft.* Opladen 2001 (amerik. 1996).

–: *Das Informationszeitalter.* Teil 3: *Jahrtausendwende.* Opladen 2003 (amerik. 1998).

Davis, Mike: *Planet der Slums.* Berlin/Hamburg 2007 (amerik. 2006).

Deleuze, Gilles/Guattari, Félix: *Tausend Plateaus. Kapitalismus und Schizophrenie*. Berlin 1992 (frz. 1980).

Giddens, Anthony: *Konsequenzen der Moderne*. Frankfurt a. M. 1995 (amerik. 1991).

Hall, Peter: *Weltstädte*. München 1966 (engl. 1966).

Hardt, Michael/Negri, Toni: *Empire. Die neue Weltordnung*. Frankfurt a. M. 2002 (amerik. 2000).

Harvey, David: *The Urban Experience*. Baltimore/Maryland 1989.

–: *The Condition of Postmodernity. An Enquiry into the Origins of Cultural Change*. Cambridge 1990.

–: *Possible Urban Worlds. The Forth Megacities lecture*. 16. November 2000. In: http://www.megacities.nl/lecture_4/possible.pdf.

Isin, Engin: *Being Political. Genealogies of Citizenship*. Minneapolis 2002.

Jessop, Bob: Liberalism, Neo-Liberalism and Urban Governance. A State Theoretical Perspective. In: Brenner/Theodore 2002, 105–125.

–: Raum, Ort, Maßstäbe. Territorialisierungsstrategien in postfordistischen Gesellschaften. In: Fabian Kessl/Hans-Uwe Otto (Hg.): *Territorialisierung des Sozialen. Regieren über soziale Nahräume*. Opladen/Farmington Hills 2007, 25–55.

Kaufmann, Franz-Xaver: *Globalisierung* und Gesellschaft. In: *Aus Politik und Zeitgeschichte* 8 (1998), 3–10.

Keil, Roger/Brenner, Neil: Globalisierung, Stadt und Politik. In: Albert Scharenberg/Oliver Schmidtke (Hg.): *Das Ende der Politik? Globalisierung und der Strukturwandel des Politischen*. Münster 2003, 254–276.

Kessl, Fabian/Reutlinger, Christian: *Sozialraum. Eine Einführung*. Wiesbaden 2007.

Kipfer, Stefan: Die Zentralität des Städtischen: Überlegungen zur Skalenfrage. In: Markus Wissen et al. (Hg.): *Politics of Scale*. Münster 2008, 85–105.

Korff, Heinz-Rüdiger: Globalisierung Megastadt. Ein Phänomen aus soziologischer Perspektive. In: *Geografische Rundschau* 2 (1996), 120–123.

Le Monde diplomatique: *Atlas der Globalisierung*. Berlin 2006.

Luttwak, Edward: *Turbo-Kapitalismus. Gewinner und Verlierer der Globalisierung*. Hamburg/Wien 1999 (amerik. 1999).

Mahon, Rianne/Keil, Roger: Space, Place, Scale. Zur politischen Ökonomie räumlich-gesellschaftlicher Redimensionierung – ein Überblick. In: Markus Wissen et al. (Hg.): *Politics of Scale*. Münster 2008, 34–56.

Manderscheid, Katharina: Sozial-räumliche Grenzgebiete – unsichtbare Zäune und gegenkulturelle Räume. Eine empirische Exploration der räumlichen Dimension sozialer Ungleichheit. In: *Sozialer Sinn* 7 (2006), 273–299.

Marx, Karl/Engels, Friedrich: Das Kommunistische Manifest [1847]. In: *Marx-Engels-Werke*. Bd. 4. Berlin 1964, 459–493.

Niederberger, Andreas/Schink, Philipp (Hg.): *Globalisierung. Ein interdisziplinäres Handbuch*. Stuttgart 2010.

Noller, Peter: Globalisierung und die Restrukturierung des städtischen Raumes. In: *Gewerkschaftliche Monatshefte* 8/96 (1996), 481–487.

Ong, Aihwa: *Neoliberalism as Exception. Mutations in Citizenship and Sovereignty*. Durham 2006.

Osterhammel, Jürgen/Petersson, Niels P.: *Geschichte der Globalisierung. Dimensionen, Prozesse, Epochen*. München 2003.

Pries, Ludger: *Transnationalisierung der Sozialen Welt. Sozialräume jenseits von Nationalgesellschaften*. Frankfurt a. M. 2008.

Rehbein, Boike/Schwengel, Hermann: *Theorien der Globalisierung*. Konstanz 2008.

Ritzer, George: *Die McDonaldisierung der Gesellschaft*. Frankfurt a. M. 1997 (amerik. 1993).

–: *Die Globalisierung des Nichts*. Konstanz 2005 (amerik. 2004).

Robertson, Roland: Glokalisierung. Homogenität und Heterogenität in Raum und Zeit. In: Ulrich Beck (Hg.): *Perspektiven der Weltgesellschaft*. Frankfurt a. M. 1998, 192–220.

Sassen, Saskia: *The Global City. New York, London, Tokyo*. Princeton 1991.

–: Global City. Einführung in ein Konzept und seine Geschichte. In: *Peripherie* 21/81–82 (2001), 10–31.

–: *Das Paradox des Nationalen*. Frankfurt a. M. 2008 (amerik. 2005).

Sennett, Richard: *Fleisch und Stein. Der Körper und die Stadt in der westlichen Zivilisation*. Frankfurt a. M. 1997 (amerik. 1994).

Sloterdijk, Peter: *Im Weltinnenraum des Kapitals. Für eine philosophische Theorie der Globalisierung*. Frankfurt a. M. 2005.

Smith, Neil: *Uneven Development. Nature, Capital and the Production of Space*. Oxford/New York 1984.

Stiglitz, Joseph: *Die Schatten der Globalisierung*. Berlin 2002 (amerik. 2002).

Taylor, Peter: A Materialist Framework for Political Geography. In: *Transactions of the Institute of British Geographers* 1 (1982), 15–34.

Torp, Cornelius: *Die Herausforderung der Globalisierung. Wirtschaft und Politik in Deutschland 1860–1914*. Göttingen 2005.

Wallerstein, Immanuel: *Der historische Kapitalismus*. Berlin 1984 (engl. 1983).

Weber, Max: *Wirtschaft und Gesellschaft* [1920]. Tübingen 1980.

Werlen, Benno: *Sozialgeographie alltäglicher Regionali-*

sierungen. Bd. 2: *Globalisierung, Region und Regionalisierung* [1997]. Stuttgart [2]2007.

Wissen, Markus: Zur räumlichen Dimensionierung sozialer Prozesse. Die Scale-Debatte in der angloamerikanischen Radical Geography – eine Einleitung. In: Ders. et al. (Hg.): *Politics of Scale*. Münster 2008, 8–32.

Fabian Kessl/Christian Reutlinger

4. Körperlicher Raum: Geschlecht und Performativität

4.1 Entstehung des Themenfeldes

Das Thema ›Raum‹ stand in der feministischen Debatte von Anfang an in engem Zusammenhang mit dem Thema des Körpers. Die feministische Kritik richtete sich dabei vor allem gegen die hierarchisch strukturierten und geschlechtlich markierten binären Denkmuster der westlichen Philosophie- und Kulturgeschichte. Die für diese Tradition typische Unterordnung des Körpers unter den Geist (oder die Seele, wie im Fall der Antike) war für Frauen insofern verhängnisvoll, als das Weibliche von Platon an mit dem Körper assoziiert wurde. Die Frau als bloßer Körper, als pure Natur, wurde einem als männlich bestimmten, körperlosen Geist gegenübergestellt und dabei aufgrund hierarchischer Vorentscheidungen als Mangelwesen definiert. Strukturiert im Sinne einer wechselseitigen Ausschließlichkeit führte diese unterordnende Komplementarität von Körper und Geist, Gefühl und Vernunft, Objekt und Subjekt, Natur und Kultur, zum Ausschluss des Weiblichen aus den diversen Manifestationen geistig-intelligibler Formgebung und vernunftgeleitetem Handeln. Die passive Körperfrau als reine Materie und pure Immanenz diente als Abgrenzung gegen das Reich der Ideen, die Welt der Formen, den Status des Mannes als vernunftbegabtes Subjekt, gegen (sprachliche) Symbol- und Repräsenationssysteme, kurz gegen jede Form einer als männlich bestimmten Transzendenz. Auf der Suche nach einer enträumlichten und zeitlosen Erkenntnis war der Körper nur ein Hindernis, eine Ablenkung auf dem Weg zum universellen Guten, Wahren und Schönen. Diese, die gesamte abendländische Philosophie- und Kulturgeschichte durchziehenden Werturteile waren jedoch nicht immer deutlich sichtbar, da sie unter dem Deckmantel eines angeblich geschlechtsneutralen Konzepts vom Menschen verschleiert wurden.

Zu einer Wende dieser hierarchischen Polarisierung von räumlich verortetem Körper und enträumlichtem Geist sowie den damit assoziierten Zuordnungen kam es erst im 19. und 20. Jahrhundert – dank der Theorien von Friedrich Nietzsche (1844–1900) und Sigmund Freud (1856–1939), aber vor allem der Phänomenologie und des Existentialismus (s. Kap. II.1). Diese Anfänge einer philosophischen Aufwertung des Körpers waren für die nachfolgende feministische Diskussion zwar maßgebend, gingen an den später zu formulierenden, spezifisch feministischen Fragestellungen jedoch insofern vorbei, als sie weiterhin von einem geschlechtslosen – und dies bedeutete, einem männlichen – Körper ausgingen. Der Mann fungierte weiterhin als Standard für philosophische Reflexionen, auch wenn sie sich nun auf den Körper bezogen.

Die eigentliche Thematisierung geschlechtlich differenzierter Körper setzte erst im Zuge der Frauenbewegung in den 1960er und 1970er Jahren ein und war dort anfangs ein praktisch-politisches Problem. Die ursprünglichen Forderungen feministischer Aktivistinnen, sowohl in den USA als auch in Europa, bezogen sich fast ausschließlich auf Probleme im Umgang mit dem weiblichen Körper. Themen wie Abtreibung, Reproduktionsfähigkeit der Frau, Sexualität, Ausbeutung des weiblichen Körpers durch den Arbeitsmarkt und durch Hausarbeit, Gewalt gegen Frauen oder ein durch die Medien propagiertes weibliches Schönheitsideal charakterisierten das politische Aufbruchsklima jener Jahre, und es dauerte nicht lange, bis diese Forderungen auch von Wissenschaftlerinnen und Künstlerinnen aufgegriffen und entsprechend umgesetzt wurden. In verschiedensten Bereichen und auf unterschiedlichste Weise erstand plötzlich der weibliche Körper und seine notwendig damit einhergehende Verortung im Raum – in einem fast sprichwörtlichen Sinn – aus der männlich verordneten, jahrhundertelangen Versenkung (s. Kap. I.3.4).

Auf theoretischer Ebene konzentrierte sich die feministische Kritik am abendländischen Körper-Paradigma – trotz aller Unterschiede – auf zwei Hauptpunkte: auf die Aufwertung des weiblichen Körpers und auf die generelle Infragestellung eines hierarchisch organisierten, binären Denkens. Die unterschiedlichen Manifestationen dieser Kritik sind enorm vielfältig und reichen im Bereich der Philosophie von Gleichheits- und Anti-Diskriminierungsforderungen (für welche als Vorläuferin Simone de Beauvoir gelten kann) bis zu den komplexen Analysen abendländischer Körperverdrängung in den Texten der französischen Differenzphilosophinnen Luce Irigaray, Hélène Cixous oder Julia Kristeva.

Zu erwähnen wären im theoretischen Kontext überdies die vor allem in den USA zu Popularität gelangten Feminist Standpoint Theories. Feministische Wissenschaftlerinnen unterschiedlichster Fachrichtungen, wie zum Beispiel Sandra Harding, Nancy Hartsock oder Donna Haraway, gingen – oft unter Voraussetzung eines sehr locker angewandten phänomenologischen Erfahrungsbegriffs – davon aus, dass Wissensproduktion immer schon örtlich verankert sei, schlagwortartig zusammengefasst in Haraways Konzept von *situated knowledges.* Diesem Ansatz zufolge sind die unterschiedlichen weiblichen Erfahrungen von Unterdrückung, Ausschluss und Diskriminierung – häufig ausagiert am weiblichen Körper – immer an einem ganz bestimmten Ort und in einem ganz bestimmten Kontext anzusiedeln, welcher als privilegierter Ausgangspunkt nicht nur für Wissenserwerb, sondern auch für politischen Widerstand erachtet wird. Insofern Standpoint Theories jedoch die vorausgesetzte Ortsbezogenheit nicht in einem generellen, auf den Raum bezogenen Sinn thematisieren, sondern eher an der Schnittstelle von Epistemologie und politischer Theorie operieren, soll im vorliegenden Kontext nicht näher auf sie eingegangen werden.

Der seit den 1970er Jahren merkbare Trend zum (weiblichen) Körper kann auch für Entwicklungen in der Literatur und bildenden Kunst festgestellt werden, wo der jeweiligen Gattung entsprechend ebenfalls körperbezogene Themen zur Beschreibung bzw. Darstellung kamen. Von Interesse für den gegebenen Kontext sind vor allem einige Vertreterinnen der feministischen Performance Art, als diese ganz bewusst versuchten, das Thema ›Raum‹ aus der Perspektive der Frau zu thematisieren: So zum Beispiel die Amerikanerin Carolee Schneemann, die in ihren freizügigen Körperdarstellungen das Verhältnis von körperlichem Innen- und den Körper umgebendem Außenraum, die Verbindung von Körper und Sprache, oder die Geschichte körperlicher Rituale erforschte; oder die Österreicherin Valie Export, die sowohl in Performances als auch in Videos und Filmen die Objekthaftigkeit des weiblichen Körpers in öffentlichen und in künstlich geschaffenen Räumen zur Darstellung brachte.

4.2 Spektrum der Diskussion

Feministische Beiträge zur Raumdebatte wurden in je unterschiedlicher Weise vorrangig im Kontext von drei theoretischen Strömungen ausgehandelt: jener der Phänomenologie, der Psychoanalyse und des Poststrukturalismus. Die Hauptthesen dieser jeweiligen Positionen sollen im Folgenden anhand einschlägiger Schlüsseltexte exemplarisch dargestellt werden.

Geschlechtsspezifische Raumerfahrung (Phänomenologie)

Richtungsweisend für eine feministisch-phänomenologische Auseinandersetzung mit dem Zusammenhang von Körper und Raum war die Theorie von Maurice Merleau-Ponty (1908–1961). Dabei sind es insbesondere the Gegenüberstellungen von Körper (als Gegenstand naturwissenschaftlicher Auseinandersetzung) und Leib (als gelebter, empfindender Körper in der Welt) einerseits und geometrischem Raum und erfahrenem Raum andererseits, die im Sinne einer doppelten chiastischen Verschränkung sowohl den Leib als auch den Raum als erfahrungsgebundene Größen etablieren. Wobei für Merleau-Ponty immer die körperlich gelebte Erfahrung in der Welt einem wissenschaftlichen Zugang (sei es zum Raum oder zum Körper) vorhergeht. Es ist diese Betonung der körperlichen Erfahrung sowie Merleau-Pontys Bereitschaft, den Körper als Ausdruck auch in seinen signifizierenden Funktionen zu erfassen, die seine Bedeutung für feministische Theorien etablierte. Dass er den Leib zwar als geschlechtlichen, jedoch nicht als geschlechtlich differenzierten diskutiert, wurde ihm von einigen Feministinnen (u. a. von Irigaray) zum Vorwurf gemacht. Dies ändert jedoch nichts an der Tatsache, dass die feministische Hinwendung zur gelebten körperlichen Erfahrung von Frauen, die vor allem im Zuge der Frauenbewegung in den späten 1960er und 1970er Jahren ins Zentrum feministischer Betrachtungen trat, eigentlich erst mit Hilfe von Merleau-Ponty eine adäquate theoretische Behandlung finden konnte.

Entscheidend für die feministische Auseinandersetzung mit Merleau-Ponty war die Adaption seiner phänomenologisch-existentialistischen Auffassung des Körpers durch Simone de Beauvoir (1908–1986), die in ihrem Text *Das andere Geschlecht* von 1949 die Geschlechterdifferenz explizit zum Thema macht und somit Merleau-Pontys Unterlassung ›korrigiert‹. Ihr berühmter Satz, »Man kommt nicht als Frau zur Welt, man wird es« (de Beauvoir 1968, 265), kann dabei als Leitmotiv dienen. Obwohl Beauvoir zufolge der Körper das entscheidende Hindernis für die existentielle Selbstverwirklichung des weiblichen Geschlechts darstellt, ist dies nicht in einem anatomisch-deterministischen Sinne zu verstehen. Eher geht es ihr darum, zu zeigen, dass Frauen in einer patriarchalen Kultur als Körper festgeschrieben und primär über ihre Körperfunktionen, insbesondere jene der Reproduktionsfähigkeit, definiert werden: »Die Frau hat Ovarien und Uterus; das sind die besonderen Voraussetzungen für ihre subjektive Situation« (ebd., 10). Diese Reduzierung der Frau auf Körperfunktionen führt nicht nur dazu, den weiblichen Körper als Hindernis oder Fessel zu betrachten, sondern bestimmt auch den Status der Frau als primär jenen eines Sexualobjekts. Das Ergebnis laut Beauvoir: »Er ist das Subjekt, er ist das Absolute: sie ist das Andere« (ebd., 11).

Diese Festlegung des Weiblichen auf den Körper und die damit verbundene Reproduktionsfähigkeit der Frau ist Beauvoir zufolge entscheidend für ihren Ausschluss aus dem geistigen Kulturraum. Dieser Ausschluss und die damit verbundene Verdammung zur Immanenz lassen sich nur überwinden, wenn es Frauen gelingt, sich den Kinderwunsch zu versagen, um so über den Weg existentialistischer Projektentwürfe die in ihrem Dasein als Mensch angelegte Transzendenz zu realisieren und dadurch den gleichen Subjektstatus zu erlangen wie Männer. Beauvoirs Annahme der ›Erzeugung‹ bzw. kulturellen Zurichtung von Geschlecht greift damit bereits Gedanken auf, die im Verlauf der Geschichte feministischer Theoriebildung wesentlich später und in unterschiedlicher Ausformung wieder diskutiert werden sollen. Während Beauvoir in traditionell dialektischer Manier dem weiblichen Körper durch die Betonung des Geistes (auch Frauen können denken, malen, schreiben etc.) zu entkommen trachtet, wird z. B. Luce Irigaray sich diesem Körper (sowohl in seiner materiellen als auch seiner symbolischen Bedeutung) wieder zuwenden oder Judith Butler ihn in der Konfiguration der Signifikanten auflösen und zum Teil des sozialen Geschlechts erklären. Gemeinsam ist jedoch allen ernstzunehmenden feministischen Theorieansätzen, dass der Unterschied zwischen den Geschlechtern nicht im Sinne einer biologischen Tatsache, sondern einer kulturellen ›Herstellung‹ betrachtet wird.

Die wohl expliziteste feministische Thematisierung des Raumbegriffs im Rahmen der phänomenologisch-existentialistischen Tradition war der Text von 1980 »Werfen wie ein Mädchen« der an der University of Chicago tätig gewesenen US-Philosophin Iris Marion Young (1949–2006). Unter Rückgriff auf Beauvoirs Darstellung weiblicher Erfahrung in einer patriarchalen Kultur und Gesellschaft sowie Merleau-Pontys Begriff einer gelebten körperlichen Erfahrung, diskutiert Young in diesem Text geschlechtsspezifische Unterschiede in der Raumerfahrung aus phänomenologischer Sicht. Wie der Untertitel ihres Texts ausweist, wollte sie »eine Phänomenologie weiblichen Körperverhaltens, weiblicher Motilität und Räumlichkeit« entwickeln. Youngs Absicht war dabei ihren eigenen Worten zufolge, eine bestehende Lücke sowohl in der existentialistischen Phänomenologie als auch in der feministischen Theorie zu füllen (Young 1993, 709).

Mit Hinweis auf zahlreiche empirische Studien und mit der wiederholten Rückversicherung, dass ihre Beobachtungen nicht auf alle Frauen zu jeder Zeit zutreffen würden, diskutiert Young geschlechtsspezifische Unterschiede für die Körperhaltung im Allgemeinen, für körperliche Aufgaben, für sportliche Tätigkeiten und für den körperlichen Umgang mit Dingen. Young behauptet für Frauen eine in sich geschlossene, weniger Raum in Anspruch nehmende Körperhaltung als Männer, ein kraftloseres und nicht den ganzen Körper involvierendes Engagement bei körperlichen Aufgaben und sportlichen Herausforderungen sowie ein Zögern und eine Unsicherheit im körperlichen Umgang mit Dingen. Young schreibt diese Geschlechtsunterschiede jedoch nicht anatomischen Körperdifferenzen zu, sondern sieht sie als Resultat einer typisch weiblichen Sozialisation in einer männlich dominierten Kultur. Die zurückhaltenden, nicht den gesamten Raum nutzenden Bewegungen von Frauen würden, so Young, »aus einem Mangel an Übung im Benutzen des Körpers« resultieren und nicht aus unterschiedlich ausgestatteten Körpern (ebd., 715) oder aus einer essentiellen weiblichen Wesenheit.

Sich immer wieder auf Merleau-Pontys *Phänomenologie der Wahrnehmung* von 1945 und das dort entwickelte Konzept einer gelebten körperlichen Erfahrung berufend, leitet Young drei grundlegende Modalitäten weiblicher Motilität von einem weiblichen Körperverhalten ab: mehrdeutige Transzendenz (»eine Transzendenz, die mit Immanenz aufgeladen ist«), gehemmte Intentionalität (der ständige Wechsel zwischen einer »Ich kann« und einer »Ich kann nicht« Haltung – eine von Edmund Husserl (1859–1938) eingeführte und von Merleau-Ponty übernommene Unterscheidung – im Umgang mit selbst gesteckten Zielen) und eine nicht kontinuierliche Einheit (die Diskrepanz zwischen einzelnen Körperteilen im Hinblick auf die Erreichung eines Zieles) (ebd., 715–718). Diese drei Modalitäten resultieren Young zufolge in einem weiblichen Raumempfinden, das charakterisiert ist durch eine Projektion abgeschlossener Räume, durch eine »doppelte Räumlichkeit« aufgrund der Diskontinuität zwischen dem ›Hier‹ und dem ›Dort‹ und durch eine Form der Selbsterfahrung als im Raum positioniertes Objekt anstelle eines den Raum konstituierendes Subjekt (ebd., 719–721).

Young kommt zu dem Schluss, dass die weibliche Existenz unter patriarchalen Bedingungen eine körperlich und daher auch räumlich beschränkte ist. Frauen würden in einer sexistischen Gesellschaft »körperlich gehemmt, beschränkt, positioniert und zum Objekt gemacht« (ebd., 722). Überdies würden sich Geschlechtsunterschiede in der räumlichen Wahrnehmung und im räumlichen Problemlösen mit zunehmendem Alter verstärken. In Übereinstimmung mit Beauvoirs Behauptung, dass man nicht als Frau geboren, sondern zu einer solchen gemacht würde, bemerkt Young, dass eine patriarchale Gesellschaft von Mädchen körperliche Zurückhaltung verlange und sie daher nicht dazu angehalten würden, Raum für sich in Anspruch zu nehmen. Um der besagten Positionierung und Objektivierung zu entgehen, würden Frauen daher eine »existentielle Barriere« um sich herum errichten: »eine Frau lebt den Raum um sich herum als begrenzt und umschlossen« (ebd., 725). Selbstauferlegte körperliche Zurückhaltung und räumliche Beschränkung scheinen für Frauen die einzigen Möglichkeiten zu sein, der räumlichen Positionierung durch andere zu entkommen und »als freies Subjekt« (ebd.) zu existieren. Diese Schlussfolgerung von Young greift die durch Beauvoirs existentialistischen Ansatz eingebrachten Themen auf: die weibliche Existenz als eine ständige Gratwanderung zwischen Objekt und Subjekt, zwischen Immanenz und Transzendenz, zwischen Natur und Kultur. Die Limitierung der Raumerfahrung ist Young zufolge weder der weiblichen Anatomie noch einem geschlechtsspezifischen Essentialismus zuzuschreiben, sondern ausschließlich den unterdrückenden Strukturen einer patriarchalen Gesellschaft.

Unter dem Titel »Throwing Like a Girl. Twenty Years Later« publizierte Young 1997 einen kurzen Folgeartikel zu »Werfen wie ein Mädchen«, in dem sie den ursprünglichen Text auf der Grundlage von in der Zwischenzeit erfolgten Veränderungen der Geschlechtsrollen als auch der mittlerweile vorgebrachten feministischen Kritik an Beauvoirs Bereitschaft, männliche Transzendenz als Standard zu akzeptieren, hinterfragt. Young gesteht zu, dass sie – der existentialistischen und phänomenologischen männlichen Tradition von Heidegger bis Merleau-Ponty folgend – einen instrumentalistischen Körperbegriff angewandt hätte, von dem sie nun insofern Abstand nimmt, als dieser spezifisch weibliche Formen von Motilität und räumlichem Körperverhalten ausschließe. Und sie meldet nun auch Zweifel an der angeblichen Widersprüchlichkeit der weiblichen Existenz sowie an der gelebten Spannung zwischen Immanenz und Transzendenz an. Unter Verweis auf eine Kurzgeschichte der amerikanischen Schriftstellerin Tillie Olsen, in der eine Bäuerin geschickt verschiedene Aktivitäten koordiniert, offeriert sie nun das für bestimmte weibliche Tätigkeiten typische *multi-tasking* als Alternative zur ursprünglich negativen Darstellung weiblichen Körperverhaltens und weiblicher Raumerfassung: »This movement is plural and engaged, to and fro, here and yonder, rather than unified and singly directed« (Young 1998, 289). Weibliches Agieren im Raum wird nicht länger an vorausgesetzten männlichen Standards gemessen und somit im Sinne eines Mangels interpretiert, sondern im Kontext weiblicher Erfahrung und weiblicher Tätigkeiten beurteilt. Die von Beauvoirs existentialistischem Anspruch her behauptete, erzwungene Immanenz eines weiblichen Lebens hat – die zwischenzeitlichen Entwicklungen aufgreifend – einer zwar vom Männlichen unterschiedenen aber nicht notwendigerweise diesem unterlegenen Raumerfassung Platz gemacht. Die weibliche Körpererfahrung wird nicht länger als defizitär angesehen, sondern als different.

Raummetaphern für den weiblichen Körper und die Geschlechterdifferenz (Psychoanalyse)

Auf gänzlich andere Weise als in der Phänomenologie fand das Thema ›Raum‹ Eingang in die psychoanalytisch fundierte feministische Auseinandersetzung mit dem Körper. Hier geht es nicht darum, körperbezogene Geschlechtsunterschiede in der Raumerfassung festzustellen, sondern um die Verwendung von Raummetaphern – dies entweder zur Erfassung des weiblichen Körpers oder des Verhältnisses zwischen den Geschlechtern. Diese häufige Verwendung räumlicher Bilder ist nicht einer stilistischen Vorliebe der jeweiligen Autorinnen zuzuschreiben, sondern eng mit den Anfängen der Psychoanalyse bei Freud verbunden. So konzipierte dieser das Verhältnis zwischen dem Bewussten, Vorbewussten und Unbewussten im sogenannten topologischen Modell in Form unterschiedlicher Schauplätze, die in einer örtlich gefassten Beziehung zueinander stehen. Im Besonderen auf das Unbewusste wird immer wieder in einer Art verwiesen, als würde es sich dabei um einen Behälter handeln, der die unbearbeiteten und bedrohlichen psychischen Inhalte aufnimmt.

Und insofern für die feministische Diskussion gerade das Unbewusste (verstanden als Sammelkategorie sowohl für individuelle als auch kulturelle Ausgrenzungen, inklusive dem Weiblichen) von entscheidender Bedeutung ist, darf es nicht verwundern, dass die von Freud eingeführte Raumreferenz von feministischen Theoretikerinnen übernommen und – häufig festgemacht an der räumlich konzipierten Morphologie der geschlechtlichen Körper – in einer Vielzahl von Metaphern verarbeitet wird. Die Gegenüberstellung von sichtbarem männlichen und unsichtbarem weiblichen Geschlecht, repräsentiert im psychoanalytischen Kontext in der Opposition von Kastrationsdrohung (Mann) und immer schon erfolgter Kastration (Frau), steht im Zentrum von Freuds Ausführungen zum Ödipuskomplex, der die Grundlage für seine Theorie einer Entwicklung der Geschlechtsidentität liefert.

Von entscheidender Bedeutung für die feministische Körperdebatte ist neben Freud der strukturalistische Ansatz von Jacques Lacan (1901–1981). In seiner Übertragung der Parameter der freudschen Psychoanalyse auf Sprache verlagert sich die in der Topologie Freuds angenommene innerliche ›Verörtlichung‹ psychischer Prozesse sozusagen nach außen. In seinem Vortrag »Das Spiegelstadium als Bildner der Ichfunktion« von 1949 entwickelt Lacan die Ausformung von Subjektivität im Sinne räumlicher Konfigurationen als das Resultat wechselseitiger Spiegelungsprozesse und Blickrichtungen. Die Dissonanzen seines eigenen Körpers missachtend, gibt sich das Kind anlässlich der Erfahrung seines einheitlichen Spiegelbildes der Illusion von Einheit und Zusammenhalt hin; eine Illusion, die durch den bestätigenden Blick der Mutter verstärkt wird. Diese imaginäre Stufe der Subjektentwicklung wird durch den Eintritt des Vaters und der durch ihn repräsentierten symbolischen Ordnung – der Sprache – durchkreuzt. Dadurch wird das Kind gezwungen, die imaginäre Dyade mit der Mutter zu verlassen und sich dem kulturellen Symbolsystem zu überlassen, in dem die Struktur der Signifikanten Vorrang über tatsächlich ablaufende körperliche Prozesse einnimmt und Bedeutung daher unter Absehung von Referenz – allein durch das Zusammenspiel der Signifikanten – produziert wird. Die nicht-räumlichen Signifikanten (oder Strukturen) treffen in Lacans ›Spiegelstadium‹ also auf den im Raum gerichteten Blick, auf die körperliche Erfahrung des Sehens und Gesehenwerdens (im Sinne einer psychoanalytischen Wendung von Lacans phänomenologischen Wurzeln) und erzeugen so ein Zusammenspiel bzw. Bindeglied zwischen Psychoanalyse und Strukturalismus, das sowohl für psychoanalytisch fundierte feministische Theorien als auch für Judith Butlers poststrukturalistischen Ansatz entscheidend sein wird.

Die hier exemplarisch zu diskutierenden Hauptvertreterinnen eines psychoanalytischen Feminismus sind die als Differenzphilosophinnen bezeichneten französischen Autorinnen Julia Kristeva und Luce Irigaray. Im Einklang mit psychoanalytischen Grundvoraussetzungen und der über den Ablauf des Ödipuskomplexes darin festgeschriebenen Rolle des Mutterkörpers finden wir in beiden Theorien – vor allem in ihren frühen Ausprägungen – eine Reinterpretation und Aufwertung des (angeblich verdrängten) Körpers der Mutter, der auf unterschiedliche Weise durch Metaphern des Raumes repräsentiert wird.

In ihrem sowohl die strukturalistische Semiotik als auch die psychoanalytische und die feministische Sprachdiskussion entscheidend prägenden Text *Die Revolution der poetischen Sprache* von 1974 führte Julia Kristeva die Unterscheidung zwischen dem Semiotischen und dem Symbolischen ein. Es handelte sich dabei um den Versuch, die Gegenüberstellung von Primär- und Sekundärmechanismen nach Freud mit Hilfe der Umlegung auf Sprache durch Lacan neu zu bestimmen und (indirekt) auf Fragen des Geschlechts anzuwenden. Während es sich beim Begriff des Symbolischen um eines der von Lacan eingeführten Register handelte (als dritte Stufe nach dem Realen und Imaginären), war das Semiotische Kristevas Versuch, einen Sprachmodus zu entwerfen, der – obzwar eng gebunden an körperliche Abläufe – bedeutungsproduzierend ist, ohne bereits den Gesetzlichkeiten der symbolischen Ordnung zu unterliegen. Zentral für Kristevas Entwicklung des präödipalen Semiotischen ist der aus Platons *Timaios* entlehnte Begriff der *chora* in seiner griechischen Bedeutung als aufnehmender, empfangender, jedoch formloser Raum, aber auch als Gebärmutter. Für Kristeva ist die *chora* »eine ausdruckslose Totalität, die durch die Triebe und deren *Stasen* in einer ebenso flüssigen wie geordneten Beweglichkeit geschaffen wird« (Kristeva 1978, 36). Dieser ungeformte, empfangende Raum, den Kristeva als »einheits-, identitäts- und gottlos« (ebd., 37) bezeichnet, wird zum Ort der Artikulation körperbezogener Abläufe und Rhythmen, die jeder geordneten Signifikation vorhergehen, dieser jedoch zugrunde liegen und sie erst ermöglichen. »Topologisch ist die Chora eine erste Schicht, die sich auf den triebhaften Äußerungen des Säuglings aufbaut« (Schmitz 1998, 89). Obzwar formlos ist die *chora* dennoch »einer Reglementierung unterworfen« und »sie duldet keine andere Analogie als den Rhythmus von Stimme und Geste« (Kristeva 1978, 37). Der Hohlraum der Gebärmutter wird als Geburtsort einer Form des sprachlichen Ausdrucks angesehen, die sich (in Anlehnung an die Primärprozesse des Unbewussten) am Ablauf der Triebe und an körperlichen Rhythmen orientiert. Die negative Kraft dieser alternativen Form der Sinnbildung, des Semiotischen, bricht immer wieder in die symbolische Ordnung einer männlichen Sprachstruktur ein und sprengt bzw. irritiert selbige – was vor allem in bestimmten poetischen Ausformungen (z. B. Avantgardeschriftsteller des 19. Jh.s) aber auch in diversen sich frei assoziativ entwickelnden Sprechgesten (wie z. B. der Psychose oder *consciousness-raising groups*) in Erscheinung tritt.

Obwohl Kristeva – hier ganz im Gegensatz zu Irigaray – ihre feministische Parteilichkeit in der Schwebe hält und immer wieder betont, dass es sich beim Semiotischen nicht um eine Ausdrucksmodalität des Weiblichen handle, ist über den Weg der *chora* als Geburtsraum die Verbindung zum Mutterkörper schwer von der Hand zu weisen. Dennoch ist die *chora* nicht vorschnell mit tatsächlich stattfindenden, körperlichen Abläufen zu identifizieren, sondern diesen vorgelagert. Sie macht die Ausformungen des Semiotischen und die daraus resultierende Umsetzung körperlicher Abläufe in Vorstufen der Signifikation sozusagen erst möglich. Wie Bettina Schmitz ausführt, ist im Kontext von Kristevas Topologie, »die Semiotische Chora zunächst etwas, das *über* der rein körperlichen Existenz liegt« (Schmitz 1998, 93).

Diese, allen (körperlichen bzw. triebhaften) Differenzierungen vorgelagerte Funktion der *chora* wird auch – wenngleich wesentlich später – von Jacques Derrida (1930–2004) in seiner Schrift *Chora* von 1987 aufgegriffen. Obwohl in Derridas Auseinandersetzung die *chora* nicht unter psychoanalytischen Gesichtspunkten betrachtet, sondern im Hinblick auf ihre Rolle für das Verhältnis zwischen Philosophie und Mythos befragt wird, weist seine Lesung derselben in entscheidenden Punkten durchaus Bezüge zu jener Kristevas auf. Derrida – gleichermaßen interessiert an *chora* als auch am Diskurs über die *chora* – liest die *chora* als Herausforderung der »›Logik des Nicht-Widerspruchs der Philosophen‹, diese[r] Logik ›der Binarität, des Ja oder Nein.‹« Weder sinnlich noch intelligibel gehört die *chora* »einer ›dritten Gattung‹ einem ›dritten Geschlecht‹« an (Derrida 2005, 12). Derrida zufolge eröffnet der Diskurs über die *chora* einen leeren Raum, einen »Abgrund oder [...] Chasmus«, von dem aus »die Spaltung zwischen Sinnlichem und Intelligiblem« erst stattfindet (ebd., 33). Das dritte Geschlecht, von dem die Rede ist, ist weder der einen noch der anderen Seite zuzuschlagen – durchaus vergleichbar der von Kristeva ins Treffen geführten, präödipalen Bisexualität des Kleinkindes, das erst im semiotisch bestimmten Austausch mit dem Mutterkörper einen Sprachmodus vorbereiten wird, welcher seine Geschlechtsidentität fixieren soll.

Sowohl für Kristeva als auch für Derrida ist die *chora* ein undifferenziert vorausgesetzter, leerer und empfangender Raum, der im Prozess des Aufnehmens bestimmte, je spezifische Orte herausbilden wird – sprachliche Setzungen für Kristeva (der Übergang vom Semiotischen zum Symbolischen), philosophisches Denken im weitesten Sinn für Derrida. In beiden Fällen werden jedoch die jeweiligen Identitäten und Bestimmtheiten von ihrem unbestimmten und ambigen Ursprung – der negativen Gewalt des Semiotischen bei Kristeva, dem Abgrund oder Chasmus bei Derrida – immer wieder eingeholt. Kristevas Symbolisches ist gekennzeichnet durch die Einbrüche des Semiotischen, nicht zu verdrängende ›mythische‹ Elemente unterwandern den angeblich gesicherten philosophischen Wahrheitsdiskurs. In beiden Fällen macht erst die Hinwendung zur *chora*, zu diesem vorgelagerten aufnehmenden Leerraum, die Ungesichertheit und Prozesshaftigkeit der Folgekategorien deutlich – sei es die Ordnung der symbolischen Sprache des Vaters oder der Status der Philosophie als Hüterin der Wahrheit. Oder, anders ausgedrückt, in den Worten der australischen, in den USA tätigen Philosophin Elizabeth Grosz: »*Chora*, then, is the space in which place is made possible, the chasm for the passage of spaceless Forms into a spatialized reality [...]« (Grosz 1995, 116).

Auch für Luce Irigaray steht die Verwendung von Raummetaphern im Kontext von Fragen nach dem Zusammenhang von Sprache, Geschlecht und Körper. Und ebenso wie für Kristeva findet sich auch in ihrem ersten Hauptwerk, *Speculum. Spiegel des anderen Geschlechts* von 1974, eine Rückwendung auf einen von Platon geschaffenen Raum. In diesem Fall handelt es sich um das Höhlengleichnis aus dem *Staat*, das

Irigaray einer feministischen Lesung unterzieht, indem sie die Höhle als Gebärmutter interpretiert. »Erde, Behausung, Höhle [...] können als Quasi-Äquivalente der *hystéra* gelesen werden« (Irigaray 1980, 303). In *Ethik der sexuellen Differenz* von 1984 – einem Text, der aus einer 1982 an der Erasmus Universität in Rotterdam gehaltenen Serie von Vorlesungen hervorging – erweitert Irigaray die mit dem Weiblichen assoziierte Funktion des umschließenden Behälters, indem sie die Frau als das bestimmt, was einen umschließenden Ort für andere bereitstellt, jedoch selbst keinen Ort hat. »Das Mütterlich-Weibliche bleibt *der Ort, der von ›seinem‹ Ort getrennt*, ›seines‹ Ortes beraubt ist. Sie ist oder wird unablässig der Ort für den anderen [...]« (Irigaray 1991, 18).

Während für Kristeva die Suche nach einem alternativen, stärker trieb- und körperbezogenen Sprachmodell im Vordergrund steht (das über die Bedeutung des Mutterkörpers durchaus geschlechtlich markiert ist), bezieht Irigaray einen eindeutig feministischen Standpunkt und zentriert von daher ihr gesamtes Schaffen um die Frage der sexuellen Differenz, die in der abendländischen Tradition nie wirklich in Erscheinung treten durfte. In Irigarays Version der Suche nach einem alternativen Sprachmodell geht es primär darum, Repräsentationsformen für die Geschlechterdifferenz und damit für das Weibliche zu finden. Der mit Platon beginnende, philosophische Diskurs einer Ordnung des Einen oder Gleichen ist Irigaray zufolge maßgeblich für diese Ausgliederung sexueller Differenz verantwortlich, indem er – manifestiert u. a. im Gleichnis von der Höhle – durch die Geste einer räumlichen Umkehrung die materiellen (weiblichen) Bedingungen westlicher Denkschemata und Konstrukte vergessen lässt: »sie stehen mit dem Rücken zum Feuer, zur Barriere [...], mit dem Rücken auch zum Ursprung, zur *hystéra*, denn die Höhle ist nichts als deren Umkehrung, ein Versuch ihrer bildlichen Darstellung« (Irigaray 1980, 311).

Entsprechend deutet Irigaray Platons Gleichnis der Höhle als explizite Manifestation der für die westliche Denk- und Philosophietradition bezeichnenden Verdrängung und Eliminierung des Mutterkörpers. Platons Darstellung zufolge dient die Höhle ausschließlich dazu, ihr zu entkommen. Das, was sich in diesem Raum ereignet, wird durch eine längst getroffene Vorentscheidung als unbedeutend, störend, zu überwindend ausgegeben – der umschließende weibliche Ursprungsort muss für immer verlassen werden. Das Ziel ist es, nach Außen, nach Oben, ans Licht zu gelangen und die in der Dunkelheit der Höhle genährten Illusionen ein für allemal zu vergessen: »*Eine einzige Achse*, die auf *eine* Sonne hin ausgerichtet ist [...]« (ebd., 327). Im Gegensatz zu Platons binär-wertender Metaphorik führt Irigaray eine auf der Morphologie des weiblichen Körpers beruhende Gegenmetaphorik ein und verweist auf den Preis, der für die durch Platons Gleichnis festgeschriebene, scheinbare Klarheit intelligibler Formgebung zu bezahlen ist – Materie, Erde, Körper, die Unmittelbarkeit sinnlicher Erfahrung, das Weiblich-Mütterliche schlechthin mussten geopfert werden, um die Systeme männlicher Theoriebildung und sprachlicher Repräsentation zu errichten. Sie spricht von einem «Hin- und Hergerissensein zwischen der Zauberei der Höhle und der Logik der Vernunft, zwischen der Anziehungskraft der Erde und der Verführung durch die Sonne« (ebd., 346). In Irigarays Sicht wird der ursprünglich nährende und kreative Raum einer mütterlichen Materie zu intelligiblen Konstrukten entmaterialisiert (und dadurch auch ›enträumlicht‹). Nicht die materiellen Prozesse, die sich im Raum der *hystéra* abspielen, sind von Bedeutung, sondern eine raum- und zeitlose immaterielle Wahrheit, die es zu finden gilt.

Im Gegenzug zu dieser immateriellen Wahrheit, zur Sonnenmetaphorik und zum selbsternannten gottähnlichen Status einer männlichen Vernunft versucht Irigaray, Formen der (sprachlichen) Repräsentation für sexuelle Differenz zu finden, sie durch ein anderes Sprechen, ein Sprechen des Körpers, ein Sprechen zwischen Frauen zum Erscheinen zu bringen. Dazu muss dieser ursprüngliche Akt der Verdrängung revidiert und der alles nährende, nach dem Entstehungsakt jedoch ausgeschlossene (Mutter-)Körper in eine signifizierende Ökonomie überführt werden, die sich grundlegend von den herkömmlichen Systemen der symbolischen Ordnung unterscheidet. Diesen Versuch, Formen der (sprachlichen) Repräsentation für sexuelle Differenz (und damit für Materie, den Körper, das Mütterlich-Weibliche) zu finden, verhandelt Irigaray u.a. anhand unterschiedlicher Metaphern des Raumes, die alle in die gleiche Richtung weisen: die metaphysische Unterordnung des Körpers unter Geist, Vernunft, aber auch Sprache aufzubrechen und den sie strukturierenden Dualismus zu überwinden. Es ist daher kein Zufall, dass diese verschiedenen Metaphern in Form einer mimetisch-kritischen Lesung philosophischer Meilensteine der westlichen Tradition zur Anwendung kommen, ist es doch Irigaray zufolge »natürlich der philosophische Diskurs, den man befragen und *zerrütten* muß, insofern er das Gesetz jedes anderen ausmacht, insofern er den Diskurs der Diskurse konstituiert« (Irigaray 1979, 76).

So wird die sexuelle Differenz in enger Anlehnung an Aristoteles' Raumdiskussion als Zwischenraum bzw. Intervall entwickelt. Dabei geht es in dieser Diskussion nicht nur um den Raum zwischen zwei (geschlechtlich unterschiedlichen) Körpern, sondern diese unterschiedlichen Körper werden im Kontext einer Umdeutung der aristotelischen Gegenüberstellung von Form (männlich) und Materie (weiblich) diskutiert. »Das weibliche Geschlecht ist weder Stoff noch Form, sondern *Gefäß*« (Irigaray 1991, 56). Von diesem ursprünglichen Gefäßcharakter des Weiblichen, also einem umschließenden Raum, spannt Irigaray den Bogen zum Weiblichen als Intervall oder Zwischenraum und das diesen Zwischenraum füllende, sich ständig verändernde Muköse und Flüssige. »Die Frau als Umschließung ist immer offen. Der Ort ist niemals verschlossen. Die Grenzen berühren sich und bleiben doch geöffnet« (ebd., 65). Das Muköse und Flüssige des Zwischenraums ist gleichermaßen ein Hinweis auf konkrete physiologische Abläufe – Anklänge an den Sexualakt als auch den Akt der Geburt sind offensichtlich – als auch eine philosophische Kategorie. Das Weibliche als das Flüssige wird diesen Zwischenraum repräsentieren und dadurch aus der traditionell-philosophischen Gleichsetzung des Weiblichen mit Stoff und Materie heraustreten: eine dritte Kategorie, der *chora* vergleichbar, das ganz Andere, weder Form noch Materie bzw. sowohl Form als auch Materie, ein Begehren, das keine Begrenzung kennt, eine Form von Lust, »die vom Elementarsten zum Sublimsten führt« (ebd., 67), dem vergleichbar, was Irigaray »ein *sinnliches Transzendentales*« nennt (ebd., 44); eine (sexuelle) Liebe, die gleichzeitig als Sprachkonzept fungiert; nicht enträumlichte, körperlose Zeichen, sondern Wort-Körper, die durch Berührung ineinander fließen und so räumliche Distanz überwinden, ein körperliches Sprechen, »immer flüssig [...] jeder fest gefügten Form, Figur, Idee, Begrifflichkeit« widerstehend (Irigaray 1979, 81).

Die wohl berühmteste von Irigarays Raummetaphern ist jedoch jene von der Frau als Spiegel. In einer Adaption von Jacques Lacans ›Spiegelstadium‹ greift Irigaray den dort entwickelten illusionären Charakter des Spiegelbildes auf und überträgt die Spaltung zwischen fragmentiertem *Je* und der illusorischen Einheit des *Moi* auf den Unterschied zwischen den Geschlechtern. So wie das zerfallende Körpererlebnis durch das einen Zusammenhalt vortäuschende Spiegelbild in seiner Identität gefestigt wird, bedarf das männliche Subjekt einer sich ständig wieder aufs Neue reproduzierenden Bestätigung von außen. »[D]amit dieses Ich wertvoll wird, muß ein ›Spiegel‹ ihm seine Gültigkeit versichern [...]. Die Frau wird diese Spiegel-Verdopplung unterstützen, indem sie dem Mann ›sein‹ Bild zurückwirft und es als ihr ›Selbst‹ wiederholt« (Irigaray 1980, 66f.). In ihrer Rolle als Spiegel tritt die Frau selbst nie in Erscheinung, sondern ist auf die Reflexion (bzw. Mimesis) des männlichen Subjekts reduziert. »Das, was am wenigsten Idee ist, das, was [...] am ehesten als ›Ding‹ erscheint: die undurchdringliche Materie, wird zu einem Spiegel, der um so reiner von Reflexen ist, je weniger er von sich weiß, und den man daher als Spiegel nicht erkennt« (ebd., 170). Dieses tatsächlich räumliche Verschwinden des Weiblichen in einer patriarchalen Ökonomie (korrelierbar der Unsichtbarkeit des anatomischen weiblichen Geschlechts) kann laut Irigaray nur dann überwunden werden, wenn es gelingt, entsprechende Repräsentationsformen für das Weibliche zu finden und es dadurch sowohl denk- wie auch sichtbar zu machen, d.h. ihm Raum zu geben.

Angesichts der Raumauffassung Irigarays, die – wie auch jene Kristevas – die in der männlichen Philosophiegeschichte wiederkehrende Annahme eines ursprünglich undifferenzierten Raums (ausgehend von Platons *chora*) im Sinne des Weiblichen interpretiert und somit sehr wohl der Differenz unterordnet, liegt an dieser Stelle ein Verweis auf Martin Heidegger (1889–1976) nahe, zu dem Irigaray – vor allem in ihren späteren Texten – immer wieder zurückkehrt. Irigaray teilt mit Heidegger den anti-metaphysischen Gestus und die damit in Verbindung stehende Bedeutung, die dem Vergessen zugeschrieben wird. Geht es bei Heidegger jedoch um die Seinsvergessenheit, d.h. um das Vergessen der Frage nach der Differenz zwischen Sein und Seiendem (ontisch-ontologische Differenz) so steht für Irigaray das Vergessen der sexuellen Differenz und damit des Weiblichen als Ursprungsort im Zentrum. Die an der DePaul University in Chicago lehrende US-Philosophin Tina Chanter spricht von einer »continuity between Heidegger's questioning of the meaning of Being, and Irigaray's meditation on woman as place [...]. Just as Being remains unthought but necessary to everything that is [...] so women remain the condition for men to be what they are [...]« (Chanter 1995, 158).

In beiden Fällen wird dieses Vergessen metaphysischen Systemen (in Irigarays Terminologie einer ›Ökonomie des Einen‹), im Besonderen der Sprache jener Systeme angelastet. Daraus folgt, dass das Denken dieser vergessenen Differenz (der ontisch-ontologischen als auch der sexuellen) nur über den Weg sprachlicher Interventionen möglich wird. In Heideggers Fall verweisen die für das Seiende typischen Differenzierungen auf ein undifferenziertes Sein, wobei nur dem Dasein die Fähigkeit zugesprochen wird, diese Unterscheidungen zu denken. Für Irigaray hingegen nimmt das vergessene Weibliche einen dem heideggerschen Sein vergleichbaren Status ein; insofern dieses jedoch als in sich selbst different bestimmt wird, kommt ihm eine Doppelfunktion zu: Es ist sowohl die eine Seite jener Differenz, die es offenzulegen gilt und es markiert gleichzeitig die Differenz selbst. Und obwohl Heidegger ›Dasein‹ als räumliches In-der-Welt-Sein fasst, wird die sexuelle Differenz von ihm nicht thematisiert – ein Punkt, auf den Derrida (1988) in seinem Vortrag »Geschlecht. Sexuelle Differenz, ontologische Differenz« aufmerksam macht. Der darin geäußerte Vorwurf an Heidegger, Dasein in versteckter Form mit dem männlichen Geschlecht zu identifizieren, bleibt von feministischer Seite jedoch nicht unwidersprochen. So weist zum Beispiel Elizabeth Grosz auf die in Heideggers Daseinskonzeption angelegte »inherent openness to sexual specificity« sowie auf deren Charakter als »the well and source of all concreteness« hin (Grosz 1997, 87). Kurz, die Frage ob und inwiefern Dasein ein Denken der sexuellen Differenz zulässt, wird auch in feministischen Kreisen weiterhin verhandelt. Irigaray bleibt in ihrer Auseinandersetzung mit Heidegger jedoch nicht bei der Frage nach der sexuellen Differenz von Dasein stehen, sondern widmet sich darüber hinaus zwei sehr stark raumbezogenen Themen: dem Bauen und der Luft.

In einem Vortrag von 1951 erfasst Heidegger einen möglichen Zugang zum Sein in Begriffen des Bauens und Wohnens: »Nur wenn wir das Wohnen vermögen, können wir bauen. [...] Das Wohnen aber ist *der Grundzug* des Seins« (Heidegger 1994, 155). Und es ist die Sprache, die dem Sein einen Raum zur Verfügung stellen wird und somit sein ›Wohnen‹ ermöglicht, zusammengefasst in Heideggers berühmten Ausspruch aus dem Jahr 1946 von der »Sprache als dem Haus des Seins« (Heidegger 2004, 313). Irigaray übernimmt die Metapher des Hauses und interpretiert sie – ihrem eigenen differenztheoretischen Ansatz entsprechend – im Sinne der männlichen Sprache. Dementsprechend ist Frauen der Zutritt zu diesem Haus verwehrt, obwohl sie entscheidend an der Errichtung seiner Grundfeste beteiligt waren. »Dieses Haus der Sprache, das dem Mann sogar [...] sein Verweilen in einem Körper

[...] ersetzen wird – die Frau dient der Errichtung dieses Hauses, aber sie verfügt (deshalb?) nicht darüber. Das System der Sprache, der Sprachen [...] verwehrt und verschließt ihnen die Schwelle zu einem Wohnen in der Sprache« (Irigaray 1991, 128). In Irigarays Uminterpretation wird das Haus der Sprache zur ›Befestigungsanlage‹ eines männlichen Subjekts, zur Metapher für »seine theoretischen Elaborate«, die er weiter sowohl in die Tiefe als auch in die Höhe baut, »Fundamente«, »Kellergeschosse« sowie »Gewölbe«, deren einziger Zweck darin besteht, das Eindringen des Anderen, des Weiblichen zu verhindern (Irigaray 1980, 173).

Für Irigaray gibt es nichts, was der Geschlechterdifferenz vorgelagert wäre. Ein undifferenziertes Sein ist ebenso geschlechtsmarkiert wie die Annahme eines undifferenzierten Raums, in dem sich das Seiende ereignet. Irigarays Kehrtwendung gegen Heidegger kulminiert in dem Vorwurf (analog zu Heideggers Vorwurf der Seinsvergessenheit in der westlichen Metaphysik, nun jedoch gegen ihn gerichtet) des Vergessens der Luft, einem Element, das wie kein anderes die Bedingungen alles Lebendigen garantiert. »No other element is in this way space prior to all localization [...]. Always there, it allows itself to be forgotten« (Irigaray 1999, 8). Im Gegensatz zur Annahme eines undifferenzierten Seins und eines undifferenzierten Raums geht es Irigaray um den elementaren Inhalt dieses Raums, der – in der Assoziationskette von Luft, Frau, Mutter, Natur – zum Ausdruck der Geschlechterdifferenz selbst wird. Die Luft, ähnlich dem Mukös-Flüssigen und daher sich ständig verändernd, wird mit der Stimme als auch dem erscheinenden Phänomen assoziiert: »These issue from it and are the possibility – ever material – of naming-denominating, of appearing in presence« (ebd., 28). Die Sprache und das Sprechen sowohl als das Sein des Seienden werden dadurch abhängig vom Weiblichen, das – wie die Luft – unsichtbar bleibt, aber doch nur räumlich gedacht werden kann. Für Irigaray gibt es keinen Raum ohne Luft, die ihn füllt; die Annahme eines vorausgesetzt undifferenzierten Raums ist Teil jener – der Ordnung des Einen folgenden – männlichen Philosophietradition, welche die Geschlechterdifferenz – so wie auch die Luft – vergessen ließ.

Geschlecht als Performativität (Poststrukturalismus)

Eine weitere Spielart der Verbindung von Körper und Raum im Kontext der feministischen Debatte findet sich in Judith Butlers Verwendung des Begriffs der Performativität. In ihrem Buch *Das Unbehagen der Geschlechter* von 1990 machte Butler – mittlerweile zur Hauptvertreterin eines poststrukturalistischen Feminismus avanciert – zum ersten Mal darauf aufmerksam, dass Geschlechtsidentität das Ergebnis ritualisierter Wiederholungen diskursiver bzw. performativer Akte darstellt. Geschlecht sei, Butler zufolge, nicht länger »als ›innere Wahrheit‹ der Anlagen und der Identität« zu verstehen, sondern als »eine performativ inszenierte Bedeutung« (Butler 1991, 61). Im Gegensatz zur bis dato auch in der feministischen Diskussion herkömmlichen Gegenüberstellung von biologischem (*Sex*) und sozialem Geschlecht (*Gender*) geht Butler davon aus, dass die biologische Seite der Geschlechterdifferenz (*Sex*), also der entweder als weiblich oder männlich kategorisierte Körper, Teil der Geschlechtsidentität selbst und jede Annahme einer ›natürlichen‹ Geschlechterdifferenz bereits Teil der kulturellen Zurichtung der Geschlechter sei. »Die Geschlechtsidentität umfasst auch jene diskursiven/kulturellen Mittel, durch die eine ›geschlechtliche Natur‹ oder ein ›natürliches Geschlecht‹ als ›vordiskursiv‹, d.h. als der Kultur vorgelagert oder als politisch neutrale Oberfläche, auf der sich die Kultur einschreibt, hergestellt und etabliert wird« (ebd., 24).

Die körperbezogenen Wiederholungen performativer Akte – also das räumliche Agieren von ›Geschlecht‹ – folgen laut Butler den Vorgaben einer heterosexuellen Zwangsnorm und generieren dadurch zwei unterschiedliche Arten von Körpern. Dies impliziert, dass ein als weiblich oder männlich markierter Körper nicht dem sozialen Geschlecht (und somit dem sprachlichen Zugriff) vorgelagert, sondern Teil desselben ist. Jemand ist Frau bzw. Mann in dem Maße als sie oder er nicht das jeweils andere Geschlecht ist. Geschlechtsidentität entfernt sich dadurch von einem Zustand des Seins und wird zu einem Tun. Der Körper einschließlich seiner je unterschiedlichen Geschlechtsorgane ist nicht länger eine faktische Gegebenheit, sondern wird durch Performativität – zu denken in einem räumlich-theatralischen Sinn – immer aufs Neue als ein je spezifischer (weiblich oder männlich) erzeugt.

Mit ihrer Betonung der – von Michel Foucault (1926–1984) entliehenen – Idee einer diskursiven Zurichtung von Körpern hat Butler den durch Lacan entwickelten strukturalistischen Ansatz vervollkommnet und für die Geschlechtsfrage adaptiert. Dem Vorrang der Signifikanten gegenüber den Signifikaten zufolge Lacan entspricht für Butler die Verlagerung einer angenommenen anatomischen Geschlechterdifferenz auf die Ebene des Diskurses. Butlers radikale Überführung des biologischen in das soziale Geschlecht gestattet eine Analogie zur Raumdebatte, der zufolge sich behaupten ließe, dass das Verhältnis von *Gender* zu *Sex* in einem ähnlichen Sinne vorzustellen wäre wie das Verhältnis von Raum zum konkreten Ort – *Sex*, also die je spezifische körperliche Ausformung, ist ohne *Gender* nicht mehr zu denken, ebenso wenig wie wir uns Orte vorzustellen vermögen, die nicht im Raum lokalisiert sind.

Der angeblichen Vernachlässigung der Materialität des Körpers begegnet Butler in *Körper von Gewicht* von 1993 mit einer Verteidigung von Materie ohne deshalb den Diskursanspruch aufzugeben. Materie sei demnach nicht als Ort oder Oberfläche vorzustellen, »sondern als ein Prozess der Materialisierung, der im Laufe der Zeit stabil wird, so daß sich die Wirkung von Begrenzung, Festigkeit und Oberfläche herstellt, den wir Materie nennen« (Butler 1997, 32). Körperliche Materie ist somit keine vorausgesetzte Faktizität, sondern das Produkt diskursiver Wiederholungen. Oder, ausgedrückt in der Terminologie Lacans, der Körper als Signifikat (als materielle Referenz eines sprachlichen Terms) verschwindet hinter den jeweiligen Kombinationen von Signifikanten – der Körper ist das, was ihn signifiziert.

Die feministische Vorarbeit für Butlers radikales Zu-Ende-Denken eines strukturalistischen Ansatzes für die Geschlechterdifferenz findet sich in einem – mittlerweile als feministischer ›Klassiker‹ geltenden – Text der US-Anthropologin Gayle Rubin. Indem sie Claude Lévi-Strauss' (1908–2009) anthropologische Analyse von Verwandtschaftsbeziehungen, Karl Marx' (1818–1883) Unterscheidung in produktive und reproduktive Arbeit sowie Freuds Theorie des Ödipuskomplexes miteinander in Beziehung bringt, erläutert Rubin 1975 in »The Traffic in Women. Notes on the ›Political Economy‹ of Sex«, inwiefern der Austausch von Frauen als Grundlage der Regulierung von Verwandtschaftsbeziehungen als auch die geschlechtliche Arbeitsteilung den anatomischen Geschlechtsunterschied überfrachten. Der Zugang zum körperlichen Sein ist immer schon durch die jeweiligen kulturellen Bedeutungen verstellt, *Sex* ist das, wozu es von *Gender* gemacht wird, zusammengefasst – laut Rubin – in einem sogenannten ›sex-gender system‹. »[T]he idea that men and women are two mutually exclusive categories must arise out of something other than a nonexistent ›natural‹ opposition« (Rubin 1975, 179–180). Rubin zufolge ist die radikale Gegenüberstellung der Geschlechter ein Produkt der eine jeweilige Gesellschaft regulierenden Symbolsysteme, allen voran des Ineinandergreifens von »›economic‹ systems and ›sexual‹ systems« (ebd., 167). Die Regelung der Verwandtschaftsbeziehungen als auch der ökonomischen Arbeitsteilung gehen weit über Verwandtschaft und Produktion hinaus und garantieren die Organisation einer Gesellschaft. Es ist also eine auf einer nicht räumlichen Symbolebene festegelegte Bedeutung, gefasst in Strukturen einander ausschließender Bedeutungseinheiten, welche die körperliche Existenz im Raum bestimmt. Im Gegensatz zu psychoanalytischen Ansätzen, denen zufolge psychosomatische Entwicklungsstufen sich in einem immer schon vorausgesetzten Zusammenspiel von Körper und Psyche entfalten, also sowohl faktisch als auch sinnbildlich verräumlicht sind, sieht Rubins strukturalistische Position räumlich-körperliche Abläufe als Resultat struktureller Gegensätze. Wie Butler jedoch bemerkt, vollzieht Rubin noch nicht die Überführung anatomisch-physiologischer Geschlechtsunterschiede auf eine konzeptuell-strukturelle Symbolebene: »Rubins Aufsatz [bleibt] der Unterscheidung zwischen anatomischem Geschlecht (*sex*) und Geschlechtsidentität (*gender*) verpflichtet« (Butler 1991, 116). Für Rubin existiert weiterhin eine körperliche Ebene, auf die sich die Bedeutungen der gesellschaftlichen Strukturen sozusagen einschreiben – die Trennung bleibt aufrechterhalten. Im Gegensatz dazu vollzieht Butler die Auflösung genau dieser Trennung: »Wird also die Sprache durch das Gesetz strukturiert und das Gesetz seinerseits durch die Sprache […] in Szene gesetzt, so kann die Beschreibung oder Erzählung nicht wissen, was außerhalb ihrer – d.h. vor dem Gesetz – liegt« (ebd.).

Die Bedeutung von Rubins Text darf jedoch trotz Butlers nachfolgender Kritik nicht unterschätzt werden. Durch ihre detaillierte Analyse des Ineinandergreifens der ökonomisch-sozialen und der individuellen Ebene ist es ihr gelungen, einen vorrangig strukturalistischen Ansatz mit marxistischen als auch psychoanalytischen Einsichten zu untermauern und dadurch von dem Vorwurf zu befreien, dass es sich dabei um ein bloßes Spiel von Zeichen handle.

4.3 Offene Fragen und Kontroversen

Für jeden der vorausgehenden Themenabschnitte lässt sich ein bestimmtes Set von kontroversen Debatten festmachen, welche die Grundvoraussetzungen der jeweiligen theoretischen Schule reflektieren. All diese Kontroversen, wie unterschiedlich sie auch sein mögen, kreisen um Fragen, die den weiblichen Körper betreffen, und sind somit indirekt an die Thematik des Raums gebunden.

Ein zentrales Problemfeld für die feministische Phänomenologie ist der Begriff einer weiblichen Erfahrung. Wie am Beispiel von Iris Marion Youngs Text zu sehen war, geht eine phänomenologische Auseinandersetzung häufig von einem unhinterfragten Bezug auf ein Konzept weiblicher Erfahrung, inklusive weiblicher Körper- und Raumerfahrung, aus. Ganz im Sinne von Merleau-Pontys Begriff einer gelebten Erfahrung in der Welt werden die individuellen Facetten weiblicher Körpererfahrung als Phänomene betrachtet, die es zu untersuchen gilt. Dieser Ansatzpunkt traf sich vor allem während der Anfänge der Frauenbewegung mit einem – theoretisch oft ungesicherten – politischen Aktivismus und der dafür typischen Berufung auf gemeinsame, alle Frauen verbindende Erfahrungen, wie z. B. Sexualität, Geburt, Klimakterium, Schönheitsideal etc. Die Hinwendung zu diesen körperbezogenen Prozessen sollte Tabuisierung und Auslassung derselben unter Beweis stellen und auch den männlichen Zugriff auf den weiblichen Körper thematisieren. Diese vorausgesetzte zentrale Rolle der Erfahrung führte bei Kritikerinnen und Kritikern zu der Frage, ob die Annahme einer genuin weiblichen Erfahrung nicht vielmehr zur Wiederholung und Festigung genau jener patriarchalen Ordnung führe, der es eigentlich zu entkommen gilt. Schon Simone de Beauvoir wies darauf hin, dass der Blick auf die Erfahrung die Situation der Frau im Patriarchat bestätige und es deshalb darum ginge, eine Situation zu schaffen, die Frauen eine andere, weniger unterdrückende und weniger ausbeutende Erfahrung ermögliche. In gewissem Sinne wurde der Begriff der Erfahrung zum Aufhänger für die Frage, wie es möglich sei, in einem patriarchalisch-fremdbestimmten Kontext das genuin Weibliche – sei dies Verhalten, Sprechen oder Körper- bzw. Raumbezug – überhaupt aufzuspüren.

Zusätzlich zu diesem eher als politisch einzuordnenden Problem gesellte sich im Zuge der Verbreitung konstruktivistischer bzw. poststrukturalistischer Theorien (v. a. jene Butlers) eine Polarisierung von Erfahrung und Struktur. Butlers Absage an eine jedem Diskurs vorausgesetzte körperliche Ebene geriet offensichtlich in Kollisionskurs mit einem Ansatz, der die gelebte körperliche Erfahrung als Ausgangspunkt annahm.

Fruchtbare und weiterführende Reaktionen auf diese Kontroverse gehen in unterschiedliche Richtungen. Aber generell lässt sich sagen, dass die Gegenüberstellung von Erfahrung und Struktur bzw. Diskurs mittlerweile weniger radikal erscheint als ursprünglich angenommen wurde. So konnte z. B. Silvia Stoller zeigen, dass der Begriff der Erfahrung, herkömmlicher Weise mit der Phänomenologie assoziiert, durchaus auch im Poststrukturalismus zur Anwendung gelangt. Während für den Poststrukturalismus jedoch primär die diskursiven Bedingungen von Erfahrung im Vordergrund stehen, »konzentriert sich die Phänomenologie auf die Analyse der innerhalb eines Diskurses von konkreten Subjekten vollzogenen Erfahrung« (Stoller 2005, 170). Und eine radikalfeministische Kritik am Erfahrungsbegriff musste zugestehen, dass die weibliche Erfahrung (inklusive der Körper- und Raumerfahrung) eine unentbehrliche Kategorie für jede feministische Analyse darstellt und es daher eher darum geht, diese Erfahrung unter dem Gesichtspunkt patriarchaler Einflüsse zu analysieren statt sie auszuklammern.

Die alles dominierende Kontroverse für Differenzphilosophinnen wie Kristeva oder Irigaray ist die Frage nach einer Essenz des Weiblichen. Vor allem Irigarays Insistieren auf eine radikale Geschlechterdifferenz, die letztlich nur an körperlichen Merkmalen festgemacht werden kann, sowie ihr metaphorisches Zelebrieren einer Morphologie des weiblichen Körpers machten sie zur privilegierten Zielscheibe für jene Kritikerinnen und Kritiker, die über den Weg gesellschaftlicher Veränderungen die physiologisch-anatomischen Geschlechtsunterschiede zu überwinden trachteten. Irigaray wurde v. a. von sogenannten Gleichheitsfeministinnen vorgeworfen, einem biologischen Essentialismus des Weiblichen zu huldigen und dadurch dem feministischen Anliegen mehr zu schaden als zu nützen. Diesem Vorwurf hat sich Irigaray mittlerweile insofern etwas entzogen, als einige ihrer späteren Texte eine eindeutigere politische Perspektive aufgreifen und sich mit Fragen der Demokratie, jener von Sonderrechten für Frauen sowie der Möglichkeit praktisch-politischer Zusammenarbeit von Frauen und Männern auseinandersetzen.

Auf der entgegengesetzten Seite des feministischen Theoriespektrums findet sich Butlers Ansatz einer radikalen Diskursivität, die den durch Irigaray propagierten und körperlich festzumachenden Unterschied zwischen den Geschlechtern aus einer völlig anderen Perspektive ins Wanken bringt als die Gleichheitsfeministinnen. Für Butler geht es eher genau darum, die an körperlichen Unterschieden festgemachte Zweigeschlechtlichkeit und die damit einhergehende heterosexuelle Matrix zu attackieren. Im Gegensatz zu der von Irigaray – vor allem in ihren späteren Werken – favorisierten zwei Geschlechtern argumentiert Butler im Sinne einer Vervielfältigung der Geschlechter und stellt so die angenommene natürliche Verbindung von biologischem Geschlecht, sozialem Geschlecht sowie der dadurch festgelegten Ökonomie des Begehrens in Frage. Der Körper ist das Ergebnis von Wiederholungen diskursiv-performativer Akte und keine biologisch festgelegte, vorausgesetzte Tatsache.

Während Butler in der Kontroverse um die Frage nach einem weiblichen Essentialismus eindeutig eine anti-essentialistische Position einnimmt, rankt sich um den Kern ihrer eigenen Theorie eine andere Kontroverse. So wurde bereits im Anschluss an *Das Unbehagen der Geschlechter* die Frage aufgeworfen, inwiefern Butlers Behauptung einer diskursiv-performativen Hervorbringung von Geschlecht notwendigerweise die Auflösung jeglicher Form von körperlicher Materie impliziere. In ihrer radikalsten Ausformung polarisierte diese Debatte Text/Diskurs/Stil auf der einen Seite mit körperlicher Materie auf der anderen. Dass Butler selbst in *Körper von Gewicht* diese Vorwürfe zurückwies, tat wenig zur Sache. Ihre Absage an eine Konzeption von Materie als »Ort oder Oberfläche« (Butler 1997, 32) konnte Kritikerinnen und Kritiker nur unzureichend zufriedenstellen. Konstruktivistisch-poststrukturalistische Theorien sowie dekonstruktivistische Ansätze (inklusive ihrer feministischen Spielarten) müssen sich weiterhin mit dem Vorwurf auseinandersetzen, den Körper und die körperliche Erfahrung in der Welt verabschiedet zu haben und einem frei fließenden Spiel der Signifikanten zu huldigen. Dass genau jene Theorien in entscheidender Weise zur gegenwärtigen Körperdiskussion beigetragen haben, scheint dabei kaum eine Rolle zu spielen.

Literatur

Beauvoir, Simone de: *Das andere Geschlecht. Sitte und Sexus der Frau.* Reinbek bei Hamburg 1968 (frz. 1949).

Butler, Judith: *Das Unbehagen der Geschlechter.* Frankfurt a. M. 1991 (amerik. 1990).

–: *Körper von Gewicht.* Frankfurt a. M. 1997 (amerik. 1993).

Chanter, Tina: *Ethics of Eros. Irigaray's Rewriting of the Philosophers.* New York/London 1995.

Colomina, Beatriz (Hg.): *Sexuality and Space.* New York 1992.

Derrida, Jacques: Geschlecht. Sexuelle Differenz, ontologische Differenz. In: Ders.: *Geschlecht (Heidegger).* Wien 1988, 11–43 (frz. 1983).

–: *Chora.* Wien ^{2}2005 (frz. 1987).

Grosz, Elizabeth: *Space, Time, and Perversion. Essays on the Politics of the Body.* New York/London 1995.

–: Ontology and Equivocation. Derrida's Politics of Sexual Difference. In: Nancy J. Holland (Hg.): *Feminist Interpretations of Jacques Derrida.* University Park 1997, 73–101.

Heidegger, Martin: Bauen, Wohnen, Denken [1952]. In: Ders.: *Vorträge und Aufsätze.* Stuttgart ^{7}1994, 139–156.

–: Brief über den ›Humanismus‹ [1947]. In: Ders.: *Wegmarken.* Frankfurt a. M. 2004, 313–364.

Irigaray, Luce: *Das Geschlecht, das nicht eins ist.* Berlin 1979 (frz. 1977).

–: *Speculum. Spiegel des anderen Geschlechts.* Frankfurt a. M. 1980 (frz. 1974).

–: *Ethik der sexuellen Differenz.* Frankfurt a. M. 1991 (frz. 1984).

–: *The Forgetting of Air in Martin Heidegger.* Austin 1999 (frz. 1983).

Kristeva, Julia: *Die Revolution der poetischen Sprache.* Frankfurt a. M. 1978 (frz. 1974).

Lacan, Jacques: Das Spiegelstadium als Bildner der Ichfunktion, wie sie uns in der psychoanalytischen Erfahrung erscheint. In: Ders.: *Schriften 1.* Frankfurt a. M. 1975 (frz. 1949).

Merleau-Ponty, Maurice: *Phänomenologie der Wahrnehmung.* Berlin 1966 (frz. 1945).

Rubin, Gayle: The Traffic in Women: Notes on the ›Political Economy‹ of Sex. In: Rayna R. Reiter (Hg.): *Toward an Anthropology of Women.* New York 1975, 157–210.

Schmitz, Bettina: *Arbeit an den Grenzen der Sprache. Julia Kristeva.* Königstein i.T. 1998.

Stoller, Silvia: Zur poststrukturalistischen Kritik an der Erfahrung im Kontext der feministischen Philosophie. In: Silvia Stoller/Veronica Vasterling/Linda Fisher (Hg.): *Feministische Phänomenologie und Hermeneutik.* Würzburg 2005, 139–170.

Young, Iris Marion: Werfen wie ein Mädchen. Eine Phänomenologie weiblichen Körperverhaltens, weiblicher Motilität und Räumlichkeit. In: *Deutsche Zeitschrift für Philosophie* 41/4 (1993), 707–725 (engl. 1980).

–: Throwing Like a Girl: Twenty Years Later. In: Donn Welton (Hg.): *Body and Flesh. A Philosophical Reader.* Oxford 1998, 286–290.

Gertrude Postl

5. Postkolonialer Raum: Grenzdenken und Thirdspace

5.1 Entstehung des Themenfeldes

Innerhalb (post)kolonialer Studien nimmt die Raumfrage zunehmend eine zentrale Stellung ein. Lange Zeit wurden die zeitlichen Dimensionen sozialer Phänomene anstatt der räumlichen betont, obschon Letztere für die Etablierung und Stabilisierung des Kolonialismus konstitutiv waren. Bedeuteten koloniale Machtformationen doch nicht nur die Ausdehnung europäischer Herrschaft, Ideen, Institutionen, Güter und Normen, sondern auch die Etablierung geographischer Praxen, die für das Verhältnis zwischen Metropole und Kolonie bestimmend waren und die sozialen Strukturen und Beziehungen nachhaltig prägten. Bald schon hat sich der Fokus postkolonialer Theorie wenn nicht gänzlich verschoben, so doch auf die Fragen kolonial räumlicher Beziehungen und ihre gegenwärtigen Konsequenzen hin erweitert: Einerseits werden Themen wie die ambivalenten Auswirkungen der kartographischen Erfassung kolonisierter Länder, die Transformation von Landschaften (s. Kap. III.10), aber auch die Einführung neuer Technologien zur Verringerung räumlicher Distanzen (s. Kap. III.7) und die Restrukturierung städtischer Räume (s. Kap. III.11) im Rahmen kolonialer Städteplanung in die Analysen miteinbezogen. Andererseits lassen theoretische Ansätze zur Dematerialisierung von Raum innovative Fragen von metaphorischen und textlichen Räumen zu (s. Kap. III.13). Verräumlichte Bilder als auch räumliche Metaphern wie ›Marginalität‹, ›Grenzen‹ und ›Zwischenräume‹ avancierten so zu zentralen Konzepten postkolonialer Theorie. Postkoloniale Theorieproduktionen beschäftigten sich in jüngster Zeit immer intensiver mit den Vorstellungen von Raum, Ort, Landschaft und ihren Restrukturierungen, die integraler Bestandteil (neo-)imperialistischer Herrschaftspraktiken waren und sind (Randeria/Eckert 2009).

Territoriale Kontrolle und Disziplinierungspraktiken

Beginnend mit der überseeischen Expansion waren die Transformationen von Landschaften, die Einführung von Städteplanung und die gewaltvollen Grenzziehungen grundlegende politische Operationen. Aber auch die Disziplinierung der Raumwahrnehmung und Implementierung einer spezifischen Deutungsmacht und Imaginierung von Raum können als zentral für die koloniale Macht- und Herrschaftsformationen genannt werden. Dies konnte kaum ohne Konsequenzen für die Kolonisierten wie auch Kolonisatoren bleiben und so stellt die ›Raumfrage‹ nach wie vor eine der wichtigsten Herausforderungen innerhalb der anhaltenden Dekolonisierungsprozesse dar. Für Michel Foucault (1926–1984) ist die Geographie nicht zufällig ein exzellentes Beispiel für Disziplinierungspraxen im Allgemeinen (Foucault 2003). Diese neuen Praktiken der verwaltungstechnischen Kontrolle und Neugestaltung von Raum beinhalteten einen gewaltvollen Eingriff in bestehende Eigentumsverhältnisse, sowie die Herstellung neuer Klassifikationen von Land, Steuern, Wohnraum und Bevölkerungsgruppen. So wurden koloniale Kriege häufig um die Kontrolle der geographischen Behörden geführt (Baumann 2003). Dem Kartographieren kommt dabei v. a. die Funktion zu, annektierte Räume in lesbare, geordnete und damit kontrollierbare imperiale Territorien zu verwandeln (Ó Tuathail 1996; s. Kap. I.2.1). Auf diese Weise wurden ›fremde Orte‹, deren Vereinnahmung im 16. Jahrhundert mit der sog. ›Entdeckung‹ Amerikas einsetzt, für die christliche Missionierung, wirtschaftliche Ausbeutung und im Zuge eines auf der Aufklärung basierenden zivilisatorischen Eifers annektierbar gemacht.

Ein beeindruckendes und erdrückendes Beispiel gewalttätiger kolonialer Grenzpolitiken ist die Teilung Britisch-Indiens im Jahr 1947: Der von der kolonialen Verwaltung kurzfristig und willkürlich festgelegte Grenzverlauf führte zu einem beispiellosen Bevölkerungsaustausch und löste eine Welle der Gewalt aus. Insgesamt, so die Schätzungen, dürften mehr als zehn Millionen

Menschen über die nach wie vor strittigen Grenzen gewandert sein. Bis zu einer Million Menschen kamen in Folge der Grenzziehung ums Leben. In ähnlicher Weise ist die europäische Hinterlassenschaft von willkürlich gezeichneten nationalstaatlichen Grenzen die Quelle wiederkehrender Gewalt in verschiedenen Regionen Afrikas. Eine antikoloniale Hinterfragung dieser als natürlich ausgegebenen Grenzen führt zu einer radikalen Infragestellung der Verknüpfung von Staat und Nation. Der koloniale Staat legte Staatsgrenzen fest und setzte das Territorialprinzip durch, ohne dabei, wie Andreas Eckert (2006, 95) richtig feststellt, selber Nationalstaat zu sein. Erst mit den antikolonialen Bewegungen setzte sich die Idee der Nation durch. Eine der problematischen Folgen der »getrennten Genealogie des territorialen und des nationalen Prinzips« sind postkoloniale Konflikte um Territorien (Eckert 2006, 66), wie sie heute etwa in Kaschmir und Gaza verfolgt werden können. Doch auch das postkoloniale Afrika verdeutlicht die Wirkmächtigkeit gewaltvoller kolonialer Interventionen. So hatte Eckert zufolge die »Konstruktion von Ethnizität« seinen Ausgang »in dem Bestreben der europäischen Kolonialherren, eindeutig abgrenzbare Verwaltungsbezirke einzurichten« (ebd.). Hierzu wurden die vielgestaltigen sozialen Organisationsformen des vorkolonialen Afrika ignoriert. Stattdessen wurden »tribale« Einheiten quasi »erfunden«, die dann »nach dem Muster des heimischen europäischen Nationalstaates als Sprach-, Kultur-, Abstammungs- und politische Gemeinschaften mit abgegrenzten Territorien« beschrieben werden konnten (ebd., 67).

Die Aufteilung Afrikas durch die imperialen Kolonialmächte führte letztendlich zur Errichtung völlig neuer Staaten mit klar definierten Grenzen. Die Schaffung dieser Staaten erwies sich in den meisten Fällen als belastendes Vermächtnis, brachten die neu geschaffenen Grenzen doch nicht nur multiethnische Staaten hervor, sondern verliefen sie vielmehr oft quer durch bereits vor der Grenzziehung existierende Gruppen, Staaten, Königreiche und Imperien. Landumverteilungen und Verdrängungen waren Bestandteil einer nach ›Teile und Herrsche‹ funktionierenden kolonialen Politik. So wurden einige Ethnien gegenüber anderen bevorzugt und ethnischen Gruppen rassifiziert. Im Jahre 1884 berief etwa Otto von Bismarck (1815–1898), auf Wunsch des belgischen Königs Léopold II. (1835–1909), die Berliner Afrika-Konferenz ein, um in die Grenzkonflikte der Kolonialmächte zu intervenieren. Die Vertreter der Imperialmächte, so Eckert, trugen hier unmittelbar »zur völkerrechtlichen Fixierung und Regelung des Teilungsprozesses bei« (ebd., 64). Die im Verlauf kolonialer Grenzkonflikte entstandenen internationalen Grenzen haben heute noch Geltung, obwohl die vorgenommenen Grenzziehungen zumeist keinerlei Rücksicht auf historisch gewachsene Gegebenheiten nahmen. Die Rücksichtslosigkeit der Grenzziehung beförderte unweigerlich Konflikte. So wurden etwa Großfamilien durch diese Grenzziehungen auf unterschiedliche europäische Verwaltungs- und Sprachgebiete verteilt und wichtige Handelspfade unterbrochen. Darüber hinaus errichteten die Kolonialherren in den von ihnen eroberten Gebieten territoriale Verwaltungsstaaten, die zu einer neuen Art der Verräumlichung von Herrschaft führten. Wo früher eine Vielzahl unterschiedlichster politischer Systeme nebeneinander existierte, wurde im Gefolge der kolonialen Durchdringung der territoriale Verwaltungsstaat zum allein gültigen staatlichen Organisationsmodell. Nach und nach wurden völkerrechtlich abgesicherte Territorialstaaten aufgebaut. Das bedeutete einen Anspruch auf staatliches Gewaltmonopol und klare, feste Grenzen in Gebieten, die in der vorkolonialen Zeit durch flexible, sich beständig wandelnde Grenzen und eine Vielzahl politischer Ordnungen mit höchst unterschiedlichen Graden der Zentralisierung charakterisiert waren. Diese Form der willkürlich gezogenen Grenzen kann bis heute als eines der politischen und sozialen Grundübel in Afrika angesehen werden.

Vom Kolonialismus zum Postkolonialismus

Die europäische Moderne zeigt sich nicht nur eng verquickt mit dem Prozess der imperialen überseeischen Expansion (Blunt/McEwan 2000), sondern auch mit der Schaffung einer neuen räumliche Ordnung, die mit der kartographischen Praxis, der Vermessungstechnik und Städteplanung einherging (Rabasa 1995). Der Begriff ›postkolonial‹ deutet dabei keine simple Periodisierung an – wie von einigen Kritikern und Kritikerinnen behauptet wird. Bemängelt wurde, dass der historische Bruch, der durch das Präfix ›post‹ suggeriert wird, die fortdauernde und prägende Wirkung europäischer überseeischer Expansion und des Imperialismus leugnen würde. Doch bezeichnet das ›post‹ im eigentlichen Sinne Bruch und Kontinuität zugleich (Castro Varela/Dhawan 2010). Dabei wird parallel auf eine bedeutsame Kritik an postkolonialen Studien als Disziplin hingewiesen, auf ihre Tendenz nämlich, der Geschichte den Vorrang gegenüber der Geographie einzuräumen. Bereits zuvor hatte sich postkoloniale Kritik der Überwindung des binären Gegensatzes zwischen dem ›Westen‹ und dem ›Rest‹ verschrieben – um eine Redewendung des englischen Soziologen Stuart Hall (2002) zu verwenden. Ein räumlicher Dualismus, der als vermeintliche kulturelle Differenz sowie historisch-evolutionistische Skala seit der europäischen Expansion festgeschrieben worden war.

Postkoloniale Ansätze zeichnen sich darüber hinaus durch ihre kritische Auseinandersetzung mit dem Weiterwirken der durch die koloniale Herrschaft geprägten Denkschemata, Wissenskategorien und (Selbst-)Repräsentationen aus. Diese prägten die Beziehungen zwischen den kolonialistischen europäischen Gesellschaften und ihren ehemaligen außereuropäischen Kolonien nachhaltig und beeinflussen die disziplinäre Arbeitsteilung und Wissensproduktion nach wie vor. Es geht hierbei sowohl um die Aufhebung der räumlichen Trennung zwischen ›Okzident‹ und ›Orient‹, als auch um das Aufspüren zeitlicher Kontinuitäten zwischen kolonialer Zeit und jener, die der formalen Entkolonisierung folgt. Sowohl um die Wechselwirkungen der sozialen und kulturellen Dynamiken zwischen kolonisierten und kolonisierenden Ländern analysieren zu können, und nicht nur um die Entwicklung der Weltwirtschaft seit dem 16. Jahrhundert zu verstehen, war eine Neukonzeptualisierung von Räumen notwendig. Anstatt sich eines nur nationalstaatlichen Blickes zu bedienen, wurde systematisch der imperiale Rahmen miteinbezogen. Räume wurden fortan als transnational sowie historisch und in Gegenwart als miteinander verflochten analysiert bzw. als Produkt dieser Interaktion verstanden (Conrad/Randeria 2002). Raum wird damit nicht nur historisiert, sondern auch als relationales Konstrukt im Rahmen des Imperialismus begriffen.

Weitergehend zielen schließlich Konzepte wie Edward Saids *imaginative geography*, Homi Bhabhas *third space* oder Walter Mignolos *border thinking* darauf ab, herkömmlich kolonial geprägte Begrifflichkeiten und eurozentrische Denkansätze infrage zu stellen. Es sind dies Ansätze, die eine binäre Konstruktion radikal zu überwinden suchen, die zwischen einem modernen, rationalen ›Westen‹ als Subjekt der Weltgeschichte und einem passiven, rückständigen ›außereuropäischen Rest‹ als Objekt westlich-politischer Interventionen und Wissensproduktion unterscheiden. Diese Theoretisierungen verstehen sich als politische Intervention, welche die Grenze zwischen Wissenschaft und politischer Praxis bewusst herausfordert. Darüber hinaus wird die Autorität des Textes schlechthin und die damit einhergehende Repräsentation nicht nur hinterfragt, sondern auch mit einer Politik der Verortung (*politics of location*) in Beziehung gebracht. Fragen, die sich aus einer solchen Perspektivierung ergeben sind etwa: Wer spricht von welchem Ort aus, für wen und zu wem? Der Ort, die Verortung wird dabei zentral in die Analysen von Macht, Herrschaft und Widerstand einbezogen. So werden Orte, einschließlich Orte der Wissensproduktion, hier innerhalb einer globalen asymmetrischen Wissenslandschaft betrachtet.

Postkoloniale Theorie hat damit wichtige epistemologische wie auch methodologische Fragestellungen aufgeworfen: So wurde z.B. die Notwendigkeit akzentuiert, über transnationale Studien und einen relationalen analytischen Rahmen die bis dahin dominierenden nationalen oder imperialen Perspektiven einer Dekonstruktion zuzuführen. Womit es möglich wurde, sowohl geopolitische Machtverhältnisse als auch den impliziten Eurozentrismus sozialwissenschaftlicher Wissensproduktion aufzudecken. Dabei wird der Versuchung widerstanden, westliches Wissen durch vermeintlich authentisch indigene Alternativen aus und in außereuropäischen Gesellschaften ersetzen zu wollen (Randeria 1999). Darüber hinaus macht postkoloniale Theorie auf die Gefahr aufmerksam, Entstehungskontexte mit Geltungsansprüchen zu verwechseln, indem sie jeglichen räumlichen Fixierungen von Kultur und Wissen eine Absage erteilt.

›Welt-Machen‹ und ›Einrahmung‹

Postkoloniale Theorie macht sowohl auf die relationale Dimension als auch auf die Frage der Perspektivität aufmerksam. Bei der Analyse der Kategorie ›Raum‹ ist nicht nur ›was‹ und ›wie‹ etwas räumlich dargestellt wird bedeutungsvoll, sondern auch die Position, von der aus eine spezifische Verräumlichung hergestellt wird (Mills 2005). So wurde bekanntermaßen das bereits seit Jahrtausenden bewohnte, eroberte Land von den Kolonialherren, die sich selbst als Entdecker bezeichneten, in einer ersten herrischen Geste als »terra nullius« (Shiva 2001, 13) charakterisiert. ›Leer‹ und auch ›jungfräulich‹ war hier gleichbedeutend mit verfügbar, menschenleer, geschichtslos und mithin ausbeutbar. Kolonien beginnen im Sinne der postkolonialen Theorie als Kopien des zum Original erklärten ›Mutterlandes‹. Gayatri C. Spivak (1999, 211) spricht in diesem Zusammenhang vom »Welt-Machen (*worlding*)«. Ein Ausdruck, der die Unterwerfung und gleichzeitige Produktion der ›Dritten Welt‹ zum Ausdruck bringen soll. Schnell deutlich wird hier der Nexus zwischen (post)kolonialer Macht und der Schaffung spezifischer physischer sowie sozialer Räume. So wird evident, wie sog. ›geographische Entdeckungen‹ als Teil eines kolonialen Projektes zu verstehen sind. Aus ›Entdeckungen‹ wurden nicht selten territoriale Ansprüche der jeweiligen Nationen abgeleitet, die symbolisch mit dem Hissen der nationalen Flagge ihre Vollendung fanden.

Unterwerfung, Akkumulation und Legitimierung von Gewalt sind aus einer postkolonialen Sicht allesamt Prozesse, die mit einer spezifischen Form von Territorialität verknüpft sind. So haben die kolonialen Mächte die kolonisierten Gesellschaften umzugestalten versucht, indem sie bspw. die materielle Form der Städte veränderten. Timothy Mitchell hat in seinen Studien zu Ägypten (*Colonizing Egypt*) diese Prozesse unter den Begriff des ›Einrahmens‹ (*enframing*) gefasst: Damit wird die Art und Weise, wie britische Herrschende eine sichtbare Hierarchie der räumlichen Ordnung herstellten, bezeichnet, die wie ›Container‹ und ›Inhalt‹ funktionierte. Nicht nur wurde die Architektur von Häusern und Nachbarschaften umgestaltet, um die Städte über die Planung derselben für die Kolonialverwaltung lesbar zu machen. Es wurde zudem versucht, die Vorstellungen von öffentlichem Raum bei der kolonisierten Bevölkerung im Allgemeinen zu verändern. Solcherlei Versuche waren jedoch nur partiell erfolgreich. Die Strategie des Einrahmens beinhaltete zudem den Versuch, eine in den Augen der Kolonialherren »strukturlose Ordnungen« durch »segmentierte Pläne« zu ersetzen (Mitchell 1988, 54f.), die auf sozialer und rassischer Segregierung basierten. Postkoloniale Studien, die diese Versuche, den faktischen Raum wie auch die räumlichen Wahrnehmungen zu transformieren, in den Blick nehmen, unterziehen sowohl das koloniale Erbe als auch die postkolonialen Kontinuitäten einer Betrachtung. Staatliche Einrahmungs- und Neueinrahmungsstrategien in der Geschichte und Gegenwart werden dabei zumeist aus der Perspektive von Subjekten analysiert, die gegen jene Projekte und Praxen Widerstand leisteten und leisten (Myers 2003). So kann transparent gemacht werden, wie das rassistisch-koloniale Denken, das die Europäer als rational und etwa die afrikanische Bevölkerung hingegen als wilde Barbaren ohne Geschichte charakterisierte, auch Eingang in die spezifische Art und Weise des kolonialen Städtebaus fand. Unter anderem wurden segregierte Stadtteile etabliert, die Europäer und ›Afrikaner‹ voneinander trennten, was einen Höhepunkt im südafrikanischen Apartheidsystem fand.

5.2 Spektrum der Diskussion

Postkoloniale Theoriebildung in Bezug auf die Analyse von Raum und räumlichen Praktiken ist von einer Vielzahl heterogener Theorien und Konzepte beeinflusst worden. Bereits Immanuel Wallersteins ›Weltsystemtheorie‹ fordert die lineare Konzeption westlicher Geschichtsschreibung heraus und führt eine räumliche Dimension ein, die Europa auf ungleiche Weise mit anderen Weltregionen verbindet (Wallenstein 1986 ff.). Obschon der Fokus hier ein eher ökonomistischer ist, betont die Weltsystemtheorie durchaus die asymmetrischen Ströme zwischen den europäischen Zentren und ihren (Semi-)Peripherien. Indem sie die Bedeutung einer globalen räumlichen Dimension für die Dynamik des modernen Weltkapitalismus hervorhebt, zeigt sie wie dessen Ursprung und Entwicklung unausweichlich mit der europäischen Expansion und kolonialen Herrschaft verbunden ist (s. Kap. III.3). Es geht hier lediglich um konkrete geographische Räume in ihrer wirtschaftlichen Interdependenz, während postkoloniale Theorie eben auch die imaginative Geographie mit einbezieht. Sie zeigt auf, dass Repräsentation räumlicher Bezugnahmen von globalen Machtasymmetrien untrennbar ist, kann aber auch beleuchten, wie die Verräumlichung von kolonialen, mitunter kulturellen Unterschieden durch eine Rede von räumlicher Distanz zum Ausdruck kommt.

Hybridität, Grenzwissen und Orientalismus

Unter Hinzuziehung von Theoriekonzepten Foucaults demonstriert der Literaturwissenschaftler Edward W. Said (1935–2003), wie der ›Orient‹ aus einer diskursiven Formation hervorging und als solcher nach wie vor funktioniert, während der Theoretiker Homi K. Bhabha unter Bezug auf Jacques Lacans (1901–1981) Ideen von ›Hybridität‹ und ›dritten Räumen‹ als Teil eines nach wie vor wirkungsmächtigen kolonialen Diskurses beschreibt. Entsprechend sind bei postkolonialen Theoretikern Analysen zu finden, die nach einer neuen Erkenntnistheorie suchen, die ein epistemologisches Subjekt herzustellen vermag, das ›von und über‹ Grenzen nachzudenken in der Lage ist. Imperialismus wird dabei auch als ein kulturelles und nicht nur ökonomisch-politisches System betrachtet, das die notwendigen Subjektivitäten und Beziehungen konstituierte, welche die westliche Dominanz über die sog. ›Dritte Welt‹ hervorbrachte.

Konzepte der ›kolonialen Differenz‹ und des ›Grenzwissens‹ stellen wichtige Interventionen aus lateinamerikanischer Perspektive dar, so etwa bei dem Semiotiker Walter D. Mignolo (2000 und 2005). Sie bauen u. a. auf die Weltsystemperspektive von Wallerstein auf, erweitern sie jedoch zugleich durch die Einbeziehung postkolonialer Ansätze. Die Idee einer ›Grenzgnosis‹, die als Perspektive eines imperialen Grenzlandes bekannt geworden ist, wird dabei als Möglichkeit verstanden, den Geopolitiken westlich hegemonialer Wissensproduktionen zu widerstehen. Ein Widerstand der letztlich dominante Zivilisierungsdiskurse herauszufordern in der Lage ist. Dabei wird poststrukturalistisch argumentiert, dass es wichtig sei, die Grenzen der Dekonstruktion innerhalb westlicher Metaphysik und ihres Logozentrismus hin zu einer Dekolonisierung des geschichtlich Verschwiegenen zu überschreiten. Kritik der chronologischen und nationalen Grammatiken oder Narrative westlicher Historiographie, die etwa die Revolten der Sklaven auf Santo Domingo – dem heutigen Haiti – verschweigen, die immerhin zeitgleich mit der Französischen Revolution stattfanden, sind ein exzellentes Beispiel für ein solche Löschung (Trouillots 2002). Anhand dieses und ähnlicher Beispiele lässt sich zeigen, wie der Eurozentrismus westlicher Historiographie die Geschichte des Westens vom Rest getrennt hat, indem Geschehnisse verschwiegen wurden, die nicht nur zeitgleich, sondern auch im selben transnational verwobenen Raum stattfanden (Fabian 1983). Der Prozess der Dekolonisierung befördert nicht nur transdisziplinäre Praktiken, wie sie 1995 von Enrique Dussel in *The Invention of the Americas* vorgeschlagen werden, sondern schließt auch die Wissensproduktion von den externen Grenzen der modernen Welt aus, genauso wie der Ort kolonialer Differenz und die Anerkennung der Historizität des ›grenzkennenden‹ Subjekts (Anzaldúa 1999). Subalternes Wissen, das die westliche Hegemonie herausfordern kann, ist so gesehen nur von einer Perspektive aus möglich, welche die lokale Geschichte partikularer Orte an den Rändern des modernen, kolonialen Systems ernst nimmt. Dieser räumliche Paradigmenwechsel in relationaler Perspektive macht auf die gemeinsam geteilte Geschichte zwischen den verschiedenen Weltregionen in der Vergangenheit und Gegenwart aufmerksam, die postkolonialen Ansätzen zugrunde liegt.

In seinem Pionierwerk *Orientalismus* von 1978 legt Said dar, dass die Demarkationslinie zwischen ›Orient‹ und ›Okzident‹ Effekt eines Dominanzdiskurses ist. Daraus resultiert, Said folgend, eine ›imaginative Geographie‹, die nach rigider Dichotomie und Grenzziehung verlangt, die als zentral für die Konstruktion des ›Orients‹ ausgemacht werden kann. Diese Grenze wurde Said zufolge über Jahrhunderte reifiziert und institutionalisiert. Sie bildet bis heute nicht nur die Basis für westliche Herrschaftsbeziehungen mit dem ›Orient‹, sondern ist auch essentiell für die Identitätsbildung des sog. Abendlandes. Said zeichnet überdies die kognitiven und kulturellen Auswirkungen imperialer Expansion für die Bevölkerung in den Metropolen nach. Unterdessen stellt er die Auswirkungen des Empires für die Formation der europäischen Kultur und deren Selbstverständnis dar und sprengt damit den begrenzten nationalstaatlichen Rahmen der marxistischen Analyse von Literatur und Kultur à la Raymond Williams. In Anlehnung an Antonio Gramsci (1891–1937) versteht Said Kultur als Teil eines imperialistischen ideologischen Arsenals, genauso wie er Imperialismus als konstitutiv für die moderne metropolitane Kultur sieht: Die ungelöste Spannung zwischen foucaultschen und gramscianischen Ansätzen war es, die Said dazu führten, Land und Raum als unabhängige Quellen sozialer Regulierung und Wertproduktion zu bestimmen. Ebenso bezeichnete er nicht nur die geographische Aneignung selbst als Ideologie, sondern auch räumliche Beziehungen als wirksame spezifisch ideologische und ökonomische Imperative.

Eindrücklich geht Said in *Kultur und Imperialismus* (1993) der doppelten Frage nach, wie die nationale britische Kultur zur Etablierung und Aufrechterhaltung einer Hegemonie über weitentlegene überseeische Peripherien beitragen konnte, und wie ein Konsens hergestellt und konsolidiert werden konnte, der die Beherrschung ferner Bevölkerungen und Territorien erst ermöglichte. Auffallend seien, so Said (1994), die Häufigkeit und der zentrale Stellenwert geographischer Verbindungen in allen drei europäischen Kulturen mit weit verzweigtem territorialen Besitz. Auf bemerkenswerte Weise zeigt er den langwierigen Prozess auf, bei dem das europäische Bewusstsein über den Orient sich von der textlichen und kontemplativen Form löste und in eine administrative, ökonomische und militärische transformiert wurde. Der fundamentale Wechsel war dabei wiederum vor allem ein räumlich-geographischer. Im Prozess des Studierens und Imaginierens drang der Westen in den geographischen Raum des Orients ein, veränderte diesen Schritt für Schritt und eignete ihn sich an: Der Orient wandelte sich so zu einem geographischen Raum, der kultiviert, geerntet und geschützt werden musste. Dabei ist es wichtig, sich in Erinnerung zu rufen, dass die westlichen Mächte um 1800 noch 55 Prozent des Weltterritoriums beanspruchten, aber de facto nur ca. 35 Prozent besetzt hielten. Im Jahre 1878 wurden bereits 67 Prozent beherrscht und in 1918 schließlich regierte Europa über ungefähr 85 Prozent des globalen Territoriums in Form von Kolonien, Protektoraten und Dependancen. Dabei stellte das Empire keinen homogenen Raum dar, denn nicht nur unterschieden sich europäische Kolonialreiche des 17. und des 19. Jahrhunderts und die verschiedenen Imperien des 19. und 20. Jahrhunderts voneinander, auch innerhalb eines einzigen imperialen Systems existierte eine Vielzahl unterschiedlicher materieller und symbolischer Räume. Und wie die Kolonien waren auch kolonisierende Gesellschaften heterogene Orte, die hegemoniale sowie gegenhegemoniale Strömungen und Subjektivitäten beherbergten.

Subalternität und Kosmopolitanismus

Foucaults Konzept der Subjektpositionierung wurde von verschiedenen postkolonialen Kritikern und Kritikerinnen genutzt, um die Idee, der an einen spezifischen Ort gebundenen Identität, zu überwinden. Durch die Verräumlichung von Subjektivität werden die üblichen essentialistischen Fallen umgangen. Die Verschiebung von ›Essenz‹ hin zu ›Ort‹ und das damit einhergehende Verständnis einer Subjektposition als räumlich-zeitliches Konstrukt ermöglicht zudem eine feinere Analyse von Macht und Widerstand. Bedeutsam ist darüber hinaus Foucaults Charakterisierung kolonialer Räume als extreme Heterotopien (Foucault 2005; s. Kap. III.10). In Umkehr kolonialer Vorstellungen betrachtet er diese Räume nicht als Kopien der europäischen Metropolen, sondern vielmehr als perfekt geordnete Gegenräume zu den ordnungslosen Metropolen des Westens (Castro Varela 2007, 56 ff.). Foucault beschreibt ›Heterotopien‹ als verwirklichte Utopien, womit sie, im Gegensatz zur Utopie, Orte darstellen, die faktisch vorhanden sind und nicht nur in der Imagination existieren. Er zählt hierzu das Schiff, das für ihn »die Heterotopie schlechthin« darstellt (Foucault 2005a, 942). Das Schiff ist dabei nicht von ungefähr eine machtvolle Metapher der europäischen Neuzeit. Aus Sicht der Kolonisatoren ermöglichte es, ›Neue Welten‹ zu erschließen und damit deren Ausbeutung zu initiieren und zu etablieren. Damit sind Heterotopien ebenso wenig unschuldig wie Utopien, mit denen sie unweigerlich verknüpft sind (Castro Varela/Dhawan 2007).

Ein zentrales Konzept postkolonialer Theorie, das insbesondere mit Spivaks Werk in Verbindung gebracht wird, ist das der ›Subalternität‹, die auf die vieldiskutierten Studien einer Gruppe indischer Historiker um Ranajit Guha – die South Asian Subaltern Studies Group – zurückzuführen ist. Spivak interpretiert Guhas Verständnis von Subalternität als »Raum der Differenz« (Spivak 1996, 288). Sich auf die Arbeiten diese Gruppe beziehend, versucht sie die historischen und materiellen Partikularitäten subalterner Räume auszuloten. Ihrer Ansicht nach ist all das subaltern, was keinen Zugang zur öffentlichen Sphäre hat, was sie als eine »Position ohne Identität« (ebd., 476) definiert. Die sehr durchdachte Anwendung einer räumlichen Metapher, um Subalternität zu umschreiben, kommt hier dem Versuch gleich, essentialistische Identitätspolitiken, die auch die anti-kolonialen nationalistischen Diskurse beeinflusst haben, zu überwinden. Die Arbeit der Gruppe kann als ein Beispiel dafür gelten, wie Kritik »einen Raum für subalterne Stimmen eröffnen« kann, anstatt demselben »eine Stimme zu geben« (Spivak 1990, 158 f.). Gleichzeitig warnt Spivak, vor einer einfachen Gleichsetzung von subalternen Räumen mit marginalisierten Räumen im Allgemeinen, da dies mit dem Risiko verbunden sei, die Kraft der Spezifität des Konzeptes zu unterlaufen.

In *Other Asias* von 2008 führt Spivak schließlich das Konzept des ›kritischen Regionalismus‹ als eine Alternative zu den sog. Regionalwissenschaften oder Area Studies ein. Für sie stellt ein kritischer Regionalismus eine mögliche Alternative zum Nationalismus dar, da dieser die Dekonstruktion von Grenzen und der damit einhergehenden rigiden nationalen Identität einfordert (Butler/Spivak 2007). Sie argumentiert, dass Asien lediglich innerhalb eurozentrischer geographischer Ordnungsmodi einen Referenten besitzt und »Europas Fährte ostwärts« (*Europes eastward trajectory*) bezeichnet (Spivak 2008, 206). Hier wird deutlich, dass Asien – wie auch andere Regionen –, v. a. eine Imagination derer darstellt, die über diese sprechen. Da weder der Orient noch Asien einen allgemein gültigen Referenten aufweist, sind diese nur in pluraler Form denkbar, beschreibbar und tatsächlich verstehbar. Ein kritischer Regionalismus stellt damit eine unabdingbare Voraussetzung für eine theoriegeleitete empirische Erforschung postkolonialer Räume dar. Den vermeintlich objektivierten geographischen Ordnungsmodi werden hierbei eine »imaginative Geografie« sowie »diskontinuierliche Episteme« entgegengestellt, die der dominanten räumlichen Homogenisierungsstrategie widerstehen (ebd., 8). Auf diese Weise wird eine »wissende Imagination« (*informed imagination*) (ebd., 2) ermöglicht, die zulässt, postkoloniale

Räume als heterogen wahrzunehmen und zu verstehen.

Homi Bhabha ist für ein ganz eigenes kritisches Raumprojekt bekannt. In *Die Verortung der Kultur* von 1994 bemerkt er, dass eine postkoloniale Archäologie es zulasse, eine ›verräumlichte Zeit‹ und deren räumliche Begrenzungen zu zeichnen. Es ist hier der Raum, der das Sprechen über Zeit ermöglicht, womit eine spezifische Kontextualisierungsstrategie angezeigt wird. Die räumlichen Grenzen der Moderne deuten hier die Grenzziehungen einer statisch und zeitlich begrenzten Vorstellung von Identität an. Im Gegensatz zu Said und Spivak, die Raum objektiv wie imaginativ bestimmen, ist Bhabhas Raumgebrauch allerdings ein rein metaphorischer. Jedoch wird damit gleichzeitig die Betrachtung der Moderne kompliziert, indem nahegelegt wird, dass der Raum der Moderne nicht als ein rein sozio-geographischer Raum gelesen werden kann. Stattdessen wird dafür plädiert, ihn als einen ganzheitlich-konzeptionellen Raum wahrzunehmen, der erst in Beziehung zu den temporären Diskontinuitäten, welche die historischen Tatsachen bestimmen, verstanden werden kann. Das Projekt einer ›postkolonialen Gegenmoderne‹ strebt daneben die Neuformulierung der Postmoderne aus einer postkolonialen Position heraus an. In diesem Zusammenhang wird insbesondere die Situation postkolonialer Migranten und Migrantinnen in den westlichen Metropolen untersucht. Was wiederum eine Auseinandersetzung mit kolonialer Geschichte, Nationalismus, Rassismus- und Ethnizitätsdiskursen der Gegenwart vonnöten macht. Der Fokus wechselt hier zum kulturellen Austausch, der durch Migration eine Nähe der Kulturen ermöglicht, die sich denselben Raum in den Metropolen teilen. Bhabha bspw. argumentiert, dass die transnationale Dimension kultureller Transformation durch »Migration, Diaspora, Verschiebung, Neuverortung – […] den Prozess kultureller Übersetzung zu einer komplexen Form der Signifikation werden« lässt (Bhabha 2000, 257). Um das Verhältnis metropolitaner Kulturen zu seinen migrantischen Gegenstücken und die Herausforderung für Identität und Handlungsmacht der Migranten und Migrantinnen zu seinen Forschungsgegenständen erklären zu können, setzt sich Bhabha etwa mit den vielschichtigen und verzwickten Verhandlungen zwischen den postkolonialen und postmodernen Diskursen auseinander.

Folgerichtig fokussiert Bhabha die Grenzlinien der Kultur und richtet sein Interesse auf das, was zwischen den kulturellen Räumen geschieht. Damit löst er sich von einer traditionellen und kritischen Perspektive der Inter-Kulturalität und lässt die Grenze oder Schwelle zu dem Ort werden, von woher die Kultur gedacht werden kann. Die Vorstellung dieser Grenzräume unterminiert die Vorstellung einer soliden, authentischen und unkontaminierten Kultur, die immer in einem bestimmten Raum angesiedelt ist. Dies gilt v. a. für den nationalstaatlichen Raum. Bhabhas Idee von der Verortung der Kultur ist sowohl eine zeitliche wie auch räumliche, erfährt doch der Raum ihm zufolge über die Zeit hinaus konstante Veränderungen. In diesem Zusammenhang diskutiert Bhabha insbesondere die Erfahrungen von Migranten und Migrantinnen und ihre »unheimliche« Befähigung, sich überall zu Hause zu fühlen (Bhabha 1992, 144). Das Unheimliche ist hier gleichzeitig das ›Nicht-Beheimatete‹ – was Bhabha auch als »heimischen Kosmopolitanismus« (*vernacular cosmopolitanism*) bezeichnet. Ein Kosmopolitanismus, der die verschiedenen Arten und Weisen des Auslandes eine Heimat zu sein oder eben im Ausland zu Hause zu leben beschreibt (Bhabha 1996, 195). Für Bhabha (2003, 30) ist die Territorialität des *global citizen* fraglos postnational, denational und transnational.

Vergeschlechtlichung und Rassifizierung

Ein ebenso wichtiger Beitrag postkolonialer Theorie ist es, Rassifizierungs- und Vergeschlechtlichungsprozesse innerhalb der kolonialen Beziehungen nicht nur transparent gemacht zu haben, sondern auch den Bezug dieser Macht- und Gewaltprozesse zu Verräumlichungsprozessen aufgezeigt zu haben. Beispiele, wie die Beschreibung weiblicher Sexualität durch Sigmund Freud (1856–1939) als ›dunklen Kontinent‹ zeigen bspw., wie Prozesse von Rassifizierung und Vergeschlechtlichung durch räumliche Metaphern markiert werden. Postkoloniale Beiträge untersuchen, wie spezifische Raumformen über den kolonialen Prozess institutionalisiert und damit normalisiert wurden. Insbesondere materialistisch-feministische Analysen konnten aufzeigen, wie Männer und Frauen, Kolonisierte und Kolonisatoren Räume unterschiedlich bewohnten und ihre differenten Raumpositionen verhandelten (s. Kap. III.4). Arbeiten wie die von der Linguistin und postkolonialen Theoretikerin Sarah Mills (2005) betonen, dass Kolonialismus die Ausübung physischer Gewalt bis hin zum Genozid, sowie Zwangsenteignung und Ressourcenaneignung bedeutete, was unübersehbare Effekte in Bezug auf die räumliche Beziehungen zeitigen musste. Damit weisen sie auch auf die notwendige Unterscheidung zwischen Kolonialismus und Imperialismus hin. Versteht man unter ersterem jede Form von Besiedlung, die immer Landaneignung und Unterwerfung beinhaltet, können unter ›Imperialismus‹ alle anderen Formen der Aneignung und Ausbeutung, die auf einer asymmetrischen Machtbeziehung beruhen, verstanden werden.

Neue Studien zu Landschaften innerhalb der europäischen Empires und den Kolonien teilen einige der genannten Annahmen postkolonialer Theorie, haben jedoch gleichzeitig neue Themenfelder eröffnen können. Zusätzlich zu der Funktion von Landschaften innerhalb kolonialer Diskurse, weisen sie auf die Bedeutung des Imperialismus für die Transformation von Landschaften hin, sowie auf die Einführung neuer Bodenrechte bzw. die Beschneidung älterer Zugangs- und Nutzungsrechte zu bzw. von Wald oder die Produktion der ›Tropen‹ schlechthin. In ihrem Buch *Women, Colonialism and Space* von 1999 versucht Radhika Mohanram etwa die Verbindungen zwischen Körper, Geographie und Subjektformation herauszuarbeiten, während die Territorialisierung von Identität durch klassische Landschaftsdiskurse von ihr detailliert über eine genaue Analyse von Begriffen wie ›Indigene‹, ›Nation‹ und ›Einheimische‹ dargelegt wird.

Aktuell kann ein wachsendes akademisches und politisches Interesse an den Verknüpfungslinien zwischen postkolonial bestimmter Räumlichkeit und Migrationsphänomenen ausgemacht werden. Postkoloniale Theorie beschäftigt sich in diesem Zusammenhang mit der Frage nach kultureller Identität und ihren Beziehungen zu Deterritorialisierungen und transnationalen Räumen. Der Begriff der Diaspora nimmt in dieser Debatte eine prominente Stellung ein. Er beschreibt eine Gruppe von Menschen, die einer minoritären Ethnie angehören oder Erfahrungen mit erzwungener Migration gemacht haben. Postkoloniale Diasporastudien thematisieren dabei die Verschränkung zwischen Kolonialismus und Migration und untersuchen die koloniale Kontinuitäten von Migrationsrouten. Diaspora und Kolonialismus stehen in einer komplexen Beziehung zueinander, denn Menschen in der Diaspora waren sowohl Siedler und Siedlerinnen, Migranten und Migrantinnen, Strafgefangene, Sklaven und Sklavinnen, Kolonialherren, Arbeiter oder Arbeiterinnen. Das Konzept der Diaspora kann mithin auch als Kritik am identitären Diskurs über fixierte Herkünfte verstanden werden. Mohanram spricht in diesem Sinne von einem heimatlichen Begehren – das die Soziologin Avtar Brah (1996) im Übrigen klar von einem Begehren nach dem Heimatland unterscheidet. Es zeigt den Wunsch nach einer imaginären Heimat, die keinen konkreten geographischen Ort darstellt. Der Raum der Diaspora kann nun als Konzept gelesen werden, das die Grenzen herausfordert, die durch die klare Trennung zwischen einem Innen und einem Außen, einem Dazugehören und Nicht-Dazugehören, wie auch einem ›Wir‹ und die ›Anderen‹ gebildet wird.

Nicht zuletzt Bhabhas Konzept eines ›dritten Raumes‹ der Ambivalenz und Instabilität erinnert an das komplexe Wirken kolonialer Mächte, Räume und Widerstände. Dritte Räume entstehen immer dann, wenn starre kulturelle Differenzen herausgefordert werden: Ihm zufolge beginnt in diesen Räumen eine neue Ära der Verhandlungen über Repräsentation, das ein Denken notwendig macht, das sich frei macht von Ursprungserzählungen. In seiner Analyse der Kategorien des ›Dazwischen‹ umkämpfter kultureller Differenzen spricht er über die Verhandlungen an der Grenze (*liminal negotiations*) kultureller Identität, welche die Differenzachsen von ›Rasse‹, Klasse, Geschlecht und kultureller Tradition durchkreuzen. Die Hybridisierungsprozesse, in denen Kulturen von ihren Grenzen aus definiert werden, machen dabei die Unterscheidung zwischen einem Innen und Außen einer Kultur zunehmend schwieriger. Eine soziale Artikulation von Differenzen aus der Minderheitenperspektive versteht Bhabha deswegen als eine Form komplexer, fließender Verhandlungen. In diesem Sinne wird die Grenze zu einem Ort, »von woher etwas sein Wesen beginnt« (Bhabha 2000, 7). Das von Jacques Derrida inspirierte ›Denken an der Grenze‹ ist dabei nicht nur von Bedeutung für die Analyse von Räumen zwischen kulturellen Gemeinschaften, sondern dient Bhabha auch dazu, die falschen Gegensätze zwischen Theorie und politischer Praxis aufzudecken (Castro Varela/Dhawan 2005, 96 ff.).

Foucaults ›Heterotopie‹ und Bhabhas ›dritter Raum‹, die oft als Widerstandsorte beschrieben werden, markieren die Existenz (post)kolonialer Gegenräume an den Rändern nationaler Räume. Dass diese Räume, die oft genug der kolonialen Macht die Stirn boten, vergeschlechtlichte Räume waren, ist eine These, die durch viele postkoloniale historische Studien erhärtet werden konnte (McClintock 1995). Feministische Interventionen, die insbesondere die Bedeutung von *gender* innerhalb postkolonialer Studien aufzeigen, fordern die Vorstellung des Empire als männlichen Raum heraus (Mills 2005). Zu recht wird dabei zu bedenken gegeben, dass eine vergeschlechtlichte Perspektive auf koloniale Räume nicht durch simple Ergänzung der ›Frauenfrage‹ zur Analyse des Kolonialismus gelingen kann, wenn gleichzeitig die imperiale Sphäre weiterhin als primär männlich dominiert betrachtet wird, die nur von einigen wenigen Frauen betreten wurde. Dass der koloniale Raum lange als monolithisch beschrieben wurde, hat damit zu tun, dass für gewöhnlich lediglich die räumlichen Repräsentationen männlicher Kolonisatoren Berücksichtigung fanden. Raum geschlechtsspezifisch gedacht, erweist sich dagegen als unabwendbar verknüpft mit den sozialen Beziehungen. Mithilfe dieser Herangehensweise gelingt es, die unterschiedlichen kolonialen Raumerfahrungen und -produktionen verschiedener Akteure und Akteurinnen zu verdeutlichen: etwa die europäischer Männer auf Reisen, britischer Frauen in den Kolonien, indigener Frauen etc.

Darüber hinausgehend analysiert Partha Chatterjee detailliert die geschlechtsspezifische Opposition innerhalb antikolonialer Diskurse zwischen einem öffentlichen und einem privaten Raum. Er zeigt die Beziehungen zwischen Raum, Befreiungskampf und Geschlecht in kolonialen Diskursen auf und welch nachhaltige Wirkungen diese zeitigten. Es gelingt Chatterjee (1999, 237) darzulegen, wie innerhalb der antikolonialen Bewegungen die sog. Frauenfrage v. a. über die Teilung der kulturellen Domäne in zwei Sphären ›gelöst‹ wurde: der materiellen und der spirituellen. So wurde einerseits behauptet, dass die westliche Zivilisation, was Naturwissenschaften, Technologie, kapitalistische Ökonomie und moderne Regierungsmethoden angeht, machtvoll und damit der indischen weit überlegen sei. Weswegen angenommen wurde, dass die Kolonialherrschaft nur über ein Erlernen und eine Inkorporierung dieses Wissens in die eigene Kultur bezwungen werden konnte. Um nun hingegen nicht in den Verdacht zu geraten, die Europäer nur nachzuahmen und um den Dualismus zwischen ›Westen‹ und ›Osten‹ nicht aufzulösen und damit die Selbstidentität zu gefährden, musste ein vom Westen quasi unberührter Raum konstruiert werden.

Dafür wurde schließlich von der nationalen Elite eine spirituelle Sphäre geschaffen – der Raum des ›kulturell Eigenen‹, unberührt von externen Einflüssen. Im Feld des Spirituellen, so die Nationalisten, war die eigene Kultur dem Westen überlegen, ja, galt als unschlagbar. Das nationalistische Projekt funktionierte damit als ideologische Legitimierung für eine ›selektive‹ Aneignung der westlichen Moderne. Erst eine solche Konstruktion ermöglichte es den Nationalisten, die heikle Frage nach einer postkolonialen kulturellen Identität zu beantworten. Um die distinkten Sphären allgemein begreifbar zu machen, wurden sie in das ›Haus‹ oder ›Heim‹ als der

Raum des Spirituellen und die ›Welt‹ als die materielle Sphäre übersetzt. Und die ›Welt‹ galt als das Reich des Männlichen, indes das ›Haus‹ oder ›Heim‹, das von den profanen Aktivitäten im Außerhalb rein gehalten werden musste, von der Frau repräsentiert wurde. Der Orient blieb, gemäß dieser Vorstellung, im Inneren des Hauses unberührt und souverän. Die ›Welt‹ draußen wurde dagegen assoziiert mit Schwäche und Unterdrückung. Hier galten die Normen und Werte der Kolonialherren, gegen die sich ein Widerstand formierte. Während des gesamten Zeitraumes antikolonialer Kämpfe war es immer ein zentrales Anliegen, die spirituelle Essenz nationaler Kultur zu schützen und zu stärken. Kurz: Sich in der ›Welt‹ den westlichen Normen anzupassen, wurde als Notwendigkeit angesehen, während im Privaten eine solche Anpassung als eine Zerstörung der eigenen Identität betrachtet wurde. Evident wird hier das enge Zusammenspiel von Identitäts- und Raumformation, während zeitgleich die Folgen nur unschwer auszumachen sind.

Kontaktzonen und Subjektproduktion

In den 1990er Jahren stehen in mehreren von Foucault inspirierten Arbeiten Machtbeziehungen im kolonialen Raum im Mittelpunkt. Mary Louise Pratts Studie etwa geht auf innovative Weise einer doppelten Frage hinsichtlich der Verschränkung von europäischem Selbstbild und der Expansion in Übersee nach. Wie haben populäre Reiseberichte und wissenschaftliche Reisetagebücher des 18. und 19. Jahrhunderts dazu beigetragen, den »Rest der Welt« zu produzieren (Pratt 1992, 5; s. Kap. III.12)? Das heißt, wie konnten diese Texte Europas eine Vorstellung von etwas evozieren, das dann schließlich zu diesem ›Rest‹ werden konnte? Pratt zeigt, wie Reiseberichte zusammen mit einer in der Aufklärung verankerten ›Naturgeschichte‹ zur Herausbildung eines eurozentrisch globalen Bewusstseins beitrugen. Mit dem Begriff ›Kontaktzonen‹ bezeichnet sie soziale Räume, in denen Kulturen sich begegnen, die durch Herrschaftsbeziehungen, radikale Ungleichheit und Repression gekennzeichnet sind. Im Gegensatz zum Begriff der ›kolonialen Grenze‹, der vom Zentrum her gedacht ist, stellt das Konzept der Kontaktzone einen Versuch dar, die räumliche und zeitliche Kopräsenz von Subjekten anzuzeigen, die vorher über geographische und historische Ungleichzeitigkeiten getrennt erschienen. Der Ausdruck ›Kontakt‹ rückt dabei die interaktive und improvisierende Dimension in den Vordergrund der kolonialen Begegnung. Die konfliktreichen asymmetrischen Beziehungen in diesen ›gemeinsam geteilten‹ sozialen Räumen bezeichnet sie als Transkulturation. Dem kubanischen Soziologen Fernando Ortiz folgend, regt Pratt an, die vielschichtigen Wechselwirkungen europäischer Zentren und ihrer Peripherien zu untersuchen, statt sich wie bisher lediglich auf die Rezeption der metropolitanen Weisen der Repräsentation in den Kolonien zu konzentrieren. Europa wurde, dieser Perspektive folgend, nicht minder von innen wie von außen durch Abgrenzungen und Grenzverschiebungen konstituiert.

Grenzen, als eine der machtvollsten Diskursformationen der Moderne, stellen eines der zentralen Themen postkolonialer Theorie im Bezug auf die Produktion von Raum und Räumlichkeit dar. Als Metapher und als Phänomen bezeichnen sie nicht nur das, was zwischen Räumen und Territorien liegt, sondern markieren auch eigene Räume. Grenzen zeigen auf, was in bestimmten Zeit-Räumen möglich ist. Die Grenzziehung als Praxis ist dabei Teil von Herrschaftsformationen. Wie die US-amerikanisch-mexikanische, feministische Autorin Gloria Anzaldúa (1942–2004) zeigt, kann die Grenze als ein Raum anstatt einer Linie konzeptualisiert werden. In diesem Zusammenhang spricht sie von der *new mestiza* – eine Subjektformation, welche die Grenzen der Identität infrage stellt (Anzaldúa 1999). Entscheidend ist hierbei vor allem, dass Subjektproduktionen und postkoloniale Widerstandsmöglichkeiten im Mittelpunkt der Analyse stehen. In diesem Sinne können marginalisierte Räume als Widerstandsräume verstanden werden, wie etwa in den Schriften der afroamerikanischen Feministin bell hooks (1996), oder bei der US-amerikanisch-vietnamesischen Filmemacherin Trinh T. Minh-ha

(1989), die eine *strategy of displacement* entwirft. Bei aller Unterschiedlichkeit der Ansätze geht es dabei immer um die Verhandlung zugewiesener und damit eingeschränkter (post)kolonialer Räume.

5.3 Offene Fragen und Kontroversen

Im Gegensatz zur herkömmlichen Geschichtsschreibung, die entweder einen nationalstaatlichen oder einen imperialistischen Rahmen wählt, unterscheiden sich postkoloniale Ansätze durch eine relationale Konzeptualisierung von Raum und räumlichen Beziehungen. Sie verweisen auf die Rückwirkung des Kolonialismus auf Europa sowie die vielfältigen Verflechtungen zwischen den Metropolen und den Kolonien (Cooper/Stoler 1997). Verflechtungsgeschichtliche Ansätze lenken den Blick auf die Tatsache, dass etwa Entwicklung und Institutionalisierung von Wissenschaften wie Botanik, Geographie oder Ethnologie nur in ihrem imperialen Entstehungskontext verstanden werden können. Praktiken der Landvermessung, kartographische Praxis, Erstellung von Katasterregistern etc. beruhten nicht selten auf Modellen und Herrschaftstechniken, die in den Kolonien erfunden und erprobt wurden. Am ausführlichsten sind diese Verflechtungen für das britische Empire untersucht worden. Historiker und Historikerinnen sowie Kulturwissenschaftlerinnen, wie Catherine Hall (2000) oder Anne McClintock (1995), haben in einer Vielzahl von Studien darauf hingewiesen, dass für das 19. und 20. Jahrhundert die Kolonien als konstitutiver Bestandteil britischer Kultur, Gesellschaft, Wirtschaft und Geschichte angesehen und nicht als außerhalb verortet werden sollten. Die Anthropologin Ann Stoler (1995) hat die Herausbildung einer bürgerlichen Identität in Europa in den Kontext von Debatten über Sexualität, Rasse und Geschlecht in den Kolonien gestellt. Im kritischen Dialog mit Foucaults *Geschichte der Sexualität* zeigt sie, dass die bürgerliche Identität der kolonialen Herren gleichzeitig in Europa und in den Kolonien konstruiert wurde. Denn die Ambivalenzen und Ängste der kolonialen Erfahrung waren integraler Bestandteil der Herausbildung eines modernen bürgerlichen Individuums in Europa und damit konstitutiv für europäische, kulturelle Formationen.

Black Atlantic

Der Soziologe Paul Gilroy hat mit seiner Untersuchung *Black Atlantic* von 1993 den Fokus auf die transnationale räumliche Dimension gelegt, um ein neues Verständnis von Identität und einer schwarzen Moderne herauszuarbeiten. Sein Vorschlag, den ›schwarzen Atlantik‹ als einen imaginierten kulturellen Raum zu sehen, bezieht einerseits die Sklaventransporte von Afrika nach Amerika in die Geschichte europäischer Moderne mit ein. Andererseits wird auf den Verbreitungs- und Rekonstruktionsprozess einer *black culture* rekurriert, die mit der Herausbildung einer afrikanischen Diaspora einhergeht. Aber es handelt sich hierbei seiner Auffassung nach nicht um ein panafrikanisches Projekt, das mit einer symbolischen Rückkehr nach Afrika zusammenhängt. Ganz im Gegenteil: Gilroys transregionaler Rahmen ist als Kritik an afrozentrischen Vorstellungen gewählt worden, die eine schwarze kollektive Identität auf der Basis einer gemeinsamen und über die Jahrhunderte gleich gebliebenen afrikanischen Herkunft zu begründen suchen. Stattdessen stellt er neue intersubjektive Räume dar, die Möglichkeiten für die Entstehung neuer Formationen bieten.

Indem die komplexe Geschichte der afrikanischen Diaspora innerhalb eines transnationalen Rahmens verortet wird, gelingt es, die schwarze Identitätsbildung in Europa und der ›Neuen Welt‹ als einen miteinander verschränkten Prozess von Austausch über den Atlantik hinweg herauszuarbeiten. Damit wird gezeigt, dass die Gewalt der Sklaverei sowie des Sklavenhandels integraler Bestandteil für die Herausbildung einer transnationalen (schwarzen) Moderne darstellt. Gilroy zeichnet seine Idee einer hybriden transnationalen Formation als Kontrapunkt zur Kategorie der Nation, aber auch als einen Gegenentwurf zu einer essentialistischen Ideologie afrozentrischer Art, die letztlich wieder auf einen authentischen

Ursprungsort beharrt. Stattdessen untersucht er die dynamischen Beziehungsgeflechte zwischen diasporischen und nationalen Kulturen, die eine Gegenkultur des ›Schwarzen Atlantiks‹ als kritischen Zwischenraum ermöglichen, in dem beide untrennbar mit der Entstehung der europäischen Moderne verflochten sind. Unabhängig von der Tragweite der Auswirkungen des Empire auf die damalige britische Gesellschaft, scheint die Erinnerung daran für die Gegenwart und Zukunft, wie Gilroy (2004) an anderer Stelle argumentiert, von noch größerer Relevanz zu sein als zu Hochzeiten des Empires. So macht er geltend, dass die mit dem Verlust des Empire verbundene Trauer von der britischen Mehrheitsgesellschaft als Trauma verdrängt wird. Die damit einhergehende narzisstische Kränkung werde durch ein Insistieren auf eine homogene nationale Identität zu kompensieren versucht.

Grenzorte

Gerade das Fehlen einer festen, klaren Identität, lassen die Hybridität zu einem geeigneten Ort des Widerstandes gegen essentialistische Erzählungen von ›Rasse‹, ›Kultur‹ und ›Nation‹ werden. Die Geographin Katharyne Mitchell (1997, 533 ff.) bestreitet dabei nicht das Potential zum Widerstand, stellt allerdings in Frage, ob dem diasporischen und hybriden Subjekt immer nur eine politisch progressive Absicht unterstellt werden kann. Des Weiteren argumentiert sie, dass die implizite Annahme der Nation als abstrakt kultureller Raum die Bedeutung aktueller ökonomischer Prozesse und die verschiedenen Formen diasporischer und hybrider Subjektpositionen – die strategisch zur Profitmaximierung genutzt werden können – ignoriert. In anderen Worten: ›Grenzorte‹ bieten sicherlich Raum für strategische Intervention innerhalb hegemonialer Strukturen, aber ebenso gut dienen sie dem Spätkapitalismus zur Entwicklung immer neuer Formen der Kapitalakkumulation. Die übertriebene Verwendung abstrakter Metaphern – besonders jener, die aus psychoanalytischen Theorien entlehnt sind – führen, so Mitchell, nicht selten zu deren Fetischisierung. Konzepte wie das der ›Hybridität‹ werden dann dekontextualisiert betrachtet, während die historischen, ökonomischen und politischen Bedingungen, in denen sie entstanden sind, nicht mehr aufgezeigt werden. Mithin weisen sie keine Beziehung mehr zum sozialen Alltag auf. Ohne Kontext drohen diese ›Zwischenorte‹ zu mobilen, aber auch reaktionären Räumen zu mutieren.

Der ebenso problematische Begriff der Diaspora, der Menschen beschreibt, die sich zwischen meist zwei geopolitischen Orten bewegen und dabei keinen singulären kulturellen Raum bewohnen, erwies sich als schnell popularisierbar. Wenn die Nation, wie in manchen postkolonialen Theorien, als abstrakter Raum konstatiert wird, dann erscheint der eigentliche Raum für widerständige Interventionen, die ›ambivalenten Ränder‹, regelrecht frei flottierend. Ein derart abstrakter Raumbegriff ist aber schwer an einen konkreten sozialen oder politischen Kontext gebunden, womit es unmöglich wird, Widerstand zu lokalisieren – er ist vielmehr überall und nirgends. Wichtige Fragen, wie etwa die sozialen Bedingungen aktueller Grenzziehungen und -kontrollen sowie die häufig gewaltvolle Produktion dieser Räume, werden somit manchmal in problematischer Weise übersehen.

›Provinzialisierung‹ Europas

Die Dezentrierung Europas kann als wichtiger kritischer Impulse aus der postkolonialen Theorie zum Umdenken bezüglich kolonial eingeschriebener Raum- und Machtkoordinaten bezeichnet werden. Das Paradigma des ›Black Atlantic‹ und das ›unmögliche‹ Projekt von Dipesh Chakrabarty, Europa zu provinzialisieren, stellen auf ihre je eigenen Weise eine eurozentrische Geschichtsschreibung und ihre spezifische Herangehensweise wie auch die Produktion von Räumen und Kulturen radikal infrage. So begreift Chakrabarty (2000) den ›hyperrealen Raum Europa‹ gewissermaßen als ein theoretisches Subjekt der Meta-Erzählung moderner Nationalstaaten. Europa zu provinzialisieren, bedeutet in dieser Vorstellung, die Eröffnung eines nicht eurozentrischen dialogischen Raums, der die dualistische Einteilung im Westen und dem ›Rest‹ überwindet. Er thematisiert aber auch die Schwierigkeiten, sich von der eurozentrischen Meistererzählung zu emanzipieren. Denn die Verwendung des begrifflichen Instrumentariums der europäischen Sozial- und Kulturwissenschaften trage – unabhängig der Intentionen der Autoren – dazu bei, die europäische Geschichte zum Modell einer universalen ›Entwicklung‹ zu stilisieren. Die Betonung der Verwobenheit moderner Geschichte bedeutet auch, dass die Kritik an der modernen Wissensordnung nicht in eine Abkehr von der Moderne münden muss. ›Postkolonialismus‹ steht nicht notwendigerweise für eine Überwindung moderner Kategorien. Vielmehr richtet die postkoloniale Kritik ein unmögliches ›Nein‹ an die Adresse einer Struktur, die sie zwar kritisiert, aber zugleich im Innersten bewohnt.

Postkoloniale Ansätze machen zudem auf die Notwendigkeit aufmerksam, Raum und Macht zusammenzudenken: Erst dann wird es möglich zu analysieren, wie bestimmte Formen von Räumlichkeit durch koloniale Interventionen institutionalisiert und normalisiert wurden. Die räumlichen Konstituierungsprozesse innerhalb kolonialer oder imperialer Kontexte verlangen dabei nach einer Betrachtung, die diese als vergeschlechtlicht, rassifiziert und in einer Klassenrelation stehend wahrnimmt. Raumkonfigurationen, die über eine Matrix konfligierender Kräfte während kolonialer Zeiten entstanden, sind darüber hinaus nach wie vor wirkmächtig. Womit sich beständig neue, aktuelle postkoloniale Fragen ergeben.

Literatur

Anzaldúa, Gloria: *Borderlands. The New Mestiza* [1987]. San Francisco [2]1999.

Beverly, John: *Subalternity and Representation. Arguments in Cultural Theory.* Durham/London 2004.

Baumann, Zygmunt: *Der Mensch im Globalisierungskäfig.* Frankfurt a. M. 2003 (engl. 1998).

Bhabha, Homi: The Third Space. In: Jonathan Rutherford (Hg.): *Identity. Community, Culture and Difference.* London 1990, 207–221.

–: The World and the Home. In: *Social Text* 10/31–32 (1992), 141–153.

–: Unsatisfied. Notes on Vernacular Cosmopolitanism. In: Laura Garcia-Morena/Peter C. Pfeifer (Hg.): *Text and Nation.* London 1996, 191–207.

–: *Die Verortung der Kultur.* Tübingen 2000 (engl. 1994).

–: Democracy De-Realized. In: *Diogenes* 50/1 (2003), 27–35.

Blunt, Alison/Gillian, Rose (Hg.): *Writing Women and Space. Colonial and Postcolonial Geographies (Mappings).* New York 1994.

– /McEwan, Cheryl (Hg.): *Postcolonial Geographies.* New York/London 2002.

Brah, Avtar: *Cartographies of Diaspora.* London/New York 1996.

Butler, Judith/Spivak, C. Gayatri: *Sprache, Politik, Zugehörigkeit.* Zürich/Berlin 2007 (engl. 2007).

Castro Varela, María do Mar: *Unzeitgemäße Utopien, Migrantinnen zwischen Selbsterfindung und gelehrter Hoffnung.* Bielefeld 2007.

– /Dhawan, Nikita: Spatializing Resistance, Resisting Spaces. On Utopias and Heterotopias. In: Eduardo Reis/Jorge Bastos da Silva (Hg.): *Nowhere Somewhere. Writing, Space and the Construction of Utopia.* Porto 2007, 237–250.

– /Dhawan, Nikita: *Postkoloniale Theorie. Eine kritische Einführung* [2005]. Bielefeld [2]2010.

Chakrabarty, Dipesh: *Provincializing Europe. Postcolonial Thought and Historical Difference.* Princeton 2000.

Chatterjee, Partha: The Nationalist Resolution of the Women's Question. In: Kumkum Sangari/Suresh Vaid (Hg.): *Recasting Women. Essays in Colonial History.* New Delhi 1999, 232–253.

Conrad, Sebastian/Randeria, Shalini (Hg.): *Jenseits des Eurozentrismus. Postkoloniale Perspektiven in den Geschichts- und Kulturwissenschaften.* Frankfurt a. M./New York 2002.

Cooper, Frederick/Stoler, Ann Laura: *Tensions of Empire.* Berkley 1997.

Dussel, Enrique: *The Invention of the Americas. Eclipse of ›the Other‹ and the Myth of Modernity.* London/New York 1995.

Eckert, Andreas: *Kolonialismus.* Frankfurt a. M. 2006.

Fabian, Johannes: *Time and the Other. How Anthropology Makes its Object.* New York 1983.

Foucault, Michel: Fragen an Michel Foucault zur Geographie. In: Ders.: *Schriften.* Bd. 3. Frankfurt a. M. 2003, 38–54 (frz. 1976).

–: *Die Heterotopien. Der utopische Körper (1966).* Frankfurt a. M. 2005.

–: Von anderen Räumen (1967). In: Ders.: *Schriften.* Bd. 4. Frankfurt a. M. 2005a, 931–942 (frz. 1984).

Gilroy, Paul: *The Black Atlantic. Modernity and Double Consciousness.* Cambridge 1993.

–: *After Empire. Melancholia or Convivial Culture?* London/New York 2004.

Guha, Ranajit: On Some Aspects of the Historiography of Colonial India. In: Ders. (Hg.): *Subaltern Studies I. Writings on South Asian History and Society.* New Delhi 1982, 1–8.

Hall, Catherine: Thinking the Postcolonial, Thinking the Empire. In: Dies. (Hg.): *Cultures of Empire. A Reader.* New York 2000, 1–33.

Hall, Stuart: Wann gab es ›das Postkoloniale‹? Denken an der Grenze. In: Conrad/Randeria 2002, 219–246.

hooks, bell: *Sehnsucht und Widerstand. Kultur, Ethnie, Geschlecht.* Berlin 1996 (engl. 1990).

McClintock, Anne: *Imperial Leather. Race, Gender and Sexuality in the Colonial Contest.* New York/London 1995.

Mignolo, Walter: *Local Histories/Global Designs. Coloniality, Subaltern Knowledges, and Border Thinking.* Princeton 2000.

–: *The Idea of Latin America.* London 2005.

Mills, Sara: *Gender and Colonial Space.* Manchester 2005.

Mitchell, Katharyne: Different Diasporas and the Hype of Hybridity. In: *Environment and Planning D. Society and Space* 15/5 (1997), 533–553.

Mitchell, Timothy: *Colonizing Egypt.* New York 1988.

Mohanram, Radhika: *Black Body. Women, Colonialism, and Space.* Minneapolis 1999.

Müller, Gesine/Stemmler, Susanne (Hg.): *Raum – Bewegung – Passage. Postkoloniale frankophone Literaturen.* Tübingen 2009.

Myers, Garth Andrew: *Verandahs of Power. Colonialism and Space in Urban Africa.* Syracuse 2003.

Ó Tuathail, Gearóid: *Critical Geopolitics. The Politics of Writing Global Space.* London/New York 1996.

Pratt, Mary Louise: Arts of the Contact Zone. In: *Profession* 91 (1991), 33–40.

–: *Imperial Eyes. Travel Writing and Transculturation.* London 1992.

Rabasa, José: Allegories of Atlas. In: Bill Ashcroft/ Gareth Griffiths/ Helen Tiffin (Hg.): *The Post-Colonial Studies Reader.* London/New York 1995, 358–364.

Randeria, Shalini: Geteilte Geschichte, Verwobene Moderne. In: Jörn Rüsen/Hanna Leitgeb/Norbert Jegelka (Hg.): *Zukunftsentwürfe. Ideen für eine Kultur der Veränderung.* Frankfurt a. M./New York 1999, 87–97.

– /Eckert, Andreas (Hg.): *Vom Imperialismus zum Empire? Nicht-westliche Perspektiven auf Globalisierung.* Frankfurt a. M. 2009.

Said, Edward W.: *Kultur und Imperialismus. Einbildungskraft und Politik im Zeitalter der Macht.* Frankfurt a. M. 1994 (engl. 1993).

–: *Orientalismus.* Frankfurt a. M. 2009 (engl. 1978).

Shiva, Vandana: *Patents. Myths and Reality.* New Delhi 2001.

Spivak, Gayatri Chakravorty: *In Other Worlds: Essays in Cultural Politics.* New York/London 1988.

–: *The Post-Colonial Critic: Interviews, Strategies, Dialogues.* New York/London 1990.

–: *The Spivak Reader.* New York/London 1996.

–: *A Critique of Postcolonial Reason. Towards a History of the Vanishing Present.* Calcutta/New Delhi 1999.

–: *Other Asias.* Oxford 2007.

Stoler, Ann L.: *Race and the Education of Desire. Foucault's History of Sexuality and the Colonial Order of Things.* Durham 1995.

Trinh, T. Minh-ha: *Woman, Native, Other. Writing Postcoloniality and Feminism.* Indiana 1989.

Trouillot, Michel-Rolph: Undenkbare Geschichte. Zur Bagatellisierung der haitischen Revolution. In: Conrad/Randeria 2002, 84–115.

Wallerstein, Immanuel: *Das moderne Weltsystem.* 3 Bde. Wien 1986–2004 (amerik. 1974/80/89).

María do Mar Castro Varela/Nikita Dhawan/ Shalini Randeria

6. Sozialer Raum: Verräumlichung

6.1 Entstehung des Themenfeldes

Das Thema der Verräumlichung wurde in der Soziologie lange Zeit vernachlässigt. Dies bedeutet nicht, dass den soziologischen Theorien und Konzepten keine Vorstellungen von ›Raum‹ und ›Räumlichkeit‹ zugrunde lagen. Dennoch wurde diese Grundvariable des Sozialen in den verschiedenen Theorieschulen häufig als eine unabhängig gegebene angesehen und für wenig untersuchenswert befunden. Diese mangelnde Thematisierung hat eine ihrer Ursachen in der Ideologisierung des Raums durch die Nationalsozialisten (s. Kap. I.2.3), was dieses Konzept nach 1945 zunächst zu einem wissenschaftlichen Unwort werden ließ. Ein weiterer Grund liegt aber wohl in den Autonomiebestrebungen der noch recht jungen Wissenschaft Soziologie, welche die Beschäftigung mit Raum an eine andere Disziplin delegierte: die Geographie (s. Kap. II.2). Insofern ist die oft beklagte ›Raumblindheit‹ weniger eine zufällige als eine durchaus gewollte und gewissermaßen selbst verordnete Blindheit (Schroer 2008).

Strukturfunktionalismus, Kritische Theorie und Postmoderne

So kann konstatiert werden, dass ›Raum‹ nie zu den klassischen Gegenständen der Soziologie gehörte. Doch ist die Liste derer, die sich mit dem Thema des Raums explizit auseinandergesetzt haben überraschend lang und reicht bis in die Gründungsphase der europäischen Soziologien zurück: Fündig wird man bei den frühen Soziologen wie z. B. Simmel und Durkheim, bei handlungstheoretischen und interpretativen Ansätzen wie z. B. den Studien der Chicago School. Auch den strukturfunktionalistischen Theorien Talcott Parsons' (1902–1979), Sorokins und Luhmanns liegen bestimmte Raumvorstellungen zugrunde, die beschrieben und reflektiert wurden. Im Zuge der Kritischen Theorie marxistischer Prägung beschäftigte sich u. a. Siegfried Kracauer (1889–1966) mit dem Raum, ebenfalls marxistisch und für die Raumdiskussion wegweisend erwiesen sich Lefebvres Überlegungen. In der postmodernen Auseinandersetzung um die Bedeutung des Raumes für die *conditio humana* setzten sich u. a. Foucault, Zygmunt Bauman, Deleuze und Guattari mit Formen der Verräumlichung auseinander. In dem Versuch, sich von traditionellen Theoriekonzepten abzuwenden, die im Mikro-Makro-Dualismus verharrten, brachten Theoretiker wie Elias, Giddens und Bourdieu Theorien mit intermediärem Anspruch hervor, die allesamt auch die Variable ›Raum‹ in den Blick nehmen mussten, um neue Formen für die Erklärung des Verhältnisses von Individuum und Gesellschaft zu finden. Diese Liste ließe sich noch fortsetzen. Der explizierte Raum ist aus all diesen soziologischen Ansätzen nicht wegzudenken, so dass man wenn nicht von einer generellen, so doch von einer partiellen Raumblindheit sprechen kann.

Erst mit der Annahme, dass es sich bei dem Raum nicht um etwas natürlich Gegebenes, sondern um etwas sozial Hergestelltes handelt, konnte dieser zum Gegenstand der Soziologie avancieren. Allerdings wurde der Konstruktionscharakter des Raums lange Zeit allein für den sozialen Raum reserviert, während der natürliche, physisch-materielle Raum als gegeben erschien. Vor allem in den Einlassungen der klassischen Soziologie erkennt man ein förmliches Ringen um einen sozialen Raum, den man trennscharf von einem natürlichen unterscheiden können wollte. Während der natürliche Raum dabei der Geographie zugeschlagen wurde, sollte der soziale Raum als der Raum der Soziologie definiert werden. Dennoch ist unübersehbar, dass sich bisher noch jeder soziologische Versuch irgendwie zum physisch-materiellen Raum verhält.

Der Raum als vorsoziale Kategorie stellt sich somit als Illusion heraus. Inzwischen ist die ›unberührte Natur‹ nur mehr als Sehnsuchtsbild der Modernisierungskritik vorstellbar. Im Sinne Bruno Latours (1998) könnte der Raum als ›Hybrid‹ bezeichnet werden, ist doch der physische Raum ›an sich‹ so wenig zu haben wie ein sozialer Raum, der wiederum ohne materielle Basis ebenso undenkbar ist (s. Kap. III.14). Der Raum ist per se sozial und fällt folglich in den Zuständigkeitsbereich der Soziologie. Raumsoziologie interessiert sich dafür, wie Raum durch soziale Akteure hergestellt und mit welchen Bedeutungen er versehen wird, aber auch dafür, welche strukturierenden Wirkungen vorgängige Räumlichkeit auf handelnde Individuen hat. All diese Aspekte, die sich mit dem gedachten und gemachten Raum beschäftigen, sollen als Verräumlichung bezeichnet werden.

Absoluter vs. relationaler Raum

Neben der Differenz von geographischen und sozialen Räumen haben wir es in der Raumdebatte mit der Unterscheidung von absoluten oder relationalen Räumen zu tun. Das Konzept eines absoluten Raums ist seit der Antike bekannt. Damit verbunden ist die Vorstellung vom Raum als Behälter, in dem Dinge und Menschen aufgenommen werden können und ihren festen Platz haben. Die Übertragung dieses Container-Modells in die Sozialwissenschaften hat zu der Annahme geführt, dass soziale mit politischen und ökonomischen Räumen zusammenfallen und an den jeweiligen territorialen Grenzen der Staaten enden. Die Vorstellung eines relationalen Raums ist hingegen aus der Physik und der Philosophie übernommen worden. Vor allem die Positionen von Immanuel Kant (1724–1804), Isaac Newton (1643–1727), Gottfried W. Leibniz (1646–1716) und Albert Einstein (1879–1955) haben sich für die raumsoziologische Theoriebildung als zentral erwiesen (s. Kap. II.1). Nach diesem Raumverständnis lassen sich Raum und wie immer gearteter Inhalt des Raums nicht voneinander trennen. Raum und körperliche Objekte sind vielmehr untrennbar aufeinander bezogen. Liegt beim Container-Modell die Betonung auf der Zurichtung der Körper durch Raumeinflüsse, so betont das relationale Konzept des Raumes gerade umgekehrt die kreativen Anteile der Individuen mittels ihrer Körper bei der Konstitution räumlicher Strukturen (Schroer 2006, 29 ff.).

Aufgebrochen werden mit einem relationalen Raumverständnis auch die traditionellen Konnotationen des Raumbegriffs. Während ›Zeit‹ traditionell für das Mobile, Dynamische und Progressive, für Veränderung, Entwicklung und Geschichte steht, steht ›Raum‹ für Immobilität, Stagnation und das Reaktionäre, für Stillstand, Starre und Festigkeit (Foucault 2003, 254). Rückt man von dieser Dichotomisierung mit einem relationalen Raummodell ab, gerät der Raum selbst in Bewegung, ist ermöglichend und veränderbar. Man kann diesen Trend bis hinein in die Architektur verfolgen, wo es auf leichte und veränderliche Baumaterialien und Formen ankommt. Ablesbar ist dies aber auch an dem vom Soziologen Manuel Castells (2001, 431–484) geprägten Begriff vom »Raum der Ströme« oder den transnationalen und virtuellen Räumen, die in der Tat nicht mehr länger als Gehäuse vorstellbar sind, sondern eine flexible und fluide Gestalt aufweisen. Raum wird damit nicht mehr länger vorrangig als Hindernis und Widerstand bietendes Element betrachtet.

Entlang dieser drei Achsen – des Verhältnisses von physischem zu sozialem Raum, von Container-Modell zu relationaler Raumauffassung und von Raum zu Zeit – ist jede der folgenden Raumtheorien zu verorten, die sich mit der Sozialität des Raumes beschäftigen.

6.2 Spektrum der Diskussion

Klassiker der Raumsoziologie (Simmel und Durkheim)

Zu den frühen soziologischen Angeboten, Raum zu denken, gehören die Überlegungen von Simmel und Durkheim. Für beide ist es nie der Raum selbst, der entsprechende Wirkungen auf Soziales zeitigt, sondern die ihm zugeschriebenen Eigenschaften. Vor allem Georg Simmel (1858–1918) betont, dass die Soziologie keinesfalls dem raumdeterministischen Denken der geopolitischen Schule verfallen darf: Die Rede von der »Macht des Raumes« verschleiert in seiner Auffassung die wahren Ursachen, die den entsprechenden Ereignissen tatsächlich zugrunde liegen (Simmel 1992, 687). Sowohl die Erzeugung des Raums durch menschliche Aktivitäten als auch die Wirkungen räumlicher Konfigurationen auf Handlungen müssen in einer soziologischen Raumanalyse berücksichtigt werden. Zwar bezieht Simmel auch den Einfluss geographischer Gegebenheiten auf gesellschaftliche Entwicklungen ein, etwa wenn er dem Meer die Verbindung der Länder und den Gebirgen ihre gegenseitig Isolierung zuschreibt. Doch ist es vor allem der Umgang mit der physikalisch-materiellen Umwelt, der räumliche Strukturen erst erschafft, die dann wiederum Rückwirkungen auf die handelnden Individuen haben. Seine Ausführungen zu der Siedlungsform Stadt und deren Auswirkung auf die Mentalität ihrer Einwohner veranschaulichen diese Wechselwirkung (Simmel 1995).

Auch Émile Durkheim (1850–1917) lehnt es ab, dem Raum eine Potenz zuzugestehen, die ihn zu einem eigenständigen Subjekt hypostasiert. Ihm geht es um den Nachweis, dass nicht nur die materiellen Substrate der Gesellschaft und die Inhalte des Wissens gesellschaftlich konstruiert sind, sondern auch die elementaren Formen der Kategorien des Denkens, wie etwa Raum und Zeit, wie er vor allem in seinem letzten großen Werk über *Die elementaren Formen des religiösen Lebens* von 1912 näher ausführt. Dies bedeutet, dass räumliche Unterteilungen wie oben/unten, links/rechts, Norden/Süden/Osten/Westen weder ein reines Resultat subjektiver Wahrnehmung noch objektive Raumqualitäten darstellen (Durkheim 1984, 27 f.). Ihr Ursprung ist sozialer Natur, da es sich um kollektiv geteilte Zuschreibungen handelt. Das gilt ebenso für die Zeit. Auch sie lässt sich ohne Unterteilungen in einzelne Abschnitte, in Minuten, Stunden, Tage, Wochen, Monate, Jahre nicht denken. Die Zeit besteht letztlich aus den Intervallen, in die wir sie unterteilen, so wie der Raum sich aus den Teilen zusammensetzt, in die wir ihn untergliedern. Räumliche und zeitliche Festlegungen ordnen soziale Prozesse und lassen Handlungen und Ereignisse erst erwartbar stattfinden. Die grundlegenden Auffassungen über so elementare Kategorien wie ›Zeit‹ und ›Raum‹ müssen von allen Individuen geteilt werden, sonst wäre ein soziales Zusammenleben unmöglich: So wie die Aufteilung des Raums und der je eingenommene Raum der verschiedenen sozialen Gruppen einen »Zusammenstoß« (ebd., 592) verhindert, so sorgt die von allen Gesellschaftsmitgliedern gleich verstandene Zeit dafür, dass Unternehmungen wie Feste, Jagden und Kriege stattfinden können.

Raum in der Systemtheorie (Luhmann)

Bleibendes Verdienst der Klassiker ist die Einsicht, Raum nicht als immer schon vorhanden und natürlich gegeben, sondern als sozial hervorgebracht verstanden zu haben. Ambivalent an der Rolle Durkheims und Simmels ist jedoch, dass sie beide den Grundstein für eine Vernachlässigung des Raums zugunsten eines Vorzugs der Zeit gelegt haben. Simmels These einer zunehmenden Emanzipation vom Raum durch immer abstraktere Formen der Vergesellschaftung, z. B. Geld und Recht, fand in der Folge großen Anklang in der Rezeption. Auch bei Durkheim findet sich die Vorstellung, dass die Bindungen an den Nahraum zukünftig weiter abnehmen und sich die Aktivitäten weit über die territorialen Einheiten von Dorf, Distrikt und Stadt hinaus orientieren werden. Diese Vorstellung einer zunehmenden Orientierung an zeitlichen Größen, einer Beschleunigung des individuellen Lebens und sozialer Prozesse sowie einer Zunahme von Austauschbeziehungen über Distanzen hinweg begünstigt den zunehmenden Bedeutungsverlust der Kategorie ›Raum‹ u. a. in Modernisierungstheorien, Globalisierungsdiskussionen und der soziologischen Systemtheorie.

Niklas Luhmann (1927–1998) ist vielleicht der radikalste Vertreter der These einer abnehmenden Bedeutung des Raumes (s. Kap. III.7). In seiner Systemtheorie findet sich diese Annahme konsequent umgesetzt. Sein Gesellschaftsbegriff bezieht sich nicht länger auf einen physischen Raum und territoriale Grenzen (Luhmann 1984, 555 ff.). Der Nationalstaat als zentrale Analyseeinheit traditioneller soziologischer Theorien, gleichsam als Synonym für die Kategorie ›Gesellschaft‹ verstanden, hat in der Theorie sozialer Systeme ausgedient. Gesellschaft im systemtheoretischen Sinne ist definiert durch Kommunikation, die an Kommunikation anschließt. Das ›Außen‹ der Gesellschaft ist nicht über räumliche Grenzen erfassbar, sondern über das Fehlen von Kommunikation. Die sich über Kommunikation produzierende und reproduzierende Gesellschaft ist insofern ein umweltoffenes System, als sie ohne die kommunikationslose Umwelt, z. B. Berge, Täler, Flüsse, das Klima und die menschlichen Organismen nicht existieren könnte.

Dennoch ist das soziale System operational geschlossen, da diese Umweltbedingungen keinen Einfluss auf den Vollzug von Gesellschaft und damit auf den Ablauf und die Logik von Kommunikation haben. Luhmanns Theorie ist derart unabhängig von räumlichen Bezügen angelegt, dass sie als antiräumlich bezeichnet werden kann. Neben der Sach-, Sozial- und Zeitdimension fehlt auffälligerweise die Raumdimension. Der zunehmende Bedeutungsverlust des Raumes erklärt sich für Luhmann vor allem durch die Entwicklung der Transport- und Kommunikationsmedien, die den Widerstand des Raumes brechen (ebd., 526). Erst in seinem späten Werk wendet sich Luhmann dem Raum wieder zu. Hinsichtlich der Globalisierung und des Phänomens der Exklusion kommen ihm offensichtlich Zweifel an der weltweiten Durchsetzung der funktionalen Differenzierung und damit auch an der These, dass räumliche Differenzierungen zu vernachlässigen seien (Luhmann 1995). Dies führt z. B. zur Beschäftigung mit den Themen Regionalisierung, Globalisierung, Weltgesellschaft und sozialer Ungleichheit sowie zu einer Berücksichtigung der Zentrum/Peripherie-Unterscheidung, die in seinem Verständnis von Differenzierung zuvor vernachlässigt wurde.

Auch in der Globalisierungsdiskussion dominiert die These einer zunehmenden Irrelevanz des Ortes (s. Kap. III.3). Es erscheint als eine der Basisannahmen der Modernisierungstheorien, dass im Verlauf des Modernisierungsprozesses die Zeit gegenüber dem Raum die Oberhand gewinnt. Einschlägig ist dabei die Vorstellung, dass sich die Moderne vor allem durch eine enorme Beschleunigung sozialer Prozesse und Entwicklungen auszeichnet. Ähnlich wie bei Luhmann wird die zunehmende Entterritorialisierung und Ortlosigkeit mit der schwindenden Bedeutung von Nationalstaaten und den damit verbundenen politisch-räumlichen Ordnungsmodellen sowie der Verbreitung neuer Transport- und Kommunikationstechnologien begründet. Hervorzuheben ist hierbei, dass überall dort, wo von dem Verschwinden des Raumes die Rede ist, zumeist der natürliche, physisch-materielle Raum gemeint ist, der in immer höherem Tempo immer müheloser überwunden werden kann.

Neben dieser Idee der grenzenlosen Gesellschaft gibt es aber auch Stimmen, die eine gänzlich andere Lesart der Raumproblematik propagieren. Aus dieser Perspektive stellt Globalisierung eine Entwicklung dar, in der Grenzen und Räume nicht einfach verschwinden, sondern sich verändern. Zumeist wird sich hier nicht lediglich auf den physischen Raum bezogen, sondern auf eine Gemengelage aus geographischem Raum, sozialem Raum, virtuellen Räumen, transnationalen Räumen, Identitätsräumen, ethnischen Räumen etc. Ökonomie und die neuen Kommunikations- und Transportmedien schaffen in diesem Verständnis Räume nicht einfach ab, sondern bringen auch neue Räume hervor. Daher kann auch nicht von einer Dominanz der Zeit über den Raum gesprochen werden, da beide Variablen einer Veränderung unterliegen. Im Gegenteil wird in Konzepten wie der ›Netzwerkgesellschaft‹ eine organisierende und strukturierende Wirkung des Raumes auf die Zeit angenommen, wie etwa Castells (2001, 431) argumentiert.

Marxistische Raumtheorie (Lefebvre)

Die These von der Vernichtung des Raums durch die Zeit findet nicht nur in der aktuellen, vor allem ökonomisch orientierten Globalisierungsdiskussion, sondern auch schon in Karl Marx' Schriften ihr Hauptargument in dem Siegeszug der kapitalistischen Wirtschaftsform. Hier wie dort handelt es sich jedoch um eine Reduktion auf den physisch-geographischen Raum. Bei diesem Verständnis von Raum bleiben an Marx anschließende Theoretiker nicht stehen. So bricht Henri Lefebvres (1901–1991) Konzept mit dem binären Schema von physischem und sozialem Raum, indem er zwischen der räumlichen Praxis, den Repräsentationen vom Raum und dem Raum der Repräsentation unterscheidet (Lefebvre 2006; s. Kap. II.2). Der erste Raum der ›pratique spatiale‹ (*l'espace perçu*) ist der wahrgenommene, erlebte und benutzte Raum, den die Akteure in ihrem alltäglichen Leben (re)produzieren. Der zweite Raum der ›représentations de l'espace‹ (*l'espace conçu*) meint den Raum des Wissens, der Zeichen und der Codes. Es ist der instrumentelle Raum der Technokraten, Stadtplaner und Wissenschaftler. Hierher gehören die von Raumexperten ersonnenen theoretischen Raummodelle und Raumkonzepte, die auf die Wahrnehmung des Raums in der Praxis einwirken. Eine klassische Repräsentation des Raums in diesem Sinne ist die Karte. Der dritte Raum der ›espaces du représentation‹ (*l'espace vécu*) schließlich ist der imaginierte Raum der Bilder und Symbole, in dem auch widerständige und alternative Raummodelle und Raumnutzungen ihren Platz haben. Entscheidend für das Raumverständnis Lefebvres ist das dialektische Zusammenspiel aller drei Raumebenen. Raum ist ein sowohl mentales und physisches als auch symbolisches Konstrukt. Anhand dieser drei Ebenen soll die gesellschaftliche Produktion des Raums untersucht werden. Der Gedanke von der Herstellung des Raums durch die Aktivitäten von Akteuren, der sich zwar in Ansätzen bis zu Durkheim und Simmel zurückverfolgen lässt, erst jedoch bei Lefebvre in den Mittelpunkt der Analyse gestellt wird, hat die soziologische Beschäftigung mit dem Raum – wenn auch mit einiger Verspätung – beflügelt.

Poststrukturalistische Raumtheorie (Foucault und Deleuze/Guattari)

Die Dominanz des Raums in vormodernen Gesellschaften scheint einer Dominanz der Zeit in modernen Gesellschaften gewichen zu sein. In der Postmoderne deutet vieles darauf hin, dass wir es mit einer erneuten Dominanz des Raumes zu tun bekommen. Wenn auch innerhalb der Sozialwissenschaften in den meisten Fällen bislang weiterhin von einer Vormachtstellung der Zeit gegenüber dem Raum ausgegangen wird, rückt in postmodernen und poststrukturalistischen Theorien der Raum wieder in den Vordergrund. Dies bedeutet aber keine automatische Abwertung der Zeit, sondern eher eine Sensibilisierung für die Veränderung des Kräfteverhältnisses der beiden Variablen. Der Poststrukturalismus zeichnet sich dadurch aus, die Schwächen des Strukturalismus überwinden zu wollen, so z. B. die strukturalistische Vorstellung einer atemporalen Räumlichkeit, die damit den Raum erneut mit Stagnation und Unbeweglichkeit in Verbindung bringt. Mit einem relationalen Raumverständnis, wie es von poststrukturalistischen Theoretikern zu etablieren versucht wird, soll die Historizität und damit die Kontingenz räumlicher Strukturen wieder einbezogen werden.

Zu den prominentesten unter den Poststrukturalisten, die den Blick wieder auf die Erforschung des Raums lenken wollen, ohne den zeitlich-historischen Aspekt zu vernachlässigen, zählt Michel Foucault (1926–1984): »Man müsste eine ganze Geschichte der Räume schreiben – die zugleich eine Geschichte der Mächte wäre –, von den großen Strategien der Geopolitik bis zu den kleinen Taktiken des Wohnens, der institutionellen Architektur, dem Klassenzimmer oder der Krankenhausorganisation und dazwischen den ökonomisch-politischen Einpflanzungen« (Foucault 2003, 253). Zwar hat sich Foucault nur in wenigen Texten mit der Raumthematik befasst, doch haben gerade seine Einlassungen wesentlich zum *spatial turn* in den Sozial- und Kulturwissenschaften beigetragen (s. Kap. II.3). Dabei ist es neben seiner zeitdiagnostischen Aussage, dass wir in einem »Zeitalter des Raumes« (Foucault 2005, 931) leben, vor allem seine Zurückweisung der traditionellen Attribute des Raums, die den Anstoß zu einer intensiveren Beschäftigung mit dem Raum gegeben haben, als es zuvor in den Sozialwissenschaften üblich war. So wendet sich Foucault explizit gegen die Vorstellung, Raum mit dem Toten, Fixierten, Undialektischen und Immobilen gleichzusetzen, Zeit aber mit Reichtum, Fruchtbarkeit, Leben und Dialektik zu assoziieren (Foucault 2003, 254).

Foucaults Raumhistorie gliedert sich in drei

Abschnitte: Der Raum der Lokalisierung bzw. Ortungsraum ist der des Mittelalters. Entscheidend für diese Art der Verräumlichung ist die Hierarchie der Orte, nach der zwischen heiligen und profanen, geschützten oder schutzlosen, städtischen oder ländlichen Orten streng unterschieden wird. All dies basiert auf der Vorstellung von einem natürlichen Platz der Dinge, die nicht gewaltsam aus ihrem Ruhezustand entfernt werden dürfen. Seit dem 17. Jahrhundert, einsetzend mit Galilei, tritt der Raum der Ausdehnung auf den Plan. Damit verändert sich auch das Verhältnis zum Ruhezustand der Objekte. Der zurückgelegte Weg wird zum Charakteristikum des Raumes, die Bewegung wichtiger als der Stillstand. Das raumzeitliche Denken wird bestimmt von der Vorstellung einander ablösender Epochen und Ereignisse. Das gegenwärtig vorherrschende Raumkonzept ist das eines Raums der Lagerungen, in dem unmittelbare Nachbarschaftsbeziehungen zwischen den Elementen die Bezugspunkte darstellen. Das bloße Hintereinander wird abgelöst vom Simultanen und vom Nebeneinander.

Im Fokus des Foucaultschen Interesses stehen die Machtverhältnisse innerhalb von und zwischen Räumen. Macht wirkt vor allem durch die Technik der Disziplin, die im Raum ihren optimalen Entfaltungsort findet. Das Panoptikum ist das Musterbeispiel einer Überwachungsarchitektur, die auf alle abweichenden Elemente einer Gesellschaft ebenso angewendet werden kann wie auf diejenigen, die man zu einer bestimmten Leistung oder Funktionsübernahme antreiben will. Die Bauweise des Panoptikums ermöglicht es, die Machttechnik der Disziplin möglichst effektiv anzuwenden. Bestandteil dieser Technik sind die Mechanismen der Klausur, die Parzellierung, die Codierung des Raumes und die Rangzuteilung. Mit der Klausur bezeichnet Foucault die bauliche Schließung eines Ortes. Die Parzellierung der Individuen weist jedem seinen Platz zu. Komplettiert wird die Parzellierung durch die Codierung des Raums, also die Zuweisung bestimmter Funktionen, sowie den Rang. Darunter versteht er die Organisation des Raumes durch hierarchische Prinzipien (Foucault 1994, 180 ff.; s. Kap. II.3).

Foucaults eigentliches Interesse besteht jedoch darin, zu beobachten, wie Widerstand gegen Raumstrukturen ausgeübt wird und wie dadurch andere Räume entstehen. Abweichende Orte oder Gegen-Orte der Gesellschaft bezeichnet er als Heterotopien, Räume, die der dominierenden Wirklichkeit etwas entgegensetzen (s. Kap. III.10). Jede Kultur verfügt über solche Heterotopien, z. B. Jahrmärkte, Bordelle, Kasernen, Gefängnisse, Museen, Bibliotheken, Saunen und Friedhöfe. Es gibt demnach keine Kultur, die keinerlei Heterotopien hervorgebracht hätte. Als zwei Typen möglicher Heterotopien charakterisiert Foucault Krisen- und Abweichungsheterotopien. Unter ersteren versteht er für jene Menschen vorbehaltene Orte, die sich in einem vorübergehenden Krisenzustand befinden, z. B. für Heranwachsende, Frauen im Kindbett und alte Menschen. Kennzeichnend für die Gegenwartsgesellschaft sind für Foucault jedoch die Abweichungsheterotopien, worunter er z. B. Sanatorien, psychiatrische Anstalten und Gefängnisse fasst. Obwohl es sich bei der »Heterotopologie« (Foucault 2005, 936) nach Foucault um eine erst noch zu konstituierende Wissenschaft handelt, hat er sich in seinen Werken zeit seines Lebens mit diesen Räumen der Abweichung und den damit verbundenen Ausschließungspraktiken beschäftigt.

Der Philosoph Gilles Deleuze (1925–1995) und der Psychologe Félix Guattari (1930–1992), als weitere exponierte Vertreter des poststrukturalistischen Denkens, teilen mit Foucault das Interesse an Gegenräumen. Nicht der strukturierenden und Stabilität erzeugenden Wirkung von Räumen gilt ihre Aufmerksamkeit, sondern im Gegenteil widmen sie sich den vielfältigen Umgestaltungsmöglichkeiten der Räume durch die soziale Praxis. Für sie ist das permanente Werden und Vergehen von Räumen der Ausgangspunkt ihrer Konzeption. Verräumlichung durch menschliche Handlungen muss in ihrem Verständnis als Prozess begriffen werden. Als Raum- und Wissensmodell verwenden sie das Bild des Rhizoms. Das Rhizom kennt keine klar voneinander unterscheidbaren, hierarchisch gegliederten Einheiten. Es gleicht vielmehr einem sich permanent weiterverzweigenden Wurzelgeflecht, das in alle Richtungen auseinanderstrebt und dabei bisher Unverbundenes miteinander verbindet – »semiotische Kettenglieder, Machtorganisationen, Ereignisse aus Kunst, Wissenschaften und gesellschaftlichen Kämpfen« (Deleuze/Guattari 1992, 17). Damit unterscheidet es sich radikal vom Konzept des Baums, den Deleuze und Guattari als Metapher für das traditionelle Verständnis von Räumen und Wissensformen verwenden und wie er auch in der Abstammungslehre der Biologie über die Psychoanalyse bis zur modernen Linguistik, dem Strukturalismus und der Informatik als Ordnungsprinzip Eingang gefunden hat. Der Baum verfügt über Wurzeln, die in einen Stamm münden, aus dem zahlreiche Äste heraustreten. Klar erkennbar verdankt sich hier die Vielheit der einzelnen Teile der Einheit ›Baum‹, die alle Differenzen umfasst. Der Baum symbolisiert eine hierarchische Ordnung und ein organisches System. Das Rhizom hingegen gleicht einem weit verzweigten Netz mit relationaler Struktur, ohne Anfang und ohne Ziel. Beide Modelle existieren und konkurrieren gleichzeitig miteinander und prägen die Wahrnehmung der Akteure und damit auch ihre Raumaneignungsprozesse.

So stehen sich auch zwei Räume unversöhnlich gegenüber: der ›glatte Raum‹ als der deterritorialisierte Raum des Nomaden und der ›gekerbte Raum‹ als reterritorialisierter Raum des Sesshaften. Der Staat ist das Beispiel par excellence für den Versuch, Territorium ›einzukerben‹, Grenzen zu ziehen und somit ein Innen und Außen zu definieren. Jede Vermessung und jegliche Kartographie stellt einen Akt der Herstellung eines gekerbten Raums dar. Der glatte Raum hingegen funktioniert deterritorialisierend. Sein Hilfsmittel ist die »Kriegsmaschine« (ebd., 13), die nicht zwingend kriegerisch, sondern auch revolutionär oder künstlerisch sein kann. Sie lässt wieder fließen, was die Territorialisierung verfestigt hat, sie versucht zu glätten, was der Staat an Einkerbungen vorgenommen hat. Beide Räume sind allerdings nicht im Sinne eines binären Schemas zu trennen. Aber erst durch die analytische Unterscheidung wird sichtbar, dass sie sich in einem ständigen Konflikt befinden und wir es mit permanenten De- und Reterritorialisierungsprozessen zu tun haben, welche die aktive Umgestaltung des Raums in den Mittelpunkt der Aufmerksamkeit rücken.

Historisch hat sich Deleuze und Guattari zufolge gegenwärtig der *common sense* herausgebildet, die Perspektive des Sesshaften bzw. des gekerbten Raums als die überlegene Sichtweise anzusehen. Deleuze und Guattari hingegen propagieren das nomadische Denken, um das Sesshafte und Etablierte damit zu konfrontieren. Dennoch wird weder Sesshaftigkeit noch Nomadentum, weder gekerbter noch glatter Raum, einen Endpunkt der Entwicklung darstellen. Die Verräumlichung im hier gemeinten Sinne kennt kein Ende der Geschichte. Deleuze und Guattari gehen sogar so weit, das nomadische Denken in eine Art neues Wissenschaftsmodell zu überführen, das sie als »Nomadologie« bezeichnen (ebd., 39). Dieses ist an den räumlichen Prinzipien der Heterogenität und des Nebeneinanders orientiert, erhebt diese zu Leitprinzipien. Während die nicht-nomadologische Wissenschaft sich durch vielfältige Versuche auszeichnet, einheitliche Perspektiven herzustellen, soll die von permanenter Veränderung ausgehende Nomadologie jeglicher Verfestigung von Strukturen und Denkschemata entgegentreten. Eine solche Sichtweise kann auch keine dauerhaft fixierten Begrifflichkeiten akzeptieren, sondern strebt in poststrukturalistischer Manier danach, weitere Differenzen zu finden.

›Sozialer Raum‹ (Sorokin und Bourdieu)

Während die Moderne im Gros also eine zunehmende Bedeutungslosigkeit des (physischen) Raums einläutete und den Fokus auf die Beschleunigung und den Fortschritt lenkte, unternahmen die Theoretiker der Postmoderne und des Poststrukturalismus den Versuch, die Kategorie ›Raum‹ und mit ihr das Raum-Zeit-Verhältnis neu zu denken. Einige vorrangig soziologische Theorieansätze lassen sich in der Dichotomie Moderne/Postmoderne jedoch nur schwerlich verorten, da sie entweder Grundideen beider Denkrichtungen in sich tragen oder da ihr theoretisches Konzept quer zu den dort vertretenen Vorstellungen liegt. In der Soziologie trifft dies vor allem auf Theorien zu, die sich die Überwindung von Subjektivismus und Objektivismus/Strukturalismus zur Aufgabe gemacht haben.

Bei dem Soziologen Pierre Bourdieu (1930–2002) zeigt sich diese Stellung zwischen Strukturalismus und Poststrukturalismus, Moderne und Postmoderne anschaulich in dessen Perspektive auf den Raum (s. Kap. II.4). Zu Beginn seiner theoretischen und empirischen Arbeit beschäftigt er sich als Ethnologe in streng strukturalistischer Manier mit dem Volksstamm der Kabylen in Algerien und dokumentiert, wie sich aus der Dichotomie von Mann und Frau eine Kette weiterer Unterscheidungen ergibt, die sich auch in räumlichen Differenzierungen niederschlagen. So ist der männliche Raum mit dem Versammlungsort, dem Markt und den Feldern assoziiert, der weibliche Raum dagegen mit Haus und Garten als Refugium. Ausgehend von einem einzigen Gegensatzpaar – das ist eine der Grundlagen der strukturalistischen Methode, an der Bourdieu festhält – können die verschiedenen Teilungen der Sozialwelt, etwa nach Geschlecht, Alter oder Klasse, rekonstruiert werden (Bourdieu 1976). In seinen späteren soziologischen Arbeiten, die vorrangig die französische Gegenwartsgesellschaft in den Blick nehmen, rückt die soziale Welt als ›sozialer Raum‹ mit seinen Macht- und Kräfteverhältnissen in den Mittelpunkt seiner Theoriekonzeption.

Das Konzept des sozialen Raums wurde ursprünglich vom im US-amerikanischen Exil lebenden russischen Soziologen Pitirim Alexandrowitsch Sorokin (1889–1968) eingeführt. Zwar ist die Unterscheidung zwischen physischem und sozialem Raum auch schon bei Durkheim und Simmel zu finden, jedoch erfährt sie erst bei Sorokin eine Ausarbeitung, die prägend für das relative Raumverständnis Bourdieus und dessen Blick auf die historische Kontingenz gewachsener Strukturen ist (Löw 2002, 17). Sorokins Unterscheidung zwischen geographischem und sozialem Raum kann als Vorgängermodell des Sozialraums nach Bourdieu angesehen werden. In Sorokins Verständnis weist der soziale Raum eine eigene Wirkmacht auf, die unabhängig von der geographischen Nähe von Personen ist, z. B. bei miteinander interagierenden Individuen wie einem Herrscher und seinem Diener. Der soziale Raum lässt sich in dieser Perspektive nach verschiedenen Status differenzieren, beispielsweise Staatsangehörigkeit, Beruf, Einkommen, Alter und Geschlecht. Grundsätzlich unterscheidet Sorokin in eine horizontale Differenzierung in Gruppen sowie eine vertikale Differenzierung in Positionen, die innerhalb einer Gruppe eingenommen werden (Sorokin 1959, 7). Während Sorokin sein Augenmerk auf die Unabhängigkeit von geographischem und sozialem Raum legt, betont Bourdieu hingegen umso mehr das Zusammenspiel von sozialem und physischem Raum. Bourdieu denkt den physischen Raum konsequent konstruktivistisch. So ist nicht nur der soziale Raum menschengemacht und der physische Raum den Akteuren vorgängig, sondern auch bei diesem handelt es sich um einen sozial angeeigneten Raum. Soziale Distanzen können sich, so die Argumentation Bourdieus, also sehr wohl in physischen Distanzen niederschlagen.

Bourdieu betont im Einklang mit Sorokin, aber ebenso mit den Poststrukturalisten die Historizität gesellschaftlicher Strukturen, legt dabei jedoch im Gegensatz zu letzteren sein Augenmerk vor allem auf die Festigkeit und weniger auf die Kontingenz dieser gewachsenen Muster. Der soziale Raum besteht aus einzelnen Teilräumen, die Bourdieu auch ›Felder‹ nennt, z. B. das politische, wissenschaftliche, literarische oder wirtschaftliche Feld. Diese Felder gehorchen je eigenen Funktionsgesetzen mit eigenen Regeln, Einsätzen, Strategien und Gewinnen. Dem sozialen Raum als Ganzen liegen bestimmte Unterscheidungs- bzw. Verteilungsprinzipen zugrunde (Bourdieu 1985, 9). Der Anteil an ökonomischem, kulturellem oder sozialem Kapital kann die Stellung im sozialen Raum entscheidend beeinflussen. Die Akteure und Gruppen sind aufgrund ihrer jeweiligen relativen Stellung innerhalb dieses mehrdimensionalen Raums definiert. Sie verteilen sich in der ersten Raumdimension entsprechend ihres Gesamtumfangs an Kapital; in der zweiten Dimension entsprechend der Zusammensetzung ihrer Kapitalsorten; als dritte Dimension fungiert schließlich die Zeit, bei der es um die diachrone Entwicklung der sozialen Position, um die Laufbahn, geht. Die von den Akteuren eingenommene soziale Position innerhalb des sozialen Raums und seiner verschiedenen Felder ergibt sich aus ihrer je spezifischen Anhäufung der einzelnen Kapitalsorten. Für Bourdieu erfüllt der Raum damit die Funktion, Unterscheidungen und Unterteilungen vorzunehmen, also Grenzen zu ziehen, dank deren Wirksamkeit die Möglichkeit einer Begegnung zweier mit Kapital ungleich ausgestatteter Akteure so gut wie ausgeschlossen ist: »Sozialer Raum: das meint, daß man nicht jeden mit jedem zusammenbringen kann – unter Mißachtung der grundlegenden, zumal ökonomischen und kulturellen Unterschiede« (ebd., 14). Der Raum erfüllt somit nicht nur eine Ordnungsfunktion, er ist auch ein Garant für die Stabilität der sozialen Ordnung.

Bourdieu belässt es nicht bei der Bestimmung des sozialen Raums. Ihm geht es vor allem um die Verbindung von sozialem und physischem Raum, wie sie auch schon Sorokin untersuchte. Beide Räume verdanken sich den gleichen Konstitutionsbedingungen, beide stellen jeweils einen Raum von Beziehungen dar, in dem Entfernungen nur unter Einsatz von Aufwand und Zeit zurückgelegt werden können. Die Verbindungen zwischen beiden Räumen sind folglich so eng, dass »der von einem Akteur eingenommene Ort und sein Platz im angeeigneten physischen Raum hervorragende Indikatoren für seine Stellung im sozialen Raum abgeben« (Bourdieu 1991, 25). Die räumliche Objektivierung sozialer Tatbestände verfestigt also nicht nur bestehende soziale Ungleichheiten, womit sie sich als Hemmschuh für sozialen Wandel erweist, sie trägt zusätzlich noch zur Verschleierung sozial hergestellter Realitäten bei, indem diese als natürliche, selbstverständliche Unterschiede wahrgenommen werden. Wenngleich Bourdieus Arbeit mit ihrer unbedingten Betonung des Relationalen geradezu prädestiniert zu sein scheint, mit einem relationalen Raumbegriff zu arbeiten, zeigt sich doch gerade hier eine starke Verbindung mit dem Konzept des absoluten Raums. Unschwer erkennbar bedient er sich der klassischen Konnotationen des Raums als dauerhaft, starr und unbeweglich. Die dem physischen Raum zugeschriebenen Eigenschaften werden auf den sozialen Raum übertragen und äußern sich darin, dass soziale Mobilität nur in geringem Umfang feststellbar ist und sozialer Wandel sich nur äußerst langsam zu vollziehen vermag. Vor allem die soziale Ungleichheitsforschung hat das Raumverständnis Bourdieus adaptiert und wird dort ganz in seinem Sinne als Faktor für die Verfestigung sozialer Ungleichheit gelesen.

›Spacing‹ und ›Synthese‹ (Giddens und Elias)

Der britische Soziologe Anthony Giddens erkennt zwar die Wirkmacht sozialer Strukturen in seiner Theoriekonzeption an, betont aber gleichermaßen den handlungsmächtigen und eigenwilligen Akteur. Dies gilt auch für räumliche Strukturen: Individuen erleiden nicht nur passiv die Zwänge, die sich aus vorgängigen Raumdefinitionen anderer ergeben, sondern sind aktiv an der Reproduktion und Produktion von Raum beteiligt. Dies verdeutlicht Giddens (1992, 189) an dem »Machtbehälter« Schule, der sich zwar als kontrollierende und disziplinierende Institution mit klaren Außengrenzen, interner Differenzierung in Klassenräume und durch eindeutige raumzeitliche Vorgaben auszeichnet, welche die Interaktionsordnung erheblich beeinflusst. Dennoch findet ein permanenter Kampf zwischen Lehrern und Schülern statt, um Regeln zu beugen oder zu stabilisieren, um Handlungsmöglichkeiten zu schaffen oder zu unterbinden. Giddens verfolgt ein konsequent konstruktivistisches Verständnis von Verräumlichung, auch wenn der Begriff des Machtbehälters auf den ersten Blick die Vorstellung eines absoluten Raums nahelegen mag. Räume entstehen und bestehen durch das aktive Organisieren durch Positionieren zueinander, durch vernetzte Interaktionen zwischen Individuen und Gruppen und durch deren reflexive Steuerung ihres eigenen Handelns. Diesen Akt der Raumkonstituierung bezeichnet Giddens als »spacing« (ebd., 171). Da Raum somit durch Anwesende in Face-to-Face-Interaktionen hergestellt wird, wird der ›Ort‹ als Kontext der direkten Interaktion zu dem zentralen Bezugsrahmen der Raumkonzeption innerhalb der Theorie der

Strukturierung, wie sie Giddens entwickelt hat. Der Ort ermöglicht Handlungen unter den Bedingungen der Anwesenheit der Beteiligten. Orte zeichnen sich weiterhin durch eine Regionalisierung in verschiedene Zonen aus. Routinisierte Praktiken des Alltags finden in vorderseitigen und rückseitigen Regionen eines Ortes statt, an denen unterschiedliche Regeln und Kontrollen herrschen. Auch werden bestimmte Regionen nur zu bestimmten Zeiten genutzt. Regionalisierung ermöglicht einen bestimmten Grad an Privatheit, dies z. B. durch Zwischenräume wie Flure oder rückseitige Regionen wie Pausenräume in Büros. Giddens unterscheidet weiterhin zwischen ›Kopräsenz‹ und ›Anwesenheitsverfügbarkeit‹. Von Kopräsenz, also dem Beisammensein an Orten, ist in seinem Verständnis nur dann zu sprechen, wenn die Möglichkeit eines Rückzugs gegeben ist. Anwesenheitsverfügbarkeit hingegen beschreibt die Möglichkeit des Zugriffs auf andere in Face-to-Face-Interaktionen, impliziert folglich Machteinwirkung (ebd., 170).

Der Ort als Rahmen des Handelns und damit als konkretisierter Raum verliert im Zuge technischer Entwicklungen, der Ausweitung von Expertensystemen und der Verbreitung symbolischer Zeichen wie z. B. dem Geld jedoch seine ehemals exponierte Rolle. Giddens verzeichnet als weltweites, typisches Charakteristikum der Moderne, dass unter den Bedingungen der Globalisierung das Ausmaß der »raumzeitlichen Abstandsvergrößerung« (Giddens 1995, 24 f.) radikal zugenommen hat, womit er die Entbettung sozialer Beziehungen aus ortsgebundenen Zusammenhängen unter den Bedingungen von Kopräsenz meint. Der Raum entkoppelt sich vom Ort, Beziehungen zwischen Abwesenden werden in der Moderne immer bedeutender. Dies ist jedoch kein linearer Trend, der sich zwangsläufig auf Kosten der Interaktionen in Face-to-Face-Interaktionen durchsetzt. In Giddens' dialektischem Verständnis ruft Entbettung Prinzipien der Rückbettung auf den Plan, es werden also neue Formen der Sozialität gefunden, die partiell und vorübergehend für eine Anbindung an den Ort sorgen. Dies ist in seiner Auffassung notwendig, um Vertrauen zwischen den Menschen und damit Sozialintegration, aber auch Systemintegration zu gewährleisten (ebd., 102 ff.).

In der aktuellen Raumsoziologie verfolgt man die Absicht, sich in komparativer Weise den Stärken und Schwächen dieser und weiterer Perspektiven zum Raum zu nähern. Gemeinsam haben diese Ansätze den multiperspektivischen Zugang zur Thematik sowie die konsequent konstruktivistische Sichtweise auf Raum und damit die Einbeziehung der Akteure sowie deren Körper in die Raumkonstituierung. Dreh- und Angelpunkt dieser Umgangsformen mit den vielfältigen klassischen und postmodernen Raumtheorien ist eine gegenstandsbezogene Rekombination verschiedener Theoriebausteine. So verknüpft Martina Löw beispielsweise die bei Giddens vorkommende Idee des ›Spacing‹ mit dem Konzept der ›Synthese‹, das wiederum bei dem Soziologen Norbert Elias (1897–1990) zu finden ist. Darunter versteht dieser die kognitiven und erinnernden Fähigkeiten, mit denen Akteure die vorhandenen Dinge und Körper zu einer kohärenten Raumwahrnehmung formen. Die Vorstellung vom Raum als einer »(An-)Ordnung von Lebewesen und sozialen Gütern an Orten« (Löw 2002, 271), der durch die Konstruktionsleistung der Akteure sowie von den Akteuren vorgängigen, aber ebenso durch menschliches Einwirken geschaffenen räumlichen Strukturen abhängt, wird von den neueren Ansätzen konsensual geteilt. Eine umfassende Raumanalyse zielt nicht darauf, eine objektive, ›wahre‹ Raumdefinition zu ermitteln, sondern zu reflektieren, wie Raum bisher konzipiert wurde und welche Folgen dies für die soziologische Theoriebildung hatte bzw. die für konkret vorzunehmende empirische Untersuchung von Räumen hat (Schroer 2006, 10). Eine diese Vorstellungen nicht hinterfragende Erforschung des Raumes anhand latent wirkender Raummodelle soll so vermieden werden. Fraglos vom absolutistischen Raummodell auszugehen, birgt die Gefahr eines Raumdeterminismus, der die strukturierenden Kräfte des Raums überschätzt. Umgekehrt kann aus einem relationalen Raumverständnis eine Überbetonung der kreativen Möglichkeiten und Chancen der Akteure bei der Konstituierung von Raum resultieren. Die soziologische Untersuchung von Räumen hat sich folglich auch der Funktion verschiedener Raumvorstellungen zu widmen. Denkt man beispielsweise den Nationalstaat in der Vorstellung des Raumes als Container, ergeben sich daraus Grenzen und damit auch ein Innen und Außen, die Inklusion und Exklusion bestimmter Akteursgruppen (ebd., 189 ff.). Die Behälter-Raumauffassung, wo immer sie zum Tragen kommt, eignet sich zur Analyse von Machtphänomenen, da sie auf Herrschaft, Gewalt und Zwang verweist. In anderen Untersuchungskontexten kann die relationale Raumauffassung die Erkenntnis schaffende sein. Das räumliche Prinzip des Nebeneinanders hat die Raumtheorie gewissermaßen selbst eingeholt. Die verschiedenen Raumbilder und Raumauffassungen lösen einander nicht mehr ab, sondern existieren nebeneinander (ebd., 179). Die Erforschung der Machtwirkungen von Raumkonzepten und ihre Rolle bei der Institutionalisierung von Räumen ist in diesen Ansätzen ebenso bedeutsam wie die Untersuchung der symbolischen und materiellen Gegebenheiten und des Habitus der an der Raumkonstituierung beteiligten Akteure, da all diese Aspekte sich gegenseitig bedingen (Löw 2002, 272 f.).

6.3 Offene Fragen und Kontroversen

Wenn man die aktuellen theoretischen Einlassungen Revue passieren lässt, könnte der Eindruck entstehen, dass das relationale Modell des Raums die Oberhand gewonnen hätte. Allerdings muss man konstatieren, dass diese Einsicht nur langsam Einzug in empirische Forschungsdesigns hält. Noch immer wird nicht nach der Herstellung der Räume durch Akteure und ihre Aktivitäten gefragt, und der Raum, in dem sich Soziales abspielt, wird häufig einfach vorausgesetzt. Etwa dann, wenn es in stadtsoziologischen Zusammenhängen um die Erfassung der ›benachteiligten Wohngebiete‹ geht, werden die aus der Medienberichterstattung sattsam bekannten Begrifflichkeiten ebenso übernommen wie die entsprechende Verortung der ›Ghettos‹ und ›Problembezirke‹. Dieser Perspektive liegt zumeist ein substantialistisches Raumverständnis zugrunde, das die benachteiligten Wohnräume zu Fallen erklärt, aus denen es kaum ein Entrinnen gibt. Statt den medialen wie administrativen Vorgaben zu folgen, wäre es die Aufgabe der Soziologie, sich etwa im Sinne einer ethnographischen Analyse städtischer Quartiere für die Deutungen und Aneignungsweisen der Bewohner zu interessieren, die sich täglich in diesen Räumen bewegen. Gerade für den Exklusionsbereich wäre es von eminenter Bedeutung, Räume nicht einfach als Gegebenheiten zu betrachten, die dem Sozialen vorausgehen, sondern sie als Phänomene zu untersuchen, die erst durch soziale Praxis entstehen. Nur in einer solchen Perspektive würden die Bewohner von Favelas und Slums als handelnde Individuen ernst genommen. Im Sinne der doppelten Hermeneutik nach Giddens, der zufolge sozialwissenschaftliche Erkenntnis durch Auseinandersetzung mit sozialer Praxis entsteht, diese Erkenntnis dann aber wiederum in die Gesellschaft diffundiert und reale Auswirkungen hat (Giddens 1992, 49), verändern wissenschaftlich reflektierte Raumvorstellungen langfristig die gesellschaftliche Wahrnehmung von Räumen und damit auch Möglichkeiten der Verräumlichung für Einzelne. Gesteht die soziologische Forschung den exkludierten Individuen Raumkonstituierungskompetenz zu, könnte die so entstehende Erkenntnis Rückwirkungen sowohl auf die Selbstwahrnehmung der betroffenen Akteure als auch auf deren Raum erzeugende Praxis haben.

Grundsätzlich ist es zu begrüßen, dass eine verstärkte Reflexion um die bisher scheinbar selbstverständlichen Raumvorstellungen eingesetzt hat, auch wenn dies zunächst vorrangig auf theoretischer Ebene der Fall ist. Gesellschaftliche Umbrüche erzwingen förmlich, das Thema ›Raum‹ wieder auf die sozialwissenschaftliche Agenda zu setzen. Da man neben dieser Hinwendung zum Thema ›Raum‹ auch einen Trend zur verstärkten soziologischen Beschäftigung mit Objektbeziehungen, Bildern (*pictoral turn*) und Körpern (*somatic turn* bzw. *body turn*) ausmachen kann, stellt sich die Frage, ob sich darin womöglich ein neuer Bedarf am Materiellen und Evidenten offenbart. Aus einer wissenschaftlichen Perspektive Raum und Körper als Konkretion gegenüber einer scheinbar abstrakteren, vermittelten ›Rede‹ über diese Themenfelder anzusehen, wäre jedoch ein Trugschluss. Die Gefahr dieser Tendenz besteht darin zu ignorieren, dass es keinen unmittelbaren, sondern einen immer schon vermittelten Zugang zu Dingen, Räumen und Körpern gibt. Dennoch ist es für eine soziologische Perspektive von größtem Interesse, gesellschaftliche Bedürfnisse nach dem Konkreten und Greifbaren ernstzunehmen und wissenschaftlich zu hinterfragen, scheint sich darin doch möglicherweise eine tiefe Verunsicherung darüber zu artikulieren, was unter den gegenwärtigen Bedingungen noch als Wirklichkeit verstanden werden kann.

Wichtig ist in diesem Zusammenhang der soziologischen Erforschung des Raumes und damit auch der Raumvorstellungen von Individuen und Gruppen, dass nicht eine Verabschiedung der Container-Perspektive und gar ein einheitlicher Raumbegriff angestrebt wird. Die Vorstellungen eines absoluten Raums können ebenso reale gesellschaftliche Folgen haben wie die Idee des relationalen Raumes. Es gilt, ein differenziertes Verständnis der Möglichkeiten der Konstitution von Räumen zu erlangen: Diese können sowohl offen als auch geschlossen, sowohl statisch als auch dynamisch sein. Keine dieser Qualitäten haftet dem Raum zwingend an. Empirische Untersuchungen müssen aus diesem Grund den Einzelfall berücksichtigen und sich dabei der theoretischen Vielfalt, Raum zu denken, bedienen. Verräumlichung ist ein sozialer Prozess, in dem gleichermaßen die Wirkmacht räumlicher Strukturen, kollektive Vorstellungen über Räume, aber eben auch die schöpferische Kraft der Individuen berücksichtigt werden muss.

Literatur

Bourdieu, Pierre: *Entwurf einer Theorie der Praxis. Auf der ethnologischen Grundlage der kabylischen Gesellschaft.* Frankfurt a. M. 1976 (frz. 1972).

–: *Sozialer Raum und ›Klassen‹. Leçon sur la leçon. Zwei Vorlesungen.* Frankfurt a. M. 1985 (frz. 1984).

–: Physischer, sozialer und angeeigneter physischer Raum. In: Martin Wentz (Hg.): *Stadt-Räume.* Frankfurt a. M. 1991, 25–34.

Castells, Manuel: *Das Informationszeitalter.* Teil 1: *Der Aufstieg der Netzwerkgesellschaft.* Opladen 2001, 431–484 (amerik. 1996).

Deleuze, Gilles/Guattari, Felix: *Tausend Plateaus. Kapitalismus und Schizophrenie 2.* Berlin 1992 (frz. 1980).

Durkheim, Émile: *Die elementaren Formen des religiösen Lebens.* Frankfurt a. M. 1984 (frz. 1912).

Elias, Norbert: *Über die Zeit. Arbeiten zur Wissenssoziologie II.* Frankfurt a. M. 1984.

Foucault, Michel: *Überwachen und Strafen. Die Geburt des Gefängnisses.* Frankfurt a. M. 1994 (frz. 1975).

–: Das Auge der Macht (Gespräch). In: Ders.: *Schriften.* Bd. 3. Frankfurt a. M. 2003, 250–271 (frz. 1977).

–: Von anderen Räumen. In: Ders.: *Schriften.* Bd. 4. Frankfurt a. M. 2005, 931–942 (frz. 1984).

Giddens, Anthony: *Die Konstitution der Gesellschaft. Grundzüge einer Theorie der Strukturierung.* Frankfurt a. M./New York 1992 (engl. 1984).

–: *Konsequenzen der Moderne.* Frankfurt a. M. 1995 (engl. 1990).

Latour, Bruno: *Wir sind nie modern gewesen.* Reinbek bei Hamburg 1998 (frz. 1991).

Lefebvre, Henri: Die Produktion des Raums [Auszug]. In: Jörg Dünne/Stephan Günzel (Hg.): *Raumtheorie. Grundlagentexte aus Philosophie und Kulturwissenschaften.* Frankfurt a. M. 2006, 330–340 (frz.1974).

Löw, Martina: *Raumsoziologie.* Frankfurt a. M. 2002.

Luhmann, Niklas: *Soziale Systeme. Grundriss einer allgemeinen Theorie.* Frankfurt a. M. 1984.

–: Inklusion und Exklusion. In: Ders.: *Soziologische Aufklärung.* Bd. 6: *Die Soziologie und der Mensch.* Opladen 1995, 237–264.

Schroer, Markus: *Räume, Orte, Grenzen. Auf dem Weg zu einer Soziologie des Raums.* Frankfurt a. M. 2006.

–: Bringing space back in. Zur Relevanz des Raums als soziologischer Kategorie. In: Jörg Döring/Tristan Thielmann (Hg.): *Spatial Turn. Das Raumparadigma in den Kultur- und Sozialwissenschaften.* Bielefeld 2008, 125–148.

Simmel, Georg: *Soziologie. Untersuchungen über die Formen der Vergesellschaftung* [1908]. Frankfurt a. M. 1992.

–: Die Großstädte und das Geistesleben [1903]. In: Ders.: *Aufsätze und Abhandlungen*, Bd. 1. Frankfurt a. M. 1995, 116–131.

Sorokin, Pitirim A.: *Social Mobility* [1927]. New York 1959.

Sturm, Gabriele: *Wege zum Raum. Methodologische Annäherungen an ein Basiskonzept raumbezogener Wissenschaften.* Opladen 2000.

Laura Kajetzke/Markus Schroer

7. Technischer Raum: Enträumlichung

7.1 Entstehung des Themenfeldes

Das Stichwort ›Enträumlichung‹ hat erst seit wenigen Jahren den Status eines wissenschaftlichen Begriffs erlangt. Eine frühe Verwendung findet sich in einem Aufsatz des Soziologen Helmuth Kromrey, der 1984 in einer avantgardistischen Architekturzeitschrift veröffentlicht wurde. Darin geht es um die Frage, ob durch moderne Kommunikationsmittel räumliche Verkehrs- und Transportbewegungen ersetzt werden können. Kromrey beantwortet diese Frage nur zögernd mit Ja und meint, Transporte von Menschen oder Gütern könnten durch fernmündliche und -schriftliche Kommunikationen bequem vorbereitet und organisiert werden. Kromrey hält den Bildschirmtext tatsächlich für ein Mittel zur Aufwandsersparnis, meint aber nicht, dass er in dieser Funktion – und sei es auch nur innerhalb einer relativ engen Lebenswelt – große Wirkungen ausüben kann. Insofern verhält sich Kromrey gegenüber dem Begriff der ›Enträumlichung‹ zurückhaltend; von heute aus gesehen wohl auch deshalb, weil er sich zum Einsatz des Begriffs durch eine Informationstechnik motivieren lässt, die eben ihre ersten Schritte getan hat.

Entgrenzung und Entankerung

Auf einer makrosozialen Ebene setzt der Politikwissenschaftler Rainer Tetzlaff (2000, 18 ff.) den Begriff der ›Enträumlichung‹ ein – und zwar zu einer Analyse des Phänomens der Globalisierung (s. Kap. III.3). Diese habe nämlich zwei polare und anscheinend konträre Aspekte. Einer bestehe in Entortung, Entgrenzung, Entflechtung – und insofern Enträumlichung. Man könnte nach Tetzlaff diesen Aspekt auch umschreiben als Leerräumung, Beseitigung aller Hindernisse – Enträumlichung als Überwindung der Distanzen, Schrumpfung und Implosion der Räumlichkeit. Damit aber ist die freie Bahn geschaffen für vielerlei weitreichende Eroberungen, Durchsetzungen, Penetrationen, Expansionen, Diffusionen und Verflechtungen auf der anderen Seite.

Den ersten der eben genannten Aspekte bezeichnet der Sozialgeograph Benno Werlen (2005) als ›Entankerung‹ und er verweist darauf, dass die damit gemeinte Veränderung des gegenwärtigen Raumverhaltens sich sehr zweideutig darstellt: Legt man die Durchschnittsgeschwindigkeit der Verkehrsmittel, wie sie sich vom 18. bis zum 21. Jahrhundert gesteigert hat, zugrunde, dann scheinen die geographischen Entfernungen mindestens um das Fünfzigfache ›geschrumpft‹ zu sein. Diese Raumschrumpfung ergibt sich allerdings nur aus der Messung der Transportzeiten: Diese haben sich verkürzt und wirken sich für unser Empfinden so aus, als hätten sich die Raumdistanzen verkürzt.

Industrialisierung: ›Tötung‹ des Raums

Einen klassischen Ausdruck hat diese Empfindung schon im 19. Jahrhundert gefunden. Anlässlich der Eröffnung der Eisenbahnstrecke Paris-Orléans im Jahr 1843 schrieb Heinrich Heine (1757–1856): »Welche Veränderungen müssen jetzt eintreten in unsrer Anschauungsweise und in unseren Vorstellungen! Sogar die Elementarbegriffe von Zeit und Raum sind schwankend geworden. Durch die Eisenbahn wird der Raum getötet und es bleibt uns nur noch die Zeit übrig« (Heine 1900, 65). Heine transponiert sein Erschrecken sogleich ins Philosophische, indem er eine mehr oder weniger kantische Anschauung durch das neue Verkehrs- bzw. Geschwindigkeitsmittel erschüttert sieht. Die ›Tötung‹ des Raumes stellt zweifellos eine drastische Version der Enträumlichung dar und andererseits wird auf eine Asymmetrie zwischen Raum und Zeit abgehoben, aus der die Zeit als Siegerin der ganzen Umwälzung hervorgehen soll. Diese sozusagen medientheoretische und ontologische Reaktion Heines hebt sich deutlich von anderen, von medizinischen Reaktionen auf die Erfindung der Eisenbahn ab, die den Ausbruch von Gehirnkrankheiten fürchteten und die Aufstellung von Bretterzäunen forderten.

Offensichtlich hat sich das Empfinden der

Menschen relativ schnell an die neuen Reisezeiten gewöhnt, und ein vierstündiger Flug kann uns bereits als unangenehm lang, die Reisestrecke folglich als sehr weit erscheinen. Immerhin sehen wir an diesem Beispiel, dass die Dimension des Raumes, jedenfalls dort, wo menschliche Raumwahrnehmung im Spiel ist, von der Dimension der Zeit zwar unterschieden aber nicht getrennt werden kann.

Vom Beginn des Eisenbahnbaus bis heute sind die üblichen Reisewege – auch für die gewöhnlichen Leute – etwa hundertfach länger geworden. Man fliegt heute selbstverständlich in den Nahen, in den Mittleren, in den Fernen Osten. Unser Reiseraum hat sich ausgeweitet, und diese Ausweitung kann man schwerlich unter ›Enträumlichung‹ subsumieren. Man könnte also sagen, dass die moderne Entwicklung der Verkehrsmittel einerseits zu einer ›zeitlichen‹ Raumimplosion und andererseits zu einer ›raumhaften‹ Raumexplosion geführt hat, die sich großteils überlappen – aber nicht vollständig.

Man sieht bereits, dass der so klar weil sehr abstrakt wirkende Begriff der ›Enträumlichung‹ doch nicht frei von Unklarheiten ist. Das Wort legt immerhin nahe, dass es sich dabei um einen Vorgang handeln muss, in dem etwas, was vorher räumlich oder raumbestimmt war, sich von dieser Bestimmtheit nun löst und ›unräumlich‹ wird. Auch auf dieser Ebene, die von der Wortform, von der Nähe des Substantivs zum Zeitwörtlichen – also den Verben –, nahegelegt wird, zeigt sich, dass ›Enträumlichung‹ einen engen Bezug zur Zeit hat: Eine parallele Wortbildung würde übrigens ›Entzeitlichung‹ lauten und die festgestellte Raumschrumpfung stellt sich dann genaugenommen als ›Zeitschrumpfung‹ dar. Falls es aber doch einen strukturellen Gegensatz zwischen Raum und Zeit geben sollte, wäre denkbar, dass Enträumlichung mit Verzeitlichung korreliert. Und es wird sich zeigen, dass diese Korrelation tatsächlich schon behauptet worden ist.

Raumverdrängung vs. Raumüberwindung

Das Wort ›Enträumlichung‹ zwingt noch zu einer weiteren Vorüberlegung. Wer oder was enträumlicht sich oder wird enträumlicht? Was ist das Subjekt bzw. Objekt von Enträumlichung? Sind es Dinge, sind es menschliche Verhaltensweisen oder Verhältnisse? Oder bezeichnet ›Enträumlichung‹ einen intransitiven Vorgang, der den Raum oder die Räume selber in Mitleidenschaft zieht, ihn entmachtet oder annulliert?

Eher noch dramatischer als Heinrich Heine hat Peter Handke die Vernichtung des Raumes zum Thema gemacht, wobei er weniger eine technische als vielmehr eine politische Strategie im Auge hat, die sich aber nicht so leicht mit unserer Erfahrungswelt in Beziehung setzen lässt. In seinem Theaterstück *Zurüstungen für die Unsterblichkeit. Ein Königsdrama* hat es eine »Raumverdrängerrotte« irgendwo, sei es auf dem Balkan, sei es in Andalusien, auf ein Land (d.h. auf Land und Leute) abgesehen, das sie auslöschen will; »und zusammen mit ihm auch den Raum da, diese scheinbare letzte Natur, den Raum aufschlucken, ersticken, ausräuchern [...]. Raum: veraltet; das Wort ›Raum‹: veraltetes Wort, lächerlich, altfränkisch [...]. Wir, die Helden des Raumschluckens – die Raumsauger, die Aufsauger der gefälschten Zwischenräume, Devise: nicht Raum sondern Reiz – Reiz statt Raum!« (Handke 1997, 55f.). Für den Häuptling dieser Rotte ist ›Raum‹ der theoretische Begriff, der bis in seine Schwundstufen wie ›Nullraum‹, ›Minusraum‹, ›Chaosraum‹, ›Abraum‹ all das bezeichnet, was es auch noch gibt aber nicht mehr geben sollte. Die ›Raumsauger‹ sind politische Gewalttäter – und zwar moderne.

Diese aggressive weil ganz bewusste Raumvernichtung bildet den äußersten Pol in einem Spektrum von Vorgängen, die man mit ›Enträumlichung‹ meinen kann – vielleicht ein zu ungenauer und schwammiger Ausdruck, mit dem vielerlei Veränderungen bezeichnet werden, die eigentlich andere Bezeichnungen erfordern. Handelt es sich eher um Umformungen, Umbildungen von bestimmten Räumen oder von Räumlichkeit überhaupt? Eine aktuelle Version einer wiederum medientechnisch bedingten und unserer Erfahrung näherstehenden Raumveränderung – um nicht zu sagen -verwirrung – ist von Daniel Kehlmann formuliert worden und sogar auf philosophische Aussagen bezogen worden: »Raum ist zu etwas anderem geworden: Man ist selbst ständig woanders, und zugleich führt man zu jedem Zeitpunkt ein Dutzend Konversationen mit Leuten, die über die halbe Welt verteilt sind. Das sind alles keine oberflächlichen Veränderungen. Was wir da mitmachen, ist eine große seelische Umwälzung. [...] Heidegger konnte selbst noch gar nicht wissen, wie sehr er recht haben würde mit seiner Analyse, dass wir einer technischen Lebenswelt überantwortet sind, der wir nicht entkommen können« (Kehlmann 2008). Man könnte sagen, dass Heine die klassisch ›moderne‹ Medienrevolution, Kehlmann hingegen die ›postmoderne‹ Medienrevolution als Träger von dramatischen Raumveränderungen im Auge haben; Handke hinwiederum scheint das Vorhaben einer aktuellen Raumzerstörung gewissen politischen Mächten zuzuschreiben.

Um den Begriff der ›Enträumlichung‹ verständlich zu machen, muss man ihn mit parallelen oder analogen, mit verwandten oder oppositionellen Begriffen umstellen, die aber alle den ›verbalen‹ Charakter mit ihm teilen. Einige dieser Wörter sind bereits genannt worden: So etwa ›Raumüberwindung‹ – vermutlich ein Schlüsselwort auch für das Verständnis von ›Enträumlichung‹. Gemeint ist damit zunächst die sowohl banale wie auch basale Tatsache der Bewegung durch den Raum, der Durchquerung des Raums, also ein Verhalten, das den Raum ›benutzt‹, auch spürbar macht und insofern, wenn man will, auch konstituiert. Aber in ›überwinden‹ klingt auch ›besiegen‹, ›hinter sich bringen‹ und ›Schluss machen mit‹ an – dieser Bedeutungsaspekt scheint direkt mit ›Enträumlichung‹ zu konvergieren, wenn man darunter versteht, dass irgendein Räumliches ausgeschaltet oder abgeschafft wird. Die zeitwörtlichen Parallelbegriffe zu ›Enträumlichung‹ empfehlen sich auch deswegen, weil neuere Raumtheorien großen Wert darauf legen, den Raum nicht mehr als eine objektive, gar natürliche Sache, nicht mehr als etwas Dingliches zu betrachten, sondern als ein Bündel menschlicher Verhaltensweisen bzw. als deren Ergebnis. Als eine solche Verhaltensweise oder Entwicklung, die den Raum verändert, wird die »Denaturierung des Raumes« (Ahrens 2001, 27) genannt, dank welcher der Raum etwas Menschengemachtes oder Kulturelles geworden sein soll.

Es lassen sich verschiedene theoretische Oberbegriffe denken, auf die sich ›Enträumlichung‹ so beziehen lässt, dass ihr formaler Charakter berücksichtigt und hervorgehoben bleibt: etwa ›Raumpraktiken‹ oder ›Raumtechniken‹, obwohl letzterer Begriff das Ereignishafte eher ausklammert. ›Raumkonstruktion‹ oder ›Raumgestaltung‹ würden dem konstruktivistischen Zeitgeist am ehesten entsprechen; es dürfte aber etwas schwierig sein, die betont ›negative‹ Konnotation der ›Enträumlichung‹ darunter zu subsumieren. Deswegen sei der sehr allgemein angesetzte Oberbegriff ›Raumverhalten‹ vorgeschlagen, worunter alle menschlichen Handlungen und Einstellungen gegenüber bzw. mit Raum fallen können; es können auch Raumverhältnisse darunter subsumiert werden und schließlich kann damit sogar gemeint sein, dass Räume selbst sich so oder so verhalten (wie man etwa auch vom Verhalten von Atomen spricht). ›Raumverhalten‹ deckt also das anthropozentrisch-konstruktivistische Verständnis sehr gut ab und legt sich doch nicht völlig darauf fest.

Raumproduktion und Raumabstraktion

Da ›Enträumlichung‹ ein sehr junger theoretischer Begriff ist, muss seine theoretische Vorgeschichte geklärt werden, die auch nicht sehr alt ist, sich aber immerhin weit verzweigt und an verschiedene sprachliche Ausdrücke geknüpft ist. Es handelt sich dabei um eine Theoriegeschichte, die sich mehr oder weniger um die Frage dreht, ob und wie der Prozess der Modernisierung, der seit einigen Jahrhunderten den Sonderweg des Abendlandes vorangetrieben hat, auch solche tiefgreifenden Veränderungen umfasst, die seit kurzem mit dem Begriff der Enträumlichung resümiert werden. Die eben erwähnte konstruktivistische Theorierichtung wird offensichtlich in Henri Lefebvres (1901–1991) Buch *Die Produktion des Raums* eingeschlagen. Für uns ist von Interesse, ob in der Geschichte der Produktion des Raums auch so etwas wie seine Destruktion vorkommt bzw. etwas, was einer ›Enträumlichung‹ gleicht. Zunächst fällt auf, dass Lefebvre seinen Hauptbegriff ›Raum‹ als allgemein bekannt voraussetzt und keinerlei definitorische Klärung liefert. Hierzu muss bemerkt werden, dass die Verweigerung der Wesensbestimmung gerade für den Raum zum Zeitgeist der theoretischen Korrektheit zu gehören scheint – obwohl einige wenige Autoren wie etwa der Soziologe Niklas Luhmann (1927–1998) sich nicht daran halten (Seitter 2002, 378 ff.). Wohl aber erklärt Lefebvre, dass es unterschiedliche Schichten oder ›Aggregatzustände‹ von Raum gibt: den physischen Raum, den sozialen oder gesellschaftlichen Raum und den sprachlich-mentalen.

Bekannten zeitgenössischen Theoretikern wie Noam Chomsky, Jacques Lacan (1901–1981) oder Jacques Derrida (1930–2004) wird vorgehalten, sie würden letzteren absolut setzen und den physischen und den sozialen Raum ignorieren. Lefebvre (1991, 12 f.) postuliert, alle drei Raumtypen nicht nur zu berücksichtigen, sondern theoretisch zu verbinden. Als theoretisches Verbindungsmittel setzt er den marxschen Begriff der gesellschaftlichen Produktion (mitsamt Reproduktion) ein und schlägt eine dreistufige Raumkonzeption vor, in der der Naturraum zunächst vorausgesetzt, dann von elementaren Raumpraktiken (etwa architektonischer Art) zurückgedrängt wird; diese Raumpraktiken werden durch Raumplanungen weiterentwickelt, die schließlich zu komplexen Erlebnisräumen führen, die auch Imaginationen unterschiedlichster Qualität, künstlerische Tätigkeiten usw. einschließen (s. Kap. II.2). Mit dieser Dreistufigkeit ist auch das Grundschema einer ›Geschichte des Raums‹ gegeben, deren erster großer Schritt der Übergang vom »absoluten Raum« zum »abstrakten Raum« sein soll. Der absolute Raum – gelegentlich auch »organischer Raum« genannt (ebd., 229) – besteht in der Markierung ausgewählter Naturorte und -ereignisse, während der abstrakte Raum zum einen homogen künstlich installiert ist, zum anderen ist er von gesellschaftlichen Widersprüchen durchzogen. Außerdem verbindet sich mit ihm die Gefahr, den Raum als das, was er ist, nämlich eine Verflechtung aus Natur, Gesellschaft und Individuum, der Wahrnehmung zu entziehen. Noch akuter ist allerdings die Gefahr für die Zeit, ›das größte aller Güter‹: »Mit der Ankunft der Moderne ist die Zeit aus dem gesellschaftlichen Raum verschwunden [...]. [U]nsere Zeit, dieser wesentlichste Teil gelebter Erfahrung [...] ist für uns nicht mehr sichtbar, nicht mehr einsichtig« (ebd., 95). Lefebvre spricht von Austreibung, Ausradierung und Ermordung der Zeit. Weit mehr als die Enträumlichung dramatisiert er die Entzeitlichung. Diese setzt er aufs Konto einer gewissen Raumschwächung, die man eventuell mit ›Enträumlichung‹ wiedergeben könnte. Tatsächlich führt Lefebvre an dieser Stelle den Begriff »Verräumlichung« ein, und zwar in Verbindung mit »Visualisierung« (ebd., 98), denn er fragt sich, ob der unwahrnehmbar gewordene Raum künstlich doch wieder wahrnehmbar gemacht werden kann.

Wenn Lefebvre den ›abstrakten‹ Raum als ein Symptom der Moderne kritisiert, so nähert er sich dem Begriff einer ›Enträumlichung‹, die als Moment des Modernisierungsprozesses verstanden wird. Er sieht im »abstrakten«, »antagonistischen« oder »differenziellen« Raum der Moderne einen gewissen Raum-Defekt – aber der erscheint ihm überwindbar (ebd., 412 f.). Dass die Räumlichkeit als solche in der Moderne an Bedeutung noch gewinnen wird, hält er für unumgänglich. Darüber hinaus hält er es für möglich, dass es der Gesellschaft gelingen wird, ihre Raumproduktion so weiterzuentwickeln, dass die Produkte den Charakter von Kunstwerken haben – Kunstwerke, die nicht bloß isolierte Objekte für Individuen sind. Er operiert also mit einem erweiterten Kunstbegriff, der indessen die Räumlichkeit und die Sichtbarkeit beibehält. Die marxsche Programmatik, die sich durch das Buch zieht, wird am Schluss gewissermaßen umgedreht, indem Karl Marx (1818–1883) und Friedrich Engels (1820–1895) zu Utopisten erklärt werden und Charles Fourier (1772–1837) ihnen ›vorgesetzt‹ wird: der Raumfreund und Raumentwerfer, der Topiker Fourier, der seinen Wunschvorstellungen die Form palastartiger Architekturen gegeben hat.

7.2 Spektrum der Diskussion

Die Erfahrungen und Denkansätze, die zum Begriff der Enträumlichung geführt haben, lassen sich auf drei Ebenen anordnen. Erstens kann es sich um reale, materielle Vorgänge handeln, die sich damit direkt fassen lassen; zweitens um theoretische Aussagen, die diesen Begriff mit verwandten Begriffen vorbereitet oder nahegelegt haben; drittens um wissenschaftliche Aussagensysteme oder theoretische Einstellungen, die ausdrücklich oder unbeabsichtigt (oder gar unbewusst) eine theoretische Option für ›Enträumlichung‹ befördern.

Raumverwandlung durch Verkehr

Die erste Ebene ist bereits erwähnt und mit dem Heine-Zitat emblematisch markiert worden. Wolfgang Schivelbusch (1977, 39) hat näher ausgeführt, dass die Eisenbahn im 19. Jahrhundert mit ihrer neuartigen Geschwindigkeit einerseits neue Räume aufschloss, die bisher nicht verfügbar waren, andererseits sei damit Raum vernichtet worden, nämlich der Raum dazwischen. Natürlich sind die Landstriche zwischen dem Wohnort und dem Zielort nicht plötzlich verschwunden. Aber den psychisch-kognitiven Schock, der seinerzeit zum Ausdruck gebracht worden ist, wird es wirklich gegeben haben. Er wurde von einem durch und durch materiellen Körper-Ereignis-Arrangement ausgelöst, das übrigens das Alltagsleben der Leute – auch ohne Schock – immer noch mitprägt. Nach der Eisenbahn haben Auto und Flugzeug ähnliche Erlebnismutationen hervorgerufen – die sich ebenfalls in Routinen verwandelt haben. ›Routine‹ heißt ja, dass die Erfahrung einer Geschwindigkeitstechnik zur Gewohnheit wird.

Was den Raum selber betrifft: Wenn er schon nicht ganz und gar vernichtet wird, so ist er verwandelt worden. Dem Psychologen Erwin Straus (1891–1975) zufolge hat die Eisenbahn den Landschaftsraum in einen geographischen Raum verwandelt: In der modernen Reise wird der »Zwischenraum gleichsam übersprungen, durchfahren oder gar verschlafen« (zit. n. ebd., 52). Der neuartige geographische Raum – das ist der durchsichtige, durchgängige, desobstakulierte Raum, der nur aus Stellen und geradlinigen Entfernungen besteht. Vielleicht sollte man doch unterscheiden zwischen der Auswirkung oder Ausstrahlung auf den Raum, die tendenziell eine derartige sein mag, und der Eisenbahn selber, die tatsächlich eine enge Schneise von Glättung, Hindernisbeseitigung und Beschleunigung durch den Raum legt. Die heutigen vielfach tunnellierten Hochgeschwindigkeitstrassen zeigen diesen Schneisencharakter noch viel deutlicher. Abgesehen davon, dass sie mit ihren Tunnelführungen noch eine ganz andere Lektion in Sachen Raum bereithalten: Sie entziehen uns auf lange Strecken mit der Landschaft sogar den geographischen Raum und schleudern uns durch den geologischen Raum, den es auch gibt. Denn alle Festkörper ›enthalten‹ Raum (auch wenn sie ihn zu verschlucken und zu vernichten scheinen).

Der Verkehrstheoretiker Paul Virilio (1986) hat die Kategorie der Geschwindigkeit in den Vordergrund gestellt und auf die Spitze getrieben. Er assoziiert die »Penetrationsmacht der Bewegung« mit der »Destruktionsmacht des Feuers«, was bedeutet, dass jede Geschwindigkeitstechnik auf ein Verschwinden hinausläuft. Auch die friedlichen Beschleunigungserfolge bedeuten eine »Niederlage für die Welt als Boden, Entfernung und Materie« (Virilio 1980, 177 f.). Dementsprechend gibt es mehrere Stufen von Verschwinden: Verschwinden der Orte und Verschwinden der Materie. Verschwinden selber bedeutet ja eigentlich nur Beendigung der Wahrnehmbarkeit. In diese Kaskade der Ent-Realisierungen lässt sich so etwas wie die ›Enträumlichung‹ leicht, ja zwingend einfügen.

Raumverwandlung durch Architektur

Ein komplexer Raumtyp, der sowohl eine materiell-architektonische wie auch eine lebensweltlich-politische Dimension aufweist, ist der öffentliche Raum, der im Dorf und vor allem in der Stadt zwischen den Häusern liegt, die teils das Privatleben bergen, teils selber öffentlichen Aufgaben dienen. Diesen öffentlichen Raum, der in der

Stadt die Form des Platzes aufweist, hat Camillo Sitte (1843–1903) schon am Anfang des 20. Jahrhunderts bedroht gesehen, da die sogenannte ›Blockbauweise‹ zwischen den Häusern nur mehr Verkehrsbahnen zuließ. Plätze für den gemächlichen, flanierenden Aufenthalt, für das Herumgehen und Herumstehen, für vereinbarte oder zufällige Begegnungen habe der damalige moderne Städtebau weitgehend ausgeschlossen, weil die vorhandenen Flächen aus ökonomischen Gründen entweder ›verbaut‹ werden mussten und damit dem Raum im Sinne von Leerraum entzogen wurden, oder sie wurden den mächtig auftrumpfenden Verkehrsanforderungen geopfert. Bezogen auf die Individuen greift Sitte den medizinischen Begriff der »Platzscheu« auf und meint damit wohl die ›Agoraphobie‹ – die *agora* bezeichnete ja den zentralen multifunktionalen Platz in der Stadt (Sitte 1983, 56 und 119). Bezogen auf die Stadt prägt er keinen prägnanten Begriff für das von ihm Kritisierte – man könnte es ›Raumschwund‹ oder ›Platzschwund‹ nennen. Aber für das, was er ›Platz‹ nennt, also für den unverbauten oder vielmehr umbauten und insofern auch gebauten Raum, setzt er einen Begriff aus der Morphologie ein: »Konkavität« (ebd., 150). Deren Gestaltung sei die Hauptaufgabe des Städtebauers; sie stoße sich jedoch an dem, was die Architekten als ihre Aufgabe betrachten: die Gestaltung von Konvexitäten.

Der Soziologe Richard Sennett (1991) hat dasselbe Phänomen in verschärfter Form am Ende des 20. Jahrhunderts gesehen und einige konkrete Fälle davon in New York, London und Paris beschrieben: Er nennt einige Hochhauskomplexe, die trotz der vielen Glasfassaden scharfe Schnitte zwischen den Außenraum und den Innenraum legen, wobei der Außenraum fast zur Gänze dem Autoverkehr gewidmet ist, und im Inneren müsse man sich sogleich in die Aufzüge begeben, um irgendwohin zu gelangen. Es gibt nur minimale Flächen, die den horizontalen Straßenverkehr vom vertikalen Aufzugsverkehr trennen. Der öffentliche Raum wird ganz und gar der Fortbewegung untergeordnet, er hat jedes eigene Gewicht verloren. Hier kann man tatsächlich die Formeln »Entmachtung des Raumes«, »Außerkraftsetzen des Raumes« einsetzen, wie Daniela Ahrens (2001, 33) vorschlägt.

Um die Erde mit ihrer spezifischen, nämlich örtlichen, klebrigen, widerständigen Räumlichkeit überwinden zu können, hat sich die Menschheit imaginär immer schon zu einer Art »Überflug« erhoben, den sie allerdings technisch erst seit dem 20. Jahrhundert realisiert (Deleuze/Guattari 1977, 249). Aufs flüssige Meer sind die Menschen indessen schon seit langem ausgewichen (Virilio 1980, 51 ff.). Den Schritt zum Ozeanischen, den Portugiesen und Spanier, Holländer und Engländer im 15., 16. und 17. Jahrhundert vollzogen haben, als sie ihre »geschichtliche Gesamtexistenz vom Land aufs Meer« verlagerten, kann man, so der Staatsrechtler Carl Schmitt (1888–1985), eine »Raumrevolution« nennen (Schmitt 2001, 55; s. Kap. III.2). Damit hat er einen Begriff geprägt, der keineswegs gleichbedeutend mit ›Enträumlichung‹ ist, wohl aber deren Kontingenzniveau anzeigt, also die Ebene, auf der sich Mutationen vollziehen, von denen die Enträumlichung eine ist – wenn es sie denn gibt. Eine Revolution führt bekanntlich dazu, dass ›kein Stein auf dem andern bleibt‹ – das heißt zunächst einmal: Es wird zerstört. Deshalb muss der Begriff der ›Enträumlichung‹ ständig mit der Frage konfrontiert werden, ob damit auch eine ›Raumzerstörung‹ verbunden ist und wenn ja, eine Zerstörung welcher Räume. Begriffsbildungen wie »Raumverdunklung« und »Raumerweiterung« (Schmitt 2001, 61 f.) zeigen ebenfalls, dass Schmitts Überlegungen Teil der Begriffsgeschichte der ›Enträumlichung‹ sind – und dass dieser Begriff wohl keineswegs ein univoker ist, sondern zwischen psychischen, kognitiven, technischen und natürlichen Bedeutungen oszilliert.

1958 hat Hannah Arendt (1906–1975), welche die eben erwähnte Sphäre des öffentlichen Raums von der antiken Kultur aus theoretisch rekonstruiert hat, in *Vita Activa* von zur europäisch-neuzeitlich vorangetriebenen »Erdschrumpfung« geschrieben, dass »Ferne und Entfernung vor dem Ansturm der Geschwindigkeit verschwunden« seien, die Geschwindigkeit habe den Raum erobert und würde ihn zu vernichten drohen, die Ferne als solche würde vielleicht nur noch als sprachliche Metapher überleben. Der Zusammenschrumpfung des Erdraums und der Aufhebung von Entfernung durch Eisenbahn, Dampfschiff und Flugzeug gehe eine viel radikalere Zusammenschrumpfung voraus, die dadurch zustande komme, dass das Vermessungsvermögen des menschlichen Verstands durch Zahlen, Symbole und Modelle das physisch Gegebene im Maßstab beliebig verkleinern könne (Arendt 1981, 245 f.).

›Globales Dorf‹ und Beschleunigung

Die mit den neuen Verkehrsmitteln möglich gewordene ›Raumüberwindung‹, die sich empirisch als Dialektik zwischen ›Raumausweitung‹ und ›Raumschrumpfung‹ (Schivelbusch 1977, 36 f.) darstellt, wird seit dem Ende des 19. Jahrhunderts durch die modernen Nachrichtentechniken ergänzt, verdoppelt sowie entscheidend besser organisiert und erreicht Formen und Ausmaße, die bislang Engeln und ›Geistern‹ vorbehalten schienen. Der Medientheoretiker Marshall McLuhan (1911–1980) hat in *Understanding Media* von 1964 diese Stufe der Raumüberwindung als »elektrische Implosion« bezeichnet, und als ihr Ergebnis sei »die Welt nur mehr ein Dorf« (McLuhan 1994, 17). So hat er selbst die später populär gewordene Redensart vom *global village* analytisch geprägt, und dieses geflügelte Wort kann sehr wohl als ein Vorläufer für den Begriff der ›Enträumlichung‹ gelten (McLuhan/Powers 1995): Mit ›Dorf‹ ist das – auf der geographischen Ebene kleinstmögliche – Beisammensein zwischen Fremden gemeint, das sich für den Einzelnen dann in jedem Computer materialisiert: also eine Zusammenziehung der ganzen Welt auf fast einen Punkt. Allerdings ist die ganze Welt damit nicht einfach verschwunden, sondern im Gegenteil, gewissermaßen hier und jetzt präsentierbar, und für diese neue Fassung der Makrodimension gibt es eben auch Wörter wie ›World Wide Web‹ oder ›Cyberspace‹, wobei hier sogar das Wort ›Raum‹ zitiert wird, seine Dimensionalität jedoch im Unklaren bleibt (s. Kap. III.8).

Mit diesen Begriffen ist der Bereich technisch-medial erzeugter psychisch-kognitiver Räume angesprochen, die es ›immer schon‹, d. h. seit dem Bestehen der Menschheit, gegeben hat, da Menschen als solche ihr Realitätsverhalten medial gestalten: wahrnehmend, zeigend, sprechend, bauend, bildend (s. Kap. III.9). Einige dieser Medientätigkeiten operieren mit Miniaturisierung, laut Lambert Wiesing (2008, 248) sogar mit »Physikentmachtung«. Das heißt, es liegt in ihnen selbst ein gewisser Raumreduktions- oder Raumaufhebungseffekt, der aber kein endgültiger sein dürfte, sondern es handelt sich eher um Codierungsphasen, die in die Mediationen Kontingenzen einschleusen: So steht Räumlichkeit ›für uns‹ immer ›auf dem Spiel‹. Daher kann es ›Enträumlichung‹ auch medienbedingt geben und zwar ständig verknüpft mit neuartigen ›Verräumlichungen‹: mit der Bildung von Sprach-, Text- und Bildräumen sowie von virtuellen Räumen.

War eben von einer Reduzierung auf den Punkt die Rede, so ist eine andere Reduzierung von dem Medientheoretiker Vilém Flusser (1920–1991) als Kennzeichen der neuen Medien behauptet worden – und zwar auf einer anderen medientechnischen Dimension. Er trifft sich mit McLuhan in der Behauptung, dass die große historische Vorstufe für die neueste Medienmutation eine durch die alphabetische Schrift induzierte ›Linearisierung‹ gewesen sei, die sich nicht bloß materiell-graphisch niederschlage, vielmehr habe sie die mentalen und kognitiven Strukturen der Menschen erfasst und strukturell linearisiert. Die Denkformen der Historie und der Kausalität seien in der hebräischen und in der griechischen Kultur ausgebildet worden, hätten sich dann überlagert und sich inzwischen weltweit durchgesetzt. Flusser pathologisiert die alphabetische Codierung nicht so entschieden wie – vor ihm – McLuhan; aber auch bei ihm erscheint die Linearisierung gegenüber der Dreidimensionalität als eine gewissermaßen enträumlichende Reduktion – die für die gesamte klassische Moderne typisch sei (Flusser 1996, 90 ff.).

Mit dieser Form von ›Enträumlichung‹ ist allerdings ein Typ berührt, der von den besprochenen technisch-medialen ›Enträumlichungen‹ zu unterscheiden ist. Bei diesem handelt es sich immer um reale historische Vorgänge bzw. deren Resultate, die allesamt seit einigen Jahrhunderten zu beobachten sind, seit wenigen Jahrzehnten auch nicht mehr eine Besonderheit der westlichen Zivilisation darstellen, sondern den Erdball umspannen, wofür auch die technische Einbeziehung des ›Weltraums‹ notwendig ist. Und doch kann man nicht ernsthaft behaupten, dass Raum oder Räumlichkeit damit abgeschafft seien oder auch bloß menschliches Handeln, Verhalten oder Wissen schlechterdings raumlos geworden seien. Dem Begriff der ›Enträumlichung‹ scheint somit eine Dialektik aus Anspruch und Realität oder aus Empfindung und Illusion innezuwohnen.

Historische Gleichzeitigkeit und Raumvergessenheit

In derselben Zeit, in der das Theorem der Linearisierung von McLuhan und von Flusser aufgestellt worden ist, hat der Historiker Reinhart Koselleck (1923–2006) unabhängig von ihnen eine These formuliert, die begriffsgeschichtlich motiviert war, sich auf einen engeren Zeitraum, nämlich auf die Zeit um 1800 und zwar in Westeuropa bezog. Sie nahm ihren Ausgang von der Feststellung, dass um diese Zeit die vielen Geschichten – im Plural – von dem Kollektivsingular ›die Geschichte‹ abgelöst worden ist. Eine Singularisierung, die im Namen ›des Fortschritts‹ gerechtfertigt und durch die neuen Verkehrs- und Kommunikationsmöglichkeiten nahegelegt worden ist, was die Frage aufwirft, ob diese mental-kognitive Transformation nicht doch mit der technisch-medialen Enträumlichung zusammenhängt. Inwiefern aber kann diese Begriffsumschichtung ihrerseits als Enträumlichung angesehen werden? Weil die Vielheit der Geschichten, sofern sie als simultan gedacht waren, notwendigerweise eine Räumlichkeit implizierten – denn Raum ist die formale Bedingung für die synchrone Existenz des Vielen. Wenn die Homogenisierung auf Singularisierung oder Unifizierung hinausläuft, wird Räumlichkeit – in welchem metaphorischen Sinn auch immer – überflüssig. Was aber ist nach Koselleck (1989) der Antrieb für diesen Vorgang, der im Großen und Ganzen mit der Aufklärung zusammenfällt? Es ist der Wille zu einer großen Bewegung, die ›Fortschritt‹ genannt wird und die alle verstreuten, also räumlich gegebenen Elemente zusammenfassen und umfassen soll. Das Ergebnis ist das Gefühl einer intensiven ›Verzeitlichung‹ der menschlichen Angelegenheiten. Diese schlägt sich zum einen als Historisierung, zum anderen als Beschleunigung nieder. Damit ist wieder das Stichwort gefallen, von dem die Diskussion ihren Ausgang nahm.

Hat man die mentale und kognitive Option für ›Enträumlichung‹ auch schon direkter konzeptualisiert als dies Flusser und Koselleck getan haben? Hier kann man zunächst auf Claude Lévi-Strauss (1908–2009) verweisen, der die »kumulative Historie« definiert als die Neigung, die verschiedenen Zivilisationsformen grundsätzlich in der Dimension der Zeit aufzufädeln (Lévi-Strauss 1972, 34). Sie erweist sich insofern als ›enträumlichend‹, weil die andere Form der Historie sich eher im Raum, im Nebeneinander, ausbreitet. Erst seit wenigen Jahren, nämlich in kritischer Reaktion auf die Enträumlichungstendenz der Geistes- und Sozialwissenschaften, benennt man diese Tendenz: etwa als »Raumindifferenz« in der Geschichtswissenschaft (Sandl 2009, 159) oder als »Raumvergessenheit in den Geisteswissenschaften der letzten beiden Jahrhunderte« (Sasse 2009, 231).

Der Begriff ›Raumvergessenheit‹, der sich an Martin Heideggers (1889–1976) Rede von ›Seinsvergessenheit‹ anlehnt, hat schon vor längerer Zeit ein bemerkenswertes Pendant in der »Luftvergessenheit« gefunden, die Luce Irigaray dem Denken des 20. Jahrhunderts vorgehalten hat, wobei sie die »Verleugnung der räumlichen Dimension« bereits der anthropozentrischen Kultur der Griechen zuschreibt (Irigaray 1980, 94; s. Kap. III.4). Was die Luft anlangt, so steht sie zum einen für die dominierende übliche Raumauffassung, die den leeren Raum meint. Zum anderen handelt es sich klarerweise um eine Materie, aber eine, die regelmäßig ignoriert wird. Deshalb kann die sogenannte ›Luftvergessenheit‹ auch als Chiffre für eine andere große ›Ent-Realisierung‹

stehen: für die »Entmaterialisierung« oder auch »Entkörperung«, die man vor allem auf die Medien zurückführt (Seitter 2002, 183ff.; Krämer 2002, 49ff.; Virilio 2006, 263).

Entmaterialisierung und Wissensproduktion

›Entmaterialisierung‹ stellt einen wichtigen Parallelbegriff zu ›Enträumlichung‹ dar – und zwar sowohl auf der Ebene tatsächlicher Mutationen in der Realität wie auch auf der jetzt ins Auge gefassten Ebene kognitiver, also auch wissenschaftlicher oder theoretischer Behauptungen. Falls sich Entmaterialisierungen oder Enträumlichungen irgendwo tatsächlich feststellen lassen, ist die Rede von ihnen natürlich wissenschaftlich geboten. Es muss aber unterschieden werden, inwiefern sie sich materiell vollziehen oder etwa psychisch oder gar nur illusionär. Spricht man in solchen Fällen immer noch von schlechterdings realen Vorgängen, dann werden ›Enträumlichung‹ oder ›Entmaterialisierung‹ zu bloßen Optionen – die allerdings immer noch der Rede wert sind. Nicht nur weil sie kritisiert werden sollen, sondern weil sie ihrerseits Realitäten bilden, die wirksam sein können.

Hartmut Böhme (2009, 191) führt aus, dass um 1800 das Verschwinden topologischer Wissensformen, wie sie im räumlichen Tableau-Denken der Naturgeschichte herrschten, eingesetzt hat. Seine Aussage konvergiert mit Kosellecks Annahmen von der ›Verzeitlichung‹ um 1800 und sie greift direkt auf Michel Foucaults (1926–1984) Ausführungen in *Die Ordnung der Dinge* zurück, wo für diesen Moment ein Paradigmenwechsel zu einer Wissensordnung angesetzt wird, eben zur Wissensordnung der Moderne, die von Leitbegriffen wie ›Leben‹, ›Wille‹, ›Produktion‹, ›Revolution‹ bestimmt wird (Foucault 1974, 307ff.). Das bedeutet eine Dynamisierung, die sogar bis zur Aufhebung der Geschichte führen kann. Die Dimension der Räumlichkeit aber ist reduziert, und erst im 20. Jahrhundert kommt es zu ihrer neuerlichen Entfaltung, wie Foucault um dieselbe Zeit in seinem berühmten Essay »Von anderen Räumen« dargestellt hat. Nach Foucault (2005) hängt die epistemische Zurückdrängung der Raumdimension zwar mit einem Vordrängen der Geschichtsdimension zusammen. Sie muss aber keineswegs zur Folge haben, dass das Verständnis und die Bearbeitung der Geschichte sachlich und konsequent praktiziert werden. Im 19. Jahrhundert mündete die Geschichtsauffassung David Ricardos (1772–1823) – und in ähnlicher Weise auch die von Marx – in eine Stilllegung der Geschichte, auch wenn sie als deren Vollendung gedacht wurde (Foucault 1974, 312ff.).

Vor kurzem kam ein Schweizer Autor in einem ganz anderen Kontext zu ähnlichen Ergebnissen: Der Architekt Martin Boesch geht davon aus, dass die Enträumlichung integrierender Bestandteil des Programms der Moderne ist, und zwar nicht nur als deren Ziel, sondern auch als zentraler Teil ihrer Realisierungsstrategie. Dabei gehe es um die Beseitigung aller Raumwiderstände, seien es physische, administrative oder sozio-kulturelle Barrieren. Dies könne man als ›Ende der Geographie‹ resümieren – und von da sei es nicht weit zur ›Geographie ohne Raum‹, die Benno Werlen vorgeschlagen hat (möglicherweise lässt sich das von Handke auf die Bühne gebrachte Raumvernichtungsprogramm von derartigen Strategien her verstehen). Die Aufhebung der Raumwiderstände ermögliche eine Beschleunigung derjenigen Prozesse, die den Fortschritt der Moderne ausmachen. Kommen diese Prozesse an ihr Ziel, erreichen sie die erwünschte Saturierung, und zwar programmgemäß flächendeckend, nähert sich der Fortschritt der Vollendung, so muss der Schwung seiner Bewegung entweder in Stillstand oder in routinehafte Wiederholung auslaufen. Und deswegen – so Boesch (1996, 2ff.) – schließe sich hier das Schlagwort vom ›Ende der Geschichte‹, das 1990 nach dem Zusammenbruch des Ostblocks von dem amerikanischen Politologen Francis Fukuyama lanciert worden ist, nahtlos an. Es würde sich ebenso gut anfügen, wenn beispielsweise 1990 vom Ostblock aus eine globale geopolitische Einheit hergestellt worden wäre.

Alles dies – die vollständige Enträumlichung der Erde oder deren Entgeographisierung wie auch das Ende der Geschichte oder die Enthistorisierung der Welt – wird hier zunehmend konjunktivisch referiert, weil die Dinge nicht eindeutig in diese radikalen Konsequenzen hineintreiben. Es handelt sich um reale und sehr gemischte Ereignismengen, um reale Tendenzen und Gegentendenzen, um reale Theoreme, um reale Illusionen. Insofern um Realitäten, die wissenschaftlich ernstgenommen werden dürfen. Wissenschaftshistorisch ist festzuhalten, dass der Begriff der ›Enträumlichung‹ offensichtlich innerhalb der Disziplin der Soziologie gebildet worden ist und diese Tatsache ist durchaus geeignet, ein Licht auf die Problematik dieses Begriffs zu werfen. Dieser setzt ja eine vorgängige Räumlichkeit voraus, die irgendwie aufgehoben oder entkräftet wird. Die vorgängige Räumlichkeit ist dem Gegenstand der Soziologie eigentlich fest eingeschrieben oder vielmehr eingezeichnet. Er besteht nämlich in der Verflechtung zwischen mindestens zwei simultan existierenden Menschen, die ohne Raum nicht ›stattfinden‹ kann. Denn »das Medium der Intersubjektivität ist«, wie der Philosoph Helmuth Plessner (1892–1985) schrieb, »Räumlichkeit« (Plessner 1980, 81). Wenn nun seit den 1980er Jahren einige Soziologen den Begriff der Enträumlichung lanciert haben, so beriefen sie sich sehr wohl auf neuere ›Entwicklungen‹, in denen die Raumbestimmtheit und vor allem die Ortsbestimmtheit ihre Prägekraft fürs Soziale verlieren würden. Es ist jedoch zu bemerken, dass sich die Soziologie schon in ihrer Entstehung im frühen 19. Jahrhundert von den überlieferten politischen Wissenschaften (deren Gegenstand massenhaft wirksame Entscheidungen über simultan existierende Menschen waren) dadurch abgesetzt hat, dass sie die Koordinaten der Historie und der Geographie zurückgedrängt hat. Sie zielt auf eine Lehre von den Vergesellschaftungstypen, die sich im Raum frei bewegen können, während die Zeit auf ein lineares Entwicklungsschema festgelegt wird.

›Entbettung‹ und Modernisierung

Im frühen 20. Jahrhundert, als die Soziologie ihren zweiten Gründungsschub erlebte, hat sich Georg Simmel (1858–1918) sehr ausführlich mit der Frage beschäftigt, welcher Zusammenhang und welche Kausalität zwischen sozialen Tatsachen und räumlicher Ordnung besteht (s. Kap. III.6). Simmel geht von gewissen Wesenszügen der Räumlichkeit aus und stellt fest, dass im Zuge sozialer Entwicklungen selbst räumliche Elemente, wie etwa Grenzen, mehr und mehr soziale, ja ›seelischen‹ Charakter bekommen. Wenn er schreibt, dass es für das »primitive Bewußtsein« charakteristisch sei, die »Zusammengehörigkeit des räumlich Getrennten und die Nichtzusammengehörigkeit des räumlich Nahen« nicht realisieren zu können, dann korreliert er mit ›Entwicklung‹ eine gewisse Entmachtung des Raums (Simmel 1986, 233). Das gilt aber nicht in allen Bereichen: Wenn die Hausnamen abgeschafft werden und durch Hausnummern ersetzt werden, dann verlieren die Orte an qualitativem Eigenleben – zugunsten des Raums, der linear strukturiert wird.

Mithilfe des Begriffs der ›Entbettung‹ hat Anthony Giddens (1995, 30) Umstrukturierungen der Räumlichkeit zu fassen gesucht, die sich weder durch ›Enträumlichung‹ noch durch ›Entortung‹ charakterisieren lassen (s. Kap. II.4). Es handelt sich um Entkoppelungen von Raum und Ort, die dazu führen, dass lokale Prozesse weniger oder nicht nur durch lokale Faktoren, sondern durch fern und gleichzeitig anwesende Kontexte gesteuert werden. Das heißt auch: Die Ferne ist gar nicht abgeschafft, sie wird vielmehr auf neue Weisen wirksam. Und andererseits wird die Tendenz der Entbettung durch eine Umkehrbewegung, eine »Rückbettung«, zwar nicht aufgehoben aber kompliziert (ebd., 102). Daher meint Giddens, lassen sich die Veränderungen besser so zusammenfassen, dass man sagt, das »Gewebe der Raumerfahrung insgesamt verändere sich« (ebd., 175).

Die Veränderungen auf dem Niveau von Räumlichkeit selber werden seit den 1980er Jahren noch expliziter als bei Georg Simmel als Folgen von Großbewegungen betrachtet, die genaugenommen politischen Charakter haben, der aber von den Soziologen nicht gern bestätigt wird. Es handelt sich um zwei weltweit wirksame Veränderungen, oder vielleicht auch nur um eine, für die es eine Bezeichnung aus dem Register der Zeitlichkeit und eine Bezeichnung aus dem Register der Räumlichkeit gibt: Modernisierung und Globalisierung. Selbst wenn mit beiden Ausdrücken dasselbe gemeint sein sollte, so wäre doch der Begriff der ›Globalisierung‹ mit ›Entträumlichung‹ nur sehr bedingt vereinbar, denn ›Globalisierung‹ heißt zwar ›Entgrenzung‹, vielleicht ›Entortung‹, aber vor allem ›Raumausweitung‹. Der Begriff ›Modernisierung‹ hingegen berührt die Raumdimension überhaupt nicht – wohl aber impliziert er stillschweigend die Expansion einer qualitativ einheitlichen Transformation auf alle Räume und Orte. Von der ›Globalisierung‹ ist der Theorieansatz zu unterscheiden, der die ›Globalität‹ zu seinem Hauptbegriff macht. Ein Begriff, der die zeitliche Dynamik zurückstellt und entschieden die Räumlichkeit betont: die Endlichkeit eines Erdraums, in dem allerdings unterschiedliche und antagonistische ›Globalisierungen‹ möglich sind. Die Globalität ermöglicht den *clash* der Globalisierungen.

Ein weiterer soziologischer Theorieansatz, die Systemtheorie von Niklas Luhmann, unterläuft alle genannten Raum- und Zeitkonzepte. Während die Modernisierungs- und die Globalisierungsbewegungen das Element des Nationalstaates als Ausgangsbasis brauchen, hat die ›Gesellschaft‹ der Systemtheorie nur über die Subsysteme ›Politik‹ und ›Recht‹ einen Bezug zu derartigen räumlichen Einheiten. Ist sie funktional ausdifferenziert (und insofern ein Resultat von Evolution), so ist sie mit einem Schlag ›Weltgesellschaft‹ – und enthält wohl eine räumliche Dimension, aber keine räumlichen Grenzen.

Die vier neueren soziologischen Theorieansätze, die unter ›Modernisierung‹, ›Globalisierung‹, ›Globalität‹, ›Weltgesellschaft‹ gefasst werden, bilden den gemeinsamen Boden, auf dem der Spezialbegriff ›Enträumlichung‹ mitsamt einigen Nachbarbegriffen geprägt worden ist. Er ist zu einem wichtigen Element in der soziologischen Diskussion geworden, wofür außer den genannten Autoren auch noch Ulrich Beck und Arjun Appadurai (1998) namhaft gemacht werden können. Bei Giddens, Beck und Appadurai dreht sich die Diskussion bereits darum, dass die Enträumlichung, wenn sie denn eindeutig ausgemacht werden kann, längst mit Gegentendenzen auskommen muss, die aber auch keine bloßen Gegenbewegungen sind, sondern auf die Erzeugung neuartiger Orte, Räume, Raumtypen und Räumlichkeiten hinauslaufen. Also besteht gute Aussicht darauf, dass in der Soziologie, die den wohlgeformten abstrakten Begriff ›Enträumlichung‹ hervorgebracht hat, fragwürdige theoretische Einstellungen wie »Raumblindheit« oder »Raumvergessenheit« oder das Paradox einer »raumlosen Soziologie« überwunden werden können (Ahrens 2001, 16, 20 und 67).

Die habituell-mentale Version der Enträumlichung, die als ›Raumvergessenheit‹ bezeichnet werden kann, ist vor allem dank der Wirkungen der Globalisierung in die Krise geraten. Dies zeigt sich schon in der Tatsache, dass Begriffe wie ›Raumvergessenheit‹, ›Raumblindheit‹, ›Raumindifferenz‹, auch ›Enträumlichung‹ erst seit kurzem in Umlauf sind. Derartige Begriffe sind bereits ›Angriffe‹ auf die von ihnen bezeichneten Einstellungen, sofern diese hauptsächlich aus Unbewusstheit bestehen. Aber selbst wenn es sich bei der Enträumlichung um eine sich deklarierende Programmatik handeln würde, würde das Aufgreifen des Begriffs vonseiten neutraler bzw. gegnerischer Beobachter an der Gesamtsituation einiges ändern. Manche Begriffe, wie etwa ›Geographie ohne Raum‹ können schwerlich von allen affirmativ gebraucht werden.

7.3 Offene Fragen und Kontroversen

Zum Schluss soll an einem Beispiel aus der Philosophiegeschichte gezeigt werden, wie die Raumvergessenheit mit großer Selbstverständlichkeit praktiziert wird, und dass sie sich gleichwohl als unhaltbar herausstellt. – Wie erwähnt hat der Historiker Marcus Sandl (2009, 159) seiner Disziplin »Gleichgültigkeit gegenüber dem Raum« bescheinigt. Eine Erklärung, die eigentlich Erstaunen auslösen sollte. Dass die Geschichtswissenschaft auf die Dimension der Zeit ausgerichtet ist und sein muss, bedarf keiner Rechtfertigung. Aber wenn sie, deren Gegenstand nicht bloß die

Vergangenheit überhaupt ist, sondern vornehmlich die Geschichte der Staaten und der Kriege, der Entscheidungen über Bevölkerungen, über räumliche und geographisch wirksame Phänomene, wenn sie die Raumdimension tatsächlich geringschätzt, dann grenzt das schon an Verfehlen des Gegenstands. Und trotzdem, so erfahren wir, macht sich die Geschichtswissenschaft erst zu Beginn des 21. Jahrhunderts daran, die spezifische Räumlichkeit ihres Gegenstandsfeldes und die spezifische Raumbezogenheit ihres Vorgehens zu bedenken.

Philosophiegeschichte und Geographie

Die Philosophiegeschichte, d.h. die Historiographie der Philosophie, befindet sich in einer gänzlich anderen Lage als die Geschichtswissenschaft. Erstens ist ihr Gegenstand, also die Philosophie, ein viel spezielleres Phänomen als die Geschichte, die sich unmittelbar auf das Leben vieler Menschen auswirkt. Philosophie steht im Geruch einer Spezialistentätigkeit. Zweitens realisiert sie sich in den Tätigkeitsformen des Denkens, Sprechens und Schreibens, also in sogenannten geistigen bzw. in medialen Tätigkeiten, und sie beschäftigt sich mit Fragestellungen, die nicht immer in die Dimensionen von Zeit und Raum eingefangen sind; man sagt der Philosophie eine Vorliebe für überzeitliche, überörtliche und immaterielle Realitäten nach; insofern wäre sie immer schon für gewisse ›Enträumlichungen‹ zuständig gewesen. Drittens ist sie auch ein – räumlich – rares Phänomen. Und gerade das verleiht ihr einen engen Bezug zur (historischen) Geographie.

Nun ist von den Vorgangsweisen, von den Objektwahlen die Rede, die für die Philosophiegeschichtsschreibung ganz überwiegend immer noch typisch ist. Sie setzt, da sie eine Spezialgeschichte ist, in einer bestimmten Zeitphase ein und muss gleichzeitig geographische Koordinaten angeben. Denn die ›Erfindung‹ von Philosophie war, jedenfalls unter diesem Namen, ein Ereignis. Und nicht etwa eine Evolutionsstufe, die in menschlichen Populationen überall, wo es sie gab, irgendwann erreicht wurde. Die geographische Koordinate, die für die Entstehung der Philosophie eingesetzt wird, bezeichnet erstens einen größeren Raum, der ethnisch bzw. linguistisch als ›griechisch‹ bezeichnet wird. Im 6. Jahrhundert v.Chr., so wird die Zeitstufe angegeben, war der griechische Raum ziemlich weit auseinandergezogen: Er erstreckte sich vom eigentlichen Griechenland weg nach Westen bis (mindestens) nach Unteritalien und Sizilien und nach Osten über alle Inseln bis Zypern, an den Küsten Kleinasiens entlang bis hin zum Schwarzen Meer. Also ein sehr großer Raum, aber kein riesiges kontinentales Territorium, sondern eigentlich nur ein Meer mit vielen Halbinseln, Inseln und Küstenstrichen. Für den allerersten Philosophen, Thales (ca. 624 – ca. 546 v.Chr.), wird die Stadt Milet genannt, und mit seinen ersten Nachfolgern bildet er die Gruppe der ionischen Naturphilosophen, wobei mit ›ionisch‹ in diesem Fall die griechisch besiedelte Westküste von Kleinasien gemeint ist.

Die weitere Philosophiegeschichte ist bekannt, und daher ist auch bekannt, dass sie von Anfang an auch als Philosophiegeographie überliefert und geschrieben worden ist: Weitere Philosophen in Unteritalien, in Sizilien, im eigentlichen Griechenland usw. Der gesamte Anfang der Philosophie war ein rein griechischer und die Philosophiegeschichte operiert von Anfang an mit makrogeographischen Begriffen, auch wenn diese linguistischen, kulturellen oder politischen Bezeichnungen entstammen: hellenistisch, römisch (eine politische Bezeichnung, die ihrerseits von einem Ortsnamen abstammt). Die Geschichte der Philosophie – immer noch im Rahmen einer Historiographie der Philosophie, wie sie sich im 19. Jahrhundert etabliert hat – hält sich in ihrer geographischen Dimension an das Römische Reich, verengt sich aber ab dem 5. Jahrhundert auf das Westreich, das damals untergegangen ist und von der Völkerwanderung überflutet worden ist und später von den ersten Staatenbildungen der Germanen abgelöst wird. Die Philosophiegeschichtsschreibung fixiert sich auf den geographischen Raum, der heute Westeuropa genannt wird und der damals der Raum der Latinität war – also ein sprachlich bestimmter Raum, dessen

Sprache allerdings eine reine Elitensprache und keine Volkssprache war. Arabisch und hebräisch schreibende Philosophen werden ebenfalls einbezogen, teils weil sie im selben Raum gewirkt haben, teils weil sie mit den lateinischen Philosophen in der Tradierung und Auslegung der ersten Philosophen, also der griechischen, kooperierten bzw. konkurrierten (Gouguenheim 2008).

All das macht in der Philosophiegeschichte das Kapitel ›Mittelalterliche Philosophie‹ aus. Bereits diese Bezeichnung sollte uns stutzig machen: Sie ist vollkommen enträumlicht, jedenfalls entgeographisiert. Es handelt sich um eine rein zeitliche Bestimmung, die von drei aufeinanderfolgenden Stadien ausgeht, von denen das mittlere das zweite ist, das nur vom dritten aus, vom fortgeschrittensten Stadium aus, also nachträglich, als mittleres benannt wird. In diesem Fall ist das mittlere Zeitalter auch noch als Dekadenzepoche, als dunkle Zwischenzeit, konnotiert. Also wirkt in dieser Benennung bereits die ›Verzeitlichung‹, die Koselleck gemeint hat, und die jede Räumlichkeit, jedes räumliche Anderswo vergisst oder vielmehr verleugnet. Die Geographieverleugnung, die in diesem unserem Mittelalter-Begriff impliziert ist, hat aber dann auch noch einen kleinen und ganz konkreten Effekt, es ist nur ein Nebeneffekt, und zwar die Ausschließung eines Neben, das der lateinischen bzw. westeuropäischen Philosophie des Mittelalters eigentlich noch näher sein müsste als die schon genannten und immerhin zugelassenen arabischen und hebräischen Philosophielinien im Mittelalter. Es gab nämlich im Mittelalter, neben der lateinischen, noch eine andere Philosophielinie, will sagen: einen Philosophieraum, in dem ebenfalls vom griechischen Ursprung der Philosophie aus philosophiert worden ist. Allerdings in griechischer Sprache, in genau derselben Sprache, in der Aristoteles, Mark Aurel oder Plotin geschrieben haben. Genannt seien zwei Philosophen, die im ›Mittelalter‹ der Philosophiegeschichte bis heute keinen Platz finden, und zwar nur aus geographischen Gründen – weil sie im nachträglich ›byzantinisch‹ genannten Reich gelebt und damit nicht zu der Raumzone gehört haben, welche die Philosophiegeschichte für das ›Mittelalter‹ als maßgebliche definiert hat, obwohl sie die geographische Dimension eben für dieses Mittelalter gar nicht deklariert: Michael Psellos (1017–1078), der in Konstantinopel gelebt und gelehrt hat, und Georgios Gemistos Plethon (1355–1452), der in Südgriechenland gewirkt hat. Bei diesem kommt noch eine kleine Komplikation dazu, welche die festgestellte unbewusste Raumeinschränkung nur scheinbar relativiert: Plethon wird in den Philosophiegeschichten manchmal eine Fußnote eingeräumt, aber nur, weil er sich kurze Zeit in Italien aufgehalten und dort zur Entstehung der Renaissancephilosophie beigetragen hat. Indem man ihn ausschaltet, erspart man sich auch die Erkenntnis, dass er als Philosoph eine traditionelle ›philosophische Raumabwertung‹ überwunden hat: Da er die rationalistische Wahrheitsauffassung durch eine konsensuale ergänzt hat, hat er die Erkundung und Vergleichung der Weisheiten aller Völker und deswegen auch die geographische Forschung für notwendig gehalten (Seitter 2006, 88 ff.).

Diejenigen, die auf die Einbettung der Philosophie in die Raumkoordinaten aufmerksam gemacht haben, sind Deleuze und Guattari, welche die »Deterritorialisierung« wie auch die »Reterritorialisierung« erfunden haben (Deleuze/Guattari 1977, 332). Sie gehen auf den griechischen Ursprung des Philosophierens ein, sie überfliegen das lateinische Mittelalter, und stellen dann die Frage, wie und wieso sich das Philosophieren in der Frühen Neuzeit ›nationalisiert‹ und in diesem Sinn ›reterritorialisiert‹ hat (Deleuze/Guattari 1996, 97–131). Es geht darum, in der Philosophiegeschichte einen extremen Fall von notwendigem Geographiegebrauch und gleichzeitiger Geographievergessenheit vorzuführen. Dass so eine in sich widersprüchliche Verhaltensweise langsam erkannt und wohl auch überwunden wird, liegt hauptsächlich an der sogenannten ›Globalisierung‹, die sich eben auch gegen ›Enträumlichung‹ auswirkt: Sie lässt nicht mehr zu, dass man Europa oder gar Westeuropa mit der Welt verwechselt. Und man sieht es an verschiedenen Publikationen, die so etwas wie die Geographie der Philosophie denkbar machen (Günzel 2001; Wimmer 2003 und 2004; Holenstein

2004). Analog dazu wird es nun auch unvermeidlich, dass in die Geschichte der Kunst oder der Literatur die jeweilige Geographiedimension eingebaut wird: Geographie der Kunst, Geographie der Literatur. Wenn die Enträumlichung im Sinne einer Geographievergessenheit erkannt und überwunden wird, schlägt dies gewiss nicht zuungunsten der Geschichte aus. Ein derartiges Nullsummenspiel zwischen Historie und Geographie gibt es nicht. Werden räumliche Weite und lokale Heterogenitäten wissenschaftlich ernstgenommen, gewinnt die ›Historie‹ eben dadurch Einsatzflächen und -punkte, an denen sie in die Vergangenheitsdimension vorstoßen kann (s. Kap. III.1). Mehr Raum, mehr Orte: mehr Geschichten.

Literatur

Ahrens, Daniela: *Grenzen der Enträumlichung. Weltstädte, Cyberspace und transnationale Räume in der globalisierten Moderne.* Opladen 2001.

Appadurai, Arjun: Globale ethnische Räume. Bemerkungen und Fragen zur Entwicklung einer transnationalen Anthropologie. In: Ulrich Beck (Hg.): *Perspektiven der Weltgesellschaft.* Frankfurt a. M. 1998, 11–40.

Arendt, Hannah: *Vita activa oder Vom tätigen Leben.* München 1981 (amerik. 1958).

Beck, Ulrich: Wie wird Demokratie im Zeitalter der Globalisierung möglich? – Eine Einleitung. In: Ders. (Hg.): *Politik der Globalisierung.* Frankfurt a. M. 1998, 7–66.

Boesch, Martin: Regionalismus oder das Ende der Geographie? Überlegungen zur Regionalismus-Debatte. In: *Forschungsstelle für Wirtschaftsgeographie und Raumordnungspolitik* 30 (1996), 1–12.

Böhme, Hartmut: Kulturwissenschaft. In: Stephan Günzel (Hg.): *Raumwissenschaften.* Frankfurt a. M. 2009, 191–207.

Deleuze, Gilles/Guattari, Félix: *Anti-Ödipus. Kapitalismus und Schizophrenie I.* Frankfurt a. M. 1977 (frz. 1972).

Deleuze, Gilles/Guattari, Félix: *Was ist Philosophie?* Paris 1996 (frz. 1991).

Dünne, Jörg/Günzel, Stephan (Hg.): *Raumtheorie. Grundlagentexte aus Philosophie und Kulturwissenschaften.* Frankfurt a. M. 2006.

Flusser, Vilém: *Kommunikologie.* Mannheim 1996.

Foucault, Michel: *Die Ordnung der Dinge. Eine Archäologie der Humanwissenschaften.* Frankfurt a. M. 1974 (frz. 1966).

–: Von anderen Räumen. In: Ders.: *Schriften.* Bd. 4. Frankfurt a. M. 2005, 931–942 (frz. 1984).

Giddens, Anthony: *Konsequenzen der Moderne.* Frankfurt a. M. 1995 (engl. 1990).

Gouguenheim, Sylvain: *Aristote au Mont-Saint-Michel. Les racines grecques de l'Europe chrétienne.* Paris 2008.

Günzel, Stephan: *Geophilosophie. Nietzsches philosophische Geographie.* Berlin 2001.

Handke, Peter: *Zurüstungen für die Unsterblichkeit. Ein Königsdrama.* Frankfurt a. M. 1997.

Heine, Heinrich: *Lutetia. Berichte über Politik, Kunst, Volksleben II.* Stuttgart 1900.

Holenstein, Elmar: *Philosophie-Atlas. Orte und Wege des Denkens.* Zürich 2004.

Innis, Harold A.: Das Problem des Raumes. In: Ders.: *Kreuzwege der Kommunikation.* Wien/New York 1997, 147–181 (amerik. 1951).

Irigaray, Luce: *L'oubli de l'air. Chez Martin Heidegger.* Paris 1980.

Kaufmann, Thomas DaCosta: *Toward a Geography of Art.* Chicago 2004.

Kehlmann, Daniel: In wie vielen Welten leben Sie, Herr Kehlmann? In: *Frankfurter Allgemeine*, 27. Dezember 2008.

Koselleck, Reinhart: *Vergangene Zukunft. Zur Semantik geschichtlicher Zeiten.* Frankfurt a. M. 1989.

Krämer, Sibylle: Verschwindet der Körper? Ein Kommentar zu virtuellen Räumen. In: Rudolf Maresch/Niels Werber (Hg.): *Raum Wissen Macht.* Frankfurt a. M. 2002, 49–68.

Kromrey, Helmuth: ›Enträumlichung‹ sozialen Verhaltens. Thesen zur Bedeutung der neuen Informations- und Kommunikationstechnologien. In: *arch+* 75/76 (1984), 45–52.

Lefebvre, Henri: *The Production of Space.* Oxford 1991 (frz. 1974).

Lévi-Strauss, Claude: *Rasse und Geschichte.* Frankfurt a. M. 1972 (frz. 1952).

McLuhan, Marshall: *Die magischen Kanäle. Understanding Media.* Dresden/Basel 1994 (amerik. 1964).

– /Powers, Bruce R.: *The Global Village. Der Weg der Mediengesellschaft in das 21. Jahrhundert.* Paderborn 1995 (amerik. 1989).

Onians, John (Hg.): *Atlas of World Art.* London 2004.

Piatti, Barbara: *Die Geographie der Literatur. Schauplätze, Handlungsräume, Raumphantasien.* Göttingen 2008.

Plessner, Helmuth: Die Einheit der Sinne. Grundlinien einer Ästhesiologie des Geistes [1923]. In: Ders.: *Gesammelte Schriften, Bd. 3: Anthropologie der Sinne.* Frankfurt a. M. 1980, 7–316.

Sandl, Marcus: Geschichtswissenschaft. In: Stephan

Günzel (Hg.): *Raumwissenschaften.* Frankfurt a. M. 2009, 159–174.

Sasse, Sylvia: Literaturwissenschaft. In: Stephan Günzel (Hg.): *Raumwissenschaften.* Frankfurt a. M. 2009, 225–241.

Schivelbusch, Wolfgang: *Geschichte der Eisenbahnreise. Zur Industrialisierung von Raum und Zeit im 19. Jahrhundert.* München/Wien 1977.

–: *Land und Meer. Eine weltgeschichtliche Betrachtung* [1942]. Stuttgart [4]2001.

Seitter, Walter: *Physik der Medien. Materialien, Apparate, Präsentierungen.* Weimar 2002.

–: Eine Philosophie des Pluralen? Aspekte im Denken Plethons. In: *Accademia. Revue de la Société Marsile Ficin* VIII (2006), 81–95.

Sennett, Richard: *Verfall und Ende des öffentlichen Lebens. Die Tyrannei der Intimität.* Frankfurt a. M. 1991 (amerik. 1976).

Simmel, Georg: Soziologie des Raumes [1903]. In: Ders.: *Schriften zur Soziologie.* Frankfurt a. M. 1986, 221–242.

Sitte, Camillo: *Der Städtebau nach seinen künstlerischen Grundsätzen* [1909]. Braunschweig/Wiesbaden 1983.

Tetzlaff, Rainer: *Weltkulturen unter Globalisierungsdruck.* Bonn 2000.

Virilio, Paul: *Geschwindigkeit und Politik.* Berlin 1980 (frz. 1977).

–: *Ästhetik des Verschwindens.* Berlin 1986 (frz. 1980).

Werlen, Benno: Andere Zeiten – Andere Räume? Zur Geographie der Globalisierung. In: Michaela Ott/ Elke Uhl (Hg.): *Denken des Raums in Zeiten der Globalisierung.* Münster 2005, 57–72.

Wiesing, Lambert: Was sind Medien? In: Stefan Münker/Alexander Roesler (Hg.): *Was ist ein Medium?* Frankfurt a. M. 2008, 235–248.

Wimmer, Franz: *Globalität und Philosophie. Studien zur Interkulturalität.* Wien 2003.

–: *Interkulturelle Philosophie. Eine Einführung.* Wien 2004.

Walter Seitter

8. Medialer Raum: Bilder – Zeichen – Cyberspace

8.1 Entstehung des Themenfeldes

Das Themenfeld ›mediale Räumlichkeit‹ hat eine doppelte Entstehungsgeschichte: einmal hinsichtlich der Medien selbst und einmal hinsichtlich der Theoriebildung. Hinsichtlich des Gegenstands ist der Raumbezug dabei dreifach: inhaltlich, strukturell und technisch. So ist etwa die Kommunikation von Wissen über Raum (Ortsangaben etc.) als ein möglicher *Inhalt* von Medien bildlich-kartographischer Darstellungen älter als der Gebrauch von Schriftzeichen, als deren Vorform jene angesehen werden können. *Strukturell* ermöglichen Medien ferner die Überwindung von Distanz, durch Tilgung des Zwischenraums von Sender und Empfänger. Insofern ist der eigene Körper das erste Medium, das Menschen zur Raumüberwindung eingesetzt haben. *Technisch* gesehen, konstituieren Medien schließlich einen operativen Raum, der dem Inhalt sichtlich entsprechen oder davon gänzlich unabhängig sein kann. Ersteres liegt im Falle analoger, zweites im Falle digitaler Medien vor, die – mit dem Computerwissenschaftler Konrad Zuse (1910–1995) gesprochen – einen ›rechnenden Raum‹ aufweisen, der nichts mehr mit einem sinnlich wahrnehmbaren Raum gemeinsam hat. Hinsichtlich der Theoriebildung wiederum gilt zu unterscheiden, ob Medientheorie sich explizit auf ein Medium (in seinem Inhalt, seiner Struktur oder als Technik) bezieht und dieses in seinen Konkretionen untersucht, oder ob von Medium in seiner Allgemeinheit gesprochen wird, ohne dass das für die Theorie leitende Medium konkret benannt ist.

Damit ergeben sich zwei Achsen, entlang derer sich das Feld der wissenschaftlichen Auseinandersetzung mit Medien - auch über das Thema Raum hinaus – aufspannt: eine historische und eine systematische. Die medienwissenschaftliche Analyse kann somit auf ganz unterschiedliche Medien bezogen sein und ein mechanisches (Grammophon), elektrisches (Telefon) oder elektronisches (Computer) Medium fokussieren, ebenso wie ein natürliches (Luft) oder dingliches (Körper); und ›Medium‹ kann das Werkzeug (Druckerpresse), das damit erzeugte Resultat (Zeitung) oder gar auch die Inhaltsform (Schrift) meinen. Zur Unterscheidung der beiden Pole der systematischen Achse, die sich zwischen dem Medium als Übertragungstechnik oder als Vermittlungsform aufspannt, lässt sich im letzteren Fall auch von ›Medialität‹ im Unterschied zu ›Apparatur‹ sprechen. Gerade in räumlicher Hinsicht treten Medien in ihrer Dopplung daher als ein räumliches (wie auch zeitliches) Differenzphänomen zu Tage (Tholen 2002).

Medienrevolutionen

Auf der historischen Achse wiederum sind vor allem zwei Medienrevolutionen hervorzuheben: zum einen der Buchdruck, mit dem die identische Reproduktion von Zeichen einsetzt und die Variation in der Erscheinungsweise der Inhalte durch Vereinheitlichung der Transportmittel minimiert wird (Giesecke 1991); zum anderen die digitale Revolution, mit der die Erscheinungsweise der Inhalte nicht mehr auf das Transportmittel rückzuschließen erlaubt (Bolz 1993). Die historische und die systematische Achse bedingen sich dabei, wobei gelten kann, dass je autonomer der vermittelte Inhalt gegenüber seinem Träger ist, die spezifische Vermittlungs- oder Präsentationsform umso stärker in den Vordergrund tritt; so etwa im Falle eines Computers, dessen medial erzeugte Formen kontinuierlich wahrgenommen werden, obwohl diese auf der Ebene der Apparatur durch diskrete Operationen erzeugt sind: Das heißt, der Rechner kann analoge Bilder oder Raumdarstellungen hervorbringen, ganz unabhängig davon, dass die einzelnen Pixel digital errechnet sind. Doch auch wenn erst im Zuge der digitalen Revolution der Unterschied zwischen Medium und Medialität auffällig und medienwissenschaftlich thematisiert wird, bedeutet dies nicht, dass die mediale Differenz nicht auch bereits an analogen Medientechniken feststellbar ist: So weist auch der Buchdruck seine eigene mediale Form der Medialität auf, nur ist diese im

Unterschied zu der nach Alan Turing (1912–1954) sogenannten universellen Maschine des Computers aus der zugrundeliegenden Medientechnik ableitbar, da den Einzelteilen der Druckerpresse das mediale Resultat – einzelne Schriftzeichen – bereits ›angesehen‹ werden kann.

Zumeist wird erst im Zuge einer Medienrevolution der Blick auf die Medialität des ›alten Mediums‹ frei. Dies gilt für die von Johannes Gutenberg (um 1400–1468) ausgelöste Revolution durch Einführung beweglicher Lettern: Zeitgenössisch kommt zwar nicht der Unterschied zwischen identisch reproduzierenden Medien und solchen, deren Resultat – wie im Falle des handschriftlichen Kopierens von Büchern – variiert, zu Bewusstsein (dies geschieht vielmehr erst in der Moderne), wohl aber werden natürliche Medien oder die Natur als Medium zum Thema. So stammt auch eine der ersten Bestimmungen des natürlichen Raums als Medium aus einer Epoche, in der Wort und Bild als Druckschrift und Druckbild als Reproduktionstechniken verbreitet waren: Kein Geringerer als Sir Isaac Newton (1642–1726) weist in seiner Schrift über *Optik* von 1704 den Raum solcherart als ›Sensorium Gottes‹ aus, mittels dem er die Welt wahrnehme, d.h. sie ihm vermittelt ist. Newton nimmt seine Behauptung angesichts eines drohenden Vorwurfs der Blasphemie zwar sogleich wieder zurück (ein Gott, der ein Organ braucht, um seine Schöpfung zu betrachten, ist unvollkommen) und revidiert die entsprechende Stelle (Koyré/Cohen 1961); nichtsdestotrotz ist die Auffassung von Raum als dem Weltmedium sowohl im Rahmen der neuzeitlichen Physik als auch in der Erkenntnistheorie etabliert. So konzipiert Immanuel Kant ›Raum‹ im Unterschied zu ›Zeit‹ als die statische Gegebenheitsweise von Objekten: Raum ist demnach das Medium der Körper und Zeit dasjenige ihrer Bewegung. In den Worten Kants sind beides ›apriorische Formen der Anschauung‹, das heißt die jeder Erfahrung der dinglichen Welt vorausliegenden Bedingungen, und Raum als Medium der Natur ist das, was Physik beschreibt (s. Kap. II.1).

Aggregat- vs. Systemraum

Eine erste Beschreibung des historischen Umschlags, mit dem Raum zum Medium wird, findet sich bei Erwin Panofsky (1892–1968), der in seinem vielbeachteten Aufsatz »Die Perspektive als ›symbolische Form‹« von 1927 die Unterscheidung zwischen ›Aggregatraum‹ und ›Systemraum‹ einführt: Während Panofsky zufolge die Antike das, was später ›Raum‹ genannt wird, als eine bloße Summe von Körpern betrachtet, wird der Raum in der Neuzeit als den Körpern vorausliegend begriffen – und darüber zu deren Medium. Panofsky rekurriert dabei auf Oswald Spengler (1880–1936), der im ersten Teil von *Der Untergang des Abendlandes* aus dem Jahr 1918 gleichsam apodiktisch behauptet, dass der Raum nur in der europäischen Neuzeit existiert: »[D]iese allmächtige Räumlichkeit, welche die Substanz aller Dinge in sich saugt, [...] wird von der antiken Menschheit, *die nicht einmal das Wort und also den Begriff Raum kennt,* einstimmig als [das] abgetan, [...] was *nicht da ist*« (Spengler 1972, 228f.). Doch anders als Spengler, der den Umschwung schlicht dem Schicksal Europas zuschreibt, benennt Panofsky ausdrücklich den Grund für die Vorstellung vom Raum als Dingmedium. Die angenommene Apriorizität von Raum ist nach Panofsky Ausdruck des kulturellen Wandels, der durch eine Kulturtechnik anschaulich wird, die gleichermaßen der Kunst wie der Wissenschaft zugrundeliegt: die Zentralperspektive. Bildwerke und Naturverständnis der Neuzeit stimmten darin überein, dass sie zuerst den leeren Raum konstruieren bzw. als vorgängig behaupten, bevor sie darin die Körper situieren. Die antike Physik eines Aristoteles geht dagegen noch von einem Ortsraum aus, der als die Summe der durch die Körper eingenommenen *topoi* definiert ist (s. Kap. I.1.2). Die Orte aber sind keine Stellen ›im Raum‹, sondern die Oberflächen der Dinge, die aufgrund der behaupteten Unmöglichkeit eines Vakuum(raum)s – als das, was im doppelten Sinne ›nicht da ist‹ – zugleich die jeweilige Grenzfläche der anliegenden Dinge sind. Solcherart kann ›Raum‹ in der aristotelischen Wahrnehmungslehre nur als *metaxy*, als das ›Dazwischenliegende‹ aufscheinen oder bei Platon als *chora* angesprochen werden: als ein Bereich *zwischen* Sein und Werden. Mit anderen Worten: Während Raum neuzeitlich als eine vorausliegende Ausdehnung gedacht wird, so in der Antike als ausdehnungsloses, gleichwohl aber raumgebendes Dazwischen.

Als der neuzeitlichen Raumvorstellung vorausgehend sieht Panofsky die spätmittelalterliche Kunst an, in welcher der Goldgrund als Darstellungsweise des transzendenten Raums den diesseitigen Systemraum vorwegnehme: Während mit dem Goldgrund der Raum der Vermittlung jedoch unbestimmt oder verdeckt bleibt, kann die Technik der Einheitsperspektive diesen Raum zur Darstellung bringen. Dies geschieht zum einen durch die Handlungsanweisungen und Maschinen zur korrekten Anlage eines perspektivischen Bildes, zum anderen dadurch, dass der damit einhergehende Blickpunkt frei wählbar wird. Auch wenn perspektivische Bilder einen Betrachter oder vielmehr einen Ort der Betrachtung implizieren, so ist dieser nicht durch die Dinge bestimmt, die erst im Nachhinein in das Bild oder vielmehr in den Bildraum eingetragen werden. Diesbezüglich aufschlussreich rekonstruierte der Wissenschaftshistoriker Leonhard Schmeiser (2002), dass Johannes Kepler (1571–1630) durch das Studium der Perspektive die Freiheit gewann, den Betrachterstandpunkt – sozusagen virtuell – auf die Sonne zu verlegen und von dort aus, die Planeten zu beobachten, d.h. ihre Bewegung konsistent zu rekonstruieren. Im Dunkelraum der Camera obscura – als dem Gerät sowohl zur Beobachtung der Sonnenbewegung als auch zur Herstellung perspektivischer Bilder – kondensiere dieser Zusammenhang schließlich apparativ und etabliere sich als Modell für die Raumwahrnehmung schlechthin (Crary 1996).

Medium und Form

Einer der frühesten Theorien natürlicher Medien, die auch das Wort ›Medium‹ verwenden, setzt der Sache nach am Systemraumgedanken an: Es ist insbesondere dem Soziologen Niklas Luhmann (1927–1998) zu verdanken, dass der Aufsatz von Fritz Heider (1896–1988) über »Ding und Medium«, der ein Jahr vor demjenigen von Panofsky im Jahr 1926 veröffentlicht wurde, heute als ein Schlüsseltext der Medientheorie gilt – und dies, obwohl weder Heider noch Luhmann dabei auf technische Medien abzielen. Als Wahrnehmungspsychologe sucht Heider vielmehr nach einer geeigneten Beschreibung für die Flexibilität dessen, was zeitgenössisch ›Gestalt‹ genannt wurde: also die variable Form der Objekte als Erscheinungen. Heider vertritt die These, dass mittels der Sinne grundsätzlich nicht die Dinge selbst, sondern nur ›falsche Einheiten‹ aufgefasst würden. Diese bestehen in losen Koppelungen von Elementen eines Mediums, das nicht sich selbst, sondern die Beschaffenheit fest gekoppelter Einheiten überträgt. Licht und Luft etwa sind Medien, die diese ›echten‹ Einheiten – die Dinge – als lose und leicht zu variierende, gleichfalls zerstörbare Einheiten weitergeben. Allein durch den Tastsinn wären damit noch echte Einheiten direkt erfahrbar. Was gesehen und gehört wird, ist hingegen bereits ein Medienereignis. Ohne Zweifel liegt Heiders Medientheorie des Raums eine Annahme der klassischen Erkenntnistheorie zugrunde, wonach zwischen primären und sekundären Qualitäten unterschieden wird: Als erste gelten invariante Aspekte wie Größe und Ausdehnung, als letztere die variablen Aspekte wie Geruch und insbesondere Farbe. Doch auch wenn Heider in dieser Tradition steht, so wertet er deren Konnotationen um – obwohl der Name ›falsche Einheiten‹ dies zunächst nicht vermuten lässt: Für Heider sind Informationen keineswegs minderwertiger, wenn sie durch oder in Medien bereitgestellt werden; vielmehr gehört es zur Konstitution von In*form*ation, dass sie durch Formgebung entsteht.

Während Heider noch allein über natürliche Medien spricht, überträgt Luhmann (2001) die Differenz von Ding und Medium auf die Ebene sozialer und kultureller Prozesse und spricht nicht mehr von Dingen, sondern allgemeiner von Formen oder von Form und Medium. Luhmann radikalisiert dabei zugleich die Heidersche Idee der medialen Formgebung, indem er die Form als dem Medium vorhergehend – also a priori –

ansieht. Wenn keine (In-)Formation stattfände, gäbe es auch keine Medien. Etwas wird vielmehr erst in der Kommunikation zum Medium. Daher sei auch nicht von festen ›natürlichen‹ Einheiten auszugehen, sondern alles kann gekoppelt werden, Sinn generieren und dadurch zum Medium werden. Kants These vom Raum als äußere Anschauungsform kann damit medientheoretisch dahingehend reformuliert werden, dass nicht mehr davon ausgegangen wird, dass der Raum (analog der physikalischen Leere) vor den Dingen besteht, sondern mit der körperlichen Form gibt es Raum als einen Effekt der Dinge. Zugleich ist dieser den Dingen nachträgliche Raum als Medium ›unbeobachtet‹, oder wie Luhmann es mit einem weiteren Referenzautor, dem Mathematiker George Spencer Brown, ausdrückt: ›unmarkiert‹. Spencer Brown geht in seiner maßgeblichen Schrift *Logik der Form* von 1969 davon aus, dass Information aus Differenzierung resultiert. Insbesondere im Schlusskapitel seines Buches entwirft er eine Raumlogik als Grenzziehung: Sinn resultiert aus der Unterscheidung von ›A‹ und ›Nicht-A‹ oder in der Trennung eines markierten Bereichs (*marked space*), der den Rest unmarkiert sein lässt (*unmarked space*). Die Form im Sinne Luhmanns wäre dabei die Trennung, die etwa eine Gestalt gegen ihren Grund abhebt, wobei dieser als das Medium des Dings oder als der Raum des Körpers ›unbeobachtet‹ bleibt, insofern die Aufmerksamkeit auf die Gestalt gerichtet ist. Raum als Medium ist damit in jeder Kommunikation als Informations-Nicht impliziert, und bleibt so lange unberücksichtigt, wie die Übertragung – also die mediale Vermittlung – gelingt. Erst im Misslingen der Übertragung wird der Raum als das zu überwindende ›Zwischen‹ auffällig und zur Störgröße. In diesem Zustand wird nicht mehr die Gestalt betrachtet, sondern der Grund.

Übertragung und Versammlung

Die Informationstheoretiker Claude Shannon (1916–2001) und Warren Weaver (1894–1978) beschreiben 1949 den Vermittlungsvorgang als die Übertragung eines Signals vom Sender zum Empfänger. Dabei berücksichtigen sie nicht nur die Codierung und Dekodierung am Eintritts- bzw. Austrittsort der Nachricht, sondern auch den Verlust, der in der Übertragung auf einem Kanal durch eine Störquelle auftreten und Rauschen verursachen kann. Damit dieses Rauschen den Inhalt nicht überdeckt und an dessen Stelle tritt – d. h. zum Inhalt wird –, müsse Information redundant, d. h. im Überfluss vorhanden sein und etwa durch Wiederholung oder Verstärkung dem Informationsverlust entgegengewirkt werden. Raum ist informationstechnisch gesehen damit stets das, was überwunden wird. Den Raum begreift die ›kanadische Schule‹ der Medientheorie mit Harold Innis (1894–1952) als Störgröße und betrachtet Kommunikationstechniken dahingehend, wie sie zur Stabilisierung von Information beim Transport und in der Übertragung beitragen. Der Titel des Hauptwerks von Innis aus dem Jahr 1951, in dem sein zentraler Aufsatz zum »Problem des Raums« enthalten ist, heißt auch treffend *The Bias of Communication* – also die Verzerrung oder Beeinflussung von Kommunikation durch Mittel, welche die Distanz der Face-to-Face-Kommunikation zwischen den Beteiligten erweitern und zugleich aus der Kommunikation heraushalten müssen. Mediengeschichte müsse Innis zufolge als eine Geschichte der Raumüberwindung und – damit einhergehend – der Raumkontrolle geschrieben werden: Eine erste Kulturtechnik, die hierfür eingesetzt wird, ist der Bote, der die Nachricht mündlich weiterträgt und die Distanz zwischen Sender und Empfänger mit dem eigenen Leib, zu Pferde oder mit dem Automobil überwinde (Siegert 1993). Auch Geld oder gar Viren können in ihrer Übertragungs- und Botenfunktion daher als raumüberwindende Medien angesehen werden (Krämer 2008). Auch wenn technisch gewaltige Innovationen nötig sind, so ist es in medialer Hinsicht nur ein kleiner Schritt vom Boten über das Telegraphennetz zum Internet, da in allen diesen Fällen die Distanz zwischen Sender und Empfänger überwunden wird und die Nachricht von einem zum anderen Ort gelangt. Ein maßgeblicher Unterschied besteht freilich in der Verringerung der Übertragungsdauer, die jedoch bereits mit dem zunächst draht- und später funkbasierten Telegraphen auf eine vernachlässigbare Dauer minimiert wird, so dass zwar zwischen Botensystem und Telegraph ein Gefälle besteht, aber nicht zwischen diesem und dem Telefon oder auch der Radio- und Fernsehübertragung. Die Internetkommunikation unterscheidet sich in räumlich-technischer Hinsicht von allen anderen dadurch, dass der genaue Weg der Datenpakete nicht vom Sender bestimmt, sondern an den Knotenpunkten des Netzes entschieden wird. Gemeinsam kann ihr jedoch mit früheren Techniken wie Telefon, Radio und Fernsehen das mediale Raumphänomen der Liveübertragung sein: Wenn die Distanz nicht nur überbrückt ist, sondern der Empfänger annimmt, dass die Sendung dem Moment ihrer Rezeption nur kurz vorausliegt oder auch ohne Zeitverzögerung erfolgt. Hierdurch wird auch die Gegenseitigkeit der Übertragung möglich, wie sie im Falle des Funkverkehrs, des Telefonats, der Videokonferenz oder dem Internetchat vorliegt. Während an der Nutzung in beide Richtungen zumeist nur wenige Personen beteiligt sind, führt die Nutzung einer Technik als Livemedium in nur eine Richtung zu einem Effekt, den der österreichische Technikphilosoph Günther Anders (1902–1992), alias Günter Stern, 1930 als ›Spuk‹ bezeichnete, insofern nicht mehr am Ort Einmaliges, sondern an jedem Ort Selbiges wahrzunehmen ist.

Raumüberwindungstechniken können folglich mit Zeitüberwindungstechniken kombiniert werden: Schrift, die zunächst als Regelwerk (Gesetzestexte etc.) die Dauer der Information an einem Ort sicherstellt und daher Archivfunktion ausübt, wird in Bewegung versetzt. Zunächst geht die Information, gleich ob schriftlich oder bildlicher Art, vom Stein (als Tafel oder Skulptur) auf das Papier bzw. die Leinwand über, die dadurch nicht nur transportabel wird, sondern im Zeitalter der maschinellen Reproduktion auch vervielfältigbar. Walter Benjamin bezeichnet dies in seinem Aufsatz über »Das Kunstwerk im Zeitalter seiner technischen Reproduzierbarkeit« von 1935/36 als eine ›Zertrümmerung der Aura‹, die singulären und vor allem ortsgebundenen Artefakten zugekommen sei. Im Zeitalter der Internetdistribution jedoch scheint sich dieses Verhältnis umzukehren, so dass durchaus eine Rückkehr der Aura diagnostizieren werden kann (Groys 2003, 33–46): Eine Website ist ›auratisch‹, nicht nur, weil der User keine Kopien der Seite aufruft, sondern die *eine* Seite selbst dargestellt wird und sie daher ein Original ist, sondern auch, da der User über das Netzwerk auf den *Ort* zugreift, an dem die Informationen hinterlegt sind. Daher kann der These von Paul Virilio (1983) widersprochen werden, wonach sich Raum durch die Beschleunigung der Datenübertragung auflöst, insofern er irrelevant wird (s. Kap. III.7). Ganz im Gegenteil, tritt eine neue mediale Raumordnung auf, die nicht mehr in metrischen Distanzen gefasst werden kann, sondern topologischer Art ist.

Im Anschluss an Innis hat Marshall McLuhan (1911–1980) eine wichtige Transformation des Ansatzes unternommen: In dem 1989, lange nach McLuhans Tod, von seinem Koautor Bruce Powers herausgegebenen Band *The Global Village* wird darauf hingewiesen, dass Raum nicht nur als das durch Medien zu Überwindende begriffen werden muss, sondern auch als das, was durch Medien hervorgebracht wird und die spezifische Weise der Vermittlung ausmacht: Raum ist daher nicht nur eine Störgröße der Kommunikation, sondern ist – wie dies bereits Panofsky aufzeigt – medial konstituiert. Raum ist dann in zweifacher Hinsicht Gegenstand einer Medientheorie: Einmal auf der Ebene des technischen Mediums, sodann auf der Ebene der Vermittlung. McLuhan und Powers gehen wie Spengler und Panofsky davon aus, dass Raum nicht natürlich gegeben ist, sondern technisch konstruiert bzw. medial konstituiert ist, und also maßgeblich das definiert, was ›Kultur‹ ist. Nur anders als Spengler und Panofsky wird das Entstehen des Raums nicht in die Zeit der Renaissance verlegt, sondern in Übereinstimmung mit der zentralen These des kanadischen Medientheoretikers Walter Ong (1912–2003) in die Zeit der vorschriftlichen Kommunikation – in eine Epoche lokaler Kommunion, in der Nachrichten mündlich weitergetragen werden und sich Gemeinschaften *am Ort des Austauschs* bilden. Mit Einführung der Schrift setzt dann die Zerstreuung der Gemeinschaft ein, die durch die Druckerpresse besiegelt wird. Zeit dominiert fortan den Raum, der nur noch als Frage der Übertragungsdauer in Betracht kommt. Mit der telekommunikativen ›Ent-fernung‹ (Heidegger) der Distanz kehrt nach McLuhan und Powers der Raum zurück, doch nicht mehr als Gemeinschaftsraum an einem designierten Ort, sondern als ›globales Dorf‹. Mit diesem kulturgeschichtlichen Hinweis kommt letztlich ein wichtiger Aspekt zum Tragen, der die zwei Seiten von Mediengeschichte betont: Es geht darin nicht nur um die Werkzeuge der Vermittlung, sondern auch um die Weise, wie diese eine andere Art von Wahrnehmung ermöglichen. Das heißt, die Übertragung kann nicht nur als Störung der Informationsrepräsentation, sondern auch als eine eigene Weise der Informationspräsentation begriffen werden, wodurch die Sinne des Menschen unterschiedlich angesprochen oder ›erweitert‹ werden. Eine frühere These McLuhans lautet entsprechend, dass Medien – wie der Untertitel seines Hauptwerks *Understanding Media* von 1964 lautet – »Extensions of Man« sind. Eine Ansicht, die erstmals im 19. Jahrhundert bei dem Geographen und Begründer der Technikphilosophie Ernst Kapp (1808–1896) als These von der ›Organprojektion‹ anzutreffen ist.

In dem nach einem Ausdruck in William Gibsons Roman *Neuromancer* von 1984 sogenannten ›Cyberspace‹ kommt die Dopplung von technischer Grundlage und medienbedingter Wahrnehmung selbst zum Ausdruck: Das Wort wird sowohl als Synonym für das 1991 freigegebene World Wide Web verwendet wie auch für virtuelle Realitäten oder immersive Umgebungen. Die zugrundeliegende Infrastruktur des Internets ist dabei nicht unmittelbar zugänglich, sondern ist in der Nutzung nur als Beziehung zwischen Elementen vorhanden, die an verschiedenen Orten in diesem Netz lagern und untereinander verknüpft sein können, was zunächst und zumeist als Hypertextstruktur in Erscheinung tritt (Bolter 2001). Der Raum des Internets ist so gesehen ein rein relationaler im Sinne der Raumtheorie von Leibniz oder der Graphentheorie Leonard Eulers (1707–1783). Es handelt sich damit in struktureller Hinsicht um das Gegenteil eines Ausdehnungsraums, wie er durch Simulationstechniken erzeugt wird. Beide Formen des Cyberspace können sich freilich auch überlappen: So beruhen sogenannte ›virtuelle Welten‹ wie *Second Life* von 2003 sowohl auf der Vernetzung der Nutzer als auch auf der Ansicht einer räumlichen Ausdehnung.

8.2 Spektrum der Diskussion

Ausgehend vom Spannungsverhältnis zwischen dem relationalen Raum des Internets als technisches Medium und seinen möglichen Vermittlungsformen lässt sich ein Blick auf die gegenwärtige Medienlandschaft sowie deren Theorien werfen. Denn nicht der Computer selbst, sondern vor allem seine Verwendung als Schnittstelle für das Internet haben der Frage nach dem Medium gegen Ende des 20. Jahrhunderts die eigentliche Aktualität verliehen. Nicht zuletzt traten im Laufe der 1990er Jahre die beiden möglichen Medienauffassungen am deutlichsten hervor: Auf der einen Seite finden sich Ansätze der Außensicht, die das Medium als Technik betrachten und unter ›Raum‹ den physisch-geographischen Raum verstehen, in dem die Hardware ihren Ort hat. Auf der anderen Seite finden sich die Analysen der Medialität, die aus der Innensicht, also aus Sicht der Nutzer und der Erscheinungsformen des Mediums die neuen Weisen der Inhaltsvermittlung beschreiben.

Cybersegmentation

In den meisten Untersuchungen werden beide Seiten angesprochen, gleichwohl lässt sich zumeist eine Präferenz feststellen: Globalisierungskritiker, Soziologen und Geographen etwa verweisen darauf, dass das Internet nur dem Anschein nach ein unendlicher Raum sei (s. Kap. III.3): So spricht die Ökonomin Saskia Sassen (1997) von ›Cybersegmentierung‹ und weist damit darauf hin, dass sich ›unterhalb‹ des grenzenlosen Illusionsraums nicht nur nach wie vor ein physischer Raum befindet, sondern dass dieser durch das Internet und durch dessen Benutzung in noch radikalerer Weise geteilt wird als durch Grenzanlagen. Zentrum und Peripherie würden so weltweit neu geordnet: Die Zentren seien dort, wo die Übertragungsleistung für digitale Daten im Netz am höchsten ist oder wo dieses überhaupt vorhanden ist.

Vor Sassen hat der spanische Stadtsoziologe Manuel Castells 1989 diesen Umstand bereits als ›Raum der Ströme‹ (*space of flows*) bezeichnet. Zwar scheint seine These derjenigen Sassens entgegenzustehen, da Castells von einer Restrukturierung der sozialen Beziehungen im digitalen Zeitalter ausgeht, jedoch teilen beide die Grundannahme, dass das Konzept der räumlichen Distanz eine neue Bedeutung erhält: Fern kann der physisch Benachbarte sein, wenn er über keinen Internet-Zugang verfügt. Eine Veranschaulichung der neuen Geographie liegt seit dem Jahr 2001 mit dem *Atlas of Cyberspace* der Geographen Martin Dodge und Rob Kitchin vor, in dem diese die Entwicklung und Ausbreitung des Internets anhand von Karten dokumentieren. Ersichtlich werden hieraus die von Sassen angesprochenen Segmentierungen, die in der Innenperspektive nicht mehr ersichtlich sind. Die Bewertung dieser Restrukturierung der Lebenswelt reicht dabei von kulturkritischen Stimmen, die den Cyberspace in die Geschichte abendländischen Transzendenzbegehrens einreihen (Barloewen 1998), bis zur euphorischen Begrüßung, die ebenfalls in den 1990er Jahren zumeist im Kontext der Postmoderne-Diskussion zu finden sind, im Zuge derer die Metapher des Netzes ihre Konjunktur erlebt, und die erst gegenwärtig kulturgeschichtlich eingeholt wird (Barkhoff et al. 2004).

Dimensionenreduktion als Mediengeschichte

Eine der wenigen Mittelpositionen bezüglich der Räumlichkeit von Medien und ihrer Medialität stammt von Vilém Flusser (1920–1991). Raum ist für ihn nicht nur ein Aspekt oder eine Kategorie, sondern schlechthin dasjenige, woran sich die Transformation von Medien durch die Geschichte hindurch ablesen lässt. In seinem erstmals 1993 postum veröffentlichten Text über »Das Abstraktionsspiel« begreift Flusser die Mediengeschichte als eine mittels Medien praktizierte phänomenologische Reduktion, d. h. als eine Konzentration der Wirklichkeit auf wesentliche Informationen. (Der Aufsatztitel kann als Antwort auf die von Turing gewählte Bezeichnung des ›Imitationsspiels‹ gelesen werden, womit er den später nach ihm benannte Test fasst, dessen Versuchsanordnung zum Beleg der Indifferenz menschlicher und künstlicher Intelligenz diente.) Mit der neueren Physik geht Flusser zunächst davon aus, dass die Wirklichkeit aus vier Dimensionen (drei räumliche und eine zeitliche) besteht, insofern es sich in der ›Natur‹ stets um bewegte Körper handelt. Kants Trennung von ›äußerer‹ (räumlicher) und ›innerer‹ (zeitlicher) Anschauungsform (s. Kap. II.1) wäre demnach bereits nicht nur ein Reduktionsschritt, in dem eine vierdimensionale Raumzeit auf einen dreidimensionalen Körperraum reduziert wird, sondern bereits ein medienhistorischer Schritt von der bewegten Natur zur Skulptur.

Nicht von ungefähr behauptete Gotthold Ephraim Lessing (1729–1781) in *Laokoon oder Über die Grenzen der Malerei und Poesie* von 1766 – also kurz vor Kants Lehre der Anschauungsformen –, dass die Trennung von Raum und Zeit im Auseinandertreten künstlerischer Formen begründet sei: die Bildhauerei (und in ihrem Gefolge die Malerei) auf der einen und die Dichtung auf der anderen Seite (s. Kap. I.3.2 und Kap. III.13). Während erstere im Medium des Steins oder der Leinwand – mit Flusser gesprochen – von der Zeit abstrahiert und den Raum extrahiert, abstrahiert letztere mittels der linearen Schrift vom Raum und bringt so Zeit als Ablauf zur Darstellung; doch nicht nur das: Raum und Zeit treten erst durch den Gebrauch von technischen Medien auseinander, womit ihnen ihre je eigene Vermittlungsleistung zukommt. Ist es vom doppelten Wortsinn her zwar gerechtfertigt Bild als ›Bildnis‹ wie auch als ›Malerei‹ in eins zu setzen, so liegt dazwischen doch eine weitere Abstraktionsstufe. Durch die realistische Malerei wird der Körperraum nochmals um seine materielle Körperlichkeit reduziert, und zwar auf die Fläche. Obwohl das technische Medium der Malerei flach ist, bleibt die Räumlichkeit erhalten. Genau darin besteht die Medialität des Bildes, da es eine Dimension vermitteln kann, die ihm materiell selbst nicht eigen ist: die Dimension der Körperlichkeit. Dieser Umstand wird bereits drei Jahrhunderte vor Lessing mit Leon Battista Alberti (1404–1472) theoretisiert, der Bilder als Medien begreift, die in der Lage sind, die Wirklichkeit zwar unter Absehung von Bewegung und plastischer Tiefe wiederzugeben, aber sie dennoch in Proportionen zu zeigen, die es einem Betrachter erlauben, diese reduzierten Dimensionen zu rekonstruieren.

Mit Bildern ist nach Flusser die Reduktionsgeschichte jedoch nicht zu Ende; es folgen zwei weitere Schritte: Flusser ordnet das von Lessing den Raummedien gegenübergestellte Medium der erzählten Zeit – den Text oder die Schrift – der Reduktion auf das Bild nach. Eine Begründung für diese Reihung findet sich bei dem russisch-amerikanischen Medientheoretiker Lev Manovich (2000), der daran erinnert, dass eine Erzählung zumeist zwar linear aufgebaut ist, deren Inhalt aber eine räumliche Bewegung ist: die Reise eines Protagonisten vom Ausgangs- zum Zielpunkt. ›Erzählen‹ heißt denn auch ›Her-zu-zählen‹, also die Stationen oder Orte aufzuzählen, die durchlaufen werden und an denen Ereignisse stattfinden. Dies ist laut Manovich durch die bürgerliche Literatur des 19. Jahrhunderts in Vergessenheit geraten, da Bewegung hier zumeist nur noch als innere psychische Bewegung eines Protagonisten beschrieben wird, der – wie etwa der Erzähler in Marcel Prousts (1871–1922) *Auf der Suche nach der verlorenen Zeit* – selbst erstarrt ist und eine Bewegung nur mehr als Erinnerung erfolgt (s. Kap. III.1).

Zusammen mit der letzten Stufe der Reduktion ergibt sich nach Flusser folgender idealtypischer Ablauf: »Zuerst wird aus der Raumzeit das Universum der Skulptur [...] herausgehoben [...], daraus das Universum der Bilder [...], daraus wiederum das Universum der Texte [...] und schließlich daraus das Universum der Komputation« (Flusser 1995, 9). Die Mediengeschichte erreiche den Punkt der stärksten Reduktion also mit der Digitalisierung. Die Wirklichkeit sei verdichtet auf diskrete Informationseinheiten, die selbst keine Dimensionalität mehr aufweist, dennoch aber – und dies ist das entscheidende Argument Flussers – nicht nur eine mediale Form zum Vorschein bringen kann, sondern ebenso alle Vermittlungsweisen der vorangegangenen Reduktionsstufen. So kehrt sich am Punkt der größten Verdichtung die Mediengeschichte im Sinne der Techniken gleichsam um, und geht den Weg zurück durch die Stufen der Medialität: über die komputierte Schrift (1D), zum komputierten Bild (2D), zum komputierten Raum (3D) und zur komputierten Raumzeit (4D) wo sie wieder bei der Wirklichkeit anzugelangen scheint, die sie reduziert hatte (Kamper 1999). Letztere ist das, was mehrdeutig als Cyberspace oder – ebenso mehrdeutig – als ›Simulation‹ angesprochen wird, die an der Oberfläche als ein beweglicher Raum auftritt, an der ›Unterfläche‹ hingegen als diskreter Satz von Zeichen, die nur für den Computer interpretierbar sind (Nake 2008).

Raum und Abbild

Weil die Wirklichkeitswiedergewinnung in dem historischen Moment erfolgt, in dem die maximale technische Reduktionsstufe erreicht ist, wird die Debatte um ›Simulation‹ anfänglich unter dem Verdikt der Ununterscheidbarkeit von reduzierter und mediatisierter Wirklichkeit geführt. Der vehementeste Vertreter dieser Position ist der vormalige Assistent des Raumtheoretikers Henri Lefebvre, Jean Baudrillard (1929–2007), der in vielen seiner Texte, am prominentesten aber in seinem Hauptwerk *Der symbolische Tausch und der Tod* von 1976 von den ›drei Ordnungen der Simulakren‹ spricht, die in der Geschichte durchlaufen worden seien: Imitation, Produktion und Simulation; wobei das erste als Zeitalter des Bildes (Renaissance), das zweite als Zeitalter der technischen Reproduktion (Industrialisierung) und das dritte als Zeitalter des Codes – oder nach Flusser: der Komputation – gefasst wird. Baudrillards Pointe ist dabei jedoch, dass er nicht wie Flusser von einem reduzierbaren ›Naturzustand‹ ausgeht, sondern davon, dass Kultur je schon symbolisch verfährt und es also keinen unvermittelten Zugang gibt.

In einem zwei Jahre später entstandenen Text hat Baudrillard von einer »Präzession der Simulakra« gesprochen, also davon, dass das (Zeitalter des) Simulakrum(s) stets wiederkehrt, ebenso wie die Rotationsachse eines Planeten nochmals in sich selbst rotiert. Eine erste Form dieser Kritik findet sich bereits bei Friedrich Nietzsche (1844–1900), der in *Götzen-Dämmerung* von 1889 die Geschichte der Wahrheit nicht nur als einen Verlust derselben beschreibt, sondern als eine Erfindungsgeschichte von Anfang an: Der erste ›Erfinder‹ von Wahrheit oder Wirklichkeit ist demnach Platon (427–347 v. Chr.), für den nicht erst Skulpturen, sondern bereits die Welt selbst nur ein Abbild der ›wahren Wirklichkeit‹ – als ›Reich der Ideen‹ oder als Sphäre der ›Urbilder‹ – ist. Philosophie beginnt somit bereits mit einer impliziten These zur Medialität des Denkens, nur dass die Abstraktion, die in der Philosophie gemeinhin ›Begriffsbildung‹ genannt wird, nicht am Ende steht, sondern vielmehr am Anfang.

Der Philosoph Gilles Deleuze (1925–1995) wiederum hat gezeigt, dass Platon die Vermitteltheit des Denkens als medialem Vorgang dadurch zu leugnen sucht, dass er in zwei Richtungen argumentiert: Zum einen indem er jene Verschiebung der Abbildungsbeziehung vornimmt und Bildwerke damit zu Abbildern zweiter Ordnung werden; zum anderen dadurch, dass er die Simulakren einführt, welche nicht(s) abbilden – also keine Idee bzw. einen sie vertretenden Gegenstand repräsentieren –, sondern schlichtweg ›Trugbilder‹ seien (Deleuze 1993). Damit wird also nicht zwischen guten und schlechten, sondern zwischen wahren und falschen Bildwerken unterschieden. Letztere seien vor allem Skulpturen, deren Proportionen nicht ihrer Vorlage entsprechen – sei es dem Menschen, den sie abbilden oder der Gottheit, die sie in einem Tempel anwesend machen sollen.

Tatsächlich kann mit diesem Rückgang in die Antike zweierlei für eine Betrachtung der heutigen Diskussion gewonnen werden: zum einen, dass eine zentrale Problematik der Medientheorie diejenige der Repräsentation ist, die letztlich in der Frage nach dem Bild selbst mündet, sowie zum anderen, dass es eine Differenz zwischen Bildern oder wirklichkeitsreduzierenden Medien gibt, deren Repräsentation gelungen ist und solchen, denen diese nicht gelingt. Beides steht mit dem Raum in einem engen Verhältnis, da es in beiden Fällen um die Frage geht, inwieweit Bilder die räumliche oder raumzeitliche Wirklichkeit adäquat vermitteln. Positionen, wie diejenige Albertis gehen davon aus, dass Medien dann richtig repräsentieren, wenn ihre Vermittlungsform nichts von dem zugrundeliegenden Medium erahnen lässt. Alberti prägte dafür die Metapher des Bildes als einem ›offenen Fenster‹ (*finestra aperta*), durch das der Betrachter nicht auf das Medium schaut, sondern auf den repräsentierten Inhalt – also auf den Raum. Diese Position lässt sich mit Gottfried Boehm (1994) als die These von der Transparenz des Bildmediums fassen.

Demgegenüber stehen Vertreter, die gegen den Platonismus das Simulakrum verteidigen würden und damit eine Abhängigkeit der Vermittlungsform vom jeweiligen Medium. Diese Position liegt der kubistischen Bewegung zugrunde, die mit dem Abwickeln von Raumkörpern auf die Bildfläche den Fensterblick durch Opazität verhindern oder regelrecht zerstören wollten. Die Fläche als Eigenschaft des Trägermediums wird dabei zum Inhalt desselben. Die mediale Vermittlungsform ist nicht mehr (illusorisch) ›tief‹, sondern (konkret) ›flach‹. Der Medienphilosoph Boris Groys (2000, 88–101) hat gezeigt, wie McLuhans These, dass Medien stets sich selbst zum Inhalt haben, in Anlehnung an diese kubistische Strategie formuliert ist. Nur ist dies nach Ansicht von Groys dann ungerechtfertigt, wenn die These per se auf alle Medien ausgeweitet wird, ohne darauf zu achten, ob die Darstellungsform nicht nur eine Reduktion gegenüber der früheren Stufe hinsichtlich des Mediums ist, sondern auch im Hinblick auf die Inhaltsform.

Um letztere zu analysieren, muss – dies zeigen auch die Überlegungen von Flusser – nicht davon ausgegangen werden, dass das Medium sich selbst mit abbildet und es daher – wie Baudrillard meint – nur Simulakren geben kann. Diese antiplatonistische, aber gleichwohl bei Platon verharrende Auffassung ist einem Paradigma verhaftet, das Bilder nicht anders denn als Repräsentationen oder Zeichen der Wirklichkeit denken kann: Sind Bilder aber einmal von dem Anspruch befreit, einen Raum ›außerhalb‹ ihrer selbst abzubilden, können die Darstellungsmodalitäten selbst analysiert werden. Mit dem Kinotheoretiker André Bazin (1918–1958) lässt sich dies als die Aufgabe beschreiben, das Medium von dem Anspruch zu befreien, ›total‹ in dem Sinne zu sein, dass es die Wirklichkeit redupliziert. Insbesondere die Fotografie und ihr nachfolgend der Film haben diesen Mythos genährt, respektive – so Bazins (2004) medienhistorische These – ging dieser Mythos den betreffenden Medien voraus und forciert deren Einsatz.

Indexikalität und Diegese (Fotografie und Film)

Ausgesprochener Konsens im Fotografiediskurs ist in der Folge, dass Bilder, die durch die Aufzeichnung von Lichtspuren entstanden sind, immer auf den sie verursachenden Gegenstand bezogen bleiben (Wolf 2002). Mit dem Semiotiker Charles S. Peirce (1839–1914) wird davon ausgegangen, dass fotografische Bilder indexikalische Zeichen sind, die ›natürlicherweise‹ das abbilden, was sie darstellen: also eine Situation in der Raumzeit, die sie um eine oder zwei Dimensionen ›reduziert‹ haben (Dubois 1998). Mit dem Aufkommen der digitalen Fotografie und den Möglichkeiten digitaler Bildbearbeitung erfolgt jedoch eine Besinnung auf die Eigenständigkeit des Bildraums. So sieht Warren Buckland (2002) angesichts der Verfilmung von *Jurassic Park* im Jahr 1993 durch Steven Spielberg Bazins These vom ›mythologischen‹ Wunsch nach dem totalen (Bewegungs-)Bild bestärkt.

Bereits frühe Ansätze der Filmtheorie zeigen, dass die Beurteilung eines Bildes in der indexikalischen Funktion nur eine Möglichkeit, jedoch keine Notwendigkeit ist: So setzte bereits 1951 der Philosoph Étienne Souriau (1892–1979) dem Bilddenken der ›Mimesis‹ (als Abbildung oder Nachahmung) dasjenige der ›Diegese‹ (als Erzählung oder Fiktion) entgegen: »Der diegetische Raum [wird] nur im Denken des Zuschauers rekonstruiert [...]; in ihm sollen alle Ereignisse, die man mir zeigt sich abspielen, in ihm scheinen sich die Figuren zu bewegen, sobald ich die Szene verstehe, an der man mich teilhaben lässt« (Souriau 1997, 144). Der Film wäre damit nicht nur das Medium, in dem erstmals die zuvor auseinanderdividierten und durch jeweilige Medien reduzierten Größen von Raum und Zeit wieder als ein ›bewegtes Bild‹ zusammenkommen, sondern auch dasjenige, worin die Erzählung ohne eine Frage nach der externen Referenz beurteilt und so allein hinsichtlich seiner poetischen Eigenschaften analysieren werden kann.

Formale Filmbildanalysen, wie sie sich vor allem mit Rudolf Arnheim (1904–2007) aus der Kunstgeschichte heraus entwickelt haben, zeigen unter anderem, dass Bildvermittlung über Zusammenschlüsse – dem Schnitt als ›Vernähung‹ der Bildteile (Oudart 1977) –, allererst aber durch Differenzierung erfolgt. Ganz grundsätzlich ist eine solche mit der Abgrenzung gegeben, die den Bildinhalt von der ihn umgebenden raumzeitlichen Wirklichkeit trennt: mit dem Rahmen. Bereits in der Bildtheorie von Edmund Husserl (1859–1938) wird dies als die entscheidende Differenz benannt, aufgrund derer Bilder überhaupt Bilder sind: Husserl spricht vom konstitutiven Widerstreit zwischen dem Trägermedium als Teil der Wirklichkeit und der Erscheinung, durch die ein Inhalt vorstellig wird und dem die Erscheinung ihrerseits widerstreitet, da sie eben nicht der Inhalt, sondern ein Bild des Inhalts ist. Husserl nennt Letzteres das ›Bildsujet‹ im Unterschied zum ›Bildobjekt‹. Vom Filmbild her lässt sich nun zeigen, wie diese Bildobjekte nicht nur durch die Bildbegrenzung von der Wirklichkeit getrennt sind, auf deren Raum sie vermeintlich Bezug nehmen, sondern einen Raum zu Darstellung bringen, der dem Bild immanent ist. Der frankoamerikansiche Filmtheoretiker Noël Burch (1981) hat dies als die Dialektik zwischen dem Raum ›onscreen‹ (*l'espace-en-champs*) und dem Raum ›offscreen‹ (*l'espace hors-champs*) bezeichnet, wobei das Off nicht im Raum des Bildträgers oder Mediums liegt, sondern im vermittelten

Raum selbst. Das heißt, mit dem Rahmen als medialen Raumteiler wird eine Grenze etabliert, durch die sich der virtuelle Raum unabhängig vom faktischen entfalten kann.

8.3 Offene Fragen und Kontroversen

Mit der Hinwendung zur eigenen medialen Logik von Bildphänomenen zeichnet sich das Ende der Vorherrschaft des linguistischen Apriori und des Sprachparadigmas ab, wonach Bilder allein in ihrem Gebrauch als Zeichen fokussiert und gleichsam darauf fixiert werden, so dass die Repräsentationsfunktion von Bildern bisweilen zu einer substantiellen Eigenschaft derselben erhoben wurde. Die Bildpräsentation kann eine Abbildungsfunktion im Bezug auf wirklichen Raum haben, sie kann aber auch Eigenschaften von Räumlichkeit aufweisen, die dem Bild inhärent sind, das heißt, als solche Eigenschaften Verwendung finden (Wiesing 2005). Bilder fungieren dann nicht mehr länger als eine Repräsentation des Außenraums, sondern geben Beispiele und exemplifizieren mögliche Raumstrukturen. Nicht zuletzt gaben Computerspiele in den 1970er und 1980er Jahren eine erste Vorstellung davon, wie der Cyberspace aussehen könnte; nicht zuletzt bezog sich Gibson in seinem Schlüsselroman auf die Eindrücke, die er in Spielhallen sammeln konnte.

Raumbild Computerspiel

Computerspiele können nicht nur als exemplifikatorisch gebrauchte Raumbilder par excellence gelten, sondern die laufende Debatte in der internationalen Computerspielforschung ist zugleich exemplarisch für die Frage nach der Medialität von Medien (Mersch 2008). Zuletzt sind Computerspiele auch derjenige Bereich, aus dem alle räumlichen Innovationen, vor allem auf Ebene der Medialität, in anderen Bereichen stammen, da auf der Ebene des technischen Mediums maximale Beweglichkeit und eine Ubiquität der Datenbestände bereist erreicht ist oder demnächst erreicht sein wird.

Der in den ›Game Studies‹ verhandelte Grunddissens lässt sich auf die Frage reduzieren, welcher Gattung digitale Spiele zugehören: Eine Gruppe von Forschern, die sogenannten Ludologen, spricht sich dafür aus, Computerspiele als eine Art von Spiel zu betrachten, eine andere, die sogenannten Narratologen, sie als eine Art Text zu behandeln (Ryan 1999). In beiden Ansätzen führt die Gegenstandsbestimmung jedoch zu Problemen: Wie zunächst der dänische Spieletheoretiker Jesper Juul (1998) zeigt, können Ansätze, die Computerspiele der Gattung ›Text‹ zuordnen, nicht hinreichend auf die notwendige Aktualisierung von Regeln im Spielvollzug eingehen: Während Texte fertig sind, sobald der Leser sie in die Hand nimmt und seine Lektüre allenfalls in der Vorstellungswelt aktualisiert wird, findet Spielen unweigerlich in der Gegenwart statt, auch dann, wenn das Sujet eine vergangene Zeit sein sollte. Umgekehrt kann mit diesem Herangehen aber kein hinreichendes Kriterium zur Unterscheidung von Spielen angeben werden, die mit Hilfe eines Computers gespielt werden, und von solchen, die auch ohne Computer gespielt werden können.

Derzeit etabliert sich eine Alternative, die aus den Defiziten beider Richtungen eine Konsequenz zieht: Der Grundgedanke ist, Computerspiele sowohl einer anderen Mediengattung als derjenigen des Textes zuzurechnen, als auch sie zugleich von traditionellen Spielen zu unterschieden. Beide Bedingungen sind erfüllt, wenn Computerspiele der Mediengattung ›Bild‹ zugesprochen werden. Bilder können in drei medialen Grundformen vorliegen, das heißt, sie können auf verschiedene – und räumlich signifikante – Weisen (statisch, dynamisch oder interaktiv) Inhalte vermitteln. Diese Vermittlungsweisen des Bildes sind die hinreichenden Bedingungen der Rezeption. Mit anderen Worten: Während die materielle Grundlage der Bilder (wie Leinwand oder Monitor) in allen drei Fällen statisch ist, unterscheiden sich die Bilderscheinungen für den Betrachter grundlegend: Dieser sieht in Gemälden und auf Fotografien Objekte, die ebenso statisch sind wie der Bildträger, in Filmen und Animationen hingegen können bewegte Objekte beobachtet werden und in Simulationsbildern kann nicht nur eine Bewegung gesehen, sondern diese zugleich beeinflusst werden.

Computerspiele gehören daher zur Gattung der Bilder: Es sind bewegbare Bilderscheinungen, die damit eine Teilmenge des Simulationsbildes ausmachen. Was Computerspiele jedoch von Simulationsbildern unterscheidet, oder vielmehr: was Simulationsbilder zu Computerspielen macht, ist die besondere Verwendung des manipulierbaren Bildes zu Zwecken des Spiels. Nach der Definition der Kulturanthropologen Johan Huizinga (1872–1945) und Roger Caillois (1913–1978) – und an der klassischen Bestimmung Friedrich Schillers (1859–1905) angelehnt – liegt ein ›Spiel‹ dann vor, wenn aus freien Stücken eine autonome Ordnung (Regeln) akzeptiert und eine Grenze zum Alltag und der Wirklichkeit gesetzt wird. Missverständlich an dieser Definition ist jedoch, dass unter einer solchen Grenzziehung – dem nach Huizinga sogenannten ›Magic Circle‹ des Spiels (Salen/Zimmerman 2003) – zumeist eine materielle oder physische Distinktion im Raum verstanden wird.

Genau dann wäre aber jedes Simulationsbild und schon jedes andere Bild ein Spiel, weil die wahrnehmbare Bilderscheinung stets immateriell ist. Umgekehrt wären unter dem Aspekt der Freiwilligkeit betrachtet, Computerspiele gar keine Spiele, da es dem Nutzer nicht obliegt, die Regeln anzuerkennen, weil sie – als implementierte – nicht umgangen werden können. Die Freiheit des Spiels besteht gerade unter räumlichen Gesichtspunkten dagegen in etwas anderem: Was im Spiel geschieht, gilt nur im Spiel und muss nicht auf etwas *außerhalb* bezogen werden. ›Spielen‹ kann etwas, muss aber nichts bedeuten, es ist wesentlich asignifikativ. Anders gesagt, mit Simulationsbildern wird immer dann ›gespielt‹, wenn sie nicht auf das Sujet der Bilderscheinung als eine externe Referenz bezogen werden. So kann man beispielsweise einen Flugsimulator als Spiel verwenden oder damit für die Verwendung eines Flugzeugs trainieren und die Bilderscheinung in Bezug auf das Bildthema (ein Flugzeug in der wirklichen Raumzeit) verwenden.

Interaktion und Navigation

Bezeichnenderweise liegt eine Anerkennung von Computerspielen in ihrer bildlichen Vermittlungsform immer dann vor, wenn die räumliche Konstitutionsleistung der Computerspiele behandelt wird. So hat Espen Aarseth vom Zentrum für Computerspielforschung in Kopenhagen in einem wegweisenden Aufsatz von 2001 über Computerspiele als »Allegorien des Raums« sogar behauptet, dass das durchgehende Thema aller Computerspiele der Raum sei. Mit ›Thema‹ meint er damit freilich nicht die Narration – d.h. das Bildsujet als Referenz –, sondern worum es beim Benutzen der Spiele geht: Mit dem zu interagieren, was sie darbieten; und Computerspiele bieten einem Benutzer in erster Linie Konfigurationen von Raum an, die bildlich vermittelt sind und nur in der Bildbenutzung erfahren werden können.

Tatsächlich wurde diese Konstante der Computerspiele bereits vier Jahre zuvor bemerkt: Im Jahr 1997 veröffentlichte der amerikanische Medienwissenschaftler Mark Wolf den Vorschlag, im Rückgang auf Burch Computerspiele anhand des jeweiligen Unterschieds zwischen dem Raum im Bild *onscreen* und dem Raum außerhalb des Bilds *offscreen* zu vergleichen. Wolf betrachtet Computerspiele damit – ungeachtet ihrer Narration oder auch der einzelnen Spielregeln – allein anhand von Raumgenres, die sich historisch verändern: Während Computerspiele anfangs zumeist *contained spaces* aufweisen, also begrenzte Bildräume, die zwar einen *offscreen space* besitzen, aus dem Bildobjekte (wie Tischtennisbälle oder Raumschiffe) in den sichtbaren Bereich hineinkommen können, der für den Betrachter jedoch *offscreen* bleibt, wird die Grenze des interaktiven Bilds nach und nach dynamisch, wie etwa bei Spielen, die ein *locked scrolling* (einen vorgegebenen Bildlauf) aufweisen. So sind nicht nur die Bilderscheinungen interaktiv, sondern letztlich auch der Bildrahmen, wie dies heute bei nahezu allen 3D-Spielen der Fall ist.

Die Bildhandlung wird im Spiel durch die Raumgrenzen und ihre Variabilität sowie durch die in den Bildraum eingetragenen Objekte bedingt. Wolfs Ansatz ist für die Computerspielforschung nicht nur deshalb wegweisend, weil er bereits nicht mehr in der Dichotomie von Text und Spiel denkt, sondern da er zugleich zeigt, dass der mediale Status der interaktiven Bildlichkeit innerhalb der Computerspiele zu einer Ausdifferenzierung der Bildraumstrukturen führt. Bedingt durch den Rückgriff auf die Filmanalyse macht Wolf dies vor allem an den primären Sichtbarkeitsgrenzen fest, die Analyse lässt sich aber ebenso für innerbildliche Raumstrukturen anwenden sowie für nichtsichtbare Anteile des Spielbildes.

Letzteres wird erst in der jüngsten Forschung hervorgehoben, wo betont wird, dass das Computerspielbild sowohl visuelle als auch navigatorische Anteile besitzt, die als solche selbst nicht visualisiert sein müssen, und gleichwohl doch eine Eigenschaft des Simulationsbildes sind. So gründet die Interaktion in dem *text-only* Spiel *Zork* (1980) auf einem strikten Navigationsschematismus der Himmelsrichtungen (N – NE – E – S – SW – W – NW), ohne dass die induzierte Raumbewegung als solche visualisiert wird. Mit Wolf gesprochen, ist der Onscreenraum hier gänzlich außerhalb des Bilds, das heißt *off the screen*.

Das Textadventure ist der bildräumliche Nullfall: ein auf die Interaktion reduziertes Simulationsbild, in dem keine Objekte visualisiert werden. Aber auch bei 3D-Bildausgaben kann eine Diskrepanz zwischen dem sichtbaren und dem spielbaren Bild bestehen: Die Unterschiede zwischen Simulationslücken können dabei derart gravierend sein, dass ganze Dimensionsunterschiede zwischen dem räumlichen Aktionsschema des Spielbilds und der visuellen Ausgabe bestehen (Fernández-Vara et al. 2005). So sind in frühen Egoshootern zwar drei Dimensionen sichtbar, gespielt werden können aber nur zwei: Breite und Tiefe. Die Simulationslücke wird in *Doom* von 1993 etwa dadurch überbrückt, dass es zum Anvisieren von Objekten, die oberhalb der Bewegungsfläche liegen, ausreicht, eine Übereinstimmung in der Horizontalen herzustellen. Erst in nachfolgenden Spielbildern kann die dritte Dimension nicht nur gesehen, sondern auch bespielt und in ihr navigiert werden.

Hiervon ausgehend ist es nun zum einen möglich, die Perspektiven, Kartierungen und Wegstrecken in Computerspielen auf ihre Funktion im Spiel hin zu untersuchen, ohne eine referentielle Verwendungsweise des Computerspielbilds vorauszusetzen; zum anderen lassen sich damit die Effekte beschreiben, die durch eine Erweiterung des Computerspiels über die Bildgrenze hinaus erfolgen (Borries et al. 2007). Dies betrifft nicht nur die Phänomene des Onlinespielens, wo die Spielfeldgrenzen entweder – wie im Bereich des E-Sports, wo Teams in Local Area Networks gegeneinander antreten – erhalten bleiben oder in persistente Welten, in denen sich die Spielwelt auch dann verändert, wenn der Spieler nicht online ist, aufgelöst werden. Sondern dies betrifft auch die Überlagerung von außerbildlicher Wirklichkeit und Simulationsbild: In der laufenden Diskussion scheint sich dabei der Sonderstatus von Computerspielen insofern zu bestätigen, als dass das, was im Allgemeinen als Erweiterung von Realität (in das Bild) verstanden und entsprechend *augmented reality* genannt wird, im Computerspiel als *pervasive gaming* angesprochen wird und vielmehr die Durchdringung der beiden gleichberechtigten Räume betont. Beispiele hierfür sind zum einen das Geocaching, bei dem geographische Koordinaten den Anhaltspunkt für Suchspiele bilden oder auch semitransparente Datenbrillen, die Bildobjekte in den Raum des Betrachters projizieren.

Literatur

Aarseth, Espen: Allegorien des Raums. Räumlichkeit in Computerspielen. In: *Zeitschrift für Semiotik* 23/1 (2001), 301–318 (engl. 2000).

Andriopoulos, Stefan/Schabacher, Gabriele/Schumacher, Eckhard (Hg.): *Die Adresse des Mediums*. Köln 2001.

Arnheim, Rudolf: *Film als Kunst* [1932]. Frankfurt a. M. 2002.

Barkhoff, Jürgen/Böhme, Hartmut/Riou, Jeanne (Hg.): *Netzwerke. Eine Kulturtechnik der Moderne*. Köln/Weimar/Wien 2004.

Barloewen, Konstantin von: *Der Mensch im Cyberspace. Vom Verlust der Metaphysik und dem Aufbruch in den virtuellen Raum*. München 1998.

Baudrillard, Jean: Die Präzession der Simulakra. In: Ders.: *Agonie des Realen*. Berlin 1978, 7–69 (frz. 1978).

Bazin, André: Der Mythos vom totalen Film. In: Ders.: *Was ist Film?* Berlin 2004, 43–49 (frz. 1946).

Bimber, Oliver/Raskar, Ramesh: *Spatial Augmented Reality. Merging Real and Virtual Worlds*. Wellesley 2005.

Boehm, Gottfried: Die Wiederkehr der Bilder. In: Ders. (Hg.): *Was ist ein Bild?*. München 1994, 11–38.

Bolter, Jay David: *Writing Space. Computers, Hypertext, and the Remediation of Print* [1991]. Hillsdale 2001.

Bolz, Norbert: *Am Ende der Gutenberg-Galaxis. Die neuen Kommunikationsverhältnisse*. München 1993.

Bordwell, David: Modelle der Rauminszenierung im zeitgenössischen europäischen Kino. In: Andrea Rost (Hg.): *Zeit, Schnitt, Raum*. Frankfurt a. M. 1997, 17–42.

Borries, Friedrich von/Walz, Steffen P./Böttger, Matthias (Hg.): *Space Time Play. Games, Architecture, and Urbanism – The Next Level*. Basel/Boston/Berlin 2007.

Buckland, Warren: Realism in the Photographic and Digital Image. In: Thomas Elsaesser/Ders.: *Studying Contemporary American Film. A Guide to Movie Analysis*. London/New York 2002, 195–219.

Burch, Noël: *Nana*, or the Two Kinds of Space. In: Ders.: *Theory of Film Practice*. Princeton 1981 (frz. 1961), 17–31.

Burckhardt, Martin: *Metamorphosen von Raum und Zeit. Eine Geschichte der Wahrnehmung*. Frankfurt a. M./New York 1994.

Castells, Manuel: *The Informational City. Information Technology, Economic Restructuring, and the Urban-Regional Process*. Oxford 1989.

–: *Die Internet-Galaxie. Internet, Wirtschaft und Gesellschaft*. Wiesbaden 2005 (amerik. 2001).

Crary, Jonathan: *Techniken des Betrachters. Sehen und Moderne im 19. Jahrhundert*. Dresden/Basel 1996 (amerik. 1990).

Deleuze, Gilles: Platon und das Trugbild. In: Ders.: *Logik des Sinns*. Frankfurt a. M. 1993, 311–324 (frz. 1966).

Dubois, Philippe: *Der fotografische Akt. Versuch über ein theoretisches Dispositiv*. Amsterdam/Dresden 1998 (frz. 1990).

Fernández-Vara, Clara/Zagal, José Pablo/Mateas, Michael: Evolution of Spatial Configurations in Videogames. In: *Proceedings of DiGRA 2005 Conference. Changing Views – Worlds in Play*. http://digra.org/dl/db/06278.04249.pdf.

Flusser, Vilém: Das Abstraktionsspiel (1983). In: Ders.: *Lob der Oberflächlichkeit. Für eine Phänomenologie der Medien*. Mannheim [2]1995, 9–59.

Giesecke, Michael: *Der Buchdruck in der frühen Neuzeit. Eine historische Fallstudie über die Durchsetzung neuer Informations- und Kommunikationstechnologien*. Frankfurt a. M. 1991.

Großklaus, Götz: Medienphilosophie des Raums. In: Mike Sandbothe/Ludwig Nagl (Hg.): *Systematische Medienphilosophie*. Berlin 2005, 3–20.

Groys, Boris: *Unter Verdacht. Eine Phänomenologie der Medien*. München/Wien 2000.

–: *Topologie der Kunst*. München/Wien 2003.

Heider, Fritz: *Ding und Medium* [1926]. Berlin 2005.

Innis, Harold A.: Das Problem des Raumes. In: Ders.: *Kreuzwege der Kommunikation. Ausgewählte Texte*. Hg. von Karlheinz Barck. Wien/New York 1997, 147–181 (amerik. 1951).

Kamper, Dietmar: *Körper-Abstraktionen. Das anthropologische Viereck von Raum, Fläche, Linien und Punkt*. Köln 1999.

Kapp, Ernst: *Grundlinien einer Philosophie der Technik* [1877]. Düsseldorf 1978.

Korbel, Leonhard: *Zeit und Raum im Computerspiel. Ein narratologischer Ansatz*. München 2009.

Koyré, Alexandre/Cohen, Bernard I.: The Case of the Missing *Tanquam*: Leibniz, Newton and Clarke. In: *Isis* 52 (1961), 555–566.

Krämer, Sybille: *Medium, Bote, Übertragung. Kleine Metaphysik der Medialität*. Frankfurt a. M. 2008.

Luhmann, Niklas: Das Medium der Kunst [1986]. In: Ders.: *Aufsätze und Reden*. Stuttgart 2001, 198–217.

Manovich, Lev: Navigable Space. Raumbewegung als kulturelle Form. In: Hans Beller/Martin Emele/Michael Schuster (Hg.): *Onscreen/Offscreen. Grenzen, Übergänge und Wandel des filmischen Raumes*. Ostfildern bei Stuttgart 2000, 185–207.

McLuhan, Marshall: *Die Gutenberg-Galaxis. Das Ende des Buchzeitalters*. Bonn u.a. 1995 (amerik. 1962).

McMahan, Alison: Immersion, Engagement, and Presence. A Method for Analyzing 3-D Video Games. In: Mark J.P. Wolf/Bernard Perron (Hg.): *The Video Game Theory Reader*. New York/London 2003, 67–86.

Mersch, Dieter: Logik und Medialität des Computerspiels. In: Jan Distelmeyer/Christine Hanke/Ders. (Hg.): *Game over?! Perspektiven des Computerspiels*. Bielefeld 2008, 19–41.

Montola, Markus/Stenros, Jaakko/Waern, Annika: *Pervasive Games – Theory and Design. Experiences on the Boundary between Life and Play*. Amsterdam u. a. 2009.

Münker, Stefan/Roesler, Alexander (Hg.): *Was ist ein Medium?* Frankfurt a. M. 2008.

Nake, Frieder: Zeigen, Zeichnen und Zeichen. Der verschwundene Lichtgriffel. In: Hans Dieter Hellige

(Hg.): *Mensch-Computer-Interface. Zur Geschichte und Zukunft der Computerbedienung*. Bielefeld 2008, 121–154.
Nitsche, Michael: *Video Game Spaces. Image, Play and Structure in 3D Game Worlds*. Cambridge/London 2008.
Ong, Walter J.: *Oralität und Literalität. Die Technologisierung des Wortes*. Opladen 1987 (amerik. 1982).
Oudart, Jean-Pierre: Cinema and Suture. In: *Screen* 18/4 (1977), 35–47 (frz. 1969).
Rheingold, Howard: *Virtuelle Welten. Reisen im Cyberspace*. Reinbek bei Hamburg 1992 (amerik. 1991).
Ryan, Marie-Laure (Hg.): *Cyberspace Textuality. Computer Technology and Literary Theory*. Bloomington/Indianapolis 1999.
Salen, Katie/Zimmerman, Eric: *Rules of Play. Game Design Fundamentals*. Cambridge/London 2003.
Sassen, Saskia: Cyber-Segmentierung. Elektronischer Raum und Macht. In: Stefan Münker/Alexander Roesler (Hg.): *Mythos Internet*. Frankfurt a. M. 1997, 215–235.
Schmeiser, Leonhard: *Die Erfindung der Zentralperspektive und die Entstehung der neuzeitlichen Wissenschaft*. München 2002.
Seitter, Walter: *Physik der Medien. Materialien, Apparate, Präsentierungen*. Weimar 2002.
Shannon, Claude/Weaver, Warren: *Mathematische Grundlagen in der Informationstheorie*. Oldenbourg 1976 (amerik. 1949).
Siegert, Bernhard: *Relais. Geschicke der Literatur als Epoche der Post 1751–1913*. Berlin 1993.
Smuda, Manfred (Hg.): *Landschaft*. Frankfurt a.M. 1986.
Souriau, Etienne: Die Struktur des filmischen Universums und das Vokabular der Filmologie. In: *montage-av* 6/2 (1997), 140–157 (frz. 1951).
Spencer Brown, George: *Die Gesetze der Form*. Lübeck 1997 (amerik. 1969).
Spengler, Oswald: *Der Untergang des Abendlandes. Umrisse einer Morphologie der Weltgeschichte*. Bd. 1: *Gestalt und Wirklichkeit* [1918]. München 1972.
Stern, Günther: Spuk und Radio. In: *Anbruch* XII/2 (1930), 65 f.
Tholen, Georg Christoph: *Die Zäsur der Medien. Kulturphilosophische Konturen*. Frankfurt a. M. 2002.
Virilio, Paul: Der kritische Raum. In: *Tumult* 7 (1983), 16–27.
Wertheim, Margaret: *Die Himmelstür zum Cyberspace. Von Dante zum Internet*. Zürich 2000 (amerik. 1999).
Winkler, Hartmut: *Der filmische Raum und der Zuschauer. ›Apparatus‹ – Semantik – ›Ideology‹*. Heidelberg 1992.
Winter, Gundolf/Schröter, Jens/Barck, Joanna (Hg.): *Das Raumbild. Bilder jenseits ihrer Flächen*. München 2009.
Wolf, Herta (Hg.): *Fotokritik am Ende des fotografischen Zeitalters*. Bd. 1: *Paradigma Fotografie*. Frankfurt a. M. 2002.
Wolf, Mark J.P.: Inventing Space. Towards a Taxonomy of On- and Off-Screen Space in Video Games. In: *Film Quarterly* 51 (1997), 11–23.

Stephan Günzel

9. Kognitiver Raum: Orientierung – Mental Maps – Datenverwaltung

9.1 Entstehung des Themenfeldes

›Raumkognition‹, ›Spatial Reasoning‹ oder ›Cognitive Maps‹ sind Begriffe des 20. Jahrhunderts. Ihre Gegenstände jedoch, wie räumliches Vorstellen und Schließen oder Richtungs- und Orientierungsverhalten, beschäftigen Philosophie, Anthropologie, Physiologie und Psychologie weitaus länger. Im Folgenden wird zunächst ein Überblick über die Orientierungsforschung des 19. Jahrhunderts gegeben, in der die späteren Untersuchungen zu mentalen Karten unmittelbar wurzeln. Mentale Karten bezeichnen dabei Raumrepräsentationen, die aus Wahrnehmung und Bewegung hervorgehen, im (Körper-)Gedächtnis gespeichert sind und räumliches Verhalten beeinflussen. Wesentliche Impulse zur Untersuchung mentaler Karten gingen von Edward C. Tolman (1886–1959) und Kevin Lynch (1918–1984) aus. Während Tolman über das Verhalten von Ratten in Labyrinthen zu einer Theorie kognitiver Karten (*cognitive maps*) kam, entwickelte Lynch seinen Begriff des Umweltbildes (*environmental image*) im Rahmen empirischer Studien zur Wahrnehmung der Stadt. Zeigen sich mentale Karten von Beginn an als ein interdisziplinärer Forschungsgegenstand der Psychologie und Geographie, dann haben die Semiotik einerseits, die Postcolonial Studies andererseits zu einer Transformation des ursprünglich kognitivistischen Begriffs ›mentaler Karten‹ in ein kritisches soziokulturelles Konzept beigetragen (s. Kap. I.2.1).

Kennzeichnend überhaupt für die Begriffs- und Modellbildung auf dem Gebiet der Raumkognition sind Bildgeber aus den medialen Kulturtechniken, die der Vermessung und Kartierung von Räumen sowie der Lage- und Richtungsbestimmung dienen; vergleichbar einer Gedächtnismetaphorik, die sich von den jeweils avanciertesten Schrift- und Bildmedien nährt. Zu den prominentesten Metaphern in Bezug auf mentale Raumrepräsentationen und das Richtungs- und Orientierungsverhalten gehört neben der ›Karte im Kopf‹ der ›innere Kompass‹. Beide Metaphern tauchen bereits im 18. und 19. Jahrhundert auf.

Auf dem Hintergrund der Kartographie argumentierte auch der italienische Poligraph Anton Francesco Doni (1513–1574), als er Mitte des 16. Jahrhunderts zwei Strategien empfahl, um sich in einer fremden Stadt zurechtzufinden: So riet er allen Neuankömmlingen in Florenz, sich von einem Einheimischen zunächst alle bekannten Plätze und dann die geheimen Orte der Stadt zeigen zu lassen. Nachdem der urbane Raum auf diese Weise durchquert wäre, solle ein hohes Gebäude oder eine geographische Erhebung aufgesucht werden. Der kartographische Blick von oben, wie er von den Malern und ›Raumbeschreibern‹ – sogenannten Chorographen – der Frühen Neuzeit erstmals systematisch eingenommen wurde, gewährt nicht nur einen Überblick über die gesamte Stadt mit ihren öffentlichen Gebäuden und Straßen. Doni zufolge entsteht auf seiner Grundlage vielmehr ein ›Vorstellungsbild‹ der räumlichen Umgebung, das sich für die weitere Orientierung als zweckdienlich erweist (Frangenberg 1994). Es gab also schon in der Frühen Neuzeit ein an kartographischen Praktiken orientiertes Wissen über die Bildung und Funktion mentaler Raumrepräsentationen. Die beiden Strategien, die Doni anführt, werden noch heute in der Kognitionswissenschaft diskutiert, und zwar als ›Routen-‹ und ›Kartenwissen‹. Steht inzwischen außer Frage, dass kartographische Praktiken Räume konstruieren und räumliches Verhalten bestimmen, bleibt im Einzelnen noch zu untersuchen, welchen historischen Einfluss sie auf die Konzeptualisierung kognitiver Raummodelle ausgeübt haben.

Zur Orientierungsforschung im 19. Jahrhundert

Die Faszination an den Orientierungsleistungen von Vögeln und anderen Tieren kann bis auf die Antike zurückverfolgt werden. Zum Gegenstand der experimentellen Forschung wurde das Richtungs- und Orientierungsverhalten jedoch erst im 19. Jahrhundert. Die entsprechenden Untersuchungen standen in unmittelbarem Zusammenhang mit einer physiologischen Erklärung oder auch Biologisierung der Raumwahrnehmung. Hatte Immanuel Kant (1724–1804) in der *Kritik der reinen Vernunft* von 1781 Raum und Zeit noch als reine Formen der Anschauung beschrieben, die jeder Wahrnehmung äußerer Erscheinungen vorausliegen und ordnend in sie eingehen (s. Kap. II.1), führte die Sinnesphysiologie generell die Wahrnehmung auf die anatomische Struktur der Sinnesorgane zurück. In den verschiedenen Sinnesorganen mit ihren jeweiligen, auf die Empfindung von Licht, Schall, Wärme, Druck etc. ausgerichteten Nervenfasern wurden Medien erkannt, die das, was sie vermitteln, allererst hervorbringen. Sie stellen demnach keine passiven Instanzen dar, durch die – wie in der Camera obscura als dem frühneuzeitlichen Wahrnehmungsmodell – ein Abbild der Außenwelt in den Seelenraum eintritt, sondern haben aktiven Anteil an der Wahrnehmung (Crary 1996). In der Kontroverse zwischen Nativisten und Empiristen blieb dabei offen, ob räumliche Vorstellungen auf die Struktur der Sinnesorgane zurückzuführen und somit angeboren sind oder primär durch Erfahrung erworben werden (Hatfield 1990).

Aus der Orientierung, die als Lage- und Richtungsbestimmung ein Teilproblem der Raumwahrnehmung darstellte, wurde im 19. Jahrhundert ebenfalls ein »physiopsychologischer Begriff« (Hartmann 1902, 21). Die Handlung des Orientierens (von lat. *oriens*) bezeichnete ursprünglich die Ausrichtung nach Osten, der aufgehenden Sonne entgegen, um dann allgemeiner die Ausrichtung von Karten und Rissen – in der reflexiven Form des Sich-Orientierens auch des eigenen Körpers – auf die Himmelsrichtungen zu bedeuten (Stegmaier 2008). Dass der Leib mit seiner linken und rechten Seite, seinem Oben und Unten, Hinten und Vorn ein grundlegendes Referenzsystem darstellt, auf dessen Basis Lage- und Richtungsbestimmungen erfolgen, verdeutlichte bereits Kant 1768 in »Von dem ersten Grunde des Unterschiedes der Gegenden im Raum«. Er konnte diesbezüglich an den geometrischen Begriff der Lage anschließen, der, wie in Zedlers Universallexikon dokumentiert, bis in das 18. Jahrhundert hinein noch diese anthropomorphe Bedeutung zeigte.

Mit dem physiopsychologischen Paradigma rückten hingegen die anatomischen Grundlagen in den Vordergrund: Orientierung wurde so einerseits von den Sinnesorganen sowie dem cerebralen Nervenkomplex, andererseits vom Gedächtnis als dem psychologischen Teilaspekt des Orientierungsvermögens her konzipiert. Zur leitenden Frage der empirischen Forschung wurde, ob das Richtungs- und Orientierungsverhalten im Raum auf die Leistung einzelner Sinnesorgane, die Synthese verschiedener Sinnesmodalitäten oder auf einen zusätzlichen sechsten Sinn, einen speziellen Orientierungs- oder Richtungssinn, zurückgeführt werden muss.

Die Untersuchungen wurden zunächst mit Tieren durchgeführt. Bevorzugter Gegenstand der Forschung war die Taube, weitere Studien bezogen sich auf Zugvögel, Insektenvölker und Hunde. Zur Nachrichtenübermittlung über größere räumliche Distanzen eingesetzt, zeigte die domestizierte Brieftaube bereits in der Antike ihren strategischen Mehrwert bei Belagerungen und Kriegen. Und noch im 19. Jahrhundert wurde die Brieftaube trotz aller technischen Revolutionen im Verkehrs- und Kommunikationswesen für Botendienste im Kriegsfall vorgesehen. Das verlieh der Orientierungsforschung zugleich eine militärische Bedeutung. Charles C. Trowbridge (1869–1918) hob in seiner frühen, von der New Yorker Akademie der Wissenschaften geförderten Studie zu mentalen Karten »On fundamental methods of orientation and imaginary maps« desgleichen hervor, dass subjektive »imaginary orientation maps« (Trowbridge 1913, 890), insofern sie von den objektiven Richtungen abweichen, besonders im Krieg zu gravierenden Fehlleistungen der Truppenorientierung führen können.

Um das Richtungs- und Orientierungsverhalten der Tiere zu untersuchen, wurden in der Physiologie und später in der Verhaltensforschung nicht nur eigene Apparaturen bzw. räumliche Experimentalanordnungen wie das Labyrinth entwickelt, sondern auch gezielte Manipulationen an den Sinnesorganen der Tiere vorgenommen. Ebenfalls schon im 19. Jahrhundert wurden Verfrachtungen der Vögel an von ihren Nist- und Brutplätzen weit entfernte Orte praktiziert, um so das ›Heimfindevermögen‹ auch aus unbekannten Gebieten untersuchen zu können. Eine systematische Kennzeichnung der Tiere und Aufzeichnung ihrer Wander- und Flugrouten im freien Feld setzte im frühen 20. Jahrhundert ein (Wiltschko 1989). Damit waren im Wesentlichen die methodischen Grundlagen der modernen Orientierungsforschung in der Zoologie gelegt.

Auf den Richtungssinn des Menschen wurde zum einen über die Orientierung bei Tieren zurück geschlossen. Auch Tolman übertrug sein an dem Verhalten von Ratten entwickeltes Konzept kognitiver Karten auf den Menschen. Zum anderen waren es klinische Studien zu sensorischen oder cerebralen Läsionen, die Aufschluss über den ›Orientierungsapparat‹ bringen sollten (Hartmann 1902); oder aber pathologische Formen der Orientierung wie der Schwindel (Claparède 1903, 173). Fallbeispiele für außergewöhnliche Orientierungsleistungen entnahm die Orientierungsforschung des späten 19. Jahrhunderts zudem den zeitgenössischen ethnographischen Berichten, in denen den indigenen Völkern vielfach ein besonderer, gleichsam instinktiver Orientierungssinn zugeschrieben wurde. In diesem Zusammenhang entstanden auch die ersten Versuche, bei denen in der Regel Jäger und Hirten auf ihren Wanderungen nach der Lage von Orten bzw. Rastplätzen befragt wurden. Innerhalb der Ethnologie selbst setzte sich Arnold van Gennep (1873–1957) mit der um die Wende vom 19. zum 20. Jahrhundert einen ersten Höhepunkt erfahrenden Orientierungsforschung auseinander, zu der er in der Abhandlung »Du sens d'orientation chez l'homme« von 1911 einen differenzierten Überblick gab. Systematische Untersuchungen des menschlichen Richtungssinns anhand räumlicher Experimentalanordnungen etablierten sich in den Laboren der Physiologie und Psychologie dann zu Beginn des 20. Jahrhunderts (Szymanski 1913). Ihnen gingen einfache Versuche mit veränderten Kopf- und Körperstellungen voraus (Aubert 1888).

Für die Orientierung, wie für die Raumwahrnehmung insgesamt, wurde dem Gesichtssinn eine primäre Bedeutung zugeschrieben. In seiner *Histoire naturelle des oiseaux* von 1770 führte schon Georges-Louis Leclerc de Buffon (1707–1788) als Erklärung des Orientierungsvermögens von Vögeln im Gedächtnis gespeicherte visuelle Eindrücke an und bediente sich in diesem Zusammenhang, nahezu zwei Jahrhunderte vor Tolman, der Metapher einer Karte im Kopf: Der »sens intérieur«, das »sensorium« des Vogels sollte mit »Bildern angefüllt sein, die durch den Gesichtssinn produziert« werden. Diese gleichzeitig »oberflächlichen« und »weiträumigen Bilder« beziehen sich nach Buffon wesentlich auf »Bewegung, Distanzen, Räume«. Sie entsprechen einer »carte géographique des lieux, qu'il [l'oiseau] a vus«. Und es ist diese kartographische Raumrepräsentation, die den Vögeln ermöglicht, eine Strecke an passierten Orten wieder zu durchlaufen, und die damit ihren Migrationen zugrunde liegt (Buffon 2007, 1089). Nicht nur die Kartenmetapher, auch das, was die mentalen Bilder (*images*) an räumlichen Informationen verzeichnen, Bewegung bzw. Route sowie die Lage von und die Entfernungen zwischen Orten, sollte richtungweisend sein.

Sinnesmodalitäten räumlichen Vorstellens und Orientierens

Blieb der Gesichtssinn weiterhin zentral, setzte sich mit der Physiologie die durch den englischen Empirismus vorbereitete Erkenntnis durch, dass auch die anderen Sinne wesentlichen Anteil an räumlichen Vorstellungen haben. Im direkten Anschluss an Alexander Bains (1818–1903) Schrift *The Senses and the Intellect* von 1855 gewann hierbei der sogenannte Muskelsinn an Bedeutung, also die kinästhetischen Empfindungen, die für die Bildung räumlicher Vorstellungen unerlässlich sind. Ebenso grundlegend erwies sich der Tastsinn, so dass die Raumwahrnehmung schließlich auf die Auge-Hand-Koordination bzw. auf das motorische Zusammenspiel von Gesichtssinn und Tastsinn zurückgeführt wurde (Helmholtz 1868). Dies blieb mit der Frage verbunden, ob die örtlich differenzierten Empfindungsqualitäten auf Haut- und Netzhaut, die Rudolph Hermann Lotze (1817–1881) als Lokalzeichen spezifiziert hatte, unmittelbar zur Bildung räumlicher Vorstellungen beitragen (Nativisten) oder ob die Bedeutung der Lokalzeichen erst erlernt werden muss (Empiristen). Ein weiterer Sinn sollte die Theoriebildung zur Raumwahrnehmung und Orientierung beeinflussen: der Gehörsinn. Im Anschluss an Marie Jean Pierre Flourens (1794–1867) hatten in den 1870er Jahren einzelne Physiologen, Anatomen und Physiker, namentlich Friedrich Leopold Goltz (1834–1902), Élie de Cyon (1843–1912), Josef Breuer (1842–1925) und Ernst Mach (1838–1916), das aus den drei Bogengängen sowie aus Sacculus und Utriculus bestehende Gleichgewichtsorgan im Innenohr gefunden. Es zeigte sich ebenso für die Lagewahrnehmung des Kopfes (und Körpers) verantwortlich wie für Bewegungskoordination und Beschleunigungsempfindungen. Aufgrund seiner Verbindung mit dem okulomotorischen System erklärte es zudem Schwindelempfindungen.

Cyon machte in den Bogengängen überhaupt den Sitz eines spezifischen Raumsinns aus und leitete von der anatomischen Lage der drei, nahezu senkrecht zueinander stehenden Bogengänge zugleich die Dreidimensionalität des Raumes ab: »Die halbzirkelförmigen Canäle sind die peripherischen Organe des Raumsinns«, deren Erregung dazu dient, »Vorstellungen von den drei Raumdimensionen zu bilden«. Die Empfindungen eines jeden Bogenganges entsprechen dabei jeweils einer Raumdimension. Daraus ergab sich für Cyon, dass sich aufgrund der Bogengänge »in unserem Gehirn die Vorstellung eines idealen Raumes [bildet], auf den alle anderen, die Vertheilung der uns umgebenden Gegenstände sowie die Stellung unseres eigenen Körpers betreffenden Perceptionen unserer übrigen Sinne, bezogen werden« (Cyon 1888, 268). Wenn auch zentral für die Lagewahrnehmung des eigenen Körpers im Raum, für die Fernorientierung (von Tauben) erachtete Cyon den Vestibularapparat lediglich als sekundär. Entscheidender war für ihn hier der Geruchssinn, zumal die Rezeptoren der Nasenschleimhaut auf diejenigen metereologischen Phänomene reagierten, von denen eine Orientierungsfunktion angenommen wurde: nämlich auf die Richtung, Stärke und Feuchtigkeit der Winde (Claparède 1903, 170).

Die Bogengänge wurden jedoch nicht nur als Sitz des Raumsinns bestimmt. In kritischer Auseinandersetzung mit Cyon, Goltz und anderen ordnete sie der französische Zoologe Camille Viguier (1850–1930) dem vielfach angenommenen, anatomisch jedoch nicht nachweisbaren Orientierungs- oder Richtungssinn zu, dessen Organ nun die halbzirkelförmigen Kanäle des Innenohrs sein sollten. Viguier schloss, dass »nicht allein bei den Tieren, sondern auch beim Menschen ein wahrer Orientierungs- oder Richtungssinn« vorhanden sei, der als Sitz »ein ebenso distinktes Organ wie der Gesichtssinn und der Hörsinn« habe (Viguier 1882, 20). Die Reize, für die die Bogengänge hingegen empfindlich sein sollten, waren nach Viguier magnetischer Natur. So nahm er an, dass das Erdmagnetfeld, das an jedem geographischen Ort eine spezifische Stärke und relative Neigung zur Erdoberfläche aufweist, eine ebenso charakteristische Erregung der Bogengänge zur Folge hat und sich die Tiere, insbesondere die Vögel, anhand dieser unbewusst verarbeiteten Information orientieren: »der Erdmagnetismus veranlasst in der Endolymphe«, d. h. in der lymphartigen Flüssigkeit innerhalb der Bogengänge des Innenohrs, »Induktionsströme, deren Stärke mit der Position der Bogengänge in bezug auf die Richtungen der Inklinations- und Deklinationsnadel und mit der Stärke der magnetischen Phänomene variiert« (ebd., 31 f.). Auf diese Weise wären die Tiere unverzüglich über eine Verschiebung oder Lageveränderung ihres Kopfes in jeder der drei senkrechten Ebenen unterrichtet. Modell und Bildgeber dieser Theorie war weniger die ihr implizite ›magnetische Karte‹, sondern der magnetische Kompass. Entsprechend wurde von einem ›inneren Kompass‹ gesprochen. In der Orientierungsforschung – besonders jener der Ornithologie – blieb Viguiers Theorie lange Zeit umstritten, bis in den späten 1960er Jahren der experimentelle Nachweis für eine Navigation anhand des Erdmagnetismus bei Vögeln gelang (vgl. Wiltschko 1989).

Mit der These eines auf Erdmagnetismus beruhenden Orientierungssinns hatte sich Viguier gleichzeitig gegen all jene Ansätze gewendet, die das Richtungs- und Orientierungsverhalten allein auf den Gesichtssinn, den Geruchssinn, den Tastsinn oder auf eine Kombination dieser Sinne mit kinästhetischen Empfindungen zurückführten. Diese Ansätze bestimmten die Orientierungsforschung ebenso nachhaltig. Im Vordergrund stand dabei die visuelle Orientierung, die zum Teil auf eine einfache Orientierung anhand von Landmarken beschränkt wurde, sich allerdings immer dort als schwierig erwies, wo Zug- und Heimkehrbewegungen aus unbekannten Gebieten erklärt werden sollten. Die Dominanz des Gesichtssinnes wurde auch durch den Geruchssinn kaum in Frage gestellt, obwohl Studien mit Hunden und Ameisen eine nicht unerhebliche Beteiligung olfaktorischer Sinneseindrücke an der Orientierung ergeben hatten. Auguste Forel (1848–1931), Mediziner auf dem Gebiet der Neurologie und Ameisenforscher, argumentierte beispielsweise mit einer ›olfaktorischen Gestalt‹, auf deren Grundlage sich die Ameisen im Raum orientieren. Der Geruchssinn wurde darüber als ein »sens topochimique« definiert (Claparède 1903, 156). Was an mentaler Raumrepräsentation angenommen wurde, war entsprechend weniger visueller Natur, sondern wurde als eine kartographisch erfasste Topographie der Düfte umschrieben.

Eine gänzlich andere These stellte Victor Cornetz (1864–1935) auf, der ebenfalls als Ameisenforscher einige Bekanntheit erlangt hat, aber auch als Topograph mit einem Itinerar der nordafrikanischen Sahara in Erscheinung getreten ist. Studien mit Nomadenvölkern der Sahara hatten Cornetz zu der Überzeugung geführt, dass zwar der Gesichtssinn und auch die anderen vier Sinne einen Beitrag zur Orientierung leisten, dass diese aber wesentlich auf der unbewussten Wahrnehmung von Körperbewegungen im Raum basiert. Nach seiner Theorie resultiert die Fähigkeit, sich selbst in einem durch geographische Landmarken o. Ä. kaum differenzierten Terrain zurechtfinden zu können, aus einer unwillkürlichen Registrierung der in Körperdrehungen und Schritten bemessenen Winkel und Entfernungen von zurückgelegten Wegen. Das Empfindungsvermögen für diese kinästhetischen Informationen und sein automatisches Funktionieren bezeichnete Cornetz (1909, 64) als »›instinct de direction‹ ou bien, moins simplement, ›enregistrement inconscient des angles et distances avec sentiment de l'azimut de retour‹«. Einem Gemeinplatz folgend sei dieser Instinkt in den modernen Gesellschaften, in denen auf eine Reihe technischer Hilfsmittel zur Navigation und Orientierung zurückgegriffen werden könne, wenn nicht überflüssig geworden, so jedoch verkümmert.

Cornetz bietet ein frühes Beispiel dafür, das Richtungs- und Orientierungsverhalten mit dem Erwerb von Routenwissen zu erklären. In späteren Ansätzen sollte Routenwissen vor allem von Seiten des Gesichtssinns untersucht werden, d. h. als eine Sequenz dreidimensionaler Wahrnehmungsbilder (Seifert 2004). Was bei Cornetz (1909, 62) aus dem Routenwissen zu resultieren scheint, ist wiederum eine »carte dans la tête«. Da Bewegung nicht auf körperliche Eigenbewegung beschränkt ist, sondern sich automobiler und sonstiger Vehikel bedient, erweiterte er seine These zudem in einem technikanthropologischen Sinn. Wie Cornetz (1909a, 305) am Beispiel von Fischern zeigt, verschmelze ihr Körper mit dem Boot, Entfernungs- und Richtungsbestimmung erfolgen über die kinästhetischen Empfindungen des Ruderschlags. Eine solche These gilt es gerade im Hinblick auf die Bewegung und die Orientierung in medialen Räumen, wie sie heute zur Diskussion stehen, noch aufzuarbeiten.

Dass »Erinnerungsbilder«, die neben optischen auch olfaktorische, taktile und kinästhetische Informationen enthalten können, die »Heimkehrfähigkeit« von »höheren Tieren« bestimmen, vertrat der Zoologe Alfred Kühn (1885–1968) in seinem Buch *Die Orientierung der Tiere im Raum* von 1919. Im Anschluss an Richard Semons Gedächtnistheorie bedeutete »Erinnerungsbild« bei Kühn ein »›Engramm‹ im Nervensystem« (Kühn 1919, 39 f.). Einem Rückkopplungssystem vergleichbar änderten die Tiere die Einstellung ihrer Sinnesorgane und Lage ihres Körpers zu den verschiedenen Reizquellen so lange, bis die eingehenden Reize das zu einem früheren Zeitpunkt an einem bestimmten Ort entstandene Erregungsmuster aktivieren. »Orientierte Fortbewegung« geht nach Kühn also auf den permanenten Abgleich von vergangenen und aktuellen Erregungszuständen zurück, die eine Veränderung der Lage und Bewegungsrichtung zur Folge haben. Da dieser Orientierungsvorgang wesentlich auf dem Gedächtnis basiert und insofern über einen reflexhaften Tropismus hinausgeht, bezeichnete Kühn ihn als »Mnemotaxis« (ebd., 47).

9.2 Spektrum der Diskussion

Nicht nur von sinnesphyiologischer Seite her gewann das Problem der Orientierung an Aufmerksamkeit, sondern wurde zunehmend auch Gegenstand der Geographie, der Psychologie und der Stadtplanung. Grundlegend für die Untersuchung des »sense of direction« oder »sense of locality« beim Menschen erachtete Trowbridge (1913, 888) zunächst eine Klassifikation von Orientierungstechniken. Er selbst unterschied zwischen einer »ego-centric method of orientation« und einer »domi-centric method of orientation« (ebd., 888 f.). Bei der ersten Methode, die nach Trowbridge kulturell erlernt werde, erfolgt die Orientierung nach den vier »Kompassrichtungen« (ebd., 888). Diese vier Richtungen schneiden sich zugleich im axialen Leib. Ein ähnliches Modell findet sich, ausgehend von Immanuel Kant und Carl Stumpf (1848–1936), in der Architekturanthropologie des Kunsthistorikers August Schmarsow (1853–1936), aber auch in der Sprachphilosophie und Sprachwissenschaft der 1920er und 1930er Jahre, wie die Schriften von Ernst Cassirer (1874–1945) und Karl Bühler (1879–1963) zeigen. Erklärt es in Bezug auf die Architektur die Einrichtung des materiellen Raumes, so hinsichtlich der Sprache die des symbolischen Raumes. Trowbridge beschreibt es folgendermaßen: »The orientation reference points in the ego-centric method are points on the horizon corresponding to the directions N., E., S. and W. Lines from these points always intersect at the ego, the intersection moving with the ego; hence the basis for the term given to this system of orientation« (ebd., 889). Im Gegensatz dazu wird das Referenzsystem der »domi-centric orientation method« (ebd.) durch einen vertrauten Ort gebildet, wie bspw. das eigene Heim, von dem her die Lage- und Richtungsbestimmungen erfolgen. Dieses Orientierungsverfahren ist nach Trowbridge für »all living creatures, other than civilized man« kennzeichnend (ebd.).

In der späteren Forschung zu mentalen Karten wurde ebenfalls zwischen verschiedenen Referenzsystemen differenziert, und zwar abweichend von Trowbridge zwischen dem »egocentric orientation system«, dem »fixed system of reference« und dem »coordinated system of reference« (Hart/Moore 1973, 275 ff.). Unter das egozentrische System fällt der axiale Leib in seiner räumlichen Ausrichtung. Das positionale, ortsfeste System umfasst im Grunde alle externen Referenzsysteme wie z. B. Sternenkonstellationen, See- und Landseiten, Landmarken und Ähnliches. Das Koordinatenreferenzsystem hingegen hat eine Formalisierung der anderen beiden Systeme sowie eine Abstraktion vom konkreten Raum zur Voraussetzung. Über den egozentrischen und mit ortsfesten Orientierungszeichen ausgestatteten Raum wird ein homogenes zwei- oder dreidimensionales Raster wie das Koordinatennetz gelegt und zur exakten Lagebestimmung herangezogen.

Während Trowbridge das »domi-centric orientation system« mehr oder minder als entwicklungsgeschichtlich frühe Stufe und Reflexmechanismus benannte, brachte er das egozentrische Verfahren mit einer mentalen Raumrepräsentation in Verbindung, bei ihm die »imaginary orientation map« (Trowbridge 1913, 890). Versuche, bei denen Universitätsmitglieder nach der Richtung befragt wurden, in der sich bestimmte Straßen und Städte befanden, hatten Abweichungen von bis zu 180° von der tatsächlichen geographischen Lage ergeben. Dieses Ergebnis »lead [...] to the conception of a mental image of an orientation map that is entirely imaginary, and erroneous« (ebd.). Zugleich unterschied Trowbridge zwischen verschiedenen Typen imaginärer Karten. Neben der Deviation des gesamten ›subjektiven‹ Richtungssystems von den ›objektiven‹ Kompassrichtungen existierten beispielsweise auch solche imaginären Karten, bei denen eine – in diesem Fall die Nordrichtung – immer in Blickrichtung lag, der Osten dafür zur Rechten und der Westen zur Linken.

Einen solchen Typ ›subjektiver Himmelsrichtungen‹ entdeckte auch der Psychologe Andreas Angyal (1902–1960) in seiner Untersuchung »Über die Raumlage vorgestellter Örter« von 1931 und führte ihn auf eine ebenso konventionelle wie feste Zuordnung zwischen dem Binnenkoordinatensystem des Leibes mit seinen Achsen kopfwärts-fußwärts, ventralwärts-dorsalwärts, links-rechts und den Himmelsrichtungen zurück. Nach Angyal erfolgt die Orientierung entweder vom eigenen Leibstandpunkt aus oder hat als Referenzsystem eine gegebene räumliche Anordnung mit ihren eigenen Binnenkoordinaten zur Grundlage. Im Rahmen seiner empirischen Studien arbeitete Angyal bereits mit dem Medium der Zeichnung. Mehrere Probanden bekamen von ihm die Aufgabe, einen vorgestellten Weg durch die Stadt Turin zu zeichnen. Der Rückschluss von solchen Zeichnungen auf mentale Raumrepräsentationen und ihre Orientierungsfunktion, wie von Angyal unternommen, stellt ein bis heute in der mentalen Kartographie ungelöstes Problem dar. Zum einen ist ihr vorausgesetzter Status als externalisierte Raumrepräsentation fraglich, zum anderen wurden in den meisten Versuchsreihen die unterschiedlichen zeichnerischen Ausdrucksfähigkeiten der Testpersonen zu wenig berücksichtigt.

Von der physiopsychologischen Orientierungsforschung zum interdisziplinären Konzept mentaler Karten

Sowohl mit der Kartenmetapher wie überhaupt mit der Annahme einer mentalen Raumrepräsentation, die sich auf die Wahrnehmung des geographischen Raumes auswirkt, bereitete Trowbridge die mentale Kartographie nicht nur in der Humangeographie vor. In den meisten jüngeren Arbeiten zum Cognitive Mapping wird er zusammen mit Lynch und Tolman gleichsam als Spiritus Rector dieses Forschungszweiges benannt (Kitchin/Freundschuh 2000). Roger M. Downs und David Stea haben 1970 in dem programmatischen Aufsatz »From the outside looking in at the inside looking out« darüber hinaus auf Frederic P. Gulliver (1865–1919) hingewiesen, der sich bereits 1908 mit der *Orientation of Maps* beschäftigt hatte. Gulliver interessierte sich dabei für die frühneuzeitliche Konvention einer Ausrichtung kartographischer Repräsentationen an den Himmels- bzw. Kompassrichtungen. Auf diesem Hintergrund demonstrierte er zugleich anhand von Schülerzeichnungen, dass Kinder bei der Darstellung ihrer unmittelbaren räumlichen Umgebung noch kein festgelegtes Referenzsystem wie das der Himmelsrichtungen besitzen, es jedoch erlernen und damit ihr Orientierungsvermögen entscheidend verbessern könnten. War Gullivers Beitrag in der Geographie angesiedelt, so Tolmans in der (Verhaltens-) Psychologie. Damit ist bereits das Spektrum eröffnet, in dem sich die Forschungen zu mentalen Karten bewegen. Zwei der wichtigsten Veröffentlichungen zu mentalen Karten aus den 1970er Jahren wurden bezeichnenderweise gemeinsam von einem Geographen, Roger M. Downs, und einem Psychologen, David Stea, herausgegeben: *Image and Environment* von 1973 und *Maps in Minds* von 1977.

Mit seinem Konzept eines ›Purposive Behaviorism‹ war Tolman bereits in den frühen 1930er Jahren über den traditionellen Behaviorismus hinausgegangen, für den sich Verhalten auf einen reflexhaften und konditionierbaren Reiz-Reaktions-Mechanismus reduzierte. Handlungsabläufe vollziehen sich nach Tolman vielmehr in einem komplexen ›Mittel-Zweck-Feld‹, später auch ›Umweltfeld‹ genannt. Sie sind zielgerichtet und setzen eine mentale Repräsentation dieses Feldes voraus. In Tolmans Worten: »Behavior [...] *is* purposive and *is* cognitive. [...] such purposes and such cognitions are just as evident [...] if this behavior be that of a rat as if it be that of a human being« (Tolman 1932, 12). In der Annahme, dass das Umweltfeld Gestaltqualitäten aufweist bzw. die Objekte in ihm über ihre räumlichen Beziehungen, ihre Richtungs- und Entfernungskorrelationen, als »sign-gestalts« (Tolman 1932, 134 ff.) wahrgenommen werden und einen Aufforderungscharakter besitzen, zeigte sich Tolman wesentlich beeinflusst von der Gestalttheorie, insbesondere von Kurt Lewins (1890–1947) Vektor- und Feldtheorie.

Die empirischen Versuche zur räumlichen Orientierung, an denen Tolman seine Theorie eines zielgerichteten Verhaltens entwickelte und zu verifizieren suchte, erfolgten mit Ratten in Labyrinthen. Dabei wiesen die Tiere tatsächlich ein Verhalten auf, das sich mit dem behavioristischen Theoriekorsett kaum mehr erklären ließ. Denn anstatt die räumlichen Versuchsanordnungen mehr oder weniger planlos zu durchqueren, bis der zum Futter führende Weg durch Zufall gefunden und aufgrund der positiven Bestärkung durch das Futter eingeprägt wurde, verfolgten die Ratten entweder einen direkten Weg zum Ziel oder, so dieser versperrt war, einen anderen, jedoch in dieselbe Richtung gehenden. Dies war für Tolman nur dadurch zu erklären, dass die Tiere aufgrund ihrer vorhergehenden Wahrnehmungen eine Art globale mentale Repräsentation der räumlichen Anordnung aufgebaut haben mussten, mit Hilfe derer sie auf die Lage des Futters schließen konnten.

Den Unterschied zwischen dem traditionellen Behaviorismus und seinem eigenen kognitivistischen Ansatz veranschaulichte Tolman anhand der folgenden Metaphern, in deren Zusammenhang dann auch der entscheidende Begriff der »cognitive like map of the environment« auftaucht: Während das hergebrachte Reiz-Reaktions-Modell des Behaviorismus einem »altertümlichen Fernsprechamt« gleiche, bei dem der Anrufer (der Reiz) über eine einfache Schaltung direkt mit dem Empfänger (der Reaktion) verbunden werde, lasse sich das, was zwischen Reiz und Reaktion an kognitiven Prozessen stattfinde, vielmehr im Bild eines Kontrollraumes vorstellen. Die Reize, die in diesen Kontrollraum eingehen, werden ausgearbeitet zu einer »tentative, cognitive like map of the environment. And it is this tentative map, indicating routes and paths and environmental relationships, which finally determines what responses, if any, the animal will finally release« (Tolman 1995, 244 f.). Tolman stellt die mentale Repräsentation des Umweltfeldes als eine Karte vor, auf der neben Wegen die räumlichen Beziehungen des Feldes und seiner Objekte eingetragen sind. Dass es sich bei dieser Karte nicht um eine metrische handelt, sondern um eine ›topologische‹, die über die Lage- und Richtungsbeziehungen hinaus durch den Aufforderungscharakter der Umweltobjekte bestimmt ist, wird durch Tolmans Auseinandersetzung mit Lewin nahegelegt.

Tolmans Purposive Behaviorism trug maßgeblich zur kognitiven Wende in der Psychologie bei, und er führte mittelbar dazu, dass das Richtungs- und Orientierungsverhalten weniger von den Leistungen der Sinnesorgane her betrachtet wurde, sondern zunehmend als mentaler Prozess. An die Stelle des physiopsychologischen trat in den 1950er und 1960er Jahren ein kognitiver Begriff der Orientierung. Dieser Paradigmenwechsel lässt sich in gewisser Hinsicht auch an Kevin Lynchs Untersuchungen des mentalen Umweltbildes (*environmental image*) verfolgen, die er im Rahmen des am Center for Urban and Regional Studies des Massachusetts Institute of Technology angesiedelten Forschungsprojektes zur *Perceptual Form of the City* anstellte. Aus ihm ging 1960 die für die mentale Kartographie ebenfalls grundlegende Studie *The Image of the City* hervor.

Wie Tolmans erhielt Lynchs Arbeit wichtige Impulse durch die Gestalttheorie, mit der er über György Kepes (1906–2001) bekannt wurde. Die von Lynch herausgearbeiteten Elemente des Umweltbildes, und zwar Wege, Ränder, Bezirke, Knoten, Landmarken, bezeichnen so letztlich ›Gestaltelemente‹, deren Prägnanz von Faktoren wie Ordnung, Geschlossenheit, Eindeutigkeit und Klarheit abhängt. Dem Einfluss der Gestalttheorie dürfte es weiterhin zuzuschreiben sein, dass in der Studie zum Bild der Stadt der Gesichtssinn im Vordergrund steht, während Lynch in seinen früheren Untersuchungen urbaner Räume noch von einer multimodalen Wahrnehmung ausgegangen war.

Zur empirischen Untersuchung des Umweltbildes dreier amerikanischer Städte (Boston, Jersey City und Los Angeles) hatte Lynch Bewohnern dieser Städte zwei Aufgaben gestellt: erstens aus ihrer Erinnerung heraus die Karte eines bestimmten Bezirks der Stadt zu zeichnen und zweitens einen Weg durch die Stadt zu beschreiben (*imaginary trip*). Darüber hinaus hatte er seine Mitarbeiter mit der Aufzeichnung der Städte betraut, wobei sich ihre Notation bereits auf die fünf genannten Gestaltelemente beschränkte. Die Aufzeichnungen beider Gruppen wurden zur Problemanalyse des Wahrnehmungsbildes der einzelnen Städte herangezogen und dienten gleichzeitig als Planungsgrundlage.

Eine der wesentlichsten Funktionen des Umweltbildes stellte für Lynch dessen Orientierungsfunktion dar: »Beim Prozeß des Sichzurechtfindens besteht das strategische Hilfsmittel in der Vorstellung von der Umgebung, in dem allgemeinen geistigen Bild, das sich eine Person von der äußeren Welt der Erscheinungen macht. Dieses Bild ist das Produkt aus unmittelbarer Erfahrung; es wird benutzt, um Wahrgenommenes zu deuten und der Handlung eine Richtung zu geben« (Lynch 1989, 13). Die gesammelte Orientierungsforschung aus Physiologie und Psychologie resümierend, führte er des Weiteren aus, dass es den lange vermuteten »mystischen Orientierungsinstinkt« nicht gebe, sondern dass Orientierung von externen Referenzsystemen abhänge bzw. von solchen »Sinneshilfsmitteln« wie eben Landmarken, aber auch Straßennamen und Karten (ebd.). Der Appendix zur eigentlichen Studie über das Bild der Stadt enthält weitere Beispiele externer Referenzsysteme, die Lynch der Ethnologie und Anthropologie entnahm. Im Zusammenhang mit der Orientierungsfunktion des mentalen Umweltbildes verwendete Lynch zugleich die Kartenmetapher, blieb aber ansonsten beim Begriff des ›Image‹.

Lynchs Image-Begriff geht zum einen auf Kepes, zum anderen auf Kenneth E. Boulding (1910–1993) und dessen Schrift *The Image* von 1956 zurück. Boulding erwies sich auch für die Kognitionspsychologie (Miller et al. 1960) und die Umweltpsychologie – wie vor allem für Downs und Stea – als zentral. Dort wurde der Image-Begriff im Sinne einer mentalen Repräsentation gebraucht, ein anderer einflussreicher Begriff war der des Schemas. Entsprechend vielfältig waren die Bezeichnungen für diejenigen mentalen Repräsentationen, die sich auf den Raum bzw. die räumliche Umwelt bezogen und in den 1960er Jahren zu einem eigenen Forschungsgegenstand wurden. Downs und Stea (1985, 22) nennen etwa »kognitive Karten, mentale Karten, Images, Schemata« sowie »kognitive Signatur«. Im Verlauf der Forschung kamen u. a. hinzu: »orienting schema, spatial representation, topological representation, topological schema, world graph« (Kitchin/Blades 2002, 1 f.). Dem informationsverarbeitenden Paradigma der Künstlichen Intelligenz entsprechend, definierten Downs und Stea das ›Cognitive Mapping‹ zugleich als ein »Verfahren, das aus einer Reihe von kognitiven Transformationen besteht, mit deren Hilfe eine Person Informationen über die relative Lage und Eigenschaften von Phänomenen seiner alltäglichen räumlichen Umgebung aneignet, kodiert, speichert, abruft und dekodiert« (Downs/Stea 1985, 19).

Als zunehmend problematisch sollte sich in der Forschung die Kartenmetapher erweisen. Von Tolman prominent gemacht, verfestigte sie sich durch Lynchs Studie in einem literalen Sinne. So unterstellten die in ihrem Rahmen angefertigten Zeichnungen, dass es sich bei dem dadurch selbst vergegenständlichten ›Image‹ um eine kartographische Repräsentation der Außenwelt handeln muss: »[T]he ›mental maps‹ Lynch depicted were so very appealing that cognitive representations of the spatial environment, in the minds of many people, came to be equated with such graphic outputs« (Downs/Stea 1970, 4). Auf diese Weise sei, obwohl überhaupt keine notwendige Beziehung zwischen mentalen Raumrepräsentationen und konventionellen Karten bestehe, die geographische Verdinglichung des Kartenbegriffs von einer bildhaften Verdinglichung des Begriffs ›Image‹ begleitet worden. Vor dem Hintergrund dieser Kritik bestimmten Downs und Stea den Kartenbegriff neu, und zwar als funktionale Analogie: »Wir benutzen den Begriff *Karte* um eine funktionale Analogie zu bezeichnen. Wir richten unsere Aufmerksamkeit in erster Linie auf die kognitive Repräsentation, die zwar die Funktion der üblichen geographischen Karte teilt, aber nicht notwendigerweise die gegenständlichen Merkmale einer solchen zeichnerischen Darstellung aufweist« (Downs/Stea 1985, 22). In ihrer heuristischen Funktion wurde die Kartenmetapher später jedoch rehabilitiert oder aber als ein ›hypothetisches Konstrukt‹ verwendet. Als solches bezeichnete sie die angenommenen, indes nicht beobachtbaren mentalen Repräsentationen und Prozesse, die das räumliche Verhalten beeinflussen (Kitchin 1994).

Ebenso kontrovers wurde die Frage diskutiert, ob mentalen Karten der symbolische Status eines Bildes oder der einer sprachlichen Aussage zuzusprechen sei. Diese Kontroverse wurde in den 1970er Jahren wesentlich durch die Imagery Debate in der Künstlichen Intelligenz und Kognitionspsychologie geprägt, in der es darum ging, ob mentale Repräsentationen bildhaft-analog oder propositional sind (Evans 1980, 260 ff.; Kitchin/Blades 2002, 74 ff.). Weitgehend Einigkeit bestand hingegen über die Struktur der mentalen Karten. Im Vergleich mit konventionellen Karten, denen Downs und Stea offensichtlich noch eine objektive Abbildfunktion von Welt zuschrieben, charakterisierten sie mentale Karten als hochgradig selektiv, lückenhaft, verzerrt, schematisiert, abstrakt und erweitert um nicht vorhandene Objekte, die sogenannten kartographischen Augmentationen (Downs/Stea 1985, 31 ff.).

Als bedeutsam erwiesen sich zudem die entwicklungspsychologischen Theorien zum Erwerb von Raumvorstellungen. Sowohl der Aufbau mentaler Karten als auch die Verwendung der oben genannten Referenzsysteme zur Orientierung wurden so in den übergeordneten Zusammenhang der Raumkognition gestellt. Mit Ernst Cassirer (1995) sowie mit Jean Piaget (1896–1980) und Bärbel Inhelder (1913–1997) wurde dabei eine fortschreitende Entwicklung von einem sensomotorischen, topologischen und egozentrischen zu einem formalisierten, euklidischen und abstrakten Raum vertreten (Piaget/Inhelder 1971). Hart und Moore haben die folgende Übersicht der auf verschiedenen Ebenen der Raumkognition parallel laufenden Entwicklungsstufen gegeben: (1) »sensorimotor, preoperational, concrete operational, and formal operational« auf der Ebene der Bildung und Organisation räumlicher Vorstellungen; (2) »topological, projective, and euclidian« auf der Ebene räumlicher Relationen; (3) »enactive, iconic, and symbolic« auf Repräsentationsebene; (4) »egocentric, fixed, and coordinated« als entwicklungsbedingte Abfolge räumlicher Referenzsysteme; (5) »route and survey« in Bezug auf topographische Repräsentationen (Hart/Moore 1973, 288).

Untersuchungen von Jean Piaget, Bärbel Inhelder und Alina Szeminska (1975) sowie von F. N. Shemyakin (1961) hatten ferner ergeben, dass das räumliche Richtungs- und Orientierungsverhalten von wesentlich zwei Arten der ›topographischen Repräsentation‹ bestimmt wird. Shemyakin differenzierte hier zwischen ›Route Maps‹, die auf die (verinnerlichten) Bewegungen durch einen geographischen Raum zurückgehen, und ›Survey Maps‹. Letztere bezeichnen nach Shemyakin mentale Repräsentationen der relationalen Anordnung lokaler Objekte. Dies ist insofern interessant, als schon die physiopsychologische Orientierungsforschung beide Arten kannte, ohne sie jedoch auf dieselbe Weise explizit zu machen oder aufeinander zu beziehen. In der Regel wurde entweder das eine oder das andere vertreten. Cornetz kann als früher Vertreter der Route Map gelten, während alle Ansätze, die von einer visuellen Orientierung anhand einer Gesamtkonfiguration von Landmarken ausgingen, eher der Survey Map entsprechen. Piaget, Inhelder und Szeminska wiesen wie Shemyakin mit ihren Untersuchungen indessen darauf hin, dass beide Repräsentationsformen zusammen auftreten können, wenn auch aufeinander folgend: Route Maps sollten so vor allem für das frühkindliche Richtungs- und Orientierungsverhalten charakteristisch sein und die Grundlage für die im Verlauf der kognitiven Entwicklung gebildeten Survey Maps abgeben.

Spätere Untersuchungen ergaben jedoch, dass auch bei Erwachsenen vielfach noch Route Maps anzutreffen sind, so dass von einer entwicklungsgeschichtlichen Ablösung der einen Repräsentationsform durch die andere also nicht auszugehen ist. Ein vergleichbares Ergebnis erzielten sprachwissenschaftliche Untersuchungen von Wohnraumbeschreibungen. Charlotte Linde und William Labov demonstrierten, dass bei Raumdeskriptionen sowohl Routen- als auch Kartenwissen zum Tragen kommt und ersteres bei Weitem überwiegt (Linde/Labov 1975). Im Anschluss an den von Downs und Stea herausgegebenen Sammelband *Image and Environment. Cognitive Mapping and Spatial Behavior* von 1973 sprachen Linde und Labov (1975/1985) zwei Jahre später von »Karte« (*map*) und »imaginärer Wanderung« (*imaginary tour*). Bei der Karte, mit der eine Art Vogelperspektive auf die Wohnräume eingenommen wurde, versprachlichten die Probanden, wo in der räumlichen Anordnung sich welche Zimmer befanden. Die auf Verben der Bewegung und Richtungsangaben basierende Route erfolgte im Gegensatz dazu aus der Feldperspektive und stellte eine Wegebeschreibung durch die Wohnräume dar. Von hier aus ergab sich ein weiterer Anschluss. Michel de Certeau (1925–1986) griff 1980 in *Kunst des Handelns* die Unterscheidung von Routen- und Kartenwissen auf und definierte unter anderem auf ihrer Grundlage die beiden Raumkonzepte »Raum« (*espace*) und »Ort« (*lieu*).

Von einem kognitiven Begriff mentaler Karten zu einem kritischen soziokulturellen Konzept

Welche Bedeutung und Ausdifferenzierung der Forschungsgegenstand mentaler Karten wie überhaupt die Raumkognition in der Geographie, vor allem in der Human- und Wahrnehmungsgeographie (English/Mayfield 1972), der Kognitionspsychologie sowie der Stadtplanung bereits in den 1960er Jahren erreicht hatte, verdeutlicht die 1965 von der Association of American Geographers veranstaltete Jahrestagung zum räumlichen Denken und Verhalten. Aus ihr gingen die Environmental Design & Research Association und die interdisziplinäre Zeitschrift *Environment and Behavior* hervor, deren erste Ausgabe 1969 von Gary H. Winkel herausgegeben wurde. Zu diesem Zeitpunkt waren in unmittelbarem Anschluss an Lynch auch schon weitere Städte auf ihre ›Images‹ hin untersucht worden. Die entsprechenden Forschungen hatten nicht nur zu einer Erweiterung der das Image kennzeichnenden Gestaltelemente geführt, sondern auch auf ein entscheidendes Desiderat aufmerksam gemacht: den semantischen Aspekt von Räumen und ihren Repräsentationen.

Denn obwohl Lynch mit Maurice Halbwachs (1847–1945) anerkannt hatte, dass das Umweltbild gleichzeitig die symbolischen Ordnungen einer sozialen Gruppe repräsentiert, fand diese Erkenntnis keine methodische Verwendung. Was Lynch vor dem Hintergrund der Gestalttheorie interessierte, war ausschließlich die Form oder eben Gestalt des Umweltbildes. Überdies gestand Lynch (1989, 19), dass sich die Bedeutung des Image nicht in derselben Weise habe objektivieren und systematisieren lassen wie die Form. Dies führte in den 1970er Jahren zu einer grundlegenden Kritik an Lynchs Studie. In der Stadtplanung und Stadtsoziologie wurde Lynchs Image-Konzept zu einem ›Thematic Urban Image‹ erweitert und näherte sich darüber einem kollektiven Vorstellungs- und Leitbild an, das die Absichten, Gefühle und Wertungen einer sozialen Gruppe gegenüber ihrer städtischen Umwelt enthält. Noch weiter in ihrer Kritik gingen von soziosemiotischer Seite Mark Gottdiener und Alexandros Ph. Lagopoulos (1986). Sie wiesen auf die Weltanschauungen sozialer Gruppen hin, die in deren Umweltbildern gleichsam verankert seien. Das *environmental image* geriet zu einem Gegenstand der Ideologie und ihrer Kritik.

In der Humangeographie und Umweltpsychologie wurde ebenfalls sehr schnell deutlich, dass mentale Karten mehr als nur die Lage- und Richtungsbeziehungen oder die Form eines geographischen Raumes repräsentieren. Indirekt hatte schon Tolman (1951, 260 ff.) sein Konzept kognitiver Karten auf die Weltanschauungen sozialer Gruppen verallgemeinert. Vertrat er doch die These, dass bei Übermotivation oder Frustration des Verhaltens durch äußere Bedingungen die kognitiven Karten einer sozialen Gruppe statisch und ausschnitthaft werden. Die »broad comprehensive cognitive maps« (einer rationellen Vernunft) entwickelten sich dann zu »narrow strip maps« (ebd., 260). Sichtlich geprägt durch den Zweiten Weltkrieg erklärte er mit diesen eingeschränkten mentalen Repräsentationen das aggressive Verhalten sozialer Gruppen, das von der Diskriminierung von Minderheiten bis zu globalen Auseinandersetzungen reiche. Downs und Stea (1985, 29) hoben ihrerseits hervor, dass mentale Karten, über die »Lageinformation« (*locational information*) zur Richtung und zum Ort der repräsentierten Objekte hinaus, so etwas wie deren qualitative Eigenschaften enthalten. Wie weit der semantische Aspekt geht, zeigt sich am Beispiel der Interferenz, bei dem sich Bedeutungen, die in keinem direkten Zusammenhang mit einem Ort stehen, auf dessen Wahrnehmung und mentale Repräsentation auswirken.

Bei Peter Goulds (1972) Untersuchung der lokalen Präferenzen für einen Wohnort in den Bundesstaaten Nordamerikas stand mit den kollektiven Vorstellungsbildern über die verschiedenen Regionen und Städte bereits das qualitative Moment mentaler Karten im Vordergrund. In der Folge befassten sich die Untersuchungen mentaler Karten immer weiter mit den Bedeutungen, Gefühlen und Werten, die in die Wahrnehmung von Räumen eingehen und räumliches Verhalten bestimmen. Entsprechend fasst der Humangeograph Rob Kitchin später zusammen: »Cognitive maps [...] are not just a set of spatial mental structures denoting relative position, they contain attributive values and meanings« (Kitchin 1994, 2). Die Humangeographen Reginald Golledge und Robert Stimson haben das Verhältnis zwischen mentalen Karten und dem semantischen Aspekt von Räumen dahingehend zu systematisieren versucht, dass sie zwischen *spatial cognition* und *environmental cognition* unterscheiden. Das Cognitive Mapping gehört dem eher formalen räumlichen Denken (*spatial cognition*) an, geht mit diesem allerdings in dem globaleren und qualitativen Umweltdenken (*environmental cognition*) auf: »[...] environmental cognition adds a set of affective components to the cognitive components emphasized in spatial cognition. These affective components include feeling, attitude, belief, value, and other emotional characteristics« (Golledge/Stimson 1997, 224). Diese Entwicklung hatte eine weitere Verschiebung zur Folge: weg von einem kognitiven und hin zu einem soziokulturellen Begriff der mentalen Karten. Mentale Karten erschienen nunmehr als symbolische Repräsentationen des Raumes, die in Abhängigkeit von ›Kultur, Klasse und Geschlecht‹ variieren und damit machtpolitischen Interessen unterworfen sind (Evans 1980, 275 ff.; Kitchin/Blades 2002, 99 ff.). Hier liegt die Anschlussfähigkeit für die Kulturwissenschaften begründet.

Mentale Karten und Gedächtnisorganisation im Bereich moderner Datenverwaltung

Noch in anderen Disziplinen und Bereichen angewandter Wissenschaft begann man sich in den 1970er Jahren für mentale Karten zu interessieren. Dazu gehörten auch die Ingenieure, die an den neuen Informations- und Kommunikationstechnologien arbeiteten. Die Entwicklung der ersten räumlichen Datenverwaltungssysteme, unter ihnen das *Spatial Data Management System* und die *Aspen Movie Map* der Architecture Machine Group, basierte auf der kognitionspsychologischen Annahme, dass das menschliche Denken und Gedächtnis zu weiten Teilen räumlich strukturiert sei (Bolt 1977). Unterstützung dafür fand die Kognitionspsychologie zum einen in der antiken Gedächtniskunst, einem Merkverfahren, bei dem das zu Memorierende bildhaft vorgestellt und räumlich organisiert wird, zum anderen in den mentalen Karten. Am weitesten ging hier Ulric Neisser. Synonym zu dem Begriff der »cognitive maps« – bei gleichzeitiger Abgrenzung gegen dessen Bildhaftigkeit – führte er den der »orienting schemata« ein (Neisser 1976, 111). Orientierungsschemata beinhalten Neisser zufolge Informationen über die Lage und räumlichen Beziehungen von Objekten. Sie gehen wie alle Schemata oder mentalen Repräsentationen aus Wahrnehmung und Bewegung hervor und stellen hypothetische Konstrukte über die Umwelt dar. Als solche beeinflussen sie zukünftiges Verhalten.

Darüber hinaus stellte Neisser eine Verbindung zwischen den Cognitive Maps und der antiken Gedächtniskunst her. Denn allein die Tatsache, dass mentale Karten von langem Bestand seien und trotzdem leicht verändert werden könnten, lässt sie für mnemotechnische Zwecke geeignet erscheinen. Das hätten auch die Erfinder der Loci-Methode im antiken Griechenland für sich zu nutzen gewusst, wie Neisser ausführt: »The user [of the Method of Loci] begins by familiarizing himself with a series of particular locations along some route or path. [...] Once learned, such a cognitive map can be used over and over again for mnemonic purposes« (ebd., 137). Die Assoziation zwischen mentalen Karten und der antiken Gedächtniskunst dürfte in zweifacher Hinsicht durch Lynch (1989, 102) vorbereitet worden sein. Erstens mit der Feststellung, dass die Reihenfolge, in der Landmarken wahrgenommen werden, als Gedächtnisstütze dient. Und zweitens in der über Halbwachs gewonnenen Erkenntnis, dass sich im materiellen Raum mit den symbolischen Ordnungen einer sozialen Gruppe auch ihr Wissen und kollektives Gedächtnis verkörpert (ebd., 145 f.).

Die Frage mentaler Karten blieb dort aktuell, wo mit Hilfe des Computers interaktive Bildräume generiert wurden, in denen die Nutzer über entsprechende Ein- und Ausgabegeräte Handlungen und Bewegungen ausführen konnten. Auch dafür bietet die *Aspen Movie Map* der Architecture Machine Group ein frühes Beispiel. Mentale Karten wurden in diesem Zusammenhang vor allem auf ihre räumliche Orientierungsfunktion hin rezipiert. Zahlreiche Projekte aus den 1990er Jahren arbeiteten mit Lynchs Gestaltelementen, insbesondere mit visuellen Landmarken, um die Orientierung und Navigation in verräumlichten Hypertexten und anderen ›Datenräumen‹ zu erleichtern (Sorrows/Hirtle 1999). Parallel dazu wurden virtuelle Umgebungen selbst Teil von Experimentalanordnungen, die der Untersuchung von Raumwahrnehmung und Raumkognition dienten (Péruch et al. 2000). Eine weitere Rezeption erfuhr das Konzept mentaler Karten in der empirischen Medienforschung. Hier wurden u. a. Filme daraufhin untersucht, ob die Rezipienten auf der Grundlage des dramaturgischen ›Skriptes‹ mentale Karten ›performieren‹, und zwar weniger der filmisch repräsentierten Räume und Handlungsorte, sondern mehr der handelnden Filmfiguren und ihrer Beziehungen (Vitouch/Tinchon 1996).

9.3 Offene Fragen und Kontroversen

Zahlreiche der seit den 1960er Jahren in Zusammenhang mit mentalen Karten aufgeworfenen Fragen sind aktuell geblieben. Dabei lässt sich eine zunehmend transdisziplinäre Ausweitung und entsprechende Komplexität des ohnehin interdisziplinären Konzeptes mentaler Karten feststellen. Es ist deshalb nicht zu weit gegriffen, von mentalen Karten als einem proteischen Begriff zu sprechen, dessen Erkenntnisfunktion sich immerhin auf so unterschiedliche Bereiche wie den der Verarbeitung und Speicherung räumlichen Wissens, der Wahrnehmung geographischer und medialer Räume, die Weltanschauungen sozialer Gruppen oder die grundsätzlichen Beziehungen zwischen kollektivem Gedächtnis und Raum erstrecken soll. Die gegenwärtig zu verzeichnende Konjunktur der mentalen Kartographie steht schließlich in unmittelbarem Zusammenhang mit dem *spatial turn* in den Kultur- und Sozialwissenschaften.

Zu zentralen Forschungsfeldern (Kitchin/Freundschuh 2000; Kitchin/Blades 2002) zählen heute mediale Räume (s. Kap. III.8). Wenn mentale Karten nicht nur auf direkter Erfahrung basieren, sondern auch auf Erzählungen, Karten, Bildern etc., bleibt zu klären, welchen spezifischen, auch strukturellen Einfluss die verschiedenen Medien und Zeichensysteme auf mentale Karten haben. Angesichts der virtuellen Bildräume und automatischen Navigationssysteme hat die Bedeutung dieser Frage zugenommen. Können mentale Karten auf ihrer Grundlage überhaupt gebildet werden, und was unterscheidet sie von solchen Raumrepräsentationen, die durch die Wahrnehmung und Bewegung in physischen Räumen entstehen?

Wurden mentale Karten in der Geographie

und Psychologie lange Zeit von ihrer räumlichen Orientierungsfunktion her und in Bezug auf räumliches Verhalten untersucht, dann hat eine kritische Geographie- und Kartographiegeschichte die generelle Frage nach dem Status und der Funktion von Karten aufgeworfen. Dies bezieht sich nicht nur auf Karten als symbolische Raumkonstruktionen, die gesellschaftspolitischen Zwecken folgen. Es sind damit auch die medialen Praktiken angesprochen, die der Produktion von Karten zugrunde liegen, oder das, was wiederum die Rezeption von Karten wesentlich voraussetzt: die Kompetenz, eine solche symbolische Repräsentation von Räumen lesen und verstehen zu können.

Ein gemeinsamer Forschungsschwerpunkt von Geographie und Kognitionswissenschaften liegt in der funktionalen und strukturellen Differenzierung von Routen- und Kartenwissen (Janzen 2000), um darauf aufbauend das Richtungs- und Orientierungsverhalten besser beschreiben zu können. Auf diesem Gebiet bestehen enge Beziehungen zur Sprachwissenschaft bzw. kognitiven Linguistik, die Routen- und Kartenwissen in Zusammenhang mit sprachlichen Raumrepräsentationen untersucht. In den Kognitionswissenschaften selbst werden mentale Karten inzwischen als ein Teilgebiet der Raumkognition bzw. des Spatial Reasoning verhandelt. Das Spektrum reicht hier von der Untersuchung der neurobiologischen Voraussetzungen räumlichen Denkens über die verschiedenen Repräsentationstheorien (Symbolverarbeitung, Konnektionismus etc.) bis hin zur der Frage nach der Geometrie mentaler Raumrepräsentationen (Freksa/Habel 1990; Portugali 1996; Freksa/Mark 1999).

In den Kulturwissenschaften ist das Konzept der mentalen Karten zuletzt als ein Schlüsselbegriff der Postmoderne deklariert worden (Hartmann 2005, 9). Um diesen Begriff für die eigenen Gegenstände und Fragestellungen methodisch nutzen zu können, stehen die kultursoziologischen und geschichtswissenschaftlichen Ansätze vor dem ungelösten Problem, seine kognitivistischen Grundlagen zu transzendieren, ohne ihn deshalb beliebig werden zu lassen. Der erkenntniskritische Mehrwert der mentalen Kartographie in den Kulturwissenschaften löst sich tatsächlich nur dann ein, wenn nicht mehr die Verarbeitung und Speicherung räumlichen Wissens und dessen Bedeutung für individuelles Richtungs- und Orientierungsverhalten im Vordergrund stehen, sondern die kollektiven Vorstellungen, die über den eigenen sozialen Raum und den anderer Kulturen existieren. Diese imaginären Geographien tragen ebenso zur Identitätsbildung sozialer Gruppen bei, wie sie auf Realisierung drängen. Sie schaffen Territorien, setzen oder verschieben Grenzen, definieren räumlich, wo das Andere beginnt. Die entsprechenden Forschungen zu den mentalen Karten insbesondere westlicher Gesellschaften haben hierbei wesentliche Impulse durch Edward W. Saids (1935–2003) Arbeit *Orientalismus* von 1978 und die Postcolonial Studies erhalten (s. Kap. III.5). Sind nach 1989 verschiedene Arbeiten über die Konstruktionsprozesse entstanden, die den ›Geschichtsräumen‹ Osteuropa und Balkan zugrunde liegen, dann ist seit 2001 eine Hinwendung zu islamischen Ländern als Gegenstand mentaler Karten zu verzeichnen (Conrad 2002; Damir-Geilsdorf/Hartmann/Hendrich 2005; s. Kap. III.13).

Die große Herausforderung nicht nur im Hinblick auf mentale Karten wird in den Kultur- und Sozialwissenschaften darin bestehen bleiben, das Verhältnis zwischen dem physischen Raum und seinen (mentalen) Repräsentationen auf eine Weise zu erfassen, die weder den physischen Raum absolut setzt und damit einem räumlichen Determinismus unterliegt, noch allein auf das Konstruktive und Zeichenhafte abhebt und so die Materialität gesellschaftlicher Räume aus den Augen verliert.

Literatur

Angyal, Andreas: Über die Raumlage vorgestellter Örter. In: *Archiv für die gesamte Psychologie* 78 (1931), 47–94.

Aubert, Hermann: *Physiologische Studien über die Orientierung unter Zugrundelegung von Yves Delage. Études expérimentales sur les illusions statiques et dynamiques de direction pour servir à déterminer les fonctions des canaux demicirculaires de l'oreille interne.* Tübingen 1888.

Bain, Alexander: *The Senses and the Intellect.* London 1855.

Bolt, Richard A.: *Spatial Data Management System. Darpa Interim Report.* Cambridge 1977.

Boulding, Kenneth: *The Image.* Ann Arbor 1956.

Buffon, Georges-Louis Leclerc de: Discours sur la nature des oiseaux [1770]. In: Ders.: *Oeuvres complètes.* Paris 2007, 1057–1090.

Cassirer, Ernst: Mythischer, ästhetischer und theoretischer Raum [1931]. In: Ernst Wolfgang Orth/John Michael Krois (Hg.): *Symbol, Technik, Sprache. Aufsätze aus den Jahren 1927–1933.* Hamburg 1995, 93–119.

Certeau, Michel de: *Kunst des Handelns.* Berlin 1988 (frz. 1980).

Claparède, Eduoard: La faculté d'orientation lointaine. In: *Archives de psychologie* 2 (1903), 155–180.

Conrad, Christoph (Hg.): *Mental Maps.* Göttingen 2002.

Cornetz, Victor: Observations sur le sens de la direction chez l'homme. In: *La revue des idées* 6/67 (1909), 60–65.

–: Note complémentaire aux observations sur le sens de la direction chez l'homme. In: *La revue des idées* 6/70 (1909a), 302–307.

Crary, Jonathan: *Techniken des Betrachters. Sehen und Moderne im 19. Jahrhundert.* Dresden/Basel 1996 (amerik. 1990).

Cyon, Élie de: Die peripherischen Organe des Raumsinnes [1873]. In: *Gesammelte physiologische Arbeiten.* Berlin 1888, 268–269.

Damir-Geilsdorf, Sabine/Hartmann, Angelika/Hendrich, Béatrice (Hg.): *Mental Maps. Raum. Erinnerung. Kulturwissenschaftliche Zugänge zum Verhältnis von Raum und Erinnerung.* Münster 2005.

Downs, Roger M./Stea, David: From the Outside Looking in at the Inside Looking Out. In: *Environment and Behavior* 2/1 (1970), 3–12.

Downs, Roger M./Stea, David: *Kognitive Karten. Die Welt in unseren Köpfen.* New York 1982 (amerik. 1977).

Downs, Roger M./Stea, David: Kognitive Karten und Verhalten im Raum. Verfahren und Resultate der kognitiven Kartographie. In: Harro Schweizer (Hg.): *Sprache und Raum. Psychologische und linguistische Aspekte der Aneignung und Verarbeitung von Räumlichkeit.* Stuttgart 1985, 18–43 (amerik. 1973).

English, Paul W./Mayfield, Robert C. (Hg.): *Man, Space, and Environment.* New York/London/Toronto 1972.

Evans, Gary W.: Environmental Cognition. In: *Psychological Bulletin* 88/2 (1980), 259–287.

Frangenberg, Thomas: Chorographies of Florence. The Use of City Views and City Plans in the Sixteenth Century. In: *Imago mundi* 46 (1994), 41–64.

Freksa, Christian/Habel, Christopher (Hg.): *Repräsentation und Verarbeitung räumlichen Wissens.* Berlin/Heidelberg/New York. 1990.

– /Mark, David M. (Hg.): *Spatial Information Theory. Cognitive and Computational Foundations of Geographic Information Science.* Berlin/Heidelberg/New York 1999.

Gennep, Arnold van: Du sens d'orientation chez l'homme. In: Ders.: *Religions, mœurs et légendes. Essais d'ethnographie et de linguistique.* Bd. 3. Paris 1911, 33–61.

Golledge, Reginald G./Stimson, Robert J.: *Spatial Behavior. A Geographic Perspective.* New York 1997.

Gottdiener, Mark/Lagopoulos, Alexandros Ph. (Hg.): *The City and the Sign. An Introduction to Urban Semiotics.* New York 1986.

Gould, Peter: On Mental Maps. In: Paul W. English/Robert C. Mayfield (Hg.): *Man, Space, and Environment.* New York/London/Toronto 1972, 260–282.

Gulliver, Frederic P.: Orientation of Maps. In: *The Journal of Geography* 7 (1908), 55–59.

Hart, Roger A./Moore, Gary T.: The Development of Spatial Cognition. A Review. In: Roger M. Downs/David Stea (Hg.): *Image and Environment. Cogntive Mapping and Spatial Behavior.* Chicago 1973, 246–288.

Hartmann, Angelika: Konzepte und Transformationen der Trias ›Mental Maps, Raum und Erinnerung‹. In: Damir-Geilsdorf/Hartmann/Hendrich 2005, 3–21.

Hartmann, Fritz: *Die Orientierung. Die Physiologie, Psychologie und Pathologie derselben auf biologischen und anatomischen Grundlagen.* Leipzig 1902.

Hatfield, Gary: *The Natural and the Normative. Theories of Spatial Perception from Kant to Helmholtz.* Cambridge 1990.

Helmholtz, Hermann von: Die neueren Fortschritte in der Theorie des Sehens [1868]. In: *Vorträge und Reden.* Bd. 1. Braunschweig 1884, 233–331.

Janzen, Gabriele: *Organisation räumlichen Wissens: Untersuchungen zur Orts- und Richtungsrepräsentation.* Wiesbaden 2000.

Kitchin, Robert M.: Cognitive Maps. What Are They and Why Study Them? In: *Journal of Environmental Psychology* 14 (1994), 1–19.

– /Freundschuh, Scott (Hg.): *Cognitive Mapping. Past, Present, and Future.* London 2000.

– /Blades, Mark: *The Cognition of Geographic Space.* London/New York 2002.

Kühn, Alfred: *Die Orientierung der Tiere im Raum.* Jena 1919.

Linde, Charlotte/Labov, William: Die Erforschung von Sprache und Denken anhand von Raumkonfigurationen. In: Harro Schweizer (Hg.): *Sprache und Raum.* Stuttgart 1985, 44–64 (amerik. 1975).

Lynch, Kevin: *Das Bild der Stadt*. Braunschweig/Wiesbaden [2]1989 (amerik. 1960).

–: Reconsidering ›The Image of the City‹. In: Lloyd Rodwin/Robert M. Hollister (Hg.): *Cities of the Mind. Images and Themes of the City in the Social Sciences*. New York 1984, 151–161.

Miller, George A./Galanter, Eugene/Pribam, Karl: *Plans and the Structure of Behavior*. New York 1960.

Neisser, Ulric: *Cognition and Reality. Principles and Implications of Cognitive Psychology*. San Francisco 1976.

Péruch, Patrick/Gaunet, Florence/Thinus-Blanc, Catherine/Loomis, Jack: Understanding and Learning Virtual Space. In: Kitchin/Freundschuh 2000, 108–124.

Piaget, Jean/Inhelder, Bärbel: *Die Entwicklung des räumlichen Denkens beim Kinde*. Stuttgart 1971 (frz. 1948).

Piaget, Jean/Inhelder, Bärbel/Szeminska, Alina: *Die natürliche Geometrie des Kindes*. Stuttgart 1975 (frz. 1948).

Portugali, Juval (Hg.): *The Construction of Cognitive Maps*. Dordrecht/London 1996.

Seifert, Jörg: Phänomenologie der Raumorientierung. Zum Verhältnis von ›mental maps‹ und dreidimensional-perspektivischen, mentalen Bildeindrücken von Bewegungsräumen. In: Cornelia Jöchner/Kirsten Wagner (Hg.): *Gebaute Räume. Zur kulturellen Formung von Architektur und Stadt*, 2004. http://www-1.tu-cottbus.de/BTU/Fak2/TheoArch/Wolke/wolke_neu/Start.html.

Shemyakin, F.N.: Orientation in Space. In: *Psychological Science in the USSR* 1/1 (1961), 186–255.

Sorrow, Molly E./Hirtle, Stephen C.: The Nature of Landmarks for Real and Electronic Spaces. In: Freksa/Mark 1999, 37–50.

Stegmaier, Werner: *Philosophie der Orientierung*. Berlin 2008.

Szymanski, J.F.: Versuche über den Richtungssinn beim Menschen. In: *Pflügers Archiv für die gesamte Physiologie des Menschen und der Tiere* 151 (1913), 158–170.

Tolman, Edward C.: *Purposive Behavior in Animals and Men*. New York/London 1932.

–: Cognitive Maps in Rats and Men [1948]. In: Ders.: *Collected Papers in Psychology*. Berkeley/Los Angeles 1951, 241–264.

Trowbridge, Charles C.: On Fundamental Methods of Orientation and Imaginary Maps. In: *Science* 39/990 (1913), 888–897.

Viguier, Camille: Le sens de l'orientation et ses organes chez les animaux et chez l'homme. In: *Revue philosophique de la France et de l'étranger* 7/14 (1882), 1–36.

Vitouch, Peter/Tinchon, Hans-Jörg (Hg.): *Cognitive Maps und Medien. Formen mentaler Repräsentation bei der Medienwahrnehmung*. Frankfurt a. M. u. a. 1996.

Wiltschko, Renate: Aus der Geschichte der Orientierungsforschung. In: *Journal of Ornithology* 130/4 (1989), 399–421.

Kirsten Wagner

10. Landschaftlicher Raum: Natur und Heterotopie

10.1 Entstehung des Themenfeldes

Ort, Landschaft, Raum

Der ›Ort‹ war vor der ›Landschaft‹, die ›Landschaft‹ war vor dem ›Raum‹. Mit diesen Feststellungen tritt man in ein kompliziertes kultur- und sprachhistorisches Beziehungsgefüge, aber auch in ein philosophisches Benennungsgefüge ein, das Wahrnehmungsmodi, formale Festlegungen und kommunikative Verhältnisse zu berücksichtigen hat. Folgt man dem französischen Wissenschaftshistoriker und Marineoffizier Michel Serres (1998, 374), ist die Sache allerdings einfacher: Ihm zufolge gründet »der euklidische Raum der Bauleute im topologischen Raum dessen, der wohnt. [...] Das singuläre, buntscheckige Pflaster des Ortes läßt um sich her einen leeren, unendlichen, einfachen und langweiligen Raum, der von den Vektorpfeilen des Parcours durchzogen wird. Die Landschaft bewegt sich auf gewundenen Pfaden, in Schleifen und Umwegen«.

Diese ideale Abfolge frühgriechischer Örtlichkeit, langsamer Anbahnung räumlich-ästhetischer Erschließungen und mathematischer Methodengewissheit ist eine äußerst hilfreiche Orientierung im grob skizzierten Feld. Michel Serres' *Philosophie der Gemenge und Gemische* von 1985 macht die sinnliche Erschließung (und ihre Geschichte) zum Schlüssel einer Phänomenologie der verschiedenen Lebensräume des Menschen. »Ein Ort«, schreibt Serres, »ist ein Punkt mit einer Umgebung, um den herum sich die Fußspuren wie tausend Festons und Ornamente ranken, lokale Girlanden des Lebens, das seinen Gang nimmt« (ebd., 323). Die eigenen und fremden ›Gänge über Land‹ werden zum Maßstab der Örtlichkeit. Die Kennzeichnung von Landschaft hingegen ist – obwohl ebenfalls nah am Sinnlichen – schon der versammelnden Wahrnehmung näher als diesem Sich-Ergehen von Orten, denn »wie der Körper, die Haut, das Sinnliche« so sei die Landschaft »in zusammengestückelte Lumpen gekleidet. [...] Stücke von hier, Reste von Orten« (ebd., 333). Den Raum schließlich rückt Serres' Betrachtung an das Ende dieser Verlustrechnung und lässt ihn den Kontakt zum Örtlichen, den das Landschaftsauge melancholisch noch hält, endgültig unterbrechen: »Das Auge sieht die Landschaft oder den Raum; es nimmt das eine wahr und vergisst das andere« (ebd., 360).

Serres erzählt die Geschichte einer wachsenden Integration des Verstreuten, die sich gerade im menschlichen Lebensraum entscheidend bemerkbar macht, und welche die in diesem Artikel zu verhandelnden Gegenstände in eine Abfolge bringt. In dieser Perspektive integriert die Landschaft – wie das Werk oder die Geschichte – kontingente Umstände partiell und bildet »damit ein Tableau, einen Park oder Garten, ein ausgewähltes Stück, eine Zeitperiode oder ein Intervall«. Erst die »vollständige Integration, der Pfad, der geradewegs durch den Wald führt, verweist auf die Methode oder die Wissenschaft« (ebd., 319). Dieser Gedankenbewegung, die vieles für sich hat, sollen einige Irritationen und Verfeinerungen eingeschrieben bleiben, die den Komplex der Landschaft auch phänomenal vervollständigen, bevor das Heterotopie-Konzept von Michel Foucault in den Vordergrund rückt.

Landschaft und Land

Landschaft hat – anders als der erst im 20. Jahrhundert semantisch ›gefallene‹ Raum (»Lebensraum im Osten« usw.) – schon eine politische Ursprungsgeschichte. Im niedersächsischen Ostfriesland gibt es bis heute in der Kreisstadt Aurich eine noch in der Gegenwart Kultur tragende Institution namens ›Landschaft‹, die auf das 15. Jahrhundert zurückgeht. Ihre Anfänge fallen zusammen mit den »historisch feststellbaren Anfängen einer bedeutenden ständischen Mitregierung in Ostfriesland« (Reeken 1995, 45) und weisen bis heute auf den Tatbestand hin, dass ›Landschaft‹ »vom 14. Jahrhundert bis zum Ende des Heiligen Römischen Reichs Deutscher Nation 1806 das Korrelat zu Herrschaft war, die als solche die Gesamtheit der Landstände eines reichsunmittelbaren Territoriums« (Blickle 2008, 542) bezeichnete.

Diesen Gegensatz zwischen Landständen und Adelsherrschaft, den das Wort ›Landschaft‹ im Deutschen frühzeitig benennt, findet der in Frankreich geborene US-amerikanische Landschaftstheoretiker John Brinckerhoff Jackson (1909–1996) auch in England »im Gebrauch der beiden Wörter ›Landschaft‹ (*landscape*) und ›Land‹ (*country*)« (Jackson 2005, 33), als dem Unterschied zwischen einem autochthonen frühmittelalterlichen und einem ›importierten‹ (normannischen) hochmittelalterlichen Raumkonzept.

Landschaftsästhetik

Etwa zur gleichen Zeit, als dieses gegeninstitutionelle Institut der ›Landschaft‹ entstand, entstand auch – einer berühmten *canonical story* der Literaturgeschichte zufolge – offiziell (wenn auch zaghaft) das, was bis heute ›Landschaft‹ im ästhetischen Verstand genannt wird. Joachim Ritter (1903–1974) ist der bedeutendste Ausleger dieser Geschichte von der *Besteigung des Mont Ventoux* am 26. April 1335 durch den Renaissancedichter Francesco Petrarca (1304–1374). Begleitet von seinem Bruder und angetrieben von einem Bericht des Livius (59 v. Chr.–17) über die Besteigung des thessalischen Haimon in Gestalt des Mazedonierkönigs Philipp (382–336 v. Chr.) hatte Petrarca den erfolgreichen Versuch unternommen, in die Natur als in ein ›gegenüber‹ bereitliegendes, zu Gott erhebendes Erlebnis ›hinauszugehen‹ – und in dem betreffenden Brief über den Vorfall ein frühes Zeugnis der ›Naturfrömmigkeit‹ geliefert. Erst sein Blick in die mitgeführten *Bekenntnisse* des Augustinus, auf dem Gipfel dieser Erfahrung, lässt ihn in Demut verharren. Diese Beschämung aber änderte langfristig nichts mehr daran, dass »die freie Betrachtung der ganzen Natur in der Zuwendung des Geistes zur Natur als Landschaft eine neue Gestalt und Form erhält« (Ritter 1974, 148). »Natur als Landschaft«, schreibt Ritter – dieses nachträgliche Gefühl der Überhebung im ästhetischen Akt charakterisierend –, bleibt schon hier »Frucht und Erzeugnis des theoretischen Geistes«, insofern »Landschaft dem in der Natur wohnenden ländlichen Volk fremd« (ebd., 146) ist.

Vernakularität

Damit wäre auch derjenigen Wahrnehmung von Landschaft wiederum eine Stimme verliehen, die ›Landschaft‹ im ästhetischen Sinne nicht kennt. Was Jackson als seine Entdeckung apostrophiert, taucht auch in Serres' Ausführungen zur Landschaft auf – das Konzept des ›Vernakulären‹: »›Vernaculaire‹ nennen wir im Französischen diese Sprache der Einheimischen, ein gelehrtes Wort, mit dem das Volkstümliche bezeichnet wird, und es meint zugleich: ungebildet; man hört noch ›verna‹ darin, den im Haus geborenen Sklaven, der unwissend und vulgär nur das lokale Idiom des Anwesens sprach« (Serres 1998, 341). Das Wort findet seinen Weg wohl auf verschlungenen Wegen aus der Sprachgeschichte in die Sozialgeschichte. Das Konzept des ›Vernakulären‹ – von dem lateinischen Wort *verna* (für dem Haus zugehörige Sklaven) – ist bei Jackson, Serres und bei Ivan Illich (1926–2002), einem weiteren bedeutenden Kulturtheoretiker, erweitert zu einer Theorie der sozialen Kultur und der Wahrnehmung als einer Theorie der sich wandelnden Aufteilungen des Raums. Es ist namentlich Illichs Verdienst, dieses Konzept in seiner ganzen Tragweite für die Kulturwissenschaften vorgelegt zu haben. Das Konzept der räumlichen Vernakularität oder ›Gemeinheit‹, wie es Illich bei Forschungsaufenthalten an den Universitäten Konstanz, Göttingen und Bremen zwischen 1980 und 1982 entwickelt hat, geht auf einen Vortrag an der Columbia University in New York im April 1979 über »Das Recht auf gemeine Sprache« zurück. In seinem Buch *Genus. Zur historischen Kritik der Gleichheit* von 1983 entfaltet er die Implikationen eines Gegensatzes von Vernakularität und Homogenität, wie ihn schon die beiden anderen Autoren des ›Vernakulären‹ gefunden haben, zum kulturanthropologischen Gesamtbild: »Verschiedene Kulturen schneiden unterschiedliche Trennlinien in die Landschaft. Weil gemeiner Raum durchlässig ist, können verschiedene Kulturen sich die gleiche Landschaft teilen. Im Mittelpunkt des Lebensraumes liegt das Haus, die duale Räumlichkeit, die durch die Kultur weitergereicht wird. Der gemeine Lebensraum steht damit im

Gegensatz sowohl zum Territorium von Tieren als auch zum gleichförmigen Raum der Ökonomie, der Entwicklung jenes Denkens, das einen homogenen Raum für die Zirkulation der Ware konstituiert« (Illich 1983, 203).

10.2 Spektrum der Diskussion

Raum und Qualität

Illichs Einteilung in (tierisches) Territorium, (gemeinen) Lebensraum und (homogenen) Warenraum ging allerdings schon eine andere Einteilung voraus, deren Autor wiederum Illich gut bekannt war: Am 7. Dezember 1966 hielt Michel Foucault (1926–1984) im Studio des Radiosenders France Culture einen Vortrag mit dem Titel »Die Heterotopien«. Wenige Monate später überarbeitete er den Text unter dem Titel »Von anderen Räume« für einen weiteren Vortrag vor dem Cercle d'Etudes Architecturales in Paris. Dieser Text erschien auf Französisch erst in Foucaults Todesjahr. Er war ein Mitauslöser für ein nun periodisch wiederkehrendes, anfangs zögerlich wahrgenommenes Interesse der Kulturwissenschaften an Fragen des ›Raums‹, das sich einmal zur Apostrophierung eines *spatial turn* auswachsen sollte (s. Kap. II.2). Foucault, der im selben Jahr eines seiner gewichtigen Hauptwerke, jenes von der *Ordnung der Dinge*, veröffentlichte, setzt sich in den Vorträgen, die ihren Titel gebenden Begriff der Medizin und dem Werk Georges Batailles (1897–1962) entlehnten (Klass 2008, 264), mit wenigen Formulierungen versuchsweise vom vorangegangenen Hauptwerk, von der strukturalen Analyse der Wissenschaftsgeschichte, von dem Versuch, in ganz verschiedenen Disziplinen gleich geartete »Reihe[n] von Beziehungen« (Foucault 2005, 931) zwischen ihren Elementen nachzuweisen, ab, um unter dem Stichwort der ›Heterotopie‹ zu anderen Ufern aufzubrechen. Zwar ging es ihm immer noch um die »möglichen Verteilungen der über den Raum verteilten Elemente« (ebd., 933), aber explizit beruft sich Foucault auf die dem Strukturalismus vorangegangenen Phänomenologen und Gaston Bachelards (1884–1962) »gewaltiges Werk« (ebd., 934), wenn er seine Ausgangsüberlegung formuliert, »daß wir nicht in einem leeren, homogenen Raum leben, sondern in einem Raum, der mit zahlreichen Qualitäten behaftet ist und möglicherweise auch voller Fantome steckt« (ebd., 934).

Den Phantasmen, die diesen Raum bevölkern, wird sich Foucault unter anderem unter dem Titel *In Verteidigung der Gesellschaft* in seinen Vorlesungen am Collège de France von 1975 bis 1976 widmen, aber auch in seinen zahllosen Vorworten, Einleitungen, Kommentaren und Essays zur Literatur. Den Qualitäten verschiedener Raumtypen – und darauf kommt es hier an – wendet sich Foucault dabei in genauester Kenntnis der vorangegangenen phänomenologischen Arbeiten zur Raum-Problematik zu. Bachelards *Poetik des Raumes* von 1957 hatte in ihrer Einleitung als Quintessenz der Auseinandersetzung mit der philosophischen Phänomenologie für eine ›kleine‹, unsystematische Phänomenologie plädiert: »Für uns läge Unbescheidenheit darin, persönlich eine Fähigkeit der Lektüre zu beanspruchen, welche die Fähigkeit der organisierten vollständigen Erschaffung [...] neu aufbrächte und nacherlebte. [...] Also müssen wir auf der Ebene der vereinzelt betrachteten Bilder unseren phänomenologischen ›Widerhall‹ anstreben« (Bachelard 1960, 19).

Raum und Gestalt

Dieser Selbstbescheidung folgt Foucault in gewisser Weise, wenn er in den beiden Vorträgen nur den Widerhall seiner Vorstellungen in rasch aufeinanderfolgenden ›Grundsätzen‹ beschreibt. Es ist eine analoge Absetzung von einer Wissenschaft des Raums, in der Foucault nunmehr einen »abgenutzten Begriff« (Foucault 2005, 936) erblickt. Natürlich aber ist die systematische Vorarbeit der deutschen Phänomenologie und Phäno-Ontologie im Gefolge Edmund Husserls (1859–1938) und Martin Heideggers (1889–1976) Foucault gut bekannt und indirekt, als Abstoßungslinie, in seinem Text ständig präsent, denn in den 1950er Jahren hatte Foucault Viktor von Weizsäckers (1886–1957) Hauptwerk *Der Ge-*

staltkreis aus dem Jahr 1940 durchgearbeitet und schließlich 1957 übersetzt. Von Weizsäcker seinerseits hatte schon 1924 seine Schrift *Über eine systematische Raumsinnstörung* veröffentlicht. Sein Hauptwerk hatte 1940 die Früchte einer intensiven Auseinandersetzung der Leipziger phänomenologisch-gestalttheoretischen Schule um Felix Krueger (1874–1948) mit Problemen der Wahrnehmung und des Räumlichen einbringen können, da Hans Driesch (1867–1941), der wichtigste Lehrer von Weizsäckers, seit 1921 Direktor des Philosophischen Instituts der Universität Leipzig war.

Das Werk des international renommierten Vertreters der gestalttheoretischen Schule – des Psychologen Kurt Koffka (1886–1941) – lernt Foucault im Studienjahr 1951/52 in den Vorlesungen Maurice Merleau-Pontys (1908–1961) zu den »Wissenschaften vom Menschen« an der Pariser Sorbonne kennen. Ein am 17. Januar des Kriegsjahrs 1942 in Halle gehaltener Vortrag von Weizsäckers, der noch im selben Jahr ausgearbeitet und veröffentlicht wurde, lehnt sich mit seinem Titel »Gestalt und Zeit« noch direkter sowohl an die Gestalttheorie um Krueger, Koffka, Wolfgang Köhler (1887–1967), Hans Freyer (1887–1969), Max Wertheimer (1880–1943) oder Driesch als auch an die Arbeiten Heideggers an, die Foucault schon in seiner Auseinandersetzung mit Ludwig Binswanger (1881–1966) in den frühen 1950er Jahren bis in Übersetzungsfragen zu einzelnen Termini intensiv in der Originalsprache studiert hatte.

Um den endgültigen Einsatz Foucaults zu verstehen, muss man zu einem seiner Ausgangspunkte zurückkehren. Ein Ausschnitt aus der bei Krueger angefertigten Habilitationsschrift *Untersuchungen zum gelebten Raum* von Graf Karlfried von Dürckheim aus dem Jahr 1931 kann die Bandbreite dieser Forschungen eindrucksvoll belegen, die eine frühe deutsche Variante des Strukturalismus ausarbeiteten, insofern sie die Überzeugung teilten, »daß in aller echten phänotypischen Beschreibung Strukturerkenntnisse angelegt sind« (Dürckheim 1931, 392). Das Programm von Dürckheims wird in der Form einer Aufzählung abzuarbeitender Fragestellungen geliefert und kommt damit Foucaults Impetus der Grundsätze in den ›anderen Räumen‹ sehr nahe – allerdings als eine Art Negativform: Als erstes Axiom gewissermaßen wird festgelegt, dass »alles Raumerleben übergriffen ist vom Phänomen räumlicher Orientiertheit«. Die Grundform räumlicher Orientiertheit ist nach von Dürckheim »jene, dank derer das erlebende Subjekt im Besitz seiner elementaren Richtungsdimensionen (oben, unten etc.) ist und so zugleich seine elementarste Bewegungsfähigkeit erhält. Wir nennen sie ›elementare Orientiertheit‹.« Dann unterscheidet von Dürckheim von ihr mindestens neun weitere Formen: »Der Raum«, so setzt der Autor seine Aufzählung fort, empfängt zweitens eine »besondere Bestimmtheit dadurch, dass der Erlebende ihn gegenwärtig hat als einen bestimmten ›Ort‹, das heißt als ein Ganzes, das Verkörperung einer bestimmten Sinneinheit ist. Als solcher, z. B. als ›Zimmer‹, ›Wald‹, ›Kirche‹, gehört er zugleich zu einer bestimmten Seinssphäre des erlebenden Subjekts.« Gleichzeitig aber sei der Raum auch drittens »leibhaftige Herumwirklichkeit« und als solche hat er »als umgebender Binnenraum eine ganz bestimmte Gestalt, Gliederung und Ordnung einer sinnlich vollziehbaren körperhaften Mannigfaltigkeit.« Dann ist er viertens erfüllt von »bestimmten ›Vitalqualitäten‹« und befindet sich fünftens als »konkret leibhaftiger Raum an einem bestimmten ›Platz‹ in einem weiteren Herum«. Zwischenzeitlich bekommt der existenzialontologische Duktus etwas Pastorales, wenn von Dürckheim versichert, dass der Raum auch erlebt wird als »Erfüllungsort eines in ihm sich erfüllenden Lebens« und siebtens als »Wesen von bestimmtem Charakter«. Der Leitgedanke dieser Ausführungen bleibt die Feststellung oder Forderung, dass »konkreter Raum nie nur sinnlich-gegenständlich ›aufgenommen‹«, sondern achtens zugleich »als Bewegungsgestalt vollzogen« wird. Der Raum ist in dieser Leibperspektive ein Bewegungsraum. Überdies wird neuntens »konkreter Raum durchgehends gegenwärtig in einer zweifachen Sinnrichtung: [...] einerseits als ›Welt-Raum‹, andererseits als ›Selbst-Raum‹« (ebd., 395 f.).

Die intensivierte Begriffsarbeit von Dürckheims scheint sich in eine Endlosschleife zu verwandeln. Nur eine radikale Wendung des Innen in ein Außen, der Subjektivität in Geschichten, der Empfindung in Imagination verspricht eine Auflösung. Von Dürckheim, der sich nach einer Professur für Psychologie an der Pädagogischen Akademie in Breslau ab 1933 im Amt Ribbentrop nur noch dem deutschen »Lebens- und Schicksalsraum« (ebd., 480) widmen sollte – und damit selbst den Weg gefährlicher Phantasmagorien beschritt –, bevor er ab 1949 eine eindrucksvolle dritte Karriere als Esoterik-Autor und Therapeut einschlägt, wird genau die Bereiche und Themen einer Geschichte des ›gelebten‹ Raums aufgezählt haben, die Foucault 34 Jahre später unter der Formel eines »inneren Raums« und unter Aufbietung an Bachelard erinnernder Bilder vom »Gipfel« oder vom »Schmutz«, vom »Kristall« oder vom »Stein« (Foucault 2005, 934) bewusst ausklammern wird, um neues Terrain einer Raumtheorie erkunden zu können.

Raum, Landschaft, Stimmung

Dass die theoretische Arbeit am Phänomen der Landschaft von ganz ähnlichen Prämissen ausging und in einer ähnlichen Absetzung enden konnte, zeigt ihre nahezu parallel verlaufende Ideengeschichte: Zwei entscheidende Ausgangspunkte der gestalttheoretischen Schule sind hier noch nachzutragen, um auch auf diesem Feld eine radikale Neupositionierung (nach Foucault) nachvollziehbar zu machen: Es ist einerseits Carl Stumpfs (1848–1936) Schrift *Über den psychologischen Ursprung der Raumvorstellung* von 1873, die in Theodor Lipps' (1851–1914) Schrift über *Ästhetische Faktoren der Raumanschauung* von 1891 eine gedankliche Fortsetzung fand, und andererseits Christian von Ehrenfels' (1859–1932) Arbeit *Über Gestaltqualitäten*, die zuerst 1890 erschien, und sich ebenfalls mit der Raum- und Tonempfindung beschäftigte. Bei Stumpf hatten u. a. Husserl, Köhler und der Foucault von Merleau-Ponty her bekannte Kurt Koffka promoviert. Von Ehrenfels' Text wirkte unmittelbar auf Hans Driesch und Georg Simmel (1858–1918) ein, dessen bis heute aufgelegter Text einer »Philosophie der Landschaft« von 1913, genauso wie seine gesamte Arbeit zu Problemfeldern der Ästhetik, ohne das Konzept einer Transformation »einer bloßen Summe disparater Stücke« (Simmel 1984, 137) – genannt ›Natur‹ – zu einem gestaltartigen ›höheren‹ Gebilde – genannt ›Landschaft‹ – nicht denkbar wäre und den Kern der Gestalttheorie vollständig wiedergibt. »Aber vielleicht«, schreibt Simmel, »hilft uns gerade diese Einsicht weiter. Sollte nicht wirklich die ›Stimmung‹ der Landschaft und die anschauliche ›Einheit‹ der Landschaft eines und dasselbe sein, nur von zwei Seiten betrachtet?« (ebd.).

Das Konzept der ›Stimmung‹ aber popularisiert an dieser Stelle schon einen zentralen Terminus der hermeneutischen Ästhetik (Lipps 1906, 188 ff.), der – gegen die Paradoxie des hermeneutischen Zirkels – die Vermittlung der ›aufgelesenen‹ Details mit dem intuitiv vorausgesetzten, erst abschließend systematisch ermittelten ›höheren Ganzen‹ leisten sollte. Dabei handelt es sich um ein asymmetrisches Verhältnis, das schon in der »ersten kanonischen Definition der ästhetischen Erfahrung der Landschaft in Deutschland«, in der *Allgemeinen Theorie der schönen Künste* Johann Georg Sulzers (1720–1779) von 1771, die ästhetische Erfahrung der Landschaft bestimmen und konstruieren half als ein ganz »bestimmtes Verhältnis von Teilen und Ganzem« (Apel 1998, 19). ›Stimmung‹ oder ›Erlebnis‹ und ›Erfahrung‹ oder ›Beobachtung‹ heißen zur Jahrhundertwende 1900 deshalb mögliche Alternativen einer konzeptuellen Fassbarkeit der Perzeption und Beschreibbarkeit besonderer Qualitäten des Räumlichen und der Landschaft. So ordnet im gleichen Jahr wie Simmel der Zoologe Jakob Johann von Uexküll (1864–1944) die synthetisierende Leistung, »Stücke« in »Gestalten« zu transformieren, im Falle der Raumempfindung einer Variante der (Ein-)»Bildungskraft« zu, die ihren Sitz in den »Bogengängen« des Ohrs hat, und schafft unter anderem damit die Grundlagen für eine Analyse der Landschaft als »spezielle« Umgebung und »Umwelt« (Uexküll 2006, 85 ff.; s. Kap. III.9), die den formalen Vorgaben des hermeneutischen Zirkels physiologisch zu entfliehen sucht.

Landschaft und Malerei

Joachim Ritter ändert 1962 die Vorzeichen dieser unterschiedlichen Betrachtungen der Landschaft (im Rückgriff auf Simmels Ansatz) fast zeitgleich mit Foucaults neuer Raum-Konzeption, insofern er die ästhetische Erfahrung – die aus seiner Sicht Natur erst als Landschaft erschließbar macht – konsequent historisiert, indem die Geschichte der Landschaft die Bewegung ist, »in der nacheinander bestimmte Bereiche der Erde ästhetisch entdeckt und sichtbar gemacht werden, so wie die Kunstgeschichte typologisch von klassischen, idealen, heroischen, romantischen Landschaften spricht«. Diese Historisierung ist allerdings laut Joachim Ritter (1974, 178) noch keine Antwort auf das »der individuellen Vielfalt von Landschaften vorausliegende Problem«, dass »Landschaften mit der Neuzeit als eine bis dahin unbekannte Form der Vergegenwärtigung von Natur im Element des Ästhetischen hervorgebracht werden«.

In Friedrich Georg Jüngers (1889–1977) Essay »Wachstum und Planung« von 1960 – der Ritters Text unmittelbar vorausging und auf den sich Ritter auch bezieht – gibt es schon Hinweise auf die zentrale Stellung der Malerei in diesem Prozess der Ästhetisierung der Natur zur Landschaft, auf die Voraussetzungen einer ›Hervorbringung‹ der Landschaft: »Das Malerische, Pittoreske kommt, wie schon der Name sagt, nicht von Architektur und Plastik her, sondern vom Gemälde«, betont Jünger (1960, 39 f.): »Als eine Bilderinnerung, die in der Landschaft aufgesucht und wiedergefunden, also in sie hineingetragen wird«, kennzeichnet der Autor diesen Prozess als einen mimetischen, der die Medien wechselt: »Solchen Bildern haftet die zu ihnen gehörende Gestimmtheit an, dazu die Absicht des Sehens, die, wie das Wort sagt, etwas Abgesehenes hat«. Hier wird immer wieder mit binär angeordneten Kategorien beschrieben, was man schon in der Nachfolge von Wilhelm H. Riehls (1862, 61) Erkenntnis des »landschaftlichen Auges« oder Jüngers Bemerkungen zu einer ›Medienkunstgeschichte der Landschaft‹, einer umfassenden Geschichte des Hineintragens, ausbauen könnte. Dass die Landschaft im (gelenkten) Auge des Betrachters entsteht, wird auch in der Malerei der Neuzeit zu einem Paradigmenwechsel führen. Galt die typisierende Abstraktion noch bis ins 16. Jahrhundert als geeignetes Mittel, um – wie in Hartmann Schedels (1440–1514) *Weltchronik* von 1493 – mit demselben Bild ganz unterschiedliche Landschaften zu illustrieren oder typische Landschaftsmerkmale in einer Sehenswürdigkeit zusammenzuziehen, geht die Malerei des 17. Jahrhunderts zunehmend auf den Bedarf des Publikums nach »einer durch erzählerische Themen und Motive aufgewerteten Darstellung und einer ungekünstelten Abbildung gesehener Natur« (Büttner 2008, 554) ein. Das 18. Jahrhundert kommt dieser Emphase – begünstigt durch die literarische Ausarbeitung der Empfindungsästhetik – zunehmend und virtuos gerade im Studio nach, bis die romantische Malerei eines Caspar David Friedrich schließlich versucht, den sakralisierten Natureindruck selbst zum Dreh- und Angelpunkt der Landschaftsmalerei zu machen. Das 19. Jahrhundert eröffnet schließlich die bis heute anhaltende Tendenz, die Darstellung der Natur »innerhalb kunstimmanenter Prozesse zur Lösung malerischer Probleme und zur Erprobung ästhetischer Wirkungen zu nutzen« (ebd. 558).

Andere Räume

Foucaults epistemologische Neupositionierung jedoch lässt sich erneut in einer Gegenkonturierung zum rezipierten ›deutschen phänomenologischen Strukturalismus‹ deutlich machen: Viktor von Weizsäcker diskutiert 1943 in *Wahrheit und Wahrnehmung* die von Hermann von Helmholtz über Stumpf und von Uexküll reichende Wissenschaftsgeschichte der Frage, ob »die Zeitvorstellung und Raumvorstellung, welche man aus der Sinneswahrnehmung empfangen hat, ausreichend für die Beurteilung der objektiven Natur sei« (Weizsäcker 1997, 387). Diese so hartnäckig formulierte Fragestellung wird erst durch Foucaults radikale Kursänderung endgültig von den vorderen Rängen der geistes- und auch der naturwissenschaftlichen Tagesordnung vertrieben werden. Der Weg dahin deutete sich in der Folge seiner intensiven Bachelard-Lektüre an, wenn er zwei Jahre vor der Niederschrift von »Von anderen Räumen« festhält, »dass die Sprache eine Sache des Raumes ist (vielleicht auch zu einer solchen geworden ist)« (Foucault 2001, 534), die eine zeitlich ausgerichtete Sprache abzulösen beginnt.

Die um die Jahreswende 1966/67 vorgetragenen Texte skizzieren nun nichts Geringeres als eine zukünftige Sozial- und Erfahrungsgeschichte des Raums und der Landschaft, den Versuch, »die Historizität der Formen von Erfahrung selbst zu denken« (Eribon 1991, 85), der die Konzepte und Imaginationen des Räumlichen bzw. Landschaftlichen impliziert: »In der abendländischen Erfahrung« schreibt Foucault »hat der Raum selbst eine Geschichte, und diese fatale Kreuzung der Zeit mit dem Raum können wir nicht übersehen« (Foucault 2005, 932). Mit drei Begriffen werden die bisherigen Raumerfahrungen des Abendlandes charakterisiert, die der klassischen (zeitlichen) Dreiteilung von Antike bzw. Mittelalter, Moderne und der zur Zukunft offenen Gegenwart folgen: »Lokalisierung« – »Ausdehnung« – »Lage« (ebd.). Der ›Ortungsraum‹ erscheint dabei vor allem als »eine hierarchisierte Menge von Orten« (ebd.), dem die Scheidung der Profanität von der Sakralität auf verschiedenen Ebenen seine spezifische Struktur verleiht. Der ›Ausdehnungsraum‹ wird in Schmitts Studie *Land und Meer* von 1942 wie später bei Foucault als Vorstellung »eines unendlichen, leeren Raumes« beschrieben, die »so fundamental und revolutionär ist, dass man ebenso gut umgekehrt sagen kann, die Entdeckung neuer Kontinente und die Umsegelung der Erde seien nur Erscheinungsweisen und Folgen tieferliegender Wandlungen gewesen« (Schmitt 1981, 67; s. Kap. III.7). Den Anstoß dazu sieht Foucault von Galileo Galilei kommend, Schmitt hingegen von Giordano Bruno. Der ›Lagerungsraum‹ – und die alte Magazinmetaphorik legt es nahe – wird als eine medientechnisch indizierte Verschränkung von »Zirkulation« und »Stapelung« beschrieben, deren neue Realität von der Kommunikation bis zur Demographie zu Buche schlägt (Foucault 2005, 933).

Nun gibt es aber zwischen dem überkommenen Raum der ›Ortung‹ und dem gegenwärtigen Raum der ›Lagerung‹ eine Überschneidung. Eine »blinde Sakralisierung« (ebd., 933) beherrscht nach wie vor den äußeren Raum der Gegenwart. Hierarchische Grenzscheiden – zwischen Privatheit und Öffentlichkeit, Familiarität und Gesellschaft usw. – durchziehen unseren Raum wie schon den Raum des vergangenen Mittelalters und beziehen uns auf bestimmte Punkte oder Regionen, indem sie uns von anderen fernhalten. Dadurch entstehen »Relationsmengen« (ebd., 934), Beziehungsgefüge. Verkehrsplätze, Verkehrsmittel, Verkehrsknoten sind solche Orte, an denen Momente der Statik (der Einkapselung), Momente des Bewegtwerdens (der Reise) und Momente der Bewegung (des Umherstreifens im Vehikel der Bewegung) zusammenkommen. Doch auch moderne Vergnügungsstätten (wie Strände, Cafés oder Kinos) kennzeichnet diese Verschränkung passivischer und aktivischer, entgrenzender und beschränkender Vektoren, diese Fixierbarkeit auf einer Amplitude zwischen Ruhe bzw. Geschlossenheit und Bewegung bzw. Offenheit. Foucaults Skizze, die nach der Entfaltung solcher Kategorien nach Beispielen verlangt, bricht jedoch abrupt ab, um sich nur noch einem »merkwürdigen« (ebd.) Typus der Platzierung zu widmen.

Man kann sagen, dass alle möglichen Beziehungsgefüge in dieser Wirklichkeitsordnung einer gewissen Zweckmäßigkeit und einer gemeinsamen Logik unterworfen sind, auch wenn sie sich nicht restlos ineinander überführen lassen, sondern entlang der Linie einer stummen Sakralisierung noch auseinanderliegen. Mit Foucault aber gibt es Beziehungsgefüge, Orte, die einen größeren Radius haben, die ganze Gruppen der üblichen Beziehungsbündel suspendieren, umkehren, neutralisieren, indem sie mit dem gesamten Ensemble der wirklichen Orte »in einem allgemeinen, direkten oder entgegengesetzten Analogieverhältnis« stehen (ebd., 935). Er benennt sie mit dem gebräuchlichen Ausdruck ›Utopien‹, wenn sie keinen ›wirklichen Ort‹ haben, und mit dem Neologismus ›Heterotopien‹, wenn sie »sich durchaus lokalisieren lassen« (ebd.). Diese ›Heterotopien‹ werden allerdings ihrerseits einer zeitlichen Differenzierung unterzogen: Die früheren

›Krisenheterotopien‹ entsprechen dabei in etwa den initiatorischen Riten des Übergangs (und ihren Orten), wie Arnold van Gennep (1873–1957) sie 1909 so folgenreich für Soziologie und Ethnologie am Modell und im räumlichen Schema des Hauses in seinem Buch *Übergangsriten* analysierte. Die späteren und damit gegenwärtigeren Abweichungsheterotopien leisten hingegen in der Perspektive Foucaults an spezifischen Orten eine Rückverpflichtung ›abweichlerischer‹ Individuen auf die geltenden gesellschaftlichen Normen: Klinik, Gefängnis, Sanatorium seien hier zu nennen und stellen bekanntlich zentrale Forschungsgegenstände des Werks von Foucault dar. Nun beginnt er ›Grundsätze‹ einer Erforschung und Beschreibung der Heterotopien zu formulieren, die – ähnlich wie die Aufzählung von Dürckheims – weitere, anders geartete Beispiele liefern. Der Friedhof als heterotopischer Ort dient ihm dazu, eine schon früher von ihm angeführte ›blinde Sakralisierung‹ gerade der modernen Welt vorzuführen. Die Auslagerung der Toten aus dem Bauch an den Rand der Städte ist für Foucault eine Folge der Angst vor der Ansteckung, vor dem Tod als »Krankheit« (ebd., 938). Sie macht den Friedhof im Namen des Fortschritts erst zu einem anderen Ort, einer ›anderen Stadt‹, wie sie Ernst Jüngers (1895–1998) Roman *Aladins Problem* von 1983 als eine moderne kappadokische Felsentotenstadt ›Terrestra‹ beschrieb.

Doch Heterotopie ist noch in einem ganz anderen Sinne zu verstehen, wie der dritte ›Grundsatz‹ erläutert: Ganz ähnlich wie Marshall McLuhan von dem Medium spricht, das die Botschaft ist, insofern es ein älteres Medium transportiert und in der Regel vereinseitigend optimiert, sind die Heterotopien begrenzte Räume, die »mehrere reale Räume« (ebd., 938) zusammenlegen: Das Theater evoziert wechselnde Spielräume, das Kino »ist ein sehr sonderbarer rechteckiger Saal, an dessen Ende man auf eine zweidimensionale Leinwand einen dreidimensionalen Raum projiziert« (ebd.). Als Urbild dessen fungiert aber, um die Medientheorie wieder in die Sozial- und Erfahrungsgeschichte des Raums zurückzuholen, der (persische) Garten, der als rechteckige, geheiligte Repräsentation der Welt, ein frühes, bis heute wirksames Medium aus sich herausstellt: »Die Teppiche waren ursprünglich Nachbildungen des Gartens. Der Garten ist ein Teppich, auf dem die ganze Welt in symbolischer Vollkommenheit erscheint, und der Teppich ist gewissermaßen der im Raum bewegliche Garten« (ebd., 939). Der Garten als »geglückte, universalisierende Heterotopie« (ebd.), dem noch der gegenwärtig in immer neuen ›Zoo-Soaps‹ in die Wohnzimmer übertragene ›Zoologische Garten‹ nachfolgt, macht ein Strukturmerkmal der Heterotopie sichtbar, das neue Anschlüsse ermöglicht: Ähnlich wie jener, der Zeit enthobene, ›Glück‹ verheißende Garten brechen vor allem seit Beginn des 19. Jahrhunderts Bibliotheken und Museen mit der »traditionellen Zeit« (ebd.) der Menschen, indem sie öffentlich der Idee folgen, »alles zu sammeln, gleichsam ein allgemeines Archiv aufzubauen« und dadurch dem Willen Ausdruck zu verleihen, »alle Zeiten, Formen und Geschmacksrichtungen an einem Ort einzuschließen, einen Ort für alle Zeiten zu schaffen, der selbst außerhalb der Zeit« (ebd.) ist. Nur scheinbar stehen diesen ›ewigen‹ und ›seligen‹ Orten außerhalb der herkömmlichen Zeit diejenigen Orte entgegen, die zur Bühne flüchtig wiederkehrender Feste werden: Feriendörfer, Schaustellerplätze an den Stadträndern, Festwiesen, denn auch hier geht es um eine (temporäre) Aufhebung der Zeit am besonderen Ort.

Gegen Ende der knappen Skizze wird noch einmal deutlich, wie sich der Text Foucaults (vor der produktiven Negativfolie des ›deutschen Strukturalismus‹) an die Ethnologie van Genneps, an die sozialgeschichtlich angehauchte Raumpoetik Bachelards und an frühe Formen der geschichtsphilosophischen Medientheorie anlehnt. Die gerade für Medien so zentrale ›Zugänglichkeit‹ (*accessus*) der Heterotopien wird problematisiert, indem vor allem die rituelle Reinigung als Bedingung der Aufnahme (Hammam, Sauna, Kaserne), aber auch das Motel nach amerikanischem Vorbild als Ort einer vorgelagerten, leicht zugänglichen illusorischen Sexualität geschildert wird. Das gesamte Funktionalitätsspektrum wird abschließend erläutert, indem zwischen der ›Illusionsheterotopie‹ und der ›Kompensationsheterotopie‹ unterschieden wird. Denunzieren Illusionsheterotopien (wie das Bordell) den Realraum als »noch größere Illusion« (Foucault 2005, 941) als sie selbst – und entfalten dadurch nach Foucaults Verständnis ein begrenztes subversives Potential –, versuchen die Kompensationsheterotopien ›vollkommene‹ Räume zu schaffen, Räume wie den Jesuitenstaat in Paraguay, die puritanischen Kolonialgebilde an der nordamerikanischen Ostküste, oder – wie man ergänzen könnte – die mönchischen Gemeinwesen des Mittelalters, wie sie der Leipziger Philosophiehistoriker und Kultursoziologe Hugo Fischer (1897–1975) beschrieb: »Die Sache, um die es den Mönchen ging, war die Ordnung der geistig-künstlerischen und der angeschlossenen praktischen Kultur. Ihre innere Werkstatt war der Mikrokosmos des Klosters mit seinen Skriptorien und Handwerksstätten, seinen Kirchenanlagen und Siedlungsplänen mit Heerscharen von Landbestellern. Das Kloster war geradezu das paradigmatische Kerngebilde einer kommenden Ordnung« (Fischer 1969, 19). Dies sind in jedem Fall für Foucault Gebilde und Erscheinungen, die in ihrem konter-sozialästhetischen Charakter den Impetus der Kolonialisierung des Raums erklären helfen. Schließlich wartet Foucaults Vortrag mit einem übermächtigen Bild auf: Es ist das Schiff als »ein Stück schwimmenden Raumes« (Foucault 2005, 942). In diesem Bild führt Foucault viele Zutaten und Emanationen der Heterotopie noch einmal zusammen – die Gärten und die Kolonien, die Bordelle, die Häfen (Begrenzungen) und die Ozeane (Ausblicke) –, um die Heterotopien als ein gewaltiges ›Imaginationsarsenal‹ zu resümieren.

Kisten und virtuelle Räume

Zur ersten deutschen Veröffentlichung von Foucaults Vortrag unter dem Titel »Andere Räume« kommt es 1990 im *Journal für Ästhetik und Politik*, das als Themenheft den Titel von Foucaults Vortrag übernimmt. Im gleichen Heft findet sich auch ein Aufsatz Vilém Flussers (1917–2000). Der jüdisch-deutsch-tschechisch-brasilianische Philosoph entwickelt seit 1990 eine merkwürdige Symbiose und Weiterentwicklung der bei Foucault negativ oder positiv präsenten Ansätze einer alternativen Raumtheorie und sein Ausgangspunkt ist dabei noch direkter der lebensweltlich orientierten Phänomenologie verhaftet. In den schon von Karlfried von Dürckheim und von Uexküll her bekannten Grundunterscheidungen und Dimensionen der primären räumlichen Orientierung von Lebewesen – vorne/hinten, oben/unten, rechts/links – sieht Flusser (2006, 274) den »sogenannten Lebensraum« hinreichend charakterisiert: »Alle anderen Räume sind Abstraktionen davon«. Genau diese Abstraktionen aber werden in Flussers Werk immer wieder mit den ›primären Gegebenheiten‹ produktiv konfrontiert. Die »eigentümliche Fähigkeit, uns (mehr oder weniger) aus unserem Lebensraum hinauszuziehen und anderswohin zu versetzen« (ebd.), beschäftigt ihn gerade im Zusammenhang mit räumlichen Vorstellungen. Für Flusser ist es die in Zahlen (Algorithmen) ausdrückbare und auf Bildschirmen sichtbare neue virtuelle Dimensionalität des Weltraums, die auch den angestammten Lebensraum anders erfahrbar machen muss: »Es stellt sich nämlich bei den Weltraumberechnungen heraus, dass die Welt ein sich mit der Zeit ausdehnender Raum oder eine sich mit dem Raum zusammenziehende Zeit ist, weil nämlich beide Messungen (Dimensionen) ein und dasselbe messen« (ebd., 276; s. Kap. III.8).

Der virtuelle Raum wird genaugenommen durch ›raum- und zeitlose‹ Gleichungen und Berechnungen kalkuliert, deren Grundlagen man wörtlich und buchstäblich nicht begreifen kann: »Die Mathesis des virtuellen Raums ist die Wahrscheinlichkeitsrechnung. Und das heißt: dort ist nichts wahr oder falsch, sondern alles ist dort mehr oder weniger wahrscheinlich. Das muß auf die Lebenswelt zurückschlagen« (ebd., 277). Nach Flussers Annahmen ist nun entscheidend, dass dieses Konzept von Wahrscheinlichkeit, dieses Durchschlagen der neuen Virtualität auf die ›alte Faktizität‹ des historischen Lebensraums, auch eine neue räumliche Ordnung verlangt. Zuerst wird der alte Lebensraum als ›Kriechraum‹ charakterisiert: »Unser Lebensraum (also der Raum der sich empörenden, aber am Boden kleben gebliebenen Würmer) ist Tausende von Kilometern lang und breit, aber seine Höhe übertrifft kaum einige Meter. Bei der Niedrigkeit der Kiste ist es nicht zu verwundern, dass diese Gestalter nicht eigentlich räumlich (topologisch), sondern flächenartig (geometrisch) denken, und dass sie die Zeit in Funktion des Kriechens von Unterraum zu Unterraum betrachten« (ebd.). Doch der Raum öffnet sich in Flussers Perspektive nun nach oben: »Gegenwärtig jedoch beginnt sich unter dem Einfluss der im Weltraum und im virtuellen Raum gewonnenen Erkenntnisse der Deckel des Lebensraums aufzulösen, und wir beginnen, mitten im Lebensraum obdachlos zu werden« (ebd., 278). In der Folge wird sich vor allem die urbane Sphäre umstrukturieren und ihre Umstrukturierung neu gedacht werden müssen. Der Ausgangspunkt, der alte städtische Lebensraum, war als eine spezifische politisch-ökonomisch-kulturelle Ordnung eingerichtet, wie sie dem Abendland seit der griechischen Antike überliefert wurde. Der Philosoph, Soziologe und von Dürckheim-Schüler Rudolf zur Lippe setzt diese Ordnung als »Rationalität im Sinne einfachsten geometrischen Überblicks« im frühen 5. vorchristlichen Jahrhundert mit dem »Plan für den Wiederaufbau von Milet nach der Zerstörung durch die Perser« (Lippe 1997, 170) an. Die Tatsache, dass Thales als Begründer der antiken Geometrie zu diesem Zeitpunkt Bürger dieser Stadt war, scheint zur Lippe dabei entscheidend.

Flusser stellt uns dieses Ordnungsmodell als Wechselspiel von Privatheit und Öffentlichkeit unter dem Titel »Urbanität und Intellektualität« in einer für seinen Ansatz so typischen, plastisch-räumlichen (bühnenartigen), historisch-phänomenologischen Abstraktion vor Augen. Die Stadt ist dabei »im klassisch-griechischen Sinn, ein unter einem Tempelberg liegender und von Privathäusern umgebener Marktplatz«. Sie besteht aus »drei Räumen: dem privaten (*oike*), dem öffentlichen (*agora*) und dem heiligen (*temenos*). Im privaten wohnen Sklaven, welche die hinter dem Privathaus liegenden Felder und Wiesen bearbeiten, den Ertrag einbringen und genießen. Sie leben ökonomisch«. Der Hausherr »stellt sie vor die Haustür auf den Marktplatz, um sie für Werke anderer Hausherren einzutauschen. Er lebt politisch. Auf dem Marktplatz gehen Leute hin und her, welche die dort ausgestellten kritisieren, um ihren Wert festzustellen und ihren Austausch zu regeln: um zu regieren. Sie leben theoretisch. [...] Nur wer theoretisch schaut, ersieht die wahren Formen, er lebt weise (philosophisch)« (Flusser 1989/90, 96).

Diese klassische, relativ spät umakzentuierte Ordnung gilt mit bestimmten Verschiebungen bis zur industriellen Moderne. Erst das mittels der avancierten Computertechnik ermöglichte Eindringen der Intellektuellen »mit ihren Arbeitsmodellen in den Arbeitsprozess« (ebd., 100) ändert diese Lage. Die ursprünglich äußerst langwierige Numerisierung (Rückkodierung) komplexer Differentialgleichungen in einfache Zahlencodes macht Computierungsmaschinen erforderlich, deren Beherrschung durch strukturell primitive, funktionell aber äußerst komplexe Codes einer neuen intellektuellen Elite zufällt, welche die seit der Renaissance (über)mächtigen Bürger wieder in Laien verwandelt. Die neuen Spezialisten programmieren nun ›Arbeitsmodelle‹ und ›Erlebnismodelle‹, die das Landschafts- und Raumverhältnis des Menschen radikal verändern. Kennzeichnet diese Aufgabe für Flusser vor allem eine gewisse ›Undeutlichkeit‹, so unabweislich ist für ihn doch das Verlassen der ›niedrigen Kiste‹. Raum kann nun beispielsweise eine »Blase sein, die sich in die Zukunft hinausdehnt. [...] [S]o undeutlich die Aufgabe der Raumgestalter gegenwärtig noch sein mag, deutlich ist bereits, dass der künftige Raumbegriff nicht mehr kartesisch sein wird, kein starres Achsenkreuz mehr« (Flusser 2006, 283).

Raumanalyse und Anthropologie sind – das zeigen nicht nur diese Ausführungen zu Flusser, sondern auch ganz ähnliche Leitmetaphern in Peter Sloterdijks *Sphären*-Werk, das in drei Bänden zwischen 1998 und 2004 erschien – immer voneinander abhängig. In Flussers Texten kann man außerdem ganz ähnlich (und manchmal bis in den Wortlaut) wie bei Foucault die Tendenz beobachten, dass sich die Metaphern der Raumanalyse mit denen der historisch-anthropologischen Kennzeichnung überschneiden. Die medialen Verhältnisse, die Verhältnisse von Zugänglichkeit, Masse und Umlaufgeschwindigkeit der Informationen, beeinflussen das epochale Verständnis von der Zeitlichkeit des Menschen und schlagen sich gleichzeitig metaphorisch in neuen Möglichkeiten der Raumreflexion nieder: »Die topologische Ontologie muß zu einer ihr entsprechenden Anthropologie führen«, für die »der Mensch ein Knotenpunkt« ist, »in welchem Informationen zusammenlaufen, sich überlagern (prozessiert werden), sich stapeln und durch den Menschen hindurch weiterlaufen« (Flusser 1989/90, 102 f.).

Ort, Raum, Erzählung

Foucaults Bemerkung, »dass die Sprache eine Sache des Raumes ist (vielleicht auch zu einer solchen geworden ist)«, scheint 1980 zum Ausgangspunkt einiger Überlegungen zum Raum in Michel de Certeaus (1925–1986) Klassiker der Kulturwissenschaft von der *Kunst des Handelns* zu werden. Das Buch lässt eine ganz ähnliche emanzipatorische Tendenz der Raumanalyse erkennen, wie sie Foucaults Heterotopie- oder Illichs Vernakularitäts-Konzept eingeschrieben ist, insofern de Certeaus Studien die der reinen Passivität bezichtigten »Aktivitäten von Verbrauchern« (Certeau 1988, 11) rehabilitieren wollen. Gegen die letztlich großen Linien Foucaults (von Aufklärung und Körperdisziplinierung etwa) stellt de Certeau allerdings den »ganz kleinen und überall wiederholten Gestus, der den Raum des Diskurses organisiert hat« und sukzessive – als »entscheidende Schicht diskursloser Praktiken« (ebd., 107) – einen »sichtbaren Ort mit einem Raster überzieht« (ebd., 108), in den Mittelpunkt seiner Überlegungen.

Will man nun die bisher festgehaltene Interdependenz von Raumkonzeption und historischer Anthropologie präzisieren, muss man den Menschen als erzählendes, ›in Geschichten verstricktes‹ Wesen fassen, wie ihn Wilhelm Schapp (1884–1965) in seinem phänomenologischen Hauptwerk *In Geschichten verstrickt. Zum Sein von Mensch und Ding* von 1953 charakterisiert hat. Genau diesen Faden nimmt de Certeau in seinem berühmten Buch auf, wenn er den Geschichten als Praktik attestiert, dass »sie jeden Tag die Orte durchqueren und organisieren; sie wählen bestimmte Orte aus und verbinden sie miteinander, sie machen aus ihnen Sätze und Wegstrecken. Sie sind Durchquerungen des Raumes« (ebd., 215). Die alltäglichen oder literarischen Berichtsformen – Anweisung, Neuigkeit oder Nachricht, Bildlegende, Erzählung, Geschichte oder Roman – werden zu unseren »kommunalen Verkehrsformen, zu unseren metaphorai«, betont de Certeau im Rückgang auf die neugriechischen Verkehrs- und die altgriechischen Sprachverhältnisse. »Wie kann man dieses Metapherngewimmel« – und damit die räumlichen Verhältnisse, wie man sie täglich festlegt, »analysieren?« (ebd., 216), fragt er weiter. Seine Antwort differenziert im expliziten Rückgang auf Merleau-Pontys phänomenologische Scheidung des geometrischen vom anthropologischen Raum – und ähnlich wie Michel Serres – zunächst zwischen ›Ort‹ und ›Raum‹: »Ein Ort ist also eine momentane Konstellation von festen Punkten. Er enthält einen Hinweis auf eine mögliche Stabilität. Ein Raum entsteht, wenn man Richtungsvektoren, Geschwindigkeitsgrößen und die Variabilität der Zeit in Verbindung bringt. Der Raum ist ein Geflecht von beweglichen Elementen. Er ist gewissermaßen von der Gesamtheit der Bewegungen erfüllt, die sich in ihm entfalten« (ebd.).

Der Gegensatz zwischen ›Ort‹ und ›Raum‹ – etwa in Erzählungen – wird »vor allem auf zweierlei Bestimmungen« zurückgeführt: »Einmal durch die Objekte, die letztlich auf das Dasein von etwas Totem, auf das Gesetz eines ›Ortes‹ reduziert werden könnten (vom Kieselstein bis zum Leichnam scheint im Abendland ein Ort immer durch einen reglosen Körper definiert zu werden und die Gestalt eines Grabes anzunehmen); und zum anderen durch die Handlungen, die – an einem Stein, einem Baum oder einem menschlichen Wesen vorgenommen – die ›Räume‹ durch die Aktionen von historischen Subjekten abstecken« (ebd., 219). Dieses Widerspiel von endgültiger Lagerung und Mobilität, von Reglosigkeit und Handlung, das Orte oder Räume hervorbringt, ist aber nicht de Certeaus letzter Gedanke.

Vielmehr liest sich sein Buch wie eine umfassende Ausarbeitung von Foucaults Idee der Hervorbringung des Raums durch die Sprache und das Sprechen auf der mikrologischen Ebene der Alltagspraktiken und -taktiken. Die Erzählung hat »eine distributive Macht und eine performative Kraft (sie macht, was sie sagt). Somit schafft sie Räume« (ebd., 228).

Orte und ›Nicht-Orte‹

Eine notwendige Differenzierung dieser Ausführungen liefert schließlich wiederum im expliziten Rückgriff auf de Certeau der französische Anthropologe Marc Augé in seinem Buch *Orte und Nicht-Orte* von 1992, das sich den ›Orten der Moderne‹ in seinen Raumanalysen verschreibt. Augés Ausgangsüberlegung richtet sich auf die Möglichkeit der Verschränkung von aufeinanderfolgenden Zeitfigurationen und Raumwahrnehmungen, von ›Rhythmen und Orten‹. Diese Verschränkung aber ist nicht als Koevolution zu verstehen, sondern als Möglichkeit einer »Präsenz der Vergangenheit in der Gegenwart« (Augé 1994, 90). Ob man das Kloster, ein mittelalterliches Dorf oder den bürgerlicher Tagesablauf betrachtet, immer korrespondiert dem besonderen Ort eine besondere Zeitordnung. Im Gegensatz zu den verschränkten und voneinander durchsetzten Raum-Zeit-Ordnungen entstehen in der Gegenwart spezifische ›Nicht-Orte‹, zeittypische Transiträume. Diese Transiträume weichen von der bisherigen komplexen Raum-Zeit-Ordnung ab, weil sie das Verhältnis von Abstraktheit und Konkretheit in dieser Ordnung revolutionieren. Der Ort (*lieu*) als »Ort des eingeschriebenen und symbolisierten Sinnes«, der »sich zumindest auf ein Ereignis, einen Mythos oder auf eine Geschichte« stützt (Augé 1994, 97 f.), so wie ihn die Beispiele bisher auch präzisierten, weicht einer Übermacht des Räumlichen (*espace*). Dieser neue, dominante Transitraum schafft einen zerstückelten Wahrnehmungsraum permanenter Reisen, einen entleerten (Hochgeschwindigkeits-)›Zug der Bilder‹, dem keine angemessene Lektüre des Außen mehr gelingen will. So wird der Transitraum gleichzeitig zu einer besonderen »Beziehung, die das Individuum zu diesen Räumen unterhält« (ebd., 110).

Unübersehbar findet hier eine ›Kritik des Raumes‹ bzw. der Raumerfahrung – und damit des Subjekts – als Kulturkritik statt. Es ist der alte Terminus ›Entfremdung‹, der wieder zu Ehren kommt, wenn Augé den angeblichen »Bruch zwischen dem Reisenden oder Schauenden und der Landschaft« (ebd.) konstatiert. Diese Kritik der dynamisierten Landschaftslektüre ist ein Topos, der schon das Zeitalter der Postkutschen und später der Eisenbahnen begleitete, ein Topos, den Thomas de Quincey, Johann Wolfgang Goethe oder Heinrich Heine eindrucksvoll verwendeten. Die Interdependenzen von Raumerfahrung und technisch optimierten Fortbewegungsmitteln wurden also nicht erst seit wenigen Jahren bemerkt und kritisiert (Schivelbusch 1977).

Landschaftsphysiognomik

Eine ähnlich intensive Reflexion der Landschaft und des Raumes, wie sie sich auf der Linie von Bachelard über Foucault, Serres und de Certeau ergibt, lässt sich auch auf der anderen Seite des Atlantiks, in den USA entdecken. Auch sie nimmt bemerkenswerter Weise ihren Ausgangspunkt von der gestalttheoretisch ausgerichteten Phänomenologie in Deutschland. Die kulturgeographischen und landschaftsmorphologischen Forschungen des Amerikaners Carl O. Sauer (1889–1975) zur »Phänomenologie der Landschaft« (Sauer 2005, 91) gehen zwar entscheidend auf die kulturgeographische französische Schule Paul Vidal de la Blaches (1845–1918; s. Kap. I.2.3) und die sozialhistorische Forschung Marc Blochs (1886–1944; s. Kap. III.1) zurück, aber sie sind andererseits auch stark orientiert an Oswald Spenglers (1880–1936) und Leo Frobenius' (1873–1938) radikaler Anwendung der Gestalttheorie und Physiognomik – als eine Fortsetzung der Kulturmorphologie Johann Wolfgang Goethes (1739–1832) und Carl Gustav Carus' (1789–1869) – auf die ›Kulturkreise‹ und ›Kulturlandschaften‹.

Der bis zur Gegenwart aktuelle Vertreter dieser Richtung ist John B. Jackson, der Begründer

der seit der Jahrtausendwende auch in Deutschland zunehmend rezipierten Cultural Landscape Studies. Die von ihm 1952 gegründete und bis 1969 herausgegebene Zeitschrift *Landscape* wurde für lange Zeit zum interdisziplinären und unorthodoxen Treffpunkt für Philosophen, Architekten, Geographen, Historiker, Soziologen oder Landschaftsplaner, die sich um das Titel gebende Phänomen theoretisch bemühten. In seinem Buch *Discovering the Vernacular Landscape* von 1984 resümiert der Autor als »zentrales Problem« seiner bisherigen Studien »eine Landschaft als Ursprungsidee« (Jackson 2005, 29). Diese Problemformulierung kann auf eine lange morphologische und physiognomische Ideengeschichte zurückblicken. Goethes ›Urpflanze‹ ist die berühmteste Patin dieser Bemühungen und Spengler verdankt nach eigenen Aussagen sein auflagenstarkes zweibändiges Buch vom *Untergang des Abendlandes* von 1918/23 dieser gestaltzentrierten »Philosophie Goethes« (Spengler 1980, 68), als deren Fortsetzer er sich begreift: »Eine Kultur wird in dem Augenblick geboren«, schreibt Spengler, »wo eine große Seele aus dem urseelenhaften Zustande ewig-kindlichen Menschentums erwacht [...]. Sie erblüht auf dem Boden einer genau abgrenzbaren Landschaft, an die sie pflanzenhaft gebunden bleibt« (ebd., 143). Wenn Jackson in seinem Aufsatz nun ausdrücklich auf eine »streng phänomenologische Herangehensweise« (Jackson 2005, 31) verzichten will, dann bedeutet das – eher als einen vollständigen Verzicht – die Lockerung und Ausweitung der phänomenologischen Methode, indem die von Anfang an praktizierte Verschränkung von Phänomenologie und Etymologie, von Beobachtungs- und Begriffsarbeit, aufgegriffen wird. Diese Verschränkung sicherte der sich um 1900 von einer geschichtsphilosophischen Fortschrittsdialektik bewusst abkoppelnden neuen phänomenologischen Methode die historische Dimension, indem die genaue Beschreibung der Dinge und ihrer Wahrnehmung fast immer in die genaue Betrachtung, Herleitung und Interpretation der für sie benutzten sprachlichen Ausdrücke und Wendungen ab ovo mündete.

Nachdem Jackson – wie schon in anderen Texten – in langen Passagen die »ursprüngliche Bedeutung des Wortes ›Landschaft‹ ausführlich erörtert« (ebd., 32) hat, kommt er zu einer umfassenden Analogie von Landschaft und Sprache, die ganz in der Tradition der Physiognomik eine ›Lesbarkeit‹ der Landschaft erst garantieren hilft: Landschaft sei »[w]ie eine Sprache [...], das sich allmählich entwickelnde, schöpferische Produkt aller gesellschaftlichen Kräfte« (ebd., 31). Die Hypothese einer entsprechenden Lesbarkeit von Landschaft wird zum festen methodischen Bestand der Cultural Landscape Studies gehören (s. Kap. III.13), wie ganz ähnliche 1979 die »Axiome zum Lesen der Landschaft« des Jackson-Schülers Peirce F. Lewis (2005) zeigen.

Phänomenologische Lockerung

Das hermeneutisch inspirierte Ineinanderwirken von Person und Landschaft, das dem Raum wie der Landschaft schließlich konsequent eine eigene »Leibhaftigkeit« und einen eigenen »Vitalcharakter« unterstellt (Dürckheim 1931, 409 und 413), verwandelt den gesamten Komplex der Wahrnehmung, Beschreibung und Reflexion von Raum und Landschaft in eine (pseudo)dialogische Szene, eine ästhetische Fiktion. Der Ursprung dieses Konzepts in der Ästhetik des 19. Jahrhunderts lässt sich auch an keiner Stelle in der Phänomenologie des 20. Jahrhunderts (und bis in die unmittelbare Gegenwart) verleugnen. Theodor W. Adornos *Metakritik der Erkenntnistheorie* von 1956 versucht diese Operation mehrfach zu analysieren: »Naturalistisch angeschaute Objekte werden zu ›symbolischen‹, wesenhaft verpflichtenden erhöht, Gedachtes dafür behandelt, als sei es vorweg in einer wie immer modifizierten Erfahrung anschaulich« (Adorno 1990, 202). Arnold Gehlen hat den operativen Kern einer neuen, an ›Gesamtsituationen‹ ausgerichteten Phänomenologie ganz unverblümt offengelegt: »Eine solche Fähigkeit des Einsehens der Bedeutung von Situationen, oft bloß eine Kunst des Namengebens, ist völlig mühelos und das eigentliche Kapital unserer geistigen Existenz« (Gehlen 1978, 330). Diese Operation taucht nun im Werk Jacksons gleichfalls auf: »Verborgen unter den

Symbolen dauerhafter politischer Macht liegt eine vernakuläre Landschaft, oder genauer gesagt, tausende kleiner und verarmter vernakulärer Landschaften. Die dort traditionell lebenden Gemeinschaften organisieren und nutzen den Raum gemäß ihrer Sitten und Gebräuche« (Jackson 2005, 34). Anders als die strengere ›Strukturphänomenologie‹ von Dürckheims verteilt die gelockerte Phänomenologie Jacksons, zu der seine Zeitschrift *Landscape* von Anfang an einlud, die möglichen Interaktionen von Raum und Individuum auf drei Phänotypen des Räumlich-Landschaftlichen und bringt so eine von Spengler oder Arnold Toynbee her bekannte geschichtsphilosophische Dynamik in das Beobachtungsfeld. Neben der »Landschaft eins« genannten vernakulären Landschaft isoliert Jackson als »Landschaft zwei« die historisch spätere, »eng mit der Renaissance verbundene politische Landschaft« (Jackson 2005, 37) und ihre Merkmale der »Sichtbarkeit und Unverletzlichkeit der Grenzen« (ebd., 34). Jacksons Typologie gipfelt nun ganz dialektisch in der Idee »einer wirklich ausgeglichenen Landschaft drei« (ebd., 42), die die Vorzüge der beiden ›tatsächlichen‹ Landschaftstypen, ihre jeweilige »Vitalität und Bedeutung« (ebd., 40), die »Mobilität des Vernakulären und die politische Infrastruktur einer stabilen sozialen Ordnung« (ebd., 41), zusammenführt.

Wichtiger aber ist in dem hier gewählten Kontext Jacksons Grundannahme, »dass wir auf lange Sicht weder vernakuläre noch andere Landschaften verstehen, wenn wir sie nicht als eine Form der Organisation des Raumes wahrnehmen« (ebd., 34). Denn hier ist gleichermaßen ein Ausweg aus der gestalttypologisierenden Landschaftsdialektik Jacksons wie der szenisch-dialogischen Ästhetik von Dürckheims (als den zwei Fortführungen der phänomenologisch-hermeneutischen Raum- und Landschaftsanalyse) gewiesen. Die Studie *The Conquest of Nature. Water, Landscape and the Making of Modern Germany* des US-amerikanischen Historikers David Blackbourn von 2006 zieht in gewisser Weise die Konsequenzen aus dem Historisierungsgebot der Landschaftsästhetik durch Joachim Ritter, Jacksons sozialhistorisch-gestalttheoretischer Landschaftstypologie und Foucaults Konzept einer Erfahrungsgeschichte des Raums. Blackbourn (2007, 31) schildert »eine Reihe tiefgreifender Veränderungen in der natürlichen Umwelt während der letzten 250 Jahre« im deutschsprachigen Raum. Die »Umleitung der deutschen Wasserwege« erscheint ihm im Geiste Jacksons eine verlässliche Spur der »Linien der Macht«, die »natürliche Landschaft« war für Blackbourn »tatsächlich alles andere als unveränderlich« (ebd., 15 und 9) und zu jedem Zeitpunkt – vor allem aber auf dem Höhepunkt romantischer Landschafts- und Naturschwärmerei – in eine umfassende Veränderungs- bzw. Planungsdynamik eingebunden. Gleichzeitig aber berücksichtigt Blackbourn, dass menschliche Umgestaltungsprozesse von Landschaften und Umwelten nicht einfach ›übergeordneten‹ Nützlichkeitserwägungen, Sachzwängen (Militär, Handel, Hygiene) und Technisierungsschüben folgen, an deren Ausmaß und globaler Abfolge letztlich nichts zu ändern wäre, deren Schäden höchstens durch eine ›grüne‹ Gegenbewegung ins Bewusstsein gehoben und gemindert werden können.

Die Umgestaltungen, die erst ab einem bestimmten Routinelevel in immer neuen Umwelten tatsächlichen Vorbildern mehr oder weniger exakt nachfolgen können, entspringen – in der Ausdrucksweise Bachelards oder Foucaults – immer auch kollektiven ›Phantasmen‹: »Landschaften sind ebenso real wie imaginiert. Die Deutschen gestalten ihre Flusstäler, Seen, Moore und Feuchtgebiete in der Neuzeit um. […] Doch […] [d]eutsche Flusslandschaften waren ein Schirm, auf den eine Gesellschaft im Wandel ihre Hoffnungen und Ängste projizierte« (ebd., 30). Indem man Räume und Landschaften gestaltet, gestaltet man Bildräume oder Schirme, die wir als Teppiche, Gemälde, Texte oder Fotografien in Ausschnitten zirkulieren lassen, denen wir wiederum bei der Ausgestaltung neuer Räume folgen, indem wir uns von ihnen absetzen, sie variieren oder sie eine Zeit lang in oft ganz andere Verhältnisse hineinkopieren. »Deutsche Autoren stürzten sich auf Rousseaus Kult des Natürlichen mit derselben Begeisterung, mit der sie (etwas verspätet) den ›natürlichen‹ englischen Landschaftsgarten begrüßt hatten, die Antithese zum formalen, geometrischen französischen oder holländischen Garten. [...] Die Deutschen entdeckten die Alpen in dem Jahrzehnt nach 1770 und nur wenig später das Meer« (ebd., 90). Diese allgemeine Bemerkung im Geiste Joachim Ritters zum Erscheinen der empfindsamen nach der geometrischen Epoche der Landschaft macht Blackbourn auch mit Blick auf die fundamentalen Wertungsprobleme, die bis heute das Projekt ›Landschaft‹ begleiten: »Wir können uns entscheiden, einen Triumph der Moderne zu feiern oder eine verlorene Welt zu beklagen, doch weder das eine noch das andere wird dem wirklich gerecht, was die Umgestaltung bedeutete« (ebd., 79).

10.3 Offene Fragen

Wenn man allerdings alle hier befragten Theoretiker ernst nimmt, wird man sich auch im Falle der immer neu projizierten und gestalteten Stadt-, Landschafts- und Naturräume der Argumentation Flussers nicht verschließen können, die »jede Idee insofern für falsch hält, als sie das von ihr Erfasste manipuliert, und in diesem Sinne ›Kunst‹, das heißt Fiktion ist« (Flusser 1991, 145). So muss man konstatieren, nur Ideen und Entwürfe vom Raum, von der Landschaft zu haben. Diese Ideen aber sind täglich und auf der ganzen Welt Leitfäden weitreichender Umgestaltungen. Auffällig ist dabei die Tatsache, dass man es in der Regel mit bipolaren Raumvorstellungen zu tun hat, die längst nicht alle den eigentlichen Angelpunkt der Zugangsberechtigung und -geschwindigkeit so klar ausformulieren, wie es beispielsweise Illich, Foucault oder Jackson getan haben. Eine umfassende vergleichende kulturanthropologische und sozialgeschichtliche Klassifikation und Analyse der Raum- und Landschaftskonzepte nach solchen Kriterien ist noch zu erarbeiten. Gerade die Vorarbeiten Illichs und Foucaults, aber auch die ausführlicheren Arbeiten August Nitschkes zu *Gesten, Tänzen und Räumen im Wandel der Geschichte* von 1989 und Friedrich Möbius' zu *Wohnung, Tempel, Gotteshaus* von 2008 gehören hierher.

Ebenfalls wichtig erscheint die selten umfassend analysierte Präsenz von Raum- und Bewegungsformen (in Landschaft und Raum) in Literatur, Film und Netzkunst. Erst die ›Game Studies‹, die systematische Erforschung der computerbasierten Spielformen, bringen breite Anstrengungen mit sich, mediale, simulierte Umgebungen und ihre Implikationen zu erforschen. Die Präsenz räumlicher Entwürfe und ihrer internen Struktur gebenden und ›polemischen‹ Vielfalt in ganz verschiedenen medialen Kontexten gilt natürlich auch für die Literatur. Zwar gibt es seit Richard Alewyns Pionierstudie zu einer *Landschaft Eichendorffs* von 1960 viele einzelne Arbeiten, aber nur wenige monographische Gesamtanstrengungen, die diese Strukturen erforschen. Gerade das Werk Peter Handkes macht seit Erscheinen seines Romans *Die Wiederholung* im Jahr 1984 deutlich, wie die Bewegung und Einteilung des Raums beim erschriebenen ›Gehen‹ fast bruchlos in ein poetologisches Verfahren überführt werden kann, das sich der Komplexität der oben versammelten strategischen und historischen Einteilungen, Beschreibungen und Festlegungen bewusst bedient: »Und diese Landschaft vor mir, diese Horizontale, mit ihren, ob sie lagen, standen oder lehnten, daraus aufragenden Gegenständen, diese beschreibliche Erde, die begriff ich jetzt als ›die Welt‹; und [...] [d]as Weitergehen in der Vormorgenstunde wurde so ein Entziffern, ein Weiterlesen, ein Merken, ein stilles Mitschreiben« (Handke 1984, 114 f.).

Literatur

Adorno, Theodor W.: *Zur Metakritik der Erkenntnistheorie. Studien über Husserl und die phänomenologischen Antinomien* [1956]. Frankfurt a. M. 1990.

Alewyn, Richard: Eine Landschaft Eichendorffs. In: Paul Stöcklein (Hg.): *Eichendorff heute. Stimmen der Forschung mit einer Bibliographie.* München 1960, 19–43.

Apel, Friedmar: Einleitung: Die Lesbarkeit der Welt. In: Ders.: *Deutscher Geist und deutsche Landschaft. Eine Topographie.* München 1998, 15–27.

Augé, Marc: *Orte und Nicht-Orte. Vorüberlegungen zu einer Ethnologie der Einsamkeit.* Frankfurt a. M. 1994 (frz. 1992).

Bachelard, Gaston: *Poetik des Raumes*. München 1960 (frz. 1957).
Blackbourn, David: *Die Eroberung der Natur. Eine Geschichte der deutschen Landschaft*. München 2007 (amerik. 2006).
Blickle, Peter: Landschaft. In: Friedrich Jaeger (Hg.): *Enzyklopädie der Neuzeit*. Bd. 7. Stuttgart/Weimar 2008, 542–544.
Büttner, Nils: Landschaftsbild. In: Friedrich Jaeger (Hg.): *Enzyklopädie der Neuzeit*. Bd. 7. Stuttgart/Weimar 2008, 550–558.
Certeau, Michel de: *Kunst des Handelns*. Berlin 1988 (frz. 1980).
Dürckheim, Karlfried von: Untersuchungen zum gelebten Raum. Erlebniswirklichkeit und ihr Verständnis. In: *Neue Psychologische Studien* 6/4 (1931), 83–480.
Eribon, Didier: *Michel Foucault. Eine Biographie*. Frankfurt a. M. 1991 (frz. 1989).
Fischer, Hugo: *Die Geburt der westlichen Zivilisation aus dem Geist des romanischen Mönchtums*. München 1969.
Flusser, Vilém: Urbanität und Intellektualität. In: *Zeitmitschrift* 6 (1989/90), 94–105.
–: *Gesten. Versuch einer Phänomenologie*. Düsseldorf 1991.
–: Räume [1991]. In: Jörg Dünne/Stephan Günzel (Hg.): *Raumtheorie. Grundlagentexte aus Philosophie und Kulturwissenschaften*. Frankfurt a. M. 2006, 274–285.
Foucault, Michel: Von anderen Räumen. In: Ders.: *Schriften*. Bd. 4. Frankfurt a. M. 2005, 931–942 (frz. 1984).
–: Die Sprache des Raumes. In: Ders.: *Schriften*. Bd. 1. Frankfurt a. M. 2001, 533–539 (frz. 1964).
Gehlen, Arnold: Wirklicher und unwirklicher Geist [1931]. In: Ders.: *Philosophische Schriften I* (1925–1933). Frankfurt a. M. 1978, 113–381.
Gennep, Arnold van: *Übergangsriten*. Frankfurt a. M. 2005 (frz. 1909).
Handke, Peter: *Die Wiederholung*. Frankfurt a. M. 1984.
Hard, Gerhard: *Die ›Landschaft‹ der Sprache und die ›Landschaft‹ der Geographie*. Bonn 1970.
Illich, Ivan: *Genus. Zu einer historischen Kritik der Gleichheit*. Reinbek bei Hamburg 1983 (amerik. 1982).
Jackson, John Brinckerhoff: Landschaften. Ein Resümee. In: Brigitte Franzen/Stefanie Krebs (Hg.): *Landschaftstheorie*. Köln 2005, 29–44 (amerik. 1984).
Jünger, Friedrich Georg: Wachstum und Planung. In: Ders. (Hg.): *Gärten im Abend- und Morgenland*. München 1960, 7–50.
Klass, Tobias: Heterotopie. In: Clemens Kammler/Rolf Parr/Ulrich Johannes Schneider (Hg.): *Foucault-Handbuch. Leben - Werk - Wirkung*. Stuttgart 2008, 263–266.
Lewis, Peirce F.: Axiome zum Lesen der Landschaft. Anleitung für den Schauplatz Amerika. In: Brigitte Franzen/Stefanie Krebs: *Landschaftstheorie*. Köln 2005, 154–177 (amerik. 1979).
Lippe, Rudolf zur: Raum. In: Christoph Wulf (Hg.): *Vom Menschen. Handbuch Historische Anthropologie*. Weinheim/Basel 1997, 169–179.
Lipps, Theodor: *Ästhetik. Psychologie des Schönen und der Kunst*. Hamburg/Leipzig 1906.
Möbius, Friedrich: *Wohnung, Tempel, Gotteshaus. Beobachtungen zur Anthropologie religiösen Verhaltens*. Regensburg 2008.
Nitschke, August: *Körper in Bewegung. Gesten, Tänze und Räume im Wandel der Geschichte*. Zürich 1989.
Reeken, Dietmar von: *Heimatbewegung, Kulturpolitik und Nationalsozialismus. Die Geschichte der ›Ostfriesischen Landschaft‹ 1918–1949*. Aurich 1995.
Riehl, Wilhelm Heinrich: Das landschaftliche Auge [1850]. In: Ders.: *Culturstudien aus drei Jahrhunderten*. Stuttgart 1862, 57–79.
Ritter, Joachim: Landschaft. Zur Funktion des Ästhetischen in der modernen Gesellschaft [1962]. In: Ders.: *Subjektivität. Sechs Aufsätze*. Frankfurt a. M. 1974, 141–163.
Sauer, Carl O.: Die Morphologie der Landschaft. In: Brigitte Franzen/Stefanie Krebs (Hg.): *Landschaftstheorie. Texte der Cultural Landscape Studies*. Köln 2005, 91–107 (amerik. 1925).
Schivelbusch, Manfred: *Geschichte der Eisenbahnreise. Zur Industrialisierung von Raum und Zeit im 19. Jahrhundert*. Frankfurt a. M. 1977.
Schmithüsen, Josef: *Allgemeine Geosynergetik. Grundlagen der Landschaftskunde*. Berlin/New York 1976.
Schmitt, Carl: *Land und Meer. Eine weltgeschichtliche Betrachtung* [1942]. Köln 1981.
Serres, Michel: *Die fünf Sinne. Eine Philosophie der Gemenge und Gemische*. Frankfurt a. M. 1998 (frz. 1985).
Simmel, Georg: Philosophie der Landschaft [1913]. In: Ders.: *Das Individuum und die Freiheit. Essays*. Berlin 1984, 130–139.
Spengler, Oswald: *Der Untergang des Abendlandes. Umrisse einer Morphologie der Weltgeschichte* [1918/23]. München 1980.
Uexküll, Jakob J. von: Gedanken über die Entstehung des Raumes [1913]. In: Jörg Dünne/Stephan Günzel (Hg.): *Raumtheorie. Grundlagentexte aus Philosophie und Kulturwissenschaften*. Frankfurt a. M. [4]2009 , 85–93.
Weizsäcker, Viktor von: Wahrheit und Wahrnehmung. Über das Nervensystem [1943]. In: Ders.: *Gesammelte Schriften*. Bd. 4. Frankfurt a. M. 1997, 383–403.

Heiko Christians

11. Urbaner Raum: Platz – Stadt – Agglomeration

11.1 Entstehung des Themenfeldes

Urban, abgeleitet vom Lateinischen *urbs*, bedeutet ›städtisch‹. ›Urbaner Raum‹ ist somit der spezifisch städtische Raum, sowohl als physischer Raum wie auch als Lebensraum einer Gesellschaft, die diesen geformt hat und in ihm lebt. Die Lebens- und Organisationsweise einer Gesellschaft in ihrem Alltag und ihrem repräsentativen Selbstverständnis produziert einen charakteristisch gestalteten Raum. Der ›urbane Raum‹ ist somit die Schnittstelle zwischen Stadtgestalt und Gesellschaft, als physisch materieller, abstrakt gesellschaftlicher, konkret sozialer und subjektiv erlebter Raum. ›Stadt‹ ist ein außerordentlich komplexes Gebilde. Sie ist ein Palimpsest, in dem sich die geistigen Haltungen und materiellen Bedingungen verschiedener historischer Phasen räumlich überlagern und überschreiben. Eingebettet in diese Veränderungen findet eine permanente Verschiebung der sie konstituierenden und dialektisch miteinander in Wechselwirkung stehenden Parameter statt.

Zeitlicher Ausgangspunkt der Einkreisung des Raums als ›urban‹ an dieser Stelle ist der Anfang und im Besonderen das Ende des 19. Jahrhunderts, da sich hier ein deutlicher Paradigmenwechsel in der Betrachtung und dem Umgang mit der Stadt vollzogen hat. Ausgelöst durch immense technische Errungenschaften ereigneten sich umwälzende soziale und räumlich-strukturelle Veränderungen, die eine dezidierte Auseinandersetzung mit dem Phänomen ›Stadt‹ und dem Leben in der Großstadt forderten, was von den sich neu herausbildenden Disziplinen des Städtebaus und den Sozialwissenschaften übernommen wurde. Dem folgt ein Jahrhundert des rapiden Wandels der gesellschaftlichen Realitäten und idealen Vorstellungen, die ihren Niederschlag in verschiedenen Ausformulierungen und Visionen des urbanen Raums fanden. Als Reaktion auf die spezifische, oft als unzulänglich empfundene Realität wurde jeweils die Gestalt des physischen Raums, die Realisierung einer gesellschaftlichen Idee oder das erlebende Individuum in den Vordergrund der Überlegungen gerückt.

Urbanität beschreibt grundsätzlich die besondere Art des Zusammenlebens von Menschen in der Stadt als ausdifferenzierter Lebensweise im Gegensatz zum Land. Die Notwendigkeit der Beschäftigung mit den neuen soziologischen Themen veranlassten Georg Simmel (1858–1918), Max Weber (1864–1920), Ferdinand Tönnies (1855–1936) und andere 1909 zur Gründung der ›Deutschen Gesellschaft für Soziologie‹. Georg Simmel beschreibt in seinem paradigmatischen Essay von 1903 »Die Großstädte und das Geistesleben« als Ursache und Voraussetzung im Gegensatz zum Land die in der Stadt herrschende physische und interaktive Dichte. Diese Aspekte führen zu einer Unterscheidung von gesellschaftlich organisiertem Leben – und somit der Ausbildung einer privaten und öffentlichen Sphäre in der Stadt – und gemeinschaftlich basiertem Leben auf dem Land. Max Weber, diesen Ursachen in dem Kapitel »Die Stadt« seines 1922 posthum erschienen Hauptwerks *Wirtschaft und Gesellschaft* auf den Grund gehend, sieht den Markt als Unterscheidungsmerkmal von Stadt und Land. Ausgangspunkt ist die Ausrichtung des wirtschaftlichen Alltags der Bewohner auf das Marktgeschehen am Ort. Dies erkannte Hans Paul Bahrdt (1918–1994) in *Die moderne Großstadt* von 1961 als den Beginn der Trennung einer privaten und öffentlichen Sphäre. Das alltägliche Leben in der Stadt zeigt eine Tendenz, sich zu polarisieren, entweder in den sozialen Aggregatzustand der Öffentlichkeit oder der Privatheit, deren Sphären voneinander abhängig sind. Die öffentliche Sphäre zeigt aufgrund der nur teilweisen Preisgabe der Persönlichkeit eine ›unvollständige Integration‹, die private eine ›vollständige Integration‹, da sich die gesamte Person offenbaren kann.

Dieses Phänomen wird unter Einbeziehung der Untersuchungen von Tönnies noch deutlicher. Dieser beschäftigte sich 1887 in *Gemeinschaft und Gesellschaft* mit den unterschiedlichen Ausprägungen gemeinschaftlichen und gesellschaftlichen Lebens. Das gemeinschaftliche Leben des *oikos*, des Dorfes oder der Familie ist unmittelbar und wird durch gemeinsame Normen, Ziele und Werte geregelt, das gesellschaftliche Leben der Stadt dagegen durch anonyme Gesetze. Durch Simmel wurde die Großstadterfahrung zudem psychologisch erweitert: Urbanität meint somit auch eine Überwindung des chaotisch Gegebenen durch einen bestimmten typischen psychologischen Umgang mit der Stadt als geistigem und kulturellem Zentrum. Das Übermaß an facettenhaften Eindrücken produziert eine gewisse Gleichgültigkeit, macht es unmöglich, jedem Detail eine unterschiedslose Beachtung zu schenken und schafft somit eine rationalisierende Durchdringung von Beziehungen. Die europäische Stadt gilt als Schmelztiegel unterschiedlicher Kulturen und als der Ort, an dem sich Einheimische und Ortsfremde gegenseitig positiv beeinflussen. Nach Simmel fordert der zwischenmenschliche Umgang in der Großstadt eine Stilisierung, d. h. ein deutliches, kalkulierbares, exaltiertes, auf allgemeinen Regeln beruhendes Verhalten mit einer eindeutigen Zeichensprache, was einerseits die Individualisierung forciert, andererseits die Integration des Fremden ermöglicht. Diese soziologischen und psychologischen Komponenten, sowie ein weiteres Merkmal der Großstadt, nämlich die Arbeitsteilung und Marktdifferenzierung, verstärken eine Emanzipation aus engen sozialen Kontrollen, die Ausbildung von Individualisierung und somit eine spezifische Form der städtischen Freiheit des Individuums.

In der Stadt existieren naturgemäß beide Formen des Zusammenlebens, die distanzierte gesellschaftliche und die Lebenswelt verschiedener sozialen Gruppen mit einer eigenen Binnenstruktur. Je stärker die Polarität und Wechselbeziehung zwischen privat und öffentlich, desto ›städtischer‹ ist die Stadt. Darüber hinaus hat Urbanität als Öffentlichkeit auch eine politische Dimension: Diese meint die aktive Beteiligung des Bürgers an der politischen Diskussion. Sie ist in der griechischen Polis und der römischen Republik präsent und taucht erst wieder mit der Emanzipation des liberalen Bürgertums im 18. Jahrhundert auf (vgl. Salin 1960). Während Öffentlichkeit in der Polis einen spezifischen öffentlichen Raum ausgebildet hat und in diesem verortet war, entwickelte sie sich im 18. Jahrhundert als kritischer Austausch über kulturelle und politische Themen paradoxerweise vorerst im Privaten, in den Tischgesellschaften und privaten Salons, wie Jürgen Habermas in *Strukturwandel der Öffentlichkeit* von 1962 herausarbeitete.

Das Verhältnis des Einzelnen zur Gesellschaft, deren Organisation und die Wechselwirkung zwischen der privaten, kollektiven und öffentlichen Sphäre sind die gesellschaftlichen Komponenten, die ein Raumsystem mitbestimmen. In Architektur umgesetzt, bedeutet dies die räumliche Konfiguration der gesellschaftlichen Organisation und der Alltagsabläufe, die insbesondere in ihren baulichen Übergängen bzw. Abgrenzungen zwischen dem privaten, kollektiven und dem öffentlichen Bereich definiert werden. Urbaner Raum wurde traditionell mit der kohärenten Stadt und ihrer spezifischen Textur, einem ebenso ausgebildeten Zentrum und einem klaren Rand definiert. Diese Vorstellung existiert in Abwandlungen bis heute, modifiziert sich jedoch mit der Vision, gesellschaftliche Anforderungen räumlich umsetzen zu können und unter den neuartigen Bedingungen der gegenwärtigen Zeit.

Um die verschiedenen Facetten der Ausformulierung des urbanen Raums und somit seine Ganzheitlichkeit erfassen zu können, ist eine Verfolgung der verschiedenen Linien seit der veränderten Situation im 19. Jahrhundert sinnvoll. Die Architekten und Sozialreformer legten meist Abhandlungen oder Manifeste vor, die in der Praxis nie in Reinform realisiert wurden. Die Einkreisung des urbanen Raums bewegt sich demnach zwischen reflektierender und visionärer Theorie und realistischer Praxis.

Frühsozialismus

Durch die verbesserten hygienischen und medizinischen Verhältnisse kam es bereits Ende des 18. Jahrhunderts zu einer Bevölkerungsexplosion auf dem Land. Die technischen Verbesserungen der landwirtschaftlichen Produktion, die Erfindung der Spinnmaschine, der Dampfmaschine und der industriellen Eisengießerei veränderten die Arbeits- und Lebensbedingungen grundlegend. Bauern wurden zu Landarbeitern und mit der Arbeitsteilung in den Betrieben wurde Akkordarbeit eingeführt, die sich von dem gewohnten Lebensrhythmus der Menschen entfernte. Die Landschaft veränderte sich durch die Errichtung von Industrieanlagen, dem Straßen- und Kanalnetzausbau und die Erfindung der Eisenbahn (s. Kap. III.7 und III.10). In den Städten wuchsen die Elendsquartiere und die Neuerrichtung von Wohnraum wurde Spekulanten überlassen, die ihre Rendite über die Vernachlässigung der Qualität erhöhten. Es existierte keine regulierte Abfallbeseitigung und Abwasserentsorgung, die Luft war schlecht, die Wohnbedingungen äußerst beengt (Benevolo 1971). In dieser Situation und bereits vor den Schriften von Friedrich Engels und Karl Marx, in denen sie die veränderten Umstände analysierten und die Entfremdung des Menschen von der Arbeit anprangerten, wollte man der ungenügenden Situation der Arbeiterschaft durch den Aufbau neuer Gemeinschaften begegnen (Schumpp 1972).

In direkter räumlicher Nähe zu einem Industriestandort wurden im frühen 19. Jahrhundert genossenschaftlich organisierte kollektive Lebensformen entwickelt. Intention war es, die Gesellschaft durch eine neue bauliche Umwelt positiv zu verändern. Der Ansatz war sowohl philantrophisch als auch pädagogisch, gemäß dem Motto, dass das, was aus den Menschen wird, von den Umständen abhänge, in denen sie lebten. Robert Owen (1771–1858) legte 1817 seine Pläne für seine *Villages of Harmony* vor, die teilweise realisiert wurden, letztendlich jedoch scheiterten. Den Erziehungsidealen der Aufklärung verpflichtet, gab es in den neuen Kollektiven die Möglichkeit einer vollkommen autarken erneuerten Gesellschaft mit gemeinschaftlichen Schlafsälen, Bildungseinrichtungen, Speisesälen, Freizeitaktivitäten und genossenschaftlich organisiertem Eigentum. Charles Fourier (1772–1837) forderte in seiner *Phalanstère* sogar die Auflösung des Familienverbundes. Die Ganzheit des Menschen sollte durch die Wiedervereinigung von Produktion und Konsum, Arbeit und Wohnen wieder hergestellt werden. Die baulich-räumliche Umsetzung orientierte sich jedoch nicht an dörflichen Strukturen, sondern brachte quasi urbane Raumgebilde hervor.

Die determinierenden und idyllischen Gesellschaftsideen der Frühsozialisten hoben die Wechselwirkung von Individuum und Gesellschaft auf, da sie eine vollständige Unterordnung des Einzelnen in das Kollektiv verlangten. Hier gab es nur eine Gemeinschaft, keine Gesellschaft, die im öffentlichen Raum ihren Ausdruck fände. Eine private Sphäre als ›negative Voraussetzung‹ für die Ausbildung von Öffentlichkeit gab es nicht, denn beide Sphären verschmolzen im Kollektiven. Doch die Ideen der Frühsozialisten nahmen bereits den immer wieder thematisierten gemeinschaftlichen und genossenschaftlichen Aspekt der weiteren städtebaulichen Entwicklung vorweg. Marx und Engels distanzierten sich jedoch von diesen Ideen, da sie ihrer Meinung nach die politische Ausbildung der Arbeiterklasse nicht genügend förderten.

Reaktion auf das Wachstum der Städte

Die zweite Phase der Industrialisierung um 1870 ging mit einer noch größeren Binnenwanderung und somit einem immensen Städtewachstum einher. Seit den städtischen Umwälzungsprozessen war allerdings – neben romantisierenden Heroisierungen des Landlebens – nicht grundsätzlich eine anti-städtische Haltung vorhanden. Die Architekten und Sozialreformer versuchten, den Kriterien des städtischen Lebens wieder Raum zu geben, die durch die schnelle Bevölkerungszunahme, den damit einhergehenden unkontrollierten Wucherungen der Großstadt und den Bedingungen der modernen Arbeitsteilung verlorengegangen waren. Hier lassen sich drei Tendenzen des Umgangs ausmachen: Erstens der Versuch, die Bevölkerungszahl in Neugründungen begrenzt zu halten und somit entweder den urbanen Raum in seinen grundlegenden Funktionen aufrechtzuerhalten oder die Nähe zur Natur herzustellen, zweitens die Herausforderungen der Großstadt anzunehmen und die Baustrukturen zu reformieren und drittens die Stadt selbst vollkommen neu zu gliedern.

Der Wunsch nach gemeinschaftlichem Leben, den sich die Frühsozialisten zum Ziel setzten, fand sich ebenso in Ideen der *arts and crafts* Bewegung (1870–1920) wieder, die sich eine räumliche und soziale Verknüpfung von Wohnen und Arbeiten zurückwünschte, wie es in der mittelalterlichen Stadt zu finden war. Darüber hinaus wurde die kompakte, historische, kohärente Stadt, die den urbanen physischen Raum mit der engen Abhängigkeit und Wechselwirkung von Bebauung und dem von ihr gebildeten Raum der Straße und des Platzes gleichsetzt, auch aus rein ästhetischen Gesichtspunkten wieder in den Fokus gerückt. Betont wurde eine positive Rückwirkung dieser Stadtgestalt auf die Wahrnehmung und Befindlichkeit des Menschen. Die Entstehung der Disziplin des Städtebaus ging mit der formal-räumlichen Untersuchung der Gesetzmäßigkeiten der traditionellen Stadt einher. Camillo Sitte (1843–1903) analysiert in *Der Städtebau nach seinen künstlerischen Grundsätzen* von 1889 die verschiedenen Arten von historischen Plätzen und gibt Vorschläge zur aktuellen Planung in Anlehnung an die künstlerischen Grundsätze, wobei er das rigide Rastersystem ablehnte.

Die ersten Versuche, die Wohnsituation im räumlichen System der bestehenden Stadt zu verbessern, führten zu einer Neudefinition des Blocks im Reformwohnungsbau innerstädtischer Prägung. Fritz Schumacher (1869–1947) ist hier als herausragender Theoretiker und Praktiker zu nennen. Die ehedem engen und verbauten Höfe wurden nun weitläufiger angelegt, sie waren vielfach durch Wohnstraßen erschlossen und durchgängig begrünt. Der großzügige Umgang mit dem Inneren der Wohnblöcke differenzierte den Raum der Stadt in den nach wie vor öffentlichen Raum der Straße und einen kollektiv genutzten Hof der genossenschaftlich organisierten Bewohner. Der urbane Raum bekam mit der Anlage von Stadtparks eine Erweiterung seiner Funktion: Der bislang dem repräsentativen Flanieren vorbehaltene Grünraum sollte nun der körperlichen Ertüchtigung und Erholung der breiten Bevölkerung dienen.

Das Konzept der Gartenstadt, welches Ebenezer Howard (1850–1928) in seinem Buch *Garden Cities of Tomorrow* von 1902 vorstellt, propagierte mit ›Town-Countries‹, die wie Gestirne um eine Central City gruppiert werden sollten, Gemeinschaften in Naturnähe. Das Konzept zielte auf die Verbindung der Vorzüge des Städtischen mit dem unbeengten und gesunden Landleben. Ökonomische Grundlage war auch hier das Genossenschaftswesen, der Wunsch eine wirtschaftlich autarke Gemeinschaft zu bilden. Der erwünschte Wohntyp war das freistehende Haus auf der eigenen Parzelle für jeden, das teilweise mit gemeinschaftlichen Einrichtungen verbunden sein sollte. Das Zentrum war bezeichnenderweise kein öffentlicher Platz sondern ein Park. Der Fokus des Konzepts lag stärker auf der Verbesserung der Wohnsituation und der dezidierten Organisation des administrativen und gemeinschaftlichen Lebens, als auf dem Wunsch, einen traditionellen urbanen Raum zu produzieren. Die Gartenstadtidee nahm bereits die Zonierung der Stadt der Moderne, sowie die Streuung von Satellitenstädten der (Nachkriegs-)Moderne vorweg.

Die moderne Stadt

Der sich ausweitenden chaotischen Situation, ausgelöst durch die dem modernen Leben räumlich nicht mehr gewachsenen Städte, sollte nach Vorstellung der modernen Architekten die funktionale Zonierung und rationelle sowie rationale Organisation der Stadt Einhalt gebieten. Auf den Internationalen Architekturkongressen CIAM hatte sich seit 1928 eine Gruppe zusammengefunden, bei denen Le Corbusier (1887–1865) eine tragende Rolle spielte und 1943 die Ergebnisse der bisherigen Treffen in der *Charta von Athen* manifestartig formulierte (Hilpert 1984). Grundsätzlich sollte auch hier die gesellschaftliche Vision der Stadt den privaten Interessen übergeordnet werden. Die Elemente des täglichen Zyklus – Wohnen, Arbeiten und Erholen – erhielten eine räumlich klare Trennung, so dass der verbindenden Infrastruktur eine tragende Rolle zukam. Ausgangspunkt und Schwerpunkt war die optimal durchorganisierte vorfabrizierte Wohnzelle im menschlichen Maßstab. Die als Wohnmaschinen gedachten Gebäude vereinen die alltäglich in

Anspruch genommenen Dienstleitungen – Einkaufen, Friseur, Waschraum, Kindergarten, Treffpunkte – als kollektiv nutzbar im Haus (Le Corbusier 1929). Die Benutzung dieser Räume stand jedem frei, im Gegensatz zu der Teilnahmepflicht am kollektiven Leben bei den Ideen der Frühsozialisten. Die Verlegung der öffentlichen Funktionen in das Haus, lediglich für die Bewohner des Hauses bestimmt, negierte jedoch den traditionellen öffentlichen Raum der Straße und des Platzes. Die räumliche Differenzierung des sozialen Lebens führte zu einer Umdefinition des öffentlichen Raums, und die geographische Mitte der Stadt wurde in den extremen Konzepten sogar zum Verkehrsknotenpunkt herabgestuft. Die Zonierung der Stadt, sowie die Etablierung von Satellitenstädten prägten die Nachkriegsrealität in Deutschland (Gutschow 2001).

Ein Auseinanderbrechen der Einheit und Ganzheitlichkeit des Lebens wurde bereits um die vorletzte Jahrhundertwende festgestellt und später unter dem Aspekt des ›Alltags‹, als dem eigentlichen Ort des Menschlichen, thematisiert. Henri Lefebvre (1901–1991) war der erste, der 1947 in marxistischer Tradition eine *Kritik des Alltagslebens* formulierte. Die Verarmung des öffentlichen Raums durch moderne Funktionstrennung und imperative Reißbrettplanung nach statistischen Kennwerten wurde angeprangert und die polyvalente Ausformulierung des Raums unter Mitbestimmung der Menschen gefordert. Dies fand in Jane Jacobs (1916–2006) Schrift *The Death and Life of Great American Cities* von 1961 und Alexander Mitscherlichs Pamphlet (1908–1982) *Die Unwirtlichkeit der Städte* von 1965 seinen Ausdruck. Die Künstlervereinigung der Situationisten (1957–1972) propagierte eine Verschmelzung von Leben und Kunst. Sie sahen die Stadt als Ort des politischen Kampfes gegen die Entfremdung des Menschen und forderten einen ›unitären Urbanismus‹. Ihre Strategie war das Umherschweifen (*dérive*), das Entdecken des Zufalls, der Emotion, der Poesie und der Situation, die sie in Collagen und städtebaulichen Modellen künstlerisch umsetzten.

Auch die Architekten, hier im Besonderen Peter (1923–2003) und Alison (1928–1993) Smithson, nahmen das Thema des ›Ordinären und Banalen‹, des *as found* auf. Sie prägten den Begriff *cluster* als urbanistische Wohn- und Lebenseinheit und formulierten die moderne Funktionseinteilung von Wohnen, Arbeiten, Erholen und Infrastruktur in die hierarchische Ordnung *house, street, district* und *city* um (*CIAM 9* 1953). Der Fokus lag auf der räumlichen Definition der Nachbarschaft, die zugleich bedeutungstragender kollektiver Kristallisationspunkt der Stadt sein sollte. Die holländischen Strukturalisten, z. B. Herman Hertzberger, gingen einen Schritt weiter und entwarfen polyvalente Strukturen für individuelle Interpretationen und definierten die Architektur als ›Halbprodukt‹, das durch die Bewohner vervollständigt werden sollte. Leben in städtischer Umwelt wurde als aktive Aneignung verstanden, die zu einer stärkeren Identifikation und Verantwortung führen sollte, was John Habraken in *Die Träger und die Menschen* von 1961 ausformulierte. Der Wunsch nach einer Gesellschaft, die dem Individuum Raum zur Selbstentfaltung und Selbstbestimmung geben sollte, ging in Yona Friedmans *Ville Spatiale* von 1953 sogar so weit, dass die baulichen Elemente selbst veränderbar wurden. In der Weiterentwicklung dieser Konzepte fungierte die Architektur als Ausdehnung und Erweiterung des menschlichen Körpers mit Hilfe der neuen elektronischen computertechnischen Möglichkeiten, wie in Archigrams (1960–1974) *Plug-in-City* und *Walking City*. Der öffentliche Raum wurde zur Spielwiese der ›befreiten Individuen‹, gesellschaftliche Widersprüche und Konflikte lösten sich in dieser Vision in einer scheinbar harmonisierten Freizeitgesellschaft und Konsumwelt auf.

Die kohärente Stadt

Als Reaktion auf die Moderne fand auch der Gedanke der kohärenten Stadt erneut Beachtung. In den 1950er Jahren entwickelte sich in Italien eine Auseinandersetzung mit der Form der historischen Stadt. Die Architekten untersuchten die Bedeutung der Typologie, also des architektonischen Elements, für die Stadt (Malfroy 1986). Sie erkannten den engen Zusammenhang zwischen der Einzeltypologie und der Gesamtstadt in ihren historischen Formen. Die Rückführung der Form auf ihr typologisches Grundkonzept und die sich daraus ergebenden Variationsmöglichkeiten führten zu einer erneuten Rückbesinnung auf die Kohärenz von baulicher Masse und urbanem Raum. Als paradigmatische Schrift darf *Die Architektur der Stadt* aus dem Jahr 1966 von Aldo Rossi (1931–1997) gelten. Die Stadt wurde nach ihrer rein funktionalen Interpretation in der Moderne erneut als Gesamtgebilde betrachtet, welches sich aus der kulturellen Entwicklung mit ihren geschichtlichen Kontinuitäten und Paradigmenwechseln, das Leben und die Geisteshaltung ihrer Bewohner widerspiegelnd, entwickelt hat. Die erneute Wiederentdeckung städtebaulicher Typologien – der Straße, verschiedener Platztypologien, das Innen- und Außenleben definierenden Blocks – wurde in der architektonischen Postmoderne von Rob Krier als einem der Hauptvertreter in den 1980er Jahren weiterentwickelt. Da diesen Neuplanungen nach historischem Muster die räumlich-strukturelle sowie gesellschaftliche Herleitung fehlte, wurde geschichtliche Kontinuität lediglich über die Zeichenhaftigkeit des architektonischen und stadträumlichen Formenvokabulars erzeugt. Die Rückbesinnung auf die kohärente ›europäische Stadt‹ als Grundlage für einen urbanen Lebensraum wurde auf moderate Weise bei der Berliner Internationalen Bauausstellung 1984/87 weiterentwickelt, die zwei Schwerpunkte aufwies: Das Konzept der ›Kritischen Rekonstruktion‹ zielte auf eine Interpretation historischer Raumstrukturen mittels aktueller Architektur. Das Konzept der ›behutsamen Stadterneuerung‹ erkannte die Bedeutung der existierenden räumlichen und sozialen Struktur der Altbauquartiere an und erarbeitete akteursbezogene Sanierungsprogramme. Die Wiederentdeckung der Geschichte als identitätstragende Zukunftsperspektive und die räumliche Verdichtung sowie Verflechtung der Funktionen und Lebensformen sollten die reine Zweckbestimmtheit der modernen Planungspraxis ersetzen.

Rückblickend auf über 150 Jahre der städtebaulichen Realität, des Experiments und der Vision kann festgestellt werden, dass sich die Diskussion um den urbanen Raum stets an zwei Hauptlinien entlang entwickelt: Eine Linie versuchte, anhand des physischen Raums der kohärenten ›europäischen Stadt‹ die Kontinuität der Geschichte und die traditionelle Form des urbanen Raums zu stärken. ›Stadt‹ wurde hier als Raum für Polyvalenz und funktionale sowie soziale Mannigfaltigkeit verstanden. Die zweite machte sich zum Ziel, ausgehend von einer gesellschaftlichen Idee, die differenzierten und dynamischen sozialen Beziehungen stadträumlich neu zu definieren.

11.2 Spektrum der Diskussion

Das Spektrum der aktuellen Diskussion steht einerseits in der Kontinuität der sich im 19. und 20. Jahrhundert ausdifferenzierten Konzepte zum urbanen Raum. Andererseits wird die Stadt zunehmend als Collage unterschiedlicher Lebensräume, differenter gesellschaftlicher Gruppen, hybrider Nutzungen, verschiedener Zeitrhythmen und subjektiver Erlebnisräume der Menschen gesehen, die das Verständnis von Stadt als ein fragmentiertes Gebilde formen. Colin Rowe und Fred Koetter haben mit ihrem Buch *Collage City* von 1984 diesen Begriff geprägt. Sie zielen vor allem auf einen Abschied der gesellschaftlichen und räumlichen Utopien und ihre umfassenden Geltungsansprüche. Der interdisziplinär arbeitende Architekt, Städtebauer und Architekturtheoretiker Rem Koolhaas (1999) hat in seinem ›retroaktiven Manifest‹ über die Stadt New York von 1978 diese Haltung zur Stadt schon früh in die Architekturdiskussion, die er bis heute maßgeblich prägt, eingeführt, ohne sie jedoch mit dem Begriff der Collage zu verbinden. Der damit vorbereitete Paradigmenwechsel prägt die aktuelle Diskussion, die im Kontext der gegenwärtig sich rapide verändernden gesellschaftlichen Bedingungen und Herausforderungen steht. Für den urbanen Raum sind dabei zwei Felder maßgeblich:

Erstens, die globalen ökonomischen Veränderungen von Produktions- und Konsumptionsprozessen sowie Virtualisierung und neue Kommunikationsmöglichkeiten. Der globale Wettbewerb der Städte als Standort für Produktion, Steuerung, Konsumption, Entwicklung und Forschung verstärkt die globale und lokale Polarisierung von Städten und Stadtteilen und ihren Menschen (s. Kap. III.3). Manuel Castells (1999) hat dies mit seiner These vom »Raum der Ströme« erläutert. Saskia Sassen (2006) hat diese Thematik in ihrem Textbeitrag zur Architekturbiennale von Venedig herausgearbeitet und festgestellt, dass die Stadt, trotz rasanter virtueller Entwicklungen, mit ihrer physischen und interaktiven Dichte für die globale Ökonomie eine wichtige Bedeutung hat. Der Wettbewerb der Städte geht einher mit der weltweiten Vermarktung besonderer Architekturen, Events etc., für die Ressourcen, meist zum Nachteil anderer Stadtbereiche, konzentriert werden. Zudem löst sich die gesamtstädtische Planungspraxis weiter auf. Diese wird ersetzt durch Strategien und Instrumente der ›Urban Governance‹, die sich insbesondere in privat-öffentlichen Akteurskonstellationen, die meist projektbezogen agieren, widerspiegeln. David Harveys (2000) stadtökonomisch geprägter Aufsatz aus dem Jahr 1989 analysiert die Veränderungen von der *managerial city* zu der *entrepreneurial city*.

Zweitens die Fragmentarisierung durch globale Migrations- und Mobilitätsströme: In der Stadt und im urbanen Raum treffen diverse Gruppen aufeinander und die ›flexiblen‹ Menschen teilen noch selten Raum ›und‹ Zeit (Sennett 1998; s. Kap. III.12). Individuen, Institutionen und Industrien weisen so zunehmend diskontinuierliche Orientierungen in der Stadt auf. Sie haben lokale, regionale und globale Bezugsorte, die je nach Bedürfnissen und Notwendigkeiten gleichzeitig nebeneinanderstehen, sich überlagern und verändern. Die spezifische Kongruenz von individuellem Lebensraum, gesellschaftlichem Politik- und Wirtschaftsraum und architektonischem Symbolraum, der die Stadt über Jahrhunderte geprägt hat, verändert sich in ein multiräumliches Gebilde.

Die gegenwärtigen theoretischen Diskussionen über den urbanen Raum setzen sich mit diesen grundlegenden gesellschaftlichen Veränderungen auseinander und zeigen damit insgesamt eine neue Qualität in der gesellschaftlich-räumlichen Analyse. Im Folgenden wird das Spektrum der Diskussion um die verschiedenen Entwicklungstendenzen der Stadt in vier Perspektiven gegliedert, die aktuell in Wissenschaft und Praxis präsent sind: die ›europäische Stadt‹, ›Zwischenstadt und Stadtregion‹, die ›schrumpfende Stadt‹ und die ›kreative Stadt‹. Der urbane Raum wird dabei unter unterschiedlichen Fragestellungen diskutiert. Dennoch sind zum Teil starke Überlagerungen und gegenseitige Beeinflussungen dieser vier Perspektiven erkennbar.

Die europäische Stadt

In der aktuellen Diskussion um die ›europäische Stadt‹ sind zwei Linien zu erkennen. Die erste steht in der Kontinuität der Postmoderne und der weiter ausdifferenzierten ›Kritischen Rekonstruktion‹. Sie zielt darauf, das Raumsystem der historischen Stadt zu bewahren und mittels neuer Architektur zu interpretieren. Dabei wird das Formenvokabular historischer Typologien – Straße, Platz und Blockrandbebauung – übernommen. Diese Bindung schafft räumliche Anknüpfungspunkte und eröffnet gleichzeitig aufgrund ihrer unspezifischen funktionalen Bezogenheit Spielräume der Ausgestaltung. Diese architektonischen Formen sind historisch verankert und halten Erinnerung und materielle Authentizität bereit (s. Kap. III.1). Kategorien, die in der heutigen Zeit der virtuellen Kommunikation und Geschwindigkeit eine neue Bedeutung erlangen (Lampugnani 2002). Zentralität bedeutet in diesem Stadtverständnis eine räumliche Zentralität, wie sie der Marktplatz – als Ausgangspunkt der Stadtwerdung und Grundtypus des öffentlichen Raums – gebildet hat. Hier hat sich städtische Gesellschaft formiert und räumlich abgebildet. Daher soll die Stadt des 21. Jahrhunderts durch eine zeitgemäße Rekonstruktion historischer Stadtraumtypologien gesellschaftlich wirksam werden. Ziel dieser städtischen Vision ist somit eine ortsspezifische Integration von Menschen und eine Kongruenz von Räumen im

Quartier, wie sie die kohärente Stadt über Jahrhunderte geleistet hat (Hassenpflug 2002).

Eine Sonderform bildet der ›New Urbanism‹, der überwiegend in Holland und den USA realisiert wird. Durch bildliche Anlehnungen an historische Stadtformen mit einer explizit räumlichen Begrenzung sowie einem Zentrum werden neue Städte und Stadtteile geschaffen. Gesellschaftliche Unterschiede werden zu Gunsten eines homogenen Stadtbilds negiert. Breit kritisiert wird dies auch als rein formale Imitation der ›europäischen Stadt‹. Diese erste konzeptionelle Linie der ›kohärenten Stadt‹ entwirft ein Gegenkonzept zu den Suburbanisierungsprozessen der letzten Jahrzehnte, indem sie diese ausblendet und zurückkehrt zu stadträumlichen Typologien. Dabei wird ein kausaler Zusammenhang zwischen Stadtraum und Gesellschaft vorausgesetzt, der für geschichtlich hergeleitete kohärente Räume eine tragende gesellschaftliche Wirkkraft annimmt.

Einer zweiten Linie der Diskussion um die ›europäischen Stadt‹ kann die These von der »Renaissance der Stadt« (Häußermann et al. 2008, 362 ff.) zugeordnet werden. Diese leistet eine Verknüpfung zwischen der ›europäischen Stadt‹ und ihren möglichen Entwicklungen mittels der neuen Arbeits- und Lebensformen der wissens- und kulturbasierten Ökonomien. Der Sammelband *Die europäische Stadt* (Siebel 2004) erörtert betreffende Merkmale aus der Sicht unterschiedlicher Disziplinen. Im Folgenden werden die in Bezug auf den urbanen Raum wichtigen Thesen vorgestellt: So bietet die physische und interaktive Dichte der Stadt Raum für urbane Milieus, die sich darin wie »Archipele funktionaler Denkinseln« (Helbrecht 2008) ausbilden. Verfügt ein Standort daneben über eine hochtechnologische Infrastruktur und kann vor Ort Risikokapital für ökonomische Investitionen verfügbar gemacht werden, kann Stadt und ihr urbaner Raum global virtuell vernetzt, wie lokal räumlich gebunden ein Knotenpunkt im weltweiten ökonomischen Netzwerk bilden. Somit scheint Stadt und ihre kulturelle Komplexität eine Quelle von Innovation zu sein. Gleichzeitig bedeutet diese Komplexität auch Belastung durch Differenz und Differenzen der Menschen zueinander, die Segregationsprozesse begründen. Differenz scheint aber auch Voraussetzung für einen ökonomischen und sozialen Verflechtungsraum in der Stadt zu sein. In diesem verknüpfen sich über die Nachfrage von haushaltsnahen Dienstleistungen Gruppen mit sehr hohem und niedrigem Einkommen, sowie arbeitende Eliten mit informell arbeitenden Spezialisten und Kreativen. Analog zur Stadtdiskussionen des 20. Jahrhunderts wird in dieser Perspektive im Rückgriff auf Simmel eine städtische Lebensweise als Öffentlichkeit und Ausdruck eines immer noch vorhandenen Gegensatzes zwischen Menschen erkannt, die in der Stadt und Großstadt leben und solche, die in Kleinstädten bzw. auf dem Lande leben. Diese Öffentlichkeit weist ihre Polarität zur Privatheit in juristischen, sozialen, funktionalen, symbolischen und normativen Dimensionen auf. Zudem ist die ›europäische Stadt‹ gekennzeichnet als ein geschichtlicher Ort der Emanzipation. Schließlich bedeutet sie auch eine sozialstaatlich regulierte Stadt, die Integrationsleistungen mittels öffentlicher, technischer und sozialer Infrastrukturen und Instrumente erbringt.

Jene Merkmale von Stadt werden mehr oder weniger in allen urbanistischen Theorien aufgegriffen, dort aber in alternative Deutungszusammenhänge gestellt. Insbesondere in der Perspektive der ›kreativen Stadt‹ sind die ökonomischen und milieubezogenen Argumentationen präsent. Zusammenfassend kann in diesem breiten Ansatz der ›europäischen Stadt‹ Urbanität insbesondere als ein Spannungsverhältnis verstanden werden. Eine Spannung zwischen physischer Nähe und sozialer Distanz, zwischen Dichte und Fremdsein, zwischen historischer Bedeutung und aktueller Nutzung, die in einer historischen europäischen Kernstadt verortet werden kann, aber nicht muss. So können unterschiedliche Orte, wie der Prenzlauer Berg in Berlin, ein umgenutztes Stahlwerk im Ruhrgebiet oder ein Migrantenquartier in Frankfurt »Kristallisationspunkte des Urbanen« (Siebel 2004, 50) sein. Die Frage »Auslaufmodell europäische Stadt?« (Rietdorf 2001) eröffnet einen Sammelband, der der Perspektive der ›europäischen Stadt‹ sowohl ein Potenzial zuspricht, als auch den Begriff problematisiert. Zukunftsfähig kann sich die Stadt nur dann erweisen, wenn immer Bezugsformen geschaffen werden, die eine Verwobenheit der Menschen und Räume innerhalb der Stadt erzeugen. Die für die Stadt bedeutsame Dimension der Öffentlichkeit kann im Bemühen um den Raum als einem symbolischen, der aus einer spezifischen Infrastruktur und kulturellen Praktiken historisch entstanden ist oder neu gebildet wird, formiert werden. Es bleibt dennoch die Frage offen, wie Ressourcen und Instrumente aussehen müssen, um die kontrollierte Steuerung über den lokalen Raum der Stadt zu behalten, obwohl Identitäten, Bindungen, Loyalitäten und Ressourcen breit aufgefächert sind und sich aufgrund von Globalisierung, Virtualisierung und Mobilität nicht mehr ausschließlich lokal aufeinander beziehen. Andererseits wird die normative Utopie, die zum Teil in der Perspektive der ›europäischen Stadt‹ steckt, auch abgelehnt. Denn dieser eingeschränkte Blick auf ›Stadt‹ bedeutet auch, dass die städtischen Potenziale der gesellschaftlichen und räumlichen Realität einer Stadtlandschaft, die Zentrum und Peripherie meint, schlicht übersehen werden.

Zwischenstadt und Stadtregion

Die Stadt wird als ›Landschaft‹ im Sinne eines regionalen Agglomerationsraums verstanden, der für Arbeit, Wohnen, Einkaufen, Freizeit etc. genutzt wird und damit einen ›vernetzten‹ Lebensraum darstellt. Die (sub)urbanen Siedlungs- und Gewerbegebiete, Freizeitanlagen und ihre Infrastrukturen sind darin Teil dieser so verstandenen Stadt geworden. Die Debatte bezieht sich auf ähnliche Suburbanisierungsprozesse in den USA und Europa. Insbesondere die in der Auseinandersetzung mit der Emscherregion im Ruhrgebiet entstandene Vorstellung einer ›Zwischenstadt‹ (Sieverts 2008) hat das in anderen Stadtperspektiven beklagte Verschwinden von Urbanität – im Sinne des Verlustes dichter und funktionsgemischter Quartiere – als eine positive Entwicklung verstanden. Die geringere Dichte bedeutet auch verbesserte Wohnverhältnisse und Arbeitsbedingungen, Befreiung von enger Sozialkontrolle und damit Gewinn von Entfaltungsspielräumen, sowie die Spezialisierung und Vermehrung von Räumen und Angeboten für Freizeit und öffentliche Aktivitäten, die sich als Errungenschaften für Gesellschaft und Individuum in (sub)urbanen Räumen ausgebildet haben. Auch dies kann als eine Emanzipationsgeschichte, die neue Lebensstile verwirklicht, gelesen werden.

Der räumliche Gegensatz von Stadt und Land verschwimmt, das ›eine‹ Stadtzentrum hat sich aufgesplittet in unterschiedliche, oft funktional spezialisierte und im Raum verteilte Zentren, und die Stadtränder als räumliche Grenze zwischen Stadtstruktur und ländlicher Struktur bzw. Naturraum sind aufgelöst. Die über Jahrhunderte gebildeten Gebäude- und Stadtraumtypologien – Geschäftshaus, Kirche, Rathaus, Marktplatz – und ihre Materialitäten bilden nur noch einen kleinen Teil des Stadtraums. Über die Fläche dominieren das Einfamilien- und Reihenhaus, die Turnhalle und der Sportplatz, das Einkaufszentrum, die Schnellstraße etc.

In Anerkennung dieser Wirklichkeiten entwickelt die Perspektive der Zwischenstadt kein kritisches Gegenkonzept, sondern untersucht Kennzeichen, Potenziale und Qualifizierungsmöglichkeiten (sub)urbaner Räume. Sie zielt auf die Auflösung des diskutierten Gegensatzes: ›europäische Stadt‹ versus ›Zwischenstadt‹ zugunsten der Stadtregion. Ähnliche Ansätze werden unter dem Begriff ›Neue Urbanität‹ (Oswald/Schüller 2003) verfolgt. Spezifische Elemente der Zwischenstadt werden mit neuen Begriffen als stadtbildend eingeführt: u. a. Ränder, Klone, blinde Flecken, temporäre Urbanität. So sind ›Ränder‹, als ambivalente Räume unterschiedlicher Qualitäten, bevorzugte Standorte innerhalb der Stadtregion geworden. Hier kann z. B. angebunden an Zentren ›und‹ mit Bezug zur Natur gewohnt werden. Die Weiterentwicklung dieser neuen Elemente der Stadt zielt zum einen auf die ästhetische Qualität der Bauten, Infrastrukturen und Zwischenräume, aber auch auf die Frage wie dort öffentlicher Raum gesellschaftlich ausgebildet werden kann. Dies, zumal die Menschen des Agglomerationsraums sich zunehmend in Teilgesellschaften gliedern. Damit scheint die Polarisierung zwischen Gesellschaft und Gemeinschaft zu Gunsten von Gruppierungen aufgeweicht, die sich über kulturell-ethnische Zugehörigkeiten, Lebensstile und Mitgliedschaften zu spezifischen Institutionen, aber auch in räumlichen Zusammenhängen wie Siedlungen ausdifferenziert haben. Diese als soziale Kommunikationsgemeinschaften zu begreifen, ist Voraussetzung, um sie als (Teil-)Öffentlichkeit anzuerkennen.

Die verschiedenen räumlichen Ausgestaltungen haben weniger mit den Bildern, Räumen und Funktionen historischer Elemente der ›europäischen Stadt‹ gemein: Es sind oft Orte symbolisch-repräsentativer Abwesenheit, wie Vereinsheime, Kleingartensiedlungen oder Tankstellen. Dennoch können manche dieser Wirklichkeiten nicht nur räumlich qualifiziert werden, sondern auch als gesellschaftliche Öffentlichkeit, im Sinne einer Kommunikation zwischen Menschen und Gruppierungen als Vorraussetzung politischer Willensbildung und eines Verständigungsprozesses gestärkt werden. Ein weiteres Potenzial für eine Qualifizierung bietet die Verschmelzung von Stadt und Landschaft, die im Sinne einer räumlich-infrastrukturellen Vernetzung, die öffentliche Grünflächen und landschaftliche und landwirtschaftliche Elemente einschließt, entwickelt werden kann. Hier kann durch unterschiedliche Formen von Mobilität ein Erfahrungsraum, der den räumlichen Dimensionen der Stadtregion entspricht, geschaffen werden. Zudem kann ein eingebundener Naherholungsraum entstehen, der den Stadtraum auch ökologisch nachhaltig verbessern würde.

Die Internationale Bauausstellung Emscher Park von 1990 bis 1999 begreift Urbanität in dieser Perspektive als ein disperses räumliches und soziales Patchwork, das Differenz in der Fläche stärkt und als infrastrukturelles Netzwerk und Handlungs- und Interaktionsraum auch einen gemeinsamen sozialen und politischen Raum ausbilden kann. Vorraussetzung ist dafür eine politisch-administrativ stark ausgebildete regionale Ebene (Sieverts et al. 2005; Hubeli et al. 2003). Das interdisziplinäre Konzept der *Netzstadt* (Oswald/Baccini 2003), das aus der Auseinandersetzung mit Schweizer Städten und Agglomerationsräumen heraus entstanden ist, bezieht den urbanen Raum analog nicht mehr auf die historisch europäische Stadtgestalt. Das Konzept fokussiert dabei die Themen der Identifikation, Diversität, Flexibilität, Versorgung und Ressourceneffizienz. Es stellt einen Ansatz dar, der auch methodisch anleitend, diese städtischen Wirklichkeiten im Sinne eines Umbaus weiterentwickelt. In diesem Kontext muss auch das Projekt ›Die Schweiz – ein städtebauliches Porträt‹ (Diener et al. 2006) verstanden werden, in dem mithilfe einer das gesamte Land übergreifenden Siedlungstopologie spezifische Formen von Urbanität in der Schweiz nachgezeichnet werden. Methodisch auffällig ist hier die Verbindung von theoretischer Reflexion, empirischen Daten, qualitativen Aussagen und geographisch zeichnerischen Bearbeitungen. Naturräume, Dörfer, Kleinstädte etc. sind nicht das ›Nicht-Städtische‹, sondern Teil einer ›Gesamtstadt Schweiz‹. In der Annäherung an Stadt aus der Perspektive der Suburbanisierungsprozesse argumentiert auch das Buch *Peripherie ist überall* (Prigge 1998). Damit unterscheidet sich diese Perspektive von den Argumentationslinien der ›europäischen Stadt‹. Letztere nimmt noch eine Abgrenzung zwischen Stadt und Nicht-Stadt, zwischen urban und nicht-urban vor. Beide Perspektiven verbinden sich aber dort, wo Zentralität nicht mehr als kernstadtgebunden definiert wird und Urbanität aus vielschichtigen gesellschaftlichen Prozessen besteht, die sich in Räumen, ob historisch europäisch oder (sub)urban geprägt, abbilden oder zumindest das Potenzial haben, einen sozialen und politischen Raum zu formen.

Die schrumpfende Stadt

Eine dritte Perspektive auf Stadt und den urbanen Raum wird gegenwärtig unter dem Begriff der ›Schrumpfung‹ als »shrinking cities« (Oswald 2005) diskutiert. Diese Perspektive ist dadurch gekennzeichnet, dass Stadt nicht mehr unter der Bedingung des Wachstums zu lesen ist, sondern dass sinkende Bevölkerungszahlen als dominierender Faktor zukünftiger Entwicklungen anzuerkennen sind. Dennoch, so die These, kann diese ›Krise‹ der Städte alter Industrienationen – Europa, Russland, Japan und die USA – als eine Chance begriffen werden. In diesem gedanklichen Kontext werden gegenwärtige gesellschaftliche Prozesse – Deindustrialisierung, Suburbanisierung, Globalisierung und Postsozialismus – aufgezeigt, mit Blick auf ›europäische Städte‹ sowie auf ›Zwischenstädte und Stadtregionen‹. Das Projekt zielt darauf, den aufgrund der sinkenden Bevölkerungszahlen nötigen Stadtumbau nicht alleine mittels physisch-materieller Veränderungen – Abriss und Umbau von Gebäuden und Infrastrukturen – zu leisten, sondern ›weiche Instrumente‹, wie Kommunikation, soziale Netzwerke und kulturelle bzw. künstlerische Prozesse in den Vordergrund der urbanen Transformationen zu stellen. In der Diskussion tritt die grundlegende Frage auf, wie Urbanität bzw. Öffentlichkeit bei abnehmender Zivilgesellschaft bzw. ›abgewandertem Humankapital‹ überhaupt hergestellt werden kann. Die Diskussion um die schrumpfende Stadt ist darüber hinaus mit macht- und steuerungspolitischen Fragen verbunden, die unter dem Begriff der ›Gouvernementalität‹ in Anlehnung an Foucault diskutiert werden. Analog werden dezentrale, informelle, operative und akteursbezogene Prozesse in den Vordergrund der Gestaltung des urbanen Raums gestellt. Dafür werden unterschiedliche Ansätze diskutiert, die die Aufgaben von Staat und sozialen Akteuren, die als kreativ, passiv, betroffen oder fremd gekennzeichnet werden, beleuchten. Die Stärke der kulturell-künstlerischen Aneignungen und Interventionen liegt in der Neubewertung und Reorganisation der physischen, sozialen und subjektiven Räume der ›schrumpfenden Städte‹, wie auch in der Imagination anderer Räume. Die in der Praxis realisierten Interventionen reichen von der Erfindung von Spielen, Ideen-Märkten und bewohnerbezogenen Fernsehstationen als neue Kommunikationsformate, über die Aneignung und (Zwischen-)Nutzung von Bauten und Brachen, Bildkampagnen und Ausstellungen bis hin zu der Gestaltung von (temporären) Sonderbereichen, wie Stadtstrände (vgl. u. a. Reicher u. a. 2008). Sie stehen bislang als eine Praxis neben den theoretischen Überlegungen und sind in ihrer Wechselwirkung (noch) nicht untersucht. In dieser Perspektive wird zudem die ›perforierte Stadt‹ diskutiert, die sich dadurch auszeichnet, dass sie Nischen, Lücken und Brachen bei Gestaltung des Stadtumbaus nutzt. Hier können inselartig andere Bautypologien in eine vorhandene Raumstruktur eingefügt werden, sowie Freiräume ausdifferenziert und verbessert werden. Damit werden diverse Räume für verschiedene Lebensstile angeboten. Dieser Ansatz hat vor dem Hintergrund zunehmender Individualisierung und Pluralisierung von Lebensweisen in Städten eine nachhaltige Perspektive.

Die Debatte um die ›schrumpfende Stadt‹ betont die Bedeutung der sozialen Akteure und aktualisiert damit Ansätze des ›Situationismus‹ und der ›holländischen Strukturalisten‹. Bezüglich der sich ausdehnenden öffentlichen freien Flächen stellt sich die Frage nach dem Qualitäten dieses Raumes besonders. Ein Einkaufscenter, eine Jahrmarktwiese und eine Spielstraße können als spezifische öffentlich zugängliche Räume nicht an dem vielschichtigen Anspruch an urbanen Raum gemessen werden, dennoch nehmen sie im gesellschaftlichen Kontext eine wichtige Rolle ein.

Die kreative Stadt

Die Perspektive der ›kreativen Stadt‹ begründet sich zunächst analog in der Auseinandersetzung mit der ›Krise‹ der Stadt und dem Scheitern von Planungsstrategien, die Stadtraum nur funktional und ökonomisch bewertet haben. Spezifische Transformationsprozesse wurden als neue Lösungen für die Stadtentwicklung unter den gesellschaftlich veränderten Bedingungen entdeckt (z. B. New York, Stadtteil Soho). Parallel hat sich ein Diskurs über die Bedeutung von Innovation durch die Kreativität sozialer Akteure für die ökonomische und die urbane Stadtentwicklung gebildet. Spätestens seit Erscheinen der Begriffe *Creative City* (Landry 2000) und der *Creative Class* (Florida 2004) hat diese Perspektive eine breite Aufmerksamkeit in Wissenschaft und Praxis erfahren. Charles Landry, Stadtforscher und mittlerweile international tätig als Berater für Stadtentwicklung, zielt unter dem Begriff des *cultural planning* auf die Entwicklung der Eigenarten der spezifischen Stadt mittels ihrer kulturellen Ressourcen – ihres Kulturerbes und ihrer kulturellen Milieus. Richard Florida stellt dagegen in seiner quantitativ ausgerichteten Stadtforschung fest, dass Städte aufgrund ihrer ›kreativen Klasse‹ prosperieren, und nicht aufgrund von ökonomischen Anreizen für Firmen etc.

›Klasse‹ wird definiert über ein berufliches Profil, das Kreativität nicht auf künstlerische Tätigkeiten reduziert, sondern alle wissensbasierten Professionen mit einschließt. Zudem scheinen diese Menschen durch einen spezifischen Lebensstil und die Nachfrage nach einem kleinteiligen Angebot von Dienstleistungen, Versorgung und Kultur, zum Ausgehen und Erleben, sowie nahegelegener Grün- und Erholungsräume für Sport und Freizeit charakterisierbar zu sein. Toleranz zwischen Menschen bzw. Gruppen wird als bedeutsame Kategorie für Stadtentwicklung eingeführt, denn nur für Städte und Agglomerationsräume die eine hohe Anzahl an Homosexuellen, Bohemiens und im Ausland geborenen Menschen aufweisen, kann statistisch eine positive ökonomische Entwicklung nachgewiesen werden. Die enorme Aufmerksamkeit dieser Perspektive – jede Stadt in Europa, Nordamerika und Australien möchte eine ›kreative Stadt‹ sein – muss damit erklärt werden, dass sie von vier städtisch verankerten Instanzen getragen wird: Von den Ökonomien, deren wirtschaftliches Interesse an der Konsum- und Produktionsseite besteht und von der Stadtpolitik, die die damit einhergehende kulturelle ›Gouvernementalität‹ angesichts knapper eigener Ressourcen als die überzeugende Steuerungsform ansieht sowie von Mittelschichten, die an einem bestimmten Lebensstil orientiert sind, und von ästhetischen Subkulturen (Reckwitz 2009).

Im urbanen Raum wird diese Perspektive zum ersten an den Musealisierungs- und Eventisierungstendenzen und den damit einhergehenden Brandingstrategien deutlich. Heute scheint urbaner Raum durch eine an den Lebensstil gebundene Erlebnisorientierung definiert zu sein (Bittner 2001), das heißt durch eine Orientierung an Interaktion und Kommunikation auf Grundlage wechselseitig wahrgenommener Präferenzen. Dementsprechend können spezifische Architekturen und Designs des urbanen Raums – z. B. das Guggenheim-Museum in Bilbao – auch global vermarktet und so im Wettbewerb der Städte positioniert werden. Zum zweiten scheint es, dass in der ›kreativen Stadt‹, neben den spektakulären Neubauten vor allem die Altbausubstanz des Wohnens, der Industrie und des Gewerbes aufgewertet wird. Bei diesen baulichen Entwicklungen werden Gentrifizierungsprozesse beobachtet, die, neben den physischen, symbolischen und nutzungsspezifischen Veränderungen eines Stadtteils auch seine ökonomische Aufwertung bewirken, die mit Verdrängungsprozessen für die bisherigen Bewohner und Benutzer einhergehen. Damit wird die These gestärkt, dass gegenwärtig Lebensstile den urbanen Raum symbolisch besetzen und gliedern.

Die theoretische Diskussion über die ›kreative Stadt‹ steht zudem in Wechselwirkung mit aktuellen Tendenzen in Architektur und Städtebau. Zum einen werden Projekte der Umnutzung, der räumlichen Ergänzung und Erweiterung von Altbausubstanzen, die den Stadtraum partiell visuell verändern, als Instrumente der Reprogrammierung städtischer Räume verstanden (Grüntuch/Ernst 2006). Stadt wird damit als komplexes und dynamisches Bezugssystem definiert, das durch programmatisches Entwerfen zu gestalten versucht wird (Christiaanse et al. 2005). Radikaler formuliert bedeuten die unkontrollierbaren städtischen Entwicklungen, dass auch materielle Formen nur noch als temporär gültig definiert werden können (Koolhaas 1995).

11.3 Offene Fragen und Kontroversen

Damit wird der Kern der offenen Fragen angesprochen, der darin besteht, wie es möglich sein wird, urbanen Raum sowohl in seinen bedeutenden historischen Dimensionen zu bewahren und zu entwickeln, als auch andere Formen des urbanen Raums zu erkennen und zu qualifizieren. Urbaner Raum scheint zunehmend als ein Möglichkeitsraum fungieren zu müssen, der auf unsichere und unvorhersehbare gesellschaftliche Entwicklungen, nicht zuletzt auf den bislang wenig thematisierten Klimawandel, reagiert. Dabei ist die Inkongruenz und Dynamik von wirtschaftlichem, sozialem und politischem Raum eine enorme Herausforderung, die den urbanen Raum als Schnittstelle zwischen Gesellschaft, Individuum und physischem Raum neu hinterfragt. Die aktuelle Diskussion lässt offen, wie diese Fragen methodisch bearbeitet werden können und welche Konzepte aus Praxis und Wissenschaft nachhaltig wirken. Dabei scheint die gegenwärtige Tendenz zur Interdisziplinarität wegweisend. Zudem wird deutlich, dass die Reflexion ungeplanter städtischer Entwicklungen und die Implementierung theoretischer Überlegungen in die planerische Praxis von Bedeutung sind.

Literatur

Barth, Hans Paul: *Die moderne Großstadt. Soziologische Überlegungen zum Städtebau.* Reinbek bei Hamburg 1961.

Benevolo, Leonardo: *Die sozialen Ursprünge des modernen Städtebaus. Lehren von gestern – Forderungen für morgen.* Gütersloh 1971 (ital. 1968).

Bittner, Regina (Hg.): *Die Stadt als Event.* Frankfurt a. M./New York 2001.

Castells, Manuel: Space of Flows. Der Raum der Ströme. In: Stefan Bollmann (Hg.): *Kursbuch Stadt. Stadtleben und Stadtkultur an der Jahrtausendwende.* Stuttgart 1999, 39–82 (amerik. 1996).

Christiaanse, Kees/van den Born, Han/Gietema, Ruurd/van Oort, Irma: *KCAP Situation. Architects and Planners.* Basel/Boston/Berlin 2005.

Diener, Roger/Herzog, Jacques/Meili, Marcel/de Meuron, Pierre/Schmid, Christian: *Die Schweiz. Ein städtebauliches Porträt.* 3 Bde. Basel 2006.

Düwel, Jörn/Gutschow, Niels: *Städtebau in Deutschland im 20. Jahrhundert. Ideen – Projekte – Akteure.* Stuttgart/Leipzig/Wiesbaden 2001.

Eaton, Ruth: *Die ideale Stadt. Von der Antike bis zur Gegenwart.* Berlin 2001.

Eckardt, Frank: *Die komplexe Stadt. Orientierungen im urbanen Labyrinth.* Wiesbaden 2009.

Florida, Richard: *The Rise of the Creative Class.* New York 2004.

Grüntuch, Armand/Ernst, Almut (Hg.): *Convertible City. Formen der Verdichtung und Entgrenzung.* Aachen 2006.

Habermas, Jürgen: *Strukturwandel der Öffentlichkeit. Untersuchungen zu einer Kategorie der bürgerlichen Gesellschaft* [1962]. Frankfurt a. M. 1990.

Harvey, David: From Managerialism to Entrepreneurialism. The Transformation in Urban Government in Late Capitalism [1989]. In: Malcom Miles/Tim Hall/Iain Borden (Hg.): *The City Cultures Reader.* London 2000, 50–59.

Hassenpflug, Dieter (Hg.): *Die europäische Stadt. Mythos und Wirklichkeit.* Weimar 2002.

Häußermann, Hartmut/Läpple, Dieter/Siebel, Walter: *Stadtpolitik.* Frankfurt a. M. 2008.

Häußermann, Hartmut/Siebel, Walter: *Stadtsoziologie.* Frankfurt a. M./New York 2004.

Helbrecht, Ilse: *Denkraum Stadt.* In: Siebel 2004, 399–408.

Hilpert, Thilo (Hg.): *Le Corbusiers ›Charta von Athen‹. Texte und Dokumente.* Braunschweig/Wiesbaden 1984.

Hubeli, Ernst/Saiko, Harald/Vöckler, Kai (Hg.): *100 % Stadt. Der Abschied vom Nicht-Städtischen.* Graz 2003.

Jacobs, Jane: *Tod und Leben großer amerikanischer Städte* [1963]. Berlin/Frankfurt a. M./Wien 1966 (amerik. 1961).

Koolhaas, Rem: *Small, Medium, Large, Extra-Large.* New York 1995.

–: *Delirious New York. Ein retroactive Manifest für Manhattan.* Aachen 1999 (amerik. 1978).

Lampugnani, Vittorio: *Verhaltene Geschwindigkeit. Die Zukunft der telematischen Stadt.* Berlin 2002.

– /Frey, Katia, Perotti/Elina (Hg.): *Anthologie zum Städtebau.* Bd. 3: *Vom Wiederaufbau nach dem Zweiten Weltkrieg bis zur zeitgenössischen Stadt.* Berlin 2005.

Landry, Charles: *The Creative City. A Toolkit for Urban Innovators.* London 2000.

Le Corbusier: *1929. Feststellungen zur Architektur und dem Städtebau.* Berlin/Frankfurt/Wien 1964 (frz. 1929).

Lefebvre, Henri: *The Production of Space.* Oxford 1991 (frz. 1974).

Malfroy, Sylvain: Kleines Glossar zu Saverio Muratoris Stadtmorphologie. In: *Arch+ 85* (1986), 66–73.

Oswald, Franz/Baccini, Peter: *Netzstadt. Einführung in das Stadtentwerfen.* Basel/Boston/Berlin 2003.

Oswald, Franz/Schüller, Nicola (Hg.): *Neue Urbanität. Das Verschmelzen von Stadt und Landschaft.* Zürich 2003.

Oswald, Philipp (Hg.): *Shrinking Cities.* Bd. 1: *International Research.* Ostfildern-Ruit 2005.

Prigge, Walter (Hg.): *Peripherie ist überall*. Frankfurt a. M. 1998.

Reckwitz, Andreas: Die Selbstkulturalisierung der Stadt. Zur Transformation moderner Urbanität in der »Creative City«. In: *Mittelweg 36* 18 (2009), 2–34.

Reicher, Christa/Edelhoff, Silke/Kataikko, Päivi/Niemann, Lars/Schauz, Thorsten/Uttke, Angela (Hg.): *Stadtperspektiven. Positionen und Projekte zur Zukunft von Stadt und Raum*. Stuttgart/Zürich 2008.

Rietdorf, Werner (Hg.): *Auslaufmodell europäische Stadt? Neue Herausforderungen und Fragestellungen am Beginn des 21. Jahrhunderts*. Berlin 2001.

Rossi, Aldo: *Die Architektur der Stadt*. Düsseldorf 1973 (ital. 1966).

Rowe, Collin/Koetter, Fred: *Collage City*. Basel/Boston/Berlin 1984 (engl. 1978).

Salin, Edgar: Urbanität. In: *Erneuerung unserer Städte. Neue Schriften des deutschen Städtetages* 6 (1960), 9–34.

Sassen, Saskia: Why Cities Matter. In: *Cities Architecture and Society*. New York 2006, 27–51.

Schumpp, Mechthild: *Stadtbau-Utopien. Der Bedeutungswandel utopischer Stadtmodelle unter sozialem Aspekt*. Gütersloh 1972.

Senett, Richard: *Der flexible Mensch. Die Kultur des neuen Kapitalismus*. Berlin 1998 (amerik. 1998).

Siebel, Walter (Hg.): *Die europäische Stadt*. Frankfurt a. M. 2004.

Sieverts, Thomas: *Zwischenstadt. Zwischen Ort und Welt, Raum und Zeit, Stadt und Land* [1997]. Basel/Boston/Berlin ³2008.

– /Koch, Michael/Stein, Ursula/Steinbusch, Michael: *Zwischenstadt – inzwischen Stadt? Entdecken, begreifen, verändern*. Wuppertal 2005.

Simmel, Georg: *Die Großstädte und das Geistesleben* [1903]. In: *Gesamtausgabe* Bd. 7/1. Frankfurt a. M. 1995.

Sitte, Camillo: *Der Städtebau nach seinen künstlerischen Grundsätzen* [1889]. Braunschweig/Wiesbaden 1983.

Tönnies, Ferdinand: *Gemeinschaft und Gesellschaft. Grundbegriffe einer reinen Soziologie* [1887]. Darmstadt 1972.

Weber, Max: Wirtschaft und Gesellschaft, Bd. 5: Die Stadt. Tübingen 2000.

Konstanze Noack/Heike Oevermann

12. Touristischer Raum: Mobilität und Imagination

12.1 Entstehung des Themenfeldes

Raumkonzepte sind für die Tourismusforschung von besonderer Bedeutung: Die Spannbreite reicht von Modellen geographisch lokalisierbarer Orte, die den Raum als gegeben voraussetzen, bis hin zu neueren Theorien, Räume als performativ hergestellt, also sozial und kulturell konstruiert, zu beschreiben. Es steht weitgehend noch aus, diese verschiedenen Konzepte systematisch aufzuarbeiten und in einen kohärenten Untersuchungsrahmen zu stellen. Der Sozialgeograph Andreas Pott (2007, 11) etwa weist auf das Erfordernis hin, »die theoretischen Einsichten zur sozialen Konstruktion des Raums, d. h. zur Kontingenz und Kontextabhängigkeit dieser Konstruktion, auch forschungspraktisch umzusetzen«. Im Folgenden wird dieses Forschungsfeld skizziert und ein Einblick in die disparaten Raumkonstruktionen innerhalb des Tourismus gegeben. Denn der Tourismus entfaltet sich sowohl im ländlichen als auch im urbanen Raum; er generiert eigene Architekturen und Orte, greift Imaginationen fiktiver Räume auf oder ist Auslöser und Folge politischer Konstellationen. Daher ist auch die Tourismusforschung von äußerst verschiedenen Disziplinen geprägt: von Tourismuswissenschaft, Geographie, Soziologie, Geschichtswissenschaft, Ethnologie sowie von Literatur-, Kunst- und Kulturwissenschaft. Sie setzen sich mit Tourismus als Raumphänomen auseinander (Wöhler 1997).

Die World Tourism Organization der Vereinten Nationen (UNWTO) definiert Tourismus vor allem als eine Form des Raumwechsels: Die Reisetätigkeit bemisst sich dabei anhand der Anzahl von Ankünften und von Übernachtungen an einem Ort, der weder Wohnort noch Geschäftsort ist. Laut der Prognose der UNWTO wird im Jahr 2020 die Zahl der Touristen auf 1,6 Milliarden gestiegen sein. Damit ist der Tourismus weltweit einer der größten Wirtschaftssektoren. Dass die Reisetätigkeit unaufhörlich zunimmt, ist ein Zeichen für die fortwährende Steigerung von Mobilität und die Möglichkeit, nicht zweckgebundene, arbeitsfreie Zeit zu verbringen. Unbestreitbar hängt dies in den Industrienationen mit mehreren gesellschaftlichen Veränderungen im 19. und 20. Jahrhundert zusammen. Das politisch erkämpfte Recht auf Freizügigkeit sowohl innerhalb als auch außerhalb des Wohnorts ist Voraussetzung dafür, die immer schneller werdenden Fortbewegungsmittel wie Eisenbahn, Auto und Flugzeug nutzen zu können. Zentral ist zudem die Differenzierung von Arbeitszeit und Freizeit, die letztlich als Anspruch auf Urlaub gesetzlich verankert ist (BRD seit 1963, DDR seit 1949). Der Tourismus ist damit ohne Zweifel ein modernes Phänomen.

Obwohl sich ›Urlaub‹ nur auf eine begrenzte Zahl von Tagen im Jahr bezieht, spricht etwa der Philosoph Boris Groys von einem »totalen Tourismus« (Groys 2003, 196), während die Volkskundler Konrad Köstlin (1995) und Ueli Gyr (2005, 100) den Begriff der »Touristisierung« der Welt verwenden. Gemeint ist damit nicht nur die stetige Raumerschließung, sondern darüber hinaus das Einsickern des Tourismus in eine Alltagswelt, in der Shopping-Malls wie exotische Themenparks aufgebaut sind, Strände mitten in der Stadt aufgeschüttet werden und Bikini-Oberteile sowie Badesandalen zur urbanen Mode gehören. Laut dieser Forschungsansätze hat sich die Grenze zwischen Alltag und Urlaub längst aufgelöst und ist einem alltäglichen Tourismus gewichen (Franklin 2003, 5). Der »Post-Tourist«, wie ihn Maxine Feifer 1985 als erste nennt, muss nicht mehr reisen, wenn die Attraktionen zu ihm kommen, wenn die Reiseaccessoires auch im Alltag getragen werden können und gerade auch die Künstlichkeit dieser touristischen Orte und Aktionen genossen werden kann. Doch »obgleich die Touristisierung des Alltags […] längst eingesetzt hat«, bleibt der Tourismus noch immer eine selektiv erfahrbare Gegenwelt (Gyr 2005, 100).

Im Gegensatz zur konstatierten allumfassenden Touristisierung ist seit über fünfzig Jahren – seit Claude Lévi-Strauss' (1908–2009) *Traurige Tropen* und damit noch vor dem Boom des Tourismus in den 1970er Jahren – die Rede vom

»Ende der Reisen« (Lévi-Strauss 1981, 9–38). Das Fremde scheint im Zeitalter der abgeschlossenen Weltentdeckung und des Eurozentrismus kaum mehr erfahrbar zu sein. Während demnach der Reiseraum immer kleiner geworden ist, die Erde zu einem Dorf geschrumpft ist, dehnt sich laut der These der Touristisierung der touristische Raum immer mehr aus.

Diese Polarisierung von Reise versus Tourismus ist ebenso häufig zu finden wie die Überschneidung beider Diskurse. Unklar ist in der Tourismusforschung, ob das Verhältnis von Reise und Tourismus eines der chronologischen Abfolge ist, nach dem zunächst bis ins 18. Jahrhundert die zweckgebundene Reise vorherrschte, bis sich später der Tourismus als Reiseform durchsetzte, wie es der Schriftsteller Hans Magnus Enzensberger 1958 in seinem breit rezipierten Essay »Eine Theorie des Tourismus« vorschlägt. Dagegen charakterisiert der Ethnologe Orvar Löfgren (1999, 124) Reisen und Tourismus als zwei nebeneinander existierende, voneinander getrennte Verhaltensmuster, die entweder den »turistus vulgaris« oder den »real traveller« hervorbringen und sich in der unterschiedlichen Auswahl, Wahrnehmung und ›Aufführung‹ von Orten niederschlagen. Entsprechend ist der Begriff des Touristen als Abgrenzung zum vermeintlich richtig Reisenden nach wie vor eine Distinktionsstrategie: Mit dem Tourismus entsteht die Tourismuskritik, die bezeichnenderweise vom Touristen selbst herrührt (Buzard 1993). Der Tourist klagt über die Nivellierung seines Ausnahmestatus durch die anderen Touristen, will nicht zu dieser Masse gehören und kreiert damit feine Unterschiede (Bourdieu 1983). Obwohl sich touristische Räume und Reiseräume nicht scharf voneinander abgrenzen lassen, schlägt sich die Tradition dieser Dichotomie auch in der Forschung nieder: Während sich die geisteswissenschaftlichen Fächer lange Zeit auf Reiseforschung – mithin Reiseliteratur und Reisebilder – konzentrierten, blieb das Feld der Tourismusforschung den sozialwissenschaftlich orientierten und geographischen Disziplinen überlassen.

Beide Diskurse blenden jedoch eines meist aus: Die Vorstellung eines ›totalen Tourismus‹ unterstellt nicht nur, dass alle Orte bereisbar geworden sind, sondern auch, dass sich alle Menschen jederzeit zu ihnen und in ihnen bewegen können. Ebenso impliziert die Vorstellung vom ›Ende der Reisen‹ ein autonomes Subjekt, dessen Erfahrung des expansiven Reisens an ein Ende gelangt sei. Doch ob touristische Orte unter dem Aspekt des Vergnügens bereist oder betreten werden können, ist in erster Linie von ökonomischen und raumpolitischen Faktoren abhängig. Nicht jeder kann es sich leisten, Tourist zu sein, und nicht jeder erhält Zutritt zu touristisierten Orten, selbst wenn sie vor der Tür liegen. Für die touristischen Räume bedeutet dies, dass sie meist klar definierte Ein- und Ausschlusskriterien aufweisen und dass innerhalb dieser Räume deutliche Rollenaufteilungen zwischen Tourist und Dienstleistern bestehen.

›Touristisierung‹ heißt auch nicht, dass alle touristischen Räume homogen geworden sind, wie dies häufig vorausgesetzt wird. Gerade seit den 1980er Jahren hat sich der Tourismus stark ausdifferenziert, so dass ein Pluralismus von Räumen und Reisestilen zu beobachten ist (Spode 2005, 139). Verallgemeinernde Aussagen über touristische Räume sowie über ›die Touristen‹ sind in jedem Fall problematisch. Doch lässt sich zumindest ein gemeinsamer Nenner finden: Sei es der Strandurlaub oder das Bergsteigen, die Bildungs- oder die Clubreise, der Kurzurlaub im Wellnesscenter des Naherholungsgebiets oder die Fernreise, die reine Erholungsreise oder der Parcours abenteuerlicher Events, der verfemte ›Massentourismus‹ oder die ›Individualreise‹ – sie alle verknüpfen einen geographischen Ort mit spezifischen Imaginationen. Am Beispiel des Strandes wird aber deutlich, wie widersprüchlich diese Verbindung ist und wie verschieden die Orte erfahrbar sind. Zum einen hat das Bild des Strandes globale Dimensionen angenommen und verweist auf keinen geographisch konkreten Ort: Blaues Meer, weißer Sandstrand, Palmen, rotglühende Sonnenuntergänge und Menschenleere gehören zur imaginativen Ausstattung eines jeden Strandes, gleich ob er auf Mallorca oder Tahiti liegt. Zum anderen ist auch die Nutzung des Strandes sehr unterschiedlich, je nachdem, ob es sich z. B. um einen elitären Cluburlaub oder ein Massenvergnügen handelt. Zum dritten entscheiden soziale Praktiken darüber, was am Strand passiert. Ob entblößte »Frauenkörper« oder bewertende »Männerblicke« (Kaufmann 1995) – am vermeintlich demokratischen, freiheitlichen Strand sind nicht alle gleich. Die Körperinszenierungen und Blickverhältnisse unterliegen Spielregeln, die innerhalb des vorgegebenen Spielraums befolgt, aber auch immer wieder verändert werden.

In den Räumen des Tourismus durchmischen sich daher in einzigartiger Weise Fiktionen und Wunschvorstellungen mit der ›Realität‹. Im Tourismus wird »das Erleben fiktiver Räume« physisch ermöglicht (Hennig 1997, 11): »Wunschbilder werden wahr gemacht«, so die Kulturwissenschaftlerin Birgit Mandel (1996). Damit dies gelingen kann, entstehen Orte, die allein der Tourismus generiert, wie der genannte Strand. Will man touristische Räume beschreiben, muss man daher nicht nur ihre konkrete Gestalt untersuchen, sondern ebenso die Bilder und Narrationen, die ihnen zugrunde liegen. Diese entwerfen ›reale‹ Orte als Abstraktionen – wie ›das Meer‹ oder ›die Berge‹ – als auch konkret lokalisierbare Länder und Orte – wie ›Italien‹, ›die Südsee‹ oder ›das Hotel‹. Auch verschwommen lokalisierbare Orte, wie ›der Orient‹ oder ›Arkadien‹, gehören dazu, die gleichwohl nicht völlig losgelöst von geographischen Koordinaten sind. Die Imaginationen dieser abstrahierten und konkreten Orte bilden Topoi in Religion, Literatur, Philosophie und Kunst. Es sind insbesondere die diversen Imaginationen glücksverheißender Orte, die bis heute den westlich geprägten Tourismus leiten: das Paradies, Arkadien, der Garten der Hesperiden, die Insel Kythera oder Utopia.

12.2 Spektrum der Diskussion

Vorläufer touristischer Raumvorstellungen – Arkadien, Paradies, Utopie

Im 1. Jahrhundert vor Chr. verdichtet sich in Vergils (70–19 v. Chr.) Hirtengedichten *Bucolica* (39 v. Chr.) die Vorstellung eines Arkadien als einer idyllischen Landschaft, in der üppige Vegetation und ewiger Frühling herrschen. Im Gegensatz zu den *Georgica* (29 v. Chr.), in denen die Regeln des Landbaus beschrieben werden, handelt es sich um eine voragrarische Landschaft, die frei von Arbeit ist; stattdessen beherrschen (homoerotische) Liebe und Musik die Szenerie. Die idealisierte Landschaft ist indes nicht völlig abgekoppelt von einer konkreten Verortung: Arkadien bezeichnet einen kargen Landstrich in Mittelgriechenland. Dennoch suggeriert die Existenz Arkadiens auf diese Weise eine Lebensform, die potentiell reaktiviert werden könnte (Brandt 2005, 13), während im Gegensatz dazu das Paradies als ein verlorenes imaginiert wird. Diese Vorstellung eines idealisierten Arkadiens wird – mit melancholischer Distanz zur verlorenen Antike als ehemaliges Goldenes Zeitalter – zwar in der Renaissance aufgegriffen. Aber die Vergilschen Versatzstücke von Natur erfahren erst im 17. Jahrhundert durch den in Rom lebenden französischen Künstler Claude Lorrain (1600–1682) eine bildliche Verdichtung zu einer einheitlichen pastoralen Landschaft. Vor allem Italien ist dadurch zu einer Sehnsuchtslandschaft geworden, die exemplarisch Natur und Geschichte miteinander vereint. Sie ist nicht nur Ziel von Bildungsreisenden, sondern gehört bis heute zu den begehrtesten touristischen Destinationen. Doch auch über Italien hinaus sind Elemente der arkadischen Landschaft exportiert und auf andere Landstriche bezogen worden. Sie werden auf diese Weise bildwürdig und sind in Folge dessen ebenso Ziel der Reisenden. Deutlich wird dabei, welchen Einfluss Reisebilder auf den frühen Tourismus des ausgehenden 18. und beginnenden 19. Jahrhunderts haben.

Diese bildlichen Ausprägungen des Topos Arkadien sind daher Teil der ›mentalen Geographie‹ des Tourismus. So zeigen etwa touristische Orte, die unter dem Label des Mediterranen laufen, harmonisch in die Landschaft eingebettete Dörfer, die ebenso von Arbeit unberührt erscheinen wie Vergils Arkadien. Die Harmonie von Kultur und Natur, von Mensch und Landschaft, suggeriert einen friedlichen Ort, der eine ausgebeutete

Natur nicht kennt und daher ausschließlich ästhetisch genossen werden kann.

Die friedliche Koexistenz von Mensch, Flora und Fauna sowie die Freiheit von Arbeit ist auch in dem religiösen Topos des Paradieses zu finden. Der Begriff des Paradieses ist insbesondere im 20. Jahrhundert nachgerade explosiv expandiert: Einkaufsparadiese, Badeparadiese und besonders Urlaubsparadiese sind allerorten zu finden. Das Paradies, das noch stärker als Arkadien regressiv auf einen Ursprungsort rückverweist, den es wiederzufinden gilt, ist daher einer der wirkmächtigsten Mythen geworden, in dem ein vormals sakral kodierter Ort säkular transformiert wird. Ursprünglich bezeichnet das Paradies im Altiranischen (*pairi-däza*) einen Garten, der von einer Mauer umgrenzt ist. Dieser *hortus conclusus* ist ein sakraler Bezirk, der als Wohnort Gottes und des ersten Menschenpaars von der Profanwelt abgegrenzt ist. Als eschatologischer Heilsort ist er sowohl Herkunfts- als auch Zielort eines erneuerten himmlischen Jerusalems. Das Paradies besitzt zwar vier benannte Flüsse, doch ist es geographisch nicht auffindbar (Vorgrimler 2008, 24). Seine orientalische Herkunft indes spiegelt sich auch im Paradiesbild des Korans: Es sind Gärten, »unter denen Bäche fließen« (Sure 2, 25), die daher Wasser, Früchte und Schatten spenden und vor sengender Hitze und Trockenheit schützen.

In der Imagination und Realität des Urlaubsparadieses wird dieser nicht existierende Ort, dieser U-Topos, säkular zu einem Raum gewendet, den man bereits im Diesseits auffinden kann. Die religiöse Motivation ist nun zur säkularen Heilssehnsucht mutiert, die auf Entspannung, Freiheit und Glück zielt. Begrenzt ist dieser Raum zum einen zeitlich durch die bestimmte Anzahl von Urlaubstagen; zum anderen finden sich in der Ikonographie der Urlaubs-Bilder auch räumliche Abgrenzungen wieder, die das isolierte, ummauerte Paradiesbild aufgreifen. Es ist auffällig, wie stark sich die ursprünglich literarische Utopie der Insel, wie sie Thomas Morus' *Utopia* von 1516 darstellt, visuell verbreitet hat – weitgehend frei von gesellschaftlichen Neuentwürfen, aber auch nicht ohne Kulturkritik. Inseln sind nach wie vor eines der Hauptziele von Touristen, weil in ihnen die Vorstellung paradiesischer Üppigkeit des fruchtbaren Gartens, der vollkommenen Abgrenzung vom Alltag sowie des Exotischen eines vermeintlich naturnahen Zustands miteinander verschmelzen. Das dystopische Gegenüber dieser Utopie bildet die Moderne: Zur modernen Narration des Paradieses gehört die Tatsache, dass es vormodern ist und damit einen Gegenentwurf zur negativ konnotierten, industrialisierten Moderne bildet. Die Gefährdung des Paradieses durch die Moderne gehört zum Paradies-Image (Vickers 1994, 290). Als unverzichtbares Attribut der Insel und des Strandes gilt die Palme. Sie ist nicht nur Zeichen des Exotischen, sondern das neutestamentarische Attribut des siegreichen Christus, der in Jerusalem einzieht und damit für das Christentum das Heilsversprechen eines jenseitigen Paradieses erneuert. In touristischen Räumen, die vor allem eu-topoi, ›gute‹, glücksverheißende Orte sein sollen, verbinden sich daher häufig säkulare Vorstellungen einer progressiven, auf eine Zukunft projektierten Utopie (Zajac 2005) mit Vorstellungen eines Arkadien, das fast nur noch als Atmosphäre weiterlebt, mit weltlich gewendeten Heilsvorstellungen des Paradieses.

So wird etwa die Karibik bereits seit dem späten 19. Jahrhundert durch die mediale Inszenierung der Tourismuswerbung als ein ›tropisches Paradies‹ imaginiert, das zum »place-image« (Thomson 2006, 5) oder »destination image« wird (Shields 1991, 47). Dieses ›Image‹ beruht demzufolge auf weit verbreiteten und vereinfachenden, stereotypen Bildern des Orts und Raums, so dass es zum repräsentativen Zeichen eines im buchstäblichen Sinne imaginären Raums wird. So kann dieser paradiesische Raum etwa auf Tahiti gefunden werden, das für die Bildproduktion des Künstlers Paul Gauguin (1848–1903) zentral war, oder auch an anderen tropisch konnotierten Orten, wie etwa in dem künstlichen Paradies »Tropical Islands«, das in Brandenburg in einer ehemaligen Zeppelinhalle installiert wurde. Mit dem Begriff der ›Tropicalization‹ versucht die Kunsthistorikerin Krista A. Thomson (2006), die komplexe visuelle und räumliche Ökonomie zu fassen, durch welche die tropischen Inseln seit der zweiten Hälfte des 19. Jahrhunderts für den Konsum durch die Touristen aufbereitet und so zu pittoresken touristischen Destinationen werden: Meer, Palmen und üppige Früchte gehören zu den Requisiten der paradiesischen Landschaft (Osborne 2000, 109). Diese Repräsentationen, etwa auf Postkarten um 1900, stehen im Kontext des Kolonialismus: In ihnen werden die Kolonisierten als vormodern und in einfachen Verhältnissen lebend dargestellt. Demgegenüber beansprucht der Tourismus, Zivilisation und moderne Lebensstandards zu bringen. Das touristische tropische Paradies wird in der visuellen Repräsentation einerseits zu einem gezähmten Paradies-Garten, andererseits wird die Differenz zur pittoresken italienischen Landschaft durch das Exotische herausgestellt.

Tourismus und Landschaft – Mediale Konstruktionen

Ebenso interdisziplinär wie der Raum ist das Konzept der Landschaft betrachtet worden, »das sich zwischen Materialität und der Bildhaftigkeit aufbaut« (Ipsen 2006, 75). Geologische Formationen, Wasserhaushalt, das Vorkommen von Flora und Fauna können zwar der Natur zugeordnet werden, sind aber menschlichen Einflüssen ausgesetzt (ebd.). Daher beruht das Konzept von Landschaft laut dem Stadt- und Regionalsoziologen Detlev Ipsen auf der Interdependenz von Natur und deren Nutzung auf der einen und den Landschaftsbildern auf der anderen Seite (ebd., 76). Für den Tourismus ist das Konzept der Landschaft zentral (s. Kap. III.10). Zwar spielte die Stadt in der Grand Tour und in der Bildungsreise eine große Rolle, doch Ende des 18. Jahrhunderts bildet sich die Wahrnehmung von Natur als Landschaft heraus, die den Grundstein für eine neue ästhetische Erfahrung legt. Es entwickelt sich daraus nämlich eine neue Form des Blicks, der sich über die Landschaft hinaus auch auf andere Räume richtet. Dies wirkt bis heute in der touristischen (und auch alltäglichen) Wahrnehmung von Orten nach. Subjekt und Objekt der Wahrnehmung stehen dabei in einem Wechselverhältnis zueinander: »Landschaft ist Natur, die im Anblick für einen fühlenden und empfindenden Betrachter ästhetisch gegenwärtig ist« (Ritter 1990, 31). Die Wahrnehmung orientiert sich jedoch an kodifizierten Vorbildern: Die Ideallandschaft von Claude Lorrain wird zu einem Modell für die »ästhetische Genusslandschaft« des frühen Tourismus (Wagner 1991, 329).

Auch innerhalb des touristischen Raums sind es die Touristen selbst, die durch ihre Wahrnehmung den Raum erst herstellen. Nähe und Distanz spielen bei diesem Prozess eine gleichermaßen große Rolle: Die Distanzierung als Voraussetzung für den Genuss – das sprichwörtliche Zurücktreten beim Akt des Fotografierens – ist ebenso wichtig wie die Tatsache, buchstäblich im Bild zu sein und zum Teil der Landschaft zu werden oder sie zumindest aus nächster Nähe betrachten zu können. Historisch setzt das Entstehen der »Genusslandschaft« ein, als die industrielle Nutzung der Natur sich erstmals extrem ausdehnt (ebd.). Der Philosoph Joachim Ritter (1903–1974) weist darauf hin, dass die Landschaft im Zuge der Verdinglichung der Natur die Funktion übernommen hat, das Naturganze zu veranschaulichen (Ritter 1990, 33). Der Historiker Rolf Peter Sieferle (1986, 242) hält dagegen, dass das neue Naturgefühl nicht nur kompensatorisch sein kann, denn es entstehe bereits Anfang des 18. Jahrhunderts und vereine Rationalismus mit theologisch motivierter Einheitserfahrung von Natur als Spiegel Gottes. Die These, dass der Tourismus eine gesellschaftliche Flucht innerhalb des Spätkapitalismus darstellt (Enzensberger 1962), der den ästhetischen Genuss zu einer Form des Konsums verwandelt hat, knüpft an Ritters Überlegungen an. Zentral für den modernen und zeitgenössischen ästhetischen Blick ist die Tatsache, dass die bereiste Landschaft als authentisch und immer schon so dagewesen wahrgenommen wird. Der Philosoph und Soziologe Georg Simmel (1858–1918) beschreibt dies in seinem Text *Philosophie der Landschaft* als ein »Für-sich-Sein« und die Möglichkeit, »einen Ausschnitt aus der Natur nun seinerseits als Einheit zu betrachten« (Simmel 1990, 69). Hinzu kommt die Suche nach »Stimmung«: Auch sie ist eine Form ästhetischer Erfahrung, die das wahrnehmende Subjekt erst konstituiert. Denn die Stimmung der Landschaft ist laut Simmel nicht lokalisierbar, da sie ein seelischer Zustand ist. Als »geistiges Gebilde« ist die Landschaft daher nicht betretbar (ebd., 77); dennoch materialisiert sich in der Stimmung etwas, das auch an jedem touristischen Ort gesucht wird. Innerhalb des Tourismusdiskurses wird die Landschaft daher zum Paradigma des Trägers von Stimmung und Atmosphäre. Bis heute ist dies spürbar, wenn der Begriff der Landschaft auf so unterschiedliche Phänomene wie, ›Stadtlandschaft‹, ›Kulturlandschaft‹ oder ›Erlebnislandschaft‹ angewandt wird.

Um die Stimmung und den ästhetischen Genuss für die Erinnerung zu erhalten, wird die Landschaft in Bilder gebannt, in Veduten und Panoramen. Ein notwendiges Reiserequisit, das die »optische Aneignung der Welt« (Märker/Wagner 1981, 8) erleichterte, war das sog. ›Claude-Glas‹. Dies war ein Konvexspiegel, der die Natur nach dem Vorbild der Ideallandschaft von Claude Lorrain für das touristische Auge durch Rahmung und optische Verzerrung auf »bildverwertbare Ausschnitte« reduzierte (ebd., 10). Dieser Ausschnitt konnte dann als Zeichnung oder Aquarell festgehalten werden. Das späterhin unverzichtbare Accessoire des Touristen, die Fotokamera, scheint hier bereits vorweggenommen zu sein. Die Nutzung optischer Medien verweist vor allem auf einen zentralen Punkt: Der touristische Raum speist sich zwar aus imaginären Quellen, entsteht jedoch performativ im Auge des Betrachtenden.

In seinem für die Tourismusforschung grundlegenden Buch *The Tourist Gaze* von 1990 entwickelt der Soziologe John Urry die These, dass der touristische Blick die Sehenswürdigkeiten produziert und reproduziert. Dabei differenziert er – im Anschluss an Julian A. Walter – den »romantic gaze« vom »collective gaze« (ebd., 44 f.). Während der romantische Blick die einsame Betrachtung der Landschaft voraussetzt, wie sie etwa Caspar David Friedrich (1774–1840) in seinen Gemälden entwirft, bezeichnet der kollektive Blick einen geselligen und erlebnisorientierten, wie er in Disneyland, auf Mallorca und an ähnlichen Reisezielen zu finden ist. In der Aufspaltung des »tourist gaze« in vielfältige Sehweisen findet der Historiker und Soziologe Hasso Spode (2005, 143) das »deskriptive Koordinatensystem der angewandten Tourismuswissenschaft« wieder. Urrys Vielfalt der Blicke entspricht den verschiedenen »Urlauber-Typen«, die sich die Fremdenverkehrsindustrie ökonomisch nutzbar zu machen weiß (ebd., 143).

Eine Form der marktorientierten Nutzbarmachung ist das kommerzielle Erinnerungsbild. In den Landschafts- und Stadtveduten werden seit dem 18. Jahrhundert ganze Landstriche zu Sehenswürdigkeiten, die im Bild zweidimensional festgehalten werden und zum Mitnehmen für die Touristen bereitstehen. Im Gegensatz zur Landschaftsmalerei setzt die Vedute stärker auf topographische Genauigkeit und Wiedererkennbarkeit. Mit dem aufkommenden Massentourismus und der Entwicklung neuer massenmedialer Verbreitungstechniken werden beide Formen Ende des 19. Jahrhunderts von der Postkarte und der Fotografie abgelöst, mit der den Zuhause-Gebliebenen bewiesen werden soll: »Ich war hier«. In den großen Panoramen des 19. Jahrhunderts geht es hingegen nicht nur um eine Mobilisierung einer Landschaft, die an einem anderen Ort reinszeniert wird, sondern darüber hinaus um die Überwindung der Zweidimensionalität und die Suggestion eines plastischen fremden Orts. Diente das Panorama zunächst der exakten geologischen Landvermessung, der größtmöglichen Erfassung der Landschaft, entwickelt sich daraus eine begehbare touristische Sehvergnügung, in der das Sehen ›entgrenzt‹ wurde und bei der die Betrachtenden gleichsam in den Bildraum eintreten.

In heutigen touristischen Aneignungen des Raums durch Fotografie und Video wird dieser panoramatische Blick immer wieder erneuert. Speziell markierte Aussichtpunkte in der Landschaft ermöglichen zudem eine Überschau. Mit dem Blick von oben erscheint die Landschaft verfügbar. Solche Blicktechniken, die sich seit dem 16. Jahrhundert in der niederländischen Landschaftsmalerei herausbilden, reichen bis in die Gegenwart.

Das Medium des Films inszeniert in anderer Weise Landschaft und Reiseerfahrungen und bildet dazu eigene Genres aus. Insbesondere das Roadmovie in den 1960er Jahren setzt mit der Darstellung von Beweglichkeit, Unterwegssein und vermeintlich unendlicher Weite der (vornehmlich amerikanischen) Landschaft in der Totalen das Freiheitsversprechen der Reise in Szene. Die Landschaft dient hier nicht zuletzt als Raum der Selbstfindung, als Sinnbild eines Schwellenzustands und ist zugleich gekoppelt an die Imagination eines scheinbar grenzenlosen ›Amerika‹: Die Freiheit des Subjekts soll sich ebenso in der Erfahrung der Landschaft manifestieren.

Auch im Tourismus existieren Schwellenräume. Sie setzen die Ordnung des Alltags außer Kraft. Der Soziologe Rob Shields untersucht in seinem Buch *Places on the Margin. Alternative Geographies of Modernity* von 1991 Landschaften, die als liminale Orte entworfen werden, an denen gängige Moralvorstellungen aufgelöst werden. Ein zentrales Beispiel sind die Niagara-Fälle als ›honeymoon capital of the world‹. Waren sie im 19. Jahrhundert ein ›Icon‹ des romantisch Sublimen und Erhabenen, entwickeln sie sich im Folgenden zu einem liminalen Ort, an dem Hochzeitsreisen als »rites de passage« im Sinne Arnold van Genneps (1873–1957) vollzogen werden (Shields 1991, 117–161). So spricht auch der Philosoph Michel Foucault (1926–1984) von der Hochzeitsreise als »Krisenheterotopie« (Foucault 2005, 963). Im modernen Tourismus entsteht an den Niagara-Fällen, so Shields, ein Ort des Spektakels und des kommerzialisierten Klischees (Shields 1991, 156). Insgesamt beschreibt er die touristischen Räume als »social spatialisation«, um die Verschränkung von sozialer Konstruktion, Imagination und Erfindung von Räumen und Landschaften zu fassen (ebd., 31).

Architekturen des Tourismus – Hotels, Feriendörfer, Erlebnisparks

Durch den Tourismus entstehen neue Räume, z. B. Hotels und Feriensiedlungen, Campingplätze, aber auch Erlebnisparks. Für Feriensiedlungen und viele Ferienwohnungen, doch insbesondere für Campingplätze gilt, dass sie »einen vereinfachten Gegenentwurf zum Normalleben« bilden (Hennig 1997, 33). Dies spiegelt sich auch in der Art der Räume wider: Der Campingwagen bietet einen miniaturisierten und reduzierten Wohnraum; der Campingplatz wirkt wie ein Dorf. Die Wiederholung, der simplifizierte Nachbau des heimischen Raums ähnelt dem Spiel, aber auch dem Ritual. Ähnlich wie am Strand werden die Sozialkontakte unkomplizierter, während sich die Naturerfahrung intensiviert (ebd., 36). Die Unabhängigkeit, die ein Campingwagen suggeriert, besteht in der Möglichkeit, jederzeit den Ort wechseln zu können. Diese Mobilität und das Vorläufige machen den Reiz des Campings aus, wobei die Touristen hier zugleich die Rolle von Bevölkerungsgruppen nachspielen, die im Alltag verfemt sind und von denen man sich am Herkunftsort abzugrenzen sucht: von nomadisch lebenden Bevölkerungsgruppen. Enzensberger (1962, 199) geht so weit, diese Formen des Tourismus mit militärisch totalitären Strukturen in Verbindung zu bringen, und vergleicht die Ferienlager mit Konzentrationslagern.

Gibt es Hotels für Reisende bereits seit dem Ende des 18. Jahrhunderts, so entwickeln sich Feriendörfer mit Appartementhäusern und Gästezimmern erst im 20. Jahrhundert mit dem Massentourismus. Das Hotel gilt als ein klassischer Ort des Übergangs: In immerfort erneuerter Bewegung des Ankommens und Abreisens besetzen und verlassen es die Touristen. Aufgrund ihres transitorischen Charakters bezeichnet der Anthropologe Marc Augé (1994) Hotels und Feriendörfer als »Nicht-Orte« ebenso wie Flughäfen oder Bahnhöfe. Ähnlich argumentiert auch Michel Foucault, wenn er Motels und Feriendörfer als Heterotopien bezeichnet, die er als tatsächlich realisierte Utopie versteht (Foucault 2005, 940), in der der fiktive Nicht-Ort zum begehbaren Raum wird: »Orte, die außerhalb aller Orte liegen, obwohl sie sich durchaus lokalisieren lassen« (ebd., 935).

Als Imaginationsraum wird das Hotel gerade in Film, Literatur und Kunst aufgeladen (Spindler 2003). Es gilt als ein Ort, an dem alles möglich zu sein scheint: Der Alltag setzt aus, man ist fremd unter Fremden, und der Raum bietet eine Art Carte Blanche zukünftiger Aktionen, so dass sich diese Konnotation mit der des Urlaubs deckt. Andererseits hat sich in den Hotels und Feriensiedlungen auch eine Industrie und Arbeitsökonomie herausgebildet, die ›Backstage‹ agiert: die »Paradise Laborers« (Adler/Adler 2004), deren Arbeitsbedingungen vor allem in soziologischen und kulturanthropologischen Studien untersucht werden, wobei ein besonderer Fokus auf den Migrationsbewegungen der Arbeiter liegt (Lenz 2009). Der touristische Backstage-Raum gerät damit als eigener Bereich in den Blick (Spillmann/Zinganel 2004) und zeichnet den »touristischen Ereignisraum« (Bachleitner/Weichbold 2000) als sozialräumlichen Zusammenhang, der zwischen Reisenden, Bereisten und Dienstleistern aufgespannt wird.

In den konkreten Architekturen der Hotels und Ferienanlagen manifestiert sich ebenfalls eine soziale Segregation, die von den Luxusressorts der Wohlhabenden bis hin zu den Bettenburgen der Pauschaltouristen reicht. Diese grenzen sich aber auch häufig von der Umgebung und den Einheimischen ab. Gerade Feriendörfer, die großenteils von global agierenden Unternehmen geleitet werden, werden oft diffamierend als ›Touristenghettos‹ bezeichnet, während andere Formen, wie etwa der Club Méditerranée ihre Isoliertheit und Inselhaftigkeit durch besondere Riten oder durch eine eigene ›Währung‹, wie Muschelgeld, als positive Besonderheit sehen.

Im Anschluss an Foucault greifen die Kulturwissenschaftler Tom Holert und Mark Terkessidis (2006) den Begriff der ›Heterotopie‹ auf und vergleichen Feriendörfer mit Kolonien, die einen geordneten Raum kreieren. Insbesondere die Siedlungen von Residenten – vormaligen Touristen, die sich etwa in Spanien niederlassen – sind ein Phänomen, das sich aus dem Massentourismus entwickelt hat und eine ähnlich separierende Landverteilung und Bebauung forciert. Die Residenten in solchen feriendorfähnlichen Anlagen werden eher zu Dauer-Touristen, die zugleich eine spezifische Form der Migration darstellen. Auch die Wohnform der insbesondere US-amerikanischen ›Gated Communities‹, bei denen Wohnkomplexe abgeschottet, eingezäunt und bewacht in der Landschaft liegen und weder urban noch dörflich sind, erinnert daran. Die Architektur spielt in den Feriensiedlungen eine große Rolle für die Imagination von Authentizität, wenn sie heute oft landestypische – bzw. als solche bezeichnete – Elemente aufgreift. Auf diese Weise wird sie zur Kulisse. Der Soziologe und Professor für Landschaftsarchitektur Dean MacCannell spricht in seinem für die Tourismusforschung zentralen Buch *The Tourist* von 1976 im Anschluss an Erving Goffmans (1922–1982) Bühnenmetapher des Alltagslebens von ›staged authenticity‹ und ›tourist settings‹, so dass der Konstruktionscharakter der Inszenierung im Vordergrund steht.

In touristischen Erlebniswelten wird eine solche Inszenierung ostentativ vorgeführt. Der Soziologe Christoph Hennig (1997, 165) stellt in dem Überblickswerk *Reiselust. Touristen, Tourismus und Urlaubskultur* fest, dass die meistbesuchten Touristenziele der Erde nicht Paris oder Rom, die Alpen oder die Karibik sind, sondern dass die größten Reiseströme vielmehr nach Disneyland, in Märchenparks und gigantische Einkaufsmalls, in überdachte Skizentren und nachgebaute Mittelmeerdörfer führen. Gerade Disneyland gilt als Verschmelzung von imaginärem Fantasieort und touristischem Raum: Hier wird ersichtlich, wie sich der touristische Raum an Film- und Theaterkulissen orientiert. Der Stadt- und Regionalplaner Frank Roost (2000, 94) beschreibt, dass für die Gestaltung der Themenbereiche in Disneyland auf Erfahrungen der Filmkulissentechnik der Disneyproduktionen zurückgegriffen wird. Dabei gehe es nicht um eine realistische Darstellung, sondern vielmehr darum, sie in eine Form zu bringen, die harmonisch wirke und alle Konflikte ausblende.

Wenn der Kreml als Hotel mit Swimmingpool in der Türkei bewohnbar wird oder die Pyramiden der Inkas in Disney World in Florida liegen, kommt die Welt näher. Die Freizeitparks setzen mit solchen Motiven eine Tradition fort, die in den Weltausstellungen des 19. Jahrhunderts begonnen hat und Vorstellungen einer ›imaginären Geographie‹ repräsentiert (Hennig 1997, 166).

Der Philosoph Walter Benjamin (1892–1940) stellt in seinem Aufsatz über »Das Kunstwerk im Zeitalter seiner technischen Reproduzierbarkeit« von 1936 fest, dass es ein Bedürfnis der Massen ist, »sich [die Dinge] räumlich und menschlich näherzubringen« (Benjamin 1963, 15). Ein ähnliches Prinzip liegt den Vergnügungs- und Themenparks zugrunde: Zum einen werden die ›Sights‹ dadurch, dass sie räumlich zusammenrücken und in der dichten Ansammlung überschaubar werden, leichter konsumierbar. Zum anderen verliert die Akropolis, als die griechische Tempelanlage buchstäblich ein Tempel der Hochkultur, ihre Einmaligkeit und Echtheit, wenn sie im Park reproduziert wird. Ihr wird ein neuer Kontext zugewiesen: in einer populärkulturell geprägten Kunst-Welt. In dieser Kunst-Welt sind die Wahrzeichen schrill, grellbunt und miniaturisiert – sie führen ihre Künstlichkeit vor (Karentzos 2009). Sie wirken wie die als kitschig verrufenen bunten Postkarten von Souvenirshops, deren Szenerien sich in den Parks materialisieren und begehbar werden. Roost zeigt in seiner einschlägigen Studie zur *Disneyfizierung der Städte* von 2000, wie sich die Zentren vieler Städte immer mehr zu inszenierten Einkaufs- und Unterhaltungsbereichen wandeln und wie bei deren Gestaltung häufig die Disney-Themenparks als Vorbild dienen. Die Stadt selbst wird zum Themenpark. Demnach konstituiert sich die Stadtwahrnehmung und Vorstellung von Stadt durch Bereiche wie Tourismus, Film und Fernsehen. Bei der Inszenierung des urbanen Raums sind kommerzielle und touristische Verwertungskriterien maßgeblich (Gau/Schlieben 2003, 10). Las Vegas ist ein Kulminationspunkt dieser Entwicklung, gilt diese Stadt doch als »Welthauptstadt der synthetischen Urlaubsanlagen«, die sich zum zentralen Ferienpark entwickelt (Hennig 1997, 166). Einem Themenpark gleich, setzt Las Vegas seine Kasinos und Hotels aus Versatzstücken anderer gegenwärtiger und vergangener Städte zusammen. Doch gerade Las Vegas wird zum Ausgangspunkt urbanistischer Untersuchungen, die in ihr den Prototyp einer neuen, banalen Stadtlandschaft aus Plakatwänden, Glitzerwerbung, Tankstellen und Parkplätzen sehen (Venturi et al. 1972).

Zu dieser neuen Form der »Stadt im Zeitalter ihrer touristischen Reproduzierbarkeit« (Groys 2003) gehört, dass ihre Zeichen fluktuieren. Die touristischen Raumbilder verselbständigen sich und führen zur »touristischen Atopie«, da sie ortsungebunden sind und überall realisiert werden können (Wöhler 2005, 121). So hält auch der Strand seit einigen Jahren Einzug in die Städte, deren Bewohner zu Touristen des eigenen Wohnorts werden. Dabei wird den Bewohnern eine ästhetische Sicht auf die Stadt nahegelegt. Über die neuen ›Sights‹ verändert sich die Stadt wiederum selbst. Denn auch hier generiert sich der touristische Ort über Ein- und Ausschlüsse: Stadtviertel werden gentrifiziert, um touristisch verwertbar zu sein, so dass nur bestimmte Personen Zugang zu diesen Orten haben. Überdies etablieren sich auf diese Weise innerhalb der Stadt Hierarchien, die »attraktive Zentren« über »unattraktive Peripherien« stellen (Terkessidis 2006).

Touristische Räume und Identität – Kultur, Nation, Gender

Mit touristischen Räumen werden zugleich Kulturen definiert und Identitäten geschaffen sowie verändert. Damit sind diese Räume bedeutend für die Markierung von Gemeinschaften und für das Setzen von Demarkationslinien, die eine »politische Landschaft« entstehen lassen (Warnke 1992). Die Inszenierung von ›Sights‹ dient z. B. der Identifikation mit dem jeweiligen Land und formt »place-images« (Shields 1991, 47), die von der Tourismusindustrie vermarktet werden: Der Eiffelturm steht etwa für Frankreich, der schiefe Turm von Pisa für Italien usw. Diese ›Landmarken‹ sind aber nicht nur statisch, denn z. B. über die Miniaturisierung und Verbreitung durch Souvenirs, Gadgets und Postkarten werden sie mobil. Auf diese Weise wird die Sehenswürdigkeit ubiquitär, doch der Tourismus setzt darauf, dass die Referenzen auf Ort und Land wirksam bleiben und sich nicht entleeren.

In den Untersuchungen zu den Auswirkungen des Tourismus auf die kulturelle Identität der Bereisten können gemeinhin drei Tendenzen ausgemacht werden: Erstens werden die Prozesse von

Homogenisierungen der Kulturen und Räume herausgearbeitet und zweitens die der Heterogenisierungen, in denen nationale und regionale Eigenheiten im Vordergrund stehen. Drittens werden beide Konzepte verbunden, so dass Identität nicht als feststehende, unhintergehbare Größe verstanden wird, sondern immer wieder neu verhandelt werden kann (MacLeod 2004, 217 f.).

Durch die Einrichtung und Bestimmung eines ›Natur- und Kulturerbes‹ respektive eines ›National Heritage‹ oder ›patrimoine‹ werden landschaftliche und kulturelle Besonderheiten eines Raums festgelegt, wirtschaftlich gefördert und derart hervorgehoben, dass sie auch zu touristischen Zielen werden. So wird der Wettbewerb zwischen Landschaften, Städten und Nationen angekurbelt, und es findet ein steter Kampf um die aufmerksamkeitssichernde Ressource ›Welterbe‹ oder ›Kulturhauptstadt‹ statt. Die identitätsstiftende Konkurrenz richtet sich nicht nur distinktiv nach außen, sondern auch integrativ nach innen (Enser 2005, 103). Als ›Mnemotope‹ sollen die kulturtouristischen Ziele die Identifikation der einheimischen Bevölkerung mit ihrer Region stärken und durch ihre Aufwertung die Erhaltung der Natur und Kultur fördern. Zugleich betont etwa die UNESCO-Welterbe-Kommission, dass die zum Welterbe ernannten Stätten universelle Bedeutung für die gesamte Menschheit haben sollen. Es ergibt sich daraus nicht nur ein Spannungsfeld von globalen und lokalen Interessen, sondern auch ein enormer Repräsentationsanspruch, der den Raum direkt mit politischen Machtgefügen verknüpft.

Welche Räume diesen Repräsentationsansprüchen Folge leisten sollen und können, ist daher stets vom historisch-politischen Kontext abhängig: Ebenso wie das Welterbe ein junges Konstrukt ist, das die Gesamtheit der Menschen als eine Gemeinschaft begreift, ist auch die Reisefreiheit als Menschenrecht – die Voraussetzung ist, um zu den Orten des Welterbes zu gelangen – erst im Rahmen der »Allgemeinen Erklärung der Menschenrechte« im Jahr 1948 von der UN verabschiedet worden. Doch auch heute noch ist dieses Recht in totalitären Staaten eingeschränkt oder es werden durch erschwerte Einreisebestimmungen, auch in den westlichen Staaten, Restriktionen vorgenommen, was mit Begriffen wie ›Festung Europa‹ kritisiert wird.

So spiegelt ein historischer Vergleich des Tourismus in der BRD und der DDR die politische Konstellation wider, in die beide Staaten eingebunden waren. Während die bundesdeutschen Urlauber in jene Länder reisten, die für sie Sehnsuchtsländer schlechthin waren, fanden die Auslandsreisen der DDR-Bürger hauptsächlich in das ›sozialistische Ausland‹, den ehemaligen ›Ostblock‹, statt. Zugleich war die Erlaubnis zu reisen nicht nur an die familiäre Situation und die Anzahl der bereits erhaltenen Ferienplätze gekoppelt, sondern auch an die Arbeitsleistung und die »gesellschaftliche Aktivität« (Fuhrmann 1996, 39).

Wer welche touristischen Räume erfahren kann, ist jedoch nicht nur von politischen Konstellationen, von Nationalität und Klassenzugehörigkeit, sondern auch von ethnischen sowie geschlechtlichen Differenzen abhängig. Zunächst war etwa die Grand Tour im 18. Jahrhundert ein Vorrecht der adeligen jungen Männer, um sich über den Besuch antiker und bedeutender Orte zu bilden und auf die diplomatische Karriere vorzubereiten. Da diese den Frauen meist verschlossen blieb, bildete sich auch das Reisen bei ihnen mit anderen Schwerpunkten aus: Die zunächst meist adeligen, später auch bürgerlichen Frauen reisen in »neuzeitlichen Gehäuseformationen«, in »transportablen Interieurs« (Pelz 1993, 68) wie Kutsche oder Zug. Im Gegensatz zur Fußwanderung ist die Wagenfahrt weiblich konnotiert, weil sie lange Zeit trotz aller Mobilität als eine mit Häuslichkeit und Schwäche verbundene Praktik angesehen wird, zu der nur Frauen oder alte und kranke Menschen gezwungen sind (ebd., 68). Als ›anders‹ Reisende ist die Frau im Raum der Ferne eine doppelt Fremde: Karten und Allegorien stellen den fremden, zu befahrenen Raum bis heute als weiblich dar, wie etwa auch zeitgenössische Allegorien von Europa zeigen. Reisende, den Raum besetzende Frauen sind in dieser Visualisierungs- und Denkfigur erst einmal nicht vorgesehen. Dadurch entsteht das spezifisch weibliche »Reisen durch die eigene Fremde«, wie auch der

Titel der Studie von Annegret Pelz lautet. Bis heute erzeugt die Geschlechterdifferenz unterschiedliche Möglichkeiten des Zugangs zu bestimmten Räumen (wie etwa im 18. Jahrhundert nur eine weibliche Reisende einen Harem besuchen konnte) und damit eine unterschiedliche Erfahrung des Raums.

In den Analysen der touristischen Räume aus gendertheoretischer und postkolonialer Sicht wird herausgearbeitet, inwiefern Tourismus Räume des Anderen, Fremden (*Othering*) produziert. Dabei stellen solche Ansätze heraus, dass die Rhetorik des Reisens und des Tourismus eng mit patriarchalen, imperialistischen und militärischen Diskursen der Eroberung verbunden ist. Die Vorstellungswelten des Tourismus weisen demnach Parallelen zum Kolonialismus auf: Auch im Tourismus wird die Unberührtheit, die Jungfräulichkeit des Raums hervorgehoben, in die man eindringen kann (van Eeden 2007; MacCannell 1976; Aitchison 2000). In solchen Konzepten werden Reiseabenteuer mit Maskulinität in Verbindung gebracht und hingegen die Landschaft verweiblicht und sexualisiert (*gendered landscapes*) (Pritchard/Morgan 2007, 158f.). Grundlegend für diese gendertheoretisch-postkoloniale Perspektive ist die Annahme, dass Orte und Räume politisch und soziokulturell konstruiert sind, insofern gilt auch der touristische Raum nicht als neutral und ›unschuldig‹. Insbesondere ›exotische‹ (Frauen-)Körper erscheinen in der touristischen Repräsentation als Objekte des Begehrens und verschmelzen mit der Imagination der ›exotischen‹ Landschaft.

12.3 Offene Fragen und Kontroversen

Im Ergebnis zeigt sich, dass die Tourismusforschung ein interdisziplinäres Feld ist, das mit entsprechend heterogenen Begriffen von ›Raum‹ operiert. Ein Desiderat besteht somit darin, diese verschiedenen Ansätze stärker miteinander in Verbindung zu setzen und die übergreifenden Fragestellungen zu Tourismusräumen in den Geistes- und Sozialwissenschaften produktiv zu nutzen. Eine solche Zusammenführung bietet die Möglichkeit, strukturelle und historische Zusammenhänge der Raumkategorie im Tourismus sichtbar zu machen (Karentzos et al. 2010). Auch die Lücke zwischen angewandter Touristik, die meist affirmativ arbeitet, und Tourismusgeschichte ist nach wie vor groß.

Offen bleibt weiterhin, in welchem Verhältnis die skizzierten unterschiedlichen Ansätze der Tourismusforschung zueinander stehen: Der Begriff des Tourismus als Reiseform und Ortswechsel, als »Going Places« (Feifer 1985), wird zweifellos weiterhin zentral sein, da Tourismus als Bewegung im Raum immer mehr zunimmt. Der performative Ansatz sieht hingegen den Ortswechsel nicht mehr als notwendig an. Der Tourismus stellt dort nichts weniger als eine Grundkategorie möglicher Verhaltensformen dar: »Tourism is a way of being in the world, encountering, looking at it and making sense. It incorporates mindsets and performances that transform places« (Baerenholdt 2004, 2). Gewöhnliche Orte werden mithilfe der »corporeal and social *performances*« in spektakuläre und exotische »touristic places« verwandelt (ebd.).

Der Versuch, den Tourismus als eine solch zentrale Kategorie zu etablieren, kann auch im Kontext der Konkurrenz der Disziplinen gesehen werden: Je übergreifender und zentraler für die gegenwärtige Gesellschaft das Phänomen ist, das den Untersuchungsgegenstand der eigenen Disziplin bildet, desto höher ist die Wahrscheinlichkeit, eine ›Königsdisziplin‹ aus ihr machen zu können. In jedem Fall wird die Tourismuswissenschaft in Zukunft noch stärker aufgerufen sein, ihre eigenen Interessen und Kategorien zu reflektieren, um in der Lage zu sein, die ständige Umformung der Orte in touristische angemessen zu diskutieren. Denn die wichtigste Folge des Tourismus-Wachstums wird laut Hasso Spode das »Verschwinden nicht-touristischer Räume« (Spode 2005, 148) sein. Der Prozess der schrittweisen Ent-Privilegisierung des Reisens, wie er in den letzten beiden Jahrhunderten zu beobachten ist (ebd., 149), wird weiter voranschreiten und nicht nur bislang ausgeschlossene Schichten, sondern auch Nationen umfassen, deren Reisefreiheit bisher stark eingeschränkt war oder nach wie vor ist. Ein Beispiel dafür ist China, wo Ausreisebeschränkungen nach und nach gelockert werden. Die UNWTO geht davon aus, dass im Jahr 2020 China das Land mit den meisten Weltreisenden sein wird.

Damit eröffnet sich ein Phänomen, das in der europäischen Forschung so gut wie nicht bearbeitet ist: Welche Formen des Reisens bilden diejenigen aus, die nicht der sog. westlichen Gesellschaft angehören, und welche neuen (Imaginations-)Räume etablieren sich dadurch? Aktuelle Forschungsprojekte arbeiten z. B. an der Frage, welche Vorstellungen von Europa auf diese Weise importiert werden und welche touristischen Räume durch diese Erwartungen entstehen werden. So hat das Projekt ›Und plötzlich China!‹ das Modell einer Destination Schweiz erfunden, das auf zukünftige chinesische Touristen ausgerichtet ist. Ziel war es, eine bisher noch nicht existierende Schweiz zu entwerfen, eine Utopie, die den Imaginationen der kommenden Besucher einen Raum gibt (Spillmann 2007). Nicht zufällig war dieses Projekt unter anderem an der Hochschule für Gestaltung in Zürich angesiedelt, denn wie in diesem Beitrag gezeigt, spielen die bildlichen Imaginationen und Blickproduktionen eine nicht unerhebliche Rolle innerhalb der Konstruktion der touristischen Räume. Doch die künstlerische Auseinandersetzung mit dem Tourismus ist bisher nur vereinzelt erforscht worden (Ulrich 2008; Kittner 2009; Karentzos 2009). Gerade in der zeitgenössischen Kunst ist eine verstärkte Auseinandersetzung mit Phänomenen des Tourismus zu beobachten.

Ebenso facettenreich wie die Wissenschaft setzt sich auch die gegenwärtige Kunst mit touristischen Räumen auseinander. Inwiefern sich die touristische Vorstellungswelt auf Imaginationen der (Stadt-)Landschaften und Paradiese rückbezieht, reflektieren zahlreiche Kunstwerke, häufig auch kritisch: Dellbrügge & de Molls installative Arbeit mit dazugehörigem Künstlerbuch *In Quest of the Perfect Location* von 2007 vergleicht etwa zwei Heterotopien miteinander: den Vergnügungspark Tivoli und Christiania, die Freistadt der Aussteiger – zwei säkulare Paradiese, die etablierte Gegenorte des Alltags bilden und ihn auf diese Weise erst zur Normalität werden lassen. In Won Ju Lims Rauminstallation *California Dreamin'* von 2002 entsteht überdies durch Lichtprojektionen eine Traumlandschaft mit Palmen und Sonnenuntergang, Meer und Häusern, in der koloniale Paradiesvorstellungen und geographischer Ort zusammenfallen. Hingegen erstellt Franz Ackermann seit den 1990er Jahren sogenannte Mental Maps (s. Kap. III.9), Zeichnungen von diversen Reisezielen, eine persönliche Kartographie, die das Imaginationsarsenal des Tourismus vorführt. Auch die Architekturen des Tourismus sind zum Thema der Kunst geworden: Sowohl das Hotel als Spiel-Raum touristischer Phantasien als auch die Freizeitparks stehen im Fokus. Die begehbare Rauminstallation *The Secret Hotel* von Janet Cardiff und Georges Bures Miller aus dem Jahr 2005 beispielsweise lässt einen unheimlichen Hotelraum entstehen, der an einen Psychothriller erinnert. Reiner Riedlers Fotoserie *Fake Holiday*, entstanden zwischen 2004 und 2009, nimmt dagegen spektakuläre touristische Kulissenarchitektur in den Fokus. Während Riedlers Fotografien die touristische Nutzung etwa des künstlichen Indoor-Badestrandes ›Tropical Islands‹ bei Berlin vorführt, dokumentieren HAUBITZ + ZOCHE in der gleichnamigen Fotoserie von 2004 den Bauprozess, so dass die Konstruktion des Paradieses offengelegt wird. Nicht zuletzt beleuchtet die Kunst auch den Zusammenhang von touristischer Raumproduktion und Identitätsfragen kritisch. So zeigen Lisl Pongers Filme *Passagen* von 1996 und *Déjà vu* von 1999 in der Gegenüberstellung von touristischem Bildmaterial und Narrationen von Migration und Flucht das Spannungsfeld der verschiedenen Mobilitätsformen und Identitätskonzepte auf. Birgit Heins Filmarbeit *Baby I Will Make You Sweat* von 1994 zeigt im Stil eines radikal subjektiven, visuellen Reisetagebuchs ihre Jamaicareise als alternde Frau, die in die Ferne reist und den exotischen, männlichen Körper an diesem paradiesisch konnotierten Ort als Sexobjekt nutzen kann. In der Kunst entstehen somit neue Räume, die es ermöglichen, den Tourismus aus anderen Perspektiven zu betrachten – ein Feld, das bisher nur wenig berücksichtigt ist.

Literatur

Adler, Patricia A./Adler, Peter: *Paradise Laborers. Hotel Work in the Global Economy.* Ithaka 2004.

Aitchison, Cara: Poststructural Feminist Theories of Representing Others. A Response to the ›Crisis‹ in Leisure Studies' Discourse. In: *Leisure Studies* 19 (2000), 127–144.

–: Theorising Other Discourses of Tourism, Gender and Culture. Can the Subaltern Speak (in Tourism)? In: *Tourist Studies'* 1 (2001), 133–147.

Augé, Marc: *Orte und Nicht-Orte. Vorüberlegungen zu einer Ethnologie der Einsamkeit.* Frankfurt a. M. 1994 (frz. 1992).

Bachleitner, Reinhard/Weichbold, Martin: *Die multioptionale Gesellschaft. Von der Freizeit- zur Tourismusgesellschaft.* Wien 2000.

Baerenholdt, Jørgen Ole/Haldrup, Michael/Larsen, Jonas/Urry, John: *Performing Tourist Places. New Directions in Tourism Analysis.* Aldershot 2004.

Benjamin, Walter: Das Kunstwerk im Zeitalter seiner technischen Reproduzierbarkeit. In: Ders.: *Drei Studien zur Kunstsoziologie.* Frankfurt a. M. 1963, 7–44 (frz. 1936).

Bourdieu, Pierre: *Eine illegitime Kunst. Die sozialen Gebrauchsweisen der Photographie.* Frankfurt a. M. 1983 (frz. 1965).

Brandt, Rüdiger: *Arkadien in Kunst, Philosophie und Dichtung.* Freiburg i.Br./Berlin 2005.

Buzard, James: *The Beaten Track. European Tourism, Literature, and the Ways to Culture, 1800–1918.* Oxford 1993.

Corbin, Alain: *Meereslust. Das Abendland und die Entdeckung der Küste.* Frankfurt a. M. 1994 (frz. 1988).

Eeden, Jeanne van: Gendered Tourist Space. A South African Perspective. In: Annette Pritchard/Nigel Morgan/Irena Ateljevic/Candice Harris (Hg.): *Tourism and Gender. Embodiment, Sensuality and Experience.* Oxfordshire/Cambridge 2007, 182–206.

Enser, Stephan: Europa als Mnemotop. Kulturtourismus als Programm der europäischen Identitätsbildung. In: *Voyage* 7 (2005), 103–120.

Enzensberger, Hans Magnus: Eine Theorie des Tourismus [1958]. In: Ders.: *Einzelheiten.* Bd. 1: *Bewußtseins-Industrie.* Frankfurt a. M. 1962, 179–205.

Feifer, Maxine: *Going Places. The Ways of the Tourist from Imperial Rome to the Present Day.* London 1985.

Foucault, Michel: Von anderen Räumen. In: Ders.: *Schriften.* Bd. 4. Frankfurt a. M. 2005, 931–942 (frz. 1984).

Franklin, Adrian: *Tourism. An Introduction.* London 2003.

Fuhrmann, Gundel: Der Urlaub der DDR-Bürger in den späten 60er Jahren. In: Hasso Spode (Hg.): *Goldstrand und Teutonengrill. Kultur- und Sozialgeschichte des Tourismus in Deutschland 1945 bis 1989.* Berlin 1996, 35–49.

Gau, Sønke/Schlieben, Katharina (Hg.): *Site-Seeing. Disneyfizierung der Städte?* Berlin 2003.

Groys, Boris: Die Stadt im Zeitalter ihrer touristischen Reproduzierbarkeit. In: Ders.: *Topologie der Kunst.* München/Wien 2003, 187–198.

Gyr, Uli: »Alles nur Touristenkitsch«. Tourismuslogik und Kitsch-Theorien. In: *Voyage. Jahrbuch für Reise- und Tourismusforschung,* Bd. 7: *Gebuchte Gefühle.* München/Wien 2005, 92–103.

Hennig, Christoph: *Reiselust. Touristen, Tourismus und Urlaubskultur.* Frankfurt a. M. 1997.

Holert, Tom/Terkessidis, Mark: *Fliehkraft – Gesellschaft in Bewegung. Von Migranten und Touristen.* Köln 2006.

Ipsen, Detlev: *Ort und Landschaft.* Wiesbaden 2006.

Karentzos, Alexandra: Zu schön um wahr zu sein. Kulissen des Tourismus in der zeitgenössischen Kunst. In: Thea Brejzek/Wolfgang Greisenegger/Lawrence Wallen (Hg.): *Monitoring Scenography 2. Space and Truth.* Zürich 2009, 96–113.

– /Kittner, Alma-Elisa/Reuter, Julia (Hg.): *Topologien des Reisens. Tourismus – Imagination – Migration/Topologies of Travel. Tourism – Imagination – Migration.* Trier 2010 (Onlinepublikation).

Kaufmann, Jean-Claude: *Frauenkörper – Männerblicke. Soziologie des Oben-ohne.* Konstanz [2]2002 (frz. 1995).

Kittner, Alma-Elisa: Zwischen Südseetraum und Tivoli Sehnsuchtsorte in der modernen und zeitgenössischen Kunst. In: Claudia Benthien/Stefanie Wenner/Manuela Gerlof (Hg.): *Paradies. Topografien der Sehnsucht.* Wien/Köln/Weimar 2009, 201–219.

Köstlin, Konrad: Wir sind alle Touristen – Gegenwelten als Alltag. In: Christiane Cantauw (Hg.): *Arbeit, Freizeit, Reisen. Die feinen Unterschiede im Alltag.* Münster/New York 1995, 1–12.

Lenz, Ramona: *Mobilitäten in Europa. Migration und Tourismus auf Kreta und Zypern im Kontext des europäischen Grenzregimes.* Bielefeld 2009.

Lévi-Strauss, Claude: *Traurige Tropen.* Frankfurt a. M. 1981 (frz. 1955).

Löfgren, Orvar: *On Holiday. A History of Vacation.* Berkeley/Los Angeles 1999.

MacCannell, Dean: *The Tourist. A New Theory of the Leisure Class.* New York 1976.

MacLeod, Donald V.L.: *Tourism. Globalisation and Cultural Change. An Island Community Perspective.* Clevedon/Buffalo 2004.

Mandel, Birgit: ›*Wunschbilder werden wahr gemacht*‹. *Aneignung von Urlaubswelt durch Fotosouvenirs am Beispiel deutscher Italientouristen der 50er und 60er Jahre.* Frankfurt a. M. u. a. 1996.

Märker, Peter/Wagner, Monika: *Bildungsreise und Reisebild. Einführende Bemerkungen zum Verhältnis von Reisen und Sehen*. In: Wagner 1981, 7–18.

Osborne, Peter D.: *Travelling Light. Photography, Travel and Visual Culture*. Manchester 2000.

Pelz, Annegret: *Reisen durch die eigene Fremde. Reiseliteratur von Frauen als autogeographische Schriften*. Köln/Weimar/Wien 1993.

Pott, Andreas: *Orte des Tourismus. Eine raum- und gesellschaftstheoretische Untersuchung*. Bielefeld 2007.

Pritchard, Annette/Nigel Morgan: Encountering Scopophilia, Sensuality and Desire: Engendering Tahiti. In: Annette Pritchard/Nigel Morgan/Irena Ateljevic/Candice Harris (Hg.): *Tourism and Gender. Embodiment, Sensuality and Experience*. Oxfordshire/Cambridge 2007, 158–182.

Ritter, Joachim: Landschaft. Zur Funktion des Ästhetischen in der modernen Gesellschaft [1978]. In: Gert Gröning/Ulfert Herlyn (Hg.): *Landschaftswahrnehmung und Landschaftserfahrung. Texte zur Konstitution und Rezeption von Natur als Landschaft*. München 1990, 23–41.

Roost, Frank: *Die Disneyfizierung der Städte. Großprojekte der Entertainmentindustrie am Beispiel des New Yorker Times Square und der Siedlung Celebration in Florida*. Opladen 2000.

Shields, Rob: *Places on the Margin. Alternative Geographies of Modernity*. London/New York 1991.

Sieferle, Rolf Peter: Entstehung und Zerstörung der Landschaft. In: Manfred Smuda (Hg.): *Landschaft*. Frankfurt a. M. 1986, 238–265.

Simmel, Georg: Philosophie der Landschaft [1913]. In: Gert Gröning/Ulfert Herlyn (Hg.): *Landschaftswahrnehmung und Landschaftserfahrung*. München 1990, 67–79.

Spillmann, Peter: Und plötzlich China! Das Setting ›Schweiz‹ im globalisierten Tourismus (2007). In: www.k3000.ch/psp/archive/doc101.htm.

– /Zinganel, Michael (Hg.): *Backstage*Tours. Reisen in den touristischen Raum*. Graz 2004.

Spindler, Gabriele (Hg.): *Hotel Hotel*. Linz 2003.

Spode, Hasso: Der Blick der Post-Touristen. Torheiten und Trugschlüsse in der Tourismusforschung. In: *Voyage* 7 (2005), 135–161.

Terkessidis, Mark: Am Stadtstrand. Wie wir zu Touristen in der eigenen Stadt werden. In: *ifa. Kulturaustausch online* 3 (2006). www.ifa.de/pub/kulturaustausch/archiv/kulturaustausch-2006.

Thomson, Krista A.: *An Eye for the Tropics. Tourism, Photography, and Framing the Caribean Picturesque*. Durham/London 2006.

Ulrich, Matthias/Hollein, Max (Hg.): *All Inclusive. Die Welt des Tourismus*. Ausst. Kat. Schirn Kunsthalle Frankfurt. Köln 2008.

Urry, John: *The Tourist Gaze. Leisure and Travel in Contemporary Societies* [1990]. London/Thousand Oaks/New Delhi ^{2}2002.

Venturi, Robert/Brown, Denise Scott/Izenour, Steven: *Learning from Las Vegas*. Cambridge/London 1972.

Vickers, Adrian: *Bali. Ein Paradies wird erfunden*. Köln 1994 (engl. 1989).

Vorgrimler, Herbert: *Geschichte des Paradieses und des Himmels*. München 2008.

Wagner, Monika (Hg.): *Mit dem Auge des Touristen. Zur Geschichte des Reisebildes*. Ausst.-Kat. Kunsthistorisches Institut der Universität Tübingen. Tübingen 1981.

–: Ansichten ohne Ende – oder das Ende der Ansicht? Wahrnehmungsbrüche im Reisebild um 1830. In: Hermann Bausinger/Klaus Beyrer/Gottfried Korff (Hg.): *Reisekultur. Von der Pilgerfahrt zum modernen Tourismus*. München 1991, 325–335.

Warnke, Martin: *Politische Landschaft. Zur Kunstgeschichte der Natur*. München 1992.

Wöhler, Karlheinz: *Marktorientiertes Tourismusmanagement*, Bd. 1: *Tourismusorte. Leitbild, Nachfrage- und Konkurrenzanalyse*. Berlin/Heidelberg/New York 1997.

–: Entfernung, Entfernen und Verorten. In: *Voyage* 7 (2005), 121–134.

Woznicki, Krystian: *Abschalten. Paradiesproduktion, Massentourismus und Globalisierung*. Berlin 2008.

Zajac, Peter: Paradies der Welt und Labyrinth des Herzens. (Literarische) Paradiese heute. In: *Trans* 15/8 (2005). www.inst.at/trans/15Nr/01_2/zajac15.htm.

Alexandra Karentzos/Alma-Elisa Kittner

13. Poetischer Raum: Chronotopos und Geopoetik

13.1 Entstehung des Themenfeldes

Laokoon-Paradigma (Lessing)

Noch 1969 eröffnet der französische Literaturwissenschaftler Gérard Genette seinen Aufsatz »Die Literatur und der Raum« mit der These, dass es paradox erscheinen mag, in Bezug auf die Literatur überhaupt vom Raum zu sprechen. Genettes Einstieg über den Zusammenhang von Literatur und Raum beginnt mit einer berühmten Negation, die nach Gotthold Ephraim Lessings *Laokoon oder über die Grenzen der Malerei und Poesie* von 1766 lange Zeit gattungsbestimmend gewesen war (s. Kap. I.3.3). Demnach ist »der Existenzmodus eines literarischen Werkes« vor allem ein zeitlicher, weil der Leseakt aus einer »Aufeinanderfolge von Momenten« besteht, die sich in der Dauer realisieren (Genette 1969, 43). Doch Genette führt diese Negativbestimmung des Räumlichen in der Literatur nur an, um sie wie schon andere Denker vor ihm – u. a. Cassirer, Bachtin und Lotman – endgültig zu überwinden und ein Zeichen-, Text- und Literaturkonzept zu entwickeln, das es ermöglicht, nicht nur den dargestellten Raum ›im‹ literarischen Text, sondern vor allem die Räumlichkeit ›von‹ literarischen Texten und allgemein von Sprache neu zu bestimmen.

Lessing konzentriert sich in seinem Laokoon-Aufsatz vor allem auf die Frage, ob die Literatur wie die bildende Kunst in der Lage sei, eine wirklichkeitsgetreue Darstellung und Hervorbringung des Raumes zu leisten. Die räumliche Organisation von Literatur, d. h. die Räumlichkeit von Literatur als Untersuchungsgegenstand, berührt er mit dieser Fragestellung nicht. Dass Lessing so ansetzt, hatte etwas mit seinem Raumkonzept in den Künsten zu tun, denn er betrachtet den ästhetischen Raum weniger relational als System oder Ordnung von Handlungen, Orten, Punkten oder Linien, sondern als einen sich ausdehnenden Körper – zweidimensional in der Malerei, dreidimensional in der Skulptur oder Architektur: »Wenn es wahr ist«, schreibt er, »daß die Malerei zu ihren Nachahmungen ganz andere Mittel, oder Zeichen gebrauchet, als die Poesie; jene nämlich Figuren und Farben in dem Raume, diese aber artikulierte Töne in der Zeit; wenn unstreitig die Zeichen ein bequemes Verhältnis zu dem Bezeichneten haben müssen: So können neben einander geordnete Zeichen, auch nur Gegenstände, die neben einander, oder deren Teile neben einander existieren, auf einander folgende Zeichen aber, auch nur Gegenstände ausdrücken, die auf einander, oder deren Teile auf einander folgen« (Lessing 1974, 102 f.). Lessings ›Zeichentheorie‹ vom Nebeneinander und Aufeinander zielt auf die Gegenstände der beiden Genres, auf Körper und Handlung. Die Handlung als Zeichen des zeitlichen Aufeinanders gehöre der Dichtung, in der Malerei sei sie nur »andeutungsweise« durch den Körper darstellbar, z. B. in der angehaltenen Geste (ebd.). Umgekehrt verhalte es sich auch mit dem Körper in der Dichtung, er könne dort höchstens andeutungsweise zum Erscheinen gebracht werden und nur durch die Handlung hindurch – ausschnitthaft, auf eine Eigenschaft und Perspektive reduziert. Besonders beispielhaft beherrsche, nach Lessing, die Kunst der angedeuteten ›Malerei in der Dichtung‹ Homer, der habe gewusst, dass es im Literarischen keinen Sinn ergibt, »körperliche Gegenstände« ausführlich zu beschreiben (ebd.).

Will man aber die Literatur nicht auf ihre nach Lessing unkörperliche Erscheinungsform und mimetische Funktion beschränken, dann muss man, wie Genette, nach einer »aktiven, nicht passiven, einer bezeichnenden und nicht bezeichneten, einer repräsentierenden und nicht repräsentierten Räumlichkeit« fragen (Genette 1969, 44). Fängt man beim wesentlichen Baustein literarischer Texte, der Sprache oder den graphischen Zeichen an, dann lässt sich feststellen, dass es »etwas wie eine gewissermaßen primäre oder elementare Räumlichkeit« gibt, die jene der »Sprache [*langage*] selbst ist« (ebd.). Gemeint ist damit zum einen die Sprache, die einerseits in der Lage ist, räumliche Beziehungen auszudrücken, ein ›hier‹ oder ›dort‹ zu kennzeichnen und Raumbegriffe zu erzeugen – Ort, Stelle, Grenze, Horizont, Vektor. Zum anderen geht die linguistisch und sprachphilosophisch inspirierte Literaturforschung des 20. Jahrhunderts selbst von einer Verräumlichung der Sprache aus. Roland Barthes (1915–1980) z. B. schreibt angelehnt an Begriffe von Roman Jakobson (1896–1982), dass jedes Zeichen drei Beziehungen im Raum unterhalte: einmal als Symbol in einer Tiefendimension, die aus der Übereinanderlagerung von Bezeichnendem und Bezeichnetem entsteht, dann als Paradigma, indem es durch »formale Imagination« das Bezeichnende mit anderen Bezeichneten aus »seiner Perspektive« vergleicht, und drittens als Syntagma, indem das Zeichen »in seiner Ausdehnung« erfasst wird, in Bezug zum folgenden und vorherigen Zeichen (Barthes 1969, 38 ff.).

Literatur als Einschreibung

Julia Kristeva wiederum spricht in Anlehnung an Bachtin und in Bezug auf ihr Modell der Intertextualität vom literarischen Raum als der »Dimension, in der sich die Bedeutung durch eine Verbindung von Unterschieden artikuliert« (Kristeva 1978, 347). So gedacht, ist das literarische Wort nicht mehr Punkt, sondern Überlagerung von Textebenen. Noch elementarer schreibt Jacques Derrida (1930–2004), in Modifikation der Zeichentheorie von Ferdinand de Saussure (1857–1913) und Sigmund Freud (1856–1939), von einer Verräumlichung (*espacement*) der Sprache in der Schrift. Zum einen ist es die Schrift, die im Unterschied zur Stimme, oder wie noch Lessing formulierte, zu den »artikulierten Tönen«, eine Spur der Sprache festhält, indem sie bleibende Stelle und Form wird, graphischer Ausdruck und Einschreibung zugleich. Zum anderen nennt Derrida als eine der Eigenschaften der Schrift – neben der Beständigkeit, der Iterabilität und der Kraft des Bruches mit dem Kontext – eben die ›Verräumlichung‹, die das geschriebene Zeichen sowohl »von den anderen Elementen der internen kontextuellen Kette« als auch von allen Formen eines »gegenwärtigen, subjektiven oder objektiven Referenten« trennt (Derrida 1999a, 336). Dieser Trennraum im Signifikationsprozess ist ein Raum des Verweisens zwischen den Elementen – »aktiv, und dynamisch und mit beharrlicher Wiederholung, Intervall, Distanz« (Derrida 1999, 36).

Abgesehen von diesen wesenhaften Bestimmungen der Schrift als Spur der Sprache, ist der Prozess des Schreibens (gr. *graphein*) auch buchstäblich als ein Einritzen oder generell als das Bearbeiten einer Oberfläche zu verstehen. Man kann also auch von einer materialen bzw. medialen Räumlichkeit der Literatur sprechen bzw. von der Dimensionalität eines Textes. Das Palimpsest oder der von Sigmund Freud ins Spiel gebrachte Wunderblock geben noch Auskunft über die räumliche Schichtung der Schrift, der Schrift unter der Schrift. An einem der berühmtesten Palimpseste, dem in der Pariser Nationalbibliothek aufbewahrten *Codex Ephraemi Rescriptus* lässt sich der Originaltext einer im 5. Jahrhundert hergestellten Bibel ablesen, deren Schrift im 12. Jahrhundert abgeschabt und mit Predigten von Epräm dem Syrer in griechischen Buchstaben überschrieben wurde.

Neben der dreidimensionalen Einkerbung, der Einritzung oder dem Auftragen oder Aufschichten von Schreibflüssigkeit auf eine Seite, ist das Blatt bzw. die Buchseite von jeher auch als eine Oberfläche der zweidimensionalen Anordnung von Zeichen ernst genommen worden. Dies wird insbesondere in der visuellen Poesie und beim Edieren von Manuskripten relevant. Die visuelle Poesie hat ausgehend vom Figurengedicht in der Antike bis zur konkreten Poesie im 20. Jahrhundert die Zweidimensionalität der zu beschreibenden Oberfläche ausgeschöpft, und der Buchstabe, die Seite und das Buch haben ihre Zwei- oder Dreidimensionalität in Textobjekten, Textcollagen und Textinstallationen insbesondere in der Konzeptkunst im 20. Jahrhundert demonstriert. Im Umgang mit Manuskripten stellt sich die Frage, wie räumliche Anordnungen auf einer Seite, Korrekturen, Durchstreichungen oder Aufeinandergeschriebenes in der gedruckten Publikation sichtbar bleiben können. Zum Beispiel zeigt die Frankfurter Ausgabe von Friedrich Hölderlins (1770–1843) *Homburger Folioheft*, entstanden in den Jahren nach 1800, die räumliche

Anordnung der handschriftlichen Textversionen durch eine Reproduktion des Originals als Faksimile, das die räumliche Anordnung fotografisch wiederherstellt, und als typographische Umschrift, die die räumliche Anordnung der Buchstaben im Manuskript auf der Buchseite erhält.

Von einer Mehr-Dimensionalität der Literatur ist auch insbesondere dann auszugehen, wenn literarische Texte im virtuellen Raum als Hypertexte existieren. Man hat es hier, insbesondere in literarischen Hypertexten, mit einem virtuellen Raum zu tun, in dem Autoren u. a. mit Verweisstrukturen, d. h. einer über Verlinkung bzw. Vernetzung nachvollziehbaren Intertextualität arbeiten, oder Texte durch kollaborative Produktionsprozesse von unterschiedlichen Orten aus entstehen lassen.

Räumlichkeit der Literatur

Von einer Räumlichkeit der Literatur kann man auch sprechen, wenn man die Funktion poetischer und rhetorischer Verfahren berücksichtigt, die einen Text organisieren, ihm eine Perspektive geben und semantische Vernetzungen herstellen. Überhaupt sind es die Rhetorik und die Poetik, die die Räumlichkeit von Texten im Hinblick auf ihre Ordnung bzw. Anordnung der Wörter und Redeteile von Beginn an bedenken. Neben der Topik ist es insbesondere die *ars memoria*, die Gedächtniskunst, die als eine der fünf Bestandteile der Rhetorik das artifizielle Gedächtnis als eine Art Speicher vorstellt, als Magazin oder Haus, in dem Bilder (*imagines*), die Redeinhalte repräsentieren, an verschiedenen Stellen (*loci*) deponiert werden können (s. Kap. III.1). Um zu erinnern, muss der Redner die vorgestellte Redearchitektur wie ein Haus mit vielen Zimmern gedanklich abschreiten und entschlüsseln (Weinrich 1964, 24 f.).

Doch nicht nur die *ars memoria* arbeitet mit der Ordnung und Anordnung der Redebestandteile, im Grunde gilt dies, wenn auch nicht so metaphorisch aufgeladen, für die gesamte Rhetorik. Nicht nur, dass eine rhetorische Figur durch ihre Mehrdeutigkeit (wörtliche und figurative Bedeutung) einen semantischen Raum eröffnet, der die Linearität sprengt, sondern Figuren (Wort- und Satzfiguren) und Tropen haben auch eine syntaktisch semantische Funktion, sie schaffen Leerstellen, invertieren, steigern, verdoppeln oder sorgen für Überschuss.

Neben der Rhetorik ist es insbesondere die Erzählforschung, die mit ihren Theorien zur Perspektive oder Fokalisierung zur Analyse räumlichen Denkens und Schreibens in literarischen Texten beigetragen hat. In direkter Verbindung zum mathematischen, physikalischen oder geographischen Raumwissen und in Wechselwirkung mit der Malerei lässt sich die Entwicklung der Perspektive, des Horizonts oder der ästhetischen Sicht historisch nachvollziehen. In seiner *Geschichte des Horizonts* von 1990 macht der Literaturwissenschaftler Albrecht Koschorke z. B. deutlich, dass gerade der Horizont – im Unterschied zu anderen Motiven der Landschaftspoetik – nicht als Schauplatz für die Literatur relevant geworden ist, sondern als eine die Wahrnehmung organisierende Linie, als »eine konstituierende Bezugslinie für die Ordnung der Empirizität überhaupt« (Koschorke 1990, 7). Während die Ausarbeitung der Perspektive als Ablösung der Zweidimensionalität der mittelalterlichen Malerei, die »Flucht auf den Horizont« (ebd., 8), das Basismodell der Raumerfahrung auch in der Literatur der Neuzeit geworden ist, ist es die Überwindung der Perspektive, insbesondere der Zentralperspektive, in der Malerei und Literatur des frühen 20. Jahrhunderts. Das Resultat sind perspektivisch gebrochene, aperspektivische oder multiperspektivische Erzählweisen wie in Belyjs (1880–1934) *Peterburg* von 1913, James Joyce' (1842–1941) *Ulysses* von 1918–21 oder Alfred Döblins (1878–1957) *Berlin Alexanderplatz* von 1929. In allen drei Romanen wird das narrative Nacheinander durch einen multiperspektivischen Bewusstseinsstrom aufgehoben, es wird mit Ineinanderschichtung und Verschachtelung gearbeitet, mit Erzähl-Techniken, die Räume und Raumordnungen hervorbringen, die weder zwei-, noch dreidimensional darstellbar wären. Döblin verwendet zusätzlich Textschichtung und Verschiebung durch Collage und Montage, indem er Zeitungsartikel, Gesprächsfetzen oder Reklametafeln in den Romantext montiert; Andrej Belyj wiederum, Sohn des prominenten Moskauer Mathematikers Nikolaj Bugaev, bezieht sich auf die Überwindung des euklidischen Raumwissens und der in den Künsten damit verbundenen Frage nach der Visualisierbarkeit und Erzählbarkeit mehrdimensionaler Räume.

Für Koschorke führt der Verlust der Zentralperspektive und die Überwindung der Dreidimensionalität in der Ästhetik der Moderne zu einer Welt, die keinen Horizont hat. Vergleichen lässt sich dieser horizontlose Raum mit dem »glatten Raum«, den Gilles Deleuze (1925–1995) und Félix Guattari (1930–1992) in ihrem Buch *Tausend Plateaus* auch für die ästhetische Wahrnehmung ins Spiel gebracht haben (s. Kap. III.6): Der »glatte Raum« ist im Unterschied zum »gekerbten Raum«, dem Raum der »Wahrnehmung aus der Ferne«, ein Raum der »nahsichtigen Auffassung« der Welt. Er ist ein »haptischer« Raum im Unterschied zum »optischen gekerbten Raum« (Deleuze/Guattari 1992, 682), ein Raum, in dem nicht nur der Betrachter immer wieder einen anderen Standpunkt einnimmt und eine neue Perspektive gewinnt, sondern in dem sich der Raum und dessen Eigenschaften selbst stetig und unvorhersehbar ändern.

Wahrnehmung von Raum und Beschreibung von Orten

Raumpoetiken sind in der Literatur und den Künsten aber nicht nur an ein Raumwissen gekoppelt, sondern vor allem auch an eine durch technische Neuerungen auf dem Gebiet der Transportmittel hervorgebrachte Raumerfahrung und -wahrnehmung. Auch hier lassen sich epochenpoetische Beobachtungen anstellen: Die aviatische Perspektive ist die Perspektive der Kunst der Avantgarde. Eine ganze Reihe von Künstlern, unter ihnen Filippo Tommaso Marinetti (1876–1944), Hans Arp (1886–1966) und Vasilij Kamenskij (1884–1961), hatten in experimentellen Texten die aviatische Perspektive herzustellen versucht und sind dabei geometrisch, miniaturisierend und dynamisierend verfahren. Der leidenschaftliche Pilot Kamenskij hat etwa 1914 in seinem kubistisch visuellen Gedicht *Konstantinopel* die labyrinthartige Stadt graphisch-verbal durch ineinanderdringende Trapeze, Dreiecke, Worttreppen und Wortstraßen, die sternförmig auseinanderlaufen, dargestellt. So wird Lesen zum Sehen von Richtungen, Linien und Kurven, der Blick wird durch die Verteilung von Buchstabenblöcken und Wortmassen gelenkt und nicht durch die Abfolge von Zeilen. – Die graphisch-visuellen Experimente der Avantgarde zeigen, dass auch die Darstellung von Raum in der Literatur nicht so konventionell ist, wie es auf den ersten Blick vor dem Hintergrund eines vor allem mimetischen Anliegens erscheinen mag.

Dass literarische Texte Räume nicht nur darzustellen oder zu zeigen versuchen, sondern zuallererst konstruieren, hat die Literaturwissenschaft insbesondere im Rahmen des sogenannten *topographical* oder *spatial turn* der Kultur- und Geschichtswissenschaften neu betont (s. Kap. II.2 und Kap. II.3). Es sind vor allem geographische Räume und damit verbundene Weltordnungen, die in diesem Kontext die Rede vom Raum bestimmen. Eine topographisch ausgerichtete Literaturwissenschaft reflektiert und kommentiert aber nicht nur die Konstruktion von Räumen in der Literatur, sondern stellt auch Methoden zur Verfügung, die das Benennen und Herstellen von (geographischen) Räumen in anderen Disziplinen analysierbar machen. Kultur, schreibt der Kulturwissenschaftler Hartmut Böhme (2005, XVIII), sei die Entwicklung von Topographien, ohne dass es schon eine »graphie« im Sinne einer Schrift gegeben haben müsse. »Graphien des Raumes« seien all jene Operationen, die etwas Einkerben oder Einritzen, Wege, Routen oder Felder herstellen, Landstriche kartieren oder Bewegungen aufzeichnen und damit etwas bezeichnen und bestimmen. Eine solchermaßen gedachte Raum-Poetik zeige in und außerhalb der Literatur, mit welchen Zeichensystemen, Schreibweisen, Narrativen, Symbolen und Motiven Orte, Landschaften und Territorien hervorgebracht und semantisch aufgeladen werden.

Besonders eindrücklich hat dies jüngst der Literaturwissenschaftler Robert Stockhammer (2007) in seiner Studie zur Kartierung der Erde in der Literatur gezeigt, in der er plausibel machte, wie literarische Texte Karten nicht bloß thematisieren, sondern selbst kartographisch funktionieren. Eine andere Herangehensweise an die Kartographie von Literatur hat der italienische Literaturwissenschaftler Franco Moretti in seinem Buch *Atlas des europäischen Romans. Wo die Literatur spielte* von 1997 gezeigt; er hat Literatur wie Landkarten kartographiert und dabei Zusammenhänge zwischen Epochenpoetiken und ästhetischen Schauplätzen zu visualisieren versucht. In Morettis Literaturgeographie werden vor allem Romane des 19. Jahrhunderts auf ihre Schauplätze und Handlungsräume hin untersucht und auf die europäische Karte projiziert. Allerdings entwirft Moretti durch die Auswahl seiner Lektüre ein Europa, das im Wesentlichen aus Frankreich und England besteht.

All die unterschiedlichen Versuche, Literaturlandkarten herzustellen, scheitern allerdings immer dann, wenn literarische Texte – und dies von Beginn an – Räume entwerfen, die sich der Kartographierung entziehen: Phantastische Räume, fiktive Orte oder Utopien, in denen Raum- und Zeitverhältnisse herrschen, die weder physikalisch, mathematisch noch geographisch belegbar und darstellbar sind. Nikolaj Gogol (1809–1852) hat ein solches geographisches Wunder in seinen Erzählungen *Abende auf dem Weiler bei Dikanka* von 1831/32 beschrieben: »Hinter Kiev ereignete sich ein unerhörtes Wunder. [...] Plötzlich wurde alles bis weit an die Ende der Welt sichtbar. In der Ferne blaute der Liman, hinter dem Liman breitete sich das schwarze Meer aus. Die gebildeten Leute erkannten auch die Krim – als Berg erhob sie sich aus dem Meer. [...] Linkerhand war Galizien zu sehen« (Gogol 1949, 275).

13.2 Spektrum der Diskussion

Auch wenn die Theoretiker des *topographical* und *spatial turn* in den Kultur- und Geschichtswissenschaften zur Rechtfertigung der Wende die Raumvergessenheit in den Geisteswissenschaften der letzten beiden Jahrhunderte insgesamt beklagen müssen (s. Kap. II.4), in der der »Raum wie ein unreiner Stiefbruder der Königin Zeit behandelt wurde« (Böhme 2005, XII), lassen sich doch in der Literaturwissenschaft oder ästhetischen Theorie des 20. Jahrhunderts kontinuierlich Ansätze finden, deren Beobachtungen und Methoden auch für die zeitgenössische literaturtopographische und -topologische Forschung von Belang sind (s. Kap. II.1). Die meisten dieser expliziten Auseinandersetzungen mit dem Raum rücken die Räumlichkeit der Literatur und der poetischen Sprache, ihre Form, Struktur, Ordnung, Figuralität und Medialität in den Vordergrund. Herausgegriffen werden hier nun einige Beispiele: Ernst Cassirer und Michail Bachtin als Vermittler einer erkenntnistheoretisch fundierten ästhetischen Raum-Analyse, Jurij Lotman als Vertreter einer topologisch-kultursemiotischen Raum-Theorie, Michel de Certeau mit seiner für die Literaturwissenschaft hilfreichen Analyse von Raum-Praktiken, Joseph Hillis Miller als Stichwortgeber topographisch performativer Verfahren, Gaston Bachelards Versuch einer phänomenologischen Erfassung der Räume der Einbildungskraft und Michel Foucaults Überlegungen zur Heterotopie als der Raumcharakteristik des 20. Jahrhunderts.

Raumzeit-Paradigma (Cassirer und Bachtin)

Der Beginn des 20. Jahrhunderts ist auch in den Künsten durch ein neues Raumwissen geprägt, das vor allem aus den Naturwissenschaften kommt und von der Auflösung der euklidischen Geometrie als Darstellungsform des Raumes und den Erkenntnissen der Relativitätstheorie bzw. der Vierdimensionalität des Raumes gekennzeichnet ist. Das in der Geographie und Politik u.a. durch Friedrich Ratzels Theorien zur Anthropogeographie oder zur politischen Geographie entwickelte Raumwissen (s. Kap. I.2.3), das später verhängnisvoll im Rahmen der Geopolitik theoretisch und praktisch aktualisiert wurde, hat auf die ästhetiktheoretischen bzw. literaturwissenschaftlichen Entwürfe zunächst keinen direkten Einfluss, obwohl es in der Literatur selbst thematisch wird.

Die an mathematisch-physikalischem und

physischem Raumwissen orientierten Entwürfe rücken vor allem die Organisationsformen und die Wahrnehmung des ästhetischen Raums in den Vordergrund. Ausgehend vom »architektonischen Bau der Erkenntnis« setzen sich z. B. Cassirer (1985, 93) und Bachtin mit der Frage der Gestaltung und der Form des Raumes und der Zeit in den Künsten auseinander, Cassirer mit dem Problem des »ästhetischen Raumes« (ebd., 105), Bachtin mit der »Architektonik der ästhetischen Wahrnehmung« (Bachtin 1986, 67). Beide schließen in ihren Schriften an eine Philosophie und ein Wissen vom Raum an, das seinen Ausgangspunkt in Leibniz' Lehre von der Relation nahm und über Kant zur modernen Physik führt, in der »der Raum [auf]hört ›ein Ding unter Dingen‹ zu sein« (Cassirer 1985, 98): »Die Welt wird nicht als ein Ganzes von Körpern ›im Raum‹, noch als ein Geschehen ›in‹ der Zeit definiert, sondern sie wird als ein ›System von Ereignissen‹ verstanden« (ebd.).

Am deutlichsten formuliert hat Ernst Cassirer (1874–1945) das »Raumproblem«, das er als möglichen »Ausgangspunkt einer neuen ›Selbstbesinnung‹ der Ästhetik« (ebd., 95) sieht, in seinem 1930 gehaltenen Vortrag »Mythischer, ästhetischer und theoretischer Raum«, in dem er Zeit und Raum als erkenntnistheoretische und ästhetische »Grundpfeiler« (ebd., 93) betrachtet. Cassirer entwickelt sein Vorhaben entlang der Erkenntnis vom Vorrang des Ordnungsbegriffs vor dem Seinsbegriff (ebd. 95), und er hat vor, diese erkenntnistheoretische Voraussetzung auch auf die Auseinandersetzung mit Fragen künstlerischer Anschauung und Gestaltung zu übertragen. Ausschlaggebend für die Bevorzugung des Ordnungsbegriffs ist die ihm innewohnende Vielheit, der, wie Cassirer es nennt, Sieg des Pluralismus über den abstrakten Monismus, mit dem er neben der Einheit den Seinsbegriff identifiziert. Überträgt man diese Position auf die künstlerische Anschauung und Gestaltung, dann habe man es mit einer Mannigfaltigkeit der Form und der Gestaltungsprinzipien zu tun. Das heißt, Gestalt und Form des Raumes und damit verbunden auch die Raum-Anschauung stehen nicht von vornherein fest, sondern werden erst konstituiert, sie werden gebildet durch die Art und Weise der Relation und des Zusammenhangs, durch die »Sinnordnung« (ebd., 102) – und diese Sinnordnung ist im ästhetischen, mythischen oder theoretischen Raum je unterschiedlich. Die spezifische Sinnordnung des ästhetischen Raumes ergibt sich durch Verfahren der Gegenüberstellung, durch ein Ins-Verhältnis-Setzen, durch das die künstlerische Tätigkeit definiert ist. Im Unterschied zu Lessing sieht Cassirer jedoch die Spezifik der Einzelkünste nicht durch den Stoff bestimmt, sondern durch »die Arten der Gestaltung« (ebd., 108), durch die Darstellungsmittel. Allerdings bleibt Cassirer in seinem Aufsatz bei dieser These mehr oder weniger stehen, denn das Beispiel, das er im Anschluss anführt, ein Beispiel, das dazu dienen soll, die Raumanschauung in einem literarischen Text tatsächlich nachzuweisen, ist ganz auf eine – wie auch bei Lessing – Analyse der Zeit ausgerichtet.

Michail Bachtin (1895–1975) schließt ebenfalls an Lessing an, jedoch mit einer deutlichen terminologischen Konkretisierung und Modifikation der Theorie Lessings. Bachtin reduziert die Literatur nicht mehr auf Handlungen in der Zeit, sondern versteht die Handlung als eine, die sich zugleich im Raum erstreckt und in der Zeit entwickelt. Dabei betont Bachtin sogar, dass Lessing die Raumzeitlichkeit der Literatur eigentlich selbst entdeckt habe, als er behauptete, dass das Räumliche in der Literatur nur durch das Zeitliche, die Handlung, hervorzubringen sei. Bachtin entwickelt die Idee der Korrelation von Raum und Zeit bereits in seinen frühen philosophischen und literaturwissenschaftlichen Werken. Schon in *Zur Philosophie der Handlung*, entstanden zwischen 1920 und 1926, erstmals veröffentlicht 1986 in Moskau, entwirft Bachtin – in Auseinandersetzung mit Kant und der zeitgenössischen Philosophie – eine Architektonik des Seinsereignisses und der, wie er es nennt, ästhetischen Tätigkeit, die vom Begriff der Korrelativität, der Beziehung von Autor, Leser und handelnden Figuren in Raum und Zeit ausgeht. In seinem ebenfalls Mitte der 1920er Jahre verfassten Text *Autor und Held in der ästhetischen Tätigkeit* widmet er dem Raum und der Zeit zwei große Kapitel. In seinem 1929 veröffentlichen Buch *Probleme der Poetik Dostoevskijs*, in dem Bachtin seine Theorie der Dialogizität entwirft, ist der Ausgangspunkt für das Dialogische ebenfalls eine raum-zeitliche Architektur des Textes. Dialogizität ist für Bachtin nur dann möglich, wenn – wie bei Dostoevskij – ein radikaler Perspektivwechsel im literarischen Text einsetzt, der durch den Übergang von der auktorialen, vertikalen Perspektive (monologisch) zur dialogischen, horizontalen Perspektive gekennzeichnet ist. Ist das Verhältnis von Autor und Figur horizontal, dann macht der Autor seine Figuren nicht zu Objekten, sondern setzt sich zu ihnen in Beziehung, er spricht nicht über sie, sondern mit ihnen, gibt ihnen einen eigenen Horizont, einen eigenen Standpunkt.

In den 1930er Jahren entwickelt Bachtin schließlich den Begriff des ›Chronotopos‹, mit Hilfe dessen er, bezogen auf literarische Texte, Raum-Zeitverhältnisse untersucht. Er leiht sich den Begriff vom Physiologen Aleksej A. Uchtomskij (1875–1942), der mit Seitenblick auf Hermann Minkowskis (1864–1909) Konzept der Raumzeit und Albert Einsteins (1879–1955) Relativitätstheorie (s. Kap. I.1.2) ein Modell entwickelt hatte, das den Chronotopos des Seins kennzeichnen soll. Bachtin hatte einen Vortrag von Uchtomskij gehört, den dieser 1925 zum Thema *Über den Raum-Zeit-Komplex oder über den Chronotopos* vor Studenten in Petershof gehalten hat. In seinem Vortrag wollte er zeigen, welche Bedeutung die neuesten physikalischen Theorien für die Entwicklung der Neurophysiologie und Biologie haben. Uchtomskij resümiert: »Wir leben im Chronotopos [...], irgendwo existieren jetzt noch vergangene Ereignisse, die sich nur alle von uns entfernen. Und irgendwo existieren schon kommende Ereignisse, die sich uns nähern« (Uchtomskij 2002, 68, 70). Uchtomskij geht davon aus, dass der Körper alle Ereignisse und Erfahrungen registriert, die in jeder gegenwärtigen Handlung zum Erscheinen gelangen – wenn man so will ein Modell der Handlung, das dialogisch funktioniert.

Bachtin geht es bei der Chronotopos-Analyse jedoch zunächst um etwas anderes, sein Anliegen ist es, epische Texte von der Antike bis ins 19. Jahrhundert in ihrer raum-zeitlichen Korrelativität zu beschreiben. Das, was Bachtin, einen »literarisch-künstlerischen Chronotopos« nennt, zum Beispiel den Chronotopos des Weges mit seiner Funktion der Begegnung im antiken Roman oder den Chronotopos der Schwelle, der Krise, des Wendepunktes mit seiner Funktion des Zauderns bei Dostoevskij, versteht er als sujetbildendes Organisationszentrum eines literarischen Textes. Der Chronotopos bilde die Grundlage dafür, dass über Ereignisse im literarischen Text nicht nur eine Mitteilung gemacht werden kann, sondern dass sie auch gezeigt und dargestellt werden können: Die »Zeit verdichtet sich dabei, sie zieht sich zusammen und wird auf künstlerische Weise sichtbar; der Raum gewinnt Intensität, er wird in die Bewegung der Zeit, des Sujets, der Geschichte hineingezogen« (Bachtin 1986, 263). Für den Roman seien die Kategorien der Zeit und des Raums sogar die entscheidenden Merkmale für die formale Gattungsbestimmung. Bachtin sieht den Chronotopos als Bestandteil einer historischen Poetik, in der die unterschiedliche Ausprägung des Zeit-Raum-Verhältnisses eine Differenzierung in Romantypen ermöglicht. In seinen Untersuchungen zum karnevalistischen Typus des Romans – insbesondere bei Rabelais – stellt Bachtin fest, dass der karnevalistische Chronotopos durch eine Dislozierung gekennzeichnet sei, die die feudal-kirchliche Weltanschauung umkehre. Man müsse, darin erkennt Bachtin die Forderung Rabelais', die Dinge befreien und sie ungezwungene, ihrer Natur eigene Verbindungen eingehen lassen, in denen wieder eine Analogie zwischen dem Wert der Dinge und dem Raum, den sie einnehmen, sowie der Zeit, die man ihnen widmet, herrsche. Der Chronotopos des karnevalistischen Romans sei deshalb gekennzeichnet durch eine Trennung des traditionell Verbundenen, eine Annäherung des traditionell Fernen und Getrennten, also durch eine Logik der zeitlich-räumlichen Umkehrung.

Bachtin nennt in seinem 1971 verfassten Nachwort zum Chronotoposbuch auch Cassirer als Stichwortgeber. Indem Bachtin sich auf Cassirer bezieht, deutet er an, dass auch Sprache, ja das innere Wesen des Wortes zutiefst chronotopisch sei, »d.h. jenes vermittelnde Merkmal, mit dessen Hilfe die ursprünglich räumlichen Bedeutungen auf zeitliche Beziehungen übertragen werden« (ebd., 456) könne. Die Behauptung, dass Sprache chronotopisch sei, korrespondiert auch mit seiner Idee des Dialogischen, in der Bedeutungsstiftung immer relational zum fremden Wort und prinzipiell unabschließbar ist. Die Verbindung von Chronotopischem und Dialogischem führt zu dem Gedanken zurück, dass der Roman nicht nur Chronotopoi darstelle und organisiere, sondern dass er selbst in seiner Funktion als Gattungsspeicher chronotopisch ist, dass er Raum einnimmt und sich in der Zeit erstreckt.

Literaturtopologie (Lotman, Foucault, Bachelard)

Eine explizite Literaturtopologie entwickelt schließlich der russische Literaturwissenschaftler Jurij Lotman (1922–1993) aus strukturalistischer und kultursemiotischer Perspektive in den 1960er und 1970er Jahren. In Anschluss an den Russischen Formalismus und an Bachtin erarbeitet Lotman einen Textbegriff, der den literarischen Text generell als »sekundäres modellierendes System« (Lotman 1972, 22) betrachtet, als ein System, das auf der Basis der natürlichen Sprache gebaut ist. Begriffe wie ›Modell‹ und ›System‹, ›Komposition‹, ›Organisiertheit‹, ›Rahmen‹, ›Blickpunkt‹, ›Grenze‹ und ›Orientiertheit‹ bestimmen insgesamt seine Analysen der Räumlichkeit von Literatur. In seinen kultursemiotischen Schriften, die zwischen 1966 und 1987 entstehen, formuliert Lotman schließlich eine »Semiotik des Raumes«. Er versteht diese zunächst als einen Versuch, auf der »Grundlage räumlicher Modelle, insbesondere des Apparats der Topologie, eine Metasprache zur Beschreibung der Kultur zu entwickeln« (Lotman 1974a, 343). Basis des zu entwickelnden Kultur-Modells sind insbesondere zwei Texttypen, jene, die die Struktur der Welt charakterisieren (diskrete Räume) und andere, die Ort, Lage und Tätigkeit des Menschen in der Umwelt charakterisieren (dynamische Räume) (ebd., 346). Lotman untersucht also sowohl feste, unbewegliche Strukturen ›des‹ Raumes als auch Bewegungen ›im‹ Raum, die vor allem durch das Überschreiten von Grenzen und eine ›Orientiertheit‹ gekennzeichnet sind.

So wie Lotman den Text als Modell der Welt versteht, sieht er auch die räumliche Struktur des literarischen Textes als Modell verschiedener Beziehungen des Weltbildes (Lotman 1974, 201), als »Kontinuum, auf das sich die literarischen Figuren verteilen und in dem sich die Handlung erstreckt« (ebd., 208). Lotman verabschiedet damit die Vorstellung, der künstlerische Raum lasse sich auf die »bloße Reproduktion dieser oder jener lokalen Charakteristiken einer realen Landschaft« zurückführen (ebd., 200). Selbst wenn wir es mit der Darstellung vermeintlich realer Topoi zu tun haben, wie z. B. Paris oder einem Weg oder einer Landschaft, erscheine der reale Topos als ein System räumlicher Relationen, als eine Struktur, die nur in der Sprache existiert. In diesem Sinn beschreibt Lotman den Raum als Ergebnis kulturell und historisch bestimmter Zeichenverwendungen. Wie auch Bachtin untersucht Lotman die Rolle einzelner sujetbildender (Chrono-) Topoi, so z. B. den ›Weg‹, in literarischen Texten. So beobachtet er, dass Tolstoj (1828–1910) sowohl »Figuren des Wegs« als auch »Figuren der Steppe« konstruiert. Während die Figuren des Weges bei Tolstoj immer eine ethische, auf Entwicklung gerichtete Bewegungslinie verfolgen, sind die Figuren der Steppe in ihrer Entwicklung nicht an einen Weg gebunden, ganz im Gegenteil, sie zeichnen sich vielmehr dadurch aus, dass sie durch Wege markierte Territorien und Grenzen ignorieren. Diese Figuren übertragen das Modell der Steppe auch in jene Räume, in denen die Gesetze der Steppe nicht gelten, also in jenen Raum der kulturellen Grenzziehung, der durch Wege bestimmt wird, die man nicht verlassen soll. Diese Analyse der Romane Tolstojs könnte schon fast als Vorwegnahme jenes Denkmodells gelesen werden, das Deleuze und Guattari in den 1970ern als Ineinandergreifen von gekerbtem und glattem Raum bezeichnen. Demzufolge, und etwas vereinfachend gedacht, wären Tolstojs Figuren des Weges die Bewohner des gekerbten

Raumes, die Figuren der Steppe die Bewohner des glatten.

Lotman betrachtet also die Entstehung einer Sprache des künstlerischen Raumes als die eines besonderen modellbildenden Systems, das auch in der Lage ist, ethische oder politische Beziehungen, die zunächst nicht räumlich funktionieren, in räumliche zu übersetzen. Aktualität gewinnt Lotmans kultursemiotische, topologische Methode auch in anderen Theorieansätzen, so z. B. in Michel de Certeaus (1925–1986) Studie *Die Kunst des Handelns* von 1980, in der de Certeau von den Strukturen des Raumes zu den Handlungen im Raum übergeht. De Certeau schreibt in diesem Zusammenhang auch von Handlungsgeographien oder von narrativen Handlungen in literarischen Texten. Raum wird nach de Certeau durch Handlungen erst erzeugt. Wesentlich ist für de Certeau die Unterscheidung von Raum und Ort. Als ›Orte‹ bezeichnet er »Ordnungen, nach denen Elemente in Koexistenzbeziehungen aufgeteilt werden«, als ›Räume‹ hingegen »Geflechte von beweglichen Elementen«, zum Raum gehört die Zeit, die Handlungen und Aktivitäten ermöglicht (Certeau 1988, 217). Bezogen auf die Sprache schreibt de Certeau, dass der Raum im Unterschied zum Ort, das Gebiet der Äußerung ist, es ist das ausgesprochene, realisierte, angewendete Wort, der Bereich der ›parole‹. In Erzählungen lässt sich nach de Certeau der Unterschied zwischen Raum und Ort deutlich ablesen, denn die Erzeugung eines Raumes ist immer durch eine Bewegung bedingt, die ihn mit dem Sujet verbindet, ein Ort hingegen ist durch Unbeweglichkeit gekennzeichnet. Vergleichen lässt sich dieser Ansatz mit Lotmans Beobachtung von den diskreten und dynamischen Räumen in der Kultur und im Text; das unbewegliche System der Orte bei de Certeau entspricht in etwa dem diskreten Raum, die Handlungstopographie des Raumes dem dynamischen Raum bei Lotman. Umgekehrt liest de Certeau die Praktiken im Raum, insbesondere das Gehen in der Stadt, als spezifische Äußerungen – Topographien sind so gedacht Äußerungen, die Rhetoriken und Poetiken folgen.

Auch Michel Foucault (1926–1984) schließt in seinem 1967 zunächst als Vortrag konzipierten und erst 1984 zur Veröffentlichung freigegebenen Artikel »Von anderen Räumen« an das topologische Erkenntnisinteresse des Strukturalismus an. Aus Foucaults Sicht folgte der Strukturalismus dem Versuch, »zwischen den Elementen, die in der Zeit verteilt worden sein mögen, ein Ensemble von Relationen zu etablieren« (Foucault 1990, 34). Foucaults Beobachtung zielt aber nicht nur auf das topologische Denken in der Theorie, sondern vor allem auf die Räume der Gegenwart, die er als Phase der Vernetzung, Lagerung und Platzierung kennzeichnet: Nachbarschaftsbeziehungen, Stapelungen und Umläufe. Als Kennzeichnung des gegenwärtigen Raummodells dienen ihm insbesondere die Begriffe der ›Utopie‹ und der ›Heterotopie‹ (s. Kap. III.10). Aber nur der Neologismus ›Heterotopie‹ hat in der Rezeption des Artikels für Aufsehen gesorgt und eine Karriere in den Geisteswissenschaften machen können. Eine Heterotopie charakterisiert Foucault als »Gegenplazierung« oder »Widerlager«, in denen »die wirklichen Plätze innerhalb der Kultur gleichzeitig repräsentiert, bestritten und gewendet sind«, als »Orte außerhalb aller Orte, wiewohl sie tatsächlich geortet werden können« (ebd., 39). Dazu gehören z. B. Krisenheterotopien (verbotene, privilegierte oder heilige Orte), Abweichungsheterotopien (Orte für die Abschiebung des Anderen und Fremden), Illusionsheterotopien (Schaffung von Orten, die den eigenen denunzieren), Kompensationsheterotopien (Schaffung von Orten, die den Mangel des eigenen ausgleichen und dadurch vervollkommnen). Heterotopien, so Foucaults These, sind immer schon errichtet worden, durchlaufen eine permanente Transformation und Umfunktionierung, sind ineinander verschachtelbar, existieren also als Raum im Raum, sind an bestimmte zeitliche Phasen gebunden, haben demnach Konjunkturen in der Kulturgeschichte und in der Geschichte des einzelnen Menschen. Die spezifische Zeitlichkeit der Heterotopie nennt Foucault auch Heterochronie – eine Formulierung und vielleicht auch Idee, die an Bachtins Chronotopos denken lässt. Auch die einzelnen Chronotopoi sind bei Bachtin dadurch gekennzeichnet, dass die ihnen immanente Korrelation von Raum und Zeit im Gattungsgedächtnis des Romans Konjunkturen erfährt, sie unterliegen ebenfalls ständigen Wandlungen und existieren mit- und ineinander verwoben. Als besondere Heterochronie, als »Ort aller Zeiten« (ebd., 43), betrachtet Foucault die Bibliothek. Bachtin hätte hier schon vom Text, insbesondere vom Roman, als Heterochronie gesprochen, der als Speicher und Akkumulator der Geschichte der epischen Gattungen fungiert und somit einen Textraum bildet, der durch die Zeiten hindurchgreift.

Während de Certeau die Bewegungen im Raum mit Äußerungen vergleicht, zieht Joseph Hillis Miller in seinem 1995 erschienenen Buch *Topographies* die Sprechakttheorie zur Kennzeichnung dessen, was er Topographie nennt, hinzu. Miller betrachtet Texte als Sprech-Handlungen, als performative Akte, die Topographien herstellen: »Die Topographie eines Ortes ist nicht etwas, dass es schon gäbe und darauf wartete, in einem konstativen Sprechakt beschrieben zu werden. Sie wird, in einem performativen Sprechakt, gemacht, mit Wörtern und mit anderen Zeichen, bspw. mit einem Lied oder einem Gedicht« (Miller 2005, 183). ›Topographie‹ beschreibt Miller deshalb nicht nur als einen Begriff, der die Merkmale einer Landschaft beschreibt, sondern der diese Merkmale hervorbringt. Topographie, schreibt Miller, ist ganz wörtlich verstanden das »Graphieren einer bestimmten Gegend oder eines Ortes« (ebd., 173). Damit entwickelt Miller den Begriff der ›Topographie‹ für die Literaturwissenschaften selbst weiter, indem er unter ›Topographie‹ nicht mehr nur eine »Repräsentation einer Landschaft in Entsprechung zum konventionellen Zeichen eines Kartierungssystems« versteht, sondern indem er den Prozess des Herstellens und die ihm innewohnenden sprachlichen Verfahren – die »Topotropography« (Miller 1995, 3 f.) – selbst untersucht.

Eine völlig andere und mit den bisher vorgestellten Projekten nicht vergleichbare Poetik des Raumes hat Gaston Bachelard (1884–1962) in seinem gleichnamigen Buch von 1957 entworfen. Dabei geht es ihm eigentlich weniger um den Raum, sondern um eine »direkte Ontologie« des dichterischen Bildes im Rahmen einer Phänomenologie der Einbildungskraft, für die der Raum bzw. die »Topo-Analyse« ihm ein Vehikel zu sein scheint (Bachelard 1987, 8 und 16). Foucault hat das Projekt von Bachelard als den Versuch bezeichnet, den Raum des Inneren zu erforschen, jenen Raum, der weder homogen noch leer ist, sondern mit Qualitäten aufgeladen und von Phantasien bevölkert (Foucault 1990, 37). Bachelard unternimmt also den Versuch, den Raum der Einbildungskraft, sein Echo, und die von der Einbildungskraft erzeugten Räume, also die Räume des imaginierten Seins zu beschreiben. Beide, der Raum der Einbildungskraft und die von der Einbildungskraft erzeugten Räume, sind ganz im phänomenologischen Sinn erlebter Raum. Bei seiner konkreten Analyse beschränkt Bachelard sich auf eine »Topophilie«, auf die Analyse der Bilder des »glücklichen« und »anziehenden« Raumes (Bachelard 1987, 25). Zu diesen gehören vor allem Behausungen und Zufluchtsorte des Menschen und der Dinge: Häuser, Wohnungen, Zimmer, Türme, Höhlen bzw. Schachteln, Truhen, Schubladen, Schränke etc. Auch wenn Bachelard eine Phänomenologie der Einbildungskraft anhand literarischer Texte unternehmen will, bleibt sein Interesse an literarischen Texten vor allem beschränkt auf die dort stattfindende Raumbeschreibung und die Nennung von Räumen, die Auskunft geben über die »Örtlichkeiten unseres inneren Lebens« bzw. unserer Imagination (ebd., 35). Eine Topo-Analyse der Äußerungsweise könne er nicht leisten, es sei denn, es handle sich um eine Analyse vom »dichterischen Raum des Bildes« (ebd., 8), in den das sich äußernde Subjekt ganz eintritt.

Mit einem anderen Interesse schließt auch Gernot Böhmes Ästhetik der *Atmosphären* (1995) an die Phänomenologie des erlebten Raums an, wobei sich Böhme nicht auf Bachelard, sondern auf Hermann Schmitz, Maurice Merleau-Ponty (1908–1961) und auf Walter Benjamins (1892–1940) Aura-Begriff bezieht. Böhme bringt den unscharfen Begriff der Atmosphäre ins Spiel, um das, was er als ›Neue Ästhetik‹ bezeichnet, zu charakterisieren: die Herstellung von Atmosphären, auch ihre sprachliche Herstellung, und die

Wahrnehmung von Atmosphären »als die Erfahrung der Präsenz von Menschen, Gegenständen und Umgebungen« (Böhme 1995, 25). Eine Atmosphäre ist für Böhme ein emotional gestimmter Raum, die »gemeinsame Wirklichkeit des Wahrnehmenden und des Wahrgenommenen« (ebd., 34). Für die literarische Produktion von Atmosphären greift Böhme auf jene Konzepte zurück, die Atmosphären nicht nur mitteilen, sondern die sie hervorbringen: Pathos, das Erhabene, Rührung etc.

Insgesamt lassen sich bei den genannten Denkentwürfen vier unterschiedliche Tendenzen in der Analyse des Raumes beobachten. Erstens haben wir es mit Literaturtheorien zu tun, die Text- bzw. Kulturmodelle anhand einer räumlichen Beschreibungssprache bzw. anhand von *topoi* entwerfen. Zweitens haben wir es mit Theorien zu tun, die die topographische oder, drittens, die topologische Funktionsweise literarischer Texte analysieren. Topologische Untersuchungen konzeptualisieren eher die Struktur, Architektur, Form oder Figurativität des Textes, während topographische sich sowohl mit Beschriftungsprozessen als auch mit Fragen der Darstellbarkeit von konkreten und imaginären Räumen befassen. Viertens lassen sich Entwürfe erkennen, die entweder durch den Raum bedingte ästhetische Wahrnehmung und Erfahrung künstlerisch hervorbringen und wahrnehmbar machen oder Räume ästhetischer Wahrnehmung und Erfahrung selbst schaffen.

13.3 Offene Fragen und Kontroversen

Literarische Texte speichern Raumwissen nicht nur, indem sie es thematisieren, sie funktionieren selbst räumlich, sind ästhetische Räume, und stellen Räume dar und her. Dieses Raumwissen bleibt nicht auf den Bereich des Literarischen selbst beschränkt. Vielmehr stellt die Literatur Produktionsverfahren und die Literaturtheorie Lektüremodi bereit, die im gesamten Bereich diskursiver Verfasstheit Aufschluss über die Repräsentation, Darstellung, Inszenierung und Hervorbringung von Räumen geben können, etwa in den Geschichtswissenschaften, der Philosophie, der Geographie oder Politik.

Das literarische Raumwissen ist immer zugleich ein Verfahrenswissen und ein Wissen über die mit Räumen verbundenen Semantiken und Ideologien. Es ist die Literatur selbst, die die Literaturforschung zu neuen Ansätzen und Theorien herausfordert und die in ihren Verfahren und Techniken ein Wissen zur Herstellung und Darstellung von Räumen hervorbringt, das es ständig neu zu beschreiben und zu analysieren gilt. Deshalb ist es kein Wunder, dass nicht nur in der gegenwärtigen Literatur- und Kulturwissenschaft ein Interesse für den Raum besteht, sondern auch in der Literatur selbst. Die Gründe liegen auf der Hand: Nach der Neuordnung der politischen Geographie Europas seit 1989 und der damit verbundenen Auflösung der politisch-geographischen Räume ist die Literatur geradezu geprägt von einer Lust am Lesen, Erforschen und Entwerfen von (alten und neuen) Landschaften, Städten, verlassenen Gegenden oder ehemals verbotenen Zonen, von künstlerischer Globalisierung, vom Entwurf neuer geopolitischer Zusammenhänge und phantastischer und virtueller Welten als Gegenentwürfe zu bestehenden Territorien. So hat etwa Christian Kracht in seinem 2008 erschienenen phantastischen Roman *Ich werde hier sein im Sonnenschein und im Schatten* die russische Revolution von 1917 in der Schweiz stattfinden lassen und eine Schweizer Sowjetrepublik entworfen, die mit einem imaginären Ostafrika verbündet ist. Dževad Karahasan hingegen untersucht in seinen Essays *Das Buch der Gärten* von 2002 die Räume von *Tausendundeine Nacht* – fast im Sinne Bachtins, ohne jedoch den Begriff ›Chronotopos‹ zu verwenden – und stellt fest, dass es einen Raum gibt, der alle Erzählungen organisiert: den Garten. Dabei ist der Garten, so Karahasans These, als Paradies sowohl dem Christentum als auch dem Islam eigen, er rührt von ihrer gemeinsamen Herkunft aus der Wüste, in der ein Garten als Ort der Wunder imaginiert wird.

Poetische Geographie

In ganz unterschiedlichen Genres, fiktionalen und faktographischen, werden sowohl reale Landstriche und Territorien bereist wie auch deren durch die Literatur und Geschichtsschreibung hervorgebrachte Phantasmen. Die literarische Forschung korreliert mit dem Interesse der Kulturwissenschaften am (geographischen) Raum und leistet zugleich ihren eigenen künstlerischen Beitrag zu einer Theorie des topographischen und topologischen Denkens und Schreibens. Dies zeigt sich u.a. in Begriffsbildungen und experimentellen Verfahren, die sich in der Gegenwartsliteratur entdecken lassen: Dazu gehören beispielweise die Versuche, einer ›Geopoetik‹ Kontur zu geben, die literarisch die Interferenzen zwischen Literatur und Geographie auslotet. Das künstlerische Interesse an einer ›Geopoetik‹ lässt sich nicht unter dem Stichwort der ›Literaturgeographie‹, wie es Moretti und jüngst Barbara Piatti (2008) in ihrem Buch *Die Geographie der Literatur* zur europäischen Literatur vorgeführt haben, subsummieren. Die Literaturgeographie als Analysemethode ist darauf gerichtet, die Schauplätze literarischer Handlung zu untersuchen, und zwar in den neuesten Studien, so etwa bei Piatti, sowohl die realen als auch die fiktiven Orte und Räume. In diesem Sinne unterscheidet Piatti auch zwischen Georaum, literarisiertem Raum, fiktionalisiertem Raum und Textraum bzw. zwischen unterschiedlichen Handlungszonen, den importierten, transformierten und fingierten Schauplätzen. Die Idee, literarische Handlungsräume kartographisch zu verorten bzw. Literaturgeschichte als Geschichte einer synoptischen Karte zu geben, gibt Aufschluss über die Konjunkturen, Transformationen und Interpretationen von geographischen Räumen in der Literatur.

Geopoetik, sowohl in der Literatur als auch in der Literaturtheorie, ist von einem anderen Analyseinteresse geleitet. ›Geopoetik‹ fragt historisch und systematisch nach dem Verhältnis von Wahrnehmung und Konstruktion geographischer Räume in der Literatur. ›Geopoetik‹ eignet sich als Begriff zur Analyse und Beschreibung unterschiedlicher Korrelationen zwischen Literatur und Geographie nicht nur, weil Geopoetik schon vom Wort her auf das mediale Hergestelltsein von Geographie anspielt, sondern weil der Begriff ›Geopoetik‹ auch die Frage nach der Rolle geographischer ›Einstellungen‹, ›Wahrnehmungen‹ oder ›Materialitäten‹ – unabhängig davon, ob diese kulturell konstruiert oder natürlich gegeben sind – in der literarischen Praxis und Produktion provoziert (Marszałek/Sasse 2009). In Korrelation zu Begriffen aus anderen Disziplinen, etwa der Geopolitik (Werber 2007), der Geophilosophie (Günzel 2001) oder Geokulturologie (Frank 2002), lässt sich so ein Spektrum von Fragen erarbeiten, das nicht auf die Literatur und die Künste beschränkt bleibt, sondern philologisches, literarisches und ästhetisches Wissen für andere Disziplinen nutzbar macht.

Ins Spiel gebracht wurde der Begriff ›Geopoetik‹ zunächst von Kenneth White, einem schottisch-französischen Dichter, Essayist und Gründer des Internationalen Instituts für Geopoetik in Paris. In seinem durch die französische poststrukturalistische Philosophie (v.a. Deleuze und Guattari) inspirierten Essay *Elemente der Geopoetik* aus dem Jahr 1987 wird die Geopoetik als ein Projekt an der Grenze zwischen Poesie und Wissenschaft, zwischen konkreter Geographie und ›geistigem Raum‹ entworfen. In der Vermischung von wissenschaftlichem und poetischem Diskurs bei der Erdentdeckung, -erkundung und -beschreibung sucht White nach Texten und Projekten, in denen Dichter zu Geographen oder Geographen zu Dichtern wurden (als Beispiele nennt er Rimbaud und Whitman). Kenneth Whites Idee einer Geopoetik wird Mitte der 1990er Jahre einige hundert Kilometer weiter östlich, in Moskau, vom Dichter und Aktionskünstler Igor' Sid (Sidorenko) aufgegriffen. Sid gründet den »Geopoetischen Klub der Krim« (Krymskij geopoėtičeskij klub), lädt Künstler und Wissenschaftler ein, um den Begriff der Geopoetik zu diskutieren. Zunächst untersuchten die Künstler ganz im Sinne des *topographical turn* die ›Poiesis‹ des geographischen Raums, die Gemachtheit topographischer Ordnungen und Semantiken, und sie bestehen in ihrem Manifest auf einer ästhetischen

Selbstbestimmung von Territorien: Geopoetik vs. Geopolitik. Darüber hinaus beschäftigen sie sich mit der Frage, inwieweit jenseits diskursiver Vermittlung Verbindungen zu erkennen sind zwischen ästhetischen Praktiken und dem geographischen Ort, in dem diese entstehen. Diese Frage soll jedoch nicht die geodeterminstische Logik der Anthropogeographie und Geopolitik fortschreiben. Vielmehr geht es den Mitgliedern des Krim-Klubs um eine kritische Lektüre jener Theorien, die geodeterministisch argumentieren und geographische Semantiken machtpolitisch missbraucht haben. Eine eigene Variante von Geopoetik hat der ukrainische Dichter, Prosaist und Essayist Jurij Andruchovyč in Anlehnung an den Krim-Klub entwickelt. Er nimmt die permanente Aneignung des Territoriums der Ukraine zum Ausgangspunkt, um nach deren territorialer Verschiebung in den Bereich der Literatur, Phantastik und Mythologie zu suchen. Geopoetik als Schreibweise meint bei Andruchovyč deshalb vor allem eine Relektüre und Neukonstruktion des ›ästhetischen Territoriums‹ Ukraine, weniger eine Lektüre der tatsächlichen Orte und Landstriche.

Versucht man nun, den Begriff und die Verfahren der Geopoetik literatur- und kulturtheoretisch zu pointieren, dann lassen sich vor allem drei Richtungen verfolgen. Zunächst müsste sich das Interesse auf die ›Poetik‹, auf das Herstellen von Territorien und Landschaften in der Literatur richten. Damit reflektiert Geopoetik auch die Konstruiertheit von Geographie außerhalb der Literatur – das Erfinden von Toponymen, Oronymen, Hydronymen oder Oikonymen, das Einordnen von geographischen Räumen in Landschaften, Regionen, Klimazonen, Staaten oder Kontinenten. Marcel Proust (1871–1922) etwa hat seinen Erzähler das scheinbar motivierte Verhältnis von Ort und Name in dem zwischen 1913 und 1927 erschienenen Werk *Auf der Suche nach der verlorenen Zeit* ausführlich diskutieren lassen. Jurij Andruchovyč wiederum interessiert die sprachliche Mehrfachexistenz von Orten wie Lemberg-Lwów-Lvov'-L'viv oder Stanisławów-Stanislau-Stanislaviv-Stanislaw-Stanislav'-Ivano-Frankovsk-Ivano-Frankivsk, die zeigt, wie diese Orte Schauplätze von permanenten politischen Grenzverschiebungen geworden sind, die sich auch sprachlich manifestiert haben.

Geopoetik untersucht auch jene Territorien, deren literarische Existenz eine größere Kontinuität aufweist als die politisch-geographische. ›Galizientexte‹ oder ›Bosnientexte‹ zeigen, wie Räume von prekärer historisch-politischer Existenz vor allem im und als Text überdauern – im Geflecht intertextueller Beziehungen, in immer wiederkehrenden Narrativen, Motiven und Topoi (Jakiša 2009; Marszałek/Sasse 2009).

Eine weitere Bedeutungsnuance von ›Geopoetik‹, die sich schon in Whites und Sids Verwendungen des Begriffs finden lässt, verschiebt die Betonung von der *poiesis* hin zum *geo*. Bei beiden Autoren wird immer wieder die Frage nach der Verbindung zwischen der Kreativität des Künstlers und dem geographischen Ort gestellt. Kenneth White unterstreicht in seinem Essay auch die auratische Qualität eines Ortes, die sich im Schaffensprozess niederschlage. White und Sid greifen dabei ein heikles und viel diskutiertes Problem auf. Sie fragen, zum Teil naiv, zum Teil ironisch, inwiefern geographische Entitäten einen Einfluss auf kulturelle und künstlerische Entwicklungen haben können. Verstünde man ›Geopoetik‹ so, hieße das, *geo* auch als determinierendes Präfix in Bezug zu ›Poetik‹ zu lesen. Es hieße, dass literarische Schreibweisen, Schreibtechniken, Imaginationen immer etwas mit dem Raum zu tun haben, in dem sie entstehen. Eine solche Lesart von Geopoetik wäre eine Ergänzung zu anderen ›Geo‹-Logiken: der Geokulturologie und der Geophilosophie, ohne jedoch ihre streng environmentalistischen Ausprägungen fortzuschreiben. Mit anderen Worten, Kulturen und kulturelle Räume bilden sich, so kann man Susi Frank (2002) folgen, immer in vorgegebenen, möglicherweise manipulierbaren, aber nicht tatsächlich grundsätzlich veränderbaren Naturbedingungen (Klima, Vegetation etc.) aus und beeinflussen Kulturtechniken und -praktiken, die auch Schreibtechniken, Überlieferungs- und Speicherprozesse bedingen können.

Eine dritte Lesart von Geopoetik macht auf das schöpferische Element und das aisthetische

Moment der Erde bzw. der Natur aufmerksam. Dabei geht es nicht um das Hervorbringen oder Vernichten neuer Landstriche oder Landschaften durch tektonische Prozesse, sondern um ein seit Urzeiten bestehendes Phänomen, die Erde, die Natur entweder als eine Schöpferin von Zeichen, Figuren und Bildern zu betrachten oder sie als ›natürliche Seh-Apparatur‹ zu verstehen, die den Blick bzw. die Perspektive festlegt und den Horizont bildet für Dinge und Handlungen, die auf ihr stattfinden. Geographie ermöglicht in beiden genannten Fällen eine ästhetische Erfahrung. Bezogen auf das ästhetische ›Schöpfertum‹ der Natur kann stellvertretend die Debatte um den Stellenwert ›natürlicher Bilder‹ oder von Zufallsbildern in der Kunstwissenschaft angeführt werden. Als Naturzeichen, natürliche Bilder oder Zufallsbilder gelten dort nicht solche, die für die Natur stehen, diese stellvertretend abbilden, sondern jene Bilder oder Zeichen, die in der Natur selbst entdeckt werden: Naturformen wie Wolken oder Gesteinsformationen bilden häufig Figuren – vor allem menschliche oder tierische Figuren – die an ästhetische Objekte erinnern und als solche in der Kulturgeschichte gelesen und interpretiert worden sind. Geographie ermöglicht aber auch ästhetische Erfahrung, indem sie das Sehen konditioniert. Berücksichtigt man eine solche durch die Geographie vorgegebene ästhetische Erfahrung von Welt, dann wird deutlich, wie Geopoetik auch an eine Geoaisthesis geknüpft ist.

Literatur

Bachelard, Gaston: *Poetik des Raumes*. München 1960 (frz. 1957).

Bachtin, Michail: Formen der Zeit und des Chronotopos im Roman. Untersuchungen zur historischen Poetik [1938]. In: Ders.: *Untersuchungen zur Poetik und Theorie des Romans*. Berlin/Weimar 1986, 262–464 (russ. 1975).

Barthes, Roland: *Literatur oder Geschichte*. Frankfurt a. M. 1969, 36–43 (frz. 1962).

Böhme, Gernot: *Atmosphären. Essays zur neuen Ästhetik*. Frankfurt a. M. 1995.

Böhme, Hartmut (Hg.): *Topographien der Literatur. Deutsche Literatur im transnationalen Kontext*. Stuttgart 1995.

Cassirer, Ernst: Mythischer, ästhetischer und theoretischer Raum [1931]. In: Ders.: *Symbol, Technik, Sprache. Aufsätze aus den Jahren 1927–1933*. Hamburg 1985.

Certeau, Michel de: *Die Kunst des Handelns* [1980]. Berlin 1988.

Deleuze, Gilles/Guattari, Félix: *Tausend Plateaus. Kapitalismus und Schizophrenie*. Berlin 1992 (frz. 1980).

Dennerlein, Katrin: *Narratologie des Raumes*. Berlin/New York 2009.

Derrida, Jacques: Die différance. In: *Randgänge der Philosophie*. Wien 1999, 31–56 (frz. 1972).

–: Signatur Ereignis Kontext. In: *Randgänge der Philosophie*. Wien 1999a, 325–351 (frz. 1972).

Foucault, Michel: Andere Räume. In: Karlheinz Barck u. a. (Hg.): *Aisthesis. Wahrnehmung heute oder Perspektiven einer anderen Ästhetik*. Leipzig 1990, 34–46 (frz. 1984).

Frank, Susi: Überlegungen zum Ansatz einer historischen Geokulturologie. In: Dies./Igor P. Smirnov (Hg.): *Zeit – Räume. Neue Tendenzen in der historischen Kulturwissenschaft aus der Perspektive der Slavistik*. München 2002, 55–75.

Genette, Gérard: La littérature et l'espace. In: *Figures II*. Paris 1969, 43–49.

Gogol, Nikolaj: *Polnoe sobranie sočinenij*. Bd. 1. Moskau 1949.

Goldmann, Stefan: Statt Totenklage Gedächtnis. Zur Erfindung der Mnemotechnik durch Simonides von Keos. In: *Poetica* 21 (1989), 43–66.

Günzel, Stephan: *Geophilosophie. Nietzsches philosophische Geographie*. Berlin 2001.

Jakiša, Miranda: *Bosnientexte, Ivo Andrić, Mesa Selimović, Dževad Karahasan*. Frankfurt a. M. u. a. 2009.

Koschorke, Albrecht: *Die Geschichte des Horizonts. Grenze und Grenzüberschreitung in literarischen Landschaftsbildern*. Frankfurt a. M. 1990.

Kristeva, Julia: Bachtin, Das Wort, der Dialog und der Roman. In: Jens Ihwe (Hg.): *Literaturwissenschaft und Linguistik. Ergebnisse und Perspektiven*. Bd. 3. Frankfurt a. M. 1978, 345–375 (frz. 1967).

Lessing, Gotthold Ephraim: Laokoon oder Über die Grenzen der Malerei und Poesie [1766]. In: *Werke*. Bd. 6. München 1974, 7–187.

Lotman, Jurij M.: *Die Struktur literarischer Texte*. München 1972 (russ. 1970).

–: Zum Problem des künstlerischen Raums in Gogol's Prosa. In: Ders.: *Aufsätze zur Theorie und Methodologie der Literatur und Kultur*. Kronberg 1974, 200–271 (russ. 1968).

–: Zur Metasprache typologischer Kultur-Beschreibungen. In: Ders.: *Aufsätze zur Theorie und Methodologie der Literatur und Kultur*. Kronberg 1974a, 338–377 (russ. 1969).

Marszałek, Magdalena/Sasse, Sylvia (Hg.): *Geopoetiken. Geographische Entwürfe in den mittel- und osteuropäischen Literaturen*. Berlin 2009.

Miller, Joseph Hillis: Die Ethik der Topographie. In: Robert Stockhammer (Hg.): *TopoGraphien der Moderne. Medien zur Repräsentation und Konstruktion von Räumen*. München 2005, 161–196 (amerik. 1995).

Moretti, Franco: *Atlas des europäischen Romans. Wo die Literatur spielte*. Köln 1999 (ital. 1997).

Piatti, Barbara: *Die Geographie der Literatur: Schauplätze, Handlungsräume, Raumphantasien*. Göttingen 2008.

Stockhammer, Robert: *Kartierung der Erde. Macht und Lust in Karten und Literatur*. München 2007.

Uchtomskij, Aleksej A.: *Dominanta*. Sankt-Peterburg 2002.

Weigel, Sigrid: Zum ›topographical turn‹. Kartographie, Topographie und Raumkonzepte in den Kulturwissenschaften. In: *KulturPoetik* 2/2 (2002), 151–165.

Weinrich, Heinrich: Typen der Gedächtnismetaphorik. In: *Archiv für Begriffsgeschichte* 9 (1964), 23–26.

Werber, Niels: *Die Geopolitik der Literatur. Eine Vermessung der medialen Weltraumordnung*. München 2007.

White, Kenneth: *Elemente der Geopoetik*. Hamburg 1988 (frz. 1987).

Sylvia Sasse

14. Epistemischer Raum: Labor und Wissensgeographie

14.1 Entstehung des Themenfeldes

Raum als Analysekategorie hat sich in der Epistemologie der Wissenschaften und des Wissens als ein innovatives Instrument erwiesen, um die Bedingungen und Konsequenzen der wissenschaftlichen Arbeit und der Wissensgenese herauszuarbeiten. Zentral hierfür waren zum einen die Arbeiten der Wissenschaftstheorie, die sich mit der Konstruktion von Gültigkeit, Dauer und Reichweite wissenschaftlichen Wissens befassten und auf deren räumliche Bedingungen und Effekte erst verwiesen. Zum anderen geriet die erkenntnistheoretische Funktion von Raum durch die Wendung von einer Ideengeschichte des Wissens hin zur wissenschaftlichen Praxis in den Blick. Insbesondere wissenschaftliche Labore wurden als diejenigen Orte interessant, an denen sowohl das Wissen als auch die Natur selbst fabriziert werden, deren Essenzialität und Universalität so lange als unumstritten galten. Mit der konzeptionellen Ausweitung der Laborstudien auf größere Räume, institutionelle Geflechte und die Forschung ›im Feld‹ schließlich wurden zunehmend auch globale Bezüge und Netzwerke des Wissens erforscht und Wissensbestände historisiert und enthomogenisiert. Diese neuen Konjunkturen der Wissenschaftsforschung schließen an andere raumbezogene Felder an, wie die neue raumbezogene Geschichtsschreibung, die postkolonialen Studien oder die kritische Geographie (s. Kap. III.5 und Kap. I.2.3).

Wissenschaftsforschung

Die Einbeziehung der Kategorie ›Raum‹ in die Epistemologie der Wissenschaften und des Wissens steht im Kontext der Transformationen in Wissenschaftsgeschichte und -theorie des 20. Jahrhunderts. Wissenschaftsgeschichte wurde lange Zeit als Fortschrittsgeschichte menschlicher Entdeckungen und Erfindungen mit dem Fokus auf genialische Forscherindividuen geschrieben. Diese Perspektive des empirischen Objektivismus bzw. Realismus impliziert einen aktiven Forscher, der einer passiven, zu entdeckenden und formbaren Natur gegenübersteht. Im Zuge der Quantenphysik, die postuliert, dass jede Messung in die experimentelle Anordnung interveniert und so das Ergebnis der Beobachtung mitbestimmt (s. Kap. I.1.2), geriet das klare Verhältnis von Beobachter und Beobachtetem innerhalb der Naturwissenschaften selbst ins Wanken. Diese erkenntnistheoretische Verschiebung legte die Möglichkeitsbedingungen für eine grundlegende Relativierung des Wissenschaftsverständnisses. In diesem Umfeld setzte im 20. Jahrhundert eine umfassende Reflexion naturwissenschaftlicher Wissensproduktion ein, die in den letzten Jahrzehnten unter dem Label ›Science Studies‹ (Wissenschaftsforschung) bzw. – mit einer stärkeren Einbeziehung technikhistorischer Fragestellungen – unter dem Namen ›Science and Technology Studies‹ firmiert. Insbesondere im angloamerikanischen Raum haben sich diese bereits als Lehrdisziplin etablieren können. Beteiligt an dieser ausgesprochen transdisziplinären Forschung waren zunächst eine Reihe von Naturwissenschaften, wie Physik, Medizin oder Mikrobiologie, die sich ausgehend von ihrer eigenen Forschungspraxis, ihren Einblicken in und Erfahrungen mit der Erforschung von Natur – im engen Bezug zur Philosophie – Fragen der Wissenschaftsgeschichte und -theorie zugewandt haben. Die Wissenschaftssoziologie hat sich intensiv mit der Entwicklung neuer wissenstheoretischer Perspektiven und deren Rückwirkung in die Sozialwissenschaften und andere Felder befasst. Neuerdings beschäftigen sich immer mehr Disziplinen mit wissenschaftstheoretischen Fragen, die sich nicht als streng naturwissenschaftlich begreifen, wie die Geographie, aber zunehmend auch die Kulturwissenschaften, Medienwissenschaften und sich neu herausbildende Felder wie die Surveillance Studies.

Insbesondere die wissenschaftshistorische Forschung hat gezeigt, dass die Fortschrittsgeschichten von einem beständig sich vermehrenden Wissen ausgehen, dessen Summe sich gleichsam teleologisch dem Fluchtpunkt der Allwissenheit nähert. Auf diese Weise werden der jeweils aktuelle Standpunkt der Forschung und ihr gegenwärtiger Stand des Wissens auf frühere Wissensbestände derart rückprojiziert, dass diese rückständig und falsch erscheinen müssen. Der französische Philosoph und Wissenschaftstheoretiker Gaston Bachelard (1884–1962) etwa, einerseits explizit inspiriert vom zeitgenössischen Stand der Wissenschaft und Anhänger ihrer Fortschrittskräfte, insistierte andererseits Mitte des 20. Jahrhunderts am Beispiel der Physik darauf, dass jede Zeit ihr eigenes anerkanntes Wissen und ihre eigene Wahrheit hat.

Wissenschaft als Paradigmenwechsel und Denkstil (Kuhn und Fleck)

Viel zitierter und breit rezipierter Wendepunkt der Wissenschaftsgeschichte waren die Fallstudien des US-amerikanischen Physikers und Wissenschaftsphilosophen Thomas S. Kuhn (1922–1996), der in den 1960er Jahren den Fortschrittsglauben in der Geschichte der Wissenschaften durch seine Theorie revolutionärer Wendungen oder Umwälzungen grundlegend problematisierte: Kuhn spricht von ›Paradigmenwechseln‹, die Phasen einer akkumulierenden ›Normalwissenschaft‹ innerhalb eines vorherrschenden wissenschaftlichen Denkmusters ablösen. Von hier aus nehmen auch die Konjunkturen des Paradigmabegriffs bis heute ihren Lauf. Kuhns vieldeutiges Modell des Paradigmas und die Problematik seiner Übertragbarkeit in andere Disziplinen sind viel diskutiert worden; sein starrer Entwurf einer periodischen Ablösung des jeweils gültigen Wissens gilt inzwischen als überholt. Dessen ungeachtet liegt seine Bedeutung darin, den Glauben an kontinuierlichen linearen Fortschritt in den Naturwissenschaften grundlegend erschüttert und ein neues Verständnis von der Entwicklung der Wissenschaften ermöglicht zu haben.

Mit der Historisierung von Wissen ging eine Entuniversalisisierung und Entuniformisierung von Wissenschaft einher. Eine Situiertheit von Wissen zu konstatieren, lag vor diesem Hintergrund nahe, doch wurde diese nicht von Beginn an explizit räumlich konzipiert. Ludwik Fleck (1896–1961), Serologe und Wissenschaftstheoretiker, analysierte in den 1930er Jahren die Geschichte und Praxis der medizinischen Syphilisforschung im Hinblick auf den ›Denkstil‹ von ›Denkkollektiven‹ und führte auf diese Weise das Soziale und das Lokale in die Wissenschaftsforschung ein. Statt einem Objektivismus und Empirismus naturwissenschaftlichen Wissens zu folgen, wurde dieses Wissen nun als ein sozial konstruiertes Wissen in den Blick genommen. Die Berücksichtigung der sozialen Bedingungen, Strukturen und Konsequenzen wissenschaftlichen Arbeitens wurde in den 1980er Jahren v. a. im Feld der Soziologie angeregt aufgenommen. Rezipiert wurden nun auch die Arbeiten des französischen Mediziners und Wissenschaftsphilosophen Georges Canguilhem (1904–1995), der bereits Mitte des Jahrhunderts in einer Diskursanalyse *avant la lettre* Konzepte des Milieus in Kulturgeschichte, Philosophie und Wissenschaften untersucht und damit eine Meta-Thematisierung des Raumes in den Science Studies unternommen hatte (Canguilhem 1952). Gegenüber mechanistischen und deterministischen Ansätzen insistiert Canguilhem vor diesem Hintergrund auf der Singularität und irreduziblen Spezifität der Lebensformen und analysiert deren historische Situiertheiten in der und durch die Geschichte der Medizin.

›Geschlecht‹ als Wissen und Wissen als ›Macht‹

Seit den späten 1970er und frühen 1980er Jahren hat die feministische Wissenschaftsforschung die Annahme homogener universeller Tatsachenbestände mit Hilfe der Kategorie ›Geschlecht‹ auf eigene Weise aufgebrochen, indem sie Räumlichkeit zunächst metaphorisch ins Spiel brachte (s. Kap. III.4). Wissenschaftskritische Arbeiten wiesen auf die spezifische Situiertheit des Wissenschaftlersubjekts hin, auf die Subjektivität und die Standortgebundenheit des entstehenden Wissens aufgrund der individuellen Standpunkte und kulturellen Perspektiven der Forschungstreibenden. In zahlreichen Studien wurde dargelegt, dass die Kategorie ›Geschlecht‹ auch als eine räumliche Strukturkategorie operiert und dass sich Geschlechterdifferenzen somit auch räumlich artikulieren. Standpunkttheorien (Harding 2004) der Wissenschaften und Fragen der Situiertheit des Wissens (Haraway 1995) in der feministischen Wissenschaftsforschung und der Wissenschaftsphilosophie wurden nicht allein im Sinne einer sozialen und kulturellen Gebundenheit wissenschaftlichen Wissens aufgegriffen, sondern auch im Hinblick auf die konkreten Orte der Wissensproduktion. Fragen nach der Lokalität des Wissens wurden mit Arbeiten zur Geschichte zentraler Kategorien der wissenschaftlichen Selbstbeschreibung verbunden, wie der Rationalität, Objektivität oder Wertneutralität der Wissenschaften. Mit Referenz auf die kulturwissenschaftliche Debatte der Bedeutung von Räumlichkeit, wie sie von Michel Foucault, Henri Lefebvre oder Michel de Certeau initiiert wurde, standen Konzepte von Ort und Raum nun in einem größeren Rahmen zur Verfügung, um die Bedingungen und Strukturen wissenschaftlicher Arbeit in den Blick zu nehmen: das soziale Gefüge, in dem bestimmtes Wissen gültig wird, die weit verzweigten Netzwerke, durch die Wissen sich verbreitet, sowie die Machtbeziehungen, die für die Universalisierung des Wissens konstitutiv werden.

Michel Foucaults (1926–1984) Studien zur Genealogie und Archäologie des Gefängnisses von 1975 – insbesondere das zum Modell von Macht und Wissen ausformulierte Panoptikon – und ihre Rezeption in der Wissenschaftstheorie markieren einen Wendepunkt der Epistemologie hin zu einer Beschäftigung mit den Macht- und Wisseneffekten räumlicher Strukturen. Der Fokus auf das strukturierende und konfigurierende Potential der Gefängnisarchitektur nach Jeremy Bentham (1748–1832) – der »geschlossene, parzellierte, lückenlos überwachte Raum, innerhalb dessen die Individuen in feste Plätze eingespannt sind, die geringsten Bewegungen kontrolliert und sämtliche Ereignisse registriert werden« (Foucault 1994, 253) – stellt eine Verbindung her zwischen der Strukturierung von Raum und einer Ordnung der Sichtbarkeit. Dieses »panoptische Prinzip« (ebd., 277) durchzieht laut Foucault als zentraler Bestandteil der Disziplinarmacht die gesamte Gesellschaft. Die Produktivität dieses Prinzips im Hinblick auf eine Epistemologie (nicht nur) der Naturwissenschaften und unter Bezugnahme auf den spezifischen Ort des Labors ist bereits bei Foucault in zwei Richtungen angelegt: als Analyse der panoptischen Strukturen des Labors und der naturwissenschaftlichen Forschung einerseits und als Ausweitung des Labors in die Gesellschaft andererseits: »Das Panopticon funktioniert als eine Art Laboratorium der Macht« (ebd., 263).

Fabrikation von Erkenntnis (Knorr-Cetina, Latour, Rheinberger)

Doch erst die verspätete Rezeption Flecks – der Kuhn die Idee der Kollektivität und Relativität von Wissenschaft verdankt – führte in den späten 1970er Jahren zu einer Hinwendung der Science Studies von der Ideengeschichte des Wissens zu den konkreten Praktiken der Wissenschaft. Im Kontext einer ganzen Reihe wissenschaftssoziologischer Forschungen haben Karin Knorr-Cetina und Bruno Latour mit ihren Laborstudien – Ethnographien des Labors – den Grundstein für die explizite Analyse des Labors als spezifischen und als zentral ausgemachten Ort der Wissensproduktion und seiner räumlichen Strukturierung in der Wissenschaftsforschung gelegt. Während sich Knorr-Cetina (2002) und der ›frühe‹ Latour zusammen mit Steve Woolgar (1979) noch durch sozialkonstruktivistische Perspektiven auszeichneten, wurde Knorr-Cetinas Gedanke einer 1981 vorgebrachten *Fabrikation von Erkenntnis* in den 1990er Jahren insbesondere durch Latour und Hans-Jörg Rheinberger (1992) gegen den Strich gelesen: Latours (1995) programmatischer Entwurf der »symmetrischen Anthropologie« sieht vor, Natur und Kultur in eine symmetrische Beziehung zu setzen, die den sozialen, politischen und kulturellen ›Werten‹ ebenso viel Gewicht beimisst wie den wissenschaftlichen ›Tatsachen‹. Neben ›dem Sozialen‹, also den humanen und technischen Aktanten, bezieht Latour daher die (beforschten) Dinge im Labor in die Untersuchung mit ein und gesteht ihnen eigene Handlungsmöglichkeiten, einen ›Eigensinn‹, zu. Die Akteur-Netzwerk-Theorie – deren prominentester Vertreter Latour ist – verortet in Folge die Generierung von Wissen in einem umfassenden Netzwerk unterschiedlichster Aktanten, das sowohl metaphorisch als auch explizit topologisch begriffen wird.

Im Kontext der Arbeiten des 1994 in Berlin gegründeten Max-Planck-Instituts für Wissenschaftsgeschichte wurde der Fokus von der Laborforschung im Hinblick auf die ›Experimentalisierung‹ von Wissen umformuliert. Programmatisch wird eine Amalgamierung von »Forschungsobjekt, Theorie, Experimentalanordnung, Instrumenten sowie disziplinären, institutionellen und sozialen Dispositiven« (Rheinberger/Hagner 1993, 9) im wissenschaftlichen Forschungsprozess konstatiert. Die Bezugnahme auf Foucaults Dispositiv-Begriff verdankt sich in diesem Zusammenhang einer produktiven Annäherung der Wissenschaftsforschung bzw. -geschichte an die Rezeption poststrukturalistischer Ansätze aus geistes- und kulturwissenschaftlichen Diskursen. Latour wie Rheinberger konstatieren gegenüber dem Konstruktivismus der 1980er Jahre eine Ereignishaftigkeit (in) der Wissensproduktion, die den Gedanken des planvollen kontinuierlichen Wissenszuwachses insofern durchkreuzt, als sie auf das Unvorhergesehene und Unvorwegnehmbare des Experiments hinweist. Der Fokus auf die Kontingenz des wissenschaftlichen Versuchs rückt notwendig auch die Ortsgebundenheit der experimentellen Anordnung in den Blick. Als einer der Forschungsschwerpunkte am Max-Planck-Institut entstanden die *Räume des Wissens* (Rheinberger et al. 1997).

Die – schon bei Foucault angelegte – analytische Ausweitung der Laborsituation auf größere Maßstabsebenen hat in der historischen Wissenschaftsforschung bereits wegweisende Arbeiten zu den seit der Frühen Neuzeit beobachtbaren Prozessen der Wissenskartierung und -standardisierung zur Folge gehabt, verbunden mit der Einsicht, dass das, was »als rationale Erkenntnis gilt, [...] nicht nur [über] eine Geschichte, sondern auch [über] eine Geographie« verfügt (Outram 1996, 252). Die Geographien des Wissens zeigen dort unmittelbare Bezüge zur Geschichte und Theorie der Praxis wissenschaftlicher Kartierung als Wissen der Raumorientierung und der Raumaneignung, wo sich die Wissenschaftsforschung den Aufschreib- und Einschreibesystemen zuwendet. Daten, Tabellen, Graphen und Kartenbilder werden als »unveränderliche Bewegliche« (*immutable mobiles*) beschrieben (Latour 1990, 31 ff.), durch die neu gewonnene Erdräume stabil und gleichzeitig transportabel werden, in der Ozeanographie, der Meteorologie und Aerologie, der Geophysik oder der Polarforschung. Zur Geschichte der wissenschaftlichen Kartierung der Welt in geographischen, geologischen, botanischen oder zoologischen Taxonomien seit der Frühen Neuzeit, insbesondere aber seit der Aufklärung, sind in den letzten Jahren eine Reihe von Arbeiten entstanden, die sowohl die imperialen Kontexte reflektieren, in denen die Wissenschaften agierten, als auch die Konsolidierung globaler Machtbeziehungen durch die wissenschaftliche Praxis herausstellen. Vor allem aber lassen sie Räumlichkeit selbst, die konkrete und symbolische Erfassung, Aufteilung und Aneignung von Welt, als ein Ergebnis konkreter Forschungspraxis sichtbar werden.

14.2 Spektrum der Diskussion

Inzwischen haben wir es in der Wissenschaftsforschung mit einem breiten Spektrum von Zugängen zu tun, wobei Räumlichkeit sowohl metaphorisch als auch in ihren konkreten materiellen Bedingungen verstanden und genutzt wird. ›Raum‹ als heuristische Metapher kommt dort zum Einsatz, wo Fragen der Inklusion und Exklusion und anderer sozialer Grenzziehungen zwischen Normalität und Ausnahme, Autorität und Illegitimität, Universalität und Lokalität der wissenschaftlichen Praxis und des Wissens gestellt werden. Eine in Raumbegriffen verfasste Rede der ›Topologien‹ und ›Topographien‹ kommt häufig dort zum Tragen, wo solche sozialen, politischen und kulturellen ›Landschaften‹ des Wissens vermessen und kartiert werden. Konkreter wird Räumlichkeit dort, wo die Gegenstände und Objekte der Wissenschaften selbst ins Zentrum der Analyse rücken.

Die Hinwendung der Wissenschaftsforschung zum Labor als konkret lokalisierbarem Ort der Wissensproduktion und damit zu Fragen der Räumlichkeit geschieht bemerkenswerterweise mittels als ethnographisch ausgewiesener Zugänge – Methoden eines raumbezogenen Faches also, dessen Anfänge im Kontext kolonialer Raumeroberungen situiert werden können. Mit dem Begriff des Labors sind jedoch zunächst die exklusiven innersten Räume der Naturwissenschaften umschrieben, in denen neues Wissen mittels esoterischer experimenteller Anordnungen entsteht. Der in diesen Räumen vorherrschenden ›Kultur‹ nähert sich die Wissenschaftsforschung mit den Werkzeugen der Ethnologie. In den Laborethnographien werden die mit Apparaten, Laborbänken, Papier und anderen Dingen vollgestopften engen Räume des Labors dezidiert vom ›freien Feld‹ der Ethnologie unterschieden. Die Möglichkeiten der Annäherung an die spezifische Kultur des Labors wie auch der Verfremdung ihrer eigentümlichen Spannung von Unübersichtlichkeit und Kontrolliertheit wird auf der Höhe der und im Anschluss an ethnologische Methoden-Debatten reflektiert. Im Hinblick auf die räumlichen Strukturen des Labors sind verschiedene Charakteristika herausgearbeitet worden, die sich unter sechs Punkte subsumieren lassen:

1. Das Labor bezeichnet einen lokal bestimmbaren Ort, der weder auf die Menge aller Labore noch die Welt außerhalb derselben verallgemeinert werden kann. Entscheidend ist vielmehr die *Situierung der Wissensproduktion*. Zwischen dem ›Innen‹ des Labors und seinem ›Außen‹ finden jedoch beständige Austauschbeziehungen und Aktivitäten statt. Der Übergang der im Labor gewonnenen Erkenntnisse in die Gesellschaft geschieht mittels spezifischer Transformationsketten, die im Einzelnen nachvollzogen werden können.

2. Das Labor zeichnet sich durch spezifische architektonische, räumliche und materielle Strukturierungen aus, wie sie etwa durch die Aufstellungen der Laborbänke, die Herstellung und Anordnung von Instrumenten und Verbrauchsmaterialien oder Raumaufteilungen von Bibliothek und Computerraum erzeugt werden. Zwischen diesen verschiedenen Räumen gibt es einen geregelten Verkehr der Dinge und der ›Spuren‹, die sie dort gewollt oder zufällig hinterlassen.

3. Die im Labor untersuchte ›Natur‹ unterscheidet sich eklatant von der ›Natur‹ außerhalb des Labors, denn erstere ist für das Labor erst isoliert und präpariert, also transformiert worden. Zur Labornatur gehören z. B. Modelltiere, Nährlösungen, isolierte identifizierte Bakterien, aber auch speziell hergestellte Umgebungsbedingungen wie Keimfreiheit oder ein Hochvakuum. Diese kontrollierte artifizielle Situation lässt nur bestimmte Forschungsfragen zu, andere mögliche Fragen werden durch die experimentelle Anordnung weitgehend ausgeschlossen. Auf diese Weise begrenzt die experimentelle Anordnung den Ausschnitt des Möglichen ebenso wie des möglichen Unvorhergesehenen.

4. Als zentrales Verfahren des Labors wird die Herstellung von ›Inskriptionen‹ betont – gearbeitet wird nicht mit einer ›Natur‹, sondern mit ihren durch Aufzeichnungsapparaturen hergestellten ›Spuren‹, ihren graphematischen Evidenzen oder Einschreibungen, die als *immutable mobiles* fixiert und gerade dadurch inner- und außerhalb des Labors transportierbar sind. Latour entwirft in diesem Zusammenhang einen Ansatz zu einem Neuverständnis naturwissenschaftlicher Referenz, die erst innerhalb eines Systems lückenloser Inskriptionsketten immer weiter transformierter Elemente entsteht. Der Gedanke der Verweisketten geht mit einem räumlichen Verständnis der Durchgangspunkte und Übergänge einher, welche die Verweise und ihre materiellen Referenzen jeweils passieren und überwinden müssen. Als Inskriptionen gelten hierbei z. B. Zahlenkolonnen, manuell oder maschinell ausgefüllte Tabellenblätter, Datenkurven und Graphen, aber auch Notizblockkritzeleien und Laborjournale und ihre Übertragungen in die verschiedenen Stadien der Produktion eines wissenschaftlichen Artikels vom ersten Entwurf bis

zur Publikation. Von dieser Betonung der Inskription – die als Datenanordnung auf der Fläche wiederum mit Verräumlichung in Verbindung gebracht wird – ergeben sich umfangreiche Anschlusspunkte zur aktuell ausgesprochen populären Untersuchung wissenschaftlicher Inskriptionen in unterschiedlichen Disziplinen: von der Technik- und Mediengeschichte der Aufzeichnungsapparaturen über die Wissenschaftstheorien zum Präparat zwischen Inskription und Ding bis hin zu Medienphilosophien der Schriftbildlichkeit. Von hier aus öffnet sich das Forschungsfeld zu umfassenden interdisziplinären Beschäftigungen mit Bildern und bildgebenden Verfahren der Medizin und Naturwissenschaften vom Spektrogramm bis zum Computertomogramm seit den späten 1990er Jahren, zu Debatten um Graphematik und Diagrammatik und dem gesamten Feld der Bildwissenschaften, in denen wiederholt auf die räumlichen Strukturierungen solcher Visualisierungen hingewiesen wird (s. Kap. III.8).

5. Mit der Herstellung von Inskriptionen ist darüber hinaus bereits ein Moment räumlicher Mobilität und Transportabilität angesprochen, das als eine der Möglichkeitsbedingungen zu einer Ausweitung des Labormodells in die Gesellschaft gelten kann. Maßgebend war auch hier Latour (1983), der unter dem ironischen Titel »Give Me a Laboratory and I will Raise the World« die zahlreichen Verrückungen (*displacements*) und Übersetzungen (*translations*) zwischen verschiedenen Orten inner- und außerhalb des Labors im Zuge der Laborpraxis beschreibt. Programmatisch wird das Labor als Hebel (*lever*) verstanden, der geläufige Dichotomien zwischen Innen und Außen, zwischen Mikro- und Makroperspektiven auflöst bzw. destabilisiert (*dissolution*) und Handlungshierarchien umkehrt – und daher in der Lage ist, die kontrollierte Laborsituation durch Inskriptions- und Referenzketten in die unübersichtliche Gesellschaft zu übertragen, sprich: zusammenhängende funktionale Bezugsketten zu bilden. Erst durch solche ›Displacements‹ und Translationen zwischen ›freiem Feld‹ und ›Labor‹ und zurück wird etwa der Anthrax-Bazillus isoliert und ein wirksames Serum hergestellt, oder aber es werden räumliche Gegebenheiten wie die Bodenbeschaffenheit des Amazonas-Urwaldes erforschbar. Aus dieser Perspektive erhalten auch die Dinge der Natur nicht nur eine spezifische Räumlichkeit, sondern auch eine Geschichtlichkeit, denn sie sind nicht mehr immer schon da gewesen, sondern sie erhalten ihre Vergangenheit erst in dem Moment, in dem sie in einem engmaschigen Akteur-Netzwerk Bedeutung gewinnen und einen Knotenpunkt bilden.

6. Mit der Ausdehnung der Laborsituation, ihrer Bedingungen und Strukturen in die gesamte Gesellschaft – »transforming society to a vast laboratory« (Latour 1983, 166) – ist zudem die grundlegende Strukturierung des Raumes nach gleichmäßigen Konstanten und Skalen angesprochen, wie sie v. a. im Kontext von wissenschaftshistorischen Untersuchungen zur Herausbildung statistischer Verfahren der Wissensproduktion eindrücklich beschrieben werden: Die Konstruktion von Äquivalenzräumen durch die Vereinheitlichung von Längen- und Volumenmaßen, Zeit- und Gewichtseinheiten usw. wird zur Möglichkeitsbedingung für die daran ansetzende mathematisch-statistische Wissensproduktion. Am Aufkommen mathematisch-statistischer Methoden wurde gezeigt, dass auf diese Weise ganz eigentümliche soziale Räume der Vergleichbarkeit und Verrechenbarkeit erhobener Daten geschaffen wurden. Alain Desrosières (2005, 37) beschreibt einen solchen Prozess für die »Adunation« Frankreichs – »die gewollte Vereinheitlichung der Bezugssysteme«. Internationale Verhandlungen und Prozesse der Standardisierung gerieten in der Wissenschaftsforschung verstärkt in den Blick, um konkret zu verfolgen, wie Wissen und Techniken von der Eisenbahn bis zum Impfstoff über große Distanzen hinweg stabil und funktional bleiben können und wie sich diese Errungenschaften der Uniformierung, von der Zeitmessung bis zur industriellen Fertigung, wiederum auf die Wahrnehmung eines entstehenden globalen Gefüges Ende des 19. Jahrhunderts auswirken.

Erforschung materieller Kultur

Zur Analyse der Beziehungen von Innen und Außen wissenschaftlicher Arbeit sowie der Zirkulation des Wissens und der Bildung von Wissenszentren und -peripherien wurde der Blick auf räumliche Zusammenhänge auch auf wissenschaftliche Sammlungen und auf kleinräumliche wissenschaftliche Infrastrukturen ausgedehnt. Außerdem wurden zunehmend die Beziehungen von experimentellen Anordnungen und der Forschung im Feld zueinander ins Zentrum gestellt und die Perspektive auf globale Raum- und Wissensbezüge ausgeweitet. Zu den Geographien des Wissens hat sich seit der Jahrtausendwende eine rege Forschungstätigkeit entwickelt.

Die Ausweitung der Laborethnographie zeigte sich zunächst für solche Studien ergiebig, die sich nicht mit kontrollierten Experimentalsystemen, sondern mit zeitlich und räumlich weit diffuseren Tätigkeiten des Zusammentragens, Sortierens und Klassifizierens von Daten und Gegenständen befassten. Die konkrete räumliche Verortung solcher Sammeltätigkeiten mit einem Fokus auf die materielle Kultur der Sammlungen selbst, die zurückgelegten Wege der Forschungsreisenden und ihrer verzeichneten Objekte, sowie deren Übergänge in Kabinette, Ausstellungen und Lehrbücher hat die Forschungen über westliche Dingkulturen von der Frühen Neuzeit bis in die Gegenwart befruchtet. Umgekehrt hat der Blick auf materielle Kulturen schließlich auch ein neues Verständnis für die Verwandlungen von Daten und Bildern in der Entstehung der großen Evolutionsgeschichten des Westens ermöglicht. Im Zentrum der neueren Forschung stehen Museumskulturen sowie ähnlich angelegte Räume des Kartierens, Sammelns und Anordnens, von botanischen und zoologischen Gärten über Weltausstellungen bis hin zu Archiven, Computermodellen und jüngst auch Datenbanken, in welchen ›Welt‹ abgebildet wird. Dabei geht es immer auch um infrastrukturelle Fragen des Erwerbs und der Verarbeitung von Objekten. Sammlungen bilden räumliche Distanzen und Relationen ebenso ab wie die Bedeutung der dabei entstehenden Zentren und Peripherien der Welt (Schiebinger 2004). Als solche ›Akkumulationszentren‹ sind zum Beispiel die Hafenmetropolen des europäischen und des asiatischen Kontinents sowie die politischen Machtzentren des Westens untersucht worden, in denen sich Dinge buchstäblich anhäufen und auf eine solche Weise sortiert und präsentiert werden, dass sich die Meistererzählungen von den unterschiedlichen zivilisatorischen Entwicklungen untermauern lassen. Die Städte selbst sind inzwischen als Orte der Wissensproduktion interessant geworden. Sie stellen den Raum und die Infrastrukturen für vielschichtige institutionelle Verflechtungen und Kooperationen zur Verfügung, bilden aber auch weitreichende und mächtige Städtenetze, die den Globus überziehen (Dierig et al. 2004).

Der erweiterte Blick auf die Praxis der Wissenschaften hat auf diese Weise dazu beigetragen, dass überregionale und globale Raumbezüge in das Zentrum der Wissenschaftsforschung gerieten. Parallel zur Konjunktur der neuen transnationalen Welt- und Globalgeschichtsschreibung und der postkolonialen Forschung wurde der Anspruch formuliert, den vertrauten, universalisierenden Ordnungen der europäischen Moderne neue Denkbewegungen und Modelle entgegenzusetzen. Raum fungiert dabei als Werkzeug, um angenommene Universalien in ihre konstitutiven Bestandteile aufzulösen. Das Denken und Handeln in Begriffen und Beziehungen von Orten, Räumen und den dazugehörigen Grenzen hat hier nicht nur metaphorische Qualität und Funktion. Internationale Mechanismen seit dem 19. Jahrhundert wurden hinsichtlich des Transfers und der Anschlussfähigkeit erforscht, die Wissen und Techniken, Instrumente und Praktiken über größere Distanzen zu bewältigen hatten.

In der Analyse medialer Anordnungen, wie Aufzeichnungs- und Raumüberwindungsapparaten, verbinden sich seit einigen Jahren Mediengeschichte und -theorie mit den Science and Technology Studies. Diese disziplinenübergreifenden Arbeiten zeigen, dass die Verbreitung wissenschaftlich-technischer Standards mit dem Ziel, funktionale weltumspannende Transport- und Kommunikationsnetze wie Strom- und Telegraphennetze auszulegen, die beständige Eingrenzung von Widerspruch und die Einebnung von Diversität erfordert. Die imperialen und häufig kolonialen Voraussetzungen dieser Entwicklungen sind ein zentrales Thema gegenwärtiger Wissenschafts- und Technikforschung. Auch im Hinblick auf die Entstehungsbedingungen eines weltweiten naturwissenschaftlichen Wissens ist das zentrale Thema die Überwindung lokaler Bedingungen und Widerstände, häufig im Gefolge oder in der Vorhut kolonialer Projekte. In der postkolonialen Wissenschaftsforschung sind es in erster Linie politisch motivierte Fragen nach kulturellen Differenzen und nach den damit verbundenen Machtverteilungen, die zu einem neuen Umgang mit Räumlichkeit und Lokalität im weltweiten Maßstab hinführen. Im Rückgriff auf die Analyse räumlicher Ordnungen werden historisch-geographische Einteilungen und Zuordnungen der Welt in Zentren und Peripherien aufgezeigt, kartiert und problematisiert. Zum anderen werden kulturelle Zugehörigkeiten und Differenzen gleichsam verräumlicht, um zu demonstrieren, dass sich Marginalisierungen über ihren metaphorischen Charakter weit hinaus gehend in räumlichen Strukturen verhärten. Hier befindet sich die Wissenschaftsforschung in enger Beziehung zur kritischen Geographie (Turnbull 2000; Crampton/Elden 2008).

›Verstrickte Geschichte‹ und Kartierungen

Dass Wissenschaftsforschung und Cultural Geography auch in Personalunion auftreten können, zeigen die Arbeiten David Livingstones. Aus der Geographie kommend, befasst sich Livingstone (2003) zunehmend auch mit den Geographien der Wissenschaften und des Wissens vom Zeitalter der Aufklärung bis hin zum Hochimperialismus, mit dem Ziel, die Wissenschaften gleichsam ›an ihren Ort‹ zu verweisen. Das neue Feld der *Entangled Histories*, der ›verstrickten Geschichten‹ zwischen den verschiedenen Kulturen der Welt, das in den Geschichts- und den Kulturwissenschaften gegenwärtig so stark diskutiert wird, hat auch in der Wissenschaftsforschung seinen Niederschlag gefunden, etwa wenn es um die Anerkennung lokalen Wissens anderswo und um Prozesse der Aushandlung, der Angleichung oder auch der Auslöschung von Wissen geht. Zunehmend werden solche Arbeiten auch von nichtwestlichen Autoren verfasst, die dem westlichen Universalitätsanspruch die Lokalität von Wissen entgegensetzen und so dem Thema der *cultural encounters*, der kulturellen Begegnungen, und damit der Bedeutung von Ort, Raum, Forschungsstandpunkt und Forschungsperspektive noch einmal ganz neues Gewicht verleihen (Fan 2004).

Spannungen zwischen einer zunehmenden Vielfalt und Unübersichtlichkeit der Welt und den Uniformierungsversuchen der Wissenschaften lassen sich auch in den entstehenden sozialwissenschaftlichen Disziplinen des 19. Jahrhunderts feststellen. Die Analyse der Beziehungen zwischen der ausgreifenden sozialen Mechanik und dem Zustand, dem Territorium und den Grenzen der zugehörigen imaginierten Gemeinschaften von Volk und Nation hat in den letzten Jahren eine gewaltige Konjunktur erlebt, die sich nicht auf die Erforschung des 19. Jahrhunderts beschränkt. Die soziale Verdatung der Welt ist vor allem als ein Phänomen des 20. und des 21. Jahrhunderts interessant geworden, von der Volkszählung bis zur Anthropometrie und Biometrie. Entsprechend der Kartierung physischer Erdräume geht es auch hier um die Bedingungen und die Konsequenzen der Erhebungen und visuellen Repräsentation von Daten. Die Anordnungen von Daten in Kurven, Diagrammen und Karten lassen ganz eigentümliche und sehr machtvolle Wissensräume entstehen. Der enge Bezug des sozialen Kartierens zu den Lebenswissenschaften wird derzeit besonders für die Kartierungsprojekte in der Genetik diskutiert, wo sich sozialwissenschaftliche und naturwissenschaftliche Karten überlagern (Gaudillière/Rheinberger 2004).

14.3 Offene Fragen und Kontroversen

Derzeit lassen sich wissensgeographische Forschungen vor allem auf den Gebieten der kulturellen Begegnungen, der kulturell verflochtenen Geschichten des Imperialismus und seiner Austauschbeziehungen beobachten. Unter dem Titel »Knowledge and Space« etwa widmet sich an der Universität Heidelberg seit 2006 ein aktueller Forschungsschwerpunkt unter Leitung von Peter Meusburger mit einer Symposien- und Buchreihe der Ausbreitung und den Netzwerken von Wissenschaftlern und Wissenschaften. Dazu wird die räumliche Verteilung ›sozialkultureller Faktoren‹ zum einen hinsichtlich verschiedener kultureller Wissenschaftssysteme in ihrer globalräumlichen Anordnung und ihren Konflikten, zum anderen mit Blick auf Wissenschaftlermilieus ›kartiert‹. Räumlichkeit wird ebenfalls zunehmend wichtiger in der Wiederaufnahme der Reiseforschung (s. Kap. III.12) und ihrem neu erstarkten Interesse an der konkreten materiellen Geschichte der großen Wissenschaftsreisenden wie Linné, Darwin oder Humboldt (s. Kap. I.2.2) unter den Vorzeichen der Neuen Globalgeschichte. Neben der neuen Weltgeschichte des Wissens erstreckt sich die Konjunktur des Raumes in der aktuellen Wissenschaftsforschung auf die neuen Felder und Themen der Surveillance Studies und Medienwissenschaften, der Analyse der biotechnologischen Projekte zur genetischen Kartierung, der Umweltgeschichtsschreibung sowie der Infrastrukturforschung. Eine offene und kontrovers diskutierte Frage in all diesen Feldern ist, wie sich die konstruktivistische Haltung, die sich zur Wissenschaftspraxis, zum Wissen und zum Raum durchgesetzt hat, ›versöhnen‹ lässt mit der Widerständigkeit der Dinge, der Körper, der Menschen und ihrer räumlichen Anordnung, also mit den Themen der materiellen Kultur oder Material Culture Studies, die sich seit den 1990er Jahren behaupten konnte.

Surveillance Studies

Mit den Surveillance Studies bildet sich seit Ende der 1990er Jahren unter kritischer Bezugnahme auf Foucaults Panoptikonforschung als auch mit Bezug auf das in den Medienwissenschaften als ›Gegenstück‹ entworfene Modell des Synoptikons, in dem die Mehrheit einige wenige beobachtet, ein neues interdisziplinäres Forschungsfeld heraus. Forschungsgegenstand sind hier insbesondere die Funktionsweisen und Machteffekte der seit den Anschlägen auf das World Trade Center im Jahre 2001 massiv verstärkten Überwachungs- und Rasterfahndungsmaßnahmen. Dieses junge Feld steht noch in Debatte und Selbstverständigung, stellt aber Ansprüche auf die Herausbildung einer neuen akademischen Disziplin. Die 2002 von David Lyon und anderen gegründete Zeitschrift *Surveillance & Society* und das seit 2006 in Deutschland mit Internetplattform operierende Forschungsnetz *Surveillance Studies* analysieren aus dem kritischen Fokus auf die räumlichen und medialen Konfigurationen von Überwachungstechnologien die Macht- und Wissenseffekte von *Closed Circuit Television* (CCTV), Bewegungsprofilen, Datenmapping u. a. Erst seit Mitte der 2000er Jahre wird in diesem Kontext auch ein Blick auf medizinische Datenerhebungen und panoptisch-synoptische Strukturen im Rahmen von Gesundheitsforschung und Public Health geworfen und damit eine Verknüpfung von Wissenschaftsforschung und Surveillance Studies vorgenommen – wie weit dieses Potential genutzt werden wird, ist derzeit noch offen.

Insbesondere das *Human Genome Diversity Project* und das nachfolgende *HapMap*-Projekt, ziehen als zwei methodisch unterschiedene globale Projekte der Kartierung und damit Lokalisierung genetischer Differenzen in geographischer wie biologischer Hinsicht Science Studies-Forschungen auf sich, welche die Reifizierung anthropologischer, ›rassisch‹-geographischer Kategorien kritisch analysieren (Reardon 2005; Fujimura et al. 2008). Neueste Ansätze der Wissenschaftsforschung wenden sich den aktuellen Technologien der Biowissenschaften, vor allem den Diversitäts- und Vulnerabilitätsstudien zu, in denen es um die Kartierung und statistische Erfassung der Exposition gegenüber Umweltrisiken geht. Hier interessieren etwa die Bedingungen und Konsequenzen eines nuklearen Fall Outs oder neuartiger viraler Epidemien wie AIDS, BSE, SARS oder der Vogel- und Schweinegrippe (Mitman et al. 2004).

›Labor Erde‹

Diese zunehmend vulnerable Situation der globalisierten Welt des späten 20. und beginnenden 21. Jahrhunderts wird inzwischen selbst mit den Begriffen des Labors diskutiert, eines weltweiten Labors, das auf ungeheure Möglichkeiten der Mobilisierung von Technologien, Dingen, Daten und Menschen zurückgreifen kann. Der schiere Umfang der kursierenden Objekte ermöglicht nicht nur eine neue Beschreibungsdichte des Planeten, sondern beinhaltet auch ein ungeahntes Interventionspotenzial der Technowissenschaften. Das ›globale Labor‹, dessen vereinheitlichte Maßstäbe die kontrollierte Skalierung und Zirkulation von Daten und Dingen erlauben, zeitigt unvorhergesehene Ereignisse und bringt neue, zunehmend unkontrollierbare Phänomene hervor. Diese neue Qualität und Dimension der Erforschung, Erfassung und Organisation umweltlicher Phänomene ist mit den Begriffen der ›Realexperimente‹ analysiert worden, welche die Menschen und ihre Umwelten untrennbar miteinander verstricken, vom Atomschlag über die Lagerung nuklearen Abfalls bis hin zum ›Experiment‹ der globalen Erwärmung. Latour untersucht die neuen Möglichkeiten technowissenschaftlicher Intervention als das Ende der modernen Vorstellungen einer sauberen Trennung von menschlichem Handeln und natürlichen Vorgängen. Angesichts solch unerwartet auftretender Klimaphänomene wie dem Ozonloch, deren Auftreten häufig erst durch avancierte und komplexe technisierte Lebensweisen induziert wurde, spricht Latour mit Bezug auf Ulrich Becks älteres Konzept der ›Risikogesellschaft‹ (s. Kap. III.3) von ›Kollektivexperimenten‹, laufenden Experimenten mit offenem Ausgang, über die sich das Kollektiv des Sozialen und der Natur, der menschlichen und der dinglichen Akteure, zukünftig wird auseinandersetzen und neu verständigen müssen. Latour (2001) fordert in diesem Zusammenhang – seinem radikalen Programm der Symmetrie getreu – eine neue politische Ökologie: ein *Parlament der Dinge*, in dem menschlichen und nicht-menschlichen Akteuren das gleiche Stimmrecht zukommt.

Im Zuge der Verknüpfung von sozialer Kartierung, neuen Anliegen und Problemen von Public Health und lokaler und globaler Umwelt wird gegenwärtig auch der Umweltbegriff neu theoretisiert. Grundlegend für das Nachdenken über ›Natur‹ als eines *uncommon ground* sind die Arbeiten von William Cronon (1995), der Wildnis, eine der zumeist unhinterfragten fundamentalen Einheiten nordamerikanischer Geschichte, als eine historische Konstruktion problematisiert. ›Raum‹ dient dabei als Begriff nicht nur zur Beschreibung der traditionellen Form der Landschaft, sondern zur Dekonstruktion eines einheitlichen universalen Umweltbegriffs. Ebenso wie ›Natur‹ erweist sich ›Umwelt‹ als Gegenstand und Effekt architektonischer Zugriffe, die mit Fragen von Macht und Herrschaft eng verknüpft sind. Studien, die an theoretische Überlegungen zum Begriff von Natur aus den amerikanischen Environmental Studies anknüpfen, plädieren dafür, die konzeptionell oft als homogen angenommene Umwelt zu pluralisieren. Sie zeigen, wie Umweltvorstellungen mithilfe räumlicher Analysen historisiert werden können. Die Umweltgeschichtsschreibung wird in Zukunft noch stärker fragen müssen, wie die Geschichte der Neuerfindung von Natur mit neuen räumlichen Ordnungen einhergeht und wie sich umgekehrt Umwelten erst als Neuverteilungen von Nähe und Distanz wie auch als Neubestimmungen des Verhältnisses von Mensch und Natur herstellen.

Techniktopologie und Bildtechnologie

Unter dem Titel »Topologie der Technik« hat sich an der Technischen Universität Darmstadt im Jahre 2006 mit einem von der Deutschen Forschungsgemeinschaft geförderten Graduiertenkolleg ein neuer interdisziplinärer Forschungsbereich konstituiert, der die Themen Raum, Umwelt und moderne Technik und Wissenschaft gemeinsam untersucht und dabei kultur-, sozial- und geisteswissenschaftliche mit ingenieurswissenschaftlichen Fragen und Ansätzen verbindet. Die raumbildende und rauminduzierte Macht von technischen Prozessen und Systemen wird auch anhand großräumiger und globaler Vernetzungen verkehrs- und informationstechnischer Art diskutiert. Anvisiert werden sowohl sozialräumliche Verknüpfungen von Stadt- und Umweltgeschichte in Themen der modernen städtischen Architekturen und ihren lokalen Infrastrukturen als auch medial vermittelte Räume, das Verhältnis von Körper und Raum, räumliche Strukturen und Architekturen allgemeiner Art, wie Computerarchitekturen, virtuelle Räume und technisch überwachte und kontrollierte öffentliche Räume. ›Raum‹ wird hier zum Angelpunkt der Analyse von Technikaneignung und -ausbreitung. Der Begriff der Topologie dient dabei als strategische Bezeichnung für die Erforschung solcher medialer technologischer ›Landschaften‹, die unsere Alltagsräume überlagern, untermauern und arrangieren.

Foucaults Modell des Panoptikons hat mit Blick auf Fragen der Wissensproduktion auch in der Epistemologie der Geistes- und Sozialwissenschaften implizit Wirkung gezeigt. Insbesondere in den Film- und Medienwissenschaften hatten sich Analysen von Blickstrukturen räumlicher Anordnungen äußerst produktiv in der Apparatustheorie und der psychoanalytisch-semiotischen Filmtheorie der 1970er und 1980er Jahre niedergeschlagen; in den 1990er Jahren war das Panoptikon als Raumanordnung mit medialen Effekten gar zu einem der zentralen Modelle der sich neu herausbildenden Medienwissenschaften geworden und bestimmte deren Konzentration auf die Analyse medialer Macht- und Wissenseffekte. Friedrich Kittlers breit rezipierte, aber auch als ›Technikdeterminismus‹ kritisierte Geschichte und Theorie technischer Medien – die dezidiert die jeweiligen Raumstrukturierungen (etwa Perspektive) insbesondere durch optische Techniken in den Blick nahm – scheint derzeit durch die zur Selbstverständlichkeit gewordene Bezugnahme der Mediengeschichte auf die Netzwerktheorie Latours abgelöst. Dies mag als Symptom gelten für die seit Ende der 1990er Jahre stattfindende Annäherung von Medienwissenschaften und Wissenschaftsforschung, in der sowohl eine verstärkte interdisziplinäre Beschäftigung mit den medialen Strukturen und Effekten naturwissenschaftlicher Erkenntnisproduktion zu beobachten ist, als auch die Bezugnahme auf Konzepte der Science Studies (›Netzwerke‹, ›boundary objects‹, ›epistemische Dinge‹ usw.) in den Medienwissenschaften. In den Blick geraten insbesondere nicht-optische Medien der Raumüberwindung wie Telegraph, Telefon, sowie kürzlich auch der Container und seine Funktion in globalisierten Ökonomien. Die medienwissenschaftliche Aufmerksamkeit für die Science Studies findet ihren Ausdruck zudem in der Gründung einer Arbeitsgruppe »Medienwissenschaft und Wissenschaftsforschung« im Rahmen der Gesellschaft für Medienwissenschaft im Jahre 2004, welche die Anschlusspunkte beider Felder erforscht und für eine Selbstverständnisdiskussion der Medienwissenschaften in Anschlag bringt.

Gleichzeitig ist in beiden Fächern, aber auch etwa in der Kunstgeschichte, eine Hinwendung zu naturwissenschaftlichen Visualisierungen – Inskriptionen im Sinne Latours – zu beobachten. Dem im Jahr 2000 als Teil des Hermann von Helmholtz-Zentrums für Kulturtechnik an der Humboldt-Universität zu Berlin gegründeten Projekt »Das Technische Bild« folgten im deutschsprachigen Raum eine ganze Reihe von bildwissenschaftlichen Forschungen. Einen Höhepunkt in diesem neuen Forschungsfeld bildet der 2005 vom Schweizerischen Nationalfonds an der Universität Basel eingerichtete Nationale Forschungsschwerpunkt »eikones – Bildkritik. Macht und Bedeutung der Bilder«. Schnittfelder mit den Science Studies bestehen nach wie vor etwa in Laborethnographien, welche die Produktionsseite der naturwissenschaftlichen Bilder in den Blick nehmen. Derzeit ist eine Verschiebung hin zu den medialen Eigenlogiken des Bildes, aber auch der Schrift zu beobachten, die sich von der Fokussierung auf naturwissenschaftliche Bilder zunehmend entkoppelt. Unter dem Thema des Bildes geraten auf diese Weise auch Fragen von Spatialität und Räumlichkeit in den Fokus. Das 2008 unter Federführung von Sybille Krämer eingerichtete Graduiertenkolleg »›Schriftbildlichkeit‹: Über Materialität, Wahrnehmbarkeit und Operativität von Notationen« an der Freien Universität Berlin fokussiert als interdisziplinärer Forschungszusammenhang die kulturtechnischen und -historischen Funktionen des Mediums Schrift – mit Blick auf ihre Zwischenräumlichkeit, Ikonizität und flächige Inskription – für Wissenschaft, Erkenntnis, Kunst und ästhetische Erfahrung.

In den Kultur- und Medienwissenschaften, der Soziologie, der Wissenschaftsforschung und im Feld der Surveillance Studies steht im Hinblick auf das Modell des Panoptikons wiederum inzwischen zur Debatte, inwieweit sich dessen zentralistische Topologie als Beschreibungsmodell globalisierter Gesellschaften und digitaler Datenerhebungen überhaupt noch eignet. Dabei entfacht gelegentlich eine Diskussion darüber, ob die neueren Modelle des Synoptikons und der Kontrollgesellschaft mit ihren jeweils alternativen Topologien der Macht als Ersatz- oder aber als Ergänzungsmodelle dienen können.

Eine weitere offene Frage schließlich betrifft die historische Verschiebung der Gewichtung von sozialkonstruktivistischen Ansätzen hin zu einer ›neuen Ontologie‹. Im konkreten Blick auf die Frage des Raumes erfreut sich die These von der ›Konstruiertheit‹ des Raumes in und durch Naturwissenschaften nach wie vor großer Beliebtheit. Im Zuge des neuen Kulturalismus ist Räumlichkeit, wie das Wissen selbst, immer öfter als eine reine Konstruktion verstanden worden, der keinerlei materielle Substanz zugrunde liegt. ›Raum‹ explizit in seinen materiellen Gegebenheiten und damit auch als eigenständigen Aktanten in den Blick zu nehmen – wie dies etwa in der École d'Annales und den Arbeiten Fernand Braudels (1902–1985) geschieht (s. Kap. III.1) –, ohne dabei jedoch deterministisch zu argumentieren, hat in der Wissenschaftsforschung außer durch Latour erkenntnistheoretisch kaum stattgefunden bzw. wäre – würde dies explizit thematisiert – hoch umstritten. Latour strebt mit seiner Akteur-Netzwerk-Theorie explizit eine ›Aussöhnung‹ von Konstruktivismus und Realismus an, die allerdings bislang keineswegs zu einer Entscheidung zugunsten der Ding-Aktanten geführt hat. Vielmehr hat die andauernde Debatte um die postmoderne Relativität oder Beliebigkeit des Wissens in den Science Studies zu einer polarisierenden Diskussion um die Wiedereinführung ontologischer Standpunkte geführt. Nur in Teilen gelingt es der Wissenschaftsforschung bislang, die sperrige Materialität der Welt, etwa der Objekt- und Dingkulturen oder der Widerständigkeit des Körpers (Mol 2003), auf eine Weise zu erfassen, die nicht in jene Position des Realismus und Objektivismus zurückfällt, die als essentialistische Haltung längst überwunden geglaubt war.

Literatur

Canguilhem, Georges: Le vivant et son milieu. In: Ders.: *La connaissance de la vie.* Paris 1952, 129–154.

Crampton, Jeremy W./Elden, Stuart (Hg.): *Space, Knowledge and Power. Foucault and Geography.* Hampshire/Burlington 2008.

Cronon, William (Hg.): *Uncommon Ground. Toward Reinventing Nature.* New York 1995.

Desrosières, Alain: *Die Politik der großen Zahlen. Eine Geschichte der statistischen Denkweise.* Berlin/Heidelberg/New York 2005 (frz. 1993).

Dierig, Sven/Lachmund, Jens/Mendelsohn, Andrew (Hg.): *Science and the City.* Chicago 2004.

Fan, Fa-ti: *British Naturalists in Qing China. Science, Empire and Cultural Encounter.* Cambridge/London 2004.

Foucault, Michel: *Überwachen und Strafen. Die Geburt des Gefängnisses.* Frankfurt a. M. 1994 (frz. 1975).

Fujimura, Joan H./Duster, Troy/Rajagopalan, Ramya: Matters of Consequence. Introduction: Race, Genetics, and Disease: Questions of Evidence. In: *Social Studies of Science* 38 (2008), 643–655.

Gaudillière, Jean-Paul/Rheinberger, Hans-Jörg (Hg.): *From Molecular Genetics to Genomics. The Mapping Cultures of Twentieth-Century Genetics.* 2 Bde. London/New York 2004.

Haraway, Donna J.: Situiertes Wissen. Die Wissenschaftsfrage im Feminismus und das Privileg einer partialen Perspektive. In: Dies.: *Die Neuerfindung der Natur. Primaten, Cyborgs und Frauen.* Frankfurt a. M. 1995, 73–97 (amerik. 1988).

Harding, Sandra (Hg.): *The Feminist Standpoint Theory Reader. Intellectual and Political Controversies.* New York/London 2004.

Klose, Alexander: *Das Container-Prinzip. Wie eine Box unser Denken verändert.* Hamburg 2009.

Knorr-Cetina, Karin: *Die Fabrikation von Erkenntnis. Zur Anthropologie der Naturwissenschaft.* Frankfurt a. M. [2]2002 (engl. 1981).

Latour, Bruno: Give Me a Laboratory and I Will Raise the World. In: Karin Knorr-Cetina/Michael Mulkay (Hg.): *Science Observed. Perspectives on the Social*

Study of Science. London/Beverly Hills/New Delhi 1983, 141–170.
–: Drawing Things Together. In: Michael Lynch/Steve Woolgar (Hg.): *Representation in Scientific Practice*. Cambridge/London 1990, 19–68.
–: *Wir sind nie modern gewesen. Versuch einer symmetrischen Anthropologie*. Berlin 1995 (frz. 1991).
–: *Das Parlament der Dinge. Für eine politische Ökologie*. Frankfurt a. M. 2001 (frz. 1999).
– /Woolgar, Steve: *Laboratory Life. The Construction of Scientific Facts*. Princeton 1979.
Livingstone, David N.: *Putting Science in its Place. Geographies of Scientific Knowledge*. Chicago 2003.
Meusburger, Peter/Jöns, Heike/Livingstone, David N. (Hg.): *Geographies of Science. Academic Mobility, Knowledge Spaces, and Public Encounter*. Berlin u. a. 2009.
Mitman, Gregg/Murphy, Michelle/Sellers, Christopher (Hg.): *Landscapes of Exposure. Knowledge and Illness in Modern Environments*. Chicago 2004.
Mol, Annemarie: *The Body Multiple. Ontology in Medical Practice*. Durham, N.C. 2003.
Outram, Dorinda: New Spaces in Natural History. In: Nicholas Jardine/James A. Secord/Emma C. Spary (Hg.): *Cultures of Natural History*. Cambridge 1996, 249–265.
Reardon, Jenny: *Race to the Finish. Identity and Governance in an Age of Genomics*. Princeton, N.J. 2005.
Rheinberger, Hans-Jörg: *Experiment, Differenz, Schrift. Zur Geschichte epistemischer Dinge*. Marburg, Lahn 1992.
– /Hagner, Michael (Hg.): *Die Experimentalisierung des Lebens. Experimentalsysteme in den biologischen Wissenschaften 1850/1950*. Berlin 1993.
– /Hagner, Michael/Wahrig-Schmidt, Bettina (Hg.): *Räume des Wissens. Repräsentation, Codierung, Spur*. Berlin 1997.
Schiebinger, Londa: *Plants and Empire. Colonial Bioprospecting in the Atlantic World*. Cambridge 2004.
Turnbull, David: *Masons, Tricksters and Cartographers. Comparative Studies in the Sociology of Scientific and Indigenous Knowledge*. Amsterdam 2000.

Christine Hanke/Sabine Höhler

IV. Anhang

1. Auswahlbibliographie

Einführungen, Handbücher, Überblicks-darstellungen

Agel, Henri: *L'éspace cinématographique*. Paris 1978.

Alexandroff, Paul/Hopf, Heinz: *Topologie*. Berlin 1935.

Arnold, Bradford H.: *Elementare Topologie. Anschauliche Probleme und grundlegende Begriffe*. Göttingen 1964 (amerik. 1962).

Atkinson, David/Jackson, Peter/Sibley, David/Washbourne, Neil (Hg.): *Cultural Geography. A Critical Dictionary of Key Concepts*. London/New York 2005.

Bachmann-Medick, Doris: *Cultural Turns. Neuorientierung in den Kulturwissenschaften*. Reinbek bei Hamburg 2006.

Barber, Peter (Hg.): *Das Buch der Karten. Meilensteine der Kartographie aus drei Jahrtausenden*. Darmstadt 2006 (engl. 2005).

Beck, Hanno: *Große Geographen. Pioniere – Außenseiter – Gelehrte*. Berlin 1983.

Bering, Kunibert/Rooch, Alarich: *Raum. Gestaltung, Wahrnehmung, Wirklichkeitskonstruktion*. 2 Bde. Oberhausen 2008.

Beringer, Carl Christoph: *Geschichte der Geologie und des geologischen Weltbildes*. Stuttgart 1954.

Bimber, Oliver/Raskar, Ramesh: *Spatial Augmented Reality. Merging Real and Virtual Worlds*. Wellesley 2005.

Blake, John: *Die Vermessung der Meere. Historische Seekarten*. Stuttgart 2007 (engl. 2005).

Boeder, Heribert: *Topologie der Metaphysik*. Freiburg i. Br./München 1980.

Böhnisch, Lothar/Münchmeier, Richard: *Pädagogik des Jugendraums. Zur Begründung und Praxis einer sozialräumlichen Jugendpädagogik*. Weinheim/München 1990.

Bonnes, Mirilia/Secchiaroli, Gianfranco: *Environmental Psychology. A Psycho-Social Introduction*. London/Thousand Oaks/New Delhi 1995 (ital. 1992).

Bonta, Mark/John Protevi: *Deleuze and Geophilosophy. A Guide and Glossary*. Edinburgh 2004.

Bopp, Matthias/Nohr, Rolf F./Wiemer, Serjoscha (Hg.): *Shooter. Eine multidisziplinäre Einführung*. Münster 2009.

Bordwell, David/Staiger, Janet/Thompson, Kritin (Hg.): *The Classical Hollywood Cinema. Film Style and Mode of Production to 1960*. London 1985.

Born, Max: *Die Relativitätstheorie Einsteins und ihre physikalischen Grundlagen*. Berlin/Heidelberg/New York [7]2003.

Borries, Friedrich von/Walz, Steffen P./Böttger, Matthias (Hg.): *Space Time Play. Games, Architecture, and Urbanism – The Next Level*. Basel/Boston/Berlin 2007.

Boyer, Carl B.: *History of Analytic Geometry*. New York 1956.

Braun, Walter: *Philosophie des Raumes*. Cuxhaven/Dartford 1996.

Bugayevskiy, Lev M./Snyder, John P.: *Map Projections. A Reference Manual*. London 1995.

Buttmann, Günther: *Friedrich Ratzel, Leben und Werk eines deutschen Geographen*. Stuttgart 1977.

Büttner, Manfred (Hg.): *Abhandlungen und Quellen zur Geschichte der Geographie und Kosmologie*. 3 Bde. Paderborn/München/Wien/Zürich 1979/80/82.

Canters, Frank/Decleir, Hugo (Hg.): *The World in Perspective. A Directory of World Map Projections*. Chichester 1989.

Čapek, Milič (Hg.): *The Concepts of Space and Time. Their Structure and Their Development*. Dordrecht/Boston 1976.

Carrier, Martin: *Raum-Zeit*. Berlin/New York 2009.

Casey, Edward: *The Fate of Place. A Philosophical History*. Berkeley/Los Angeles/London 1997.

Castro Varela, María do Mar//Dhawan, Nikita: *Postkoloniale Theorie. Eine kritische Einführung*. Bielefeld [2]2010.

Christensen, Ferrel M. (Hg.): *Space-Like Time. Consequences of, Alternatives to, and Arguments Regarding the Theory That Time Is Like Space*. Toronto/Buffalo/London 1993.

Ciompi, Luc: *Außenwelt – Innenwelt. Zur Entstehung von Zeit, Raum und psychischen Strukturen*. Göttingen 1988.

Comment, Bernard: *Das Panorama. Die Geschichte einer vergessenen Kunst*. Berlin 2000 (frz. 1993).

Crang, Mike/Thrift, Nigel (Hg.): *Thinking Space. Critical Geographies*. London/New York 2000.

Crasswell, Tim: *Place. A Short Introduction*. Malden/Oxford/Carlton 2004.

Deinet, Ulrich (Hg.): *Sozialräumliche Jugendarbeit. Grundlagen, Methoden und Praxiskonzepte*. Wiesbaden 2005.

Deleuze, Gilles: *Woran erkennt man den Strukturalismus?* Berlin 1992 (frz. 1973).

Dickel, Mirka/Kanwischer, Detlef (Hg.): *TatOrte. Neue Raumkonzepte didaktisch inszeniert.* Berlin u.a. 2006.

Dodds, Klaus/Atkinson, David (Hg.): *Geopolitical Traditions. A Century of Geopolitcal Thought.* London/New York 2000.

Dodge, Martin/Kitchin, Rob: *Atlas of Cyberspace.* Edinburgh/London 2001.

Doob, Penelope Reed: *The Idea of the Labyrinth from Classical Antiquity through the Middle Ages.* Ithaca/London 1992.

Dreyer, Mechthild/Joisten, Karen (Hg.): *Räume des Wissens. Grundpositionen in der Geschichte der Philosophie.* Bielefeld 2010.

Dunning, William V.: *Changing Images of Pictorial Space. A History of Spatial Illusion in Painting.* Syracuse 1991.

Eaton, Ruth: *Die ideale Stadt. Von der Antike bis zur Gegenwart.* Berlin 2001.

Eckhardt, Frank: *Soziologie der Stadt.* Bielefeld 2004.

Eddington, Arthur S.: *Space, Time and Gravitation. An Outline of the General Relativity Theory.* Cambridge 1920

Edson, Evelyn/Savage-Smith, Emelie/Brincken, Anna-Dorothee von den: *Der mittelalterliche Kosmos. Karten der christlichen und islamischen Welt.* Darmstadt 2005 (engl. 2004).

Eigmüller, Monika/Vobruba, Georg (Hg.): *Grenzsoziologie. Die politische Strukturierung des Raumes.* Wiesbaden 2006.

Eilan, Naomi/McCarthy, Rosaleen/Brewer, Bill (Hg.): *Spatial Representation. Problems in Philosophy and Psychology.* Oxford/New York 1993.

Elden, Stuart: *Understanding Henri Lefebvre. Theory and the Possible.* London/New York 2004.

Eliot, John/Smith, Ian M.: *International Directory of Spatial Tests.* Windsor 1983.

Elsaesser, Thomas/Buchland, Warren: *Studying Contemporary American Film. A Guide to Movie Analysis.* London/New York 2002.

Fink, Eugen: *Zur Ontologischen Frühgeschichte von Raum – Zeit – Bewegung.* Den Haag 1957.

Francis, George K.: *A Topological Picturebook.* New York u.a. 1987.

François, Etienne/Schulze, Hagen (Hg.): *Deutsche Erinnerungsorte.* 3 Bde. München 2001.

Gent, Werner: *Die Philosophie des Raumes und der Zeit.* 2 Bde. Bonn 1926–30.

Geyer, Bernhard: *Scheinwelten. Die Geschichte der Perspektive.* Leipzig 1994.

Glacken, Clarence J.: *Traces on the Rhodian Shore. Nature and Culture in Western Thought from Ancient Times to the End of the Eighteenth Century.* Berkeley/Los Angeles 1967.

Glasze, Georg/Mattissek, Annika (Hg.): *Handbuch Diskurs und Raum. Theorien und Methoden für die Humangeographie sowie die sozial- und kulturwissenschaftliche Raumforschung.* Bielefeld 2009.

Gold, John R.: *An Introduction to Behavioural Geography.* Oxford 1980.

Golledge, Reginald G./Stimson, Robert J.: *Spatial Behavior. A Geographic Perspective.* New York 1997.

Gosztonyi, Alexander: *Der Raum. Geschichte seiner Probleme in Philosophie und Wissenschaften.* 2 Bde. Freiburg i.Br./München 1976.

Grant, Edward: *Much Ado about Nothing. Theories of Space and Vacuum from the Middle Ages to the Scientific Revolution.* Cambridge/London 1981.

Günzel, Stephan: *Maurice Merleau-Ponty. Werk und Wirkung.* Wien 2007.

– (Hg.): *Raumwissenschaften.* Frankfurt a.M. 2009.

Hagen, Margaret A. (Hg.): *Alberti's Window. The Projective Model of Pictorial Information.* New York u.a. 1980.

Hake, Günter/Grünreich, Dietmar/ Meng, Liqiu (Hg.): *Kartographie. Visualisierung raum-zeitlicher Informationen.* Berlin [8]2002.

Harley, John B./Woodward, David (Hg.): *The History of Cartography.* 6 Bde. Chicago/London 1987ff.

Harwood, Jeremy: *Hundert Karten, die die Welt veränderten.* Hamburg 2007 (amerik. 2006).

Häußermann, Hartmut/Ipsen, Detlev/Krämer-Badoni, Thomas/Rodenstein, Marianne/Siebel, Walter: *Stadt und Raum. Soziologische Analysen.* Pfaffenweiler 1991.

Hawking, Stephen/Penrose, Roger (2000): *Raum und Zeit.* Reinbek bei Hamburg 2000 (amerik. 1996).

Henckel, Dietrich/Ebeling, Matthias (Hg.): *Raumzeitpolitik.* Opladen 2002.

Hodder, Ian/Orton, Clive: *Spatial Analysis in Archaeology.* Cambridge 1976.

Holenstein, Elmar: *Philosophie-Atlas. Orte und Wege des Denkens.* Zürich 2004.

Howard, Ian P./Rogers, Brian J.: *Binocular Vision and Stereopsis.* New York/Oxford 1995.

Hubbard, Phil/Kitchin, Rob/Valentine, Gill (Hg.): *Key Thinkers on Space and Place.* London 2004.

Izutsu, Toshihiko/Izutsu, Toyo: *Die Theorie des Schönen in Japan. Beiträge zur klassischen japanischen Ästhetik.* Köln 1988 (engl. 1981).

Jacobsen, Hans-Adolf: *Karl Haushofer. Leben und Werk.* Boppard 1979.

Jammer, Max: *Das Problem des Raumes. Die Entwicklung der Raumtheorien.* Darmstadt [2]1980 (amerik. 1954).

Jänich, Klaus: *Topologie.* Berlin/Heidelberg/New York [8]2008.

Jantzen, Hans: *Über den kunstgeschichtlichen Raumbegriff.* Darmstadt [2]1962.
Jay, Martin: *Downcast Eyes. The Denigration of Vision in Twentieth-Century French Thought.* Berkeley/Los Angeles 1993.
Jenkin, Michael R.M./Harris, Laurence R. (Hg.): *Seeing Spatial Form.* Oxford u. a. 2006.
Jüngst, Peter: *Territorialität und Psychodynamik. Eine Einführung in die Psychogeographie.* Gießen 2000.
Kaminski, Winfried/Witting, Tanja (Hg.): *Digitale Spielräume. Basiswissen Computer- und Videospiele.* München 2007.
Kanitscheider, Bernulf: *Geometrie und Wirklichkeit.* Berlin 1971.
Kern, Hermann: *Labyrinthe – Erscheinungsformen und Deutungen. 5000 Jahre Gegenwart eines Urbilds.* München [4]1999.
Kessl, Fabian/Reutlinger, Christian: *Sozialraum. Eine Einführung.* Wiesbaden 2007.
– / – (Hg.): *Schlüsselwerke der Sozialraumforschung. Traditionslinien in Texten und Kontexten.* Wiesbaden 2008.
– / – /Maurer, Susanne/Frey, Oliver (Hg.): *Handbuch Sozialraum.* Wiesbaden 2005.
Kohlstock, Peter: *Kartographie. Eine Einführung.* Paderborn/München/Wien/Zürich 2004.
Kowalsky, Hans-Joachim: *Topologische Räume.* Basel/Stuttgart 1961.
Krell, David Farrell: *Nietzsche der gute Europäer. Die Landschaften seines Lebens.* München 2000 (amerik. 1997).
Kronsteiner, Barbara: *Zeit, Raum, Struktur. Fernand Braudel und die Geschichtsschreibung in Frankreich.* Wien 1989.
Kruft, Hanno-Walter: *Geschichte der Architekturtheorie. Von der Antike bis zur Gegenwart.* München [5]2004.
Krumbein, Wolfgang/Frieling, Hans-Dieter von/Kröcher, Uwe/Sträter, Detlev (Hg.): *Kritische Regionalwissenschaft. Gesellschaft, Politik, Raum – Theorien und Konzepte im Überblick.* Münster 2008.
Levinson, Steven C./Wilkins, David (Hg.): *Grammars of Space. Explorations in Cognitive Diversity.* Cambridge/London 2006.
Lindberg, David C.: *Auge und Licht im Mittelalter. Die Entwicklung der Optik von Alkindi bis Kepler.* Frankfurt a. M. 1987 (amerik. 1976).
Löw, Martina: *Raumsoziologie.* Frankfurt a. M. 2001.
– /Steets, Silke/Stoetzer, Sergej (Hg.): *Einführung in die Stadt- und Raumsoziologie.* Opladen [2]2008.
Lukas, Josef: *Psychophysik der Raumwahrnehmung.* Weinheim 1996.
Mainzer, Klaus: *Die Geschichte der Geometrie.* Mannheim/Wien/Zürich 1980.
Majid, Shahn (Hg.): *On Space and Time.* Cambridge/New York 2008.
Martin, Jochen/Zoepffel, Renate (Hg.): *Aufgaben, Rollen und Räume von Frau und Mann.* München 1989.
Maurer, Michael (Hg.): *Aufriss der Historischen Wissenschaften.* Bd. 2: *Räume.* Stuttgart 2001.
Mazzola, Guerino (Hg.): *The Topos of Music. Geometric Logic of Concepts, Theory, and Performance.* Basel/Boston/Berlin 2002.
Merleau-Ponty, Maurice: *Die Natur.* München 2000 (frz. 1995).
Mitry, Jean: *The Aesthetics and Psychology of the Cinema.* Bloomington/Indianapolis 1997 (frz. 1963).
Mlodinow, Leonard: *Euclid's Window. The Story of Geometry from Parallel Lines to Hyperspace.* New York 2001.
Moretti, Franco: *Atlas des europäischen Romans. Wo die Literatur spielte.* Köln 1999 (ital. 1998).
Moritz, Ralf/Rüstau, Hiltrud/Hoffmann, Gerd-Rüdiger (Hg.): *Wie und warum entstand Philosophie in verschiedenen Regionen der Erde?* Berlin 1988.
Müller, Gerhard H.: *Friedrich Ratzel (1844–1904). Naturwissenschaftler, Geograph, Gelehrter.* Stuttgart 1996.
Müller, Klaus E.: *Geschichte der antiken Ethnologie.* Reinbek bei Hamburg 1997.
Mumford, Lewis: *Die Stadt. Geschichte und Ausblick.* 2 Bde. München 1979 (amerik. 1961).
Nakagawa, Takeshi: *The Japan House. In Space, Memory and Language.* Tokyo 2005 (jap. 2002).
Newcombe, Nora S./Huttenlocher, Janellen: *Making Space. The Development of Spatial Representation and Reasoning.* Cambridge/London 2000.
Nitschke, Günter: *Gartenarchitektur in Japan. Rechter Winkel und natürliche Form.* Köln 1991 (engl. 1991).
Nora, Pierre (Hg.): *Erinnerungsorte Frankreichs.* München 2005 (frz. 1984–92).
Oettermann, Stephan: *Das Panorama. Die Geschichte eines Massenmediums.* Frankfurt a. M. 1980.
Oldroyd, David: *Thinking about the Earth. A History of Ideas in Geology.* London 1996.
O'Loughlin, John (Hg.): *Dictionary of Geopolitics.* Westport/London 1994.
Pahl, Jürgen: *Architekturtheorie des 20. Jahrhunderts. Zeit-Räume.* München/London/New York 1999.
Peet, Richard: *Modern Geographical Thought.* Oxford/Malden 1998.
Penrose, Roger: *The Road to Reality. A Complete Guide to the Laws of the Universe.* London/New York 2004.
Petermann, Werner: *Die Geschichte der Ethnologie.* Wuppertal 2004.
Peters, Hugo: *Der Äugel. Die Kunst des räumlichen Zeichnens.* Leipzig 1964.
Reichardt, Hans: *Gauß und die Anfänge der nicht-euklidischen Geometrie.* Leipzig 1985.
Reichenbach, Hans: *Axiomatik der relativistischen Raum-Zeit-Lehre.* Braunschweig 1924.

Rhys, Ernest (Hg.): *Samuel Butler's Atlas of Ancient and Classical Geography*. London 1909.

Riege, Marlo/Schubert, Herbert (Hg.): *Sozialraumanalyse. Grundlagen – Methoden – Praxis*. Opladen ²2005.

Robinson, Arthur H./Petchenik, Barbara B.: *The Nature of Maps. Essays toward Understanding Maps and Mapping*. Chicago/London 1976.

Rupp, Hartmut (Hg.): *Handbuch der Kirchenpädagogik. Kirchenräume wahrnehmen, deuten und erschließen*. Stuttgart ²2008.

Sammet, Gerald: *Die Welt der Karten. Historische und moderne Kartografie im Dialog*. Gütersloh 2008.

Schlick, Moritz: *Raum und Zeit in der gegenwärtigen Physik*. Berlin 1922.

Schmithüsen, Josef: *Allgemeine Geosynergetik. Grundlagen der Landschaftskunde*. Berlin/New York 1976.

Schmitz, Emil-Heinz: *Handbuch zur Geschichte der Optik*. 2 Bde. Bonn 1981/82.

Schneider, Ute: *Die Macht der Karten. Eine Geschichte der Kartographie vom Mittelalter bis heute*. Darmstadt ²2006.

Schweizer, Harro (Hg.): *Sprache und Raum. Psychologische und linguistische Aspekte der Aneignung und Verarbeitung von Räumlichkeit*. Stuttgart 1985.

Siepmann, Eckhard (Hg.): *Der Zerfall eines alten Raumes. Brüche in der Geschichte des Blicks*. Berlin 1988.

Simony, Károly: *Kulturgeschichte der Physik. Von den Anfängen bis heute*. Frankfurt a. M. 2004.

Snyder, John P.: *Flattening the Earth. Two Thousand Years of Map Projections*. Chicago/London 1993.

Stauth, Georg: *Ägyptische heilige Orte*. 3 Bde. Bielefeld 2005–09.

Stokols, Daniel/Altman, Irwin (Hg.): *Handbook of Environmental Psychology*. Malabar 1991.

Summers, David: *Real Spaces. World Art History and the Rise of Western Modernism*. London/New York 2003.

Szabó, Árpád: *Das geozentrische Weltbild. Astronomie, Geographie und Mathematik der Griechen*. München 1992.

Torge, Wolfgang: *Geschichte der Geodäsie in Deutschland*. Berlin ²2009.

Trendelenburg, Wilhelm: *Der Gesichtssinn. Grundzüge der physiologischen Optik*. Berlin ²1961.

Trinh, T. Minh-ha: *Woman, Native, Other. Writing Postcoloniality and Feminism*. Indiana 1989.

Tufnell, Miranda/Crickmay, Chris: *Body Space Image. Notes Toward Improvisation and Performance*. London 1990.

Urban, Michael/Weiser, Ulrich: *Kleinräumige Sozialraumanalyse. Theoretische Grundlagen und praktische Durchführung*. Dresden 2006.

Vater, Heinz: *Einführung in die Raum-Linguistik*. Köln 1991.

Vatsyayan, Kapila (Hg.): *Concepts of Space. Ancient and Modern*. New Delhi 1991.

Vogt-Göknil, Ulya: *Architekturbeschreibung und Raumbegriff bei neueren Kunsthistorikern*. Leiden 1951.

Wagenbreth, Otfried: *Geschichte der Geologie in Deutschland*. Stuttgart 1999.

Weichhart, Peter: *Entwicklungslinien der Sozialgeographie. Von Hans Bobek bis Benno Werlen*. Stuttgart 2008.

Weitzenböck, Roland W.: *Der vierdimensionale Raum*. Basel/Stuttgart 1956.

Werlen, Benno: *Sozialgeographie*. Bern/Stuttgart/Wien ³2008.

Wertheim, Margaret: *Die Himmelstür zum Cyberspace. Eine Geschichte des Raumes von Dante zum Internet*. Zürich 2000 (amerik. 1999).

Westphal, Christian: *Von der Philosophie zur Physik der Raumzeit*. Frankfurt a. M. u. a. 2002.

Weyl, Hermann: *Raum, Zeit, Materie. Vorlesungen über allgemeine Relativitätstheorie*. Berlin ⁵1923.

Wheatley, David/Gillings, Mark: *Spatial Technology and Archaeology. The Archaeological Applications of GIS*. London/New York 2002.

Whittaker, Edmund Taylor: *Space and Spirit. Theories of the Universe and the Arguments for the Existence of God*. London 1946.

Wiles, David: *A Short History of Western Performance Space*. Cambridge/London 2003.

Willats, John: *Art and Representation. New Principles in the Analysis of Pictures*. Princeton 1997.

Wright, John K.: *The Geographical Lore of the Time of the Crusades. A Study in the History of Medieval Science and Tradition in Western Europe*. New York 1925.

Yamiha, Dir: *Bilder des Mittelmeer-Raumes. Phasen und Themen der ethnologischen Forschung seit 1945*. Münster 2005.

Zee, Emile van der/Slack, Jon M. W. (Hg.): *Representing Direction in Language and Space*. Oxford 2003.

Moderne Schlüsseltexte

Aarseth, Espen J.: *Cybertext. Perspectives on Ergodic Literature*. Baltimore 1997.

Abbott, Edwin A.: *Flächenland. Eine Geschichte von den Dimensionen*. Leipzig 1929 (engl. 1884).

Agamben, Giorgio: *Homo sacer. Die souveräne Macht und das nackte Leben*. Frankfurt a. M. 2002 (ital. 1995).

–: *Ausnahmezustand*. Frankfurt a. M. 2004 (ital. 2003).

Alliaumé, Jean-Marie/Barret-Kriegel, Blandine/Béguin, François/Rancière, Danielle/Thalamy, Anne: *Politiques de l'habitat (1800–1850)*. Paris 1977.

Alpers, Svetlana: *Kunst als Beschreibung. Holländische*

Malerei des 17. Jahrhunderts. Köln 1985 (amerik. 1983).
Anders, Günther: *Reflexionen vom Mond. Reflexionen über Weltraumflüge.* München 1970.
Anderson, Perry: *Über den westlichen Marxismus.* Frankfurt a. M. 1978 (engl. 1976).
Ansermet, Ernest: *Die Grundlagen der Musik im menschlichen Bewußtsein.* München 1965 (frz. 1961).
Appia, Adolphe: *Die Musik und die Inscenierung.* München 1899.
Arendt, Hannah: *Vita Activa oder Vom tätigen Leben.* München 1981 (amerik. 1958).
Aries, Philippe: *Geschichte des Todes.* München 1980 (frz. 1978).
Arnheim, Rudolf: *Film als Kunst.* Berlin 1932.
–: *Kunst und Sehen. Eine Psychologie des schöpferischen Auges.* Berlin/New York 1965 (amerik. 1954).
Artin, Michael/Grothendieck, Alexander/Verdier, Jean-Louis: *Théorie des topos et cohomologie étale des schémas.* 3 Bde. Berlin/Heidelberg/New York 1972/73.
Assmann, Jan: *Das kulturelle Gedächtnis. Schrift, Erinnerung und politische Identität in frühen Hochkulturen.* München 1992.
Auerbach, Erich: *Mimesis. Dargestellte Wirklichkeit in der abendländischen Literatur.* Bern 1946.
Augé, Marc: *Orte und Nicht-Orte. Vorüberlegungen zu einer Ethnologie der Einsamkeit.* Frankfurt a. M. 1994 (frz. 1992).
Bachelard, Gaston: *L'Expérience de l'espace dans la physique contemporaine.* Paris 1937.
–: *Zyklus der Elemente.* 5 Bde. Paris 1938–48.
–: *Poetik des Raumes.* München 1960 (frz. 1957).
Bachofen, Johann J.: *Das Mutterrecht. Eine Untersuchung über die Gynaikokratie der alten Welt nach ihrer religiösen und rechtlichen Natur.* Stuttgart 1861.
Bachtin, Michail M.: *Chronotopos* [1938]. Frankfurt a. M. 2008 (russ. 1975).
Badiou, Alain: *Das Sein und das Ereignis.* Berlin 2005 (frz. 1988).
Badt, Kurt: *Raumphantasien und Raumillusionen. Wesen der Plastik.* Köln 1963.
Bahrdt, Hans P.: *Die moderne Großstadt. Soziologische Überlegungen zum Städtebau.* Hamburg 1961.
Balibar, Étienne/Wallerstein, Immanuel: *Rasse – Klasse – Nation. Ambivalente Identitäten.* Hamburg 1990 (frz. 1988).
Barker, Roger G.: *Ecological Psychology. Concepts and Methods for Studying the Environment of Human Behavior.* Stanford 1968.
Bartels, Dietrich: *Zur wissenschaftstheoretischen Grundlegung einer Geographie des Menschen.* Wiesbaden 1968.
Barth, Hans Paul: *Die moderne Großstadt. Soziologische Überlegungen zum Städtebau.* Reinbek bei Hamburg 1961.
Barthes, Roland: *Literatur oder Geschichte.* Frankfurt a. M. 1969 (frz. 1962).
–: *Im Reich der Zeichen.* Frankfurt a. M. 1981 (frz. 1970).
Bataille, Georges: *Kritisches Wörterbuch.* Berlin 2005 (frz. 1929–34).
Bateson, Gregory: *Die Ökologie des Geistes. Anthropologische, psychologische, biologische und epistemologische Perspektiven.* Frankfurt a. M. 1981 (engl. 1972).
Baudelaire, Charles: *Die künstlichen Paradiese.* München 1925 (frz. 1860).
Baudrillard, Jean: *Amerika.* München 1995 (frz. 1986).
–: *Das System der Dinge. Über unser Verhältnis zu den alltäglichen Gegenständen.* Frankfurt/New York 1991 (frz. 1968).
Bauman, Zygmunt: *Postmoderne Ethik.* Hamburg 1995 (engl. 1993).
Bazin, André: *Was ist Film?* Berlin 2004 (frz. 1958–62).
Beauvoir, Simone de: *Das andere Geschlecht. Sitte und Sexus der Frau.* Reinbek b. Hamburg 1968 (frz. 1949).
Becker, Oskar: *Beiträge zur phänomenologischen Begründung der Geometrie und ihrer physikalischen Anwendung.* Freiburg i. Br. 1922.
Beckett, Samuel: *Quadrat. Stücke für das Fernsehen.* Frankfurt a. M. 1996 (engl. 1981).
Belyj, Andrej: *Petersburg.* München 1919 (russ. 1913).
Benjamin, Walter: *Das Kunstwerk im Zeitalter seiner technischen Reproduzierbarkeit.* Frankfurt a. M. 1963 (frz. 1936).
–: *Das Passagen-Werk (1927–1940).* Frankfurt a. M. 1982.
Bense, Max: *Raum und Ich. Eine Philosophie über den Raum.* Berlin 1934.
Benz, Ernst: *Geist und Landschaft.* Stuttgart 1972.
Berg, Jan Hendrik van den u. a.: *Situation. Beiträge zur phänomenologischen Psychologie und Psychopathologie.* Utrecht/Antwerpen 1956.
Bergson, Henri: *Materie und Gedächtnis. Eine Abhandlung über die Beziehung zwischen Körper und Geist.* Hamburg 1991 (frz. 1896).
Bertram, Ernst: *Nietzsche. Versuch einer Mythologie.* Berlin 1918.
Bhabha, Homi: *Die Verortung der Kultur.* Tübingen 2000 (engl. 1994).
Binswanger, Ludwig: *Zur Problematik der psychiatrischen Forschung und zum Problem der Psychiatrie.* Bern 1955.
Bloch, Ernst: *Das Prinzip Hoffnung.* 3 Bde. Berlin 1954–59.

Bloch, Marc: *Apologie der Geschichte oder Der Beruf des Historikers*. Stuttgart 1974 (frz. 1949).

Blumenberg, Hans: *Die Genesis der kopernikanischen Welt*. 3 Bde. Frankfurt a. M. 1975.

Boas, Franz: *Kultur und Rasse*. Leipzig 1914 (amerik. 1911).

Böhme, Gernot: *Atmosphäre*. Frankfurt a. M. 1995.

– /Böhme, Hartmut: *Das Andere der Vernunft. Zur Entwicklung von Rationalitätsstrukturen am Beispiel Kants*. Frankfurt a. M. 1983.

Bollnow, Otto Friedrich: *Mensch und Raum*. Stuttgart/Berlin/Köln 1963.

Bolter, Jay David: *Writing Space. The Computer, Hypertext, and the History of Writing*. Hillsdale 1991.

Borges, Luis: *Das Aleph*. Frankfurt a. M. 1992 (span. 1944).

Boulez, Pierre: *Musikdenken heute*. Mainz 1963.

Bourbaki, Nicolas: *Éléments de mathématique*. 9 Bde. Paris 1939–83.

Bourdier, Jean-Paul/Trinh, T. Minh-Ha: *African Spaces. Designs for Living in Upper Volta*. New York 1985.

Bourdieu, Pierre: *Die feinen Unterschiede. Kritik der gesellschaftlichen Urteilskraft*. Frankfurt a. M. 1987 (frz. 1979).

–: *Sozialer Raum und ›Klassen‹*. Frankfurt a. M. 1985 (frz. 1984).

–: *Die politische Ontologie Martin Heideggers*. Frankfurt a. M. 1988 (frz. 1988).

Braudel, Fernand: *Das Mittelmeer und die mediterrane Welt in der Epoche Philipps II*. 3. Bde. Frankfurt a. M. 1996 (frz. 1949).

–: *Die Geschichte der Zivilisation. 15. bis 18. Jahrhundert*. München 1971 (frz. 1967).

Braun, Julius: *Historische Landschaften*. Stuttgart 1867.

Brentano, Franz: *Philosophische Untersuchungen zu Raum, Zeit und Kontinuum (1906–17)*. Hamburg 1976.

Bronfenbrenner, Uri: *Die Ökologie der menschlichen Entwicklung, Natürliche und geplante Experimente*. Frankfurt a. M. 1989 (amerik. 1979).

Brunner, Otto: *Land und Herrschaft. Grundfragen der territorialen Verfassungsgeschichte Österreichs im Mittelalter*. Baden bei Wien u. a. 1939.

Buckminster Fuller, Richard: *Bedienungsanleitung für das Raumschiff Erde und andere Schriften*. Amsterdam/Dresden 1998 (amerik. 1969).

Bühler, Karl: *Sprachtheorie. Die Darstellungsfunktion der Sprache*. Jena 1934.

Burch, Noël: *Praxis du cinéma*. Paris 1969.

Burckhardt, Jacob: *Der Cicerone. Eine Anleitung zum Genuß der Kunstwerke Italiens*. Basel 1855.

Butler, Judith: *Das Unbehagen der Geschlechter*. Frankfurt a. M. 1991 (amerik. 1990).

Butler, Samuel: *Life and Habit*. London 1878.

–: *Ergindwon oder jenseits der Berge*. Leipzig 1879 (engl. 1872).

Buttimer, Anne: *Geography and the Human Spirit*. Baltimore/London 1993.

Camus, Albert: *Hochzeit des Lichts. Impressionen am Rande der Wüste*. Zürich 1954 (frz. 1938).

Canetti, Elias: *Masse und Macht*. Hamburg 1960.

Cantor, Georg: *Über unendliche, lineare Punktmannigfaltigkeiten (1872–1884)*. Leipzig 1984.

Carnap, Rudolf: *Der Raum. Ein Beitrag zur Wissenschaftslehre*. Berlin 1922.

Carroll, Lewis: *Alice's Abenteuer im Wunderland*. Leipzig 1869 (engl. 1865).

Carus, Carl G.: *Neun Briefe über Landschaftsmalerei (1815–1824)*. Leipzig 1831.

Cassirer, Ernst: *Philosophie der symbolischen Formen*. 3 Bde. Berlin 1923–29.

Castells, Manuel: *Die kapitalistische Stadt. Ökonomie und Politik der Stadtentwicklung*. Hamburg 1977 (frz. 1973).

–: *The Informational City*. Oxford/Malden 1989.

–: *Der Aufstieg der Netzwerkgesellschaft*. Opladen 2001 (amerik. 1996).

Certeau, Michel de: *Das Schreiben der Geschichte*. Frankfurt a. M./New York 1991 (frz. 1975).

–: *Kunst des Handels*. Berlin 1988 (frz. 1980).

Chamberlain, Houston S.: *Die Grundlagen des neunzehnten Jahrhunderts*. München 1899.

Christaller, Walter: *Die zentralen Orte in Süddeutschland*. Jena 1933.

Clausewitz, Carl von: *Vom Kriege*. Berlin 1832–34.

Conrad-Martius, Hedwig: *Der Raum*. München 1958.

Corbin, Alain: *Meereslust. Das Abendland und die Entdeckung der Küste*. Frankfurt a. M. 1994 (frz. 1988).

Cosgrove, Denis: *Social Formation and Symbolic Landscape*. Madison/London 1984.

Craig, E. Gordon: *Die Kunst des Theaters*. Berlin 1905 (engl. 1905).

Crary, Jonathan: *Techniken des Betrachters. Sehen und Moderne im 19. Jahrhundert*. Dresden/Basel 1996 (amerik. 1990).

Cuvier, Georges: *Die Umwälzungen der Erdrinde in naturwissenschaftlicher und geschichtlicher Beziehung*. 2 Bde. Bonn 1830 (Paris 1825).

Cyon, Elias von: *Das Ohrlabyrinth als Organ der mathematischen Sinne für Raum und Zeit*. Berlin 1908.

Damisch, Hubert: *Der Ursprung der Perspektive*. Zürich/Berlin 2010 (frz. 1987).

Darwin, Charles: *Reisen eines Naturforschers um die Welt*. Stuttgart 1875 (engl. 1839).

–: *Über die Entstehung der Arten im Thier- und Pflanzenreich durch natürliche Züchtung oder Erhaltung der vervollkommneten Rassen im Kampfe um's Daseyn*. Stuttgart 1860 (engl. 1859).

Davis, Mike: *City of Quartz. Ausgrabungen der Zukunft in Los Angeles*. Berlin/Hamburg 1994 (engl. 1990).

Debord, Guy: *Die Gesellschaft des Spektakels*. Berlin 1996 (frz. 1971).

Deleuze, Gilles: *Das Bewegungs-Bild. Kino 1*. Frankfurt a. M. 1997 (frz. 1983).

–: *Die Falte. Leibniz und der Barock*. Frankfurt a. M. 2000 (frz. 1988).

–: *Foucault*. Frankfurt a. M. 1987 (frz. 1986).

– /Guattari, Felix: *Tausend Plateaus*. Berlin 1992 (frz. 1980).

– / –: *Was ist Philosophie?* Frankfurt a. M. 1996 (frz. 1991).

Derrida, Jacques: *Husserls Weg in die Geschichte am Leitfaden der Geometrie*. München 1987 (frz. 1962).

–: *Randgänge der Philosophie*. Wien 1988 (frz. 1972).

–: *Geschlecht*. Wien 1988 (frz. 1987).

–: *Chora*. Wien 1990 (frz. 1987).

–: *Das andere Kap. Die vertagte Demokratie*. Frankfurt a. M. 1992 (frz. 1991).

Diamond, Jared: *Arm und Reich. Die Schicksale menschlicher Gesellschaft*. Frankfurt a. M. 2006 (amerik. 1997).

Diesel, Eugen: *Die deutsche Wandlung. Das Bild eines Volkes*. Stuttgart/Berlin 1929.

Dingler, Hugo: *Die Grundlagen der Geometrie. Ihre Bedeutung für Philosophie, Mathematik, Physik und Technik*. Stuttgart 1933.

Döblin, Alfred: *Berlin Alexanderplatz*. Berlin 1929.

Downs, Roger M./Stea, David: *Kognitive Karten. Die Welt in unseren Köpfen*. New York 1982 (amerik. 1977).

Duerr, Hans Peter: *Der Mythos vom Zivilisationsprozess*. 5 Bde. Frankfurt a. M. 1988–2005.

Duhamel, Georges: *Europäische Herzensgeographie*. Freudenstadt 1948 (frz. 1931).

Dürckheim, Karlfried von: *Untersuchungen zum gelebten Raum*. München 1932.

Durkheim, Émile: *Die elementaren Formen des religiösen Lebens*. Frankfurt a. M. 1981 (frz. 1912).

Ebeling, Siegfried: *Der Raum als Membran*. Dessau 1926.

Eco, Umberto: *Semiotik und Philosophie der Sprache*. München 1985 (ital. 1984).

Egli, Emil: *Mensch und Landschaft*. Zürich/München 1975.

Einstein, Albert: *Über die spezielle und die allgemeine Relativitätstheorie*. Braunschweig 1917.

Eisenstein, Sergej M.: *Jenseits der Einstellung. Schriften zur Filmtheorie*. Frankfurt a. M. (russ. 1923–48).

Eliade, Mircea: *Das Heilige und das Profane. Vom Wesen des Religiösen*. Frankfurt a. M. 1984 (frz. 1957).

Emerson, Ralph W.: *Die Natur*. Hannover 1868 (amerik. 1836).

Engels, Friedrich: *Die Lage der arbeitenden Klasse in England, nach eigner Anschauung und authentischen Quellen*. Leipzig 1845.

–: *Dialektik der Natur (1873–83)*. Moskau/Leningrad 1925.

Fechner, Theodor: *Vier Paradoxa*. Leipzig 1846.

Florenski, Pawel: *Raum und Zeit*. Berlin 1997 (russ. 1923/24).

Flusser, Vilém: *Bodenlos. Eine philosophische Autobiographie*. Bensheim/Düsseldorf 1992.

–: *Von der Freiheit des Migranten. Einsprüche gegen den Nationalismus*. Mannheim 1994.

Focillon, Henri: *Das Leben der Formen*. München 1954 (frz. 1934).

Foucault, Michael: *Überwachen und Strafen. Die Geburt des Gefängnisses*. Frankfurt a. M. 1976 (frz. 1975).

–: *Die Hoffräulein*. Frankfurt a. M. 1996 (frz. 1965).

–: *Sicherheit, Territorium, Bevölkerung (Vorlesung 1977/78)*. Frankfurt a. M. 2004 (frz. 2004).

–: *Die Heterotopien/Der utopische Körper. Zwei Radiovorträge (1966)*. Frankfurt a. M. 2005.

– /Barret-Kriegel, Blandine/Thalamy, Anne/Béguin, François/Fortier, Bruno: *Les machines à guérir. Aux origines de l'hôpital moderne*. Paris 1976.

Freud, Sigmund: *Psychologie des Unbewußten (1911–1940)*. Frankfurt a. M. 1975.

Freyer, Hans: *Die politische Insel. Eine Geschichte der Utopien von Platon bis zur Gegenwart*. Leipzig 1936.

Friedman, Yona: *Machbare Utopien. Absage an geläufige Zukunftsmodelle*. Frankfurt a. M. 1977 (frz. 1975).

Friedmann, Alexander: *Die Welt als Raum und Zeit*. Frankfurt a. M. 2000 (russ. 1923).

Frobenius, Leo: *Ursprung der afrikanischen Kulturen*. Berlin 1898.

Fuhrmann, Ernst: *Was die Erde will. Eine Biosophie (1930)*. München 1986.

Fukuyama, Francis: *Das Ende der Geschichte. Wo stehen wir?* München 1992 (amerik. 1992).

Gebser, Jean: *Ursprung und Gegenwart*. 2 Bde. München 1949/53.

Geertz, Clifford: *Dichte Beschreibung. Beiträge zum Verstehen kultureller Systeme*. Frankfurt a. M. 1983 (amerik. 1973).

Genette, Gérard: *Die Erzählung*. München 1998 (frz. 1966–72).

Gennep, Arnold van: *Übergangsriten*. Frankfurt a. M./New York 1986 (frz. 1909).

Gibson, James J.: *Die Wahrnehmung der visuellen Welt*. Weinheim 1973 (amerik. 1950).

–: *Wahrnehmung und Umwelt. Der ökologische Ansatz in der visuellen Wahrnehmung*. München/Wien/Baltimore 1982 (amerik. 1979).

Gibson, William: *Neuromancer*. München 1989 (amerik. 1984).

Giddens, Anthony: *Soziologie*. Graz/Wien 2005 (engl. 1989).
Gide, André: *Kongoreise*. Stuttgart 1992 (frz. 1927).
Giedion, Sigfried: *Raum, Zeit, Architektur. Die Entstehung einer neuen Tradition*. Zürich/München 1976 (engl. 1941).
Gilroy, Paul: *The Black Atlantic. Modernity and Double Consciousness*. Cambridge 1993.
Ginzburg, Carlo: *Spurensicherung. Die Wissenschaft auf der Suche nach sich selbst*. Berlin 1995 (ital. 1983).
Gobineau, Joseph A. de: *Versuch über die Ungleichheit der Menschenracen*. 4 Bde. Stuttgart 1898–1901 (frz. 1853–55).
Goethe, Johann W. von: *Zur Morphologie*. Stuttgart 1817.
Goffman, Erving: *Verhalten in sozialen Situationen. Strukturen und Regeln der Interaktion im öffentlichen Raum*. Gütersloh 1971 (engl. 1963).
Gombrich, Ernst H.: *Kunst und Illusion. Zur Psychologie der bildlichen Darstellung*. Köln 1976 (engl. 1960).
Goodman, Nelson: *Weisen der Welterzeugung*. Frankfurt a. M. 1984 (amerik. 1978).
Gosztonyi, Alexander: *Grundlagen der Erkenntnis*. München 1972.
Gould, Steven J.: *Die Entdeckung der Tiefenzeit. Zeitpfeil und Zeitzyklus in der Geschichte unserer Erde*. München 1990 (amerik. 1987).
Gramsci, Antonio: *Gefängnishefte*. 10 Bde. Hamburg 1991–2006. (ital. 1948–51).
Graßmann, Hermann G.: *Geometrische Analyse geknüpft an die von Leibniz erfundene geometrische Charakteristik*. Leipzig 1847.
Gregory, Derek: *Geographical Imaginations*. Cambridge/Oxford 1994.
Grimm, Hans: *Volk ohne Raum*. München 1926.
Grünbaum, Adolf: *Philosophical Problems of Space and Time*. New York 1963.
Guattari, Félix: *Die drei Ökologien*. Wien 1994 (frz. 1985).
Habermas, Jürgen: *Strukturwandel der Öffentlichkeit. Untersuchungen zu einer Kategorie der bürgerlichen Gesellschaft*. Neuwied 1962
Haeckel, Ernst: *Generelle Morphologie der Organismen*. 2 Bde. Berlin 1866.
Hägerstrand, Torsten: *Innovation Diffusion as a Spatial Process*. Chicago 1976 (schwed. 1953).
Haggett, Peter: *Geographie. Eine moderne Synthese*. Stuttgart 1991 (amerik. 1972).
Halbwachs, Maurice: *La topographie légendaire des évangiles en terre sainte. Étude de mémoire collective*. Paris 1941.
–: *Das kollektive Gedächtnis*. Stuttgart 1967 (frz. 1950).
Hall, Edward T.: *Die Sprache des Raumes*. Düsseldorf 1976 (engl. 1966).
Hall, Peter: *Weltstädte*. München 1966 (engl. 1966).
Haraway, Donna: *Die Neuerfindung der Natur. Primaten, Cyborgs und Frauen*. Frankfurt a. M./New York 1995 (amerik. 1983–89).
Hard, Gerhard: *Die ›Landschaft‹ der Sprache und die ›Landschaft‹ der Geographie*. Bonn 1970.
Hardt, Michael/Negri, Toni: *Empire. Die neue Weltordnung*. Frankfurt a. M. 2002 (amerik. 2000).
Hartmann, Fritz: *Die Orientierung. Die Physiologie, Psychologie und Pathologie derselben auf biologischen und anatomischen Grundlagen*. Leipzig 1902.
Hartmann, Nicolai: *Philosophie der Natur. Abriß der speziellen Kategorienlehre*. Berlin 1950.
Harvey, David: *The Condition of Postmodernity. An Enquiry into the Origins of Cultural Change*. Cambridge/Oxford 1989.
Hausdorff, Felix: *Grundzüge der Mengenlehre*. Leipzig 1914.
Haushofer, Karl: *Weltmeere und Weltmächte*. Berlin 1937.
–: *Ausgewählte Texte zur Geopolitik (1917–46)*. 2 Bde. Boppard am Rhein 1979.
– /Obst, Erich/Lautensach, Hermann/Maul, Otto: *Bausteine zur Geopolitik*. Berlin 1928.
Hegel, Georg W.: *Vorlesungen über die Philosophie der Geschichte*. Berlin 1837.
Heidegger, Martin: *Sein und Zeit*. Tübingen 1927.
–: *Holzwege*. Frankfurt a. M. 1950.
–: *Vorträge und Aufsätze*. Stuttgart 1954.
–: *Unterwegs zur Sprache*. Frankfurt a. M. 1959.
–: *Die Kunst und der Raum*. St. Gallen 1969.
Heine, Heinrich: *Reisebilder*. 3 Bde. Hamburg 1826–30.
Heinimann, Felix: *Nomos und Physis. Herkunft und Bedeutung einer Antithese im griechischen Denken des 5. Jahrhunderts*. Basel 1945.
Heisenberg, Werner: *Die physikalischen Prinzipien der Quantentheorie*. Leipzig 1930.
Hellpach, Willy: *Die geopsychischen Erscheinungen. Wetter, Klima und Landschaft in ihrem Einfluß auf das Seelenleben*. Leipzig 1911.
Helmholtz, Hermann von: *Ueber den Ursprung und die Bedeutung der geometrischen Axiome*. Braunschweig 1876.
–: *Die Thatsachen in der Wahrnehmung*. Berlin 1878.
Hering, Ewald: *Zur Lehre vom Ortsinne der Netzhaut*. Leipzig 1861.
Hesse, Hermann: *Beschreibung einer Landschaft*. Bern 1947.
Hettner, Alfred: *Die Geographie, ihre Geschichte, ihr Wesen und ihre Methoden*. Breslau 1927.
Hilbert, David: *Grundlagen der Geometrie*. Leipzig 1899.
Hildebrand, Adolf von: *Das Problem der Form in der bildenden Kunst*. Straßburg 1893.

Hillier, Bill: *The Social Logic of Space*. Cambridge/London 1984.
–: *Space is the Machine. A Configurational Theory of Architecture*. Cambridge/London 1996.
hooks, bell: *Sehnsucht und Widerstand. Kultur, Ethnie, Geschlecht*. Berlin 1996 (amerik. 1990).
Horkheimer, Max/Adorno, Theodor W.: *Dialektik der Aufklärung. Philosophische Fragmente*. New York 1944.
Hugo, Victor: *Die Orientalen*. Frankfurt a. M. 1838 (frz. 1829).
Huizinga, Johan: *Homo Ludens. Vom Ursprung der Kultur im Spiel*. Reinbek bei Hamburg 1956 (niederl. 1938).
Humboldt, Alexander von: *Kosmos. Entwurf einer physischen Weltbeschreibung*. Stuttgart 1845.
Huntington, Samuel: *Kampf der Kulturen. Die Neugestaltung der Weltpolitik im 21. Jahrhundert*. München/Wien 1996 (amerik. 1996).
Husserl, Edmund: *Ding und Raum. Vorlesungen 1907*. Hamburg 1991.
Illich, Ivan: *Genus. Zu einer historischen Kritik der Gleichheit*. Reinbek bei Hamburg 1983 (amerik. 1982).
Innis, Harold A.: *Kreuzwege der Kommunikation*. Wien/New York 1997 (amerik. 1951).
Irigaray, Luce: *Speculum. Spiegel des anderen Geschlechts*. Frankfurt a. M. 1980 (frz. 1974).
–: *Ethik der sexuellen Differenz*. Frankfurt a. M. 1991 (frz. 1984).
Jabès, Edmond: *Die Schrift der Wüste*. Berlin 1989 (frz. 1976–89).
Jackson, Peter: *Maps of Meaning*. London 1989.
Jacobs, Jane: *Tod und Leben großer amerikanischer Städte*. Berlin/Frankfurt a. M./Wien 1966 (amerik. 1961).
Jaensch, Erich R.: *Über die Wahrnehmung des Raumes. Eine experimentell-psychologische Untersuchung nebst Anwendung auf Ästhetik und Erkenntnislehre*. Leipzig 1911.
Jameson, Fredric: *Postmodernism, or The Cultural Logic of Late Capitalism*. Durham/London 1991.
Jaspers, Karl: *Von der Wahrheit*. München 1947.
–: *Vom Ursprung und Ziel der Geschichte*. München 1949.
Joyce, James: *Ulysses*. Zürich 1927 (Paris 1922).
Jung, Carl G.: *Seelenprobleme der Gegenwart*. Zürich 1931.
Jünger, Ernst: *Die totale Mobilmachung*. Berlin 1931.
–: *Der Arbeiter. Herrschaft und Gestalt*. Hamburg 1932.
–: *An der Zeitmauer*. Stuttgart 1959.
Jünger, Friedrich G.: *Gedächtnis und Erinnerung*. Frankfurt a. M. 1957.
Kafka, Franz: *Das Schloß*. München 1926.
Kant, Immanuel: *Physische Geographie*. Königsberg 1802.
Kapp, Ernst: *Philosophische oder vergleichende allgemeine Erdkunde*. 2 Bde. Braunschweig 1845.
Kerouac, Jack: *Unterwegs*. Hamburg 1959 (amerik. 1957).
Kjellén, Rudolf: *Der Staat als Lebensform*. Berlin 1917 (schwed. 1916).
Klages, Ludwig: *Mensch und Erde*. Jena 1920.
Klein, Felix: *Über die sogenannte Nicht-Euklidische Geometrie*. Leipzig 1871.
Koffka, Kurt: *Principles of Gestalt Psychology*. London 1935.
Koolhaas, Rem: *Delirious New York. Ein retroaktives Manifest für Manhattan*. Aachen 1999 (amerik. 1978).
Koselleck, Reinhart: *Zeitschichten. Studien zur Historik*. Frankfurt a. M. 2000.
Koyré, Alexandre: *Von der geschlossenen Welt zum unendlichen Universum*. Frankfurt a. M. 1980 (frz. 1957).
Krauss, Rosalind E.: *Passages in Modern Sculpture*. New York 1977.
Kristeva, Julia: *Fremde sind wir uns selbst*. Frankfurt a. M. 1990 (frz. 1988).
Kroeber, Alfred L.: *Culture and Natural Areas of Native North Americans*. Berkeley 1939.
Kühn, Alfred: *Die Orientierung der Tiere im Raum*. Jena 1919.
Kuhn, Thomas S.: *Die Kopernikanische Revolution*. Braunschweig/Wiesbaden 1981 (amerik. 1957).
Lacan, Jacques: *Die vier Grundbegriffe der Psychoanalyse (1964)*. Olten/Freiburg i. Br. 1978 (frz. 1973).
Laing, Ronald D.: *Phänomenologie der Erfahrung*. Frankfurt a. M. 1969 (engl. 1967).
Lakoff, George/Johnson, Mark: *Leben in Metaphern. Konstruktion und Gebrauch von Sprachbildern*. Heidelberg 1998 (amerik. 1980).
Lasaulx, Ernst von: *Neuer Versuch einer alten, auf die Wahrheit der Tatsachen gegründeten Philosophie der Geschichte*. München 1856.
Lash, Scott/Urry, John: *Economies of Signs and Space*. London/Thousand Oaks/New Delhi 1994.
Latour, Bruno/Woolgar, Steve: *Laboratory Life. The Construction of Scientific Facts*. Princeton/Chichester 1979.
Laurel, Brenda: *Computers as Theatre*. Reading u. a. 1991.
Lefebvre, Henri: *Die Revolution der Städte*. München 1972 (frz. 1970).
–: *La production de l'espace*. Paris 1974.
Leiris, Michael: *Phantom Afrika. Tagebuch einer Expedition von Dakar nach Djibouti 1931–1933*. 2 Bde. Frankfurt a. M. 1980 (frz. 1934).

Leonow, Alexei A./Lebedew, Wladimir I.: *Der Mensch im Weltall. Die Wahrnehmung von Raum und Zeit im Kosmos*. Leipzig/Jena/Berlin 1969 (russ. 1969).

Lepenies, Wolf: *Das Ende der Naturgeschichte. Wandel kultureller Selbstverständlichkeiten in den Wissenschaften des 18. und 19. Jahrhunderts*. München/Wien 1976.

Leroi-Gourhan, André: *Hand und Wort. Die Evolution von Technik, Sprache und Kunst*. Frankfurt a. M. 1980 (frz. 1964/65).

Lessing, Theodor: *Europa und Asien*. Berlin 1918.

Lévi-Strauss, Claude: *Die elementaren Strukturen der Verwandtschaft*. Frankfurt a. M. 1981 (frz. 1949).

–: *Rasse und Geschichte*. Frankfurt a. M. 1972 (frz. 1952).

–: *Traurige Tropen*. Köln 1955 (frz. 1955).

Lévy, Jacques: *Le tournant géographique. Penser l'espace pour lire le monde*. Paris 1999.

Lewin, Kurt: *Feldtheorie in den Sozialwissenschaften*. Bern/Stuttgart 1963 (amerik. 1951).

–: *Grundzüge der topologischen Psychologie*. Bern/Stuttgart 1969 (amerik. 1936).

Lipps, Theodor: *Ästhetische Faktoren der Raumanschauung*. Hamburg 1891.

–: *Raumästhetik und geometrisch-optische Täuschung*. Leipzig 1897.

Listing, Johann B.: *Vorstudien zur Topologie*. Göttingen 1847.

Lotman, Juri: *Die Struktur literarischer Texte*. München 1972 (russ. 1970).

–: *Universe of the Mind. A Semiotic Theory of Culture*. London/New York 1990.

Lotze, R. Hermann: *Medicinische Psychologie oder Physiologie der Seele*. Leipzig 1852.

Lovelock, James: *Das Gaia-Prinzip. Die Biographie unseres Planeten*. Zürich 1981 (engl. 1988).

Luhmann, Niklas: *Soziale Systeme. Grundriß einer allgemeinen Theorie*. Frankfurt a. M. 1984.

Lyell, Charles: *Principles of Geology*. 3 Bde. London 1830–33.

Lynch, Kevin: *Das Bild der Stadt*. Berlin/Frankfurt a. M./Wien 1965 (amerik. 1960).

Lyotard, Jean-François: *Ökonomie des Begehrens*. Bremen 1984 (frz. 1971).

–: *Der Widerstreit*. München 1987 (frz. 1983).

–: *Heidegger und die ›Juden‹*. Wien 1988 (frz. 1988).

Mach, Ernst: *Beiträge zur Analyse der Empfindungen*. Jena 1886.

–: *Erkenntnis und Irrtum. Skizzen zur Psychologie der Forschung*. Leipzig 1905.

–: *Die Prinzipien der physikalischen Optik. Historisch und erkenntnispsychologisch entwickelt*. Leipzig 1921.

Mackinder, Halford J.: *Britain and the British Seas*. London 1902.

Mahan, Alfred T.: *Der Einfluß der Seemacht auf die Geschichte*. Herford 1967 (engl. 1890–92).

Mandelbrot, Benoît B.: *Die fraktale Geometrie der Natur*. Basel/Boston/Berlin 1991 (amerik. 1982).

Manovich, Lev: *The Language of New Media*. Cambridge/London 2001

Marr, David: *Vision. A Computational Investigation into the Human Representation and Processing of Visual Information*. New York 1982.

Marx, Karl/Engels, Friedrich: *Manifest der Kommunistischen Partei*. London 1848.

Massey, Doreen: *Spatial Divisions of Labour. Social Structures and the Geography of Production*. London 1984.

Maull, Otto: *Politische Geographie*. Berlin 1925.

Mauss, Marcel: *Soziologie und Anthropologie*. 2 Bde. Frankfurt 1989 (frz. 1950).

McLuhan, Marshall: *Die Magischen Kanäle. Understanding Media*. Düsseldorf/Wien 1968 (amerik. 1964).

– /Powers, Bruce P.: *The Global Village. Der Weg der Mediengesellschaft in das 21. Jahrhundert*. Paderborn 1995 (amerik. 1989).

Melville, Herman: *Moby Dick*. Berlin 1927 (engl. 1851).

Merleau-Ponty, Maurice: *Die Phänomenologie der Wahrnehmung*. Berlin/New York 1966 (frz. 1945).

–: *Das Auge und der Geist*. Reinbek bei Hamburg 1967 (frz. 1961).

–: *Das Sichtbare und das Unsichtbare*. München 1994 (frz. 1964).

Metz, Christian: *Semiologie des Films*. München 1972 (frz. 1967).

Minkowski, Herrmann: *Raum und Zeit*. Leipzig 1909.

Mitchell, William J.: *City of Bits. Space, Place, and the Infobahn*. Cambridge/London 1995.

Möbius, August F.: *Der barycentrische Calcül. Ein neues Hilfsmittel zur analytischen Behandlung der Geometrie*. Leipzig 1827.

Morin, Edgar: *Der Mensch und das Kino. Eine anthropologische Untersuchung*. Stuttgart 1958 (frz. 1956).

Muchow, Martha/Muchow, Hans-Heiner: *Der Lebensraum des Großstadtkindes*. Hamburg 1935.

Murray, Janet H.: *Hamlet on the Holodeck. The Future of Narrative in Cyberspace*. New York 1997.

Musil, Robert: *Der Mann ohne Eigenschaften*. Berlin 1930–43.

Nietzsche, Friedrich: *Vom Nutzen und Nachteil der Historie für das Leben*. Leipzig 1874.

–: *Also Sprach Zarathustra. Ein Buch für Alle und Keinen*. Chemnitz 1883.

Nishida, Kitaro: *Logik des Ortes*. Darmstadt 1999 (jap. 1926).

Nitschke, Günter: *From Shinto to Ando. Studies in Architectural Anthropology in Japan*. London 1993.

Nora, Pierre: *Zwischen Geschichte und Gedächtnis*. Berlin 1990 (frz. 1984/86).

O'Doherty, Brian: *Inside the White Cube. The Ideology of the Gallery Space*. Santa Monica u. a. 1986.

Otto, Rudolf: *Das Heilige. Über das Irrationale in der Idee des Göttlichen und sein Verhältnis zum Rationalen*. Breslau 1917.

Ó'Tuathail, Gearóid: *Critical Geopolitics. The Politics of Writing Global Space*. London/New York 1996.

Pahl, Jürgen: *Die Stadt im Aufbruch der perspektivischen Welt. Versuch über einen neuen Gestaltbegriff der Stadt*. Berlin/Frankfurt a. M./Wien 1963.

Panofsky, Erwin: *Aufsätze zu Grundfragen der Kunstwissenschaft*. Berlin 1964.

Park, Robert E./Burgess, Ernest W./McKenzie, Roderick D.: *The City. Suggestions for the Study of Human Nature in the Urban Environment*. Chicago 1925.

Parkes, Don/Thrift, Nigel: *Times, Spaces and Places. A Chronographic Perspective*. New York 1980.

Parsons, Talcott: *The Social System*. Glencoe 1951.

Perec, Georges: *Träume von Räumen*. Bremen 1990 (frz. 1974).

Peschel, Oscar: *Neue Probleme der vergleichenden Erdkunde als Versuch einer Morphologie der Erdoberfläche*. Leipzig 1870.

Piaget, Jean: *Das Weltbild des Kindes*. Stuttgart 1978 (frz. 1926).

– /Inhelder Bärbel: *Die Entwicklung des räumlichen Denkens beim Kinde*. Stuttgart 1971 (frz. 1948).

Pickles, John: *Phenomenology, Science and Geography. Spatiality and the Human Sciences*. Cambridge u. a. 1985.

Plessner, Helmuth: *Philosophische Anthropologie*. Frankfurt a. M. 1970.

Podoroga, Valerij A.: *Metafizika landsafta. Kommunikativnye strategii v filosofskoj kulture XIX–XX vv*. Moskau 1993.

Poincaré, Henri: *Wissenschaft und Hypothese*. Leipzig 1904 (frz. 1902).

Poliakov, Léon: *Der arische Mythos. Zu den Quellen von Rassismus und Nationalismus*. Hamburg 1993 (frz. 1971).

Pounds, Norman J.G.: *Historische und politische Geographie von Europa*. Braunschweig u. a. 1950 (amerik. 1947).

Ranke, Franz Leopold von: *Über die Epochen der neueren Geschichte (1854)*. Leipzig 1888.

Raphael, Max: *Raumgestaltungen. Der Beginn der modernen Kunst im Kubismus und im Werk von Georges Braque (1949)*. Frankfurt a. M./New York 1986.

Ratzel, Friedrich: *Anthropogeographie oder Grundzüge der Anwendung der Erdkunde auf die Geschichte*. Stuttgart 1882

–: *Politische Geographie oder die Geographie der Staaten, des Verkehrs und des Krieges*. München/Berlin 1897.

–: *Der Lebensraum. Eine biogeographische Studie*. Darmstadt 1901.

Reidemeister, Kurt: *Raum und Zahl*. Berlin/Göttingen/Heidelberg 1957.

Rheingold, Howard: *Virtuelle Welten. Reisen im Cyberspace*. Reinbek bei Hamburg 1992 (amerik. 1991).

Richthofen, Ferdinand von: *China. Ergebnisse eigener Reisen und darauf gegründeter Studien*. 5 Bde. Berlin 1877–1912.

Riegl, Alois: *Spätrömische Kunstindustrie*. Wien 1901.

Riemann, Bernhard: *Gesammelte mathematische Werke*. Leipzig 1876.

Ritter, Carl: *Die Erdkunde im Verhältniß zur Natur und zur Geschichte des Menschen*. 2 Bde. Berlin 1817/18.

–: *Über das historische Element in der geographischen Wissenschaft*. Berlin 1834.

Ritter, Joachim: *Subjektivität*. Frankfurt a. M. 1974.

Ritzer, George: *Die McDonaldisierung der Gesellschaft*. Frankfurt a. M. 1997 (amerik. 1993).

Rohmer, Eric: *Murnaus Faustfilm. Analyse und szenisches Protokoll*. München 1980 (frz. 1977).

Rossi, Aldo: *Die Architektur der Stadt*. Düsseldorf 1973 (ital. 1966).

Ryan, Marie-Laure: *Narrative as Virtual Reality. Immersion and Interactivity in Literature and Electronic Media*. Baltimore/London 2001.

Said, Edward W.: *Orientalismus*. Berlin/Frankfurt a. M./Wien 1981 (amerik. 1978).

Sartre, Jean-Paul: *Die Transzendenz des Ego*. Reinbek bei Hamburg 1964 (frz. 1936).

Sassen, Saskia: *The Global City. New York, London, Tokyo*. Princeton 1991.

Sauer, Carl O.: *Land and Life*. Berkeley 1963.

Saussure, Ferdinand de: *Grundfragen der allgemeinen Sprachwissenschaft*. Berlin 1931 (frz. 1916).

Schafer, R. Murray: *Klang und Krach. Eine Kulturgeschichte des Hörens (The Soundscape)*. Frankfurt a. M. 1988 (amerik. 1977).

Schelling, Friedrich W. J. von: *Über das Verhältnis der bildenden Künste zur Natur*. München 1807.

Schivelbusch, Wolfgang: *Geschichte der Eisenbahnreise. Zur Industrialisierung von Raum und Zeit im 19. Jahrhundert*. München/Wien 1977.

Schliemann, Heinrich: *Trojanische Altertümer. Bericht über die Ausgrabungen in Troja*. Leipzig 1874.

Schlögel, Karl: *Moskau lesen*. Berlin 1984.

–: *Im Raume lesen wir die Zeit. Über Zivilisationsgeschichte und Geopolitik*. München 2003.

Schmarsow, August: *Das Wesen der architektonischen Schöpfung*. Leipzig 1894.

Schmitt, Carl: *Land und Meer. Eine weltgeschichtliche Betrachtung*. Stuttgart 1942.

–: *Der Nomos der Erde im Völkerrecht des Jus Publicum Europaeum.* Berlin 1950.

–: *Theorie des Partisanen.* Berlin 1963.

Schmitt, Peter H.: *Philosophische Erdkunde. Die Gedankenwelt der Geographie und ihre nationale Aufgaben.* Stuttgart 1937.

Schmitz, Hermann: *System der Philosophie.* Bd. 3: *Der Raum.* 5 Teile. Bonn 1967–78.

Schreber, Daniel Paul: *Denkwürdigkeiten eines Nervenkranken.* Leipzig 1903.

Schrödinger, Erwin: *Struktur der Raum-Zeit.* Darmstadt 1987 (amerik. 1950).

Schulze, Gerhard: *Die Erlebnis-Gesellschaft. Kultursoziologie der Gegenwart.* Frankfurt a.M./New York 1992.

Schulze-Fielitz, Eckhard: *Stadtsysteme.* 2 Bde. Stuttgart 1971/73.

Schütz, Alfred: *Der sinnhafte Aufbau der sozialen Welt. Eine Einleitung in die verstehende Soziologie.* Wien 1932.

– /Luckmann, Thomas: *Strukturen der Lebenswelt.* Frankfurt a.M. 1979.

Sedelmayr, Hans: *Verlust der Mitte. Die bildende Kunst des 19. und 20. Jahrhunderts als Symbol unserer Zeit.* Salzburg 1948.

Seel, Martin: *Eine Ästhetik der Natur.* Frankfurt a.M. 1991.

Semjonow, Juri N.: *Die faschistische Geopolitik im Dienste des amerikanischen Imperialismus.* Berlin 1955 (russ. 1952).

Semple, Ellen Churchill: *Influences of Geographic Environment on the Basis of Ratzel's System of Anthropo-Geography.* New York 1911.

Sennett, Richard: *Verfall und Ende des öffentlichen Lebens. Die Tyrannei der Intimität.* Frankfurt a.M. 1983 (amerik. 1976).

–: *Fleisch und Stein. Der Körper und die Stadt in der westlichen Zivilisation.* Frankfurt a.M. 1997 (amerik. 1994).

Serres, Michel: *Hermes,* 5 Bde. Berlin 1991–94 (frz. 1968–80).

–: *Atlas.* Berlin 2005 (frz. 1994).

Simmel, Georg: *Die Großstädte und das Geistesleben* [1903]. Frankfurt a.M. 2006.

–: *Soziologie. Untersuchungen über die Formen der Vergesellschaftung.* Berlin 1908.

–: *Brücke und Tür* [1909]. Stuttgart 1957.

Simon, Gérard: *Der Blick, das Sein und die Erscheinung in der antiken Optik.* München 1992 (frz. 1988).

Sitte, Camillo: *Der Städtebau nach seinen künstlerischen Grundsätzen.* Wien 1889.

Sloterdijk, Peter: *Sphären.* 3 Bde. Frankfurt a.M. 1998/99/2004.

Soja, Edward W.: *Postmodern Geographies. The Reassertion of Space in Critical Social Theory.* London/New York 1989.

–: *Thirdspace. Journeys to Los Angeles and other Real-and-Imagined Places.* London/New York 1996.

Sobchack, Vivian C.: *Screening Space. The American Science Fiction Film.* New York 1987.

Sölch, Johann: *Die Auffassung der ‚natürlichen Grenzen' in der wissenschaftlichen Geographie.* Innsbruck 1924.

Sombart, Werner: *Die Juden und das Wirtschaftsleben.* Leipzig 1911.

Sorokin, Pitrim A.: *Sociocultural Causality, Space, Time. A Study of Referential Principles of Sociology and Social Science.* Durham 1943.

Spencer Brown, George: *Logik der Form.* Lübeck 1997 (engl. 1971).

Spengler, Oswald: *Der Untergang des Abendlandes. Umrisse einer Morphologie der Weltgeschichte.* 2 Bde. Wien/München 1918/22.

Spethmann, Hans: *Dynamische Länderkunde.* Breslau 1928.

Spivak, Gayatri Chakravorty: *In Other Worlds. Essays in Cultural Politics.* New York/London 1988.

Stenzel, Franz K.: *Theorie des Erzählens.* Göttingen 1979.

Straus, Erwin: *Vom Sinn der Sinne. Ein Beitrag zur Grundlegung der Psychologie.* Berlin 1935.

Ströker, Elisabeth: *Philosophische Untersuchungen zum Raum.* Frankfurt a.M. 1965.

Stumpf, Carl: *Über den psychologischen Ursprung der Raumvorstellung.* Leipzig 1873.

Taine, Hippolyte: *Reise in Italien.* Leipzig 1904 (frz. 1866).

–: *Aufzeichnungen über England.* Jena/Leipzig 1906 (frz. 1871).

Taut, Bruno: *Das japanische Haus und sein Leben.* Berlin 1997 (engl. 1937).

Teilhard de Chardin, Pierre: *Der Mensch im Kosmos.* München 1959 (frz. 1955).

–: *Die Entstehung des Menschen.* München 1961 (frz. 1956).

Theweleit, Klaus: *Männerphantasien.* 2 Bde. Frankfurt a.M. 1977/78.

Thompson, Kristin: *Ivan the Terrible. A Neoformalist Analysis.* Princeton 1981.

Thrift, Nigel: *Spatial Formations.* London/Thousand Oaks/New Delhi 1996.

Tibi, Bassam: *Europa ohne Identität? Die Krise der multikulturellen Gesellschaft.* München 1998.

Tillich, Paul: *Der Widerstreit von Raum und Zeit.* Stuttgart 1963 (amerik. 1959).

Todorov, Tzvedan: *Die Eroberung Amerikas. Das Problem des Anderen.* Frankfurt a.M. 1985 (frz. 1982).

Tolman, Edward C.: *Purposive Behavior in Animals and Men.* New York 1932.

Tolstoi, Lew N.: *Wieviel Erde braucht der Mensch?* Berlin/Leipzig 1949 (russ. 1885).

Tönnies, Ferdinand: *Gemeinschaft und Gesellschaft. Abhandlung des Communismus und des Socialismus als empirischer Culturformen.* Leipzig 1887.

Topitsch, Ernst: *Vom Ursprung und Ende der Metaphysik. Eine Studie zur Weltanschauungskritik.* Wien 1958.

Tournier, Michel: *Freitag oder im Schoss des Pazifik.* Hamburg 1968 (frz. 1967).

Tschumi, Bernard: *Questions of Space. Lectures on Architecture.* London 1990.

Tuan, Yi-fu: *Topophilia. A Study of Environmental Perception, Attitudes, and Values.* Englewood Cliffs 1974.

–: *Space and Place. The Perspective of Experience.* Minneapolis 1977.

Turner, Frederick J.: *Die Grenze. Ihre Bedeutung in der amerikanischen Geschichte.* Bremen 1947 (amerik. 1928).

Turner, Victor: *Das Ritual. Struktur und Anti-Struktur.* Frankfurt a. M./New York 1989 (amerik. 1969).

Uexküll, Jakob von: *Theoretische Biologie.* Berlin 1920.

– /Kriszat, Georg: *Streifzüge durch die Umwelten von Tieren und Menschen. Ein Bilderbuch unsichtbarer Welten (1934)/Bedeutungslehre (1940).* Hamburg 1956.

Urry, John: *The Tourist Gaze. Leisure and Travel in Contemporary Societies.* London/Thousand Oaks/New Delhi 1990.

Venturi, Robert: *Komplexität und Widerspruch in der Architektur.* Braunschweig 1978 (amerik. 1966).

– /Scott Brown, Denise/Izenour, Steven: *Lernen von Las Vegas. Zur Ikonographie und Architektursymbolik der Geschäftsstadt.* Braunschweig 1979 (amerik. 1972).

Vernant, Jean-Pierre: *Die Entstehung des griechischen Denkens.* Frankfurt a. M. 1982 (frz. 1962).

Verne, Jules: *Die geheimnisvolle Insel.* Wien/Leipzig 1875/76 (frz. 1847/75).

Vidal de la Blache, Paul Henri: *Principes de la géographie humaine.* Paris 1922.

Virilio, Paul: *L'insécurité du territoire.* Paris 1976.

–: *L'espace critique. Essai sur l'urbanisme et les nouvelles technologies.* Paris 1984.

–: *Ästhetik des Verschwindens.* Berlin 1986 (frz. 1980).

Vollgraff, Karl: *Erster Versuch der Begründung sowohl der allgemeinen Ethnologie aus der Anthropologie wie auch der Staats- und Rechtsphilosophie durch die Ethnologie oder Nationalität der Völker.* 3 Bde. Marburg 1851–55.

Wagner, Adolph: *Die Veränderungen der Karte von Europa.* Berlin 1871.

Wagner, Moritz: *Die Entstehung der Arten durch räumliche Sonderung.* Basel 1889.

Wagner, Richard: *Ausgewählte Schriften über Staat und Kunst und Religion (1864–1881).* Leipzig 1901.

Waldenfels, Bernhard: *In den Netzen der Lebenswelt.* Frankfurt a. M. 1985.

Wallerstein, Immanuel: *Das moderne Weltsystem.* 3 Bde. Wien 1986–2004 (amerik. 1974–89).

Warburg, Aby: *Schlangenritual. Ein Reisebericht (1896).* Berlin 1988.

Warnke, Martin: *Politische Landschaft. Zur Kunstgeschichte der Natur.* München 1992.

Watsuji, Tetsuro: *Fudo – Wind und Erde. Der Zusammenhang von Klima und Kultur.* Darmstadt 1992 (jap. 1935).

Weber, Max: *Die protestantische Ethik und der ‚Geist' des Kapitalismus (1904/05).* 1920

–: *Wirtschaft und Gesellschaft. Grundriss der verstehenden Soziologie.* Tübingen 1922.

Wegener, Alfred: *Die Entstehung der Kontinente und Ozeane.* Braunschweig 1915/29.

Weizsäcker, Carl Friedrich von: *Zum Weltbild der Physik.* Leipzig/Stuttgart 1943.

Werlen, Benno: *Gesellschaft, Handlung, Raum. Grundlagen handlungstheoretischer Sozialgeographie.* Stuttgart 1987.

White, Hayden: *Metahistory. Die historische Einbildungskraft im 19. Jahrhundert in Europa.* Frankfurt a. M. 1994 (amerik. 1974).

White, Kenneth: *Elemente der Geopoetik.* Hamburg 1988 (frz. 1987).

Whitehead, Alfred North: *Prozess und Realität. Entwurf einer Kosmologie.* Frankfurt a. M. 1987 (engl. 1929).

Whorf, Benjamin L.: *Sprache, Denken, Wirklichkeit. Beiträge zur Metalinguistik und Sprachphilosophie (1932–40).* Reinbek bei Hamburg 1963 (amerik. 1956).

Wimmer, Josef: *Historische Landschaftskunde.* Innsbruck 1885.

Winnicott, Donald W: *Playing and Reality.* London 1971.

Wirth, Herman: *Der Aufgang der Menschheit. Untersuchungen zur Geschichte der Religion, Symbolik und Schrift der atlantisch-nordischen Rasse.* Jena 1928.

Wissler, Clark: *Man and Culture.* New York 1923.

Wittfogel, Karl A.: *Die orientalische Despotie. Eine vergleichende Untersuchung totaler Macht.* Köln 1962 (amerik. 1957).

Wittgenstein, Ludwig: *Tractatus logico-philosophicus. Logisch-philosophische Abhandlung.* London 1922.

Wolf, Mark J. P.: *The Medium of the Video Game.* Austin 2001.

Wölfflin, Heinrich: *Kunstgeschichtliche Grundbegriffe. Das Problem der Stilentwicklung in der neueren Kunst.* München 1915.

Worringer, Wilhelm: *Abstraktion und Einfühlung. Ein Beitrag zur Stilanalyse*. Neuwied 1907.

Wright, John K.: *Human Nature in Geography*. Cambridge 1966.

Wütschke, Johannes: *Der Kampf um den Erdball. Politisch-geographische und geopolitische Betrachtungen zu den Machtfragen der Gegenwart und der Zukunft*. München/Berlin 1935.

Yates, Frances A.: *Gedächtnis und Erinnern. Mnemotechnik von Aristoteles bis Shakespeare*. Weinheim 1990 (engl. 1966).

Young, Iris M.: *Throwing like a Girl and Other Essays in Feminist Philosophy and Social Theory*. Bloomington 1990.

Young, Robert M.: *Mental Space*. London 1994.

Anthologien

Agnew, John/Livingstone, David N./Rogers, Alisdair (Hg.): *Human Geography. An Essential Anthology*. Oxford 1996.

Ashcroft, Bill/Griffiths, Garath/Tiffin, Helen (Hg.): *The Post-Colonial Studies Reader*. London/New York 1995.

Becker, Oskar: *Grundlagen der Mathematik in geschichtlicher Entwicklung*. Freiburg i. Br./München 1964.

Belina, Bernd/Boris, Michel (Hg.): *Raumproduktionen. Beiträge der Radical Geography – eine Zwischenbilanz*. Münster [2]2008.

Böhm, Johannes/Reichardt, Hans: *Gaußsche Flächentheorie, Riemannsche Räume und Minkowski-Welt*. Leipzig 1984.

Brenner, Neil/Jessop, Bob/Jones, Martin/MacLeod, Gordon (Hg.): *State/Space. A Reader*. Malden u. a. 2003.

Bruns, Karin/Reichert, Ramón (Hg.): *Reader Neue Medien. Texte zur digitalen Kultur und Kommunikation*. Bielefeld 2008.

Bruyn, Gerd de/Trüby, Stephan (Hg.): *Architektur_theorie.doc. Texte seit 1960*. Basel/Boston/Berlin 2003.

Dünne, Jörg/Günzel, Stephan (Hg.): *Raumtheorie. Grundlagentexte aus Philosophie und Kulturwissenschaften*. Frankfurt a. M. 2006.

Escher, Anton/Petermann, Sandra (Hg.): *Raum und Ort*. Stuttgart 2008.

Fischer, Gerhard/Gruber, Klemens/Martin, Nora/Rappl, Werner (Hg.): *deadalus. Die Erfindung der Gegenwart*. Basel/Frankfurt a. M. 1990.

Franzen, Brigitte/Krebs, Stefanie (Hg.): *Landschaftstheorie. Texte der Cultural Landscape Studies*. Köln 2005.

Friedrich, Thomas/Gleiter, Jörg H. (Hg.): *Einfühlung und phänomenologische Reduktion. Grundlagentexte zu Architektur, Design und Kunst*. Berlin 2007.

Gröning, Gert/Herlyn, Ulfert (Hg.): *Landschaftswahrnehmung und Landschaftserfahrung. Texte zur Konstitution und Rezeption von Natur als Landschaft*. München 1990.

Heuner, Ulf (Hg.): *Klassische Texte zum Raum*. Berlin 2006.

Hubbard, Phil/Kitchin, Rob/Valentine, Gill (Hg.): *Key Texts in Human Geography*. London u. a. 2008.

Huggett, Nick (Hg.): *Space from Zeno to Einstein. Classic Readings with a Contemporary Commentary*. Cambridge/London 1999.

Huyssen, Andreas/Scherpe, Klaus R. (Hg.): *Postmoderne. Zeichen eines kulturellen Wandels*. Reinbek bei Hamburg 1986.

Konersmann, Ralf (Hg.): *Kritik des Sehens*. Leipzig [2]1999.

LeGates, Richard T./Frederic Stout (Hg.): *The City Reader*. London/New York [4]2007.

Lehmann, Annette Jeal/Ursprung, Philip: *Bild und Raum. Klassische Texte zu Spatial Turn und Visual Culture*. Bielefeld 2010.

Low, Setha M./Lawrence-Zúñiga, Denise (Hg.): *The Anthropology of Space and Place. Locating Culture*. Malden/Oxford/Carlton 2003.

Mallgrave, Harry Francis/Ikonomou, Eleftherios (Hg.): *Empathy, Form and Space. Problems in German Aesthetics, 1873–1893*. Santa Monica 1994.

Middell, Matthias/Sammler, Steffen (Hg.): *Alles Gewordene hat Geschichte. Die Schule der Annales in ihren Texten, 1929–1992*. Leipzig 1994.

Miles, Malcolm/Hall, Tim/Borden, Ian (Hg.): *The City Cultures Reader*. [2000]. London/New York [2]2004.

Mittelstädt, Hanna/Ohrt, Roberto (Hg.): *Der Beginn einer Epoche. Texte der Situationisten*. Hamburg 1995.

Moravánszky, Ákos: *Architekturtheorie im 20. Jahrhundert. Eine kritische Anthologie*. Wien/New York 2003.

Nesbitt, Kate (Hg.): *Theorizing a New Agenda for Architecture. An Anthology of Architectural Theory 1965–1995*. New York 1996.

Neumeyer, Fritz (Hg.): *Quellentexte zur Architekturtheorie. Nachdenken über Architektur*. München/London/New York 2002.

Ó'Tuathail, Gearóid/Dalby, Simon/Routledge, Paul (Hg.): *The Geopolitics Reader*. New York/London [2]2006.

Philo, Chris (Hg.): *Theory and Methods. Critical Essays in Human Geography*. Aldershot/Burlington 2008.

Rosen, Philip (Hg.): *Narrative, Apparatus, Ideology. A Film Theory Reader*. New York 1986.

Schäfer, Carmen/Storch, Wolfgang (Hg.): *Die Sprachen der Landschaft. Texte von Friedrich Nietzsche bis Rolf Dieter Brinkmann*. Stuttgart/Weimar 1993.

Schultz, Hans-Dietrich (Hg.): *Geographie?* 3 Bde. Berlin 2003/04.

Stoll, Heinrich A. (Hg.): *Entdeckungen in Hellas. Reisen deutscher Archäologen in Griechenland, Kleinasien und Sizilien*. Berlin 1979.

Sammelbände und Tagungsdokumentationen

Ackermann, Arne/Raiser, Harry/Uffelmann, Dirk (Hg.): *Orte des Denkens. Neue russische Philosophie*. Wien 1995.

Aertsen, Jan A./Speer, Andreas (Hg.): *Raum und Raumvorstellungen im Mittelalter*. Berlin/New York 1998.

Agnew, John A./Duncan, James S. (Hg.): *The Power of Place. Bringing together Geographical and Sociological Imaginations*. Boston 1989.

Ahn, Gregor (Hg.): *Raum in der Religionsgeschichte*. Münster 2001.

Aitken, Stuart C./Zonn, Leo E. (Hg.): *Place, Power, Situation, and Spectacle. A Geography of Film*. London 1994.

Akademie der Künste (Hg.): *Topos RAUM. Die Aktualität des Raumes in den Künsten der Gegenwart*. Nürnberg 2005.

Alpsancar, Suzana/Gehring, Petra/Rölli, Marc (Hg.): *Raumprobleme. Philosophische Perspektiven*. München 2010.

Andriopoulos, Stefan/Schabacher, Gabriele/Schumacher, Eckhard (Hg.): *Die Adresse des Mediums*. Köln 2001.

Ansorge, Dirk/Ingenhoven, Christoph/Overdieck, Jürgen (Hg.): *Raumerfahrungen. Raum und Transzendenz*. Münster 1999.

Ardener, Shirley: *Women and Space. Ground Rules and Social Maps*. Oxford u. a. [2]1993.

Audretsch, Jürgen/Mainzer, Klaus (Hg.): *Philosophie und Physik der Raum-Zeit*. Mannheim/Wien/Zürich [2]1994.

Avanessian, Armen/Hofmann, Franck (Hg.): *Raum in den Künsten. Konstruktion, Bewegung, Politik*. München 2010.

Avidar, Pnina/Ganchrow, Raviv/Kursell, Julia (Hg.): *Immersed. Sound and Architecture*. Amsterdam 2009.

Baader, Hannah/Wolf, Gerhard (Hg.): *Das Meer, der Tausch und die Grenzen der Repräsentation*. Zürich/Berlin 2010.

Backhaus, Gary/Murungi, John (Hg.): *Lived Topographies and Their Mediational Forces*. Lanham u. a. 2005.

Barchet, Michael/Koch-Haag, Donata/Sierek, Karl (Hg.): *Ausstellen. Der Raum der Oberfläche*. Weimar 2003.

Barkhoff, Jürgen/Böhme, Hartmut/Riou, Jeanne (Hg.): *Netzwerke. Eine Kulturtechnik der Moderne*. Köln/Weimar/Wien 2004.

Barnes, Trevor J./Duncan, James S. (Hg.): *Writing Worlds. Discourse, Text and Metaphor in the Representation of Landscape*. London/New York 1992.

Bauer, Markus/Rahn, Thomas (Hg.): *Die Grenze. Begriff und Inszenierung*. Berlin 1997.

Bauhardt, Christine/Becker, Ruth (Hg.): *Durch die Wand! Feministische Konzepte zur Raumentwicklung*. Pfaffenweiler 1997.

Baumgärtner, Ingrid/Klumbies, Paul-Gerhard/Sick, Franziska (Hg.): *Raumkonzepte. Disziplinäre Zugänge*. Göttingen 2009.

Baumgärtner, Ingrid/Kugler, Hartmut (Hg.): *Europa im Weltbild des Mittelalters. Kartographische Konzepte*. Berlin 2008.

Bausinger, Hermann/Beyrer, Klaus/Korff, Gottfried (Hg.): *Reisekultur. Von der Pilgerfahrt zum modernen Tourismus*. München 1991.

Beck, Ulrich (Hg.): *Perspektiven der Weltgesellschaft*. Frankfurt a. M. 1998.

Becker, Barbara/Paetau, Michael (Hg.): *Virtualisierung des Sozialen. Die Informationsgesellschaft zwischen Fragmentierung und Globalisierung*, Frankfurt a. M./New York 1997.

Becker, Gerold/Bilstein, Johannes/Liebau, Eckart (Hg.): *Räume bilden. Studien zur pädagogischen Topologie und Topographie*. Seelze-Velber 1997.

Behnstedt, Jan/Bothe, Thorsten/Hünsche, Christina/Klose, Alexander/Kranz, Isabel/Lutz, Helga/Wiedemeyer, Nina (Hg.): *Stehende Gewässer. Medien der Stagnation*. Zürich/Berlin 2007.

Bell, David/Valentine, Gill (Hg.): *Mapping Desire. Geographies of Sexualities*. London/New York 1995.

Beller, Hans/Emele, Martin/Schuster, Michael (Hg.): *Onscreen/Offscreen. Grenzen, Übergänge und Wandel des filmischen Raumes*. Ostfildern bei Stuttgart 2000.

Benoist, Jocelyn/Fabio Merlini (Hg.): *Historicité et spatialité. Recherches sur le problème de l'espace dans la pensée contemporaine*. Paris 2001.

Benthien, Claudia/Wenner, Stefanie/Gerlof, Manuela (Hg.): *Paradies. Topografien der Sehnsucht*. Wien/Köln/Weimar 2009.

Berking, Helmuth (Hg.): *Die Macht des Lokalen in einer Welt ohne Grenzen*. Frankfurt a. M./New York 2006.

Berndt, Christian/Pütz, Robert (Hg.): *Kulturelle Geographien. Zur Beschäftigung mit Raum und Ort nach dem Cultural Turn*. Bielefeld 2007.

Bertels, Lothar/Herlyn, Ulfert (Hg.): *Lebenslauf und Raumerfahrung*. Opladen 1990.

Berzeviczy, Klára/Bognar, Zsuzs/Lökös, Péter (Hg.): *Gelebte Milieus und virtuelle Räume. Der Raum in der Literatur- und Kulturwissenschaft*. Berlin 2009.

Bianchi, Paolo (Hg.): *Atlas Mapping. Künstler als Kartographen – Kartographie als Kunst*. Wien 1997.

Birnbacher, Dieter (Hg.): *Ökophilosophie*. Stuttgart 1997.

Bloom, Paul/Petersen, Mary A./Nadel, Lynn/Garrit, Merril F. (Hg.): *Language and Space*. Cambridge/London 1996.

Blümle, Claudia/Heiden, Anne von der (Hg.): *Blickzähmung und Augentäuschung. Zu Jacques Lacans Bildtheorie*. Zürich/Berlin 2005.

Blümle, Claudia/Schäfer, Armin (Hg.): *Struktur, Figur, Kontur. Abstraktion in Kunst und Lebenswissenschaften*. Zürich/Berlin 2007.

Blunt, Alison/Gillian, Rose (Hg.): *Writing Women and Space. Colonial and Postcolonial Geographies (Mappings)*. New York 1994.

– /McEwan, Cheryl (Hg.): *Postcolonial Geographies*. New York/London 2002.

Bogen, Steffen/Brassat, Wolfgang/Ganz, David (Hg.): *Bilder – Räume – Betrachter*. Berlin 2006.

Böhme, Hartmut (Hg.): *Topographien der Literatur. Deutsche Literatur im transnationalen Kontext*. Stuttgart/Weimar 2005.

Böhme, Jeanette (Hg.): *Schularchitektur im interdisziplinären Diskurs. Territorialisierungskrise und Gestaltungsperspektiven des schulischen Bildungsraums*. Wiesbaden 2009.

Böhme, Tatjana/Mehner, Klaus (Hg.): *Zeit und Raum in Musik und Bildender Kunst*. Köln/Weimar/Wien 2000.

Bohn, Ralf/Wilharm, Heiner (Hg.): *Inszenierung und Ereignis. Beiträge zur Theorie und Praxis der Szenografie*. Bielefeld 2009.

Bölsker-Schlicht, Franz/Laer, Hermann von (Hg.): *Die Stadt. Lebensraum und Lebensform*. Münster/Hamburg/London 1999.

Bonnin, Philippe (Hg.): *Architecture. Espace pensé, espace vécu*. Paris 2007.

Borsò, Vittoria/Görling, Reinhold (Hg.): *Kulturelle Topographien*. Stuttgart/Weimar 2004.

Bräm, Thüring (Hg.): *Musik und Raum*. Basel 1986.

Brandi-Hinnrichs, Friedrich/Reitz-Dinse, Annegret/Grünberg, Wolfgang (Hg.): *Räume riskieren. Reflexion, Gestaltung und Theorie in evangelischer Perspektive*. Schenefeld 2003.

Brejzek, Thea/Greisenegger, Wolfgang/Wallen, Laurence (Hg.): *Power and Space – Macht und Raum*. Zürich 2008.

– / – / –: *Space and Truth – Raum und Wahrheit*. Zürich 2009.

– / – / –: *Space and Desire – Raum und Begehren*. Zürich 2010.

Brenner, Neil/Nik, Theodore (Hg.): *Spaces of Neoliberalism. Urban Restructuring in North America and Western Europe*. Oxford 2002.

Brown, Peter/Irwin, Michael (Hg.): *Literature and Place. 1800–2000*. Frankfurt a. M. 2006.

Buchanan, Ian/Lambert, Gregg (Hg.): *Deleuze and Space*. Edinburgh 2005.

Budke, Alexandra/Kanwischer, Detlef/Pott, Andreas (Hg.): *Internetgeographien. Beobachtungen zum Verhältnis von Internet, Raum und Gesellschaft*. Stuttgart 2004.

Burkhardt, Johannes/Ullmann, Sabine/Safley, Thomas Max (Hg.): *Geschichte in Räumen*. Konstanz 2006.

Busch, Werner/Jehle, Oliver (Hg.): *Vermessen. Landschaft und Ungegenständlichkeit*. Zürich/Berlin 2007.

Butterfield, Jeremy/Hogarth, Mark/Belot, Gordon (Hg.): *Spacetime*. Aldershot/Burlington 1996.

Cha, Kyung-Ho/Rautzenberg, Markus (Hg.): *Der entstellte Blick. Anamorphosen in Kunst, Literatur und Philosophie*. München 2008.

Clarke, David L. (Hg.): *Spatial Archaeology*. London 1977.

Cloke, Paul/Johnston, Ron (Hg.) *Spaces of Geographical Thought Deconstructing Human Geography's Binaries*. London/Thousand Oaks/New Delhi 2005.

Colomina, Beatriz (Hg.): *Sexuality and Space*. New York 1992.

Conrad, Sebastian/Eckert, Andreas/Freitag, Ulrike (Hg.): *Globalgeschichte. Theorien, Ansätze, Themen*. Frankfurt a. M./New York 2007.

Conrad, Sebastian/Randeria, Shalini (Hg.): *Jenseits des Eurozentrismus. Postkoloniale Perspektiven in den Geschichts- und Kulturwissenschaften*. Frankfurt a. M./New York 2002.

Cook, Ian/Crouch, David/Naylor, Simon/Ryan, James R. (Hg.): *Cultural Turns/Geographical Turns. Perspectives on Cultural Geography*. Harlow u. a. 2000.

Corbridge, Stuart/Thrift, Nigel/Martin, Ron (Hg.): *Money, Power and Space*. Oxford 1997.

Cordes-Vollert, Doris (Hg.): *Erde – Zeichen – Erde*. Bonn 1992.

Cosgrove, Denis (Hg.): *Mappings*. London 1999.

– /Daniels, Stephen (Hg.): *The Iconography of Landscape. Essays on the Symbolic Representation, Design and Use of Past Environments*. Cambridge/London 1988.

– /Dora, Veronica della (Hg.): *High Places. Cultural Geographies of Mountains, Ice and Science*. London 2009.

Crampton, Jeremy W./Elden, Stuart (Hg.): *Space, Knowledge and Power. Foucault and Geography*. Hampshire/Burlington 2008.

Crow, Dennis (Hg.): *Geography and Identity. Living and Exploring Geopolitics of Identity*. Washington 1996.

Csáky, Moritz/Leitgeb, Christoph (Hg.): *Kommunikation – Gedächtnis – Raum. Kulturwissenschaften nach dem ›Spatial Turn‹*. Bielefeld 2009.

Curtis, Robin/Glöde, Marc/Koch, Gertrud (Hg.): *Empfindungsräume. Zur synästhetischen Wahrnehmung*. München 2008.

– /Koch, Gertrud (Hg.): *Einfühlung. Zu Geschichte und*

Gegenwart eines ästhetischen Konzepts. München 2009.

Damir-Geilsdorf, Sabine/Hartmann, Angelika/Hendrich, Béatrice (Hg.): *Mental Maps. Raum. Erinnerung. Kulturwissenschaftliche Zugänge zum Verhältnis von Raum und Erinnerung*. Münster 2005.

Darian-Smith, Kate/Gunner, Liz/Nuttall, Sarah (Hg.): *Text, Theory, Space. Land, Literature and History in South Africa and Australia*. London/New York 1996.

Därmann, Iris/Jamme, Christoph (Hg.): *Fremderfahrung und Repräsentation*. Weilerswist 2002.

Däumler, Matthias/Gerok-Reiter, Annette/Kreuder, Friedemann (Hg.): *Unorte – Spielarten einer verlorenen Verortung. Kulturwissenschaftliche Perspektiven*. Bielefeld 2010.

Davidson, Joyce/Mick, Smith (Hg.): *Emotional Geographies*. Aldershot/Burlington 2007.

Davies, Wayne K.D. (Hg.): *The Conceptual Revolution in Geography*. London 1972.

Decker, Edith/Weibel, Peter (Hg.): *Vom Verschwinden der Ferne. Telekommunikation und Kunst*. Köln 1990.

Deger, Petra/Hettlage, Robert (Hg.): *Der europäische Raum. Über die Konstitution von Raum und kollektiver Identität in Europa*. Wiesbaden 2007.

Dipper, Christof/Schneider, Ute/Behringer, Wolfgang (Hg.): *Kartenwelten. Der Raum und seine Repräsentation in der Neuzeit*. Darmstadt 2006.

Dirven, René/Pütz, Martin (Hg.): *The Construction of Space in Language and Thought*. Amsterdam 1996.

Distelmeyer, Jan/Hanke, Christine/Mersch, Dieter (Hg.): *Game over!? Perspektiven des Computerspiels*. Bielfeld 2008.

Doesinger, Stephan: *Space between People. How the Virtual Changes Physical Architecture*. München u.a. 2008.

Dolle, Verena/Helfrich, Uta: *Zum ›spatial turn‹ in der Romanistik*. München 2009.

Döring, Jörg/Thielmann, Tristan (Hg.): *Spatial turn. Das Raumparadigma in den Kultur- und Sozialwissenschaften*. Bielefeld 2007.

– / – (Hg.): *Mediengeographie. Theorie – Analyse – Diskussion*. Bielefeld 2009.

Dotzler, Bernhard J./Müller, Ernst (Hg.): *Wahrnehmung und Geschichte*. Berlin 1995.

Dowler, Lorraine/Carubia, Josephine/Szcygiel, Bonj (Hg.): *Gender and Landscape. Renegotiating Morality and Space*. London/New York 2005.

Dreier, Horst/Forkel, Hans/Laubenthal, Klaus (Hg.): *Raum und Recht*. Berlin 2006.

Duncan, James/Ley, David (Hg.): *Place, Culture, Representation*. London/New York 1993.

Duncan, Nancy (Hg.): *BodySpace. Destabilizing Geographies of Gender and Sexuality*. London/New York 1996.

Dünne, Jörg/Doetsch, Hermann/Lüdeke, Roger (Hg.): *Von Pilgerwegen, Schriftspuren und Blickpunkten. Raumpraktiken in medienhistorischer Perspektive*. Würzburg 2004.

Dürr, Susanne/Steinlein, Almut (Hg.): *Der Raum im Film*. Frankfurt a. M. u. a. 2002.

Ebeling, Knut/Günzel, Stephan (Hg.): *Archivologie. Theorien des Archivs in Philosophie, Medien und Künsten*. Berlin 2009.

Eberhard, Winfried/Lübke, Christian (Hg.): *Die Vielfalt Europas. Identitäten und Räume*. Leipzig 2009.

Ecarius, Jutta/Löw, Martina (Hg.): *Raumbildung – Bildungsräume. Über die Verräumlichung sozialer Prozesse*. Opladen 1997.

Ehrich, Susanne/Oberste, Jörg (Hg.): *Städtische Räume im Mittelalter*. Regensburg 2009.

Ellis, Steven G./Eßer, Raingard (Hg.): *Frontiers and the Writing of History, 1500–1850*. Hannover-Laatzen 2006.

Elsaesser, Thomas/Barker, Adam (Hg.): *Early Cinema. Space – Frame – Narrative*. London 1990.

Emslander, Fritz/Kraus, Karola (Hg.): *Von der Fläche zum Raum. Malewitsch und die frühe Moderne*. Köln 2008.

Engel-Braunschmidt, Annelore/Fouquet, Gerhard/Hinden, Wiebke von/Schmidt, Inken (Hg.): *Ultima Thule. Bilder des Nordens von der Antike bis zur Gegenwart*. Frankfurt a. M. u. a. 2001.

Engell, Lorenz/Vogl, Joseph/Siegert, Bernhard (Hg.): *Stadt, Land, Fluss. Medienlandschaften*. Weimar 2007.

English, Paul W./Mayfield, Robert C. (Hg.): *Man, Space, and Environment*. New York/London/Toronto 1972.

Eschenbruch, Nicholas/Hänel, Dagmar/Unterkircher, Alois (Hg.): *Medikale Räume. Zur Interdependenz von Raum, Körper, Krankheit und Gesundheit*. Bielefeld 2010.

Everett, Wendy/Goodbody, Axel (Hg.): *Revisiting Space. Space and Place in European Cinema*. Frankfurt a. M. u.a 2005.

Faber, Richard/Naumann, Barbara (Hg.): *Literatur der Grenze – Theorie der Grenze*. Würzburg 1995.

Falkheimer, Jesper/André, Jansson (Hg.): *Geographies of Communication. The Spatial Turn in Media Studies*. Göteborg 2006.

Featherstone, David/Burrows, Roger (Hg.): *Cyberspace, Cyberbodies, Cyberpunk. Cultures of Technological Embodiement*. London/Thusand Oaks/New Delhi 1995.

– / Lash, Scott (Hg.): *Spaces of Culture. City, Nation, World*. London/Thusand Oaks/New Delhi 1998.

Fecht, Thomas/Kamper, Dietmar (Hg.): *Umzug ins Offene. Vier Versuche über den Raum*. Wien/New York 2000.

Feiner, Sabine (Hg.): *Raumdeutungen. Ein interdiszipli-*

närer Blick auf das Phänomen Raum. Hamburg/Berlin/Wien/London 2001.

Feld, Steven/Basso, Keith H. (Hg.): *Senses of Place.* Santa Fe 1996.

Feldtkeller, Christoph/Wihstutz, Benjamin (Hg.): *Politik des Raumes. Theater und Topologie.* München 2010.

Felfe, Robert/Wagner, Kirsten (Hg.): *Museum, Bibliothek, Stadtraum. Kontingenz und Kontrolle in räumlichen Wissensordnungen 1600–1800.* Berlin 2010.

Fischer-Lichte, Erika/Horn, Christian/Umathum, Sandra/Warstat, Matthias (Hg.): *Ritualität und Grenze.* Tübingen/Basel 2003.

Fischer-Lichte, Erika/Risi, Clemens/Roselt, Jens (Hg.): *Kunst der Aufführung – Aufführung der Kunst.* Berlin 2003.

Flügge, Matthias/Kudielka, Robert/Lammert, Angela (Hg.): *RAUM. Orte der Kunst.* Nürnberg 2007.

Francke, Anselm (Hg.): *Territories. Islands, Camps and other States of Utopia.* Berlin 2003.

Frank, Michael C./Gockel, Bettina/Hauschild, Thomas/Kimmich, Dorothee/Mahlke, Kirsten (Hg.): *Räume.* Bielefeld 2009.

Frank, Susi/Smirnov, Igor P. (Hg.): *Zeit – Räume. Neue Tendenzen in der historischen Kulturwissenschaft aus der Perspektive der Slavistik.* München 2002.

Franz, Günter (Hg.): *Raumordnung und Landesplanung im 20. Jahrhundert.* Hannover 1971.

Franzen, Brigitte/König, Kasper/Carina, Plath (Hg.): *skulptur projekte münster.* Köln 2007.

Freksa, Christian/Habel, Christopher (Hg.): *Repräsentation und Verarbeitung räumlichen Wissens.* Berlin/Heidelberg u. a. 1990.

– /Mark, David M. (Hg.): *Spatial Information Theory.* Berlin/Heidelberg/New York 1999.

Friedrich, Bernhard (Hg.): *Bewegung im Raum – Raum in Bewegung.* Frankfurt a. M. u. a. 2009.

Frohne, Ursula/Haberer, Lilian (Hg.): *Kinematographische Räume. Installationsästhetik in Film und Kunst.* München 2010.

Früchtl, Joseph/Zimmerman, Jörg (Hg.): *Ästhetik der Inszenierung: Dimensionen eines künstlerischen, kulturellen und gesellschaftlichen Phänomens.* Frankfurt a. M. 2001.

Fuchs, Christine/Ulrich, Sebastian (Hg.): *Kunsträume Stadträume.* Nürnberg 2008.

Führ, Eduard (Hg.): *Bauen und Wohnen. Martin Heideggers Grundlegung einer Phänomenologie der Architektur.* Münster 2000.

Funke, Christina/Löw, Martina (Hg.): *Raum – Zeit – Medialität. Interdisziplinäre Studien zu neuen Kommunikationstechnologien.* Opladen 2003.

Gale, Stephan/Olsson, Gunnar (Hg.): *Philosophy in Geography.* Dordrecht/Boston/London 1979.

Galison, Peter/Thompson, Emily (Hg.): *The Architecture of Science.* Cambridge/London 1999.

Gau, Sønke/Schlieben, Katharina (Hg.): *Site-Seeing. Disneyfizierung der Städte?* Berlin 2003.

Gebhardt, Hans/Reuber, Paul/Wolkersdorfer, Günther (Hg.): *Kulturgeographie. Aktuelle Ansätze und Entwicklungen.* Heidelberg 2003.

Gehring, Petra/Keutner, Thomas/Maas, Jörg F./Ueding, Wolfgang M. (Hg.): *Diagrammatik und Philosophie.* Amsterdam/Atlanta 1992.

Gehring, Ulrike/Schwingeler, Stephan (Hg.): *The Ludic Society. Zur Relevanz des Computerspiels.* Marburg 2009.

Geisthövel, Alexa/Knoch, Habbo (Hg.): *Orte der Moderne. Erfahrungswelten des 19. und 20. Jahrhunderts.* Frankfurt a. M. 2005.

Geppert, Alexander C.T./Jensen, Uffa/Weinhold, Jörn (Hg.): *Ortsgespräche. Raum und Kommunikation im 19. und 20. Jahrhundert.* Bielefeld 2005.

Gimesi, Thomas/Hanselitsch, Werner (Hg.): *Das Fremde im Raum.* Wien/Berlin/Münster 2007.

Glasmeier, Michael (Hg.): *Vor Ort – Documenta-Arbeiten im Kasseler Außenraum. 50 Jahre documenta.* Kassel 2004.

Glauser, Jürg/Kiening, Christian (Hg.): *Text – Bild – Karte. Kartographie der Vormoderne.* Freiburg i. Br./Berlin 2007.

Glockzin-Bever, Sigird/Schwebel, Horst (Hg.): *Kirchen – Raum – Pädagogik.* Münster 2002.

Grassi, Carlo/Abruzzese, Alberto (Hg.): *Tempo e spazio nel cinema.* Roma [2]1998.

Gregory, Derek/Urry, John (Hg.): *Social Relations and Spatial Structures.* Basingstoke/Houndsmills/New York 1985.

Grüntuch, Armand/Ernst, Almut (Hg.): *Convertible City. Formen der Verdichtung und Entgrenzung.* Aachen 2006.

Grywatsch, Jochen (Hg.): *Raum, Ort, Topographien der Annette von Droste-Hülshoff.* Hannover 2009.

Gunn, Simon/Morris, Robert J. (Hg.): *Identities in Space. Contested Terrains in the Western Cities since 1850.* Aldershot/Burlington 2001.

Günzel, Stephan (Hg.): *Topologie. Zur Raumbeschreibung in den Kultur- und Medienwissenschaften.* Bielefeld 2007.

Hall, Catherine (Hg.): *Cultures of Empire. A Reader. Colonizers in Britain and the Empire in the Nineteenth and Twentieth Centuries.* New York/Manchester 2000.

Hallet, Wolfgang/Neumann, Birgit (Hg.): *Raum und Bewegung in der Literatur. Die Literaturwissenschaften und der Spatial Turn.* Bielefeld 2009.

Happel, Jörn/Jovanovich, Mira/Werdt, Christoph von (Hg.): *Osteuropa kartiert. Mapping Eastern Europe.* Münster/Hamburg/London 2010.

Härle, Clemens-Carl (Hg.): *Karten zu ›Tausend Plateaus‹*. Berlin 1993.
Hasse, Jürgen (Hg.): *Die Stadt als Wohnraum*. Freiburg i.Br./München 2008.
Hauser-Schäublin, Brigitta/Dickhardt, Michael (Hg.): *Kulturelle Räume – räumliche Kultur. Zur Neubestimmung des Verhältnisses zweier fundamentaler Kategorien menschlicher Praxis*. Münster/Hamburg/London 2003
Haverkamp, Anselm/Lachmann, Renate (Hg.): *Gedächtniskunst. Raum – Bild – Schrift. Studien zur Mnemotechnik*. Frankfurt a. M. 1991
Heller, Hartmut (Hg.): *Raum – Heimat – fremde und vertraute Welt. Entwicklungstrends der quantitativen und qualitativen Raumansprüche des Menschen und das Problem der Nachhaltigkeit*. Wien u. a. 2006.
Hellmann, Kai-Uwe/Zurstiege, Guido (Hg.): *Räume des Konsums. Über den Funktionswandel von Räumlichkeit im Zeitalter des Konsumismus*. Wiesbaden 2008.
Helmstädter, Ernst/Mohrmann, Ruth-Elisabeth (Hg.): *Lebensraum Stadt. Beiträge zur gesellschaftlichen und kulturellen Identität der Stadt*. Münster 1998.
Hempel, Leon/Metelmann, Jörg (Hg.): *Bild – Raum – Kontrolle. Videoüberwachung als Zeichen gesellschaftlichen Wandels*. Frankfurt a. M. 2005.
Henry, Freeman G. (Hg.): *Geo/Graphies. Mapping the Imagination in French and Francophone Literature and Film*. Amsterdam/New York 2003.
Hess-Lüttich, Ernest W. B./Müller, Jürgen E./van Zoest, Aart (Hg.): *Signs & Space. An International Conference on the Semiotics of Space and Culture*. Tübingen 1998.
Hochmuth, Christian/Rau, Susanne (Hg.): *Machträume der frühneuzeitlichen Stadt*. Konstanz 2006.
Hofmann, Franck/Sennewald, Jens E./Lazaris, Stavros (Hg.): *Raum – Dynamik. Beiträge zu einer Praxis des Raums*. Bielefeld 2004.
Horn, Eva/Gisi, Lucas M. (Hg.): *Schwärme. Kollektive ohne Zentrum. Eine Wissensgeschichte zwischen Leben und Information*. Bielefeld 2009.
Howard, Allen M./Shain, Richard M. (Hg.): *The Spatial Factor in African History. The Relationship of the Social, Material, and Perceptual*. Leiden 2005.
Hüttl, Reinhard F./Bens, Oliver/Plieninger, Tobias (Hg.): *Zur Zukunft ländlicher Räume. Entwicklungen und Innovationen in peripheren Regionen Nordostdeutschlands*. Berlin 2008.
Ichinowatari, Katsuhiko (Hg.): *Japan. Climate, Space and Concept*. Tokyo 1981.
Jackson, Peter/Penrose, Jan (Hg.): *Constructions of Race, Place and Nation*. London 1993.
Jarvella, Robert J. (Hg.): *Speech, Place and Action. Studies in Deixis and Related Topics*. Chichester 1982.
Jelich, Franz-Josef/Kemnitz, Heidemarie (Hg.): *Die pädagogische Gestaltung des Raums. Geschichte und Modernität*. Bad Heilbrunn 2003.
Jöchner, Cornelia (Hg.): *Politische Räume. Stadt und Land in der Frühneuzeit*. Berlin 2003.
– (Hg.): *Räume der Stadt. Von der Antike bis heute*. Berlin 2008.
– /Wagner, Kirsten (Hg.): *Gebaute Räume. Zur kulturellen Formung von Architektur und Stadt*. Cottbus 2004.
Jongen, Marc (Hg.): *Philosophie des Raums. Standortbestimmungen ästhetischer und politischer Theorie*. München [2]2010.
Julius, Christiane-B./Klie, Thomas (Hg.): *Der Religion Raum geben. Eine kirchenpädagogische Praxishilfe*. Rehburg-Loccum 1999.
Jüngst, Peter (Hg.): *Identität, Aggressivität, Territorialität. Zur Psychogeographie – und Psychohistorie – des Verhältnisses von ›Sub‹jekt, Kollektiv und räumlicher Umwelt*. Kassel 1997.
Kalipeni, Ezekiel/Zeleza, Paul T. (Hg.): *Sacred Spaces and Public Quarrels. African Cultural and Economic Landscapes*. Trenton/Asmara 1999.
Kamper, Dietmar/Wulf, Christoph (Hg.): *Rückblick auf das Ende der Welt*. München 1990.
Karentzos, Alexandra/Kittner, Alma-Elisa/Reuter, Julia (Hg.): *Topologien des Reisens. Tourismus – Imagination – Migration*. Trier 2010 (Onlinepublikation).
Kath, Roxana/Rieger, Anna-Katharina (Hg.): *Raum, Landschaft, Territorium. Zur Konstruktion physischer Räume als nomadischer und sesshafter Lebensraum*. Wiesbaden 2009.
Kaufmann, Stefan (Hg.): *Ordnungen der Landschaft. Natur und Raum technisch und symbolisch entwerfen*. Würzburg 2002.
Kaufmann, Thomas DaCosta/Pilliod, Elizabeth (Hg.): *Time and Place. The Geohistory of Art*. Aldershot/Burlington 2005.
Keith, Michael/Pile, Steve (Hg.): *Place and the Politics of Identity*. London/New York 1993.
Kerner, Hanns (Hg.): *Lebensraum Kirchenraum. Das Heilige und das Profane*. Leipzig 2008.
Kessl, Fabian/Otto, Hans-Uwe (Hg.): *Territorialisierung des Sozialen. Regieren über soziale Nahräume*. Opladen/Farmington Hills 2007.
Kiening, Christian/Stercken, Martina (Hg.): *SchriftRäume. Dimensionen von Schrift zwischen Mittelalter und Moderne*. Zürich 2008.
Kilger, Gerhard (Hg.): *Szenographie in Ausstellungen und Museen*. Essen 2004.
– /Müller-Kuhlmann, Wolfgang (Hg.): *Wissensräume. Kunst und Raum – Raum durch Kunst*. Essen 2005.
– / – (Hg.): *Raumerfahrung oder Erlebnispark. Raum – Zeit/Zeit – Raum*. Essen 2008.
Kitchin, Rob/Freundschuh, Scott (Hg.): *Cognitive Map-*

ping. Past, Present and Future. London/New York 2000.

Klie, Thomas (Hg.): *Der Religion Raum geben. Kirchenpädagogik und religiöses Lernen.* Münster [2]2003.

Koch, Gertrud (Hg.): *Umwidmungen. Architektonische und kinematographische Räume.* Berlin 2005.

Konstantarakos, Myrto (Hg.): *Spaces in European Cinema.* Exeter 2000.

Köster, Ingo/Schubert, Kai (Hg.): *Medien und Raum und Zeit. Maßverhältnisse des Medialen.* Bielefeld 2009.

Krämer, Raimund (Hg.): *Geopolitik. Ein altes Konzept wird neu befragt.* Berlin 1994.

Krämer, Sybille/Kogge, Werner/Grube, Gernot (Hg.): *Spur. Spurenlesen als Orientierungstechnik und Wissenskunst.* Frankfurt a. M. 2007.

Krämer-Badoni, Thomas/Kuhm, Klaus (Hg.): *Die Gesellschaft und ihr Raum. Raum als Gegenstand der Soziologie.* Opladen 2003.

Krapp, Holger/Wägenbaur, Thomas (Hg.): *Künstliche Paradiese – Virtuelle Realitäten. Künstliche Räume in Literatur-, Sozial- und Naturwissenschaften.* München 1997.

Krause, Burkhardt/Scheck, Ulrich (Hg.): *Natur, Räume, Landschaften.* München 1996.

Kreimeier, Klaus (Hg.): *Die Metaphysik des Dekors. Raum, Architektur und Licht im klassischen deutschen Stummfilm.* Marburg 1994.

Kröncke, Meike/Mey, Kerstin/Spielmann, Yvonne (Hg.): *Kultureller Umbau. Räume, Identitäten und Re/Präsentationen.* Bielefeld 2007.

Kruckmeyer, Frauke (Hg.): *Über ›Landschaften‹ hinter den Landschaften.* Kassel 1999.

Kugler, Hartmut (Hg.): *Ein Weltbild vor Columbus. Die Ebstorfer Weltkarte.* Weinheim 1991.

Kulke, Elmar (Hg.): *Mensch und Raum – Geographie.* Berlin 2009.

Lammert, Angela (Hg.): *Räume der Zeichnung.* Berlin/Nürnberg 2007.

Landau, Annette/Emmenegger, Claudia (Hg.): *Musik und Raum. Dimensionen im Gespräch.* Zürich 2005.

Lange, Sigrid (Hg.): *Raumkonstruktionen in der Moderne. Kultur – Literatur – Film.* Bielefeld 2001.

Lechtermann, Christina/Wagner, Kirsten/Wenzel, Horst (Hg.): *Möglichkeitsräume. Zur Perfomativität von sensorischer Wahrnehmung.* Berlin 2007.

Lehnert, Gertrud (Hg.): *Raum und Gefühl. Der Spatial turn und die neue Emotionsforschung.* Bielefeld 2010.

Leyshon, Andrew/Thrift, Nigel (Hg.): *Money/Space. Geographies of Monetary Transformation.* London/New York 1997.

Liebau, Eckart/Miller-Kipp, Gisela/Wulf, Christoph (Hg.): *Metamorphosen des Raums. Erziehungswissenschaftliche Forschungen zur Chronotopologie.* Weinheim 1999.

Light, Andrew/Smith, Jonathan M. (Hg.): *Space, Place and Environmental Ethics.* Lanham/Oxford 1997.

– (Hg.): *The Production of Public Space.* Lanham/Oxford 1998.

– (Hg.): *Philosophies of Place.* Lanham/Oxford 1998.

Livingstone, David N./Withers, Charles W.J. (Hg.): *Geography and Revolution.* Chicago u. a. 2005.

Locatelli, Francesca/Nugent, Paul (Hg.): *African Cities. Competing Claims on Urban Spaces.* Leiden 2009.

Lorenz, Susanne/Zeischegg, Francis (Hg.): *RAUMbeziehungen.* Hamburg/Halle a.d. Saale 2009.

Lossau, Julia/Flitner, Michael (Hg.): *Themenorte,* Münster 2005.

Lowenthal, David/Bowden, Martyn J. (Hg.): *Geographies of the Mind. Essays in Historical Geosophy.* New York 1976.

Maeder, Marcus (Hg.): *Klangliche Milieus. Zum Verhältnis von Klang und Raum.* Bielefeld 2010.

Manz, Rudolf/Lichtenstein, Claude (Hg.): *Video. Denk-Raum Architektur.* Stuttgart 1994.

Maresch, Rudolf/Werber, Niels, (Hg.): *Raum – Wissen – Macht.* Frankfurt a. M. 2002.

Marfaing, Laurence/Reinwald, Brigitte (Hg.): *Afrikanische Beziehungen, Netzwerke und Räume.* Münster 2001.

Martus, Steffen/Münkler, Marina/Röcke, Werner (Hg.): *Schlachtfelder. Codierung von Gewalt im medialen Wandel.* Berlin 2003.

Massey, Doreen/Jess, Pat (Hg.): *A Place in the World? Places, Cultures and Globalization.* Oxford 1995.

Mathieu, Jon/Boscani Leoni, Simona (Hg.): *Die Alpen. Zur europäischen Wahrnehmungsgeschichte seit der Renaissance.* Bern u. a. 2005.

Matsuoka, Seigow (Hg.): *Ma. Space-Time in Japan.* New York 1979.

Matthiesen, Ulf (Hg.): *Die Räume des Milieus. Neue Tendenzen in der sozial- und raumwissenschaftlichen Milieuforschung, in der Stadt- und Raumplanung.* Berlin 1998.

May, Jon/Thrift, Nigel (Hg.): *TimeSpace. Geographies of Temporality.* London 2001.

Mayer, Jörg (Hg.): *Die aufgeräumte Welt. Raumbilder und Raumkonzepte im Zeitalter globaler Marktwirtschaft.* Loccum 1993.

McKittrick, Katherine/Woods, Clyde (Hg.): *Black Geographies and the Politics of Place.* Toronto/Cambridge 2007.

Mein, Georg/Rieger-Ladich, Markus (Hg.): *Soziale Räume und kulturelle Praktiken. Über den strategischen Gebrauch von Medien.* Bielefeld 2009.

Meints, Waltraud/Daxner, Michael/Kraiker, Gerhard (Hg.): *Raum der Freiheit. Reflexionen über Idee und Wirklichkeit.* Bielefeld 2009.

Meurer, Bernd (Hg.): *Die Zukunft des Raums*. Frankfurt a. M./New York 1994.

Meusburger, Peter (Hg.): *Handlungszentrierte Sozialgeographie. Benno Werlens Entwurf in kritischer Diskussion*. Stuttgart 1999.

– /Funke, Joachim/Wunder, Edgar (Hg.): *Milieus of Creativity. An Interdisciplinary Approach to Spatiality of Creativity*. Berlin u. a. 2009.

– /Jöns, Heike/Livingstone, David N. (Hg.): *Geographies of Science. Academic Mobility, Knowledge Spaces, and Public Encounter*. Berlin u. a. 2009.

– /Welker, Michael/Wunder, Edgar (Hg.): *Clashes of Knowledge. Orthodoxies and Heterodoxies in Science and Religion*. Berlin u. a. 2008.

Meyer, Günther (Hg.): *Die arabische Welt im Spiegel der Kulturgeographie*. Mainz 2004.

Michalsky, Tanja/Schmieder, Felicitas/Engel, Gisela (Hg.): *Aufsicht – Ansicht – Einsicht. Neue Perspektiven auf die Kartographie an der Schwelle zur frühen Neuzeit*. Berlin 2009.

Michel, Paul (Hg.): *Symbolik von Ort und Raum*. Bern u. a. 1997.

Mitman, Gregg/Murphy, Michelle/Sellers, Christopher (Hg.): *Landscapes of Exposure. Knowledge and Illness in Modern Environments*. Chicago 2004.

Mitterbauer, Helga/Scherke, Katharina (Hg.): *Entgrenzte Räume. Kulturelle Transfers um 1900 und in der Gegenwart*. Wien 2005.

Morawska-Büngeler, Marietta (Hg.): *Musik und Raum*. Mainz 1989.

Moss, Timothy (Hg.): *Das Flussgebiet als Handlungsraum. Institutionenwandel durch die EU-Wasserrahmenrichtlinie aus raumwissenschaftlichen Perspektiven*. Münster 2003.

Motte-Haber, Helga de la (Hg.): *Klangkunst. Tönende Objekte und klingende Räume*. Laaber 1999.

Müller, Gesine/Stemmler, Susanne (Hg.): *Raum – Bewegung – Passage. Postkoloniale frankophone Literaturen*. Tübingen 2009.

Müller, Stephan/Saurma-Jeltsch, Lieselotte E./Strohschneider, Peter (Hg.): *Codex und Raum*. Wiesbaden 2009.

Müller-Richter, Klaus/Uritescu-Lombard, Ramona (Hg.): *Imaginäre Topografien. Migration und Verortung*. Bielefeld 2007.

Münkler, Herfried (Hg.): *Der Partisan. Theorie, Strategie, Gestalt*. Opladen 1990.

Musil, Jiri/Strubelt, Wendelin (Hg.): *Räumliche Auswirkungen des Transformationsprozesses in Deutschland und bei den östlichen Nachbarn*. Opladen 1997.

Nast, Heidi J./Pile, Steve (Hg.): *Places Through the Body*. London 1998.

Netzwerk im Stadtteil (Hg.): *Grenzen des Sozialraums. Kritik eines Konzepts – Perspektiven für Soziale Arbeit*. Wiesbaden 2005.

Neumann, Sabine (Hg.): *Comparing African Spaces*. Köln 1999.

Nijenhuis, Gery/Broekhuis, Annelet/Westen, Guus van (Hg.): *Space and Place in Development Geography. Geographical Perspectives on Development in the 21st Century*. Amsterdam 2005.

Noever, Peter (Hg.): *James Turrell. The Other Horizon*. Ostfildern 1998.

Nöth, Winfried/Schmauks, Dagmar (Hg.): *Landkarten als synoptisches Medium*. Tübingen 1998.

Oßenbrügge, Jürgen/Reh, Mechthild (Hg.): *Social Spaces of African Societies. Applications and Critique of Concepts about ›Transnational Social Spaces‹*. Münster 2004.

Ott, Michaela/Uhl, Elke (Hg.): *Denken des Raums in Zeiten der Globalisierung*. Münster 2006.

Pache, Eckhard (Hg.): *Die Europäische Union. Ein Raum der Freiheit, der Sicherheit und des Rechts?* Baden-Baden 2005.

Pezzoli-Olgiati, Daria/Naef, Silvia (Hg.): *Religiöse Kartographie*. Bern u. a. 2000.

Philo, Chris (Hg.): *Off the Map. The Social Geography of Poverty in the UK*. London 1995.

Pichler, Wolfram/Ubl, Ralph (Hg.): *Topologie. Falten, Knoten, Netze, Stülpungen in Kunst und Theorie*. Wien 2009.

Pile, Steve/Thrift, Nigel (Hg.): *Mapping the Subject. Geographies of Cultural Transformation*. London 1995.

Pöhl, Friedrich/Tilg, Bernhard (Hg.): *Franz Boas – Kultur, Sprache, Rasse. Wege einer antirassistischen Anthropologie*. Münster/Berlin/Wien 2009.

Portugali, Juval (Hg.): *The Construction of Cognitive Maps*. Dordrecht/London 1996.

Pred, Allan R. (Hg.): *Space and Time in Geography. Essays Dedicated to Torsten Hägerstrand*. Lund 1981.

Prigge, Walter (Hg.): *Peripherie ist überall*. Frankfurt a. M. 1998.

Ragland, Ellie/Milovanovic, Dragan (Hg.): *Lacan. Topologically Speaking*. New York 2004.

Rau, Susanne/Schwerhoff, Gerd (Hg.): *Zwischen Gotteshaus und Taverne. Öffentliche Räume in Spätmittelalter und Früher Neuzeit*. Köln/Weimar/Wien 2004.

Reichert, Dagmar (Hg.): *Räumliches Denken*, Zürich 1996.

Reuber, Paul/Strüver, Anke/Wolkersdorfer, Günther (Hg.): *Politische Geographien Europas. Annäherungen an ein umstrittenes Konstrukt*. Münster 2005.

Reutlinger, Christian/Wigger, Annegret (Hg.): *Transdisziplinäre Sozialraumarbeit. Grundlegungen und Perspektiven des St. Galler Modells zur Gestaltung des Sozialraums*. Berlin 2010.

Rheinberger, Hans-Jörg/Hagner, Michael/Wahrig-Schmidt, Bettina (Hg.): *Räume des Wissens. Repräsentation, Codierung, Spur.* Berlin 1997.

Rimpau, Laetitia/Ihring, Peter (Hg.): *Raumerfahrung – Raumerfindung. Erzählte Welten des Mittelalters zwischen Orient und Okzident.* Berlin 2005.

Roesner, David/Wartemann, Geesche/Wortmann, Volker (Hg.): *Szenische Orte – mediale Räume.* Hildesheim 2005.

Rösel, Jakob/Throta, Trutz von (Hg.): *Dezentralisierung, Demokratisierung und die lokale Repräsentation des Staates.* Köln 1999.

Rösler, Michael/Wendl, Tobias (Hg.): *Frontiers and Borderlands. Anthropological Perspectives.* Frankfurt a. M. u. a. 1999.

Rost, Andreas (Hg.): *Zeit, Schnitt, Raum.* Frankfurt a. M. 1997.

Rüth, Uwe (Hg.): *Körper – Leib – Raum. Der Raum im zeitgenössischen Tanz und in der zeitgenössischen Plastik.* Marl 2006.

Salm, Steven J./Falola, Toyin (Hg.): *African Urban Spaces in Historical Perspective.* Rochester/Suffolk 2005.

Sasse, Sylvia/Marszałek, Magdalena (Hg.): *Geopoetik. Literatur als Topographie.* Berlin 2009.

Scharl, Arno/Tochtermann, Klaus (Hg.): *The Geospatial Web. How Geo-Browsers, Social Software and the Web 2.0 are Shaping the Network Society.* London 2007.

Schimanke, Dieter (Hg.): *Verwaltung und Raum. Zur Diskussion um Leistungsfähigkeit und Integrationsfunktion von Verwaltungseinheiten.* Baden-Baden 2010.

Schirmbeck, Egon (Hg.): *Metamorphosen des Raumes im 20. Jahrhundert.* Ludwigsburg 2001.

Schlapeit-Beck, Dagmar (Hg.): *Mädchenräume. Initiativen, Projekte, Lebensperspektiven.* Hamburg 1987.

Schmeling, Manfred/Schmitz-Emans, Monika (Hg.): *Das Paradigma der Landschaft in Moderne und Postmoderne – (Post-)Modern Terrains. Landscape – Settings – Space.* Würzburg 2007.

Schneider, Birgit (Hg.) (2005): *Diagramme und bildtextile Ordnungen.* Berlin 2005.

Schneider, Petra/Strohmeier, Gerhard (Hg.): *Landschaft. Begriff und Wahrnehmung.* Wien 2000.

Schöbel, Ulrike/Noller, Peter/Prigge, Walter/Ronnberger, Klaus (Hg.): *Stadt-Welt. Über die Globalisierung städtischer Milieus.* Frankfurt a. M./New York 1994.

Scholl, Michael/Tholen, Georg Christoph (Hg.): *DisPositionen. Beiträge zur Dekonstruktion von Raum und Zeit.* Kassel 1996.

Schramm, Helmar/Schwarte, Ludger/Lazardzig, Jan (Hg.): *Kunstkammer, Laboratorium, Bühne. Schauplätze des Wissens im 17. Jahrhundert.* Berlin/New York 2003.

Schröder, Iris/Höhler, Sabine (Hg.): *Welt-Räume. Geschichte, Geographie und Globalisierung seit 1900.* Frankfurt a. M./New York 2005.

Schröter, Jens/Thielmann, Tristan (Hg.): *Display.* 2 Bde. Marburg 2006/07.

Schubert, Venanz (Hg.): *Raum des Menschen – Raum des Wissens.* St. Otilien 1987.

Schwarte, Ludger (Hg.): *Auszug aus dem Lager. Zur Überwindung des Raumparadigmas in der politischen Philosophie.* Bielefeld 2007.

Seamon, David/Mugerauer, Robert: *Dwelling, Place and Environment. Towards a Phenomenology of Person and World.* Dordrecht/Boston/Lancaster 1985.

Seblatnig, Heidemarie (Hg.): *außen räume innen räume. Der Wandel des Raumbegriffs im Zeitalter der elektronischen Medien.* Wien 1991.

Seemann, Hellmut Th. (Hg.): *Europa in Weimar. Visionen eines Kontinents.* Göttingen 2008.

Sesnik, Werner (Hg.): *Subjekt – Raum – Technik. Beiträge zur Theorie und Gestaltung neuer Medien in der Bildung.* Münster 2006.

– /Wendland, Karsten (Hg.): *Studieren im Cyberspace? Die Ausweitung des Campus in den virtuellen Raum.* Münster 2005.

Sheller, Mimi/Urry, John (Hg.): *Tourism Mobilities. Places to Play, Places in Play.* London/Thousand Oaks/New Delhi 2006.

Siebel, Walter (Hg.): *Die europäische Stadt.* Frankfurt a. M. 2004.

Smuda, Manfred (Hg.): *Landschaft.* Frankfurt a. M. 1986.

Spanu, Massimiliano (Hg.): *Spazio.* Torino 2002.

Spillmann, Peter/Zinganel, Michael (Hg.): *Backstage* Tours. Reisen in den touristischen Raum.* Graz 2004.

Stadt Meßkirch (Hg.): *Heimat der Philosophie.* Meßkirch 1985.

Staubach, Nikolaus/Johanterwage, Vera (Hg.): *Außen und Innen. Räume und ihre Symbolik im Mittelalter.* Frankfurt a. M. 2007.

Stauth, Georg/Schielke, Samuli (Hg.): *Dimensions of Locality. Muslim Saints, their Place and Space.* Bielefeld 2008.

Stegmaier, Werner (Hg.): *Orientierung. Philosophische Perspektiven.* Frankfurt a. M. 2005.

Stein, Howard F./Niederland, William G. (Hg.): *Maps from the Mind. Readings in Psychogeography.* Norman 1989.

Stein, Ingeborg/Wilhelmi, Bernd (Hg.): *Raum und Zeit. Beiträge zur Analyse von Musikprozessen.* Jena 1988.

Stockhammer, Robert (Hg.): *TopoGraphien der Moderne. Medien zur Repräsentation und Konstruktion von Räumen.* München 2005.

Storch, Wolfgang (Hg.): *Der Raum Bayreuth. Ein Auftrag aus der Zukunft.* Frankfurt a. M. 2002.

Szagun, Anna-Katharina (Hg.): *Erfahrungsräume. Theologische Beiträge zur kulturellen Erneuerung.* Münster/Hamburg/London 1999.

Taylor, Michael/Thrift, Nigel (Hg.): *The Geography of Multinationals. Studies in the Spatial Development and Economic Consequences of Multinational Corporations.* London u. a. 1982.

Thabe, Sabine (Hg.): *Räume der Identität – Identität der Räume.* Dortmund 1999.

Transit Migration (Hg.): *Turbulente Ränder. Neue Perspektiven auf Migration an den Grenzen Europas.* Bielefeld 2007.

Tymieniecka, Anna-Teresa (Hg.): *Passions of the Earth in Human Existence, Creativity and Literature.* Dordrecht u. a. 2001.

Tzschaschel, Sabine/Wild, Holger/Lentz, Sebastian (Hg.): *Visualisierung des Raumes. Karten machen – die Macht der Karten.* Leipzig 2007.

Umbach, Carla/Grabski, Michael/Hörnig, Robin (Hg.): *Perspektive in Sprache und Raum. Aspekte von Repräsentation und Perspektivität.* Wiesbaden 1997.

Vavra, Elisabeth (Hg.): *Virtuelle Räume. Raumwahrnehmung und Raumvorstellung im Mittelalter.* Berlin 2005.

– (Hg.): *Imaginäre Räume.* Wien 2007.

Vera, Yvonne (Hg.): *Opening Spaces. An Anthology of Contemporary African Women's Writing.* Oxford/Portsmouth/Johannesburg 1999.

Vermeulen, Frank/Dapper, Morgan de (Hg.): *Geoarchaeology of the Landscapes of Classical Antiquity.* Leiden 2000.

Vitouch, Peter/Tinchon, Hans-Jörg (Hg.): *Cognitive Maps und Medien. Formen mentaler Repräsentation bei der Medienwahrnehmung.* Frankfurt a. M. u. a. 1996.

Voigt, Rüdiger (Hg.): *Großraum-Denken. Carl Schmitts Kategorie der Großraumordnung.* Stuttgart 2008.

Watson, Sophie (Hg.): *Postmodern Cities and Spaces.* Oxford/New York 1995.

Wehrheim, Jan (Hg.): *Shopping Malls. Interdisziplinäre Betrachtungen eines neuen Raumtyps.* Wiesbaden 2007.

Weingarten, Michael (Hg.): *Strukturierung von Raum und Landschaft. Konzepte in Ökologie und der Theorie gesellschaftlicher Naturverhältnisse.* Münster 2005.

Weinhäupl, Heidi/Wolfsberger, Margit (Hg.): *Trauminseln? Tourismus und Alltag in ›Urlaubsparadiesen‹.* Wien 2006.

Wentz, Martin (Hg.): *Stadt-Räume.* Frankfurt a. M./New York 1991.

Wenzel Horst (Hg.): *Gutenberg und die Neue Welt.* München 1994.

Werner, Katja/Wesemann, Arndt (Hg.): *Freiräume – Abräumen.* Berlin 2006.

Wharf, Barney/Anrias, Santa (Hg.): *The Spatial Turn. Interdisciplinary Perspectives.* London/New York 2009.

Wiegand, Claus-Christian (Hg.): *Öffentliche Räume – öffentliche Träume. Zur Kontroverse über die Stadt und die Gesellschaft.* Berlin 2006.

Wigger, Lothar/Meder, Norbert (Hg.): *Raum und Räumlichkeit in der Pädagogik.* Bielefeld 2002.

Wilkens, Anna E./Ramponi, Patrick/Wendt, Helge (Hg.): *Inseln und Archipele. Kulturelle Figuren des Insularen zwischen Isolation und Entgrenzung.* Bielefeld 2010.

Winter, Gundolf/Schröter, Jens/Barck, Joanna (Hg.): *Das Raumbild. Bilder jenseits ihrer Flächen.* München 2009.

Wissen, Markus/Röttger, Bernd/Heeg, Susanne (Hg.): *Politics of Scale. Räume der Globalisierung und Perspektiven emanzipatorischer Politik.* Münster 2008.

Woderich, Rudolf (Hg.): *Im Osten nichts Neues? Struktureller Wandel in peripheren Räumen.* Berlin u. a. 2007.

Wöhler, Karlheinz/Pott, Andreas/Denzer, Vera (Hg.): *Tourismusräume. Zur soziokulturellen Konstruktion eines globalen Phänomens.* Bielefeld 2010.

Wolf, Gerhard/Wittmann, Barbara/Endres, Johannes (Hg.): *Ikonologie des Zwischenraums. Der Schleier als Medium und Metapher.* München 2005.

Woodward, David (Hg.): *Art and Cartography.* London 1987.

Würmann, Carsten/Schuegraf, Martina/Smykalla, Sandra/Poppitz, Angela (Hg.): *Welt.Raum.Körper. Transformation und Entgrenzung von Körper und Raum.* Bielefeld 2007.

Zinsmeister, Annett (Hg.): *welt[stadt]raum. Mediale Inszenierungen.* Bielefeld 2009.

Monographien

Agnew, John A.: *Geopolitics. Re-visioning World Politics.* London/New York 1998.

–: *Reinventing Geopolitics. Geographies of Modern Statehood.* Heidelberg 2001.

Agotai, Doris: *Architekturn in Zelluloid. Der filmische Blick auf den Raum.* Bielefeld 2007.

Ahrens, Daniela: *Grenzen der Enträumlichung. Weltstädte, Cyberspace und transnationale Räume in der globalisierten Moderne.* Opladen 2001.

Albrecht, Christoph V.: *Geopolitik und Geschichtsphilosophie 1748–1798.* Berlin 1998.

Algra, Keimpe: *Concepts of Space in Greek Thought.* Leiden/New York/Köln 1994.

Andrews, Lew: *Story and Space in Renaissance Art. The Rebirth of Continuous Narrative.* Cambridge/New York/Oakleigh 1995.

Andruchowytsch, Juri: *Das letzte Territorium.* Frankfurt a. M. 2003 (ukrain. 2003).

– /Stasiuk, Andrzej: *Mein Europa. Zwei Essays über das sogenannte Mitteleuropa.* Frankfurt a.M. 2004 (ukrain./poln. 2000).

Anter, Andreas: *Politik und Ordnung. Aspekte einer Grundkategorie des Politischen.* Tübingen 2004.

Antonioli, Manola: *Géophilosophie de Deleuze et Guattari.* Paris 2003.

Anzaldúa, Gloria: *La frontera/Borderlands.* San Francisco 1999.

Apel, Friedmar: *Deutscher Geist und deutsche Landschaft. Eine Topographie.* München 1998.

Appadurai, Arjun: *Die Geographie des Zorns.* Frankfurt a.M. 2009 (amerik. 2006).

Asendorf, Christoph: *Super Constellation – Flugzeug und Raumrevolution. Die Wirkung der Luftfahrt auf Kunst und Kultur der Moderne.* Wien/New York 1997.

Aslanikašvili, Aleksandr F.: *Metakartografija.* Tbilissi 1974.

Assmann, Aleida: *Erinnerungsräume. Formen und Wandlungen des kulturellen Gedächtnisses.* München 1999.

Bacry, Henri: *Localizability and Space in Quantum Physics.* Berlin/Heidelberg/New York 1988.

Bahr, Hans-Dieter: *Die Sprache des Gastes. Eine Metaethik.* Leipzig 1994.

Baier, Franz Xaver: *Der Raum. Prolegomena zu einer Architektur des gelebten Raumes.* Köln 2000.

Balke, Friedrich: *Der Staat nach seinem Ende. Die Versuchung Carl Schmitts.* München 1996.

Banagl, Markus (2007): *Topological Invariants of Stratified Spaces.* Berlin/Heidelberg.

Barber, Stephen: *Projected Cities. Cinema and Urban Space.* London 2002.

Barnouw, Dagmar: *Visible Spaces. Hannah Arendt and the German-Jewish Experience.* Baltimore 1990.

Bauhardt, Christine: *Entgrenzte Räume. Zu Theorie und Politik räumlicher Planung.* Wiesbaden 2004.

Baumann, Zygmunt: *Der Mensch im Globalisierungskäfig.* Frankfurt a.M. 2003 (engl. 1998).

Bayer, Francis: *De Schönberg à Cage. Essai sur la notion d'espace sonore dans la musique contemporaine.* Paris 1981.

Beacham, Richard C.: *Adolphe Appia – Künstler und Visionär des modernen Theaters. Licht – Bühne – Raum.* Berlin 2006.

Beck, Ulrich: *Was ist Globalisierung? Irrtümer des Globalismus – Antworten auf Globalisierung.* Frankfurt a.M. 1997.

Belina, Bernd: *Raum, Überwachung, Kontrolle. Vom staatlichen Zugriff auf städtische Bevölkerung.* Münster 2006.

Belting, Hans: *Bild-Anthropologie. Entwürfe für eine Bildwissenschaft.* München 2001.

–: *Von Florenz nach Bagdad. Eine westöstliche Geschichte des Blicks.* München 2008.

Benevolo, Leonardo/Albrecht, Benno: *Grenzen. Topographie, Geschichte, Architektur.* Frankfurt a.M./New York 1995 (ital. 1984).

Bennett, Daniel: *Spatial and Temporal Uses of English Prepositions. An Essay in Stratificational Semantics.* New York 1975.

Bermes, Christian: *›Welt‹ als Thema der Philosophie. Vom metaphysischen zum natürlichen Weltbegriff.* Hamburg 2004.

Bernhard, Andreas: *Die Geschichte des Fahrstuhls. Über einen beweglichen Ort der Moderne.* Frankfurt a.M. 2006.

Bexte, Peter: *Blinde Seher. Die Wahrnehmung von Wahrnehmung in der Kunst des 17. Jahrhunderts.* Amsterdam/Dresden 1999.

Bickmann, Claudia: *Differenz oder das Denken des Denkens. Topologie der Einheitsorte im Verhältnis von Denken und Sein im Horizont der Transzendentalphilosophie Kants.* Hamburg 1996.

Bieger, Laura: *Ästhetik der Immersion. Raum-Erleben zwischen Welt und Bild. Las Vegas, Washington und die White City.* Bielefeld 2007.

Biehler, Michael A.: *Stadt, Zivilgesellschaft und öffentlicher Raum. Das Beispiel Berlin Mitte.* Münster 2004.

Black, Jeremy: *Maps and Politics.* London 1997.

Blackbourn, David: *Die Eroberung der Natur. Eine Geschichte der deutschen Landschaft.* München 2007 (amerik. 2006).

Blauert, Jens: *Räumliches Hören.* Stuttgart 1974.

Blinkert, Baldo: *Aktionsräume von Kindern in der Stadt.* Herbolzheim [3]2005.

Blumenberg, Hans: *Die Vollzähligkeit der Sterne.* Frankfurt a.M. 1997.

Böckelmann, Frank: *Die Welt als Ort. Erkundungen im entgrenzten Dasein.* Berlin 2007.

Boehm, Gottfried: *Studien zur Perspektivität. Philosophie und Kunst in der Frühen Neuzeit.* Heidelberg 1969.

Böge, Stephanie: *Die Auswirkungen des Straßengüterverkehrs auf den Raum.* Dortmund 1992.

Bogost, Ian: *Unit Operations. An Approach to Videogame Criticism.* Cambridge/London 2006.

Böhlke, Effi: *›Esprit de nation‹. Montesquieus politische Philosophie.* Berlin/Baden-Baden 1999.

Böhme, Gernot/Böhme, Hartmut: *Feuer, Wasser, Erde, Luft. Eine Kulturgeschichte der Elemente.* München 1996.

Bohr, Jörn: *Raum als Sinnordnung bei Ernst Cassirer.* Erlangen 2008.

Böhringer, Hannes: *Enger Spielraum. Über Bauen und Vorbauen.* München 2010.

Bonesio, Luisa: *Geofilosofia del paesaggio.* Mailand 1997.

Bordwell, David: *Figures Traced in Light. On Cinematic Staging*. Berkeley 2005.

Bormann, Regina: *Raum, Zeit, Identität. Sozialtheoretische Verortungen kultureller Prozesse*. Opladen 2001.

Bornscheuer, Lothar: *Topik. Zur Struktur der gesellschaftlichen Einbildungskraft*. Frankfurt a. M. 1976.

Bourdieu, Pierre: *Entwurf einer Theorie der Praxis auf der ethnologischen Grundlage der kabylischen Gesellschaft*. Frankfurt a. M. 1979 (frz. 1972).

–: *Praktische Vernunft. Zur Theorie des Handelns*. Frankfurt a. M. 1998 (frz. 1994).

Brague, Rémi: *Die Weisheit der Welt. Kosmos und Welterfahrung im westlichen Denken*. München 2006 (frz. 1999).

Brah, Avtar: *Cartographies of Diaspora*. London/New York 1996.

Brandt, Joan: *Geopoetics. The Politics of Mimesis in Poststructural French Poetry and Theory*. Stanford 1997.

Brandt, Rüdiger: *Arkadien in Kunst, Philosophie und Dichtung*. Freiburg i. Br./Berlin 2005.

Brandstetter, Gabriele: *Tanz-Lektüren. Körperbilder und Raumfiguren der Avantgarde*. Frankfurt a. M. 1995.

Branigan, Edward: *Point of View in the Cinema. A Theory of Narration and Subjectivity in Classical Film*. Berlin/New York 1984.

Braudel, Fernand/Duby, Georges/Aymard, Maurice: *Die Welt des Mittelmeeres. Zur Geschichte und Geographie kultureller Lebensformen*. Frankfurt a. M. 1987 (frz. 1985).

Braun, Stephan: *Topographien der Leere. Friedrich Nietzsche. Schreiben und Schrift*. Würzburg 2007.

Bredekamp, Horst: *Darwins Korallen. Die frühen Evolutionsdiagramme und die Tradition der Naturgeschichte*. Berlin 2005.

Bredella, Nathalie: *Architekturen des Zuschauens. Imaginäre und reale Räume im Film*. Bielefeld 2010.

Breidbach, Angela: *Anschauungsraum bei Cézanne. Cézanne und Helmholtz*. München 2003.

Brincken, Anna-Dorothee von den: *Fines Terrae. Die Enden der Erde und der vierte Kontinent auf mittelalterlichen Weltkarten*. Hannover 1992.

–: *Studien zur Universalkartographie des Mittelalters*. Göttingen 2008.

Broc, Numa: *La géographie des philosophes. Géographes et voyageurs français au XVIII*e *siècle*. Paris 1975.

Brodersen, Kai: *Terra Cognita. Studien zur römischen Raumerfassung*. Hildesheim/Zürich/New York [2]2003.

Brook, Peter: *Der leere Raum*. Berlin 2001 (engl. 1968).

Brosius, Christiane: *Kunst als Denkraum: Zum Bildungsbegriff von Aby Warburg*. Pfaffenweiler 1997.

Browne Garnett, Christopher: *The Kantian Philosophy of Space*. Washington 1939.

Bruno, Giuliana: *Atlas of Emotion. Journeys in Art, Architecture and Film*. New York 2002.

Bryson, Norman: *Das Sehen und die Malerei. Die Logik des Blicks*. München 2001 (amerik. 1983).

Buci-Glucksmann, Christine: *Der kartographische Blick der Kunst*. Berlin 1997 (frz. 1996).

Budde, Hermann: *Bildung als Potential der Raumordnung. Integrationsansätze in den Entwicklungsplanungen von Bund und Ländern vom Beginn der sechziger bis zur Mitte der achtziger Jahre*. Pfaffenweiler 1994.

Buddemeier, Heinz: *Panorama, Diorama, Photographie. Entstehung und Wirkung neuer Medien im 19. Jahrhundert*. München 1970.

Bunim, Miriam Schuld: *Space in Medieval Painting and the Forerunners of Perspective*. New York 1940.

Burckhardt, Lucius: *Warum ist Landschaft schön? Die Spaziergangswissenschaft*. Berlin 2006.

Burckhardt, Martin: *Metamorphosen von Zeit und Raum. Eine Geschichte der Wahrnehmung*. Frankfurt a. M./New York 1994.

Bürgel, Rainer: *Raum und Ritual. Kirchbau und Gottesdienst in theologischer und ästhetischer Sicht*. Göttingen 1995.

Buschauer, Regine: *Mobile Räume. Medien- und diskursgeschichtliche Studien zur Tele-Kommunikation*. Bielefeld 2010.

Büttner, Nils: *Die Erfindung der Landschaft. Kosmographie und Landschaftskunst im Zeitalter Breugels*. Göttingen 2000.

Büttner, Stefan: *Gott und Raum. Spinozas innovative Konzeption der Ausdehnung und Körperwelt*. Würzburg 2009.

Buzard, James: *The Beaten Track. European Tourism, Literature, and the Ways to Culture, 1800–1918*. Oxford 1993.

Cacciari, Massimo: *Gewalt und Harmonie. Geo-Philosophie Europas*. München 1995 (ital. 1994).

Cairncross, Frances: *Death of Distance. How the Communications Revolution Will Change Our Lives*. Harvard 1997.

Carl, Tanja: *Bild und Betrachter. Räumliche Darstellung in der griechischen Kunst des ausgehenden 5 Jh.s v. Chr.* Rahden 2006.

Carter, Paul: *Dark Writing. Geography, Performance, Design*. Honolulu 2009.

Carver, Norman F.: *Form and Space of Japanese Architecture*. Tokyo 1955.

Casey, Edward: *Getting Back into Place. Towards a Renewed Understanding of the Place-World*. Bloomington 1993.

–: *Earth-Mapping. Artists Reshaping Landscape*. Minnesota 2005.

–: *Ortsbeschreibungen. Landschaftsmalerei und Kartographie.* München 2006 (amerik. 2002).

–: *The World at a Glance.* Indiana 2007.

Castelo Branco, Lucio: *Staat, Raum und Macht in Brasilien. Anmerkungen zu Genese und Struktur der brasilianischen Staats- und Großmachtideologie.* München 1983.

Chlada, Marvin: *Heterotopie und Erfahrung. Abriss der Heterotopologie nach Michel Foucault.* Aschaffenburg 2005.

Cochetti, Stefano: *Differenztheorie der Metapher. Ein konstruktivistischer Ansatz zur Metapherntheorie im Ausgang vom erlebten Raum.* Münster/Hamburg/London 2004.

Cole, Susan Guettel: *Landscapes, Gender, and Ritual Space. The Ancient Greek Experience.* Berkeley 2004.

Conley, Tom: *The Self-Made Map. Cartographic Writing in Early Modern France.* Minneapolis/London 1996.

Cosgrove, Denis: *The Palladian Landscape. Geographical Change and its Cultural Representations in Sixteenth-Century Italy.* University Park 1993.

–: *Geographical Imagination and the Authority of Images.* Stuttgart 2006.

Coverley, Merlin: *Psychogeography.* Harpenden 2006.

Crary, Jonathan: *Aufmerksamkeit. Wahrnehmung und moderne Kultur.* Frankfurt a. M. 2002 (amerik. 1999).

Cruciani, Fabrizio: *Lo spazio del teatro.* Roma 1992.

Czerwinski, Peter: *Gegenwärtigkeit. Simultane Räume und zyklische Zeiten, Formen von Regeneration und Genealogie im Mittelalter.* München 1993.

Dafinger, Andreas: *Anthropologie des Raums. Untersuchungen zur Beziehung räumlicher und sozialer Ordnung im Süden Burkina Fasos.* Köln 2004.

Dang, Huy Trinh: *Der Raum in der Phänomenologie Husserls. Zur Grundlegung der Geometrie.* Berlin 2005.

Därmann, Iris: *Fremde Monde der Vernunft. Die ethnologische Provokation der Philosophie.* München 2005.

Davis, Mike: *Ökologie der Angst. Los Angeles und das Leben mit der Katastrophe.* München 1999 (amerik. 1998).

–: *Planet der Slums.* Berlin 2007 (amerik. 2006).

Dear, Michael: *The Postmodern Urban Condition.* Oxford 2000.

DeLanda, Manuel: *A Thousand Years of Nonlinear History.* New York 1997.

–: *Intensive Science and Virtual Philosophy.* London/New York 2002.

Del Caro, Adrian: *Grounding the Nietzsche Rhetoric of Earth.* Berlin/New York 2004.

Demuth, Volker: *Topische Ästhetik. Körperwelten, Kunsträume, Cyberspace.* Würzburg 2002.

Dickhardt, Michael: *Das Räumliche des Kulturellen. Entwurf zu einer kulturanthropologischen Raumtheorie am Beispiel Fiji.* Münster/Hamburg/London 2001.

Doel, Marcus: *Poststructuralist Geographies. The Diabolical Art of Spatial Science.* Edinburgh 1999.

Dörhöfer, Kerstin/Terlinden, Ulla: *Verortungen. Geschlechterverhältnisse und Raumstrukturen.* Basel/Boston/Brlin 1998.

Dück, Michael: *Der Raum und seine Wahrnehmung.* Würzburg 2001.

Duden, Barbara: *Der Frauenleib als öffentlicher Ort. Vom Mißbrauch des Begriffs Leben.* Hamburg/Zürich 1991.

Dürrenberger, Gregor: *Menschliche Territorien. Geographische Aspekte der biologischen und kulturellen Evolution.* Zürich 1989.

Duvey, Kim: *Framing Places. Mediating Power in Built Form.* New York/London 1999.

–: *Becoming Places. Urbanism/Architecture/Identity/Power.* London/New York 2010.

Ebeling, Frank: *Geopolitik. Karl Haushofer und seine Raumwissenschaft 1919–1945.* Berlin 1994.

Ebeling, Knut: *Moskauer Tagebuch. Doppelbelichtung.* Wien 2001.

Eckardt, Frank: *Die komplexe Stadt. Orientierungen im urbanen Labyrinth.* Wiesbaden 2009.

Eckert, Andreas: *Kolonialismus.* Frankfurt a. M. 2006.

Edgerton, Samuel Y.: *Die Entdeckung der Perspektive.* München 2002 (amerik. 1975).

–: *Giotto und die Erfindung der dritten Dimension. Malerei und Geometrie am Vorabend der wissenschaftlichen Revolution.* München 2004 (amerik. 1991).

Egli, Emil: *Mensch und Landschaft.* Zürich/München 1975.

–: *Geborgenheit im Raum.* Schaffhausen 1977.

Eisel, Ulrich: *Die Entwicklung der Anthropogeographie von einer ›Raumwissenschaft‹ zur Gesellschaftswissenschaft.* Kassel 1980.

Elden, Stuart: *Mapping the Present. Heidegger, Foucault and the Project of a Spatial History.* London/New York 2001.

–: *Terror and Territory. The Spatial Extent of Sovereignty.* Minneapolis 2009

Englisch, Brigitte: *Ordo orbis terrae. Die Weltsicht in den ›Mappae mundi‹ des frühen und hohen Mittelalters.* Berlin 2002.

Enskat, Rainer: *Kants Theorie des geometrischen Gegenstandes. Untersuchungen über die Voraussetzungen der Entdeckbarkeit geometrischer Gegenstände bei Kant.* Berlin/New York 1978.

Entrikin, Nicholas: *The Betweenness of Place. Towards a Geography of Modernity.* Baltimore 1991.

Ernst, Wolfgang: *Das Rumoren der Archive. Ordnung aus Unordnung.* Berlin 2002.

Ette, Ottmar: *Literatur in Bewegung. Raum und Dynamik grenzüberschreitenden Schreibens in Europa und Amerika.* Weilerswist 2001.

–: *ZwischenWeltenSchreiben. Literatur ohne festen Wohnsitz.* Berlin 2005.

–: *Alexander von Humboldt und die Globalisierung.* Frankfurt a. M. 2009.

Falkenburg, Brigitte: *Kants Kosmologie. Die wissenschaftliche Revolution der Naturphilosophie im 18. Jahrhundert.* Frankfurt a. M. 2000.

Falkenhausen, Susanne von: *KugelbauVisionen. Kulturgeschichte einer Bauform von der Französischen Revolution bis zum Medienzeitalter.* Bielefeld 2008.

Falter, Reinhard: *Natur prägt Kultur – Der Einfluß von Landschaft und Klima auf den Menschen. Zur Geschichte der Geophilosophie.* München 2006.

Farinelli, Franco: *Pour une théorie générale de la géographie.* Genève 1989.

Featherstone, David: *Resistance, Space and Political Identities. The Making of Counter-Global Networks.* Malden/Oxford/Carlton 2008.

Feifer, Maxine: *Going Places. The Ways of the Tourist from Imperial Rome to the Present Day.* London 1985.

Feldtkeller, Andreas: *Der architektonische Raum: eine Fiktion.* Braunschweig 1989.

Feldtkeller, Christoph: *Die zweckentfremdete Stadt. Wider die Zerstörung des öffentlichen Raums.* Frankfurt a. M./New York 1994.

Felgenhauer, Tilo: *Geographie als Argument. Eine Untersuchung regionalisierender Begründungspraxis am Beispiel ›Mitteldeutschland‹.* Stuttgart 2007.

Felsch, Philipp: *Laborlandschaften. Physiologische Alpenreisen im 19. Jahrhundert.* Göttingen 2007.

Flade, Antje/Kustor, Beatrice: *Sozialisation und Raumaneignung. Die räumliche Dimension als Einflußfaktor geschlechtsspezifischer Sozialisation.* Darmstadt 1996.

Fleming, Andrew: *Prehistoric and Roman Landscapes.* Macclesfield 2007.

Flusser, Vilém: *Lob der Oberflächlichkeit. Für eine Phänomenologie der Medien.* Mannheim 1993.

–: *Brasilien oder die Suche nach dem neuen Menschen. Für eine Phänomenologie der Unterentwicklung.* Mannheim 1994.

Field, Judith V.: *The Invention of Infinity. Mathematics and Art in the Renaissance.* Oxford/New York 1997.

Fohrmann, Jürgen: *Abenteuer und Bürgertum. Zur Geschichte der deutsche Robinsonaden im 18. Jahrhundert.* Stuttgart 1981.

Forster, Johanna: *Räume zum Lernen und Spielen. Untersuchungen zum Lebensumfeld ›Schulbau‹.* Berlin 2000.

Frahm, Laura: *Jenseits des Raums. Zur filmischen Topologie des Urbanen.* Bielefeld 2010.

Frampton, Kenneth: *Studies in Tectonic Culture. The Poetics of Construction in Nineteenth and Twentieth Century.* Chicago 1996.

Frank, Joseph: *The Idea of Spatial Form.* New Brunswick/London 1991.

Frank, Manfred: *Die unendliche Fahrt. Ein Motiv und sein Text.* Frankfurt a. M. 1979.

Freeman, Michael: *Space. Japanese Design Solutions for Compact Living.* New York 2004.

Frers, Lars: *Einhüllende Materialitäten. Eine Phänomenologie des Wahrnehmens und Handelns an Bahnhöfen und Fährterminals.* Bielefeld 2007.

Friedman, Susan W.: *Marc Bloch, Sociology and Geography. Encountering Changing Disciplines.* Cambridge/New York/Melbourne 1996.

Friese, Heidrun/Wagner, Peter: *Der Raum des Gelehrten. Eine Topographie akademischer Praxis.* Berlin 1993.

Fuchs, Gerhard: *Der Wandel zum anthropogeographischen Denken in der amerikanischen Geographie. Strukturlinien der geographischen Wissenschaftstheorie, dargestellt an den vorliegenden wissenschaftlichen Veröffentlichungen 1900–1930.* Marburg 1966.

Fuchs, Thomas: *Leib, Raum, Person. Entwurf einer phänomenologischen Anthropologie.* Stuttgart 2000.

–: *Psychopathologie von Leib und Raum. Phänomenologisch-empirische Untersuchungen zu depressiven und paranoiden Erkrankungen.* Darmstadt 2000.

Galison, Peter: *Einsteins Uhren, Poincarés Karten. Die Arbeit an der Ordnung der Zeit.* Frankfurt a. M. 2006 (amerik. 2003).

Gaona, Francisco: *Das Raumproblem in Cassirers Philosophie der Mythologie.* Tübingen 1965.

Gardiès, André: *L'espace au cinéma.* Paris 1993.

Gehring, Petra: *Innen des Außens – Außen des Innens. Foucault, Derrida, Lyotard.* München 1994.

Geiger, Gabriele: *Frauen – Körper – Bauten. Weibliche Wahrnehmung des Raums am Beispiel Stadt.* 2 Bde. München 1986.

Gerstner, Muriel: *Zu bösen Häusern gehen. Number Nine Barnsbury Road, Soho.* Basel 2007.

Getreuer-Kargl, Ingrid: *Geschlecht, Hierarchie und Raum. Die Konstruktion von Geschlecht durch Körpersprache in Japan.* Münster/Hamburg/London 2010.

Girtler, Roland: *Abenteuer Grenze. Von Schmugglern und Schmugglerinnen, Ritualen und ›heiligen‹ Räumen.* Wien u. a. [2]2006.

Glasze, Georg: *Politische Räume. Die diskursive Konstitution eines ›geokulturellen Raums‹ – die Frankophonie.* Bielefeld 2010.

Glückler, Johannes: *Neue Wege geographischen Denkens. Eine Kritik gegenwärtiger Raumkonzeptionen und ihrer Forschungsprogramme in der Geographie.* Frankfurt a. M. 1999.

Gölz, Walter: *Dasein und Raum. Philosophische Untersuchungen zum Verhältnis von Raumerlebnis, Raumtheorie und gelebtem Dasein.* Tübingen 1970.

Görling, Reinhold: *Heterotopia. Lektüren einer interkulturellen Literaturwissenschaft.* München 1997.

Goss, John: *Kartenkunst. Die Geschichte der Kartographie.* Braunschweig 1994 (amerik. 1993).

Gottdiener, Mark: *Social Production of Urban Space.* Austin 1985.

Grabowski, Joachim: *Raumrelationen. Kognitive Auffassungen und sprachlicher Ausdruck.* Wiesbaden 1999.

Graf, Ralf: *Selbstrotation und Raumreferenz. Zur Psychologie partnerbezogenen Lokalisierens.* Frankfurt a. M. 1994.

Grau, Oliver: *Virtuelle Kunst in Geschichte und Gegenwart. Visuelle Strategien.* Berlin 2001.

Gregory, Derek: *Explorations in Critical Human Geography.* Heidelberg 1998.

–: *The Colonial Present.* Cambridge/Oxford 2004.

Greverus, Ina-Maria: *Über die Poesie und die Prosa der Räume. Gedanken zu einer Anthropologie des Raums.* Berlin/Münster 2009.

Groh, Ruth/Groh, Dieter: *Zur Kulturgeschichte der Natur.* 2 Bde. Frankfurt a. M. 1996.

Gronau, Barbara: *Theaterinstallationen. Performative Räume bei Beuys, Boltanski und Kabakov.* München 2009.

Gröning, Gerd/Wolschke-Bulmahn, Joachim: *Die Liebe zur Landschaft.* 3 Bde. Münster 1986–87.

Großklaus, Beate: *Erfahrungsraum. Gemeinde als Kommunikationsgeschehen.* Münster 2003.

Großklaus, Götz: *Natur-Raum. Von der Utopie zur Simulation.* München 1993.

–: *Medien-Zeit und Medien-Raum. Zum Wandel der raumzeitlichen Wahrnehmung in der Moderne.* Frankfurt a. M. 1995.

Grosz, Elizabeth: *Space, Time, and Perversion. Essays on the Politics of the Body.* New York/London 1995.

–: *Chaos, Territory, Art. Deleuze and the Framing of the Earth.* New York/Chichester 2008.

Groys, Boris: *Unter Verdacht. Eine Phänomenologie der Medien.* München/Wien 2000.

–: *Topologie der Kunst.* München/Wien 2003.

Günzel, Stephan: *Immanenz. Zum Philosophiebegriff von Gilles Deleuze.* Essen 1998

–: *Geophilosophie. Nietzsches philosophische Geographie.* Berlin 2001.

Gugerli, David/Speich, Daniel: *Topografie der Nation. Politik, kartografische Ordnung und Landschaft im 19. Jahrhundert.* Zürich 2002.

Gutberger, Jörg: *Volk, Raum und Sozialstruktur. Sozialstruktur- und Sozialraumforschung im ›Dritten Reich‹.* Münster 1986.

Hajnóczi, Julius G.: *Vallum und Intervallum. Eine analytische Theorie des architektonischen Raumes.* Budapest 1988.

Haller, Dieter: *Feld, Lokalität, Ort, Territorien. Implikationen der kulturanthropologischen Raumterminologie.* Berlin 1994.

–: *Gelebte Grenze Gibraltar. Transnationalismus, Lokalität und Identität in kulturanthropologischer Perspektive.* Wiesbaden 2000.

Hamedinger, Alexander: *Raum, Struktur und Handlung als Kategorien der Entwicklungstheorie. Eine Auseinandersetzung mit Giddens, Foucault und Lefebvre.* Frankfurt a. M./New York 1998.

Hamm, Bernd: *Betrifft: Nachbarschaft. Verständigung über Inhalt und Gebrauch eines vieldeutigen Begriffs.* Düsseldorf 1973.

–: *Die Organisation der städtischen Umwelt.* Frauenfeld/Stuttgart 1977.

Han, Byung-Chul: *Hyperkulturalität. Kultur und Globalisierung.* Berlin 2005.

Hannemann, Christine: *Die Platte. Industrialisierter Wohnungsbau in der DDR.* Berlin 2000.

Hanson, Susan: *Geography, Gender, and the Workaday World.* Stuttgart 2003.

Hard, Gerhard: *Spuren und Spurenleser. Zur Theorie und Ästhetik des Spurenlesens in der Vegetation und anderswo.* Osnabrück 1995.

–: *Landschaft und Raum.* Osnabrück 2002.

–: *Dimensionen geographischen Denkens.* Göttingen 2003.

Hardt, Michael/Negri, Toni: *Multitude. Krieg und Demokratie im Empire.* Frankfurt a. M./New York 2004 (amerik. 2004).

Harley, John Brian: *The New Nature of Maps. Essays in the History of Cartography.* Baltimore/London 2001.

Harlizius-Klück, Ellen: *Der Platz des Königs.* Las Meniñas *als Tableau des klassischen Wissens bei Michel Foucault.* Wien 1995.

Harms, Wolfgang: *Homo viator in bivio. Studien zur Bildlichkeit des Weges.* München 1970.

Hartle, Johan Frederik: *Der geöffnete Raum. Zur Politik der ästhetischen Form.* München 2006.

Harvey, David: *Spaces of Hope.* Edinburgh 2000.

–: *Räume der Neoliberalisierung. Zur Theorie der ungleichen Entwicklung.* Hamburg 2007 (amerik. 2005).

Haß, Ulrike: *Das Drama des Sehens. Auge, Blick und Bühnenform.* München 2005.

Hassauer, Friederike: *Santiago. Schrift, Körper, Raum, Reise. Eine medienhistorische Rekonstruktion.* München 1993.

Hasse, Jürgen: *Heimat und Landschaft. Über Gartenzwerge, Center Parcs und andere Ästhetisierungen.* Wien 1993.

–: *Erlebnisräume. Vom Spaß zur Erfahrung.* Wien 1994.
–: *Mediale Räume.* Oldenburg 1997.
–: *Übersehene Räume. Zur Kulturgeschichte und Heterotopologie des Parkhauses.* Bielefeld 2007.
–: *Unbedachtes Wohnen. Lebensformen an verdeckten Rändern der Gesellschaft.* Bielefeld 2009.
Hatfield, Gary: *The Natural and the Normative. Theories of Spatial Perception from Kant to Helmholtz.* Cambridge 1990.
Hattler, Johannes: *Monadischer Raum. Kontinuum, Individuum und Unendlichkeit in Leibniz' Theorie des Raumes.* Frankfurt/Lancaster 2004.
Hauskeller, Michael: *Atmosphären erleben. Philosophische Untersuchungen zur Sinneswahrnehmung.* Berlin 1995.
Hecht, Martin: *Das Verschwinden der Heimat. Zur Gefühlslage der Nation.* Leipzig 2000.
Heidenreich, Elisabeth: *Fließräume. Die Vernetzung von Natur, Raum und Gesellschaft seit dem 19. Jahrhundert.* Frankfurt a. M./New York 2004.
Heinrich, Richard: *Kants Erfahrungsraum. Metaphysischer Ursprung und kritische Entwicklung.* Freiburg i. Br./München 1986.
Heintzeler, Mirjam: *Raumausdrücke im Konzeptlexikon. Die Darstellung der Komposition lokaler Verben und Präpositionen in einem konzeptuellen Lexikon.* Konstanz 1992.
Henderson, Linda D.: *The Fourth Dimension and Non-Euclidean Geometry in Modern Art.* Princeton 1993.
Hennig, Christoph: *Reiselust. Touristen, Tourismus und Urlaubskultur.* Frankfurt a. M. 1997.
Hentschel, Linda: *Pornotopische Techniken des Betrachtens. Raumwahrnehmung und Geschlechterordnung in visuellen Apparaten der Moderne.* Marburg 2001.
Herdmann, Frank: *Montesquieurezeption in Deutschland im 18. und beginnenden 19. Jahrhundert.* Hildesheim/Zürich/New York 1990.
Herskovitz, Anette: *Language and Spatial Cognition. An Interdisciplinary Study of English Prepositions.* Cambridge/London 1986.
Hessler, Martina: *Die kreative Stadt. Zur Neuerfindung eines Topos.* Bielefeld 2007.
Hildebrandt, Rainer: *... die besten Köpfe, die man henkt. Ein tragischer Auftakt zur deutschen Teilung und zur Mauer.* Berlin 2003.
Hipler, Bruno: *Hitlers Lehrmeister. Karl Haushofer als Vater der NS-Ideologie.* St. Ottilien 1996.
Hocke, Gustav René: *Die Welt als Labyrinth. Manier und Manie in der europäischen Kunst.* Hamburg 1978.
Höge, Helmut: *Wölfe – Partisanen – Prostituierte.* Berlin 2007.
Holenstein, Elmar: *Menschliches Selbstverständnis. Ichbewusstsein – Intersubjektive Verantwortung – Interkulturelle Verständigung.* Frankfurt a. M. 1985.
Holert, Tom/Terkessidis, Mark: *Fliehkraft – Gesellschaft in Bewegung. Von Migranten und Touristen.* Köln 2006.
Holm, Andrej: *Sozialwissenschaftliche Theorien zu Raum und Fläche.* Leipzig/Halle 2004.
–: *Die Restrukturierung des Raumes. Stadterneuerung der 90er Jahre in Ostberlin – Interessen und Machtverhältnisse.* Bielefeld 2006.
Holzinger, Markus: *Der Raum des Politischen. Politische Theorie im Zeichen der Kontingenz.* München 2006.
Honold, Alexander: *Die Stadt und der Krieg. Raum- und Zeitkonstruktion in Robert Musils Roman ›Der Mann ohne Eigenschaften‹.* München 1995
hooks, bell: *Belonging. A Culture of Place.* New York/London 2009.
Horden, Peregrine/Nicholas Purcell: *The Corrupting Sea. A Study of Mediterranean History.* London 2000.
Horigan, Stephen: *Nature and Culture in Western Discourse.* London 1988.
Huber, Joachim: *Urbane Topologie. Architektur der randlosen Stadt.* Weimar 2002.
Huhnholz, Sebastian: *Dschihadistische Raumpraxis. Raumordnungspolitische Herausforderungen des militanten sunnitischen Fundamentalismus.* Münster/Hamburg/London 2010.
Ingold, Tim: *The Perception of the Environment. Essays on Livelihood, Dwelling and Skill.* London/New York 2000.
Inkpen, Rob: *Science, Philosophy and Physical Geography.* London/New York 2005.
Inoue, Mitsuo: *Space in Japanese Architecture.* New York 1985 (jap. 1985).
Ipsen, Detlev: *Raumbilder. Kultur und Ökonomie räumlicher Entwicklung.* Pfaffenweiler 1997.
–: *Ort und Landschaft.* Wiesbaden 2006.
Irigaray, Luce: *Das Geschlecht, das nicht eins ist.* Berlin 1979 (frz. 1977).
–: *L'Amante marine. De Friedrich Nietzsche.* Paris 1980.
–: *Passions élémentaires.* Paris 1982.
–: *L'Oubli de l'Air. Chez Martin Heidegger.* Paris 1983.
Ivins, William M.: *On the Rationalization of Sight.* New York 1973.
Jahn, Bernhard: *Raumkonzepte in der Frühen Neuzeit. Zur Konstruktion von Wirklichkeit in Pilgerberichten, Amerikareisebeschreibungen und Prosaerzählungen.* Frankfurt a. M. u. a. 1993.
Janich, Peter: *Euklids Erbe. Ist der Raum dreidimensional?* München 1989.
–: *Das Maß der Dinge. Protophysik von Raum, Zeit und Materie.* Frankfurt a. M. 1997.

Janser, Andres/Rüegg, Arthur: *Hans Richter – die neue Wohnung. Architektur, Film, Raum*. Baden 2001.

Janzen, Gabriele: *Organisation räumlichen Wissens. Untersuchungen zur Orts- und Richtungsrepräsentation*. Wiesbaden 2000.

Jaskolski, Helmut: *Das Labyrinth. Symbol für Angst, Wiedergeburt und Befreiung*. Stuttgart 1994.

Jensen, Bernhard: *Was heißt sich Orientieren? Von der Krise der Aufklärung zur Orientierung der Vernunft nach Kant*. München 2003.

Johannsen, Anja K.: *Kisten, Krypten, Labyrinthe. Raumkonfigurationen in der Gegenwartsliteratur – W.G. Sebald, Anne Duden, Herta Müller*. Bielefeld 2008.

Johnston, Ron: *A Question of Place. Exploring the Practice of Human Geography*. Oxford/Cambridge 1991.

Joisten, Karen: *Philosophie der Heimat – Heimat der Philosophie*. Berlin 2003.

Jonsson, Erik: *Der innere Kompass. Warum wir uns verirren und wie wir unseren Weg finden*. Düsseldorf/Zürich 2004 (amerik. 2002).

Jooß, Elisabeth: *Raum. Eine theologische Interpretation*. Gütersloh 2005.

Kamper, Dietmar: *Körper-Abstraktionen. Das anthropologische Viereck von Raum, Fläche, Linien und Punkt*. Köln 1999.

Kaschuba, Wolfgang: *Die Überwindung der Distanz. Zeit und Raum in der europäischen Moderne*. Frankfurt a. M. 2004.

Kaufmann, Thomas DaCosta: *Toward a Geography of Art*. Chicago 2004.

Kaulbach, Friedrich: *Die Metaphysik des Raumes bei Leibniz und Kant*. Köln 1960.

Kawash, Samira: *Dislocating the Color Line. Identity, Hybridity, and Singularity in African-American Narrative*. Stanford 1997.

Keighren, Innes M.: *The Imaginary Worlds of John Kirtland Wright*. Edinburgh 2002.

Keim, Karl-Dieter: *Das Fenster zum Raum. Traktat über die Erforschung sozialräumlicher Transformation*. Wiesbaden 2003.

Kemp, Martin: *The Science of Art. Optical Themes in Western Art from Brunelleschi to Seurat*. New Haven/London 1990.

Kemp, Wolfgang: *Die Räume der Maler. Zur Bilderzählung seit Giotto*. München 1996.

Kern, Stephen: *The Culture of Time and Space, 1880–1918*. Cambridge 1983.

Kilb, Rainer: *Jugendgewalt im städtischen Raum. Strategien und Ansätze im Umgang mit Gewalt*. Wiesbaden 2009.

King, Geoff/Krzywinska, Tanya: *Tomb Raiders and Space Invaders. Videogame Forms and Contexts*. London/New York 2006.

Kirby, Kathleen M.: *Indifferent Boundaries. Spatial Concepts of Human Subjectivity*. New York 1996.

Klamt, Martin: *Verortete Normen. Öffentliche Räume, Normen, Kontrolle und Verhalten*. Wiesbaden 2007.

Klein, Norman M.: *The Vatican to Vegas. A History of Special Effects*. New York 2004.

Kletzin, Birgit: *Europa aus Rasse und Raum. Die nationalsozialistische Idee der Neuen Ordnung*. Münster/Hamburg/London 2000.

Klose, Alexander: *Das Container-Prinzip. Wie eine Box unser Denken verändert*. Hamburg 2009.

Klüter, Helmut: *Raum als Element sozialer Kommunikation*. Gießen 1986.

Knauff, Markus: *Räumliches Wissen und Gedächtnis: Zur Wissenspsychologie des kognitiven Raumes*. Wiesbaden 1997.

Koch, Andreas: *Dynamische Kommunikationsräume. Ein systemtheoretischer Raumentwurf*. Münster/Hamburg/London 2005.

–: *Evolution, Innovation und Raum. Spin-off-Gründungen aus privaten Unternehmen*. Münster/Hamburg/London 2006.

Konau, Elisabeth: *Raum und soziales Handeln. Studien zu einer vernachlässigten Dimension soziologischer Theoriebildung*. Stuttgart 1977.

Konnefke, Silke: *Theater-Raum. Visionen und Projekte von Theaterleuten und Architekten 1900–1980*. Berlin 1999.

Koolhaas, Rem/Mau, Bruce: *S, M, L, XL*. New York 1998.

Korbel, Leonhard: *Zeit und Raum im Computerspiel. Ein narratologischer Ansatz*. München 2009.

Korinman, Michel: *Quand l'Allemagne pensait le monde. Grandeur et décadence d'une géopolitique*. Paris 1990.

Koschorke, Albrecht: *Die Geschichte des Horizonts. Grenze und Grenzüberschreitung in literarischen Landschaftsbildern*. Frankfurt a. M. 1990.

Kost, Klaus: *Die Einflüsse der Geopolitik auf Forschung und Theorie der Politischen Geographie von ihren Anfängen bis 1945*. Bonn 1988.

Köster, Werner: *Die Rede über den ›Raum‹. Zur semantischen Karriere eines deutschen Konzepts*. Heidelberg 2002.

Krämer, Bernd: *Der Raumbegriff in der Architektur. Eine Analyse räumlicher Begrifflichkeit und deren Veranschaulichung am Beispiel des Weges und der Schwelle*. Hannover 1983.

Kramer, Caroline: *Zeit für Mobilität. Räumliche Disparitäten der individuellen Zeitverwendung für Mobilität in Deutschland*. Stuttgart 2005.

Krämer, Sybille: *Medium, Bote, Übertragung. Kleine Metaphysik der Medialität*. Frankfurt a. M. 2008.

Kratzert, Thomas: *Die Entdeckung des Raums. Vom he-*

siodischen ›χάος‹ zur platonischen ›χώρα‹. Amsterdam/Philadelphia 1998.

Krausse, Joachim: *Gebaute Weltbilder. Von Boullée bis Buckminster Fuller*. Aachen 1993.

Kruft, Hanno Walter: *Geschichte der Architekturtheorie*. München 1991.

Kruse, Lenelies: *Räumliche Umwelt. Die Phänomenologie des räumlichen Verhaltens als Beitrag zu einer psychologischen Umwelttheorie*. Berlin/New York 1974.

Kuhn, Norbert: *Sozialwissenschaftliche Raumkonzeptionen. Der Beitrag der raumtheoretischen Ansätze in den Theorien von Simmel, Lefebvre und Giddens für eine sozialwissenschaftliche Theoretisierung des Raumes*. Saarbrücken 1994.

Kühne, Lothar: *Gegenstand und Raum. Über die Historizität des Ästhetischen*. Dresden 1981.

Lacoste, Yves: *Geographie und politisches Handeln. Perspektiven einer neuen Geopolitik*. Berlin 1990 (frz. 1984).

Lange, Bastian: *Die Räume der Kreativszenen. Culturepreneurs und ihre Orte in Berlin*. Bielefeld 2007.

Larsen, Jonas/Urry, John/Axhausen, Kay: *Mobilities, Networks, Geographies*. Aldershot/Burlington 2006.

Latka, Thomas: *Topisches Sozialsystem. Die Einführung der japanischen Lehre vom Ort in die Systemtheorie und deren Konsequenzen für eine Theorie sozialer Systeme*. Heidelberg 2003.

Lee, Kyung Jik: *Platons Raumbegriff. Studien zur Metaphysik und Naturphilosophie im ›Timaios‹*. Würzburg 2001.

Lefebvre, Henri: *Le droit à la ville*. 2 Bde. Paris 1968/73.

–: *Die Stadt im marxistischen Denken*. Ravensburg 1975 (frz. 1972).

Leggewie, Claus/Welzer, Harald: *Das Ende der Welt, wie wir sie kannten. Klima, Zukunft und die Chancen der Demokratie*. Frankfurt a. M. 2009.

Lehnert, Gertrud: *Mit dem Handy in der Peepshow. Die Inszenierung des Privaten im öffentlichen Raum*. Berlin 1999.

Leitner, Bernhard: *Ton. Raum/Sound. Space*. Köln 1978.

Lévi-Strauss, Claude: *Das wilde Denken*. Frankfurt a. M. 1968 (frz. 1962).

–: *Strukturale Anthropologie*. Frankfurt a. M. 1969 (frz. 1958).

–: *Traurige Tropen*. Frankfurt a. M. 1978 (frz. 1955).

Levinas, Emmanuel: *Totalität und Unendlichkeit. Versuch über die Exteriorität*. Freiburg i. Br./München 1987 (frz. 1980).

Levine, Robert: *Eine Landkarte der Zeit. Wie Kulturen mit Zeit umgehen*. München 1998 (amerik. 1997).

Levinson, Stephen C.: *Space in Language and Cognition. Explorations in Cognitive Diversity*. Cambridge/London 2003.

Liebsch, Burkhard: *Spuren einen anderen Natur. Piaget, Merleau-Ponty und die ontogenetischen Prozesse*. München 1992.

Lippe, Rudolf zur: *Naturbeherrschung am Menschen*. 2 Bde. Frankfurt a. M. 1974.

Lippuner, Roland: *Raum – Systeme – Praktiken. Zum Verhältnis von Alltag, Wissenschaft und Geographie*. Stuttgart 2005.

Livingstone, David N.: *Science, Space and Hermeneutics*. Stuttgart 2002.

–: *Putting Science in its Place. Geographies of Scientific Knowledge*. Chicago 2003.

Lohman, David F.: *Spatial Ability. A Review and Reanalysis of the Correlational Literature*. Stanford 1979.

Lossau, Julia: *Die Politik der Verortung. Eine Postkoloniale Reise zu einer anderen Geographie der Welt*. Bielefeld 2002.

Löw, Martina: *Raum ergreifen. Alleinwohnende Frauen zwischen Arbeit, sozialen Beziehungen und der Kultur des Selbst*. Bielefeld 1994.

–: *Soziologie der Städte*. Frankfurt a.M 2008.

Lowe, James T.: *Geopolitics and War. Mackinder's Philosophy of Power*. Washington 1981.

MacQuire, Scott: *Visions of Modernity. Representation, Memory, Time and Space in the Age of the Camera*. London 1998.

Maier, Peter H.: *Räumliches Vorstellungsvermögen. Komponenten, geschlechtsspezifische Differenzen, Relevanz, Entwicklung und Realisierung in der Realschule*. Frankfurt a. M. u. a. 1994.

Manderscheid, Katharina: *Milieu, Urbanität und Raum. Soziale Prägung und Wirkung städtebaulicher Leitbilder und gebauter Räume*. Wiesbaden 2004.

Marik-Lebeck, Stephan: *Raumordnung in der Kommunalpolitik. Akteure – Entscheidungen – Umsetzung*. Wien u. a. 2007.

Martens, Holger: *Gesellschaft und Raum in Peru. Peru und das Mantarotal von der Inkazeit bis in die jüngere Gegenwart*. Münster/Hamburg/London 2004.

Marzocca, Ottavio: *Filosofia dell'incommensurabile. Temi e metafore oltre-euclidee in Bachelard, Serres, Foucault, Deleuze, Virilio*. Mailand 1989.

Masschelein, Jan/Simons, Maarten: *Globale Immunität. Eine kleine Kartographie des europäischen Bildungsraums*. Zürich/Berlin 2005 (niederl. 2003)

Massey, Doreen: *Space, Place and Gender*. Oxford/Cambridge 1994.

–: *Power-Geometries and the Politics of Space-Time*. Heidelberg 1999.

–: *For Space*. London 2005.

Mathieu, Jon: *Geschichte der Alpen 1500–1900. Umwelt, Entwicklung, Gesellschaft*. Köln/Weimar/Wien 1998.

May, Joseph A.: *Kant's Concept of Geography and its Relation to Recent Geographical Thought*. Toronto 1970.
Mayer, Andres: *Mikroskopie der Psyche. Die Anfänge der Psychoanalyse im Hypnose-Labor*. Göttingen 2002.
McAuley, Gay: *Space in Performance. Making Meaning in the Theatre*. Ann Arbor 2000.
McClintock, Anne: *Imperial Leather. Race, Gender and Sexuality in the Colonial Contest*. New York/London 1995.
McLuhan, Marshall/Parker, Harley: *Through the Vanishing Point. Space in Poetry and Painting*. New York 1968.
Melnick, Arthur: *Space, Time, and Thought in Kant*. Dordrecht u. a. 1989.
Menninghaus, Winfried: *Schwellenkunde. Walter Benjamins Passage des Mythos*. Frankfurt a. M. 1986.
Mersch, Dieter: *Ereignis und Aura. Untersuchungen zu einer Ästhetik des Performativen*. Frankfurt a. M. 2002.
Meurer, Petra: *Theatrale Räume. Theaterästhetische Entwürfe in Stücken von Werner Schwab, Elfriede Jelinek und Peter Handke*. Berlin u. a. 2007.
Meurer, Ulrich: *Topographien. Raumkonzepte in Literatur und Film der Postmoderne*. München 2007.
Miggelbrink, Judith: *Der gezähmte Blick. Zum Wandel des Diskurses über ›Raum‹ und ›Region‹ in humangeographischen Forschungsansätzen des ausgehenden 20. Jahrhunderts*. Leipzig 2002.
Mignolo, Walter: *Local Histories/Global Designs. Coloniality, Subaltern Knowledges, and Border Thinking*. Princeton 2000.
Miller, Arthur I.: *Einstein, Picasso. Space, Time, and the Beauty that Causes Havoc*. New York 2001.
Miller, J. Hillis: *Topographies*. Stanford 1995.
Mills, Sara: *Gender and Colonial Space*. Manchester 2005.
Minard, Robin: *Klangwelten. Musik für den öffentlichen Raum*. Berlin 1993.
Mitchell, William J: *The Reconfigured Eye. Visual Truth in the Post-Photographic Era*. Cambridge/London 1992.
Mittasch, Alwin: *Friedrich Nietzsche als Naturphilosoph*. Stuttgart 1952.
Möbius, Friedrich: *Wohnung, Tempel, Gotteshaus. Beobachtungen zur Anthropologie religiösen Verhaltens*. Regensburg 2008.
Monmonier, Mark: *Eins zu einer Million. Die Tricks und Lügen der Kartographen*. Basel/Boston/Berlin 1996 (amerik. 1991).
–: *Rhumb Lines and Map Wars. A Social History of the Mercator Projection*. Chicago 2004.
Mono, Rene: *Ein Politikraum, viele Sprachen, welche Öffentlichkeit? Fragen zu Potenzial und Restriktionen von Öffentlichkeit in transnationalen Politikräumen am Beispiel der Europäischen Union*. Berlin/Münster 2009.
Montfort, Nick: *Twisty Little Passages. An Approach to Interactive Fiction*. Cambridge/London 2005.
Moretti, Franco: *Kurven, Karten, Stammbäume. Abstrakte Modelle für die Literaturgeschichte*. Frankfurt a. M. 2009 (ital. 2005).
Morley, David/Robins, Kevin: *Spaces of Identity. Global Media, Electronic Landscapes and Cultural Boundaries*. London/New York 1995.
Morris, David: *Sense of Space*. Albany 2004.
Moser, Anne: *Raum und Zeit im Spiegel der Kultur*. Frankfurt a. M. 2003.
Motte-Haber, Helga de la: *Musik und Bildende Kunst: Von der Tonmalerei zur Klangskulptur*. Laaber 1990.
Möwe, Ilona: *Umstrittene Grenzen. Untersuchungen über Geschlecht und sozialen Raum in einer türkischen Stadt*. Münster/Hamburg/London 2000.
Mühlmann, Heiner: *Die Natur der Kulturen. Entwurf einer kulturgenetischen Theorie*. Wien/New York 1996.
Muir, Richard: *The New Reading of Landscape*. Exeter 2000.
Mule, Katwiwa: *Women's Spaces, Womens's Visions. Politics, Poetics, and Resistance in African Women's Drama*. Trenton 2007.
Müller, Axel: *Im Rahmen des Möglichen. Studien zur Bild- und Raumkonzeption der Malerei des 19. und 20. Jahrhunderts*. Gießen 1988.
Müller, Michael/Dröge, Franz: *Die ausgestellte Stadt. Zur Differenz von Ort und Raum*. Basel/Boston/Berlin 2005.
Müller, Werner: *Barocke Raumphantasien. Gebaute Wirklichkeit und konstruierter Schein*. Petersberg 2004.
Mundy, Barbara: *The Mapping of New Spain. Indigenous Cartography and the Maps of the Relaciones Geográficas*. Chicago 1996.
Münkler, Herfried: *Gewalt und Ordnung. Das Bild des Krieges im politischen Denken*. Frankfurt a. M. 1992.
Muri, Gabriela/Friedrich, Sabine: *Stadt(t)räume – Alltagsräume? Jugendkulturen zwischen geplanter und gelebter Urbanität*. Wiesbaden 2009.
Muth, Susanne. *Erleben von Raum – Leben im Raum. Zur Funktion mythologischer Mosaikbilder in der römisch-kaiserlichen Wohnarchitektur*. Heidelberg 1998.
Nauck, Gisela: *Musik im Raum – Raum in der Musik. Ein Beitrag zur Geschichte der seriellen Musik*. Stuttgart 1997.
Ndalianis, Angela: *Neo-baroque Aesthetics and Contemporary Entertainment*. Cambridge/London 2004.
Nieding, Gerhild: *Ereignisstrukturen im Film und die Entwicklung des räumlichen Denkens*. Berlin 1997.

Niethammer, Lutz: *Posthistoire. Ist die Geschichte zu Ende?* Reinbek bei Hamburg 1989.

Nissen, Ursula: *Kindheit, Geschlecht und Raum. Sozialisationstheoretische Zusammenhänge geschlechtsspezifischer Raumaneignung.* Weinheim/Berlin 1998.

Nitsche, Michael: *Video Game Spaces. Image, Play and Structure in 3D Game Worlds.* Cambridge/London 2008.

Nitschke, August: *Körper in Bewegung. Gesten, Tänze und Räume im Wandel der Geschichte.* Stuttgart 1990.

Norberg-Schulz, Christian: *Genius loci. Landschaft, Lebensraum, Baukunst.* Stuttgart 1982 (engl./ital. 1979).

–: *Architecture. Presence, Language and Place.* Milan 2000.

Nunold, Beatrice: *Her-vor-bringungen. Ästhetische Erfahrungen zwischen Bense und Heidegger.* Wiesbaden 2003.

Nute, Kevin: *Place, Time and Being in Japanese Architecture.* London/New York 2004.

Nuti, Lucia: *Ritratti di città. Visione e memoria tra Medioevo e Settecento.* Venedig 1996.

Oldenburg, Ray: *The Great Good Place. Cafés, Coffee Shops, Bookstores, Bars, Hair Salons, and other Hangouts at the Heart of a Community.* Cambridge 1989.

Opielka, Michael: *Gemeinschaft in Gesellschaft. Soziologie nach Hegel und Parsons.* Wiesbaden 2004.

Park, Chris C.: *Sacred Worlds. An Introduction to Geography and Religion.* London 1994.

Peek, Rainer: *Kindliche Erfahrungsräume zwischen Familie und Öffentlichkeit. Eine empirische Untersuchung zum Stellenwert der Wohnumwelt im Alltag junger Kinder.* Münster u. a. 1995.

Pelletier, Louise: *Architecture in Words. Theatre, Language and the Sensuous Space of Architecture.* New York/London 2006.

Pelz, Annegret: *Reisen durch die eigene Fremde. Reiseliteratur von Frauen als autogeographische Schriften.* Köln/Weimar/Wien 1993.

Petermann, Sandra: *Rituale machen Räume. Zum kollektiven Gedenken der Schlacht von Verdun und der Landung in der Normandie.* Bielefeld 2007.

Petschauer, Peter: *Human Space. Personal Rights in a Threatening World.* Westport/London 1997.

Pias, Claus: *Computer Spiel Welten.* München 2002.

Piatti, Barbara: *Die Geographie der Literatur. Schauplätze, Handlungsräume, Raumphantasien.* Göttingen 2008.

Pickles, John: *A History of Spaces. Cartographic Reason, Mapping and the Geo-Coded World.* London/New York 2004.

Pieper, Richard: *Die neue Sozialphysik. Zur Mechanik der Solidarität.* Frankfurt a. M./New York 1989.

Pile, Steve: *The Body and the City. Psychoanalysis, Space and Subjectivity.* London/New York 1996.

Pohl, Thomas: *Entgrenzte Stadt. Räumliche Fragmentierung und zeitliche Flexibilisierung in der Spätmoderne.* Bielefeld 2009.

Porteous, J. Douglas: *Landscapes of the Mind. Worlds of Sense and Metaphor.* Toronto/Buffalo/London 1990.

Pöschl, Arnold Ernst: *Raum und Raumordnung.* Berlin 1965.

Pott, Andreas: *Orte des Tourismus. Eine raum- und gesellschaftstheoretische Untersuchung.* Bielefeld 2007.

Pred, Allan R.: *Place, Practice and Structure. Social and Spatial Transformation in Southern Sweden, 1750–1850.* Cambridge 1986.

Preiß, Karina: *Ökonomische Ordnungen im infografischen Raum. Clans, Märkte und Hierarchien in virtuellen Umgebungen.* Münster/Hamburg/London 2006.

Prigge, Walter: *Zeit, Raum und Architektur. Zur Geschichte der Räume.* Köln u. a. 1986.

Quadflieg, Dirk: *Differenz und Raum. Zwischen Hegel, Wittgenstein und Derrida.* Bielefeld 2007.

Rabe, Ana Maria: *Das Netz der Welt. Ein philosophischer Essay zum Raum von* Las Meninas. München 2008.

Radkau, Joachim: *Natur und Macht. Eine Weltgeschichte der Umwelt.* München 2000.

Raffestin, Claude/Lopreno, Dario/Pasteur, Yvan: *Géopolitique et histoire.* Lausanne 1995.

Rameil, Udo: *Raum und Außenwelt. Interpretationen zu Kants kritischem Idealismus.* Köln 1977.

Rau, Jürgen: *Telekommunikation und Raum. Informationsströme im internationalen, regionalen und individuellen Beziehungsgefüge.* Münster/Hamburg/London 1999.

Raulff, Ulrich: *Ein Historiker im 20. Jahrhundert. Marc Bloch.* Frankfurt a. M. 1995.

Ray, Christopher: *Time, Space and Philosophy.* London/New York 1991.

Redepenning, Marc: *Wozu Raum? Systemtheorie, Critical Geopolitics und raumbezogenen Semantiken.* Leipzig 2006.

Redhead, Steve: *Paul Virilio. Theorist for an Accelerated Culture.* Edinburgh 2004.

Rehder, Helmut: *Die Philosophie der Landschaft. Ein Beitrag zur Geschichte der romantischen Weltanschauung.* Halle a.d. Saale 1932.

Rehkämper, Klaus: *Bild, Ähnlichkeit und Perspektive. Auf dem Weg zu einer neuen Theorie der bildhaften Repräsentation.* Wiesbaden 2002.

Rehle, Cornelia: *Gelebte Räume. Erfahrungsräume und Zeiträume. Eine Studie zur pädagogischen Anthropologie mit historischen und systematischen Beispielen.* Frankfurt a. M. u. a. 1998.

Reichel, Norbert: *Der erzählte Raum. Zur Verflechtung*

von sozialem und poetischem Raum in erzählender Literatur. Darmstadt 1987.

Relph, Edward: *Place and Placelessness*. London 1976.

–: *Rational Landscapes and Humanistic Geography*. London/Totowa 1981.

Reutlinger, Christian: *Jugend, Stadt und Raum. Sozialgeographische Grundlagen einer Sozialpädagogik des Jugendalters*. Opladen 2003.

–: *Raum und soziale Entwicklung. Kritische Reflexion und neue Perspektiven für den sozialpädagogischen Diskurs*. Weinheim/München 2008.

Reynolds, Nedra: *Geographies of Writing. Inhabiting Places and Encountering Difference*. Carbondale 2007.

Riedel, Manfred: *Freilichtgedanken. Nietzsches dichterische Welterfahrung*. Stuttgart 1998.

Ries, Marc: *Medienkulturen*. Wien 2002.

Risthaus, Peter: *Onto-Topologie. Zur Entäußerung des unverfügbaren Ortes – von Martin Heidegger zu Jacques Derrida und* jenseits. Zürich/Berlin 2009.

Rosa, Hartmut: *Beschleunigung. Die Veränderung der Zeitstrukturen in der Moderne*. Frankfurt a. M. 2005.

Rose, Gillian: *Feminism and Geography. The Limits of Geographical Knowledge*. Minneapolis 1993.

Rosen, Steven M.: *Dimensions of Apeiron. A Topological Phenomenology of Space, Time, and Individuation*. Amsterdam/New York 2004.

–: *Topologies of the Flesh. A Multidimensional Exploration of the Lifeworld*. Athens 2006.

Rössler, Mechthild: *›Wissenschaft und Lebensraum‹. Geographische Ostforschung im Nationalsozialismus*. Berlin/Hamburg 1990.

Rost, Detlef H.: *Raumvorstellung. Psychologische und pädagogische Aspekte*. Weinheim/Basel 1977.

Röttgers, Kurt: *Kants Kollege und seine ungeschriebene Schrift über die Zigeuner*. Heidelberg 1993.

Rovatti, Pier Aldo: *Die Distanz bewohnen. Für eine Ethik der Sprache*. Wien 1999 (ital. 1994).

Rybczynski, Witold: *Home. A Short History of an Idea*. Harmondsworth 1987.

Sack, Robert: *Conceptions of Space in Social Thought*. Minneapolis 1980.

–: *Human Territoriality. It's Theory and History*. Cambridge/London 1986.

Sadji, Uta: *Der Negermythos am Ende des 18. Jahrhunderts in Deutschland. Eine Analyse der Rezeption von Reiseliteratur über Schwarzafrika*. Frankfurt a.M./ Bern/Las Vegas 1979.

Sahai, Sachchidanand: *The Mekong River. Space and Social Theory*. Delhi 2005.

Said, Edward W.: *Kultur und Imperialismus. Einbildungskraft und Politik im Zeitalter der Macht*. Frankfurt a. M. 1994 (amerik. 1993).

Santos, Milton: *La nature de l'espace*. Paris 1997.

Scaligero, Massimo: *Raum und Zeit*. Ostfildern bei Stuttgart 1995 (ital. 1963).

Schach, Andreas: *Carl Ritter (1779–1859) – Naturphilosoph und Geograph. Erkenntnistheoretische Überlegungen, Reform der Geographie und mögliche heutige Implikationen*. Münster 1996.

Schäfer, Wilhelm: *Der kritische Raum. Über den Bevölkerungsdruck bei Tier und Mensch*. Frankfurt a. M. 1971.

Schäffner, Wolfgang: *Punkt 0.1. Zur Genese des analogen Codes in der Frühen Neuzeit*. Zürich/Berlin 2010.

Scharvogel, Martin: *Erzählte Räume. Frankfurts Hochhäuser im diskursiven Netz der Produktion des Raumes*. Berlin u. a. 2007.

Schatzki, Theodore R.: *Martin Heidegger. Theorist of Space*. Stuttgart 2007.

Scheller, Andrea: *Frau Macht Raum. Geschlechtsspezifische Regionalisierungen der Alltagswelt als Ausdruck von Machtstrukturen*. Zürich 1995.

Schipperges, Heinrich: *Welt des Auges. Zur Theorie des Sehens und Kunst des Schauens*. Freiburg/Basel/Wien 1978.

Schlögel, Karl: *Promenaden in Jalta und andere Städtebilder*. München/Wien 2000.

Schlottmann, Antja: *RaumSprache. Ost-West-Differenzen in der Berichterstattung zur deutschen Einheit – eine sozialgeographische Theorie*. Stuttgart 2005.

Schmauks, Dagmar: *Orientierung im Raum. Zeichen für die Fortbewegung*. Tübingen 2002.

Schmeiser, Leonhard: *Die Erfindung der Zentralperspektive und die Entstehung der neuzeitlichen Wissenschaft*. München 2002.

Schmid, Christian: *Stadt, Raum und Gesellschaft. Henri Lefebvre und die Theorie der Produktion des Raumes*. Stuttgart 2005.

Schmid, Hans: *Fenster zum Tod. Der Raum im Horrorfilm*. München 1993.

Schmidt, Aurel: *Von Raum zu Raum. Versuch über das Reisen*. Berlin 1998.

Schmidt, Jutta: *Die Umweltlehre Jakob von Uexkülls in ihrer Bedeutung für die Entwicklung der vergleichenden Verhaltensforschung*. Marburg 1980.

Schmithüsen, Josef: *Was ist eine Landschaft?* Wiesbaden 1964.

Schmitz, Hermann: *Der Leib, der Raum und die Gefühle*. Ostfildern bei Stuttgart 1998.

Schmoeckel, Mathias: *Die Großraumtheorie*. Berlin 1994.

Schoggen, Phil: *Behavior Settings. A Revision and Extension of Roger G. Barker's Ecological Psychology*. Stanford 1989.

Schönhammer, Rainer: *Fliegen, Fallen, Flüchten. Psychologie intensiver Träume*. Tübingen 2004.

Schramm, Manuel: *Digitale Landschaften*. Stuttgart 2009.

Schramm, Uwe: *Der Raumbegriff bei Hans Arp*. Münster/Hamburg/London 2005.
Schroeder, Joachim: *Bildung im geteilten Raum. Schulentwicklung unter Bedingungen von Einwanderung und Verarmung*. Münster/Hamburg/London 2002.
Schroer, Markus: *Räume, Orte, Grenzen. Auf dem Weg zu einer Soziologie des Raums*. Frankfurt a. M. 2006.
Schubert, Charlotte: *Land und Raum in der römischen Republik. Die Kunst des Teilens*. Darmstadt 1996.
Schubert, Ernst: *Fürstliche Herrschaft und Territorium im späten Mittelalter*. München 2006.
Schultz, Hans-Dietrich: *Die deutschsprachige Geographie von 1800 bis 1970*. Berlin 1980.
–: *Die Geographie als Bildungsfach im Kaiserreich*. Osnabrück 1989.
–: *Friedrich Ratzel: (k)ein Rassist?* Flensburg 2006.
Schürmann, Eva: *Erscheinen und Wahrnehmung. Eine vergleichende Studie zur Kunst von James Turrell und der Philosophie Merleau-Pontys*. München 2000.
Schwingeler, Stephan: *Die Raummaschine. Raum und Perspektive im Computerspiel*. Boizenburg 2008.
Seamon, David: *A Geography of the Lifeworld. Movement, Rest and Encounter*. London 1979.
Seel, Martin: *Ästhetik des Erscheinens*. München/Wien 2000.
Seguin, Louis: *L'espace du cinema. (Hors-champ, hors-d'œuvre, hors-jeu)*. Toulouse 1999.
Seidl, Katharina: *Alpen-Imago. Die Alpen des deutschsprachigen Raums zwischen Bild und Wirklichkeit*. Münster/Hamburg/London 2010.
Seitter, Walter: *Das politische Wissen im Nibelungenlied*. Berlin 1987.
–: *Physik der Medien. Materialien, Apparate, Präsentierungen*. Weimar 2002.
Self, Will: *Psychogeography*. London 2007.
Shields, Rob: *Places on the Margin. Alternative Geographies of Modernity*. London/New York 1992.
–: *Lefebvre, Love and Struggle. Spatial Dialectics*. London 1999.
Sidlauskas, Susan: *Body, Place, and Self in Nineteenth-Century Painting*. Cambridge/London 2000.
Siegert, Bernhard: *Passagiere und Papiere. Schreibakte auf der Schwelle zwischen Spanien und Amerika*. München 2006.
Sieveking, Nadine: *Abheben und Geerdet Sein. Afrikanisch Tanzen als transkultureller Erfahrungsraum*. Berlin/Münster 2006.
Sieverts, Thomas: *Zwischenstadt. Zwischen Ort und Welt, Raum und Zeit, Stadt und Land*. Basel/Boston/Braunschweig 1997.
Signori, Gabriela: *Räume, Gesten, Andachtsformen. Geschlecht, Konflikt und religiöse Kultur im europäischen Mittelalter*. Ostfildern 2005.
Simon, Gérard: *Der Blick, das Sein und die Erscheinung in der Antiken Optik*. München 1992 (frz. 1988).
Simon, Josef: *Sprache und Raum. Philosophische Untersuchungen zum Verhältnis zwischen Wahrheit und Bestimmtheit von Sätzen*. Berlin/New York 1969.
Simons, Oliver: *Raumgeschichten. Topographien der Moderne in Philosophie, Wissenschaft und Literatur*. München 2007.
Sloterdijk, Peter: *Kopernikanische Mobilmachung und ptolemäische Abrüstung. Ästhetischer Versuch*. Frankfurt a. M. 1987.
–: *Im Weltinnenraum des Kapitals. Für eine philosophische Theorie der Globalisierung*. Frankfurt a. M. 2005.
Slowik, Edward: *Cartesian Spacetime. Descartes' Physics and the Relational Theory of Space and Motion*. Dordrecht u. a. 2002.
Smith, Jonathan Z.: *To Take Place. Toward Theory in Ritual*. Chicago 1987.
Sobchack, Vivian C.: *The Address of the Eye. A Phenomenology of Film Experience*. Princeton 1992.
Soja, Edward W.: *Postmetropolis. Critical Studies of Cities and Regions*. Oxford 2000.
Sommer, Manfred: *Suchen und Finden. Lebensweltliche Formen*. Frankfurt a. M. 2002.
Sommer, Robert: *Personal Space. The Behavioral Basis of Design*. Englewood Cliffs 1969.
Sonnabend, Holger: *Die Grenzen der Welt. Geographische Vorstellungen der Antike*. Darmstadt 2007.
Soyka, Amelie: *Raum und Geschlecht. Frauen im Roadmovie der 90er Jahre*. Frankfurt a. M. u. a. 2002.
Spain, Daphne: *Gendered Spaces*. Chapel Hill/London 1992.
Spitthöver, Maria: *Frauen in städtischen Freiräumen*. Köln 1989.
Sprengel, Rainer: *Kritik der Geopolitik. Ein deutscher Diskurs 1914–1944*. Berlin 1996.
Starzmann, Maria Theresa: *Archäologie des Raumes. Soziale Praxis und kulturelle Bedeutung am Beispiel der Wohnarchitektur von Fara*. Wien u. a. 2007.
Stasiuk, Andrzej: *Die Mauern von Hebron*. Frankfurt a. M. 2003 (poln. 1992).
Stegmayer, Werner: *Philosophie der Orientierung*. Berlin/New York 2008.
Stein, Axel: *Geordneter Raum und öffentlicher Verkehr. Die Rolle des öffentlichen Verkehrs bei der Sicherung nachhaltiger Strukturen am Beispiel des Raumes Dresden*. Münster 2006.
Stein, Howard F.: *Developmental Time, Cultural Space. Studies in Psychogeography*. Norman 1987.
Steininger, Benjamin: *Raum-Maschine Reichsautobahn*. Berlin 2004.
Stichweh, Rudolf: *Die Weltgesellschaft. Soziologische Analyse*. Frankfurt a. M. 2000.
Stieb, Egbert: *Die Raum-Zeit-Problematik. Untersu-*

chung einer physikalischen Kontroverse im Zusammenhang philosophischer Begründbarkeit. München 1985.

Stockhammer, Robert: *Kartierung der Erde. Macht und Lust in Karten und Literatur.* München 2007.

Strauß, Stephan: *Eckhard Schulze-Fielitz.* Dortmund 2005.

Streit, Anne von: *Entgrenzter Alltag – Arbeiten ohne Grenzen? Das Internet und die raum-zeitliche Organisationsstrategie von Wissensarbeitern.* Bielefeld 2010.

Ströker, Elisabeth: *Zahl und Raum. Wissenschaftstheoretische Studien über zwei fundamentale Kategorien der mathematischen Naturwissenschaft mit besonderer Berücksichtigung der Ontologie Nicolai Hartmanns.* Bonn 1953.

Sturm, Gabriele: *Wege zum Raum. Methodologische Annäherungen an ein Basiskonzept raumbezogener Wissenschaften.* Opladen 2000.

Sutter, Dietmar: *Neue Wirtlichkeit oder der parasitäre Mensch und dessen Auswirkung auf Raumstrukturen.* Wien u. a. 2009.

Svorou, Soteria: *The Grammar of Space.* Amsterdam/Philadelphia 1993.

Taubenböck, Andrea: *Die binäre Raumstruktur in der Gothic novel, 18.–20. Jahrhundert.* München 2002.

Thabe, Sabine: *Drogen und Stadtstruktur. Lebenswelten zwischen Rausch und Raum.* Opladen 1997.

–: *Raum(de)konstruktionen. Reflexionen zu einer Philosophie des Raumes.* Opladen 2002.

Thaliath, Babu: *Perspektivierung als Modalität der Symbolisierung. Erwin Panofskys Unternehmung zur Ausweitung und Präzisierung des Symbolisierungsprozesses in der ›Philosophie der symbolischen Formen‹ von Ernst Cassirer.* Würzburg 2005.

Theweleit, Klaus: *Das Land, das Ausland heißt.* München 1995.

Tholen, Georg Christoph: *Die Zäsur der Medien. Kulturphilosophische Konturen.* Frankfurt a. M. 2002.

Thomas, Deborah: *Reading Hollywood. Spaces and Meaning in American Film.* London 2001.

Thrift, Nigel: *Non-Representational Theory. Space, Politics, Affect.* London/New York 2007.

Thürlemann, Felix: *Vom Bild zum Raum. Beiträge zu einer semiotischen Kunstwissenschaft.* Köln 1990.

Tibi, Bassam: *Vom Gottesreich zum Nationalstaat. Islam und panarabischer Nationalismus.* Frankfurt a. M. 1987.

–: *Konfliktregion Naher Osten. Regionale Eigendynamik und Großmachtinteressen.* München 1989.

–: *Krieg der Zivilisationen. Politik und Religion zwischen Vernunft und Fundamentalismus.* Hamburg 1995.

Tilley, Christopher: *The Phenomenology of Landscape.* London/New York 1994.

Trüby, Stephan: *Exit-Architektur. Design zwischen Krieg und Frieden.* Wien/New York 2008.

Trümpy, Balz: *Die Raumvorstellung in Schuberts Harmonik.* Winterthur 1995.

Tuan, Yi-fu: *Landscapes of Fear.* Oxford 1979.

Tyner, James A.: *The Geography of Malcolm X. Black Radicalism and the Remaking of American Space.* New York/London 2006.

–: *The Killing of Cambodia. Geography, Genocide and the Unmaking of Space.* Aldershot/Burlington 2008.

Urry, John: *Consuming Places.* London/Thousand Oaks/New Delhi 1995.

– /Macnaghten, Phil: *Contested Natures.* London/Thousand Oaks/New Delhi 1998.

Virilio, Paul: *Bunkerarchäologie.* München 1992 (frz. 1975).

–: *Krieg und Kino. Logistik der Wahrnehmung.* München/Wien 1986 (frz. 1986).

–: *Der negative Horizont. Bewegung, Geschwindigkeit, Beschleunigung.* München/Wien 1989 (frz. 1984).

–: *Die Sehmaschine.* Berlin 1989 (frz. 1988).

–: *Rasender Stillstand.* München/Wien 1992 (frz. 1990).

–: *Ereignislandschaft.* Berlin 1998 (frz. 1996).

Vismann, Cornelia: *Akten. Medientechnik und Recht.* Frankfurt a. M. 2000.

Vogl, Joseph: *Ort der Gewalt. Kafkas literarische Ethik.* Zürich/Berlin 2010.

Voss, Gabriele: *Schnitte in Raum und Zeit. Notizen und Gespräche über Dramaturgie und Montage.* Berlin 2005.

Voss, Julia: *Darwins Bilder. Ansichten der Evolutionstheorie 1837 bis 1874.* Frankfurt a. M. 2007.

Waechter, Matthias: *Die Erfindung des amerikanischen Westens. Die Geschichte der Frontier-Debatte.* Freiburg i.Br. 1996.

Wagner, Kirsten: *Datenräume, Informationslandschaften, Wissensstädte. Zur Verräumlichung des Wissens und Denkens in der Computermoderne.* Freiburg i. Br./Berlin 2006.

Waldenfels, Bernhard: *Topographie des Fremden.* Frankfurt a. M. 1997.

–: *Das leibliche Selbst. Vorlesungen zur Phänomenologie des Leibes.* Frankfurt a. M. 2000.

–: *Ortsverschiebungen, Zeitverschiebungen. Modi leibhaftiger Erfahrung.* Frankfurt a. M. 2009.

Walter, Michael: *Grundlagen der Musik des Mittelalters. Schrift, Zeit, Raum.* Stuttgart/Weimar 1994.

Warf, Barney: *Time-Space Compression. Historical Geographies.* London/New York 2008.

Wargo, Robert J.J.: *The Logic of Nothingness. A Study of Nishida Kitaro.* Honolulu 2005.

Warning, Rainer: *Heterotopien als Räume ästhetischer Erfahrung.* München 2009.

Watts, Michael: *Struggles over Geography. Violence,*

Freedom and Development at the Millenium. Heidelberg 2000.
Wee, Paul A.: *Space and Time. The Relationship between Ontology and Eschatology in the Philosophical Theology of Paul Tillich*. Berlin 1975.
Weichhart, Peter: *Raumbezogene Identität. Bausteine zu einer Theorie räumlich-sozialer Kognition und Identifikation*. Stuttgart 1990.
Weigel, Sigrid: *Topographien der Geschlechter. Kulturgeschichtliche Studien zur Literatur*. Reinbek bei Hamburg 1990.
Weiß, Stephanie: *Orte und Nicht-Orte. Kulturanthropologische Anmerkungen zu Marc Augé*. Mainz 2005.
Weizmann, Eyal: *Sperrzonen. Israels Architektur der Besatzung*. Hamburg 2008 (engl. 2007).
Welzer, Harald: *Klimakriege. Wofür im 21. Jahrhundert getötet wird*. Frankfurt a. M. 2008.
Wenner, Stefanie: *Vertikaler Horizont. Zur Transparenz des Offensichtlichen*. Zürich/Berlin 2004.
Wenz, Karin: *Raum, Raumsprache und Sprachräume. Zur Textsemiotik der Raumbeschreibung*. Tübingen 1997.
Werber, Niels: *Die Geopolitik der Literatur. Eine Vermessung der medialen Weltraumordnung*. München 2007.
Werlen, Benno: *Zur Ontologie von Gesellschaft und Raum*. Stuttgart ²1999.
–: *Globalisierung, Region und Regionalisierung*. Stuttgart ²2007.
–: *Gesellschaftliche Räumlichkeit*. 2 Bde. Stuttgart 2010.
Westphal, Kristin: *Zwischen Himmel und Erde. Annäherungen an eine kulturpädagogische Theorie des Raumerlebens*. Frankfurt a. M. 1997.
White, John: *The Birth and Rebirth of Pictorial Space*. London/Boston 1957.
Whiteman, Michael: *Philosophy of Space and Time and the Inner Constitution of Nature. A Phenomenological Study*. London/New York 1976.
Whitfield, Peter: *The Mapping of the Heavens*. London 1995.
Willke, Helmut: *Dystopia. Studien zur Krisis des Wissens in der modernen Gesellschaft*. Frankfurt a. M. 2002.
–: *Heterotopia. Studien zur Krisis der Ordnung moderner Gesellschaften*. Frankfurt a. M. 2003.
–: *Atopia. Studien zur atopischen Gesellschaft*. Frankfurt a. M. 2005.
Willmann, Rainer: *Die Art in Raum und Zeit. Das Artkonzept in der Biologie und Paläontologie*. Hamburg 1985.
Wilts, Bettina: *Zeit, Raum und Licht. Vom Bauhaustheater zur Gegenwart*. Weimar 2004.
Winchester, Simon: *Eine Karte verändert die Welt. William Smith und die Geburt der modernen Geologie*. München 2001 (amerik. 2001).
Winichakul, Tongchai: *Siam Mapped. A History of the Geo-Body of a Nation*. Honolulu 1994.
Winkler, Günther: *Raum und Recht. Dogmatische und theoretische Perspektiven eines empirisch-rationalen Rechtsdenkens*. Wien/New York 1999.
Winkler, Hartmut: *Der filmische Raum und der Zuschauer. ›Apparatus‹ – Semantik – ›Ideology‹*. Heidelberg 1992.
Withers, Charles W.J.: *Placing the Enlightenment. Thinking Geographically about the Age of Reason*. Chicago/London 2007.
Wittmann, Simone: *Das Frühwerk Kurt Lewins. Zu den Quellen sozialpsychologischer Ansätze in Feldkonzept und Wissenschaftstheorie*. Frankfurt a. M. u. a. 1998.
Wolf, Jürgen: *Die Moderne erfindet sich ihr Mittelalter – oder wie aus der ›mittelalterlichen Erdkugel‹ eine ›neuzeitliche Erdscheibe‹ wurde*. Mainz/Stuttgart 2004.
Wolkersdorfer, Günter: *Politische Geographie und Geopolitik zwischen Moderne und Postmoderne*. Heidelberg 2001.
Wolter, Heike: *›Volk ohne Raum‹ – Lebensraumvorstellungen im geopolitischen, literarischen und politischen Diskurs der Weimarer Republik. Eine Untersuchung auf der Basis von Fallstudien zu Leben und Werk Karl Haushofers, Hans Grimms und Adolf Hitlers*. Münster/Hamburg/London 2003.
Wood, Denis: *The Power of Maps*. London 1993.
Woznicki, Krystian: *Abschalten. Paradiesproduktion, Massentourismus und Globalisierung*. Berlin 2008.
Wyss, Beat: *Pieter Bruegel – Landschaft mit Ikarussturz. Ein Vexierbild des humanistischen Pessimismus*. Frankfurt a. M. 1990.
Zacharasiewicz, Waldemar: *Die Klimatheorie in der englischen Literatur und Literaturkritik von der Mitte des 16. Jahrhunderts bis zum frühen 18. Jahrhundert*. Wien/Stuttgart 1977.
Zeller, Thomas: *Driving Germany. The Landscape of the German Autobahn, 1930–1970*. New York 2006.
Zellner, Peter: *Hybrid Space. New Forms in Digital Architecture*. London 2000.
Ziemann, Andreas: *Die Brücke zur Gesellschaft. Erkenntniskritische und topographische Implikationen der Soziologie Georg Simmels*. Konstanz 2000.
Ziemer, Gesa: *Verletzbare Orte. Entwurf einer praktischen Ästhetik*. Zürich/Berlin 2008.
Zug, Beatrix: *Die Anthropologie des Raumes in der Architekturtheorie des frühen 20. Jahrhunderts*. Tübingen/Berlin 2006.
Zukin, Sharon: *Landscapes of Power. From Detroit to Disney World*. Berkeley/Los Angeles/London 1991.

2. Die Autorinnen und Autoren

María do Mar Castro Varela, Dr., Professorin für Interkulturelle Soziale Arbeit an der Alice Salomon Hochschule Berlin (III.5 Postkolonialer Raum: Randständigkeit und Thirdspace).

Heiko Christians, Dr., Professor für Medienkulturgeschichte am Institut für Künste und Medien der Universität Potsdam (III.10 Landschaftlicher Raum: Natur und Heterotopie).

Nikita Dhawan, Dr., Juniorprofessorin für Gender und postkoloniale Studien an der Goethe-Universität Frankfurt am Main (III.5 Postkolonialer Raum: Randständigkeit und Thirdspace).

Jörg Döring, Dr., Professor für Neuere deutsche Philologie, Medien- und Kulturwissenschaft an der Universität Siegen (II.2 Spatial turn).

Knut Ebeling, Dr., Professor für Medientheorie und Semiotik an der Kunsthochschule Weißensee (III.1 Historischer Raum: Archiv und Erinnerungsort).

Eva Geulen, Dr., Professorin für Neuere deutsche Literaturwissenschaft an der Rheinischen Friedrich-Wilhelms-Universität Bonn (III.2 Politischer Raum: Öffentlichkeit und Ausnahmezustand).

Stephan Günzel, Dr., wissenschaftlicher Mitarbeiter am Institut für Künste und Medien der Universität Potsdam (II.1 Kopernikanische Wende; III.8 Medialer Raum: Bilder - Zeichen - Cyberspace).

Michaela Haberkorn, Dr., wissenschaftliche Mitarbeiterin am Institut für Germanistik der Universität Regensburg (I.2.2 Geologie und Evolutionstheorie).

Christine Hanke, Dr., wissenschaftliche Mitarbeiterin am Institut für Künste und Medien der Universität Potsdam (III.14 Epistemischer Raum: Labor und Wissensgeographie).

Sabine Höhler, Dr., wissenschaftliche Mitarbeiterin im Graduiertenkolleg ›Topologie der Technik‹ an der Technischen Universität Darmstadt (III.14 Epistemischer Raum: Labor und Wissensgeographie).

Alexandra Karentzos, Dr., Juniorprofessorin für Kunstgeschichte an der Universität Trier (III.12 Touristischer Raum: Mapping und Reisen).

Fabian Kessl, Dr., Professor für Theorie und Methoden der Sozialen Arbeit an der Universität Duisburg-Essen (III.3 Ökonomischer Raum: Megacities und Globalisierung).

Alma-Elisa Kittner, Dr., wissenschaftliche Mitarbeiterin am Institut für Kunstwissenschaft der Hochschule für Bildende Künste Braunschweig (III.12 Touristischer Raum: Mapping und Reisen).

Roland Lippuner, Dr., wissenschaftlicher Assistent am Institut für Geographie der Friedrich-Schiller-Universität Jena (II.4 Kritik der Raumkehren).

Julia Lossau, Dr., Juniorprofessorin für Kulturgeographie an der Humboldt-Universität zu Berlin (II.4 Kritik der Raumkehren).

Klaus Mainzer, Dr., Professor für Philosophie und Wissenschaftstheorie an der Technischen Universität München (I.1 Naturwissenschaften).

Konstanze Noack, Dipl.-Ing., wissenschaftliche Mitarbeiterin am Lehrstuhl Städtebau und Entwerfen der Brandenburgischen Technischen Universität Cottbus (III.11 Urbaner Raum: Platz - Stadt - Agglomeration).

Heike Oevermann, M. A., Georg-Simmel-Zentrum der Humboldt Universität (III.11 Urbaner Raum: Platz - Stadt - Agglomeration).

Michaela Ott, Dr., Professorin für Ästhetische Theorien an der Hochschule für Bildende Künste Hamburg (I.3 Bildende und darstellende Künste).

Gertrude Postl, Dr., Professorin für Philosophie am Suffolk County Community College in Selden, New York (III.4 Körperlicher Raum: Geschlecht und Performativität).

Shalini Randeria, Dr., Professorin für Ethnologie an der Universität Zürich (III.5 Postkolonialer Raum: Randständigkeit und Thirdspace).

Christian Reutlinger, Dr., Professor für Sozialraumforschung am Institut für Soziale Arbeit der FHS St. Gallen, Hochschule für Angewandte Wissenschaften (III.3 Ökonomischer Raum: Megacities und Globalisierung).

Sylvia Sasse, Dr., Professorin für Slavische Literaturwissenschaft an der Universität Zürich (III.13 Poetischer Raum: Chronotopos und Geopoetik).

Ute Schneider, Dr., Professorin für Sozial- und Wirtschaftsgeschichte an der Universität Duisburg-Essen (I.2.1 Kartographie und Geodäsie).

Markus Schroer, Dr., Professor für Soziologische Theorie an der Universität Kassel (III.6 Sozialer Raum: Verräumlichung).

Hans-Dietrich Schultz, Dr., Professor für Didaktik der Geographie an der Humboldt-Universität zu Berlin (I.2.3 Kulturklimatologie und Geopolitik).

Walter Seitter, Dr., Philosoph in Wien (III.7 Technischer Raum: Enträumlichung).

Kirsten Wagner, Dr., wissenschaftliche Mitarbeiterin am Institut für Kulturwissenschaft der Humboldt-Universität zu Berlin (II.3 Topographical turn; III.9 Kognitiver Raum: Orientierung - Mental Maps - Datenverwaltung).

3. Personenregister

Aarseth, Espen 230
Abbé, Jean-Baptiste 46
Ackermann, Franz 291
Adorno, Theodor W. 61, 262
Agamben, Giorgio 134, 136 f., 139 f., 142 f.
Agricola, Georgius 34
Alasuutaris, Pertti 146
Alberti, Leon Battista 66, 84, 226 f.
Alewyn, Richard 264
Al-Idrisi, Muhammad 26
Al-Ma'mun 26
Althusser, Louis 90
Altvater, Elmar 146, 151
Az-Zarqali 26
Anders, Günther 87, 223
Anderson, Perry 90
Andruchovyč, Jurij 306
Angyal, Andreas 240
Anselm von Canterbury 62
Anzaldúa, Gloria 187
Apollonios von Perge 3
Appadurai, Arjun 148, 214
Appia, Adolphe 65
Archimedes 2, 3, 21
Arendt, Hannah 137 f., 143, 209
Aristarch von Samos 3
Aristoteles 2, 13 f., 45, 70, 85, 170, 220
Arnheim, Rudolf 68, 228
Arp, Hans 297
Assmann, Aleida 127 f.
Assmann, Jan 127
Auerbach, Erich 69–71
Augé, Marc 125, 129, 261, 286
Augustinus 62

Bachelard, Gaston 84, 115, 125, 252, 257, 261, 263, 298, 301, 303, 310
Bachtin, Michail M. 294, 298 f., 300, 302 f.
Badiou, Alain 139
Badt, Kurt 60, 67
Baecker, Dirk 116
Bahrdt, Hans Paul 266
Balázs, Béla 68
Balzac, Honoré de 71
Barker, Roger G. 86, 114
Barthes, Roland 295
Bartók, Béla 72
Bataille, Georges 252
Baudrillard, Jean 226 f.
Bauman, Zygmunt 192
Bazin, André 69, 228
Beauvoir, Simone de 163–166, 174
Becker, Oskar 84, 87
Beck, Ulrich 111, 146, 214, 318
Beethoven, Ludwig van 72
Behaim, Martin 27
Belting, Hans 62
Beltrami, Eugenio 5
Belyj, Andrej 296, 297
Benjamin, Walter 69, 122–125, 129, 135, 140, 223, 288, 303
Bentham, Jeremy 311
Bergmann, Gustav 78
Bergson, Henri 79
Berlioz, Hector 72
Bernini, Gian Lorenzo 63
Bernoulli, Johann 4
Beuys, Joseph 68
Bhabha, Homi K. 179, 181, 184–186
Binswanger, Ludwig 253
Bismarck, Otto von 178
Blache, Paul Vidal de la 55, 127, 261
Blackbourn, David 263
Bloch, Ernst 62
Bloch, Marc 121, 261
Bloom, Harold 98
Blumenberg, Hans 77
Boas, Franz 82
Bodin, Jean 46, 51
Boehm, Gottfried 227
Boesch, Martin 212
Böhme, Gernot 303 f.
Böhme, Hartmut 81, 107, 212, 297
Bohr, Niels 21
Bologna, Giovanni da 63
Boltzmann, Ludwig 10
Bolyai, János 5
Bolz, Norbert 122
Bonnet, Pierre Ossian 9
Borsò, Vittoria 105 f.
Bosses, Bartoloämus des 14
Boulding, Kenneth E. 242
Bourdieu, Pierre 85, 115 f., 118, 192, 198-200
Brague, Rémi 78
Brah, Avtar 185
Braudel, Fernand 104, 122, 320
Brenner, Neil 153 f.
Brentano, Franz 80 f.
Breuer, Josef 237
Brook, Peter 65
Brouwer, Luitzen E. J. 12
Brunelleschi, Filippo 66
Bruno, Giordano 14, 256
Buache, Philippe 48
Buch, Leopold von 35 f.
Buckland, Warren 228

Buffon, Georges-Louis Leclerc de 36, 40, 236
Bugaev, Nikolaj 297
Bühler, Karl 239
Burch, Noël 69, 228
Burckhardt, Jacob 67
Butler, Judith 164, 167, 172–175

Cage, John 72
Caillois, Roger 230
Calderón, Pedro 64
Canguilhem, Georges 310
Cantor, Georg 12
Cardiff, Janet 291
Carroll, Lewis 71
Cartan, Élie 19
Carus, Carl Gustav 261
Cassini, Jean-Dominique 29
Cassirer, Ernst 80–86, 104 f., 239, 243, 294, 298–300
Castells, Manuel 95, 154–156, 158, 193, 225, 272
Cataneo, Pietro 63
Cavalieri, Bonaventura Francesco 3
Cayleys, Arthur 5
Certeau, Michel de 103, 105 f., 118, 125, 244, 260 f., 298, 302, 311
Cervantes, Miguel de 70
Chakrabarty, Dipesh 189
Chanter, Tina 171
Chatterjee, Partha 186
Chomsky, Noam 207
Christaller, Walter 57
Christo 69
Cixous, Hélène 163
Clarke, Samuel 14
Claudius Ptolemaios 3
Cook, James 30
Corneille, Pierre 70
Cornetz, Victor 238
Correns, Carl 43
Craig, Edward Gordon 65
Crick, Francis 43
Cronon, William 318
Cunningham, Merce 73
Cuvier, Georges 36, 40 f.
Cyon, Élie de 237

Dante Alighieri 70
Darwin, Charles 36 f., 39–41, 49, 53, 317
Darwin, Erasmus 40
Davis, Mike 132
Debord, Guy 91
Dedekind, Richard 11
Deleuze, Gilles 69, 71, 83, 85, 192, 196–198, 216, 227, 297
Dellbrügge, Christiane 291
Demokrit 13
Derrida, Jacques 87, 97, 128, 168, 171, 186, 207, 295
Desargues, Gérard 4
Descartes, René 3, 11 f., 21, 78, 121
Desrosières, Alain 314
Diaghilew, Sergei 73
Diamond, Jared 57
Diderot, Denis 70
Dingler, Hugo 12
Döblin, Alfred 296
Dodge, Martin 225
Doni, Anton Francesco 234
Dostoevskij, Fjodor M. 300
Downs, Roger M. 240, 242 f.
Driesch, Hans 253, 254
Dufour, Guillaume-Henri 31 f.
Duncan, Isadora 73
Dürckheim, Graf Karlfried von 253 f.
Dürckheim, Karlfried von 258, 263
Dürer, Albrecht 63
Durkheim, Émile 82, 112, 192–194
Dussel, Enrique 181

Egli, Emil 50
Ehrenfels, Christian von 254
Einstein, Albert 7, 9, 17 f., 20, 85, 193, 300
Eisenstein, Sergei 65
Elias, Norbert 192, 200 f.
Engels, Friedrich 148, 207, 268
Enzensberger, Hans Magnus 281
Eratosthenes 25
Ernst, Wolfgang 128
Etzlaub, Erhard 28
Eudoxos von Knidos 2
Euklid 2, 21, 77
Euler, Leonard 4, 224
Export, Valie 163
Eyck, Jan van 67

Fähndrich, Walter 72
Falter, Reinhard 57
Farber, Marvin 87
Febvre, Lucien 122
Feifer, Maxine 280
Feininger, Lyonel 64
Fermat, Pierre de 4, 21
Filarete 63
Fink, Eugen 87
Fischer, Hugo 258
Fleck, Ludwik 310 f.
Florida, Richard 277
Flourens, Marie Jean Pierre 80, 237
Flusser, Vilém 87 f., 95, 210, 225, 258–260, 264
Forel, Auguste 238

Foucault, Michel 83 f., 90 f., 97, 100, 106, 110, 128–130, 135–138, 142 f., 173, 177, 183, 192, 196 f., 212, 252–261, 263 f., 286, 298, 301–303, 311 f.
Fourier, Charles 207, 268
Francesca, Piero della 66
Frank, Susi 306
Fréchet, Maurice René 12
Frege, Gottlob 12
Freud, Sigmund 83, 166 f., 173, 184, 295
Freyer, Hans 253
Friedman, Alexander A. 19
Friedman, Yona 270
Friedrich, Caspar David 255, 285
Frisius, Gemma 29
Frobenius, Leo 261
Fuchs, Georg 65
Fukuyama, Francis 212
Fuller, Loïe 73

Gabrieli, Giovanni 72
Gagarin, Juri 87
Galilei, Galileo 28, 77, 197, 256
Gall, Franz Joseph 83
Gall, James 28
Gassendi, Pierre 13
Gatterer, Johann Christoph 47
Gauguin, Paul 283
Gauß, Carl Friedrich 5, 7, 9, 11, 17, 21, 32 f.
Gehlen, Arnold 262
Genette, Gérard 294
Gennep, Arnold van 236, 257, 286
Gibbs, Josiah Willard 16
Gibson, William 224, 229
Giddens, Anthony 152, 192, 200–202, 213
Giedion, Sigfried 68
Gilroy, Paul 188 f.
Giotto di Bondone 66, 70
Goethe, Johann Wolfgang von 40, 70, 262
Goffman, Erving 287
Gogol, Nikolaj W. 298
Golledge, Reginald 245
Goltz, Friedrich Leopold 237
Gottdiener, Mark 244
Gould, Peter 245
Gould, Stephen Jay 38
Graham, Martha 73
Gramsci, Antonio 182
Graßmann, Hermann-Günther 5, 10
Gregory, Derek 95
Gropius, Walter 64 f.
Grosz, Elizabeth 168, 171
Groys, Boris 227, 280
Gryphius, Andreas 63
Guattari, Félix 69, 71, 85, 192, 196–198, 216, 297
Guettard, Jean Étienne 36
Guha, Ranajit 183
Gulliver, Frederic P. 240
Gutenberg, Johannes 220
Gyr, Ueli 280

Habermas, Jürgen 267
Habraken, John 270
Haeckel, Ernst 42
Hakluyt, Richard 28
Halbwachs, Maurice 100, 121, 127, 244
Hall, Catherine 188
Hall, Peter 155
Hall, Stuart 179
Halprin, Anna 73
Hamel, Walter 135
Hamilton, William Rowan 10
Handke, Peter 205, 212, 264
Haraway, Donna 163
Hard, Gerhard 111, 115
Harding, Sandra 163
Hardt, Michael 152
Häring, Hugo 64
Harrison, John 30
Hartle, Jim 20
Hartsock, Nancy 163
Harvey, David 95, 145, 272
Haubitz, Sabine 291
Hausdorff, Felix 12
Haushofer, Albrecht 56
Haushofer, Karl 55 f., 135
Hawking, Stephen W. 19, 20
Hegel, Georg Wilhelm Friedrich 51, 61, 79–83, 91, 124
Heidegger, Martin 63, 84–88, 171 f., 206, 224, 252 f.
Heider, Fritz 221
Hein, Birgit 291
Heine, Heinrich 204
Helmert, Friedrich Robert 24
Helmholtz, Hermann von 10, 11, 17, 22, 255
Hennig, Christoph 287
Herbart, Johann Friedrich 4
Herder, Johann Gottfried von 47–49, 52 f., 81
Hermann, Jakob 4
Heron von Alexandria 21
Hertz, Heinrich 9
Hertzberger, Herman 270
Hess, Harry Hammond 38
Heß, Rudolf 55
Hettner, Alfred 52
Hilbert, David 5, 11–13, 19
Hildebrand, Adolf von 63, 67
Hipparchos von Nicäa 3
Hippasos von Metapont 1
Hippokrates von Kos 44 f.

Hitler, Adolf 55
Hoff, Karl Ernst Adolf von 37
Holert, Tom 287
Holmes, Arthur 38
Homer 69
Hooke, Robert 21
hooks, bell 187
Howard, Ebenezer 269
Huarte, Juan 45
Hugo, Victor 70
Huizinga, Johan 230
Humboldt, Alexander von 30, 35, 49, 317
Hume, David 46
Huntington, Samuel 146
Husserl, Edmund 81, 84, 86 f., 165, 228, 252, 254
Hutton, James 35, 36, 37
Huxley, Thomas Henry 42
Huygens, Christiaan 10
Hyppolite, Jean 84

Illich, Ivan 251 f., 264
Inhelder, Bärbel 243
Innis, Harold A. 222
Irigaray, Luce 163 f., 167–172, 175, 211
Ives, Charles 72

Jackson, John Brinckerhoff 251, 261–264
Jacobs, Jane 270
Jacobsen, Hans-Adolf 55
Jacques-Dalcroze, Émile 72
Jahn, Friedrich Ludwig 48
Jakobson, Roman 82, 295
Jameson, Fredric 90
Jantzen, Hans 62, 67
Jessop, Bob 153 f.
Jordan, Camille 12
Joyce, James 71, 296
Jünger, Ernst 257
Jünger, Friedrich Georg 127, 255
Juul, Jesper 229

Kagel, Mauricio 72
Kaluza, Theodor 19
Kamenskij, Vasilij 297
Kant, Immanuel 11, 13–15, 47, 77–79, 87, 193, 220, 222, 225, 235, 299
Kapp, Ernst 49, 51, 224
Karahasan, Dževad 304
Kaufmann, Franz-Xaver 145, 149
Kehlmann, Daniel 205
Kepler, Johannes 3, 28, 221
Kiesler, Friedrich 64 f.
Kirchner, Susanne 73
Kitchin, Rob 101, 225, 245
Kittler, Friedrich 130 f., 319
Kjellén, Rudolf 56
Klein, Felix 6, 12
Klein, Oskar 20
Kleist, Heinrich von 71
Knorr-Cetina, Karin 311
Koffka, Kurt 253
Köhler, Wolfgang 253 f.
Koolhaas, Rem 271
Kopernikus, Nikolaus 28, 77 f.
Koschorke, Albrecht 296 f.
Koselleck, Reinhart 127, 132, 211
Köstlin, Konrad 280
Kracauer, Siegfried 68
Kracht, Christian 304
Krämer, Sybille 319
Krauss, Rosalind 68
Kremer, Gerhard 27
Krier, Rob 271
Kristeva, Julia 163, 167–169, 171, 175, 295
Kromrey, Helmuth 204
Krueger, Felix 253
Krüger, J.H. Louis 32
Kubisch, Christina 72
Kues, Nikolaus von 14
Kühn, Alfred 238
Kuhn, Thomas S. 77, 139, 310

Laban, Rudolf von 73
Labov, William 244
Lacan, Jacques 83, 166 f., 170, 173, 181, 207
La Condamine, Charles-Marie de 29
Lacroix, Sylvestre F. 4
Lagopoulos, Alexandros Ph. 244
Lagrange, Joseph-Louis de 4
Lamarck, Jean-Baptiste de 40
Lambert, Heinrich 28
Lambert, Johann Heinrich 5
Lamprecht, Karl 55
Landry, Charles 277
Lange, Ludwig 16
Langer, Susanne K. 100
Lasaulx, Ernst von 51
Latour, Bruno 192, 311 f., 314, 318, 319, 320
Le Corbusier 65, 269
Ledoux, Claude-Nicolas 64
Lefebvre, Henri 90–93, 96, 101, 192, 195, 206 f., 226, 270, 311
Lehmann, Johann Georg 32
Leibniz, Gottfried Wilhelm 4, 14, 81, 85 f., 105, 193, 299
Leitner, Bernhard 72
Leonardo da Vinci 34, 66
Lessing, Gotthold Ephraim 60, 70, 225, 294, 299

Leukipp 13
Lévi-Strauss, Claude 82 f., 105, 117, 173, 211, 280
Levinas, Emanuel 87
Lewin, Kurt 86, 241
Lewis, Peirce F. 262
Lie, Marius Sophus 10, 17
Ligeti, György 72
Linde, Charlotte 244
Linné, Carl von 39, 317
Liouville, Joseph 17
Lippe, Rudolf zur 259
Lipps, Theodor 254
Lissitzky, El 65
Livingstone, David 316
Livius 251
Lobatschewski, Nikolai I. 5
Lorenzen, Paul 12
Lorrain, Claude 282, 285
Lotman, Jurij M. 294, 298, 301 f.
Lotze, Rudolph Hermann 237
Löw, Martina 97 f., 113, 201
Luhmann, Niklas 94, 111, 192, 194 f., 221 f.
Lyell, Charles 36–39, 42
Lynch, Kevin 234, 241 f., 244, 246
Lyon, David 317

MacCannell, Dean 287
Mach, Ernst 15, 22, 80, 85, 237
Mackinder, Sir Halford J. 56, 94
Maclaurin, Colin 4
Magellan, Ferdinand 27
Magnus, Albertus 34
Mahan, Alfred Thayer 56
Mahler, Gustav 72
Mahnkopf, Birgit 146, 151
Malfroy, Sylvain 270
Malthus, Thomas Robert 135
Mandel, Birgit 282
Manovich, Lev 226
Marinetti, Filippo Tommaso 73, 297
Marx, Karl 148, 173, 195, 207, 268
Masaccio 66
Maull, Otto 54, 56
Maupertuis, Pierre Louis Moreau de 29
Mauss, Marcel 82
Mauthner, Fritz 60, 78
Maxwell, James Clerk 21
Mayer, Christian Anton 150
Mayr, Ernst 43
McClintock, Anne 188
McLuhan, Marshall 71, 146, 210, 223 f., 227, 257
Mendel, Johann Gregor 42
Mendelsohn, Erich 64
Menelaos von Alexandria 6
Mercator, Gerhard 25, 27 f.
Mercier, Louis-Sébastien 48
Merleau-Ponty, Maurice 88, 163–165, 174, 253, 260, 303
Metz, Christian 96
Meusburger, Peter 317
Meyerhold, Wsewolod 65
Mie, Gustav 19
Miescher, Friedrich 43
Mies van der Rohe, Ludwig 64
Mignolo, Walter D. 179, 181
Miller, Georges Bures 291
Miller, J. Hillis 298, 303
Mills, Charles Wright 96
Mills, Sarah 185
Minard, Robin 72
Minh-ha, Trinh T. 187
Minkowski, Hermann 17, 300
Mitchell, Katharyne 189
Mitchell, Timothy 180
Mitscherlich, Alexander 270
Möbius, August Ferdinand 12
Möbius, Friedrich 264
Mohanram, Radhika 185
Moholy-Nagy, László 64
Moll, Ralf de 291
Monge, Gaspard 4
Montesquieu, Charles-Louis de 46, 51
Moretti, Franco 298
Morus, Thomas 63, 283
Muchow, Martha 86

Negri, Antonio 152
Neisser, Ulric 245 f.
Neumann, John von 20
Newton, Sir Isaac 4, 11, 15 f., 21, 24, 28 f., 60, 78, 193, 220
Nietzsche, Friedrich 79, 227
Nikolaus von Oresme 3
Nitschke, August 264
Noether, Emmy 11
Noguchi, Isamu 73
Nora, Pierre 126–129

Olsen, Tillie 166
Ong, Walter J. 223
Ortelius, Abraham 25
Ortiz, Fernando 187
Ó Tuathail, Gearóid 55
Owen, Robert 268

Pahl, Jürgen 66
Palladio, Andrea 63
Panofsky, Erwin 61 f., 66, 84, 86, 220 f., 223

Pappos von Alexandria 3 f.
Parent, Antoine 4
Parmenides 13
Parsons, Talcott 192
Pascal, Blaise 4, 11
Pasch, Moritz 12, 13
Peirce, Charles S. 228
Pelz, Annegret 290
Penrose, Roger 19
Peters, Arno 28
Petrarca, Francesco 251
Piaget, Jean 243
Piatti, Barbara 305
Piene, Oskar 68
Planck, Max 20
Platon 2, 13, 162, 167–169, 171, 221, 227
Playfair, John 36
Plessner, Helmuth 213
Plethon, Georgios Gemistos 216
Plücker, Julius 4
Poelzig, Hans 65
Poincaré, Henri 6, 12, 17
Poncelet, Jean-Victor 4
Ponger, Lisl 291
Pott, Andreas 280
Powers, Bruce R. 71, 223
Pratt, Mary Louise 187
Proklos 2, 5
Proust, Marcel 71, 123, 226, 306
Psellos, Michael 216
Ptolemaios, Klaudios 25, 26, 27, 28
Pudowkin, Wsewolod I. 65
Pythagoras 1

Quincey, Thomas de 261

Rainer, Yvonne 73
Raphael, Max 67
Ratzel, Friedrich 49, 51–56, 86, 94, 126, 135, 298
Reinhardt, Max 65
Rheinberger, Hans-Jörg 311 f.
Ricardo, David 212
Richthofen, Ferdinand von 52
Riedler, Reiner 291
Riegl, Alois 67
Riehls, Wilhelm H. 255
Riemann, Bernhard 7, 12, 17, 71
Rihm, Wolfgang 72
Rilke, Rainer Maria 85
Ritter, Carl 49, 51 f., 57, 135
Ritter, Joachim 251, 255, 263 f., 284
Ritzer, George 146
Roost, Frank 287
Rorty, Richard 78
Rosa, Hartmut 95
Roscher, Wilhelm 51
Rossi, Aldo 271
Rousseau, Jean-Jacques 263
Rowe, Colin 271
Rubin, Gayle 173 f.

Saccheri, Giovanni 5
Said, Edward W. 96, 116, 179, 181 f., 184, 247
Saint Denis, Ruth 73
Saint-Hilaire, Étienne Geoffroy 41
Salin, Edgar 267
Sandl, Marcus 214
Sartre, Jean-Paul 83
Sassen, Saskia 95, 148, 152, 154–156, 158, 224
Satie, Erik 72
Sauer, Carl O. 261
Saussure, Ferdinand de 78, 105, 295
Schapp, Wilhelm 260
Scharoun, Hans 66
Schedel, Hartmann 255
Schelling, Friedrich Wilhelm Joseph von 61
Schiller, Friedrich von 70, 230
Schivelbusch, Wolfgang 208
Schlegel, August Wilhelm von 70
Schlemmer, Oskar 73
Schlögel, Karl 55, 97, 110, 112, 123, 126 f., 132
Schmarsow, August 239
Schmeiser, Leonhard 221
Schmitt, Carl 79, 135, 137, 141, 209, 256
Schmitz, Bettina 168
Schmitz, Hermann 86, 303
Schneemann, Carolee 163
Schroer, Markus 113 f.
Schumacher, Fritz 269
Schwitters, Kurt 65
Semper, Gottfried 61, 64
Semple, Ellen Churchill 54
Sennett, Richard 157, 209
Serlio, Sebastiano 62 f.
Serres, Michel 250 f., 260 f.
Shakespeare, William 45, 70
Shannon, Claude E. 222
Shemyakin, F.N. 243
Shields, Rob 286
Sid, Igor 305 f.
Sieferle, Rolf Peter 284
Simmel, Georg 94, 104, 121, 135, 192–194, 213, 254, 266, 284
Sitte, Camillo 209, 269
Sloterdijk, Peter 71, 134, 148 f., 151, 259
Smithson, Alison 270
Smithson, Peter 270
Smithson, Robert 68

Smith, William 36
Snell van Royen, Willebrord 29
Snellius, Rudolph 21
Soja, Edward W. 90–95, 101, 110, 121
Sombart, Werner 51
Sorokin, Pitirim A. 192, 198–200
Souriau, Étienne 228
Spencer Brown, George 222
Spengler, Oswald 82, 104, 220, 223, 261–263
Spielberg, Steven 228
Spivak, Gayatri C. 180, 183 f.
Spode, Hasso 285, 290
Staudt, Karl Georg Christian von 4
Stea, David 240, 242 f.
Stein, Lorenz von 51
Steiner, Jakob 4
Stendhal 70
Steno, Nicolaus 34
Stichweh, Rudolf 113
Stimson, Robert 245
Stirling, James 4
Stockhammer, Robert 97, 297
Stockhausen, Karlheinz 72
Stoler, Ann 188
Stoller, Silvia 175
Straus, Erwin 208
Stumpf, Carl 254 f.
Sulzer, Johann Georg 254
Szeminska, Alina 243

Taylor, Peter 153
Terkessidis, Mark 287
Thales von Milet 1
Thomas von Aquin 62
Toit, Alexander du 38
Tolman, Edward C. 234, 240–242, 244
Tolstoj, Leo N. 301
Tönnies, Ferdinand 266
Torp, Cornelius 149
Toynbee, Arnold 263
Trowbridge, Charles C. 235, 239 f.
Tschermak, Erich 43
Turing, Alan M. 220, 225

Uchtomskij, Aleksej A. 300
Uecker, Günther 68
Uexküll, Jakob Johann von 254 f., 258
Urry, John 285
Usener, Hermann 82

Valéry, Paul 72
Varèse, Edgar 65, 72
Vergil 282
Vesconte, Pietro 27
Vespucci, Juan 27
Viator 84
Viète, François 3
Viguier, Camille 237 f.
Virilio, Paul 95, 208, 223
Vischer, Friedrich Theodor 61
Vitruv 61 f.
Voigt, Johann Carl Wilhelm von 35
Vollgraff, Karl 51
Vries, Hugo de 43

Wagner, Adolf 51
Wagner, Moritz 49, 51
Wagner, Richard 64, 72
Waldeyer, Heinrich Wilhelm 43
Waldseemüller, Martin 27
Wallace, Alfred Russel 41 f.
Wallerstein, Immanuel 148, 181
Wallis, John 4, 5, 12
Waltz, Sasha 73
Watson, James 43
Weaver, Warren 222
Weber, Max 112 f., 146, 266
Weichhardt, Peter 83
Weigel, Sigrid 103
Weininger, Andor 65
Weizsäcker, Viktor von 252 f., 255
Werlen, Benno 97 f., 117, 147 f., 204, 212
Werner, Abraham Gottlob 35
Wertheimer, Max 253
Weyl, Hermann 10, 19
White, Kenneth 305 f.
Wigley, Mark 66
Wigman, Mary 73
Wilberforce, Samuel 42
Willaert, Adrian 72
Williams, Raymond 182
Wilson, Robert 65
Wittgenstein, Ludwig 78
Wolf, Mark J.P. 230
Woolf, Virginia 71
Woolgar, Steve 311
Worringer, Wilhelm 67
Wright, Edward 28

Xenakis, Iannis 65

Young, Iris Marion 164–166, 174

Zeune, August 48
Zimmermann, Bernd Alois 72
Zimmermann, Robert von 64
Zoche, Stefanie 291
Zuse, Konrad 219

4. Sachregister

Abstraktion 1f., 60, 67, 87, 94, 139f., 149, 159, 206f., 225–227, 239, 255, 258f., 282
Afrika 25f., 79, 178, 180, 188, 238, 304
Amerika 29–31, 35, 37, 41, 52, 64, 71, 103f., 107, 110, 132, 134, 151, 157, 177, 181, 187–189, 241f., 245, 257f., 277, 286f., 309, 318
Anschauung 1, 4, 11f., 14f., 32, 77–80, 84, 100, 112, 122, 204, 220, 222, 225, 235, 244, 246, 254, 299f.
Architektur 1, 3, 60–66, 71f., 82, 92, 100, 106f., 124f., 127, 129–131, 136, 157, 180, 193, 196f., 207–210, 239, 255, 262, 266–278, 280, 286–288, 291, 294, 296, 299f., 304, 311, 313, 318f.
Archiv s. Gedächtnis
Asien, Orient 3, 25–27, 30, 45, 64, 66, 71, 96, 117, 155, 177, 181–186, 215f., 247, 283, 290f., 315
Astronomie 1, 3, 25f., 28–30, 34
Atmosphäre, Sphäre 3, 5f., 9, 17, 44, 62, 66–68, 71, 73, 134, 138, 145, 150, 183, 186f., 209, 227, 253, 259, 266–268, 283, 285, 303f.
Ausdehnung, Volumen 2f., 5, 11, 17, 26f., 34, 36, 48, 53, 56, 62, 78, 95f., 110, 141, 148f., 151, 177–179, 181f., 187, 197, 204, 214, 221, 224, 256–259, 270, 276, 294f., 314
Avantgarde 60f., 164, 204, 297
Axiom 1f., 5–7, 10–13, 15, 91, 253, 262

Beobachtung, Beobachterproblem 10, 16, 20–22, 25f., 28, 30, 34–36, 39, 41, 111, 115–118, 146, 157, 165, 197, 210f., 214, 221f., 243, 254, 262f., 298, 302, 309
Berg 25, 31–37, 45, 48, 52, 57, 85, 97, 113, 122, 194f., 264, 281f., 287
Beschleunigung 3, 16, 20, 61, 80, 95, 131, 146, 148, 194f., 198, 208, 210–212, 223, 237
Bewegung 2, 9–18, 28, 38, 45, 48, 51, 53, 54, 61–73, 77–80, 86f., 91, 95, 104–107, 118, 122, 147, 165, 167, 189, 193, 196f., 200, 202, 204, 206, 208–213, 220–231, 234–246, 250, 253, 255–257, 260–264, 280f., 286f., 290, 297, 300–303, 311f., 317
Bezugssystem s. System
Boden 35, 44–46, 51, 53f., 56, 79, 87f., 113, 122, 125, 135, 137, 142, 150, 185, 208, 258, 262, 314
Breite (horizontale Dimension) 1f., 8, 15f., 34, 38, 54, 63, 71, 86, 199, 209, 231, 239, 264, 300

Chora 13, 167–171, 221
Chronotopos s. Raumzeit
Container 39, 60, 91, 93, 97, 111f., 180, 193, 202f., 230, 319
Cyberspace 93, 134, 210, 224–226, 229–231

Darstellung, Repräsentation, Visualisierung 3f., 15, 26–32, 35, 39, 42, 60–74, 83f., 86, 92, 96f., 100, 103, 106–108, 112, 126, 128, 131, 139f., 148, 162f., 166–171, 179, 181, 183–187, 196, 207, 219–231, 234–247, 255–257, 266, 275, 283f., 287, 289f., 294–307, 314, 316, 319
Dasein (räumliche Existenz) 2, 13, 41, 44, 46, 53f., 62f., 68, 84f., 87, 100, 105f., 117f., 131f., 134, 136, 151, 164–175, 186, 195, 209, 211, 213, 253, 260, 283, 306
Deduktion 2, 4, 84f
Dekonstruktion, Poststrukturalismus 60, 66, 71, 97, 101–104, 163, 167, 172–175, 179–183, 196–199, 305, 312, 318
Distanz, Entfernung 3, 25f., 29, 36, 67, 81, 84, 95, 110, 115, 152f., 170, 177, 181, 194, 199f., 204, 208–210, 219, 222–225, 235–240, 267f., 273, 282–284, 295, 300, 314f., 318
Dorf 128f., 142, 146, 194, 208, 210, 224, 257, 261, 267f., 275, 281f., 286f.

Eisenbahn 4, 95, 154, 204f., 208, 210, 261, 280, 314
Entfernung s. Distanz
Epistemologie s. Wissen
Erde 1, 24–40, 44–57, 63, 70, 78f., 86–88, 92, 94, 111–113, 137, 146–149, 169, 209–214, 255f., 264, 281, 287, 297f., 305–307, 312, 316, 318
Ereignis 1, 16–18, 21f., 37, 40, 43, 52, 54, 66, 69, 73, 80, 116, 118, 122, 124–126, 138f., 152, 193f., 197f., 206–208, 213, 215, 221, 226, 228, 261, 287, 299f., 311f., 318
Erfahrung 1, 14f., 20, 26f., 31, 60–64, 71, 77–81, 88, 92, 95, 107, 117, 123–125, 128, 152f., 163–169, 174f., 184–186, 188, 205–208, 213, 220f., 230, 235, 242, 246, 251, 254–258, 261–263, 267, 275, 280f., 284–290, 296f., 300, 304, 307, 309, 320
Erinnerung s. Gedächtnis
Erster Weltkrieg 33, 55, 86
Erzählung, Fiktion 24f., 44, 67, 69, 71, 106f., 112, 123, 128, 130, 174, 181, 185, 189f., 226, 228–230, 246, 250, 255, 260–262, 264, 280–283, 286, 291, 296–298, 302, 304–306, 315
Euklidik, Nichteuklidik 1–22, 34, 39, 77–79, 85–87, 105, 243, 250, 297f.
Europa, Okzident 26–34, 44–57, 60–69, 83, 104f., 116f., 123–129, 137, 148f., 155, 157, 177–190, 209, 211, 215–217, 220, 247, 267, 271–278, 289, 291, 298, 304–307, 315
Evolution 1, 19f., 22, 37–43, 179, 214f., 261
Expansion s. Ausdehnung
Experiment, Experimentalisierung 15, 22, 27f., 30, 35, 60f., 66, 71–73, 79f., 84, 100, 123f., 234–237, 246, 271, 297, 305, 309, 312–318

Feld 1, 10, 18–21, 31, 79, 82, 85f., 115f., 199f., 231, 236f., 240f., 244, 297, 309, 313–315

Figur, Konfiguration 2f., 11f., 15, 26, 29, 50, 60–63, 67–69, 78, 83, 88, 91, 94, 104, 106, 110, 128, 139–141, 152, 154, 164, 167, 170, 190, 194, 228, 230, 243, 246, 261, 267, 289, 294–304, 307, 311, 317
Fiktion s. Erzählung
Fläche (Zweidimensionalität) 1–12, 17–19, 24f., 27–37, 48, 50, 53f., 57, 61–63, 66–68, 87f., 111, 131f., 172–175, 209, 220, 225–227, 231, 237, 257, 259, 274–276, 285, 294–296, 314
Flucht, Migration 107, 114, 129, 134, 138, 140, 142, 146–148, 151, 157, 184f., 236, 272, 284, 287, 291, 303
Flugzeug 33, 95, 208, 210, 230, 280
Form, Formalismus 2–4, 8, 11–18, 25–28, 31, 34f., 37–42, 47, 49–51, 54, 60–74, 78–87, 91f., 94, 96, 100, 105, 114–118, 122, 124, 127–130, 132, 135f., 141f., 149–159, 162, 166–171, 177f., 180–190, 192–195, 198, 201f., 205–212, 214f., 219–222, 224f., 227–230, 235f., 239, 243–246, 250–310, 314, 316, 318
Fremde 32, 45, 96, 104, 107, 117, 177, 210, 234, 250f., 261, 267f., 273, 276, 281, 285–290, 301f.
Funktion, Funktionsdenken 3, 5f., 16, 18, 20, 30, 37, 39, 57, 63, 65f., 78, 82, 86f., 97, 100, 103, 107, 115, 118, 125f., 128–131, 135, 139, 154f., 163f., 168f., 171, 177f., 180f., 185f., 192, 195–202, 204, 209, 214, 222f., 228f., 231, 234, 237f., 240, 242f., 246f., 257, 259, 268–276, 284, 294, 296–304, 309, 311, 314–320

Gedächtnis, Archiv, Erinnerung 34, 79, 100, 107, 121–132, 201, 223, 234f., 238f., 242f., 245f., 257, 272, 285, 296, 303, 315
Gefängnis 130, 134, 142f., 197, 257, 311
Geographie, geographical turn 8, 24–33, 35, 39, 41, 43–57, 69, 78f., 90–98, 100–118, 122, 126f., 135f., 142, 153, 155f., 177–190, 192f., 195, 199, 204, 208, 210, 212–217, 224f., 231, 234, 236–247, 261f., 270, 275, 280–283, 286–288, 291, 296–298, 302, 304–307, 309, 312, 315–317
Geometrie 1–22, 27, 60, 66, 73, 77f., 80, 85–87, 103–106, 163, 235, 247, 259f., 264, 297f.
Geophilosophie, Geopoetik 57, 215–217, 294, 305–307
Geschichte, Teleologie 25f., 34–57, 62, 67f., 71, 78–87, 93, 95, 106, 121–132, 137, 171, 179–190, 193, 196–198, 207, 211–217, 222, 225–228, 247, 262f., 271–274, 282, 298, 309f.
Geschlecht 68f., 102, 162–175, 184–190, 199, 245, 288–290, 310f.
Gestalt 2, 21, 24–33, 37, 45, 47–49, 60–73, 80, 86, 100–112, 121, 138, 153f., 157–159, 193, 206, 209f., 221f., 238–246, 252–254, 259–264, 266, 269, 275, 282, 299
Glatter Raum s. Meer
Globalisierung 19, 24, 30, 38, 51, 57, 60, 85, 93, 95, 110f., 114, 134, 141, 145–159, 179, 181–184, 187, 194f., 201, 204, 210–214, 216, 223f., 241, 245, 263, 271–277, 281, 287, 289, 304, 309, 312–320
Globus s. Kugel
Grenze 6–9, 27, 31, 39, 44, 47–57, 63f., 66, 73, 80, 85, 93–95, 107, 110f., 116, 134–159, 165f., 170, 173, 177–204, 213f., 220–231, 247, 256–258, 262f., 267, 273f., 283, 286f., 295, 301, 306, 315f.

Haptik 1, 67, 69, 221, 236–238, 297
Haus, Wohnen 63, 71, 85, 92, 94, 118, 122–129, 134, 138, 169, 171f., 177, 180, 184, 186f., 196, 199, 202, 208f., 214, 244, 250f., 257, 259, 264, 267–270, 273f., 277, 280, 283, 285–289, 291, 296, 301–303
Heimat, Vernakularität 53, 87, 184–187, 251f.
Heterotopologie, Heterogenität 66, 69, 73, 83, 90, 129f., 142f., 150, 156f., 159, 182–186, 197f., 217, 250–261, 286f., 290f., 298, 302f.
Heuristik 2, 5f., 10, 21, 38, 100, 153, 243, 245, 262, 312
Höhe (vertikale Dimension) 1, 16, 29, 32–36, 38, 54, 63, 73, 88, 172, 199, 209, 259, 300
Horizont 86, 264, 295–297, 300, 307

Imagination, Imaginäres 5, 20, 60, 63, 69, 71, 73, 83, 91f., 95–97, 127, 130, 167, 179, 181–185, 207, 209, 235, 239–247, 254–258, 276, 280–291, 295, 298, 303–306
Imperialismus s. Kolonialismus
Inszenierung s. Theater

Karte, Kartographie 7f., 24–33, 41, 48, 70, 92–97, 100–107, 122, 124, 135, 149, 177–179, 188, 196–198, 219, 225, 231, 234–247, 289, 291, 297f., 303, 305, 312f., 315–318
Klima 35–39, 44–52, 57, 79, 101, 113, 122, 195, 278, 306, 318
Kolonialismus, Imperialismus 24, 31, 44, 48, 50, 55f., 64, 69, 79, 116f., 96, 141–143, 147f., 177–190, 258, 284, 287, 290f., 312–317
Kompass 26f., 32, 234, 237, 239f.
Konfiguration s. Figur
Konstruktion, Konstruktivismus 2–4, 14f., 21, 31, 55, 60, 62, 65f., 68f., 81, 92–94, 96, 102, 104, 107, 111, 115, 117, 124, 159, 169, 174f., 178f., 182f., 186, 192, 196, 199–201, 206, 243, 245, 247, 280, 284–287, 289, 291, 297, 305f., 309, 311f., 314, 317f., 320
Kontinent 32, 38f., 50, 103, 184, 215, 256, 306
Kontinuum 2, 14–20, 61f., 66, 71, 165, 219, 272, 301
Koordinaten, Koordination 3f., 8–12, 15–20, 32, 154, 156, 166, 189, 213–217, 231, 236–240, 282, 285
Kopernikanische Wende 11, 13–15, 26, 28, 38, 77–88
Körper, Körperbau 1f., 9–18, 36f., 40–45, 50, 52, 60, 62, 65, 71–73, 78–81, 88, 92, 100–103, 107, 113, 117f., 135f., 162–175, 185, 193, 201–203, 208, 211,

219–227, 234–247, 250, 253, 260, 269 f., 282, 290 f., 294, 299 f., 317, 319 f.
Kosmologie 10, 13 f., 19 f., 77 f., 87
Kreis 1–3, 6–8, 26, 62, 71, 73, 122, 140, 154, 261
Krümmung s. Kurve
Kugel, Globus 2–9, 13, 18, 25–28, 34, 40, 44, 65, 71 f., 95, 103, 148, 150 f., 153, 155, 315
Kurve, Krümmung 1–4, 7–10, 12 f., 16 f., 18–20, 29, 65, 297, 313, 316
Küste 26, 36 f., 57, 113, 122, 215, 256, 258, 276, 280–288, 291

Labor 27, 29, 79, 100, 130, 143, 236, 287, 309–320
Lage, Lagerung 8, 12, 14, 21, 25, 36, 44, 50–52, 93, 105–107, 197, 234–245, 256 f., 260, 301 f., 318
Lager 129 f., 134–143, 286–288
Landschaft 32, 34 f., 38, 49 f., 52, 57, 66, 70, 86, 96, 113 f., 122, 126, 128 f., 131, 177, 185, 208, 250–264, 268, 274 f., 282–291, 296 f., 301, 303 f., 306 f., 318 f.
Lebensraum 39–43, 53–57, 71, 86, 134, 152, 250–252, 258 f., 266, 268, 271–274
Lebenswelt 15, 60 f., 71, 81, 93, 204, 206, 208, 225, 258, 267
Leere, Vakuum 13, 57, 65 f., 83 f., 86, 91, 168, 180, 204, 209, 211, 220, 222, 250, 252, 256, 261, 303, 313
Leib 50 f., 62, 64, 79, 88, 101 f., 163 f., 219, 222, 235, 239 f., 253, 262
Licht, Lichtung 17 f., 20–22, 51, 62, 65 f., 68, 73, 85, 169, 221, 228, 235, 291
linguistic turn s. Sprachwende
Linie (Eindimensionalität) 2–11, 16–18, 20, 28 f., 32, 35, 37, 42, 49 f., 57, 66, 69, 71, 87, 111, 113, 126, 154, 181, 187, 210 f., 213, 225 f., 251, 263, 288, 294, 296 f., 301

Mannigfaltigkeit (n-dimensionale Räume) 4 f., 7–10, 12 f., 16–20, 61, 115, 199, 253, 258, 271, 296 f., 199
Mechanik, Mechanismus 3, 9–11, 14, 16 f., 28, 73, 118, 219, 239 f., 310, 315 f.
Medium, Medialität 44, 52, 60 f., 65, 68, 83 f., 88, 93, 100 f., 103 f., 125, 130, 202, 210 f., 213, 215, 219–231, 234, 238, 240, 246 f., 257, 264, 283–286, 295, 298, 305, 315, 317, 319 f.
Meer, Glatter Raum 25–27, 35–40, 48, 54, 56, 71, 122, 137, 194, 198, 208 f., 215, 256, 258, 264, 281–284, 291, 297, 301 f., 312
Messen, Vermessen 1, 3, 5 f., 10–12, 16–18, 20, 22, 24–36, 41, 60, 66, 77, 79–81, 97, 135, 149, 179, 188, 198, 204, 210, 234, 238, 258, 285, 309, 314
Methode, Methodologie 2–4, 10–13, 15, 19, 22, 25 f., 30, 36, 52, 67, 80, 84, 86 f., 94, 97, 104, 124, 132, 137–140, 179, 199, 236, 239, 244–247, 250, 262, 275, 278, 297 f., 302, 305, 313 f., 317
Migration s. Flucht
Milieu 39, 71, 113 f., 122, 126, 128, 136 f., 273, 277, 310, 317
Mobilität, Mobilisierung 30, 39, 65, 73, 78, 95, 122, 128, 146, 154, 189, 193, 196, 200, 222, 238, 260, 263, 272, 274 f., 280–291, 312–314, 318
Modelle 5–7, 10–12, 16–21, 27 f., 38, 44, 63, 65, 84, 92, 106, 118, 124, 130, 132, 135 f., 151, 153, 155, 166, 169, 178, 188, 190, 193, 195 f., 197–202, 210, 221, 234 f., 237, 239, 241, 257, 259, 270, 284, 291, 295 f., 300–302, 311, 314 f., 319 f.
Morphologie 36 f., 40, 42, 82, 166, 169, 175, 209, 261 f.

Nation, Nationalismus 24, 30–33, 46–55, 64, 85, 91, 93, 101, 103, 110 f., 126 f., 129, 134–143, 145–159, 178–190, 194 f., 202, 214, 216, 288–291, 314–316
Netz, Vernetzung 1, 8, 25, 27–33, 69, 105–108, 124, 134, 145–149, 151 f., 154–158, 195, 197 f., 200, 222–225, 239, 268, 273–276, 296, 302, 309–320
Nichteuklidik s. Euklidik
Nomadismus 82, 88, 198, 238, 286

Okzident s. Europa
Optik, Visualität 21 f., 27–29, 41, 47, 57, 67, 70, 141, 166, 170 f., 180, 207, 220, 230 f., 238, 255, 257 f., 260, 263, 297, 311 f., 319
Ordnung, Ordnungsprinzipien 6 f., 10, 12, 14, 26, 31, 36, 38 f., 47 f., 52, 61, 64, 67, 71–73, 78, 81–85, 100, 103, 105–108, 110, 115–118, 124, 128–131, 134 f., 137, 139, 141–143, 157–159, 162, 167–170, 172, 174, 178–180, 183, 190, 195, 198, 200 f., 212 f., 223, 226 f., 230, 240 f., 243 f., 246, 252 f., 256, 258 f., 261, 263, 270, 294–299, 302, 304 f., 311–319
Orient s. Asien
Orientierung 1, 15, 26 f., 32, 60, 73 f., 234–247, 253, 258, 301, 312

Panoptismus, Überwachung 97, 100, 106, 130, 132, 136, 197, 311, 317–320
Parallelenpostulat, Parallelität 2, 4–7, 10–12, 17, 67, 134
Performativität 68, 71–74, 103–106, 112–114, 117 f., 139, 151, 162–175, 193 f., 200–202, 211, 244–246, 260 f., 280, 285, 290, 298 f., 302 f., 315, 318
Perspektive 4, 21, 32, 60, 62–71, 84, 86, 97, 220 f., 231, 244, 294–297, 300, 307, 319
Phänomenologie 68 f., 77, 80–88, 92, 101, 103, 125 f., 162–167, 174 f., 225, 250–264, 298, 303
Physik, physikalischer Raumbegriff 2–5, 13–21, 34, 39, 46, 50, 60, 71, 78–80, 85, 87 f., 101, 105, 114, 117, 193 f., 210, 220, 222, 225, 230, 296, 298 f., 309 f.
Physiologie, physischer Raumbegriff 46–52, 57, 64, 68, 79 f., 83–85, 91–96, 102, 111–115, 131, 170, 174 f., 180, 194–200, 207, 212, 224 f., 234–247, 254, 261 f., 266, 269, 271–278, 282, 300, 316

Pole, Polarregion 4, 28 f., 32, 38, 46, 50, 148, 312
Poststrukturalismus s. Dekonstruktion
Projektion 3 f.,13, 24–28, 82, 94, 101, 115, 125, 165, 224
Proportion, Proportionalität 1 f., 60–62, 139, 226 f.
Punkt 2–4, 6–12, 15–20, 28, 61 f., 81, 87, 95, 106, 127, 130, 149, 210, 217, 223, 250, 256, 260, 273, 285, 294 f., 297, 300 f., 314

Raumbild 68–70, 202, 229–231, 288
Raumkehre, spatial turn 55, 77–101, 105, 107 f., 110–118, 123, 135, 141, 196, 246, 252, 297 f.
Raumzeit, Chronotopos 15, 60, 67, 69–71, 73, 80, 110, 197, 200 f., 205, 225–228, 230, 298–304
Region, Regionalisierung 17, 26, 29, 37, 41, 45 f., 48, 93 f., 97 f., 111, 113 f., 117 f., 122, 126–128, 146, 148, 150, 152, 157 f., 181–183, 195, 201, 241, 245, 256, 272–276, 289, 306
Reise, Reisebericht 25 f., 29 f., 34–37, 41, 46, 49, 52, 96, 107, 125, 186 f., 205, 208, 226, 256, 261, 280–291, 315, 317
Relation, relationaler Raum 14, 26, 60, 73, 81, 83, 85, 97 f., 105 f., 116–118, 179 f., 182, 188, 190, 193, 196, 198, 200–203, 224, 243, 256, 294, 299, 301 f., 315
Relativität, Relativitätstheorie 10, 15–20, 61, 71, 78, 80, 105, 298–300, 311, 320
Repräsentation s. Darstellung
Richtung 7 f., 20, 22, 47–50, 67, 72, 78, 80, 86, 88, 157 f., 167, 169, 198, 231, 234–247, 253, 260, 297, 301

Schwelle, Übergang 21, 40, 49, 68, 72, 139 f., 184, 257, 267, 286, 300, 313
Simulation s. Virtualität
Singularität 5, 19 f., 66, 69, 138, 189, 211, 223, 310
Sozialraum 85, 91 f., 100–118, 159, 180, 187, 192–203, 207, 247, 287, 314, 319
spatial turn s. Raumkehre
Spatialisierung, Verräumlichung 44, 68, 91, 103–106, 111, 115–118, 121–132, 140–143, 145, 152 f., 158, 168, 173, 177–217, 244–246, 260 f., 286, 295, 302 f., 314, 316, 319
Sphäre s. Atmosphäre
Sprachwende, linguistic turn 77 f., 83, 110
Stadt, Städtebau 26, 63–65, 68–74, 85 f., 91, 94, 104, 112 f., 115, 118, 124, 128, 131, 145, 149–159, 177, 179 f., 194, 196 f., 202, 208 f., 225, 234, 239–245, 257, 259, 264, 266–278, 280, 284 f., 287–289, 291, 297, 302, 304, 315, 319
Straße s. Strecke
Strecke, Straße, Weg 1–3, 14, 25–29, 32, 70, 85 f., 185, 204 f., 208 f., 231, 234–247, 250, 260, 268–276, 297
Struktur, Strukturalismus 1–4, 12 f., 20, 32, 36–43, 72, 80–88, 104–106, 112–118, 121 f., 134–143, 145, 147, 154–159, 162, 165–170, 173 f., 177, 180, 188 f., 192–203, 205, 210, 213, 219, 224 f., 229–231, 235, 243, 245–247, 252–259, 263 f., 266–278, 286, 290, 296, 298, 301–304, 310–319
Symbol, Symbolisierung 1, 61, 63 f., 66, 80, 82–84, 92, 100, 102–104, 107 f., 112, 114, 116–118, 126, 148 f., 151, 153, 156, 158 f., 162, 164, 167 f., 170, 173 f., 180, 182, 188, 196, 198, 201 f., 210, 220, 226 f., 239, 243–247, 257, 261–263, 272–275, 277, 295, 297, 312
System, Bezugssystem 5 f., 10, 14–18, 20, 24, 26, 28, 30–34, 36, 39 f., 48, 61 f., 66, 69, 77 f., 80, 82, 94, 96 f., 106 f., 112–118, 129, 142 f., 147–158, 162, 167, 169–173, 178, 180–182, 194 f., 198, 201, 214, 219–221, 235–243, 246, 252–254, 267, 269, 272, 277, 285, 294, 297, 299, 301–303, 312–315, 317 f.

Teleologie s. Geschichte
Territorium, Territorialisierung 24, 29–31, 47, 53, 56, 85–88, 93, 104, 107, 111, 117, 123, 134–143, 151–159, 177–190, 193–198, 215 f., 247, 250–252, 297, 301, 304, 305 f., 316
Theater, Inszenierung 25, 63–66, 70, 72–74, 173, 205, 257, 263, 282 f., 287 f., 304
Tiefe (Dreidimensionalität) 1–5, 15 f., 22, 24, 36, 38 f., 53 f., 60–62, 66–72, 78, 84 f., 87, 172, 210, 225–227, 231, 237–239, 253, 257, 294 f., 297
Topik 63 f., 105 f., 142, 183, 207, 256, 271, 274, 282 f., 286, 291, 296, 298, 301 f.
Topographie, topographical turn 32, 35, 100–108, 110, 118, 123 f., 127, 129 f., 139–141, 238, 243, 285, 297 f., 302–307, 312 f.
Topologie, topological turn 1, 3, 11–13, 18, 60, 83, 85 f., 88, 100–103, 105–107, 110, 118, 140, 153, 166–168, 212, 223, 241–243, 250, 259 f., 275, 298, 301–305, 312, 318–320
Transformation 4, 8, 12 f., 16, 18 f., 26, 37, 40, 42 f., 45, 72, 83, 103, 110, 114–116, 151–157, 177–187, 200, 208–214, 225, 242, 251, 254, 266 f., 276–278, 283, 290, 302, 305, 309, 313 f.
Transzendentalität 14 f., 78 f., 81, 84, 87, 170

Übergang s. Schwelle
Überwachung s. Panoptismus
Umwelt 35, 39–42, 49, 80, 85 f., 97, 112–114, 143, 150, 194 f., 234, 240–245, 254, 263, 268, 270, 301, 317–319

Vakuum s. Leere
Vektor 5, 10, 12, 16, 18, 20, 71, 86, 241, 250, 256, 260, 295
Vermessen s. Messen
Vernakularität s. Heimat
Vernetzung s. Netz
Verräumlichung s. Spatialisierung
Virtualität, Simulation 73, 95, 105, 112, 134, 142, 193,

195, 210, 221, 224, 226 f., 229–231, 246, 258 f., 271–274, 296, 304, 319
Visualisierung s. Darstellung
Visualität s. Optik
Volumen s. Ausdehnung
Vorstellung 11, 15, 25, 27 f., 34–40, 42, 45, 47 f., 50 f., 56, 60 f., 64, 67, 71, 78–80, 82, 84 f., 91 f., 97, 101 f., 105, 110 f., 116 f., 122, 140, 151, 153, 159, 177, 180, 183 f., 186–189, 192–204, 220 f., 228 f., 234–237, 241–245, 247, 254–256, 258, 264, 266 f., 269, 274, 281–283, 286 f., 290 f., 296, 301, 318

Wahrnehmung 15, 22, 28, 31, 44, 60–62, 67 f., 73, 81–88, 101, 112 f., 126, 154, 165, 177, 180, 194, 196, 198, 201 f., 205, 207, 220 f., 224, 234–247, 250–255, 261 f., 269, 281, 284, 288, 296–307
Weg s. Strecke
Wissen, Epistemologie 1 f., 13, 15, 21, 25–27, 30, 35, 55 f., 77–79, 92, 100 f., 103 f., 106, 115, 117, 121, 123–130, 136, 163, 179–183, 190, 194, 196–198, 211–213, 219, 234, 238, 244, 246 f., 255, 296–299, 304 f., 309–320
Wohnen s. Haus

Zeit (vierte Dimension) 3, 14–22, 28, 30, 34–42, 47, 52, 60 f., 64–74, 78–80, 82–84, 88, 90 f., 93, 95, 105 f., 110, 121–132, 141, 143, 151–154, 177, 179, 184, 187, 193–201, 204–207, 211–217, 220, 223–228, 235, 255–261, 271 f., 280, 283, 294, 298–303, 314 f.
Zone 35, 44–48, 113, 117, 134, 139–141, 187, 201, 216, 269 f., 304–306
Zweiter Weltkrieg 24, 31–33, 55, 60, 66 f., 82, 110 f., 141, 148 f., 244
Zwischenraum 61, 140, 170, 177, 189, 201, 205, 208, 219, 272–276, 320

FSC
www.fsc.org
MIX
Papier | Fördert
gute Waldnutzung
FSC® C083411

Kolibri 360 GmbH
Ferdinand-Jühlke-Straße 7
99095 Erfurt, Deutschland
produktsicherheit@kolibri360.de